U0172481

推移质运动统计理论

韩其为 著

科学出版社

北京

内 容 简 介

本书采用力学与概率论相结合的途径,深入研究了推移质运动统计理论。全书共10章,主要内容包括:推移质运动研究评述,非均匀泥沙起动规律,弯道边坡上泥沙起动及成团成块泥沙起动,单颗泥沙运动力学及统计规律,泥沙交换的统计规律及其应用,推移质输沙率的随机模型、分布及时均输沙率,推移质扩散的随机模型及统计规律,推移质各种参数的数字计算、验证及特性分析,推移质淤积与冲刷,以及几个推移质理论问题在工程泥沙中的应用。

本书可供从事泥沙运动、水库淤积、河床演变研究的科研人员和相关专业的大专院校师生阅读。

图书在版编目(CIP)数据

推移质运动统计理论/韩其为著. —北京:科学出版社,2021.3
ISBN 978-7-03-064265-3

Ⅰ.①推… Ⅱ.①韩… Ⅲ.①推移质-泥沙运动-研究 Ⅳ.①TV142

中国版本图书馆 CIP 数据核字(2020)第 017640 号

责任编辑:刘宝莉 陈 婕 乔丽维 / 责任校对:张小霞
责任印制:师艳茹 / 封面设计:陈 敬

科 学 出 版 社 出版
北京东黄城根北街 16 号
邮政编码:100717
http://www.sciencep.com
三河市春园印刷有限公司印刷
科学出版社发行 各地新华书店经销

*

2021 年 3 月第 一 版 开本:720×1000 1/16
2021 年 3 月第一次印刷 印张:41
字数:800 000
定价:298.00 元
(如有印装质量问题,我社负责调换)

前　言

目前,河流泥沙运动已形成河流动力学的一个分支,具有广泛的用途。无论是修建水库、水利工程、河道治理、水资源利用还是水生态、水环境保护等,都涉及一些泥沙问题,而这些问题常常超出已有的泥沙运动理论的范畴,这是因为有关泥沙运动的研究大约从 20 世纪 30 年代才陆续出现。泥沙运动作为一门学科,尚不够成熟。20世纪 30～80 年代,泥沙运动研究有较快的发展,包括水槽中泥沙运动的试验、泥沙起动以及输沙率的研究。研究的途径包括经验的、半理论半经验的以及理论研究。

由于我国河流泥沙量最大,影响严重,国家对水库泥沙淤积与河道治理特别重视,积极开展了对泥沙的观测与研究,培养了专业队伍,在工程泥沙方面取得两项巨大的成就。一是吸取三门峡水库原规划的教训,使其改建取得了成功。我国对北方河流和黄河上兴建的水库运用方式进行了多方面探索并围绕三峡水库淤积开展了较早的理论研究,提出并解决了水库长期使用的问题。这是水利工程中的重大创新,已在国际上得到公认。加拿大国际工程扬子江联合公司在论证三峡工程160m 方案可行性时就给予了明确的肯定和很高的评价,他们指出"平衡坡降和水库长期使用的理论,在中国已发展成为一种成熟的技术,三峡工程处理全部泥沙的策略就是建立在这个基础之上。世界上没有一个国家像中国一样,在水库设计中有那样多的经验,以致使调节库容和防洪库容能无限期的保持"。正是根据水库长期使用的调度,长江三峡水库与黄河小浪底水库均做到了水库长期使用。二是黄河调水调沙。利用水流动力,使黄河下游河道发生了大量冲刷。2002～2006 年,黄河下游利津以上约 800km 河道冲刷 10.22×10^8t,加大平滩流量 1000～2600m^3/s。平滩流量这样大幅加大,对防洪有重大效益,这是古今中外没有的。

除上述工程泥沙方面的重大创新外,我国在泥沙运动理论研究上也取得了重大进展。虽然我国这方面的研究较欧美和苏联起步较晚,但是自 20 世纪 50 年代参与后即奋起直追。不仅在传统泥沙问题上,我国在某些方面如细颗粒起动、高含沙水流运动、泥沙数学模型及水库淤积等已居前列,而且在泥沙运动的一个新的分支——采用力学(流体力学与河流动力学)和概率论(随机过程)相结合的途径开展的泥沙运动统计理论研究已取得系统的成果,建立了理论体系。这是我国泥沙运动理论研究的重大进展。之所以称为泥沙运动的统计理论,是为了强调力学方法与概率论方法密切结合,强调相互渗透融合成一体,而不用"随机理论"、"随机分析"或"泥沙运动力学"。实际上有点套用"统计物理"的大名,意思是通过泥沙运动细观研究概括出大量泥沙的宏观规律。由于力学与概率论结合是研究泥沙运动的一种途径,对于推动泥沙理论研究有重要意义,下面简要叙述这种研究发展的曲折过程,以便于吸取经验教训。

国际上最早引入概率论研究泥沙运动的是 Einstein。1937 年,他开始研究水槽中推移质扩散的问题,随后得到了分布函数。从泥沙运动的角度看,这是一个很复杂的问题,从单纯力学角度得到推移质分布函数是很难设想的。最初这个开创性的成果并未受到关注,1960 年以前,除苏联 Великанов 外,几乎无人问津。1960 年以后,放射性示踪技术得到发展,野外水下试验成为可能,扩散模型被重新研究,出现了一段高潮。中间一段之所以未被关注,是因为分布函数中有两个待定参数,必须靠已有的试验资料反算,否则函数无法利用。更主要的原因是该问题与当时工程泥沙的热门——推移质输沙率及起动流速缺乏联系,使其发展没有推动力。1950 年,正是 Einstein 改变了 1937 年开创性论文的思路,转过来强调力学分析。他仅仅应用了概率论的一些概念,如跳跃概率、单步距离、交换时间等,但是按照较为严密的力学分析,导出了一套推移质输沙率公式,在全球泥沙界引起轰动,吸引了大量跟随研究。进入 21 世纪以后,在泥沙运动方面利用概率论有了更深刻的内容,除概率论的一些概念、分布函数、数学期望等应用外,有的已经涉及马尔可夫链及马尔可夫过程,又一次使泥沙运动工作者开阔了眼界。这方面研究的不足是:个别问题研究多,系统的研究少;孤立使用概率论多,与力学研究结合,特别是密切结合的少。这说明,泥沙运动理论研究不仅应采用概率论的方法,而且应与力学密切结合,相互渗透,才是较为理想的。

本书内容是作者研究泥沙运动统计理论的重要成果之一,本书专门研究推移质运动理论,除第 1 章对已有成果简单评述外,其余 9 章分为 3 部分。由于已有的研究很多,第 1 章主要涉及成果多和较为关键的内容。第 1 部分(第 2、3 章)介绍泥沙起动规律,包括单颗泥沙起动、河床边壁上的泥沙起动、泥沙成团起动及黄河"揭河底"冲刷。第 2 部分(第 4～8 章)为推移质运动理论的核心部分。第 3 部分(第 9、10 章)介绍水库推移质淤积及工程泥沙应用中的几个推移质问题。

本书是作者研究泥沙运动统计理论的重要成果之一,与以往的《泥沙运动统计理论》(1984)、《泥沙起动规律及起动流速》(1999)、《非均匀悬移质不平衡输沙》(2013)构成了一个整体,当然,彼此也有一些交叉。

本书内容中最早的一些研究是在长江科学院进行的,当时长江水利委员会副主任杨贤溢、长江科学院河流研究室主任唐日长和长江水利委员会水文局总工程师向治安对研究给予了指导和支持。作者的老师和谢鉴衡院士也给予了多方面的帮助。到中国水利水电科学研究院后,院长匡尚富、副院长胡春宏院士、泥沙所所长曹文洪也给予了极大的支持。在撰写本书过程中,长江科学院李志晶、中国水利水电科学研究院王崇浩参与了部分数字计算工作,张磊博士参与了第 8 章编写、本书大部分数字计算和部分图表制作等,钟正琴同志也给予了帮助。在此对上述领导及同事表示衷心的感谢! 此外,夫人何明民对此项研究积极鼓励,而且自始至终参与了不少研究,深表感谢!

书中难免存在不妥之处,敬请读者指正。

目　　录

第1章 推移质运动研究评述

推移质运动除输沙率外,还涉及一系列内容,包括泥沙起动、单颗泥沙运动规律、床面泥沙交换、大量推移质随机运动及统计规律、床沙粗化、水库推移质淤积,以及其余各种工程泥沙问题。本章将对研究较多的有关内容进行简要评述,以总结已有经验和促进新的研究开展。

1.1 泥沙起动

1.1.1 沙砾起动

泥沙起动是一个老问题,从开展研究至今已积累了大量研究成果。起动流速最早的研究是针对沙、砾石,即无黏性颗粒(不存在黏着力与薄膜水附加下压力的颗粒)。Бромсом 和 Эри 是最早引进起动流速概念的学者[1]。Эри 考虑到水流正面推力与流速平方成正比,提出起动流速与颗粒直径的平方根成正比,或者颗粒重量与起动流速的六次方成正比。后者被称为六次方定律,在河流学中曾被长期应用。需要指出的是,Эри 得到的关系尽管在机理揭示方面不够深入,但是在非黏性起动流速方面基本抓住了其中的关键。Лосиевскuй 根据卵石起动试验证实了水流对床面颗粒的上举力与河流底速平方成正比[2]。加上后来的一些研究,这类颗粒的起动机理基本被揭示。之后的研究主要集中在正面推力与上举力的数值确定,以及它们之间的关系上,而数值则取决于正面推力系数 C_x 与上举力系数 C_y。Дементьев[3] 通过对充分发展的紊流中单个圆柱体$\left(长为 \dfrac{2D}{3}, D 为圆柱体直径\right)$在光滑床面进行试验,得到 $C_x = 0.4, C_y = 0.1$,即 $\dfrac{C_y}{C_x} = 0.25$,当距床面 $y = 1.2D \sim 1.5D$ 时,$C_y \approx 0$,即上举力消失。Einstein[4] 建议的上举力系数 $C_y = 0.168$。而李桢儒等[5] 的研究得出,当雷诺数 $Re = \dfrac{V_b d}{\nu} = 2 \times 10^3$ 时,在 $y = \dfrac{D}{2}$ 处得到 $C_x = 0.78, C_y = 0.18$。李桢儒得到的 C_y 与 Einstein 的相近,但是 $\dfrac{C_y}{C_x} \approx 0.23$,与 Дементьев 的相近。需要强调的是,到目前为止,大多数起动流速研究中,C_x、C_y 往往并不用上述阻力系数试验结果,而是将其归并到综合系数中。因此,当考虑颗粒水下重力、正面推

力和上举力后(或者仅考虑正面推力与水下重力或升力与水下重力),对于起动底速,无论是按滑动平衡还是滚动平衡,均可得到

$$V_{b.c} = K\sqrt{\frac{\gamma_s - \gamma}{\gamma}gD} \qquad (1.1.1)$$

式中,$V_{b.c}$是以底部速度表示的起动速度。如果进一步将底部流速换算成平均流速,当取对数流速分布或指数流速分布时,上式应乘以 $\lg\left(\frac{K_1 h}{D_p}\right)^{[6]}$ 或 $\left(\frac{h}{D_p}\right)^{\frac{1}{m}[7]}$,其中 K、K_1 为常数,D_p 对于均匀沙就等于 D,对于非均匀沙为某个代表粒径。

式(1.1.1)可写成

$$K^2 = \frac{V_{b.c}^2}{\frac{\gamma_s - \gamma}{\gamma}gD} = \frac{K_2^2 u_{*.c}^2 \rho}{(\gamma_s - \gamma)D} = \frac{K_2^2 \tau_c}{(\gamma_s - \gamma)D}$$

即

$$\frac{\tau_c}{(\gamma_s - \gamma)D} = \frac{K^2}{K_2^2} = K_3 \qquad (1.1.2)$$

这就是起动切应力(拖曳力)公式。其中 $K_2 = \dfrac{V_{b.c}}{u_{*.c}}$,而 K_3 可取为常数,也可取为 $f\left(\dfrac{u_* D}{\nu}\right)$。当取后者时,就是著名的 Shields 公式[8]。

对于泥沙起动研究,除研究理论关系外,也进行了不少试验研究,如国外 Gilbert[9]、Великанов[10]、Kramer[11]、Roop[12](美国水道试验站)、Shields[8]、Meyer-Peter 和 Muller[13] 等进行的试验,我国何之泰[14]、侯穆堂[15]、窦国仁[16]、李保如[17] 等进行的试验。

沙砾起动研究中还有一个较为特殊的卵石起动问题。由于卵石颗粒大,与起动有关的现象容易观测,为研究泥沙起动机理需要,对其尺寸、形状颇为注意。韩其为[18]曾研究了卵石形状(或三个方向尺寸)与起动流速的关系,为表示形状的影响,定义了扁度

$$\lambda = \frac{\sqrt{ab}}{c}$$

式中,a、b、c 分别为颗粒的长、宽、厚。λ 值越大,则颗粒越扁;当 $\lambda = 1$ 时,颗粒为球体。在泥沙沉降研究中,也有研究者考虑扁度对沉降的影响,但采用的是扁度的倒数,如美国 Vanoni 的研究[19]。宾景洁[20]采用扁度定义,根据水槽中沥青卵石试验得到起动速度与 $\lambda^{\frac{1}{3}}$ 成正比。韩其为[21]在野外进行水槽试验,研究卵石扁度和粒径对起动流速的影响,其后从理论上推导出卵石起动流速与 $\lambda^{0.45}$ 成正比的结果[22],并给出了资料证实。Helley 通过搜集的大颗粒野外资料,提出了[23]

$$V_{\mathrm{b.c}}=3.276\sqrt{\frac{(\gamma_1-\gamma)d_3(d_1+d_2)^2x_{\mathrm{b}}}{C_yd_1d_3x_{\mathrm{e}}+0.178d_2d_3x_{\mathrm{b}}}} \qquad (1.1.3)$$

式中，d_1、d_2、d_3 分别为颗粒的长、宽、厚，用于表示颗粒形状；$C_y=0.75C_x$ 为上举力系数，$C_x=0.178$ 为正面推力系数；x_{b}、x_{e} 分别为升力和正面推力力臂，它们与 d_2 和 d_3 成正比。这里单位以 m、s 计。

从因次看，Helley 给出的起动底速与粒径的 1/2 次方成比例，但是系数就加大了很多。例如，当 $\lambda=1$，$\theta=0°$ 时，$V_{\mathrm{b.c}}=15.5d^{0.5}$；当 $\lambda=4$，$\theta=25°$ 时，$V_{\mathrm{b.c}}=41.1d^{0.5}$，可见 λ 的影响是很大的。显然，这是颗粒形态（扁度）增大了起动底速的数值。需要指出的是，Helley 给出的力臂的表达式（见图 1.1.1）[23] 不仅非常复杂，而且缺乏一般性，如果不加限制就会出现矛盾。

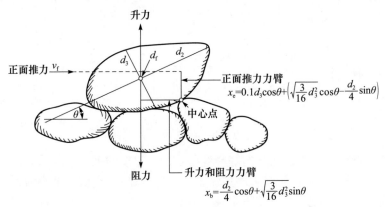

图 1.1.1　颗粒起动受力状态[23]

1.1.2　细颗粒起动

关于细颗粒起动的研究，特别是机理的清楚揭示，经历了一个漫长过程。有关这方面的详细评述请参阅《泥沙起动规律及起动流速》[24]，此处仅扼要提及。

早期起动流速试验，基本限于粒径接近或大于 0.5mm 的颗粒，因此粗、细泥沙起动的不同实质未被发现或未被重视。而 Великанов[10] 利用试验资料得到

$$\frac{V_{\mathrm{c}}^2}{g}=15D+6 \qquad (1.1.4)$$

其中，V_{c} 为以平均速度表示的起动速度。由此可见，起动流速存在下限，即当 $V=0$ 时，$V_{\mathrm{c}}=0.243\mathrm{m/s}$。式中单位以 mm、s 计。这个公式尽管不能描述细颗粒起动流速，但是能否定 $D\to0$，$V\to0$。Hjulstrom[25] 根据试验资料得到了 $D=0.2\sim0.3\mathrm{mm}$ 时，起动流速存在极小值，这比 Великанов 的研究进步了一大步。Hjulstrom 的经验曲线包含的范围很广，从 0.001mm 到 100mm（见图 1.1.2），与后来的资料大体相近。

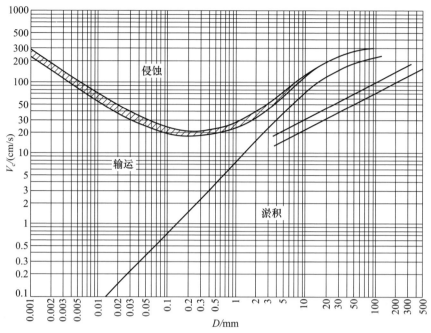

图 1.1.2　Hjulstrom 起动流速经验曲线[25]

有关细颗粒泥沙难以起动的解释经历了一段时期的推测与争论。当时主要有两类看法:一类认为细颗粒受近底层流子层的影响;另一类认为细颗粒间存在黏着力与薄膜水附加下压力的作用。目前为止,后一类(至少持黏着力作用的看法)已占有绝对优势,这基本是我国学者的贡献。认为细颗粒受近底层流子层影响的,先后有 Shields[8]、Егиазаров[26]、Леви[27]、Кнороз[28]、李保如[17]、华国祥[29]等。他们通过不同方式引进了阻力系数与雷诺数的关系,从而得到了处于底部层流子层的细颗粒随着粒径减小,其起动流速加大的结论。但是从机理看,这种看法缺乏根据,首先按近代紊流理论,层流子层中仍有紊动涡体,更有猝发掀沙;其次在非光滑床面,而且是动床床面,颗粒起动时处于层流区是难以想象的。例如,上述研究者一般认为 $D < 0.025 \text{mm}$ 的颗粒处于光滑区,其阻力系数 λ 应为层流的阻力系数,但是唐存本[30]分析美国水道试验站[12]和 Kramer[11]的试验资料指出,当 $D = 0.018 \sim 0.054 \text{mm}$,其阻力系数仍处于阻力平方区。李昌华在清水与甘油中同时做了起动流速的对比试验,尽管它们的动力黏滞系数相差近十倍,但是起动流速基本一致[31],这证实了颗粒起动时,水流已属紊流,起动流速与水流黏滞系数和雷诺数无关。

认为细颗粒起动与粗颗粒起动存在差别的实质是细颗粒受黏着力与薄膜水附加下压力的影响的,主要是我国的研究者。通过他们的研究,细颗粒起动的机理已基本阐述清楚。沙玉清[31,32]曾从理论上研究细颗粒起动机理,并给出粗细颗粒统一的起动流速公式。他认为颗粒周围有高滞性"分子水膜"(薄膜水),颗粒之间由这种水膜互相黏结,起动时必须克服由此产生的阻力,主要是薄膜水之间的黏着力。基于这种概念,他根据实测资料得出黏着力的经验关系公式,由此得到能概括粗细颗粒起动流速的公式:

$$V_c^2 = \frac{4}{3}\left[5\times10^9(0.7-\varepsilon)^4\left(\frac{\delta}{D}\right)^2 + 200\left(\frac{\delta}{D}\right)^{\frac{1}{4}}\right]\left(\frac{\gamma_s}{\gamma}-1\right)gDR^{0.2} \quad (1.1.5)$$

式中,ε 为孔隙率;D 为泥沙粒径;δ 为薄膜水厚度,取 10^{-7}m;g 为重力加速度;R 为水力半径;γ_s、γ 分别为泥沙颗粒和水的容重。式中的有关单位以 m、s 计。

沙玉清给出的公式虽然考虑了薄膜水接触引起的黏着力,还考虑了孔隙率,即干容重对起动流速的影响,但是在力学机制描述和表达方面并不是很清晰,基本属于半经验性的结果。例如,他撇开正面推力与上举力,笼统地将作用力称为开动作用力,认为阻碍颗粒运动的机械阻力系数与径厚比(直径与薄膜水厚度比)有关,分子阻力(黏着力)与颗粒重量有关等,均有值得商榷之处。

如果以底部水流速度表示起动流速,那么水深对颗粒稳定性是否还有影响?对此 Бурлай[33] 曾提出肯定的看法,指出必须考虑水深对起动流速的影响,而且这种影响与沙粒间的接触面积有关,但是对其机理却缺乏研究。首先考虑薄膜水附加下压力的是窦国仁(于 1960)、张瑞瑾等[34]。按照现代薄膜水理论,在颗粒周围有一薄层水附在其上,在这一层内,特别是其中的牢固结合水,几乎不能用力学方法使其分开;同时,在薄膜水内具有单向压力传递性质。窦国仁利用 Дерягин 的方法,观测了两个石英丝间的摩擦阻力,得到

$$F_T = \mu_T[N+\gamma(H+H_a)\omega_k] \quad (1.1.6)$$

式中,N 为正压力;H 为水深;H_a 为大气压力(水柱高);ω_k 为接触面积。

根据试验建立了接触面积表达式并用实际资料率定系数后,窦国仁[16] 得到的起动流速公式为

$$\frac{V_c^2}{g} = \frac{\gamma_s-\gamma}{\gamma}D\left(6.25+41.6\frac{H}{H_a}\right)+\left(111+740\frac{H}{H_a}\right)\frac{H_a\delta}{D} \quad (1.1.7)$$

式中,γ_s 为单颗泥沙容重;δ 为水分子厚度,取 3×10^{-8}cm。

张瑞瑾[34] 认为,颗粒起动时受黏着力的影响,但是由于薄膜水特别是其中的牢固结合水有单向压力传递的特性,因此黏着力是包含水柱 H 及大气压力 H_a 所传给的部分,从而提出黏着力公式为

$$F_\mu = a\gamma D^2\left(\frac{D_1}{D}\right)^S(H_a+H) \quad (1.1.8)$$

式中,D_1 为某个参考粒径;aD^2 为泥沙粒径在水平面的投影面积。据此得到的起动流速公式为

$$V_c = \left(\frac{H}{D}\right)^{0.14}\left(17.6\frac{\gamma_s-\gamma}{\gamma}D+6.05\times10^{-7}\times\frac{10+H}{D^{0.72}}\right)^{0.5} \quad (1.1.9)$$

式中有关单位以 m、s 计。张瑞瑾是将薄膜水单向压力传递与黏着力作用综合在一起进行研究的。

唐存本[30]认为,颗粒间黏着力主要是由薄膜水内的分子引力造成的,他引用了 Дерягин 关于两根石英丝的试验结果,即黏着力

$$P_\mu = \sqrt{D_1 D_2}\, \xi \tag{1.1.10}$$

式中,D_1、D_2 为石英丝的直径;ξ 表示系数。对泥沙而言,唐存本认为 $D_1 = D_2 = D$。

此外,唐存本注意到细颗粒干容重大小即颗粒密实程度对黏着力有很大影响,因而根据实际资料得到经验关系

$$P_\mu = \left(\frac{\gamma_s}{\gamma_{s.c}}\right)^{10} \xi D \tag{1.1.11}$$

式中,$\gamma_{s.c}$、γ_s 分别为泥沙稳定干容重与干容重。根据实测资料确定了

$$\xi = \frac{\alpha_1 \beta_1}{\alpha_4} \xi_0 = \frac{\pi}{12}\xi_0 = \frac{\pi}{12} \times 0.915 \times 10^{-4} = 2.40 \times 10^{-5}$$

后,唐存本最终得到起动流速公式:

$$V_c = \frac{1.79}{\theta}\left[\frac{\gamma_s - \gamma}{\gamma} gD + \left(\frac{\gamma_s}{\gamma_{s.c}}\right)^{10}\frac{c}{\rho D}\right] \tag{1.1.12}$$

式中,$c = 0.906 \times 10^{-4}\,\mathrm{g/cm}$;$\rho$ 为水的密度;

$$\theta = \frac{\dfrac{m+1}{m}}{\left(\dfrac{H}{D}\right)^{\frac{1}{m}}} \tag{1.1.13}$$

对于天然河道,$m=6$;对于水槽,$m=4.7\left(\dfrac{H}{D}\right)^{0.06}$。需要强调的是,在沙玉清公式的基础上,唐存本的公式根据资料揭示了黏着力与细颗粒干容重的 10 次方成正比,这一点虽然是经验的,但对细颗粒起动流速研究有重大意义。Доу Гохжень[35]进一步发展和完善了他 1960 年研究的结果。首先,在考虑颗粒间由薄膜水引起的作用力时概括了两种力:黏着力与薄膜水附加压力。后者为

$$\gamma H \omega_k = \gamma H \frac{\pi}{2} D(\delta_0 - \delta_1) = \frac{\pi}{2}\gamma H D \delta \tag{1.1.14}$$

式中,δ 为颗粒间薄膜水接触厚度,即两颗粒间薄膜水最小间距,取 $0.21 \times 10^{-4}\,\mathrm{cm}$。至于黏着力,取为

$$P_c = \frac{\pi}{2}D\varepsilon_0 \tag{1.1.15}$$

式中,ε_0 为黏着力参数,根据石英丝试验资料取 $\varepsilon_0 = 2.56\,\mathrm{dyn/cm} = 2.56\,\mathrm{g/s^2}$($1\mathrm{dyn} = 10^{-5}\mathrm{N}$)。这样,在建立重力、正面推力、升力、黏着力、薄膜水附加压力的滚动平衡方程后,就得到瞬时起动底速公式[35]。

窦国仁[35]以垂线平均速度表示的起动速度为

$$V_c = \frac{2.24}{M\eta}\sqrt{\frac{\gamma_s - \gamma}{\gamma}gD + 0.19\frac{\varepsilon_k + gH\delta}{D}} \tag{1.1.16}$$

式中,M、η 分别由窦国仁的平均脉动底速(绝对值平均)公式和时均流速分布公式给出。窦国仁[36]对上述结果进行了调整,他取大于瞬时起动底速的概率为 5%,即

$$V_{b.c} = \bar{V}_{b.c} + 2\sigma_{V_b} = \bar{V}_{b.c} + 2\times0.37\bar{V}_{b.c} = 1.74\bar{V}_{b.c} = M\bar{V}_{b.c} = M\eta V_c \tag{1.1.17}$$

从而将式(1.1.16)的系数 2.24 修正为 1.90,则时均起动底速为

$$\bar{V}_{b.c} = 1.90\sqrt{\frac{\gamma_s - \gamma}{\gamma}gD + 0.19\frac{\varepsilon_k + gH\delta}{D}} \tag{1.1.18}$$

其中,$\varepsilon_k = \varepsilon/\rho = 2.56\text{cm}^3/\text{s}^2$。他利用对数流速分布公式将时均起动底速换算成垂线平均流速后得到

$$V_c = 0.74\lg\left(11\frac{H}{K_s}\right)\sqrt{\frac{\gamma_s - \gamma}{\gamma}gD + 0.19\frac{\varepsilon_k + gH\delta}{D}} \tag{1.1.19}$$

式中,当 $D < 0.5\text{mm}$ 时,糙率参数 $K_s = 0.5\text{mm}$,当 $D > 0.5\text{mm}$ 时,糙率参数 $K_s = D$。

随后,窦国仁[37]对起动流速做了进一步研究,也吸收了其他研究者的长处,除理论方面有所补充,考虑影响起动的因素有所增加外,特别是整个研究,强调与实际相符合,以便尽可能在工程泥沙方面有更多的应用。这次的补充和进展如下:

(1) 考虑了泥沙干容重(密实程度)对黏着力 F_c 与薄膜水附加下压力 F_g 的影响,采用实际资料 F_c、F_g 均与干容重的 2.5 次方成比例,即

$$F_c = \alpha\left(\frac{\gamma_s'}{\gamma_{s*}'}\right)^{2.5} \tag{1.1.20}$$

$$F_g = \alpha\left(\frac{\gamma_s'}{\gamma_{s*}'}\right)^{2.5} \tag{1.1.21}$$

式中,γ_{s*}' 为泥沙稳定干容重。

(2) 考虑了粗细颗粒阻力系数的差别,他根据正面推力 F_x 与上举力 F_y 系数 λ_x、λ_y 与颗粒粒径有关,提出在一定粒径范围内阻力系数与粒径成反比:

$$\lambda_x = \alpha_x\left(\frac{d_*}{d'}\right)^{\frac{1}{3}} \tag{1.1.22}$$

$$\lambda_y = \alpha_y\left(\frac{d_*}{d'}\right)^{\frac{1}{3}} \tag{1.1.23}$$

式中,α_x、α_y 为系数;$d_* = 10\text{mm}$;

$$d' = \begin{cases} 0.5\text{mm}, & d \leqslant 0.5\text{mm} \\ d, & 0.5\text{mm} < d < 10\text{mm} \\ 10\text{mm}, & d \geqslant 10\text{mm} \end{cases} \tag{1.1.24}$$

可见在 $0.5\text{mm}<d'<10\text{mm}$ 范围内，$\left(\dfrac{d_*}{d'}\right)^{\frac{1}{3}}$ 由 2.71 减至 1，将导致细颗粒阻力系数增大，粗颗粒减少，从而降低粗颗粒起动流速，这主要是反映颗粒在床面位置的影响。

（3）为了调整原来公式中黏着力与薄膜水附加下压力对起动流速的影响，他将 $\dfrac{\varepsilon_0+gH\delta}{D}$［式（1.1.18）中］调整为 $\dfrac{\varepsilon_0+gH\delta\,(\delta/D)^{\frac{1}{2}}}{D}=\dfrac{\varepsilon_k}{D}+gH\left(\dfrac{\delta}{D}\right)^{\frac{3}{2}}$，即将 $\dfrac{\delta}{D}$ 的指数由 1 改为 $\dfrac{3}{2}$，其中 δ 为薄膜水厚度。$\dfrac{\delta}{D}$ 远小于 1，使 $\dfrac{gH\delta}{D}$ 减小为 $\left(\dfrac{\delta}{D}\right)^{\frac{1}{2}}\left(\dfrac{gH\delta}{D}\right)$，从而减小了 H 对起动流速的影响。对细颗粒而言，这项变化是很大的。

（4）对于黏着力参数，他区别了不同物质颗粒的差别。例如，对于一般泥沙，$\varepsilon_0=1.75\text{cm}^3/\text{s}^2$；黏土的黏着力参数最大可达 $17.5\text{cm}^3/\text{s}^2$；电木粉的黏着力参数为 $0.15\text{cm}^3/\text{s}^2$，塑料沙的黏着力参数为 $0.1\text{cm}^3/\text{s}^2$。

窦国仁给出的以垂线平均流速表示的起动流速公式为

$$V_c=K\left(\ln\dfrac{11h}{\Delta}\right)\left(\dfrac{d'}{d_*}\right)^{\frac{1}{6}}\sqrt{3.6\times\dfrac{\rho_s-\rho}{\rho}gd+\left(\dfrac{\gamma_s'}{\gamma_{s*}'}\right)^{\frac{3}{2}}\left[\varepsilon_0+gh\delta\left(\dfrac{\delta}{d}\right)^{\frac{1}{2}}\right]\dfrac{1}{d}} \tag{1.1.25}$$

式中，Δ 为床面绝对糙度，当床面平整时，

$$\Delta=\begin{cases}1\text{mm}, & d\leqslant0.5\text{mm}\\ 2d, & 0.5\text{mm}<d<10\text{mm}\\ 2d_*^{\frac{1}{2}}d^{\frac{1}{2}}, & d>10\text{mm}\end{cases} \tag{1.1.26}$$

g 为重力加速度。

窦国仁曾长期对起动流速进行研究，自 1960 年首次发表论文至 1999 年，先后发表起动流速研究成果共 4 次[16,35-37]，其认识不断深入。这说明了真正研究清楚一个泥沙问题是异常复杂的，不是一日之功，也表明了窦国仁院士的精益求精、不断追求真理的精神。这是值得泥沙研究工作者深入学习的。从他的研究中可以看出：

第一，对于泥沙运动这样复杂的问题，他强调了实际经验和资料的重要性。他曾经强调理论的概括，在有的文章中给出了公式，但没有给经验系数，只有物理常数。而在文献[37]中，则强调通过试验资料确定有关参数，承认泥沙研究中传统的半理论半经验方法。例如，对于黏着力，他提出其与颗粒间距离成反比，即与颗粒密实程度有关，并且采用 F_c 与 $\left(\dfrac{\gamma_s'}{\gamma_{s*}'}\right)^{2.5}$ 成正比的"试验资料"。事实上，如果黏着力与颗粒间距离成反比，则由干容重与颗粒间距离的关系可推出黏着力与干容重之间并不是 2.5 次方的关系，方次要高得多[38]。但是为了更好地符合其实际资料且方便使用，采用所述关系是可以接受的。其次，对于系数 a、a_x、a_y 等均强调由实际

试验确定。例如,他将文献[37]中的公式(13)在 $1-\frac{\Delta}{2h}\approx1$ 的条件下简化成公式

(13′),也是较为勉强的,但是使用较方便。实际上按条件 $1-\frac{\Delta}{2h}\approx0$,应简化为

$$\frac{u_{\mathrm{m}}}{u_*}=2.5\ln\left(20\,\frac{h}{\Delta}\right)-1.5 \tag{1.1.27}$$

这与式(13′)差别较大。当然,对于这种情况,在使用时,最好不要采用简化公式
(13′),而应采用原公式(13)。

第二,他吸取了已有其他研究者的经验,如考虑了泥沙颗粒干容重大小的影
响,这对细颗粒是特别需要的;为了防止大水深下细颗粒起动流速过大,降低了薄
膜水附加下压力的作用,即水深的作用;为了反映不同粒径在床面位置的影响,采
用了文献[3]中的式(5)修正阻力系数以符合粗颗粒流速比均匀沙小、细颗粒流速
比均匀沙大的现象等。总之,窦国仁最后调整后的公式(1.1.25)是适用范围最广
泛的起动流速公式之一。

然而,遗憾的是,由于最早研究成果的限制,窦国仁最终未跳出均匀沙起动流
速的框框,以至于从理论上看,他仍未能提供非均匀沙分组起动流速公式,尽管阻
力系数的假设式可以在一定程度上反映粗细泥沙起动流速的差别。

韩其为[38]也认为细颗粒之间存在两种力:一种是黏着力;另一种是薄膜水附
加压力。他提出黏着力属于 van der Waals 力,最早从 Hamaker 电化学理论得到
的分子间的色散势能予以求出。为了直观,他假定颗粒间各点黏着力与其间距的
3 次方成反比,最早得到床面颗粒与下层颗粒之间的黏着力为

$$P_\mu=\frac{\sqrt{3}}{2}q_0\pi\delta_0^3 R\left(3-\frac{t}{\delta_1}\right)\left(\frac{1}{t^2}-\frac{1}{\delta_1^2}\right),\quad t\leqslant\delta_1 \tag{1.1.28}$$

式中,$\delta_0=3\times10^{-10}$ m 为一个水分子厚度;$\delta_1=4\times10^{-7}$ m 为薄膜水厚度;t 为两颗
粒间最小间隙(缝隙);R 为泥沙半径;$q_0=1.3\times10^9\,\mathrm{kg/m^2}$。同时,他从色散势能导
出了类似公式,与式(1.1.28)相比,除式(1.1.28)中多一排列系数$(3-t/\delta_1)$外,两
者仅差一常数因子[38]。式(1.1.28)中的 t 显然与颗粒间的缝隙或者薄膜水接触面
积有关。他根据几何关系首次从理论上给出了 t 与泥沙粒径及干容重的关系[38],
且与唐存本得到的 P'_μ 与干容重关系的实际资料颇为符合。至于薄膜水附加压力
的存在,他利用实际资料证实了水深对起动流速的影响远超过了底部和平均流速
换算时水深的影响,从而指出薄膜水附加压力的影响必须予以考虑[24,39]。他给出
的薄膜水附加压力公式为

$$\Delta G=\sqrt{3}\,\pi k_0\gamma HR\left(3-\frac{t}{\delta_1}\right)(\delta_1-t),\quad t\leqslant\delta_1 \tag{1.1.29}$$

式中,H 为水深;k_0 为薄膜水接触面中单向压力传递所占面积的百分数,根据有关资

料确定为 2.58×10^{-3}。从式(1.1.28)和式(1.1.29)可以看出,韩其为颇早从理论上考虑了干容重变化对黏着力与薄膜水附加压力的影响;在进一步考虑泥沙在床面位置后,根据滚动平衡条件,得到了瞬时起动底速公式。在文献[38]～[40]中,他给出的瞬时起动流速是为了计算起动概率和其他起动的统计参数,而不是直接用来确定时均起动流速;他的时均起动流速是由输沙率决定的,同时引进了一般的泥沙起动标准。关于起动标准问题,下面将要专门讲述。用垂线平均流速表示的起动速度为

$$V_c = 0.268\omega_1\psi F_b^{-1}(\lambda_{q_{s.c}}) \tag{1.1.30}$$

式中,特征速度 ω_1 为

$$\omega_1 = \left[3.33\times\frac{\gamma_s-\gamma}{\gamma}gD + \frac{0.0465\delta_1}{D}\left(3-\frac{t}{\delta^1}\right)\left(\frac{\delta_1^2}{t^2}-1\right)\right.$$
$$\left. + 1.55\times10^{-7}\left(1-\frac{t}{\delta_1}\right)\left(3-\frac{t}{\delta_1}\right)\frac{H}{D}\right]^{\frac{1}{2}} \tag{1.1.31}$$

$$\psi = \psi\left(\frac{H}{D}\right) = \frac{V}{u_*} = 6.5\left(\frac{H}{D}\right)^{\frac{1}{4+\lg\frac{H}{D}}} \tag{1.1.32}$$

$F_b^{-1}(\lambda_{q_{s.c}})$ 表示起动标准,即无因次输沙率

$$\lambda_{q_{s.c}} = F_b\left(\frac{V_{b.c}}{\omega_1}\right) \tag{1.1.33}$$

的反函数。为了在实际观测中便于掌握,韩其为根据泥沙起动机理提出了用三个参数 V_c、$\lambda_{q_{s.c}}$ 及 $\frac{V_{b.c}}{\omega_1}$ 表示的起动标准,并针对非均匀沙及多颗泥沙成片起动等得到了一整套结果。以下的评述将有所涉及。

关于细颗粒起动流速的研究,目前已有的成果除直接利用 van der Waals 力作为黏着力外,从理论试验考虑了干容重的影响[38,40],但尚未进一步深刻揭露某些机理,数量关系检验时利用的实际资料有限。

国外关于细颗粒起动流速的研究较少,也缺乏创造性的成果。例如,美国土木工程学会泥沙专业委员会主编的《泥沙工程》[19]中仍以文献[25]中各种粒径的起动流速试验为准,加上起动流速的上限、平均限、下限,以此说明细颗粒起动流速的波动,便于工程上采用。由此可见,国外对细颗粒起动流速研究是很少的。Yang[41,42]将起动流速公式与泥沙沉速联系起来,给出了它们的比值与粒径、雷诺数的关系,该式得到了一定程度的应用。但是他的公式只能延伸到雷诺数约为 0.12,即 $D=0.085\text{mm}$,未达到粉沙和黏粒。

已固结的细颗粒(主要为黏性颗粒)在起动时往往不是以单颗形式进行的,而是以多颗形式成团(成片)进行的。万兆惠等[43]在用海河口淤泥试验起动流速时描述过这种现象,即"在起动形式上,与单颗粒的起动完全不同,淤泥不是以单颗粒的形式运动,而是以成片揭起的形式运动,随着流速的加大,揭起的泥块也越来越大"。关于成团起动的研究,有一些文献中有所涉及,但大多是对细颗粒总体直接

进行临界切应力试验[44-47],并且多与泥沙浆体的屈服应力即宾汉应力联系起来[44-46]。杨铁笙等[48]、Yang 和 Wang[49]也考虑了微粒间的 van der Waals 力,研究了成团的起动切应力。有一点已经明确,就是黏性细颗粒起动切应力要小于相应的宾汉屈服应力。这表明,细颗粒虽然多以成团(成片)形式起动,但这时仍是在紊流中发生的剥蚀,并不是整个泥浆的稳定性被破坏。

关于黏土成块起动,还有另外的成果。Карасев[50]注意到黏土起动不是一颗颗进行的,而是成团被掀起,所以认为黏土黏着力 σ_M 将转化为黏土团的重力,即其单位体积水下重量为

$$\gamma_\phi = \gamma_s + \frac{3\sigma_M}{2D} \tag{1.1.34}$$

考虑到水流正面推力、上举力、薄膜水附加压力,并且参照窦国仁推导起动流速的做法得到底部流速起动公式,最后按 Кончанов 公式转化成垂线平均流速后,得到

$$V_c = 0.142C\sqrt{\frac{2D(\gamma_s-\gamma)+3\sigma_M}{\gamma}\left(1.2+\frac{8H}{H_a}\right)+\left(37+\frac{2.74H}{H_a}\right)\frac{H_a\delta_c}{D}} \tag{1.1.35}$$

式中,H_a 为大气压力;$\delta_c = 0.213\times10^{-4}\,\text{cm}$;$C$ 为 Chezy 系数;黏着力为

$$\sigma_M = K_A K_p C \tag{1.1.36}$$

对于成团土块,

$$K_A = K_p = 0.15$$

而对于单粒结构,

$$K_A = K_p = 0.20$$

当黏土团块的直径 $D>0.2\,\text{mm}$ 时,式(1.2.35)中根号内第二项较之第一项可以忽略。Карасев 认为,在大多数情况下,黏土成团块破坏的尺寸为 3~5mm,因此式(1.1.35)实际上可用

$$V_c = 0.142C\sqrt{\frac{2D(\gamma_s-\gamma)+3\sigma_M}{\gamma}\left(1.2+\frac{8H}{H_a}\right)} \tag{1.1.37}$$

来代替。Карасев[50]利用 Мирчхулава[51]试验资料验证了式(1.1.37),说明基本符合实际。Карасев 的基本看法是,薄膜水附加下压力是对各种类型土粒都成立的,因此只考虑这种力而不考虑黏着力的公式只对非黏性颗粒的起动流速才成立。而对于黏性土,应考虑薄膜水附加下压力和黏着力(相当于增加颗粒重量),才能反映黏土冲刷情况。

韩其为和何明民[24,52]深入研究了细颗粒的成团起动,采用的理论分析方法及作用力与单颗起动时的完全相同,只是考虑在此情况下力的大小有所增减,从而得到了一些新的概念。对于多颗成团(成片)泥沙,黏着力和薄膜水附加下压力相当

大的一部分转为内力,故对于颗粒团,它们的作用大幅减少,以致附加下压力可以忽略。这就解释了为什么在土力学中考虑的是超静水压力,而与水深无关,从而解决了在河流泥沙研究中考虑薄膜水下压力,而在土力学研究中予以忽略的矛盾。因此,在一定条件下,颗粒团的起动流速可以小于单颗粒的。

表 1.1.1 给出了片状土块平均起动流速 $V_c(D_0)$ 与单颗起动平均底速 $V_c(D)$ 的对比。由表可知,当水深大于某个值之后,$V_c(D_0) < V_c(D)$。

表 1.1.1　片状土块平均起动流速与单颗对比

$\dfrac{t}{\delta_1}$	H /m	γ_s /mm	$D_{0,m}$ /mm	$V_{b,c}(D_0)$ /(m/s)	ψ	ω_1 /(m/s)	$V_c(D)$ /(m/s)	$V_c(D_0)$ /(m/s)
0.2	6.00 9.722 12.00 20.00	1.408	0.0131	0.794 0.881 0.931 1.086	26.06 26.55 26.76 27.27	0.817 0.962 1.041 1.280	2.47 2.96 3.23 4.05	2.63 2.96 3.16 3.73
0.375	1.00 3.346 6.00 9.00 15.00	1.236	0.0128	0.354 0.440 0.520 0.598 0.729	24.15 25.46 26.06 26.48 26.99	0.333 0.480 0.604 0.719 0.907	0.933 1.42 1.83 2.21 2.84	1.08 1.42 1.72 2.01 2.49
0.500	0.50 2.177 4.00 8.00	1.140	0.0127	0.238 0.307 0.368 0.424	23.36 25.00 25.64 26.36	0.218 0.335 0.427 0.582	0.591 0.973 1.27 1.78	0.703 0.973 1.19 1.42
0.800	0.50 1.316 3.00 8.00 12.00	0.970	0.0126	0.112 0.138 0.182 0.240 0.326	23.36 24.45 25.34 26.36 26.76	0.108 0.151 0.214 0.338 0.441	0.293 0.428 0.629 1.03 1.27	0.331 0.428 0.584 0.800 1.10

综上所述,尽管细颗粒泥沙起动研究在近些年取得了不少进展,经过文献[24]、[30]、[31]、[34]、[35]、[37]等的研究,细颗粒单颗起动机理已基本被揭示,也能反映起动流速随粒径减小而增大的事实,大体可以满足使用的需要,但是尚有一些问题需要进一步研究。

(1) 细颗粒受力状态。例如,除已有的试验结论和一些推理外,还没有更多的证据能证明颗粒薄膜水接触产生附加下压力,它与电化学理论中的一些概念是否一致尚待进一步确认。关于薄膜水附加下压力是否存在,目前也有一些不同的看法。

(2) 附加下压力是否与大气压力有关。张瑞瑾考虑了大气压力;窦国仁最早考虑了大气压力,后来又放弃了;韩其为也未引进大气压力。在如何表达水深影响方面也有待进一步研究,特别是大范围水深的起动流速与水深关系的实际资料,将是证明薄膜水附加下压力是否起作用的根据之一。

（3）关于多颗粒成团的起动。很细的一些颗粒（如黏土）起动时往往不是以单颗形式进行的，而是以多颗成团的方式被掀起，特别是干容重很小时尤其如此。此时除文献[52]论证了成团颗粒黏着力及薄膜水附加下压力减小是成团起动流速小的关键外，其他机理尚待进一步明确，特别是多颗粒起动流速的表示及其与单颗粒起动流速的关系，应进一步试验和验证。

（4）目前泥沙起动流速公式验证资料中的水深范围一般在 10m 以下，绝大部分是室内水槽资料，其水深多在 15～20cm 内。而实际的水深有时达 50m 左右或更大（如水库水深达 50m 左右或以上是常见的），因此深水起动流速资料不仅如前面提到的检验薄膜水附加下压力是需要的，而且还可验证深水起动时已有的起动流速的可靠性。但是由于天然深水河道（水库）无法用肉眼观测，最多只有一些低推移质输沙率资料，因此如何将这些资料换算成起动流速是非常必要的，为此必须研究输沙率与起动流速关系及起动标准。

1.1.3 非均匀沙起动

前面的起动流速研究，均是对均匀沙进行的。而实际上的泥沙是非均匀沙，其粒径的尺寸是有一定范围的，是不同粒径的混合沙。对于非均匀沙的起动流速，当粒径范围较窄时，可以采用 D_{50} 或 $\overline{D}$ 作为代表粒径，直接利用均匀沙的公式确定，此时误差一般尚可接受。事实上，各种天然沙的试验资料均有一定的粒径范围，往往也是以代表粒径来标志。但是当粒径范围很广时（如在两个数量级或以上），用一个代表粒径（特别是用 D_{50} 或 $\overline{D}$）和均匀沙起动流速公式决定整体床沙起动流速，很难反映实际情况。为此，对于宽级配床沙的起动，有研究者选择另外的粒径作为代表粒径，也有研究者除引进一个代表粒径外，引进级配的其他参数来反映。例如，Stelczer[23]采用 D_{80} 为代表粒径；Lane[53]采用 D_{75} 为代表粒径；Леви[27]除引进 $\overline{D}$ 外，考虑用 $(\overline{D}/D_M)^{\frac{1}{n}}$ 来进行修正，其中 $n=7\sim10$，D_M 为床沙最大粒径；Indri[54]则引进了泥沙分布模数 M 来进行修正。当然对于垂线平均起动流速，在由底速换算过来时往往引用了某个特殊粒径，如 D_{75}、D_M、$\overline{D}$ 等，使得起动流速公式中多了一个级配的参数，这与非均匀沙还是不一样的。尽管为了符合实际资料，这种套用均匀沙起动流速的做法加上一个调整系数有时是不可避免的，但是有很强的经验性，关键是对于非均匀床沙整体，其起动流速的概念是不明确的。

随着泥沙研究的深入，需要进一步揭露非均匀沙运动的机理，由于某些工程泥沙问题冲刷和粗化的需要，研究非均匀沙中不同粒径的起动问题就更为重要。这个问题又称为泥沙分组起动问题。实际上分组起动才是非均匀沙起动的基本课题。

较早的确定分组起动流速（或起动切应力）的做法大多是直接对非均匀沙中各

组泥沙使用同一均匀沙起动的流速（或起动切应力）公式。Gessler[55]在研究不同粒径泥沙起动概率时，采用了均匀沙起动切应力公式，以计算非均匀沙不同粒径的起动切应力的值，但由于床面粗细颗粒暴露程度等不一样，分组起动流速并不等于相同粒径的均匀沙起动流速。Einstein[4]在研究非均匀沙推移质分组输沙率时，不仅直接考虑了粒径的影响，首先引进了隐蔽系数的概念，而且给出了不同粒径时，因隐蔽系数的不同对分组输沙率公式的校正。尽管 Einstein 并不支持时均起动流速的概念，没有直接给出时均流速公式，但是他实际给出了起动概率的积分限。瞬时起动流速公式和时均起动流速公式是不一样的，因此褚君达[56]将 Einstein 的瞬时起动流速公式与一般的时均流速公式相比是不恰当的。Einstein 在建立起动切应力表达式时，考虑了非均匀沙的隐蔽系数等影响，这是值得重视的。Einstein 的成果应看成是最早的分组瞬时起动流速公式。

Egiazaroff[57]为了对 Shields 曲线做出理论解释，他忽略了上举力和细颗粒间薄膜水引起的黏着力，按滑动平衡建立起动流速公式，认为平衡方程中的起动流速是时均的，并引用对数流速分布公式将其转换成起动切应力，从而有

$$\theta_c = \frac{\tau_c}{(\gamma_s - \gamma)D} = \frac{4f}{3C_x} \frac{1}{\left[5.75 \lg\left(30.2 \frac{yx}{K_s}\right)\right]^2} \tag{1.1.38}$$

式中，θ_c 为均匀沙的无因次切应力，其中 $y = K_s = D$，$x = 0.63$，$C_x = 0.4$，$f = 1$。对于非均匀沙，取 $K_s = \bar{D}$，$y = D_l$，其他参数不变，此处 $\bar{D}$ 为非均匀沙的平均粒径，D_l 为非均匀沙中第 l 组泥沙粒径。由此，粒径为 D_l 的分组起动切应力公式为

$$\frac{\tau_{c,l}}{(\gamma_s - \gamma)D_l} = \frac{0.1}{\left[\lg\left(19 \frac{D_l}{\bar{D}}\right)\right]^2} \tag{1.1.39}$$

这里不同粒径起动切应力（起动流速）的差别主要是底部流速所取的位置的差别。

秦荣昱等[58,59]认为，非均匀沙中某种粒径抗拒起动除泥沙本身重量外，还会受到与混合沙平均抗剪力 τ_0 成正比的附加阻力，并且考虑到该力与 $\bar{D}$ 成正比，取不同粒径水流作用的流速相同，得到

$$V_{c,l} = 0.786 \sqrt{\frac{\gamma_s - \gamma}{\gamma} g (2.5 M\bar{D} + D_l)} \left(\frac{H}{D_{90}}\right)^{\frac{1}{6}} \tag{1.1.40}$$

式中，H 为水深；M 为密实系数，取决于泥沙的不均匀系数 $\eta = D_{60}/D_{10}$ 的经验关系[59]，D_{60}、D_{10} 分别为小于该粒径质量百分数恰为 60% 及 10% 的粒径。当 η 很大时，M 接近常数，其值小于 0.7。当为均匀沙时，建议取 $M = 0.56$，使该式转换为与Шамов[7]及武汉水利电力学院给出的沙质起动流速公式[34]相近的表达式，同时给出附加阻力表达式

$$R_l = \phi \tau_0 \alpha D_l^2 = \phi \alpha D_l^2 \int_{D_m}^{D_M} K_m (\gamma_s - \gamma) MDP(D)\mathrm{d}D = K(\gamma_s - \gamma)MD_l^2 \bar{D} \quad (1.1.41)$$

式中，K 为待定系数。由式可见，附加阻力与平均粒径和分组粒径有关。

Hayashi 等[60]得到与 Egiazaroff 类似的研究结果，但是他特别强调 $D_l < \bar{D}$ 的颗粒所受到的隐蔽作用，因而分组起动流速为

$$\frac{\tau_{c.l}}{(\gamma_s - \gamma)D_l} = \begin{cases} K\dfrac{\bar{D}}{D_l}, & \dfrac{D_l}{\bar{D}} \leqslant 1 \\ \dfrac{0.816K}{\left[\lg\left(8\dfrac{D_l}{\bar{D}}\right)\right]^2}, & \dfrac{D_l}{\bar{D}} > 1 \end{cases} \quad (1.1.42)$$

此处 K 为常数。由式(1.1.42)可以看出，对于 $D_l < \bar{D}$，其临界切应力 $\tau_{c.l}$ 均相同，并且等于 $\bar{D}$ 时的值，足见所考虑隐蔽作用之大，从而增大了细颗粒起动时的切应力的临界值。据此，如果 $\bar{D}$ 不能起动，则所有细颗粒均不能起动。这显然与无黏性细颗粒先起动的实际现象不符。

谢鉴衡和陈媛儿[61]研究了非均匀沙的近底水流结构，认为粗颗粒及其在床面的分布不仅对当量糙率 K_s 有影响，而且与近层流速分布有关，但目前还难以从理论上描述。作为第一次近似，他们采用一般对数流速分布公式，根据试验资料，引进一些经验系数，经试验后得到

$$V_{c.l} = \psi\sqrt{\frac{\gamma_s - \gamma}{\gamma}gD_l}\lg\frac{11.1H}{\phi\bar{D}}\lg\frac{15.1D_l}{\phi\bar{D}}^{-1} \quad (1.1.43)$$

式中，

$$\psi = \frac{1.12}{\phi}\left(\frac{D_l}{\bar{D}}\right)^{\frac{1}{8}}\left(\frac{D_{75}}{D_{25}}\right)^{\frac{1}{14}} = 0.56\left(\frac{D_l}{\bar{D}}\right)^{\frac{1}{8}}\left(\frac{D_{75}}{D_{25}}\right)^{\frac{1}{14}} \quad (1.1.44)$$

$\phi = 2$。他们认为，ψ 能反映当量糙率和不均匀系数 $\dfrac{D_{75}}{D_{25}}$ 对起动流速的影响。事实上，当 $\dfrac{D_l}{\bar{D}}$ 较大时，$\left(\dfrac{D_l}{\bar{D}}\right)^{\frac{1}{8}}\left(\lg\dfrac{15.1D_l}{\phi\bar{D}}\right)^{-1}$ 较小，反之，当 $\dfrac{D_l}{\bar{D}}$ 较小时，$\left(\dfrac{D_l}{\bar{D}}\right)^{\frac{1}{8}}\left(\lg\dfrac{15.1D_l}{\phi\bar{D}}\right)^{-1}$ 较大，故该式反映了非均匀沙中粗颗粒起动时的起动流速比同粒径均匀沙的起动流速要小，细颗粒起动时的起动流速比同粒径均匀沙的起动流速要大的特点。

韩其为[38]认为不同粒径非均匀沙起动时，除受到与均匀沙相同的各力作用外，还受其他颗粒遮掩和阻挡，即颗粒在床面的暴露的影响。由他建立的非均匀暴露度分布得到了非均匀沙推移质低输沙率关系。该关系认为推移质输沙率是随机变量，取决于滚动概率和速度，而这两者又取决于作为随机变量的底部水流

速度和颗粒在床面的位置,因此最后输沙率是对水流底速及床面位置的数学期望。他在此基础上定义统一的起动标准,从而得到相应的时均起动流速

$$V_{c.l} = 0.268\phi_l\psi_l\omega_{1.l} \tag{1.1.45}$$

式中,

$$\phi_l = \frac{V_{b.c}}{\omega_{1.l}} = F_b^{-1}\left(\lambda_{q_{b.c}}, \frac{D_l}{\bar{D}}\right) \tag{1.1.46}$$

$$\psi_l = 6.5\left(\frac{H}{D_l}\right)^{\frac{1}{4+\lg\frac{H}{D_l}}} \tag{1.1.47}$$

函数 F_b^{-1} 如式(1.1.46)所示,它是 $\lambda_{q_b} = F_b\left(\dfrac{V_b}{\omega_{1.l}}, \dfrac{D_l}{\bar{D}}\right)$ 的反函数。$\omega_{1.l}$ 表示泥沙起动的特征速度,对于较粗颗粒,

$$\omega_{1.l} = \omega_{0.l} = \sqrt{\frac{4}{3C_x}\frac{\gamma_s - \gamma}{\gamma}gD_l} \tag{1.1.48}$$

而 C_x 为水流正面推力系数,可取 0.4。这样,$\omega_{1.l}^2$ 表示在同样暴露度条件下水流正面推力与重力之比,只取决于分组粒径。起动标准 ϕ_l 既取决于颗粒的相对粗细,又反映粗细颗粒暴露度不一致引起的无因次输沙率(包括起动标准)的差别,ψ_l 则反映了不同粒径颗粒受底部水流流速作用的大小。特别是暴露度概念的引入,既能反映前方颗粒对它的掩蔽,又能反映它在开始滚动时各种力臂的大小和起动的难易。根据粗细泥沙不同条件和运动条件,分别采用三种起动标准,这与大量水槽实验资料、野外推移质采样资料及卵石推移质资料符合良好。

张启卫[62]认为,大颗粒对小颗粒有掩蔽作用,其本身亦有暴露作用,提出以指标 $\dfrac{D}{D_l}\ln\dfrac{D}{D_l}$ 来反映这两种作用对泥沙起动的附加作用力。此处 D 是床沙中的某种粒径,而 D_l 是所考虑的起动泥沙粒径。当 $D_l < D$ 时,$\dfrac{D}{D_l}\ln\dfrac{D}{D_l} > 0$,反映附加阻力为正,即阻碍泥沙起动的作用力增大;反之,当 $D_l > D$ 时,$\dfrac{D}{D_l}\ln\dfrac{D}{D_l} < 0$,即阻碍泥沙起动的作用力减小。他认为,起动颗粒受到全部粒径的总的附加阻力为

$$R_l = \int_{D_m}^{D_M} K(\gamma_s - \gamma)D_l^3\frac{D}{D_l}\left(\ln\frac{D}{D_l}\right)f(D)\mathrm{d}D$$
$$= K(\gamma_s - \gamma)D_l^3\frac{\bar{D}}{D_l}\left(\ln\frac{\bar{D}}{D_l}\right) \tag{1.1.49}$$

式中,D_m、D_M 分别为床沙最小粒径和最大粒径。在此基础上,除附加阻力外,他还考虑了水流正面推力、上举力、颗粒在水中的重量,并建立滚动平衡条件,得到非均匀沙分组起动流速公式为

$$V_{\mathrm{c}.l} = V_{\mathrm{c}.u} \sqrt{1 + 0.07 \frac{\bar{D}}{D_l} \left(\ln \frac{\bar{D}}{D_l} \right)} \tag{1.1.50}$$

式中，$V_{\mathrm{c}.u}$ 为粒径为 D_l 的均匀沙的起动流速，张启卫建议可取 Шамов 公式。张启卫公式是对 Шамов 均匀沙公式按不均匀沙特性的修正。

彭凯和陈远信[63]认为，泥沙是否起动不能从静力平衡出发，而要从动力平衡出发，即泥沙开始滚动后，要能翻越其下游颗粒的顶部才算起动。他们根据试验资料确定了隐蔽系数 ξ 和当量糙率系数 $\alpha_{\mathrm{k}.l} = \frac{K_{\mathrm{s}}}{D_l}$，得到所述起动定义下的分组无因次切应力

$$\frac{\gamma H J}{\xi \left(\gamma_{\mathrm{s}} - \gamma - 6.12 \frac{\sigma}{D_{50}} \gamma_{\mathrm{s}} D_l \right)} = \frac{\tau_{*.l}}{\xi} = f \left(\frac{u_* K_{\mathrm{s}}}{\nu} \right)$$

进一步简化并合并后得到

$$\tau_{*.l} = 0.0522 \left(\frac{\sigma}{|\mu_{\mathrm{s}}|} \frac{\bar{D}}{D_l} \right)^{0.408} \tag{1.1.51}$$

式中，σ 为级配的标准差；$\bar{D}$ 为平均粒径；μ_{s} 为三阶中心矩的立方根，

$$\mu_{\mathrm{s}} = \left[\sum_l P_l (D_l - \bar{D})^3 \right]^{\frac{1}{3}} \tag{1.1.52}$$

P_l 为床沙级配，即 D_l 组泥沙的质量百分数。对于指定的级配 $\tau_{*.l}$，仅与 $\frac{\bar{D}}{D_l}$ 有关。

冷魁和王明甫[64]采用刘兴年的暴露度与粒径的关系，将颗粒在床面位置按粗、中、细分为三种，其露出平均床面的程度不一样，从而按底部流速为抛物线分布计算了作用在起动颗粒上的作用流速和相应的力矩。考虑起动颗粒 i 与其下游颗粒 j 的暴露度关系，得到起动底流速 $V_{\mathrm{b}.\mathrm{c}.i.j}$，进而求出以颗数计的床沙级配（累计频率）为

$$P_{n.j} = P(D_j) = \frac{\displaystyle\sum_{i=1}^{j} \frac{P_{1.i}}{D_i^3}}{\displaystyle\sum_{i=1}^{n} \frac{P_{1.i}}{D_i^3}} \tag{1.1.53}$$

式中，$P_{1.i}$ 为以重量计的第 i 组粒径的床沙级配（频率）。他们假定某颗泥沙与床面上任意泥沙接触的机会相等，并且其接触概率 P 与其颗粒级配 P_j 相同，即

$$P_j = \frac{\dfrac{P_{1.j}}{D_i^3}}{\displaystyle\sum_{i=1}^{n} \frac{P_{1.i}}{D_i^3}} \tag{1.1.54}$$

其中，$P_{1.i}$ 为第 i 组床沙的质量百分数；n 为泥沙组数。他们取水流底速为正态分布，得到起动概率 $\varepsilon_{i.j}$，然后利用接触概率 P_j 对床沙求全概率 ε_i，并令 $\varepsilon_i = 0.0014$ 的流速为起动流速。这相当于取瞬时起动流速为时均底速的 2.11 倍，即 $V_{\mathrm{b}.\mathrm{c}} =$

$\bar{V}_{b.c} + 3\sigma_{V_b} = (1 + 0.37 \times 3) = 2.11\bar{V}_{b.c}$。韩其为用姜射坝水文站资料检验了其结果,认为基本正确。但是,姜射坝资料的检验并未反映其公式的特色。

冷魁等在受力状态及均匀沙暴露度分析方面研究得较为细致,但是在基本前提方面有值得商榷之处。根据韩其为等[65]的研究,颗粒之间接触的概率应与它们的表面积有关,而不仅是与颗粒级配有关。因单颗的接触概率应与粒径的二次方成正比,但是联系到接触面积的数量(即乘上颗数),所以总接触面积与粒径一次方成反比,可详见本书第 2 章。

韩文亮和惠遇甲[66]通过试验证实,对不同级配分布,只有分组起动较符合实际,他们得到了与 Egiazaroff 类似的结果[57],即分组起动切应力为

$$\frac{\tau_{*.c.l}}{(\gamma_s - \gamma)D_l} = \frac{f(C_D)}{\left[5.75\lg\left(19\dfrac{D_l}{\bar{D}}\right)\right]^2} = F\left(\frac{D_l}{\bar{D}}\right) \tag{1.1.55}$$

式中,

$$f(C_D) = \frac{f\alpha_1}{\alpha_2 C_D - f\alpha_3 C_L} \tag{1.1.56}$$

C_D 为正面推力系数;C_L 为上举力系数;f 为摩擦系数;α_1、α_2、α_3 为形状系数,例如,球体时可取 1,此时,若取 $f = 0.03$,考虑到 $C_D = 0.4$,$C_L = 0.1$,则 $f(C_D) = 0.1$,式(1.1.55)与式(1.1.38)一致。一般情形下,韩文亮等根据试验资料给出了式(1.1.55)的关系;当已知 $\dfrac{D_l}{\bar{D}}$ 后,就可查出 $\dfrac{\tau_{*.c.l}}{(\gamma_s - \gamma)D_l}$。根据试验可知,用非均匀沙平均粒径表示,其起动切应力与同等粒径均匀沙的大体一致。

刘兴年等[67,68]对于均匀沙采用略加修正的华国祥公式:

$$V_c = 1.15\left(\frac{H}{D}\right)^{\frac{1}{6}}\sqrt{\frac{\gamma_s - \gamma}{\gamma}gD\left(1 + 10\frac{v}{D\sqrt{\dfrac{\gamma_s - \gamma}{\gamma}gD}}\right)} \tag{1.1.57}$$

得到此式时,是将粗颗粒与细颗粒的起动流速相加,并由实际资料确定其权数。至于非均匀沙起动流速,刘兴年等认为,由于暴露度不一样,可用与均匀沙起动流速相等的等效粒径来确定其分组起动流速,他们定义的等效粒径为

$$D_i^* = \begin{cases} D_i + \bar{e}_i = D_i + A(D_A - D_i), & D_i \leqslant D_c^* \\ D_i + \bar{e}_i = D_i + A(D_A - D_c^*), & D_i \geqslant D_c^* \end{cases} \tag{1.1.58}$$

其中,当泥沙能全部起动时,

$$e_i = A(D_A - D_i) \tag{1.1.59}$$

当泥沙部分起动时,

$$e_i = \begin{cases} A(D_i - D_A), & D < D_c^* \\ A(D_c^* - D_A), & D \geqslant D_c^* \end{cases} \tag{1.1.60}$$

而

$$D_A = \begin{cases} \sum_{i=1}^{N} D_i P_i = \bar{D}, & \text{床沙全部可动} \\ \sum_{i=1}^{n} D_i P_i + \sum_{i=n+1}^{N} D_c^* P_i, & \text{床沙部分可动} \end{cases} \qquad (1.1.61)$$

为床沙的最大可动粒径,其中,

$$D_c^* = \frac{\gamma H J}{0.024(\gamma_s - \gamma)} \qquad (1.1.62)$$

P_i 为床沙级配;n 为粒径 D_i 小于 D_c^* 的颗粒分组数。按照刘兴年等的看法,式(1.1.59)成立的依据是:设 D_A 颗粒位于平均床面,它的起动流速与均匀沙一致;当 $D_i < D_A$ 时,颗粒的顶部距离平均床面有 $e_i = A(D_A - D_i)$,应在某粒径 D_i 上再加暴露度 e_i;与此相反,当粒径 $D_i > D_A$ 时,其顶部突出于平均床面之上,应在其粒径 D_i 上减去其暴露度的绝对值 $|e_i| = |A(D_A - D_i)|$。而当泥沙部分起动,$D_i > D_c^*$ 时,则应减去 $A(D_A - D_c^*)$。他们根据试验资料,比较实测分组起动流速与等效起动流速后,得到了以 A 为参数的关系式:

$$\frac{D_i^*}{D_i} = f\left(\frac{D_i}{D_A}\right) \qquad (1.1.63)$$

此关系的试验点有一些分散。$A = 0.2$ 与 $A = 0.4$ 的点交错在一起。刘兴年等认为,A 表示床沙粗化程度。这样,借助于经验关系式(1.1.63),便可由 D_i/D_A 和 A 查出等效粒径,简化非均匀沙起动流速的计算。

刘兴年等[68] 利用等效粒径,简化非均匀沙起动流速的计算,并且引进暴露度的表达式,分析其作用是有意义的。但是从理论上看,提出的暴露度和参数 A 有值得商榷之处。第一,设床沙全部可动,所研究的颗粒的球心(D_i 与 D_A)处于不同高度(见图 1.1.3),对泥沙全部起动的所有四种情况($D_i > D_A$、$D_i < D_A$ 及 D_i 的球心高程可以高于 D_A 和低于 D_A)均给出了 e_i 的表达式。

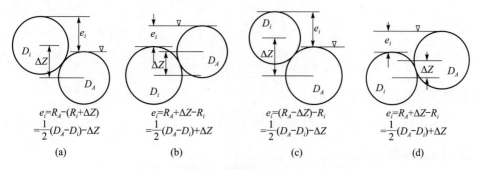

图 1.1.3　颗粒起动时与床面颗粒 D_A 的关系

从上述四种情况看,暴露度 e_i 除与颗粒粒径 D_i 和平均粒径 D_A 之差有关外,还与它们的球心高差 ΔZ 有关。而按照暴露度公式(1.1.59)和式(1.1.60),e_i 与 ΔZ 是无关的,故这只可能取 $\Delta Z=0$,也就是说暴露度公式暗含了所有颗粒的球心均在同一水平线上。因此,有

$$e_i=\frac{1}{2}(D_A-D_i)$$

即按照暴露度定义,$A=0.5$,而不是给出的 $A=0.1\sim0.4$。反之,如果不考虑 $\Delta Z=0$,则会出现一些不合理的暴露度。其实如果按暴露度定义实际隐含的假设 $\Delta Z=0$,粗细泥沙球心在同一水平线上,再考虑遮掩、阻挡及力臂等作用后,应能从力学分析直接导出非均匀沙起动流速公式,而不是采用在均匀沙起动公式基础上进行带经验性的修正,从而能使研究成果在理论方面上一个台阶。这方面正如文献[24]和[38]中的做法一样。可惜,刘兴年在这方面缺了一步。

按式(1.1.58),如果 $D_i \leqslant D_c^*$,则有

$$\frac{D_i^*}{D_i}=1+A\left(\frac{D_A}{D_i}-1\right) \tag{1.1.64}$$

可见当 A 为 $0.1\sim0.4$ 中的某个常数时,$\frac{D_i^*}{D_i}$ 为 $\frac{D_A}{D_i}$ 的线性函数,但是刘兴年给出的经验曲线式(1.1.63)并不符合线性关系。

段文忠和孙志林[69]认为,泥沙在床面的位置为水流底速作用点与支撑颗粒接触点之间的距离,即力臂为随机变量。在一定假定下,他们求得了作为随机变量的正面推力、上举力及重力的力臂的分布函数及数学期望,考虑滚动平衡得到起动概率为

$$P_{i.c}=1-\int_{-2.7(\sqrt{0.0822\psi_{i.c}+1})}^{2.7(\sqrt{0.0822\psi_{i.c}-1})} e^{-\frac{x^2}{2}} dx$$

他们根据自己的水槽试验资料拟合,约定起动概率 $P=0.05$ 算起动,此时

$$\begin{aligned}
P_{i.c} &=1-\int_{-2.7(\sqrt{0.0822\psi_{i.c}+1})}^{2.7(\sqrt{0.0822\psi_{i.c}-1})} e^{-\frac{x^2}{2}} dx \\
&\approx 1-\int_{-\infty}^{2.7(\sqrt{0.0822\psi_{i.c}-1})} e^{-\frac{x^2}{2}} dx \\
&=1-\varphi(2.7\sqrt{0.0822\psi_{i.c}-1})=0.05
\end{aligned} \tag{1.1.65}$$

由此得到分组积分上限为 1.645,即

$$\psi_{i.c}=\frac{(\gamma_s-\gamma)D_i}{\varepsilon_i\tau_{*.i.c}}=31.5 \tag{1.1.66}$$

或分组无因次起动切应力为

$$\tau_{*.i.c}=\frac{0.032(\gamma_s-\gamma)D_i}{\varepsilon_i} \tag{1.1.67}$$

ε_i 为非均匀沙隐蔽系数,他们由试验资料得到如下经验关系:

$$\varepsilon_i = \left(\frac{D_i}{\bar{D}}\right)^{0.50} \sigma_g^{0.25} \tag{1.1.68}$$

式中,σ_g 为床沙级配均方差。将式(1.1.68)代入式(1.1.67),得分组临界切应力为

$$\tau_{*.i.c} = \frac{0.032(\gamma_s - \gamma)\sqrt{D_i\bar{D}}}{\sigma_g^{0.25}} \tag{1.1.69}$$

本来此项研究在前一段推导尚较严格,但是引入经验关系式(1.1.68),带来了一个重要的参数 $\bar{D}$,使作为非均匀沙起动切应力的切应力公式(1.1.67)的理论价值大为降低。此外,根据少量资料确定起动概率 $P=0.05$ 很难具有通用性。

综上所述,近年来对非均匀沙起动流速的研究已有一些成果,取得了相当进展,在工程泥沙问题中也有一定的应用。其中,非均匀沙分组起动的主要机理基本是清楚的。这就是由于粗、细颗粒在床面位置即暴露度不一样,所受到的暴露、隐蔽、起动时的力臂和作用流速等存在差别,粗颗粒较之同粒径均匀沙容易起动,细颗粒较之同粒径均匀沙难以起动。但是总的来讲,非均匀沙分组起动流速的研究从理论上看还是研究初期。大多数公式带有较强的经验性,个别公式理论上简明,但实际资料验证不够。对已有的成果可初步归纳如下,已有的公式大体上可分为五类。

第一类是通过床面不同粒径受水流的作用点高低不一致来反映流速的大小,以及采用隐蔽系数 ξ 甚至级配标准差 σ 进行修正等,如文献[57]、[60]、[61]、[66]等。采用这种方法时,对大小颗粒相互影响及分组起动流速的关键参数往往缺乏较具体明确的理论分析,多通过试验资料反过来确定各种修正系数,如 ξ、σ、K_s 等。床面粗细颗粒受力状态及相互作用是复杂的,文献[61]根据试验结果,对这一点进行了深入的分析。但是严格的理论概括常常是很有必要的,特别是当需要率定的修正系数达到两个或三个以上时。

第二类是文献[58]和[62]的做法,他们均认为对于非黏性颗粒,除重力外,尚受到床面其他颗粒的阻力。文献[58]中,这种阻力与重力方向一致,但大小随起动颗粒的粒径不同而不同。文献[62]中,这种阻力可正可负,其大小取决于起动粒径与床面其他粒径的比值。文献[58]和[62]中都得到了简单的分组起动流速公式,并用较多的卵石起动资料率定了有关系数。从反映卵石河床不同粒径起动流速的数值看,也许他们的结果是较符合实际的,但是这种附加阻力的实质不是很清楚,特别是方向垂直的这种力,目前还无法从理论上证明其存在;从调整分组起动流速看,附加阻力是有作用的,虽然这仍然是一种经验处理。

第三类是文献[67]的结果,简化的物理图形虽然明确,但是根据尚嫌不足。例如,引进等效粒径的原意是对各种粒径加减一个暴露度 e_i,使其顶部恰好达到平均床面,正如均匀沙一样。如果这样,e_i 应仅仅是一个简单的几何关系,不应含有待

定系数 A,而是确定的常数,如 $\frac{1}{2}$。可见,其等效粒径及计算公式可看成是根据非均匀沙起动流速试验结果与均匀沙对比后反过来确定的,仍带有经验性。这项研究还有可能根据球心在同一水平线条件,进一步考虑如何从理论上直接推导非均匀沙起动流速,可惜这方面尚待进一步深入。

第四类是文献[63]、[64]、[69]等的研究,其强调了不同粒径暴露度差别对起动的影响,并且进行了较为深入的理论分析。冷魁和王明甫[64]考虑到不同位置暴露度的差别及其对起动流速的影响,尽管他们最后并未得出分组起动流速,但得到了床面整体起动流速(或称为综合起动流速),而且在计算作用在颗粒上的流速及力矩和考虑暴露度影响的非均匀沙起动流速方面进行了一些较为详细的分析。他们的推导中某些考虑缺乏根据。例如,定义的接触概率与一般的做法是有差别的[65],而且差别很大;对非均匀沙起动颗粒,D_i 小于其下游的颗粒 D_j 的假设等也是值得商榷的。彭凯和陈远信[63]认为是否起动不应以静力平衡为标准,而应考虑动力平衡,看是否能以越过下游颗粒为标准。这是符合实际的。其实文献[40]证明,如果能起动,就可翻越下游颗粒。此外,他们在分析无因次切应力中引进了非均匀沙的影响,即 $\sigma、\mu、\bar{D}$ 等,定性上合理,但论证不充分。段文忠和孙志林[69]对颗粒在床面位置的分布及力臂进行了详细的分析,可惜有关隐蔽系数对其流速的影响仍根据实际试验资料采用多元回归后反映到起动切应力中。

第五类是文献[24]和[38]的研究,它们与一般研究有实质性的差别。韩其为等[24,38]的研究颇为深刻,他们认为无论均匀沙还是非均匀沙,影响其起动的除颗粒本身特性外,主要是作用在其上流速的大小与颗粒本身暴露度的程度;作用在颗粒上的底部水流速度大小与粒径粗细有关,它们决定水流作用力的大小;而暴露度影响起动的力臂。均匀沙与非均匀沙的差别在于,除粒径外,主要是暴露度分布不一样。文献中给定暴露度分布后,导出了不同粒径非均匀沙在床面的起动概率、滚动速度、推移质输沙率,并据此采用与均匀沙相同的起动标准(无因次标准)确定分组起动流速。其研究的特点是物理图形简单明确,抓住了实质,暴露度不是作为经验系数修正非均匀沙起动流速差别,而是有严格的定量关系,其影响是在建立方程时直接包含进去的,除起动标准外,没有任何其他校正系数,可以认为其分组起动流速公式是一个理论公式。更主要的是,他们并不是单纯地研究起动流速,而是研究推移质低输沙率关系,在更高的观点上,统一了瞬时起动流速、低输沙率与约定起动流速的关系。但是非均匀沙验证资料较少,尚待进一步检验。当然,他们在后来的研究中又对此做了多方面补充验证。

根据上面对现有研究的评述,在非均匀沙分组起动规律及起动流速方面应进一步研究的问题如下:

(1)现在已引进了几种暴露度的表示,应选择一种最合适的定义和表示,所选择的暴露度这一参数必须能直接进入力的平衡方程和起动流速公式中,甚至在泥沙运动(如滚动)时,它仍然能作为与床面接触的特征,而不是仅仅作为一种校正因素。

(2) 关于非均匀沙的起动规律和起动流速尚需进一步的理论概括,不能依赖太多的需要用实际资料率定的校正系数,再如所谓附加阻力是真实存在的还是为了反映不同粒径受力差别的一种经验处理,也必须要进一步讨论。

(3) 对分组起动流速公式必须进行进一步的检验。分组起动流速的试验资料太少,除有可能进行试验外,验证一个公式必须多收集一些资料,各组泥沙起动流速均要有资料对比。因此,进一步开展非均匀沙分组起动试验是非常必要的。此外,还必须注意,非均匀沙各组粒径在单位床面所占的比例远小于1,这是与均匀沙不一样的,因此要考虑床沙级配的影响。

(4) 除非均匀沙分组起动流速外,从工程泥沙看,能够反映床面整体起动情况的指标有时也是很需要的。此时是否可用均匀沙公式,取 $\bar{D}$、D_{50} 求出反映整体情况的起动流速,还是按文献[24]提出的各组粒径输沙率加权求综合起动流速的方法进行。前者简单,后者较为深刻。哪种最合适也需要进一步研究。

1.1.4　泥沙起动的随机特性及统计规律

本节将评述泥沙起动的随机性及统计规律,包括起动概率。有关多颗泥沙运动的随机性及统计规律的评述将在 1.3 节中进行,此处涉及起动部分,特别是起动概率。床面泥沙起动有很大的随机性,在同样时均水力条件(流速、水深以至水面坡度)和同样床沙组成时,哪一颗泥沙起动、固定时间间隔起动多少颗等都是随机的。产生这种随机现象的原因是水流瞬时速度或水流瞬时切应力以及颗粒在床面位置是随机变量,此外由于泥沙组成的非均匀性,在指定的某个点(如某个断面或某个测点),其泥沙的粒径一般也是随机的。这样三个随机变量就形成了泥沙起动以及整个泥沙运动的随机过程。

瞬时水流速度服从正态分布,几乎是公认的事实。至于促使泥沙起动的上举力或正面推力是否服从正态分布是有争议的。Einstein[4] 最早认为上举力是正态分布,并据此得到一个著名的推移质公式。但是对上举力是否为正态分布是有争议的,因为上举力与流速平方成正比,在流速为正态分布条件下上举力是不可能成正态分布的。韩其为[38,40] 最早指出了这一点,并由流速的正态分布推出了上举力的分布,同时计算了起动概率,后来王士强[70]、陈元深[71]、孙志林和祝永康[72] 同意了韩其为的看法并进行了类似的研究,给出了他们的修正意见。有关这方面的内容将在下面详细分析。当然也有一些研究者,如 Paintal[73]、Gessler[55] 仿照 Einstein,认为水流切应力(与流速平方成正比)也是服从正态分布的随机变量。水流切应力的正态分布虽然在理论上不够妥当,但是导致的实际差别并不具有颠覆性。

对泥沙在床面的位置有一些不同的表示。作为随机变量,前面已经提到在 1965 年卵石起动流速试验中,韩其为[21] 就引进了暴露度(即起动颗粒与下游颗粒接触点至起动颗粒底部的垂直距离(见图 1.1.4),文献[38]中的图 2.14)的定义并假定其为均匀分布。Paintal[73]定义所研究的颗粒及前后两个颗粒顶部与床面平均高程的差为暴露度,并假定这三个暴露度为均匀分布。段文忠和孙志林[69]引进了起动颗粒球心至支撑颗粒球心的垂直距离 y,将其作为随机变量并假定为均匀分布,它实际也是一种暴露度。

至于颗粒的级配曲线,其分布由实测值给出,是一种频率,但是方便起见,可以将其看成一种概率分布。它们通常被取为一种离散型的随机变量,其概率函数为

$$P[\xi_D = D_l] = P[D_l - \Delta D_l < D \leqslant D_l + \Delta D_l] = P_{1.l} \tag{1.1.70}$$

式中,ξ 为随机变量;$P_{1.l}$ 为床沙级配,即粒径为 D_l 的床沙占总床沙的质量百分数。

Einstein[4]首先引进了起动概率,即

$$\varepsilon = P[P_L > G] \tag{1.1.71}$$

式中,P_L 为上举力;G 为泥沙在水中的重量。为了确定这个概率,他认为上举力服从正态分布,这一点前面已指出是不妥当的。正是因为式(1.1.71)与水力泥沙因素密切联系,为他后来建立推移质输沙率公式提供了有效的工具。Великанов[10]首先采用瞬时底速来定义起动概率,即

$$\varepsilon = P[\xi_{V_b} > V_c] \tag{1.1.72}$$

窦国仁[36]也引用了类似结果。对于均匀沙情况,Paintal[73]根据相邻颗粒的三个暴露度 e_i 的均匀分布及水流切应力的正态分布,得到取决于四个随机变量的起动概率:

$$\varepsilon = P[H(e_1, e_2, e_3, \tau_* > 0)]$$
$$= \frac{\iiint\int_{H(e_1,e_2,e_3,\tau_*>0)} e^{-\frac{t^2}{2}} de_1 de_2 de_3 dt}{\int_{-2}^{\infty} e^{-\frac{t^2}{2}} dt} \tag{1.1.73}$$

式中,$H(e_1, e_2, e_3, \tau_* > 0)$ 为起动条件。显然,此处起动概率是作为四个参数的无条件期望,Paintal 认为可由

$$T > (W - L)\tan\beta \tag{1.1.74}$$

导出此条件。式中,T 为水流拖曳力(正面推力);L 为升力;W 为颗粒在水下的重量;$\tan\beta$ 为摩擦系数。

虽然 Paintal 引进三个暴露度反映泥沙在床面的位置是有新意的,但是他的起动概率表达有不合理的地方且带有一定任意性,下面 1.3 节专门提及,此处从简。

韩其为等[38]假定 Δ' 为均匀分布,它取决于 $\dfrac{D_l}{D}$ 及 D_i;底部流速 V_b 为正态分布。对于均匀沙,起动概率为

$$\varepsilon_1 = P\left[\frac{\xi_{V_b}^2}{\varphi^2(\xi_{\Delta'})} > \omega_1^2\right] = 1 - \int_{\Delta'_m}^{1} P\left[\xi_{V_b}^2 < \varphi^2(\Delta')\omega_1^2\right]\frac{d\Delta'}{1 - \Delta'_m}$$

$$=1-\int_{\Delta'_m}^1 \frac{\mathrm{d}\Delta'}{1-\Delta'_m} \int_{-\omega_1\varphi(\Delta')}^{\omega_1\varphi(\Delta')} p_{\xi_{V_b}}(V_b)\mathrm{d}V_b \tag{1.1.75}$$

式中，$P_{\xi_{V_b}}(V_b)$ 为底速分布密度；ω_1 为泥沙起动颗粒的某个特征速度，它与粒径、床沙干容重、水深等有关；φ 为相对暴露度 $\Delta'=\Delta/R$ 的函数，R 为颗粒半径；Δ'_m 为 Δ' 的最小值。对于非均匀沙，暴露度在粗、中、细三种粒径范围内，Δ_l 仍为均匀分布，它取决于 $D_l/\bar{D}$ 和 Δ'_l，故得到分组起动泥沙的起动概率，即非均匀沙中粒径为 D_l 的概率，即起动的条件概率

$$\begin{aligned}
\varepsilon_{1.l} &= P\left[\frac{\xi_{V_b}^2}{\varphi^2[\xi_{\Delta'_l}(\xi_{D_l})]} > \omega_1^2(D_l)\right] \\
&= \int_{\Delta'_m}^{\Delta'_M} P\left[\frac{\xi_{V_b}^2}{\varphi^2(\Delta'_l)} > \omega_1^2(D_l)\right]\mathrm{d}F_{\xi_{\Delta'_l}}(\Delta'_l) \\
&= \int_{\Delta'_m}^{\Delta'_M} P\left[\xi_{V_b}^2 > \omega_1^2(D_l)\varphi^2\left(\Delta'_l\frac{D_l}{\bar{D}}\right)\right]\mathrm{d}F_{\xi_{\Delta'_l}}\left(\Delta'_l\frac{D_l}{\bar{D}}\right) \\
&= \int_{\Delta'_m}^{\Delta'_M} P\left[-\omega_1(D_l)\varphi\left(\Delta'_l\frac{D_l}{\bar{D}}\right) > \xi_{V_b} > \omega_1(D_l)\varphi\left(\Delta'_l\frac{D_l}{\bar{D}}\right)\right]\mathrm{d}F_{\xi_{\Delta'}} \\
&= 1-\int_{\Delta'_m}^{\Delta'_M} \int_{-\omega_1(D_l)\varphi\left(\Delta'_l,\frac{D_l}{\bar{D}}\right)}^{\omega_1(D_l)\varphi\left(\Delta'_l,\frac{D_l}{\bar{D}}\right)} p_{\xi_{V_b}}\mathrm{d}V_b\mathrm{d}F_{\xi_{\Delta'_l}}(\Delta'_l)
\end{aligned} \tag{1.1.76}$$

起动的全概率为

$$\begin{aligned}
\varepsilon_1 &= \sum_{l=1}^n P_{1.l}P\left[\frac{\xi_{V_b}^2}{\varphi^2[\xi_{\Delta'_l}(\xi_{D_l})]} > \omega_1^2(D_l)\right] \\
&= \sum_{l=1}^n P_{1.l}\varepsilon_{1.l}
\end{aligned} \tag{1.1.77}$$

式中，$P_{1.l}$ 为床沙级配；$F_{\xi_{\Delta'_l}}(\Delta'_l)$ 为床沙非均匀时暴露度分布函数；n 为床沙粒径分组数。从式(1.1.77)可以看出，起动概率取决于 ξ_{D_l}、$\xi_{\Delta'_l}$、ξ_{V_b} 三个随机变量，可见考虑是颇为全面的。

段文忠和孙志林[69]对泥沙起动作用力的力臂进行了研究，导出了作为随机变量的有关力臂，并给出了其分布。随后，孙志林[74]又做了详细阐述，提出了一些对泥沙起动特性的看法，具有一定新意。他的看法和研究成果有下述特点。第一，他认为已有研究在反映颗粒在床面位置随机性方面不尽人意，如引进暴露度并假设其为均匀分布。显然，这种看法总是正确的。第二，他给出了颗粒在床面的位置由 y（图 1.1.4）来反映，仍假设它为均匀分布，由此可将正面推力力臂 Z 与上举力（包括水下重力）力臂 X 看成 y 的函数。他认为力臂 Z 和 X 是起动颗粒的位置 y 与其下游依靠的颗粒直径 η 的函数，从而 y 的条件分布为均匀分布，其密度为

$$P[y\,|\,\eta=D_j]=\frac{1}{0.7(D_k+D_j)} \tag{1.1.78}$$

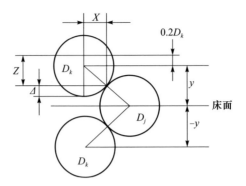

图 1.1.4　颗粒起动与床面颗粒的关系[74]

而 y 与 η 的联合密度为

$$p(y,\eta)=\frac{p_{0.j}}{0.7(D_k+D_j)} \tag{1.1.79}$$

式中，$-0.2(D_k+D_j)\leqslant y\leqslant 0.5(D_k+D_j)$；$p_{0.j}$ 为床沙级配，即 D_j 的概率函数。根据几何图形及随机变量的关系求出力臂 Z 和 X 的分布函数及数学期望，据此建立了起动流速(切应力)和起动概率的关系。

孙志林的研究有新意和进展，概率论运算较清楚，但是在物理图形上有值得商榷之处，有下述几点值得讨论：

(1) 颗粒的力臂大小并不与下面颗粒 D_j 有关，事实上，根据图 1.1.4，有

$$Z=0.2D_k+\frac{D_k}{2}-\Delta \tag{1.1.80}$$

若 $Z=0$，$\Delta=0.7D_k$；若 $Z=0.7D_k$，$\Delta=0$。

$$X=\sqrt{\left(\frac{D_k}{2}\right)^2-\left(\frac{D_k}{2}-\Delta\right)^2}=\sqrt{D_k\Delta-\Delta^2} \tag{1.1.81}$$

此处 $0.2D_k$ 是他给出的条件。为了比较分析，这里引进一种以 Δ 表示的暴露度对比，并假定它为均匀分布，正如文献[38]中所述，两个力臂均与 D_j 无关。

(2) 如果采用上述两式，按照他的假设，可以导出与他相同的结果。事实上，若 Δ 为均匀分布，则力臂 Z 的分布函数及数学期望如下。注意到式(1.1.80)，Δ 的区间为 $0\leqslant\Delta\leqslant0.7D_k$，故均匀分布的密度为 $\dfrac{1}{0.7D_k}$，于是有

$$F_{\xi_Z}(Z)=P[\xi_Z<Z]=P[0.2D_k-\xi_\Delta+0.5D_k<Z]$$

$$=P[\xi_\Delta>0.7D_k-Z]=1-\int_0^{0.7D_k-Z}\frac{\mathrm{d}\Delta}{0.7D_k}=\frac{z}{0.7D_k} \tag{1.1.82}$$

$$\bar{Z}=M[\xi_X]=\int_0^{0.7D_k}Z\mathrm{d}F_{\xi_Z}(Z)=\int_0^{0.7D_k}\frac{Z\mathrm{d}Z}{0.7D_k}$$

$$= \frac{(0.7D_k)^2}{2 \times 0.7D_k} = 0.35D_k \tag{1.1.83}$$

至于力臂 X，如果采用图 1.1.4 所示几何关系，有

$$\Delta = D_k\left(\frac{1}{2} - \frac{y}{D_k + D_j}\right) \tag{1.1.84}$$

由式(1.1.81)有

$$X = \sqrt{\left(\frac{D_k}{2}\right)^2 - \left[\frac{D_k}{2} - \left(\frac{D_k}{2} - \frac{y}{D_k + D_j}\right)^2\right]} = \sqrt{\left(\frac{D_k}{2}\right)^2 - \left(\frac{y}{D_k + D_j}\right)^2}$$

即

$$y = 2\sqrt{0.25D_k^2 - X^2} = D_k\sqrt{1 - \left(\frac{2X}{D_k}\right)^2} \tag{1.1.85}$$

则不难求出与孙志林相同的结果。这说明反映床面位置也可用暴露度表示。

(3) 孙志林在推导起动力臂时，从力学上看其模型不尽合理，特别表现在 y 的取值上。首先，他假定颗粒 D_k 的最低位置 $y = -0.2(D_k + D_j)$，如果此颗粒 D_k 位于颗粒 D_j 之下（见图 1.1.4）。它的起动与 $y > 0$ 的颗粒不一样，它必须推动 D_j 之后才能起动（见图 1.1.5(a)）。事实上，当 D_k 正位于 D_j 顶上，按定义，y 的最小值为 $y = -0.2(D_k + D_j)$，若此时 $D_k = 0.1D_j$，则 $y = -0.55D_j = -5.5D_k$，即该颗粒位于床面下 $5.5D_k$。这能算床面颗粒吗？而且 D_k 在 D_j 覆盖之下，是不可能起动的。因为 y 的最小值应为零，即 $X = 0.5D_k$。其次，他取 y 的最大值为 $y = 0.5(D_k + D_j)$，表示颗粒 D_k 位于颗粒 D_j 的顶上（见图 1.1.5(b)）。显然也是不稳定的，是不可能存在的。而 y 的最大值应如图 1.1.5(c)所示，即对于均匀沙($D_k = D_j$)，$y_M = D_k\sin 60° = 0.866D_k$[38]。

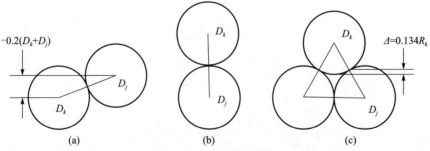

图 1.1.5　起动颗粒与床面颗粒接触的几种典型情况

(4) 将 y 的取值范围按上述合理调整后，采用暴露度可以简单得到两种力臂的特性。此时 Δ 的取值为 $0.067D_k \leqslant \Delta \leqslant 1$，其均匀分布密度为 $\frac{1}{0.866R_k} = \frac{1}{0.433D_k}$，并且颗粒的位置与 D_j 无关。事实上，对于正面推力臂，此时式(1.1.82)

给出了 ξ_Z 的分布函数

$$
\begin{aligned}
F_{\xi_Z}(Z) &= P[\xi_Z < Z] = P[\xi_\Delta > 0.7D_k - Z]\\
&= 1 - P[\xi_\Delta < 0.7D_k - Z]\\
&= 1 - \frac{1}{0.433D_k}\int_{0.067D_k}^{0.7D_k - Z}\mathrm{d}\Delta'\\
&= 1 - \frac{1}{0.433D_k}(0.633D_k - Z)
\end{aligned}
\tag{1.1.86}
$$

此处采用

$$
\Delta = 0.7D_k - Z
\tag{1.1.87}
$$

由式知 $0.067D_k \leqslant \Delta \leqslant 0.5D_k$，故 $0.2D_k \leqslant Z \leqslant 0.633$。而 Z 的数学期望为

$$
\begin{aligned}
\bar{Z} &= \int_{0.2D_k}^{0.633D_k} Z\mathrm{d}F_{\xi_Z}(Z)\\
&= \int_{0.2D_k}^{0.633D_k}\frac{Z\mathrm{d}Z}{0.433D_k}\\
&= \frac{1}{0.433D_k}\times\frac{1}{2}(0.633^2 D_k^2 - 0.2^2 D_k^2)\\
&= 0.417D_k
\end{aligned}
\tag{1.1.88}
$$

可见取 y 为负值，致使 $\bar{Z} = 0.35D$，较之 $\bar{Z} = 0.417D_k$ 偏小。由此知颗粒埋藏太深。对于上举力和水下重力力矩，当 $0.067D_k \leqslant \Delta \leqslant 0.5D_k$，$X$ 的取值为 $0.25 \leqslant X \leqslant 0.5$。于是，$X$ 的分布函数为

$$
\begin{aligned}
F_{\xi_X}(X) &= P[\xi_X < X] = P\left[\sqrt{0.25D_k^2 - (0.5D_k - \xi_\Delta)^2} < X\right]\\
&= P\left[\xi_\Delta < \frac{D_k}{2} - \sqrt{0.25D_k^2 - X^2}\right] = \frac{1}{0.433D_k}\int_{0.067D_k}^{\frac{D_k}{2} - \sqrt{0.25D_k^2 - X^2}}\mathrm{d}\Delta'\\
&= \frac{1}{0.433D_k}\left[\frac{D_k}{2} - \sqrt{0.25D_k^2 - X^2} - 0.067D_k\right]\\
&= \frac{1}{0.866}\left[1 - \sqrt{1 - \left(\frac{2X}{D_k}\right)^2} - 0.134\right]
\end{aligned}
\tag{1.1.89}
$$

而 X 的数学期望为

$$
\begin{aligned}
\bar{X} &= M[\xi_X] = \int_{0.25D_k}^{0.5D_k} X\mathrm{d}F_{\xi_X}(X)\\
&= -\frac{1}{0.866}\int_{0.25D_k}^{0.5D_k} X\mathrm{d}\sqrt{1 - \left(\frac{2X}{D_k}\right)^2}\\
&= -\frac{1}{0.866}X\sqrt{1 - \left(\frac{2X}{D_k}\right)^2}\,\bigg|_{0.25D_k}^{0.5D_k} + \frac{1}{0.866}\int_{0.25D_k}^{0.5D_k}\sqrt{1 - \left(\frac{2X}{D_k}\right)^2}\,\mathrm{d}X\\
&= 0.25D_k + \frac{D_k}{2\times 0.866}\left(-\frac{t}{2}\sqrt{1 - t^2} + \frac{1}{2}\arcsin t\,\bigg|_{0.5}^{1}\right)
\end{aligned}
$$

$$= 0.25D_k + \frac{D_k}{2 \times 0.866}\left(-\frac{0.5}{2}\sqrt{1-0.5^2} + \frac{1}{2}\arcsin 1 - \frac{1}{2}\arcsin 0.5\right)$$

$$= 0.4273D_k \tag{1.1.90}$$

可见将物理图案合理描述后,特别是采用暴露度表示床面位置,理论上更清晰,数学推导更为简单。值得注意的是,此处并不涉及 D_j。显然,这是对均匀沙而言的。对于非均匀沙,暴露度分布很复杂,况且孙志林最后结果也限于均匀沙。这表明引用暴露度 Δ' 较之 y 反映颗粒在床面位置更合理。

(5) 尽管孙志林导出了力臂的分布函数,可惜他并未利用这些分布研究瞬时起动流速的随机性,即随床面不同位置而变,而是仅仅利用力臂的平均值求起动流速和起动概率,使瞬时起动流速对床面位置成为确定的量,起动概率的计算也只是仿窦国仁的做法,按底部流速脉动进行,并未考虑力臂的随机变化对起动流速的影响,而且未揭示瞬时起动流速也是随机变量。这使他研究颗粒在床面位置随机特性的亮点有所失色。他强调的力臂的随机性,并未完全反映到起动流速和起动概率,特别是反映到输沙率中。按他的研究,如果将力臂作为随机变量,则瞬时起动流速为

$$\xi_{V_{b.c}} = \sqrt{\frac{2L_{3.k}(\xi_y)a_3}{L_{1.k}(\xi_y)C_{D.k}a_1 + L_{2.k}(\xi_y)C_{L.k}a_2}}\sqrt{\frac{\rho_s - \varphi}{\rho}gD_k} \tag{1.1.91}$$

式中,三个力臂 $L_{1.k}$、$L_{2.k}$、$L_{3.k}$ 均是床面位置 y 的函数。对 ξ_D、ξ_y 的条件起动概率为

$$P[y,D] = P[-V_{b.c}(y) \geqslant \xi_{V_{b.c}} > V_{b.c}(y) \mid \xi_y = y] = 1 - \frac{1}{\sqrt{2\pi}}\int_{\frac{V_{b.c}(y)-\bar{V}_b}{\sigma}}^{\frac{V_{b.c}(y)-\bar{V}_b}{\sigma}} e^{-\frac{t^2}{2}}dt$$

$$\tag{1.1.92}$$

进一步对 D、y 积分不难得出起动全概率。当然,如果采用 Δ 代替 y,此时起动全概率计算可参见式(1.1.77)或文献[24]。

(6) 上面提到孙志林的这些结果,其实均是对均匀沙。他最后将结果引申到非均匀沙起动,并不是从理论上导出,而是采用经验的隐暴系数 $\varepsilon_k = \left(\frac{D_k}{D}\right)^{0.5}\sigma_g^{-0.25}$ 得到不同粒径起动的差别,正如前面提到的。其实他在引进床面位置后,再做一点深化研究,就有可能使分组起动流速有一定的理论根据。但是,他并未进一步研究,殊为可惜。

综上所述,孙志林的研究有新意,首次提出作用在颗粒上的力臂为随机变量,这是值得肯定的。但是这并不意味着他的成果可以代替暴露度的研究。注意,他的起动的随机研究并未走完,因此较之前其他成果至多只能算异曲同工。

有关泥沙起动随机性及统计规律的研究,虽然已有一些成果,但是仍需深入进行。目前尚待研究的最主要的问题有下述三方面:

（1）起动概率的确定,无论对于均匀沙还是非均匀沙,都需要引进作为随机变量的颗粒在床面的位置(包括暴露度或力臂等)。Paintal[73]提出的三个暴露度表示颗粒在床面的位置,粗看起来似乎全面,但是他没有根据理论推导将这种暴露度严格地包含在起动切应力中。事实上,根据床面实际情况和一些观测资料,表层床面颗粒彼此是较为松散的,以致其静密实系数(面积系数)仅0.4,因此颗粒的彼此遮掩并不像式(1.1.73)那样复杂(正如Paintal所做的),特别是对于球状颗粒更是如此;其次更主要的是暴露度对滚动(较粗颗粒起动的主要形式)时的力臂影响明显,因此他只考虑隐蔽作用对流速的影响,而不考虑颗粒位置(暴露度)对其力臂的影响看来并未抓住主要矛盾。此外,对于非均匀沙,Paintal并未能给出暴露度的分布,而暴露度及其分布正是反映非均匀沙运动特征的关键参数。后来刘兴年等按Paintal的暴露度概念,对暴露度的时均值进行了实地测量,给出了暴露度的经验关系,但是并未论及其随机特性及由此对起动切应力的影响[68]。韩其为[38]给出的相对暴露度Δ'较为简单明确,不仅明确给出了均匀沙,而且初步给出了非均匀沙暴露度的分布,突破了将其作为经验参数的习惯做法,首次从理论推导上将暴露度包含在起动流速、颗粒滚动速度以及颗粒碰撞效果中,是颇有前途的一种方法。当然,暴露度的表示特别是对于非均匀沙,尚待运用实际资料进一步检验。孙志林[74]引进床面位置表示力臂,认为床面位置是随机变量,这与韩其为[38]的研究相仿,假定床面位置为均匀分布,可导出力臂的分布及其期望。孙志林的研究有一定新意,但是,床面位置y较之暴露度Δ,不仅是一个表述的两个方面,而且y还与下游颗粒大小有关,不如由Δ'表示更为简单,最后也未充分利用力臂的分布函数,揭示起动流速的分布。

（2）颗粒起动时实际上仍有一定的输沙率,尽管其值很小。韩其为[38]的时均起动流速由低输沙率给出,而低输沙率与瞬时起动流速有关的概念是值得重视的。可见要将起动时的随机特性及统计规律弄清楚,还必须研究低输沙率及不同运动状态之间的颗粒交换的有关内容。

（3）床面位置或暴露度已有的研究均采用均匀分布,此时一些数学推导较为简单,使结论颇为具体明确,这是其优点,但能否从理论上证明和用大量实际资料检验均匀分布有相当的可靠性,是应进一步做的工作。

1.1.5　起动标准

起动标准问题是随着起动研究不断深入而提出的。凡是做过起动流速试验,或对泥沙起动机理理解较深刻的研究者,对于泥沙起动的不确定性,即有多少泥沙运动算起动,是不明确的。当然,这是对时均水流条件而言的。至于对瞬时水力条件,泥沙起动完全遵守必然的力学规律,如$P_1>G$,此处P_L为水流对泥沙的上举力,G为泥沙水下的重力;或者$P_BL_B+P_LL_1>G_0L_G$,其中P_B为水流对颗粒的正面推力,L_B、L_1、L_G为上述三种力的力臂。Einstein[4]最早指出瞬时起动流速是确定

的,但他并未给出用时均起动流速表示的起动流速。这也说明,如果限于研究推移
质输沙率,则时均起动流速不是必需的。但是时均起动流速在工程泥沙中有不少
单独用途,因此时均起动流速的概念及数值还是很需要的。这就引出了时均起动
流速只具有约定的意义。起动标准,正是解决约定的问题。

已提出几种定性、定量的标准,较有代表性的有下述几种。

窦国仁[36,37]取底部水流速度为正态分布,因起动时运动颗粒很少,所以瞬时起
动速度 V_b 总是大于时均起动底速,相应的起动概率为

$$\begin{cases} \varepsilon_1 = P[\xi_{V_b} > V_{b.c} = \bar{V}_{b.c} + 3\sigma_{V_b} = 2.11\bar{V}_{b.c}] = 0.00135, & \text{个别动} \\ \varepsilon_1 = P[\xi_{V_b} > V_{b.c} = \bar{V}_{b.c} + 2\sigma_{V_b} = 1.74\bar{V}_{b.c}] = 0.0227, & \text{少量动} \\ \varepsilon_1 = P[\xi_{V_b} > V_{b.c} = \bar{V}_{b.c} + \sigma_{V_b} = 1.37\bar{V}_{b.c}] = 0.159, & \text{大量动} \end{cases}$$

$$(1.1.93)$$

式中,$V_{b.c}$ 为瞬时底速;$\bar{V}_{b.c}$ 为时均底速;σ_{V_b} 为底速的均方差,取 $\sigma_{V_b} = 0.37\bar{V}_b$。窦国
仁实际取少量动为起动标准。

Taylor[75]曾在平坦床面的水槽中做了一些定量试验,利用这些资料得到泥沙在
起动阶段的无因次输沙率。他取 $\dfrac{q_b}{\gamma_s u_* D} = 10^{-2}$、$10^{-3}$、$10^{-4}$、$10^{-5}$ 四种情况作为起动标
准,并绘在 Shields 的 τ^* -Re^* 图中,$\dfrac{q_b}{\gamma_s u_* D} = 10^{-2}$ 的曲线与 Shields 的曲线大体重合。

Yalin[76]也提出了无因次输沙率标准:

$$\varepsilon = \frac{m}{\Omega}\sqrt{\frac{\rho D^5}{\gamma_s}} = \frac{q_b}{\gamma_s \frac{\pi}{6} D^3 \overline{CD}}\sqrt{\frac{\rho D^5}{\gamma_s}} \qquad (1.1.94)$$

式中,m 为时间 T 内在床面面积 Ω 上起动的颗数;ρ 为水的密度。对于推移质单宽
输沙率,他给出

$$q_b = \frac{m}{\Omega T} GL \qquad (1.1.95)$$

式中,L 为颗粒运动后位移长度;G 为颗粒在水下的重量。他得出,在试验起动流
速时,为了使起动标准固定,(ε=常数)可调整 $\dfrac{m}{\Omega T}$,即调整输沙率 q_b,但是对一般情
况,ε 取何值并未给出。

韩其为[38]提出以相对输沙率为起动标准,即对均匀沙

$$\lambda_{q_{b.c}} = \frac{q_{b.l}}{\gamma_s \omega_1 D} = f\left(\frac{\bar{V}_b}{\omega_1}\right) = C \qquad (1.1.96)$$

当式(1.1.96)不取 C 时,它为低输沙率理论公式。对于非均匀沙

$$\lambda_{q_{\mathrm{b}.l.c}} = \frac{q_{\mathrm{b}.l}}{\gamma_s \omega_{1.l} D_l P_{1.l}} = f\left(\frac{\bar{V}_{\mathrm{b}}}{\omega_{1.l}}, \frac{D}{D}\right) = C \tag{1.1.97}$$

同样,若不取 C,则式(1.1.97)为非均匀推移质输沙率的理论公式。

韩其为[38]根据大量的实测资料和室内水槽试验资料提出了均匀沙起动的三种标准(见表1.1.2),即室内水槽试验时泥沙起动标准、野外推移质采样器取样的起动标准和卵石河床起动标准。这些标准如何得到及与实际资料的吻合情况详见第2章。非均匀沙起动标准颇为复杂,其具体内容也见第2章。此处需要强调的是,由于卵石运动颗数少,起动标准必须低,否则会出现不合理的现象。例如,某卵石河床尽管有相当输沙量,但是按沙质河床起动标准,计算结果为不能起动,该河床的资料为 $d=50\mathrm{mm}$, $H=10\mathrm{m}$,卵石运动宽度 $B=500\mathrm{m}$, $\omega_1=\omega_0=1.71\mathrm{m/s}$,则起动时断面输沙率 $Q=500\times0.00197\times0.050\times2650\times1.71=223\mathrm{kg/s}$,假定全年有8个月处于起动,则输沙量 $\omega_{\mathrm{b}}=245\times86400\times245.5=472\times10^4\mathrm{t}$,但是该站实测卵石年输沙量一般为 $20\times10^4\sim30\times10^4\mathrm{t}$。可见,起动标准高引出了这个矛盾,这说明起动标准的重要意义。同时,这个标准能给出较可靠的相应输沙率,这是其他标准颇难做到的,因为他提出的起动标准是建立在较可靠的低输沙率理论关系之上的。此外,他根据非均匀沙起动标准,提出了混合沙床面上起动时各组粒径的输沙率和总输沙率,反过来定义了非均匀沙综合起动标准。

表 1.1.2 三种起动标准(均匀沙)

起动条件	起动标准	
	$\lambda_{q_{\mathrm{b}.c}}$	$\dfrac{\bar{V}_{\mathrm{b}.c}}{\omega_1}$
室内水槽试验	0.219×10^{-3}	0.433
野外测验	0.00197	0.550
卵石	0.3×10^{-6}	0.282

除文献[24]、[28]和[77]中提出相对输沙率标准外,韩其为还提出了与它对应的起动概率 ε_1、相对起动颗数(或相对起动强度)和起动周期。这三种起动标准在韩其为的推移质低输沙率理论中,对于均匀沙是彼此一一对应和相互转换的,采用这种标准能给出泥沙起动时的更多信息,便于按起动标准控制。例如,对于水槽中卵石起动试验,按相对起动颗数 n/n_0(起动泥沙颗数与床面泥沙颗数之比)更容易掌握。

除上述标准外,后来一些研究者陆续提出了一些标准,如Parker等[77]提出了相对输沙率标准,张小峰和崔承章[78]将韩其为提出的起动标准 $\lambda_{q_{\mathrm{b}}}=0.00197$ 转换成

$$\frac{q_{\mathrm{b}}}{\gamma_s D \sqrt{\dfrac{\gamma_s - \gamma}{\gamma} yD}} = 0.0036 \tag{1.1.98}$$

与实际资料颇为符合,可用到沙质河床和水槽试验的起动。孙志林等[69,74]按照窦国仁的思路,仍用起动概率定义起动标准,他取 $\varepsilon_{1.l} = 0.05$ 为标准。这个标准在窦国仁的少量动与大量动之间。

综上所述,起动标准的研究存在以下三个问题。

(1) 对起动标准的重要性,有不少研究者认识不足。前面已指出,从理论上看输沙率没有确定的零点。为此,如果对时均起动流速无标准,那么试验时凭经验确定,会使试验资料颇难公认。例如,按前面窦国仁提出的个别动与少量动两种概率(ε 为 0.00135 和 0.227),再由韩其为提出的无因次低输沙率和起动概率与 V_b/ω_1 的关系,从起动概率查出无因次输沙率 λ_{q_b} 分别为 1.083×10^{-5} 和 3.267×10^{-4},相应的 V_b/ω_1 为 0.343 和 0.448。由此可见,当 $\gamma_s、d、\omega_1$ 相同时,少量动的输沙率 q_b 为个别动的 $\dfrac{3.267\times10^{-4}}{1.083\times10^{-5}}$ 倍,即 30.2 倍。可见,起动标准如果有差别,输沙量会差别很大。那么,反过来看,为什么不同研究人员按个人的标准得到的试验结果往往能同时点绘到一张 $\bar{V}_c$-D 的图中,而且误差似乎很小?这是因为推移质低输沙率区,输沙率与流速的高次方成比例,输沙率差数十倍,但是流速往往只差 10% 左右[79,80]。对所述例子,如果取流速 $\bar{V}_b$ 的平均值为 $\dfrac{0.343+0.448}{2}$,即 0.396,则流速的差别在 $-13.4\%\sim13.1\%$,按这样的差别,将其点绘在对数坐标图上,应该很集中。这正是各种资料汇集在一起的原因。但是,此时相对输沙率 λ_{q_b} 与流速 V_b/ω_1 的 12.8 次方成正比,相对误差为 $-93.2\%\sim93.2\%$,比流速已增大很多倍。总之,从输沙率看,起动流速必须有一个颇为公认的统一标准。

(2) 已提出的起动标准较多,它们之间是可以转换的。第 2 章将指出 Yalin、Taylor、韩其为的标准的差别。起动概率与低输沙率之间也是可以换算的。问题是目前给出的起动标准研究的程度不一样,以至于彼此差别大,实用性不同,尚需研究、比较、鉴别,以便挑出较好的标准。

(3) 起动标准是约定的,但不是任意约一个数就可以的。起动标准必须满足理论基础较牢靠,因此要求以低输沙率理论关系为依据,标准能通用[80],在试验和实验中便于观测掌握。以低输沙率理论关系为依据,意味着应给出低输沙率的理论表达式(或理论曲线),该公式能提供无限多个约定起动流速的点,而每个约定起动流速均对应一定的标准,即相应的推移质输沙率,从而便于据其他条件选择标准之用。

1.2　单颗推移质运动及统计规律

单颗推移质运动,特别是滚动与跳跃特性及规律是研究推移质输沙率和河床冲淤必须予以重视的。研究单颗推移质运动有三种途径:单纯按力学的方法研究跳跃运动的有关参数;在力学分析的基础上研究单颗泥沙推移的统计规律;通过试验给出有关参数的经验公式。

1.2.1 采用确定的力学方法研究单颗推移质跳跃运动

在利用力学方法研究单颗推移质运动方面,Bagnold[81]、Гончаров[6]、Yalin[82]、窦国仁[83]等做了不少工作,都是有代表性的。

1. Bagnold 的研究

Bagnold[81]对单颗粒的跳跃运动机理进行了较为深入的分析,其研究思路有一定的独创性。首先,他提出,颗粒跳跃落入床面与床面颗粒碰撞后被反弹跳起,这时发生动量改变,颗粒在水流方向动量减少,而在垂直方向产生力的竖向分量,称为离散力。其次,他对跳跃运动做了概略分析。由于沿水流方向动量减少,颗粒沿 x 方向运动会减弱,与水流纵向速度差距拉大,故在水流作用下会施加一个力。当运动维持原状态时,这个力就是碰撞时的冲量。设 u_s、$u_{s.0}$ 分别为颗粒与床面泥沙碰撞前、后纵向速度,u'_s 为碰撞前后的速度减少量,这样颗粒在一次跳跃过程中所受水流平均作用力为

$$\bar{F}'_x = \frac{1}{T}\int_0^T F'_x \mathrm{d}x = \frac{m_s u'_s}{T} = \frac{W'\rho_s}{(\rho_s-\rho)g}\frac{u'_s}{T} = \frac{W'\rho_s u'_s}{(\rho_s-\rho)gT} = \frac{W'\rho_s(u_s-u_{s.0})}{(\rho_s-\rho)gT} \qquad (1.2.1)$$

式中,m_s 为颗粒质量;W' 为颗粒在水下的重量,而 $\dfrac{W'}{(\rho_s-\rho)g}$ 为颗粒体积;T 为一次跳跃历时。由此得

$$\frac{\bar{F}'_x}{W'} = \frac{\rho_s u'_s}{(\rho_s-\rho)gT} = \tan\alpha \qquad (1.2.2)$$

根据一些试验,Bagnold 建议 $\tan\alpha \approx 0.63$。

Bagnold 假定跳跃全过程中泥沙平均受力中心至河底的距离为 $y_n = nd$,当采用对数流速分布公式时,该点流速为

$$u_{y.n} = \bar{u} - u_* 5.75\lg\frac{0.37h}{nd} \qquad (1.2.3)$$

式中,$\bar{u}$ 为水流平均垂线流速。这样,水流对颗粒实际作用流速为

$$u_r = u_{y.n} - u_{s.0} \qquad (1.2.4)$$

假定单位床面泥沙共有 n 颗,则取它们纵向阻力系数为 C',竖向沉降速度为 ω,阻力系数为 C_y,从而对纵向和竖向分别有

$$nC'\frac{\pi d^2}{4}r\frac{u_r^2}{2g} = W'\tan\alpha \qquad (1.2.5)$$

$$nC\frac{\pi d^3}{4}r\frac{\omega^2}{2g}=W' \qquad (1.2.6)$$

于是

$$u_r=\omega\sqrt{\frac{C\tan\alpha}{C'}} \qquad (1.2.7)$$

Bagnold 认为,如果取 $\sqrt{\tan\alpha}\approx1$,则当 $C'\approx C$ 时,$u_r=\omega$,即跳跃运动平均纵向相对速度与竖向沉降速度相当。此时颗粒跳跃平均速度为

$$\begin{aligned}\bar{u}_b&=\bar{u}-5.75u_*\lg\frac{0.37h}{nD}-\bar{u}_r\\&=\bar{u}-5.75\lg\frac{0.37h}{nD}-\omega\end{aligned} \qquad (1.2.8)$$

式中,$\bar{u}_b$ 为 n 颗泥沙速度 $u_{s.0}$ 的平均值。

Bagnold 的研究在机理上有些特色,特别是指出了碰撞的作用和离散力的意义,但是在具体分析颗粒跳跃运动时是很粗略的,有的假定和结论是值得推敲的。例如,对于式(1.2.2),当 $\tan\alpha=0.63$ 时,有

$$\frac{u'_s}{T}=\frac{(\rho_s-\rho)g}{\rho_s}\tan\alpha=0.63\times\frac{(\rho_s-\rho)g}{\rho_s}=3.848(\text{m/t}^2) \qquad (1.2.9)$$

即碰撞后单位质量的动量变化率 u'_s/T 为常数,与水流速度和颗粒运动速度无关。这显然不具一般性。他根据式(1.2.7)得到跳跃运动的纵向相对速度与竖向沉降速度 ω 相等是非常勉强的,其实是缺乏根据的。式(1.2.7)中的 $\tan\alpha$ 与式(1.2.2)中的 $\tan\alpha$ 意义基本一致,不应一个为 0.63,一个为 1;再者,$C'=C$ 也和大量实验资料不符。

2. Yalin 的研究

Yalin[82] 从力学的观点深入研究了跳跃颗粒的细观运动。根据 Bagnold 试验,颗粒开始的运动是垂直向上的现象,Yalin 认为泥沙开始运动的条件是至少有一个颗粒受到上举力

$$L_0=f_l\rho D^2u_*^2 \qquad (1.2.10)$$

达到起动的临界值

$$L_{0.c}=f_{l.c}\rho D^2u_*^2 \qquad (1.2.11)$$

式中,D 为颗粒粒径;u_* 为动力流速;f_l 为阻力系数;下标 c 表示处于起动临界状态时相对应的值。

对于颗粒的平均跳跃运动,Yalin 的主要研究成果如下。上举力主要发生在河底,随着颗粒离河底距离增加,上举力很快衰减和消失。Yalin 提出,上举力阻力系

数为

$$f(L)=f\left(\frac{y}{D}\right)=\mathrm{e}^{-\frac{\alpha y}{D}} \tag{1.2.12}$$

实际上,当 $y=2D\sim2.5D$ 时,上举力早已消失。因而,他认为 $0\leqslant y\leqslant y_1$ 时有上举力作用,颗粒能升高,此范围的纵向运动予以忽略。在这一阶段,颗粒竖向运动方程为

$$m\frac{\mathrm{d}u_y}{\mathrm{d}t}=L-G-R_y \tag{1.2.13}$$

式中, u_y 为颗粒竖向运动速度; G 为颗粒水下重量; R_y 为颗粒所受阻力,

$$R_y=\alpha_{\mathrm{D}}\rho D^2 u_y \tag{1.2.14}$$

α_{D} 为阻力系数。在 $0\leqslant y\leqslant y_1$ 区间积分,即可求出 $y=y_1$ 时的速度 $u_{y.\mathrm{m}}$。它也是颗粒跳跃过程最大的竖向速度,也是颗粒起跳的初始竖向速度。后者是因为忽略了此时的纵向运动。

在 $y>y_1$ 阶段,颗粒跳跃运动方程为

$$m\frac{\mathrm{d}u_x}{\mathrm{d}t}=R_y=\alpha_{\mathrm{D}}\rho D^2 (V_y-u_x)^2 \tag{1.2.15}$$

$$\pm m\frac{\mathrm{d}u_y}{\mathrm{d}t}=\mp R_y-G \tag{1.2.16}$$

式中, u_x 为颗粒在 x 方向(纵向)运动速度; V_y 为水流纵向底速。方程(1.2.16)中取上边符号为颗粒上升运动,取下边符号为颗粒下降运动。通过求解上述方程组可以得到颗粒的跳跃高度、长度、速度及跳跃时间等。以颗粒平均跳跃速度为例,首先使方程(1.2.15)无因次化,将质量 $m=\alpha_{\mathrm{L}}\rho_{\mathrm{s}}D^3$ 代入式(1.2.15)可得

$$\frac{\alpha_{\mathrm{L}}\rho_{\mathrm{s}}D^3}{\alpha_{\mathrm{D}}\rho D^2}\frac{\mathrm{d}u_y}{\mathrm{d}t}=\frac{\mathrm{d}\left(\dfrac{u_y}{u_*}\right)}{\mathrm{d}\left(\dfrac{\alpha_{\mathrm{D}}u_*\rho}{\alpha_{\mathrm{f}}D\rho_{\mathrm{s}}}\right)}=\left(\frac{V_{\mathrm{b}}}{u_*}\right)^2\left[1-\dfrac{\dfrac{u_x}{u_*}}{\dfrac{V_{\mathrm{b}}}{u_*}}\right]^2 \tag{1.2.17}$$

令颗粒相对速度为

$$\xi_x=\frac{u_x}{u_*} \tag{1.2.18}$$

水流相对速度为

$$\frac{V_{\mathrm{b}}}{u_*}=\beta \tag{1.2.19}$$

相对时间为

$$\theta=\frac{u_*}{D}\frac{\alpha_{\mathrm{D}}}{\alpha_{\mathrm{f}}}Z=\frac{u_*\alpha_0\rho}{D\alpha_{\mathrm{f}}\rho_{\mathrm{s}}} \tag{1.2.20}$$

则上述方程

$$\frac{\mathrm{d}\xi_x}{\mathrm{d}\theta}=\beta^2\left(1-\frac{\xi_x}{\beta}\right)^2 \tag{1.2.21}$$

当 β 为常数 $\bar{\beta}$ 时，对式(1.2.21)积分，θ 为 $0\sim\theta$，ξ_x 为 $0\sim\xi_x$，有

$$\theta=\int_0^{\xi_x}\frac{\mathrm{d}\xi}{\beta^2\left(1-\frac{\xi_x}{\beta}\right)^2}=-\frac{1}{\beta}\int_0^{\xi_x}\frac{\mathrm{d}\left(1-\frac{\xi_x}{\beta}\right)}{\left(1-\frac{\xi_x}{\beta}\right)^2}=\frac{1}{\beta}\left[\frac{1}{1-\frac{\xi_x}{\beta}}-1\right] \tag{1.2.22}$$

从而得

$$\frac{1}{1+\bar{\beta}\theta}=1-\frac{\xi_x}{\bar{\beta}}$$

即

$$\xi_x=\bar{\beta}\left(1-\frac{1}{1+\bar{\beta}\theta}\right) \tag{1.2.23}$$

而跳跃距离为

$$L=\int_0^{\theta_L}\xi_x\mathrm{d}\theta=\int_0^{\theta_L}\bar{\beta}\left(1-\frac{1}{1+\bar{\beta}\theta}\right)\mathrm{d}\theta=\bar{\beta}\theta_L-\int_0^{\theta_L}\frac{\mathrm{d}(1+\bar{\beta}\theta)}{1+\bar{\beta}\theta} \tag{1.2.24}$$

$$=\bar{\beta}\theta_L-\ln(1+\bar{\beta}\theta_L)$$

式中，θ_L 为相对跳跃时间。故跳跃平均速度为

$$\xi_{x.m}=\frac{L}{\theta_L}=\beta\left[1-\frac{1}{\beta\theta_L}\ln(1+\beta\theta_L)\right]=\beta\left[1-\frac{1}{\sigma}\ln(1+\sigma)\right] \tag{1.2.25}$$

　　综上所述，就水流中单颗泥沙跳跃运动定量分析，Yalin 的公式是一种较详细的成果。他给出的机理清楚，抓住了主要作用力，给出了运动方程，也得到了有关跳跃运动参数。可惜的是，他并未用实际资料进行检验，也没有将其系统地应用到推移质输沙率研究中。

3. 窦国仁对跳跃运动研究

　　窦国仁[83]在 Yalin 研究的基础上对推移质跳跃运动进行了较为深入的力学分析，后来予以一定修改，并载于《南京水利科学研究所研究报告汇编(河港分册)》。他考虑了 Bagnold 引进的离散力，认为其与正面推力成正比；将颗粒竖向运动分为三个阶段，并且直接假定当 $y\leqslant D$，存在上举力，当 $y>D$，此力消失。这样使一些运动参数较 Yalin 的结果简单明确。更重要的是，在推移质跳跃模式中引进了颗粒脱离床面时间 t_0，被称为表层泥沙的平均交换时间，以代替 Einstein 含义模糊的"交换时间" $t=KD/\omega$。此外，为了反映速度脉动的影响，他还引进了代表流速的概念和表达。他的研究在揭露颗粒跳跃运动机理方面有相当进展。下面对其跳跃运动的力学分析结果进行较详细的讨论。

　　窦国仁与 Yalin 相同，认为颗粒跳跃时的竖向运动分为三个阶段：上升时分 $0\leqslant y\leqslant d$ 和 $d\leqslant y\leqslant y_m$ 两段，下降时 $y_m\leqslant y\leqslant d$ 一段。沿水流方向的纵向运动则按

一段考虑。

上升第一阶段 $0 \leqslant y \leqslant d$，窦国仁给出的运动方程为

$$m \frac{\mathrm{d}u_y}{\mathrm{d}t} = F_1 + F_y - G - F_f \tag{1.2.26}$$

式中，m 为质量；u_y 为颗粒竖向速度；t 为时间；F_1 为离散力，

$$F_1 = \xi \lambda_x \alpha_2 d^2 \frac{\rho V_b^2}{2} \tag{1.2.27}$$

F_y 为上举力，

$$F_y = \lambda_y \alpha_3 d^2 \frac{\rho V_b^2}{2} \tag{1.2.28}$$

G 为水下重力，

$$G = (\rho_s - \rho) g \alpha_1 d^3 \tag{1.2.29}$$

F_f 为运动阻力，

$$F_f = \lambda_f \alpha_4 d^2 \frac{\rho V_b^2}{2} \tag{1.2.30}$$

其中，d 为粒径；V_b 为水流底速；ρ_s、ρ 分别为泥沙与水的密度；g 为重力加速度；阻力系数分别为 $\lambda_x = 0.4$，$\lambda_y = 0.1$，$\lambda_f = 1.2$；离散力系数 $\xi = 0.6$；而形状参数 $\alpha_1 = \alpha_2 = \frac{\pi}{6}$，$\alpha_3 = \frac{\pi}{3}$，$\alpha_4 = \frac{\pi}{4}$。$\lambda_y$ 为竖向坐标，铅垂向上。其中，窦国仁最早引进了所谓水下质量 m 的概念，他认为颗粒在水下运动，应该采用水下质量，即

$$m = (\rho_s - \rho) \alpha_1 d^3 = \frac{G}{g} \tag{1.2.31}$$

作为颗粒的质量[83]，后来修正为

$$m = \rho_s \alpha_1 d^3 \tag{1.2.32}$$

显然，这才是正确的。因为在牛顿力学范畴内，质量是不变的。对于上升第二阶段、第三阶段及纵向运动，他分别给出方程

$$m \frac{\mathrm{d}u_y}{\mathrm{d}t} = -G - F_l \tag{1.2.33}$$

$$m \frac{\mathrm{d}u_y}{\mathrm{d}t} = -G + F_l \tag{1.2.34}$$

$$m \frac{\mathrm{d}u_x}{\mathrm{d}t} = F_x = \lambda_f \alpha_1 d^2 \frac{\rho (V_b - u_x)^2}{2} \tag{1.2.35}$$

4. 对窦国仁推移质跳跃运动分析的讨论

正如前述，窦国仁对推移质跳跃运动的研究在机理研究方面取得了很大的进展，提出了有启发的见解，但是在具体计算及公式表达方面存在某些不足。考虑此成果有一定影响，下面进行几点具体讨论，以便供读者参考。

(1) 窦国仁认为底部竖向脉动的强弱可用竖向脉动流速 $V_{b.y}$ 的绝对值与泥沙沉降速度来表示。如果脉动流速的绝对值 $|V_{b.y}|$ 大于沉降速度，则可认为泥沙颗粒受到的影响较大，不容易沉降。他给出的不沉概率公式为

$$\beta = \frac{2}{\sqrt{2\pi}\,\sigma_y} \int_\omega^\infty \mathrm{e}^{-\frac{1}{2}\left(\frac{V_{b.y}}{\sigma_y}\right)^2} \mathrm{d}V_{b.y} \tag{1.2.36}$$

式中，σ_y 为竖向底速的方差。但是按一般概念，不沉概率应为 $\xi_{V_{b.y}} > \omega$ 的概率

$$\beta_1 = P\left[\xi_{V_{b.y}} > \omega\right] = \frac{1}{\sqrt{2\pi}\,\sigma_y} \int_\omega^\infty \mathrm{e}^{-\frac{1}{2}\left(\frac{V_{b.y}}{\sigma_y}\right)^2} \mathrm{d}V_{b.y} \tag{1.2.37}$$

而式(1.2.36)显然还包括了泥沙下沉的概率

$$\beta_2 = P\left[\xi_{V_{b.y}} < -\omega\right] = \frac{1}{\sqrt{2\pi}\,\sigma_y} \int_{-\infty}^{-\omega} \mathrm{e}^{-\frac{1}{2}\left(\frac{V_{b.y}}{\sigma_y}\right)^2} \mathrm{d}V_{b.y} \tag{1.2.38}$$

即窦国仁的不沉概率为

$$\beta = \beta_1 + \beta_2 = \frac{2}{\sqrt{2\pi}\,\sigma_y} \int_\omega^\infty \mathrm{e}^{-\frac{1}{2}\left(\frac{V_{b.y}}{\sigma_y}\right)^2} \mathrm{d}V_{b.y} \tag{1.2.39}$$

可见式(1.2.36)是缺乏根据的。显然，概率 β_2 是颗粒在竖向脉动作用下的向下运动是沉降概率，而不是不沉概率。

(2) 他提出作用流速的概念是恰当的，但是作用流速的计算有不妥之处。事实上，作用流速应是 $V_b > V_{b.c}$ 的条件期望，即

$$
\begin{aligned}
V_{b.f} = M\left[\xi_{V_b} \mid V_b > V_{b.c}\right] &= \frac{\dfrac{1}{\sqrt{2\pi}\,\sigma_x} \displaystyle\int_{V_{b.c}}^\infty V_b \mathrm{e}^{-\frac{1}{2}\left(\frac{V_b - \bar{V}_b}{\sigma_x}\right)^2} \mathrm{d}V_b}{\dfrac{1}{\sqrt{2\pi}\,\sigma_x} \displaystyle\int_{V_{b.c}}^\infty \mathrm{e}^{-\frac{1}{2}\left(\frac{V_b - \bar{V}_b}{\sigma_x}\right)^2} \mathrm{d}V_b} \\
&= \frac{1}{\sqrt{2\pi}\,\sigma_x \varepsilon} \int_{V_{b.c}}^\infty \left[V_b - \bar{V}_b + \bar{V}_b\right] \mathrm{e}^{-\frac{1}{2}\left(\frac{V_b - \bar{V}_b}{\sigma_x}\right)^2} \mathrm{d}V_b \\
&= \bar{V}_b + \frac{\sigma_x}{\sqrt{2\pi}\,\varepsilon} \int_{\frac{V_{b.c} - \bar{V}_b}{\sigma_x}}^\infty \mathrm{e}^{-\frac{1}{2}\left(\frac{V_b - \bar{V}_b}{\sigma_x}\right)^2} \mathrm{d}\left[\frac{(V_b - \bar{V}_b)^2}{\sigma_x}\right] \\
&= \bar{V}_b + \frac{\sigma_x}{\sqrt{2\pi}\,\varepsilon} \mathrm{e}^{-\frac{1}{2}\left(\frac{V_b - \bar{V}_b}{\sigma_x}\right)} \Bigg|_{\frac{V_b - \bar{V}_b}{\sigma_x}}^\infty \\
&= \bar{V}_b + \frac{\sigma_x}{\sqrt{2\pi}\,\varepsilon} \mathrm{e}^{-\frac{1}{2}\left(\frac{V_b - \bar{V}_b}{\sigma_x}\right)^2}
\end{aligned} \tag{1.2.40}
$$

窦国仁的公式如下式，其中等号右边第二项多了一个"2"，这并不是笔误。

$$\frac{V_f}{\bar{V}_b} = 1 + \frac{2\sigma_x}{\sqrt{2\pi}\,\varepsilon V_b} \mathrm{e}^{-\frac{1}{2}\left(\frac{V_b - \bar{V}_b}{\sigma_x}\right)^2} = 1 + \frac{2x \times 0.37}{\sqrt{2\pi}\,\varepsilon} \mathrm{e}^{-\frac{1}{2}\left(\frac{V_b - \bar{V}_b}{\sigma_x}\right)^2} \tag{1.2.41}$$

例如,当 $V_{b.c}=\bar{V}_b,\varepsilon=0.5$ 时,由式(1.2.41)得

$$\frac{V_f}{\bar{V}_b}=1+0.590 \tag{1.2.42}$$

由窦国仁的论文中的图和 $\frac{V_f}{\bar{V}_b}$-$\frac{V_{b.c}}{\bar{V}_b}$ 关系查得, $\frac{V_f}{\bar{V}_b}$ 也恰为 1.59,而按正确的公式(1.2.40)应是 1.295,由此可见式(1.2.41)是不妥的。此外,他在有关跳跃轨迹分析中引用的是止动流速 $V_{b.0}$,而在起动概率 ε 及作用流速计算中采用的是起动流速。作用流速主要用于跳跃运动分析,应与相关跳跃参数一致,因此作用流速中应采用大于止动流速 $V_{b.0}$ 的条件期望。

(3) 在竖向运动方程中,窦国仁在泥沙处于床面层时引进了离散力,以反映碰撞,并设离散力与正面推力成正比。对于跳跃运动,考虑碰撞是必须的,但是与正面推力成正比,则需要论证。如何考虑碰撞,可见本书第 4 章。

(4) 至于考虑推移质停下来按不沉概率确定也是值得推敲的。实际上,推移质跳跃是按单步长度 $\bar{l}$ 进行的,每完成一个单步,就有停止的可能,此时决定它能否止动(或重新起动)与竖向速度无直接关系。

1.2.2 单颗泥沙运动随机分析与力学结合的研究

1.2.1 节主要评述了单纯用力学方法研究单颗泥沙运动的代表性成果,它们除包含起动和悬浮概率参数外,基本未涉及单颗泥沙运动的随机特性,这是不够的,尽管给出了参数的平均值。本节将介绍有代表性的研究成果,都是利用随机方法与力学分析相结合方法研究单颗泥沙运动以揭示其统计规律的。

1. Tsicjoua 的研究

Tsicjoua[84]对颗粒沿床面的滚动和跳跃进行了力学及统计分析:首先,他分析了颗粒沿床面的滚动,并进一步将其分为滑动、滚动和包括滑动在内的滚动三种形式,分别求出滚速方程,通过试验资料的初步验证,认为一个沙粒从开始起动到跃移可解释为上述三种形式中的第三种,即带有滑动的滚动,当滚动距离与颗粒尺寸相近时,床面摩擦力消失,故颗粒更快地被加速;其次,他认为滚动过程是泊松过程,故滚距分布为指数分布,并且用试验资料进行了验证;然后,他分析了跃移运动,计算了跃移高度,并得到了在某些条件下的表达式。当 $\beta\bar{U}_0/K\leqslant1$ 时,相对跳跃高度 $\bar{H}$ 主要受滚动终止时即起跳开始时速度 $\bar{U}_0$ 的影响,此时有

$$\bar{H}=\frac{H}{d}=\frac{2}{3C_{d_2}}\left(\frac{\sigma}{\rho}+\frac{1}{2}\right)\frac{\beta^2\bar{U}_0^2}{\frac{4}{3}\left(\frac{\sigma}{\rho}-1\right)gd\frac{1}{u_*^2 C_{d_2}}}$$

$$=\frac{1}{2}\beta^2\frac{\left(\dfrac{\sigma}{\rho}+\dfrac{1}{2}\right)u_*^2}{\left(\dfrac{\sigma}{\rho}-1\right)gd}\bar{U}_0^2 \tag{1.2.43}$$

当 $l_m/d\leqslant 1$ 时，跳跃高度主要受底部流速 u 的影响，即

$$\bar{H}=\frac{H}{d}=\frac{1}{2}\beta^2\left(\frac{\sigma}{\rho}+\frac{1}{2}\right)\frac{C_{d_1}}{C_{d_2}}\frac{2N}{(1+\sqrt{2}\mu)^2}\frac{A_r^2 u_*^2}{(\sigma/\rho-1)gd}$$

$$=\frac{1}{2}\beta^2\left(\frac{\sigma}{\rho}+\frac{1}{2}\right)\frac{C_{d_1}}{C_{d_2}}\frac{2N}{(1+\sqrt{2}\mu)^2}\frac{u^2}{(\sigma/\rho-1)gd} \tag{1.2.44}$$

其中，H 为跳跃高度；$\bar{U}_0$ 为颗粒起跳初速对动力速度 u_* 的比值，$\bar{U}_0=U_0/u_*$，$u=A_r u_*$，u 为颗粒附近的流速；d 为颗粒直径；σ 为颗粒密度；ρ 为水流密度；C_{d_1}、C_{d_2} 分别为水平方向和垂直方向颗粒的阻力系数；β 为经验常数；μ 为滑动摩擦系数，

$$K^2=\frac{4}{3}\frac{\left(\dfrac{\sigma}{\rho}-1\right)gd}{C_{d_2}u^2}$$

$$N=\frac{3}{4}C_d\left(\frac{\sigma}{\rho}+\frac{1}{2}\right)$$

$\bar{U}_0$ 与滚动距离有关，

$$\bar{U}_0=\frac{U_0}{u_*}=\frac{A_r\sqrt{B\bar{l}}}{1+\sqrt{B\bar{l}}} \tag{1.2.45}$$

$\bar{l}=l/d$ 为相对滚动距离，l 为滚动距离，

$$B=\frac{3}{4}\frac{1}{1+\dfrac{2\alpha}{5}}\frac{2C_d}{\dfrac{\sigma}{\rho}+\dfrac{1}{2}} \tag{1.2.46}$$

式中，α 为一经验常数。

将式(1.2.45)代入式(1.2.43)，可得

$$\bar{l}=\frac{\zeta\bar{H}}{B\left(A_r-\sqrt{\zeta\bar{H}}\right)^2} \tag{1.2.47}$$

式中，

$$\zeta=\frac{\left(\dfrac{\sigma}{\rho}-1\right)gd}{\dfrac{1}{2}\beta^2\left(\dfrac{\sigma}{\rho}+\dfrac{1}{2}\right)u_*^2} \tag{1.2.48}$$

这样，根据滚动距离的指数分布密度为

$$p_{\bar{l}}=\frac{1}{\bar{l}_m}e^{-\frac{\bar{l}}{\bar{l}_m}}$$

即可求得式(1.2.43)给出的跳跃高度的分布密度为

$$p_{\bar{H}}(\bar{H}) = \frac{\mathrm{d}\bar{l}}{\mathrm{d}\bar{H}} p_{\bar{l}}[l(\bar{H})] = \frac{A_r \zeta d}{B l_\mathrm{m}} \frac{1}{\left(A_r - \sqrt{\zeta\bar{H}}\right)^3} \times \exp\left[\frac{\zeta\bar{H}d}{B l_\mathrm{m}} \frac{1}{\left(A_r - \sqrt{\zeta\bar{H}}\right)^2}\right]$$

$$(1.2.49)$$

式中,l_m 为平均滚动距离。

当取底部水流速度为正态分布时,

$$p_u(u) = \frac{1}{\sqrt{2\pi}\,\sigma_0} \exp\left[-\frac{(u-u_\mathrm{m})^2}{2\sigma_0^2}\right] \qquad (1.2.50)$$

由式(1.2.44)给出的跳跃高度的分布密度为

$$p_{\bar{H}}(\bar{H}) = \frac{3}{2\sqrt{2\pi}} \frac{1}{\sqrt{\bar{H}\bar{H}_\mathrm{m}}} \exp\left[-\frac{9\left(\sqrt{\bar{H}}\sqrt{\bar{H}_\mathrm{m}}\right)^2}{2\bar{H}_\mathrm{m}}\right] \qquad (1.2.51)$$

式中,$\sigma_0 = u_\mathrm{m}/3$,$u_\mathrm{m}$ 为时均水流底速;$\bar{H}_\mathrm{m}$ 为平均相对跳跃高度。Tsicjoua 用试验资料验证了式(1.2.49),认为理论公式与试验资料是非常一致的。

　　Tsicjoua 对单颗泥沙运动规律的研究采用了力学与概率论相结合的方法,并且求出了跳跃参数的分布,较之前单纯的力学研究或单纯的概率论研究前进了一步,所采用的研究途径是值得肯定的。但是,其具体研究中存在两个问题:①所提出的基本图案还不是很清楚,例如,他根据力学分析求得的跳跃高度的表达式,有时认为是平均值之间的关系,有时又认为是随机变量之间的关系;②计算较粗略,对于跳跃高度等一些近似力学关系的假定缺乏根据。例如,在导出式(1.2.51)时,他采用了三点近似:①式(1.2.44)中 $\bar{H}$ 与 u 之间并不是单调的,而是按单调函数的公式求出的分布密度,相当于略去了负向脉动流速的作用,即假设此时颗粒不能起跳;②式(1.2.44)中实际假设了只要 $u \geqslant 0$,颗粒就能起跳,而且有跳跃高度;③式(1.2.44)不仅假设为随机变量之间的关系,而且假设了平均值之间的关系。如果说第一个近似的误差很微小且是允许的,第三个近似误差估计也不大,但第二个近似误差一般都很大。综上所述,Tsicjoua 的研究结果是很粗略的,与试验资料不能很好符合。

2. Россинкий 等的研究

　　Россинкий 与 Любомирова[85] 对颗粒的跳跃进行了一些分析,求出了跳跃高度的分布。他们根据一些试验资料,认为颗粒发生跳跃的条件是上举力大于重力,并且认为颗粒向上跳跃时是匀减速运动,故跳跃高度为

$$h = \frac{u_{y,0}^2}{2j} \qquad (1.2.52)$$

可见 h_0 为竖向速度由 $u_{y.0}$ 减至 0 所需要的上升高度；$u_{y.0}$ 为起跳时颗粒的竖向速度；j 为加速度，近似为

$$u_{y.0} = \theta\left(\frac{A}{D}V_b^2 - g_B\right) \tag{1.2.53}$$

$$j = Bu_{y.0} \tag{1.2.54}$$

上述式中，V_b 为底部流速；$g_B = (\gamma_s - \gamma)g/\gamma_s$；

$$B = \frac{a}{\theta}\left(1 - \frac{V_{b.y}}{u_{y.0}}\right) \tag{1.2.55}$$

θ 为颗粒竖向速度增加到 $u_{y.0}$ 的时间；$V_{b.y}$ 为水流竖向速度（即竖向脉动速度）；γ_s、γ 分别为泥沙的容重和水的容重。

他们根据底部纵向速度 V_b 的正态分布，求出 $u_{y.0}$ 的分布密度 $f_2(u_{y.0})$，并按照竖向脉动速度 $V_{b.y}$ 的正态分布求出 $K = \frac{1}{2B}$ 的分布密度 $f_1(K)$，从而得到跳跃高度的分布密度为

$$g(h) = \int_0^h f_1(K)f_2(u_{y.0})\frac{dK}{K} \tag{1.2.56}$$

用两组试验资料对公式进行检验，当 $A = 0.175$，$\theta = \frac{2.25D}{V_b}$ 时，理论结果符合实际。

与 Tsicjoua 相比，Россинкий 与 Люооомирова 关于跳跃运动的分析更粗略一些，而且他们得到的跳跃高度的分布密度式 (1.2.56) 是值得讨论的。首先，他们给出式 (1.2.52)，由运动方程推导如下：

$$\frac{\pi}{6}\rho_s D^3 \frac{du_{y.0}}{dt} \approx \frac{\pi}{6}D^3\rho_s\frac{gu_{y.0}}{\theta} = \frac{\pi}{4}D^2\frac{\rho C_y V_b^2}{2} - \frac{\pi}{6}D^3(\gamma_s - \gamma)$$

式中，$\frac{\pi}{6}D^3\rho_s$ 为颗粒质量；$\frac{\pi}{4}D^2\frac{\rho C_y V_b^2}{2}$ 为其上举力；$\frac{\pi}{6}D^3(\gamma_s - \gamma)$ 为其水下重力。式中近似相等号成立是因为他们认为是匀减速运动，其实此时近似相等号还可取为等号。而加速度为

$$j = \frac{u_{y.0}}{\theta} = \frac{3C_y}{4}\frac{\rho}{\rho_s}\frac{V_b^2}{D} - \frac{\gamma_s - \gamma}{\gamma_s}g = \frac{A}{D}V_b^2 - g_B \tag{1.2.57}$$

可见按他们假定给出的式 (1.2.52)，加速度 j 应为式 (1.2.57) 和式 (1.2.53)，似乎不是式 (1.2.54) 和式 (1.2.55) 给出的 $j = Bu_{y.0} = \frac{a}{\theta}\left(1 - \frac{V_{b.y}}{V_{b.0}}\right)u_{y.0} = \frac{a}{\theta}(u_{y.0} - V_{b.y})$。其次，按照式 (1.2.52) 和式 (1.2.54)，有

$$h = \frac{u_{y.0}^2}{2j} = \frac{u_{y.0}^2}{2Bu_{y.0}} = \frac{u_{y.0}}{2B} = Ku_{y.0} \tag{1.2.58}$$

只有当 K 与 $u_{y.0}$ 相互独立时，才能得到式 (1.2.56)。但是根据式 (1.2.55)，$K =$

$1/(2B)$不仅取决于竖向脉动速度$V_{b.y}$,还取决于$u_{y.0}$,因此随机变量K不可能与$u_{y.0}$相互独立。此外,在利用V_b的分布密度求$u_{y.0}$的分布密度时,他们假定θ为常数,而最后又取θ与V_b成反比。

3. Nakagawa 等的研究

Nakagawa 和 Tsujinmoto[86] 对颗粒的滚动力学和统计特性进行了较详细的分析,并且联系平均休止时间与平均单步距离进行了研究。他们给出的颗粒的滚动方程组为

$$\begin{cases} M\ddot{\theta}d = (L-W)\sin\theta + D\cos\theta - F \\ MK^2\dot{\omega} = F\dfrac{d}{2} \end{cases} \tag{1.2.59}$$

式中,θ为颗粒 A 绕 C 点运动的转角(见图 1.2.1);ω为颗粒 A 绕质心转动的角速度,且$\omega=2\dot{\theta}$;d为颗粒直径;L为上升力;D为正面推力;W为颗粒的水下重力;F为颗粒 A、B 之间的摩擦力;M为包括附加质量的质量,即$M=(\sigma+C_M\rho)A_3d^3$,C_M为附加质量系数,取为 1/2,σ为泥沙的密度,ρ为水的密度,A_3为体积形状因子;K为回转半径。

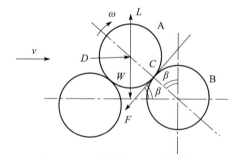

图 1.2.1　颗粒起动时受力状态

由式(1.2.59)中第二式可得摩擦力为

$$F = \frac{2MK^2\dot{\omega}}{d} = \frac{4MK^2\ddot{\theta}}{d}$$

将其代入式(1.2.59)中第一式,可得

$$\frac{\ddot{\theta}d}{g} = \frac{1}{Mg}(L\sin\theta + D\cos\theta - W\sin\theta) - \frac{4MK^2\ddot{\theta}}{Mgd} \tag{1.2.60}$$

于是,有

$$\frac{\ddot{\theta}d}{g}\left(1+\frac{4K^2}{d^2}\right) = \frac{D}{Mg}(K_1\sin\theta + \cos\theta) - \frac{W}{Mg}\sin\theta$$

$$= \frac{\frac{\rho}{2}u^2C_DA_2d^2}{(\sigma+\rho C_M)A_3d^3g}(K_1\sin\theta + \cos\theta) - \frac{(\sigma-\rho)gA_3d^3}{(\sigma+C_M\rho)A_3d^3g}\sin\theta$$

即

$$\frac{\ddot{\theta}d}{g}=\frac{\sigma-\rho}{(\sigma+C_M\rho)\left(1+\frac{4K^2}{d^2}\right)}\left[\frac{\rho A_2}{2A_3}C_DA_*^2\frac{u_*^2(K_1\sin\theta+\cos\theta)}{(\sigma-\rho)gd}-\sin\theta\right]$$

$$=\frac{\frac{\sigma}{\rho}-1}{\left(\frac{\sigma}{\rho}+C_M\right)\left(1+\frac{4K^2}{d^2}\right)}\left[\frac{A_2}{2A_3}C_DA_*^2\frac{u_*^2}{\left(\frac{\sigma}{\rho}-1\right)gd}(K_1\sin\theta+\cos\theta)-\sin\theta\right]$$

$$=B_*\left[C_*\tau_*(K_1\sin\theta+\cos\theta)-\sin\theta\right] \tag{1.2.61}$$

式中，

$$K_1=\frac{L}{D} \tag{1.2.62}$$

$$C_*=\frac{A_2}{A_3}C_DA_*^2 \tag{1.2.63}$$

$$A_*=\frac{u_0}{u_*} \tag{1.2.64}$$

$$B_*=\frac{\frac{\sigma}{\rho}-1}{\left(\frac{\sigma}{\rho}+C_M\right)\left(1+\frac{4K^2}{d^2}\right)} \tag{1.2.65}$$

设在初始点 $\theta=\beta$，并且恰处于启动状态，于是有

$$0=B_*C\left[\tau_{*.c}(K_1\sin\beta+\cos\beta)-\frac{\sin\beta}{C_*}\right]$$

即

$$\tau_{*.c}=\frac{\rho u_{*.c}^2}{(\sigma-\rho)gd}=\frac{u_{*.c}^2}{\left(\frac{\sigma}{\rho}-1\right)gd}=\frac{\sin\beta}{C_*(K_1\sin\beta+\cos\beta)}$$

$$=\frac{2A_3}{(A_2A_*^2C_D)}\frac{\sin\beta}{(K_1\sin\beta+\cos\beta)} \tag{1.2.66}$$

将式(1.2.66)代入 $\theta=\beta$ 的方程(1.2.61)，可得

$$\frac{\ddot{\beta}d}{g}=B_*C_*(K_1\sin\beta+\cos\beta)(\tau_*-\tau_{*.c}) \tag{1.2.67}$$

此式只对初始角加速度正确；否则，应区别 β 与 θ。即式(1.2.67)左边 $\ddot{\beta}$ 应为 $\ddot{\theta}$，而 $\tau_{*.c}$ 与初始位置 β 有关。这里，C_D 为正面推力系数，A_2 为颗粒的面积形状因子，β 为逸出角，u_0 为颗粒 A 周围的局部平均流速，u_* 为动力流速，τ_* 为无因次剪切应力，$u_{*.c}$、$\tau_{*.c}$ 为颗粒起动时相应的临界值。取 p_0 为起动概率，即 $p_0=P[\tau_*\geqslant\tau_{*.c}]$，$\hat{t}_0$ 为使颗粒起动的床面剪切应力的脉动周期，并假定

$$\hat{t}_0 = F_* \sqrt{\left(\frac{\sigma}{\rho}-1\right)\frac{d}{g}} \qquad (1.2.68)$$

令$\langle t_0 \rangle$为在一个周期内$\tau_* \geqslant \tau_{*.c}$的平均时间,$\langle T \rangle$为颗粒在床面移动的时间, p_s为休止频率(平均休止周期的倒数),他们认为有下述关系:

$$\langle t_0 \rangle = p_0 \hat{t}_0 \qquad (1.2.69)$$

$$\langle T \rangle = \frac{\beta}{E[\dot{\theta}]\langle t_0 \rangle} = \frac{\beta}{E[\dot{\theta}]p_0\hat{t}_0} \qquad (1.2.70)$$

$$p_s = \frac{p_0 \hat{t}_0}{\langle T \rangle}\frac{1}{\hat{t}_0} = \frac{p_0}{\langle T \rangle} \qquad (1.2.71)$$

式中,$E[\dot{\theta}]\langle t_0 \rangle$为颗粒移动的平均角速度,它与$\langle t_0 \rangle$和平均初始角加速度$E[\dot{\theta}]$成正比,而$K_2$为比例系数。$E[\dot{\theta}]$可由式(1.2.61)平均后得出:

$$E[\dot{\theta}] = \frac{g}{d}B_* C_* (K_1 \sin\beta + \cos\beta)\{E[\tau_* \mid \tau_* \geqslant \tau_{*.c}] - \tau_{*.c}\} \qquad (1.2.72)$$

将式(1.2.72)、式(1.2.70)代入式(1.2.71)后,可得休止频率为

$$
\begin{aligned}
p_s &= \sqrt{\frac{\left(\frac{\sigma}{\rho}-1\right)g}{d}}\, F_* K_2 B_* C_* (K_1 \sin\beta + \cos\beta)\frac{1}{\beta}p_0^2 \{E[\tau_* \mid \tau_* \geqslant \tau_{*.c}] - \tau_{*.c}\} \\
&= \sqrt{\frac{\left(\frac{\sigma}{\rho}-1\right)g}{d}}\, F_* K_2 B_* C_* (K_1 \sin\beta + \cos\beta)\frac{1}{\beta}p_0^2 \left[1 + \eta_0 \frac{\phi(\gamma_c)}{p_0} - \frac{\tau_{*.c}}{\tau_{*.0}}\right]\tau_{*.0}
\end{aligned}
$$
$$\qquad (1.2.73)$$

式中,η_0为剪切应力的变差系数;$\tau_{*.0}$为时均剪切应力,

$$\phi(\gamma_c) = \frac{1}{\sqrt{2\pi}}\int_{\gamma_c}^{\infty} t\mathrm{e}^{-\frac{t^2}{2}}\mathrm{d}t \qquad (1.2.74)$$

$$\gamma_c = \left(\frac{\tau_{*.c}}{\tau_{*.0}}-1\right)\frac{1}{\eta_0} \qquad (1.2.75)$$

他们将床面的颗粒简化成一些突起物,颗粒在滚过床面颗粒时,相当于翻越这种突起物(见图1.2.2)。他们认为,无量纲的颗粒突起物之间的距离$\xi = x/d$和床面颗粒突起高度$\Delta = \Delta_b/d$均为随机变量,但实际上只取ξ为随机变量,而取Δ为常量。假设ξ的分布密度为

$$\psi(\xi) = \frac{1}{\xi_0}\mathrm{e}^{-\frac{\xi}{\xi_0}} \qquad (1.2.76)$$

式中,ξ_0为突起物之间的平均距离。

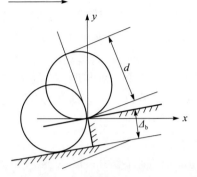

图 1.2.2　颗粒在滚动过程中翻越突起处示意图

设 ξ_0 为颗粒起动后滚过突起高所需要的距离,则颗粒滚过突起物的概率为

$$P_{\gamma_0} = \int_{\xi_c}^{\infty} \psi(\xi)\mathrm{d}\xi = \xi_0\psi(\xi_c) \tag{1.2.77}$$

这样,颗粒平均滚动的"单步距离"为

$$\lambda = \lim_{x \to \infty} \sum_{j=1}^{n} P_{\gamma_0}^{j-1}(1 - P_{\gamma_0})j\beta\xi_0 = \frac{\xi_0}{1 - P_{\gamma_0}} \tag{1.2.78}$$

考虑到 Einstein[4] 关于起动概率的概念,他们将平均单步距离修正为

$$\lambda = \frac{\xi_0}{(1 - P_{\gamma_0})(1 - P_0)} \tag{1.2.79}$$

在上述关系式中 ξ_c 可由如下方法确定。由颗粒碰撞突起物并上升到突起高的能量关系,可得翻越突起高的临界角速度为

$$\omega_c\sqrt{\frac{d}{g}} = \frac{2\sqrt{2\dfrac{\Delta_b}{d}\left[1 + 4\left(\dfrac{K}{d}\right)^2\right]}}{1 + 4\left(\dfrac{K}{d}\right)^2 - 2\dfrac{\Delta_b}{d}} \tag{1.2.80}$$

式(1.2.80)仅对平整床面的特殊情况成立。解运动方程即可得到当颗粒加速为 ω_c 时所经过的无因次距离 ξ_c 的关系式:

$$\xi_c = \frac{x}{d} = f(\omega_c\sqrt{\frac{d}{g}}, \frac{u_*}{\sqrt{gd}}, P_*, \bar{A}_*) \tag{1.2.81}$$

其中,

$$\bar{A}_* = \frac{u_d}{u_*}$$

$$P_* = \frac{A_2}{2A_3}\frac{C_D}{\left[1 + 4K_3\left(\dfrac{K^2}{d^2}\right)\right]\left(\dfrac{\sigma}{\rho} + C_M\right)} \tag{1.2.82}$$

式中,u_d 为滚动颗粒中心高度的局部水流速度。

Nakagawa 和 Tsujinmoto 将滚动的力学分析和平均休止时间、平均单步距离联系起来研究是很有意义的,他们对颗粒滚动图形的简化,特别是将运动颗粒翻越床面颗粒简化为突起高时抓住了粗糙床面上颗粒滚动的本质;关于平均休止时间的考虑,特别是表达式(1.2.71)是符合实际的;考虑了碰撞对滚动的影响,并区别了突起物之间的距离(相当于研究中的单步距离)和单步距离(相当于下面研究中的单次距离)。本书第 4 章所阐述的关于滚动部分的研究内容也区分单步和单次距离,这是韩其为早在 1974 年就已完成的。尽管彼此未进行交流,但是上述一些基本考虑却是类似的。

Nakagawa 和 Tsujinmoto 在对滚动机理的定量分析方面也存在一些问题。第一,某些假定有任意性,包括一些待定的经验系数,实际上确定起来是较困难的。例如,他们给出的脉动周期表达式(1.2.68)、粗糙床面的单步距离表达式(1.2.79)等都没有足够的根据。第二,他们虽然区别了单次距离和单步距离,但是平均单次距离与平均单步距离的关系式(1.2.79)是值得商榷的。事实上,式(1.2.79)中的 λ 已是单次距离,而 ξ_0 应为单步距离,它们之间的关系是 $\lambda = \dfrac{1}{1-P_{\gamma_0}}$。但是在式(1.2.79)中,他们又根据 Einstein 结果,再将 λ 除以 $1-P_0$。在 Einstein 成果中,λ 为单步距离,而 $\dfrac{\lambda}{1-P_0}$ 实际是单次距离。可见式(1.2.79)再除以 $(1-P_{\gamma_0})$ 就令人费解了。其实 ξ_0 为两突起物之间的距离,就是单步距离。因为如果翻过一个突起物就走完了一步,而不能翻过就停了下来,这正是一个单步。突起物是可能阻碍颗粒滚动且结束滚动的关键。采用一个单步由 $n(1 \leqslant n < \infty)$ 个突起物组成,再考虑一个单次运动由 $n(1 \leqslant n < \infty)$ 个单步组成。本书第 2 章中将证明,在各步独立的假定下,平均单次距离与平均单步距离之间的关系只涉及一个持续滚动的概率。第三,床面突起高的变化范围及其对泥沙滚动的影响都是很大的,因此为了研究颗粒滚动的随机特性将其视为随机变量是完全必要的。Nakagawa 等虽然指出了这一点,但实际上却仍按确定量处理。

4. 韩其为等的研究

韩其为和何明民[40,87]对泥沙滚动、跳跃和悬移质的单颗运动进行了深入分析。他们明确区分了单次运动与单步运动,定义了滚动与悬浮的单步距离。他们将单步滚动分为两个半步进行分析,前半步与床面颗粒接触滚动,翻越床面后,后半步做自由运动,将跳跃运动分为三个阶段(脱离床面、上升至最大跃高、回落至床面)进行分析。通过力学分析建立了单颗泥沙滚动方程与跳跃方程,并得到了分析解。由于各参数大小差别和加、减速运动的不同,滚动运动的前半步有五种解,跳跃运动脱离床面阶段也有五种解,由此确定了不同阶段的速度、时间、单步长度以及平均速度等。他们对运动颗粒与床面颗粒的碰撞也做了详细分析,给出了相应于离散力的理论表达式,并以碰撞后的速度作为滚动与跳跃运动的初速度,进而提出了起滚、起跳条件及相应临界流速和起滚、起跳的概率。他们在此基础上证实了在一定条件下,颗粒在床面起动的等待时间(起动周期)与滚动、跳跃颗粒的运动时间,或者它们的"寿命"均服从指数分布,并给出了分布的力学参数,无论是单步运动还是单次运动情况下。有关这方面的内容可见本书第 3 章。

1.2.3　颗粒跳跃的试验及半经验公式表达

对跳跃颗粒运动过程的试验显然是研究单颗泥沙运动的基础,建立在试验资料基础上的跳跃参数半经验公式具有一定的适用性。这些试验中,以近代高速摄影资料最为可靠。在国外,有代表性的是 Samaga 等[88]在印度长 30m、宽 0.27m 水槽中进行的实验,观测的数据颇为详尽,不仅包括床沙级配,而且包括分组输沙率。在国内,胡春宏等[89]的资料详细且可靠。此外,孙志林[74]也做了一些类似的试验,此外还包括扩散模型中的两个参数的一些试验。除上述研究者外,Francis[90]、Luque 和 Beek[91]、Abbott 和 Francis[92]、Gordon 等[93]、White 和 Schulz[94]、Murphy 和 Hooshiari[95]等也利用高速摄影对颗粒跳跃运动做了一些试验。上述试验中,Samaga 等和胡春宏等试验的量测项目较详细和齐全,其试验结果被认为是颇为可靠的成果之一。

胡春宏等对跳跃颗粒运动进行试验的同时对推移质运动机理进行较深入的分析,得到了有益的认识和成果。他在形式上引用了五种力,但是在由颗粒在床面运动轨迹求阻力系数时将重力之外的四个力概化为水流纵向作用力与竖向作用力,实际等同于三个力,于是,得到了颗粒运动纵向方程与竖向方程:

$$m \frac{\mathrm{d}u_{\mathrm{b}}}{\mathrm{d}t} = F_x \tag{1.2.83}$$

$$m \frac{\mathrm{d}V_{\mathrm{b}}}{\mathrm{d}t} = F_y - W \tag{1.2.84}$$

另外,胡春宏根据试验资料提出了 C_D、C_L 的经验值,表明颗粒上升与下降时这两种系数是不同的。

经数字求解,其跳跃颗粒的轨迹能被一些实测值包围,基本符合实际。当然,实测值的上下包络线与数字计算的曲线差别也是很大的。

由于考虑了阻力系数沿跳跃颗粒轨迹变化,难以得到方程的分析解,而数字解涉及的参数也很多,过于复杂,最后胡春宏只能对跳跃参数采用半经验方法确定。对于粗糙床面,他得到的相对跳跃高度、相对跳跃长度、相对平均跳跃速度的经验公式分别为

$$\frac{H_{\mathrm{b}}}{D} = 3.67 \left(\frac{\gamma_{\mathrm{s}}}{\gamma} \right)^{1.05} Q^{0.82} \tag{1.2.85}$$

$$\frac{L}{D} = 27.54 \left(\frac{\gamma_{\mathrm{s}}}{\gamma} \right)^{0.94} Q^{0.86} \tag{1.2.86}$$

$$\frac{\bar{u}_b}{u_*}=11.9-5.2\left(\frac{Q_c}{Q}\right)^{0.5} \tag{1.2.87}$$

同时,他给出了颗粒起跳的平均初始纵向速度 $u_{b,0}$ 和平均初始竖向速度的经验公式。

胡春宏研究了跳跃高度、跳跃长度及平均跳跃速度的经验分布。他假定跳跃高度、长度服从 Γ 分布,利用试验资料确定了三个参数的经验值;假定跳跃速度服从正态分布,再用试验资料确定了两个参数。此外,他采用韩其为研究悬移质分布与平均悬浮高度分布的方法,得到了推移质浓度分布,其参数由实际资料率定。

胡春宏的整个研究是从试验出发的,经过了大量试验和认真分析,给出了一些半经验公式,这些公式基本是可靠的。所谓半经验,就是以泥沙运动的基本概念和已有研究成果为基础,选择公式的结构,再由试验资料适线,确定有关参数的经验值。从实用上看,这种研究方法是可取的,当然由于泥沙运动的复杂性,在理论上没有研究清楚前,这种研究方法有一定局限性,从而影响到经验公式的通用性上。利用这种方法得到的 $\frac{u_b}{u_*}$、$\frac{L}{D}$、$\frac{H_b}{D}$、$\frac{u_{b,0}}{u_*}$、$\frac{V_{b,0}}{u_*}$、$\frac{u_{b,c}}{u_*}$、$\frac{V_{b,c}}{u_*}$ 等之间很难不出现矛盾,从而无法成为一套彼此闭合的成果。

孙志林[74]对泥沙跳跃运动理论也进行了某些分析,其起点较高,如引用了固液二相流中动力学模型与轨道模型,在概括其跳跃参数的试验中采用了经验的方法来拟合有关参数的表达式。

1.2.4 对单颗泥沙滚动与跳跃运动的研究评论

综合上面的介绍与讨论,对单颗泥沙滚动与跳跃运动的研究评论如下。

(1)单颗泥沙运动的试验是研究的基础,必须予以重视。对于跳跃运动,不少研究者做了不少试验。目前的问题是同条件的试验资料不够密集,得到的参数平均值有时难以代表其数学期望。对滚动运动的试验很少,几乎没有较全面的滚动参数的试验结果。这与对滚动机理揭示不够(如步长如何确定等)有关。其实滚动也是推移质运动的一种形式,特别是对粗颗粒卵石而言。

(2)单颗粒跳跃与滚动,既涉及必然的力学规律,也关系到概率论的规律。目前一些研究者开始强调两方面研究相结合,但是如何结合,仍然需进一步发掘。有一点必须明确,即首先应研究清楚相关的力学规律,在此基础上再按随机过程进行分析。目前看来,较有效的做法是先按力学的方法研究各运动参数的必然关系,再将它们引申到随机变量之间的关系,进而求分布函数和数学期望[40]。例如,文献[24]和[38]对泥沙起动的研究,先经过力学分析建立起动流速 $V_{b,c}=f(\Delta',V_b,D_l)$ 的关系式,此处 Δ' 为床面位置,V_b 为水流底速,D_l 为粒径;接着将此关系引申

到 $\xi_{v_{b.c}} = f(\xi_{\Delta'}, \xi_{v_b}, \xi_{D_l})$；然后根据 $\xi_{\Delta'}$ 的分布（如均匀分布）、ξ_{v_b} 的正态分布和 D_l 的分布（或其频率）求出 $\xi_{v_{b.c}}$ 的分布与数学期望等，进而研究起动强度（起动颗数的分布）等。

（3）无论从力学上看还是从随机特性上看，单颗泥沙运动都是非常复杂的，因此既不能对力学方程过于强调考虑因素全面，也不能使随机模型过于复杂而得不到明确和较简单的结果。这里抓住主要矛盾，舍弃一些次要的因素就非常重要。

1.3　推移质输沙率

研究推移质输沙率的方法分为三大类：力学分析方法、概率论方法、力学与概率论相结合的方法。三类中有的又可分为若干子类。力学分析方法可分为以拖曳力为主要参数的方法、以流速为主要参数的方法以及能量平衡的方法。力学与概率论相结合的方法可分为时均模型方法和随机模型方法。前者引进了一些概率，如起动概率、悬浮（不沉）概率等，但是只能确定时均输沙率；而后者是建立输沙率的随机模型，可同时求出输沙率的分布和其数学期望——平均输沙率公式。下面对各方面研究情况予以扼要评述。

1.3.1　用力学分析方法建立的推移质输沙率公式

1. 以拖曳力为主要参数的推移质输沙率公式

以拖曳力为主要参数的推移质输沙率公式中，较有名的或较流行的有DuBoys[96]、Meyer-Peter 和 Muller[13]、Egiazaroff[97]、Yalin[76]、Ackers 和 White[98]、Engelund 和 Fredsoe[99] 提出的公式。这些公式的共同点如下：

（1）除最早 DuBoys 给出的公式外，输沙率公式中的主要参数是 $\theta(\sqrt{\theta}-\sqrt{\theta_c})$ 或 $\sqrt{\theta}(\theta-\theta_c)$。此处 $\theta = \dfrac{\gamma h J}{(\gamma_s - \gamma)D}$ 为无因次切应力，τ 为拖曳力（底部水流切应力），$\tau = \gamma h J$，θ_c 为泥沙起动时的 θ 值。可见推移质输沙率基本上是与拖曳力的 3/2 次方或流速的 3 次方成正比。显然，这类公式主要反映输沙强度较高的情况。

（2）公式都含有 $\theta - \theta_c$ 或 $\sqrt{\theta}-\sqrt{\theta_c}$，表示输沙率有明显的零点。这是力学分析方法按必然事件，不考虑随机性质的结果。以拖曳力为主要参数的公式，主要反映了泥沙起动条件。有的公式（如 Yalin、Engelund 等）还考虑了速度为零的情况。如 Yalin[76] 给出的公式为

$$\frac{g_b}{(\gamma_s - \gamma)DU_*} = 0.635S\left[1 - \frac{1}{aS}\ln(1+aS)\right] \tag{1.3.1}$$

其中,

$$S = \frac{\theta - \theta_c}{\theta_c} \tag{1.3.2}$$

$$a = 2.45 \sqrt{\theta_c} \left(\frac{\gamma}{\gamma_s} \right)^{0.4} \tag{1.3.3}$$

可见,从形式上看,该式有两个零点,即 $S=0$ 和表征速度的方括号中的值为零。但是由于 Yalin 推导公式相对严密,这两个零点实际上只有一个。事实上,将式 (1.3.1)中方括号里的对数函数展开有

$$1 - \frac{1}{aS} \left[aS - \frac{(aS)^2}{2} + \frac{(aS)^3}{3} - \cdots \right] = \frac{aS}{2} - \frac{(aS)^2}{3} + \cdots \tag{1.3.4}$$

可见,当 $S=0$ 时,括号中的值也为零。而 Engelund 给出的公式为

$$\frac{g_b}{\rho_s d \sqrt{\dfrac{\rho_s - \rho}{\rho} g d}} = 11.6(\theta - \theta_c)(\sqrt{\theta} - 0.7\sqrt{\theta_c}) \tag{1.3.5}$$

其输沙率也有两个零点, $\theta = \theta_c$ 及 $\theta = 0.7 \times 0.7\theta_c = 0.49\theta_c$。当 $0.49\theta_c < \theta < \theta_c$ 时,不能起动,但速度不为零。速度不为零与不能起动是矛盾的。当然,如果限制式 (1.3.5)使用,虽然可避免矛盾,但是作为一个理论公式是有欠缺的。有研究者辩称, $1 > \sqrt{\dfrac{\theta}{\theta_c}} > 0.7$,有推移质输沙率是合理的,正好反映了紊动作用,但是这与公式中同时存在 $\theta - \theta_c$ 是矛盾的。因此,上述公式在 $\sqrt{\theta} - \sqrt{\theta_c}$ 之外再加上速度项,做较严格的理论分析较好。

(3) 公式为了反映低输沙率与切应力的方次很高,要借助于 $\theta - \theta_c$ 或 $\sqrt{\theta} - \sqrt{\theta_c}$,而不能依赖 $\theta^{\frac{3}{2}}$。例如,以 Meyer-Peter 给出的公式为例:

$$\phi = \frac{q_b}{\gamma_s \sqrt{\dfrac{\gamma_s - \gamma}{\gamma} g D D}} = \left[4\frac{\tau}{(\gamma_s - \gamma)D} - 0.188 \right]^{\frac{3}{2}} = (4\theta - 0.188)^{\frac{3}{2}} = K\theta^n$$

$$\tag{1.3.6}$$

即分段用 θ 的幂函数逼近(见表 1.3.1)。

表 1.3.1　Meyer-Peter 公式中的分段参数

θ	ϕ	K	n
0.048	2.53×10^{-4}	4.446×10^{49}	40.375
0.050	0.001315	4.56×10^5	7.333
0.1	0.212	7.440	1.545
1.00	7.44	7.440	1.5363
5.00	88.18	—	—

可见,在水力因素强时,(当 $\theta > 0.1$)n 约为 1.54,K 为 7.44。只要水力因素减弱, θ 的方次就会增大。特别是当 θ 接近 $\theta_c = 0.047$ 时,n 会迅速增大,以便描述低输沙率相对变幅很大的特点。这正如表中出现 $n = 40.375$ 的例子。可见 Mantz[100] 根据水槽试验结果得到

$$\frac{q_b}{(\gamma_s - \gamma)DU_*} = 2.6 \times 10^{21}\theta^{17} \tag{1.3.7}$$

是不奇怪的。韩其为[38] 从理论上给出,当低输沙率接近零时,作为 θ 函数的方次 n 可以大于 27(如流速方次可以大于 54)。

(4) 尽管以拖曳力为主要参数的研究,参与的人较多,研究的时间长,但是其机理并未被阐述清楚。例如,主要用速度来描述低速率变化,即描述输沙率时 g_b 与 θ 的高次方成正比的规律显然是不合理的,也是没有根据的。从概念上看,决定推移质输沙率的主要是运动强度(颗数)和运动速度。运动颗数的变化范围很大,例如,在不大的水力因素范围内,可以从一颗增加至大量,特别是在低输沙率阶段,颗数增加应非常快。而速度只能与水流速度保持大体线性关系,不会出现输沙率低时其快速增大的情况。事实上,以拖曳力为主要参数的公式为

$$\frac{q_b}{D\gamma_s\sqrt{\dfrac{\gamma_s - \gamma}{\gamma}gD}} = \phi = K\theta(\sqrt{\theta} - \sqrt{\theta_c}) \tag{1.3.8}$$

以 $\sqrt{\theta} - \sqrt{\theta_c}$ 表征速度,则 θ 表征强度。当粒径固定时,推移质运动强度将始终与 θ 成正比,或与流速的平方成正比。显然,这只能代表实际 q_b-θ 关系的某一段,而且是输沙率高的一段。

2. 以流速为主要参数的推移质输沙率公式

以流速为主要参数的推移质输沙率公式最早由苏联学者提出,如 Гончаров[6,101]、Леви[27]、Щамов[102] 等。

$$q_b = K\gamma_s D\left(\frac{V}{V_c}\right)^3 (V - V_c)\left(\frac{h}{d}\right)^n \tag{1.3.9}$$

只是 Щамов 公式中的 d 被 $d^{\frac{1}{2}}$ 所代替。这种推导也较为简单。他们取推移质运动速度为

$$u_s = K_1(V_b - V_{b.c}) = K_2(V - V_c)\left(\frac{h}{D}\right)^\pi \tag{1.3.10}$$

式(1.3.9)中,$\left(\dfrac{V_b}{V_{b.c}}\right)^3 = \left(\dfrac{V}{V_c}\right)^3 = m$ 称为动密实系数,即床面推移的颗粒与静止颗粒之比。对于动密实系数 m 的取值,Гончаров[101] 及 Леви[27] 根据试验资料研究得出 m 的半经验公式。从这类公式可以看出,它们有如下特点。

(1) 推移质输沙率与水流速度的 4 次方成正比,与相对水深 h/D 及粒径有关。

推移质输沙率与水流速度的 4 次方成正比,相当于与水流拖曳力的平方成正比,这是与前面由切应力表示的大多为 3/2 次方是有差别的。

(2) 颗粒运动速度与水流底速和起动时水流底速之差成正比是好理解的。事实上,如果不考虑水流,泥沙运动的随机性按力学关系分析,球形颗粒滚动时质心运动方程为

$$\frac{\rho\pi}{6}D^3\frac{\mathrm{d}u}{\mathrm{d}t}=\frac{C_x\rho}{2}(V_b-U)^2\frac{\pi D^2}{4}-f\left[\frac{\pi}{6}\gamma_s D^3-\frac{C_y\rho}{2}(V_b-U)^2\frac{\pi}{4}D^2\right]$$

式中,u_* 为颗粒在床面运动速度;C_x、C_y 分别为正面推力系数和上举力系数。

上式可改写为

$$\frac{\mathrm{d}u}{\mathrm{d}t}=\frac{3}{4D}(C_x+fC_y)\left[(V_b-U)^2-\frac{4f}{3(C_x+fC_y)}\frac{\gamma_s-\gamma}{\gamma}gD\right]$$

$$=\frac{3}{4D}(C_x+fC_y)\left[(V_b-u)^2-V_{b.c}^2\right] \tag{1.3.11}$$

式中,$V_{b.c}$ 为起动流速,由公式

$$\frac{C_x\rho}{2}V_{b.c}^2\frac{\pi}{4}D^2=f\left[(\gamma_s-\gamma)\frac{\pi}{6}D^3-\frac{C_y\rho}{2}V_{b.c}^2\frac{\pi}{4}D^2\right]$$

给出,即

$$V_{b.c}=\sqrt{\frac{4f}{3(C_x+fC_y)}\frac{\gamma_s-\gamma}{\gamma}gD} \tag{1.3.12}$$

由式(1.3.11)知,当颗粒为匀速运动时,$\frac{\mathrm{d}u}{\mathrm{d}t}=0$,必有

$$u=V_b-V_{b.c} \tag{1.3.13}$$

对于瞬时值,式(1.3.9)是正确的。

(3) 对于 $\left(\dfrac{V}{V_c}\right)^3=m$ 的动密实系数表达式,很难从理论上证明其正确性,后面将证明 m 表达式的值远不是一个常数 3。这正是前述两种推导方法造成推移质输沙率与流速(或推曳力)方次不一致的原因。

(4) 这类公式的流速、水深、粒径等容易测量,而拖曳力公式中坡降 J 常常不易可靠确定,是其使用方面的一个优点。

3. 从能量观点导出的推移质输沙率公式

从能量观点研究推移质输沙率,以 Bagnold[81] 为代表。由于推移质运动所做的功率为

$$W_b=(\gamma_s-\gamma)\frac{g_b}{\gamma_s}\tan\alpha=\frac{\gamma_s-\gamma}{\gamma_s}g_b\tan\alpha=W'\bar{u}_b\tan\alpha \tag{1.3.14}$$

式中，g_b 表示以重量计的推移质输沙率；g_b/γ_s 为其相应的体积；W' 为水下重量；$\bar{u}_b$ 为泥沙运动速度，$\bar{u}_b W' \tan\alpha$ 为摩擦力 $W' \tan\alpha$ 所做的功率。

另外，单宽水体的势能损失率为 $\gamma h \dfrac{\Delta z}{\Delta t} = \gamma h \dfrac{\Delta z}{\Delta L} \dfrac{\Delta L}{\Delta t} = \gamma h J U = \tau_0 U$，提供给推移质的部分为 $e_b \tau_0 U$，而 e_b 为水流提供推移的效率系数。其中 ΔL、Δz 分别为水流在 Δt 内移动的距离和落差。Bagnold[81] 取水流提供的势能与推移质运动所做的功相等，有

$$\frac{\gamma_s - \gamma}{\gamma_s} g_b \tan\alpha = W' \bar{u}_b \tan\alpha = e_b \tau_0 U \tag{1.3.15}$$

他认为水流有效流速所做的功率 $W' \bar{u}_b \tan\alpha = \dfrac{\gamma_s - \gamma}{\gamma_s} g_b \tan\alpha$ 应与水流在 $y = y_n$ 处的切应力 T 提供的功率 $T \bar{u}_b$ 相等，即

$$W' \bar{u}_b \tan\alpha = g_b \frac{\gamma_s - \gamma}{\gamma_s} \tan\alpha = T \bar{u}_b \tag{1.3.16}$$

假定 $T = \alpha\tau_0 = \dfrac{U_* - U_{*.c}}{U_{*.c}} \tau_0$，将其与式(1.2.8)代入式(1.3.16)，可得

$$
\begin{aligned}
g_b &= \frac{\gamma_s}{\gamma_s - \gamma} \frac{T}{\tan\alpha} \bar{u}_b = \frac{\gamma_s}{\gamma_s - \gamma} \frac{U_* - U_{*.c}}{U_*} \frac{\tau_0}{\tan\alpha} (V_n - u_r) \\
&= \frac{\gamma_s}{\gamma_s - \gamma} \frac{U_* - U_{*.c}}{U_*} \frac{\tau_0 U}{\tan\alpha} \left[1 - \frac{5.75 u_* \lg \dfrac{0.4h}{mD} + \omega}{U} \right]
\end{aligned}
\tag{1.3.17}
$$

此处单宽推移质输沙率的量纲为 $[G/TL]$，而 m 由输沙率资料反求得

$$m = 1.4 \left(\frac{u_*}{u_{*c}} \right)^{0.6} \tag{1.3.18}$$

需要指出的是，此处式(1.3.17)为以重量(空气中)表示的单宽输沙率，如果换成以水下重量表示，应去掉 $\dfrac{\gamma_s}{\gamma_s - \gamma}$；如果以质量表示的，则应除以 g。

Bagnold 采用能量途径推导输沙率的特点为：① 从总体结构看，用能量法较为简单明确，他的早期推导就反映了这一点。例如，式(1.3.15)表明如果不计及 g_b 随 τ、U 有大的变化，则推移质输沙率与 $\tau_0 U$ 成正比，即与 τ_0 的 3/2 次方或与 U 的 3 次方成正比。这一点比拖曳力推导要简单明确。② 在推导过程方面做得较仔细，注重了概念的阐述，在粗线条上能反映推移质运动机理。但是在具体计算中，有一些地方处理得太粗略，有的假设较为任意，有的值得质疑。例如，在推导过程中，为了得到 $u_y \approx \omega$，他绕了一个大弯，才勉强得到了该关系。而这个结果是非常粗略且不合理的。1.2.1 节已指出，他两次引进 $\tan\alpha$，先取为 0.63，而后又近似取为 1，两者是不一样的。但是从推导利用的关系看，它们是相同的。当然，从物理意义看，两者应有差别：一为摩擦系数；一为两种力(纵向力与竖向力)之比。其实

通过稍严格的推导可以澄清此问题。

1.3.2　对用水动力学方法按三种途径研究推移质的几点讨论

现在对用水动力学方法得到推移质输沙率时共同存在的问题做几点讨论,其中主要针对推移质输沙强度(运动的颗数多少)和推移质运动速度。

1. 关于推移质运动强度

前述用动力学方法得到的各种公式,反映推移质强度的是 $\theta = \dfrac{\tau_0}{(\gamma_s - \gamma)D}$、$\left(\dfrac{V_b}{V_{b.c}}\right)^2$ 或 $\left(\dfrac{V}{V_c}\right)^3$ 及 $\dfrac{u_* - u_{*.c}}{u_*}\tau_0$,显然它们只代表输沙率高的情况,不能正确反映输沙率的全过程。为了说明这一点,介绍韩其为[24,39]的有关研究成果。从泥沙运动统计理论出发导出的输沙率公式,从框架看,能反映高低输沙率的主要特性,这里仅应用有关结论。对于高输沙率,读者可参见本书第 2 章。对于无黏性均匀沙,低输沙率公式为

$$\lambda_{q_b} = \frac{q_b}{\gamma_s D \omega_0} = \frac{2}{3} m_0 \frac{\varepsilon_1}{1-\varepsilon_0} \frac{U_2}{\omega_0} = F\left(\frac{\overline{V}_b}{\omega_0}\right) \tag{1.3.19}$$

式中,$m_0 = 0.4$ 为床面泥沙静密实系数;正面推力系数 $C_x = 0.4$;U_2 为颗粒滚动的平均速度;$\overline{V}_b$ 为水流纵向平均底速;ε_1、ε_0 分别为起动概率和不止动概率;ω_0 为表征瞬时起动底速的参数,

$$\omega_0 = \sqrt{\frac{4}{3C_x} \frac{\gamma_s - \gamma}{\gamma} gD} \tag{1.3.20}$$

式(1.3.19)可以写成

$$\begin{aligned}
q_b &= \frac{2}{3} m_0 \gamma_s D \frac{\varepsilon_1}{1-\varepsilon_0} U_2 \\
&= \frac{2}{3} m_0 \gamma_s D \varepsilon_1 \frac{L_2}{t_2(1-\varepsilon_0)} = \frac{m_0}{\frac{\pi}{4}D^2} \frac{\pi}{6} \gamma_s D^3 \frac{\varepsilon_1}{1-\varepsilon_0} U_2
\end{aligned} \tag{1.3.21}$$

其中当考虑床面位置为其平均位置 $\overline{\Delta}$ 时,运动速度(对于低输沙率是滚动速度)为

$$\begin{aligned}
U_2 &= M[\xi_{V_b} - V_{b.c} \mid V_b \geqslant V_{b.c}] = \frac{1}{\sqrt{2\pi}\sigma_x} \int_{V_{b.c}}^{\infty} (V_b - V_{b.c}) e^{-\frac{(V_b - \overline{V}_b)^2}{2\sigma_x^2}} dV_b \\
&= \frac{1}{\sqrt{2\pi}\sigma_x \varepsilon_1} \int_{V_{b.c}}^{\infty} [(V_b - \overline{V}_b) + (\overline{V}_b - V_{b.c})] e^{-\frac{(V_b - \overline{V}_b)^2}{2\sigma_x^2}} dV_b \\
&= \frac{\sigma_x}{\sqrt{2\pi}} \left(\frac{1}{\varepsilon_1} e^{-\frac{t_0^2}{2}}\right) - \sigma_x t_0
\end{aligned} \tag{1.3.22}$$

而

$$t_0 = \frac{V_{\mathrm{b,c}} - V_{\mathrm{b}}}{\sigma} = 2.7\left(\frac{0.916\omega_0}{\overline{V}_{\mathrm{b}}} - 1\right) \qquad (1.3.23)$$

其中，$\dfrac{m_0}{\frac{\pi}{4}D^2}$ 为床面单位面积静止泥沙的颗数，$\dfrac{m_0}{\frac{\pi}{4}D^2}\dfrac{\pi}{6}\gamma_{\mathrm{s}}D^3$ 为静止泥沙的重量，

$\dfrac{m_0}{\frac{\pi}{4}D^2}\left(\dfrac{\pi}{6}\gamma_{\mathrm{s}}D^3\right)\dfrac{L_2}{1-\varepsilon_0}$ 表示在床面单位宽度、长为单次距离 $\dfrac{L_2}{1-\varepsilon_0}$ 的面积上静止泥沙

的重量，于是 $\dfrac{m_0}{\frac{\pi}{4}D^2}\left(\dfrac{\pi}{6}\gamma_{\mathrm{s}}D^3\right)\dfrac{L_2}{1-\varepsilon_0} = \dfrac{2}{3}m_0\gamma_{\mathrm{s}}D\dfrac{L_2\varepsilon_1}{1-\varepsilon_0}$ 则表示在该面积上起动的泥沙。

这些泥沙经过一个单次运动，必然要通过断面 $C\text{-}C$，因为平均而言，它们要走完一

个单次距离 $\dfrac{L_2}{1-\varepsilon_0}$，$L_2$ 为单步距离（即颗粒与床面两个接触点之间的距离），而单次

距离为颗粒在床面两个停留点之间的距离。如图 1.3.1 中由断面 $O\text{-}O$ 至断面

$C\text{-}C$），颗粒每次运动不止一个单步，可能有 $n\to\infty$ 个步。单次距离的数学期望为

$\dfrac{L_2}{1-\varepsilon_0}$。

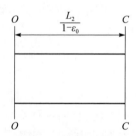

图 1.3.1　颗粒滚动的单步

设 m_0 为床面静密实系数，则 $m_0\dfrac{L_2}{1-\varepsilon_0}$ 表示长为单次距离、宽为一个单位的床

面上的颗粒密实面积，它的颗数为 $\dfrac{m_0}{\frac{\pi}{4}D^2}\dfrac{L_2}{1-\varepsilon_0}$，再乘重量和概率，则为运动的颗粒，

即 $\dfrac{2}{3}m_0\gamma_{\mathrm{s}}D\dfrac{L_2\varepsilon_1}{1-\varepsilon_0}$ 为 $t_{2.0}$ 时间内推移质输沙重量，故输沙率为 $\dfrac{2}{3}m_0\gamma_{\mathrm{s}}D\dfrac{\varepsilon_1}{1-\varepsilon_0}\dfrac{L_2}{t_{2.0}} =$

$\dfrac{2}{3}m_0\gamma_{\mathrm{s}}D\dfrac{\varepsilon_1}{1-\varepsilon_0}U_2$。由此可见，$\dfrac{2}{3}m_0\gamma_{\mathrm{s}}D\dfrac{\varepsilon_1}{1-\varepsilon_0}$ 就是（上述床面上）推移质的重量，再

乘速度，便为推移质输沙率。$\dfrac{2}{3}m_0\gamma_{\mathrm{s}}D\dfrac{\varepsilon_1}{1-\varepsilon_0}$ 应代表推移质颗数的多少，或者表示

运动强度。对于均匀沙,运动强度仅与 $\dfrac{\varepsilon_1}{1-\varepsilon_0}$ 成正比。第 2 章中列出了准匀速滚动,即满足 $\xi_{U_2}=\xi_{V_b}-\xi_{V_{b,c}}$ 条件下不同 V_b/ω_0 的 λ_{q_b}、ε_1 及 U_2/ω_0。当 $V_b/\omega_0=$ 0.174~0.700 时,U_2/ω_0 的变幅仅 2 个数量级,ε_1 的变幅则有 12 个数量级,故 λ_{q_b} 有 14 个数量级。可见,低输沙率时 λ_{q_b} 的大幅度变化主要是起动概率变化大引起推移颗数的变化大,而不是运动速度变化引起的。事实上,有下述关系:

$$\lambda_{q_b}=\frac{q_b}{\gamma_s \omega_0 D}=K\varepsilon_1 \frac{U_2}{\omega_0}=0.2667\varepsilon_1 \frac{U_2}{\omega_0} \qquad (1.3.24)$$

即无因次输沙率只与颗粒运动速度 U_2 成正比。一些以切应力表示的公式中,输沙率固定与推移质颗数 τ 或 θ 成正比,靠速度差来反映低输沙率变化大的成果并不只是能够做到与部分实际资料相符。

需要指出的是,尽管第 2 章表 2.7.4 的数据显示输沙率已经很低,但是输沙率仍无零点,因为 ε_1 和 U_2 均不为零,正如 Einstein[103] 研究的一样。另外,当 $V_b/\omega_0=$ 0.174 时相当于 $\theta=(0.174/2.04)^2=0.00728$;只有当 $V_b/\omega_0=0.433$ 时,$\theta=$ $(0.433/2.04)^2=0.0451$,才与一般起动拖曳力的值相近。可见,令输沙率远小于一般起动拖曳力(切应力)的条件仍符合输沙率的统一规律。因此,利用输沙率为零定义起动切应力(起动流速)是不符合实际的。此时,时均起动速度及起动切应力只具有约定意义。前述表 1.1.2 中第一种的时均起动底速就是按 $\lambda_{q_b}=0.219\times$ 10^{-3} 或($V_{b,c}/\omega_0=0.433$)定义的。

2. 关于推移质运动速度

前面按确定性的观点,当颗粒为匀速运动时得出了式(1.3.13)。若考虑水流泥沙运动的随机特性,会是什么样情况?一种认为式(1.3.13)对瞬时水流速度及颗粒速度仍是正确的,而且能简单地求其数学期望,

$$\bar{U}=M[\xi_V=\xi_{V_b}-V_{b,c}]=\bar{V}_b-V_{b,c} \qquad (1.3.25)$$

此式虽然保持了与式(1.3.13)相同,但它是不正确的。因为求速度的数学期望时,应考虑一定的条件,如 $V_b>V_{b,c}$,也就是一种条件期望,即只限于运动的颗粒。韩其为得到的颗粒推移(滚动)速度 U_2 的数学期望为式(1.3.22),正是这种条件期望。将式(1.3.22)改写为

$$U_2=\frac{\sigma_x}{\sqrt{2\pi}}\frac{1}{\varepsilon_1}e^{-\frac{t_0^2}{2}}-\sigma_x t_0=1.476\bar{V}_b\frac{1}{\varepsilon_1}e^{-\frac{t_0^2}{2}}-0.37\bar{V}_b t_0=K_0\bar{V}_b \quad (1.3.26)$$

$$K_0=0.1476\frac{e^{-\frac{t_0^2}{2}}}{\varepsilon_1}-0.37t_0 \qquad (1.3.27)$$

此处取水流纵向底速 V_b 的均方差为 $\sigma_x=0.37\bar{V}_b$。现在根据此式,对几种 t_0 计算

平均速度 U_2，并分析 U_2 与 $\bar{V}_b$ 和 $\bar{V}_b - V_{b.c}$ 的关系，如表 1.3.2 所示。需要强调的是，滚动速度的数学期望式(1.3.26)中的 U_2 是对水流速度的条件期望，未除去跳跃部分的水流速度，也暂时未涉及床面位置 Δ'，实际是取 $\varphi(\Delta') = \bar{\varphi} = \varphi(0.916)$。至于考虑 Δ' 为随机变量，对 Δ' 再求一次期望，将在第 8 章中进行叙述。至于未去掉跳跃部分的水流速度是因为当时是针对低输沙率(不存在跳跃)条件得到的。考虑跳跃在第 8 章也有详细结果。

表 1.3.2　颗粒滚动平均速度 U_2 与有关参数关系

$\dfrac{\bar{V}_b}{\omega_0}$	t_0	ε_1	$e^{-\frac{t_0^2}{2}}$	$K_0 = \dfrac{U_2}{\bar{V}_b}$	$K_1 = \dfrac{U_2}{\bar{V}_b - V_{b.c}} = -\dfrac{2.7K_0}{t_0}$	$\dfrac{V_{b.c}}{\bar{V}_b} = 1 + \dfrac{t_0}{2.7}$	$\dfrac{U_2}{\bar{V}_b} + \dfrac{V_{b.c}}{\bar{V}_b} = K_2$	$\dfrac{\bar{V}_b}{V_{b.c}}$	$\dfrac{U_2}{\bar{V}_b}$	$\dfrac{U_2}{\omega_0} = \dfrac{U_2}{\bar{V}_b}\dfrac{\bar{V}_b}{\omega_0}$
246	−2.69	0.9965	0.02683	0.9993	1.003	0.0037	1.003	270.2	0.999	246
12.30	−2.50	0.9938	0.04394	0.9315	1.006	0.0741	1.006	13.49	0.932	11.46
3.52	−2.00	0.9772	0.1353	0.7600	1.026	0.2593	1.019	3.857	0.759	2.67
2.05	−1.50	0.9332	0.3247	0.6062	1.091	0.4444	1.051	2.250	0.607	1.24
1.447	−1.00	0.8413	0.6065	0.4764	1.286	0.6300	1.106	1.587	0.476	0.689
1.119	−0.50	0.6915	0.8825	0.3734	2.016	0.8148	1.188	1.227	0.373	0.418
0.947	−0.10	0.5060	0.9950	0.3272	8.834	0.9630	1.290	1.038	0.327	0.310
0.920	−0.01	0.5040	0.99995	0.2965	80.06	0.9963	1.293	1.004	0.297	0.273
0.916	0	0.5000	1.0000	0.2952	—	1.0000	1.295	1.000	0.295	0.269
0.908	0.01	0.4960	0.99995	0.2939	−79.35	1.0037	1.298	0.996	0.294	0.267
0.879	0.10	0.4602	0.9950	0.2821	−7.617	1.0370	1.319	0.964	0.272	0.239
0.773	0.50	0.3085	0.8825	0.2372	−1.281	1.1852	1.422	0.844	0.237	0.183
0.660	1.00	0.1587	0.6065	0.1941	−0.5240	1.3704	1.564	0.730	0.213	0.141
0.586	1.50	0.0668	0.3247	0.1625	−0.2925	1.5556	1.718	0.643	0.163	0.0955
0.523	2.00	0.02275	0.1353	0.1378	−0.1860	1.7407	1.879	0.574	0.1378	0.0721
0.459	2.69	0.003357	0.02683	0.1140	−0.1144	1.9963	2.111	0.501	0.1140	0.0523
0.432	3.00	0.00135	0.01111	0.1047	−0.0942	2.1111	2.2158	0.474	0.1047	0.0452
0.397	3.50	2.326×10^{-4}	0.002187	0.09279	−0.0716	2.2963	2.389	0.435	0.0928	0.0368
0.368	4.00	3.167×10^{-5}	3.355×10^{-4}	0.08362	−0.0564	2.4810	2.565	0.403	0.0836	0.0308
0.322	4.99	3.019×10^{-7}	3.9175×10^{-6}	0.06899	0.0373	2.8481	2.9171	0.351	0.0690	0.0222

当取 $\varphi(\Delta') = \bar{\varphi} = \varphi(0.916)$ 时，则有下述结果：

$$t_0 = \frac{V_{b.c} - \bar{V}_b}{\sigma_x} = \frac{V_{b.c} - \bar{V}_b}{0.37\bar{V}_b} = 2.7\left(\frac{V_{b.c}}{\bar{V}_b} - 1\right) = 2.7\left(\frac{0.916}{\bar{V}_b} - 1\right)$$

$$\frac{\bar{V}_b}{\bar{V}_{b.c}} = \frac{\bar{V}_b}{0.916\omega_0} = \frac{\bar{V}_b}{0.916\sqrt{3}\,\omega}$$

$$\frac{\bar{V}_b}{\omega_0} = \frac{0.916\bar{V}_b}{\bar{V}_{b.c}}, \quad \frac{\bar{V}_b}{\omega} = \frac{1.587\bar{V}_b}{\bar{V}_{b.c}}$$

表中 $\bar{V}_b$ 与 $\bar{V}_b - V_{b.c}$ 的换算是按以下公式进行的:

$$t_0 = \frac{V_{b.c} - \bar{V}_b}{\sigma_x} = 2.7\left(\frac{V_{b.c}}{\bar{V}_b} - 1\right)$$

即

$$V_{b.c} = \left(1 + \frac{t_0}{2.7}\right)\bar{V}_b \qquad (1.3.28)$$

或

$$\bar{V}_b - V_{b.c} = \bar{V}_b\left[1 - \left(1 + \frac{t_0}{2.7}\right)\right] = -\frac{t_0}{2.7}\bar{V}_b$$

$$U_2 = K_0\bar{V}_b = K_0\left(-\frac{2.7}{t_0}\right)(\bar{V}_b - V_{b.c}) = K_1(\bar{V}_b - V_{b.c}) \qquad (1.3.29)$$

$$K_1 = -\frac{2.7K_0}{t_0} \qquad (1.3.30)$$

从表 1.3.2 中可以看出如下几点:

(1) $t_0 = \dfrac{V_{b.c} - \bar{V}_b}{\sigma_x} = 2.7\left(\dfrac{V_{b.c} - \bar{V}_b}{\bar{V}_b}\right)$,它可为正,也可为负(见图 1.3.2),以 $V_{b.c} = \bar{V}_b$ 为界。当 $V_{b.c} < \bar{V}_b$ 时,t_0 为负;否则为正。这与力学分析按必然的关系得到的颗粒运动条件 $\bar{V}_b > V_{b.c}$ 不一样。考虑到水流瞬时底速为具有正态分布的随机变量,它的瞬时值以至时均值 $\bar{V}_b$ 也可以小于起动速度。

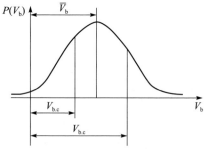

图 1.3.2　$V_{b.c}$ 与 $\bar{V}_b$ 的关系示意图

(2) 当 $-2.7 < t_0 < -1.00$,即 $1 < \dfrac{\bar{V}_b - V_{b.c}}{\sigma_x} < 2.7$ 时,$K_1 = \dfrac{U_2}{V_b - V_{b.c}}$ 与 1 很接近,故在此区域式(1.3.13)是近似正确的,当然这包括了推移质的相当部分。

（3）当$-1.00<t_0<0$时，K_1与 1 差别很大，并且逐渐加大，如 $t_0=-0.01$，而 $K_1=80.06$。但是这并不意味着 U_2 很大，实际上此时 $V_{b.c}$ 与 $\bar{V}_b$ 很接近，即 $\bar{V}_b-V_{b.c}$ 很小，靠增大 K_1 来保证 U_2 必须有一定大的数值。

（4）在 t_0 取负的区间，$\dfrac{U_2}{\bar{V}_b}$ 随 t_0 的增大而减小，这是 $\bar{V}_b$ 在一定条件下，$V_{b.c}$ 增大所致。

（5）当 $t_0>0$，即 $\dfrac{\bar{V}_b-V_{b.c}}{\sigma}<0$ 时，K_1 为负，由 $U_2=K_1(\bar{V}_b-V_{b.c})$ 知，这显然是 $V_{b.c}>\bar{V}_b$ 所致，也是合理的。但是 $|K_1|\ll1$，显然与式（1.3.13）大相径庭。可见该式的正确性是很局限的。

（6）对于 $t_0>0$，$|K_1|$ 迅速减小，与此相应，$V_{b.c}$ 迅速增大。

（7）尚需指出的是，按正态分布，瞬时流速可以为负。但是从图中可以看出，为负的概率是很小的。事实上，$V_b>0$ 的概率为

$$P[V_b>0]=\frac{1}{\sqrt{2\pi}\,\sigma_x}\int_0^\infty e^{-\frac{1}{2}\left(\frac{V_b-\bar{V}_b}{\sigma_x}\right)^2}dV_b$$

令 $t=\dfrac{V_b-\bar{V}_b}{\sigma_x}$，则当 $V_b=0$，$t=-\dfrac{\bar{V}_b}{\sigma_x}=-2.7$ 时，

$$P[V_b>0]=\frac{1}{\sqrt{2\pi}\,\sigma_x}\int_{\frac{\bar{V}_b}{\sigma_x}}^\infty e^{-\frac{t^2}{2}}dt=\frac{1}{\sqrt{2\pi}\,\sigma_x}\int_{-2.7}^\infty e^{-\frac{t^2}{2}}dt=0.9965 \qquad (1.3.31)$$

可见，作用的实际流速几乎均大于零，忽略上述负流速，对颗粒运动是允许的。这里的 2.7 是取 $\sigma_x=0.37\bar{V}_b$ 引起的。当然，如果 $\dfrac{\sigma_x}{\bar{V}_b}$ 变化，2.7 也会变化。

（8）由表 1.3.2 可以看出

$$K_2=\frac{U_2}{\bar{V}_b}+\frac{V_{b.c}}{\bar{V}_b}>1$$

即

$$U_2=K_2\bar{V}_b-V_{b.c} \qquad (1.3.32)$$

在 $-2.7\leqslant t_0\leqslant4.99$ 范围内，K_2 随 t_0 的增大而单调增大，由 1.003 增大至 2.917，并且变化均匀。相对于 K_0、K_1 的跳动，它是稳定变化的。更主要的是，它反映了颗粒运动速度的重要机理，即颗粒运动速度实际上仅为作用其上的有效水流平均速度 $K_2\bar{V}_b$ 与其起动速度 $V_{b.c}$ 之差。作用在颗粒上的平均速度，又可称为代表速度 $V_{b.f}$[38]。关于这一点，可以证明如下。

作用流速就是 $V_b>V_{b.c}$ 的条件期望，即

$$V_{\mathrm{b.f}} = \cfrac{\cfrac{1}{\sqrt{2\pi}\,\sigma_x} \displaystyle\int_{V_{\mathrm{b.c}}}^{\infty} V_{\mathrm{b}}\, \mathrm{e}^{-\frac{(V_{\mathrm{b}}-\bar{V}_{\mathrm{b}})^2}{2\sigma_x^2}}\,\mathrm{d}V_{\mathrm{b}}}{\cfrac{1}{\sqrt{2\pi}\,\sigma_x} \displaystyle\int_{-\infty}^{\infty} \mathrm{e}^{-\frac{(V_{\mathrm{b}}-\bar{V}_{\mathrm{b}})^2}{2\sigma_x^2}}\,\mathrm{d}V_{\mathrm{b}}}$$

$$= \frac{1}{\varepsilon_1 \sqrt{2\pi}\,\sigma_x} \int_{V_{\mathrm{b.c}}}^{\infty} (V_{\mathrm{b}} - \bar{V}_{\mathrm{b}} + \bar{V}_{\mathrm{b}})\, \mathrm{e}^{-\frac{(V_{\mathrm{b}}-\bar{V}_{\mathrm{b}})^2}{2\sigma_x^2}}\,\mathrm{d}V_{\mathrm{b}}$$

$$= \frac{1}{\varepsilon_1} \left[\bar{V}_{\mathrm{b}}\varepsilon_1 - \frac{\sigma_x^2}{\sqrt{2\pi}} \int_{t_0}^{\infty} \mathrm{e}^{-\frac{t^2}{2}}\,\mathrm{d}\left(-\frac{t^2}{2}\right) \right]$$

$$= \bar{V}_{\mathrm{b}} + \frac{\sigma_x}{\sqrt{2\pi}\,\varepsilon_1} - \mathrm{e}^{-\frac{t^2}{2}}\Big|_{t_0}^{\infty} = \bar{V}_{\mathrm{b}} + \frac{\sigma_x}{\sqrt{2\pi}\,\varepsilon_1}\,\mathrm{e}^{-\frac{t_0^2}{2}} = \bar{V}_{\mathrm{b}} + 0.1476\,\frac{\bar{V}_{\mathrm{b}}}{\varepsilon_1}\,\mathrm{e}^{-\frac{t_0^2}{2}}$$

$$= \bar{V}_{\mathrm{b}}\left(1 + 0.1476\,\frac{\mathrm{e}^{-\frac{t_0^2}{2}}}{\varepsilon_1}\right) \tag{1.3.33}$$

显然,平均作用速度 $V_{\mathrm{b.f}} = K_2 \bar{V}_{\mathrm{b}}$ 总是大于和等于水流平均流速 $\bar{V}_{\mathrm{b}}$,当 $t_0 = -2.69$ 时,$V_{\mathrm{b.c}}$ 接近于零,故大于它的流速的平均值就接近 $\bar{V}_{\mathrm{b}}$,故 K_2 接近于 1。随着 $V_{\mathrm{b.c}}$ 增大,作用在颗粒上的平均流速越来越大于 $\bar{V}_{\mathrm{b}}$,故 K_2 不断增大。例如,当 $t_0 = 4.99$ 时,$V_{\mathrm{b.c}} = 2.917\bar{V}_{\mathrm{b}}$。综上所述,$U_2 = K_2 \bar{V}_{\mathrm{b}} - V_{\mathrm{b.c}}$ 的物理意义是非常明确的。

3. 总的评价

上述三种推导方法对机理的阐述并不是很清楚,推导也不是很严格,几乎所有公式中都有任意假定,以及由试验资料和简单的定性分析确定两个以上的系数,因此实为半理论半经验的结果。例如,推移质输沙率取决于运动的颗数与运动速度,大多数已有公式对这两者缺乏清楚的表达和严格的推导。显然,上述三种方法没有考虑随机因素,用完全确定的观点研究泥沙运动受到了很大限制。只有将流速与颗粒运动速度作为随机变量,才能克服输沙率存在零点的弊端和不合理之处。例如,输沙率存在零点,既不能反映起动流速试验时有输沙率(尽管很小)的实际现象,也无法区别瞬时起动速度是确定的,而时均速度表示的起动速度只有约定的意义。颗粒运动的速度(即滚动速度)可以大于水流时均底速,这是用确定的方法得不到的结果。当然,上面为了对比三种研究方法的结果,主要限于滚动颗粒。如果同时考虑滚动与跳跃,甚至悬浮,可见后面有关章节,特别是第 8 章。

从较严格的理论高度来看,用力学分析方法研究推移质输沙率得到的三类公式是存在不足的,但是这是一个认识过程发展的正常现象,也是明确进一步研究的起点,从工程泥沙看,上述成果对解决实际推移质问题起了很大作用,这是无法否定的。

1.3.3　平均输沙率模型

1. Einstein 的研究

利用概率论方法研究输沙率模型也是从 Einstein[4,103] 开始的。1942 年,Einstein 提出了起动概率的概念[103],他认为推移质运动形式全部为跳跃,而将起动概率 ε(他称为冲刷外移概率)定义为上举力超过颗粒在水下重力所占的时间对所考虑的总时间的比值,并且指出 ε 与上举力和重力的比值有关。1950 年,Einstein 提出了一个确定推移质平均输沙率的模型[4],认为推移质运动仅在床面最上层发生,决定推移质输沙率的是交换概率 ε、平均跳跃距离 $\bar{l}$ 与交换时间 t_1,并且取起动概率 $\varepsilon=P[$上举力$\geqslant$水下重力$]$,交换时间 $t_1=A_3D/\omega$,其中 ω 为颗粒沉速,A_3 为常数。Einstein 认为颗粒每步移动的距离均为 λD,λ 为常数,约等于 100,颗粒每次连续运动的步数是随机的。如图 1.3.3 所示,对于在 B_0 点已经起动的颗粒群,走完第一步 λD 后,停止的相对颗粒百分数为 $1-\varepsilon$,连续运行第二步的颗粒百分数为 ε,而走完第二步后停止的颗粒百分数为 $\varepsilon(1-\varepsilon)$。一般连续运行 $n+1$ 步后停止的颗粒百分数为 $\varepsilon^n(1-\varepsilon)$。因此,对于大量颗粒,每次运行的平均距离为

$$\bar{l}=\sum_{n=0}^{\infty}(1-\varepsilon)\varepsilon^n(n+1)\lambda D=\frac{\lambda D}{1-\varepsilon} \tag{1.3.34}$$

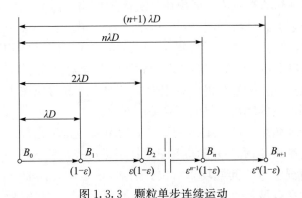

图 1.3.3　颗粒单步连续运动

Einstein 进一步假定,平均而言,通过输沙率测量断面的颗粒在该断面以下 $0\sim\bar{l}$ 段内全部沉积下来,这样,在单位时间、单位床面上沉积的 j 组泥沙颗粒为

$$\frac{i_{B,j}q_s}{A_2\gamma_sD_j^3\bar{l}_j}=\frac{i_{B,j}q_s(1-\varepsilon_j)}{A_2\gamma_s\lambda D_j^4} \tag{1.3.35}$$

式中,q_s 为输沙率;j 为泥沙粒径的分组序号;$i_{B,j}$ 为推移质级配;ε_j 为起动概率;A_2

为颗粒的体积系数；γ_s 为颗粒比重。

另外，在单位时间、单位床面上冲起的 j 组颗粒为

$$\frac{i_{b,j}\varepsilon_j}{A_1 D_j^2 t_{1,j}} = \frac{i_{b,j}\varepsilon_j\omega_j}{A_1 A_3 D_j^3} \tag{1.3.36}$$

式中，$i_{b,j}$ 为床沙级配；A_1 为颗粒的面积系数，并假设 $t_{1,j}$ 与泥沙在水流中沉降一个粒径所需时间成正比，即 $t_{1,j}=A_3 D_j/\omega_j$，ω_j 为沉降速度。在平衡时式(1.3.35)与式(1.3.36)应该相等，从而给出了 j 组粒径泥沙输沙率的表达式

$$i_{B,j}q_s = \frac{A_2}{A_1 A_3}\lambda\gamma_s\frac{\varepsilon_j}{1-\varepsilon_j}D_j\omega_j i_{b,j}$$

$$= \frac{A_2}{A_1 A_3}\lambda\gamma_s\frac{\varepsilon_j}{1-\varepsilon_j}D_j\sqrt{\frac{D_j(\rho_s-\rho_f)g}{\rho_f}}i_{b,j} \tag{1.3.37}$$

式中，ρ_s、ρ_f 分别为泥沙和水的密度。对于均匀沙，有

$$q_s = \frac{A_2}{A_1 A_3}\lambda\gamma_s D\omega\frac{\varepsilon}{1-\varepsilon} \tag{1.3.38}$$

而起动概率为

$$\varepsilon_j = 1 - \frac{1}{\sqrt{\pi}}\int_{-B_*\psi_*-\frac{1}{\eta_0}}^{B_*\psi_*-\frac{1}{\eta_0}} e^{-\frac{t^2}{2}}dt \tag{1.3.39}$$

式中，η_0 为上举力变差系数；B_* 为常数；ψ_* 为水流强度参数。

Einstein 引进起动概率及计算颗粒每次运动平均距离时，引进了一些概率论的概念，带有明显的启发性。由于 Einstein 给出的平均输沙率公式在考虑水流、泥沙因素时较为细致，利用了不少试验资料，故该公式得到了较广泛的应用。虽然后来有人根据实际资料对 Einstein 公式提出了一些修正，甚至对公式中的某些参数提出了质疑，然而到目前为止，该公式仍具有很大的影响力。这与他在 1937 年研究推移质扩散时虽得到严密的随机成果但未受关注不同。

从统计理论的角度看，Einstein 的平均输沙率模型是不完善的，不能作为一种随机模型。除上举力外，哪些是随机变量？特别是输沙率是不是一个随机变量，在其分布是什么情况？这些问题均未解决。当然，这是从高标准看，实际上他的成果[4]对泥沙运动具有显著的开创性，多年来一直引领着大批研究者开展相关研究，推动了学科的发展。自 Einstein 以后，所有平均输沙率模型，如 Великанов[104]、窦国仁[83]、Paintal[73] 等提出的模型，也未能解决这些问题。另外，Einstein 引进交换时间的概念是需要的，但是在推导输沙率的过程中，与其采用交换时间，不如像窦国仁那样采用起动时间更恰当。对于跳跃颗粒，起动时间是指颗粒脱离床面，上升相当于一个粒径高度所需要的时间。按照 Einstein 的定义，t_1 是用一颗泥沙代替另一颗同样的床沙所需要的时间，即在 t_1 内床面暴露的泥沙平均只起动一次。因

此，在单位时间、单位床面上冲起的泥沙颗数应为 $i_{b,j}\varepsilon_j/(A_1 D_j^2 t_{1,j})$，根据上述 $t_{1,j}$ 与 $t_{0,j}$ 的关系，应有

$$\frac{i_{b,j}\varepsilon_j}{A_1 D_j^2 t_{1,j}}=\frac{i_{b,j}\varepsilon_j}{A_1 D_j^2 t_{0,j}} \tag{1.3.40}$$

将其与式(1.3.36)比较，可见代替式(1.3.36)中 $t_{1,j}$ 的是 $t_{0,j}$。这样，Einstein 的输沙率公式也要进行相应的改变。至于 Einstein 给出的交换时间的定量表示，即 $t_{1,j}=\dfrac{A_3 D_j}{\omega_j}$ 显然是带有任意性的，如果将同样的假定用于起动时间，则原来的输沙率公式可以完全不变。另外，Einstein 在计算起动概率时，引用的上举力分布为正态分布，这与一般公认的流速分布为正态分布是矛盾的。事实上，设 ξ_V 为流速 V 的随机变量，η_L 为上举力 L 的随机变量，因为 $\eta_L=K\xi_V^2$，显然已不是正态分布。韩其为[40]明确指出了这一点，并且由 ξ_V 的正态分布推导出了 η_L 的分布函数

$$F_{\eta_L}(L)=\begin{cases} 0, & L\leqslant 0 \\ \begin{aligned}P[\eta_L<L]&=P[K\xi_V^2<L]\\ &=F_{\xi_V}\left(\sqrt{\dfrac{L}{K}}\right)-F_{\xi_V}\left(-\sqrt{\dfrac{L}{K}}\right),\end{aligned} & L>0 \end{cases} \tag{1.3.41}$$

相应地，分布密度为

$$P_{\eta_L}(L)=\begin{cases} 0, & L\leqslant 0 \\ \dfrac{p_{\xi_V}\left(\sqrt{\dfrac{L}{K}}\right)+p_{\xi_V}\left(-\sqrt{\dfrac{L}{K}}\right)}{2\sqrt{KL}}, & L>0 \end{cases} \tag{1.3.42}$$

式中，p_{ξ_V} 为 ξ_V 的分布密度。由此可见，上举力的分布密度并不是正态的。按照式(1.3.41)，将 ξ_V 的正态分布代入，则上举力的分布函数为

$$F_{\eta_L}(L)=P[\eta_L<L]=\frac{1}{\sqrt{2\pi}\sigma_x}\left[\int_0^{\sqrt{\frac{L}{K}}}e^{-\frac{(V_b-\bar{V}_b)^2}{2\sigma_x^2}}dV_b-\int_0^{-\sqrt{\frac{L}{K}}}e^{-\frac{(V_b-\bar{V}_b)^2}{2\sigma_x^2}}dV\right] \tag{1.3.43}$$

式中，σ_x 为底部纵向流速的均方差，根据 Никитин[105]试验，σ_x 可取为 $0.37\bar{V}_b$。

由式(1.3.43)可知，起动概率为

$$\varepsilon=P[\eta_L>L_c]=1-F(\eta_L<L_c=G)=1-\frac{1}{\sqrt{2\pi}\sigma_x}\int_{-\sqrt{\frac{G}{K}}}^{\sqrt{\frac{G}{K}}}e^{-\frac{(V_b-\bar{V}_b)^2}{2\sigma_x^2}}dV_b \tag{1.3.44}$$

颗粒起动时的上举力 L_c 应满足

$$L_c=\frac{0.178\rho}{2}a_2 V_{b,c}^2 D^2=KV_{b,c}^2=G=a_3(\gamma_s-\gamma)D^3$$

式中，$V_{b,c}$ 为颗粒起动(跳跃)流速。由此得到

$$\sqrt{\frac{G}{K}} = \sqrt{\frac{2a_3(\gamma_s - \gamma)D}{0.179a_2\rho}} = V_{b.c} \tag{1.3.45}$$

故起动概率为

$$\varepsilon = 1 - \frac{1}{\sqrt{2\pi}} \int_{\frac{V_{b.c}-\bar{V}_b}{\sigma_x}}^{\frac{V_{b.c}-\bar{V}_b}{\sigma_x}} e^{-\frac{t^2}{2}} dt = 1 - \frac{1}{\sqrt{\pi}} \int_{\frac{V_{b.c}-\bar{V}_b}{\sqrt{2}\sigma_x}}^{\frac{V_{b.c}-\bar{V}_b}{\sqrt{2}\sigma_x}} e^{-t^2} dt \tag{1.3.46}$$

可见,由于取底部流速为正态分布,尽管从上举力的分布进行推导,绕了一个小弯,但是结果仍然与由流速直接推导的起动概率是一致的,这里是按 Einstein 的上举力大于水下重力的条件得到的。若按上举力、正面推力及水下重力三个力作用下的滚动平衡条件进行,仍有式(1.3.46)所示结果。当然,此时起动流速和起动概率的数值是有差别的。

现在按 Einstein 的符号表示,看与他原公式差别如何。按照

$$\bar{V}_b = 5.75\lg(10.6x)V'_x = 5.75\lg(10.6x)\sqrt{\frac{\tau_b}{\rho}} = K_1\sqrt{\frac{\tau_b}{\rho}} \tag{1.3.47}$$

$$V_{b.c} = \sqrt{\frac{2a_3(\gamma_s - \gamma)D}{0.179a_2\rho}} \frac{\bar{V}_b}{5.75\lg(10.6x)\sqrt{(\tau_b/\rho)}} = \frac{\sqrt{B}}{\beta}\frac{\bar{V}_b}{\sqrt{\theta'}} = \sqrt{B'\psi}\,\bar{V}_b \tag{1.3.48}$$

将此值代入式(1.3.46)的积分限,有

$$\frac{V_{b.c}-\bar{V}_b}{\sqrt{2}\sigma_x} = \frac{V_{b.c}}{\sqrt{2}\,0.37\bar{V}_b} - \frac{\bar{V}_b}{\sqrt{2}\,0.37\bar{V}_b} = \frac{\frac{\sqrt{B}}{\beta}\frac{\bar{V}_b}{\sqrt{\theta'}}}{\sqrt{2}\,0.37\bar{V}_b} - \frac{1}{0.37\sqrt{2}}$$

$$= \frac{2.7}{\sqrt{2}}(\sqrt{B'\psi} - 1) = \sqrt{B_*\,\psi} - \frac{1}{\eta_0} \tag{1.3.49}$$

式中,

$$B = \frac{2a_3}{0.178a_2 \times 5.75^2} \tag{1.3.50}$$

$$\beta = \lg(10.6x) \tag{1.3.51}$$

$$B' = \frac{B}{\beta^2} \tag{1.3.52}$$

$$\psi = \frac{(\gamma_s - \gamma)D}{\tau'_b} = \frac{1}{\theta'} \tag{1.3.53}$$

利用式(1.3.48),即 $\dfrac{\sqrt{\rho}\bar{V}_b}{K_1\sqrt{\tau'_b}} = 1$,并且 $\sqrt{B_*} = \dfrac{\sqrt{B'}}{0.37\sqrt{2}} = \sqrt{\dfrac{B'}{0.273}}$,$\eta_0 =$

$0.37\sqrt{2} = 0.523$。其中 0.37 为底部纵向流速的变差系数,即 $\dfrac{\sigma_x}{\bar{V}_b} = \dfrac{0.37\bar{V}_b}{\bar{V}_b} = 0.37$。

这样式(1.3.46)给出的起动概率为

$$\varepsilon_1 = 1 - \frac{1}{\pi} \int_{-\sqrt{B_* \psi} - \frac{1}{\eta_0}}^{\sqrt{B_* \psi} - \frac{1}{\eta_0}} e^{-t^2} dt = 1 - \frac{1}{\sqrt{\pi}} \int_{-1.91(\sqrt{B\psi}+1)}^{1.91(\sqrt{B\psi}-1)} e^{-t^2} dt$$

$$= 1 - \frac{1}{\sqrt{2\pi}} \int_{-2.7(\sqrt{B\psi}+1)}^{2.7(\sqrt{B\psi}-1)} e^{-\frac{t^2}{2}} dt \tag{1.3.54}$$

可见,此式与 Einstein 公式的差别明显,首先,表现为 $B_* \psi$ 被 $\sqrt{B_* \psi}$ 代替;其次,原来他给出的 $\eta_0 = \frac{\sqrt{2} \sigma_x}{\bar{L}}$ 按流速的正态分布,导出 $\eta_0 = \sqrt{2} \frac{\sigma_x}{V_b}$,即前者与上举力的变差系数成正比,后者与流速的变差系数成正比。韩其为和何明民[40]指出了上举力正态分布与流速正态分布的矛盾,并按流速分布给出了概率表达式。随后,王士强[70]、陈元深[71]、孙志林和祝永康[72]也进行了类似推导,并给出了他们具体修正的 Einstein 推移质输沙率公式。如果按 Einstein 原意,假设上举力为正态分布,则起动概率表示为

$$\varepsilon = P[\eta_L > L] = 1 - \frac{1}{\sqrt{2\pi}} \int_{-L_c}^{L_c} e^{-\frac{1}{2}\left(\frac{L-\bar{L}}{\sigma_L}\right)^2} dL \tag{1.3.55}$$

时均上举力为

$$\bar{L} = \frac{0.178\rho}{2} a_2 D^2 \bar{V}_b^2 = \frac{0.178}{2} \rho a_2 D^2 \lg^2(10.6x) V_x'^2$$

$$= K_1 \frac{\tau_b'}{\rho} \tag{1.3.56}$$

而起动时上举力为

$$L_c = a_3(\gamma_s - \gamma) D^3$$

$$= a_3(\gamma_s - \gamma) D \frac{\bar{L}\rho}{K_1^2 \tau_b'}$$

$$= \frac{2a_3}{0.178\rho a_2} \frac{1}{5.75^2 \lg^2(10.6x)} \frac{(\gamma_s - \gamma) D\bar{L}}{\tau_b'}$$

$$= \frac{B}{\beta^2} \frac{\bar{L}}{\theta'}$$

$$= B'\psi\bar{L} \tag{1.3.57}$$

故式(1.3.55)可改写为

$$\varepsilon = P[\eta_L > L_c] = 1 - \frac{1}{\sqrt{2\pi}\sigma_L} \int_{\frac{L_c-\bar{L}}{\sqrt{2}\sigma_L}}^{\frac{L_c-\bar{L}}{\sqrt{2}\sigma_L}} e^{-t^2} dt \tag{1.3.58}$$

取 $\sigma_L = K_L \bar{L}$,而 K_L 为上举力的变差系数,则注意到式(1.3.56)和式(1.3.54)之

后,可得

$$\frac{L_c - \bar{L}}{\sqrt{2}\,\sigma_L} = \frac{1}{\sqrt{2}\,K_L} \frac{L_c - \bar{L}}{\bar{L}} = \frac{1}{\sqrt{2}\,K_L}\left(\frac{\bar{L}}{\bar{L}}B'\psi - 1\right)$$

$$= \frac{1}{\sqrt{2}\,K_L}B'\psi^* - \frac{1}{\sqrt{2}\,K_L} = B^*\psi^* - \frac{1}{\eta_0} \qquad (1.3.59)$$

式中,$B^* = \dfrac{B'}{\sqrt{2}\,K_L}$,故起动概率为

$$\varepsilon = P[\eta_L > L_c] = 1 - \frac{1}{\sqrt{\pi}}\int_{-B^*\psi + \frac{1}{\eta_0}}^{B^*\psi - \frac{1}{\eta_0}} \mathrm{e}^{t^2}\,\mathrm{d}t \qquad (1.3.60)$$

式(1.3.60)就是上举力 η_L 假定为正态分布时,按 Einstein 表示方法得到的起动概率表达式。当然,这里没有修正 L 为负的概率。因为尽管为正态分布,但是它为负的概率数值很小:

$$\varepsilon_0 = P[\eta_L < 0] = \frac{1}{\sqrt{2\pi}\,\sigma_L}\int_{-\infty}^{0} \mathrm{e}^{-\frac{(L-\bar{L})^2}{2\sigma_L}}\,\mathrm{d}L$$

$$= \frac{1}{\sqrt{2\pi}}\int_{-\infty}^{-\frac{\bar{L}}{\sqrt{2}\,\sigma_L}} \mathrm{e}^{-\frac{t^2}{2}}\,\mathrm{d}L = \frac{1}{\sqrt{2\pi}}\int_{-\infty}^{-2} \mathrm{e}^{-\frac{t^2}{2}}\,\mathrm{d}L$$

$$= 0.0227 \qquad (1.3.61)$$

从式(1.3.60)可以看出,假设上举力为正态分布,上述起动概率表达式是正确的,η_0 一般认为是上举力变差系数,其实它是上举力变差系数 K_L 与 $\sqrt{2}$ 的乘积。据埃尔-塞尼的试验,$K_L = 0.364$,则 $\sqrt{2}\,K_L = 0.515 \approx 0.5$,即 $\dfrac{1}{\eta_0} = 2.0$。Einstein 公式中除常数 $\beta_* = \dfrac{B'}{\eta_0}$ 的具体数值有所差别外,其在上举力正态分布假定下的推导是正确的。β_* 若看成经验常数,最后也没有问题。

Einstein 认为,ε 较大时,每次运动的距离是随机的,其取值为 $\xi_n \lambda D$,这里 ξ_n 为随机变量,n 取自然数。另外,在推导输沙率公式时,假定就平均而言,通过输沙率测量断面的颗粒在 $0 \sim \bar{l}$ 内全部沉积于床面,这在逻辑上是不够严格的,而且也是不必要的。其实,只需像后来 Великанов 那样,将推导稍加改变,即可由前一假定得出同样的结论。

2. Kalinske 的研究

Kalinske[106] 假定推移质只有一层运动,得到单宽输沙率的公式为

$$q_s = \frac{2}{3}\gamma_s m_0 D\bar{U}_s \qquad (1.3.62)$$

式中,m_0 为静密实系数。至于颗粒的平均速度 $\bar{U}_s$,则根据瞬时底速 V_b 的正态分布,按式(1.3.63)进行计算:

$$\bar{U}_s = \int_{V_{b.c}}^{\infty} (V_b - V_{b.c}) f(V_b) dV_b \tag{1.3.63}$$

式中，$V_{b.c}$ 为以底速表示的起动速度；$f(V_b)$ 为瞬时底速的分布密度。

必须指出，Kalinske 在建立公式时，没有经过严格的论证，存在一些问题和疑点。例如，式（1.3.62）中没有包含动密实系数，平均滚速 $\bar{U}_s$ 的计算公式不能认为是正确的。实际上，运动颗粒的平均速度应为 $V_b > V_{b.c}$ 的条件数学期望，即

$$\bar{U}'_s = M[\xi_{V_b} - V_{b.c} | \xi_{V_b} > V_{b.c}]$$

$$= \frac{\int_{V_{b.c}}^{\infty} (V_b - V_{b.c}) f(V_b) dV_b}{P[\xi_{V_b} > V_{b.c}]} = \frac{\bar{U}_s}{\varepsilon} \tag{1.3.64}$$

式中，ξ_{V_b} 表示瞬时底速 V_b 的随机变量；ε 表示起动概率，$\varepsilon = P[\xi_{V_b} > V_{b.c}]$；$\bar{U}'_s$ 为运动颗粒的平均速度；$\bar{U}_s$ 为 Kalinske 计算的平均速度。由此可见，Kalinske 的颗粒平均速度 $\bar{U}_s$ 是包括了静止颗粒即 $U_s = 0$ 的床面全部颗粒的平均速度。如果将 $\bar{U}_s = \bar{U}'_s \varepsilon$ 代入式（1.3.62），则有

$$q_s = \frac{2}{3} \gamma m_0 \varepsilon D \bar{U}'_s \tag{1.3.65}$$

此时，公式中出现了运动颗粒的平均速度 $\bar{U}'_s$ 与具有动密实系数意义的起动概率。尽管 Kalinske 在建立公式时缺少严格论证，但仍然获得了正确的结果。

3. Великанов 的研究

Великанов[104] 对 Einstein 平均输沙率模型做了进一步研究。他认为，影响颗粒运动的有两个转移概率，一个是起动概率

$$\varepsilon = P[\xi_{V_b} > V_{b.c}] \tag{1.3.66}$$

另一个是不沉概率

$$\varepsilon_4 = P[\xi_{V_{b.y}} \geqslant \omega] \tag{1.3.67}$$

式中，ξ 表示随机变量；$V_{b.y}$ 为底部竖向脉动流速；ω 为颗粒的沉降速度；$V_{b.c}$ 是上举力等于重力时的临界底速。

Великанов 认为，起动概率控制泥沙的起动，而不沉概率控制运动泥沙的持续运动或止动。他从测量输沙率的断面开始，向上将河段按长度 $l_0 = \bar{V}_b t_0$ 分成很多河段，各河段的有关随机变量在统计上是相互独立的。相互独立性可以通过 t_0 的选择来实现。上述两式中的 V_b 及 $V_{b.y}$ 均理解为该河段的瞬时空间平均值。在 t_0 内，在 $0 \sim l_0$ 段上掀起且通过单位宽度测量断面泥沙，按大数定理为 $n_0 l_0 \varepsilon \varepsilon_4$，在 $l_0 \sim 2l_0$ 段上掀起且通过测量断面的泥沙为 $n_0 l_0 \varepsilon \varepsilon_4^2$，等等。$n_0$ 为单位床面上静止泥沙

的数目，$n_0 = 1/(A_1 D^2)$，A_1 是面积系数。这样，单宽输沙率为

$$q_s = \frac{A_2 D^3 \gamma_s}{t_0} \sum_{n=1}^{\infty} n_0 l_0 \varepsilon \varepsilon_4^n = \frac{A_2}{A_1} D \gamma_s \frac{\varepsilon \varepsilon_4}{1 - \varepsilon_4} \bar{V}_b \qquad (1.3.68)$$

式中，A_2 为体积系数。

　　从数学上看，Великанов 的模型研究对于平均输沙率进了一步，使用了较严格的概率论方法，在某些方面对 Einstein 的推导是一种补充，这表现在他注意到各河段的 V_b、$V_{b,y}$ 的相互独立，直接对从各河段起动并且能通过测量断面的运动颗粒进行叠加而求输沙率，而不像 Einstein 那样只是单纯注意平均距离的计算等。但在运动机理研究方面，Великанов 的一些论点有值得商榷的地方。首先，他认为推移质可以悬浮一段，从而定义了不沉概率，并且以此控制运动颗粒的停止。但是，当颗粒被涡旋支持做悬浮运动时，其运动机理与推移质有本质不同，将悬浮运动包括在推移运动之内是不恰当的。退一步讲，即使考虑悬浮，控制运动泥沙停止的也应该是止动流速或者运动距离，而不是不沉条件，因为停止悬浮的泥沙，只要它不是很细，仍然可能跳跃或滚动一段距离，从而大都以滚动终结。其次，Великанов 认为离测量断面 $0 \sim l_0$ 段起动且通过该断面的输沙率为 $A_2 D \gamma_s \varepsilon \varepsilon_4 / A_1$，这也是不恰当的。根据对 t_0 的定义，底部纵向与竖向流速是 $0 \sim l_0$ 河段上在 t_0 内的平均值，因此在该河段及该时段上流速是不变的，也就是说，只要颗粒起动，就一定能通过测量断面。而且 Великанов 对起动概率的定义本身就是"位于底部的颗粒在 t_0 内被水流掀起且挟运的概率"，所以在 $0 \sim l_0$ 内起动且通过测量断面的输沙率应该是 $A_2 D \gamma_s \varepsilon / A_1$，而在 l_0 以上的各河段起动且通过测量断面的输沙率仍应考虑不沉概率 ε_4，因此平均输沙率应为 $(A_2 / A_1) D \gamma_s \bar{V}_b \varepsilon / (1 - \beta)$。此外，Великанов 未阐明 t_0 的物理意义，在他的推导中，t_0 应该具有起动时间的意义，即在这个时间内，若起动概率为 1，则颗粒刚好起动一次。如果修改 t_0 的定义，输沙率公式也应做相应的改变，但此时各河段、各时段的 V_b、$V_{b,y}$ 满足相互独立的条件是困难的，加之 Великанов 对他的输沙率公式没有用实际资料进行认真检验，所以他的结果并未引起很多研究者注意。但是，他的某些思路对研究推移质运动是有益的。

4. 窦国仁的研究

　　1964 年，窦国仁进一步研究了 Великанов 的模型[28]，他仍旧引进两个转移概率——起动概率与不沉概率，并且同样将河段从输沙率测量断面开始向上划分成很多长为 $\bar{l}$ 的小段。但是，与 Великанов 不同，窦国仁认为在 t_0 内，在 $0 \sim \bar{l}$ 段内起动的泥沙可以通过所研究的断面，而不需要考虑不沉概率，这就纠正了上面提到的 Великанов 在计算中的一个缺点。这样，与式 (1.3.68) 相应的单宽输沙率为

$$q_s = \frac{2}{3} m_0 \gamma_s D \frac{\bar{l}}{t_0} \sum_{n=0}^{\infty} \varepsilon \, \varepsilon_4^n = \frac{2}{3} m_0 \gamma_s \frac{\bar{l}}{t_0} \frac{\varepsilon}{1-\varepsilon_4} \tag{1.3.69}$$

式中,取 $A_2/A_1 \approx 2/3$, $m_0 = 0.4$。

与 Великанов 的根本不同点在于,对于 $\bar{l}$、t_0,窦国仁不是采用虚拟的假定,而是通过颗粒运动轨迹的力学分析确定,即 $\bar{l}$ 为颗粒平均跳跃长度,t_0 为颗粒的起动时间,也就是颗粒由床面上升到等于其粒径高度所需的时间。此外,窦国仁还利用大量的试验资料验证了他的输沙率公式。

如果说 Великанов 的平均输沙率模型中 l_0、t_0 带有虚拟性质,致使其根据不足,那么窦国仁模型就解决了这个问题,它有较可靠的基础。特别是窦国仁提出的起动时间的概念,对于揭示推移质运动机理是有一定意义的。由于起动时间一般小于颗粒运动时间,这就表明,不只是床面一层的颗粒有可能做推移运动。在本书第 3 章中给出的研究结果表明,从较严格的统计理论导出的输沙率公式,与其相近的是窦国仁的公式。窦国仁公式的不足之处在于仍然用不沉概率控制运动颗粒的停止,没有越出 Великанов 模型的框架。此外,他的悬浮概率的定义和表达,以及平均作用流速计算等,也有不妥之处,值得商榷。事实上,他的作用流速 $V_c = V_b + \frac{2\sigma_x}{\sqrt{2\pi}\varepsilon_1} e^{-\frac{1}{2}\left(\frac{V_{b.c}-\bar{V}_b}{\sigma_x}\right)^2}$,第二项指数函数之前多了一个 2,不沉概率计算也如此。有关这方面的详细讨论可见 1.2.1 节,这一点在前面有所提到。

5. Россинский 的研究

Россинский[107] 认为推移质运动有滚动和跳跃两种形式,均只有一层颗粒运动。他提出的输沙率公式为

$$q_s = \gamma_s \beta D (\varepsilon_K \bar{u}_K + \varepsilon_\beta \bar{u}_c) \tag{1.3.70}$$

式中,β 为由颗粒形状和表层颗粒密实程度决定的常数;$\bar{u}_K$、$\bar{u}_c$ 分别为滚动与跳跃速度,而

$$\varepsilon_\beta = P[V_b > V_{b.\beta}] \tag{1.3.71}$$

$$\varepsilon_K = P[V_b > V_{b.c}] - \varepsilon_\beta \tag{1.3.72}$$

式中,$V_{b.\beta}$ 为起跳临界速度(上举力等于重力时的水流速度);$V_{b.c}$ 为起动临界流速。

对于 $\bar{u}_K$、$\bar{u}_c$,Россинский 取

$$\bar{u}_K = \bar{V}_b - V_{b.c} \tag{1.3.73}$$

$$\bar{u}_c = \bar{V}_b \tag{1.3.74}$$

除了同时考虑滚动与跳跃两种形式外,Россинский 公式相对于 Kalinske 公式没有什么新的内容。而且 $u_c = \bar{V}_b$ 是不正确的,这可从式(1.3.32)所示的结果看出。Kalinske 公式通过颗粒平均速度计算引进了起动概率,总算是一种推导,而

Россинский 公式则不然。根据他的定义,起跳概率是转移概率,而不是作为状态概率的跳跃概率。实际上,动密实系数应与状态概率相联系,而 Россинский 却令跳跃颗粒的动密实系数与作为转移概率的跳跃概率 ε_β 相等。关于这个问题,第 6 章还要详细讨论。

6. Paintal 的研究

Paintal[73] 提出了另一个平均输沙率模型[30],并在起动概率的研究方面取得了进展。他根据 Mercer 暴露度的概念,认为颗粒的暴露度即颗粒对平均床面的露出程度 e_2 影响它的起动;其前后颗粒的暴露度 e_1、e_3 影响作用在其上的水动力大小和逸出角 β 的大小(见图 1.3.4)。这里的暴露度取颗粒露出床面高度与颗粒直径的比值。这样,颗粒起动时就涉及三个暴露度和水流瞬时切应力这四个随机变量。因此,起动概率计算应根据四维联合分布密度进行。

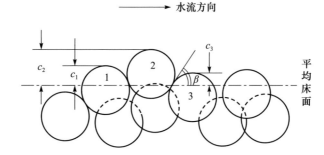

图 1.3.4　颗粒起动时受三个颗粒(起动颗粒与前后颗粒)影响示意图

Paintal 认为起动条件为

$$T > (W - L)\tan\varepsilon \tag{1.3.75}$$

式中,T 为水流拖曳力,即作用在颗粒上的水流切应力;L 为水流上举力。

他进一步假定

$$T = \begin{cases} T_M(e_2 - e_1), & e_2 \geqslant e_1 \\ 0, & e_2 < e_1 \end{cases} \tag{1.3.76}$$

$$L = \begin{cases} L_M(e_2 - e_1), & e_2 \geqslant e_1 \\ 0, & e_2 < e_1 \end{cases} \tag{1.3.77}$$

起动条件可表示为

$$H_1(e_1, e_2, e_3\tau_*) = (e_2 - e_1) - \frac{\dfrac{\sqrt{1 - (e_2 - e_3)^2}}{e_2 - e_3}}{T_1\left[1 + \dfrac{\sqrt{1 - (e_2 - e_3)^2}}{e_2 - e_3}\right]} > 0 \tag{1.3.78}$$

即

$$H(e_1,e_2,e_3)>C$$

此处,

$$T_1=\frac{T_M}{W}=\frac{\dfrac{\pi}{4}D^2\tau}{\dfrac{\pi}{6}D^3(\gamma_s-\gamma)}=\frac{3}{2}\frac{\tau}{D(\gamma_s-\gamma)}=\frac{3}{2}\tau_* \tag{1.3.79}$$

Paintal 认为瞬时切应力服从正态分布,暴露度均为[0,1]间的均匀分布,并且这四个随机变量都是相互独立的,于是起动概率为

$$\varepsilon=\frac{\displaystyle\int_{-2}^{\infty}P[H(e_1,e_2,e_3)>C\,|\,\xi_{\tau_*}=\tau_*]\mathrm{e}^{-\frac{t^2}{2}}\,\mathrm{d}t}{\displaystyle\int_{-2}^{\infty}\mathrm{e}^{-\frac{t^2}{2}}\,\mathrm{d}t}$$

$$=\frac{\displaystyle\int_{-2}^{\infty}\left[\iiint_{H(e_1,e_2,e_3)>C}\mathrm{d}e_1\,\mathrm{d}e_2\,\mathrm{d}e_3\right]\mathrm{e}^{-\frac{t^2}{2}}\,\mathrm{d}t}{\displaystyle\int_{-2}^{\infty}\mathrm{e}^{-\frac{t^2}{2}}\,\mathrm{d}t}$$

$$=\frac{\displaystyle\int_{-2}^{\infty}\int_{e_2^*}^{1}\int_{0}^{e_1^*}\int_{0}^{e_3^*}\mathrm{e}^{-\frac{t^2}{2}}\,\mathrm{d}e_3\,\mathrm{d}e_1\,\mathrm{d}e_2\,\mathrm{d}t}{\displaystyle\int_{-2}^{\infty}\mathrm{e}^{-\frac{t^2}{2}}\,\mathrm{d}t} \tag{1.3.80}$$

此处 $t=(\tau_*-\tau_{*,0})/\sigma,\tau_{*,0}$ 为无量纲时均匀河床切应力,σ 取 $0.5\tau_{*,0}$,ξ_{τ_*} 表示作为随机变量的 τ_*,又

$$e_3^*=e_2-\frac{\left[\dfrac{1}{e_1-e_2}-T_1\right]\dfrac{1}{T_1}}{\sqrt{1+\left(\dfrac{1}{e_1-e_2}-T_1\right)^2\dfrac{1}{T_1^2}}} \tag{1.3.81}$$

$$e_1^*=e_2-\frac{\sqrt{1-e_2^2}}{T_1(e_2+\sqrt{1-e_2^2})} \tag{1.3.82}$$

而 e_2^* 则由式(1.3.83)给出:

$$e_2^*=\frac{\sqrt{1-e_2^{*2}}}{T_1(e_2^*+\sqrt{1-e_2^{*2}})} \tag{1.3.83}$$

　　关于颗粒单步长度,Paintal 较 Einstein 的等距离假定进了一步,他按照扩散模型中的概念,认为单步长度是一个随机变量,并服从指数分布,其分布密度为

$$f_y(x)=\frac{1}{\lambda\varepsilon}\mathrm{e}^{-\frac{x}{\lambda\varepsilon}},\quad x\geqslant0 \tag{1.3.84}$$

其平均跃移长度为 $\lambda\varepsilon=\lambda_0 D\varepsilon$。考虑持续跳跃的情况,颗粒持续跳跃 n 步的概率为

$\varepsilon^{n-1}(1-\varepsilon)$，而持续跳跃 n 步时移动距离的分布密度为

$$f_n(x)=\frac{\left(\dfrac{x}{\lambda\varepsilon}\right)^{n-1}}{\lambda\varepsilon(n-1)!}\mathrm{e}^{-\frac{x}{\lambda\varepsilon}},\quad x\geqslant 0 \tag{1.3.85}$$

应用全概率公式，可得持续跳跃的距离分布仍为指数分布，其分布密度为

$$f_s(s)=\sum_{n=1}^{\infty}f_n(x)\varepsilon^{n-1}(1-\varepsilon)=\sum_{n=1}^{\infty}\frac{(1-\varepsilon)}{\lambda\varepsilon}\frac{\left(\dfrac{x}{\lambda}\right)}{(n-1)!}\mathrm{e}^{-\frac{x}{\lambda\varepsilon}}$$

$$=\frac{1-\varepsilon}{\lambda\varepsilon}\mathrm{e}^{\frac{x}{\lambda}-\frac{x}{\lambda\varepsilon}}=\frac{1-\varepsilon}{\lambda\varepsilon}\mathrm{e}^{-\frac{1-\varepsilon}{\lambda\varepsilon}s} \tag{1.3.86}$$

且平均距离为 $\varepsilon\lambda/(1-\varepsilon)=\varepsilon\lambda_0 D/(1-\varepsilon)$。

为了得到单宽推移质输沙率，Paintal 在床面上从测量断面向上取一个单位宽度半无限河长的长方形进行研究（见图 1.3.5）。在离测量断面 x 处的床面微元面积 $\mathrm{d}x$ 上的颗粒数目为 $\mathrm{d}x/(A_1D)$，单位时间起动的颗数为 $P_s\mathrm{d}x/A_1D^2$，其中 P_s 是单位时间内颗粒的起动概率，A_1x^2 是床面颗粒在床面上的覆盖面积。在 x 处起动的颗粒能够通过测量断面的概率 P_x 为

$$P_x=\int_x^{\infty}f_s(s)\mathrm{d}s$$

$$=\int_x^{\infty}\frac{1-\varepsilon}{\lambda\varepsilon}\mathrm{e}^{-\frac{1-\varepsilon}{\lambda\varepsilon}s}\mathrm{d}s$$

$$=\mathrm{e}^{-\frac{1-\varepsilon}{\lambda\varepsilon}x} \tag{1.3.87}$$

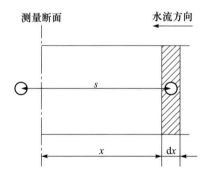

图 1.3.5　推移质在所考虑颗粒以上无限河长的变化示意图

在微元面积 $\mathrm{d}x$ 上起动且通过测量断面的颗粒数目为 $P_sP_x\mathrm{d}x/(A_1D^2)$，而单位时间通过测量断面的颗粒数目为

$$N=\int_0^{\infty}P_xP_s\frac{\mathrm{d}x}{A_1D^2}=\int_0^{\infty}\frac{P_s}{A_1D^2}\mathrm{e}^{-\frac{1-\varepsilon}{\lambda\varepsilon}x}\mathrm{d}x=\frac{P_s\lambda\varepsilon}{A_1D^2(1-\varepsilon)}$$

Paintal 假定 $P_s=\varepsilon/t_2$，t_2 是颗粒从一个停止点运动到另一个停止点的平均时间，并假定 $t_2=A_3D/(\varepsilon u_*)$，于是 $P_s=\varepsilon^2 u_*/(A_3D)$，从而单宽输沙率为

$$q_s = NA_2 D^3 \gamma_s = \frac{A_2}{A_1 A_3} \gamma_s \lambda_0 u_* \frac{\varepsilon^3}{1-\varepsilon} D \tag{1.3.88}$$

式中，A_2 为颗粒体积系数；$\lambda_0 = \dfrac{\lambda}{D}$；$u_*$ 为动力流速。

Paintal 工作的主要意义是，在起动概率的计算方面考虑了暴露度的影响，使颗粒的起动取决于四个随机变量，似乎较全面地反映了颗粒起动的实际情况。此外，Paintal 以随机变量的单步距离代替固定长度的单步距离，以单次距离持续跳跃距离的连续分布公式 (1.3.86) 代替离散分布，显然单步与单次距离的连续分布更为合理，这对 Einstein 平均输沙率模型是一个改进。

尽管 Paintal 与 Einstein 的输沙率公式有明显的差别，实质上却是基本一致的。事实上，利用 $P_s = \dfrac{\varepsilon}{t_2}$ 代入 N 的表达式，Paintal 的公式可变化为

$$q_s = A_2 D^3 \gamma_s \frac{P_s \varepsilon}{A_1 D^2 (1-\varepsilon)} = \frac{A_2}{A_1} D \gamma_s \frac{\lambda \varepsilon}{1-\varepsilon} \frac{\varepsilon}{t_2} = \frac{A_2}{A_1} \gamma_s D \frac{\varepsilon}{1-\varepsilon} \frac{\bar{l}}{t_2} \tag{1.3.89}$$

式中，$\bar{l} = \lambda \varepsilon$。Einstein 的公式可变化为

$$q_s = \frac{A_2}{A_1} \gamma_s D \frac{\varepsilon}{1-\varepsilon} \frac{\lambda D}{t_1} = \frac{A_2}{A_1} \gamma_s D \frac{\varepsilon}{1-\varepsilon} \frac{\bar{l}}{t_1} \tag{1.3.90}$$

从公式的结构看，差别在于 t_2 为运动时间，t_1 为交换时间。前面指出 Einstein 采用 t_1 是不恰当的，而 Paintal 采用的运动时间也有一定局限性，只有当颗粒全部为滚动时才是恰当的，但 Paintal 假定颗粒的运动形式为跳跃，此时应该采用起动时间。至于 Paintal 对 t_2 表达式的假定，和 Einstein 一样也具有任意性。

在起动概率的计算方面，Paintal 指出应考虑颗粒在床面的暴露度，这是正确的。存在的问题是：第一，暴露度与水流动力之间的关系，即式 (1.3.76) 和式 (1.3.77) 是没有根据的。如果说式 (1.3.76) 还有些近似性，而式 (1.3.77) 和 $T_M = L_M$ 完全没有道理，事实上很难想象上举力与 $e_2 - e_1$ 存在正比关系，特别是当 $e_2 - e_1 = 0$ 时，显然仍有上举力作用，而并不是如式 (1.3.77) 那样给出零值。第二，在起动概率的计算中，式 (1.3.80) 是存在问题的。事实上，起动概率应为

$$\varepsilon = P[H(e_1, e_2, e_3) > C, \tau_* > 0]$$

$$\times \int_{\tau_{*,0}}^{+\infty} d\tau_* \iiint_{H(e_1,e_2,e_3)>C} \frac{1}{\sqrt{2\pi}\sigma} e^{-\frac{(\tau_* - \bar{\tau}_1)^2}{2\sigma^2}} de_1 de_2 de_3 \tag{1.3.91}$$

由 $H(e_1, e_2, e_3) > C$ 先解出 e_3 得 $e_3 < e_3^*$，又由 $H(e_1, e_2, 0) > C$ 解得 $e_1 < e_1^*$，再由 $H(0, e_2, 0) > C$ 解出 e_2 得 $e_2 > e_2^*$，最后有 $H(0,1,0) > C$ 及 $\tau_* > 0$，故而

$$\varepsilon = \frac{1}{\sqrt{2\pi}} \int_{-2}^{\infty} \int_{e_2^*}^{1} \int_0^{e_1^*} \int_0^{e_3^*} e^{-\frac{t^2}{2}} de_3 de_1 de_2 dt \tag{1.3.92}$$

因此,代替 Paintal 起动概率公式中的分母 $\dfrac{1}{\sqrt{2\pi}}\displaystyle\int_{-2}^{\infty}\mathrm{e}^{-\frac{t^2}{2}}\mathrm{d}t$ 应为 1。Paintal 公式中的分母为概率 $P[\tau_* > 0]$,故其起动概率公式也可写成

$$\varepsilon = \frac{P[H(e_1, e_2, e_3) > C, \tau_* > 0]}{P[\tau_* > 0]}$$

$$= P[H(e_1, e_2, e_3) > C, \tau_* > 0] \tag{1.3.93}$$

这相当于忽略了负向拖曳力的概率。既然承认 τ_* 服从正态分布,负向拖曳力是存在的,不能将其排出。这种做法加大了 ε,在推导上是不够严格的。

采用概率论与力学相结合的方法导出时均输沙率公式的,还有韩其为[40]和孙志林[74]的研究。他们是在推移质随机模型基础上得到的,因此有关成果将在推移质随机模型中介绍和简评。

综上所述,在推移质平均输沙率模型的统计理论研究中,Einstein、Великанов、窦国仁、Paintal 的工作较典型,他们先后在不同方面和不同程度上对平均输沙率模型的研究做出了贡献,特别是这些研究得到了一定程度的应用,有的应用还很广泛,这与扩散模型的研究是不同的。但是,从理论上看,平均输沙率模型的研究内容颇为简单,结果远不够深刻。已有的研究还不能作为泥沙运动统计理论,但是它是泥沙运动统计理论发展的第一步。尽管平均输沙率模型大体相仿,但在结果上彼此差别较大,有的还涉及概念的不同,而在公式的结构上也存在某些不同程度的缺陷。这些公式可变为下述结构形式:

$$q_s = A\gamma_s D \frac{P_1}{P_2} \frac{\bar{l}}{t} \tag{1.3.94}$$

式中,P_1、P_2 为特征概率;$\bar{l}$ 为特征长度;t 为特征时间。当不考虑悬浮时,P_1 显然为起动概率;Einstein、窦国仁、Paintal 公式中都是 $P_1 = \varepsilon$,但 Великанов 认为 $P_1 = \varepsilon\beta$,是起动且悬浮的概率,这是不妥的。P_2 应为止动概率,Einstein、Paintal 把它正确地表示为 $P_2 = 1 - \varepsilon$,但 Великанов、窦国仁表示为 $1 - \beta$,即止悬的概率,这是不恰当的。无论是将底层悬移质包括在推移质内还是考虑悬浮对推移的影响,都不可能出现这样的结果,关于这一点,详见本书第 6 章。$\bar{l}$ 应为颗粒运动的平均单步长度,Einstein、窦国仁、Paintal 是这样采用的,而 Великанов 则认为 $\bar{l}$ 是相邻两块床面上平均底速能看成不相关时的床面的平均长度。从物理意义上看,取 $\bar{l}$ 为平均单步长度是合理的。至于特征时间 t,Einstein 解释为交换时间,Великанов 认为是水流在 $\bar{l}$ 内的运动时间,Paintal 认为是运动时间,窦国仁认为是起动时间。因为他们均认为颗粒推移的形式是跳跃,所以窦国仁的看法是对的;如果是对滚动颗粒,Paintal 的看法也是正确的。

在具有两种转移概率的输沙率时均模型的研究中,韩其为认为应该考虑以下两个方面。一方面,模型本身应该是完善的,如床面泥沙至少有三种状态:静止、滚

动与跳跃。如果只研究静止与跳跃,显然作为推移质是不完整的。同时忽略滚动,是无法将泥沙的起动阶段与跳跃阶段联系起来的。上述采用的泥沙起动并进入推移的条件($F_L > W$),只反映了由静起跳;实际上,绝大多数跳跃是由动起跳。而对颗粒继续运动有的采用不沉概率,这是悬移质转为推移质的条件。另一方面,必须研究推移质、床沙、悬移质之间的转换及转换的统计规律,这不仅能使研究推移质输沙率时考虑的因素较全面,还能够更深刻地揭示它与悬移质输沙率相关的一些规律。当然,上述只是对推移质运动与停止两种状态建立的模型,显然是无法深入研究这些内容的。

1.3.4　推移质输沙率随机模型

1. 韩其为的研究

在 1.3.3 节中评述的是利用概率论方法研究推移质泥沙仅仅与床面泥沙交换,引进起动概率和止动概率,从而建立的时均输沙率模型。这种研究途径是由 Einstein 开创的。该研究途径注意到泥沙运动的随机性,引进了概率论方法,并与力学分析相结合,使现象的机理阐述较清楚,表达输沙率的规律更全面。但是上述研究并未从理论上建立推移质输沙率的随机模型,只是在引进起动、止动概率后,按必然的力学方法分析。得到的公式虽然能给出平均输沙率,但是不能得到输沙率的分布及相应的数学期望,以及颗粒单步、单次运动等随机特性。针对这个不足,韩其为和何明民[40,108-113]通过随机过程与流体力学结合的途径,采用时间连续、状态离散的马尔科夫过程研究泥沙运动,首次建立了输沙率的随机模型。他们的研究内容主要包括:建立了滚动与跳跃运动方程,求出了力学参数,对床面泥沙 4 种状态(滚动、跳跃、悬浮与静止)提出了相应转移概率矩阵、16 种转移强度及其分布、3 种(滚动、跳跃与悬浮)输沙率的分布及其数学期望,并证明了三种输沙率是相互关联的,只是在强平衡条件下,它们才相互独立。他们得到的输沙率的分布(包括条件分布和无条件分布)为埃尔朗分布,由于 4 种状态之间的 16 种交换强度的建立,单纯在输沙率及不平衡输沙方面就有多种输沙率,而不是如过去仅考虑床沙与推移质交换时的一种输沙率。他们揭示了推移质运动的复杂性,开辟了众多新的研究领域,进而建立了泥沙运动随机理论体系,该成果理论深刻,远超出了输沙率随机模型范畴。

其中对均匀沙的输沙率,如对于滚动运动的输沙率为[40]

$$\bar{q}_{b.2} = \frac{2}{3} m_0 P_1 \gamma_s D \frac{1}{\mu_2} \left[\frac{(\varepsilon_1 - \varepsilon_3)(1-\beta)(1-\varepsilon_2)}{1-\varepsilon_0} \frac{1}{t_{2.0}} \right.$$

$$\left. + \frac{(\varepsilon_0 - \varepsilon_2)(1-\beta)\varepsilon_2}{1-\varepsilon_0} \frac{1}{t_{3.0}} + \frac{(\varepsilon_0 - \varepsilon_3)\beta}{1-\varepsilon_0} \frac{1}{t_{4.0}} \right] \tag{1.3.95}$$

式中，ε_1 为起动概率；$1-\varepsilon_0$ 为止动概率；ε_2 为起跳概率；β 为起悬概率；ε_3 为悬浮概率；$t_{2.0}$、$t_{3.0}$、$t_{4.0}$ 分别为静止颗粒转入滚动、跳跃、悬浮时脱离床面的时间；μ_2 为滚动颗粒的单步距离的导数。

式(1.3.95)表明，滚动的平均输沙率与跳跃和悬浮的参数，即与它们脱离床面的时间 $t_{3.0}$、$t_{4.0}$ 和起悬概率 β、悬浮概率 ε_3、起跳概率 ε_2 等有关。

孙志林[74]在前人研究的基础上吸取了有关概念和思路，对推移质输沙率随机模型也做了较深入研究，提出了三种状态的泥沙在床面的交换模式(图 1.3.6)及相应的转移概率等。他提出将起动概率定义为促使颗粒起动的外力矩大于颗粒保持静止的力矩的概率。这其实是 Einstein 的做法。他指出由最大起动底速定义起动底速来计算起动概率似乎不合适。他在这方面的研究成果已在 1.1 节中介绍。他假定泥沙在床面的三种状态相互独立，将每一颗泥沙的运动状态视为一种独立的 Bernouli 试验，每次可能的结果为 j 状态和非 j 状态两种，相应的概率为 $P_{jj}(t)$ 和 $1-P_{jj}(t)$，则单位床面上 N 颗交换泥沙的运动状态就是 N 次独立试验，从而有 $N_j(t)$ 颗第 K 组粒径泥沙保持状态 j 的概率为二项分布

$$P[\xi_j(t)=N_j(t)]=C_N^{N_j(t)}[P_{jj}(t)]^{N_j(t)}[1-P_{jj}(t)]^{N-N_j(t)}, \quad j=1,2,3$$
(1.3.96)

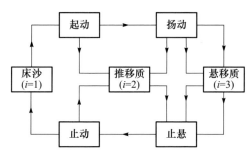

图 1.3.6　泥沙运动三种状态模型之间的转换关系

根据马尔可夫定理，当 $t\to\infty$ 时，极限 $\lim\limits_{t\to\infty}P_j(t)=P_j$ 存在，即转移概率趋于平稳概率。此时，在极限状态下运动颗数分布为

$$P[\xi_j(\infty)=N_j]=C_N^{N_j}P_N^{N_j}(1-P_j)^{N-N_j}, \quad j=1,2,3 \qquad (1.3.97)$$

相应的数学期望为

$$N_j=E[\xi_j]=NP_j, \quad j=1,2,3$$

所得结果并不是近似表达式，而且对任意 N 均成立。孙志林仿照前人推导，取长为其运动速度 $U_{p,j}$、宽为一个单位的床面上的运动泥沙颗数为以颗数计的单宽输沙率 q_{N_j}。故颗数输沙率的二项分布为

$$P[\eta_j(t)=q_{N_j}(t)]=C_{U_{p_i}N}^{q_{N_i}(t)}[P_{jj}(t)]^{q_{N_i}(t)}[1-P_{jj}(t)]^{U_{P_i}N-q_{N_i}(t)}, \quad j=2,3$$
(1.3.98)

当 $t \to \infty$, $P_{jj}(t) \to P_j$, 则 $\lim\limits_{t \to \infty} q_{N_i}(t) = q_{N_i}$ 于是

$$P[\eta_j = q_{N_i}] = C_{U_{P_i}N}^{q_{N_i}} P_{jj}^{q_{N_i}} (1 - P_{jj})^{U_{P_i}N - q_{N_i}}, \quad j = 2,3 \tag{1.3.99}$$

$$\bar{q}_{N_j} = N U_{P_j} P_j, \quad j = 2,3 \tag{1.3.100}$$

从而以质量计的输沙率为

$$\bar{q}_{j,k} = \frac{\pi}{6} \rho_* D_k^3 N U_{P_j} P_j, \quad j = 2,3 \tag{1.3.101}$$

而将床面的泥沙理解为全部静止的泥沙, 可得到

$$N_1 = \frac{m_0 P_{0,k}}{\frac{\pi}{4} D_k^2} \tag{1.3.102}$$

各组粒径总泥沙为 N, 于是

$$N = \frac{N_1}{P_1} = \frac{4 m_0 P_{0,k}}{\pi D_k^2 P_1} \tag{1.3.103}$$

最后得到

$$\bar{q}_{j,k} = \frac{2}{3} m_0 \rho_* D_k P_{0,k} U_{P_j} \frac{P_j}{P_1}, \quad j = 2,3 \tag{1.3.104}$$

将三种状态的静止概率 P_1 和推移概率 P_2 代入, 遂有

$$\bar{q}_{b,k} = \bar{q}_{j,k} = \frac{2}{3} m_0 \rho_* D_k P_{0,k} \frac{a_k (1 - \beta_k + a_{0,k} \beta_k) q_1}{(1 - a_{0,k})(1 + a_{0,k} \beta_k) q_2} \tag{1.3.105}$$

式中, 等待时间

$$q_1 = \sum_{j=2}^{3} \frac{P_{1,j}}{1 - P_{1,j}} t_{1,j} \tag{1.3.106}$$

此外, 孙志林采用了两状态(静止与推移)模型, 其单步转移概率矩阵为

$$[P_{i,j}] = \begin{bmatrix} 1 - a_k & a_k \\ 1 - a_k & a_k \end{bmatrix} \tag{1.3.107}$$

设单步等待时间为 $\frac{1}{q_1}$ 和 $\frac{1}{q_2}$, 它们服从指数分布。由于取泥沙运动是状态离散、时间连续的马尔可夫过程, 上述状态概率 $P_{i,j}(t)$ 在任意时间满足柯尔莫哥洛夫微分方程

$$\frac{\mathrm{d} P_{i,j}(t)}{\mathrm{d} t} = \sum_{r=1}^{2} P_{i,r}(t) q_{r,j} \tag{1.3.108}$$

由马尔可夫定理知 $\lim\limits_{t \to \infty} P_{i,j}(t) = P_j(t)$ 存在, 且

$$\lim_{t \to \infty} \frac{\mathrm{d} P_{i,j}(t)}{\mathrm{d} t} = 0$$

故式(1.3.108)变为

$$\sum_{r=1}^{2} P_r q_{r,j} = 0$$

进而求出状态概率的平稳分布

$$P_1 = \frac{(1-a_k)q_2}{a_k q_1 + (1-a_k)q_2} \tag{1.3.109}$$

$$P_2 = \frac{(1-a_k)q_1}{a_k q_1 + (1-a_k)q_2} \tag{1.3.110}$$

尚需提到,式(1.3.109)中的分子$(1-a_k)q_1$看来应为$a_k q_1$。将上述两式代入式(1.3.104),则得到两状态的推移质输沙率公式为

$$q_{b,k} = \frac{2m_0}{3} \rho_* D_k P_{0,k} \frac{a_k}{1-a_{b,k}} \frac{q_1}{q_2} = \frac{2m_0}{3} \rho_* D_k P_{0,k} \frac{a_k}{1-a_{b,k}} q_1 L_{p.2} \tag{1.3.111}$$

在没有悬移质运动条件下($\beta_k = 0$,$P_3 = 0$),它与三状态公式(1.3.105)是一致的。

孙志林为了使上述推移质输沙率公式能和实际资料符合,增加了不少待定系数和设想的某些关系。例如,他设颗粒平均运动速度为

$$u_p = \frac{C_1}{\sqrt{\psi_k}} \tag{1.3.112}$$

在床面静止时间为

$$T_R = C_2 \psi_k^c \tag{1.3.113}$$

单步距离为

$$L^* = \frac{B_1}{\psi_k^{0.67}} \tag{1.3.114}$$

$$T_* = B_2 \psi_k^6 \tag{1.3.115}$$

指出上述各式的指数系数应由输沙率实际资料确定。此外,前面已提到在非均匀沙起动概率计算中,尚需要引进隐蔽系数的经验关系

$$\varepsilon_j = \left(\frac{D_j}{\bar{D}}\right)^{0.50} \sigma_g^{0.25} \tag{1.3.116}$$

式中,σ_g为床沙级配的均方差。

孙志林在非均匀沙输沙率(推移质输沙率)研究中,给出了两种运动状态和三种运动状态输沙率的结构式,由两种运动状态得出了输沙率脉动的二项分布,以及与一些实测资料的对比,其研究有一定进展,但是也存在一些问题和值得讨论之处。例如,第一,他认为床面泥沙是全部静止的,实际上在水流、输沙均稳定的条件下,床面各种运动状态的泥沙虽然不断交换,但是其数量波动不会很大。床面表层除静止颗粒外,还会有滚动的颗粒,以及跳跃与悬浮颗粒起动和止动时在床面也有瞬间滞流,因此床面表层的泥沙不是全部静止的。设床面表层泥沙为$N_0 = \frac{4m_0 P_{0,k}}{\pi D_k^2}$,则床面静止的泥沙应为$P_1 N_0 = \frac{4m_0 P_{0,k}}{\pi D_k^2} P_1$,而不是式(1.3.103)。按照

式(1.3.102),床面全部泥沙静止,无法解释随着水流强度增大床面静止泥沙减少,以致最后达到极限情况——层移质(全部泥沙均运动)的出现。关于这个问题在本书第 6 章中结合其他成果还要进一步讨论。第二,他不赞成泥沙运动的四种状态,而采用了泥沙运动的三种状态,这自然是可以的。但是如何处理推移质中滚动与跳跃质的差别却未触及。例如,他的起动流速公式是按滚动而不是按跳跃建立的,满足了前者但并不能满足后者。而滚动时单步运动距离如何确定?反之,如果按跳跃运动定义推移质运动,滚动部分是否漏掉?其实在他之前,就有人提出底层泥沙运动的三种状态模型的研究[40]。作为推移质输沙率,是将滚动与跳跃相加得到,这样既反映了三种状态,又表现了滚动与跳跃的差别,比起孙志林的三种状态成果似乎更深入。第三,他的研究在随机过程方法应用方面有一定深度,但是却较少涉及力学分析方面,致使有关参数的物理意义研究阐述不够。如泥沙由静止转为运动的等待时间 $\frac{1}{q_1}$ 或由运动转为静止的时间 $\frac{1}{q_2}$,除从随机过程看具有等待时间的意义外,泥沙运动的物理意义是什么?缺乏阐述,没有表达。有关参数需要采用经验公式,如式(1.3.113)~式(1.3.116)等,即不能从更深层次阐述推移质运动。例如,静止颗粒等待时间,从物理意义上看应是起动周期;从泥沙运动看,起动周期显然与起动概率(反映床面紊动)和泥沙起动后脱离床面的时间有关(起动颗粒脱离床面后,床面自由才能重新起动),其实起动周期是泥沙在床面运动时间的理论表达,只要按力学与随机过程结合,应该是可以解决的。孙志林的研究没有深入下去,殊为可惜,最后使输沙公式实际沦为半经验公式。第四,从整个研究看,有的环节和整个研究的联系并不是很自然,如推移质输沙率的二项分布与随机模型并无相应联系,随机模型只能提供状态概率等作为时均输沙率的结构,而二项分布则提供输沙率的脉动表述;又如,随机过程研究仅提供了输沙率框架,但是参数的具体表述则靠实际资料分析来经验地确定。

1.4　本书的主要内容及进展

第 1 章为对推移质运动已有研究的评述,主要针对研究较多的领域,一些研究较少的推移质问题则在有关章节简述。

第 2 章研究非均匀泥沙起动规律。泥沙起动的研究是河流泥沙运动领域最早研究的课题,已进行了很多年,目前仍有延续,只是有进展的少,经验的和重复的多。根据韩其为多年深入的研究,该章予以概括,着重深入揭示机理,研究几个较深层次的理论问题,澄清一些争论,明确一些似是而非的看法。具体内容包括如下方面。

(1)泥沙起动是一种随机过程,它取决于三个随机变量的分布,即泥沙粗细的经验分布(级配)、它在床面位置的高低分布以及水流底速的分布,据此能足够描述泥沙起动的随机特性。

(2) 由实测资料证实了细颗粒间薄膜水附加下压力和黏着力同时存在。将黏着力理解为 van der Waals 引力,可由 Hamaker 色散势能引入。假设在薄膜水接触范围内引力与距离的 3 次方成反比,也能得到黏着力,如果准确到常数,则它与 van der Waals 引力完全一致,而且得到的黏着力公式与唐存本的试验资料完全一致。在得到的黏着力中首次从理论上包含了泥沙干容重,这是以前未见的成果。

(3) 通过力矩的平衡,得到了起动(起滚)底速 $V_{b.c}$,它是随机变量 Δ' 的函数,显然它是一个随机变量,分布在 $0.134 \leqslant \Delta' \leqslant 1.00$,$0.596 \leqslant \dfrac{V_{b.c}}{\omega_0} \leqslant 1.225$,其数学期望为 $\bar{V}_{b.c} = 0.916\omega_0$。

(4) 对于床面一定面积内,泥沙在 t 内不起动的概率呈负指数分布,而滚动的时间亦呈负指数分布,这均被理论和试验资料所证实。在此基础上导出了低水流强度下的推移质滚动输沙率,并用实际资料予以检验。床面泥沙仅有静止与滚动这种情况,称为低输沙率运动阶段,泥沙起动就处于这种阶段。

(5) 针对不同条件提出了泥沙起动的三种标准:室内水槽试验标准、野外推移质采样器施测的标准以及河道卵石推移质起动标准。研究证实,瞬时起动速度是确定的,而一般的引用平均速度作为起动速度是不确定的。因为在这个平均速度下存在不断波动的瞬时(实际)水流速度,所以此时的起动速度只能约定,于是要有起动标准。由本书给出的低输沙率公式可知,随着水力因素不断减弱,输沙率会不断减小,只能趋近于零,不可能等于零。因此,以前取输沙率为零确定起动流速是没有根据的,且不可行。本书给出的起动标准,使起动由输沙率定义更明确和科学。

(6) 用大量的试验和测验资料对起动流速理论及结果进行了检验,其中包括不同粗细泥沙(黏性颗粒、细沙、粗沙、砾石、卵石)、不同水深(数厘米到 20m)、不同水体(室内水槽、天然河道、水库)、不同容重及淤泥不同密实阶段等条件的各种资料。毫不夸张地说,所用的起动流速的实际资料是所有研究成果中最多的,这些验证说明了利用流体力学与概率论相结合的途径是有效的,有关理论公式是正确的,起动标准是合理的。

(7) 引进的暴露度能定量地反映非均匀沙起动特性,而不是通过一个经验系数来估计。这不仅使非均匀沙起动流速有较好的理论基础,而且使暴露度可用于非均匀沙输沙率计算。所用的验证资料也是较可靠的,符合理论结果。

(8) 对于卵石起动,专门考虑了其形状(λ),也考虑了天然河道中卵石输沙率常常处于很低的阶段,故选取颇低的标准约定起动流速,从而使卵石的起动流速公式很实用。

第 3 章研究几种特殊条件下的泥沙起动,包括弯道边坡上的泥沙起动、细颗粒成团起动以及"揭河底"冲刷,具体包括如下内容。

(1) 对于弯道边坡上泥沙起动,过去研究很少,一般仅按边壁颗粒在摩擦力等作用下滑动,未考虑细颗粒间的作用,也未强调弯道边坡的条件,而只是按顺直河段进行,同时对力的分析也较为含糊,如有的引入与泥沙暴露度的离散力。针对这些不足,对弯道边坡的条件,考虑了六种力:水流正面推力 F_X、上举力 F_L、水下重力 G'、弯道横向环流作用力 F_τ、黏着力 F_μ,以及由薄膜水单向受压引起的附加下压力 ΔG。按照这六种力作用的方向,建立了滚动平衡方程,导出了弯道边坡上泥沙瞬时起动流速公式。

(2) 弯道边坡上泥沙瞬时起动流速公式具有很广泛的概括性,它能概括细颗粒不同干容重起动流速的差别,顺直河段岸壁起动,顺直河段床面起动,并且与第 2 章相应的起动流速公式一致。此外,对于较粗颗粒,该公式也与床面沙质河床起动流速公式一致。利用野外实测资料对上述公式进行了验证,结果显示其符合实际。

(3) 在深入研究细颗粒所受薄膜水附加下压力及黏着力表达式的基础上,建立了五种力的滚动平衡方程,从而得到瞬时起动(由静起滚)底速的表达式。同时考虑了颗粒之间的间距 t,从而使薄膜水下压力和黏着力与泥沙干容重联系起来,首次从理论上导出了包含干容重的起动流速公式。

(4) 某些细颗粒单颗起动流速往往大于成块、成片起动流速,这一现象多年来无法从理论上解释。另外,土块的总体黏着力与薄膜水附加下压力并不是与颗粒数目成正比,而是与土块接触面的颗粒数目成正比,若使这两种力大为减小,则成团泥沙可能容易起动。当它包含的颗粒多到一定程度后,上述两种力可以忽略。此时成团泥沙的受力状态服从土力学规律,即超静水压力与水深无关。对于细颗粒泥沙,黏着力与薄膜水附加下压力与水深有关,反映这个事实的研究曾遭受土力学专家的质疑。其实,这是细观和宏观的差别,当土团不断变大时,黏着力、薄膜水附加下压力不断减小,最后趋向消失,而转为遵守土力学宏观规律。

(5) 由于剩下的两种力仍然与水深有关,故成团起动流速与水深有关。给出了临界水深的概念,即当水深大于临界水深时,多颗泥沙成团起动流速小于单颗的;用一些算例分析了单颗泥沙粒径 D、成团泥沙的当量粒径 D_Δ、容重 γ_s'、成团泥沙的形状 λ 等对临界水深的影响,临界水深最小为 0.028m,最大为 31.2m;对比了瞬时起动底速换算成垂线平均底速后,单颗泥沙与成团泥沙的起动流速;利用黄岁梁和万兆惠的试验资料进行了验证,证明了理论结果是符合实际的。

(6) "揭河底"是黄河上中游干支流高浓度洪水时一种强烈冲刷的现象。有一些零碎的资料,如龙门站揭河底时,流速平均约为 7.37m/s,坡降平均约为 198.8‰,水深约为 4m,含沙量平均约为 708kg/m³。根据对揭河底冲刷的一些现象分析,结合第 3 章 3.2 节研究的经验,认为"揭河底"是一种推移质强烈冲刷,从起动、翻转、上升、冲出水面,然后破碎、下落。以往对揭河底冲刷有经验性的描述,也有研究其产生的临界条件,但是由于不深入,也没有把握全盘进行,更缺乏理论分析,致使其进展甚微。该节的研究改变了过去研究的思路,完全按推移质方法研究了其全过程。

(7) 取一六面体土块,此时作用其上的除正面推力 F_D、升力 F_L、水下重力 G' 外,还有土块表面的水流摩擦力 τ_0,但是它对 y 轴不产生力矩。至于黏着力,仅作用在六面体三个侧面,而薄膜水附加下压力只作用在底部。这样在滚动平衡条件下,导出了土块瞬时起动底速的公式。

(8) 由于颗粒形状 λ 大小不一样,起动底速有差别。一般是随着 λ 的增大,起动底速减小。当两土块的 D、D_0 相同时,$\lambda = 4$,起动底速为 $V_c = 2.48 \text{m/s}$,而当 $\lambda = 10$ 时,起动底速为 $V_c = 1.63 \text{m/s}$,这表明扁状土块容易起动,也证实了船工介绍揭河底时他们观察到的现象:"像是在河中竖起一道墙(与水流方向垂直),土块像箔一样,足有丈把高"等。这明确表示土块是片状的。当然这既与河床分层结构有关,也与 λ 大、易于动相一致。尚需强调的是,揭河底时是高含沙量洪水,其容重很大,大大减弱了土块的水下重力,这也是土块易于起动和冲刷的原因之一。当水中含沙量达 600kg/m^3 时,浑水的容重 γ 为 1374kg/m^3,而土块干容重为 1300kg/m^3 时,其湿容重为 1809kg/m^3,故土块在浑水中单位体积的重力为 435kg/m^3。如果是清水,含沙量很小,单位体积的重力为 1650kg/m^3,即水下重力减小了 73.6%,可见减小的作用是很大的。与此相对应,土块起动时,黏着力与薄膜水附加下压力有更大幅度的减小。按照表 3.3.2 的数据,估计黏着力减少了 99.98%,薄膜水附加下压力减少了 99.99%,两者实际可以忽略。

(9) 按照单颗泥沙瞬时起动底速与时均垂线起动底速的比例,可以将土块的瞬时起动底速换算成垂线时均起动底速。从得到的公式可以看出,垂线平均起动底速随 D_0、D、$\dfrac{\gamma_m - \gamma}{\gamma}$ 的增大而增大,随 λ 的增大而减小。当用 $u_{*\cdot c}$ 表示土块起动流速后,发现 $u_{*\cdot c}^2 \Big/ \left(\dfrac{\gamma_m - \gamma}{\gamma} g \right)$ 对于不同的条件,在一定范围内接近一常数。万兆惠根据一些揭河底的实测资料,给出了一个经验关系,$u_{*\cdot c}^2 \Big/ \left(\dfrac{\gamma_m - \gamma}{\gamma} g \right) \geqslant 0.01$。由上可见,两者的结果基本一致。为了验证揭底冲刷究竟能冲动多大土块,按黄河龙门站的条件,发现当流速达 3.5m/s 以上,当量直径 $D_0 = 1 \text{m}$、2m、3m 的土块都是可以起动的。而当 $D_0 = 2 \text{m}$ 时,$a = b = 3.473 \text{m}$,$c = 0.3473$。可见如果起动掀起,确实像一道墙。

(10) 在各种力矩作用下,考虑其转动惯量后,建立了土块初始转动的方程。当然,这里已忽略黏着力与薄膜水附加下压力。对转动方程,求出了其数字解。对数字解及方程的分析表明,土块起动是以旋转的方式进行的,并且角速度是增加的。颗粒在转角达 74°时,法向反力为负,应脱离床面。实际上,当竖向速度足够大时,在转角 40°左右就可能逸出。

(11) 土块起动并上升至高度 D_0 后,即脱离床面,进入上升第二阶段。至第二阶段末,上升的最大高度不超过水面。如果能冲出水面,需要另外计算。根据第二阶段的条件,建立了其运动方程组,从而求出了第二阶段运动高度、运动时间等。当然,上升到最高点的速度为零。如果土块接近水面时仍有向上的速度,则它会冲出或部分冲出水面,以使其速度变为零后再下降。这是以动能换势能。通过建立此时的方程并求解,证实了当 $\lambda=8$,$a=0.8\text{m}$,$\gamma_m=1839\text{kg/m}^3$,$\omega=1.353\text{m/s}$,当 $V_y=3.00\text{m/s}$ 时,土块可以升高(土块顶)0.892m,它大于土块的长度 $a=0.8\text{m}$,即土块腾空 0.192m。这个例子表明在揭底冲刷时,土块冲出水面是完全可能的。

(12) 土块上升至最大高度后,无论是否冲出水面,均会很快转为下降。这种运动主要在重力和阻力作用下进行,已建立其方程,并解出了下降速度、时间等。在土块上升和下降的同时,土块进行纵向运动,经过建立方程得到纵向运动参数。根据类似黄河北干流的条件,一般土块从起动至上升、下降至河底,耗时 6～7s,纵向速度约为 7m/s,移动的纵向距离约为 45m。可见,揭河底时,土块移动是很快的。这些与部分土块上升时冲出水面是一致的。

第 4 章研究单颗泥沙运动力学及统计规律,主要包括如下内容。

(1) 尽管床面泥沙有四种运动状态,但是在该章中只研究单颗泥沙运动,主要研究滚动与跳跃。这是因为静止泥沙的运动只涉及起动周期,而悬浮运动的上升与下降过程等已在《非均匀悬移质不平衡输沙》中详述。

(2) 颗粒滚动运动是按颗粒翻越下游颗粒为条件。翻越一个颗粒,称为完成了一个滚动的单步。泥沙起动后,连续翻越几个颗粒,达到了停止,称为完成了一个单次运动。一个单次,包括若干单步运动。一个单步,又分为前半步与后半步,前半步为接触滚动,后半步为自由运动。通过这种概化,才能将滚动运动与跳跃运动统一起来,这正好克服了以往无法定量研究滚动的难点。

(3) 通过力的分析,证明了质心运动方程与该颗粒对瞬时滚动中心的滚动方程是一致的。对研究滚动而言,可以取其一。从颗粒滚动方程可以看出,颗粒在床面位于 Δ',由静起滚后,均能翻越下游的一个颗粒,完成前半步的滚动。当颗粒翻越下游颗粒时,如果速度 $u_{2,x}$ 很大,此时不能进入后半步无接触滚动,而是直接转跳跃,或称为(由滚动)逸出。按给出的逸出条件,当 $\bar{V}_b>2.0281$ 时必然逸出,这与导出的 $V_b=2V_1$ 时由静止转为跳跃是一致的。

(4) 颗粒前半步滚动共有五种运动形式:一种加速运动,三种减速运动,一种匀速运动。建立了这种运动的方程及其分析解,求出了有关参数的表达式,并转换为无因次形式。

（5）颗粒滚动的后半步为与床面非接触运动（自由运动），它有三种运动形式：加速运动、减速运动及匀速运动。分别对这三种运动方程求出分析解，得到颗粒后半步滚动的各种参数。

（6）对于整个滚动，可由前后两个半步相加而得。但是在它们的联结点，必须参数一致。因此，有一个前、后半步合理联结的问题。例如，对于以后研究较多的单步均衡运动，前半步减速与后半步加速运动相匹配，才能构成一个完整的滚动步。其步长取决于连续两个最低位置之间的距离 x_2。它的数学期望为 $\bar{x}_2=$ $1.96D$，相应的 $\bar{x}_{2.1}=\sqrt{2\Delta'-\Delta'^2}D$，$\bar{x}_{2.2}=(1.96-\sqrt{2\Delta'-\Delta'^2})D$。

（7）颗粒具有一定速度后，它由静起滚的速度就会变化，小于 $V_{b.c}$。

（8）除了个别文献涉及起动时泥沙翻越外，大多数研究都未涉及滚动研究，因此要加强研究。特别是在流速较低时，它是推移质的主流。因此，在一定概化图形下，建立了滚动的各种方程，求出了其分析解，不仅首次揭示了其定量的规律，而且通过前后半步联结，单步与单次运动，使其与跳跃运动及悬浮运动在形式上能够统一，为以后的统一研究提供了条件。

（9）泥沙在床面运动时，运动颗粒与床面颗粒不时发生碰撞，这是一种较普遍的现象。跳跃颗粒下落时，与床面碰撞，能获得向上的冲量，有利于继续跳跃。而滚动颗粒与床面碰撞后，也可能转为跳跃。因此，碰撞是颗粒跳跃的一种主要因素。在研究颗粒跳跃运动之前，先分析碰撞产生的法向力与切向力，并将其转化为碰撞后颗粒速度的变化。若将碰撞冲量转化为碰撞后反力 F_y（方向向上）与 F_x（方向与水流相反），如按过去有的研究将 F_y 称为离散力，则本书得到的表示与窦国仁的表示是不一致的。本书得到离散力与运动颗粒速度 u_y^2 成比例，而窦国仁的是与水流速度平方成正比，这是因为窦国仁并未具体研究碰撞，而是直观地给出。Bagnold 虽然分析了碰撞的作用，但是得出结论为：碰撞才是推移质运动维持的主因，他认为碰撞损失了颗粒能力，使其升高，但是在下一次碰撞之前，水流又为该颗粒运动恢复其能量。显然，如跳跃必须靠碰撞支持，这不是一种普遍的规律。事实上，没有碰撞，也会由静起跳。

（10）由动起跳较为复杂，考虑了由滚、由跳、由悬起跳的情况，导出了各种起跳速度。除个别外，三种起跳速度差别不大，因而求出了它们的平均起跳速度，这使起跳计算及起跳概率计算大为简化。

（11）为了简化，将跳跃运动分为如下几个阶段进行分析。竖向运动分为三个阶段：上升第一阶段，从起动到床面一个颗粒高（0—D）；上升第二阶段，从一个颗粒高到最大跳跃高（D—y_m）；下降阶段（y_m—0）。由于纵向力没有什么变化，纵向运动只有一个阶段。在各阶段中，由于受力存在差别，各阶段又分为不同的情况。建立了各种情况下的运动参数微分方程及其分析解，同时给出了无因次形式。但是这些参数是相互关联的,它们构成一些代数方程组。

(12) 在求解代数方程组时,初始条件 $u_{3.x.0}$、$u_{3.y.0}$ 是未知的。为了较简单地使方程组封闭,提出了均衡运动的概念,即 $u_{3.x.0}=u_{3.x.3}$,$u_{3.y.0}=u_{3.y.3}$,也就是起跳前(碰撞前)的速度等于前一步运动结束时的落地速度。这实际给出了一种连续跳跃模式。

第 5 章详细阐述床面泥沙交换的统计理论,主要内容包括如下方面。

(1) 针对泥沙运动的四种状态(静止、滚动、跳跃、悬浮),提出了它们由一种状态向另一种状态转移的临界条件,如由静起滚、由滚转静、由静起跳、由动起跳、由静起悬和进入悬浮等,进而按水流底速的正态分布导出了六种基本转移概率,并由它们推出四种状态之间的全部 16 种转移概率,组成一个转移概率矩阵。它确定了过程为马尔可夫链,从而求得极限概率,即四种状态的状态概率。

(2) 在考虑改变状态的时间服从负指数分布后,得到 12 种转移强度。此时过程相当于一种近似状态离散、时间连续的马尔可夫链。

(3) 求出了改变状态的颗数的分布及数学期望,以及单位时间由 i 转 j(由状态 i 转移至状态 j)的颗数 $\overline{\lambda}_{ij}$,即均匀沙的 12 种转移强度。所述推导按随机过程得出,是颇为仔细和严谨的。但是,最后以平均值表示的交换强度,则按一般的力学概念得出。这也说明前述推导是合理的和正确的。

(4) 对于非均匀沙,导出了类似的转移概率矩阵及转移强度。在形式上,非均匀沙转移概率和转移强度的表达较简单,只需加上表示粒径的下标。但是,以后的计算就复杂得多,如暴露度和级配影响等。

(5) 介绍了交换强度应用。研究了悬移质与床沙单独交换时的不平衡输沙。根据交换强度导出不平衡输沙方程,特别是得到了 $S^* = S$ 时(或对于非均匀沙 $S_l^* = S_l$)并不能保证不冲不淤,由此从理论上证明了挟沙能力多值性,澄清了多年的争论。由于悬移质与床沙单独交换达到了强平衡的挟沙能力,故给出了至今理论性最强、没有待定系数的挟沙能力公式,而且公式中的一部分与张瑞瑾公式相近。研究得到的均匀沙跳跃运动强平衡时的输沙能力计算公式,较以往的一些类似公式有根本不同。以往的公式假定床面泥沙全是静止的,故分母多了 $1-\varepsilon$。此外,研究得到了悬移质与床沙和推移质同时运动时不平衡输沙方程及其分析解。从悬移质与床沙和推移质同时交换的不平衡输沙方程中,分解出它与床沙交换和与推移质交换两部分的方程,这些可以根据需要分别采用。值得注意的是,分开来的悬移质与床沙交换的方程,和它们单独交换的不平衡输沙方程是有区别的,表现在系数 $\alpha_{1.l}$ 与 $\alpha_{1.l}^*$ 不同。可见,不同的交换,结果会有差别,应考虑全面的交换。研究了悬移质与推移质单独交换的输沙能力,并推导出了推悬比;还研究了悬移质与床沙和推移质同时交换的输沙能力,给出了其表达式,突破了长期以来挟沙能力不受推移质影响的模式;给出了各种输沙能力公式,并分析了其数值大小,如 $q_{1.2.l}^*/q_{1.3.l}^*$、

$q^*_{2.3.i}/q^*_{3.2.i}$均是随水力因素加强而减小,这反映了低速以滚动为主,中高速以跳跃为主。利用交换强度首次从理论上给出了不平衡输沙时的河底边界条件,改变了过去由直观或定性分析而提出的方法,并且考虑了悬沙与床沙和推移质同时交换;利用交换强度导出了床沙级配的变化,并且是在悬移质与推移质运动的条件下。此外,给出了泥沙物理模型的冲淤相似准则,解释了水库下游河道冲刷过程中由于粗细泥沙交换导致冲刷距离很长的机理。除这里提到的 12 种应用外,在文献[5]~[9]及本书中尚有多种应用。本来河床泥沙运动是很复杂的,既有必然性,又有偶然性。在确定的水流泥沙条件下,如水流瞬时速度、泥沙粗细及其在床面位置(高低)确定后,泥沙运动是确定的,符合必然的力学规律。但是瞬时水流速度是随机的,泥沙在床面瞬间的位置,以及在一大群粗细不同泥沙中究竟是哪一种泥沙在运动也是不确定的。可见泥沙运动有明显的随机特性,所述流速(主要是水流底速)、泥沙粗细、泥沙在床面位置以及它们引起的泥沙运动参数变化均是随机变量,当然具有概率论的规律。通过力学(流体力学、河流动力学、泥沙运动力学)与概率论(随机过程)相结合的途径,建立了泥沙运动统计理论,该理论既服从必然的力学规律,又符合概率论。同时,由于不只研究泥沙运动的一种状态或两种状态,而是研究了全部四种状态之间的交换与转移,深入揭示了泥沙运动的复杂机理、与多方面之间的关系,建立了泥沙运动统计理论体系。这些成果涵盖和提升了已有的泥沙运动的主要理论及之前尚未出现的各方面的创新,明显地加强了理论的深度,其中床面泥沙交换强度理论就是其真正的源头创新。

第 6 章介绍推移质输沙率的随机模型及统计规律,主要包括如下内容。

(1) 在第 5 章研究的基础上,进一步分析了止 i 转 j 强度,即结束了第 i 种运动状态的颗粒,有多少颗粒转入状态 j。在一定假定下,可导出其分布。由于共有滚动($i=2$)、跳跃($i=3$)及悬浮三种运动和三种输沙率,运动之间是相互联系的,因此给出了某种运动颗数的条件分布(在其他两种运动颗数是确定的条件下)和无条件分布。这些分布均为埃尔朗分布,是颗数有限的分布。对这些分布求条件数学期望及无条件期望后,导出了平均输沙颗数的方程。

(2) 利用实测资料证实了输沙颗数分布符合埃尔朗分布。当然,泊松分布与实测资料也是符合的。这里状态颗数的分布是首次得到的成果。这成为推移质理论研究的一个重要分支。

(3) 输沙能力分为弱平衡与强平衡。弱平衡是指状态 i 转为单位水柱其他三种状态的颗数与其他三种状态转来的颗数是相等的。而强平衡是指状态 i 转入状态 j 的颗数与状态 j 转来的颗数是相等的。按照弱平衡的条件,给出了一组含有三个未知数 $K_i U_i \mu_i = K_i / t_{i.0} = q_{n.i} \mu_i$ 的方程组。它们的系数由转移概率矩阵的元素 β_{ij} 表示。解此方程组,即可得到 $q_{n.i} \mu_i$,它能很容易换算成以重量表示的输沙能力 $q_{b.i}$。

(4) 需要强调指出的是,得到的输沙率公式 $q_{b.i}$ 与以往的结果有重大不同,表现在,输沙率不是一种像过去一样有所含糊的推移质输沙能力(是滚动输沙能力,还是跳跃输沙能力? 或者是它们之和?),而是得到了三种输沙能力:滚动、跳跃与悬浮。更主要的是,三种输沙能力不是彼此分割的,一种输沙能力公式中包含了另外两种输沙能力的有关参数,反映了彼此密切相关。对悬移质运动的研究,可见《非均匀悬移质不平衡输沙》[13]。这样,关于三种输沙率的相关研究揭示了多种输沙能力的存在和表达。

(5) 对于强平衡进行了深入研究,得到了滚动输沙能力及跳跃输沙能力,它们均只与床沙有关。其中,跳跃输沙能力的表达式在结构上与以往的主要公式基本一致,但是有一主要差别,即分母中是否应包含$(1-\varepsilon_0)$,它为止动概率。过去的研究中,Einstein、Велпканов、窦国仁、Paintal 及孙志林等的推移质公式中的分母均含有$(1-\varepsilon_0)$,本书得到的公式则无此项。当然,也有几位研究者的公式中的分母未包括$(1-\varepsilon_0)$,如 Kalinske、Россинский。究其原因,前面 5 位学者是将床面颗粒全部取为静止。实际上,床面泥沙有四种状态,静止的只是一部分。另外两位是按其他的思路导出公式,不包含$(1-\varepsilon_0)$。分母不全含$(1-\varepsilon_0)$是一种重要澄清。

(6) 非均匀沙输沙能力与均匀沙有很大的不同,主要有三点。第一,此时挟带某种粒径的泥沙只是用了部分水量,韩其为曾经证明了在强平衡条件下,水量百分数等于床沙级配,总输沙能力要用床沙级配加权。第二,对于非均匀沙,某组粒径的分组输沙能力等于全部泥沙均为该组泥沙的输沙能力 $q^*(l)$ 乘以有效床沙级配。第三,对于非均匀沙,当考虑床面位置,即暴露度分布时,两者是不同的。可见,研究非均匀沙输沙能力时,是根据各组泥沙运动特性建立有关方程,求出各粒径组的结果,而不是在均匀沙输沙能力基础上加 1~2 个系数,仅仅调整一下总输沙能力以达到和实际相符。

(7) 输沙能力叠加。对于泥沙运动的三种状态,由于泥沙运动特性和规律不同,分别从力学角度研究,得到有关运动参数后,归纳出总输沙能力公式。对滚动与跳跃进行力学分析,得到的有关参数是确定的,但是对于推移质则不然。以推移质为例,尽管此时可以简单地将它们的输沙能力相加,得到推移质输沙能力,但是此时其中的有关推移质运动参数难以给出,因为并未单独分析推移质的运动特性及有关方程,而且两种运动不同,也很难通过力学分析得到统一的参数。因此,全面了解推移质和总输沙能力,除叠加它们的输沙能力外,还要求出它包含的有关参数。

(8) 均匀沙与非均匀沙推移质输沙能力的数字计算及验证。经过数字计算得到了均匀沙无因次输沙能力 $\lambda q_b^* = f(\bar{V}_b/\omega_0)$ 及非均匀沙无因次输沙能力 $\lambda q_{b,l}^* = f(\bar{V}_b/\omega_0, \bar{D}/D_l)$,同时收集了一些可靠的资料,包括水槽、天然河道等资料,对上述两个公式及其他参数进行了验证,结果表明公式均符合实际。需要注意的是,在与实际资料对比时,除物理常数外并未加入任何待定系数来调整实际资料与理论结果的符合。从采用验证公式的实际资料的数量看,这章采用的是最多的。

(9) 目前为止,对推移质不平衡输沙研究很少,而且在一些大的方面没有什么共识,如推移质不平衡输沙方程、不平衡影响程度以及恢复平衡的速度参数(恢复饱和系数)等。由于推移质运动是泥沙运动的一个重要方面,因此对其不平衡输沙必须有基本明确的认识。韩其为较早地从理论上导出了推移质不平衡输沙方程[87],而且是对非均匀沙的条件。经过进一步研究,方程系数略有调整。推移质不平衡输沙方程根据交换方式的不同分为三种:第一种是推移质与床沙交换的不平衡输沙方程;第二种是推移质同时与床沙和悬沙交换的不平衡输沙方程;第三种是推移质与悬沙交换的不平衡输沙方程。这三种情况的方程在形式上是类似的。由不平衡输沙方程可以导出平衡输沙的条件。最后得知推移质平衡输沙是很少的,严格地说几乎是不存在的,但是由于推移质就在床面运动,故恢复速度又很快。以恢复距离计,当 $\bar{V}_b/\omega_0 = 0.522 \sim 6.789$, $D = 1\mathrm{mm}$ 时,恢复距离为 $0.105 \sim 40.72\mathrm{m}$。当水力因素弱时,推移质与床沙交换为主,而当水力因素强时,它与悬移质交换为主。

第 7 章介绍推移质扩散的随机模型及统计规律。推移质扩散的随机模型最早由 Einstein 于 1937 年提出,当时是泥沙运动理论研究中很大的一项突破,不仅首次将概率论应用于泥沙研究,而且得到了在理论上颇为严格的结果。但是,由于当时这个问题远离了工程泥沙研究领域,有关专业人士难以掌握,故在泥沙界基本无人问津,仅仅引起了苏联 Велцконов 的重视。20 世纪 60 年代,随着同位素示踪技术的发展,美国等重新开展了对推移质扩散的研究,尽管取得了一些进展,但研究的问题基本未越出 Einstein 当时提出的框框。对推移质扩散进行研究的主要内容如下。

(1) 概括了已有的点源成果,提出了点源、线源、退化面源一套随机模型,并且统一建立,其彼此之间是相通的,同时给出了分布函数中两个参数确定的公式。

(2) 深入证实了点源存在四种模型,并且定名为沉积分布与输移分布,它们均有两种状态(初始状态为静止和运动)。输移分布是通过某断面输出泥沙的分布。Einstein 给出了其中的两种,Hubbell-Sayre 提出了一种输移分布,本书指出了另一种分布,统一了忽略运动时间的四种分布和它们之间的关系。

(3) 线源是指在河段的进口断面连续投放颗粒后的扩散,也指初始时刻在床面铺一层颗粒后的扩散。这样有两种线源,加上每种线源有两种扩散分布,而每种分布又有两种初始条件,从而导出了八种线源。这八种线源组成了四种退化面源。相应的,有四种扩散分布,即初始状态为静止的沉积分布和输移分布,以及初始状态为运动的沉积分布和输移分布。本书中已导出在线源为均匀分布条件下,退化面源的四种分布函数。这种退化面源的随机模型很好地反映了水库下游冲刷的情况,即河段进口有来沙加入(沿时间线源),初始时刻河床铺泥沙(沿程线源)。当然,实际的线源如果不是均匀分布,则只能做数字计算。尚需指出的是,对于卵石冲刷河段,颗粒冲刷下移的计算,退化面源模型可能是一种有效的选择。否则,按现有的推移质输沙能力控制冲淤(相当运动不需要时间),实际床沙中粗颗粒运动是很慢的,这个矛盾是很难解决的。

(4) 对变动参数、忽略运动时间的点源扩散,得出了分布函数,但是只能有数字解。

(5) 以往的扩散随机模型都忽略了泥沙运动时间,只考虑了休止时间,这是一种重大缺陷。其原因是考虑运动时间后,问题变得复杂得多。本书详细分析其机理,首次建立了一个考虑运动时间的点源数学模型,并且给出了分布函数与分布密度的分析解。这是从 Einstein 提出问题开始就没有触及的问题,具有突破性。

(6) 给出的统计参数的表达式及退化面源研究,会为扩散模型在泥沙运动研究方面敞开大门,推动其发展。

第 8 章介绍推移质各种参数的数字计算及特性分析,包括用实测资料的验证以及参数的数字计算和特性分析。

(1) 第 4~6 章通过有关微分方程组求解,已得到参数的代数方程组和有关公式,本章参数计算就是求解这些代数方程及使用有关公式。这些参数包括:基本转移概率 ε_0、ε_1、ε_2、$\varepsilon_{2.0}$、ε_4、β 等,跳跃、滚动方程组中有关参数,有关参数的数学期望。

(2) 在运动各阶段,颗粒滚动与跳跃方程组往往有几种形式,且是变速运动。为了使研究不过于复杂,引进一种准平衡的情况,就是使某一单步运动的初始条件与步末条件符合,从而解决确定初始条件的困难。这实际简化为它们的运动是同一单步的重复,只是每次运动的单步是随机的。作为反映一种典型的情况,这种运动应该有代表性,将其称为均衡运动。对于滚动,单步起点速度等于终点速度;对于跳跃,在碰撞起跳前的速度等于步末落地速度。这样所有滚动与跳跃的力学参数均只取决于随机变量 ξ_{v_b} 及 $\xi_{\Delta'}$。它们的分布已经给出,因此不难求出它们的数学期望。无论是均匀沙还是非均匀沙,最后均是相对水流底速 $\dfrac{\overline{V}_b}{\omega_0}$ 及暴露度 Δ' 或 $\dfrac{\overline{D}}{D_l}$ 的函数。对这种对泥沙运动进行了详细的力学分析,建立了各种方程并求解出有关参数,又求出了作为随机变量的参数的数学期望,这是与实际资料基本符合的。

(3) 对于推移质输沙率,由滚动与跳跃输沙率叠加,以往均是按 $q_b^* = q_2^* + q_3^*$ 进行,这种直接相加是缺乏根据的,而加权相加 $q_b^* = \dfrac{\overline{\mu}_2}{\overline{\mu}_b} q_2^* + \dfrac{\overline{\mu}_3}{\overline{\mu}_b} q_3^*$ 才是正确的。当然,从验证实际资料看,按推移质精度,两者似均能接受。至于是先求各参数的数学期望,再组合成推移质输沙能力,还是先组合成输沙能力,再求数学期望,从概率论方法看,应该是后者;但是从河流泥沙学科看,做这种简化有它的意义,使组成 q_b^* 的各参数的数学期望既能单独应用,也与 q_b^* 中的一致。因此,采用了这种近似,好在实测资料也支持这种简化。

(4) 由于理论关系导出时研究得较仔细,同时又做了大量数字计算,故各参数在反映泥沙运动机理和特性方面颇为全面或深刻。例如,在低水流条件 $\left(\dfrac{\bar{V}_b}{\omega_0}=0.522\right)$ 时,床面泥沙静止的概率 $R_1=0.982$,其他三种状态仅占 0.018。当水力因素稍大 $\left(\dfrac{\bar{V}_b}{\omega_0}=0.970\right)$ 时,静止概率 $R_1=0.541$,处于滚动的概率 $R_2=0.377$。当水力因素处于中等 $\left(\dfrac{\bar{V}_b}{\omega_0}=2.387\right)$ 时,$R_1=0.0473$,$R_2=0.1064$,跳跃状态概率 $R_3=0.7506$,悬浮的状态概率为 $R_4=0.0956$。若水力因素再强 $\left(\dfrac{\bar{V}_b}{\omega_0}=6.789\right)$,则 $R_3=0.6649$,$R_4=0.3229$。此时,床面静止与滚动的状态概率仅占 1%,而且 R_3 已开始减小,R_4 开始增大。但是床面静止概率 R_1 已不足 1%,实际床面泥沙已是一层在运动,而转入所谓的层移质。根据一些零碎资料及局部经验,所述状态概率的变化是合理的。需要指出的是,状态概率不仅能说明床面泥沙运动特性,也能定量地用于研究输沙率。苏联几位河流动力学专家(如 Гончаров 等)曾经引进了动密实系数 $m=(V_b/V_{b.c})^3$ 来反映推移质运动强度,但是对于 m 始终未找出理论解释,最后只能作为一种经验结果。其实状态概率就正好反映了输沙强度,而且包括了各种状态。这里也可以看出研究泥沙运动时采用概率论与流体力学结合的好处,而单独从力学角度给出 R_1、R_2、R_3、R_4 的表达式及变化规律是很难的。

(5) 从滚动输沙率看,第 2 章中给出的水槽试验起动标准为 $\lambda q_{b.c}^*=0.000219$,$\dfrac{V_{b.c}}{\omega_0}=0.433$;野外采样器取样起动标准为 $\lambda q_{b.c}^*=0.00197$,$\dfrac{V_{b.c}}{\omega_0}=0.55$。第 8 章重新进行了详细数值计算:$\lambda q_{b.c}^*=0.000356$,$\dfrac{V_{b.c}}{\omega_0}=0.4476$;$\lambda q_{b.c}^*=0.00178$,$\dfrac{V_{b.c}}{\omega_0}=0.5222$,这基本与第 2 章中的一致。可见以前在第 2 章出的起动标准仍被使用。对于滚动与跳跃输沙率大小的关系,大体是当 $\dfrac{\bar{V}_b}{\omega_0}\leqslant0.8206$ 时,滚动输沙率大于跳跃输沙率;当 $\dfrac{\bar{V}_b}{\omega_0}\geqslant0.9698$,跳跃输沙率大于滚动输沙率;当 $\dfrac{\bar{V}_b}{\omega_0}\leqslant0.6714$ 时,实际无跳跃输沙率;而当 $\dfrac{\bar{V}_b}{\omega_0}\geqslant2.3872$ 时,此时滚动输沙率不及跳跃的 1.6%,故可以略去,不考虑滚动部分。

(6) 在数值计算中除引进时均水流底速外,还引进了作用流速 V_f,它往往是实际作用在颗粒上的流速。例如,泥沙起动($V_b > V_{b,c}$)时,作用其上的是 $V_b > V_{b,c}$ 的部分流速,显然它的平均值(也是作用流速)会大于 $\bar{V}_b$。当然,在数值计算中对于跳跃颗粒,作用流速包括作用其上的从河底至跳跃高度的全部流速,而不是单纯的底部流速(床面流速)。再如,对于滚动和跳跃,通过均衡运动计算出的其他速度均大于 $\bar{V}_b$。当 $\dfrac{\bar{V}_b}{\omega_0} = 0.2238$ 时,它在起点的滚动流速 $u_{2.x.0} = 0.369$,前半步末速度 $u_{2.x.1} = 0.248$,后半步末速度 $u_{2.x.2} = 0.369$,单步平均速度为 0.308,它们均大于相对水流底速 $\dfrac{\bar{V}_b}{\omega_0}$。这种引进作用流速,不仅考虑了跳跃高度的影响,也注意了速度超过临界速度的条件,使得泥沙运动的受力符合实际,而不同于以往简单地与流速($\bar{V}$ 和 $\bar{V}_b$)找关系。

(7) 本章另一个重要特点是收集大量室内试验资料和野外实测资料,包括水深小于 20m、$\bar{V} \leqslant 3.00\text{m/s}$、泥沙粗细在 $0.05 \sim 100\text{mm}$,以及均匀沙和非均匀沙等各种条件下的输沙资料,对理论的输沙能力公式进行进一步检验,发现均能符合实际。其中对非均匀沙总输沙率的验证,没有采用以前使用的颇为复杂的研究当量输沙能力的方法,而是证明了式(8.2.13)最后的自变量 $\dfrac{\bar{V}_b}{\bar{\omega}_{0.l}}$ 中的 $\bar{\omega}_{0.l}$ 可以采用其倒数平均。需注意的是,这些对输沙能力的验证,是首次采用滚动输沙能力与跳跃输沙能力叠加为推移质输沙能力的新方法,即加权平均方法进行。它不仅表明了输沙能力规律,还同时验证了叠加方法。

第 9 章研究推移质的淤积与冲刷,主要内容包括如下方面。

(1) 推移质运动、淤积和冲刷有下述主要现象。由于推移质输沙率与流速的高次方成比例,加之其淤积滞后现象不是很大,故进入水库后,即迅速淤积。推移质淤积的纵剖面大体有两类:单独淤积时为三角洲;与悬移质同时淤积时,彼此交错。淤积时有明显的分选。推移质的横断面形态的特点是受环流作用,故其淤积容易成弯道边滩。在淤积过程中,由于水流强度减弱,悬移质往往转为推移质后再淤积,从而增加了推移质淤积数量。由于局部水流和床沙变化,推移质的冲淤过程往往有交错。

(2) 研究推移质单独淤积的三角洲趋向性及形成分析。引用了非均匀沙推移质输沙率简化的幂函数表达式,即与各变量的关系均为幂函数,进而导出了推移质与床沙级配的关系。由此可以较方便地分析三角洲趋向性,进而研究在均匀沙且 $q_b = q_b^*$(即以输沙能力 q_b^* 代替实际输沙率,或称"准平衡")、均匀沙不平衡输沙、非均匀沙准平衡输沙和非均匀沙不平衡输沙四种条件下推移质三角洲形成的过程,给出淤积纵剖面和水面纵剖面、淤积分布及淤积量等。比较这四种条件的淤积剖面得知,在均匀沙准平衡条件下,三角洲出现最快,依次为均匀沙不平衡输沙、非均匀沙准平衡输沙、非均匀沙不平衡输沙。例如,当 $X/L_b=0.1$ 时,也就是在进入水库的推移质淤积段 1/10 的地方,在均匀沙准平衡输沙条件下,淤积了总来沙量的 67.4%;在均匀沙不平衡输沙条件下,淤积了总来沙量的 61.1%;在非均匀沙准平衡输沙条件下,淤积了总来沙量的 30.0%;在非均匀沙不平衡输沙条件下,淤积了总来沙量的 27.0%。这表明,在不同的输沙条件下,淤积分布的不均匀堆积是不同的,淤积快,不均匀程度高,表示三角洲趋向性强,形成三角洲快。从这四种淤积差别来看,非均匀沙(无论是准平衡还是不平衡)淤积集中的程度都没有均匀沙(无论是准平衡还是不平衡)的大。这反映了对推移质而言,非均匀沙相对于不平衡输沙对其冲淤影响更大。而不平衡输沙对推移质冲淤影响小,这正是前面第 6 章提到的推移质不平衡输沙恢复距离很短的原因所致。在详细分析推移质淤积和机理的基础上,说明了其具有三角洲的必然原因,接着给出了实际三角洲的具体计算,包括三角洲的洲面线与水面线确定前坡淤积量与洲面淤积量的计算。

(3) 悬移质淤积平衡后,推移质淤积纵剖面,此时的形态不是三角洲,而是中间厚、两端淤积薄,以至于趋近于零,即菱形,推移质淤积的下端点与悬移质平衡剖面相交,上端点与天然河道相交,中间淤积最厚。这与推移质淤积不均匀的特性一致。为了确定这种剖面,导出了两种推移质起动平衡纵剖面——河相系数不变和河宽沿程不变。对这两种剖面给出了洲面线、水面线及淤积量的表达式,并利用丹江口水库、黑松林水库、直峪水库推移质淤积实测资料进行了验证。此外,研究了坝前水位变化大时的纵剖面。此时淤积长度还决定淤积量,故假定淤积剖面的坡降沿程线性变化,从而得出纵剖面和淤积量。

(4) 推移质与悬移质交错淤积纵剖面,这种情况是在悬移质淤积尚未平衡时发生的。交错淤积为在悬移质淤积各阶段基础上分别考虑推移质淤积。在这种条件下,不仅给出了悬移质淤积量及其分布,还给出了推移质淤积量及其分布。它们的分界涉及推移质淤积最下端与悬移质淤积三角洲的交点。而不同时间的交点可连成一线段,这个线段与初始悬移质淤积末端的纵向距离 X_B 可以为正,也可以为负,取决于推悬比 μ_b。推悬比大,X_B 为负;反之,X_B 为正,这说明前者推移质下端点向下游延伸;后者推移质淤积下端点向上游后退。当 $X_B=0$ 时,$\mu_b=\mu_{b,c}$ 为临界值。对于一般以沙质推移质为主的大河,$\mu_{b,c} \leqslant 0.01$,其推移质淤积下端点后退;反之,则相反。最后,给出了交错淤积时各参数之间的关系表。

(5) 对水库推移质单独淤积以及推移质与悬移质联合淤积的各种情况进行了深入研究,揭示了机理,给出了各种理论公式的推导。尽管有一些假定,但是推导是严密的,并且总体看是正确的、合理的。

第 10 章介绍推移质理论在工程泥沙中的应用,主要包括如下方面内容。

(1) 研究了推移质脉动规律及其在水文测站中的应用。推移质运动中常常出现强烈脉动,远超过水流和悬移质的脉动,它不仅由水流引起,也因为贴近床面,与床沙不断交换,使得输沙率波动所致。将颗数的输沙率(颗/(m·t))作为随机变量,并求出其分布。当水流较弱,输沙率低时,其分布为埃尔朗分布;当为中高输沙率时,埃尔朗分布趋向泊松分布。有关验证已在第 6 章中给出。研究了在这种分布条件下,推移质泥沙进入采样器的随机特性及有关统计参数,从而回答抽样误差,即抽样不是全体样本所引起的误差。当然,除抽样误差外,还有测量时发生错误引起的误差,它不在抽样误差中。为了简化分析,本节均对泊松分布进行推导;如果想得到埃尔朗分布的结果,也可做类似的推导。如果采样器的宽度为 b,测量历时为 t,则进入的颗数为随机变量 $\xi_{W(K)}$。假定进入采样器的输沙率与实际河床上的相同,即不考虑取样的差别,那是属于测量误差,已证明对于测点推移质输沙一次取样的平均输沙率 $M[\xi_{q_n}]$、方差 $D[\xi_{q_b}]$ 和变差系数 C_v 等均与 $\bar{q}_b$、D、b、t 等有关。C_v 就是抽样的相对误差,它恰与进入采样器的颗数 K 的平方根成反比,是非常简单但具有高度概括的一个公式。对于测点输沙率,证实了无论均匀沙的取样时间 T 为一次连续取还是多次分开取,其误差(变差系数)都是相同的。而非均匀沙的变差系数,显然与级配有关。如果引进当量直径,则 C_v 与均匀沙的完全一致。如果床沙级配每次取样都发生变化(或者实际取样点改变),即床沙级配随机变化,那么 C_v 就较复杂,已得到了此种条件的 C_v,它与床沙级配、推移质级配均有关系,并且大于床沙级配固定的情况。此外,计算出了横断面内若干测点的断面变差系数。在第 6 章输沙率分布的基础上,深入研究了各种取样条件的数学期望、方差,特别是变差系数,从理论上给出了抽样误差及它的一些随机特性,以及在测量中为了保证精度如何控制测量时间。

(2) 介绍卵石推移质由岩性确定汇入百分数的调查方法。天然河道卵石推移质测验常常有某些困难,特别是中、小河流,不仅输沙量不小,而且洪水期更为集中,往往一次大洪峰的输沙量可占全年输沙量很大的比例。如何确定这种河流的输沙量,是一个很难的问题。很早人们就想通过调查研究,采用一些方法确定。可惜的是,经过多年的摸索,虽然调查对其静态特性、动态特性有了不少认识,但均属定性范畴,无法得到定量结果。1966 年,韩其为等在江西万安水利枢纽泥沙研究中提出了用岩性百分数定量计算推移汇入百分数的方法,即通过在上游干流和支流取两点及下游干流取一个点进行岩性组成分析,可得支流卵石推移质汇入百分数,或由支流及下游干流一个点的岩性可定量算出上游干流汇入百分数。当年将这一套确定推移质汇入百分数的定量方法用到长江三峡水库入库河段,得到了嘉陵江及上游干流汇入重庆以下河段的汇入百分数,并且与实测资料颇为一致。在这之后的第二年(1967 年),日本根据同样原理,也提出了一种调查方法相同的计算方法。

(3) 推移质运动的水流分选、输沙能力公式概化及有关级配。

① 由于水流对上游来沙及床沙的作用,即水流的分选,当发生冲刷时,床沙中

细颗粒冲刷多，粗颗粒冲刷少，从而使床沙粗化。这是水流对床沙的分选，也是以往大家理解和研究的粗化。但是韩为其发现了还有另一种粗化，就是由来沙中的粗颗粒淤下，而冲起较细的颗粒。这种粗化称为交换粗化，它是水流对来沙的分选，可发生在冲刷、平衡、甚至淤积的条件下。无论是研究水流对床沙的分选还是水流对来沙的分选，都希望有明确简单的理论关系为基础，如推移质粒径与水流的关系，而且最好是幂的关系。

② 第 8 章已给出了推移质相对输沙能力理论关系 $\lambda q_b = F\left(\dfrac{\bar{V}_b}{\omega_{0.l}}, \dfrac{D_l}{\bar{D}}\right)$，可近似地将其改写为 $\lambda_{q_b} = K_0 \left(\dfrac{\bar{V}_b}{\omega_{0.l}}\right)^{m_1} \left(\dfrac{D_l}{\bar{D}}\right)^{m_2}$。为了使方程少失真，根据河流动力学关系，用已知的水力因素 $\bar{V}_b$、$\omega_{0.l}$ 及 D_l、$\bar{D}$ 来表示。可见，λ_{q_b} 随着坡降 J、流量 Q 的增加而增加，随着推移质平均粒径 $\bar{D}$ 以及该组粒径 D_l 和 g 的增加而减小，此外，还与颗粒容重有关。由于 m_1、m_2、m_3 是变化的，按 $\dfrac{\bar{V}_b}{\omega_{0.l}}$ 分成了六个区间，由第 8 章的数字结果反求出 m_1、m_2、m_3（表 8.2.3）。值得指出的是，得出的上述输沙率公式是很有用的。由于它不仅较全面地反映了各种因素对输沙率的定量作用，又是理论公式的数字结果的拟合，在工程泥沙中有广泛的实用性。尚需强调的是，D_l 的幂次 ν 随着水力因素不断增加而减小，以致最后趋向推移质与床沙级配相同，发生层移现象。这个既有理论根据、考虑因素全面、使用方便的公式，由韩其为于 1983 就已提出，可惜到目前为止，尚未引起重视。

（4）研究了推移质输沙量沿程的淤积，重点导出在淤积过程中，推移质级配如何变细，得到了方程（10.4.8），明确反映了推移质淤积一部分后，剩下的级配会细化。这个推移质细化的公式，与韩为其以前得到的悬移质淤积时的细化公式是类似的，只是一个为 ω_l，一个为 D_l。表 10.4.1 中的算例表明，淤积时推移质细化是很快的。当冲刷百分数 λ_* 由 0 增至 0.806 时，推移质平均粒径由 88.5mm 减小至 48.0mm。该例子是对粗化快的卵石而言的。而对于细颗粒，推移质冲刷粗化是很慢的，很快只能靠悬移质冲刷粗化。

（5）研究了河道推移质输沙量沿程变化。利用天然河道纵剖面坡降与粒径的关系和前面得到的式（10.3.11），研究得到了河道由上至下卵石推移质沿程变化的估计公式（10.5.5）及式（10.5.6）。以朱沱流量为基准，按卵石推移质变化规律反求了金沙江三堆子、乌东德、六城、溪洛渡、向家坝五站的多年平均推移质输沙量。

（6）推移质级配与床沙级配和上游来沙级配的关系及验证。中国水利水电科学研究院郭庆超等为金沙江下游干流水利枢纽建设的要求，在室内做了一个推移质冲淤的物理模型，具体模拟三堆子河段。这个试验做得很仔细，取得了很大进展,是颇为宝贵的。

① 该试验的资料典型地反映了推移质运动的一些规律。弯道环流的作用,使主流带与缓流带推移质级配差别很大,主流区推移质级配与加沙级配一致,而缓流带推移质级配与床沙级配相同,证明加的泥沙无法到来。当加沙量很小,使输沙不饱和时,此时会发生冲刷,而推移质级配位于床沙级配与加沙级配之间,随着流量的加大,推移质级配不断趋近床沙级配,直到最后与它一致。

② 推移质级配与床沙级配关系的验证。按 10.3 节的公式,推移质级配与床沙级配的关系为式(10.6.1),其中 $\nu=\dfrac{9}{26}\sim2.0$,选择大量的数据 $\dfrac{\overline{V}_b}{\omega_0}$ 进行了验证,6个资料均符合很好。

③ 对于推移质不平衡输沙,它的级配除床沙级配外,还与上游来沙级配有关。此时的分组输沙能力公式为式(10.6.2)。相应的床沙级配已不是实际的床沙级配 $P_{1.L1}$,而是有效床沙级配 $P_{1.L}$。它为实际床沙级配 $P_{1.L1}$ 与来沙级配 $P_{1.L0}$ 按一定的权相加,如式(10.6.17)。知道了有效床沙级配后,不难求出推移质级配。对于不平衡输沙条件,利用有效床沙级配验证推移质级配与床沙级配的关系,验证推移质级配如表 10.6.2 及相应的图所示。一共验证了 9 个资料,彼此基本符合。只是级配很小的个别点误差稍大。

目前为止,研究非均匀沙推移质输沙率的并不多,研究其级配的更少。韩其为较早注意到推移质级配的重要性,曾提出推移质级配与床沙级配的理论关系,后又提出有效床沙级配[112],本书中又做了进一步论证,建议有效床沙级配可在工程泥沙中应用。

(7) 推移质运动的磨损。

① 以往对推移质运动的磨损研究很少。对于颗粒粗细沿水流方向的减小,Schoklitsch 与 Sternberg 最早认为是泥沙运动磨损所致。尽管 Carlson 对此有不同看法,但是这种观点目前仍有相当影响。其实,坡降与粒径的关系常常反映了水流对泥沙的分选,否则即使没有磨损,坡降与粒径的关系也是密切的。对自然河道,总的情况是坡降沿程减小,河相系数沿程加大,均导致粒径减小(式(10.7.7))。

② Stelczer 曾提出一种分析磨损的方法,通过研究磨损的机理区分了两种泥沙磨损:一种是泥沙运动时(特别是在床面滚动)的磨损;另一种是泥沙在床面静止时被运动泥沙在其上滚动和水流摩擦的磨损。此外,Stelczer 还通过试验和野外试验给出了不同岩石的磨损系数,将两者相加得到床面泥沙的总磨损,并与实际资料对比,得出结论:彼此基本符合。需要说明的是,Stelczer 的公式推导存在一些问题,除细节问题和排版错误外,有一个明显不妥,即引用了水下质量。在牛顿力学范畴内,质量是不变的,没有水下质量的提法,只有水下重量。"水下质量"不仅限于提法,而且已在推导中引入,故有关公式应修正。

③ 本书中关于磨损的研究,同时考虑两种磨损,不同的是粒径的沿程变化。磨损只是推移质运动原因之一,水流的分选也是一个重要方面。对静止颗粒的磨损,除运动泥沙外,尚有水流的作用,特别是底部切应力 τ_0 的作用。运动颗粒对床面静止颗粒的磨损,不仅是滚动的颗粒,还有跳跃的颗粒。跳跃颗粒显然是脱离床面进行,但是每一步跳跃结束后,要与床面碰撞,其冲量很大,也会造成磨损。在考虑这些因素作用下,利用前面几章的研究,韩其为等得到了下述结果。第一,床面静止泥沙的磨损。运动泥沙以滚动输沙率 q_2 对静止泥沙不断碰撞,单位时间作用在一个颗粒上的碰撞力为 $W_K = \dfrac{\gamma_s - \gamma_0}{\gamma_s} q_2 D$,而水流(底部切应力)对静止颗粒的作用力为 $W_0 = \dfrac{\pi}{2} \dfrac{\gamma_0}{2} u_*^2 D \bar{V}_b$,将两者乘以磨损系数,从而可建立一个静止颗粒被磨损后,剩下颗粒的粒径微分方程。该方程为线性方程,可求出 D 的表达式。经过量级分析,在一般条件下,C_0 常常很小,此时磨损主要是运动泥沙对静止泥沙的磨损。第二,运动颗粒的磨损有两种情况:一种是由于自身的滚动与床面碰撞(但是不跳跃);另一种是发生在跳跃过程中,起跳之前的碰撞,以至向上反弹。滚动时的碰撞主要取决于 $\bar{V}_b - V_{b,c}$,跳跃前的碰撞则受制于碰撞冲量,由此导出了泥沙粒径经磨损后的公式。对于跳跃,显然碰撞强烈,但是其大部分时间是腾空的,碰撞时间短,所以有可能认为两者碰撞效果相近,而跳跃的磨损也可由滚动代替,使计算简化。第三,证明了运动与静止是交错发生的,但是计算时不必每步交错计算再叠加,而将运动与静止分别相加后,再求和,两者的结果相同。第四,对于磨损与分选如何同时作用于颗粒,即颗粒沿程减小时,其分选与磨损如何相加,研究证明,此时取两者的剩余粒径为两者中最小的。如果此时磨损作用大,剩下的粒径小,这是不可改变的,故取磨损后剩下的粒径。当然,同时由于分选作用弱,还会通过淤积加大它。反之,如果分选作用大,剩下的粒径小,则取分选后剩下的粒径。这是因为分选后多余的粒径(减少的粒径)部分能包括磨损的部分。第五,对泥沙沿程变细进行了研究,涉及分选与磨损。这个问题除个别成果外,目前为止几乎没有进展,但是从长河段研究来看是很需要的。由于该问题复杂,总体属于启蒙阶段的研究,所以在 10.7.2 节中,侧重淤积机理揭示,明确物理关系,给出相关公式。至于有的参变量和系数,特别是磨损系数,尚待结合实际资料进一步研究来确定。

参 考 文 献

[1] Leliavsky S. An Introduction to Fluvial Hydraulics. London:Constable and Company Ltd. ,1955.

[2] 阿波洛夫. 河流学(下册). 天津大学水利系水文教学组,译. 北京:高等教育出版社,1956.

[3] Дементьев М А. Об интерференций двух твердых тел в потоке жидкости. ВНИИГ, 1935: 28-47.

[4] Einstein H A. 明渠水流的挟沙能力. 钱宁, 译. 北京: 水利出版社, 1956.

[5] 李桢儒, 陈媛儿, 赵之. 作用于床面球体的推力及上举力试验研究//第二次河流泥沙国际学术研讨会文集. 北京: 水利电力出版社, 1983: 330-343.

[6] Гончаров В Н. Основы Дналики Руслоых Потоков Годролетеор Изд. Ленинград, 1954.

[7] Шамов Г И. 计算底沙的极限流速和输沙率用的公式. 杨洪润, 译. 泥沙研究, 1956, 1(1): 56-69.

[8] Shields A. Anwendung der ahnlickeitsmechanik und der turbulenzforschung auf die geschiebebwegung. Berlin: Technical University of Berlin, 1936.

[9] Gilbert G K, Murphy E C. The Transportation of Débris by Running Water. Washington DC: United States Government Printing Office, 1914.

[10] Великанов М А. Исследование размывающих скоростей. Сборник. Гос. Интитут Сооружений, Сообщ. 31, ГОНТИ, 1931.

[11] Kramer H. Sand mixtures and sand movement in fluvial model. Tansactions of the American Society of Civil Engineers, 1935, 100(1): 873-878.

[12] Roop W P. Studies of River Bed Materials and Their Movement-with Special Reference to the Lower Mississippi River. Vicksburg: Mississippi River Commission, 1935.

[13] Meyer-Peter E, Muller R. Formula for bed-load transport. Proceedings of the 2nd Meeting of the International Association of Hydraulic Research, Stockholm, 1948: 39-64.

[14] 何之泰. 河底冲刷流速之测验. 水利月报, 1934, 6(6): 12-24.

[15] 侯穆堂, 李玉成, 俞聿修, 等. 底沙冲刷流速的试验研究. 大连工学院学刊, 1957, (4): 61-82.

[16] 窦国仁. 论泥沙起动流速. 水利学报, 1960, (4): 46-62.

[17] 李保如. 泥沙起动流速的计算方法. 泥沙研究, 1959, (1): 73-79.

[18] 韩其为. 川江卵石形态与堆积特征调查//全国重点水库泥沙观测研究协作组. 推移质泥沙测验技术文件汇编. 1980.

[19] Vanoni V A. Sedimentation Engineering. Reston: American Society of Civil Engineering, 1975.

[20] 宾景洁. 川江卵石运动规律水槽试验报告. 武汉: 武汉水利电力学院, 1960.

[21] 韩其为. 四川五通桥茫溪河野外水槽卵石试验报告. 武汉: 长江科学院, 1965.

[22] 韩其为, 何明民, 王崇浩. 卵石起动流速研究. 长江科学院院报, 1996, 13(2): 17-22.

[23] Stelczer K. Bed-Load Transport: Theory and Practice. Colorado: Water Resources Publications, 1981.

[24] 韩其为, 何明民. 泥沙起动规律及起动流速. 北京: 科学出版社, 1999.

[25] Hjulstrom F. Studies of the Morphological Activity of Rivers as Illustrated by the River Fyris. Bulletin of the Geolgical Institute of Uppsala, 1935, 25: 442-452.

[26] Егиазаров И В. Моделирование горных потоков, влекущих донные наносы. ДАНАрм.

ССР,Т. 8,вып. 5,1948.

[27] Леви И И. Динамика русловых потоков. ГИЗД,Москова,1957.

[28] Кнороз В С. Неразмываюшая скорость для несвязных,грунтов и факторы,ееопрелающие. Извстия ВНИИГ,Т. 59,1958.

[29] 华国祥. 泥沙的起动流速. 成都工学院学报,1965,(1):1-12.

[30] 唐存本. 泥沙起动规律. 水利学报,1963,(2):3-14.

[31] 沙玉清. 泥沙运动学引论. 北京:中国工业出版社,1965.

[32] 沙玉清. 泥沙运动的基本规律（二）开动流速. 西北农林科技大学学报（自然科学版）, 1956,(4):22-37.

[33] Бурлай И Ф. Оначалъной скорости донного влечения. Метеорология и Гидрологня,вып. 6, 1946.

[34] 张瑞瑾,等. 河流动力学. 北京:中国工业出版社,1961.

[35] Доу Гоженъ К. Георни Ротания частии наносов. Scientia Sinica Т,1962,1(7):1001-1032.

[36] 窦国仁. 泥沙运动理论. 南京:南京水利科学研究所,1963.

[37] 窦国仁. 再论泥沙起动流速. 泥沙研究,1999,(6):1-9.

[38] 韩其为. 泥沙起动规律及起动流速. 泥沙研究,1982,(2):13-28.

[39] 韩其为,何明民,王崇浩. 泥沙起动流速研究. 北京:中国水利水电科学研究院,1995.

[40] 韩其为,何明民. 泥沙运动统计理论. 北京:科学出版社,1984.

[41] Yang C T. Incipient motion and sediment transport. Journal of the Hydraulics Division, 1973,99(10):1679-1704.

[42] Yang C T. Sediment transport:Theory and practice. International Journal of Sediment Research,1996,(2):87-88.

[43] 万兆惠,等. 海河河口淤泥基本特性及其起动流速试验分析报告. 北京水科院与天津水科所研究报告,1989.

[44] Migniot C. Etude des propriétiés physiques de différents sédiments très fine et leur comportment sous des actions hydrodynamiques. La Houille Blanche,1968,(7):591-620.

[45] Otsubo K. Critical shear stress of cohesive bottom sediments. Journal of Hydraulic Engineering,1988,114(10):1241-1256.

[46] 华景生,万兆惠. 黏性土及黏性土夹沙的起动规律研究. 水科学进展,1992,3(4):271-278.

[47] 呼和敖德,杨美卿. 杭州湾深水航道淤泥基本特性实验研究. 北京:中国科学院力学研究所,1994.

[48] 杨铁笙,杨美卿,任裕民,等. 不同干容重的细颗粒泥沙淤积物起动条件的初步研究（研究报告）. 北京:清华大学,1995.

[49] Yang M I,Wang G L. The incipient motion formulas of mud with different densities. Proceedings of the 6th Federal Interagency Sedimentation Conference,Las Vegas,1996.

[50] Карасев И Ф. Режим размываемых русел в связных грунтах. Труды ГГИ Вып,1964,116: 135-171.

[51] Мирчхулава Ч Е. Опроцессе русел в связных грунтах. Труы Ⅲ Всесоюзн. гидролог.

съезда,Т. VГ идрометеоизд ат,Л. ,1960.

[52]　韩其为,何明民. 细颗粒泥沙成团起动及其流速的研究. 湖泊科学,1997,9(4):307-316.

[53]　Lane W E. Stable channels in erodible material. Transactions of the American Society of Civil Engineers,1937,102:123-142.

[54]　Indri E. Sulla forza di trascinamento delle correnti liquide. L'Engergia Elettrica,1934, 11(12):988-998.

[55]　Gessler J. Critical shear stress for sediment mixtures. Proceedings of the 14th Congress of International Association for Hydraulic Research,1971.

[56]　褚君达. 无粘性均匀沙的起动条件//全国泥沙基本理论研究学术讨论会论文集(第一卷). 北京:中国水利学会泥沙专业委员会,1992:149-156.

[57]　Egiazaroff I V. Calculation of non-uniform sediment concentrations. Journal of Hydraulic Division,1965,91(4):225-248.

[58]　秦荣昱. 不均匀沙的起动规律. 泥沙研究,1980,(1):85-93.

[59]　秦荣昱,王崇浩. 河流推移质运动理论及应用. 北京:中国铁道出版社,1996.

[60]　Hayashi T, Ozaki S, Ichibashi T. Study on bed load transport of sediment mixture. Proceedings of the 24th Japanese Conference on Hydraulics,Kyoto,1980.

[61]　谢鉴衡,陈媛儿. 非均质沙起动规律初探(科研报告). 武汉:武汉水利电力学院,1982.

[62]　张启卫. 非均匀沙的起动流速//全国泥沙基本理论研究学术讨论会论文集(第一卷). 北京:中国建材工业出版社,1992:157-167.

[63]　彭凯,陈远信. 非均匀沙的起动问题. 成都科技大学学报,1986,(2):122-129.

[64]　冷魁,王明甫. 无粘性非均匀沙起动规律探讨. 水力发电学报,1994,(2):57-65.

[65]　韩其为,王玉成,向熙珑. 淤积物的初期干容重. 泥沙研究,1981,(1):3-15.

[66]　韩文亮,惠遇甲. 非均匀沙起动及输沙率研究//第二届全国泥沙基本理论研究学术讨论会论文集. 北京:中国建材工业出版社,1995.

[67]　刘兴年,陈远信,方铎,等. 宽级配卵石推移质输沙特性研究//三峡水利枢纽工程应用基础研究. 1977:19-27.

[68]　刘兴年,曹叔尤,方铎,等. 粗细化过程中的非均匀沙起动流速//三峡水利枢纽工程应用基础研究(第二卷). 北京:地质出版社,1997:18-24.

[69]　段文忠,孙志林. 非均匀沙起动与河床粗化问题研究. 武汉水利电力大学河流工程系,1996.

[70]　王士强. 对爱因斯坦均匀沙推移质输沙率公式修正的研究. 泥沙研究,1985,(1):44-53.

[71]　陈元深. 爱因斯坦推移质输沙统计公式的研究. 水利学报,1989,(7):55-60.

[72]　孙志林,祝永康. Einstein 推移质公式探讨. 泥沙研究,1991,(1):20-26.

[73]　Paintal A S. A Stochastic model of bed load transport. Journal of Hydraulic Researches, 1971,9(4):527-554.

[74]　孙志林. 非均匀沙输移的随机理论[博士学位论文]. 武汉:武汉水利电力大学,1996.

[75]　Taylor B D. Temperature effects in alluvial streams. Report No. KH-R-27. Pasadena:California Institute Technology,1971.

[76] Yalin M S. 输沙力学. 孙振东, 译. 北京: 科学出版社, 1983.

[77] Parker G, Kilingeman P C, Mclean D G. Bedload and size distribution in paved gravel-bod streams. Journal of the Hydraulic Division, 1982, 109(5): 793.

[78] 张小峰, 崔承章. 泥沙起动判别条件和推移质输沙率. 泥沙研究, 1996, (2): 35-38.

[79] 韩其为, 何明民. 泥沙起动标准的研究. 武汉大学学报(工学版), 1996, (4): 1-5.

[80] 韩其为, 何明民. 论泥沙起动流速标准//三峡水利枢纽工程应用基础研究(第一卷). 北京: 中国科学技术出版社, 1996: 7-18.

[81] Bagnold R A. The nature of saltation and of 'bed-load' transport in water. Proceedings of the Royal Society A, 1973, 332(1591): 473-504.

[82] Yalin M S. An expression for bed-load transportation. Journal of the Hydraulics Division, 1963, 89: 221-250.

[83] 窦国仁. 推移质泥沙运动规律//南京水利科学研究所研究报告汇编(河港分册). 南京: 南京水利科学研究所, 1964.

[84] Tsuchiya Y. On the mechanics of solation of a spherical sand particle in a turbulent stream. IAHR 13th Congress, 1969.

[85] Россинский К И И, Любомироьа К С. Механизм движония речнньх наносов, ТРУДЫ IV Всесоюзного Гидровогического съезда, Том. 1976, 10: 122.

[86] Nakagawa N, Tsujinmoto T. On probabilistic characteristics of motion of individual sediment particles on stream beds. Proceedings of the 2nd IAHR International Symposium on Stochastic Hydraulics, Lund, 1976: 293-316.

[87] 韩其为, 何明民. 泥沙交换的统计规律. 水利学报, 1981, (1): 12-24.

[88] Samaga B R, Garde R J, Ranga Raju K G. Total load transport of sediment mixtures. Journal of Hydraulic Engineering, 1985, 112(11): 1019-1034.

[89] 胡春宏, 惠遇甲. 明渠挟沙水流运动的力学和统计规律. 北京: 科学出版社, 1995.

[90] Francis J R D. Experiments on the motion of solitary grains along the bed of a water-stream. Proceedings of the Royal Society A, 1973, 332(1591): 443-471.

[91] Luque R F, Beek R V. Erosion and transport of bed-load sediment. Journal of Hydraulic Research, 1974, 14(2): 127-144.

[92] Abbott J E, Francis J R D. saltation and suspension trajectories of solid grains in a water stream. Philosophical Transactions of the Royal Society A Mathematical Physical & Engineering Sciences, 1977, 284(1321): 225-254.

[93] Gordon R, Carmichael J B, Isackson F J. Saltation of plastic balls in a 'one-dimensional' flume. Water Resources Research, 1972, 8(2): 444-459.

[94] White B R, Schulz J C. Magnus effect in saltation. Journal of Fluid Mechanics, 1977, 81(3): 497-512.

[95] Murphy P J, Hooshiari H. Saltation in water dynamics. Journal of the Hydraulics Division, 1982, 108(11): 1251-1267.

[96] DuBoys M P. Le rhone et les rivieres a lit affouillable. Annals de Ponts et Chausses, 1879,

18(5):141-195.

[97] Egiazaroff E B,马惠民. 推移质输沙率. 泥沙研究,1957,2(2):97-100.

[98] Ackers P,White W R. Bed material transport a theory for total load and its verification. Proceedings of the 5th International. Symposium on River Sedimentation,Beijing,1980.

[99] Engelund F,Fredsoe J. A sediment transport model for straight alluvial channels. Nordic Hydrology,1976,7(5):293-306.

[100] Mantz P A. Low sediment transport rates over flat beds. Journal of the Hydraulics Division,1980,106(7):1173-1190.

[101] Гончаров В Н. Движнце Наносов,Гоеэнергоиздат,1937.

[102] Щамов Г И. Речные Наносы,Гидрометеоиздат,1959.

[103] Einstein H A. Formulas for the transportation of bed load. Transactions of the American Society of Civil Engineering,1942,107(1):561-577.

[104] Великанов МА. Динамика Русдовых Потоков,Том. II,М. ,Гостехиват,1955.

[105] Никитин И К. Турлентный Русловой Поток И Проуесы В Придонной О бласти. Киев. 1963.

[106] Kalinske A A. Movement of sediment as bed load in rivers. Eos Transactions American Geophysical Union,1947,28(4):615-620.

[107] Росивский К И. УделЪвыЙ расход влекомых hаносов. Г. Г. Труды,1967,61(141):35.

[108] 何明民,韩其为. 输沙率的随机模型及统计规律. 力学学报,1980,16(3):39-47.

[109] Han Q W,He M M. Exchange and Transport Rate of Bed Load,Encyclopedia of Fluid Mechanics. Houston:Gulf Publishing Company,1987.

[110] Han Q W,He M M. Stochastic theory of sediment motion. Proceedings of the 8th International Symposium on Stochastic Hydraulics,Beijing,2000.

[111] 韩其为,何明民. 底层泥沙交换和状态概率及推悬比研究. 水利学报,1999,30(10):7-16.

[112] 韩其为. 非均匀沙推移质运动理论及应用. 北京:中国水利水电科学研究院,2011.

[113] 韩其为. 非均匀悬移质不平衡输沙. 北京:科学出版社,2013.

第2章 非均匀泥沙的起动规律

泥沙起动是泥沙运动力学研究中的一个最基本和研究最多的课题。但是以往研究仅限于粒径不变的均匀沙,而实际(如河流、水库中的泥沙)均是非均匀沙,它们两者的运动存在一些本质的差别。近年来,国内学者在这方面开展了不少研究,有的还具有开创性。韩其为在这方面的研究已在文献[1]~[4]中有所详述。为了较完整地阐述推移质领域的研究,且便于读者阅读时前后联系,本章中将作者有关非均匀沙起动研究成果予以简要介绍,包括文献[4]与其他一些研究成果[5]。本章内容强调新颖与创新,包括新的现象发现、机理揭示、理论研究、成果分析和检验,至于一些细部的推导、说明则有所删减,希望了解的读者可查文献[4]。

本章内容包括泥沙起动的随机特性、决定这种现象的随机变量及其分布、泥沙起动的瞬时流速、起动概率与起动流速分布、泥沙起动的统计规律、推移质低输沙率及起动标准、均匀沙起动流速及其验证、卵石起动特性及起动流速验证、非均匀沙起动流速及其验证。

2.1 决定床面泥沙起动的随机变量

2.1.1 泥沙级配

在仅仅知道水流时均底速 V_b、水深 h 和泥沙粗细时,该颗粒泥沙是否一定能起动或者相反是不确定的,这是起动的偶然性。起动的偶然性取决于三个随机变量:泥沙的粗细及其分布(级配)、水流流速的脉动及其分布,以及泥沙在床面的位置及其分布。下面介绍这三种分布[4]。

实际的泥沙粒径是非均匀的,不同粒径的组成由其级配表示。级配包括床沙级配、推移质级配、悬移质级配等。本书限于推移质范畴,只涉及床沙级配、推移质级配和输沙能力级配等。级配被定义为作为随机变量的粒径 ξ_D 的概率函数。以床沙级配为例,它的概率函数为

$$P[D_{l-1} \leqslant D < D_l] = P_{1,l} \tag{2.1.1}$$

式中,$P_{1,l}$ 为床沙级配,每组的粒径间隔 ΔD 不必相同。由于粒径的分布很难用分析方法表示,故概率用频率近似地代替,即第 l 组粒径的泥沙($D_{l-1} \leqslant D < D_l$)所占的重量百分数。$D$ 为该组泥沙的平均粒径,D_{l-1} 和 D_l 分别为该组泥沙粒径的上、下界限。相应的平均粒径为

$$\bar{D} = \sum_{l=1}^{n} P_{1.l} \frac{D_{l-1} + D_l}{2} \tag{2.1.2}$$

式中，n 为粒径的分组数目；D_1 为最小粒径；D_n 为最大粒径。

2.1.2　泥沙在床面的位置及其分布

泥沙在床面的位置千变万化，如何表述才能正确反映它对泥沙运动的各种作用是很难的，特别是非均匀沙。

下面阐述韩其为采用力学和概率论相结合的途径得到的一套起动和输移的系统成果，其中非均匀沙暴露度经多次研究，终于能得到定量的表示。

1. 均匀沙在床面位置（暴露度）

在研究起动流速时，必须考虑颗粒在床面位置的高低或是否暴露于床面。1965 年，在四川五通桥茫溪河野外水槽试验中[2]，韩其为就提出以 Δ 表示颗粒在床面的位置（见图 2.1.1）。Δ 反映了滚动颗粒时力臂的大小，不仅影响滚动的临界条件和滚动速度，而且影响起跳时的碰撞效果等[3,4]，它是从起动颗粒最低位置至与下游颗粒接触点之间的高度差，由反面来定义颗粒的暴露程度，实际是隐蔽度。暴露度主要反映紧靠其下的床面颗粒对起动颗粒的阻碍作用。有不少研究者强调上游颗粒的遮蔽作用，显然，对于底部水流的强烈紊动，这种影响是难以显出的。韩其为[2,5]提出的 Δ 相对于后来 Paintal 提出的暴露度既简单[6]，又能直接在力学分析时引入有关公式中[3,4]，而不只是一种经验校正系数。在实际应用中，比 Δ 更方便的是它的相对值

$$\Delta' = \frac{\Delta}{R} \tag{2.1.3}$$

式中，R 为颗粒半径。

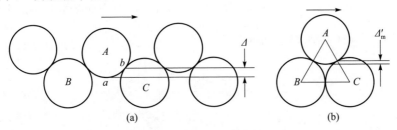

图 2.1.1　颗粒在床面位置（暴露度）示意图

对于均匀沙，它在床面位置 Δ' 的分布在初步近似下可取为均匀分布[1,5]，其分布函数为

$$F_{\xi_{\Delta'}}(\Delta') = F(\Delta') = \begin{cases} 1, & \Delta' > 1 \\ \dfrac{\Delta' - \Delta'_m}{1 - \Delta'_m}, & \Delta'_m \leqslant \Delta' < 1 \\ 0, & \Delta' < \Delta'_m \end{cases} \tag{2.1.4}$$

式中,$\xi_{\Delta'}$ 表示 Δ' 的随机变量;Δ'_m 为 Δ' 的最小值,对于均匀颗粒,且其中三个颗粒紧密排列时,$\Delta'_m = 0.134$(见图 2.1.1)。式(2.1.4)表明,$\Delta'_m < 0.134$ 及 $\Delta' > 1$ 是不可能的,前者表示没有光滑床面,后者表示当 $\Delta' > 1$ 时,颗粒已位于床面第二层,而没有暴露,故不可能起动。

Δ' 的数学期望为

$$\bar{\Delta}' = M[\xi_{\Delta'}] = \int_{X'_m}^1 \Delta' dF(\Delta') = \int_{\Delta'_m}^1 \frac{\Delta' d(\Delta')}{1-\Delta'_m} = \frac{1-\Delta'^2_m}{2(1-\Delta'_m)} = \frac{1}{2}(1+\Delta'_m) = 0.567$$

$$(2.1.5)$$

由于 Δ' 是均匀分布,故其平均值恰为其中值。

2. 非均匀沙在床面位置(暴露度)

非均匀沙在床面位置的分布较为复杂[3,4],但其又是泥沙运动非常重要的一个参数,泥沙的起动、滚动、跳跃乃至输沙率等均与它有关。目前理论上对床面位置的研究尚属空白,仅有个别探索。例如,床面位置如何表述,如何使其对泥沙运动的作用正确反映?针对床面颗粒位置的千变万化,显然从理论上回答这些问题是很难的。实际上,不少研究者对此给予了定性的或经验的考虑,如床面位置影响流速的校正、暴露系数校正、非均匀沙输沙率校正等。韩其为[2]曾专门做过暴露度对起动流速影响的试验,后来又做了进一步研究[1]。将相对暴露度定义为[4]

$$\Delta' = \frac{\Delta}{R} = \frac{2\Delta}{D}$$

$$(2.1.6)$$

但是非均匀沙的 Δ' 分布与均匀沙是不同的,尽管在一定区间内仍取为均匀分布。现在将其按泥沙粗、中、细分为三组。显然,随着 D_l 逐渐加大,Δ' 逐渐减小,以至可以小于均匀沙的最小值 $\Delta'_m = 0.134$。为此,取 $\dfrac{\bar{D}}{D_l} \leqslant \Delta'_m$ 的 D_l 为粗颗粒,即 $D_l \geqslant \bar{D}/\Delta'_m = 7.46\bar{D}$。对于这种情况,其分布函数为

$$F(\Delta'_l) = \begin{cases} 0, & \Delta'_l < \dfrac{\bar{D}}{D_l} \\ 1, & \Delta'_l \geqslant \dfrac{\bar{D}}{D_l} \end{cases}$$

$$(2.1.7)$$

即分布函数蜕化成一点分布,在 $\Delta'_l = \dfrac{\bar{D}}{D_l}$ 处发生跳跃,其跳跃度为 1。意思是分布密度除在 $\Delta'_l = \dfrac{\bar{D}}{D_l}$ 处外,在其余各点均为零。其物理意义是,这些颗粒在床面的相对位置 Δ'_l 均为 $\dfrac{\bar{D}}{D_l}$ 而且小于 $\Delta'_m = 0.134$。当 $\dfrac{\bar{D}}{\Delta'_m} > D_l \geqslant \bar{D}$ 时,称 D_l 为中等颗粒,它的分布密度为

$$p(\Delta_l) = \begin{cases} \dfrac{1}{\dfrac{\bar{D}}{D_l} - \Delta_{\mathrm{m}}}, & \Delta_{\mathrm{m}}' \leqslant \Delta_l' \leqslant \dfrac{\bar{D}}{D_l} \\ 0, & \Delta_l' \text{为其余的值} \end{cases} \tag{2.1.8}$$

分布函数为

$$F(\Delta_l') = \begin{cases} 0, & \Delta_l' < \Delta_{\mathrm{m}}' \\ \dfrac{\Delta_l' - \Delta_{\mathrm{m}}'}{\dfrac{\bar{D}}{D_l} - \Delta_{\mathrm{m}}'}, & \Delta_{\mathrm{m}}' \leqslant \Delta_l' < \dfrac{\bar{D}}{D_l} \\ 1, & \Delta_l' \geqslant \dfrac{\bar{D}}{D_l} \end{cases} \tag{2.1.9}$$

其物理意义为,对于中等颗粒,限制 $\Delta_l' \geqslant \Delta_{\mathrm{m}}'$ 和 $\Delta_l' \leqslant 1$。当 $D_l < \bar{D}$ 时,称 D_l 为细颗粒,它的分布密度为

$$p(\Delta_l) = \begin{cases} \dfrac{1}{\dfrac{\bar{D}}{D_l} - \Delta_{\mathrm{m}}'}, & \Delta_{\mathrm{m}}' \leqslant \Delta_l' \leqslant 1 \\ 0, & \Delta_l' \text{为其余的值} \end{cases} \tag{2.1.10}$$

分布函数为

$$F(\Delta_l') = \begin{cases} 0, & \Delta_l' < \Delta_{\mathrm{m}}' \\ \dfrac{\Delta_l' - \Delta_{\mathrm{m}}'}{\dfrac{\bar{D}}{D_l} - \Delta_{\mathrm{m}}'}, & \Delta_{\mathrm{m}}' \leqslant \Delta_l' < 1 \\ 1, & \Delta_l' \geqslant 1 \end{cases} \tag{2.1.11}$$

可见对于细颗粒,当 $\Delta_{\mathrm{m}}' \leqslant \Delta_l' < 1$ 时为均匀分布密度。由于 $\dfrac{\bar{D}}{D_l} > 1$,而在 $\Delta_l' = 1$ 时,在该点的分布函数 $\dfrac{1 - \Delta_{\mathrm{m}}'}{\dfrac{\bar{D}}{D_l} - 1} < 1$,故它有一跳跃,其跳跃度为

$$1 - \dfrac{1 - \Delta_{\mathrm{m}}'}{\dfrac{\bar{D}}{D_l} - \Delta_{\mathrm{m}}'} = \dfrac{\dfrac{\bar{D}}{D_l} - 1}{\dfrac{\bar{D}}{D_l} - \Delta_{\mathrm{m}}'} \tag{2.1.12}$$

它表示床面表层细颗粒全部埋入床面凹处 $(\Delta_l' = 1)$ 的概率。从式 (2.1.7)、式 (2.1.9)、式 (2.1.11) 可知,对于不同粒径 $\left(\text{不同} \dfrac{\bar{D}}{D_l}\right)$,其 Δ_l' 的分布函数是不一样的。三种分布函数如图 2.1.2 所示[1]。其中,粗颗粒分布函数为 $A_0 B_0$,其变化范围为竖

轴 0~1 至 A_1B_1 之间的矩形区域;中等颗粒的分布函数为直线 A_1B_2,其变化范围在 $A_1B_1CA_1$ 区域内;细颗粒的分布函数为 A_1B_3C,其变化范围在 $A_1CB_3A_2$ 区域内。尚需说明的是,式(2.1.11)对 Δ_l' 的积分是黎曼-斯蒂尔切斯(Riemann-Stieltjes)积分。

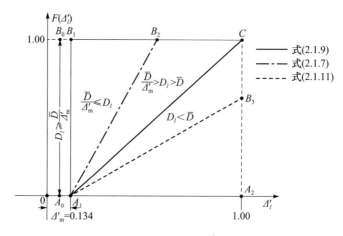

图 2.1.2　非均匀沙 Δ_l' 的分布

上述三种不同粒径情况下,非均匀沙在床面位置 Δ_l' 的数学期望分别如下。

(1) 当 $D_l \geqslant \dfrac{\bar{D}}{\Delta_m'} = 7.46\bar{D}$ 时,由于是一点分布,故数学期望即为该点的值

$$\bar{\Delta}_l' = M[\xi_{\Delta_l}] = \frac{\bar{D}}{D_l} \leqslant \Delta_m' \qquad (2.1.13)$$

式中,$\Delta_m' = 0.134$ 为均匀沙最小暴露度。

(2) 当 $\dfrac{\bar{D}}{\Delta_m'} > D_l \geqslant \bar{D}$ 时,数学期望为

$$\bar{\Delta}_l' = M[\xi_{\Delta_l}] = \int_{\Delta_m'}^{\frac{\bar{D}}{D_l}} p(\Delta_l')\Delta_l' \mathrm{d}\Delta_l'$$

$$= \int_{\Delta_m}^{\frac{\bar{D}}{D_l}} \frac{\Delta_l' \mathrm{d}\Delta_l'}{\dfrac{\bar{D}}{D_l} - \Delta_m'} = \frac{\dfrac{1}{2}\left[\left(\dfrac{\bar{D}}{D_l}\right)^2 - \Delta_m'^2\right]}{\dfrac{\bar{D}}{D_l} - \Delta_m'} = \frac{1}{2}\left(\frac{\bar{D}}{D_l} + \Delta_m'\right) \qquad (2.1.14)$$

(3) 当 $D_l < \bar{D}$ 时,数学期望为

$$\bar{\Delta}_l' = M[\xi_{\Delta_l}] = \int_{\Delta_m'}^{1} \Delta_l \mathrm{d}F(\Delta_l') = \int_{\Delta_m'}^{1} \Delta_l P(\Delta_l') \mathrm{d}\Delta_l' + \frac{\dfrac{\bar{D}}{D_l} - 1}{\dfrac{\bar{D}}{D_l} - \Delta_m}$$

$$=\int_{\Delta_{m}'}^{1}\frac{\Delta_l'\mathrm{d}\Delta_l'}{\frac{\bar{D}}{D_l}-\Delta_m'}+\frac{\frac{\bar{D}}{D_l}-1}{\frac{\bar{D}}{D_l}-\Delta_l'}=\frac{1}{2}\frac{1-\Delta_m'^2}{\frac{\bar{D}}{D_l}-\Delta_m'}+\frac{\frac{\bar{D}}{D_l}-1}{\frac{\bar{D}}{D_l}-\Delta_l'}=\frac{\frac{\bar{D}}{D_l}-0.5-\frac{\Delta_m'^2}{2}}{\frac{\bar{D}}{D_l}-\Delta_m'}$$

$$(2.1.15)$$

注意,在$\frac{\bar{D}}{D_l}=\Delta_m'$及$\frac{\bar{D}}{D_l}=1$处,式(2.1.13)～式(2.1.15)给出的数学期望是连接的,也就是说,$\bar{\Delta}_l'=F\left(\frac{\bar{D}}{D_l}\right)$是连续的。随着粒径由粗至细,$\bar{\Delta}_l'$的数学期望不断加大,这显然是合理的。

3. 近期对床面位置(暴露度)的研究

近期研究是在过去研究的基础上进行的。1999 年的研究考虑非均匀沙,已将Δ_m'取为 0.1。上述颗粒在非均匀沙床面上暴露度的三种分布基本符合一般经验,而且给出的数学期望也是合理的。事实上,粗、中、细三种颗粒的平均暴露度分别为:当$\frac{\bar{D}}{D_l}=0.1$时,为粗颗粒,$\bar{\Delta}'=0.1$;当$0.1<\frac{\bar{D}}{D_l}\leqslant1$时,为中等颗粒,$0.1<\bar{\Delta}'\leqslant0.55$;当$1<\frac{\bar{D}}{D_l}\leqslant10$时,为细颗粒,$0.55<\bar{\Delta}'\leqslant0.959$。可见,它们充分反映了不同粗细粒径颗粒在同样床面($\bar{D}$)上暴露度的差别是比较合理的,即随着床面颗粒变细,$\bar{\Delta}'$增大。但是必须强调的是,上述三种分布的第三种不宜再分成小区间,否则使分组太少,难以全面反映粒径变化的影响。由式(2.1.15)知,在区间$1\leqslant\frac{\bar{D}}{D_l}\leqslant10$的$\bar{\Delta}'$平均值由两项组成,一项是$\left(\frac{\bar{D}}{D_l}-1\right)\Big/\left(\frac{\bar{D}}{D_l}-\Delta_m'\right)=0.909$,它由$\frac{\bar{D}}{D_l}=10$形成;其余为$\frac{1}{2}\frac{1-\Delta_m'^2}{\frac{\bar{D}}{D_l}-\Delta_m'}=$

0.05,它由$1\leqslant\frac{\bar{D}}{D_l}<10$引起。可见,$\bar{\Delta}'$平均值在$\frac{\bar{D}}{D_l}=10$时占了 94.8%。此时,无论分成几个小区间,仍将由$\frac{\bar{D}}{D_l}=10$这一点决定$\bar{\Delta}'$的值。这是上述方法不尽合理之处。

综上所述,1999 年的成果尽管有一定程度的应用,对阐述非均匀沙起动流速机理及公式的表达起了相当作用,但是为了更好地反映暴露度对泥沙运动的影响及更好地符合实际,在本书以后各章中将采用下面即将介绍的近期研究成果。需要指出的是,对非均匀沙前后两次的暴露度不同表述引起的误差,主要在极低流速范围,下面将指出只要流速达到起动流速后,两者差别就很小,作为泥沙研究是可以接受的。这一点,后面还将指出。

近期关于非均匀沙暴露度的研究成果是建立暴露度与粒径的直接关系之上即将暴露度转换成粒径的关系,从而免去了求数学期望$\overline{\Delta'}$的积分,而是由对粒径的大小来包涵。首先,从非均匀沙推移质试验现象看,若粗颗粒($D_l \geq \overline{D}$)作用大(Δ'小),占的比例也大。有研究指出,对于一般非均匀沙床面,充填粗颗粒空隙的细颗粒比例可达到30%左右。加之细颗粒难以运动,故控制床面的主要是粗颗粒。现在非均匀沙床面的粒径范围取为$0.1 \leq \dfrac{\overline{D}}{D_l} \leq 10$,即两个数量级。这个与粒径范围相对应的是暴露度范围$0.1 \leq \Delta' \leq 1.0$。其中$\Delta'_m = 0.1$表示最小的暴露度。韩其为曾将均匀沙取为$\Delta'_m = 0.134$,这是均匀颗粒排列最紧密的情况。对于非均匀沙,考虑粒径的差别,将Δ'_m取为0.1。而$\Delta' = 1.0$是Δ'的最大值Δ'_M。如果$\Delta'_M > 1$,则属于床面层以下的颗粒,不可能运动。现在的问题是两者之间如何对应。考虑到粗颗粒的重要,现在先设定Δ'与$\dfrac{\overline{D}}{D_l}$的对应区间,即使区间$0.1 \leq \Delta' \leq 0.6$与$0.1 \leq \dfrac{\overline{D}}{D_l} \leq 0.6$相对应,称这种粒径为粗颗粒。细颗粒$1.429 < \dfrac{\overline{D}}{D_l} \leq 10$与$0.7 < \Delta' \leq 1.0$对应。至于$0.6 < \dfrac{\overline{D}}{D_l} \leq 1.429$作为上述两区间的联结,它对应区间$0.6 < \Delta' \leq 0.7$。

现在研究在上述三个区间内Δ'与$\dfrac{\overline{D}}{D_l}$各点对应的关系。为此,可以假设在粗颗粒区间,有简单的关系$\Delta' = \dfrac{\overline{D}}{D_l}$。对于细颗粒,考虑到此时$\Delta'$的对应区间已经很小,变化的范围有限,以及前面已指出随着$\dfrac{\overline{D}}{D_l}$增加,即$D_l$减小,$\Delta'$是增加的。因此,令$\Delta'$随$\dfrac{\overline{D}}{D_l}$线性变化应是可以接受的。这样,

$$\Delta' = 0.7 + 0.035\left(\frac{\overline{D}}{D_l} - 1.429\right), \quad 1.429 < \frac{\overline{D}}{D_l} \leq 10 \tag{2.1.16}$$

类似地,对于联结部分,$0.6 \leq \dfrac{\overline{D}}{D_l} \leq 1.429$,$\Delta'$的范围更小,也可以采用线性关系近似,即

$$\Delta' = 0.6 + 0.121\left(\frac{\overline{D}}{D_l} - 0.6\right), \quad 0.6 < \frac{\overline{D}}{D_l} \leq 1.429 \tag{2.1.17}$$

这样,上述三式给出了全部Δ'与$\dfrac{\overline{D}}{D_l}$的关系:

$$\Delta_l' = f_{\Delta_l'}\left(\frac{\bar{D}}{D_l}\right) = \begin{cases} \dfrac{\bar{D}}{D_l}, & \Delta_m' = 0.1 \leqslant \dfrac{\bar{D}}{D_l} \leqslant 0.6 \\[2mm] 0.6 + 0.121\left(\dfrac{\bar{D}}{D_l} - 0.6\right), & 0.6 < \dfrac{\bar{D}}{D_l} \leqslant 1.429 \\[2mm] 0.7 + 0.035\left(\dfrac{\bar{D}}{D_l} - 1.429\right), & 1.429 < \dfrac{\bar{D}}{D_l} \leqslant 10 \end{cases} \quad (2.1.18)$$

而对给定的任意一组粒径为 D_l 的颗粒,其分布为一点分布,即若任意颗粒其粒径

分别为 $0.1 \leqslant \dfrac{\bar{D}}{D_l} \leqslant 0.6$、$0.6 < \dfrac{\bar{D}}{D_l} \leqslant 1.429$ 或 $1.429 < \dfrac{\bar{D}}{D_l} \leqslant 10$,则相应的分布函数为

$$F(\Delta_l') = \begin{cases} 0, & \Delta_l' \leqslant f_{\Delta_l'}\left(\dfrac{\bar{D}}{D_l}\right) \\[2mm] 1, & f_{\Delta_l'}\left(\dfrac{\bar{D}}{D_l}\right) \leqslant \Delta_l' \end{cases} \quad (2.1.19)$$

从式(2.1.18)看出,对于非均匀沙暴露度,经过上述分析论证,有一个较为简单的

关系,即 Δ_l' 与 $\dfrac{\bar{D}}{D_l}$ 的单调函数。这样使得以后求运动参数数学期望时,减少了一次

积分。本来是要分别对 Δ_l' 和 D_l 进行积分,由于 $\Delta_l' = f\left(\dfrac{\bar{D}}{D_l}\right)$,就变成对 $\dfrac{\bar{D}}{D_l}$ 的一次积

分。例如,参数 $g(D_l, \Delta_l')_l$ 则对 Δ_l' 的数学期望化为对 D_l 的数学期望为

$$\overline{f(D_l, \Delta_l')} = M[f(D_l, \Delta_l')] = \sum_{l=1}^{n} P_{1.l}(D_l) g\left[D_l, f_{\Delta_l'}\left(\frac{\bar{D}}{D_l}\right)\right]$$

需要强调的是,尽管式(2.1.18)有简化假定,但是其分析论证是有根据的。而且后面将指出它基本能反映非均匀沙运动,特别是分组输沙率特性。由此看来,今后还应进一步深入研究非均匀沙暴露度。在本书以下的研究中,对于非均匀沙暴露度的应用将采用此处介绍的研究成果。

2.1.3　底部水流速度及其分布

泥沙起动时作用在其上的是底部水流速度的纵向分速 V_b 与竖向分速 $V_{b.y}$。对于较粗颗粒 $(D \geqslant 0.05\text{mm})$ 的泥沙起动,竖向分速的影响很小,主要是纵向分速的作用。水流速度服从正态分布是被公认的事,即其分布密度为

$$P_{\xi_{V_b}}(V_b) = \frac{1}{\sqrt{2}\,\sigma_x} \exp\left[1 - \frac{(V_b - \bar{V}_b)^2}{2\sigma_x^2}\right] \quad (2.1.20)$$

$$P_{\xi_{V_{b.y}}}(V_{b.y}) = \frac{1}{\sqrt{2}\,\sigma_y} \exp\left(-\frac{V_{b.y}^2}{2\sigma_y^2}\right) \quad (2.1.21)$$

式中,V_b 为底部水流纵向瞬时分速;$\bar{V}_b$ 为其时均速度;$V_{b.y}$ 为底部水流竖向分速;σ_x、σ_y 分别为它们的均方差。根据资料[6],$\sigma_x = 2.02u_*$,$\sigma_y = 1.01u_*$,而 u_* 为水流

动力流速。Никнтин 得出 $\sigma_x = 0.37\overline{V}_b$,同样可推出 $\sigma_y = 0.185\overline{V}_b$。

需要强调的是,ξ_{V_b} 与 $\xi_{V_{b,y}}$ 是有一定相关性的,其相关系数为负,即 ξ_{V_b} 为正,$\xi_{V_{b,y}}$ 为负。为了简化研究,文献[3]曾取两种极限情况:一种为相互独立,另一种为以 -1 为相关系数的线性相关,在一般条件下取相互独立进行研究。当然,有关结果可转化为线性相关情况。本书将只取相互独立。

由于表达起动流速常用垂线平均流速 V,此时需要用流速分布公式将其换算至 V,或者直接由 u_* 换算至 V。前者换算较简单,后者则涉及 V 与 u_* 的关系。但是采用后者可简单地将起动流速与起动切应力联系起来。

根据 Никнтин[6] 的试验研究结果,在床面颗粒的顶端,其水流底速为 $V_b = 5.6u_*$。考虑水流作用于颗粒上的作用点,在泥沙起动时,以距床面 $2D/3$ 处较为恰当,以该处流速作为起动时代表流速,则有

$$V_b = \frac{2}{3} \times 5.6u_* = 3.73u_* \tag{2.1.22}$$

而根据韩其为的研究[1],垂线平均流速 V 与 u_* 之间有下述结果(见图 2.1.3)[4]:

$$\frac{V}{\sqrt{gDJ}} = 6.5\left(\frac{H}{D}\right)^{\frac{1}{2}+\frac{1}{4+\lg(H/D)}} \tag{2.1.23}$$

乘以 $\left(\dfrac{D}{H}\right)^{\frac{1}{2}}$,则有

$$\frac{V}{u_*} = \frac{V}{\sqrt{gJH}} = 6.5\left(\frac{H}{D}\right)^{\frac{1}{4+\lg(H/D)}} = \psi\left(\frac{H}{D}\right) \tag{2.1.24}$$

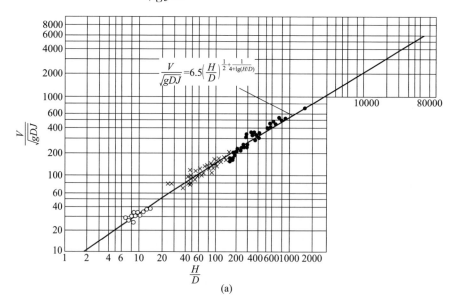

(a)

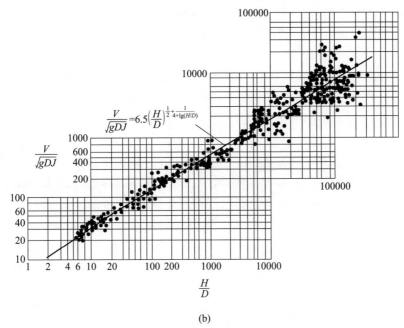

(b)

图 2.1.3　平均流速与动力流速之间的关系[4]

式中,J 为水面坡降。将式(2.1.24)代入式(2.1.22)得

$$V_b = 3.73 u_* = \frac{3.73 V}{\psi\left(\dfrac{H}{D}\right)} \tag{2.1.25}$$

　　上述三方面的随机变量 ξ_D、$\xi_{V_b}(\xi_{V_{b,y}})$ 及 $\xi_{\Delta'}$ 决定了泥沙起动的随机现象,也决定了它的必然规律。这就是泥沙运动必然性与偶然性的结合。在以下的研究中采用的方法是,当 $\xi_D = D$,$\xi_{V_b} = V_b$,$\xi_{\Delta'} = \Delta'$,即它们取确定值时,过程是必然的,服从力学规律;当它们作为随机变量时,具有偶然性,服从概率论和随机过程的规律。当然,作为随机变量,它们的分布、平均值、方差等也是确定的。

2.2　床面泥沙黏着力与薄膜水附加下压力

2.2.1　薄膜水附加下压力的存在

　　在土壤颗粒物理化学和颗粒周围结合水电研究方面,已有一些成果和概念可作为研究床面泥沙起动时受力情况的根据和参考。

　　(1) 土壤颗粒外表的结合水的厚度一般不超过 $0.25 \sim 0.5 \mu m$。它分为两层:内层为吸着水(牢固结合水),大体厚 $0.01 \sim 0.1 \mu m$,具有固态性质,不符合静水压力传递的 Pascal 定理,其吸引力约为 $10000 \mathrm{atm}(1 \mathrm{atm} = 10^5 \mathrm{Pa})$,密度约为 $2 \mathrm{g/cm}^3$,

因此它不可能与颗粒分开;外层为薄膜水(稀松结合水),它的特性具有过渡性质,并不完全具有单向压力传递性质,因此要通过实际资料确定系数或薄膜水接触面积[7]。

(2) 当颗粒间薄膜水接触时,同时产生了黏着力。从微观上看,泥沙颗粒之间存在一些作用力,有主要影响的是色散力与双层斥力[8]。色散力又称为 van der Waals 力,是一种引力,使颗粒相互吸引。Landen 于 1930 年用量子力学理论导出了两个分子相互吸引的势能,后来 Hamaker[9] 于 1937 年把两个分子间的引力推广到两个颗粒间的引力,他假定颗粒为球形,导出了 van der Waals 引力势能。由于颗粒表面带有的电荷与周围水体中相反电荷的离子相互吸引构成双电层,当两个颗粒相互靠近时,两个双电层相互干扰,就产生了相互排斥的力来排除干扰。Levine 和 Dube 给出了两个球形颗粒的排斥势能表达式,但是根据 Mantz[10] 研究,只有当颗粒非常靠近时,双电层斥力才起作用,而对于泥沙颗粒,常常难以满足这个条件,因此为简化计算,只考虑 van der Waals 力作为黏着力。

综上所述,与水深无关的黏着力的存在较易理解。对于饱水土,单向压力传递的宏观反映就是在土块受拉时分离由薄膜水接触的颗粒引起的拉应力,这就是薄膜水引起的附加下压力。

对于薄膜水附加下压力的存在,前面已指出是由薄膜水不完全符合 Pascal 定理引起的。已有一些室内试验结果[7,11],对此结果虽有一些争议[12],但是难以否认的是,对水下颗粒稳定起作用的确实存在与水深有关的力,就现有认识水平看,它可能是薄膜水附加下压力。下面从野外河道中不同水深起动流速的实测资料来分析水深对起动流速的作用,以证明这种作用确实不是因流速分布的影响所形成的。

图 2.2.1~图 2.2.3 中绘出了长江宜昌等水文站实测起动流速 V_c 与水深 H 的关系[13]。这些资料是由推移质沙质采样的结果得到,其中判别是否起动的标准是以推移质单颗输沙率 $q_s < 1g/(m \cdot s)$ 为起动状态。为什么取这个标准,第 3 章中将专门论述。图 2.2.1 是宜昌水文站 1975 年和 1976 年单点泥沙起动的资料。它们是由数次单线资料按水深分级后的平均结果,从中可看出起动流速随水深变化明显,大体与水深的 0.58 次方成正比,并且水深范围很广,为 2.5~20m。图 2.2.2 是 1989 年和 1990 年结果,也是由数次单线资料平均得到,图中表明起动流速大体与水深的 0.64 次方成正比,而且如果完全按实际资料绘制关系线,方次会更高。图 2.2.3 包括三部分资料:宜昌站 1973 年单线平均资料、宜昌站 1974 年断面资料、沙道观站 1956 年和 1966 年断面资料。由图 2.2.3 可看出,起动流速与水深的 0.352 次方成正比。

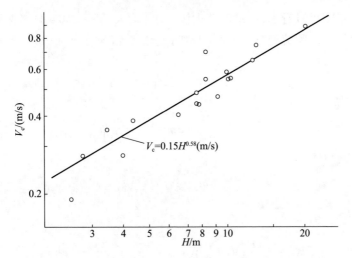

图 2.2.1 宜昌站实测 $V_c\text{-}H$ 关系(1975 年和 1976 年)

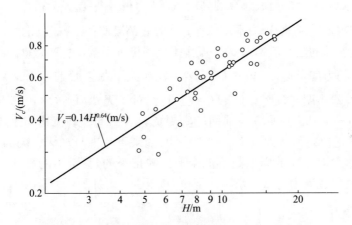

图 2.2.2 宜昌站实测 $V_c\text{-}H$ 关系(1989 年和 1990 年)

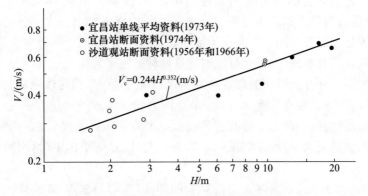

图 2.2.3 宜昌站和沙道观站实测 $V_c\text{-}H$ 关系

从这三张图可以看出,起动流速大体与水深的 $0.35\sim0.64$ 次方成正比。如果水深的作用只是反映流速分布的影响,则对于指数流速分布

$$V = V_0 \eta^{\frac{1}{m}} = V_0 \left(\frac{y}{H}\right)^{\frac{1}{m}} \tag{2.2.1}$$

其平均流速为

$$\bar{V} = V_0 \int_0^1 \eta^{\frac{1}{m}} \mathrm{d}\eta = V_0 \frac{m}{m+1}$$

底部平均流速可表示为

$$\bar{V}_b = \frac{m+1}{m} \bar{V} \left(\frac{\alpha D}{H}\right)^{\frac{1}{m}}$$

起动流速可表示为

$$V_c = \frac{m}{m+1} V_{b.c} \left(\frac{H}{\alpha D}\right)^{\frac{1}{m}} = \frac{m}{m+1} \frac{V_{b.c}}{(\alpha D)^{\frac{1}{m}}} H^{\frac{1}{m}} \tag{2.2.2}$$

式中,H 为水深;y 为由河底起算的高度;y/H 为相对高度;m 为指数;V、V_0 分别为深度 y 处和水面的流速;$\bar{V}$ 为平均流速;V_b 为底部流速;V_c、$V_{b.c}$ 分别为以平均流速和底部流速表示的起动流速;α 为水流作用点的位置系数,$\alpha = 1/2 \sim 1$。由于不考虑与水深有关的力的影响,故 $V_{b.c}/D^{\frac{1}{m}}$ 主要由泥沙粒径决定,而与水深无关。

式(2.2.2)表明,起动流速与 $H^{\frac{1}{m}}$ 成正比。对于天然河道,$1/m = 1/6 \sim 1/8$,即 $1/m = 0.167 \sim 0.125$,可见它与前面的实测资料表明的起动流速与水深的 $0.35 \sim 0.64$ 次方成正比差别太大。这反过来说明,如果不考虑与水深有关的力,仅仅是流速分布,水深对流速的影响是不能全部反映出来的,甚至不能反映出主要的部分。显然,这与黏着力与薄膜水附加下压力,至少与附加下压力有关。

2.2.2　黏着力

对于黏着力的表示,采用两种方法引进:一种是从 van der Waals 吸引势能导出;另一种是直观地由黏着力与颗粒距离高次方成反比导出。这两者的结果准确到常数因子是彼此符合的[4]。前一种推导较有理论根据,而后一种方法较为直观,易被一般泥沙研究者理解,下面分别叙述这两种方法。

先叙述第二种方法给出的黏着力表达式。这是基于床面泥沙颗粒之间相互作用,由于作用力难以完全满足 van der Waals 力的条件,对于黏着力的数量规律进行定性概括,并与第一种方法进行比较。概括要求一方面要符合水中颗粒的物理化学和电化学的概念,与理论结果不矛盾;另一方面要便于实用,给出简单明确的概化图形。

如图 2.2.4 所示,根据黏着力与颗粒间距离(实际是缝隙 h)的高次方成反比的认识,可假定两颗粒上对应两点之间的单位面积上的黏着力为[4]

$$q = \frac{K}{(2h)^3} \tag{2.2.3}$$

则由图 2.2.4 和图 2.2.5 可求出黏着力为

$$P'_\mu = \int_\Omega \frac{K \, \mathrm{d}\Omega}{(2h)^3} = \int_\Omega \frac{q_0 \delta_0^3}{h^3} \mathrm{d}\Omega \tag{2.2.4}$$

式中，$\delta_0 = 3 \times 10^{-10}\,\mathrm{m}$ 为一个水分子厚度；q_0 为 $h = \delta_0$ 时单位面积上的黏着力；Ω 为颗粒间薄膜水接触面积的投影。

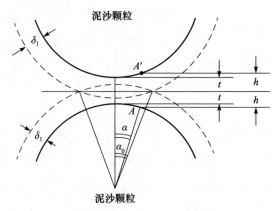

图 2.2.4　黏着力作用示意图

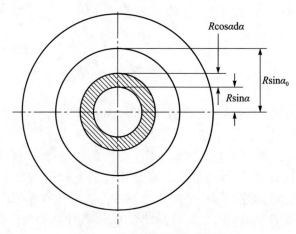

图 2.2.5　黏着力计算示意图

由图 2.2.5 知

$$\mathrm{d}\Omega = 2\pi R^2 \sin\alpha\cos\alpha\,\mathrm{d}\alpha \tag{2.2.5}$$

式中，R 为颗粒半径。

由图 2.2.4 有

$$h = t + R(1 - \cos\alpha) \tag{2.2.6}$$

式中，$t \leqslant h \leqslant h_0 < \delta_1$，$\delta_1$ 为薄膜水厚度，取 $\delta_1 = 4 \times 10^{-7}$ m。

对式（2.2.6）微分得

$$\mathrm{d}h = R\sin\alpha \, \mathrm{d}\alpha \tag{2.2.7}$$

将式（2.2.5）~式（2.2.7）代入式（2.2.4），可得

$$
\begin{aligned}
P'_\mu &= q_0 \delta_0^3 \int_0^{\alpha_0} \frac{2\pi R^2 \sin\alpha \cos\alpha}{h^3} \mathrm{d}\alpha \\
&= 2\pi q_0 \delta_0^3 \int_t^{h_0} \frac{R - (h - t)}{h^3} \mathrm{d}h \\
&= 2\pi q_0 \delta_0^3 \left[-\frac{(R + t)}{2h^2} \Big|_t^{h_0} + \frac{1}{h} \Big|_t^{h_0} \right] \\
&= 2\pi q_0 \delta_0^3 \left[\left(\frac{1}{t^2} - \frac{1}{h_0^2} \right) \frac{R + t}{2} - \left(\frac{1}{t} - \frac{1}{h_0} \right) \right]
\end{aligned}
\tag{2.2.8}
$$

注意到 $\delta_1 \ll R$，由图 2.2.4 得

$$h_0 = \delta_1 \cos\alpha_0 = \delta_1 \frac{R + t}{R + \delta_1} \approx \delta_1 \tag{2.2.9}$$

注意到 $t \ll R$，略去高阶微量后，式（2.2.8）变为

$$P'_\mu = 2\pi q_0 \delta_0^3 \left[\frac{R}{2} \left(\frac{1}{t^2} - \frac{1}{\delta_1^2} \right) - \left(\frac{1}{t} - \frac{1}{\delta_1} \right) \right] \tag{2.2.10}$$

还可进一步略去微小项，得

$$P'_\mu = \pi q_0 \delta_0^3 R \left(\frac{1}{t^2} - \frac{1}{\delta_1^2} \right) \tag{2.2.11}$$

此处得到的结果和由 Hamaker 导出的色散势能的结果是一致的。下面将予以说明。

关于饱水土中颗粒间黏着力作为 van der Waals 引力的表现前面已经述及。实际上，两个颗粒间不仅存在着 van der Waals 引力，同时还存在着双电层斥力。此外，尚有 Brown 运动力和电场力等。对于泥沙颗粒，一般只研究 $D \geqslant 0.001$mm 的颗粒，Brown 运动力可以忽略，电场力等也可忽略。至于双电层斥力，当图 2.2.4 中颗粒间的间隙 $2t = S - 2R < 10^{-6}$ mm 时，它才有显著作用[10]。对于不特别密实的床面泥沙，平均而言，颗粒间的间隙是不可能小于此值的，故斥力可以忽略，此时将只有 van der Waals 引力。按照 Hamaker 色散势能[10]

$$E_A = -\frac{A}{12} \left(\frac{D^2}{S^2 - D^2} + \frac{D^2}{S^2} + 2\ln \frac{S^2 - D^2}{S^2} \right) \tag{2.2.12}$$

式中，D 为颗粒直径；S 为两颗粒球心之间的距离（见图 2.2.4），

$$S = D + 2t = 2R + 2t \tag{2.2.13}$$

A 为常数。van der Waals 引力为

$$F_A = \frac{\partial E_A}{\partial S} = \frac{A}{12}\left[\frac{2SD^2}{(S^2-D^2)^2} + \frac{2SD^2}{S^4} - \frac{2S^2}{S^2-D^2}\frac{2D^2}{S^3}\right]$$

$$= \frac{AD^2}{6}\left[\frac{S}{(S^2-D^2)^2} + \frac{1}{S^3} - \frac{2}{S(S^2-D^2)}\right] \tag{2.2.14}$$

将式(2.2.13)代入式(2.2.14)，同时方便起见，将直径 D 换成半径 R，可得

$$F_A = \frac{AR^2}{6}\left[\frac{8(R+t)}{(8Rt+4t^2)^2} + \frac{4}{8(R+t)^3} - \frac{4}{(8Rt+4t^2)(R+t)}\right] \tag{2.2.15}$$

考虑到 R 的量级一般明显大于 t，则可取 $R+t \approx R$ 及 $\frac{1}{R} - \frac{1}{t} \approx -\frac{1}{t}$，即略去 $\frac{t}{R}$ 的高阶量，从而有

$$F_A = \frac{AR^2}{6}\left[\frac{8(R+t)}{(8Rt+4t^2)^2} + \frac{1}{2R^3} - \frac{1}{2R^2 t}\right] + C_1$$

$$= \frac{A}{6}\left(\frac{R}{8t^2} - \frac{1}{2t}\right) + C_1 \tag{2.2.16}$$

如果再进一步略去微量，有

$$F_A \approx \frac{AR}{48t^2} + C_2 \tag{2.2.17}$$

假设 $t=\delta_1$，即薄膜水接触处于临界状态，此时应有 $F_A=0$，即被截断。由上述两式可分别求出 C_1、C_2，得

$$F_A = A_0 R\left(\frac{1}{t^2} - \frac{1}{\delta_1^2}\right) - 4A_0\left(\frac{1}{t} - \frac{1}{\delta_1}\right) \tag{2.2.18}$$

或

$$F_A = A_0 R\left(\frac{1}{t^2} - \frac{1}{\delta_1^2}\right) \tag{2.2.19}$$

　　简便起见，在一般情况下，采用式(2.2.11)。比较式(2.2.11)与式(2.2.19)，可见当准确到常数因子时，两者是完全一致的。不仅如此，比较式(2.2.10)与式(2.2.18)，当准确到常数因子时，它们也是完全一致的，至于式(2.2.11)中的常数 q_0，当然应由泥沙起动的试验资料确定。

　　式(2.2.11)是一个颗粒与另一个颗粒正接触的情况，当床面颗粒较密实时，多半是起动颗粒与床面三个颗粒斜接触(见图2.2.6)，这时总黏着力应为

$$P_\mu = 3P_\mu' \cos 30° = \frac{3\sqrt{3}}{2}P_\mu'$$

　　当颗粒很疏松即 $t=\delta_1$ 时，多半是与两个颗粒接触，总黏着力为 $P_\mu = 2P_\mu' \cos 30° = \sqrt{3}P_\mu'$，故随着 t 的增加，可假定与起动颗粒接触的颗粒由 3 线性地减至 2，黏着力为[4,13]

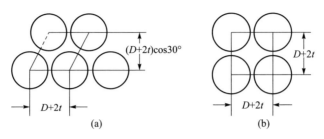

图 2.2.6　颗粒排列示意图

$$P_\mu = \frac{\sqrt{3}}{2}\left(3-\frac{t}{\delta_1}\right)P'_\mu = \frac{\sqrt{3}}{2}\pi q_0 \delta_0^3 R\left(3-\frac{t}{\delta_1}\right)\left(\frac{1}{t^2}-\frac{1}{\delta_1^2}\right), \qquad t\leqslant\delta_1 \qquad (2.2.20)$$

利用式(2.2.20)及文献[4]中的干容重公式消去 t，就将黏着力与干容重联系起来了。

现在转而验证式(2.2.20)，遗憾的是，要验证它缺乏第一手资料。但是从研究起动流速考虑，可利用唐存本整理的资料[12]，他整理了 $D=0.004\text{mm}$ 与 $D=0.007\text{mm}$ 两组资料，参考干容重 $\gamma'_{s.0}$（称为稳定干容重）取为 1.6t/m^3，此时黏着力记为 $P_{\mu.0}$。图 2.2.7 中的散点表示唐存本整理的试验资料。按照唐存本的研究，他的黏着力公式为[12]

$$P_\mu = 0.915\times10^{-4}\frac{\alpha_1\beta_1}{\alpha_4}\left(\frac{\gamma'_s}{\gamma'_{s.0}}\right)^{10}D$$

式中有关单位为 g、cm 等，而 $\gamma'_{s.0}=1.6\text{g/cm}^3=1.6\text{t/m}^3$ 称为稳定干容重。

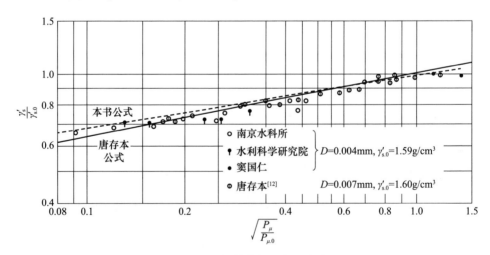

图 2.2.7　黏着力与干容重关系

当 $\gamma'_s=\gamma'_{s.0}$ 时

$$P_\mu = P_{\mu.0} = 0.915\times10^{-4}\frac{\alpha_1\beta_1}{\alpha_4}D$$

从而有

$$\frac{P_{\mu}}{P_{\mu,0}} = \left(\frac{\gamma'_s}{\gamma'_{s,0}}\right)^{10} \quad \text{或} \quad \sqrt{\frac{P_{\mu}}{P_{\mu,0}}} = \left(\frac{\gamma'_s}{\gamma'_{s,0}}\right)^5 \tag{2.2.21}$$

而根据式(2.2.20)有

$$P_{\mu} = \frac{\sqrt{3}}{2}\pi q_0 \frac{\delta_0^3}{\delta_1^2} R\left(3 - \frac{t}{\delta_1}\right)\left[\left(\frac{\delta_1}{t}\right)^2 - 1\right]$$

$$\sqrt{\frac{P_{\mu}}{P_{\mu,0}}} = \frac{\left(3 - \dfrac{t}{\delta_1}\right)\left[\left(\dfrac{\delta_1}{t}\right)^2 - 1\right]}{\left(3 - \dfrac{t_0}{\delta_1}\right)\left[\left(\dfrac{\delta_1}{t_0}\right)^2 - 1\right]} \tag{2.2.22}$$

其中 t_0 对应于 $\gamma'_{s,0}$。如果为均匀沙, t 与 γ'_s 的关系由均匀沙公式给出。

均匀沙干容重公式为[4]

$$\gamma'_s = \begin{cases} \left[0.698 - 0.175\left(\dfrac{t'}{\delta_1}\right)^{\frac{1}{3}\left(1 - \frac{t'}{\delta_1}\right)}\right]\left(\dfrac{D}{D+2t'}\right)^3 \gamma_s, & t' \leqslant 0.8\delta_1 \\ 0.526\left(\dfrac{D}{D+2t'}\right)^3 \gamma_s, & 0.8\delta_1 \leqslant t' \leqslant 3\delta_1 \end{cases} \tag{2.2.23}$$

其中, t' 由下式决定:

$$t' = \frac{0.273t}{1 - 0.909\dfrac{t}{\delta_1}}, \quad 0.8\delta_1 \leqslant t \leqslant \delta_1 \tag{2.2.24}$$

式中, t 用以计算黏着力及薄膜水附加下压力, t' 则主要用于考虑颗粒非常稀疏时的干容重计算。上式推导可见文献[4]。但是从唐存本使用的资料看,这与均匀沙有很大的不同。虽然未见到原试验的床沙级配,但是从他引用的文献[7]看,其新港淤泥级配是很宽的,从 $D < 0.001$mm 直至 $D > 0.035$mm 均有颗粒,其 $D_{50} = 0.004$mm。此时如按 $D = 0.004$mm 的均匀沙计算,其干容重很难达到 1.6t/m³。因此,混合沙的干容重计算应按非均匀沙考虑。限于级配资料,以 $D = 0.007$mm 为粗细泥沙的分界。考虑到该种沙粗颗粒少,故按粗颗粒间的空隙全被细颗粒填满时的非均匀沙干容重公式计算[4]:

$$\frac{1}{\gamma'_s} = \frac{P_1}{\gamma_s} + \frac{P_2}{\gamma'_{s,1}} \tag{2.2.25}$$

式中, P_1、P_2 分别为粗、细两种沙所占的质量百分数,根据文献[4],它们分别为 0.38 和 0.62; $\gamma'_{s,1}$ 为细颗粒部分干容重(代表粒径为 0.004mm); γ_s 为泥沙比重。

按式(2.2.26)计算的相对黏着力平方根 $\sqrt{P_{\mu}/P_{\mu,0}}$ 如表 2.2.1 所示,而详细计

算则见文献[4]。按照唐存本公式计算的$\sqrt{P_\mu/P_{\mu.0}}$列入表中最后一排。比较两者可见，本书公式与唐存本公式的差别主要在$t/\delta_1 \geqslant 0.8$，即泥沙干容重很小，很不密实的情况。当$t/\delta_1 \leqslant 0.6$时，彼此符合很好。不仅如此，如果用本书的公式与唐存本整理的实测资料对比(见图2.2.7)，则符合更好。特别在唐存本公式有偏离的图的两端尤其如此。事实上，按照表2.2.1中的数据，如取

$$\sqrt{\frac{P_\mu}{P_{\mu.0}}} = \left(\frac{\gamma'_s}{\gamma'_{s.0}}\right)^m \tag{2.2.26}$$

则公式中的$m=5 \sim 7$，比唐存本公式中的5要大，故在图2.2.7中斜率更小一些。可见本书的黏着力理论公式是符合实际的。

表 2.2.1　相对黏着力不同计算公式对比

t/δ_1	0.95	0.9	0.8	0.6	0.5	0.375	0.3	0.28	0.27	0.20
$\gamma'_{s.1}$	0.822	0.844	0.870	1.008	1.077	1.185	1.259	1.281	1.292	1.376
γ'_s	1.12	1.14	1.19	1.30	1.39	1.50	1.57	1.59	1.60	1.68
$\gamma'_s/\gamma'_{s.0}$	0.694	0.710	0.741	0.822	0.866	0.934	0.978	0.990	1.000	1.048
$\left(3-\dfrac{t}{\delta_1}\right)\left(\dfrac{\delta_1^2}{t^2}-1\right)$	0.221	0.492	1.24	4.27	7.50	16.04	27.3	31.97	34.72	67.2
$\sqrt{\dfrac{P_\mu}{P_{\mu.0}}}$ (式2.2.26)	0.080	0.119	0.189	0.367	0.465	0.680	0.887	0.960	1	1.40
$\sqrt{\dfrac{P_\mu}{P_{\mu.0}}} = \left(\dfrac{\gamma'_s}{\gamma'_{s.0}}\right)^5$ (唐存本公式)	0.161	0.180	0.223	0.375	0.487	0.771	0.895	0.951	1	1.264

2.2.3　薄膜水附加下压力

关于薄膜水引起的附加下压力的计算较简单。按照图2.2.4，当所考虑的颗粒与床面一个颗粒正接触时，附加下压力为[5]

$$\Delta G = \int_\Omega K_2 \gamma H \mathrm{d}\Omega \tag{2.2.27}$$

式中，γ为水的比重；H为水深；K_2为薄膜水接触面积中单向压力传递所占的面积百分数。

将式(2.2.5)代入式(2.2.27)，可得

$$\Delta G = \int_0^{\alpha_0} 2\pi K_2 \gamma H R^2 \cos\alpha \sin\alpha \mathrm{d}\alpha = -2\pi K_2 \gamma H R^2 \int_0^{\alpha_0} \cos\alpha \mathrm{d}(\cos\alpha)$$

$$= \pi K_2 \gamma H R^2 (1-\cos^2\alpha_0) = \pi K_2 \gamma H R^2 \left[1-\left(\frac{R+t}{R+\delta_1}\right)^2\right]$$

$$= \pi K_2 \gamma H R^2 \left[\frac{2R(\delta_1-t)}{(R+\delta_1)^2} + \frac{(\delta_1-t)(\delta_1+t)}{(R+\delta_1)^2}\right]$$

略去高阶微量后有

$$\Delta G' = 2\pi K_2 \gamma HR(\delta_1 - t) \qquad (2.2.28)$$

类似于推导黏着力的考虑,当颗粒不只与床面一个颗粒接触时,仿照式(2.2.20),附加下压力可表示为[5,14]

$$\Delta G = \frac{\sqrt{3}}{2}\left(3 - \frac{t}{\delta_1}\right)\Delta G' = \sqrt{3}\,\pi K_2 \gamma HR\left(3 - \frac{t}{\delta_1}\right)(\delta_1 - t) \qquad (2.2.29)$$

与黏着力类似,目前尚无直接的资料检验,但是后面将指出,由此得到的起动流速公式在反映水深的影响时能够概括各种实际资料。

2.3　瞬时起动流速

在 D 和 Δ' 已知的条件下,泥沙是否起动是必然现象,此时起动的临界水流底速(瞬时底速)可称为实际起动底部流速 $V_{b.c}$。如图 2.3.1 所示,由力矩平衡可得临界条件为

$$P_x(a + R\cos\theta_0) + P_y(b + R\sin\theta_0) - (G + \Delta G + P_\mu)R\sin\theta_0 = 0 \qquad (2.3.1)$$

式中,P_x 为正面推力;P_y 为上举力;G 为水下重力,它们可表示为

$$P_x = \frac{C_x\rho}{2}\frac{\pi}{4}D^2 V_{b.c}^2 \qquad (2.3.2)$$

$$P_y = \frac{C_y\rho}{2}\frac{\pi}{4}D^2 V_{b.c}^2 \qquad (2.3.3)$$

$$G = (\rho_s - \rho)g\frac{\pi}{6}D^3 \qquad (2.3.4)$$

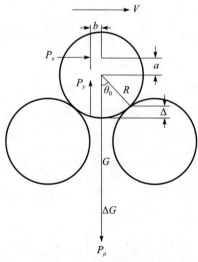

图 2.3.1　泥沙颗粒受力图

C_x、C_y 为正面推力及上举力系数,按照试验资料可取为 0.4 及 0.1;ρ_s 和 ρ 分别为泥沙和水的密度;P_μ 为黏着力;ΔG 为薄膜水附加下压力。

根据前面的理论分析,起动颗粒与床面颗粒之间的黏着力为

$$P_\mu = \frac{\sqrt{3}}{2}\pi q_0 \delta_0 R\left(3-\frac{t}{\delta_1}\right)\left(\frac{\delta_0^2}{t^2}-\frac{\delta_0^2}{\delta_1^2}\right), \quad t \leqslant \delta_1$$

式中,δ_0 为水分子厚度,取 $\delta_0 = 3\times10^{-10}$ m;δ_1 为薄膜水厚度,取 4×10^{-7} m;t 为颗粒之间间距的一半,它取决于泥沙干容重;据实际资料率定 $q_0 = 1.3\times10^9$ kg/m²。

而薄膜水附加下压力为[5,14]

$$\Delta G = \sqrt{3}\pi K_2 \gamma HR\left(3-\frac{t}{\delta_1}\right)(\delta_1-t), \quad t \leqslant \delta_1$$

式中,H 为水深,$K_2 = 2.25$。

将式(2.3.2)~式(2.3.4)、式(2.2.20)、式(2.2.29)代入式(2.3.1),并取 $a = b = \frac{R}{3}$,则得到

$$\frac{\rho\pi}{8}D^2 R\left[C_x\left(\frac{1}{3}+\cos\theta_0\right)+C_y\left(\frac{1}{3}+\sin\theta_0\right)\right]V_{b.c}^2$$

$$= \left[\frac{\pi}{6}(\rho_s-\rho)gD^3 + \sqrt{3}\pi K_2\gamma HR\left(3-\frac{t}{\delta_1}\right)(\delta_1-t)\right.$$

$$\left. +\frac{\sqrt{3}}{2}\pi q_0\delta_0^3 R\left(\frac{1}{t^2}-\frac{1}{\delta_1^2}\right)\left(3-\frac{t}{\delta_1}\right)\right]R\sin\theta_0 \tag{2.3.5}$$

注意到

$$\cos\theta_0 = \frac{R-\Delta}{R} = 1-\frac{\Delta}{R} = 1-\Delta' \tag{2.3.6}$$

$$\sin\theta_0 = \sqrt{1-\left(1-\frac{\Delta}{R}\right)^2} = \sqrt{\frac{2\Delta}{R}-\left(\frac{\Delta}{R}\right)^2} = \sqrt{2\Delta'-\Delta'^2} \tag{2.3.7}$$

将式(2.3.6)和式(2.3.7)及 C_x、C_y 代入式(2.3.5),并加以简化,可得[1,5]

$$V_{b.c}^2 = \frac{\sqrt{2\Delta'-\Delta'^2}}{\left(\frac{4}{3}-\Delta'\right)+\frac{1}{4}\left(\frac{1}{3}+\sqrt{2\Delta'-\Delta'^2}\right)}\left[\frac{4}{3C_x}\frac{\rho_s-\rho}{\rho}gD\right.$$

$$\left. +\frac{2\sqrt{3}q_0\delta_0^3}{C_x\rho D}\left(3-\frac{t}{\delta_1}\right)\left(\frac{1}{t^2}-\frac{1}{\delta_1^2}\right)+\frac{4\sqrt{3}K_2gH}{C_xD}\left(3-\frac{t}{\delta_1}\right)(\delta_1-t)\right]$$

$$= \varphi^2(\Delta')\omega_1^2 \tag{2.3.8}$$

或者

$$V_{b.c} = \varphi(\Delta')\omega_1\left(D,H,\frac{t}{\delta_1}\right) \tag{2.3.9}$$

式中,

$$\varphi(\Delta') = \sqrt{\dfrac{\sqrt{2\Delta' - \Delta'^2}}{\left(\dfrac{4}{3} - \Delta'\right) + \dfrac{1}{4}\left(\dfrac{1}{3} + \sqrt{2\Delta' - \Delta'^2}\right)}} \tag{2.3.10}$$

$$\omega_1\left(D, H, \dfrac{t}{\delta_1}\right) = \left[\dfrac{4}{3C_x}\dfrac{\rho_s - \rho}{\rho}gD + \dfrac{2\sqrt{3}\,q_0\delta_0^3}{C_x\rho D}\left(3 - \dfrac{t}{\delta_1}\right)\left(\dfrac{1}{t^2} - \dfrac{1}{\delta_1^2}\right)\right.$$
$$\left. + \dfrac{4\sqrt{3}\,K_2 gH}{C_x D}\left(3 - \dfrac{t}{\delta_1}\right)(\delta_1 - t)\right]^{\frac{1}{2}} \tag{2.3.11}$$

根据起动流速的大量实际资料,可确定 $q_0 = 1.3 \times 10^9\,\text{kg/m}^2$、$K_2 = 2.285 \times 10^{-3}$,将它们和 $g = 9.81\,\text{m/s}^2$、$C_x = 0.4$、$C_y = 0.1$、$\delta_0 = 3 \times 10^{-10}\,\text{m}$、$\delta_1 = 4 \times 10^{-7}\,\text{m}$ 等代入式(2.3.11),从而有

$$\omega_1 = \sqrt{3.33gD\dfrac{\gamma_s - \gamma}{\gamma} + 0.0465\left(3 - \dfrac{t}{\delta_1}\right)\left(\dfrac{\delta_1^2}{t^2} - 1\right)\dfrac{\delta_1}{D} + 1.55 \times 10^{-7}\left(3 - \dfrac{t}{\delta_1}\right)\left(1 - \dfrac{t}{\delta_1}\right)\dfrac{H}{D}} \tag{2.3.12}$$

式中有关单位以 m、s 计。对于一般河道及水库变动回水区和常年回水区上段,各种粒径干容重大体对应于 $t = 15 \times 10^{-8}\,\text{m}\left(\text{或}\dfrac{t}{\delta_1} = 0.375\right)$,将它及 δ_1 值代入,可得

$$\omega_1 = \sqrt{53.9D + \dfrac{2.98 \times 10^{-7}}{D}(1 + 0.85H)} \tag{2.3.13}$$

式中有关单位仍以 m、s 计。对于水库淤积和干容重变化的情况,不能采用式(2.3.13),应先根据干容重 γ_s' 确定 t,再根据式(2.3.12)计算 ω_1。

上面推导式(2.3.8)~式(2.3.13)时,没有特别强调是均匀沙还是非均匀沙的条件。实际上,床面泥沙是否均匀,其差别将通过所研究颗粒在床面的位置 Δ' 来反映,因此引进了 Δ' 之后,上述结果对于非均匀沙也是适用的。关键在于如何确定所考虑的颗粒在非均匀沙床面上位置 Δ' 的分布,这一点前面已有所提及,下面还要继续分析。此处仅需指出,上述各式是对给定的 Δ' 得出的,并未涉及 Δ' 的分布,因此对于非均匀沙,上述有关各式完全可以搬用。当然,为了表示明显,仅需将上述各式中的 D 用 D_l 代替、ω_1 用 $\omega_{1.l}$ 代替,此处 l 表示粒径组。例如,对于式(2.3.12),有

$$\omega_{1.l}\left(D_l, H, \dfrac{t}{\delta_1}\right) = \left[3.33gD_l\dfrac{\gamma_s - \gamma}{\gamma} + 0.0465\left(3 - \dfrac{t}{\delta_1}\right)\left(\dfrac{\delta_1^2}{t^2} - 1\right)\dfrac{\delta_1}{D_l}\right.$$
$$\left. + 1.55 \times 10^{-7}\dfrac{H}{D_l}\left(3 - \dfrac{t}{\delta_1}\right)\left(1 - \dfrac{t}{\delta_1}\right)\right]^{\frac{1}{2}} \tag{2.3.14}$$

而由式(2.3.10)知,与 $\varphi(\Delta')$ 相对应的非均匀沙 $\varphi(\Delta_l')$ 为

$$\varphi(\Delta_l') = \sqrt{\dfrac{\sqrt{2\Delta_l' - \Delta_l'^2}}{\left(\dfrac{4}{3} - \Delta_l'\right) + \dfrac{1}{4}\left(\dfrac{1}{3} + \sqrt{2\Delta_l' - \Delta_l'^2}\right)}} \tag{2.3.15}$$

而 $\Delta_l' = \dfrac{\Delta}{R_l} = \dfrac{2\Delta}{D_l}$。

需要再次强调的是,上述各式给出的实际起动流速是在泥沙恰好起动时作用其上的瞬时水流底速,既不是时均底速,更不是垂线平均流速。

最后需要指出的是,韩其为首先引进了 Δ' 的严格定义,并从理论上建立了 Δ' 与起动流速的关系(式(2.3.8)~式(2.3.10))[4,14],而在不少其他文献中,反映床面影响的大多是引进带有经验性的隐蔽系数[15]、床面附加阻力[16],或者虽然引进了暴露度,但其影响并不是直接导入起动流速公式,而是采用某种假定包含进去[17,18],或者更简单的是考虑流速作用点位置不同的差别[19]。因此,Δ' 对起动流速的影响需要单独验证。1965 年,韩其为在岷江五通桥茫溪河野外水槽(小河槽)卵石起动试验中,专门做过此项试验[2],首次从理论和试验给出了 $\varphi(\Delta')$ 对泥沙起动的影响。至于试验的详细情况,以及为什么选用 2~4 颗算起动在文献[20]中已说明。对于卵石和较粗的推移质($D > 0.25\text{mm}$),黏着力和薄膜水附加下压力不存在,或可以忽略,故此时

$$\omega_1 = \omega_0 = \sqrt{\dfrac{4(\rho_s - \rho)}{3C_x \rho}gD} = \sqrt{53.9\bar{D}} \qquad (2.3.16)$$

$$V_{\text{b.c}} = \varphi(\Delta')\omega_0 \qquad (2.3.17)$$

其次式(2.3.9)~式(2.3.11)、式(2.3.14)、式(2.3.16)等均未特别考虑颗粒形状。如果较简单地考虑形状因素,可引进扁度系数[21]

$$\lambda = \dfrac{\sqrt{ab}}{c} \qquad (2.3.18)$$

式中,a、b、c 分别为颗粒的长、中、短轴。附带指出,Vanoni[22] 在研究泥沙形状对沉速影响时,曾考虑了扁度系数的倒数,即

$$\dfrac{1}{\lambda} = \dfrac{c}{\sqrt{ab}} \qquad (2.3.19)$$

作为形状指标。由此说明,λ 确实能反映形状对泥沙运动的影响。通过理论分析可得到起动流速近似地与 $\lambda^{0.45}$ 成比例。这样,式(2.3.17)可改写为

$$V_{\text{b.c}} = \lambda^{0.45}\omega_0 \varphi(\Delta') \qquad (2.3.20)$$

有关卵石起动及位置和形态的影响,以下还会专门阐述。

2.4 起动概率及起动流速分布

2.4.1 起动概率

对于均匀沙,起动流速公式由式(2.3.17)确定。该式是当 Δ' 为确定值的情况。当考虑 Δ' 为随机变量 $\xi_{\Delta'}$ 时,起动流速也为随机变量 $\xi_{V_{\text{b.c}}}$。这样,起动条

件为

$$\xi_{V_b^2} > \xi_{V_{b,c}^2} = \varphi^2(\xi_{\Delta'})\omega_1^2 \qquad (2.4.1)$$

相应的起动概率为

$$\varepsilon_1 = P[\xi_{V_b^2} > \varphi^2(\xi_{\Delta'})\omega_1^2] \qquad (2.4.2)$$

在 $\xi_{\Delta'} = \Delta'$ 的条件下,它的条件概率为

$$\varepsilon_1(\Delta') = P[\xi_{V_b^2} > \varphi^2(\xi_{\Delta'})\omega_1^2 \mid \xi_{\Delta'} = \Delta']$$
$$= P[\xi_{V_b^2} > \varphi^2(\xi_{\Delta'})\omega_1^2]P[\xi_{\Delta'} = \Delta'] \qquad (2.4.3)$$

从而有

$$\varepsilon_1 = \int_{\Delta_m}^1 p_{\xi_{\Delta'}}(\Delta')\mathrm{d}\Delta'\{1 - P[-\varphi(\Delta')\omega_1 \leqslant \xi_{V_b} \leqslant \varphi(\Delta')\omega_1]\}$$
$$= \int_{\Delta_m'}^1 p_{\xi_{\Delta'}}(\Delta')\mathrm{d}\Delta'\left[1 - \int_{-\varphi(\Delta')\omega_1}^{\varphi(\Delta')\omega_1} p_{\xi_{V_b}}\mathrm{d}V_b\right]$$
$$= 1 - \int_{\Delta_m'}^1 p_{\xi_{\Delta'}}(\Delta')\mathrm{d}\Delta'\int_{-\varphi(\Delta')\omega_1}^{\varphi(\Delta')\omega_1} p_{\xi_{V_b}}\mathrm{d}V_b \qquad (2.4.4)$$

此处的积分区域如图 2.4.1 所示[7]。

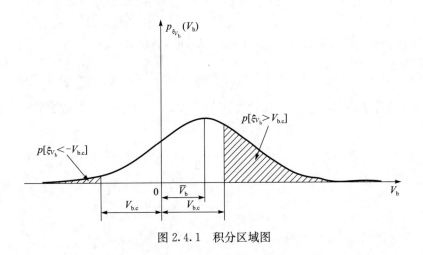

图 2.4.1　积分区域图

式(2.4.4)积分还可直接写成

$$\varepsilon_1 = \int_{\Delta_m'}^1 p_{\xi_{\Delta'}}(\Delta')\mathrm{d}\Delta'\left(\int_{\varphi(\Delta')\omega_1}^{\infty} p_{\xi_{V_b}}(V_b)\mathrm{d}V_b + \int_{-\infty}^{-\varphi(\Delta')\omega_1} p_{\xi_{V_b}}(V_b)\mathrm{d}V_b\right) \quad (2.4.5)$$

从图 2.4.1 中可看出,括号中的第二个积分是负向脉动流速小于 $-(\bar{V}_b + V_{b,c})$ 的概率,即颗粒逆流方向起滚的概率。它实际是非常小的,对研究泥沙起动来说意义不大,在以下的研究中一般忽略不计。此时式(2.4.4)或式(2.4.5)变为

$$\varepsilon_1 = 1 - \frac{1}{0.866\sqrt{2\pi}} \int_{0.134}^1 \mathrm{d}\Delta' \int_{-\infty}^{\frac{\varphi(\Delta')\omega_1 - \bar{V}_b}{\sigma_x}} \mathrm{e}^{-\frac{t^2}{2}} \, \mathrm{d}t$$

$$= \frac{1}{0.866\sqrt{2\pi}} \int_{0.134}^1 \mathrm{d}\Delta' \int_{\frac{\varphi(\Delta')\omega_1 - \bar{V}_b}{\sigma_x}}^{\infty} \mathrm{e}^{-\frac{t^2}{2}} \, \mathrm{d}t$$

$$= \frac{1}{0.866} \int_{0.134}^1 \phi(t_1) \mathrm{d}\Delta' \tag{2.4.6}$$

式中，$\phi(t_1)$ 是高斯积分，

$$\phi(t_1) = \frac{1}{\sqrt{2\pi}} \int_{t_1}^{\infty} \mathrm{e}^{-\frac{t^2}{2}} \, \mathrm{d}t \tag{2.4.7}$$

需要说明的是，高斯积分一般是指 $\phi(t_1) = \dfrac{1}{\sqrt{2\pi}} \displaystyle\int_0^{t_1} \mathrm{e}^{-\frac{t^2}{2}} \, \mathrm{d}t$，由于本书要广泛应用式(2.4.7)的表示，故以下均称它为高斯积分。而

$$t = \frac{V_b - \bar{V}_b}{\sigma_x} = 2.7\left(\frac{V_b}{\bar{V}_b} - 1\right) \tag{2.4.8}$$

$$t_1 = \frac{V_{b.c}(\Delta') - \bar{V}_b}{\sigma_x} = \frac{\omega_1\varphi(\Delta') - \bar{V}_b}{\sigma_x} = 2.7\left[\frac{\omega_1}{\bar{V}_b}\varphi(\Delta') - 1\right] \tag{2.4.9}$$

根据 Никитин[6] 的试验结果，式中取 $\sigma_x = 0.37\bar{V}_b$，这样式(2.4.6)为

$$\varepsilon_1 = \frac{1}{0.866} \int_{0.134}^1 \phi\left[2.7\left(\frac{\omega_1}{\bar{V}_b}\varphi(\Delta') - 1\right)\right] \mathrm{d}\Delta' = f_1\left(\frac{\bar{V}_b}{\omega_1}\right) \tag{2.4.10}$$

现在估计忽略负向流速对起动作用的误差 δ。由式(2.4.5)减去式(2.4.6)，可得

$$\delta = \frac{1}{0.866\sqrt{2\pi}} \int_{0.134}^1 \mathrm{d}\Delta' \int_{-\infty}^{-2.7\left[\frac{\varphi(\Delta')\omega_1}{\bar{V}_b} - 1\right]} \mathrm{e}^{-\frac{t^2}{2}} \, \mathrm{d}t$$

$$\leqslant \frac{1}{0.866\sqrt{2\pi}} \int_{0.134}^1 \int_{-\infty}^{-2.7} \mathrm{e}^{-\frac{t^2}{2}} \, \mathrm{d}t \mathrm{d}\Delta'$$

$$= \frac{1}{0.866} \int_{0.134}^1 0.0035 \mathrm{d}\Delta' = 0.0035$$

可见忽略负向流速引起的起动概率的误差是很小的。此处利用了 $\dfrac{\varphi(\Delta')\omega_1}{\bar{V}_b} - 1 > 0$，

即 $\dfrac{\varphi(\Delta')\omega_1}{\bar{V}_b} > 1$，于是 $-\dfrac{\varphi(\Delta')\omega_1}{\bar{V}_b} < -1$，从而使 $-2.7\left[\dfrac{\varphi(\Delta')\omega_1}{\bar{V}_b} - 1\right] < -2.7$，故上限

为 -2.7 的积分要大于上限为 $-2.7\left[\dfrac{\varphi(\Delta')\omega_1}{\bar{V}_b} - 1\right]$ 的积分。

对于非均匀沙，泥沙起动概率计算更简单。现求 $\xi_D = D_l$ 的条件概率

$$\varepsilon_{1.l}(D_l) = \varepsilon_{1.l}(D_l, \Delta_l') = \varepsilon_{1.l}\left[D_l, f_{\Delta_l'}(\bar{D}/D_l)\right] = P\left[\xi_{V_{b.c.l}} > V_{b.c.l} \mid \xi_D = D_l\right]$$

$$= \frac{1}{\sqrt{2\pi}} \int_{t_1(D_l)}^{\infty} e^{-\frac{t^2}{2}} dt = \phi\left[t_1(D_l)\right] \qquad (2.4.11)$$

式中,

$$t_1(D_l) = t_1\left(D_l, f_{\Delta_l'}\left(\frac{\bar{D}}{D_l}\right)\right) = \frac{V_{b.c.l} - \bar{V}_b}{\sigma_x} = 2.7\left[\frac{\omega_{1.l}(D_l)}{\bar{V}_b}\varphi\left(f_{\Delta_l'}\left(\frac{\bar{D}}{D_l}\right)\right) - 1\right]$$

$$(2.4.12)$$

从上面的起动概率计算可看出,本书的表达式与 Einstein[23] 等公式有很大不同。式(2.4.10)及式(2.4.11)不仅提出了暴露度 Δ' 的表达以及均匀沙和非均匀沙时它的分布,而且在对随机变量 ξ_{V_b} 的取值上也有差别。Einstein 注意到负向脉动速度可以导致起动。韩其为和何明民[3] 证明和指出,在计算中采用上举力为正态分布的假设是不恰当的,它与流速正态分布矛盾,Einstein 的起动概率公式在理论上应修正。后来,有的研究者在此基础上提出了他们的具体调整结果[24-26]。有的文献虽采用 $\xi_{V_b} > V_{b.c}$ 来计算起动概率,但没有从理论上说明,忽略了负向脉动速度对起动概率的影响。

2.4.2　起动流速的分布及数学期望

前面已指出,起动流速 $V_{b.c}$ 本身就是随机变量,它取决于颗粒位置 Δ'。时均起动速度是不确定的,这已被不少人接受,但是瞬时起动底速是随机变量,是一个新的概念。现在引进相对起动底速。按式(2.3.10)有

$$\widetilde{V}_{b.c} = \frac{V_{b.c}}{\omega_1} = \varphi(\Delta') = \sqrt{\frac{\sqrt{2\Delta' - \Delta'^2}}{\left(\frac{4}{3} - \Delta'\right) + \frac{1}{4}\left(\frac{1}{3} + \sqrt{2\Delta' - \Delta'^2}\right)}} \qquad (2.4.13)$$

这也是随机变量 $\eta_{\widetilde{V}_{b.c}} = \frac{\xi_{V_{b.c}}}{\omega(D_l)}$ 与 $\xi_{\Delta'}$ 之间的关系。因此,当知道 Δ' 的分布函数后可推出 $\widetilde{V}_{b.c}$ 的分布函数。由于 $\varphi(\Delta')$ 是 Δ' 的严格单调递增函数,故 $\eta_{\widetilde{V}_{b.c}}$ 的分布函数为

$$F_{\widetilde{V}_{b.c}}(\widetilde{V}_{b.c}) = F_{\Delta'}\left[\varphi^{-1}(\widetilde{V}_{b.c})\right] \qquad (2.4.14)$$

密度为

$$p_{\widetilde{V}_{b.c}}(\widetilde{V}_{b.c}) = F_{\Delta'}\left[\varphi^{-1}(\widetilde{V}_{b.c})\right]\left[\varphi^{-1}(\widetilde{V}_{b.c})\right]' \qquad (2.4.15)$$

式中,$\Delta' = \varphi^{-1}(\widetilde{V}_{b.c})$,为上述 $\widetilde{V}_{b.c} = \varphi(\Delta')$ 的反函数。

将有关值代入式(2.4.15),可得

$$p_{\widetilde{V}_{b.c}}(\widetilde{V}_{b.c}) = \frac{1}{1 - \Delta_m'}\frac{d\Delta'}{d\widetilde{V}_{b.c}} \qquad (2.4.16)$$

考虑 $\Delta' = \varphi^{-1}(\widetilde{V}_{b.c})$ 求导数较为复杂,可直接采用数值计算[14]。此时式(2.4.16)为

$$p_{\widetilde{V}_{b.c}}(\Delta') = \frac{1}{1-\Delta'_m}\frac{\Delta'_{i+1}-\Delta'_i}{\varphi_{i+1}-\varphi_i}, \quad i=1,\cdots,M \tag{2.4.17}$$

上述各式的范围在 $\widetilde{V}_{b.c.m}=\varphi(0.134)=0.596$ 到 $\widetilde{V}_{b.c.M}=\varphi(1)=\sqrt{3/2}=1.225$。由式(2.4.15)可求出各 φ_i 点的分布密度。这个密度自然应该满足

$$F(1.225)=\int_{0.596}^{1.225}p_{\widetilde{V}_{b.c}}(\varphi)\mathrm{d}\varphi=1 \tag{2.4.18}$$

事实上,按梯形法则进行数字积分,可得

$$F(1.225)=\sum_{i=1}^M \frac{1}{1-\Delta'_m}\frac{\Delta'_{i+1}-\Delta'_i}{\varphi_{i+1}-\varphi_i}(\varphi_{i+1}-\varphi_i)$$

$$=\sum_{i=1}^M \frac{1}{1-\Delta'_m}(\Delta_{i+1}-\Delta_i)=\frac{\Delta_M-\Delta_1}{1-\Delta'_m}=\frac{1-\Delta'_m}{1-\Delta'_m}=1$$

由 $\widetilde{V}_{b.c}$ 的分布密度可求出它的数学期望:

$$M(\eta_{\widetilde{V}_{b.c}})=\int_{0.596}^{1.225}\varphi p_{\widetilde{V}_{b.c}}(\varphi)\mathrm{d}\varphi \tag{2.4.19}$$

化成数字积分为

$$\frac{\bar{V}_{b.c}}{\omega(D_l)}=M(\eta_{\widetilde{V}_{b.c}})=\sum_{i=1}^M \frac{1}{1-\Delta'_m}\frac{\Delta'_{i+1}-\Delta'_i}{\varphi_{i+1}-\varphi_i}\frac{\varphi_i+\varphi_{i+1}}{2}(\varphi_{i+1}-\varphi_i)$$

$$=\sum_{i=1}^M \frac{1}{1-\Delta'_m}(\Delta'_{i+1}-\Delta'_i)\frac{\varphi_i+\varphi_{i+1}}{2}$$

$$=\int_{0.134}^1 \varphi(\Delta')\frac{\mathrm{d}\Delta'}{1-\Delta'_m}=\int_{0.134}^1 p_{\xi_{\Delta'}}(\Delta')\varphi(\Delta')\mathrm{d}\Delta' \tag{2.4.20}$$

即可直接由 Δ' 的分布密度来求数学期望,显然这正是所预期的。用上述式(2.4.17)求出的分布密度如图 2.4.2 所示[13],其众值为对应的密度值 1.864。而由式(2.4.20)求出的 $\widetilde{V}_{b.c}$ 的数学期望为 $M(\eta_{\widetilde{V}_{b.c}})=0.916$,$\eta_{V_{b.c}}$ 的数学期望也可直接由式(2.4.21)求出:

$$\bar{V}_{b.c}=M[\eta_{V_{b.c}}]=\int_{\Delta_m}^1 \omega_1\varphi(\Delta)p_{\xi_\Delta}(\Delta)\mathrm{d}\Delta=0.916\omega_1 \tag{2.4.21}$$

对于非均匀沙,仿照上面的计算,自然也可以求出 $\eta_{V_{b.c.l}}$ 的分布。但是直接求期望更方便。正如以后将要说明的,此时分组起动流速及其条件分布(即 $\xi_{D_l}=D_l$ 的条件分布)颇为重要,在泥沙研究中应用较广。但是起动流速的无条件期望仍是衡量床面泥沙起动的综合指标,此时可按式(2.4.22)求出:

$$\bar{V}_{b.c}=M[\eta_{V_{b.c}}]=\sum_{l=1}^n P[\xi_{D_l}=D_l]M[\eta_{V_{b.c.l}}\mid\xi_{D_l}=D_l]$$

$$=\sum_{l=1}^M P_{1.l}\int_{\Delta'_{M.l}}^{\Delta'_{M.l}}\omega_{1.l}(D_l)\varphi(\Delta'_l)\mathrm{d}F_{\xi_{\Delta_l}}(\Delta'_l D_l) \tag{2.4.22}$$

其中,n 为泥沙分组数。

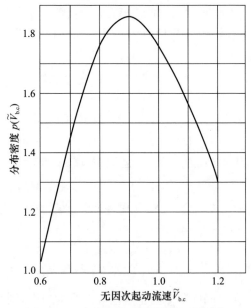

图 2.4.2　实际起动流速的分布密度[4]

2.5　床面泥沙交换的统计规律及有关分布

本节研究床面泥沙交换,即运动状态的转换。由于低输沙率,床面泥沙仅有两种状态:静止与滚动。

前面研究的泥沙的起动概率、起动流速分布就是属于由静止(床沙)转为滚动(推移质)的情况,但是它仅指单颗泥沙的情况,忽略了起动所需要的时间,即只要 $V_b > V_{b,c}$ 就能起动,尽管考虑了非均匀沙,可也是一颗泥沙以不同的概率 $P_{1,l}$ 具有粒径 D_l 的情况。由于床面有多颗泥沙,而且起动需要一定的时间,这意味着 $V_b > V_{b,c}$ 并不是起动的充分条件。以下将研究多颗泥沙并考虑其起动时间的条件下有关起动的统计规律,特别是有关分布。

与此同时,还要研究由滚动停下来转为静止的情况,即滚动颗粒的寿命分布等。

2.5.1　床面多颗泥沙起动的统计规律

文献[3]和[4]研究了一般条件下床面多颗泥沙起动的统计规律,无论对于低输沙率还是高输沙率,这些规律都是适用的。文献中的起动是一种广义的概念,指的是泥沙由静转动,其中包括由静转滚、转跳、转悬三种,并不限于输沙率很低的情况。当然,由所述一般的情况可直接引用到一般“床面泥沙处于起动”的输沙率很低的情况。此处为了阐述得比较清楚,进行简单推导。

首先确定在单位床面上,在时刻 t 起动 K 个颗粒的概率分布,也就是在床面泥沙处于"起动"状态时由静转动的颗粒的起动分布。根据颗粒起动的物理现象,给出下列三个假设[4]:

(1) 平稳性。在时间 $[t, t+\tau]$ 内起动的颗数与起始时刻 t 无关,也就是若 N_t 为 $[0, t]$ 内起动的颗数,则

$$P[N_{t+\tau} - N_t = K] = P[N_\tau = K] = W_K(\tau) \tag{2.5.1}$$

(2) 增量的独立性。在时间间隔 $[t, t+\tau]$ 内起动的颗数与 t 以前的起动颗数无关,即在互不相交的时间区间上起动颗数的增量具有独立的分布。若 $t_1 < t_2 < t_3$,则

$$
\begin{aligned}
& P[N_{t_2} - N_{t_1} = K_1, N_{t_3} - N_{t_2} = K_2] \\
=& P[N_{t_2} - N_{t_1} = K_1] P[N_{t_3} - N_{t_2} = K_2] \\
=& W_{K_1}(t_2 - t_1) W_{K_2}(t_3 - t_2)
\end{aligned}
\tag{2.5.2}
$$

(3) 在时间间隔 τ 内,当 $\tau \to 0$ 时,至少起动两颗以上的概率为 τ 的高阶无穷小量,即若以 $\varphi(\tau)$ 表示在时间间隔 τ 内至少起动两颗的概率,则有当 $\tau \to 0$ 时,$\dfrac{\varphi(\tau)}{\tau} \to$ 0,这个假设的实际意义是当 $\tau \to 0$ 时,单位床面或者不起动,或者起动一颗,起动两颗或两颗以上是不可能的。

在上述三个假设条件满足时容易证明,在单位床面上,在时间 t 内一颗也不起动的概率 $W_0(t)$ 为负指数分布。事实上,由假设(2)有

$$W_0(t + \Delta t) = W_0(t) W_0(\Delta t) \tag{2.5.3}$$

从而有

$$
\begin{aligned}
W_0(t + \Delta t) - W_0(t) &= -W_0(t)[1 - W_0(\Delta t)] \\
&= -W_0(t)[W_1(\Delta t) + \varphi(\Delta t)]
\end{aligned}
\tag{2.5.4}
$$

此处利用了假设(3),即

$$W_1(\Delta t) + W_0(\Delta t) + \varphi(\Delta t) = 1$$

由于 $W_1(\Delta t)$ 表示在 Δt 内单位床面起动一颗的概率,又因为 $W_0(0) = 1$,显然有

$$W_1(\Delta t) = \lambda \Delta t \tag{2.5.5}$$

即在 Δt 内起动一颗的概率显然应与 Δt 成正比,其中 λ 为比例系数。利用式(2.5.5),将式(2.5.4)略加变换,可得

$$\frac{W_0(t + \Delta t) - W_0(t)}{\Delta t} = -\lambda W_0(t) + \frac{\varphi(\Delta t)}{\Delta t}$$

当 $\Delta t \to 0$ 时,注意到假设(3),则有

$$\frac{\mathrm{d} W_0(t)}{\mathrm{d} t} = -\lambda W_0(t) \tag{2.5.6}$$

积分后得到

$$W_0(t) = e^{-\lambda t} \tag{2.5.7}$$

它表示在 t 内单位床面的表层泥沙中一颗也不起动的概率。

现在考虑在 t 内起动 K 颗的概率 $W_K(t)$。按照前述三个假设有

$$W_k(t+\Delta t) = W_{k-1}(t)W_1(\Delta t) + W_k(t)W_0(\Delta t) + \varphi(\Delta t)$$
$$= \lambda W_{k-1}(t)\Delta t + W_k(t)(1-\lambda\Delta t) + \varphi(\Delta t) \tag{2.5.8}$$

将式(2.5.8)加以变换,并令 $\Delta t \to 0$,得到

$$\frac{\mathrm{d}W_k(t)}{\mathrm{d}t} = \lambda[W_{k-1}(t) - W_k(t)] \tag{2.5.9}$$

此式对于 $k \geqslant 1$ 均正确。它是一个线性方程,其一般解为

$$W_k(t) = e^{-\lambda t}\left[\int e^{\lambda\tau}\lambda W_{k-1}(\tau)\mathrm{d}\tau + C\right] \tag{2.5.10}$$

根据假设(3),当 $t=0$ 时,显然有

$$W_k(t) = 0, \quad k \geqslant 1 \tag{2.5.11}$$

于是式(2.5.10)中常数 $C=0$,即

$$W_k(t) = e^{-\lambda t}\int_0^t \lambda e^{\lambda t}W_{k-1}(\tau)\mathrm{d}\tau \tag{2.5.12}$$

令

$$R_k(t) = e^{\lambda t}W_k(t) \tag{2.5.13}$$

则式(2.5.12)变为

$$R_k(t) = \int_0^t \lambda R_{k-1}(\tau)\mathrm{d}\tau \tag{2.5.14}$$

这就是 R_k 的递推公式。将式(2.5.7)代入式(2.5.13)得

$$R_0(t) = 1$$

再代入式(2.5.14)后得

$$R_1(t) = \lambda t$$

一般的,有

$$R_k(t) = \frac{(\lambda t)^k}{k!} \tag{2.5.15}$$

从而有

$$W_k(t) = e^{-\lambda t}\frac{(\lambda t)^k}{k!} \tag{2.5.16}$$

这就是在时间间隔 $[0,t]$ 中,在单位床面上起动 k 个颗粒的概率。显然,$K(t)$ 是带参数 λ 的泊松分布。起动颗数的数学期望为

$$\bar{K} = M[K] = \sum_{K=0}^{\infty} KW_K(t)$$
$$= \lambda t\sum_{K=0}^{\infty} e^{-\lambda t}\frac{(\lambda t)^{K-1}}{(K-1)!} = \lambda t \tag{2.5.17}$$

可见

$$\lambda=\frac{\bar{K}}{t} \tag{2.5.18}$$

即 λ 为单位面积、单位时间起动的颗数,或称为起动强度。

　　现在求起动强度 λ 的表达式。当只考虑一个颗粒泥沙时,λ_1 显然应与起动概率 ε_1 成正比,与颗粒起动时在床面停留的时间 t_0 成反比,即

$$\lambda_1=\frac{\varepsilon_1}{t_0} \tag{2.5.19}$$

之所以与颗粒起动时在床面停留的时间 t_0 成反比,可以这样理解:当 $t=t_0$ 且 $\varepsilon_1=1$ 时,每一颗泥沙只能起动一次。设 $t=mt_0$,则当 $\varepsilon_1=1$ 时,在 t 内只能起动 m 次。由式(2.5.19)有 $\lambda_1 t=mt_0\varepsilon_1/t_0=m\varepsilon_1$,考虑到此时设 $\varepsilon_1=1$,从而有 $\lambda_1 t=m$。可见式(2.5.19)中分母必为 t_0。当单位床面颗粒密实系数为 m_0 时,单位床面泥沙总颗数(包括静止与运动)n_0 为

$$n_0=\frac{m_0\times 1\times 1}{\frac{\pi}{4}D^2}=\frac{4m_0}{\pi D^2} \tag{2.5.20}$$

其中静止的颗数为 $n_1=R_1 n_0=R_1\frac{4m_0}{\pi D^2}$,而 R_1 为床面泥沙静止的概率。如果假定各颗泥沙的起动相互独立,则在 n_1 颗泥沙中一颗也不起动的概率为

$$W_{0.n_0}(t)=\overbrace{W_{0.1}(t)W_{0.1}(t)\cdots W_{0.1}(t)}^{n_1个相乘}$$
$$=(e^{-\lambda_1 t})^{n_1}=e^{-n_1\lambda_1 t} \tag{2.5.21}$$

注意到式(2.5.19),则

$$\lambda=n_1\lambda_1=\frac{n_1\varepsilon_1}{t_0} \tag{2.5.22}$$

这就是单位床面有 n_1 颗静止泥沙的起动强度。由于此处仅研究床面泥沙处于"起动"状态的情况,故只考虑泥沙的滚动。由文献[1]和[3]可知,起动强度就是由静转滚强度 $\lambda_{1.2}$,

$$\lambda_{1.2}=\frac{n_1\varepsilon_1}{t_{2.0}} \tag{2.5.23}$$

式中,下标 1 表示静止,2 表示滚动。此时颗粒总是与床面接触的,故起动时间 $t_{0.2}$ 就是它在床面的滚动时间。设滚动速度为 U_2,单步滚动距离为 l_2,则

$$t_0=t_{2.0}=\frac{l_2}{U_2} \tag{2.5.24}$$

即

$$\lambda_{1.2}=\frac{n_1\varepsilon_1 U_2}{l_2} \tag{2.5.25}$$

为了检验式(2.5.16)是否符合实际,曾在玻璃水槽做过专门的试验[5],结果如图 2.5.1 所示。图中的纵坐标为式(2.5.7)的不起动概率 $W_0(t)$ 或 $K=0$ 时的式(2.5.16),而横坐标为时间 t。从图中可以看出,三次试验的不起动概率均符合负指数分布。随着时间的增加,不起动概率迅速趋近于零。此外,在图 2.5.2 中还引用了 Tsujimoto[27] 试验结果。由图可见,不动概率在半对数纸上为一直线,这也证明了式(2.5.7)是符合实际的。由于至少起动一颗的概率为

$$P[K \geqslant 1] = \sum_{k=1}^{\infty} e^{-\lambda t} \frac{(\lambda t)^k}{k!} = 1 - e^{-\lambda t} \tag{2.5.26}$$

对于所述试验资料,它将随着时间的增加很快趋近于 1,即至少起动一颗泥沙的事件很快成为必然。此处,可以很明显地区别 $K \geqslant 1$ 的 $W_k(t)$ 和 ε_1,后者虽称为起动概率,但它实际只是表示 $\xi_{V_b} > \xi_{V_{b.c}}$ 的概率。泥沙起动时脱离床面使床面重新获得"自由"(即重新有颗粒起动)是需要时间的,ε_1 并不能反映在某个时间间隔内的起动颗数,所以不能充分地描述泥沙起动现象;决定泥沙起动现象的是前者,它表示在 $[0,t]$ 内单位床面处于静止的 n_1 颗泥沙中至少起动 1 颗的概率,它除与 ε_1、n_1、t_0(或 U_2、t_2)等参数有关外,还与时间 t 有关,t 越大,起动的概率就越大。

2.5.2　推移质滚动时的寿命分布

由于研究泥沙起动只涉及推移质低输沙率,故只涉及推移质的滚动运动。此时泥沙仅有两种状态,即在床面静止和滚动。式(2.5.25)中已经给出单位床面单位时间,由床面静止转为滚动的颗粒数为[3,28]

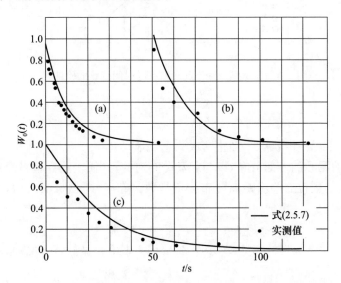

图 2.5.1　单位床面一颗泥沙不起动的概率随时间变化的验证[5]

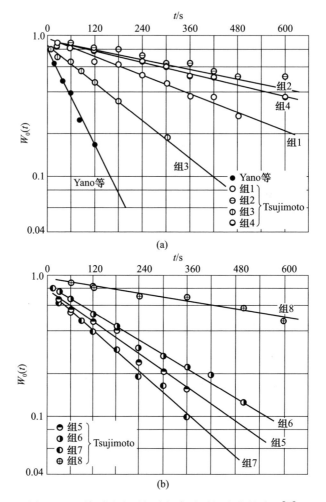

图 2.5.2　单颗泥沙不起动概率随时间变化的验证[27]

$$\lambda_{1.2} = \frac{n_1 \varepsilon_1 U_2}{l_2} \tag{2.5.27}$$

式中,下标表示泥沙由状态 1 静止变成状态 2 滚动。

　　引进滚动泥沙的寿命分布,以与起动分布对应,并便于建立输沙率公式。在一定近似下,运动颗粒的单步距离分布为负指数分布[3],即颗粒滚动后,它运动一步停下来的概率为

$$P[\xi_l \leqslant x] = P_{\xi_l}(x) = 1 - e^{-\mu_2 x} \tag{2.5.28}$$

式中,μ 为某一参数,简单起见,单步距离 l_2 用 l 表示。显然,运动颗粒单步距离的密度函数为

$$p_{\xi_l}(x) = \mu_2 e^{-\mu_2 x} \tag{2.5.29}$$

而平均单步距离为

$$\bar{l}=\int_0^\infty x\mu_2\mathrm{e}^{-\mu_2 x}\mathrm{d}x=-\frac{\mu_2 x}{\mu_2}\mathrm{e}^{-\mu_2 x}\bigg|_0^\infty-\int_0^\infty \mathrm{e}^{-\mu_2 x}\mathrm{d}x=-\frac{1}{\mu_2}(1-\mu_2 x)\mathrm{e}^{-\mu_2 x}\bigg|_0^\infty=\frac{1}{\mu_2}$$

$$(2.5.30)$$

可见参数 μ 为平均单步距离的倒数。其实仿照前面 $W_0(t)$ 的推导,也可得到式(2.5.28)。事实上,与 $W_0(t)$ 的推导完全类似,可以得到一颗泥沙单步运动时继续运动的概率,即颗粒在 x 点继续运动的概率为指数分布:

$$P[\xi_x>x]=\mathrm{e}^{-\mu_2 x} \tag{2.5.31}$$

而在到达 x 之前,它停止的概率为

$$P[\xi_x\leqslant x]=1-P[\xi_x>x]=1-\mathrm{e}^{-\mu_2 x}$$

这就是单步运动距离的分布的式(2.5.28)。图 2.5.3 为 Tsujimoto[27] 整理的试验资料,在半对数纸上为一直线,可见它们能很好地符合式(2.5.29)。上述式(2.5.28)~式(2.5.30)均是对单步运动的情况。

下面考虑单次运动的情况,颗粒单次滚动的距离 x 是指颗粒滚动距离到达 x 后即停止滚动。因此,完成一个单次运动的事件包括:恰好走一步停下来,恰好走两步停下来……以至恰好走任意 n 步停下来的事件。此处步数是随机变量 ξ_n,每步滚动距离也是随机变量,ξ_L 表示单次步长。这样一个颗粒连续走 n 步到达 x 之后停下来的概率为

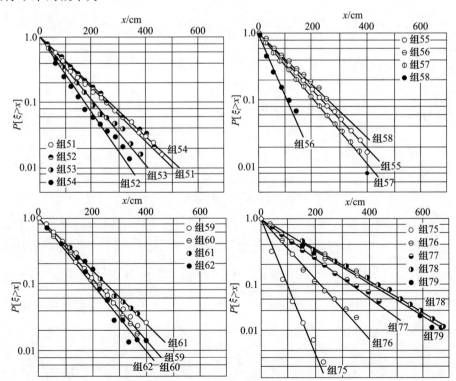

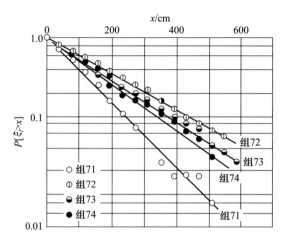

图 2.5.3　单颗泥沙单步距离分布[27]

$$P[\xi_L < x, \xi_n = n] = P[\xi_L \leqslant x \,|\, \xi_n = n]P[\xi_n = n] \tag{2.5.32}$$

现在先研究 $\xi_n = n$ 的条件概率,即在走完 n 步的条件下,$\xi_L = x_1 + x_2 + \cdots + x_n < x$ 的概率。显然有

$$P[\xi_L \leqslant x \,|\, \xi_n = 1] = \int_0^x \mu_2 e^{-\mu_2 x} \mathrm{d}x_1 = 1 - e^{-\mu_2 x} = e^{-\mu_2 x} \sum_{k=1}^{\infty} \frac{(\mu_2 x)^k}{k!}$$

$$P[\xi_L \leqslant x \,|\, \xi_n = 2] = \iint_{x_1 + x_2 < x} \mu_2^2 e^{-\mu_2(x_1 + x_2)} \mathrm{d}x_1 \mathrm{d}x_2 = \int_0^x \mu_2 e^{-\mu_2 x_2} \mathrm{d}x \int_0^{x - x_2} \mu_2 e^{-\mu_2 x_2} \mathrm{d}x_1$$

$$= e^{-\mu_2 x} \sum_{k=2}^{\infty} \frac{(\mu_2 x)^k}{k!}$$

设 $\xi_n = n - 1$,由上述两式归纳出

$$P[\xi_L \leqslant x \,|\, \xi_n = n-1] = \int \cdots \int_{\substack{\sum_{i=1}^{n-1} x_i < x \\ x_i \geqslant 0 (i=1,\cdots,n)}} \mu_2^{n-1} e^{-\mu_2 \sum_{i=1}^{n-1} x_i} \mathrm{d}x_1 \cdots \mathrm{d}x_{n-1} = \sum_{k=n-1}^{\infty} \frac{(\mu_2 x)^n}{k!} e^{-\mu x}$$

$$\tag{2.5.33}$$

正确,现证明当 $\xi_n = n$ 时,上述公式仍正确。事实上,

$$P[\xi_L \leqslant x \,|\, \xi_n = n] = \int \cdots \int_{\substack{\sum_{i=1}^{n} x_i < x, \\ x_i \geqslant 0(i=1,\cdots,n)}} \mu_2^n e^{-\mu_2 \sum_{i=1}^{n} x_i} \mathrm{d}x_1 \cdots \mathrm{d}x_n$$

$$
= \int \cdots \int_{\substack{\sum_{i=1}^{n-1} x_i < x-x_n \\ x_i \geqslant 0 (i=1,\cdots,n-1)}} \mu_2^{n-1} \mathrm{e}^{-\mu_2 \sum_{i=1}^{n} x_i} \Big[1 - \mathrm{e}^{-\mu_2 \left(x - \sum_{i=1}^{n-1} x_i \right)} \Big] \mathrm{d}x_1 \cdots \mathrm{d}x_n
$$

$$
= \int \cdots \int_{\substack{\sum_{i=1}^{n-1} x_i < x-x_n \\ x_i \geqslant 0 (i=1,\cdots,n-1)}} (\mu_2^{n-1} \mathrm{e}^{-\mu_2 \sum_{i=1}^{n} x_i} - \mu_2^{n-1} \mathrm{e}^{-\mu_2 x}) \, \mathrm{d}x_1 \cdots \mathrm{d}x_n
$$

$$
= \mathrm{e}^{-\mu_2 x} \sum_{k=n-1}^{\infty} \frac{(\mu_2 x)^k}{k!} - \mu_2^{n-1} \mathrm{e}^{-\mu_2 x} \frac{x^{n-1}}{(n-1)!}
$$

$$
= \mathrm{e}^{-\mu_2 x} \sum_{k=n}^{\infty} \frac{(\mu_2 x)^k}{k!} \tag{2.5.34}
$$

另外,由于走 n 步停下,必须前 $n-1$ 步继续运动。当各步运动独立时,其概率为 ε_0^{n-1},这里 ε_0 是不止动概率。而第 n 步停止,其概率为 $1-\varepsilon_0$,从而有

$$
P[\xi_n = n] = \varepsilon_0^{n-1} (1 - \varepsilon_0) \tag{2.5.35}
$$

这样单次运动距离的分布为

$$
P[\xi_L < x] = \sum_{n=1}^{\infty} P[\xi_L < x, \xi_n = n] = \sum_{n=1}^{\infty} \varepsilon_0^{n-1} (1 - \varepsilon_0) \sum_{k=n}^{\infty} \frac{(\mu_2 x)^k}{k!} \mathrm{e}^{-\mu_2 x} \tag{2.5.36}
$$

注意到 $k \geqslant n$,故将求和符号交换后,有

$$
P[\xi_L < x] = \sum_{k=1}^{\infty} \frac{(\mu_2 x)^k}{k!} \mathrm{e}^{-\mu_2 x} (1 - \varepsilon_0) \sum_{n=1}^{k} \varepsilon_0^{n-1}
$$

$$
= \sum_{k=1}^{\infty} \frac{(\mu_2 x)^k}{k!} \mathrm{e}^{-\mu_2 x} (1 - \varepsilon_0) \frac{1 - \varepsilon_0^{k-1}}{1 - \varepsilon_0}
$$

$$
= \mathrm{e}^{-\mu_2 x} \big[(\mathrm{e}^{\mu_2 x} - 1) - (\mathrm{e}^{\mu_2 \varepsilon_0 x} - 1) \big]
$$

$$
= 1 - \mathrm{e}^{-(1-\varepsilon_0)\mu_2 x} \tag{2.5.37}
$$

这就是一个颗粒做多步运动即单次运动时的分布函数。它的分布密度为

$$
p_{\xi_L}(x) = (1 - \varepsilon_0) \mu_2 x \mathrm{e}^{-(1-\varepsilon_0)\mu_2 x} \tag{2.5.38}
$$

由此得到单次运动的平均距离为

$$
\bar{L} = \frac{1}{(1 - \varepsilon_0) \mu_2} = \frac{\bar{l}}{1 - \varepsilon_0} \tag{2.5.39}
$$

可见单次运动平均距离比单步运动长 $\dfrac{1}{1-\varepsilon_0}$。

上面是研究床面一个颗粒滚动的情况。如果研究 K_2 个颗粒同时做独立的滚动,则在到达 x 后一个也不停止的概率为

$$P[\xi_L > x, \xi_{K_2} = K_2] = e^{-(1-\varepsilon_0)\mu_2 x} e^{-(1-\varepsilon_0)\mu_2 x} \cdots e^{-(1-\varepsilon_0)\mu_2 x}$$
$$= \{P[\xi_L > x]\}^{K_2} = e^{-(1-\varepsilon_0)K_2\mu_2 x} \qquad (2.5.40)$$

这样 K_2 个颗粒滚动距离的分布密度为

$$p_{L.K_2}(x) = K_2(1-\varepsilon_0)\mu_2 e^{-(1-\varepsilon_0)K_2\mu_2 x} \qquad (2.5.41)$$

由此得到平均单次滚动距离为

$$\overline{L}_{K_2} = \frac{1}{K_2(1-\varepsilon_0)\mu_2} = \frac{\overline{l}}{K_2(1-\varepsilon_0)} = \frac{\overline{L}}{K_2} \qquad (2.5.42)$$

它的意义是,如果有 K_2 个颗粒同时滚动,则每经过 $\overline{L}_{K_2}$ 将有一个颗粒停下。因此 $\overline{L}_{K_2}$ 可称为以距离表示的止动周期,而 $\dfrac{1}{\overline{L}_{K_2}}$ 应为单位距离止滚的颗数,即

$$\frac{1}{\overline{L}_{K_2}} = (1-\varepsilon_0)K_2\mu_2 \qquad (2.5.43)$$

如果以滚动时间 t 作为变量,即

$$U_2 t = x \qquad (2.5.44)$$

式中,U_2 为泥沙平均滚动速度,于是式(2.5.40)还可表示为

$$P[\xi > t, \xi_{K_2} = K_2] = e^{-(1-\varepsilon_0)K_2\mu_2 U_2 t} \qquad (2.5.45)$$

由式(2.5.45)求得平均单次滚动时间

$$\overline{T}_{k_2} = \frac{1}{(1-\varepsilon_0)K_2\mu_2 U_2} \qquad (2.5.46)$$

滚动泥沙在 t 内停止的平均颗数为

$$\frac{t}{\overline{T}_{k_2}} = \lambda_{2.1} t = (1-\varepsilon_0)K_2\mu_2 U_2 t \qquad (2.5.47)$$

式中,$\lambda_{2.1}$ 为单位时间平均止滚的颗数,即止滚强度,可表示为[3,28]

$$\lambda_{2.1} = \overline{T}_{k_2} = (1-\varepsilon_0)K_2\mu_2 U_2 = \frac{(1-\varepsilon_0)K_2}{t_{2.0}} \qquad (2.5.48)$$

可见,止滚强度与止动概率、滚动颗数、平均滚动速度成正比,而与单步滚动距离成反比。由于 $t_{2.0}$ 为单步滚动时间,有

$$\mu_2 U_2 = \frac{U_2}{l_2} = \frac{1}{t_{2.0}} \qquad (2.5.49)$$

可见止滚强度又与颗粒单步滚动时间,即颗粒在床面的时间成反比。

2.6　推移质低输沙率

按照前面的叙述,泥沙起动流速是一个随机变量,在一般条件下是难以确定

的,因此不少人补充定义以使泥沙起动明确化。下面详细阐明以时均流速表示的起动流速仅仅具有约定的意义;并讨论泥沙"起动"与"不起动"的约定标准[29]。这种标准有几个等价的参数,其中观测起来最方便的是输沙率标准。因此,在研究起动标准和约定起动流速之前,先要研究床面泥沙处于"起动"状态时的输沙率,即推移质低输沙率。所谓低输沙率,是指床面泥沙仅有滚动和静止。

有的研究者认为泥沙起动时,不存在输沙率,或者输沙率为零,并据此定义起动流速。实际上,泥沙起动与输移是同一现象的两个方面。显然泥沙起动后,便能输移。只起动不输移的观点是不符合实际的,泥沙起动时不是没有输沙率,只是其值很低而已。

2.6.1　均匀沙推移质低输沙率

前面分别建立了单位床面、单位时间泥沙由静止转为滚动和由滚动转为静止的颗数,即转移强度,它们是泥沙做一般运动时(即具有静止、滚动、跳跃、悬移四种运动状态)16 种转移强度[3,28]中颇为有用的两种。现在将以颗数表示的转移强度变为以重量计的转移强度,并与单宽输沙率联系起来。

根据式(2.5.20)、式(2.5.23),在单位床面、单位时间由静止颗粒转为滚动颗粒的重量为

$$I_{1.2}=\frac{\pi}{6}\gamma_s D^3\lambda_{1.2}=\frac{\pi}{6}\gamma_s D^3\frac{m_0 R_1}{\frac{\pi}{4}D^2}\frac{\varepsilon_1}{t_{2.0}}=\frac{2}{3}m_0\gamma_s D\frac{\varepsilon_1}{t_{2.0}}R_1 \qquad (2.6.1)$$

由式(2.5.48)可得止滚转静重量为

$$I_{2.1}=\frac{\pi}{6}\gamma_s D^3\lambda_{2.1}=\frac{\pi}{6}\gamma_s D^3(1-\varepsilon_0)K_2\mu_2 U_2=(1-\varepsilon_0)q_b\mu_2 \qquad (2.6.2)$$

式中,q_b 表示推移质以重量计的单宽输沙率,

$$q_b=\frac{\pi}{6}\gamma_s D^3 K_2 U_2$$

这是因为 K_2 为单位面积、单位时间滚动颗数,U_2 为平均滚动速度,即单位时间平均滚动距离,而 $K_2 U_2$ 表示单位时间内在长为 U_2、宽为一个单位长度的床面上的滚动颗数,即表示以颗数计的单宽输沙率,再乘以单颗泥沙重量,为以重量计的单宽输沙率。在平衡条件下,式(2.6.1)和式(2.6.2)应相等,由此得到

$$q_b=\frac{2}{3}m_0\gamma_s D\frac{\varepsilon_1}{1-\varepsilon_0}\frac{R_1}{t_{2.0}\mu_2} \qquad (2.6.3)$$

注意到式(2.5.49),上式可表示为

$$q_b = \frac{2}{3} m_0 \gamma_s D \frac{\varepsilon_1 R_1}{1-\varepsilon_0} U_2 \tag{2.6.4}$$

这就是推移质单宽输沙率的表达式,唯一的条件是低输沙率,即没有考虑发生跳跃与悬浮,且颗粒较粗,$\varepsilon_{1.l} = \varepsilon_{0.l}$,$\beta_l = \varepsilon_{4.l}$。附带指出,当 $R_1 = 1$ 时,式(2.6.4)的形式与第 1 章中提到的苏联 Гончаров、Леви、Шамов 等按动密实系数推导的公式在总的结构上基本一致,其中 $\varepsilon_1/(1-\varepsilon_0)$ 相当于动密实系数。当然,有关参数的含义和表达形式是有差别的,本书的推导无论从泥沙运动力学还是从概率论方面看都是颇为严格的。另外需指出的是,式(2.6.3)或式(2.6.4)更能概括 Einstein 公式[23]、Великанов 公式(1.3.68)、窦国仁公式(1.3.69)及 Paintal 公式(1.3.89)等。当在式中取 $\frac{1}{t_{2.0}\mu_2} = U_2 = \frac{\lambda D}{t_1} = \frac{\lambda D}{D/\omega} = \lambda\omega$,$\varepsilon_0 = \varepsilon_1$,则式(2.6.3)或式(2.6.4)与 Einstein 公式是一致的。在 Великанов 公式(1.3.68)中,注意到 $\bar{V}_b$ 实际代表推移质运动速度 u_2,而 ε_4 称为不沉概率,实际是多余的。故走完一步的泥沙颗数是 $n_0 l_2 \varepsilon$,走完 n 步的泥沙颗数是 $n_0 l \varepsilon^n$,走完任意步的泥沙颗数总和是 $\frac{n_0 l}{1-\varepsilon}$,则式(1.3.68)即能被式(2.6.4)概括。对于窦国仁公式(1.3.69),取 $\frac{\bar{l}}{t_0} = U_2$,则与式(2.6.4)完全一致。至于 Paintal 公式(1.3.88),也可转化为式(2.6.4)。

前面已指出的是,由于是低输沙率,故近似地取单位床面静止的颗粒数仍然为全部颗粒数 $n_0 = \frac{4m_0}{\pi D^2}$,而不是 $n_l = \frac{4m_0 R_1}{\pi D^2}$。其中 R_1 为床面泥沙静止的概率,此处取 $R_1 = 1$。如果 $R_1 \neq 1$,床面泥沙静止的概率为

$$R_1 = \frac{(1-\varepsilon_0)(1-\varepsilon_4)}{1+(1-\varepsilon_0)(1-\varepsilon_4)-(1-\varepsilon_1)(1-\beta)}$$

若按过去研究习惯,不区分 ε_1 与 ε_0 和 ε_4 与 β,则 $R_1 = (1-\varepsilon_0)(1-\varepsilon_4)$。将其代入式(2.6.3)、式(2.6.4)变为

$$q_b = \frac{2}{3} m_0 \gamma_s D \frac{\varepsilon_1}{1-\varepsilon_0}(1-\varepsilon_0)(1-\varepsilon_4)\frac{1}{t_{2.0}\mu_2} = \frac{2}{3} m_0 \gamma_s D \varepsilon_1 (1-\varepsilon_4) U_2 \tag{2.6.5}$$

对于低输沙率,$\varepsilon_4 = 0$,故式(2.6.5)为

$$q_b = \frac{2}{3} m_0 \gamma_s D \varepsilon_1 \frac{1}{t_{2.0}\mu_2} = \frac{2}{3} m_0 \gamma_s D \varepsilon_1 U_2 \tag{2.6.6}$$

此式的条件实际是 $\varepsilon_1 = \varepsilon_0$,$\beta = \varepsilon_4 = 0$,以及起跳概率 $\varepsilon_2 = 0$。后者是很重要的,否则式中的起滚概率不是 ε_1,而是 $\varepsilon_1 - \varepsilon_2$。存在四种运动状态的滚动输沙能力介绍见本书第 6 章。式(2.6.6)与式(2.6.3)和式(2.6.4)相比,已去掉分母 $1-\varepsilon_0$。本书 6.4 节将

详细从理论上论述上述有关公式中的分母 $1-\varepsilon_0$ 是多余的,此处仅简单提及。可见按严格推导的结果,去掉分母并不是 ε_0 相对于 1 很小而予忽略,而是不应该出现。

根据文献[3]中的推导及本书第 6 章介绍,滚动速度 U_2 在等速运动条件下可表示为 V_b 与 $V_{b.c}$ 之差,故式(2.6.4)中的 U_2 应为随机变量

$$\xi_{U_2}=\xi_{V_b}-\xi_{V_{b.c}} \tag{2.6.7}$$

对于均匀沙床面,U_2 的条件期望和无条件期望为

$$U_2(\Delta')=\frac{\sigma_x}{\sqrt{2\pi}}e^{-\frac{t_1^2}{2}}-t_1\sigma_x \tag{2.6.8}$$

$$U_2=\int_{\Delta'_m}^1\left[\frac{\sigma_x}{\sqrt{2\pi}}\frac{e^{-\frac{t_0^2}{2}}}{\varepsilon_1(t_1)}-t_1\sigma_x\right]\frac{d\Delta'}{1-\Delta'_m} \tag{2.6.9}$$

其中,$\varepsilon_1(t_1)=\varepsilon_1[t_1(D_l)]$ 为 $\xi_D=D_l$ 时的条件起动概率。由式(2.4.6)和式(2.4.7)可看出

$$\varepsilon_1(\Delta')=\frac{1}{\sqrt{2\pi}}\int_{t_1}^\infty e^{-\frac{t^2}{2}}dt=\frac{1}{\sqrt{2\pi}}\int_{2.7\left[\frac{\omega_1}{\bar{V}_b}\varphi(\Delta')-1\right]}^\infty e^{-\frac{t^2}{2}}dt=\phi(t_1) \tag{2.6.10}$$

当瞬时纵向底速均方差 σ_x 取 $0.37\bar{V}_b$ 时,$\dfrac{\sigma_x}{\sqrt{2\pi}}=0.148\bar{V}_b$,于是式(2.6.8)、式(2.6.9)变为

$$U_2(\Delta')=0.148\bar{V}_b\frac{1}{\varepsilon_1(t_1)}e^{-\frac{t_1^2}{2}}-(V_{b.c}-\bar{V}_b) \tag{2.6.11}$$

$$U_2=0.148\bar{V}_b\left\{\int_{\Delta'_m}^1\frac{1}{\varepsilon_1(t_1)}e^{-3.65\left[\frac{\omega_1}{\bar{V}_b}\varphi(\Delta')-1\right]^2}\frac{d\Delta'}{1-\Delta'_m}\right\}-\int_{\Delta'_m}^1(V_{b.c}-\bar{V}_b)\frac{d\Delta'}{1-\Delta'_m}$$

$$=0.148\bar{V}_b\left\{\int_{\Delta'_m}^1\frac{1}{\varepsilon_1(t_1)}e^{-3.65\left[\frac{\omega_1}{\bar{V}_b}\varphi(\Delta')-1\right]^2}\frac{d\Delta'}{1-\Delta'_m}\right\}-\int_{\Delta'_m}^1 2.7\left[\frac{\omega_1}{\bar{V}_b}\varphi(\Delta')-1\right]\frac{d\Delta'}{1-\Delta'_m} \tag{2.6.12}$$

更为方便的是引进 U_2 的相对值,为此用 ω_1 除式(2.6.12)得

$$\frac{U_2}{\omega_1}=0.148\frac{\bar{V}_b}{\omega_1}\left\{\int_{\Delta'_m}^1\frac{1}{\varepsilon_1(\Delta')}e^{-3.64\left[\frac{\omega_1}{\bar{V}_b}\varphi(\Delta')-1\right]^2}\frac{d\Delta'}{1-\Delta'_m}\right.$$

$$\left.-\int_{\Delta'_m}^1 2.7\left[\frac{\omega_1}{\bar{V}_b}\varphi(\Delta')-1\right]\frac{d\Delta'}{1-\Delta'_m}\right\}=f\left(\frac{\bar{V}_b}{\omega_1}\right) \tag{2.6.13}$$

与此相应的无条件起动概率同式(2.4.10)

$$\varepsilon_1=\int_{\Delta'_m}^1\varepsilon_1(\Delta')p_{\Delta'}(\Delta')d\Delta'=\int_{\Delta'_m}^1\frac{d\Delta'}{1-\Delta'_m}\frac{1}{\sqrt{2\pi}}\int_{t_0}^\infty e^{-\frac{t^2}{2}}dt$$

$$= \int_{\Delta_m'}^1 \frac{1}{1-\Delta_m'} \left\{ \phi \left[2.7 \left(\frac{\omega_1}{\bar{V}_b} \varphi(\Delta') - 1 \right) \right] \right\} d\Delta'$$

$$= \frac{1}{1-\Delta_m'} \int_{\Delta_m'}^1 \phi(t_0) d\Delta' = f_1 \left(\frac{\bar{V}_b}{\omega_1} \right) \quad\quad (2.6.14)$$

后面将表明,不止动概率 ε_0 也是很有用的,这里一并顺便给出。将式(2.4.10)中的 ω_1 换成 ω_0,则无条件不止动概率为[3,4]

$$\varepsilon_0 = \int_{\Delta_m'}^1 \varepsilon_0(\Delta') p_{\Delta'}(\Delta') d\Delta' = \int_{\Delta_m'}^1 \frac{d\Delta'}{1-\Delta_m'} \frac{1}{\sqrt{2\pi}} \int_{t_0}^\infty e^{-\frac{t^2}{2}} dt$$

$$= \int_{\Delta_m'}^1 \frac{1}{1-\Delta_m'} \left\{ \phi \left[2.7 \left(\frac{\omega_0}{\bar{V}_b} \varphi(\Delta') - 1 \right) \right] \right\} d\Delta' = f_2 \left(\frac{\bar{V}_b}{\omega_0} \right) \quad (2.6.15)$$

式中,

$$t_0 = \frac{V_{b.c}(\Delta') - \bar{V}_b}{\sigma_x} = 2.7 \left(\frac{\omega_0}{\bar{V}_b} \varphi(\Delta') - 1 \right) \quad\quad (2.6.16)$$

其中,ω_0 由式(2.3.16)给出,它表示当黏着力与薄膜水附加下压力不存在时的 ω_1,将式(2.6.4)改写成相对输沙率的形式,并将式(2.6.13)和式(2.6.15)代入,可得均匀沙相对低输沙率为

$$\lambda_{q_b} = \frac{q_b}{\gamma_s D \omega_1} = \frac{2}{3} m_0 \frac{\varepsilon_1}{1-\varepsilon_0} \frac{U_2}{\omega_1} = F_b \left(\frac{\bar{V}_b}{\omega_1} \right) \approx \frac{2}{3} m_0 \varepsilon_1 \frac{U_2}{\omega_1} \quad (2.6.17)$$

式(2.6.17)右边的第一等号两边相等有两种理解:一种是近似的,由于是低输沙率,允许取 $R_1 = 1, 1 - \varepsilon_0 = 1$,正如上面推导所做的;另一种是严格的推导,取 $R_1 \neq 1$,以及无悬移质($\varepsilon_4 = \beta = 0$),则式(2.6.17)仍正确。按照式(2.6.13)、式(2.6.15)、式(2.6.17)进行数值计算,将结果列于表 2.6.1。考虑到 ω_1 还取决于干容重 $\left(\frac{t}{\delta_1} \right)$,加之此处研究属于推移质,故在该表中均以 ω_0 代替式(2.3.16)表示的 ω_1,同时利用一些床沙较为均匀的卵石和粗、中、细沙的试验资料,在图 2.6.1 中检验了关系式(2.6.17)。可见在 $\frac{q_b}{\gamma_s D \omega_1} \leqslant 10^{-4}$ 时,理论公式与试验资料很好地符合。在 2.7 节将指出,实际起动标准最大值是 $\lambda_{q_{b.c}} = 0.00197$,均在理论公式与实际资料范围之内。式(2.6.16)和图 2.6.1 说明了如下几点。第一,无论是从理论还是从试验看,泥沙处于起动时的输沙率是存在的,并不为零。第二,本节提出的输沙率理论公式完全符合实际,而且不需要加任何修正系数。第三,当 $\frac{q_b}{\gamma_s D \omega_1} > 10^{-3}$ 时,理论结果与试验资料逐渐发生了偏离。其原因是理论公式中只考虑了推移质中的滚动部分,而未考虑跳跃部分,致使理

论结果的输沙率偏小。因此式(2.6.16)不能用来研究中、高推移质输沙率。按后面第 6 章推导的包括跳跃与滚动的均匀沙输沙率公式也绘入图 2.6.1 中。由此可见,在 $\dfrac{\bar{V}_b}{\omega_{1.l}} > 10^{-3}$ 之后,滚动输沙率公式开始偏离实测资料,而此时包括滚动与跳跃运动的总输沙率公式仍然和实际资料基本符合。第四,若设 $\lambda_{q_b} = K\left(\dfrac{\bar{V}_b}{\omega_0}\right)^n$,则其 n 值见表 2.6.1。可见当 $\dfrac{\bar{V}_b}{\omega_0}$ 很小时,n 很大,表示无因次输沙率随着 $\dfrac{\bar{V}_b}{\omega_0}$ 的少许增大而大幅增大,直到高输沙率 $n \to 4 \sim 3$。

表 2.6.1　均匀沙 λ_{q_b}、ε_1 等参数[1]

$\dfrac{\bar{V}_b}{\omega_0}$	ε_0	λ_{q_b}	$\dfrac{U_2}{\omega_0}$	n
0.174	0.2340×10^{-12}	0.4410×10^{-15}	0.7066×10^{-2}	
0.205	0.1687×10^{-8}	0.4583×10^{-11}	0.1018×10^{-1}	56.4
0.231	0.1798×10^{-6}	0.6314×10^{-9}	0.1316×10^{-1}	41.3
0.260	0.6343×10^{-5}	0.2838×10^{-7}	0.1677×10^{-1}	32.1
0.288	0.6726×10^{-4}	0.3702×10^{-6}	0.2064×10^{-1}	25.1
0.319	0.4367×10^{-3}	0.2964×10^{-5}	0.2545×10^{-1}	20.3
0.346	0.1469×10^{-2}	0.1182×10^{-4}	0.3015×10^{-1}	17.0
0.375	0.4017×10^{-2}	0.3834×10^{-4}	0.3578×10^{-1}	14.6
0.404	0.8851×10^{-2}	0.9938×10^{-4}	0.4210×10^{-1}	12.8
0.433	0.1669×10^{-1}	0.2186×10^{-3}	0.4912×10^{-1}	11.4
0.462	0.2803×10^{-1}	0.4256×10^{-3}	0.5693×10^{-1}	10.3
0.519	0.6134×10^{-1}	0.1227×10^{-2}	0.7503×10^{-1}	9.10
0.550	0.8545×10^{-1}	0.1966×10^{-2}	0.8628×10^{-1}	8.12
0.577	0.1095	0.2828×10^{-2}	0.9680×10^{-1}	7.59
0.600	0.1321	0.3745×10^{-2}	0.1062	7.24
0.700	0.2457	0.1002×10^{-1}	0.1529	6.94

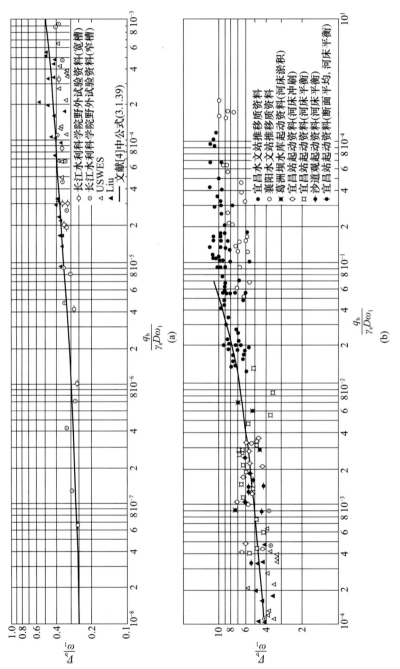

图2.6.1　推移质低输沙率公式验证

这表明采用式(2.6.17)无论从哪方面看,都是有根据的。

表 2.6.2 中列出文献[1]中有关推移质低输沙率的研究成果与本书新近研究成果的对比。从表中可以看出,尽管理论公式相同,但由于计算条件有一些差别,故在计算结果中也有所反映。但是,表中的数据也表明,误差较大主要发生在非常低输沙能力上。例如,当 $\bar{V}_b/\omega_0 \geqslant 0.375$ 以后,不止动概率 $\varepsilon_{0.l}$(即起动概率 $\varepsilon_{1.l}$)及无因次低输沙能力 $\lambda_{q_{b.2}}$ 均是符合的;$\bar{V}_b/\omega_0 = 0.375$ 小于起动标准 $\bar{V}_b/\omega_0 = 0.433$,这说明文献[1]主要研究的起动流速不会受这种误差的影响。

表 2.6.2　文献[1]中的有关推移质低输沙率研究成果与本书新近成果的对比

$\bar{V}_b/\omega_0$	$\varepsilon_{0.l}$	$\varepsilon_{0.l}$(文献[1])	$\lambda_{q_{b.2}}$	$\lambda_{q_{b.2}}$(文献[1])
0.174	0	2.3400×10^{-13}	0	4.4100×10^{-16}
0.205	1.9130×10^{-9}	1.6870×10^{-9}	0	4.5830×10^{-12}
0.231	1.9637×10^{-7}	1.7980×10^{-7}	7.8265×10^{-12}	6.3140×10^{-10}
0.260	6.4806×10^{-6}	6.3430×10^{-6}	1.5952×10^{-9}	2.8380×10^{-8}
0.288	6.8009×10^{-5}	6.7260×10^{-5}	5.6872×10^{-8}	3.7020×10^{-7}
0.319	4.3952×10^{-4}	4.3670×10^{-4}	9.6756×10^{-7}	2.9640×10^{-6}
0.346	1.4726×10^{-3}	1.4690×10^{-3}	6.0442×10^{-6}	1.1820×10^{-5}
0.375	4.0232×10^{-3}	4.0170×10^{-3}	2.7602×10^{-5}	3.8340×10^{-5}
0.404	8.8603×10^{-3}	8.8510×10^{-3}	9.0733×10^{-5}	9.9380×10^{-5}
0.433	0.016700	0.016690	2.3557×10^{-4}	2.1860×10^{-4}
0.462	0.028047	0.028030	5.1434×10^{-4}	4.2560×10^{-4}
0.519	0.061367	0.061340	1.6815×10^{-3}	1.2270×10^{-3}
0.550	0.085482	0.085450	2.7894×10^{-3}	1.9660×10^{-3}
0.577	0.109601	0.109500	4.0901×10^{-3}	2.8280×10^{-3}
0.600	0.132179	0.132100	5.4704×10^{-3}	3.7450×10^{-3}
0.700	0.245752	0.245700	1.4614×10^{-2}	1.0020×10^{-2}

2.6.2　非均匀沙推移质低输沙率

对于非均匀沙,可以将整个级配的泥沙按大小分成 n 组。其分组级配的表示如式(2.1.1)所示。此时非均匀沙中第 l 组泥沙由静转滚强度和由滚转静强度的表达式类似,详细的推导可见文献[3]和[24],此处仅直接引用有关结果,对 l 组泥沙由静转滚强度为

$$\lambda_{1.2.l} = \frac{n_{0.l}\varepsilon_{1.l}}{t_{2.0.l}} \tag{2.6.18}$$

式中,

$$n_{0.l} = \frac{R_{1.l} m_0}{\frac{\pi}{4} D_l^2} P_{1.l} \tag{2.6.19}$$

下标 l 表示粒径组序号；$P_{1.l}$ 为按式(2.1.1)表示的床沙级配；$R_{1.l}$ 为床面静止泥沙的概率，正如前面提到的根据交换强度式，若 $\varepsilon_{4.l} = \beta_l = 0$，$\varepsilon_{1.l} = \varepsilon_{0.l}$，则有 $R_{1.l} = (1-\varepsilon_{0.l})$。

类似地，l 组泥沙由滚转静强度(以颗数计)为

$$\lambda_{2.1.l} = (1-\varepsilon_{0.l}) K_{2.l} \mu_{2.l} U_{2.l} \tag{2.6.20}$$

相应地，第 l 组泥沙以重量计的转移强度为

$$I_{1.2.l} = \frac{2}{3} m_0 \gamma_s D_l P_{1.l} \frac{(\varepsilon_{1.l} - \varepsilon_{2.0.l})(1-\varepsilon_{0.l})}{t_{2.0.l}} L_{2.l}$$

对于低输沙率，忽略跳跃运动，即 $\varepsilon_{2.0.l} = 0$，故而

$$I_{1.2.l} = \frac{2}{3} m_0 \gamma_s D_l P_{1.l} \frac{\varepsilon_{1.l}(1-\varepsilon_{0.l})}{t_{2.0.l}} L_{2.l} \tag{2.6.21}$$

$$I_{2.1.l} = \frac{\pi}{6} \gamma_s D_l^3 (1-\varepsilon_{0.l}) K_{2.l} \mu_{2.l} U_{2.l} = (1-\varepsilon_{0.l}) \mu_{2.l} q_{b.l} \tag{2.6.22}$$

令式(2.6.21)和式(2.6.22)相等，可得

$$q_{b.l} = \frac{2}{3} m_0 \gamma_s D_l P_{1.l} U_{2.l} \varepsilon_{1.l} \tag{2.6.23}$$

比较式(2.6.6)与式(2.6.23)可知，除多了 $P_{1.l}$ 及与粒径有关参数加下标 l 外，两个公式是完全一致的。此外，式(2.6.6)推导时考虑了低输沙率的影响，而式(2.6.23)则是从四种运动状态出发，在低输沙率相同条件下推导得出，两个公式是一致的，说明简化的推导也是正确的。上述公式中，不止动概率 $\varepsilon_{0.l}$、起动概率 $\varepsilon_{1.l}$ 及平均滚动速度的表达式与均匀沙类似，只是用 D_l、Δ'_l 置换 D、Δ'，并且对于非均匀沙 $\Delta'_l = f_{\Delta'_l}(\bar{D}/D_l)$。此时，$\varepsilon_{1.l}(D_l)$ 由式(2.4.11)给出。类似地，只需将式(2.4.11)中的 $\omega_{1.l}$ 换成 $\omega_{0.l}$，则可得到 $\varepsilon_{0.l}(D_l)$ 的表达式。另外，对于非均匀沙，$U_{2.l}(D_l)$ 的条件期望 $U_{2.l}(D_l, \Delta'_l)$ 及非条件期望 $U_{2.l}(D_l)$ 分别为

$$
\begin{aligned}
U_{2.l}(D_l, \Delta'_l) &= \frac{\displaystyle\int_{V_{b.c}(\Delta'_l)}^{\infty} \left[V_b - V_{b.c}(\Delta'_l, D_l) \right] \frac{1}{\sqrt{2\pi}\,\sigma_x} e^{-\frac{(V_b - \bar{V}_b)^2}{2\sigma_x^2}} dV_b}{\displaystyle\int_{V_{b.c}(\Delta'_l, D_l)}^{\infty} \frac{1}{\sqrt{2\pi}\,\sigma_x} e^{-\frac{(V_b - \bar{V}_b)^2}{2\sigma_x^2}} dV_b} \\
&= 0.148 \bar{V}_b \left[\frac{1}{\varepsilon_{1.l}(D_l, \Delta'_l)} e^{-3.65 \left[\frac{\omega_{1.l}}{\bar{V}_b} \varphi(\Delta'_l) - 1 \right]^2} \right] - 2.7 \left[\frac{\omega_{1.l}}{\bar{V}_b} \varphi(\Delta'_l) - 1 \right] \\
&= 0.148 \bar{V}_b \left[\frac{1}{\varepsilon_{1.l}(D_l, \Delta'_l)} e^{-3.65 \left[\frac{\omega_1}{\bar{V}_b} \varphi(\Delta'_l) - 1 \right]^2} \right] - (\bar{V}_{b.c.l} - \bar{V}_b)
\end{aligned}
$$

$$\tag{2.6.24}$$

$$U_{2.l}(D_l) = \left[\frac{\int_{V_{b.c(\Delta'_l)}}^{\infty} \left[V_b - V_{b.c}(\Delta'_l, D_1) \right] \frac{1}{\sqrt{2\pi}\sigma_x} e^{-\frac{(V_b - \bar{V}_b)^2}{2}} dV_b}{\int_{V_{b.c(\Delta'_l, D_l)}}^{\infty} \frac{1}{\sqrt{2\pi}\sigma_x} e^{-\frac{(V_b - \bar{V}_b)^2}{2}} dV_b} \right]_{\Delta'_l = f_{\Delta'_l}\left(\frac{\bar{D}}{D_l} \right)}$$

$$= 0.148\bar{V}_b \left[\frac{1}{\varepsilon_{1.l}(\bar{D}/D_l, D_l)} e^{-3.65\left[\frac{\omega_1}{\bar{V}_b}\varphi(\Delta') - 1 \right]^2} \right] - 2.7\left[\frac{\omega_{1.l}}{\bar{V}_b}\varphi\left(\frac{\bar{D}}{D_l} \right) - 1 \right]$$

$$= 0.148\bar{V}_b \left[\frac{1}{\varepsilon_{1.l}(\bar{D}/D_l, D_l)} e^{-3.65\left[\frac{\omega_1}{\bar{V}_b}\varphi(\Delta') - 1 \right]^2} \right] - (\bar{V}_{b.c} - \bar{V}_b) \qquad (2.6.25)$$

将式(2.4.11)及此处$\dfrac{U_{2.l}}{\omega_{1.l}}$代入式(2.6.23),得到推移质非均匀沙相对分组输沙率为

$$\lambda_{q_{b.l}} = \frac{q_{b.l}}{\gamma_s P_{1.l} D_l \omega_{1.l}} = \frac{2}{3} m_0 \varepsilon_{1.l} \frac{U_{2.l}}{\omega_{1.l}} = F_{b.l}\left(\frac{\bar{V}_b}{\omega_{1.l}}, \frac{D_l}{\bar{D}} \right) \qquad (2.6.26)$$

对于较粗的颗粒,当不存在黏着力与薄膜水附加下压力时,$\omega_{1.l} = \omega_{0.l}$,$\varepsilon_{1.l} = \varepsilon_{0.l}$。此时

$$\lambda_{q_{b.l}} = \frac{2}{3} m_0 \varepsilon_{0.l} \frac{U_{2.l}}{\omega_{0.l}} = F_{b.l}\left(\frac{\bar{V}_b}{\omega_{0.l}}, \frac{\bar{D}}{D_l} \right) \qquad (2.6.27)$$

这里及以下为省略,将 $f_{\Delta'}\left(\dfrac{\bar{D}}{D_l} \right)$ 仍记为 $\dfrac{\bar{D}}{D_l}$,按照式(2.4.11)、式(2.6.24)以及(2.6.25)在分别进行数值计算[1],得到 $\lambda_{q_{b.l}}$、$\varepsilon_{1.l}$ 和 $\dfrac{U_{2.l}}{\omega_{1.l}}$ 的值,表2.6.3 中列出了 $\lambda_{q_{b.l}} = F_{b.l}\left(\dfrac{\bar{V}_b}{\omega_0}, \dfrac{\bar{D}}{D_l} \right)$ 的部分结果及 $\dfrac{\bar{V}_b}{\omega_0}$ 和 $\dfrac{\bar{D}}{D_l}$ 的关系。需要强调说明的是,本章的非均匀沙计算中仍然应用文献[4]的方法,由于多分了 Δ'_l 及 D_l 的区间,只是参考了非均匀沙在床面位置的三种分布特性,拟定了 Δ'_l 与 $\dfrac{\bar{D}}{D_l}$ 的关系,并没有采用近期研究成果公式(2.1.18)。在文献[1]、[4]中,Δ'_l 与 $\dfrac{\bar{D}}{D_l}$ 的关系广泛应用于低输沙率(滚动输沙率)、起动标准和起动流速的研究,起到了很好的研究作用,概括了大量实测资料。因此,本章中仍然采用文献[1]、[4]中提出的 Δ'_l-$\dfrac{\bar{D}}{D_l}$ 关系,式(2.1.18)及式(2.6.25)则在本书其他章节有关部分中应用。

式(2.6.26)与推移质总输沙率关系为

$$q_b = \sum_{l=1}^{n} \lambda_{q_{b.l}} \gamma_s P_{1.l} D_l \omega_{1.l} = \sum_{l=1}^{n} F_{b.l}\left(\frac{\bar{V}_b}{\omega_{1.l}}, \frac{D_l}{\bar{D}} \right) \gamma_s P_{1.l} D_l \omega_{1.l} \qquad (2.6.28)$$

推移质级配为

表 2.6.3　不均匀推移质无因次低输沙率表 $\lambda_{q_{b,l}}$

$\dfrac{\bar{D}/D_l}{\bar{V}_b/\omega_0}$ ($\lambda_{\omega 2}$)	0.250	0.500	0.900	1.000	1.100	1.300	1.500	2.000	3.000	4.000	5.000	6.000	7.460	9.000	10.000
0.174	0.69768×10^{-16}	0.16315×10^{-15}	0.37403×10^{-15}	0.44101×10^{-15}	0.52309×10^{-15}	0.69637×10^{-15}	0.88283×10^{-15}	0.14164×10^{-14}	0.28791×10^{-14}	0.52390×10^{-14}	0.95668×10^{-14}	0.19433×10^{-13}	0.78854×10^{-13}	0.14067×10^{-11}	0.61118×10^{-11}
0.205	0.75781×10^{-12}	0.17424×10^{-11}	0.39065×10^{-11}	0.45837×10^{-11}	0.53551×10^{-11}	0.69838×10^{-11}	0.87411×10^{-11}	0.13795×10^{-10}	0.27748×10^{-10}	0.50350×10^{-10}	0.91334×10^{-10}	0.17588×10^{-9}	0.50964×10^{-9}	0.36432×10^{-8}	0.99051×10^{-8}
0.231	0.10653×10^{-9}	0.24308×10^{-9}	0.53938×10^{-9}	0.63142×10^{-9}	0.73323×10^{-9}	0.96603×10^{-9}	0.12008×10^{-8}	0.18764×10^{-8}	0.37667×10^{-8}	0.68110×10^{-8}	0.12165×10^{-7}	0.21934×10^{-7}	0.50995×10^{-7}	0.21669×10^{-6}	0.45642×10^{-6}
0.260	0.48680×10^{-8}	0.11040×10^{-7}	0.24289×10^{-7}	0.28380×10^{-7}	0.32803×10^{-7}	0.42228×10^{-7}	0.52395×10^{-7}	0.81736×10^{-7}	0.16198×10^{-6}	0.28618×10^{-6}	0.48229×10^{-6}	0.80107×10^{-6}	0.15669×10^{-5}	0.47987×10^{-5}	0.84646×10^{-5}
0.288	0.64109×10^{-7}	0.14489×10^{-6}	0.31724×10^{-6}	0.37026×10^{-6}	0.42725×10^{-6}	0.54805×10^{-6}	0.67882×10^{-6}	0.10538×10^{-5}	0.20601×10^{-5}	0.36165×10^{-5}	0.60059×10^{-5}	0.93563×10^{-5}	0.16080×10^{-4}	0.38530×10^{-4}	0.60020×10^{-4}
0.319	0.51546×10^{-6}	0.11632×10^{-5}	0.25414×10^{-5}	0.29648×10^{-5}	0.34173×10^{-5}	0.43776×10^{-5}	0.54129×10^{-5}	0.83699×10^{-5}	0.16549×10^{-4}	0.28804×10^{-4}	0.45280×10^{-4}	0.65680×10^{-4}	0.10118×10^{-3}	0.20002×10^{-3}	0.28257×10^{-3}
0.346	0.20507×10^{-5}	0.46276×10^{-5}	0.10133×10^{-4}	0.11820×10^{-4}	0.13615×10^{-4}	0.17414×10^{-4}	0.21493×10^{-4}	0.33303×10^{-4}	0.66626×10^{-4}	0.11212×10^{-3}	0.16780×10^{-3}	0.23088×10^{-3}	0.33076×10^{-3}	0.57847×10^{-3}	0.76802×10^{-3}
0.375	0.66438×10^{-5}	0.15025×10^{-4}	0.32861×10^{-4}	0.38344×10^{-4}	0.44179×10^{-4}	0.56525×10^{-4}	0.69850×10^{-4}	0.11013×10^{-3}	0.21631×10^{-3}	0.34890×10^{-3}	0.49710×10^{-3}	0.65222×10^{-3}	0.87933×10^{-3}	0.13922×10^{-2}	0.17576×10^{-2}

续表

$\bar{V}_b/\omega_0$ ＼ λ_{a_2}	0.250	0.500	0.900	1.000	1.100	1.300	1.500	2.000	3.000	4.000	5.000	6.000	7.460	9.000	10.000
0.404	0.17152×10^{-4}	0.38836×10^{-4}	0.85128×10^{-4}	0.99381×10^{-4}	0.11447×10^{-3}	0.14669×10^{-3}	0.18305×10^{-3}	0.28929×10^{-3}	0.55189×10^{-3}	0.85174×10^{-3}	0.11613×10^{-2}	0.14653×10^{-2}	0.18840×10^{-2}	0.27648×10^{-2}	0.33589×10^{-2}
0.433	0.37570×10^{-4}	0.85142×10^{-4}	0.18713×10^{-3}	0.21864×10^{-3}	0.25217×10^{-3}	0.32576×10^{-3}	0.40766×10^{-3}	0.63977×10^{-3}	0.11771×10^{-2}	0.17405×10^{-2}	0.22839×10^{-2}	0.27907×10^{-2}	0.34562×10^{-2}	0.47816×10^{-2}	0.56387×10^{-2}
0.462	0.72720×10^{-4}	0.16513×10^{-3}	0.36408×10^{-3}	0.42560×10^{-3}	0.49261×10^{-3}	0.63974×10^{-3}	0.79949×10^{-3}	0.12402×10^{-2}	0.21917×10^{-2}	0.31139×10^{-2}	0.39542×10^{-2}	0.47054×10^{-2}	0.56557×10^{-2}	0.74692×10^{-2}	0.86039×10^{-2}
0.519	0.19615×10^{-3}	0.45602×10^{-3}	0.10417×10^{-2}	0.12274×10^{-2}	0.14267×10^{-2}	0.18484×10^{-2}	0.22926×10^{-2}	0.34376×10^{-2}	0.55983×10^{-2}	0.74368×10^{-2}	0.89730×10^{-2}	0.10265×10^{-1}	0.11815×10^{-1}	0.14603×10^{-1}	0.16268×10^{-1}
0.550	0.31691×10^{-3}	0.73196×10^{-3}	0.16688×10^{-2}	0.19662×10^{-2}	0.22841×10^{-2}	0.29482×10^{-2}	0.36322×10^{-2}	0.53251×10^{-2}	0.83137×10^{-2}	0.10715×10^{-1}	0.12650×10^{-1}	0.14240×10^{-1}	0.16107×10^{-1}	0.19390×10^{-1}	0.21315×10^{-1}
0.577	0.46467×10^{-3}	0.10598×10^{-2}	0.24025×10^{-2}	0.28286×10^{-2}	0.32823×10^{-2}	0.42168×10^{-2}	0.51587×10^{-2}	0.74084×10^{-2}	0.11176×10^{-1}	0.14074×10^{-1}	0.16351×10^{-1}	0.18189×10^{-1}	0.20317×10^{-1}	0.23997×10^{-1}	0.26129×10^{-1}
0.600	0.63132×10^{-3}	0.14162×10^{-2}	0.31848×10^{-2}	0.37458×10^{-2}	0.43406×10^{-2}	0.55488×10^{-2}	0.67427×10^{-2}	0.95123×10^{-2}	0.13964×10^{-1}	0.17281×10^{-1}	0.19837×10^{-1}	0.21874×10^{-1}	0.24209×10^{-1}	0.28202×10^{-1}	0.30493×10^{-1}
0.700	0.20829×10^{-2}	0.41028×10^{-2}	0.86035×10^{-2}	0.10023×10^{-1}	0.11490×10^{-1}	0.14264×10^{-1}	0.16781×10^{-1}	0.22020×10^{-1}	0.29357×10^{-1}	0.34288×10^{-1}	0.37877×10^{-1}	0.40633×10^{-1}	0.43698×10^{-1}	0.48765×10^{-1}	0.51595×10^{-1}

（表头对角栏：$\bar{D}/D_l$，λ_{a_2}，$\bar{V}_b/\omega_0$）

$$P_{\mathrm{b}.l} = \frac{q_{\mathrm{b}.l}}{\sum\limits_{l=1}^{n} q_{\mathrm{b}.l}} = \frac{F_{\mathrm{b}.l}\left(\dfrac{\overline{V}_{\mathrm{b}}}{\omega_{1.l}}, \dfrac{\overline{D}}{D_l}\right)\gamma_{\mathrm{s}} P_{1.l} D_l \omega_{1.l}}{\sum\limits_{l=1}^{n} F_{\mathrm{b}.l}\left(\dfrac{\overline{V}_{\mathrm{b}}}{\omega_{1.l}}, \dfrac{\overline{D}}{D_l}\right)\gamma_{\mathrm{s}} P_{1.l} D_l \omega_{1.l}}$$

$$= \frac{F_{\mathrm{b}.l}\left(\dfrac{\overline{V}_{\mathrm{b}}}{\omega_{1.l}}, \dfrac{\overline{D}}{D_l}\right) P_{1.l} D_l \omega_{1.l}}{\sum\limits_{l=1}^{n} F_{\mathrm{b}.l}\left(\dfrac{\overline{V}_{\mathrm{b}}}{\omega_{1.l}}, \dfrac{\overline{D}}{D_l}\right) P_{1.l} D_l \omega_{1.l}} \qquad (2.6.29)$$

对于非均匀沙输沙率的理论结果,将在第 8 章中利用一些野外资料和部分室内数据对分组输沙率进行验证。2.7 节中将对 1965 年在四川五通桥茫溪河野外水槽中进行的卵石起动试验资料[2]予以检验,检验结果表明,影响起动速度的各种参数的引进和考虑都是有根据的。

2.7 泥沙起动标准

2.7.1 泥沙起动标准的选择[29]

前面已经指出,瞬时起动流速底速是确定的,但是以时均速度表示的起动流速则是不确定的。一般所称的"起动流速"都是指以时均速度表示的。它实际是约定的,约定的就应该有一个标准,这正是下面要解决的。有了起动标准,起动流速就是确定的了。虽然对泥沙起动和起动流速已经研究很久了,并积累了大量成果,但是目前为止,对于什么是起动仍无公认的明确界限,在试验中往往是凭各自的经验确定。其实正如前面指出的,由于存在水流脉动、颗粒在床面位置的不确定性(在一般试验研究中很难按颗数记录,因而不可能弄清其位置),以及所考虑的非均匀沙中起动的颗粒粒径是随机的三个方面因素,泥沙起动具有很大的随机性,起动流速则有相当的不确定性。长期以来,一些研究者对起动流速提出了异议,或者补充定义使其明确化。例如,Einstein 的输沙率公式[23],就没有包含时均起动流速(以时均速度表示的起动流速),这也说明起动流速概念在研究推移质输沙率等方面,未必就是必需的。其后有一些研究者,补充定义使起动状态具有一个确定的判别标准,如 Kramer 提出的弱动、中动、普通动的标准[31],Taylor 提出的输沙强度标准[32],Yalin 提出的起动强度标准[33],窦国仁提出的起动概率标准[34],以及韩其为提出的相对输沙率标准[29,35]等。需要指出的是,尽管概率论概念的引进可以证明推移质输沙率不存在绝对的零点,但是绝对地说时均起动流速是很难捉摸的。"起动流速"概念对冲刷,对于研究渠道的稳定性,以致对于模型试验、工程泥沙等仍然是不可缺少的。由于已提出的一些标准只是定性的,缺乏一般性,难以在实际中掌握,未被进一步研究推广,因此目前缺乏理论基础较强、适用范围广泛、实际采用方便、已被大家公认的标准。

在实际工程泥沙研究中，"起动流速"的概念是很重要的。以工程泥沙问题为例，如水库变动回水区、坝区及下游河道冲刷的研究，包括实体模型设计、数学模型计算等均要涉及起动流速，特别是水库变动回水区及下游河道常有沙卵石河床，级配范围广，包括粗颗粒卵石，起动标准更具有特别的意义。正如后面将要指出的，如果起动标准不恰当，卵石河床均只处于"起动"状态，而输沙率似乎可以忽略。正因为如此，本节将在过去提出的相对推移质输沙率基础上[1]，进一步深入研究泥沙的起动标准。

按照前面的理论分析，推移质输沙率对时均速度是没有明确的零点的[1,5]。事实上，从表 2.6.1 可以看出，当 V_b/ω_1 已经非常小时，尽管 λ_{q_b} 也很小，但仍不为零。例如，当 $\bar{V}_b/\omega = 0.174, D = 0.25\text{mm}, H = 5\text{m}, t/\delta_1 = 0.375$（对应的泥沙干容重 $\gamma'_s = 1.47\text{t/m}^3$），$\omega_1 = 0.158\text{m/s}$ 时，由表 2.6.1 得到 $q_b = \lambda_{q_b} \gamma_s D\omega_1 = 0.441 \times 10^{-15} \times 2650\text{kg/m}^3 \times 0.00025 \times 0.158\text{m/s} = 0.462 \times 10^{-17}\text{kg/(m·s)} = 0.462 \times 10^{-14}\text{g/(m·s)}$，则 1 年的单宽输沙量为 $0.462 \times 10^{-14} \times 86400 \times 365 \times \dfrac{1}{4} = 0.146 \times 10^{-6}\text{g/(m·a)}$。由此可见这样小的输沙率是任何起动流速试验均不可能采用的。所述数据也表明，在任何起动流速研究的范围内，都有确定的输沙率，尽管其数值很小。

综上所述，可得到如下结论：①推移质输沙率对时均流速而言是没有零点的，因此以时均流速表示的起动流速是不确定的；②以时均流速表示的起动流速只具有约定的意义，也就是说约定一个起动的标准后，起动流速才是确定的；③既然在一般研究起动范围内，推移质输沙率的规律是存在的，而它又便于观测，就可以选定一个相对输沙率 $\lambda_{q_{b.c}}$ 作为起动的基本标准，即

$$\lambda_{q_{b.c}} = F_b\left(\frac{\bar{V}_{b.c}}{\omega_1}\right) \tag{2.7.1}$$

从而起动流速便容易确定。对于均匀沙，它为

$$\bar{V}_{b.c} = \omega_1 F_b^{-1}(\lambda_{q_{b.c}}) \tag{2.7.2}$$

此处 $F_b^{-1}(\lambda_{q_{b.c}})$ 是 $F_b(\lambda_{q_{b.c}})$ 的反函数。这是以时均底速表示的起动流速。更广泛采用的是以垂线平均流速表示的起动流速。将此式代入式(2.1.25)，则有

$$V_c = \frac{\psi}{3.73}\omega_1 F_b^{-1}(\lambda_{q_{b.c}}) = 0.268\omega_1 \psi F_b^{-1}(\lambda_{q_{b.c}}) = 0.268\omega_1 \psi \frac{\bar{V}_{b.c}}{\omega_1} \tag{2.7.3}$$

从而能直接由 $\lambda_{q_{b.c}}$ 反求出以垂线平均流速表示的起动流速 V_c。

需要指出的是，相对于前述其他研究者已提出的四种标准，本书提出的无因次输沙率作为起动的基本标准既有理论根据，又能将输沙率和起动流速直接联系起

来,并且这个标准在测量时容易掌握,但是这种无因次起动标准之所以称为基本的标准,是因为还可以有其他的标准,并不限于输沙率,这些其他的标准均与它有确定的关系。这些起动标准包括起动概率 ε_1、无因次起动颗数和无因次起动周期[1,5]。

文献[1]已给出这三种标准的表达式,并且证明它们均是 $\dfrac{\overline{V}_b}{\omega_1}$ 的单值函数,可以由一种标准向另一种标准转化。

2.7.2　水槽试验标准

对于淤泥、沙、砾石和黏土,不同研究者进行了大量水槽试验,取得了丰富的起动流速资料。文献[12]和[36]～[38]等曾对这些资料进行了整理,并用它们的公式对这些资料进行了概括,证明了有关试验点均能与 $V_c \sim D$ 或 $V_{b.c} \sim D$ 符合。

分析上述四个文献整理的资料,发现当无因次输沙率

$$\lambda_{q_{b.c}} = 0.219 \times 10^{-3} \tag{2.7.4}$$

或由表 2.6.2 可知相应的

$$F_b^{-1}(\lambda_{q_{b.c}}) = \frac{\overline{V}_{b.c}}{\omega_1} = 0.433 \tag{2.7.5}$$

于是根据式(2.1.25),垂线平均起动流速为

$$V_c = 0.268 \times 0.433 \times \psi\omega_1 = 0.116\psi\omega_1 \tag{2.7.6}$$

时,式(2.7.6)或相应底部起动流速公式(2.7.5)均为能通过图中试验点的中线[1]。按照起动标准得到的结果与这四个文献整理的资料均符合很好。用这些资料具体验证公式的情况,下面要专门述及。

在水槽试验中,泥沙是否起动是通过目测确定的。目测的两个现象可以大体反映起动强弱的程度。第一个现象是给定面积上经过一定时间 t 起动的颗粒 n。这个面积不能太大,也不能太小,其长度应为泥沙滚动的单步距离 l_2,宽度为一个单位,如 1m,则在这样的面积上单位时间起动的颗数就是以颗数计的单宽输沙率。第二个现象,大体是重量(或体积)造成的,事实上对于不同粒径的颗粒,观测者不是单纯以颗数多少来判别起动强弱,还要适当结合其体积和重量。可以认为,目测起动大体是这两种现象引起的人的感觉的结合。

现在来分析采用式(2.7.4)和式(2.7.5)作为标准时,水槽中不同泥沙起动时两种现象的数量表示。表 2.7.1 中列出了当 $H = 0.15\text{m}$,$t/\delta_1 = 0.375$ 时与 $\lambda_{q_{b.c}}$ 对应的以重量计的单宽输沙率 q_b 和以颗数计的单宽输沙率 $q_{n.c}$:

$$q_{n.c} = \frac{q_{b.c}}{\frac{\pi}{6}\gamma_s D^3} = \frac{6}{\pi}\lambda_{q_{b.c}}\frac{\omega_1}{D^2} \tag{2.7.7}$$

表 2.7.1　$q_{b.c}$ 与 $q_{n.c}$ ($\lambda_{q_{b.c}} = 0.219 \times 10^{-3}$)

D/mm	ω_1/(m/s)	$q_{b.c}$/[g/(m·s)]	$q_{n.c}$	V_c/(m/s)
100	2.3	1.33	0.0960	1.88
10	0.728	4.22	3.04	0.95
1	0.231	0.134	96.6	0.39
0.25	0.120	0.0174	803	0.24
0.1	0.0931	0.00543	3893	0.20
0.01	0.185	0.00107	773800	0.45

从表 2.7.1 可以看出,当取 $\lambda_{q_{b.c}}$ 为常数时,随着粒径的增大,$q_{b.c}$ 增大,而以颗数计的输沙率 $q_{n.c}$ 则减少。如果近似地认为考虑两种感觉有相互的作用,则在水槽试验资料验证中取 $\lambda_{q_{b.c}}$ 等于常数作标准就是恰当的。

尚需强调的是,试验者感觉泥沙是否处于起动是有一定伸缩性的,同一观察者对不同粒径的起动判别由于没有定量标准,也难做到完全一致。那么各试验资料应该是很分散的,而为什么又能概括在一起,且在一定误差的范围内统一呢? 这正是由于泥沙起动时输沙率与流速的高次方成比例的关系起了作用。为了说明简单,先看均匀沙的情况。例如,在表 2.6.1 中,$\lambda_{q_{b.c}}$ 由 0.383×10^{-4} 增至 0.123×10^{-2},增加了 31.1 倍,而 $\bar{V}_b/\omega_1$ 仅由 0.375 增至 0.519,只增加了 38%,即 $\lambda_{q_{b.c}}$ 与 $\bar{V}_b/\omega_1$ 的 10.8 次方成比例增加。而此时对 $\bar{V}_b/\omega_1 = 0.447$ 的中间值而言,$\bar{V}_b/\omega_1 = 0.375 \sim 0.519$ 仅在 $-16.1\% \sim 16.1\%$ 范围内变化。此变化范围在对数图中还算是集中的,这正是不同试验者的资料仍能统一的原因。另外,如果从 λ_{q_b} 看,则增加了 31.1 倍。由于标准不一样,不同研究者对应于 $-8.7\% \sim 8.3\%$ 的流速变化范围的资料有很大的变化。幸好,过去只用起动速度,而不用起动时输沙率作为起动标准。

2.7.3　野外输沙率测验时标准

对于天然河道,由于水深大,一般无法看清河底,判别泥沙起动往往借助于输沙率资料。以前一般做法是取输沙率的零点,即将实测推移质低输沙率与流速点绘关系,然后将该关系下延至输沙率为零处,其相应的流速即取为起动流速。但是根据前面的研究可知,当流速服从正态分布时,输沙率与时均速度的关系中输沙率是不存在零点的。实际上,外延输沙率与流速的关系得到的零点也是很难确定的。因此,经过对长江一些站实测推移质输沙率研究,针对沙质河床低输沙率测量情况,取起动标准为[4,29]

$$\lambda_{q_{b.c}} = 0.00197 \tag{2.7.8}$$

或由表 2.6.2 知相当于

$$F_b^{-1}(\lambda_{q_{b.c}}) = \frac{\bar{V}_{b.c}}{\omega_1} = 0.55 \tag{2.7.9}$$

按式(2.7.3)有

$$V_c = 0.268 \times 0.55 \times \psi\omega_1 = 0.147\psi\omega_1 \qquad (2.7.10)$$

在文献[1]中,曾用宜昌站和沙道观站推移质低输沙率资料验证了式(2.7.10),表明彼此符合较好。

对于沙质河床,当 $H=5\mathrm{m},10\mathrm{m},t/\delta_1=0.375$ 时,按起动标准式(2.7.9),不同粒径的有关起动参数如表 2.7.2 所示。可见在标准式(2.7.8)和式(2.7.9)下,推移质单宽输沙率均在 $1.24\mathrm{g}/(\mathrm{m \cdot s})$ 以下。而考虑到采样效率后,进入其中的单宽输沙率一般均在 $1\mathrm{g}/(\mathrm{m \cdot s})$ 以下。

表 2.7.2　不同粒径沙的起动参数[1]

D/mm	H/m	$\omega_1/(\mathrm{m/s})$	$q_b/(\mathrm{g}/(\mathrm{m \cdot s}))$	$V_c/(\mathrm{m/s})$
0.05	5	0.184	0.480	0.632
0.05	10	0.243	0.0634	0.862
0.1	5	0.145	0.0757	0.480
0.1	10	0.183	0.0935	0.628
1	5	0.234	1.23	0.681
1	10	0.236	1.24	0.729

2.7.4　卵石和宽级配床沙起动标准与非均匀沙起动标准

对于卵石河床,床沙级配一般较宽,常达两个数量级(如 $1\sim100\mathrm{mm}$),甚至三个数量级。此时颗粒粗细很不均匀,其起动现象和起动流速与均匀沙的关系有一定差别[41]。例如,此时由于暴露度不一样,在这种床面的粗颗粒起动流速比在均匀沙床面上的要小,而细颗粒则要大。在这种非均匀沙组成床面上的泥沙起动,有的称为宽级配床沙的起动。韩其为曾于 1965 年在五通桥野外水槽中固定粒状床面上用不同粗细卵石进行过试验,发现在某些水力条件配合下,粒径粗、细和暴露度大、小对泥沙起动的作用能相互抵消一部分,致使大、小不同颗粒起动流速的差别大为缩小,甚至相近[2]。他在寸滩水文站同位素示踪卵石试验(1960~1961 年)时也观测到同样的现象。

其实,在卵石河床上,当大水刚退,如果到床面观察,就会发现有一些孤立的突出床面的大卵石,其下为中、小卵石较坚密的鱼鳞状排列,这说明当大卵石滚来时,其下的床面未起动。需要指出的是,正是因为在非均匀床面上大、小卵石起动流速以及输沙率的差距缩小,才弱化了卵石床面的粗化程度。

显然,研究宽床沙级配泥沙的起动,更一般的是研究非均匀沙的起动问题,必须研究其中不同粒径的起动流速,即分组起动流速。根据式(2.6.26),对于较粗颗粒,当取 $\omega_1=\omega_0$ 时,非均匀沙的起动标准为

$$\lambda_{q_{b.c.l}} = F_{b.l}\left(\frac{\overline{V}_{b.c}}{\omega_{0.l}}, \frac{D_l}{\overline{D}}\right)$$

即

$$\frac{\overline{V}_{b.c.l}}{\omega_{0.l}} = F_b^{-1}\left(\lambda_{q_{b.c.l}}, \frac{D_l}{\overline{D}}\right) \tag{2.7.11}$$

根据对长江寸滩、万县、宜昌三站上述卵石起动资料的分析,发现对于其起动标准按上式宜取

$$\lambda_{q_{b.c.l}} = \frac{q_{b.l}}{\gamma_s P_{1.l} D_l \omega_{1.l}} = F_b\left(\frac{\overline{V}_{b.c.l}}{\omega_{0.l}}, \frac{D_l}{\overline{D}}\right) = 0.3 \times 10^{-6} \tag{2.7.12}$$

这相对应于

$$\frac{\overline{V}_{b.c.l}}{\omega_{0.l}} = F_b^{-1}\left(0.3 \times 10^{-6}, \frac{D_l}{\overline{D}}\right) \tag{2.7.13}$$

或

$$V_{c.l} = 0.268 F_b^{-1}\left(0.3 \times 10^{-6}, \frac{D_l}{\overline{D}}\right)\psi\omega_{0.l} \tag{2.7.14}$$

表 2.7.3 中给出了 $\overline{V}_{b.c.l}/\omega_{0.l} = F_b^{-1}(0.3 \times 10^{-6}, D_l/\overline{D})$ 的函数关系,可供由 $\dfrac{D_l}{\overline{D}}$

确定 $\dfrac{\overline{V}_{b.c.l}}{\omega_{0.l}}$ 之用。按照标准式(2.7.14)计算了不同 $\dfrac{D_l}{\overline{D}}$ 时的 $\dfrac{V_{b.c}}{\omega_{0.l}}$,如表 2.7.3 所示。

表 2.7.3　非均匀沙 $\overline{\varphi}_l\left(\dfrac{D_l}{\overline{D}}\right)$ 及 $\dfrac{\overline{V}_{b.c.l}}{\omega_{0.l}}$

粗细沙分类	$\dfrac{D_l}{\overline{D}}$	$\overline{\Delta}_l'$	$\overline{\varphi}_l\left(\dfrac{D_l}{\overline{D}}\right)$	$\dfrac{\overline{V}_{b.c.l}}{\omega_{0.l}}(\lambda_{q_{b.c}}=0.3\times10^{-6})$
细沙	0.25	0.997	1.156	0.304
	0.5	0.995	1.081	0.293
	0.9	0.991	0.951	0.286
	1.0	0.567	0.916	0.282
中沙	1.1	0.522	0.884	0.279
	1.3	0.452	0.838	0.274
	1.5	0.400	0.804	0.271
	2.0	0.317	0.749	0.266
	3	0.234	0.688	0.262
	4	0.192	0.654	0.260
	5	0.167	0.631	0.247
粗沙	7.46	0.134	0.596	0.235
	10	0.100	0.553	0.222

表 2.6.3 中的分组相对输沙能力关系 $\lambda_{q_{\mathrm{b}.l}} - \dfrac{\overline{V}_{\mathrm{b.c.}l}}{\omega_{1.l}}$、$\dfrac{\overline{D}}{D_l}$ 及表 2.7.3 中的 $\dfrac{\overline{V}_{\mathrm{b.c.}l}}{\omega_{0.l}} -$

$\dfrac{D_l}{\overline{D}}$ 关系在有关分组起动流速研究中已广为利用,研究发现该关系在多方面基本符

合大量实际资料,且颇为合理。但是也看到表 2.7.3 中 $\dfrac{V_{\mathrm{b.c.}l}}{\omega_{0.l}}$ 随 $\dfrac{D_l}{\overline{D}}$ 变化的范围太小,

细颗粒的分组输沙能力有所偏大。因此,在本章之后将采用新近研究的暴露度公式
(2.1.24),在第 8 章将用较详细的非均匀沙资料证明该式在一般条件下是适合的。

2.7.5　对有关起动标准的讨论

1. 沙、卵石起动标准统一问题

既然为符合实际情况提出的沙质床沙与卵石床沙起动标准的差别如此之大,
那么有什么新的补充标准能使它们统一,是否可以提出以某个输沙率作为补充的
起动标准。由于当 q_{b} 固定时,$\lambda_{q_{\mathrm{b}}}$ 大体随 D 的 1.5 次方而减小,因此当取定 $q_{\mathrm{b.c}}$ 后,
$\lambda_{q_{\mathrm{b.c}}}$、$\overline{V}_{\mathrm{b.c}}/\omega_1$、$V_{\mathrm{c}}$ 均会随 D 增大而减小,从而有可能将卵石的起动标准与沙质的统
一起来。经选择设[4,39]

$$q_{\mathrm{b.c}} = 1\mathrm{g}/(\mathrm{m \cdot s)} \tag{2.7.15}$$

则对于 $D=0.5\mathrm{mm}$、$1\mathrm{mm}$、$10\mathrm{mm}$、$50\mathrm{mm}$、$100\mathrm{mm}$、$150\mathrm{mm}$ 及 $H=10\mathrm{m}$ 时,求得相
应的 $\lambda_{q_{\mathrm{b.c}}}$、$\overline{V}_{\mathrm{b.c}}/\omega_1$ 和 V_{c} 等,如表 2.7.4 所示。由表可知,当 $q_{\mathrm{b.c}}$ 不变时,随着 D 的
增大,$\lambda_{q_{\mathrm{b.c}}}$ 等减小是很快的。同时当 $D=0.5 \sim 1\mathrm{mm}$ 时,$\overline{V}_{\mathrm{b.c}}/\omega_1$ 与沙质的 55% 相
近,当 $D=150\mathrm{mm}$,$\overline{V}_{\mathrm{b.c}}/\omega_0$ 与前节提到的卵石起动标准相近。由上可见,采用式
(2.7.15)有可能将野外沙、卵石起动标准统一起来。

表 2.7.4　$q_{\mathrm{b.c}}=1\mathrm{g}/(\mathrm{m \cdot s)}$ 时的有关起动参数

D/mm	$\omega_1/(\mathrm{m/s})$	$\lambda_{q_{\mathrm{b.c}}}$	$\overline{V}_{\mathrm{b.c}}/\omega_1$	ψ	$V_{\mathrm{c}}/(\mathrm{m/s})$
0.5	0.163	0.463×10^{-2}	0.611	21.4	0.571
1	0.230	0.164×10^{-2}	0.536	20.6	0.681
10	0.728	0.518×10^{-4}	0.381	17.4	1.29
50	1.63	0.465×10^{-5}	0.324	15.1	2.14
100	2.3	0.104×10^{-5}	0.303	14.0	2.61
150	2.81	0.895×10^{-6}	0.294	13.4	2.97

采用标准式(2.7.15)能基本统一地约定沙、卵石的起动临界条件,这并不是说
明 $q_{\mathrm{b.c}}$ 比 $\lambda_{q_{\mathrm{b.c}}}$ 要科学。恰恰相反,从泥沙运动规律来确定起动标准,显然 $\lambda_{q_{\mathrm{b.c}}}$ 最恰
当,这已在前面做了大量的论证,同时也被水槽试验资料所证实。当然,起动标准
本身就是约定的,这个标准不仅要有科学性,符合泥沙运动的规律,而且要符合测

验习惯,符合工程泥沙研究的需要。对于卵石起动,无论是从测验还是工程泥沙研究看,都需要将起动流速约定很低,搬用沙质和水槽试验标准到卵石显然是不恰当的。正因为如此,对卵石床沙提出了另外的较低的标准,讨论了沙质和卵石标准的统一约定问题。当然,尽管式(2.6.28)能基本统一两者,但是仍然认为它不具有一般性,显然对水槽试验资料就难以概括,而且缺乏理论上的根据。

2. 卵石起动标准必须大幅度减小[4]

天然河道沙、卵石起动标准差别大,也是根据实际测量条件及从应用上考虑而确定的。前面提出的沙质河床起动标准,$\lambda_{q_{b.c}}=0.00197$,$\bar{V}_{b.c}=0.55\omega_1$,而对卵石河床按非均匀沙,$\lambda_{q_{b.c}}=0.3\times10^{-6}$,$\dfrac{\bar{V}_{b.c}}{\omega_1}=0.222\sim0.304$,两者差别很大。首先,前者标准的根据是进入沙质推移质采样器的输沙率小于 $1g/(m\cdot s)$,后者是三次取样(约取 15min 以上)的最大一颗。它们既符合目前水文测验实际,也反映出两者的差别。其次,另一个主要原因就是卵石的输沙强度一般很低,如起动标准过高,不少卵石河床大多数场合均处于起动状态。此时如果仍将其称为起动,则与事实不符,掩盖了矛盾。例如,若取卵石起动标准与沙一样,如果 $D=50mm$,$H=10m$,卵石运动宽度 $B=500m$,此时 $\omega_1=1.71m/s$,则其断面输沙率为

$$Q_b=500\times0.00197\times0.050\times2650\times1.71=245.5kg/s$$

假定全年有 8 个月均只处于起动,则输沙量为

$$W_b=245\times86400\times245.5=520\times10^4 t$$

这样大的输沙量远远超过长江已有卵石测站(如干流寸滩、万县、奉节、宜昌等站)的实测值($20\times10^4\sim80\times10^4 t$)。反之,如果取 $\lambda_{q_{b.c}}=0.3\times10^{-6}$,则 $Q_b=0.0374kg/s$,$W_b=792t$,可见两者差别很大,前者约为后者的 6566 倍,而后者数字远小于上述四站的实测输沙量,与已有的经验是不矛盾的,也是可以接受的。

附带指出,由于水槽试验中卵石的起动标准比天然的偏高,由此得到的起动流速也如此。事实上,当 $D=100mm$,$H=10m$ 时,不少研究根据水槽资料建立的公式均给出 V_c 在 4m/s 以上,如文献[36]和[37],明显大于天然河道流速。文献[40]修改了文献[37]研究的卵石起动部分的结果,从而使 V_c 值明显下降,这似乎也反映了对于粗颗粒起动标准必须调低。

3. 对其他研究者提出的几种定量起动标准的讨论

一些学者认识到以时均流速表示的起动流速的不确定性,曾提出一些标准,但由于对泥沙起动时输沙率规律的运动机理研究不够,均未经深入论证以说明标准的科学性以及是否能概括起动的实际试验结果,因而这些标准缺乏一般性。以下对已提出的几种定量起动标准进行讨论,并与前面提出的标准进行比较。

1) 窦国仁提出的起动概率标准[34]

根据 Kramer[31] 的概念,按起动概率定量化,提出三种概率描述床面泥沙的起动标准,即

$$\begin{cases} \varepsilon_{1.c}=P[\xi_{V_b}>V_{b.c}=\bar{V}_{b.c}+3\sigma=2.11\bar{V}_{b.c}]=0.00135, & \text{个别起动} \\ \varepsilon_{1.c}=P[\xi_{V_b}>V_{b.c}=\bar{V}_{b.c}+2\sigma=1.74\bar{V}_{b.c}]=0.0227, & \text{少量起动} \\ \varepsilon_{1.c}=P[\xi_{V_b}>V_{b.c}=\bar{V}_{b.c}+\sigma=1.37\bar{V}_{b.c}]=0.159, & \text{大量起动} \end{cases} \quad (2.7.16)$$

此处窦国仁认为瞬时起动速度 $V_{b.c}$ 是确定的,而水流瞬时底速是随机变量。虽然大量起动是床面泥沙运动的一种现象,但是按照研究起动流速目的显然是太大了。根据韩其为的研究,瞬时起动底速为

$$V_{b.c.l}=\varphi(\Delta_l)\omega_{1.l}$$

按式(2.4.21)对 $\varphi(\Delta_l')$ 平均,并取相应的均匀沙的值,则有

$$V_{b.c}=\bar{\varphi}\,\omega_1=0.916\omega_1 \quad (2.7.17)$$

另外,当 $\bar{V}_{b.c}/\omega_1=0.433$ 时,

$$V_{b.c}=\frac{0.916}{0.433}\bar{V}_{b.c}=2.12\bar{V}_{b.c} \quad (2.7.18)$$

即窦国仁取 $V_{b.c}=2.11\bar{V}_{b.c}$[37] 作为判别起动的标准恰好与本书中的 $\bar{V}_{b.c}/\omega_1=0.433$ 一致。两人分别从不同途径得到同一结果,这是在泥沙运动研究中很难出现的。当 $\bar{V}_{b.c}/\omega_1=0.55$ 时,

$$V_{b.c}=\frac{0.916}{0.55}\bar{V}_{b.c}=1.67\bar{V}_{b.c} \quad (2.7.19)$$

与窦国仁的少量起动也是很相近的,但是此时彼此的起动概率差别较大,按照本书作者的研究,对于 $\bar{V}_{b.c}/\omega_1=0.433$, $\varepsilon_{1.c}=0.0167$;对于 $\bar{V}_{b.c}/\omega_1=0.55$, $\varepsilon_{1.c}=0.0855$。原因是两者的起动速度 $V_{b.c}$ 及 $\bar{V}_{b.c}$ 不一致,本书计算起动概率时考虑了泥沙在床面的位置。尽管起动概率的标准与无因次输沙率的标准可以相互转化,但是输沙率相对于起动概率能给人明确的信息,而且是可以测量的,所以无因次输沙率标准使用起来更方便些。而窦国仁的标准,只是从水流脉动底速的分布考虑,并未与泥沙起动状态和输沙率联系起来。

2) Taylor 提出的输沙率标准[32]

Taylor 曾在平坦沙质床面的水槽中做了一些定量试验,利用这些资料得到了泥沙在起动阶段的无因次输沙率,并取

$$\frac{q_b}{\gamma_s u_* D}=10^{-2},10^{-3},10^{-4},10^{-5} \quad (2.7.20)$$

绘在 Shields 的 τ^*-R^* 图中。此处 u_* 为动力流速,从图中看出,$q_b/(\gamma_s u_* D)=10^{-2}$ 的等值线与 Shields 的曲线大体重合。显然,按照该图,可取 $q_b/(\gamma_s u_* D)=10^{-2}$ 作为起

动标准。他的无因次输沙率公式(2.7.20)与本书的 $\lambda_{q_{b.c}}$ 只差一个常数。事实上,当取本书的标准 $\lambda_{q_{b.c}}=0.00179,\overline{V}_{b.c}/\omega_1=0.55$ 时,按两种无因次输沙率之间的换算关系

$$\left(\frac{q_b}{\gamma_s u_* D}\right)_c=\frac{q_{b.c}}{\gamma_s D\dfrac{V_{b.c}}{3.73}}=6.78\frac{q_{b.c}}{\gamma_s D\omega_1}=6.78\lambda_{q_{b.c}} \qquad (2.7.21)$$

可见当起动标准 $\lambda_{q_{b.c}}=0.00179$ 时,$\left(\dfrac{q_b}{\gamma_s u_* D}\right)_c=0.0134$,此值与 Taylor 标准已很接近。与此类似,当本书的标准 $\lambda_{q_{b.c}}=0.000219$ 和 $\dfrac{V_{b.c}}{\omega_0}=0.433$ 时,相对于他的标准 $\dfrac{q_b}{\gamma_s u_* D}=1.89\times10^{-3}$,与 10^{-3} 也很接近。Taylor 的试验结果从另一个侧面说明了泥沙处于起动状态时,推移质低输沙率规律仍然存在,并且以往的一些试验结果大体相当于他的无因次输沙率为常数。由于他的低输沙率曲线仅仅是经验的,缺乏理论根据,并且试验点很少,还不足以确定无因次输沙率具体取多少作为起动标准是恰当的。其实他的工作主要是想解释与 Shields 曲线相当的输沙率。

3) Yalin 提出的无因次输沙率标准[33]

Yalin 曾提出

$$E=\frac{m}{\Omega T}\sqrt{\frac{\rho D^5}{\gamma_s}} \qquad (2.7.22)$$

作为泥沙起动的标准,即在泥沙起动试验中应保持 E 相同。其中,m 为时间 t 内在床面面积 Ω 上起动的颗数;T 为时间;ρ 为水的密度。

Yalin 提出的单宽输沙率公式为

$$q_b=\frac{m}{\Omega T}GL_2=q_nG \qquad (2.7.23)$$

式中,L_2 为泥沙起动后位移长度;G 为一个颗粒的重量。

利用式(2.7.23)并忽略黏着力,薄膜水附加压力为 ω_1,则式(2.7.22)为

$$E=\frac{q_b}{GL_2}\sqrt{\frac{\rho D^5}{\gamma_s}}=\frac{q_b}{\gamma_s\dfrac{\pi}{6}D^3CD}\sqrt{\frac{\rho D^5}{\gamma_s}}$$

$$=\frac{6q_b}{\pi\gamma_s CD}\frac{\sqrt{\dfrac{4}{3C_x}\dfrac{\gamma_s-\gamma}{\gamma}g}}{\sqrt{\dfrac{4}{3C_x}\dfrac{\gamma_s-\gamma}{\gamma}gD}}\sqrt{\frac{\rho}{\gamma_s}}=\frac{6}{C\pi}\sqrt{\frac{4}{3C_x}\frac{\rho_s-\rho}{\rho}}\lambda_{q_b} \qquad (2.7.24)$$

可见 Yalin 的无因次数 E 正是一种无因次输沙率,它与 λ_{q_b} 成正比,比例系数约为11.2。Yalin 并没有具体提出起动标准 E 为若干,只是指出要使起动流速试验资料一致,必须在不同条件下使 E 相同。他提出两种控制方法:一种是对不同粒径、比重调整单位面积起动的颗数 $m/(\Omega T)$,使 E 相同;另一种是取 m 为常数,调整

Ω/D^2 及 $T\sqrt{\gamma_s/(\rho D)}$,使 ε 为常数。

　　Yalin 的起动标准也表明,以无因次输沙率作为起动标准,从泥沙运动理论看是有根据的,是最合适的。

2.8　泥沙起动流速公式的资料验证

2.8.1　均匀沙水槽大量试验资料验证

　　本节将对水槽大量试验资料进行分析验证,基本只涉及均匀沙(或接近均匀沙)。此处的均匀沙,当然是近似的,其意义为:或者资料本身粒径范围很窄,或者试验者及后来其他研究者均按均匀沙进行过整理分析和验证,并说明如果按均匀沙处理对结果并无明显的影响。

　　1. 天然沙水槽试验资料验证

　　1) 总体验证

　　文献[12]和[36]~[38]等搜集了大量的实测资料,并进行了整理分析,并对他们自己的公式进行了验证,从中得出两点结论:第一,他们所搜集的资料能反映出不同粒径、不同泥沙容重的起动流速的统一规律;第二,他们的公式能表达这种规律。本书则利用他们整理的资料检验了前面得到的起动流速公式,结果与他们的资料及其公式都是符合的[1]。下面列出有关结果。

　　分别利用武汉水利电力学院、窦国仁、唐存本及华国祥的资料按水深 $H=0.15\mathrm{m}$ 或 $H=0.10\mathrm{m}$ 及 $t/\delta_1=0.375$ 检验了起动流速公式(2.7.6),即

$$V_c=0.116\psi\omega_1$$

如图 2.8.1~图 2.8.4 所示,该公式对应的起动标准为

$$\lambda_{q_{\mathrm{b.c}}}=0.219\times10^{-3}$$

或

$$\overline{V}_{\mathrm{b.c}}=0.433\omega_1$$

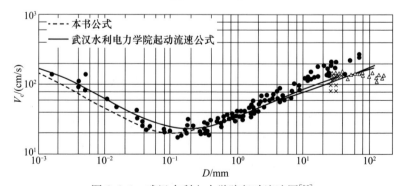

图 2.8.1　武汉水利电力学院起动流速图[36]

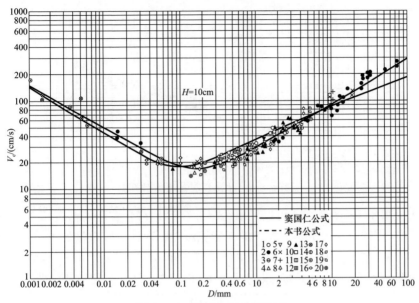

图 2.8.2　窦国仁起动流速图

1. Нанкинскнй н.-н. ин-т. гидротехники；2. хоу Му-тан；3. Чанг；4. Великанов；5. Пушкарев；6. Кнороз；

7. Войновнч；8. Егиазаров；9. Рубинштейн；10. Муейер-Петер；11. Джитьберт；12. Шаффернак；13. Скобей；

14. Крамер；15. Чатли；16. ЛиЪао-жу；17. Ревяшко；18. USWES；19. Хз Чжи-тай；20. Автор Статви

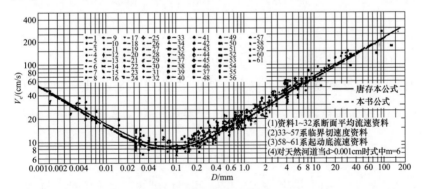

图 2.8.3　唐存本起动流速图[12]

1. 南实处　　2. 侯穆堂 1　3. 姜国干　4. 窦国仁　5. 张有龄　6. 何之泰　7. 李保如　8. 韩其为 1　9. 永定河

10. 华东水院　10. 钱塘江　12. 武功黄土　13. 长江　14. 废黄河　15. 安艺皎一　16. 维里堪诺夫 1

17. 吴因诺维奇　18. 克罗诺兹 1　19. 耶基扎诺夫　20. 芦宾斯坦　21. 普宾斯卡洛夫　22. 托洛菲莫夫

23. 沙马林　24. 斯考贝　25. 梅叶-彼得　26. 盖勃特　27. 弗尔铁尔　28. 查特里　29. 欧契万利

30. 乌凡巴赫　31. 克拉米尔 1　32. 美国水道实验站 1　33. 盖塞　34. 瓦特　35. 铁生　36. 契斯茜

37. 索科诺夫　38. 盖勃特　39. 克拉米尔 2　40. 夏弗纳克　41. 肖克利西　42. 西特　43. 克雷

44. 勃芦斯沁　45. 恩格斯　46. 英德雷　47. 张有龄　48. 美国水道实验站 2　49. 维里堪诺夫 2

50. 冈查洛夫　51. 沙马林　52. 克罗诺兹 2　53. 水电站规范　54. 华东水院　55. 東浦斯　56. 杜加尔

57. 雷德耶伯　58. 夏弗纳克　59. 何之泰　60. 侯穆堂 2　61. 韩其为 2

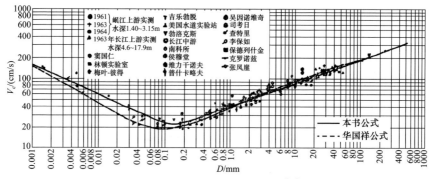

图 2.8.4　华国祥起动流速图[38]

从图 2.8.1～图 2.8.4 可以看出,式(2.7.6)是符合实际的。表 2.7.1 中列出了该标准(式(2.7.4))下不同粒径的天然泥沙以颗数计和以重量计的单宽输沙率。从表中可见,当 $D<1$mm 时,以重量计的输沙率 $q_b<0.14$g/(m·s),而以颗数计的输沙率 $q_n\geqslant95$ 颗/(s·m)。式(2.7.6)中的 ω_1 由式(2.3.13)确定,即

$$\omega_1=\sqrt{53.9D+\frac{2.98\times10^{-7}}{D}(1+0.85H)}$$

而 $\psi(H/D)$ 仍由式(2.1.24)

$$\psi=\psi\left(\frac{H}{D}\right)=\frac{V}{u_*}=6.5\left(\frac{H}{D}\right)^{\frac{1}{4+\lg(H/D)}}$$

给出。

此外,尚需说明的是,ω_1 公式中采用表示泥沙密实程度的 $\frac{t}{\delta_1}=0.375$,是考虑一般河流床沙自然状态的情况,既没有特别密实,也不是淤积不久的淤积物。对于 $D<1$mm 的细颗粒,当 $\frac{t}{\delta_1}=0.375$ 时,干容重由式(2.2.23)的第一式给出,即

$$\gamma'_s=1.472\left(\frac{D}{D+3\times10^{-7}m}\right)^3$$

式中,D 以 mm 计。附带指出,式(2.2.23)可供由已知干容重校对 $\frac{t}{\delta_1}$ 与 0.375 之差时应用。

至于 0.5mm$<D<1$mm 的颗粒,则不考虑 $\frac{t}{\delta_1}(\gamma'_s)$ 对起动流速的影响。

此外,验证了唐存本收集的起动流速资料,因为他收集得最多。如上所述,按式(2.7.6)计算水槽试验中不同粒径的 ω_1 起动流速 V_c,其中水深取 0.15m,进而验证了图 2.8.3。需要说明的是,唐存本引用的资料基本都是平均起动速度 V_c,但是最后在图中换成了 $V_{b.c}$。因此,在算出 V_c 后,按他的方法换算成 $V_{b.c}$,绘入图中。唐存本采用

$$\bar{V}_{b.c} = \theta V_c \tag{2.8.1}$$

$$\theta = \frac{\dfrac{m+1}{m}}{\left(\dfrac{H}{D}\right)^{\frac{1}{m}}} \tag{2.8.2}$$

$$m = 4.7 \left(\frac{H}{D}\right)^{0.06} \tag{2.8.3}$$

可见式(2.7.6)与唐存本的资料符合很好,与曲线基本一致。

2) 典型资料验证

前面利用大量水槽试验资料对起动流速公式(2.7.6)等进行了综合验证,说明本书给出的起动标准和起动流速公式是符合实际的。下面将用本书公式对较为可靠的典型资料做进一步验证。

(1) 窦国仁不同粒径试验资料验证[37]。窦国仁天然沙试验资料粒径范围很广(见表 2.8.1):$D=0.004\sim24$mm。用本书公式验证 $2\sim9$ 组资料,均按 $t/\delta_1 = 0.375$,$\bar{V}_b/\omega_1 = 0.433$,即按式(2.7.6)、式(2.3.13)等验证结果表明,计算的起动速度在试验的个别起动和显著起动之间。

表 2.8.1　新港淤泥试验资料

组别	泥沙名称	粒径/mm	水深/cm	流速 V_c/(m/s)		计算起动流速 V_c/(m/s)
				个别起动	显著起动	
1	黏土(新港淤泥)	0.004	6~16	0.860	1.05	1.01
2	黄黏土	0.015	12~18	0.452	0.530	0.425
3	黄土	0.03	12~18	0.310	0.390	0.286
4	粉土	0.05	12~18	0.245	0.275	0.226
5	细沙	0.20	12~18	0.195	0.220	0.226
6	细沙	0.34	11~19	0.210	0.232	0.261
7	中沙	0.58	13~19	0.240	0.280	0.318
8	石子	5.0	12~18	0.690	0.805	0.729
9	卵石	24.0	10~14	1.40	1.50	1.40

至于第 1 组黏土(新港淤泥)资料,原试验结果引用的 $D_{50}=0.004$mm,而干容重为 1.59t/m³。如果按 $D=0.004$mm 的均匀沙,一般很难达到这样大的干容重;显然这样大的干容重与其中含有一部分较粗颗粒有关。事实上,该组泥沙的级配很宽,$D<0.001$mm 的颗粒占 27%,$D>0.035$mm 的颗粒占 8%[18]。因此,其干容重应按非均匀沙干容重计算[4],即

$$\frac{1}{\gamma_s'} = \frac{P_1}{\gamma_{s.1}'} + \frac{P_2}{\gamma_{s.2}'} \tag{2.8.4}$$

式中,

$$\frac{1}{\tilde{\gamma}'_1}=\frac{Q}{\gamma'_{s.1}}+\frac{1-Q}{\gamma_s} \tag{2.8.5}$$

P_1、P_2 分别为粗、细泥沙的级配,即所占重量百分数;$\tilde{\gamma}'_{s.1}$ 为考虑充填后粗颗粒的干容重;$\gamma'_{s.2}$ 为细颗粒的干容重,

$$\gamma'_{s.2}=0.698-0.175\left(\frac{t}{\delta_1}\right)^{\frac{1}{3}\left(1-\frac{t}{\delta_1}\right)}\left(\frac{D}{D+2t}\right)^3\gamma_s \tag{2.8.6}$$

而 γ_s 为单颗泥沙容重,取 2.65t/m^3。式中干容重单位为 t/m^3。按照试验沙的级配,粗、细泥沙分界粒径取 0.007mm,细组级配为 0.62,代表粒径为 0.004mm,粗组级配为 0.38。首先按照式(2.8.6)计算不同 t/δ_1 的细颗粒的干容重 $\gamma'_{s.2}$,结果如表 2.8.2 所示;其次按式(2.8.4)求 γ'_s,同时由 t/δ_1、$D=0.004\text{mm}$ 及 $H=(0.06+0.16)/2=0.11\text{m}$ 按式(2.8.7)求出 ω_1,即

$$\omega_1=\left[2.16\times10^{-4}+4.65\times10^{-3}\left(3-\frac{t}{\delta_1}\right)\left(\frac{\delta_1^2}{t^2}-1\right)+4.26\times10^{-3}\left(3-\frac{t}{\delta_1}\right)\left(1-\frac{t}{\delta_1}\right)\right]^{\frac{1}{2}} \tag{2.8.7}$$

式中,单位以 m、s 计;然后由式(2.7.6)求出 V_c。

表 2.8.2　V_c 与 γ'_s、t/δ_1 等关系($D=0.004\text{mm}, H=0.11\text{m}$)

t/δ_1	1	0.9	0.8	0.6	0.5	0.35	0.3	0.28	0.27	0.20
$\gamma'_{s.2}/(\text{t/m}^3)$	0.802	0.844	0.870	1.008	1.077	1.208	1.259	1.281	1.292	1.376
混合沙 $\gamma'_s/(\text{t/m}^3)$	1.09	1.14	1.19	1.32	1.39	1.52	1.57	1.59	1.606	1.68
$V_c/(\text{m/s})$	0.037	0.151	0.230	0.400	0.516	0.792	0.940	1.01	1.09	1.44

由表 2.8.2 可见,当 $\gamma'_s=1.59$ 时,$t/\delta_1=0.28$,此时 $V_c=1.01\text{m/s}$ 介于表 2.8.1 中第 1 组的个别起动流速与大量起动流速之间,可见本书公式对黏性细颗粒起动流速也是符合实际的。

(2) 窦国仁整理的不同干容重试验资料验证[34]。窦国仁为了研究不同干容重对起动流速的影响,整理了自己的试验资料和水科院试验资料(见图 2.8.5),同时在图 2.8.5 中根据式(2.7.6)、式(2.8.6)、式(2.8.7)绘出了 V_c 与 γ'_s 的关系,可见它与试验资料符合很好。

综上所述,通过两个水槽中典型资料验证,进一步说明了本书选择的起动标准及起动流速公式对于不同粒径泥沙,包括细颗粒泥沙,以及不同干容重泥沙都是合适的。

2. 轻质沙及模型沙资料验证

为了检验式(2.7.6)对不同材料(不同比重)颗粒对起动流速的适应性,曾验证了一些轻质沙、模型沙试验资料。

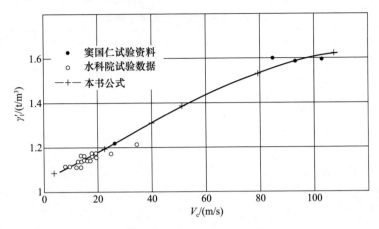

图 2.8.5　V_c 与干容重的关系

（1）窦国仁整理的煤屑起动资料验证[34]。他整理的南京水利科学研究所（简称南科所）煤屑起动资料如图 2.8.6 中实心圆所示。煤屑的比重为 1.5t/m³，水深 $H=10$cm。取 $t/\delta_1=0.375$，而 ω_1 用式（2.3.12）确定。V_c 由式（2.7.6）给出，其余一律按前述有关公式进行，计算结果如图 2.8.6 中空心圆所示。可见两者十分符合，并且在此特殊条件下本书公式与窦国仁公式完全一致。

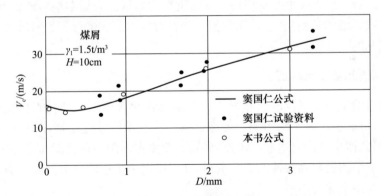

图 2.8.6　煤屑起动资料

（2）南科所的轻质沙起动流速验证。窦国仁曾整理了南科所一些不同轻质沙起动流速资料[37]。这些资料包括煤粉锯木屑等，$\gamma_s=1.53\sim1.12$t/m³，具体结果见表 2.8.3。验证本书起动流速公式时仍采用 $t/\delta_1=0.375$，水深取上、下限的平均值，ω_1 仍按式（2.3.12）确定，其余一律按前述有关公式进行。计算结果列入表 2.8.3 中，从表中可见两者符合很好，计算 V_c 大都在试验资料范围内，即使超出其范围，差值也仅 1cm。

表 2.8.3　不同比重泥沙起动流速验证

H/m	$V_c(\text{试验})/(\text{m/s})$	D_{50}/mm	$\gamma_s/(\text{t/m}^3)$	$V_c(\text{计算})/(\text{m/s})$
0.10~0.15	0.14~0.19	0.69	1.48	0.18
0.08~0.16	0.16~0.22	0.85	1.53	0.21
0.09~0.14	0.23~0.26	1.71	1.49	0.26
0.07~0.14	0.27~0.30	1.75	1.50	0.26
0.06~0.13	0.34~0.39	3.30	1.52	0.33
0.08~0.30	0.18~0.26	2.60	1.35	0.27
0.06~0.28	0.22~0.30	3.70	1.35	0.31
0.06~0.16	0.39~0.50	8.00	1.35	0.38
0.07~0.25	0.12~0.15	1.00	1.25	0.16
0.07~0.30	0.12~0.14	1.00	1.20	0.14
0.10~0.20	0.10~0.13	0.63	1.21	0.12
0.09~0.30	0.11~0.13	1.00	1.12	0.11

上述两项验证充分说明,水槽中不同材料轻质沙的起动流速均符合本书提出的起动标准及起动流速公式。当然,由于 D 一般较大,图 2.8.6 显示只有一两点有黏着力和附加压力项,因此对更细的轻质沙颗粒验证得还不够,有待于下面的资料补充。

(3) 清华大学泥沙研究室塑料沙试验资料的验证。先后对塑料沙的起动流速进行了两次详细的试验研究,曾用他们的资料对本书公式进行了大量验证,结果也是符合实际的[4]。

2.8.2　河道测量资料验证

采用水槽试验资料反映天然河道泥沙起动规律有所限制,特别是两者的水深差别太大,可能会产生不同影响。考虑到起动流速及泥沙起动规律最后是用在天然河道,因此搜集分析河道起动流速,特别是搜集大水深的资料就非常必要。本节将分析河道中测量起动流速的有关资料,并用以进一步检验本书的起动流速公式,特别是公式中水深的影响。

1. 长江天然河道冲淤大体平衡时的资料验证

如图 2.8.7[13]所示,利用长江宜昌站等沙质河床推移质输沙率 $q_b<1\text{g/m}^3$ 的资料验证了 $\dfrac{V_{b.c}}{\omega_0}=0.55$ 时的式(2.7.10),可以看出彼此基本符合。尚需要指出的是,在文献[1]和[13]中利用了冲淤时干容重的差别,验证了较细颗粒冲刷与淤积时的流速,如图 2.8.8~图 2.8.10 所示,发现前述公式也能概括。从图中看出如下几点:第一,表中所有实测资料均与本书起动流速公式(2.7.8)、式(2.7.10)基本符合,只是由于测量资料的偶然性以及有些次要因素难以考虑,两者有一定偶然

偏离;第二,这些野外资料包括了很大的水深范围,从 1.6m 至 19.9m。验证结果表明,起动流速公式(2.7.10)、ω_1 的公式(2.3.12)等对各种水深资料均无系统偏离。

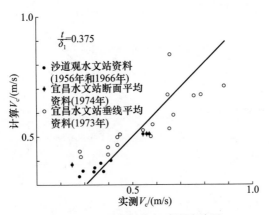

图 2.8.7　平衡时的起动流速验证

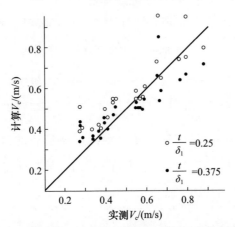

图 2.8.8　葛洲坝水库下游宜昌站平衡时不同干容重起动流速对比

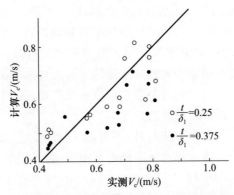

图 2.8.9　葛洲坝水库下游宜昌站冲刷时不同干容重起动流速对比

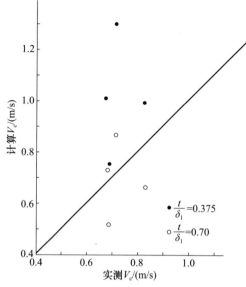

图 2.8.10　葛洲坝水库淤积时不同干容重起动流速对比

利用葛洲坝水库上、下游床面,在冲淤过程中,通过考虑颗粒密实程度 $\frac{t}{\delta_1}$ 的差别研究了其对起动流速的影响[4,13]。图 2.8.8 给出了输沙接近平衡时计算起动流速与实测起动流速的对比,由图可见,当 $\frac{t}{\delta_1}=0.375$ 时,两者符合最好。图 2.8.9 给出了床面处于冲刷时计算起动流速与实测起动流速的对比,可见当 $\frac{t}{\delta_1}=0.25$ 时,两者符合最好。图 2.8.10 给出了床面淤积时计算起动流速与实测起动流速的对比,可见当 $\frac{t}{\delta_1}=0.70$ 时,两者符合最好。

2. 卵石起动资料验证

对于粗颗粒卵石起动流速试验,由于其流速很大,在水槽中有时很难实行,所以往往在天然河道中搜集。但是颗粒太粗时,其起动常以颗数计,起动标准有时难以与其他资料一致。卵石河床床沙级配一般范围很大,常达 2～3 个数量级,属于宽级配情况,此时需要利用非均匀沙分组输沙率为工具来分析分组起动流速(这将在第 3 章研究)。下面仅对可用均匀沙起动流速规律描述的资料进行分析。

1) Fahnestock[41] 野外卵石资料验证

由于卵石颗粒很大,观测方法特殊,不可能简单确定起动标准。经对比,Fahnestock 的资料与野外输沙率起动标准相近。于是,验证的起动标准为式(2.7.9),而 $\omega_1=\omega_0$,则由式(2.3.16)得

$$\omega_0=\sqrt{53.9D}$$

将验证的原始资料及结果列入表 2.8.4。由于原始资料只给出了起动底速 $\bar{V}_{b.c}$，因此只能直接利用式(2.7.9)进行。由表 2.8.4 可以看出，计算与实测是基本符合的。当然，由于实测资料有一定波动，故两者有一定误差。但是如果将实测资料中粒径相同的起动底速平均，则除第 9 点资料外，其他 5 个资料(其中有三个是平均的)的误差就很小。

表 2.8.4　卵石起动底速验证(Fahnestock 资料)

试验组号	D/m	实测 $\bar{V}_{b.c}$/(m/s)	ω_0/(m/s)	计算 $\bar{V}_{b.c}$/(m/s)
1	0.092	1.68	2.23	1.23
2	0.092	1.22	2.23	1.23
3	0.104	1.25	2.37	1.30
4	0.183	1.80	3.14	1.73
5	0.244	2.13	3.63	2.00
6	0.244	2.50	3.63	2.00
7	0.305	1.65	4.05	2.23
8	0.305	2.47	4.05	2.23
9	0.549	2.13	5.44	3.00

2) Helley[42]野外卵石资料验证

经对比,分析验证采用式(2.7.5),验证的结果见表 2.8.5。从表中可以看出,尽管单点资料波动大,验证误差大,但是两者的平均值却非常接近。

表 2.8.5　卵石起动底速验证(Helley 资料)

D/m	实测 $\bar{V}_{b.c}$/(m/s)	ω_0/(m/s)	计算 $\bar{V}_{b.c}$/(m/s)
0.1677	1.619	3.01	1.30
0.1830	1.587	3.14	1.36
0.2135	1.659	3.39	1.47
0.2288	2.064	3.51	1.52
0.2440	2.323	3.63	1.57
0.2592	1.460	3.74	1.62
0.2593	2.037	3.74	1.62
0.2745	1.677	3.85	1.67
0.3050	1.673	4.05	1.75
0.3050	1.738	4.05	1.75
0.3203	1.423	4.16	1.80
0.3355	1.543	4.25	1.84
0.3355	1.766	4.25	1.84
0.3355	1.546	4.25	1.84
0.3812	1.787	4.53	1.96
平均	1.72	—	1.64

3. 中亚 Ангара 河小砾石起动资料验证[4]

由于水深大,该资料是通过采样器确定的,故验证采用式(2.7.10)及 $\omega_1 = \omega_0$ 计算 V_c,如表 2.8.6 所示。由表可见,除个别点精度稍逊外,其余均符合良好。这个资料的特点是水深较大。

表 2.8.6　Ангара 河小砾石床面起动流速验证[1]

水深 H/m	粒径 D/mm	起动流速 V_c/(m/s)		水深 H/m	粒径 D/mm	起动流速 V_c/(m/s)	
		实测	计算			实测	计算
9.6	8.7	2.05	1.73	9.9	11.0	1.94	1.92
9.6	8.5	1.93	1.71	10.2	13.0	2.10	2.04
10.0	11.0	1.92	1.92	8.7	10.6	1.88	1.88
10.2	10.7	2.13	1.91	9.4	8.3	2.03	1.69
10.1	12.5	1.99	2.04	9.4	9.7	1.87	1.80

2.8.3　卵石形态及在床面暴露度对起动流速的影响

对于级配范围较广的泥沙,如何研究其起动流速,有一个认识过程,以往大多采用代表粒径研究床沙整体起动情况。显然,从确切反映真实的现象看,此时应该研究各组泥沙的起动流速,即分组起动流速。这方面已有一些成果[1,43~47],但是内在机理阐述不够,缺乏较好的理论基础,实用上可靠性较差。文献[48]通过水槽试验对非均匀沙起动的复杂性及机理进行了较深入的分析,并给出了相应成果。但是所述这些研究,都没有和分组输沙率联系起来,有的甚至得到了细颗粒部分与中等颗粒同时起动[43],以至无法反映起动的分选。韩其为曾根据泥沙运动统计理论导出了非均匀沙床面上不同粒径的推移质分组输沙率表达式,而后又进行了进一步研究。这些成果是研究非均匀沙分组起动流速的理论基础。如果要了解床面总体的起动情况,还需引进综合起动流速。

1. 卵石形态及在床面位置对其瞬时起动流速的影响

1) 考虑卵石扁度的起动流速[1,39]

对于卵石河床,在起动状态时,起动的颗粒数是很少的,有时在观测时间内仅动一颗。此时卵石的形态就有相当影响,这是与沙、小砾石等不一样的。卵石形状一般较光滑,多成扁平体,而沙及小砾石多带棱角。卵石的形状一般可用扁度[21,39]来表示:

$$\lambda = \frac{\sqrt{ab}}{c}$$

式中，a、b、c 分别为卵石的长、中、短轴长度。

文献[21]中介绍了通过对川江 1946 颗卵石的测量得到

$$\frac{a}{c} = \lambda^{1.23} \tag{2.8.8}$$

$$\frac{a}{c} = \lambda^{0.77} \tag{2.8.9}$$

$$\frac{D}{c} = \frac{a+b+c}{3c} = \frac{\lambda^{1.23} + \lambda^{0.77} + 1}{3} \tag{2.8.10}$$

式中，D 为卵石的平均粒径，假设卵石平卧于床面(短轴垂直于床面)。考虑扁度影响后，文献[41]从理论上导出卵石起动流速。设卵石在床面的方向是横轴(中轴 b)与纵轴(长轴 a)各占一半垂直于水流，且短轴(c)与床面垂直，从而可列出

$$P_x L_x + P_y = GL_G \tag{2.8.11}$$

式中，P_x、P_y 分别为水流正面推力和升力；G 为水下重力；L_x、L_y、L_G 为各种力相对应的力臂。考虑上述卵石在床面的方向，上述方程可具体写成

$$\frac{\rho C_x}{2} V_{\text{b.c}}^2 \frac{\pi}{4} \sqrt{ab} c \alpha c + \frac{\rho C_y}{2} V_{\text{b.c}}^2 \frac{\pi}{4} ab\beta \sqrt{ab} = \frac{\pi}{6}(\gamma_s - \gamma) D^3 \frac{\sqrt{ab}}{2}$$

此处按椭球体计算水流作用面积和体积，αc、$\beta\sqrt{ab}$、$\sqrt{ab}$ 分别为 P_x、P_y、G 的力臂。上式可改写为

$$V_{\text{b.c}}^2 = \left(\frac{4}{3C_x} \frac{\gamma_s - \gamma}{\gamma} gD\right) \frac{\lambda}{2\alpha\lambda + \frac{1}{2}\beta\lambda^3} \left(\frac{D}{c}\right)^2$$

$$= \left(\frac{4}{3C_x} \frac{\gamma_s - \gamma}{\gamma} gD\right) \frac{1}{2\alpha + \frac{1}{2}\beta\lambda^2} \left(\frac{\lambda^{1.23} + \lambda^{0.77} + 1}{3}\right)^2 \tag{2.8.12}$$

即

$$V_{\text{b.c}} = \sqrt{\frac{1}{2\alpha + \frac{\beta}{2}\lambda^2}} \frac{\lambda^{1.23} + \lambda^{0.77} + 1}{3} \omega_0 = f_1(\lambda)\omega_0 \tag{2.8.13}$$

式中，

$$f_1(\lambda) = \sqrt{\frac{1}{2\alpha + \frac{\beta}{2}\lambda^2}} \frac{\lambda^{1.23} + \lambda^{0.77} + 1}{3}$$

对于球体，$\lambda = 1$，上式右边根号的值为 1，从而 $\alpha = \beta = 0.4$，故

$$f_1(\lambda) = \sqrt{\frac{1}{0.8 + 0.2\lambda^2}} \frac{\lambda^{1.23} + \lambda^{0.77} + 1}{3} \tag{2.8.14}$$

在推导式(2.8.13)时，为了不使公式过分复杂，有意将床面位置和卵石形态 λ 分开，而未考虑 $\varphi(\Delta')$。显然，$V_{\text{b.c}}$ 还应与床面位置有关，采用与球体颗粒瞬时起动

速度式(2.3.9)对比,式(2.8.14)应予床面位置修正,于是

$$V_{b.c} = \varphi(\Delta') f_1(\lambda) \omega_0 \qquad (2.8.15)$$

这就是考虑卵石形态的瞬时起动流速公式。

2) 卵石起动流速野外试验及对 Δ'、λ 影响的检验

为了进一步检验床面位置对起动流速的影响和卵石形状参数 λ 的作用,韩其为曾于 1965 年在四川岷江五通桥茫溪河进行了卵石起动的野外水槽试验[2]。试验的床面是用卵石干砌的较为固定的床面。试验的卵石预先按相近的粒径 D_l(当量粒径)及相近的扁度 λ 选出若干组(近 20 组),每组 10 颗,每颗卵石编上号,并用一定颜色涂上一些标志。放水前将每组卵石排列在床面上,使其在床面的暴露度 Δ 基本相等,并记录其原始的位置。放水时逐步加大流量至所需要的流速。在加大流量过程中不允许该组试验的卵石移动。水流稳定后,开始由两人同时观测,观测的时间为 30min,在这个时期内如果一组 10 颗卵石中恰有 2~4 颗移动,则算为起动状态,此时其水深、流速就作为起动时的值。表 2.8.7 中列出的 17 组资料均是当时的试验结果,其中输沙率是根据起动颗粒换算的。

表 2.8.7　卵石起动试验资料

试验组号	原始数据					$\Delta'=\dfrac{2\Delta}{D}$	ω_0/(m/s)	$\psi\left(\dfrac{H}{D}\right)$	$\bar{V}_b$/(m/s)	q_b'/(g/(m·s))
	H/m	V/(m/s)	D/m	λ	Δ/cm					
1	0.13	0.19	0.033	1.2	0.0193	1.000	1.33	8.760	0.51	0.513
2	0.13	1.19	0.041	1.2	0.0151	0.736	1.49	8.399	0.53	0.792
3	0.12	1.10	0.061	1.3	0.0138	0.453	1.81	7.609	0.54	1.750
4	0.13	1.19	0.083	1.3	0.0103	0.248	2.12	7.234	0.61	3.250
5	0.16	1.33	0.033	1.1	0.0150	0.910	1.33	9.104	0.54	0.513
6	0.15	1.23	0.043	2.2	0.0121	0.563	1.52	8.558	0.54	0.871
7	0.13	1.19	0.055	2.2	0.0078	0.284	1.72	7.913	0.56	1.430
8	0.13	1.19	0.075	2.3	0.0075	0.200	2.01	7.401	0.60	2.650
9	0.12	1.17	0.042	1.5	0.0158	0.752	1.50	8.227	0.53	0.831
10	0.13	1.19	0.054	1.5	0.0118	0.437	1.70	7.943	0.56	1.370
11	0.13	1.19	0.065	1.4	0.0114	0.351	1.87	7.637	0.58	1.990
12	0.16	1.32	0.088	1.6	0.0087	0.198	2.18	7.479	0.66	3.650
13	0.16	1.44	0.041	2.8	0.0118	0.575	1.49	8.744	0.61	0.792
14	0.16	1.34	0.054	3.7	0.0054	0.200	1.70	8.287	0.60	1.370
15	0.17	1.40	0.065	4.2	0.0046	0.142	1.87	8.080	0.65	1.990
16	0.16	1.28	0.071	2.9	0.0055	0.155	1.96	7.834	0.61	2.380
17	0.14	1.19	0.052	2.7	0.0076	0.292	1.67	8.128	0.55	1.270
平均	0.14	1.24	0.056	2.1	0.0108	0.384	1.74	8.019	0.58	1.612

这次试验的起动标准与一般不同,故对试验的起动输沙率 $q'_{b.c}$ 与前面的水槽试验标准 $q_{b.c}$ 不完全一致。由于要用到低输沙率关系(式(2.6.27)和表 2.6.1),注意到其中已考虑了不同 Δ' 值的 $\varphi(\Delta')$ 的作用,欲消除它的作用,可近似地除以 $\bar{\varphi}=0.916$。注意到上式瞬时起动底速后,时均起动底速相应为

$$\bar{V}_{b.c}=K\frac{\varphi(\Delta')f_1(\lambda)}{\bar{\varphi}\,\beta}\omega_0=\left(\frac{\bar{V}_{b.c}}{\omega'_0}\right)\frac{\varphi(\Delta')f_1(\lambda)\omega_0}{\bar{\varphi}\,\beta} \tag{2.8.16}$$

式中,$K=\dfrac{V_{b.c}}{\omega_0}$ 为起动标准;β 为接近于 1 的校正系数。这是因为 $\bar{V}_{b.c}$ 与 $\varphi(\Delta')$ 和 $f_1(\lambda)$ 可能不完全成正比。经对比分析,$\beta=1.201$,而前面已导出 $\bar{\varphi}=0.916$。故低输沙率关系为

$$\frac{\bar{V}_{b.c}}{\omega'_0}=\frac{\bar{V}_{b.c}}{\omega_0}\left(\frac{\bar{\varphi}\,\beta}{\varphi(\Delta')f_1(\lambda)}\right) \tag{2.8.17}$$

$$\lambda'_{q_b}=\frac{q_b}{\gamma_s D\omega'_0}=\frac{q_b}{\gamma_s D\omega_0}\left(\frac{\bar{\varphi}\,\beta}{\varphi(\Delta')f_1(\lambda)}\right) \tag{2.8.18}$$

相应的起动标准按野外水槽试验 17 组资料的平均相对输沙率

$$\lambda'_{q_b}=0.624\times10^{-5} \tag{2.8.19}$$

于是由低输沙率理论关系(见表 2.6.1)查出

$$\frac{V_{b.c}}{\omega'_0}=0.329 \tag{2.8.20}$$

时均起动底速为

$$\bar{V}_{b.c}=\frac{K\varphi(\Delta')f_1(\lambda)}{\bar{\varphi}\beta}\omega_0=0.329\frac{\varphi(\Delta')f_1(\lambda)}{\bar{\varphi}\beta}\omega_0=0.299\varphi(\Delta')f_1(\lambda)\omega_0 \tag{2.8.21}$$

再利用式(2.1.25)

$$\bar{V}_b=\frac{3.73V}{\psi\left(\dfrac{H}{c}\right)}=\frac{3.73V}{6.5\left(\dfrac{H}{c}\right)^{\frac{1}{4+\lg(H/D)}}}=\frac{3.73V}{6.5\left(\dfrac{H}{D}\right)^{\frac{1}{6}}\left(\dfrac{D}{c}\right)^{\frac{1}{6}}} \tag{2.8.22}$$

其中,对于卵石河床,$\dfrac{H}{D}$ 在 100 左右,故取 $\dfrac{1}{4+\lg(H/D)}\approx\dfrac{1}{6}$,从而得到以垂线流速表示的起动速度

$$V_c=0.268\psi\left(\frac{H}{D}\right)\left(\frac{D}{c}\right)^{\frac{1}{6}}0.299\varphi(\Delta')f_1(\lambda)\omega_0$$

$$=0.0802\varphi(\Delta')\psi\left(\frac{H}{D}\right)f(\lambda)\omega_0 \tag{2.8.23}$$

式中,

$$f(\lambda)=f_1(\lambda)\left(\frac{D}{c}\right)^{\frac{1}{6}}=\sqrt{\frac{1}{0.8+0.2\lambda^2}\left(\frac{\lambda^{1.23}+\lambda^{0.77}+1}{3}\right)^{\frac{7}{6}}}\approx\lambda^{0.45} \tag{2.8.24}$$

现在利用上述试验资料对低输沙率曲线、起动流速以及 $\varphi(\Delta')$ 和 $f(\lambda)$ 对起动流速的影响进行检验。

图 2.8.11 中验证了该次试验的低输沙率关系。其中圆点是实测的,而曲线是理论公式结果,可见彼此基本符合。图 2.8.12 和图 2.8.13 中分别验证了时均起动速度与床面位置函数 $\varphi(\Delta')$ 及卵石扁度 λ 的函数 $f(\lambda)$ 的关系。由图可知,实测结果与关系线也是颇为符合的。需要指出的是,图 2.8.12 和图 2.8.13 的验证是很重要的。当时做这个试验的主要目的不是研究低输沙率,而是研究卵石形态及位置对起动的影响。颗粒在床面的位置 Δ' 及其函数 $\varphi(\Delta')$ 是本书作者首次引进[3]的。前面 2.8.1 节只是通过总体验证反映它的影响,而此处才是第一次进行了单项验证,由此说明利用 Δ' 及其函数 $\varphi(\Delta')$ 考虑颗粒在床面位置对输沙率及起动流速的影响是正确的,也是必须的。

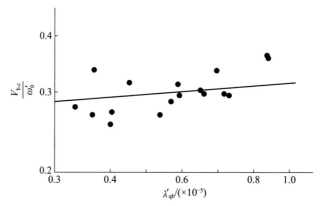

图 2.8.11　卵石起动试验资料的输沙率关系

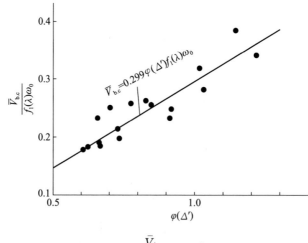

图 2.8.12　$\dfrac{\bar{V}_{b.c}}{f_1(\lambda)\omega_0}$-$\varphi(\Delta')$ 的关系

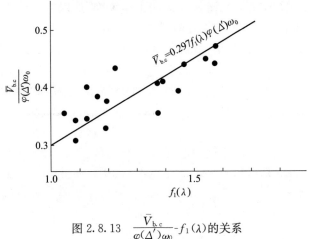

图 2.8.13　$\dfrac{\bar V_{\mathrm{b.c}}}{\varphi(\Delta')\omega_0}$-$f_1(\lambda)$ 的关系

图 2.8.14 中绘出了 $\dfrac{V_{\mathrm c}}{f(\lambda)\omega_0\psi}$-$\varphi(\Delta')$ 关系,图 2.8.15 中绘出了 $\dfrac{V_{\mathrm c}}{\varphi(\Delta')\psi\omega_0}$-$f(\lambda)$ 关系,可见彼此符合很好。这说明式(2.8.23)中考虑 $f(\lambda)$,特别是 $\varphi(\Delta')$ 是正确的。

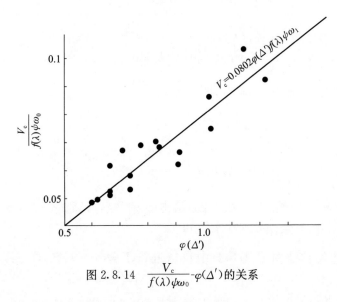

图 2.8.14　$\dfrac{V_{\mathrm c}}{f(\lambda)\psi\omega_0}$-$\varphi(\Delta')$ 的关系

2. 非均匀卵石分组起动流速的野外资料检验

宜昌水文站和寸滩水文站是卵石推移质观测站,其水流较正常。利用寸滩站 1966 年、万县站 1973 年、宜昌站 1973 年测验中断面样品最大一颗卵石的粒径作为起动粒径,分析其起动流速。采用的资料如表 2.8.8 所示[1]。起动流速按非均匀沙计算。由于资料中没有扁度,故取 $\lambda = 1$,将式(2.8.21)代入式(2.8.22),可得

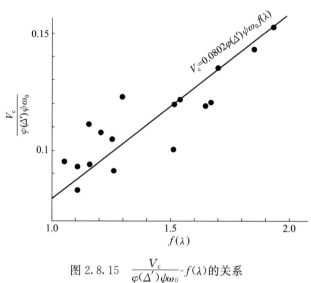

图 2.8.15　$\dfrac{V_c}{\varphi(\Delta')\psi\omega_0}$-$f(\lambda)$ 的关系

$$V_c = \frac{V_{b.c}}{3.73}\psi\left(\frac{H}{D}\right) = 0.268 K_l \psi \frac{\varphi(\bar{\Delta}')\omega_0}{\bar{\varphi}} \tag{2.8.25}$$

其中起动标准按式(2.7.14)确定,即

$$K_l = \frac{V_{b.c.l}}{\omega_{0.l}} = F_b^{-1}\left(0.3\times10^{-6}, \frac{D_l}{\bar{D}}\right)$$

此处 $F_b^{-1}\left(0.3\times10^{-6}, \dfrac{D_l}{\bar{D}}\right)$ 可直接根据 $\dfrac{D_l}{\bar{D}}$ 由表 2.7.3 查出。

由表 2.8.8 可以看出,式(2.8.25)给出的 V_c 与实测是符合的,除宜昌站三点误差超过 10% 外,其余误差均在 10% 以下。

同时用均匀沙法对表 2.8.8 中数据进行了验证。对于均匀沙,$\dfrac{D_l}{\bar{D}} = 1$,故 $\dfrac{\varphi(\Delta_l')}{\bar{\varphi}} = 1$,起动标准由表 2.7.4 得 $K = \dfrac{\bar{V}_{b.c}}{\omega_0} = 0.282$,代入式(2.8.25)可得起动速度为

$$V_c = 0.268 K\omega_0\psi = 0.0756\psi\omega_0 \tag{2.8.26}$$

表 2.8.8　非均匀卵石起动流速验证

站名	实测资料			$\dfrac{D_l}{\overline{D}}$	$\omega_{0.l}$ /(m/s)	$\psi\left(\dfrac{H}{\overline{D}}\right)$	$\varphi(\overline{\Delta}'_l)$	起动流速/(m/s)			床沙平均粒径/m
								均匀沙法	非均匀沙法		
	D_l/m	H/m	$\dfrac{V}{\text{(m/s)}}$					$V_{c.l}$ 式(2.8.26)	$\left(\dfrac{\overline{V}_{b.c.l}}{\omega_{0.1}}\right)$	V_c 式(2.8.25)	
寸滩	0.066	6.0	2.20	0.73	1.89	13.9	1.021	1.98	0.289	2.27	$\overline{D}=0.090$ $\overline{\varphi}=0.870$
	0.100	8.9	2.40	1.11	2.33	13.9	0.879	2.45	0.279	2.32	
	0.131	12.6	2.60	1.46	2.67	14.3	0.811	2.89	0.272	2.46	
	0.164	17.2	2.80	1.82	2.89	14.7	0.769	3.21	0.268	2.56	
	0.180	19.6	2.90	2.00	3.12	14.9	0.749	3.51	0.266	2.71	
万县	0.022	15.0	1.60	0.37	1.09	15.0	1.12	1.23	0.299	1.60	$\overline{D}=0.060$ $\overline{\varphi}=0.867$
	0.073	20.2	2.00	1.22	1.99	15.4	0.888	2.32	0.271	2.16	
	0.124	25.9	2.40	2.07	2.59	15.9	0.743	3.11	0.268	2.38	
	0.180	29.9	2.66	2.50	2.84	16.0	0.718	3.43	0.254	2.52	
宜昌	0.018	12.4	1.30	0.90	0.99	16.3	0.951	1.22	0.286	1.44	$\overline{D}=0.020$ $\overline{\varphi}=0.817$
	0.027	12.9	1.45	1.35	1.21	16.3	0.829	1.50	0.273	1.46	
	0.036	13.4	1.60	1.80	1.40	16.4	0.771	1.74	0.268	1.59	
	0.046	13.9	1.80	2.30	1.58	16.4	0.731	1.97	0.268	1.65	
	0.055	14.5	2.00	1.38	1.73	15.6	0.824	2.05	0.273	2.17	$\overline{D}=0.04$ $\overline{\varphi}=0.749$
	0.065	15.0	2.20	1.62	1.88	15.6	0.791	2.22	0.269	2.23	
	0.074	15.5	2.40	1.85	2.00	15.7	0.765	2.38	0.268	2.30	
	0.084	16.0	2.60	2.10	2.13	15.7	0.743	2.54	0.266	2.37	
	0.093	16.5	2.80	2.32	2.24	15.8	0.729	2.68	0.265	2.37	
	0.102	17.0	3.00	2.55	2.35	15.8	0.715	2.82	0.264	2.44	
	0.111	17.5	3.20	2.77	2.45	15.9	0.702	2.96	0.263	2.57	

　　均匀沙验证结果表明,总体与实际资料基本符合,只是对寸滩、万县两站计算的细颗粒起动流速偏小,而粗颗粒起动流速偏大。显然,这是未考虑床面位置影响所致,因此验证结果不如非均匀沙。至于对宜昌站资料的验证,均匀沙反而比非均匀沙要好些,其原因有待进一步分析。但是宜昌站床沙变化大,可能是原因所在。这是因为流速大时粗化快,床沙中径很难准确确定,如果加大 $\overline{D}$,则起动流速会加大。其次由于大卵石水利因素相对较弱的宜昌站运动机会更少,被磨损机会多,扁度可能偏大。

2.8.4　非均匀沙分组起动流速的验证

　　前节用野外卵石资料检验了分组起动流速公式,说明它是可靠的。本节通过武汉水利电力大学治河系非均匀粗沙和砾石室内试验资料[17]来进一步验证有关公式。

　　试验在武汉水利电力大学长 10m、宽 0.5m 的循环变坡水槽中进行。采用若干种下限固定在 0.05mm、上限变动于 25~12mm 且级配连续的长江天然沙,铺成厚约 10cm 的床面。在试验段中线划定小区域内投放一定颗数的颜色沙作为起动试验观测的目标。共制作了 4 种颜色 10 种粒径的颜色沙,先后进行了 46 次试验。

试验时测得的原始资料可从文献[43]中查出。

　　由于这种试验与一般试验有所差别,不是考虑全部床沙起动,只是考虑其上的一部分颜色沙,故起动标准与前面建议的标准是不同的,加上缺乏有关输沙记录,因此要通过分析确定其标准。此时根据试验资料,经分析后,求得非均匀沙起动标准为

$$\lambda_{q_{\mathrm{b.c.}l}}=\frac{q_{\mathrm{b.c.}l}}{P_{1.l}\gamma_{\mathrm{s}}D_{l}\omega_{1.l}}=0.1\times10^{-5}=F_{\mathrm{b}}\left(\frac{\bar{V}_{\mathrm{b.c.}l}}{\omega_{1.l}},\frac{D_{l}}{\bar{D}}\right) \tag{2.8.27}$$

故起动底速为

$$\bar{V}_{\mathrm{b.c.}l}=\omega_{1.l}F_{\mathrm{b}}^{-1}\left(0.1\times10^{-5},\frac{D_{l}}{\bar{D}}\right) \tag{2.8.28}$$

相应的起动流速为

$$V_{\mathrm{c.}l}=0.268F_{\mathrm{b}}^{-1}\left(0.1\times10^{-5},\frac{D_{l}}{\bar{D}}\right)\psi\omega_{1.l} \tag{2.8.29}$$

有关资料的详细分析见文献[4]。

　　由图2.8.16可以看出,理论计算的分组起动流速与试验十分相近。值得注意的是,从图中可见不单是从整体上看彼此符合很好,而且对 $\omega_{1.l}$、D_{l} 没有系统的偏离。特别需要强调的是,尽管 $D_{l}/\bar{D}$ 在 $0.274\sim3.75$ 内变化,但均未发现系统的偏离。这正好说明,考虑 $D_{l}/\bar{D}$ 作为研究非均匀床沙分组起动流速的指标是完全正确的。

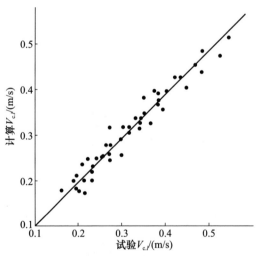

图 2.8.16　非均匀沙分组起动流速验证

　　现在比较上述非均匀沙起动标准 $\lambda_{q_{\mathrm{b.c.}l}}=0.1\times10^{-5}$ 与前述四川岷江茫溪河非均匀卵石的起动标准有一定意义。茫溪河试验中非均匀卵石起动标准按式(2.8.19)确定

$$\lambda_{q_{\mathrm{b.c.}l}}=0.624\times10^{-5}$$

这样,它是非均匀沙起动标准的 6.24 倍。尽管两种试验的实际起动标准有一定差别,但由于均是观测投放于床面的标记卵石,差别并不会很大。事实上,如果均按 $D_l/\bar{D}=1$ 的情况,按表 2.6.3 由 $\lambda_{q_{b.c.l}}=0.1\times10^{-5}$ 插补,相应的沙质起动标准为 $\bar{V}_{b.c.l}/\omega_{1.l}=0.294$。按卵石为 $\bar{V}'_{b.c.l}/\omega'_{0.l}=0.329$ 来看,两者非常接近,取其平均值为 0.310,则两种标准与二者平均值之间的相对误差约 $\pm10\%$,这对研究泥沙而言精度已经不算低了。由此可见,泥沙处于起动状态时,输沙率与流速的高次方成比例,导致起动观测输沙率差数倍、或数十倍而起动流速相差不过 10% 或稍多一些。这就是不同观测者的资料能点绘在一张图上的原因。

　　需要特别指出的是,表 2.8.8 及图 2.8.16 的验证表明了非均匀沙分组输沙率之间的分配以及床面位置影响的考虑都是正确的,是符合实际的,达到了分组输沙率确定的要求。

2.9　非均匀沙综合起动流速[5]及对非均匀沙起动流速的讨论

2.9.1　非均匀沙综合起动流速

　　前面的方法是计算非均匀卵石或非均匀床面上不同粒径组的起动流速,这对泥沙运动中一些问题的研究是需要的。但是,人们往往关心的是非均匀颗粒床面上综合的各组泥沙的起动,即此时关心的是综合起动流速。下面将分组泥沙的起动标准引申至综合起动流速。

　　前面已给出了非均匀第 l 组泥沙的相对输沙率,故该组粒径的绝对输沙率有

$$q_{b.l}=\lambda_{q_{b.l}}P_{1.l}\gamma_s D_l\omega_{0.l} \tag{2.9.1}$$

对其求和,得到非均匀沙总输沙率为

$$q_b=\sum_{l=1}^{n}q_{b.l}=\gamma_s\sum_{l=1}^{n}P_{1.l}D_l\omega_{0.l}F_b\left(\frac{\bar{V}_b}{\omega_{0.l}},\frac{D_l}{\bar{D}}\right) \tag{2.9.2}$$

令

$$\bar{\omega}_{0.l}=\frac{\sum\limits_{l=1}^{n}P_{1.l}D_l\omega_{0.l}}{\bar{D}} \tag{2.9.3}$$

$$\bar{D}=\sum_{l=1}^{n}P_{1.l}D_l \tag{2.9.4}$$

则总输沙率的相对值为

$$\lambda_{q_b}=\frac{q_s}{\gamma_s\bar{D}\bar{\omega}_{0.l}}=\frac{\sum\limits_{l=1}^{n}P_{1.l}D_l\omega_{0.l}F_{b.l}\left(\frac{\bar{V}_b}{\omega_{0.l}},\frac{D_l}{\bar{D}}\right)}{\sum\limits_{l=1}^{n}P_{1.l}D_l\omega_{0.l}} \tag{2.9.5}$$

现在利用前面给出的

$$\bar{V}_b = \frac{3.73V}{\psi\left(\dfrac{H}{D_l}\right)}$$

代入式(2.9.5),可得

$$\lambda_{q_b} = \frac{\sum P_{1.l}D_l\omega_{0.l}F_{b.l}\left(\dfrac{3.73V}{\psi\omega_{0.l}},\dfrac{D_l}{\bar{D}}\right)}{\sum P_{1.l}D_l\omega_{0.l}} = F(V) \qquad (2.9.6)$$

按分组起动的标准式(2.7.14),则由式(2.9.6)即可求出 V_c。

　　现举例说明按上述各式求综合起动流速的方法。设水深 $H=15\mathrm{m}$,床沙级配如表 2.9.1 所示,其余各式按上述公式计算,则有 $\bar{D}=0.04\mathrm{m}$,

$$\bar{\omega}_0 = \frac{\sum P_{1.l}D_l\omega_{0.l}}{\bar{D}} = \frac{0.0711}{0.04} = 1.78\mathrm{m/s}$$

另根据表 2.9.1 中数据,当 $V=1.34\mathrm{m/s}$ 时,由式(2.9.6)计算得

$$\lambda_{q_b} = \frac{\sum P_{1.l}D_l\omega_{0.l}\lambda_{q_{b.l}}}{\sum P_{1.l}D_l\omega_{0.l}} = \frac{0.115\times10^{-7}}{0.0711} = 0.162\times10^{-6}$$

当 $V=1.50\mathrm{m/s}$ 时,

$$\lambda_{q_b} = \frac{0.548\times10^{-7}}{0.0711} = 0.771\times10^{-6}$$

从而可插补出 $\lambda_{q_{b.c}}=0.3\times10^{-6}$ 时,$V_c=1.38\mathrm{m/s}$,它就是综合起动流速。在相同水深和起动标准下,表 2.9.1 中粒径由小到大所对应的分组起动流速为 $1.07\mathrm{m/s}$、$1.39\mathrm{m/s}$、$1.78\mathrm{m/s}$、$2.01\mathrm{m/s}$、$2.12\mathrm{m/s}$、$2.55\mathrm{m/s}$。可见在综合起动流速下,最小的第一组不仅能起动,而且有一定的输沙率,第二组基本处于起动,而其他四组均不能起动。这说明对于宽级配的床沙,在综合起动流速下,只是几组细的泥沙在运动。

表 2.9.1　综合起动流速计算

D/m	$\sum\limits_{i=1}^{l} P_{1.i}$	$P_{1.l}$	D_l/m	$\bar{\omega}_{0.l}$ /(m/s)	φ	$P_{1.l}D_l/\mathrm{m}$	$\dfrac{D_l}{\bar{D}}$	$P_{1.l}D_l\bar{\omega}_{0.l}$
0.005	0							
0.015	0.20	0.20	0.01	0.73	18.0	0.0020	0.25	0.00146
0.025	0.52	0.32	0.02	1.04	17.0	0.0064	0.50	0.00666
0.055	0.67	0.15	0.04	1.47	16.0	0.0060	1.00	0.00882
0.065	0.82	0.15	0.06	1.80	15.4	0.0090	1.50	0.0162
0.075	0.92	0.10	0.07	1.94	15.2	0.0070	1.75	0.0136
0.165	1.00	0.08	0.12	2.54	14.3	0.0096	3.00	0.0244
总计		1.00				0.04		0.0711

续表

$\bar{V}_b/$ (m/s)	$\dfrac{\bar{V}_b}{\bar{\omega}_{0.l}}$	$\lambda_{q_{b.l}}$	$P_{1.l}D_l\bar{\omega}_{0.l}\lambda_{q_{b.l}}$	$\bar{V}_b/m$	$\dfrac{\bar{V}_b}{\bar{\omega}_{0.l}}$	$\lambda_{q_{b.l}}$	$P_{1.l}D_l\bar{\omega}_{0.l}\lambda_{q_{b.l}}$
0.278	0.379	0.734×10^{-5}	0.107×10^{-7}	0.311	0.426	0.327×10^{-4}	0.477×10^{-7}
0.294	0.282	0.116×10^{-6}	0.772×10^{-9}	0.329	0.316	0.106×10^{-5}	0.706×10^{-8}
0.312	0.212	0.173×10^{-9}	0.153×10^{-11}	0.349	0.238	0.676×10^{-8}	0.596×10^{-10}
0.325	0.181	0	0	0.363	0.202	0.789×10^{-11}	0.128×10^{-12}
0.329	0.169	0	0	0.368	0.190	0	0
0.350	0.138	0	0	0.391	0.154	0	0
			0.115×10^{-7}				0.548×10^{-7}

表顶跨列标题：$V=1.34\mathrm{m/s}$，$V=1.50\mathrm{m/s}$

2.9.2　对非均匀沙分组起动流速公式的讨论

本节对已有的几个分组起动流速公式与式(2.8.28)进行对比和讨论。首先列出与已经在文献中发表的且有一定影响的公式的对比和讨论。

1. Egiazaroff 公式

Egiazaroff[44]最早明确提出非均匀沙分组临界切应力公式。他的假定未经过仔细论证,只是一种直观的校正。他认为非均匀沙中各组粒径起动切应力(起动流速)的差别仅仅是底部流速的位置不一致引起的。他的公式为

$$\frac{\tau_{c.l}}{(\gamma_s-\gamma)D_l}=\frac{0.1}{\left(\lg\dfrac{19D_l}{\bar{D}}\right)^2} \tag{2.9.7}$$

式中,$\tau_{c.l}$为非均匀沙中第 l 组泥沙起动时的水流切应力(拖曳力)。

经过一系列推算得到同粒径时非均匀沙起动流速 $V_{c.l}$ 与均匀沙起动流速之比为

$$\frac{V_{c.l}}{V_c}=\frac{\lg19}{\lg\left(\dfrac{19D_l}{\bar{D}}\right)} \tag{2.9.8}$$

同时推算非均匀沙分组起动流速与平均粒径起动流速之比(简称相对分组起动流速)为[1]

$$\frac{V_{c.l}}{V_{c.m}}=\sqrt{\frac{\tau_{c.l}}{\tau_{c.m}}}=\sqrt{\frac{D_l}{\bar{D}}}\frac{\lg19}{\lg\left(\dfrac{19D_l}{\bar{D}}\right)}=\sqrt{\frac{D_l}{\bar{D}}}\frac{1.28}{\lg\left(\dfrac{19D_l}{\bar{D}}\right)} \tag{2.9.9}$$

2. 秦荣昱公式

秦荣昱等[16,45]给出的起动流速公式为

$$V_{c.l}=0.786\sqrt{\frac{\rho_s-\rho}{\rho}gD_l\left(2.5M\frac{\bar{D}}{D_l}+1\right)}\left(\frac{H}{D_{90}}\right)^{\frac{1}{6}} \tag{2.9.10}$$

M 变化范围较窄,一般按前述 M 可取 0.7。经过一定推导[1]可得分组起动流速与平均粒径起动流速之比,即相对起动流速为

$$\frac{V_{c.l}}{V_{c.m}}=\sqrt{\frac{D_l}{\bar{D}}\frac{1.75\frac{\bar{D}}{D_l}+1}{2.75}}=\sqrt{\frac{D_l}{\bar{D}}}\sqrt{0.364+0.636\frac{\bar{D}}{D_l}} \tag{2.9.11}$$

同粒径非均匀沙与均匀沙起动流速之比为[1]

$$\frac{V_{c.l}}{V_c}=\sqrt{\frac{1+1.75\frac{\bar{D}}{D_l}}{2.75}}\left(\frac{D_l}{D_{90}}\right)^{\frac{1}{6}} \tag{2.9.12}$$

注意到对于一般较宽级配,D_{90} 为 $\bar{D}$ 的 2~3 倍,设取其平均值,$D_{90}=2.5\bar{D}$,代入式 (2.9.12),可得

$$\frac{V_{c.l}}{V_c}=0.858\sqrt{\frac{1+1.75\frac{\bar{D}}{D_l}}{2.75}}\left(\frac{D_l}{\bar{D}}\right)^{\frac{1}{6}}=0.858\sqrt{0.364+0.636\frac{\bar{D}}{D_l}}\left(\frac{D_l}{\bar{D}}\right)^{\frac{1}{6}} \tag{2.9.13}$$

3. Hayashi 公式

Hayashi 等[46]提出反映非均匀沙分组泥沙起动时的相对拖曳力与 $D_l=\bar{D}$ 时的相对拖曳力的比值为

$$\frac{\tau_{c.l}}{(\gamma_s-\gamma)D_l}\left[\frac{\tau_{c.m}}{(\gamma_s-\gamma)\bar{D}}\right]^{-1}=\begin{cases}\dfrac{\bar{D}}{D_l}, & \dfrac{D_l}{\bar{D}}\leqslant1\\\left(\dfrac{\lg8}{\lg\frac{8D_l}{\bar{D}}}\right)^2, & \dfrac{D_l}{\bar{D}}>1\end{cases} \tag{2.9.14}$$

式(2.9.14)转换为分组起动流速与平均粒径起动流速之比,即相对分组起动流速为[1]

$$\frac{V_{c.l}}{V_{c.m}}=\begin{cases}1, & \dfrac{D_l}{\bar{D}}\leqslant1\\\sqrt{\dfrac{D_l}{\bar{D}}}\dfrac{\lg8}{\lg\frac{8D_l}{\bar{D}}}, & \dfrac{D_l}{\bar{D}}>1\end{cases} \tag{2.9.15}$$

其次由式(2.9.14)还可直接得到非均匀沙起动流速与粒径 D_l 的均匀沙的起动流

速之比为

$$\frac{V_{c.l}}{V_{c.u}} = \begin{cases} 1, & \dfrac{D_l}{\overline{D}} \leqslant 1 \\[3mm] \dfrac{\lg 8}{\lg \dfrac{8D_l}{\overline{D}}}, & \dfrac{D_l}{\overline{D}} > 1 \end{cases} \tag{2.9.16}$$

4. 张启卫公式

张启卫[47]认为大颗粒对小颗粒既有掩蔽作用,其本身亦有暴露作用。他提出用指标$\dfrac{D}{D_l}\ln\dfrac{D}{D_l}$来反映这两种作用对阻碍泥沙起动的附加作用力,从而得到非均匀沙分组起动流速为

$$V_{c.l} = V_c \sqrt{1 + 0.07 \frac{\overline{D}}{D_l} \ln \frac{\overline{D}}{D_l}} \tag{2.9.17}$$

式中,V_c为均匀沙起动流速。张启卫建议采用 Шамов 公式计算均匀沙起动流速:

$$V_{c.u} = 4.6 H^{\frac{1}{6}} D_l^{\frac{1}{3}} \tag{2.9.18}$$

由式(2.9.17)直接得到同粒径非均匀沙起动流速与均匀沙起动流速之比

$$\frac{V_{c.l}}{V_{c.u}} = \sqrt{1 + 0.07 \frac{\overline{D}}{D_l} \ln \frac{\overline{D}}{D_l}} \tag{2.9.19}$$

相应的,对于非均匀沙,粒径组为平均粒径$\overline{D}$时的起动流速为

$$V_{c.m} = 4.6 H^{\frac{1}{6}} \overline{D}^{\frac{1}{3}} \tag{2.9.20}$$

由式(2.9.18)~式(2.9.20)得相对分组起动流速为

$$\frac{V_{c.l}}{V_{c.m}} = \left(\frac{D_l}{\overline{D}}\right)^{\frac{1}{3}} \sqrt{1 + 0.07 \frac{\overline{D}}{D_l} \ln \frac{\overline{D}}{D_l}} \tag{2.9.21}$$

附带指出,张启卫公式针对非均匀床沙与所考虑的颗粒的差别,与秦荣昱做法类似,引进附加阻力的概念,不失为一种途径。但是无论假定如何,在具体推导时是不够严密的。例如,其中引进积分中值粒径,它是区间$[D_m, D_M]$中的某一个值,显然是待定的,不等于$\overline{D}$。他采用$D^* \approx \overline{D}$,并未予说明条件。

5. 韩其为的非均匀沙分组起动流速公式

韩其为早在文献[1]和[5]中就从理论上导出了非均匀沙分组起动流速公式,后来在文献[3]和[48]中又进行了进一步论证和阐述。由于上述各式主要是对较粗颗粒进行的,故取$\omega_{1.l} = \omega_{0.l}$,非均匀沙起动标准按卵石的标准确定:

$$\lambda_{q_{\text{b.c.}l}} = F_{\text{b}}\left(\frac{V_{\text{b.c.}l}}{\omega_{0.l}}, \frac{D_l}{\bar{D}}\right) = 0.3 \times 10^{-6}$$

即非均匀沙起动速度为

$$V_{\text{c.}l} = 0.268 F_{\text{b}}^{-1}\left(0.3 \times 10^{-6}, \frac{D_l}{\bar{D}}\right)\psi\left(\frac{H}{D_l}\right)\omega_{0.l} \tag{2.9.22}$$

而对于均匀沙,粒径为 $D_l = \bar{D}$,有

$$V_{\text{c.}u} = 0.268 F_{\text{b}}^{-1}(0.3 \times 10^{-6})\psi\left(\frac{H}{\bar{D}}\right)\omega_{0.u} \tag{2.9.23}$$

两者之比为

$$\frac{V_{\text{c.}l}}{V_{\text{c.}u}} = \frac{F_{\text{b}}^{-1}\left(0.3 \times 10^{-6}, \frac{D_l}{\bar{D}}\right)}{F_{\text{b}}^{-1}(0.3 \times 10^{-6})}\frac{\psi\left(\frac{H}{D_l}\right)}{\psi\left(\frac{H}{\bar{D}}\right)}\sqrt{\frac{3.33\frac{\gamma_s - \gamma}{\gamma}gD_l}{3.33\frac{\gamma_s - \gamma}{\gamma}g\bar{D}}}$$

$$= K\left(\frac{\bar{D}}{D_l}\right)^{0.143}\left(\frac{D_l}{\bar{D}}\right)^{0.5} = K\left(\frac{D_l}{\bar{D}}\right)^{0.357} \tag{2.9.24}$$

式中,

$$\frac{\psi\left(\frac{H}{D_l}\right)}{\psi\left(\frac{H}{\bar{D}}\right)} = \frac{6.5\left(\frac{H}{D_l}\right)^{\frac{1}{4+\lg\frac{H}{D_l}}}}{6.5\left(\frac{H}{\bar{D}}\right)^{\frac{1}{4+\lg\frac{H}{\bar{D}}}}} \approx \left(\frac{\bar{D}}{D_l}\right)^{\frac{1}{7}} \tag{2.9.25}$$

这是因为对天然沙质河床 $\dfrac{1}{4+\lg\dfrac{H}{\bar{D}}}$ 大多为 $\dfrac{1}{8}$,而对于卵石河床,$\dfrac{1}{4+\lg\dfrac{H}{\bar{D}}}$ 大多为 $\dfrac{1}{6}$,

因此按平均情况,取为 $\dfrac{1}{7}$。至于

$$K = \frac{F_{\text{b}}^{-1}\left(0.3 \times 10^{-6}, \frac{D_l}{\bar{D}}\right)}{F_{\text{b}}^{-1}(0.3 \times 10^{-6})} \tag{2.9.26}$$

其分母可由表 2.7.3 给出。表 2.9.2 中列出了部分 K。例如,对于 $\lambda_{q_{\text{b.c.}l}} = 0.3 \times 10^{-6}$,有对应于 $D_l/\bar{D}$ 的 $F_{\text{b}}^{-1} = V_{\text{b.c.}l}/\omega_{1.l}$。当 $D_l/\bar{D} = 0.25$ 时,$K = 1.078$;当 $D_l/\bar{D} = 0.5$ 时,$K = 1.039$;当 $D_l/\bar{D} = 1.00$ 时,$K = 1.000$;当 $D_l/\bar{D} = 3.00$ 时,$K = 0.929$;当 $D_l/\bar{D} = 10.00$ 时,$K = 0.787$。当起动标准改变时,K 值要重新计算。

对于 $D_m = \bar{D}$ 的非均匀沙,其起动流速为

$$V_{\text{c.}u} = 0.268 F_{\text{b}}^{-1}(0.3 \times 10^{-6}, 1)\psi\left(\frac{H}{D_l}\right)\omega_{0.l} \tag{2.9.27}$$

因而粒径为 D_l 的非均匀沙与平均粒径起动流速之比为

$$\frac{V_{\text{c.}l}}{V_{\text{c.}m}} = \frac{F_{\text{b}}^{-1}\left(0.3 \times 10^{-6}, \frac{D_l}{\bar{D}}\right)}{F_{\text{b}}^{-1}(0.3 \times 10^{-6}, 1)} = K \tag{2.9.28}$$

　　按上述各式计算的相同粒径非均匀沙起动流速与均匀沙起动流速的比值 $V_{c.l}/V_{c.u}$ 如表 2.9.2 所示；相对分组起动流速 $V_{c.l}/V_{c.m}$ 如表 2.9.3 所示。

表 2.9.2　非均匀沙起动流速与均匀沙起动流速的比值

$\dfrac{D_l}{\overline{D}}$	同粒径非均匀沙起动流速与均匀沙的比值 $V_{c.l}/V_{c.u}$				
	秦荣昱公式	张启卫公式	Egiazaroff 公式	Hayashi 公式	本节公式
0.25	1.16	1.18	1.89	1.00	1.08
0.50	0.978	1.05	1.31	1.00	1.04
1.00	0.858	1.00	1.00	1.00	1.00
3.00	0.782	0.987	0.728	0.654	0.929
10.00	0.824	0.992	0.561·	0.475	0.787

表 2.9.3　相对分组起动流速比较

$\dfrac{D_l}{\overline{D}}$	相对分组起动流速 $V_{c.l}/V_{c.m}$				
	秦荣昱公式	张启卫公式	Egiazaroff 公式	Hayashi 公式	本节公式
0.25	0.851	0.742	0.946	1.00	0.658
0.50	0.904	0.831	0.926	1.00	0.811
1.00	1.00	1.00	1.00	1.00	1.00
3.00	1.31	1.42	1.26	1.13	1.38
10.00	2.07	2.14	1.78	1.50	1.79

　　由表 2.9.2 可以看出,各公式均反映出非均匀沙中细颗粒($D_l/\overline{D}<1$)较尺寸相同的均匀沙起动流速增加;而粗颗粒($D_l/\overline{D}>1$)较尺寸相同的均匀沙起动流速减小。这是显然的,原因是它们在床面上的暴露度不一样。非均匀沙中的细颗粒较同样粒径的均匀沙中的粗颗粒暴露的要少;相反,非均匀沙中的粗颗粒较同样粒径的均匀沙中的细颗粒暴露的要多。对比表 2.9.2 中各公式的计算结果发现,有的公式计算结果中非均匀沙细颗粒起动流速与平均粒径的起动流速相差很小,以致它的数值接近平均粒径的值,此时很难产生水流对粗细颗粒的分选作用。事实上,由表 2.9.3 可以看出,对于 $D_l/\overline{D}=0.25$ 的细颗粒,至少有两个公式计算得到的起动流速 $V_{c.l}$ 与平均粒径($\overline{D}$)起动流速 $V_{c.m}$ 不相上下,即 $V_{c.l}/V_{c.m}\geqslant0.946$,可见水流对床沙起动时的分选作用已难产生,这和已有的经验是矛盾的。显然,这一点即使存在,也是有条件的(主要是床沙组成的条件),而不是一种普遍现象。当然,张启卫公式和秦荣昱公式仍正确地反映了细颗粒起动流速较小。而本书公式根据一系列理论导出,较好地反映了粗细颗粒起动流速差别,不仅细颗粒起动流速比平均粒径的小,粗颗粒起动流速比平均粒径的大,而且还存在下述关系:

$$\frac{V_{c.l}(0.25\overline{D})}{V_{c.m}(\overline{D})}=0.658>\left(\frac{D_l}{\overline{D}}\right)^{\frac{1}{3}}=(0.25)^{\frac{1}{3}}=0.630$$

及

$$\frac{V_{c.l}(10\bar{D})}{V_{c.m}(\bar{D})} = 1.79 < \left(\frac{D_l}{\bar{D}}\right)^{\frac{1}{3}} = 2.15$$

上述关系表示,粗细颗粒起动流速差距较之粒径单纯的影响已明显缩小,这是因为粒径的影响一般是按$(D_c/\bar{D})^{\frac{1}{3}}$作用。

参 考 文 献

[1]　韩其为. 泥沙起动规律及起动流速. 泥沙研究,1982,(2):13-28.

[2]　韩其为. 四川五通桥茫溪河野外水槽卵石试验报告. 北京:长江水利水电科学研究院,1965.

[3]　韩其为,何明民. 泥沙运动统计理论. 北京:科学出版社,1984.

[4]　韩其为,何明民. 泥沙起动规律及起动流速. 北京:科学出版社,1999.

[5]　韩其为,何明民. 非均匀沙起动机理及起动流速. 长江科学院院报,1996,13(3):12-17.

[6]　Никитин И К. Тубулентъй русловой потоки процессы в придонной области, Иэдво АНУССР,К. ,1963.

[7]　窦国仁. 论泥沙起动流速. 水利学报,1960,(4):46-62.

[8]　常青. 絮凝原理. 兰州:兰州大学出版社,1993.

[9]　Hamaker H C. The London—van der Waals attraction between spherical particles. Physica,1937,4(10):1058-1072.

[10]　Mantz P A. Packing and angle of repose of naturally sedimented fine silica solids immersed in natural aqueous electrolytes. Sedimentology,1977,24(6):819-832.

[11]　沙玉清. 泥沙运动学引论. 北京:中国工业出版社,1965.

[12]　唐存本. 泥沙起动规律. 水利学报,1963,(2):1-12.

[13]　韩其为,何明民,王崇浩. 泥沙起动流速研究. 北京:中国水利水电科学研究院研究报告,1995.

[14]　He M M,Han Q W. Stochastic model of incipient sediment motion. Journal of Hydraulics Division ACSE,1982,108(2):211-224.

[15]　彭凯,陈远信. 非均匀沙的起动问题. 成都科技大学学报,1986,(2):122-129.

[16]　秦荣昱. 不均匀沙的起动规律. 泥沙研究,1980,(1):85-93.

[17]　段文忠,孙志林. 非均匀沙起动与河床粗化问题研究. 武汉:武汉水利电力大学研究报告,1996.

[18]　刘兴年,曹叔尤,方铎,等. 粗细化过程中的非均匀沙起动流速. 泥沙研究,2000,(4):10-13.

[19]　Егиазаров И В. Моделирование горных потоков,влекущих донные наносы,ДАНАрм. ССР,Т. 8,вып. 5,1948.

[20]　长办水文处,长江水利水电科学研究院河流室. 软底网式卵石推移质、采样器率定试验、推移质泥沙测试技术文件汇编. 长江流域规划办公室水文处,1980.

[21]　韩其为. 川江卵石形态与堆积特征调查//推移质泥沙测验技术文件汇编. 全国重点水库

泥沙观测研究协作组编,1980.

[22]　Vanoni V A. Sedimentation Engineering. ASCE,1975.

[23]　Einstein H A. 明渠水流挟沙能力. 钱宁,译. 北京:水利出版社,1956.

[24]　王仕强. 对爱因斯坦均匀沙推移质输沙率公式的修正研究. 泥沙研究,1985,1:44-53.

[25]　陈元深. 爱因斯坦推移质输纱统计公式的研究. 水利学报,1989,(7):55-60.

[26]　孙志林,祝永康. Einstein 推移质公式探讨. 泥沙研究,1991,(1):20-26.

[27]　Tsujimoto T. Stochastic model of bed load transport and its application（in Japanese）. 1978.

[28]　韩其为,何明民. 泥沙交换的统计规律. 水利学报,1981,(1):12-24.

[29]　韩其为,何明民. 泥沙起动标准的研究. 武汉大学学报(工学版),1996,(4):1-5.

[30]　窦国仁. 推移质泥沙运动规律//南京水利科学研究所成果汇编(河港分册). 南京:南京水利科学研究所,1965.

[31]　Kramer H. Sand mixtures and sand movement in fluvial model. American Society of Civil Engineers,1935,100:873-878.

[32]　Taylor B D. Temperature Effects in Alluvial Streams. Report No. KH-R-27. Pasadena: California Institute of Technology,1971.

[33]　Yalin M S. 输沙力学. 孙振东,译. 北京:科学出版社,1983.

[34]　窦国仁. 泥沙运动理论. 南京:南京水利科学研究所研究报告,1963.

[35]　韩其为,何明民. 论泥沙起动标准//三峡水利枢纽工程应用基础研究(第一卷). 北京:中国科学技术出版社,1996:7-18.

[36]　武汉水利电力学院. 河流动力学. 北京:中国工业出版社,1960.

[37]　Доу Гожень. К теории трогания частиц наносов. Scientia Sinica,1962,(7):1001-1032.

[38]　华国祥. 泥沙的起动流速. 成都工学院学报,1965,(1):1-12.

[39]　韩其为,何明民,王崇浩. 卵石起动流速研究. 长江科学院院报,1996,13(2):17-22.

[40]　窦国仁. 再论泥沙起动流速. 泥沙研究,1999,(6):1-9.

[41]　Fahnestock R K. Morphology and hydrology of a glacial stream——White River, Mount Rainier,Washington,1963.

[42]　Helley E J. Field measurement of the initiation of large bed particle motion in Blue Creek near Klamath,California. Washington DC:US Government Printing Office,1969.

[43]　段文忠,孙志林. 非均匀沙起动与河床粗化问题研究. 武汉:武汉水力电力大学,1996.

[44]　Egiazaroff I V. Calculation of non-uniform sediment concentrations. Journal of Hydraulic Division,1965,91:225-247.

[45]　秦荣昱,王崇浩. 河流推移质运动理论及应用. 北京:中国铁道出版社,1996.

[46]　Hayashi T,Ozaki S,Ichibashi T. Study on bed load transport of sediment mixture. Proceedings of the 24th Japanese Conference on Hydraulics,1980.

[47]　张启卫. 非均匀沙的起动流速//全国泥沙基本理论研究学术讨论会论文集(第一卷). 中国水利学会泥沙专业委员会.

[48]　韩其为,何明民. 非均匀沙起动机理及起动流速. 长江科学院报,1996,13(3):12-17.

第3章 弯道边坡上泥沙起动及成团成块泥沙起动

3.1 弯道凹岸边壁上的泥沙起动

3.1.1 已有研究概述

正如床面一样,河岸边壁上的泥沙颗粒也会遭到冲刷,这是河床演变中的重要问题之一,特别是研究横向变形时尤其如此。其中,弯道凹岸冲刷和泥沙起动是常见的问题之一。

以往研究坡降较大的床面和河床边壁的泥沙起动的较少,而且基本未考虑弯道凹岸边壁。涉及边壁泥沙起动研究时,一般只考虑拖曳力(正面推力)F_x、上举力F_L和水下重力G[1-3]。边壁泥沙起动示意图如图3.1.1所示。水流推力(拖曳力)为F_x,升力F_L垂直于壁面,水下重力G铅垂向下,它的切向分量为$G\sin\alpha$,法向分量为$G\cos\alpha$。这样促使颗粒运动的力为

$$F = \sqrt{F_x^2 \cos^2\theta + (F_x\sin\theta + G\sin\alpha)^2} \tag{3.1.1}$$

而摩擦力为$(G\cos\alpha - F_L)\tan\phi$。其中,$\phi$为水下修止角。于是,在起动平衡条件下有

$$\frac{F}{G\cos\alpha - F_L} = \tan\phi \tag{3.1.2}$$

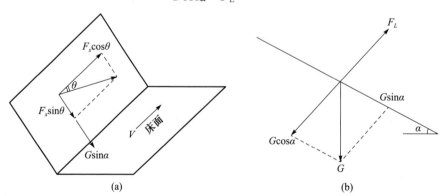

(a)   (b)

图3.1.1 边壁泥沙起动示意图

文献[4]中研究倾斜床面的泥沙起动时采取了类似的力的分析。这类研究存在不足之处:不仅未考虑弯道凹岸横向环流作用,而且考虑的力也较简单,没有包含黏性细颗粒;正面推力F_x不应是图3.1.1(a)中的方向,而应是顺水流方向,因

此使泥沙起动的力是

$$F=\sqrt{F_x^2+G^2\sin^2\alpha}\qquad\qquad(3.1.3)$$

而不是式(3.1.1)。尚需强调的是,在边壁上水流运动方向(顺流向下游)与泥沙起动方向是不一致的。起动方向应是 F_x 与 $G\sin\alpha$ 的合力方向。

近年来,钟亮等[5]对弯道岸坡泥沙起动进行了研究。其研究具有一定的代表性。他们考虑了暴露度对泥沙起动的影响,引进了暴露度决定的附加阻力(称为附加质量力)

$$F_m=\xi\alpha_m(\gamma_s-\gamma)D^3\qquad\qquad(3.1.4)$$

式中,ξ 为暴露度;α_m 为体积系数,其方向与水下重力 W' 一致。他们在四个力(正面推力、上举力、水下重力、附加质量力)作用下推导出以纵向速度表示的起动速度,并进一步考虑弯道环流,修正了起动速度公式。由于未掌握弯道岸壁泥沙起动有关试验资料,只对顺直水槽床面非均匀沙起动流速进行了验证。钟亮等的研究存在下述问题。第一,在力的分析中除增加附加质量力外,与前人的研究是一致的,即其力的平衡方程为

$$\sqrt{[(G+F_m)\sin\alpha+F_x\sin\theta]^2+F_x^2\cos^2\theta}=F=Nf=[(G+F_m)\cos\alpha-F_L]f$$

$$(3.1.5)$$

式中,f 为摩擦系数。当不考虑附加质量力后,此式与式(3.1.2)完全一致。而问题在于式(3.1.4)与式(3.1.2)是有缺陷的。前面已指出,无论泥沙运动方向如何,水流正面推力应与水流方向一致,因此式(3.1.1)表示的 F 应为式(3.1.3),式(3.1.5)中的 F 应为

$$F=\sqrt{(G+F_m)^2\sin^2\alpha+F_x^2}\qquad\qquad(3.1.6)$$

第二,对附加质量力的存在难以理解。暴露度对起动流速有影响,这是肯定的,但是它只影响力臂和流速作用面积,而不改变水下重力和形成附加质量力。

此外,江恩惠等[6]认为河床边壁(包括弯道边壁)上的泥沙垂直方向上的力是平衡的,它的起动只涉及水平方面的颗粒间的黏着力与涡旋产生的泄拉力,从而给出了边壁上的起动流速公式。

针对上述有关研究的不足,结合工程泥沙方面需求,下面将研究弯道凹岸边壁上的泥沙起动。

3.1.2　力的分析及起动流速公式推导

如图 3.1.2 和图 3.1.3 所示,在弯道凹岸边壁上的一颗泥沙 A,共承受六种力:水流正面推力 F_x、上举力 F_L、水下重力 G、弯道横向环流作用力 F_τ、黏着力 F_μ 和由薄膜水单向受压引起的附加下压力 ΔG。其中,F_x、F_τ 位于边壁上,它们是由于水流在 x 方向与垂直于 x 的 τ 方向的分速引起的。水下重力 G 在 τ 方向的分力

G_τ 使颗粒沿边壁坡面向下运动；而沿坡面内法线方向的分力 G_n 则阻碍泥沙起动。上举力 F_L、黏着力 F_μ 及附加下压力 ΔG 均垂直于壁面，F_L 为外法线方向，而 F_μ、ΔG 则为内法线方向。F_τ 可由弯道横向环流作用力（见图 3.1.4）在水平方向的分量 $F_{\tau,y}$ 计算，即 $F_\tau = F_{\tau,y}/\cos\alpha$（见图 3.1.5），而颗粒起动后运动的方向则为 P 方向（见图 3.1.6）。

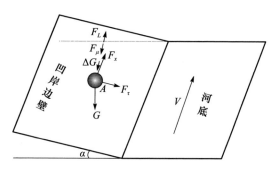

图 3.1.2　弯道凹岸边壁上泥沙起动示意图

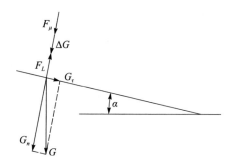

图 3.1.3　弯道凹岸边壁上泥沙起动时（横剖面）受力示意图

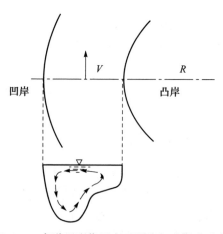

图 3.1.4　弯道环流作用力对颗粒起动影响示意图

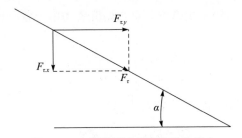

图 3.1.5　弯道环流对颗粒的作用力

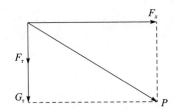

图 3.1.6　颗粒 P 方向受力示意图

参照文献[7]和本书第 2 章,上述各力表示如下:

$$F_x = \frac{C_x \rho}{2} \frac{\pi}{4} D^2 V_{\mathrm{b}}^2 \tag{3.1.7}$$

$$F_L = \frac{C_L \rho}{2} \frac{\pi}{4} D^2 V_{\mathrm{b}}^2 \tag{3.1.8}$$

$$F_\tau = \frac{F_{\tau \cdot y}}{\cos\alpha} = \frac{C_\tau \rho}{2} \frac{\pi}{4} \frac{D^2 V_{\mathrm{b} \cdot y}^2}{\cos\alpha} \tag{3.1.9}$$

$$G_\tau = \frac{\pi}{6} D^3 (\gamma_{\mathrm{s}} - \gamma) \sin\alpha \tag{3.1.10}$$

$$G_n = \frac{\pi}{6} D^3 (\gamma_{\mathrm{s}} - \gamma) \cos\alpha \tag{3.1.11}$$

$$F_\mu = \frac{\sqrt{3}}{2} \pi q_0 \delta_0^3 R \left(\frac{1}{t^2} - \frac{1}{\delta_1^2} \right) \left(3 - \frac{t}{\delta_1} \right) \tag{3.1.12}$$

$$\Delta G = \sqrt{3} \pi K_2 \gamma H R \left(3 - \frac{t}{\delta_1} \right) (\delta_1 - t) \tag{3.1.13}$$

由于重力分解成两个分力,实际作用在颗粒上有 7 个力。上述各式中,ρ 为水的密度;γ_{s}、γ 分别为泥沙颗粒和水的容重;V_{b} 为水流纵向底速;$V_{\mathrm{b} \cdot y}$ 为横向环流速度;D 为颗粒直径;R 为半径;$C_x = 0.4$,$C_y = 0.1$,$C_\tau \approx 0.4$ 为阻力系数;$\delta_0 = 3 \times 10^{-10}\mathrm{m}$ 为一个水分子厚度;$\delta_1 = 4 \times 10^{-7}$ 为薄膜水厚度;$q_0 = 1.3 \times 10^9 \mathrm{kg/m^2}$;$K_2 = 2.258 \times 10^{-3}$,重力加速度取 $9.81\mathrm{m/s^2}$。此外,$2t$ 为泥沙颗粒之间的缝隙。当 $t \geqslant \delta$ 时,各颗粒周围所带的薄膜水彼此不接触,黏着力与薄膜水附加下压力不存在。

现在分析颗粒的力矩平衡方程。首先研究各力的力臂(见图 3.1.7)。F_L 的力臂 L_L 为

$$L_L = \frac{R}{3} + R\sin\theta = \frac{R}{3} + R\frac{\sqrt{R^2 - (R-\Delta)^2}}{R} = \frac{R}{3} + \sqrt{2R\Delta - \Delta^2} \quad (3.1.14)$$

G_n、F_μ、ΔG 均垂直于边壁面,其力臂均为

$$L_G = R\sin\theta = \sqrt{2R\Delta - \Delta^2} \quad (3.1.15)$$

F_τ 的力臂与 F_x 相同,G_τ 的力臂也近似取与 F_x 相同。现在注意到力 P 的大小为

$$P = \sqrt{F_x^2 + (G_\tau + F_\tau)^2} = F_x\sqrt{1 + \left(\frac{G_\tau}{F_x} + \frac{F_\tau}{F_x}\right)^2} \quad (3.1.16)$$

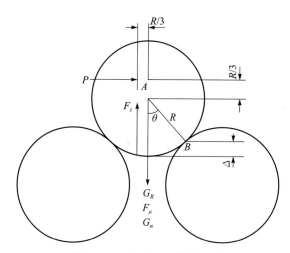

图 3.1.7　各力对 B 点的力臂

由于

$$\frac{F_\tau}{F_x} = \frac{\dfrac{\rho C_y}{2}\dfrac{\pi}{4}\dfrac{D^2 V_{b,y}^2}{\cos\alpha}}{\dfrac{\rho C_x}{2}\dfrac{\pi}{4}D^2 V_b^2} = \left(\frac{C_y}{C_x}\frac{V_{b,y}^2}{V_b^2}\right)\frac{1}{\cos\alpha} \quad (3.1.17)$$

而

$$\frac{G_\tau}{F_x} = \frac{\dfrac{\pi}{6}D^3(\gamma_s - \gamma)\sin\alpha}{\dfrac{\rho C_x}{2}\dfrac{\pi}{4}D^2 V_b^2} = \frac{4}{3C_x}\frac{\gamma_s - \gamma}{\gamma}\frac{gD\sin\alpha}{V_b^2} = \frac{\omega_0^2}{V_b^2}\sin\alpha \quad (3.1.18)$$

将式(3.1.17)和式(3.1.18)代入式(3.1.16),可得

$$P = F_x \sqrt{1 + \left(\frac{\omega_0^2}{V_b^2} \sin\alpha + \frac{C_y}{C_x} \frac{V_{b.y}^2}{V_b^2} \frac{1}{\cos\alpha} \right)^2} \tag{3.1.19}$$

而 P 的力臂 L_x 为

$$L_x = \frac{R}{3} + R\cos\theta = \frac{R}{3} + R\frac{R-\Delta}{R} = \frac{4}{3}R - \Delta \tag{3.1.20}$$

这样对图 3.1.7 中 B 点的力矩平衡方程为

$$P L_x + F_L L_L = (G_n + F_\mu + \Delta G) L_G \tag{3.1.21}$$

即

$$\frac{\rho C_x}{2} \frac{\pi}{4} D^2 V_{b.c}^2 \sqrt{1 + \left(\frac{C_y}{C_x} \frac{V_{b.y}^2}{V_b^2} \frac{1}{\cos\alpha} + \frac{\omega_0^2}{V_{b.c}^2} \sin\alpha \right)^2} \left(\frac{4R}{3} - \Delta \right) + \frac{\rho C_L}{2} \frac{\pi}{4} D^2 V_{b.c}^2 \left(\frac{R}{3} + \sqrt{2R - \Delta^2} \right)$$

$$= \left[\frac{\pi}{6} D^3 (\gamma_s - \gamma) \cos\alpha + \frac{\sqrt{3}}{2} \pi q_0 \delta_0^3 R \left(\frac{1}{t^2} - \frac{1}{\delta_1^2} \right) \left(3 - \frac{t}{\delta_1} \right) \right.$$

$$\left. + \sqrt{3} \pi K_2 \gamma H R \left(3 - \frac{t}{\delta_1} \right) (\delta_1 - t) \right] \sqrt{2R\Delta - \Delta^2}$$

此处 $V_{b.c}$ 是泥沙起动底速，将上式变换为

$$V_{b.c}^2 \left[\sqrt{1 + \left(\frac{C_y}{C_x} \frac{V_{b.y}^2}{V_b^2} \frac{1}{\cos\alpha} + \frac{\omega_0^2}{V_{b.c}^2} \sin\alpha \right)^2} \left(\frac{4R}{3} - \Delta \right) + \frac{C_L}{C_x} \left(\frac{R}{3} + \sqrt{2R\Delta - \Delta^2} \right) \right]$$

$$= \left[\frac{4}{3C_x} \frac{\gamma_s - \gamma}{\gamma} gD\cos\alpha + \frac{2\sqrt{3}}{\rho C_x D} q_0 \delta_0^3 \left(\frac{1}{t^2} - \frac{1}{\delta_1^2} \right) \left(3 - \frac{t}{\delta_1} \right) \right.$$

$$\left. + \frac{4\sqrt{3}}{C_x D} K_2 \gamma H \left(3 - \frac{t}{\delta_1} \right) (\delta_1 - t) \right] \sqrt{2R\Delta - \Delta^2}$$

取 $\dfrac{C_L}{C_x} = \dfrac{1}{4}$，则上式为

$$V_{b.c} = \left[\frac{4}{3C_x} \frac{\gamma_s - \gamma}{\gamma} gD\cos\alpha + \frac{2\sqrt{3}}{\rho C_x D} q_0 \delta_0^3 \left(\frac{1}{t^2} - \frac{1}{\delta_1^2} \right) \left(3 - \frac{t}{\delta_1} \right) \right.$$

$$\left. + \frac{4\sqrt{3}}{C_x D} K_2 \gamma H \left(3 - \frac{t}{\delta_1} \right) (\delta_1 - t) \right]^{\frac{1}{2}} (2R\Delta - \Delta^2)^{\frac{1}{4}}$$

$$\times \left[\sqrt{1 + \left(\frac{C_y}{C_x} \frac{V_{b.y}^2}{V_b^2} \frac{1}{\cos\alpha} + \frac{\omega_0^2}{V_{b.c}^2} \sin\alpha \right)^2} \left(\frac{4R}{3} - \Delta \right) + \frac{1}{4} \left(\frac{R}{3} + \sqrt{2R\Delta - \Delta^2} \right) \right]^{-\frac{1}{2}}$$

$$\tag{3.1.22}$$

为了使式(3.1.22)使用方便，利用文献[8]的试验(见表 3.1.1)平均结果，有

$$\frac{F_{\tau.y}}{F_x} = \frac{\tau_{2.y_0}}{\tau_{2.x_0}} = \frac{C_y^2 V_{b.y.c}^2}{C_x V_{b.c}^2} = 0.27 \tag{3.1.23}$$

表 3.1.1　床面剪切力实测表[8]

断面号	测点	1	2	3	4	5	6	7	8	9
	弯道半径/m	1.60	1.65	1.70	1.75	1.80	1.85	1.90	1.95	2.00
2	τ_{zx_0}/τ_0	1.43	1.42	1.20	1.17	1.27	0.96	1.08	1.09	0.81
	τ_{zy_0}/τ_0	−0.37	−0.33	−0.32	−0.32	−0.25	−0.31	−0.12	−0.07	−0.07
3	τ_{zx_0}/τ_0	1.23	1.24	1.23	1.24	1.40	1.23	1.13	0.98	0.74
	τ_{zy_0}/τ_0	−0.57	−0.52	−0.50	−0.43	−0.33	−0.23	−0.19	−0.16	−0.21
4	τ_{zx_0}/τ_0	1.33	1.10	1.41	1.27	1.27	1.20	0.96	0.79	0.90
	τ_{zy_0}/τ_0	−0.61	−0.57	−0.49	−0.38	−0.27	−0.17	−0.17	−0.27	−0.37
5	τ_{zx_0}/τ_0	1.56	1.32	1.51	1.38	1.23	1.23	0.93	0.99	1.30
	τ_{zy_0}/τ_0	−0.45	−0.43	−0.37	−0.39	−0.24	−0.23	−0.26	−0.30	−0.34

将其代入式(3.1.22)，可得

$$
\begin{aligned}
V_{\mathrm{b.c}} = & \left[\frac{4}{3C_x} \frac{\gamma_s - \gamma}{\gamma} gD\cos\alpha + \frac{2\sqrt{3}}{\rho C_x D} q_0 \delta_0^3 \left(\frac{1}{t^2} - \frac{1}{\delta_1^2} \right) \left(3 - \frac{t}{\delta_1} \right) \right. \\
& \left. + \frac{4\sqrt{3} K_2 \gamma H}{C_x D} \left(3 - \frac{t}{\delta_1} \right) (\delta_1 - t) \right]^{\frac{1}{2}} (2R\Delta - \Delta^2)^{\frac{1}{4}} \\
& \times \left[\sqrt{1 + \left(\frac{0.27}{\cos\alpha} + \frac{\omega_0^2}{V_{\mathrm{b.c}}^2} \sin\alpha \right)^2} \left(\frac{4R}{3} - \Delta \right) + \frac{1}{4} \left(\frac{R}{3} + \sqrt{2R\Delta - \Delta^2} \right) \right]^{-\frac{1}{2}} \\
= & \ \omega_2 \varphi_2
\end{aligned} \tag{3.1.24}
$$

式中，

$$
\omega_2 = \left[\frac{4}{3C_x} \frac{\gamma_s - \gamma}{\gamma} gD\cos\alpha + \frac{2\sqrt{3}}{\rho C_x D} q_0 \delta_0^3 \left(\frac{1}{t^2} - \frac{1}{\delta_1^2} \right) \left(3 - \frac{t}{\delta_1} \right) + \frac{4\sqrt{3} K_2 \gamma H}{C_x D} \left(3 - \frac{t}{\delta_1} \right) (\delta_1 - t) \right]^{\frac{1}{2}} \tag{3.1.25}
$$

$$
\varphi_2 = \frac{(2\Delta' - \Delta'^2)^{\frac{1}{4}}}{\sqrt{\sqrt{1 + \left(\frac{0.27}{\cos\alpha} + \frac{\omega_0^2}{V_{\mathrm{b.c}}^2} \sin\alpha \right)^2} \left(\frac{4}{3} - \Delta' \right) + \frac{1}{4} \left(\frac{1}{3} + \sqrt{2\Delta' - \Delta'^2} \right)}} \tag{3.1.26}
$$

$$
\Delta' = \frac{\Delta}{R} \tag{3.1.27}
$$

3.1.3　起动流速公式的概括性及合理性分析

式(3.1.22)具有很高的概括性，它能给出床沙不同干容重的起动流速。

(1) 如果将 δ_0、δ_1、γ_s、γ、q_0 取前述有关值,则式(3.1.25)为

$$\omega_2 = \left[54.0D\cos\alpha + 0.0465\left(3 - \frac{t}{\delta_1}\right)\left(\frac{\delta_1^2}{t^2} - 1\right)\frac{\delta_1}{D} + 1.55 \times 10^{-7}\left(3 - \frac{t}{\delta_1}\right)\left(1 - \frac{t}{\delta_1}\right)\frac{H}{D} \right]^{\frac{1}{2}}$$

$$(3.1.28)$$

式中各量以 m、s 为单位。由于 $\dfrac{t}{\delta_1}$ 取决于对细颗粒干容重[7],故 ω_2 与床沙(淤积物)
干容重有关。按照公式计算

$$\gamma_s' = \left[0.698 - 0.175\left(\frac{t}{\delta_1}\right)^{\frac{1}{3}\left(1 - \frac{t}{\delta_1}\right)} \right]\left(\frac{D}{D + 2t}\right)^3 \gamma_s$$

式中,γ_s 为泥沙颗粒的容重,取 2.65t/m³。从表 3.1.2 可以看出,当 $D = 0.01$mm
时,干容重的变化可达 $1.34 \sim 1.52$t/m³,进而使 ω_2 增大 63%,此值同样使起动流
速增大 63%。如果已知干容重 γ_s',可先求 $\dfrac{t}{\delta_1}$,再与其他已知参数代入式(3.1.24)
试算出 $V_{b.c}$。

(2) 如果边壁不是弯道凹岸,而是顺直河道岸壁,则不存在环流引起的横向速
度,$V_{b.y} = 0$,故而有

$$V_{b.c} = \omega_2 \varphi_1 \qquad\qquad (3.1.29)$$

由式(3.1.26)给出

$$\varphi_1(\Delta', \alpha, V_{b.c}) = \frac{(2\Delta' - \Delta'^2)^{\frac{1}{4}}}{\sqrt{\sqrt{1 + \left(\frac{\omega_0}{V_{b.c}}\right)^4 \sin^2\alpha}\left(\frac{4}{3} - \Delta'\right) + \frac{1}{4}\left(\frac{1}{3} + \sqrt{2\Delta' - \Delta'^2}\right)}}$$

$$(3.1.30)$$

求解顺直河道边坡上的起动底速 $V_{b.c}$ 要利用式(3.1.29)、式(3.1.30)及式(3.1.28)试
算出。

(3) 如果 $\alpha = 0$,即边壁变为床面,则对床面颗粒的起动流速为

$$V_{b.c} = \omega_1 \varphi(\Delta') \qquad\qquad (3.1.31)$$

此式即为文献[7]中导出的平底床面单颗泥沙的瞬时起动底速公式。其中,

$$\varphi(\Delta') = \frac{(2\Delta' - \Delta'^2)^{\frac{1}{4}}}{\sqrt{\left(\frac{4}{3} - \Delta'\right) + \frac{1}{4}\left(\frac{1}{3} + \sqrt{2\Delta' - \Delta'^2}\right)}} \qquad\qquad (3.1.32)$$

$$\omega_1 = \sqrt{54.0D + 0.0465\left(3 - \frac{t}{\delta_1}\right)\left(\frac{\delta_1^2}{t^2} - 1\right)\frac{\delta_1}{D} + 1.55 \times 10^{-7}\left(3 - \frac{t}{\delta_1}\right)\left(1 - \frac{t}{\delta_1}\right)\frac{H}{D}}$$

$$(3.1.33)$$

表 3.1.2　细颗粒起动时相关量关系（水深 $H=5\text{m}$）

坡度 10°

t/δ_1	0.15				0.25				0.375			
粒径/mm	0.01	0.05	0.1	0.5	0.01	0.05	0.1	0.5	0.01	0.05	0.1	0.5
干容重/(t/m^3)	1.52	1.56	1.57	1.58	1.43	1.50	1.51	1.52	1.34	1.45	1.46	1.47
$\omega_2/(\text{m/s})$	0.6470	0.2937	0.2171	0.1870	0.4869	0.2235	0.1702	0.1770	0.3969	0.1845	0.1450	0.1724
φ_2	0.9028	0.9022	0.9007	0.8853	0.9027	0.9018	0.8993	0.8827	0.9027	0.9013	0.8978	0.8814
$V_{b,c}/(\text{m/s})$	0.5841	0.2650	0.1955	0.1655	0.4396	0.2016	0.1531	0.1562	0.3583	0.1663	0.1302	0.1520
$V_c/(\text{m/s})$	2.3917	1.0086	0.7195	0.5649	1.8000	0.7676	0.5642	0.5348	1.4672	0.6337	0.4805	0.5210

坡度 30°

t/δ_1	0.15				0.25				0.375			
粒径/mm	0.01	0.05	0.1	0.5	0.01	0.05	0.1	0.5	0.01	0.05	0.1	0.5
$\omega_2/(\text{m/s})$	0.6469	0.2932	0.2156	0.1782	0.4869	0.2228	0.1683	0.1677	0.3968	0.1837	0.1427	0.1629
φ_2	0.8994	0.8977	0.8922	0.8103	0.8994	0.8963	0.8867	0.7920	0.8993	0.8946	0.8807	0.7816
$V_{b,c}/(\text{m/s})$	0.5819	0.2632	0.1923	0.1444	0.4379	0.1997	0.1493	0.1328	0.3568	0.1643	0.1257	0.1273
$V_c/(\text{m/s})$	2.3915	1.0067	0.7146	0.5384	1.7998	0.7652	0.5579	0.5067	1.4669	0.6307	0.4731	0.4921

坡度 50°

t/δ_1	0.15				0.25				0.375			
粒径/mm	0.01	0.05	0.1	0.5	0.01	0.05	0.1	0.5	0.01	0.05	0.1	0.5
$\omega_2/(\text{m/s})$	0.6468	0.2921	0.2128	0.1604	0.4867	0.2215	0.1647	0.1486	0.3967	0.1820	0.1385	0.1432
φ_2	0.8881	0.8846	0.8732	0.6073	0.8880	0.8817	0.8613	0.5049	0.8878	0.8783	0.8472	0.4304
$V_{b,c}/(\text{m/s})$	0.5744	0.2584	0.1858	0.0974	0.4322	0.1953	0.1419	0.0751	0.3522	0.1599	0.1173	0.0616
$V_c/(\text{m/s})$	2.3911	1.0032	0.7053	0.4846	1.7993	0.7605	0.5459	0.4491	1.4663	0.6251	0.4589	0.4327

（4）如果 $D>0.5\text{mm}$，则黏着力与薄膜水附加下压力可以忽略，从而有

$$\omega_1=\sqrt{\frac{4}{3C_x}\frac{\gamma_s-\gamma}{\gamma}gD}=\omega_0=\sqrt{54D} \tag{3.1.34}$$

故

$$V_{b.c}=\omega_0\varphi(\Delta') \tag{3.1.35}$$

这是平整床面上较粗颗粒的瞬时起动底速公式[7]。式（3.1.34）为有因次，以 m、s 为单位。

（5）对式（3.1.24）做了几组数字计算，结果如表 3.1.2 所示。可以看出，在其他参数相同时，边壁倾角 α 的大小对起动流速有一定影响，即起动流速随着 α 的增大而减小，特别是粗颗粒减小明显。至于变化不是很大，可以做下述解释。从式（3.1.22）和式（3.1.24）或式（3.1.25）和式（3.1.26）均可看出，α 增大，重力法向分力项 $G_\tau=G\cos\alpha$ 增大，会使 ω_2 增大。另外，随着 α 增大，$\frac{1}{\cos\alpha}$ 增大，$\sin\alpha$ 增大，弯道环流项增大，切向重力项 $G_\tau=G\sin\alpha$ 增大，两者均使 φ_2 减小。因此，它们的乘积 $V_{b.c}=\omega_2\varphi_2$ 变化不大。由此可见，由公式反映力的变化看，α 对 $V_{b.c}$ 影响不大是有一定根据的。当然，由于所述影响主要是重力项和环流项，特别是重力项起作用，故颗粒粗起动流速 $V_{b.c}$ 随 α 增大而减小多；而对于细颗粒，重力作用弱，黏着力与薄膜水附加下压力增大，它们不受 α 影响，其 $V_{b.c}$ 随 α 变化很小，甚至不变。

3.1.4 弯道凹岸边壁垂线起动流速确定和验证

1）垂线起动流速 V_c

为使用方便，上述瞬时起动底速需换成垂线起动底速。参考文献[7]，平均底速 $\bar{V}_b$ 为

$$\bar{V}_b=\frac{2}{3}5.6u^*=3.73u^* \tag{3.1.36}$$

垂线平均流速 V 与底部平均水流速度 $\bar{V}_b$ 的关系可得

$$\frac{V}{u_*}=6.5\left(\frac{H}{D}\right)^{\frac{1}{4+\lg\frac{H}{D}}}=\Psi \tag{3.1.37}$$

由式（3.1.36）和式（3.1.37）可得垂线平均起动速度为

$$V_c=u^*\Psi=\frac{\bar{V}_b}{3.73}\Psi=0.2684\ \Psi\bar{V}_{b.c} \tag{3.1.38}$$

至于时均起动底速 $\bar{V}_{b.c}$ 与瞬时起动底速 $V_{b.c}$ 的关系则涉及起动标准。

2）起动标准确定及验证

根据对实际资料的比较和第 2 章给出的低输沙率关系，此处采用的标准取相

对输沙率标准 $\dfrac{\bar{V}_{b.c}}{\omega_1}=0.34$，这个值对应 $\lambda_{q_b}=0.87\times10^{-5}$，另外前述瞬时起动底速 $V_{b.c}=\omega_1\varphi(\Delta')$，它与 Δ' 有关。它对 Δ' 的平均值 $\bar{\varphi}(\Delta')$ 为 0.916，故

$$V_{b.c}=\bar{\varphi}(\Delta')\omega_1\approx0.916\omega_1=0.916\dfrac{\bar{V}_{b.c}}{0.34}=2.7\bar{V}_{b.c} \qquad (3.1.39)$$

其中代入了起动标准 $\dfrac{\bar{V}_{b.c}}{\omega_1}=0.34$。将式(3.1.39)代入式(3.1.38)，可得

$$V_c=0.2684\Psi\dfrac{V_{b.c}}{2.7}=0.10\Psi V_{b.c} \qquad (3.1.40)$$

这就是在起动标准 $\lambda_{q_b}=0.87\times10^{-5}$ $(\dfrac{\bar{V}_{b.c}}{\omega_1}=0.34)$ 条件下垂线平均起动流速与瞬时起动底速的关系。按照式(3.1.24)和式(3.1.40)可得到起动流速 V_c，试验资料则采用张麟蜇[9]的试验结果(见表3.1.3)。起动流速计算值与实测值的对比见图3.1.8。从图中可见，起动流速计算值与实测值是比较符合的。此处采用输沙率起动标准与第2章的 $\dfrac{\bar{V}_{b.c}}{\omega_1}=0.433$ 有所差别，与其平均值而言，相差10%左右，属于人为判别起动的差别。

表 3.1.3　河湾凹岸路基边坡泥沙起动流速计算值与实测值比较

试验	流量(L/S)	坡度 M	粒径/mm	水深/cm	谢才 C	起动流速 实测	起动流速 计算	试验	流量(L/S)	坡度 M	粒径/mm	水深/cm	谢才 C	起动流速 实测	起动流速 计算
1	46.73	1.50	1.0	14.9	28.01	0.226	0.237	18	46.73	1.65	1.0	14.5	27.88	0.261	0.245
2	46.73	1.65	1.0	13.9	27.71	0.270	0.244	19	46.73	1.85	1.0	14.3	27.79	0.273	0.254
3	46.73	1.85	1.0	13.4	27.53	0.261	0.252	20	46.73	2.00	1.0	13.8	27.63	0.281	0.259
4	46.73	2.00	1.0	12.4	27.21	0.321	0.256	21	58.88	1.50	2.0	14.1	27.79	0.312	0.309
5	58.88	1.50	2.0	13.0	27.47	0.294	0.306	22	58.88	1.65	2.0	13.5	27.60	0.332	0.318
6	58.88	1.65	2.0	12.9	27.42	0.319	0.317	23	58.88	1.85	2.0	13.3	27.50	0.353	0.330
7	58.88	1.85	2.0	12.6	27.29	0.256	0.328	24	58.88	2.00	2.0	13.1	27.42	0.352	0.336
8	58.88	2.00	2.0	12.3	27.17	0.316	0.334	25	77.79	1.50	4.0	14.6	27.93	0.334	0.403
9	77.79	1.50	4.0	13.6	27.65	0.397	0.399	26	77.79	1.65	4.0	14.2	27.80	0.339	0.416
10	77.79	1.65	4.0	13.3	27.54	0.414	0.413	27	77.79	1.85	4.0	14.0	27.71	0.447	0.431
11	77.79	1.85	4.0	12.3	27.20	0.448	0.424	28	77.79	2.00	4.0	13.9	27.66	0.467	0.440
12	77.79	2.00	4.0	12.2	27.14	0.480	0.432	29	77.79	1.50	8.0	12.4	27.28	0.397	0.506
13	77.79	1.50	8.0	12.2	27.22	0.487	0.504	30	77.79	1.65	8.0	11.8	27.06	0.431	0.521
14	77.79	1.65	8.0	11.9	27.10	0.478	0.521	31	77.79	1.85	8.0	11.9	27.07	0.528	0.541
15	77.79	1.85	8.0	11.5	26.93	0.563	0.538	32	77.79	2.00	8.0	11.0	26.74	0.557	0.546
16	77.79	2.00	8.0	10.5	26.56	0.574	0.542	33	46.73	1.50	1.0	14.9	28.01	0.261	0.237
17	46.73	1.50	1.0	15.1	28.07	0.250	0.237	34	46.73	1.65	1.0	14.8	27.96	0.264	0.246

试验	流量(L/S)	坡度M	粒径/mm	水深/cm	谢才C	起动流速		试验	流量(L/S)	坡度M	粒径/mm	水深/cm	谢才C	起动流速	
						实测	计算							实测	计算
35	46.73	1.85	1.0	14.6	27.87	0.265	0.255	50	46.73	1.65	1.0	14.5	27.88	0.287	0.245
36	46.73	2.00	1.0	14.4	27.79	0.258	0.260	51	46.73	1.85	1.0	14.2	27.76	0.309	0.254
37	58.88	1.50	2.0	15.9	28.28	0.309	0.313	52	46.73	2.00	1.0	14.1	27.71	0.321	0.259
38	58.88	1.65	2.0	14.8	27.96	0.342	0.322	53	58.88	1.50	2.0	14.9	28.01	0.343	0.311
39	58.88	1.85	2.0	14.4	27.82	0.348	0.333	54	58.88	1.65	2.0	13.9	27.71	0.390	0.320
40	58.88	2.00	2.0	14.0	27.68	0.357	0.339	55	58.88	1.85	2.0	13.7	27.62	0.394	0.331
41	77.79	1.50	4.0	14.1	27.79	0.411	0.401	56	58.88	2.00	2.0	13.4	27.51	0.399	0.337
42	77.79	1.65	4.0	14.1	27.77	0.444	0.416	57	77.79	1.50	4.0	14.1	27.79	0.428	0.401
43	77.79	1.85	4.0	13.9	27.68	0.458	0.431	58	77.79	1.65	4.0	13.9	27.71	0.437	0.415
44	77.79	2.00	4.0	13.8	27.63	0.488	0.439	59	77.79	1.85	4.0	13.6	27.59	0.467	0.429
45	77.79	1.50	8.0	12.0	27.15	0.491	0.503	60	77.79	2.00	4.0	13.3	27.48	0.497	0.437
46	77.79	1.65	8.0	11.5	26.96	0.512	0.519	61	77.79	1.50	8.0	13.8	27.71	0.468	0.514
47	77.79	1.85	8.0	11.3	26.86	0.534	0.537	62	77.79	1.65	8.0	13.3	27.54	0.532	0.530
48	77.79	2.00	8.0	10.8	26.67	0.557	0.544	63	77.79	1.85	8.0	13.0	27.41	0.542	0.548
49	46.73	1.50	1.0	14.8	27.99	0.276	0.237	64	77.79	2.00	8.0	12.5	27.24	0.551	0.556

注:表中计算值为由式(3.1.40)、式(3.1.24)得到的值,其他值为文献[9]中试验数据。

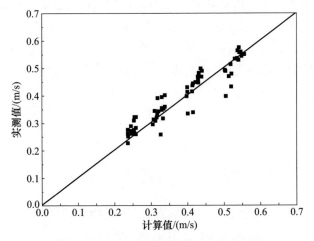

图 3.1.8　起动流速计算值与实测值对比

3.2　细颗粒泥沙成团起动及其起动流速

关于细颗粒成团起动的研究,已有一些文献有所涉及,但大都对细颗粒总体进行临界切应力试验[10-13],且多与泥沙浆体的屈服应力(宾汉应力)联系起来[10-12]。杨铁笙等[14]、Yang 和 Wang[15]考虑了微粒径的 van der Waals 力,研究了成团起动切应力。但是真正从颗粒成团起动时的受力状态、与单颗泥沙起动在机理上的差异以及颗粒成团起动流速的定量表达,首推文献[16]。韩其为和何明民统一研究了单颗起动流速与多颗起动流速,证实了存在一个临界水深,当水深小于临界水深时,单颗泥沙起动流速小于多颗泥沙成团起动流速;当水深大于临界水深时,单颗泥沙起动流速大于多颗泥沙成团起动流速。后一种情况正是细颗粒,特别是淤泥,多为成团起动的理论根据。

本节将突破过去研究细颗粒成团起动的方法,采用与单颗细泥沙起动相同的理论分析方法,详细地定量研究多颗泥沙成团起动(包括成片起动),从而研究它们起动的共同规律[7,16]。

3.2.1　细颗粒成团起动的瞬时起动底速

实际现象表面,具有一定黏性的细颗粒泥沙起动时,在不少情况下往往不是以单颗而是以多颗成块(团、片)进行,开始是小片剥蚀,使具有一定固结的黏土(淤泥)床面形成坑、槽,逐渐形成蜂窝状,此时局部紊动加强,旋涡大量产生,对低凹处继续淘刷,最后使凸出的黏土(淤泥)成较大的块状崩离,经过一定时间的滚动,其中较硬者常被磨光成土"卵石"。河床中常见到的这种土卵石不仅有硬质黏土,而且有没很好固结的淤泥。但是从平整床面的冲刷过程看,诱发这种冲刷"雪崩"的是最早的成片剥蚀。因此,将黏土(淤泥)的起动定义为平整床面最早的成片剥蚀。下面从力学机理方面对此进行分析[7,16]。

设在平整的黏土床面上,考虑其中的一土块,共有 n 个泥沙颗粒组成,它的长和宽为 a,厚为 c,则其扁度为

$$\lambda = \frac{\sqrt{a^2}}{c} = \frac{a}{c} \qquad (3.2.1)$$

重量为

$$\frac{\pi}{6}\gamma_s D_0^3 = \gamma_s' ca^2 = n\gamma_s \frac{\pi}{6} D^3 \qquad (3.2.2)$$

式中,D 为颗粒直径;D_0 为土块的当量直径(重量相等的球体直径);γ_s 为颗粒容重;γ_s' 为表层土的干容重。由式(3.2.2)中第一等号得

$$D_0 = \left(\frac{6}{\pi}\right)^{\frac{1}{3}} \left(\frac{\gamma_s'}{\gamma_s}\right)^{\frac{1}{3}} (ca^2)^{\frac{1}{3}} = \left(\frac{6}{\pi}\right)^{\frac{1}{3}} \left(\frac{\gamma_s'}{\gamma_s}\right)^{\frac{1}{3}} \lambda^{-\frac{1}{3}} a = \left(\frac{6}{\pi}\right)^{\frac{1}{3}} \left(\frac{\gamma_s'}{\gamma_s}\right)^{\frac{1}{3}} \lambda^{\frac{2}{3}} c \quad (3.2.3)$$

尚需说明的是,D_0 是未考虑颗粒间空隙的情况,故采用容重为 γ_s,它实际体积不是 $\frac{\pi}{6}D_0^3$,而是 $a^2 c = \frac{a^3}{\lambda} = \lambda^2 c^3 = \frac{\pi}{6}\left(\frac{\gamma_s}{\gamma_s'}\right)D_0^3$。当然,直径也可采用等体积的当量直径,即 $\frac{\pi}{6}D_0^3 = a^2 c$。

此外,由式(3.2.2)左、右两端还可得到

$$\frac{D_0}{D} = n^{\frac{1}{3}} \gamma_s^{\frac{1}{3}} \tag{3.2.4}$$

此六面体在上、下底面积的颗数 n_1 由

$$a^2 = n_1 (D+2t)^2$$

确定,即

$$n_1^{\frac{1}{2}} = \frac{a}{D+2t} \tag{3.2.5}$$

式中,t 为颗粒间缝隙的一半(见图 3.2.1)。与此相仿,六面体四个侧面积上的颗粒 n_2 由

$$ac = n_2 (D+2t)^2$$

确定,即

$$n_2^{\frac{1}{2}} = \frac{\sqrt{ac}}{D+2t} = \frac{a}{D+2t} \lambda^{-\frac{1}{2}} \tag{3.2.6}$$

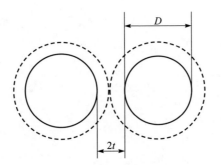

图 3.2.1　泥沙颗粒及薄膜水示意图

此时土块的受力状态如图 3.2.2 所示。不失一般性,图中示出了 $c=(D+2t)$、$a=4(D+2t)$ 的土块,其上的作用力有水流的升力 F_l、床面上的切应力 τ_b、土块的重力 G、底部的黏着力 $F_{\mu.1}$ 及附加下压力 ΔG,四周的侧向黏着力 $F_{\mu.2}$ 及 $F_{\mu.3}$ 将通过摩擦系数 f 转换成铅垂向下的力。除左侧 $F_{\mu.2}$ 外,这些力对于位于右侧中心的 O 点均有力矩。至于在单颗泥沙起动中较为重要的水流正面推力,此时因床面平整,其作用可以忽略,其对 O 点之矩更不存在。欲求出土块起动翻转的条件,可列出上述各力对 O 点之矩的平衡方程:

$$F_l \frac{a}{2} + \tau_b \frac{c}{2} = F_{\mu.1} \frac{a}{2} + F_{\mu.2} fa + F_{\mu.3} f \frac{a}{2} + \Delta G \frac{a}{2} + G \frac{a}{2} \tag{3.2.7}$$

式中,$F_{\mu.1}$ 为作用于土块底部的黏着力,其合力作用点位于土块重心,故对 O 点的力臂为 $a/2$;$F_{\mu.2}$ 为作用于土块前侧黏着力的合力,通过摩擦系数 f 将其转换成重力方向的力,其作用点在前侧面重心,力臂为 a;$F_{\mu.3}$ 为作用在土块两侧的黏着力的合力,也要通过摩擦系数将其转换成与重力方向一致的力,力臂则为 $a/2$。

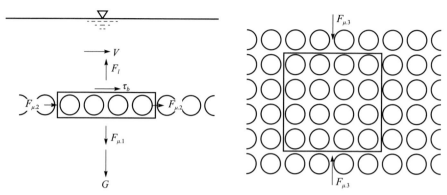

图 3.2.2　细颗粒成片起动受力图

现在写出各力的表达式：

$$F_l = \frac{C_y \rho}{2} V_b^2 a^2 \tag{3.2.8}$$

$$\tau_b = \tau_0 a^2 = \rho u_*^2 a^2 \tag{3.2.9}$$

$$F_{\mu.1} = n_1 P_{\mu.d} = \left(\frac{a}{D+2t}\right)^2 P_{\mu.d} \tag{3.2.10}$$

$$F_{\mu.2} = n_2 P_{\mu.d} = \frac{1}{\lambda}\left(\frac{a}{D+2t}\right)^2 P_{\mu.d} \tag{3.2.11}$$

$$F_{\mu.3} = 2n_2 P_{\mu.d} = \frac{2}{\lambda}\left(\frac{a}{D+2t}\right)^2 P_{\mu.d} \tag{3.2.12}$$

$$\Delta G = n_1 \Delta G_d = \left(\frac{a}{D+2t}\right)^2 \Delta G_d \tag{3.2.13}$$

$$G = \frac{\pi}{6}(\gamma_s - \gamma) D_0^3 \tag{3.2.14}$$

式中，C_y 为升力系数，取 0.1；ρ 为水的密度；τ_b 为水流底部切应力；u_* 为动力流速；$P_{\mu.d}$ 为两颗泥沙正接触(一颗起动泥沙与一颗床面泥沙的正接触)时的黏着力，按式(2.2.11)为

$$P_{\mu.d} = \frac{\pi}{2} q_0 \frac{\delta_0^3}{\delta_1^2} D\left(\frac{\delta_1^2}{t^2} - 1\right) \tag{3.2.15}$$

ΔG_d 为两颗泥沙正接触时的附加下压力，按式(2.2.28)为

$$\Delta G_d = \pi K_2 \gamma H D \delta_1 \left(1 - \frac{t}{\delta_1}\right)$$

式中，δ_1 为薄膜水厚度，取 4×10^{-7} m；δ_0 为水分子直径，取 3×10^{-10} m；$q_0 = 1.3 \times 10^9$ kg/m²；$K_2 = 2.285 \times 10^{-3}$。

尚需说明的是，紧贴颗粒表面的内层薄膜水(牢固结合水)具有单向受压性质不完全符合 Pascal 定理，也是随着离颗粒表面的距离减小(t 的减小)而逐渐形成的。当床面上一个土块与床面接触时，肯定会发生一些颗粒接触紧密，一些颗粒接

触松散,甚至不接触的现象。考虑到水深大时,这种影响较灵敏,因此暂时在土块起动研究中,取单颗附加下压力的一半,即

$$\Delta G_d = \frac{\pi}{2} K_2 \gamma H D \delta_1 \left(1 - \frac{t}{\delta_1}\right) \tag{3.2.16}$$

还应强调说明的是,薄膜水附加下压力和黏着力均只产生在土块的底面和四个侧面上的颗粒上,并不是土块的全部颗粒,而内部颗粒的薄膜水附加下压力和黏着力就转为内力。由于在一般情况下,表面颗粒占土块总颗粒的比例很小,故相对于其他力(如重力、阻力),这两种力可以忽略,正如 $D>1$mm 的单颗泥沙情形一样。这就是土力学中饱水土骨架所受的超静水压力与水深无关的道理。将上述各式代入式(3.2.7),可得

$$\frac{C_y \rho}{4} V_{\text{b.c}}^2 a^3 + \frac{\rho}{2} u_{*.c}^2 a^2 c$$
$$= \frac{\pi}{6} (\gamma_s - \gamma) D_0^3 \frac{a}{2} + \left[\frac{1}{2}\left(\frac{a}{D+2t}\right)^2 a + \frac{f}{\lambda}\left(\frac{a}{D+2t}\right)^2 a + \frac{f}{\lambda}\left(\frac{a}{D+2t}\right)^2 a\right]$$
$$\times \left[\frac{\pi}{2} q_0 \frac{\delta_0^3}{\delta_1^2} D\left(\frac{\delta_1^2}{t^2}-1\right)\right] + \frac{a}{2}\left(\frac{a}{D+2t}\right)^2 \left[\frac{\pi}{2} K_2 \gamma H D \delta_1 \left(1-\frac{t}{\delta_1}\right)\right] \tag{3.2.17}$$

式中,$V_{\text{b.c}}$ 和 $u_{*.c}$ 为起动临界值,其中 $V_{\text{b.c}}$ 为以瞬时底速计的起动速度,即瞬时起动底速;$u_{*.c}$ 为动力流速。为了方便,将动力流速换算成瞬时起动底速,单颗泥沙刚好处于起动临界状态时,其瞬时起动流速按式(2.3.9)对床面位置平均有

$$V_{\text{b.c}} = \bar{\varphi} \, \omega_1 = 0.916 \omega_1 \tag{3.2.18}$$

另外,水槽试验起动标准为

$$\bar{V}_{\text{b.c}} = 0.433 \omega_1 \tag{3.2.19}$$

由式(3.2.18)和式(3.2.19)可得

$$V_{\text{b.c}} = \frac{0.916}{0.433} \bar{V}_{\text{b.c}} = 2.12 \bar{V}_{\text{b.c}} = 7.91 u_{*.c} \tag{3.2.20}$$

式(3.2.20)是单颗瞬时起动流速与 $u_{*.c}$(时均值)的关系。式(3.2.20)中第三个等号采用式(2.1.25),即

$$\bar{V}_{\text{b.c}} = 3.73 u_{*.c}$$

从而说明式(3.2.20)对多颗泥沙也是适用的。利用此式使式(3.2.17)左端变为

$$\frac{C_y \rho}{4} V_{\text{b.c}}^2 a^3 + \frac{\rho}{2} u_{*.c}^2 a^2 c = \frac{C_y \rho}{4} V_{\text{b.c}}^2 a^3 (1 + 0.3197 \lambda^{-1}) \tag{3.2.21}$$

此处取 $C_y = 0.1$,再将其代入式(3.2.17),并利用式(3.2.3)化简后得

$$V_{\text{b.c}}^2 = \left[\frac{2}{C_y} \left(\frac{\pi}{6} \right)^{\frac{1}{3}} \left(\frac{\gamma_s'}{\gamma_s} \right)^{\frac{2}{3}} \lambda^{-\frac{2}{3}} \frac{\gamma_s - \gamma}{\gamma} g D_0 + \frac{1 + 4f\lambda^{-1}}{\left(1 + \frac{2t}{D} \right)^2} \frac{\pi g q_0}{C_y \gamma D} \frac{\delta_0^3}{\delta_1^2} \left(\frac{\delta_1^2}{t^2} - 1 \right) \right.$$

$$\left. + \frac{\pi K_2 g H \delta_1}{C_y \left(1 + \frac{2t}{D} \right)^2 D} \left(1 - \frac{t}{\delta_1} \right) \right] (1 + 0.3197\lambda^{-1})^{-1} \tag{3.2.22}$$

将 $g = 9.81\text{m/s}^2$，$q_0 = 1.3 \times 10^9 \text{kg/m}^2$，$K_2 = 2.285 \times 10^{-3}$，$f = 0.4$，$\delta_0 = 3 \times 10^{-10}\text{m}$，$\delta_1 = 4 \times 10^{-7}\text{m}$ 代入式(3.2.22)，可得

$$V_{\text{b.c}}(D_0) = \left\{ (1 + 0.3197\lambda^{-1})^{-1} \left[196.2 \left(\frac{\pi}{6} \right)^{\frac{1}{3}} \left(\frac{\gamma_s'}{\gamma_s} \right)^{\frac{2}{3}} \lambda^{-\frac{2}{3}} \frac{\gamma_s - \gamma}{\gamma} D_0 \right. \right.$$

$$\left. \left. + \frac{0.676 \times 10^{-7}(1 + 1.6\lambda^{-1})}{\left(1 + \frac{2t}{D} \right)^2 D} \left(\frac{\delta_1^2}{t^2} - 1 \right) + \frac{2.817 \times 10^{-7}}{\left(1 + \frac{2t}{D} \right)^2} \left(1 - \frac{t}{\delta_1} \right) \frac{H}{D} \right] \right\}^{\frac{1}{2}}$$

$$\tag{3.2.23}$$

式中的有关单位以 m、s 计。由式(3.2.23)可以看出，除决定单颗泥沙起动流速的 D、γ_s、H 及 γ_s'(或 t/δ_1)外，对于多颗泥沙成团起动，尚需增加土块当量粒径 D_0 及形状系数 λ。可见式(3.2.22)、式(3.2.23)考虑的因素是颇为全面的。

3.2.2 多颗泥沙成团瞬时起动底速与单颗起动流速对比

为了对比方便，现在仅考虑 φ 对 Δ' 的平均值 $\bar{\varphi} = 0.916$ 时，泥沙在床面位置对其起动流速 $V_{\text{b.c}}$ 的影响。这表示研究的单颗泥沙的瞬时起动速度是处于平均位置的值，对此显然是可以接受的。此时将式(2.3.14)代入式(3.2.18)，可得单颗泥沙起动底速为

$$V_{\text{b.c}}^2(D) = \bar{\varphi}^2 \omega_1^2 = 27.41 \frac{\gamma_s - \gamma}{\gamma} D + \frac{0.156 \times 10^{-7}}{D} \left(3 - \frac{t}{\delta_1} \right) \left(\frac{\delta_1^2}{t^2} - 1 \right)$$

$$+ 1.301 \times 10^{-7} \left(1 - \frac{t}{\delta_1} \right) \left(3 - \frac{t}{\delta_1} \right) \frac{H}{D} \tag{3.2.24}$$

式中的有关单位以 m、s 计，此处用 $V_{\text{b.c}}(D)$ 表示单颗泥沙起动的瞬时底部流速，以区别用 $V_{\text{b.c}}(D_0)$ 表示的多颗泥沙成团起动的瞬时底部流速。现在分析两者的关系。图 3.2.3 给出了 $\gamma_s = 2.65\text{t/m}^3$，$D = 0.005\text{mm}$，$t/\delta_1 = 0.375$ 时，单颗起动流速 $V_{\text{b.c}}(D)$ 与水深 H 的关系(图中黑线)。同时，图中还给出了 $\gamma_s = 2.65\text{t/m}^3$，$D = 0.005\text{mm}$，$D_0 = 0.00811\text{mm}$、$0.1\text{mm}$、$0.5\text{mm}$、$1.09\text{mm}$，$\lambda = 2$，$t/\delta_1 = 0.375$ 时，多颗泥沙成片起动流速 $V_{\text{b.c}}(D_0)$ 与水深 H 的关系(图中圈点线)。从图中可见，$V_{\text{b.c}}(D_0)\text{-}H$ 曲线与 $V_{\text{b.c}}(D)\text{-}H$ 曲线总是相交的。设交点的纵坐标为 H_c，在交点以下，即 $H < H_c$ 时，$V_{\text{b.c}}(D_0) > V_{\text{b.c}}(D)$；在交点以上，即 $H > H_c$ 时，$V_{\text{b.c}}(D_0) < V_{\text{b.c}}(D)$；在交点处，$V_{\text{b.c}}(D_0) = V_{\text{b.c}}(D)$。称交点水深为临界水深，即 $V_{\text{b.c}}(D_0) =$

$V_{b,c}(D)$时的水深。从图中还可看出,临界水深随着 D_0 的增大而增大,这是显然的。需要强调的是,随着水深增大,$V_{b,c}(D)$增大的原因是其薄膜水附加下压力占的比例要大。

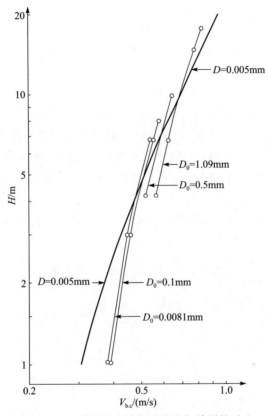

图 3.2.3　细颗粒成片起动流速与单颗的对比

为了确定临界水深,可令单颗泥沙起动底速计算公式(3.2.24)中的水深与多颗泥沙成团起动底速计算公式(3.2.23)中的水深相等,从而求出 H_c,即

$$10^7\left[\frac{196.2\frac{\gamma_s-\gamma}{\gamma}\left(\frac{\pi}{6}\right)^{\frac{1}{3}}\left(\frac{\gamma_s'}{\gamma_s}\right)^{\frac{2}{3}}\lambda^{-\frac{2}{3}}D_0}{1+0.3197\lambda^{-1}}-27.41\frac{\gamma_s-\gamma}{\gamma}D\right]D+H_c$$

$$=\left[\frac{0.676\left(1+\frac{1.6}{\lambda}\right)\left(\frac{\delta_1^2}{t^2}-1\right)}{(1+0.3197\lambda^{-1})\left(1+\frac{2t}{D}\right)^2}-0.156\left(3-\frac{t}{\delta_1}\right)\left(\frac{\delta_1^2}{t^2}-1\right)\right]$$

$$\times\left[1.301\left(1-\frac{t}{\delta_1}\right)\left(3-\frac{t}{\delta_1}\right)-\frac{2.817\left(1-\frac{t}{\delta_1}\right)}{(1+0.3197\lambda^{-1})\left(1+\frac{2t}{D}\right)^2}\right]^{-1}\qquad(3.2.25)$$

此式的有关单位仍以 m、s 计,现在分析式(3.2.25)的两种特殊情形。

第一种情形:$\gamma_s = 2.65 \text{t/m}^3$,$D = 0.005 \text{mm}$,$\lambda = 2$,$t/\delta_1 = 0.375$,即 $\gamma'_s = 1.236 \text{t/m}^3$,$t = 1.5 \times 10^{-7} \text{m}$,此时式(3.2.25)变为

$$H_c = 5440 D_0 + 4.072 \tag{3.2.26}$$

第二种情形:$D = 0.001 \text{mm}$,$\lambda = 4$,$t/\delta_1 = 0.375$,即 $\gamma'_s = 0.67 \text{t/m}^3$,$t = 1.5 \times 10^{-7} \text{m}$,此时式(3.2.25)变为

$$H_c = 327.74 D_0 + 0.570 \tag{3.2.27}$$

上述两公式的有关量的单位仍以 m 计,它们的一部分数字结果如表 3.2.1 中所示,表中的临界水深为大小不同土块瞬时起动底速恰好等于单颗泥沙起动速度时的水深。从表中可以看出,对于 $D = 0.001 \text{mm}$ 的泥沙,当水深 $H > 1 \text{m}$ 时,$D_0 \leqslant 1.32 \text{mm}$ 的大小不同土块的瞬时起动流速均小于单颗的,显然此时已经是土块起动代替了单颗的。与此相仿,对于 $D = 0.005 \text{mm}$ 的泥沙,当水深 $H > 4.62 \text{m}$ 或 $H > 10 \text{m}$ 时,也有 $D_0 < 0.1 \text{mm}$ 或 $D_0 < 1.09 \text{mm}$ 的大小不同土块的瞬时起动代替了单颗瞬时起动。

表 3.2.1　不同大小土块临界水深

$D = 0.001 \text{mm}$		$D = 0.005 \text{mm}$	
D_0/mm	H_c/m	D_0/mm	H_c/m
0.00396	0.571	0.0081	4.12
0.05	0.586	0.05	4.34
0.1	0.603	0.1	4.62
0.5	0.734	0.5	6.79
1.0	0.898	1.0	9.51
1.32	1.00	1.09	10.00
2	1.22	2	14.95
3	1.55	3	20.39
5	2.21	5	31.26

3.2.3　片状土块起动时临界水深及起动流速

实际情况表明,黏土土块起动时,多为片状。片状土块最小的厚度应仅为一个颗粒,即 $c = (D + 2t)$。此时式(3.2.3)为

$$D_{0.\text{m}} = \left(\frac{6}{\pi}\right)^{\frac{1}{3}} \left(\frac{\gamma'_s}{\gamma_s}\right)^{\frac{1}{3}} \lambda^{\frac{2}{3}} D \left(1 + \frac{2t}{D}\right) \tag{3.2.28}$$

将以下这种土块称为片状土块,其当量粒径记作 $D_{0.\text{m}}$。它的典型组合为:若 4 个颗粒组成一片,此时 $\lambda = 2$;若 16 个颗粒组成一片,此时 $\lambda = 4$。将式(3.2.28)代入式(3.2.25),并考虑天然沙,即取 $\gamma_s = 2.65 \text{t/m}^3$,可得[7]

$$H_c = 10^7 \left[\frac{323.7 \frac{\gamma_s'}{\gamma_s}\left(1+\frac{2t}{D}\right) - 45.2}{1+0.3197\lambda^{-1}} \right] D^2 + \left[\frac{0.676\left(1+\frac{1.6}{\lambda}\right)\left(\frac{\delta_1^2}{t^2}-1\right)}{\left(1+0.3797\lambda^{-1}\right)\left(1+\frac{2t}{D}\right)^2} - 0.1561\left(3-\frac{t}{\delta_1}\right)\left(\frac{\delta_1^2}{t^2}-1\right) \right]$$

$$\times \left[1.301\left(1-\frac{t}{\delta_1}\right)\left(3-\frac{t}{\delta_1}\right) - \frac{2.817\left(1-\frac{t}{\delta_1}\right)}{\left(1+0.3197\lambda^{-1}\right)\left(1+\frac{2t}{D}\right)^2} \right]^{-1} \tag{3.2.29}$$

此式的有关单位仍以 m、s 计。表 3.2.2 中列出了 $\lambda=2$，$t/\delta_1=0.375$，即 $t=1.5\times10^{-7}$m 时，不同粒径泥沙的片状土块的 γ_s'、$D_{0.m}$ 及临界水深 H_c。从表中可以看出，临界水深随单颗泥沙粒径的增大而增大。常规干容重（$t/\delta_1=0.375$）时，对于黏土（$D<0.004$mm）、$H>3.73$m，对于细粉土（$0.005\sim0.01$mm）、$H>5.18$m，对于粗粉土（$0.01\sim0.05$mm）、$H>10.30$m，几乎均以多颗成片起动进行。

表 3.2.2　不同粗细泥沙片状土块起动临界水深

D/mm	$1+\frac{2t}{D}$	γ_s'/(t/m³)	$D_{0.m}$/mm	H_c/m
0.001	1.30	0.67	0.00162	1.04
0.004	1.075	1.185	0.00648	3.73
0.005	1.06	1.236	0.0081	4.12
0.01	1.03	1.347	0.0162	5.18
0.05	1.006	1.446	0.081	10.30

为了研究扁度 λ 和干容重对成片起动时临界水深的影响，按照式（3.2.29）计算 $D=0.005$mm，$\lambda=2$、4、20 及 $t/\delta_1=0.2$、0.375、0.5、0.8 等各条件下的 H_c，如表 3.2.3 所示。从表中可以看出：①当单颗泥沙粒径固定时，随 λ 的增加，H_c 减小；随着干容重减小，H_c 也减小。②对于 $D=0.005$mm 的单颗泥沙，当干容重较小时，临界水深可降至 1m 左右。可见在天然河道，特别是在水库细颗粒淤积处，当泥沙起动时，多颗成片起动是较为普遍的形式。

表 3.2.3　不同干容重、不同扁度片状土块起动临界水深

$\frac{t}{\delta_1}$	$1+\frac{2t}{D}$	γ_s' /(t/m³)	$\lambda=2$		$\lambda=4$		$\lambda=20$	
			$D_{0.m}$/mm	H_c/m	$D_{0.m}$/mm	H_c/m	$D_{0.m}$/mm	H_c/m
0.200	1.032	1.408	0.00823	12.10	0.0131	9.72	0.00382	6.90
0.375	1.075	1.236	0.00810	4.12	0.0128	3.35	0.0376	2.42
0.500	1.080	1.140	0.00803	2.65	0.0127	2.18	0.0372	1.61
0.800	1.128	0.970	0.00795	1.51	0.0126	1.32	0.0369	1.07

按照式(3.2.29)计算了 $D=0.001\mathrm{mm}$、$\lambda=4$ 时不同干容重泥沙起动的临界水深,如表 3.2.4 所示。可见对于这种泥沙,当干容重很小时,片状土块的临界水深很小,几乎为零。当然,H_c 为负值的物理意义是对于任何水深,单颗起动流速不可能小于多颗片状土块的起动流速。换句话说,当 $D=0.001\mathrm{mm}$ 时,当干容重很小时,单颗泥沙起动几乎不存在,均是多颗成片进行的。

表 3.2.4　$D=0.001\mathrm{mm}$ 时片状土块起动临界水深

$\dfrac{t}{\delta_1}$	$1+\dfrac{2t}{D}$	$\gamma'_s/(\mathrm{t/m^3})$	$\lambda=4$	
			$D_{0.m}/\mathrm{mm}$	H_c/m
0.200	1.16	0.992	0.00261	3.78
0.375	1.30	0.670	0.00257	0.570
0.500	1.40	0.524	0.00255	0.147
0.700	1.56	0.369	0.00253	0.0028
0.800	1.64	0.316	0.00252	-0.0254

3.2.4　片状土块起动时垂线平均流速与单颗的对比

表 3.2.5 列出了单颗泥沙 $D=0.005\mathrm{mm}$,$t/\delta_1=0.2$、0.375、0.500、0.8,$\lambda=4$ 时,在不同水深条件下,按上述有关公式计算的片状土块瞬时起动底速 $V_{b.c}(D_0)$、垂线平均起动底速 $V_c(D_0)$、单颗瞬时起动底速 $V_{b.c}(D)$ 和垂线平均起动流速 $V_c(D)$。其中 $V_{b.c}(D_0)$ 按式(3.2.23)计算,$V_{b.c}(D)$ 按式(3.2.24)计算,$V_c(D)$ 则由以下公式给出。按式(3.2.18)及式(3.2.20)有

$$V_{b.c}(D)=0.916\omega_1=7.91u_{*.c}=7.91\frac{V_c(D)}{\psi}$$

即

$$V_c(D)=0.116\omega_1\psi=0.126V_{b.c}(D)\psi \qquad (3.2.30)$$

由于暂时未将 $V_{b.c}(D_0)$ 和低输沙率联系起来,难以直接给出 $V_{b.c}(D_0)$ 的计算公式,可假设 $V_{b.c}(D)$ 与 $V_c(D)$ 的比值和 $V_{b.c}(D_0)$ 与 $V_c(D_0)$ 的比值相同,这样,由式(3.2.30)得

$$V_c(D_0)=V_{b.c}(D_0)\frac{V_c(D)}{V_{b.c}(D)}=\frac{0.116}{0.916}\psi V_{b.c}(D_0)=0.126\psi V_{b.c}(D_0)$$

$$(3.2.31)$$

表 3.2.5　片状土块垂线平均起动流速与单颗对比

$\dfrac{t}{\delta_1}$	H/m	γ'_s /(t/m³)	$D_{0.\,\text{m}}$ /mm	$V_{b.\,c}(D_0)$ /(m/s)	ψ	ω_1 /(m/s)	$V_c(D)$ /(m/s)	$V_c(D_0)$ /(m/s)
0.2	6.00	1.408	0.0131	0.794	26.06	0.817	2.47	2.63
	9.722			0.881	26.55	0.962	2.96	2.96
	12.00			0.931	26.76	1.041	3.23	3.16
	20.00			1.086	27.27	1.280	4.05	3.73
0.375	1.00	1.236	0.0128	0.354	24.15	0.333	0.933	1.08
	3.346			0.440	25.46	0.480	1.42	1.42
	6.00			0.520	26.06	0.604	1.83	1.72
	9.00			0.598	26.48	0.719	2.21	2.01
	15.00			0.729	26.99	0.907	2.84	2.49
0.500	0.50	1.140	0.0127	0.238	23.36	0.218	0.591	0.703
	2.177			0.307	25.00	0.335	0.973	0.973
	4.00			0.368	25.64	0.427	1.27	1.19
	8.00			0.424	26.36	0.582	1.78	1.42
0.800	0.50	0.970	0.0126	0.112	23.36	0.108	0.293	0.331
	1.316			0.138	24.45	0.151	0.428	0.428
	3.00			0.182	25.34	0.214	0.629	0.584
	8.00			0.240	26.36	0.338	1.03	0.800
	12.00			0.326	26.76	0.441	1.27	1.10

从表 3.2.5 可以看出,①以起动临界水深 H_c 为界,当水深小于 H_c 时,$V_c(D_0) > V_c(D)$;当水深大于 H_c 时,$V_c(D_0) < V_c(D)$;当 $V_c(D_0) = V_c(D)$ 时,H 恰好为 H_c,这一点与瞬时起动底速规律一致。②在表中所示 $H > H_c$ 范围内,片状土块起动流速 $V_c(D_0)$ 仅为 $V_c(D)$ 的 $80\%\sim90\%$。③如果以 $D = 0.005\text{mm}$ 代表黏土,而 $t/\delta_1 = 0.2$(相应的 $\gamma'_s = 1.408\text{t/m}^3$)为密实情况,则当水深在 10m 以内时,片状土块起动流速一般在 3m/s 以下或 3m/s 左右。这与室内试验与野外测量数据是一致的。

3.2.5　成团起动流速的验证

细颗粒成块(片)起动的试验资料较少,而且起动后相当一部分颗粒转为悬浮,使水流浑浊,观测起来也颇为困难。此处仅搜集到黄岁梁等[17]利用塑料沙做的试验、黎青松[18]采用天然沙做的成团起动试验以及万兆惠和宋天成[19]所做的管道成团起动试验。

1. 黄岁梁等的塑料沙试验[17]

塑料沙 $D_{50} = 0.028\text{mm}$,密度为 1.05g/cm^3。试验水槽宽 0.5m、长 17m,试验前将搅拌均匀的塑料沙浆倒入槽中,静置沉积,以形成槽内 5cm 厚的沙层,然后上覆清水,保持水下固结。水下固结试验共进行三次,第一次固结 12 天(相应干容重为 0.603g/cm^3),第二次固结 125 天(相应干容重为 0.648g/cm^3),第三次固结 185 天(相应干容重为 0.659g/cm^3)。每次固结试验后,放三种水深做起动流速试验。试验中观察到"当水下固结 12 天时,塑料沙是呈现一丝丝、一缕缕的起动破坏。水下固结时间增加时,如固结 185 天时,塑料沙呈现一小团、一小块的起动破坏"[17]。因此,可以认为在本项试验中,当细颗粒起动时,处于单颗与成团起动的临界状态,或者说两者都能起动;当固结时间短时,以单颗起动为主,从而出现一丝丝、一缕缕的破坏;而当固结时间长时,则开始有成团、成块起动,当然此时也会有单颗起动,只是目标不如成团、成块明显,观察时不醒目罢了。

由于是塑料沙,黏着力很小,经过验证,塑料沙的黏着力可取为天然沙的 $1/200$[7],因此对片状土块,将式(3.2.28)代入式(3.2.23),可得成片起动底速为

$$V_{\text{b.c}}(D_0) = \left\{ (1+0.3197\lambda^{-1})^{-1} \left[196.2 \frac{\gamma_s^n}{\gamma_s} \frac{\gamma_s - \gamma}{\gamma} D \left(1 + \frac{2t}{D}\right) \right] \right.$$
$$\left. + \left[\frac{0.338 \times 10^{-9}}{\left(1 + \frac{2t}{D}\right)^2 D} (1 + 1.6\lambda^{-1}) \left(\frac{\delta_1^2}{t^2} - 1\right) + \frac{2.817 \times 10^{-7}}{\left(1 + \frac{2t}{D}\right)^2} \left(1 - \frac{t}{\delta_1}\right) \frac{H}{D} \right] \right\}^{\frac{1}{2}}$$
$$(3.2.32)$$

当 $D = 0.028\text{mm}$,λ 取为 20 的片状土块时

$$V_{\text{b.c}}(D_0) = \left[2.704 \times 10^{-4} \frac{\gamma_s^n}{\gamma_s} \left(1 + \frac{2t}{D}\right) + \frac{0.1283 \times 10^{-4}}{\left(1 + \frac{2t}{D}\right)^2} \left(\frac{\delta_1^2}{t^2} - 1\right) \right.$$
$$\left. + 99.0 \times 10^{-4} \left(1 - \frac{t}{\delta_1}\right) \frac{H}{\left(1 + \frac{2t}{D}\right)^2} \right]^{\frac{1}{2}}$$
$$(3.2.33)$$

相应的垂线平均起动底速 $V_c(D_0)$ 按式(3.2.31)给出。此时对于单颗起动速度,ω_1 为

$$\omega_1 = \sqrt{1.633 \times D + \frac{9.3 \times 10^{-11}}{D} \left(3 - \frac{t}{\delta_1}\right) \left(\frac{\delta_1^2}{t^2} - 1\right) + 1.55 \times 10^{-7} \frac{H}{D} \left(1 - \frac{t}{\delta_1}\right) \left(3 - \frac{t}{\delta_1}\right)}$$
$$= \sqrt{0.4573 \times 10^{-4} + 3.321 \times 10^{-6} \left(3 - \frac{t}{\delta_1}\right) \left(\frac{\delta_1^2}{t^2} - 1\right) + 5.536 \times 10^{-3} H \left(1 - \frac{t}{\delta_1}\right) \left(3 - \frac{t}{\delta_1}\right)}$$
$$(3.2.34)$$

后一等号右边已将 $D=0.028$mm 代入。式中有关单位均取 m、s。至于以垂线平均流速表示的起动速度 $V_c(D)$ 与时均起动底速的关系,前面已指出按式(3.2.30)给出。这样计算的单颗起动的 ω_1、$V_c(D)$ 及多颗成片起动的 $V_{b.c}(D_0)$ 及 $V_c(D_0)$ 亦列于表 3.2.6 中。从表中可以看出,对于 9 次试验,计算的单颗起动流速均小于实测流速,但差别不大,可以认为尚处于起动,而计算的片状土块与实测十分相近。综合起来看,可以认为在该试验中水流速度已达到单颗起动流速,故总是有单颗泥沙起动。成片起动流速与实际流速也十分接近,故同时也有土块起动。尚需说明的是,表 3.2.6 中片状土块的当量直径为 $0.3 \sim 0.338$mm,而成片的面积为 $(0.563\text{mm})^2 \sim (0.561\text{mm})^2$,即相当于 400 个 0.028mm 的泥沙排成一块,每边 20 颗,而厚度仅包含一个颗粒,即厚 $D+2t$。由此可见,成片起动时目标是较大的,容易观察到。

表 3.2.6 成块起动流速检验(塑料沙)

	试验数据					成块起动		单颗起动	
H/cm	V_c/(m/s)	γ_s'/(t/m³)	$\dfrac{t}{\delta_1}$	ψ	成块起动 D_0/mm	$V_{b.c}(D_0)$ /(m/s)	$V_c(D_0)$ /(m/s)	ω_1 /(m/s)	$V_c(D)$ /(m/s)
	0.073	0.603	0.20	18.07	0.300	0.0266	0.0610	0.0285	0.0598
4.4	0.124	0.648	0.072	18.07	0.337	0.0541	0.124	0.0507	0.106
	0.152	0.659	0.05	18.07	0.338	0.0747	0.171	0.0681	0.143
	0.086	0.603	0.20	18.81	0.300	0.0309	0.0738	0.0346	0.0756
7.5	0.143	0.648	0.072	18.81	0.337	0.0566	0.135	0.551	0.120
	0.175	0.659	0.05	18.81	0.338	0.0767	0.183	0.0715	0.156
	0.105	0.603	0.20	19.39	0.300	0.0356	0.0877	0.0412	0.0926
11.5	0.155	0.648	0.072	19.39	0.337	0.0598	0.147	0.603	0.136
	0.192	0.659	0.05	19.39	0.338	0.0791	0.195	0.0757	0.170

2. 黎青松的天然沙试验[18]

由于直接在室内水槽中试验大水深条件下的泥沙起动不可能,黎青松将试验放在加压循环管道中进行。试验段由有机玻璃制成,分为渐变段和观测段,观测段的横断面为正方形,长 100cm、宽 9cm、高 9cm。

试验材料为天然沙,共有三种淤泥,即杭州湾淤泥、黄河花园口淤泥及二者混合的淤泥。这三种泥沙级配有关特征值如表 3.2.7[18] 所示。表中前面三项由黎青松给出,后面各项是根据黎青松的级配曲线量出的。划分粗、细颗粒分界粒径,主要考虑三个因素:细颗粒占 50% 或以上;细颗粒中值粒径应等于或小于 0.004mm,即保证细颗粒中黏粒占大多数;适当考虑级配曲线的形状。

表 3.2.7　成块起动流速试验(天然淤泥)[18]

淤泥种类	1	2	3
来源	杭州湾淤泥	黄河花园口淤泥	二者混合
D_M/mm	0.05	0.05	0.06
D_{50}/mm	0.01	0.0068	0.0080
0.001mm 以下的百分数	0.07	0.13	0.17
粗细颗粒分界粒径/mm	0.010	0.010	0.018
粗组百分数	0.50	0.25	0.324
粗组中径 D_1/mm	0.018	0.028	0.046
细组百分数	0.50	0.75	0.676
细组粒径 D_2/mm	0.0035	0.004	0.0031

　　试验的起动标准以床面淤泥全断面冲为准。整个试验共进行 75 组。试验结果如表 3.2.8 和表 3.2.9 所示。表中编号 1～25 是第一组淤泥,编号 26～42 是第二组淤泥,编号 43～75 是第三组淤泥。

表 3.2.8　成团起动流速试验数据[18]

泥沙种类	组次	干容重 γ'_s/(t/m³)	水深 H/m	t'/μm	$\frac{t}{\delta_1}$
1	1	0.800	5.23	0.697	0.938
	2	0.800	3.31	0.697	0.938
	3	0.800	4.44	0.697	0.938
	4	0.831	7.45	0.659	0.930
	5	0.831	8.93	0.659	0.930
	6	0.831	6.16	0.659	0.930
	7	0.844	6.57	0.643	0.927
	8	0.844	5.26	0.643	0.927
	9	0.844	3.01	0.643	0.927
	10	1.025	8.83	0.454	0.870
	11	1.025	8.95	0.454	0.870
	12	1.025	9.53	0.454	0.870
	13	1.025	9.28	0.454	0.870
	14	0.949	4.60	0.528	0.896
	15	0.949	5.76	0.528	0.896
	16	0.949	4.30	0.528	0.896
	17	1.164	13.11	0.333	0.809
	18	1.115	7.68	0.374	0.833
	19	1.115	7.57	0.374	0.833

续表

泥沙种类	组次	干容重 γ_s' /(t/m³)	水深 H/m	t'/μm	$\dfrac{t}{\delta_1}$
1	20	1.000	6.13	0.478	0.879
	21	1.000	4.00	0.478	0.879
	22	0.938	4.52	0.540	0.900
	23	0.938	4.39	0.540	0.900
	24	0.938	5.82	0.540	0.900
	25	0.938	5.61	0.540	0.900
2	26	0.700	2.50	0.698	0.939
	27	0.700	2.98	0.698	0.939
	28	0.700	2.76	0.698	0.939
	29	0.750	3.68	0.632	0.924
	30	0.750	3.82	0.632	0.924
	31	0.750	2.96	0.632	0.924
	32	0.966	10.22	0.400	0.846
	33	0.966	11.59	0.400	0.846
	34	0.966	10.28	0.400	0.846
	35	0.860	5.82	0.504	0.888
	36	0.860	5.54	0.504	0.888
	37	0.860	5.20	0.504	0.888
	38	0.650	2.46	0.770	0.952
	39	0.650	2.20	0.770	0.952
	40	0.650	2.30	0.770	0.952
	41	0.650	2.80	0.770	0.952
	42	0.650	2.26	0.770	0.952
3	43	0.767	3.59	0.529	0.897
	44	0.767	3.86	0.529	0.897
	45	0.767	5.05	0.529	0.897
	46	0.767	5.20	0.529	0.897
	47	0.767	5.10	0.529	0.897
	48	0.745	4.28	0.552	0.903
	49	0.745	7.29	0.552	0.903
	50	0.745	4.82	0.552	0.903
	51	0.680	5.02	0.623	0.922
	52	0.680	4.05	0.623	0.922
	53	0.680	4.16	0.623	0.922
	54	0.680	5.02	0.623	0.922
	55	0.650	6.05	0.659	0.931
	56	0.650	4.45	0.659	0.931

续表

泥沙种类	组次	干容重 γ'_s /(t/m³)	水深 H/m	$t'/\mu m$	$\dfrac{t}{\delta_1}$
	57	0.650	4.66	0.659	0.931
	58	0.700	4.22	0.600	0.917
	59	0.700	6.98	0.600	0.917
	60	0.700	4.46	0.600	0.917
	61	0.700	4.89	0.600	0.917
	62	0.800	10.58	0.497	0.886
	63	0.800	8.83	0.497	0.886
	64	0.800	6.95	0.497	0.886
	65	0.882	8.46	0.424	0.857
3	66	0.882	9.64	0.424	0.857
	67	0.882	11.45	0.424	0.857
	68	0.882	9.15	0.424	0.857
	69	0.882	10.31	0.424	0.857
	70	0.882	9.37	0.424	0.857
	71	0.875	10.11	0.429	0.860
	72	0.640	4.23	0.672	0.933
	73	0.640	4.45	0.672	0.933
	74	0.640	5.79	0.672	0.933
	75	0.640	6.22	0.672	0.933

表 3.2.9　成团起动流速验证[18]

泥沙种类	组次	实测起动流速 V_c /(m/s)	计算单颗起动		计算多颗起动			
			D_2 的起动流速 V'_c/(m/s)	D_{50} 的起动流速 V''_c/(m/s)	与 D_2 相对应		与 D_{50} 相对应	
					成团粒径 D_0/mm	起动流速 $V'_c(D_0)$ /(m/s)	成团粒径 D_0/mm	起动流速 $V''_c(D_0)$ /(m/s)
	1	0.550	0.538	0.312	0.0261	0.468	0.0659	0.314
	2	0.440	0.427	0.250	0.0261	0.378	0.0659	0.258
	3	0.510	0.495	0.287	0.0261	0.433	0.0659	0.292
	4	0.690	0.687	0.395	0.0264	0.591	0.0667	0.391
1	5	0.760	0.755	0.434	0.0264	0.647	0.0667	0.426
	6	0.640	0.623	0.359	0.0264	0.538	0.0667	0.358
	7	0.650	0.660	0.380	0.0265	0.569	0.0671	0.377
	8	0.580	0.589	0.340	0.0265	0.511	0.0671	0.341
	9	0.480	0.444	0.259	0.0265	0.394	0.0671	0.269
	10	0.990	1.042	0.595	0.0279	0.891	0.0712	0.577

续表

泥沙种类	组次	实测起动流速 V_c /(m/s)	计算单颗起动		计算多颗起动			
			D_2 的起动流速 V_c'/(m/s)	D_{50} 的起动流速 V_c''/(m/s)	与 D_2 相对应		与 D_{50} 相对应	
					成团粒径 D_0/mm	起动流速 $V_c'(D_0)$ /(m/s)	成团粒径 D_0/mm	起动流速 $V_c''(D_0)$ /(m/s)
1	11	1.010	1.049	0.599	0.0279	0.897	0.0712	0.581
	12	1.050	1.084	0.619	0.0279	0.925	0.0712	0.599
	13	1.020	1.069	0.611	0.0279	0.913	0.0712	0.591
	14	0.650	0.660	0.380	0.0274	0.575	0.0696	0.380
	15	0.760	0.741	0.425	0.0274	0.640	0.0696	0.421
	16	0.630	0.638	0.367	0.0274	0.557	0.0696	0.369
	17	1.250	1.577	0.900	0.0288	1.337	0.0740	0.855
	18	0.980	1.110	0.634	0.0285	0.951	0.0731	0.613
	19	0.980	1.102	0.629	0.0285	0.945	0.0731	0.609
	20	0.790	0.830	0.475	0.0278	0.716	0.0707	0.468
	21	0.650	0.668	0.383	0.0278	0.584	0.0707	0.385
	22	0.610	0.643	0.370	0.0273	0.560	0.0693	0.371
	23	0.590	0.633	0.364	0.0273	0.553	0.0693	0.366
	24	0.740	0.731	0.420	0.0273	0.632	0.0693	0.416
	25	0.730	0.718	0.412	0.0273	0.621	0.0693	0.409
2	26	0.380	0.346	0.263	0.0279	0.317	0.0443	0.261
	27	0.400	0.377	0.286	0.0279	0.343	0.0443	0.281
	28	0.380	0.363	0.276	0.0279	0.331	0.0443	0.272
	29	0.470	0.466	0.353	0.0284	0.419	0.0453	0.342
	30	0.510	0.475	0.359	0.0284	0.426	0.0453	0.348
	31	0.450	0.418	0.317	0.0284	0.380	0.0453	0.311
	32	1.050	1.147	0.863	0.0305	0.997	0.0488	0.801
	33	1.140	1.224	0.922	0.0305	1.063	0.0488	0.853
	34	1.080	1.150	0.866	0.0305	1.000	0.0488	0.803
	35	0.750	0.721	0.543	0.0296	0.636	0.0472	0.514
	36	0.720	0.703	0.530	0.0296	0.621	0.0472	0.502
	37	0.690	0.680	0.513	0.0296	0.603	0.0472	0.487
	38	0.340	0.304	0.232	0.0272	0.279	0.0433	0.231
	39	0.340	0.288	0.220	0.0272	0.266	0.0433	0.221
	40	0.340	0.294	0.225	0.0272	0.271	0.0433	0.225
	41	0.360	0.323	0.247	0.0272	0.295	0.0433	0.244
	42	0.340	0.291	0.223	0.0272	0.269	0.0433	0.224

泥沙种类	组次	实测起动流速 V_c /(m/s)	计算单颗起动		计算多颗起动			
			D_2 的起动流速 V_c'/(m/s)	D_{50} 的起动流速 V_c''/(m/s)	与 D_2 相对应		与 D_{50} 相对应	
					成团粒径 D_0/mm	起动流速 $V_c'(D_0)$ /(m/s)	成团粒径 D_0/mm	起动流速 $V_c''(D_0)$ /(m/s)
3	43	0.430	0.621	0.376	0.0231	0.428	0.0527	0.369
	44	0.470	0.644	0.390	0.0231	0.443	0.0527	0.381
	45	0.560	0.738	0.446	0.0231	0.503	0.0527	0.432
	46	0.600	0.749	0.453	0.0231	0.510	0.0527	0.437
	47	0.600	0.742	0.448	0.0231	0.505	0.0527	0.434
	48	0.440	0.655	0.396	0.0229	0.445	0.0522	0.386
	49	0.600	0.860	0.519	0.0229	0.575	0.0522	0.497
	50	0.470	0.695	0.420	0.0229	0.471	0.0522	0.408
	51	0.460	0.633	0.384	0.0223	0.416	0.0508	0.373
	52	0.390	0.568	0.345	0.0223	0.376	0.0508	0.338
	53	0.400	0.576	0.349	0.0223	0.381	0.0508	0.342
	54	0.460	0.633	0.384	0.0223	0.416	0.0508	0.373
	55	0.490	0.658	0.399	0.0220	0.422	0.0500	0.385
	56	0.390	0.562	0.341	0.0220	0.365	0.0500	0.334
	57	0.400	0.575	0.349	0.0220	0.373	0.0500	0.341
	58	0.400	0.601	0.365	0.0225	0.402	0.0512	0.356
	59	0.510	0.778	0.470	0.0225	0.512	0.0512	0.452
	60	0.410	0.619	0.375	0.0225	0.412	0.0512	0.366
	61	0.430	0.648	0.393	0.0225	0.431	0.0512	0.381
	62	0.820	1.139	0.687	0.0234	0.771	0.0534	0.650
	63	0.680	1.037	0.625	0.0234	0.704	0.0534	0.594
	64	0.620	0.916	0.552	0.0234	0.625	0.0534	0.528
	65	0.850	1.144	0.689	0.0240	0.794	0.0550	0.652
	66	0.950	1.224	0.737	0.0240	0.847	0.0550	0.696
	67	1.100	1.339	0.807	0.0240	0.924	0.0550	0.759
	68	0.930	1.191	0.718	0.0240	0.825	0.0550	0.678
	69	1.030	1.268	0.764	0.0240	0.876	0.0550	0.720
	70	0.950	1.206	0.727	0.0240	0.835	0.0550	0.686
	71	1.020	1.242	0.748	0.0239	0.858	0.0549	0.706
	72	0.360	0.537	0.326	0.0219	0.347	0.0498	0.320
	73	0.390	0.551	0.335	0.0219	0.355	0.0498	0.327
	74	0.430	0.630	0.382	0.0219	0.403	0.0498	0.370
	75	0.460	0.654	0.396	0.0219	0.417	0.0498	0.383

　　验证时，先由淤泥的干容重 γ'_s 求 t'。对混合沙随机充填干容重的研究结果[7]有

$$\frac{1}{\gamma'_s} = \frac{P_1}{\tilde{\gamma}'_{s.1}} + \frac{P_2}{\gamma'_{s.2}} = \frac{P_1(1-Q)}{\gamma_s} + \frac{P_1 G}{\gamma'_{s.1}} + \frac{P_2}{\gamma'_{s.2}}$$

式中，P_1、P_2 分别为粗沙与细沙所占的比例；$\gamma'_{s.1}$、$\gamma'_{s.2}$ 为它们的干容重；γ'_s 为混合沙干容重；$Q = 1 - Q_2^2$ 为粗颗粒空隙中未被充填的概率，$Q_2 = \dfrac{P_2/D_2}{P_1/D_1 + P_2/D_2}$ 为细颗粒与细颗粒接触的概率。

　　注意到试验的干容重很小，均满足 $t' > 0.8\delta_1 = 3.2 \times 10^{-7}$ m，分组干容重 $\gamma'_{s.1}$、$\gamma'_{s.2}$ 均采用式(2.2.23)中的第二式，故当取 $\gamma_s = 2.65$t/m³ 时，上式变为

$$\frac{1}{\gamma'_s} = \frac{P_1(1-Q)}{\gamma_s} + \frac{P_1 Q}{\gamma'_{s.1}} + \frac{P_2}{\gamma'_{s.2}} + \frac{P_1 Q}{1.39\left(1+2\dfrac{t'}{D_1}\right)^{-3}} + \frac{P_2}{1.39\left(1+2\dfrac{t'}{D_2}\right)^{-3}}$$

$$= \frac{1}{1.39}\left[P_1 Q\left(1+2\frac{t'}{D_1}\right)^3 + P_2\left(1+2\frac{t'}{D_2}\right)^3\right]$$

$$\text{(3.2.35)}$$

可见根据 γ'_s 及粗颗粒淤积物级配 P_1、细颗粒淤积物级配 P_2 即可由式(3.2.35)求出 t'，根据 t' 可求出 t，再由式(3.2.23)可求出底部起动流速等。由式(3.2.30)有

$$V_c(D_0) = 0.127\psi V_{b.c}(D_0)$$

　　$\lambda = 20$ 时验证的成团起动流速如表 3.2.9 所示。表中列出了计算的 D_2、D_{50} 组成土块的起动流速与实测值的对比。由于试验中起动标准较高，故淤泥中不同粒径组均已全部起动。因此，验证计算时以最难起动的一组细泥沙起动时的起动流速为准。表 3.2.9 中还列出了单颗起动流速，它由式(3.2.30)及式(3.2.24)等求出。从表 3.2.9 及图 3.2.4 可看出，计算的成团流速(细组 D_2 起动流速)与实测值符合较好，其中第 1、2 组泥沙计算值稍小，而第 3 组泥沙计算值稍大；单颗起动流速的第 1、2 组计算值与实测值符合较好，第 3 组计算值稍偏大。当然，这也说明对于这种淤泥以单颗形式较难起动。

　　3. 万兆惠压力水管中泥沙成团起动试验[19]

　　为了了解水深对起动流速的影响，万兆惠和宋天成[19]设计了一套矩形断面管路系统进行试验，利用高出试验段 11m 的平水塔提供稳定的流量和压力。水槽高 0.162m、宽 0.10m，试验段长 4.00m。试验采用了几种泥沙，其中 $D = 0.004$mm 为最细的一组，其余均较粗。该种泥沙采自珠窝水库淤泥，可惜并未注明干容重。该试验指出，由于粒径细，床面上的颗粒不再以分散形式存在，而是相互搭接，成为

一个整体。试验开始有极少的一部分颗粒缓慢运动,但是表面上没有单颗泥沙运动。当流量到一定程度后,床面冲出一条条很细的冲沟,随着流量增大,冲沟、冲坑发展,以致整个泥面被冲刷。现在验证他们对 0.004mm 泥沙的起动流速试验。由于原文没有注明干容重,但是考虑淤泥尚未密实,应大于初期干容重(完全未经密实的干容重),而按照文献[7],当 $D=0.004$mm 时,初期干容重为

$$\gamma_s' = 1.42 \left(\frac{D}{D+4\delta_1}\right)^3 = 517\text{kg/m}^3$$

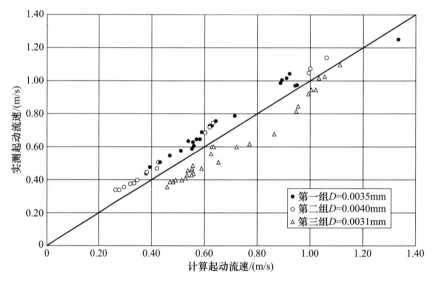

图 3.2.4 细颗粒泥沙成团起动流速计算值与实测值比较

根据经验,经过一定密实后,干容重应在 900kg/m³ 左右。为此,取 $\frac{t}{\delta_1}=0.7$,$2t=2\times0.7\times\delta_1=5.6\times10^{-7}$m,则根据公式(2.2.23)中第一式得

$$\gamma_s' = (0.698 - 0.175\times0.7^{0.1})\left(\frac{D}{D+2t}\right)^3 \gamma_s = 946.4\text{kg/m}^3$$

另外,当 $D=0.004$mm$=4\times10^{-6}$m 时,按照片状土块,$\lambda=4$,根据式(3.2.28)得当量直径 D_0 为

$$D_0 = \left(\frac{6}{\pi}\right)^{\frac{1}{3}}\left(\frac{\gamma_s'}{\gamma_s}\right)^{\frac{1}{3}}\lambda^{\frac{2}{3}}D\left(1+\frac{2t}{D}\right)$$

$$= 0.01011\text{mm} = 1.011\times10^{-5}\text{m}$$

于是根据上述有关数据,由式(3.2.23)可得片状土块起动底速为

$$V_{b.c}(D_0) = \sqrt{0.01803 + 0.01505H}$$

以及由式(3.2.31)可得以平均速度表示的起动速度为

$$V_c(D_0)=0.127\psi V_{b.c}(D_0)$$

对于 $\dfrac{t}{\delta_1}=0.7, D=0.004\text{mm}$ 的单颗泥沙起动底速,由式(3.2.24)得

$$V_{b.c}(D)=\sqrt{0.009517+0.02244H}$$

相应的 $V_c(D)$ 由式(3.2.30)给出。根据上述各式验证了万兆惠等的试验资料,如表 3.2.10 所示。

表 3.2.10　万兆惠压力管道水管中泥沙成团起动资料验证

H/m	ψ	实测 V_c /(m/s)	$V_{b.c}(D)$ /(m/s)	$V_c(D)$ /(m/s)	$V_{b.c}(D_0)$ /(m/s)	$V_c(D_0)$ /(m/s)
1.05	24.45	0.698	0.182	0.564	0.183	0.571
1.95	25.12	0.710	0.231	0.736	0.218	0.694
2.95	25.56	0.760	0.275	0.893	0.250	0.811
3.65	25.78	0.783	0.302	0.988	0.270	0.884
4.50	26.00	0.886	0.332	1.096	0.293	0.967
8.50	26.64	1.325	0.447	1.514	0.382	1.293

从表 3.2.10 可以看出,公式计算的 $V_c(D_0)$ 与试验资料中的大量的起动流速(实测 V_c)颇为一致。除 $H=1.05\text{m}$ 差别稍大外,其余误差均在 10% 以下。这表明除平均流速与底部流速换算与水深有关外,水深还通过薄膜水附加下压力起作用。从表中还可看出,计算的单颗泥沙起动流速均明显大于实测流速,这说明在所论的条件下,泥沙不可能成单颗起动。同时比较 $V_c(D_0)$ 及 $V_c(D)$ 可知,当水深小于 1.05m 时,$V_c(D)$ 与 $V_c(D_0)$ 相近;而当 $H\geqslant 1.95\text{m}$ 之后,$V_c(D_0)<V_c(D)$,泥沙转入以成片起动。这种变化与表 3.2.5 所示规律一致,即存在 $V_c(D)=V_c(D_0)$ 的临界水深。

3.3　黄河"揭河底"冲刷的理论分析

文献[20]从理论上首次深入研究了黄河的"揭底冲刷"的现象,给出了土块的起动流速、它被掀起后的上升运动、露出水面的条件,以及它的下降和沿纵向运动,从而突破了以往研究"揭底冲刷"的定性描述方法。通过较详细的力学分析,给出了有关临界条件和运动方程及其解。这些结果不仅能解释已经观测到的"揭底冲刷"时的各种现象和资料,而且能从更深的层次揭露一些尚未被阐述的机理。从所述土块运动过程看,它属于一种推移质运动,包括起动与跳跃,因此可用研究推移

质方法进行研究。为了保持揭河底冲刷内容的整体性,将其跳跃部分并入起动部分中叙述,故而列入本书第 3 章。本章的研究既强调揭河底时水流与泥沙运动的特点,也注重它作为一般泥沙运动的共性,从而丰富了泥沙起动、推移等研究领域,统一了单颗粒泥沙起动与成团成块起动和推移的规律,也统一处理了单颗粒泥沙细观受力状态与土块宏观受力状态,指出了它们的一致性。

3.3.1 揭底冲刷现象及已有研究评述

"揭底冲刷"或"揭河底"是黄河干支流在高含沙量洪峰时产生的一种强烈冲刷。此时河床泥沙被成块掀起,而且露出水面;类似卷帘,由上至下一块接一块地断续翻转。水文年鉴中曾有这样的描述,"当这种大冲刷发生时,能看到大块河床泥沙被水流掀起,露出水面达数平方米,像是在河中竖起一道墙(与水流方向垂直),二、三分钟即扑入水中消失"[21]。而在河南黄河河务局 1977 年高含沙洪峰通过后的调查记录中,船工描述为"从河底揭起的泥坯有房子那么大,像箔一样,足有丈把高,立起来后,扑通倒进水中。揭泥坯是一阵一阵的揭,不是连续的"[21]。

黄河干流龙门段曾多次发生过"揭底冲刷",潼关和渭河下游一带也观察到这种现象,就是黄河下游也曾偶尔发生过。揭底冲刷十分强烈,短时间(20h 以内)能冲刷数米深,使河床及水位大幅下降,影响桥墩、护岸、河控工程的安全及取水建筑物的运用,值得重视。另外,从学科来看,它提出了泥沙起动和推移质研究的新领域,能促进泥沙运动理论研究的发展。

表 3.3.1 列出了"揭底冲刷"时有代表性的资料[21],从中可看出揭底冲刷的有关水流泥沙的数量特征。根据该表及前面提到的一些现象,将"揭底冲刷"从机理方面归纳为如下特点。

(1)发生"揭底冲刷"时水流强度是很大的。从表 3.3.1 所示资料看,流速一般在 5.00~10.7m/s,平均为 7.00m/s 左右。相应的坡降在 7.2‰~31.8‰,平均约为 20‰。当水深 4m 时,相应的动力流速 $u_* = 0.28$m/s。

(2)发生"揭底冲刷"时含沙量在 501~933kg/m³,平均为 708kg/m³,含沙量高表示被冲起的土块水下重力小。事实上,当含沙量为 708kg/m³ 时,浑水容重为 1436kg/m³。这就是说,若河底淤积物饱水土容重为 1436kg/m³,这土块可以浮在水中,可见高含量洪水对"揭底冲刷"的重要作用。

(3)从"揭底冲刷"断续的掀起土块可知,它显然与水流紊动(包括底部的猝发、大涡运动等)有着密切联系。

(4)"揭底冲刷"时悬移质 D_{50} 并不完全是黏粒和粉沙,而且夹杂了相当一部分的较粗颗粒。当然表中的 D_{50} 并不是土块的 D_{50},但是土块破碎后也是含沙量来源之一,故含沙量的级配也可部分反映土块级配。

(5)从所谓被水流掀起的土块,"像是在河中竖起一道墙(与水流方向垂直)",

"像箔一样,足有丈把高"等看出,土块是层状的,长度与水流垂直,运动时同时发生滚动翻转。

表 3.3.1　黄河龙门水文站"揭底冲刷"实测资料[21]

编号	测站	出现时间 (年 . 月 . 日)	冲刷时间/h	冲刷深度/m	流量/(m³/s)	平均流速/(m/s)	水面坡降/‰	含沙量/(kg/m³)	悬移质 D_{50}/mm
1	马王庙	1964.7.6	11	3.5	6250~10200	6.80~7.65	16.0~14.4	695~618	0.0272~0.085
2	马王庙	1966.7.18	15	7.5	68900~3800	8.61~7.00	25.3	933~700	0.120
3	马王庙	1969.7.27	6	3.0	8480~4450	8.50~7.50	(5)	501~701	0.038
4	马王庙	1970.8.2	15	9.0	7100~13800	5.00~8.30	31.8	718	0.0533~0.0715
5	马王庙	1977.7.6	9	4.0	68900~11500	10.7~6.02	7.20	576~694	0.031
6	马王庙	1977.8.6	15	2.0	7580~12700	6.60~7.37	(5)	821	0.060
平均						7.37	19.88	708	

注:括号中的数字为估计值。

对黄河"揭底冲刷"现象及分析,已有一些成果[21-26],这对于报道这种现象,揭示"揭底冲刷"的机理是有益的。其中部分研究[21,22]还分析了产生"揭底冲刷"的临界条件,有一定的实际意义。但是研究的深度显然不够,基本限于对现象的描述和定性解释,同时这些成果往往只给出产生"揭底冲刷"的条件,即起动条件。而土块被冲动后,如何上升运动、如何翻转、如何露出水面则未涉及。就起动临界条件看,也是作为一种特殊问题,其解答与单颗泥沙起动、成片、成团泥沙起动的研究途径[7]和方法并不一致,从而难以提升起动研究的概括性。本节针对上述问题,对"揭底冲刷"全过程进行研究,包括土块起动、初始翻转、上升运动、露出水面以及下降至河底等。

由于缺乏"揭底冲刷"时实际的流场资料,目前对水流情况还难以详细研究。但是除一般非均匀流缓流状态外,它可能是急流(如当水深小于 4m 时,表 3.3.1 中有的资料就如此)。其次有的研究[25]提到产生跌水,这意味着揭底冲刷形成冲刷坑后,进入的水流为急流,经过跌水之后转为缓流。这样在冲刷坑的下段,就会有向上的时均流速,从而有铅垂方向的分量。如此自然容易形成"揭底冲刷",但这种冲刷似不能连续向下游发展和类似卷帘。因此,以下的研究暂按均匀流场在考虑水流紊动的竖向分速等作用后进行。此时若有局部冲刷坑的向上流动,将相当于加大竖向分速效果。因此,如果在均匀流场内能发生揭底冲刷和土块上升、露出水面等,则附加向上的时均流动后更会如此。

3.3.2　土块瞬时起动底速[7,20]

设将要起动的土块如图 3.3.1 所示,为六面体,长为 a,宽为 b,厚为 c。在一般条件下均取长和宽相同,其上作用的力有水流正面推力 F_D、上举力 F_L、床面切应力(拖曳力)τ_0、土块的水下重力 G'、薄膜水附加下压力 ΔG、底部床面上颗粒间的黏着力 $F_{\mu.1}$、下游侧面的黏着力 $F_{\mu.2}$ 转为向下的摩擦力 $fF_{\mu.2}$,两个侧面的黏着力 $F_{\mu.3}$ 转为向下的摩擦力 $fF_{\mu.3}$。这些力分别表示为[7,20]

$$F_D = \frac{\rho C_D}{2} V_{\rm b}^2 ac \tag{3.3.1}$$

$$F_L = \frac{\rho C_L}{2} V_{\rm b}^2 a^2 \tag{3.3.2}$$

$$G' = \frac{\pi}{6}(\gamma_{\rm m} - \gamma)a^2 c = (\gamma_{\rm m} - \gamma)\frac{a^3}{\lambda} = \frac{\pi}{6}(\gamma_{\rm m} - \gamma)D_0^3 \tag{3.3.3}$$

$$\Delta G = n_1 \Delta G_d = \left(\frac{a}{D+2t}\right)^2 \Delta G_d = \pi K_2 \left(\frac{a}{D+2t}\right)^2 \gamma H D \delta_1 \left(1 - \frac{t}{\delta_1}\right) \tag{3.3.4}$$

$$F_{\mu.1} = n_1 P_{\mu.d} = \left(\frac{a}{D+2t}\right)^2 P_{\mu.d} = \frac{\pi}{2} q_0 \left(\frac{a}{D+2t}\right)^2 \frac{\delta_0^3}{\delta_1^2} D \left(\frac{\delta_1^2}{t^2} - 1\right) \tag{3.3.5}$$

$$F_{\mu.3} = 2 n_1 P_{\mu.d} = 2 \left(\frac{a}{D+2t}\right)^2 \frac{f P_{\mu.d}}{\lambda} = \pi q_0 \left(\frac{a}{D+2t}\right)^2 \frac{f \delta_0^3}{\lambda \delta_1^2} D \left(\frac{\delta_1^2}{t^2} - 1\right) \tag{3.3.6}$$

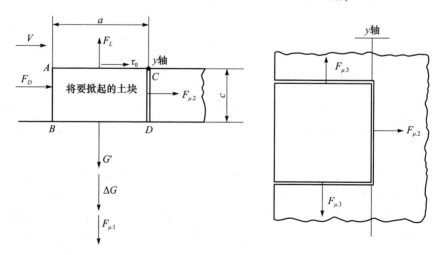

图 3.3.1　土块起动时受力状态

至于 τ_0 及 $F_{\mu.2}$ 由于对 y 轴不产生力矩,予以忽略。此外,从表 3.3.1 中悬移质 D_{50} 可以看出,$D<0.01\text{mm}$ 的细颗粒占的比例很小,而平均体积含沙量 $S_v<0.27$,特别是揭底冲刷时流速特别大,紊动很强,故忽略水流的宾汉应力。上述各式中

$$\lambda=\frac{a}{c} \tag{3.3.7}$$

称为土块扁度;C_D、C_L 为阻力系数;ρ 为水流密度;V_b 为水流底部流速;D 为土块中单个泥沙直径;f 为摩擦系数,按 3.2 节暂取为 0.4。式(3.3.4)及式(3.3.5)利用了两个颗粒正接触时的 $P_{\mu.d}$、G_d 的表达式。其中根据式(3.2.15)有

$$P_{\mu.d}=\frac{\pi}{2}q_0\frac{\delta_0^3}{\delta_1^2}D\left(\frac{\delta_1^2}{t^2}-1\right)$$

根据式(3.2.16)有

$$\Delta G_d=\frac{\pi}{2}K_2\gamma HD\delta_1\left(1-\frac{t}{\delta_1}\right)$$

n_1 为土块底面上的泥沙颗数,

$$n_1=\left(\frac{a}{D+2t}\right)^2 \tag{3.3.8}$$

而 n_2 为土块侧面上的泥沙颗数,

$$n_2=\frac{ac}{(D+2t)^2}=\frac{a^2}{(D+2t)^2\lambda} \tag{3.3.9}$$

D_0 为土块的等容球径,

$$D_0=\left(\frac{6}{\pi\lambda}\right)^{\frac{1}{3}}a=\left(\frac{6}{\pi}\right)^{\frac{1}{3}}\lambda c=\left(\frac{6}{\pi}\right)^{\frac{1}{3}}\lambda^{\frac{2}{3}}c \tag{3.3.10}$$

γ 为浑水的容重;γ_m 为土块湿容重,

$$\gamma_m=\gamma_s'+\left(1-\frac{\gamma_s'}{\gamma_s}\right)\gamma_0 \tag{3.3.11}$$

其中,γ_s' 为土块干容重;γ_s 为颗粒干容重。此处颗粒间空隙水的容重取为清水容重 γ_0,因为淤积物已在按渗流排水。此外,δ_1 为薄膜水厚度,取为 $4\times10^{-7}\text{m}$;δ_0 为水分子厚度,取为 $3\times10^{-10}\text{m}$;t 为颗粒之间空隙的一半;H 为水深;常数 $q_0=1.3\times10^9\text{kg/m}^2$,$K_2=2.258\times10^{-3[7]}$。

平衡时上述各力对 y 轴之矩为[7,20]

$$-F_D\frac{C}{2}+F_l\frac{a}{2}=G'\frac{a}{2}+F_{\mu.1}\frac{a}{2}+F_{\mu.3}\frac{a}{2}+\Delta G\frac{a}{2} \tag{3.3.12}$$

此处推力 F_D 之矩为负,表示它对 y 轴作用的方向是逆时针的。这是与一般球状物体不同的。对于球状物体,不是考虑绕 y 滚动,而是绕瞬时心进行,此时推力的力矩将是顺时针的。这两者在起动流速方面的差别将在后面分析。将上述各式代入式(3.3.12),可得

$$\frac{\rho}{2}V_b^2\left(-\frac{ac^2C_D}{2}+\frac{a^3C_L}{2}\right)=\frac{\pi}{6}(\gamma_m-\gamma)D_0^3\frac{a}{2}+\left[\frac{a}{2}\left(\frac{a}{D+2t}\right)^2\right.$$

$$\left.+a\left(\frac{a}{D+2t}\right)^2\frac{f}{\lambda}\right]P_{\mu.d}+\left(\frac{a}{D+2t}\right)^2\frac{a}{2}\Delta G_d$$

即

$$V_{b.c}^2=\left(\frac{\pi}{6}\right)^{\frac{1}{3}}\frac{2}{C_L\lambda^2-C_D}\lambda^{\frac{4}{3}}\frac{\gamma_m-\gamma}{\gamma}gD_0+\frac{\lambda^2}{C_L\lambda^2-C_D}\left(1+\frac{2f}{\lambda}\right)\frac{\pi g q_0}{\gamma D}\left(1+\frac{2t}{D}\right)^{-2}\frac{\delta_0^3}{\delta_1^2}\left(\frac{\delta_1^2}{t^2}-1\right)$$

$$+\frac{\lambda^2}{C_L\lambda^2-C_D}\frac{\pi K_2 g H\delta_1}{D}\left(1+\frac{2t}{D}\right)^{-2}\left(1-\frac{t}{\delta_1}\right) \tag{3.3.13}$$

由于揭河底冲刷时,土块前后床面突然增高,故阻力系数与一般粒状体有所差别。根据李侦儒试验,当颗粒间距离 L 缩小时,阻力系数显著增大。当颗粒相对间距 $\frac{L}{D}=5$ 时,$C_L=0.5,C_D=1.3$;当 $\frac{L}{D}=10$ 时,$C_L=0.3,C_D=1.05$;当 $\frac{L}{D}=18$ 时,$C_L=0.25,C_D=1$。当 $\frac{L}{D}\gg18$ 后,才有 $C_L=0.18,C_D=0.7$。由于揭底冲刷,床面的突然升高,相当于 $\frac{L}{D}$ 很小。按上述试验结果,以下暂取偏小的值,即 $C_L=0.25$,$C_D=1.0$。这样将前述 δ_0、δ_1、q_0、K_2、f、π、g 等代入式(3.3.13),可得

$$V_{b.c}^2(D_0)=63.25\frac{\lambda^{\frac{4}{3}}}{\lambda^2-4}\frac{\gamma_m-\gamma}{\gamma}D_0+2.704\times10^{-5}\frac{\lambda^2}{\lambda^2-4}\left(1+\frac{0.8}{\lambda}\right)\left(1+\frac{2t}{D}\right)^{-2}$$

$$\times\left(\frac{\delta_1^2}{t^2}-1\right)\frac{1}{\gamma D}+1.114\times10^{-7}\frac{\lambda^2}{\lambda^2-4}\frac{H}{D}\left(1+\frac{2t}{D}\right)^{-2}\left(1-\frac{t}{\delta_1}\right) \tag{3.3.14}$$

式中单位以 m、s 计,而 $\frac{t}{\delta_1}$ 由土块的干容重确定,即

$$\gamma_s'=\left[0.698-0.175\frac{t}{\delta_1}^{\frac{1}{3}\left(1-\frac{t}{\delta_1}\right)}\right]\left(\frac{D}{D+2t}\right)^3\gamma_s=f\left(D,\frac{t}{\delta_1}\right)$$

若取 $C_L=0.18,C_D=0.7$,则式(3.3.13)为

$$V_{b.c}^2(D_0)=87.85\frac{\lambda^{\frac{4}{3}}}{\lambda^2-3.889}\frac{\gamma_m-\gamma}{\gamma}D_0$$

$$+3.756\times10^{-5}\frac{\lambda^2}{\lambda^2-3.889}\left(1+\frac{0.8}{\lambda}\right)\left(1+\frac{2t}{D}\right)^{-2}\left(\frac{\delta_1^2}{t^2}-1\right)\frac{1}{\gamma D}$$

$$+1.547\times10^{-7}\frac{\lambda^2}{\lambda^2-3.889}\frac{H}{D}\left(1+\frac{2t}{D}\right)^{-2}\left(1-\frac{t}{\delta_1}\right) \tag{3.3.15}$$

式(3.3.15)就是土块起动的瞬时底速公式。此处 $V_{b.c}(D_0)$ 表示土块起动的水流瞬时底速,以区别单颗泥沙相应的起动底速 $V_{b.c}(D)$。

3.3.3　土块起动与球状物体起动流速的差别

现在进一步分析土块起动与球状物体起动流速的差别。下面将要指出对于揭底冲刷时的土块,其黏着力与薄膜水附加下压力完全可以忽略,此时土块起动流速由式(3.3.13)化简为

$$V_{b.c}^2 = \left(\frac{\pi}{6}\right)^{\frac{1}{3}} \frac{2}{C_L\lambda^2 - C_D} \lambda^{\frac{4}{3}} \frac{\gamma_m - \gamma}{\gamma} g D_0 \qquad (3.3.16)$$

而当床面由球状物体组成时,其起动时对图 3.3.2 的 O 点的力矩平衡方程为

$$F_D \frac{c}{6} + F \frac{2a}{3} - G \frac{a}{2} = \frac{\rho C_D}{2} V_b'^2 ac \frac{c}{6} + \frac{\rho C_L}{2} V_b'^2 a^2 \frac{3}{2} - (\gamma_m - \gamma)\frac{\pi}{6} D_0^3 \frac{a}{2} = 0$$

即

$$V_{b.c}'^2 = \frac{\pi}{6} \frac{\gamma_m - \gamma}{\gamma} g D_0^3 \frac{2}{C_D \frac{\lambda^{-2}}{3} + \frac{4}{3} C_L} \frac{1}{a^2}$$

再将式(3.3.10)给出的 $\dfrac{D_0^2}{a^2} = \left(\dfrac{6}{\pi\lambda}\right)^{\frac{2}{3}}$ 代入,可得

$$V_{b.c}'^2 = \left(\frac{\pi}{6}\right)^{\frac{1}{3}} \frac{2}{\frac{4}{3} C_L \lambda^2 + \frac{C_D}{3}} \lambda^{\frac{4}{3}} \frac{\gamma_m - \gamma}{\gamma} g D_0 \qquad (3.3.17)$$

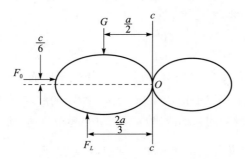

图 3.3.2　土块起动时的力臂

两者之比为

$$\frac{V_{b.c}^2}{V_{b.c}'^2} = \frac{4}{3} \frac{C_L\lambda^2 + C_D/3}{C_L\lambda^2 - C_D} = \left(\frac{4}{3}\lambda^2 + \frac{C_D}{3C_L}\right)\left(\lambda^2 - \frac{C_D}{C_L}\right)^{-1} \qquad (3.3.18)$$

当 $C_D = 1, C_L = 0.25$,即 $\dfrac{C_D}{C_L} = 4$ 时,式(3.3.18)为

$$\left(\frac{V_{b.c}}{V_{b.c}'}\right)^2 = \frac{\frac{4}{3}(\lambda^2 + 1)}{\lambda^2 - 4} > 1 \qquad (3.3.19)$$

从式(3.3.19)可看出五点:第一,扁状土块起动流速大于球状物体起动流速,

其原因是并未考虑其他影响,只是起动时瞬时滚动中心和力臂不一样。第二,它们的比值随着 λ 的增大而减小,当 λ 无限制增大时,最后趋近 4/3。若 $\lambda \geqslant 4$ 时,两者起动流速之比大于 1.888。因此当 $\lambda < 4$ 时,土块起动流速比球状物体要大很多,不宜采用。这表示按照图 3.3.1 所示机理,揭河底时土块必须为较扁的土块。这与前期粗细颗粒分层淤积有关,并不是与球形颗粒对比后的要求。第三,当 λ 很小时,不仅土块很难起动,而且若 $\lambda < 2, \dfrac{C_L}{C_D} = \dfrac{1}{4}$,此时土块滚动已不可能,因为式(3.3.16)已无意义。第四,当 $\lambda < 4$ 时,此时土块仍可能起动。但不能滚动,而是沿图 3.3.1 的 DC 面滑动。此时正面推力转为摩擦力,阻碍土块向上滑动。在平衡条件下,有

$$F_l - F_D f - G = \frac{\rho C_L}{2} V''^2_b ac - \frac{\rho C_D}{2} V''^2_b a^2 - (\gamma_m - \gamma)\frac{\pi}{6} D_0^3$$

即

$$\frac{\rho}{2} V''^2_b a^2 (C_L - f C_D \lambda^{-1}) = (\gamma_m - \gamma)\frac{\pi}{6} D_0^3$$

注意到土块滑动时起动流速 $V''_{b.c}$ 为

$$V''^2_{b.c} = \left(\frac{\pi}{6}\right)^{\frac{1}{3}} \frac{2}{C_L \lambda^2 - f C_D \lambda} \lambda^{\frac{4}{3}} \frac{\gamma_m - \gamma}{\gamma} g D_0 \qquad (3.3.20)$$

故而由式(3.3.16)及式(3.3.20),有

$$\left(\frac{V''_{b.c}}{V_{b.c}}\right)^2 = \left(\lambda^2 - \frac{C_D}{C_L}\right)\left(\lambda^2 - f\frac{C_D}{C_L}\lambda\right)^{-1} = \frac{\lambda^2 - 4}{\lambda^2 - 1.6\lambda} \qquad (3.3.21)$$

此处采用了滑动摩擦系数 $f = 0.4$。可见当土块位于床面滑动时,起动流速 $V''_{b.c}$ 与其滚动时的值 $V_{b.c}$ 有一定差别。当 $\lambda > 2.5$ 时,滑动的起动流速大于滚动的起动流速;而当 $\lambda < 2.5$ 时,滑动的起动流速小于滚动的起动流速,所以无法滚动(当 $\lambda \leqslant 2$ 时式(3.3.16)已无意义),只可能滑动。例如,当 $\lambda = 4$ 时,$\left(\dfrac{V''_{b.c}}{V_{b.c}}\right)^2 = 1.25$,即此时滑动的起动流速比滚动值大 1.118 倍;但是当 $\lambda = 2.2$ 时,$\left(\dfrac{V''_{b.c}}{V_{b.c}}\right)^2 = 0.636$,滑动的起动流速仅为滚动的 0.798 倍;而且当 $\lambda < 2$ 时,$V^2_{b.c}$ 无意义,但是 $V''^2_{b.c}$ 仍然可以在 $\lambda > 1.6$ 范围内使用。第五,土块即经向上滑动后,其推力转成的摩擦力减小,相应的阻碍它起动的作用也减小,甚至是推力矩转为顺时针方向,而支持起动,此时滑动又转为滚动。

3.3.4　土块起动的时均速度

为了对比,第 2 章已经得到的粒径为 D 的单颗泥沙的瞬时起动流速为

$$V_{\rm b.c}^2(D)=\bar{\varphi}^2\omega_1^2=0.916^2\omega_1^2=27.41\frac{\gamma_s-\gamma}{\gamma}D+\frac{0.156\times10^{-7}}{D}\left(3-\frac{t}{\delta_1}\right)\left(\frac{\delta_1^2}{t^2}-1\right)$$

$$+1.301\times10^{-7}\left(3-\frac{t}{\delta_1}\right)\left(1-\frac{t}{\delta_1}\right)\frac{H}{D} \qquad (3.3.22)$$

式中，$\bar{\varphi}$ 为颗粒平均起动底速对床面位置的平均值。前面已指出，$\bar{\varphi}=0.916$，而时均起动底速为

$$\bar{V}_{\rm b.c}(D)=0.433\omega_1=0.433\frac{V_{\rm b.c}(D)}{\bar{\varphi}}=\frac{0.433}{0.916}V_{\rm b.c}=\frac{V_{\rm b.c}(D)}{2.12} \qquad (3.3.23)$$

另外，（垂线平均）起动流速 $V_{\rm c}(D)$ 应满足

$$\bar{V}_{\rm b.c}(D)=3.73u_{*.c}=3.73\frac{V_{\rm c}(D)}{\psi\left(\dfrac{H}{c}\right)} \qquad (3.3.24)$$

式中，c 为土块厚度；

$$\psi\left(\frac{H}{c}\right)=\frac{V_{\rm c}(D)}{u_{*.c}}=6.5\left(\frac{H}{c}\right)^{\frac{1}{4+\lg(H/c)}} \qquad (3.3.25)$$

再将式(3.3.23)、式(3.3.25)代入式(3.3.24)，可得

$$V_{\rm c}(D)=\frac{\psi}{3.73}\bar{V}_{\rm b.c}(D)=\frac{\psi V_{\rm b.c}(D)}{3.73\times2.12}=0.126\psi V_{\rm b.c}(D) \qquad (3.3.26)$$

这就是对于单颗泥沙将瞬时起动底速换算成垂线平均起动速度的公式。显然，如果认为对于土块成功的起动，垂线平均起动速度 $V_{\rm c}(D_0)$ 与其瞬时起动底速的比值也满足式(3.3.26)的比例关系，即

$$\frac{V_{\rm c}(D_0)}{V_{\rm b.c}(D_0)}=\frac{V_{\rm c}(D)}{V_{\rm b.c}(D)}$$

则

$$V_{\rm c}(D_0)=0.126\psi V_{\rm b.c}(D_0) \qquad (3.3.27)$$

现在举例说明土块起动流速的范围及有关特点。设水流含沙量为 $S=600{\rm kg/m^3}$，则浑水容重 $\gamma=600+1000\left(1-\dfrac{600}{\gamma_s}\right)=1374{\rm kg/m^3}$，设土块的颗粒由 $D=0.01{\rm mm}$ 的颗粒组成，其 $\dfrac{t}{\delta_1}=0.375$，相应的干容重由式(2.2.23)得 $\gamma_s'=1347{\rm kg/m^3}$，而湿容重由式(3.3.11)求出 $\gamma_m=1839{\rm kg/m^3}$，水深 $H=4{\rm m}$。土块尺寸取 $D_0=0.385$，而 $\lambda=10,a=b=0.64907\times1.03\times10^{-5}=0.66854{\rm m}$，$c=6491\times1.03\times10^{-5}=0.06686{\rm m}$；$\lambda=4,a=b=0.4926{\rm m},c=0.1231{\rm m}$；以及 $\lambda=8$，$a=b=0.6206{\rm m},c=0.07758{\rm m}$，则起动流速如表 3.3.2 所示。其次，为了对比，表 3.3.2 中还给出了 $D_0=0.7473{\rm m},\lambda=4、8、10$ 时的起动流速。另外，表中的 $u_{*.c}$ 由式(3.3.25)和式(3.3.26)得到

$$u_{*c}(D_0)=\frac{V_{\rm b.c}(D_0)}{3.73\times2.12}=0.126V_{\rm b.c}(D_0) \qquad (3.3.28)$$

表 3.3.2 土块起动时的有关参数

D_0 /m	D/mm	土块厚度/m	$\frac{t}{\delta_1}$	λ	阻力系数		$V_{b.c}$ /(m/s)	ψ	V_c /(m/s)	$u_{*.c}$
					C_D	C_L				
0.385	0.01	0.0669	0.375	10	1.0	0.25	1.39	13.20	2.31	0.175
0.385	0.01	0.0776	0.375	8	1.0	0.25	1.51	12.96	2.46	0.190
0.385	0.01	0.1230	0.375	4	1.0	0.25	2.11	11.95	3.18	0.266
0.385	0.01	0.0669	0.375	10	0.70	0.18	1.63	13.20	2.71	0.205
0.385	0.01	0.776	0.375	8	0.70	0.18	1.78	12.96	2.91	0.224
0.385	0.01	0.123	0.375	4	0.70	0.18	2.48	11.95	3.73	0.312
0.717	0.01	0.0669	0.375	10	1.0	0.25	1.39	13.20	2.31	0.175
0.717	0.01	0.0726	0.375	8	1.0	0.25	1.51	12.96	2.46	0.190
0.717	0.01	0.1230	0.375	4	1.0	0.25	2.11	11.95	3.18	0.266
0.747	0.01	0.1298	0.375	10	1.0	0.25	1.97	13.20	3.00	0.247
0.747	0.01	0.1506	0.375	8	1.0	0.25	2.14	12.96	3.15	0.270
0.747	0.01	0.2391	0.375	4	1.0	0.25	3.02	11.95	4.93	0.381

由表 3.3.2 可以看出如下几点：第一，从计算过程知，当 $\frac{t}{\delta_1}=0.375$ 即土块处于一般密实情况时，若 $D_0=0.385\text{m}$ 时，无论 $C_D=1.0$ 还是 0.7（相应的 $C_L=0.25$ 或 0.18），也无论 λ 取何值，起动流速中重力项均占 99.6% 以上。另外，计算表明，当 $D_0=0.7473\text{m}$ 时，无论 C_D 和 λ 取表中的哪一种值，重力项均占 99.8% 以上。可见在研究土块起动时，只要干容重不是特别大（相应的 $\frac{t}{\delta_1}$ 约为 0.375），就能够忽略薄膜水附加下压力及黏着力。所述例子同时证明，正如土力学中的结论一样，土块压力和超静水压力均与水深无关。从而能够将颗粒细观上的受力情况与宏观上的受力情况统一起来。第二，土块的起动流速并不像设想的那样大，与较密实的细颗粒起动流速大体相近或属于同一量级。原因是土块薄膜水附加下压力与黏着力大幅减弱，即此时黏着力并不是每个单颗粒黏着力的叠加，而只是土块表面与床底其他颗粒接触的哪些颗粒才有黏着力。事实上，按表 3.3.2 中 $D_0=0.385\text{m}$，$D=0.01\text{mm}$，$\lambda=10$，$\frac{t}{\delta_1}=0.375$，即 $2t=3\times10^{-7}$。据式(3.3.8)～式(3.3.10)可求出，当 $a=0.66853\text{m}$，$c=0.06685\text{m}$ 时，土块底面和侧面共有 $64907^2\times6491=2.73460366\times10^{13}$ 个颗粒，而产生黏着力且对起动起作用的仅有 $64907^2+2\times64907\times6491=5.0555413\times10^9$ 个颗粒，两者相差 5409 倍。至于薄膜水附加下压力尤其如此，它显然只在土块底部一层的颗粒产生，而与土块厚度无关，对于所述例子，仅有 $64907^2=4.2129186\times10^9$ 个颗粒产生，而不是土块的全部颗粒，两者相差 6491 倍。第三，在揭河底冲刷时土块起动时重力也有很大减弱。其原因主要是水流含沙量高，浑水容重很大。例如，对于所举的例子，土块水下重力与单颗泥沙在水中的单位体积重力之比为 $\frac{\gamma_m-\gamma}{\gamma_s-\gamma_0}$，对于表中例子仅为 0.268。第四，颗粒扁度

λ 对起动也有一定影响,特别是 λ 小时。从表 3.3.2 可看出,$\lambda=4$ 与 $\lambda=10$ 的起动底速之比约为 1.53,而相应的起动速度 V_c 之比约为 1.38。第五,需要注意的是,表中的 $V_{b.c}$ 与 V_c 差别很小,似乎不符合流速分布的规律。其实这是因为 $V_{b.c}$ 是瞬时起动底速,而时均起动底速只有瞬时起动底速的 0.472 倍。例如,表 3.3.2 中 1 号资料 $V_{b.c}=1.39\text{m/s}$,则 $\overline{V}_{b.c}=\dfrac{V_{b.c}}{2.12}=0.655\text{m/s}$,而 $\dfrac{\overline{V}_{b.c}}{V_c}=\dfrac{0.655}{2.31}=0.284$。可见 $\overline{V}_{b.c}$ 只有 V_c 的 0.284 倍,与一般的经验基本一致。

现在忽略黏着力与薄膜水附加下压力后,进一步研究土块的起动流速。此时由式(3.3.16)得

$$V_{b.c}^2(D_0)=\left(\frac{\pi}{6}\right)^{\frac{1}{3}}\frac{2}{C_L\lambda^2-C_D}\lambda^{\frac{4}{3}}\frac{\gamma_m-\gamma}{\gamma}gD_0$$
$$=\left(\frac{\pi}{6}\right)^{\frac{1}{3}}\frac{2}{C_L\left(\lambda^2-\frac{C_D}{C_L}\right)}\lambda^{\frac{4}{3}}\frac{\gamma_m-\gamma}{\gamma}gD_0$$

现在分析此式的特性,第一,从式(3.3.16)可以看出,$V_{b.c}^2(D_0)$ 随着扁度 λ 的增大而单调减小。事实上

$$\frac{\mathrm{d}V_{b.c}^2}{\mathrm{d}\lambda}=\left[\left(\frac{\pi}{6}\right)^{\frac{1}{3}}\frac{\gamma_m-\gamma}{\gamma}gD_0\right]\frac{\frac{4}{3}\lambda^{\frac{1}{3}}C_L\left(\lambda^2-\frac{C_D}{C_L}\right)-2\lambda\lambda^{\frac{4}{3}}C_L}{C_L\left(\lambda^2-\frac{C_D}{C_L}\right)^2}<0 \qquad (3.3.29)$$

这是因为式(3.3.29)右边分数的分子为

$$C_L\lambda^{\frac{1}{3}}\left[\frac{4}{3}\left(\lambda^2-\frac{C_D}{C_L}\right)-2\lambda^2\right]=-C_L\lambda^{\frac{1}{3}}\left(\frac{2}{3}\lambda^2+\frac{4}{3}\frac{C_D}{C_L}\right)<0 \qquad (3.3.30)$$

第二,λ 对起动流速的影响很大。设

$$D'=\frac{\lambda^{\frac{4}{3}}}{\lambda^2-\frac{C_D}{C_L}}D_0 \qquad (3.3.31)$$

则式(3.3.16)变为

$$V_{b.c}^2(D_0)=\left(\frac{\pi}{6}\right)^{\frac{1}{3}}\frac{2}{C_L}\frac{\gamma_m-\gamma}{\gamma}gD_0' \qquad (3.3.32)$$

故 $V_{b.c}^2(D_0)$ 仅与 D_0' 成正比。当 D_0' 一定时,起动流速一定,此时 λ 增大相当于 D_0 增大。例如,当 λ 由 4 增至 10,且在 $\dfrac{C_D}{C_L}=4$ 时,D_0 要增大 2.36 倍,才能维持起动速度不变,这对起动大的土块是有利的。第三,所述结果再次表明揭底冲刷时,除水力条件外,λ 一定会很大,这要求前期淤积必须有分层现象。

将 $C_D=1$ 及 $C_L=0.25$ 时代入式(3.3.16),可得

$$V_{b.c}^2(D_0) = 63.25 \frac{\lambda^{\frac{4}{3}}}{\lambda^2 - 4} \frac{\gamma_m - \gamma}{\gamma} D_0 \qquad (3.3.33)$$

式中 D_0 以 m 为单位。按此式计算的不同条件下的起动流速 $V_{b.c}$、V_c 及 $u_{*.c}$，如表 3.3.3 所示。表中列出土块的两种当量直径 $D_0 = 0.4963\text{m}$ 和 $D_0 = 0.5932\text{m}$，前者 $a = b = 0.8\text{m}, c = 0.1\text{m}, \lambda = 8$；后者 $a = b = 1.03\text{m}, c = 0.103\text{m}, \lambda = 10$，采用的水深 $H = 4\text{m}$。浑水容重为 $\gamma = 1374\text{kg/m}^3$，即含沙量为 600kg/m^3，而土块中的干容重 γ_s' 则由式(2.2.23)确定，而湿容重 γ_m 则由式(3.3.11)计算。

从表 3.3.3 可看出，土块起动流速随 D_0 和 D 的增大而增大，也随 $\frac{\gamma_m - \gamma}{\gamma}$ 的增大而增大，随 λ 的增大而减小。至于 $V_{b.c}$ 随 D 的变化，主要是 $\frac{t}{\delta_1}$ 的影响，当 D 减小时，在相同 $\frac{t}{\delta_1}$ 时，γ_s' 减小，因而 γ_m 减小，故 $V_{b.c}$ 也减小。但是若给定土块的干容重，则不同的颗粒的 $\frac{t}{\delta_1}$ 就不一样，此时起动流速反而接近。例如，当 $D = 0.005\text{mm}, \lambda = 8, D_0 = 0.5932\text{m}, \frac{t}{\delta_1} = 0.125$ 时，$\gamma_s' = 1505\text{kg/m}^3$，则 $V_{b.c} = 1.85\text{m/s}, V_c = 2.32\text{m/s}$。

表 3.3.3　不同参数下土块的起动流速

D/mm	D_0/m	$\frac{t}{\delta_1}$	γ_s' /(kg/m³)	γ_m /(kg/m³)	$\frac{\gamma_m - \gamma}{\gamma}$	λ	起动流速/(m/s)			$\dfrac{u_{*.c}^2}{\frac{\gamma_m - \gamma}{\gamma} g}$
							$V_{b.c}$	$u_{*.c}$	V_c	
0.005	0.4963	0.375	1236	1770	0.2882	8	1.54	0.195	1.94	0.0134
		0.200	1300	1809	0.3166	8	1.63	0.205	2.04	0.0135
		0.125	1505	1937	0.4098	8	1.85	0.233	2.32	0.0135
	0.5932	0.375	1236	1770	0.2882	10	1.54	0.194	1.87	0.0133
		0.200	1300	1809	0.3166	10	1.63	0.206	1.99	0.0137
		0.125	1505	1937	0.4098	10	1.85	0.233	2.26	0.0135
0.01	0.4963	0.375	1347	1839	0.3384	8	1.68	0.212	2.11	0.0135
		0.200	1416	1882	0.3695	8	1.76	0.221	2.20	0.0135
		0.125	1550	1965	0.4301	8	1.89	0.238	2.37	0.0134
	0.5932	0.375	1347	1839	0.3384	10	1.69	0.212	2.05	0.0135
		0.200	1416	1882	0.3695	10	1.76	0.226	2.14	0.0141
		0.125	1550	1935	0.4301	10	1.90	0.240	2.32	0.0136
0.03	0.4936	0.375	1428	1889	0.3748	8	1.78	0.222	2.21	0.0134
		0.200	1502	1935	0.4084	8	1.84	0.231	2.31	0.0133
		0.125	1581	1984	0.4440	8	1.93	0.243	2.42	0.0136
	0.5932	0.375	1428	1889	0.3748	10	1.78	0.224	2.16	0.0136
		0.200	1502	1965	0.4084	10	1.85	0.233	2.26	0.0136
		0.125	1581	1984	0.4440	10	1.94	0.244	2.35	0.0136

而当 $D=0.03\text{mm},\lambda=8,D_0=0.5932\text{m},\dfrac{t}{\delta_1}=0.200$ 时，$\gamma_s'=1502\text{kg/m}^3$，则 $V_{\text{b.c}}=1.84\text{m/s},V_c=2.31\text{m/s}$。可见两者容重相近时，它们的起动流速相差很小，以致相同。这表明土块起动流速仅与其容重有关，而单颗泥沙粒径影响很小。单颗泥沙粒径大小对土块起动流速影响很小，这是土块起动与单颗泥沙起动的最大差别。

3.3.5　起动流速公式与实际资料对比及有关特性分析

上述给出的土块起动流速公式与实际符合如何？万兆惠[21]曾经对黄河北干流与渭河揭底冲刷研究得出，当含沙量 $S=500\text{kg/m}^2$（实际应是 550kg/m^3，参见图 3.3.3，图中以◆表示揭底冲刷的资料），且

$$\theta_c\Delta=\frac{(\gamma HJ)_c}{\gamma_m-\gamma}=\frac{\rho u_{*.c}^2}{\gamma_m-\gamma}=\frac{u_{*.c}^2}{\dfrac{\gamma_m-\gamma}{\gamma}g}\geqslant 0.01 \tag{3.3.34}$$

时，土块起动（见图 3.3.3）。式中，θ_c 为无因次起动参数；Δ 为土块尺寸。

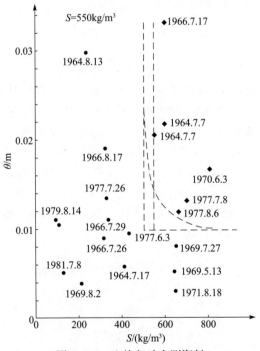

图 3.3.3　土块起动实测资料

从表 3.3.3 可以看出，如果不考虑饱水土中少见的很高干容重（$\gamma_s'>1500\text{kg/m}^3$）土块，按照表 3.3.3 中的数据，土块在起动时，$\dfrac{u_{*.c}^2}{\dfrac{\gamma_m-\gamma}{\gamma}g}$ 在 $0.0133\sim0.0136\text{m}$。可见这

与万兆惠研究成果中根据实际资料总结的揭底冲刷时的条件

$$\frac{u_{*.c}^2}{\frac{\gamma_m-\gamma}{\gamma}g} \geqslant 0.0100$$

基本是一致的。更明显的还可从图 3.3.3 看出,临界含沙量 500kg/m³ 其实可以放大到 550kg/m³,甚至 600kg/m³。而当放大到 550kg/m³ 时,图中的临界值可取为 $\theta_c\Delta \geqslant 0.0120$。这间接表明式(3.3.29)是符合实际的。事实上,将式(3.3.33)代入式(3.3.28),略加变换得到

$$u_{*.c}^2(D_0) = \frac{V_{b.c}^2(D_0)}{7.91^2} = \frac{63.25}{7.91^2}\frac{\gamma_m-\gamma}{\gamma}D_0\frac{\lambda^{\frac{4}{3}}}{\lambda^2-4}$$

即

$$\theta_c D_0 = \frac{u_{*.c}^2}{\frac{\gamma_m-\gamma}{\gamma}g} = \frac{63.25}{7.91^2 g}D_0\frac{\lambda^{\frac{4}{3}}}{\lambda^2-4} = 0.103 D_0\frac{\lambda^{\frac{4}{3}}}{\lambda^2-4} \quad (3.3.35)$$

可见当 $D_0\dfrac{\lambda^{\frac{4}{3}}}{\lambda^2-4}$ 的范围较小时,$\dfrac{u_{*.c}^2}{\frac{\gamma_m-\gamma}{\gamma}g}$ 接近于常数。事实上,表 3.3.3 中当 $\lambda=8$,

$D_0=0.4963\text{m}$ 时,$\theta_c D_0$ 为 0.0136;而当 $\lambda=10$,$D_0=0.5932\text{m}$ 时,$\theta_c D_0$ 为 0.0137。另外,由表 3.3.2 知,当 $\lambda=10$,$D_0=0.385\text{m}$ 时,$\theta_c D_0$ 为 0.0092,均与万兆惠给出的实测资料的临界值 0.01 颇为接近。由于万兆惠资料没有具体考虑土块尺寸,而且实测临界值也有一定的误差,因此两者的这种差别是允许的。

此处应该强调指出的是,式(3.3.34)的临界条件是有因次的,这导致土块起动与其尺寸大小无关的结论。显然,它作为临界起动条件是不科学的,当 D_0 变化大时就显出了。对于图 3.3.3,只能这样理解:图中实际揭底冲刷时起动的土块尺寸基本差别不大,大体在 $D_0=0.5\text{m}$,或 $\lambda=10$,$a\approx1.0\text{m}$,$c\approx0.1\text{m}$ 的土块。当然,若流速更大(如黄河北干流),则会起动更大的土块。因此,更一般的应给出无因次临界切应力作为临界条件,它为

$$\theta_c = \frac{\tau_c}{(\gamma_m-\gamma)D_0} = \frac{u_{*.c}^2}{\frac{\gamma_m-\gamma}{\gamma}gD_0} = \frac{63.25}{7.91^2 g}\frac{\lambda^{\frac{4}{3}}}{\lambda^2-4} = 0.103\frac{\lambda^{\frac{4}{3}}}{\lambda^2-4} \quad (3.3.36)$$

当 $\lambda=8\sim10$ 时,

$$\theta_c = \frac{u_{*.c}^2}{\frac{\gamma_m-\gamma}{\gamma}gD_0} = 0.0275\sim0.0231$$

现在分析以垂线平均速度表示的起动速度的特性及与实测资料的对比。将式(3.3.33)代入式(3.3.27),可得

$$V_c(D_0) = 0.126\psi V_{b.c}(D_0) = 0.126\psi\sqrt{63.25\frac{\lambda^{\frac{4}{3}}}{\lambda^2-4}\frac{\gamma_m-\gamma}{\gamma}D_0} \quad (3.3.37)$$

按照式(3.3.37)的确能起动很大的土块。表 3.3.4 中列出了 $D_0=1m$、$2m$、$3m$ 时在两种含沙量下的起动流速。可见，即使 $D_0=3m$，起动流速也不超过 5m/s，小于龙门河段实测揭河底的平均流速 7.37m/s。而 $D_0=3m$ 时，土块的面积已达 27m^2，如果能掀出水面，就会出现"在河中竖起一道墙"，"足有丈把高"。

表 3.3.4　大土块起动流速($\lambda=10$, $H=4m$, $\gamma_m=1839kg/m^3$)

D_0/m	土块尺寸/m		水流含沙量 $S/(kg/m^3)$	浑水容重 $\gamma_m/(kg/m^3)$	ψ	$V_{b.c}$ /(m/s)	V_c /(m/s)
	a	c					
1.0	1.737	0.1737	900	1561	11.67	1.59	2.32
2.0	3.473	0.3473	900	1561	10.53	2.25	2.98
3.0	5.209	0.5209	900	1561	9.81	2.75	3.42
1.0	1.737	0.1737	700	1436	11.67	2.00	2.92
2.0	3.473	0.3473	700	1436	10.53	2.82	3.75
3.0	5.209	0.5209	700	1436	9.81	3.46	4.30

现在与床面上球状土块起动流速进行对比。按照 $\dfrac{C_D}{C_L}=4$，由式(3.3.26)知这种颗粒有

$$V'_c(D_0)=0.126\psi V_{b.c}(D_0)=0.126\psi\sqrt{\frac{63.25\lambda^{\frac{4}{3}}}{(\lambda^2+1)\frac{4}{3}}}\sqrt{\frac{\gamma_m-\gamma}{\gamma}D_0}$$

如果只是一个球体($\lambda=1$)，而不是颗粒集成，此时无孔隙水，$\gamma_m=\gamma_s$，同时设为清水水流，则 $\gamma=\gamma_0$，并注意到 $D=D_0$，此时上式为

$$V'_c(D)=0.126\left[6.5\left(\frac{H}{D_0}\right)^{\frac{1}{4+\lg\frac{H}{c}}}\right]\sqrt{\frac{63.25\times3}{8}}\sqrt{\frac{\gamma_s-\gamma_0}{\gamma_0}D}$$

$$=5.20\left(\frac{H}{D}\right)^{\frac{1}{4+\lg\frac{H}{c}}}D^{\frac{1}{2}} \tag{3.3.38}$$

当再按一般取流速分布为 1/6 指数律，则 $4+\lg\dfrac{H}{D}=6$，此时式(3.3.38)为

$$V_c(D)=5.20H^{\frac{1}{6}}D^{\frac{1}{3}}=KH^{\frac{1}{6}}D^{\frac{1}{3}} \tag{3.3.39}$$

这与一般粗颗粒起动流速公式颇为相近。例如，沙莫夫公式中 $K=4.6$，张瑞瑾公式中 $K=5.39$。这表明给出的土块起动流速公式对于球体($\lambda=1$)起动也是适用的。至此，本节较严格地导出了土块起动流速公式，并且首次采用了与单颗泥沙起动流速公式推导完全一致的方法。这就证明了单颗泥沙起动、多颗泥沙成团起动以及土块起动的规律完全相同，从而澄清了一些认为它们有本质差别的观点，统一了看法，开拓了起动研究的新领域，并且结果在定量上也是符合实际的。

最后尚需要补充说明的是，当土块起动时，是否存在单颗泥沙起动。有一种看法认为，土块起动时，单颗泥沙不易起动，或者根本不能起动。为了对比，表 3.3.5

给出了水深 $H=4\mathrm{m}$，$D=0.005\mathrm{mm}$、$0.01\mathrm{mm}$、$0.03\mathrm{mm}$，而 $\frac{t}{\delta_1}=0.375$ 和 0.200，$\gamma=1374\mathrm{kg/m^3}$ 时的单颗泥沙起动流速。它们由式（3.3.22）确定。对比表3.3.5与表3.3.3同条件下土块起动流速可以看出如下几点。第一，对于一般淤积物的干容重$\left(\text{相当于}\frac{t}{\delta_1}=0.375\right)$，单颗泥沙起动流速一般远小于表3.3.3中相当于 $D_0=0.5\sim0.6\mathrm{m}$、$\lambda=8\sim10$ 的土块起动流速。第二，只是在 $D=0.005\mathrm{mm}$，$\frac{t}{\delta_1}=0.200$，即土块很密实时，单颗起动流速 $V_c=2.17\mathrm{m/s}$（见表3.3.5），才大于表3.3.3中其他相应条件时 $D_0=0.4963\mathrm{m}$ 土块的起动流速 $2.04\mathrm{m/s}$ 和 $D_0=0.5932\mathrm{m}$ 土块的起动流速 $1.99\mathrm{m/s}$。这表明只有当 D 很小，并且颗粒间很密实时，才出现这种情况。这一点与多颗泥沙成片和成团起动是不一样的。因为此处的土块相对于单颗泥沙太大了。第三，有一部分单颗泥沙起动和成团起动，并不妨碍土块的起动和揭底冲刷，原因是两者的输沙率有很大差别。当然这里保证成块起动仍需足够细颗粒能黏结成土块整体，不能是一盘散沙。

表 3.3.5　单颗泥沙起动流速

$\frac{t}{\delta_1}$	D/mm	ψ	$\frac{\gamma_s-\gamma}{\gamma}$	起动流速/(m/s)		
				$V_{b.c}$	V_c	$u_{*.c}$
0.375	0.005	25.64	0.9673	0.470	1.52	0.0592
0.375	0.01	24.91	0.9673	0.333	1.05	0.0420
0.375	0.03	23.69	0.9673	0.194	0.579	0.0244
0.200	0.005	25.64	0.9673	0.672	2.17	0.0847
0.200	0.01	24.91	0.9673	0.342	1.07	0.0431
0.200	0.03	23.69	0.9673	0.276	0.824	0.0348

3.3.6　土块起动过程中的初始转动方程

土块起动后，即开始滚动（翻转）。设正六面体（$abc=a^2c$）土块的平面图如图3.3.4所示，垂直于 y 轴的剖面图如图3.3.5所示，设土块起动后即绕 y 轴（剖面图中的 C 点）转动，由原来位置 $A_1B_1CD_1$ 旋转至 $ABCD$，质心由 O_1 变为 O，它的转动半径（质心至 C 点的距离）为

$$r_0=\sqrt{\left(\frac{a}{2}\right)^2+\left(\frac{c}{2}\right)^2}=\frac{1}{2}\sqrt{a^2+c^2}=\frac{a}{2}\sqrt{1+\lambda^{-2}} \qquad (3.3.40)$$

旋转角为 θ。下面求土块绕 y 轴的转动方程。按固体绕固定轴转动，其转动方程为（见图3.3.6）

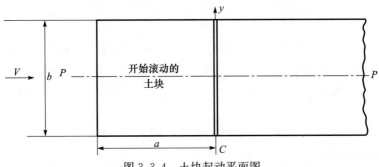

图 3.3.4　土块起动平面图

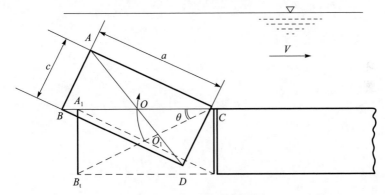

图 3.3.5　土块起动剖面图

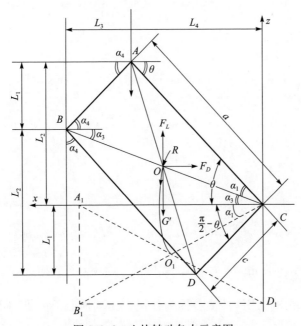

图 3.3.6　土块转动各力示意图

$$\left(J+\frac{J_0}{2}\right)\frac{\mathrm{d}^2\theta}{\mathrm{d}t^2}=m_y(F_D)+m_y(F_L)-m_y(G')-m'_y(R) \tag{3.3.41}$$

式中，J、J_0 分别为土块和附加质量对 y 轴的转动惯量；$m_y(F_D)$ 为正面推力 F_D 对 y 轴之矩；$m_y(F_L)$ 为升力 F_L 对 y 轴之矩；$m_y(G')$ 为水下重力 G' 对 y 轴之矩；$m_y(R)$ 为水流阻力 R 对 y 轴之矩。阻力 R 作用的方向恰好垂直于 AC 线（ab 面）。

现在计算各力对 y 轴之矩，设 V_b^2 不变。正面推力作用微元体 bdz 或 bdx 对 y 轴之矩为（见图 3.3.6）

$$m_y(F_D)=\int_{-L_1}^{L_2}\frac{\rho C_D}{2}V_b^2 bz\,\mathrm{d}z=\frac{\rho C_D}{2}V_b^2 b\left(\frac{L_2^2}{2}-\frac{L_1^2}{2}\right) \tag{3.3.42}$$

式中，

$$L_1=c\sin\alpha_4=c\sin\left(\frac{\pi}{2}-\theta\right)=c\cos\theta \tag{3.3.43}$$

$$L_2=a\cos\left(\frac{\pi}{2}-\theta\right)=a\sin\theta \tag{3.3.44}$$

故式（3.3.42）为

$$m_y(F_D)=\frac{\rho C_D V_b^2}{2}b(a\sin\theta+c\cos\theta)\frac{1}{2}(L_2-L_1)$$

注意到（见图 3.3.6）

$$\frac{L_2-L_1}{2}=\frac{\sqrt{a^2+c^2}}{2}\sin\alpha_3=\frac{a}{2}\sqrt{1+\lambda^{-2}}\sin(\theta-\alpha_1) \tag{3.3.45}$$

故有

$$\begin{aligned}
m_y(F_D)&=\frac{\rho C_D V_b^2}{2}b(a\sin\theta+c\cos\theta)\frac{a}{2}\sqrt{1+\lambda^{-2}}\sin(\theta-\alpha_1)\\
&=\frac{\rho C_D V_b^2}{4}a^3\left(\sin\theta+\frac{1}{\lambda}\cos\theta\right)\sqrt{1+\lambda^{-2}}\sin(\theta-\alpha_1)\\
&=\frac{\rho C_D V_b^2}{2}b(L_1+L_2)r_0\sin(\theta-\alpha_1)=F_D z_0
\end{aligned} \tag{3.3.46}$$

式中，

$$F_D=\frac{\rho C_D V_b^2}{2}b(L_1+L_2)=\frac{\rho C_D V_b^2}{2}b(c\cos\theta+a\sin\theta) \tag{3.3.47}$$

$$z_0=r_0\sin\alpha_3=r_0\sin(\theta-\alpha_1)=\frac{a}{2}\sqrt{1+\lambda^{-2}}\sin(\theta-\alpha_1) \tag{3.3.48}$$

可见按微元体求出的力矩 $m_y(F_D)$ 恰为作用在土块质心上的推力 F_D 与相应的力臂 z_0 之积。

类似地,对于升力矩(见图 3.3.6),有

$$m_y(F_L) = \int_0^{L_3+L_4} \frac{\rho C_L}{2} V_b^2 bx \, \mathrm{d}x = \frac{\rho C_L}{4} V_b^2 b \, (L_3 + L_4)^2 \qquad (3.3.49)$$

式中,

$$L_3 = c\cos\alpha_4 = c\cos\left(\frac{\pi}{2} - \theta\right) = c\sin\theta \qquad (3.3.50)$$

$$L_4 = a\cos\theta \qquad (3.3.51)$$

故式(3.3.49)为

$$m_y(F_L) = \frac{\rho C_L V_b^2 b}{4}(L_3 + L_4)^2 = \frac{\rho C_L V_b^2 ba}{4}\left(\frac{1}{\lambda}\sin\theta + \cos\theta\right)(L_3 + L_4)$$

注意到

$$\frac{L_3 + L_4}{2} = \frac{\sqrt{a^2 + c^2}}{2}\cos\alpha_3 = \frac{a}{2}\sqrt{1 + \lambda^{-2}}\cos(\theta - \alpha_1)$$

故有

$$m_y(F_L) = \frac{\rho C_L V_b^2}{4}a^3\left(\frac{\sin\theta}{\lambda} + \cos\theta\right)\sqrt{1 + \lambda^{-2}}\cos(\theta - \alpha_1)$$

$$= \frac{\rho C_L V_b^2}{2}b(L_3 + L_4)\frac{a}{2}\sqrt{1 + \lambda^{-2}}\cos(\theta - \alpha_1)$$

$$= \frac{\rho C_L V_b^2}{4}b(L_3 + L_4)x_0 = F_L x_0 \qquad (3.3.52)$$

式中,

$$x_0 = r_0\cos(\theta - \alpha_1) = \frac{a}{2}\sqrt{1 + \lambda^{-2}}\cos(\theta - \alpha_1) \qquad (3.3.53)$$

可见式(3.3.52)恰等于作用在质心上的合力 F_L 与相应的力臂 x_0 之积。

水下重力矩为

$$m_y(G') = \frac{\pi}{6}(\gamma_m - \gamma)D_0^3 x_0$$

$$= \frac{\pi}{6}(\gamma_m - \gamma)D_0^3 r_0\cos(\theta - \alpha_1)$$

$$= \frac{\pi}{6}(\gamma_m - \gamma)D_0^3\frac{a}{2}\sqrt{1 + \lambda^{-2}}\cos(\theta - \alpha_1) \qquad (3.3.54)$$

至于转动时作用在 ab 面上的阻力矩为(见图 3.3.7)

$$m_y(R) = \int_0^a \frac{\rho C_R}{2}\left(r\frac{\mathrm{d}\theta}{\mathrm{d}t}\right)^2 br \, \mathrm{d}r = \frac{\rho C_R}{8}a^5\left(\frac{\mathrm{d}\theta}{\mathrm{d}t}\right)^2 \qquad (3.3.55)$$

由式(3.3.40)可得

$$a = 2r_0\frac{1}{\sqrt{1 + \lambda^{-2}}}$$

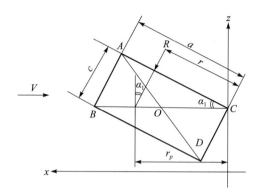

图 3.3.7　作用在土块 ab 面的阻力矩

故式(3.3.55)为

$$m_y(R)=\frac{\rho C_R}{2}\left(\frac{\mathrm{d}\theta}{\mathrm{d}t}\right)^2 ba\,\frac{(2r_0)^3}{4}\,\frac{1}{(1+\lambda^{-2})^{\frac{3}{2}}}$$

$$=\frac{\rho C_R}{2}\left(\frac{\mathrm{d}\theta}{\mathrm{d}t}\right)^2\left(\frac{1.26r_0}{\sqrt{1+\lambda^{-2}}}\right)^2 ab\,\frac{1.26r_0}{\sqrt{1+\lambda^{-2}}}$$

$$=\frac{\rho C_R}{2}\left(\frac{\mathrm{d}\theta}{\mathrm{d}t}r_p\right)^2 abr_p=Rr_p \qquad (3.3.56)$$

式中,

$$r_p=\frac{1.26r_0}{\sqrt{1+\lambda^{-2}}}=0.63a \qquad (3.3.57)$$

可见阻力对 y 轴之矩,等于阻力合力作用点位于 CB 线上距 y 轴 r_p 的情况。故此时的线速度为 $\frac{\mathrm{d}\theta}{\mathrm{d}t}r_p$,力臂为 r_p,方向恰为切线方向。这是与上述三种力不一样的。需要指出的是,式(3.3.56)是一种虚拟的关系,它只能保证在条件式(3.3.57)下,计算的 $m_y(R)$ 是正确的,并不意味着可以用 R' 代替实际的阻力 R(见后面的式(3.3.83))。

现在计算土块对 y 轴的转动惯量。如图 3.3.8 所示,有

$$J_y=\int_0^a\int_0^c\rho_{\mathrm{m}}r^2 b\mathrm{d}x\mathrm{d}z=\int_0^a\int_0^c\rho_{\mathrm{m}}(x^2+z^2)b\mathrm{d}z\mathrm{d}x$$

$$=\int_0^a\rho_{\mathrm{m}}b\left(x^2c+\frac{c^3}{3}\right)\mathrm{d}x=\frac{\rho_{\mathrm{m}}b}{3}(a^3c+c^3a)=\frac{\rho_{\mathrm{m}}a^5}{3}(\lambda^{-1}+\lambda^{-3}) \qquad (3.3.58)$$

附加质量对 y 轴的转动惯量为

$$J_0=\frac{\rho a^5}{3}(\lambda^{-1}+\lambda^{-3}) \qquad (3.3.59)$$

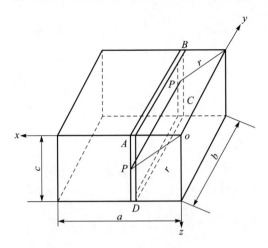

图 3.3.8　土块对 y 轴的转动

需要指出的是，为了校对，可从另一途径求土块对 y 轴的转动惯量。此时设 y' 轴平行于 y 轴且通过土块的质心，则土块对 y' 轴的转动惯量为

$$J_y'=\int_0^b\int_{-\frac{a}{2}}^{\frac{a}{2}}\int_{-\frac{c}{2}}^{\frac{c}{2}}\rho_{\mathrm{m}}r^2\mathrm{d}z\mathrm{d}x\mathrm{d}y=\rho_{\mathrm{m}}\int_0^b\int_{-\frac{a}{2}}^{\frac{a}{2}}\int_{-\frac{c}{2}}^{\frac{c}{2}}(x^2+z^2)\mathrm{d}z\mathrm{d}x\mathrm{d}y$$

$$=\rho_{\mathrm{m}}\int_0^b\int_{-\frac{a}{2}}^{\frac{a}{2}}\left[x^2c+\frac{2}{3}\left(\frac{c}{2}\right)^3\right]\mathrm{d}x\mathrm{d}y$$

$$=\int_0^b\rho_{\mathrm{m}}\left[\frac{2}{3}\left(\frac{a}{2}\right)^3c+\frac{2}{3}\left(\frac{c}{2}\right)^3a\right]\mathrm{d}b$$

$$=\frac{\rho_{\mathrm{m}}}{12}(a^3c+c^3a)b=\frac{\rho_{\mathrm{m}}a^5}{12}(\lambda^{-1}+\lambda^{-3}) \tag{3.3.60}$$

而土块对 y 轴的转动惯量为

$$J_y=J_y'+mr_0^2=J_y'+\rho_{\mathrm{m}}abc\left[\left(\frac{a}{2}\right)^2+\left(\frac{c}{2}\right)^2\right]$$

$$=J_y'+\frac{\rho_{\mathrm{m}}}{4}a^5(\lambda^{-1}+\lambda^{-3})$$

$$=\frac{\rho_{\mathrm{m}}}{3}a^5(\lambda^{-1}+\lambda^{-3}) \tag{3.3.61}$$

可见与式(3.3.58)完全一致。

将式(3.3.46)、式(3.3.52)、式(3.3.54)、式(3.3.55)及式(3.3.58)、式(3.3.59)等代入式(3.3.41)，可得

$$\left(J+\frac{J_0}{2}\right)\frac{\mathrm{d}^2\theta}{\mathrm{d}t^2}=\left(\frac{\rho_{\mathrm{m}}a^5}{3}+\frac{\alpha a^5}{6}\right)(\lambda^{-1}+\lambda^{-3})\frac{\mathrm{d}^2\theta}{\mathrm{d}t^2}$$

$$
= \frac{\rho C_D V_b^2}{4} a^3 \left(\sin\theta + \frac{1}{\lambda}\cos\theta \right) \sqrt{1+\lambda^{-2}} \sin(\theta - \alpha_1)
$$

$$
+ \frac{\rho C_D V_b^2}{4} a^3 \left(\cos\theta + \frac{1}{\lambda}\sin\theta \right) \sqrt{1+\lambda^{-2}} \cos(\theta - \alpha_1) \tag{3.3.62}
$$

$$
- \frac{\pi}{6}(\gamma_m - \gamma) D_0^3 \frac{a}{2}\sqrt{1+\lambda^{-2}} \cos(\theta - \alpha_1) - \frac{\rho C_R}{8} a^5 \frac{d^2\theta}{dt^2}
$$

同时化简式(3.3.62),并注意到式(3.3.10),可得

$$
\frac{d^2\theta}{dt^2} = \frac{d\varphi}{dt} = \frac{3}{4} \frac{\gamma C_D \lambda^2}{\left(\gamma_m + \frac{\gamma}{2}\right)(\lambda^{-1}+\lambda)a^2} \left\{ \left[\left(\sin\theta + \frac{1}{\lambda}\cos\theta\right) \sin(\theta - \alpha_1) \right. \right.
$$

$$
+ \frac{C_L}{C_D}\left(\cos\theta + \frac{1}{\lambda}\sin\theta\right)\cos(\theta - \alpha_1) \Big] V_b^2 \sqrt{1+\lambda^{-2}}
$$

$$
\left. - \frac{2(\gamma_m - \gamma)}{C_D \gamma} g \frac{a}{\lambda}\sqrt{1+\lambda^{-2}}\cos(\theta - \alpha_1) - \frac{1}{2}\frac{C_R}{C_D}a^2\left(\frac{d\theta}{dt}\right)^2 \right\} \tag{3.3.63}
$$

显然,当 $t=0, \theta=0, \frac{d\theta}{dt}=0$,并且土块处于起动临界状态时, $\frac{d^2\theta}{dt^2}=0$,式(3.3.63)为

$$
0 = \left[\frac{1}{\lambda}\sin(-\alpha_1) + \frac{C_L}{C_D}\cos(-\alpha_1)\right]V_b^2\sqrt{1+\lambda^{-2}} - \frac{2(\gamma_m - \gamma)}{C_D \gamma}g\frac{a}{\lambda}\sqrt{1+\lambda^{-2}}\cos(-\alpha_1)
$$

即

$$
V_b^2 = \frac{2(\gamma_m - \gamma)ga\cos\alpha_1}{\gamma\left(C_L\cos\alpha_1 - \frac{C_D}{\lambda}\sin\alpha_1\right)\lambda} = \frac{2(\gamma_m - \gamma)g\left(\frac{\pi}{6}\right)^{\frac{1}{3}}\lambda^{\frac{1}{3}}D_0}{\gamma(\lambda C_L - C_D\tan\alpha_1)\lambda}
$$

$$
= \left(\frac{\pi}{6}\right)^{\frac{1}{3}}\frac{2\lambda^{\frac{4}{3}}}{C_L\left(\lambda^2 - \frac{C_D}{C_L}\right)}\frac{(\gamma_m - \gamma)gD_0}{\gamma} = V_{b.c}^2 \tag{3.3.64}
$$

此处利用了式(3.3.10)、式(3.3.16)及

$$
\tan\alpha_1 = \frac{c}{a} = \frac{1}{\lambda} \tag{3.3.65}
$$

值得注意的是,式(3.3.64)恰为式(3.3.16)所表示的起动流速。显然,这是必然的,因为采用了 $\frac{d^2\theta}{dt^2}=0$。由式(3.3.64)可得

$$
\frac{2}{C_D}\frac{(\gamma_m - \gamma)g}{\gamma}\frac{a}{\lambda} = \left(\frac{C_L}{C_D}\cos\alpha_1 - \frac{1}{\lambda}\sin\alpha_1\right)\frac{V_{b.c}^2}{\cos\alpha_1} = \left(\frac{C_L}{C_D} - \frac{1}{\lambda^2}\right)V_{b.c}^2 \tag{3.3.66}
$$

再将其代入式(3.3.63),可得

$$
\frac{d^2\theta}{dt^2} = \frac{d\varphi}{dt} = \frac{3}{4} \frac{\gamma C_D \lambda^2}{\left(\gamma_m + \frac{\gamma}{2}\right)(\lambda^{-1}+\lambda)a^2} \left\{ \left[\left(\sin\theta + \frac{1}{\lambda}\cos\theta\right) \sin(\theta - \alpha_1) \right. \right.
$$

$$+\frac{C_L}{C_D}\left(\frac{1}{\lambda}\sin\theta+\cos\theta\right)\cos(\theta-\alpha_1)\bigg]V_b^2\sqrt{1+\lambda^{-2}}$$

$$-\left(\frac{C_L}{C_D}-\lambda^{-2}\right)\sqrt{1+\lambda^{-2}}\cos(\theta-\alpha_1)V_{b.c}^2-\frac{1}{2}\frac{C_R}{C_D}a^2\left(\frac{d\theta^2}{dt}\right)\bigg\}\qquad(3.3.67)$$

式中，φ 为角速度。

式(3.3.67)还可进一步简化。注意到

$$\cos\alpha_1=\frac{a}{\sqrt{a^2+c^2}}=\frac{1}{\sqrt{1+\lambda^{-2}}}\qquad(3.3.68)$$

$$\sin\alpha_1=\frac{c}{\sqrt{a^2+c^2}}=\frac{1}{\lambda\sqrt{1+\lambda^{-2}}}\qquad(3.3.69)$$

$$\sin(\theta-\alpha_1)=\sin\theta\cos\alpha_1-\cos\theta\sin\alpha_1=\frac{\sin\theta}{\sqrt{1+\lambda^{-2}}}-\frac{\cos\theta}{\lambda\sqrt{1+\lambda^{-2}}}\qquad(3.3.70)$$

$$\cos(\theta-\alpha_1)=\cos\theta\sin\alpha_1+\sin\theta\cos\alpha_1=\frac{\cos\theta}{\sqrt{1+\lambda^{-2}}}+\frac{\sin\theta}{\lambda\sqrt{1+\lambda^{-2}}}\qquad(3.3.71)$$

将式(3.3.70)、(式 3.3.71)代入式(3.3.67)，可得

$$\frac{d^2\theta}{dt^2}=\frac{3}{4}\frac{\gamma C_D\lambda^2}{\left(\gamma_m+\frac{\gamma}{2}\right)(\lambda^{-1}+\lambda)a^2}\left\{\left[\left(\sin\theta+\frac{1}{\lambda}\cos\theta\right)\left(\frac{\sin\theta}{\sqrt{1+\lambda^{-2}}}-\frac{\cos\theta}{\lambda\sqrt{1+\lambda^{-2}}}\right)\right.\right.$$

$$+\frac{C_L}{C_D}\left(\frac{1}{\lambda}\sin\theta+\cos\theta\right)\left(\frac{\cos\theta}{\sqrt{1+\lambda^{-2}}}+\frac{\sin\theta}{\lambda\sqrt{1+\lambda^{-2}}}\right)\bigg]V_b^2\sqrt{1+\lambda^{-2}}$$

$$-\left(\frac{C_L}{C_D}-\lambda^{-2}\right)\sqrt{1+\lambda^{-2}}\,V_{b.c}^2\left(\frac{\cos\theta}{\sqrt{1+\lambda^{-2}}}+\frac{\sin\theta}{\lambda\sqrt{1+\lambda^{-2}}}\right)-\frac{1}{2}\frac{C_R}{C_D}a^2\left(\frac{d\theta}{dt}\right)^2\bigg\}$$

$$=\frac{3}{4}\frac{\gamma C_D}{\left(\gamma_m+\frac{\gamma}{2}\right)(\lambda^{-1}+\lambda)a^2}\left\{\left[(\lambda^2\sin^2\theta-\cos^2\theta)+\frac{C_L}{C_D}(\lambda^2\cos^2\theta+\sin^2\theta)+\lambda\sin(2\theta)\right]V_b^2\right.$$

$$-\left(\frac{C_L}{C_D}\lambda^{-2}-1\right)\left(\cos\theta+\frac{1}{\lambda}\sin\theta\right)V_{b.c}^2-\frac{1}{2}\frac{C_R}{C_D}\lambda^2a^2\left(\frac{d\theta}{dt}\right)^2\bigg\}$$

$$=\frac{3}{4}\frac{\gamma C_D}{\left(\gamma_m+\frac{\gamma}{2}\right)(\lambda^{-1}+\lambda)a^2}\left\{\left[\left(\lambda^2+\frac{C_L}{C_D}\right)\sin^2\theta+\left(\frac{C_L}{C_D}\lambda^2-1\right)\cos^2\theta+\frac{C_L}{C_D}\lambda\sin(2\theta)\right]V_b^2\right.$$

$$-\left(\frac{C_L}{C_D}\lambda^{-2}-1\right)\left(\cos\theta+\frac{1}{\lambda}\sin\theta\right)V_{b.c}^2-\frac{1}{2}\frac{C_R}{C_D}\lambda^2a^2\left(\frac{d\theta}{dt}\right)^2\bigg\}$$

$$=\frac{3}{4}\frac{\gamma C_D}{\left(\gamma_m+\frac{\gamma}{2}\right)(\lambda^{-1}+\lambda)a^2}\left\{\left[\left(\lambda^2+\frac{C_L}{C_D}\right)\sin^2\theta+\left(\frac{C_L}{C_D}\lambda^2-1\right)\cos^2\theta+\frac{C_L}{C_D}\lambda\sin(2\theta)\right]V_b^2\right.$$

$$-\left(\frac{C_L}{C_D}\lambda^2-1\right)\left(\cos\theta+\frac{1}{\lambda}\sin\theta\right)V_{b.c}^2\bigg\}-\frac{3}{8}\frac{\gamma C_R\lambda^2}{\left(\gamma_m+\frac{\gamma}{2}\right)(\lambda^{-1}+\lambda)}\left(\frac{d\theta}{dt}\right)^2$$

$$=F(\theta)-F_0\left(\frac{\mathrm{d}\theta}{\mathrm{d}t}\right)^2 \tag{3.3.72}$$

至此消除了 α_1 的有关函数。在推导式(3.3.72)时利用了

$$2\sin\theta\cos\theta=\sin(2\theta) \tag{3.3.73}$$

方程(3.3.72)就是土块起动后绕 y 轴转动的方程。式中,

$$F(\theta)=\frac{3}{4}\frac{\gamma C_D}{\left(\gamma_{\mathrm{m}}+\dfrac{\gamma}{2}\right)(\lambda^{-1}+\lambda)a^2}\left\{\left[\left(\lambda^2+\frac{C_L}{C_D}\right)\sin^2\theta+\left(\frac{C_L}{C_D}\lambda^2-1\right)\cos^2\theta\right.\right.$$

$$\left.\left.+\frac{C_L}{C_D}\lambda\sin(2\theta)\right]V_{\mathrm{b}}^2-\left(\frac{C_L}{C_D}\lambda^2-1\right)\left(\cos\theta+\frac{1}{\lambda}\sin\theta\right)V_{\mathrm{b.c}}^2\right\} \tag{3.3.74}$$

$$F_0=\frac{3}{8}\frac{\gamma\lambda^2 C_R}{\left(\gamma_{\mathrm{m}}+\dfrac{\gamma}{2}\right)(\lambda^{-1}+\lambda)} \tag{3.3.75}$$

3.3.7 土块初始转动方程的分析及数字解

1. 转动的加速性质

这里指出方程(3.3.72)一个重要特性,就是只要 $V_{\mathrm{b}}^2>V_{\mathrm{b.c}}^2$,则土块起动后在 $\theta=0°\sim90°$ 内一直是加速转动。当然,到最后加速度可能很小,趋近于匀速滚动。从该式可看出,方程的 $F(\theta)$ 部分表示主动力(水流正面推力、升力及水下重力)的作用,$F_0\left(\dfrac{\mathrm{d}\theta}{\mathrm{d}t}\right)^2$ 则表示由于土块转动引起的阻力矩。注意到 F_0 为正,只要 $F(\theta)>0$,即

$$F_1(\theta)=\left[\left(\lambda^2+\frac{C_L}{C_D}\right)\sin^2\theta+\left(\frac{C_L}{C_D}\lambda^2-1\right)\cos^2\theta+\frac{C_L}{C_D}\lambda\sin(2\theta)\right]V_{\mathrm{b}}^2$$

$$-\left(\frac{C_L}{C_D}\lambda^{-2}-1\right)\left(\cos\theta+\frac{1}{\lambda}\sin\theta\right)V_{\mathrm{b.c}}^2>0 \tag{3.3.76}$$

则土块运动是加速运动;因为阻力 R 是由土块运动诱导出的,在其他条件不变时,其不可能使土块的运动由加速变为减速,至多是趋近于匀速。从式(3.3.76)可以看出,当 $\theta=0°$ 时,

$$F(0°)=\left(\frac{C_L}{C_D}\lambda^2-1\right)(V_{\mathrm{b}}^2-V_{\mathrm{b.c}}^2)>0$$

当 $\theta=90°$ 时,

$$F(90°)=\left(\lambda^2+\frac{C_L}{C_D}\right)V_{\mathrm{b}}^2-\left(\frac{C_L}{C_D}\lambda^2-1\right)\frac{1}{\lambda}V_{\mathrm{b.c}}^2>\left(\lambda^2+\frac{C_L}{C_D}-\frac{C_L}{C_D}\lambda+\frac{1}{\lambda}\right)V_{\mathrm{b.c}}^2$$

$$=\left[\lambda\left(\lambda-\frac{C_L}{C_D}\right)+\frac{C_L}{C_D}+\frac{1}{\lambda}\right]V_{\mathrm{b.c}}^2>0$$

这是因为$\dfrac{C_L}{C_D}<1,\lambda>1$。

当 $\theta=45°$时，

$$F_1(45°)=\left[\left(\lambda^2+\frac{C_L}{C_D}\right)0.707^2+\left(\frac{C_L}{C_D}\lambda^2-1\right)0.707^2+\frac{C_L}{C_D}\lambda\right]V_b^2$$

$$-\left(\frac{C_L}{C_D}\lambda^2-1\right)\left(0.707+\frac{1}{\lambda}0.707\right)V_{b.c}^2$$

$$>\left[0.707\left(\frac{C_L}{C_D}\lambda^2-1\right)1.414+\frac{C_L}{C_D}\lambda\right]V_b^2-\left[\left(\frac{C_L}{C_D}\lambda^2-1\right)0.707\right]V_{b.c}^2>0$$

可见既然在 $\theta=0°$、$\theta=45°$以及 $\theta=90°$时均为加速运动，显然在整个过程中无其他力加入，也应均为加速运动，包括加速度趋近于零，即趋近于匀速运动。

2. 土块在几种特殊位置的方程

现在分析方程(3.3.72)对土块几种特殊位置的正确性。图3.3.9 给出了土块的三种位置，其中 τ_1、τ_2、τ_3 分别表示处于位置1、2、3的切线方向，而 θ_2、θ_3 表示处于位置2、3的旋转角度，即 θ。

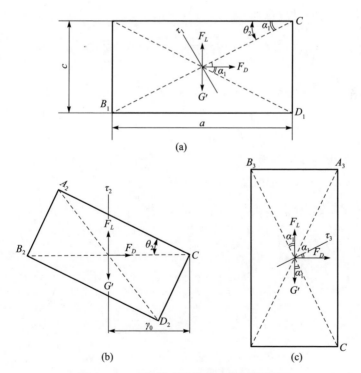

(a)

(b)　　　　　　　(c)

图 3.3.9　土块处于几种特殊位置的方程

(1) 当 $\theta=0°$ 时(图 3.3.9(a)),此时

$$\left(J+\frac{J_0}{2}\right)\frac{\mathrm{d}^2\theta}{\mathrm{d}t^2}=-F_D r_0\sin\alpha_1+F_L r_0\cos\alpha_1-G'r_0\cos\alpha_1-\frac{\rho C_R}{8}a^5\left(\frac{\mathrm{d}\theta}{\mathrm{d}t}\right)^2 \qquad (3.3.77)$$

而由式(3.3.62),注意到式(3.3.40),$a\sqrt{1+\lambda^{-2}}=2\gamma_0$,当 $\theta=0$ 时,

$$\left(J+\frac{J_0}{2}\right)\frac{\mathrm{d}^2\theta}{\mathrm{d}t^2}=-\frac{\rho C_D}{2}V_b^2\frac{a^2}{\lambda}r_0\sin\alpha_1+\frac{\rho C_L}{2}V_b^2 a^2 r_0\cos\alpha_1$$

$$-\frac{\pi}{6}(\gamma_m-\gamma)D_0^3 r_0\cos\alpha_1-\frac{\rho C_R}{8}a^5\left(\frac{\mathrm{d}\theta}{\mathrm{d}t}\right)^2$$

$$=-\frac{\rho C_D}{2}V_b^2 acr_0\sin\alpha_1+\frac{\rho C_L}{2}V_b^2 abr_0\cos\alpha_1-G'r_0\cos\alpha_1-\frac{\rho C_R}{8}a^5\left(\frac{\mathrm{d}\theta}{\mathrm{d}t}\right)^2$$

$$=-F_D r_0\sin\alpha_1+F_L r_0\cos\alpha_1-G'r_0\cos\alpha_1-\frac{\rho C_R}{8}a^5\left(\frac{\mathrm{d}\theta}{\mathrm{d}t}\right)^2$$

可见与式(3.3.77)完全一致。

(2) 当 $\theta=\alpha_1$ 时,由图 3.3.9(b)直接有

$$\left(J+\frac{J_0}{2}\right)\frac{\mathrm{d}^2\theta}{\mathrm{d}t^2}=F_L r_0-G'r_0-\frac{\rho C_R}{8}a^5\left(\frac{\mathrm{d}\theta}{\mathrm{d}t}\right)^2 \qquad (3.3.78)$$

而由式(3.3.62),同时注意到式(3.3.40),则

$$\left(J+\frac{J_0}{2}\right)\frac{\mathrm{d}^2\theta}{\mathrm{d}t^2}=\frac{\rho C_L}{4}V_b^2 a^3\left(\cos\theta+\frac{1}{\lambda}\sin\theta\right)\sqrt{1+\lambda^{-2}}-\frac{\pi}{6}(\gamma_m-\gamma)D_0^3\frac{a}{2}\sqrt{1+\lambda^{-2}}-\frac{\rho C_R}{8}a^5\left(\frac{\mathrm{d}\theta}{\mathrm{d}t}\right)^2$$

$$=\frac{\rho C_L}{2}V_b b(L_3+L_4)r_0-\frac{\pi}{6}(\gamma_m-\gamma)D_0^3 r_0-\frac{\rho C_R}{8}a^5\left(\frac{\mathrm{d}\theta}{\mathrm{d}t}\right)^2$$

$$=F_L r_0-G'r_0-\frac{\rho C_R}{8}a^5\left(\frac{\mathrm{d}\theta}{\mathrm{d}t}\right)^2$$

与式(3.3.78)也是完全一致。

(3) 当 $\theta=90°$ 时,直接由图 3.3.9(c)有

$$\left(J+\frac{J_0}{2}\right)\frac{\mathrm{d}^2\theta}{\mathrm{d}t^2}=F_D r_0\cos\alpha_1+F_L r_0\sin\alpha_1-G'r_0\sin\alpha_1-\frac{\rho C_R}{8}a^5\left(\frac{\mathrm{d}\theta}{\mathrm{d}t}\right)^2 \qquad (3.3.79)$$

而由式(3.3.62),注意到式(3.3.40),则

$$\left(J+\frac{J_0}{2}\right)\frac{\mathrm{d}^2\theta}{\mathrm{d}t^2}=\frac{\rho C_D}{2}V_b^2 a^2 r_0\sin\left(\frac{\pi}{2}-\alpha_1\right)+\frac{\rho C_L}{2}V_b^2 a^2\frac{1}{\lambda}r_0\cos\left(\frac{\pi}{2}-\alpha_1\right)$$

$$-\frac{\pi}{6}(\gamma_m-\gamma)D_0^3 r_0\cos\left(\frac{\pi}{2}-\alpha_1\right)-\frac{\rho C_R}{8}a^5\left(\frac{\mathrm{d}\theta}{\mathrm{d}t}\right)^2$$

$$=F_D r_0\cos\alpha_1+F_L r_0\sin\alpha_1-G'r_0\sin\alpha_1-\frac{\rho C_R}{8}a^5\left(\frac{\mathrm{d}\theta}{\mathrm{d}t}\right)^2$$

可见仍与式(3.3.79)完全一致。

至此证明了方程(3.3.72)对三种特殊情况均是正确的。

3. 初始滚动方程的数值解

为了具体了解方程(3.3.72)所给的结果,通过一个数字解作为一个例子予以说明。这个例子的有关参数为:$D=0.4963\text{m}$,$\lambda=8$,即土块的尺寸为 $0.8\text{m}\times0.8\text{m}\times0.1\text{m}$,$H=4\text{m}$,$V_\text{b}=5.8\text{m/s}$,相应的垂线平均流速 $V=0.126\psi V_\text{b}=0.126\times9.946\times5.8=7.27\text{m/s}$,此外 $C_D=1$,$C_L=0.25$,$C_R=1.2$,$\gamma_\text{m}=1839\text{kg/m}^3$,$\gamma=1374\text{kg/m}^3$。按这些参数对方程(3.3.72)进行数值积分后有下述结果(见表 3.3.6)。取 $\theta=60°$ 作为脱离绕 y 轴转动的位置,则此时质心切向速度为

$$u_0=r_0\varphi=\frac{a}{2}\sqrt{1+\lambda^{-2}}\,7.878=0.403\times7.878=3.18\text{m/s}$$

当 $\theta=60°$,$\lambda=8$ 时,其在 x 及 z 方向的分量为

$$u_x=u_0\sin(\theta-\alpha_1)=3.18\sin(60°-7.125°)=2.54\text{m/s}$$
$$u_z=u_0\cos(\theta-\alpha_1)=3.18\cos(60°-7.125°)=1.68\text{m/s}$$

若脱离绕 y 轴转动的角度为 $45°$,则

$$u_0=0.403\times6.573=2.65\text{m/s}$$
$$u_{x.0}=u_0\sin(\theta-\alpha_1)=2.65\sin(45°-7.125°)=1.627\text{m/s}$$
$$u_z=u_0\cos(\theta-\alpha_1)=2.65\cos(45°-7.125°)=2.092\text{m/s}$$

可见,土块初始转动后脱离床面的速度是很大的。当然,土块是否脱离绕 y 轴转动而逸出还取决于法线方向合力的大小。这一点下面还要专门进行分析。

表 3.3.6　土块转动时数字结果

$\theta/(°)$	T/s	$\varphi/(\text{rad/s})$
0	0	0
10	0.1062	0.3115
20	0.1543	0.4230
30	0.1923	5.180
40	0.2244	6.112
45	0.2387	6.573
50	0.2522	7.025
60	0.2770	7.8778
70	0.2998	8.621
72	0.3042	8.754
73	0.3064	8.817
74	0.3086	8.879
80	0.3215	9.217
89	0.3409	9.600

4. 土块初始转动维持的条件及法向力的平衡

土块绕 y 轴(图 3.3.10 中 C 点)的滚动,还必须有一个条件,就是法线方向主动力合力 N 的方向必须指向 y 轴(即指向图 3.3.10 中的 C 点),而土块在 C 点法线方向主动力的合力为

$$N = F_{D.n} + G'_n - F_{L.n} - P - R_n \qquad (3.3.80)$$

此处设沿内法线方向为正,$F_{L.n}$、R_n、$F_{D.n}$、G'_n 分别为力 F_L、R、F_D、G' 在法线(CB)方向的投影;而 P 为离心力,与法线重合,指向 B。显然,只有当 $N \geqslant 0$ 时,土块才能绕 y 轴旋转,否则 $N < 0$,则土块逸出。上述各力在法线方向的投影为

$$P = m \frac{1}{r_0} \left(r_0 \frac{\mathrm{d}\theta}{\mathrm{d}t} \right)^2 = \rho_{\mathrm{m}} \frac{a^3}{\lambda} r_0 \left(\frac{\mathrm{d}\theta}{\mathrm{d}t} \right)^2$$

$$= \frac{\rho_{\mathrm{m}} a^4}{2 \lambda} \sqrt{1 + \lambda^{-2}} \left(\frac{\mathrm{d}\theta}{\mathrm{d}t} \right)^2 \qquad (3.3.81)$$

此处利用了式(3.3.40)。

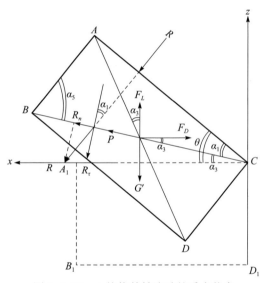

图 3.3.10　土块绕外轴滚动的受力状态

水流阻力的投影为

$$R_n = R \sin\alpha_1 = \frac{\rho C_R}{2} b \int_0^a \left(\frac{\mathrm{d}\theta}{\mathrm{d}t} \right)^2 2 r^2 \mathrm{d}r$$

$$= \frac{\rho C_R}{2} \frac{a^4}{3} \left(\frac{\mathrm{d}\theta}{\mathrm{d}t} \right)^2 \sin\alpha_1 = \frac{1}{6} \frac{\rho C_R a^4}{\lambda \sqrt{1 + \lambda^{-2}}} \left(\frac{\mathrm{d}\theta}{\mathrm{d}t} \right)^2 \qquad (3.3.82)$$

可见土块转动时水流阻力为

$$R = \frac{\rho C_R}{6} a^4 \left(\frac{\mathrm{d}\theta}{\mathrm{d}t} \right)^2 \qquad (3.3.83)$$

而不是式(3.3.56)中的 R'。

其余的力在法线方向的投影为

$$F_{D.n}=F_D\cos\alpha_3=\frac{C_D\rho}{2}V_b^2 b(a\sin\theta+c\cos\theta)\cos(\theta-\alpha_1)$$

$$=\frac{C_D\rho}{2}a^2 V_b^2\left(\sin\theta+\frac{1}{\lambda}\cos\theta\right)\left(\cos\theta+\frac{1}{\lambda}\sin\theta\right)\frac{1}{\sqrt{1+\lambda^{-2}}}$$

$$=\frac{C_D\rho}{2}a^2 V_b^2\left[\lambda^{-1}\sin^2\theta+\lambda^{-1}\cos^2\theta+\frac{1+\lambda^{-2}}{2}\sin(2\theta)\right]\frac{1}{\sqrt{1+\lambda^{-2}}}$$

$$=\frac{C_D\rho}{2}\frac{a^2 V_b^2}{\sqrt{1+\lambda^{-2}}}\left[\lambda^{-1}+\frac{1+\lambda^{-2}}{2}\sin(2\theta)\right] \tag{3.3.84}$$

$$F_{L.n}=F_L\sin\alpha_3=\frac{C_L\rho}{2}V_b^2 b(c\sin\theta+\cos\theta)\sin(\theta-\alpha_1)$$

$$=\frac{C_D\rho}{2}a^2 V_b^2\left(\frac{1}{\lambda}\sin\theta+\cos\theta\right)\left(\sin\theta-\frac{1}{\lambda}\cos\theta\right)\frac{1}{\sqrt{1+\lambda^{-2}}}$$

$$=\frac{C_D\rho}{2}a^2 V_b^2\left[\lambda^{-1}\sin^2\theta-\lambda^{-1}\cos^2\theta+\frac{1-\lambda^{-2}}{2}\sin(2\theta)\right]\frac{1}{\sqrt{1+\lambda^{-2}}} \tag{3.3.85}$$

$$G_n'=(\gamma_m-\gamma)abc\sin(\theta-\alpha_1)$$

$$=(\gamma_m-\gamma)\frac{a^3}{\lambda}\left(\sin\theta-\frac{1}{\lambda}\cos\theta\right)\frac{1}{\sqrt{1+\lambda^{-2}}} \tag{3.3.86}$$

上述三式的推导利用了式(3.3.70)、式(3.3.71)。

将式(3.3.81)、式(3.3.82)、式(3.3.84)、式(3.3.85)、式(3.3.86)代入式(3.3.80),可得

$$N=\frac{C_D\rho}{2}a^2 V_b^2\left[\lambda^{-1}+\frac{1+\lambda^{-2}}{2}\sin(2\theta)\right]\frac{1}{\sqrt{1+\lambda^{-2}}}-\frac{C_L\rho}{2}a^2 V_b^2\left[\lambda^{-1}\sin^2\theta-\lambda^{-1}\cos^2\theta\right.$$

$$\left.+\frac{1-\lambda^{-2}}{2}\sin(2\theta)\right]\frac{1}{\sqrt{1+\lambda^{-2}}}+(\gamma_m-\gamma)\frac{a^3}{\lambda}(\sin\theta-\lambda^{-1}\cos\theta)\frac{1}{\sqrt{1+\lambda^{-2}}}$$

$$-\frac{\rho_m}{2}\frac{a^4}{\lambda}\sqrt{1+\lambda^{-2}}\left(\frac{\mathrm{d}\theta}{\mathrm{d}t}\right)^2-\frac{1}{6}\frac{C_R\rho a^4}{\lambda\sqrt{1+\lambda^{-2}}}\left(\frac{\mathrm{d}\theta}{\mathrm{d}t}\right)^2$$

$$=\frac{C_D\rho}{2}\frac{a^2}{\lambda\sqrt{1+\lambda^{-2}}}\left\{\left[1+\frac{\lambda+\lambda^{-1}}{2}\sin(2\theta)\right]V_b^2-\frac{C_L}{C_D}\left[(\sin^2\theta-\cos^2\theta)\right.\right.$$

$$\left.-\frac{\lambda-\lambda^{-1}}{2}\sin(2\theta)\right]V_b^2+\frac{2a}{C_D}\frac{\gamma_m-\gamma}{\gamma}g(\sin\theta-\lambda^{-1}\cos\theta)$$

$$\left.-\left[\frac{\rho_m}{\rho C_D}(1+\lambda^{-2})+\frac{1}{3}\frac{C_R}{C_D}\right]a^2\left(\frac{\mathrm{d}\theta}{\mathrm{d}t}\right)^2\right\}$$

$$= \frac{C_D \gamma}{2g} \frac{a^2}{\lambda \sqrt{1+\lambda^{-2}}} \left\{ \left[1 + \left\{ \frac{\lambda}{2} \left(1 - \frac{C_L}{C_D} \right) + \frac{\lambda^{-1}}{2} \left(1 + \frac{C_L}{C_D} \right) \right\} \sin(2\theta) \right. \right.$$

$$\left. - \frac{C_L}{C_D} (\sin^2\theta - \cos^2\theta) \right] V_b^2 - \left(\frac{C_L}{C_D} \lambda - \lambda^{-1} \right) V_{b.c}^2 (\sin\theta - \lambda^{-1}\cos\theta)$$

$$\left. - \left[\frac{\rho_m}{\rho C_D} (1+\lambda^{-2}) + \frac{1}{3} \frac{C_R}{C_D} \right] a^2 \left(\frac{d\theta}{dt} \right)^2 \right\} \tag{3.3.87}$$

式(3.3.87)就是法线方向合力 N 的表达式。式中利用了式(3.3.64),即

$$V_{b.c} = \frac{2a}{C_D} \frac{\gamma_m - \gamma}{\gamma} g \frac{\cos\alpha_1}{\lambda \frac{C_L}{C_D} \cos\alpha_1 - \sin\alpha_1} = \frac{2a}{C_D} \frac{\gamma_m - \gamma}{\gamma} g \frac{1}{\lambda \frac{C_L}{C_D} - \lambda^{-1}}$$

为检验式(3.3.87),可以对比三种特殊情况下的合力 N。首先,当 $\theta = 0°$ 时,此时 $\frac{d\theta}{dt} = 0$,故由式(3.3.87)有

$$N = \frac{C_D \rho}{2g} \frac{a^2}{\lambda\sqrt{1+\lambda^{-2}}} \left[\left(1 + \frac{C_L}{C_D} \right) V_b^2 - \left(\frac{C_L}{C_D}\lambda - \lambda^{-1} \right) \frac{V_{b.c}^2}{\lambda} \right]$$

$$= \frac{C_D\rho}{2} bc V_b^2 \cos\alpha_1 + \frac{\rho C_D}{2} ba V_b^2 \sin\alpha_1 - \frac{2(\gamma_m - \gamma)g}{C_D\gamma} \frac{\rho C_D}{2} \frac{a^3}{\lambda\sqrt{1+\lambda^{-2}}}$$

$$= F_D \cos\alpha_1 + F_L \sin\alpha_1 - (\gamma_m - \gamma) \frac{a^3}{\lambda} \sin\alpha_1$$

$$= F_D \cos\alpha_1 + F_L \sin\alpha_1 - G' \sin\alpha_1 \tag{3.3.88}$$

此处利用了式(3.3.68)、式(3.3.69)。

上述结果与由图3.3.9直接考虑三种力在法线 CB 上的投影的结果是一致的。

其次,当 $\theta = \alpha_1$ 时,由式(3.3.87)有

$$N = \frac{\rho C_D}{2} \frac{a^2 V_b^2}{\lambda\sqrt{1+\lambda^{-2}}} \left\{ 1 + \frac{\lambda + \lambda^{-1}}{2} \sin(2\alpha_1) \right.$$

$$- \frac{C_L \rho}{2} \frac{a^2 V_b^2}{\lambda\sqrt{1+\lambda^{-2}}} \left[(\sin^2\alpha_1 - \cos^2\alpha_1) + \frac{\lambda - \lambda^{-1}}{2} \sin(2\alpha_1) \right]$$

$$+ \left(\frac{C_L}{C_D}\lambda - \lambda^{-1} \right) V_{b.c}^2 \left(\sin\alpha_1 - \frac{1}{\lambda}\cos\alpha_1 \right) \frac{\rho C_D}{2} \frac{a^3}{\lambda\sqrt{1+\lambda^{-2}}}$$

$$\left. - \left[\frac{\rho_m}{\rho C_D}(1+\lambda^{-2}) + \frac{1}{3}\frac{C_R}{C_D} \right] a^2 \left(\frac{d\theta}{dt} \right)^2 \frac{\rho C_D}{2} \frac{a^2}{\lambda\sqrt{1+\lambda^{-2}}} \right\} \tag{3.3.89}$$

注意到

$$\frac{C_D\rho}{2} \frac{a^2 V_b^2}{\lambda\sqrt{1+\lambda^{-2}}} \left[1 + (\lambda + \lambda^{-1}) \frac{1}{\lambda(1+\lambda^{-2})} \right]$$

$$= \frac{C_D\rho}{2} cb V_b^2 \cos\alpha_1 + \frac{C_D\rho}{2} ab \sin\alpha_1 = F_D$$

此处利用了 $\frac{1}{2}\sin(2\alpha_1)=\sin\alpha_1\cos\alpha_1=\frac{1}{\lambda(1+\lambda^{-2})}$，而

$$-\frac{C_L\rho}{2}\frac{a^2V_b^2}{\lambda\sqrt{1+\lambda^{-2}}}\left[\sin^2\alpha_1-\cos^2\alpha_1+\frac{\lambda-\lambda^{-1}}{2}\sin(2\alpha_1)\right]$$

$$=-\frac{C_L\rho}{2}\frac{a^2V_b^2}{\lambda\sqrt{1+\lambda^{-2}}}\left[\frac{1}{\lambda^2(1+\lambda^{-2})}-\frac{1}{1+\lambda^{-2}}+(\lambda-\lambda^{-1})\frac{1}{\lambda(1+\lambda^{-2})}\right]$$

$$=\frac{C_L\rho}{2}\frac{a^2V_b^2}{\lambda\sqrt{1+\lambda^{-2}}}\left[\frac{\lambda^2-1}{1+\lambda^{-2}}-\frac{1-\lambda^{-2}}{1+\lambda^{-2}}\right]\frac{1}{\lambda^2}=0$$

以及

$$\left(\frac{C_L}{C_D}\lambda-\lambda^{-1}\right)V_{b.c}^2\left(\sin\alpha^1-\frac{1}{\lambda}\cos\alpha_1\right)$$

$$=\left(\frac{C_L}{C_D}\lambda-\lambda^{-1}\right)V_{b.c}^2\left(\frac{1}{\lambda\sqrt{1+\lambda^{-2}}}-\frac{1}{\lambda\sqrt{1+\lambda^{-2}}}\right)=0$$

$$\frac{\rho_m}{\rho C_D}\frac{C_D\rho}{2}\frac{a^2}{\lambda\sqrt{1+\lambda^{-2}}}(1+\lambda^{-2})a^2\left(\frac{\mathrm{d}\theta}{\mathrm{d}t}\right)^2$$

$$=\rho_m\frac{a^3}{\lambda}\frac{a}{2}\sqrt{1+\lambda^{-2}}\left(\frac{\mathrm{d}\theta}{\mathrm{d}t}\right)^2=\rho_m\frac{a^3}{\lambda}r_0\frac{\mathrm{d}\theta}{\mathrm{d}t}=P$$

$$\frac{1}{3}\frac{C_R}{C_D}a^2\frac{\rho C_D}{2}\frac{a^2}{\lambda\sqrt{1+\lambda^{-2}}}\left(\frac{\mathrm{d}\theta}{\mathrm{d}t}\right)^2=\frac{1}{6}\frac{\rho C_R a^4}{\lambda\sqrt{1+\lambda^{-2}}}\left(\frac{\mathrm{d}\theta}{\mathrm{d}t}\right)^2=R\sin\alpha_1=R_n$$

这样当 $\theta=\alpha_1$ 时，由式(3.3.87)给出

$$N=F_D-P-R\sin\alpha_1 \tag{3.3.90}$$

这与图 3.3.9 直接得到的结果是一致的。

而当 $\theta=90°$ 时，由式(3.3.87)有

$$N=\frac{C_D\rho}{2}\frac{a^2V_b^2}{\lambda\sqrt{1+\lambda^{-2}}}-\frac{C_L\rho}{2}\frac{a^2V_b^2}{\lambda\sqrt{1+\lambda^{-2}}}+\left(\frac{C_L}{C_D}\lambda-\lambda^{-1}\right)V_{b.c}^2\frac{C_D\gamma}{2g}\frac{a^2}{\lambda\sqrt{1+\lambda^{-2}}}$$

$$-\frac{\rho_m}{\rho C_D}a^2(1+\lambda^{-2})a^2\left(\frac{\mathrm{d}\theta}{\mathrm{d}t}\right)^2\frac{C_D\rho}{2}\frac{a^2}{\lambda\sqrt{1+\lambda^{-2}}}-\frac{1}{3}\frac{C_R}{C_D}a^2\left(\frac{\mathrm{d}\theta}{\mathrm{d}t}\right)^2\frac{\rho C_D}{2}\frac{a^2}{\lambda\sqrt{1+\lambda^{-2}}}$$

$$=F_D\sin\alpha_1-F_L\cos\alpha+\frac{2}{C_D}\frac{\gamma_m-\gamma}{\gamma}ga\frac{C_D\gamma}{2g}\frac{a^2}{\lambda\sqrt{1+\lambda^{-2}}}$$

$$-\rho_m\frac{a^3}{\lambda}\frac{a}{2}\sqrt{1+\lambda^{-2}}\left(\frac{\mathrm{d}\theta}{\mathrm{d}t}\right)^2-\frac{C_D\rho}{2}\frac{a^4}{3}\left(\frac{\mathrm{d}\theta}{\mathrm{d}t}\right)^2\sin\alpha_1$$

$$=F_D\sin\alpha_1-F_L\cos\alpha_1+(\gamma_m-\gamma)\frac{a^3}{\lambda}\cos\alpha_1$$

$$-\rho_m\frac{a^3}{\lambda}r_0\left(\frac{\mathrm{d}\theta}{\mathrm{d}t}\right)^2-\frac{C_R\rho}{6}a^4\left(\frac{\mathrm{d}\theta}{\mathrm{d}t}\right)^2\sin\alpha_1=F_D\sin\alpha_1-F_L\cos\alpha_1+G'\cos\alpha_1-P-R\sin\alpha_1$$

$$\tag{3.3.91}$$

这与图 3.3.9 直接得到的结果是一致的。其中离心力总是沿法向方向,其数值不变。

为了使大家对法线方向合力有一个印象,现举出一个例子,它的有关参数与前面初始滚动方程例子中的参数一样。实际上,那里研究沿切线运动的方程,此处研究的是沿法线的合力。

将有关参数代入方程(3.3.87),可得

$$
\begin{aligned}
N &= \frac{1\times1374}{2\times9.81}\frac{0.8^2}{8\sqrt{1+8^{-2}}}\left\{\left[1+\frac{8+8^{-1}}{2}\sin(2\theta)\right]\times5.8^2-\left[\frac{1}{4}(\sin^2\theta-\cos^2\theta)\right.\right.\\
&\quad\left.+\frac{1}{4}\frac{8-8^{-1}}{2}\sin(2\theta)\right]\times5.8^2+\left(\frac{1}{4}\times8-8^{-1}\right)\times1.58^2\left(\sin\theta-\frac{1}{8}\cos\theta\right)\\
&\quad\left.-\left[\frac{1839}{1374}(1+8^{-2})+0.397\frac{1.2}{1+8^{-2}}\right]\times0.8^2\left(\frac{\mathrm{d}\theta}{\mathrm{d}t}\right)^2\right\}\\
&=5.559\left\{\left[1+3.078\sin(2\theta)-\frac{1}{4}(\sin^2\theta-\cos^2\theta)\right]\times33.64\right.\\
&\quad\left.+4.681\left(\sin\theta-\frac{1}{8}\cos\theta\right)-1.126\left(\frac{\mathrm{d}\theta}{\mathrm{d}t}\right)^2\right\}
\end{aligned}
$$

按上式计算,得到土块不同位置的合力如表 3.3.7 所示。表中的角速度由表 3.3.6 给出。可见对于所给的例子,当 $\theta<73°$ 时,合力 N 仍然为正,土块绕 y 轴转动;只是当 $\theta>74°$ 时,才开始为负,才能脱离床面而逸出。

表 3.3.7 土块转动时法向合力的变化

$\theta/(°)$	$\varphi=\dfrac{\mathrm{d}\theta}{\mathrm{d}t}/\mathrm{s}^{-1}$	法向合力/kg			法向合力 N/kg
		由 F_D 及 F_L 来	由 G' 来	由 R 及 P 来	
0	0	233.7	-3.25	0	230.5
10	3.155	427.8	1.32	-62.31	366.8
20	4.230	592.8	5.84	-112.0	486.6
30	5.180	708.8	10.2	-167.8	551.0
40	6.112	762.0	14.2	-233.8	542.4
45	6.573	762.6	16.1	-270.4	508.3
50	7.025	745.7	17.8	-308.9	454.6
60	7.878	662.1	20.9	-388.5	294.5
70	8.621	521.2	23.3	-465.2	79.3
73	8.733	470.1	23.9	-477.3	16.7
74	8.879	452.4	24.1	-493.5	-17.0

当然,由于支撑土块初始转动的 y 轴仅仅一条线,如果有滑动,即令反力 $N>0$,当其竖向速度 $u_{y,0}$ 很大时,也可能飞起。由于

$$u_{y.0} = r_0 \frac{\mathrm{d}\theta}{\mathrm{d}t} \cos(\theta - \alpha_1) \tag{3.3.92}$$

从表 3.3.7 可以看出,当 $\lambda = 8$ 时,在 $\theta = 46°$ 和

$$\theta - \alpha_1 = \theta - \arctan\frac{1}{8} = \theta - 7.125° = 45° - 7.125° = 37.875°$$

间,$\frac{\mathrm{d}\theta}{\mathrm{d}t}\cos(\theta - \alpha_1)$ 达到最大。简单起见,可取逸出角为 $\theta = 45°$。这样对于所给的例子,$u_{y.0} = 0.403 \times 6.573 \times \cos 37.875° = 2.092\,\mathrm{m/s}$。

3.3.8　土块的上浮运动

土块的上浮运动可分两个阶段,第一阶段是脱离床面,即上升至 $y = D_0$,此时由于颗粒在床面,仍受升力作用。第二阶段由 $y = D_0$ 升至最高点 y_M,然后下沉。在此阶段,土块已不受升力作用,而是受紊动猝发或流速竖向脉动分量及上升惯性作用上升至最高点。

1. 土块上升运动第一阶段

在上升第一阶段,土块的质心运动方程为

$$\frac{\gamma_m}{g}\frac{\pi D_0^3}{6}\frac{\mathrm{d}u_y}{\mathrm{d}t} = -\frac{\gamma}{2g}\frac{\pi D_0^3}{6}\frac{1}{2g}\frac{\mathrm{d}u_y}{\mathrm{d}t} + \frac{\gamma C_L}{2g}\frac{\pi D_0^2}{4}V_b^2 + (\gamma_m - \gamma)\frac{\pi D_0^3}{6} - \frac{\gamma C}{2g}\frac{\pi D_0^2}{4}u_y^2$$

式中,u_y 为颗粒上升的速度;C 为颗粒上升时的阻力系数。此式可变为

$$\frac{\mathrm{d}u_y}{\mathrm{d}t} = \left(\frac{\gamma_m}{g} + \frac{1}{2}\frac{\gamma}{g}\right)^{-1}\left[\frac{3}{4}\frac{\gamma}{g}C_L\frac{V_b^2}{D_0} - (\gamma_m - \gamma)g - \frac{3}{4}\frac{\gamma}{g}C\frac{u_y^2}{D_0}\right]$$

$$= a_1 - b_1 u_y^2 = b_1\left(\frac{a_1}{b_1} - u_y^2\right) \tag{3.3.93}$$

式中,

$$a_1 = \frac{3C_L}{4}\frac{\gamma}{\gamma_m + \frac{\gamma}{2}}\frac{V_b^2}{D_0} - \frac{\gamma_m - \gamma}{\gamma_m + \frac{\gamma}{2}}g = \frac{3C_L}{4}\frac{\gamma}{\gamma_m + \frac{\gamma}{2}}\frac{1}{D_0}(V_b^2 - V_{b.L}^2)$$

$$= \frac{\gamma_m - \gamma}{\gamma_m + \frac{\gamma}{2}}g\frac{V_b^2 - V_{b.L}^2}{V_{b.L}^2} \tag{3.3.94}$$

$$b = \frac{3C}{4}\frac{\gamma}{\gamma_m + \frac{\gamma}{2}}\frac{1}{D_0} = \frac{\gamma_m - \gamma}{\gamma_m + \frac{\gamma}{2}}g\frac{1}{\omega^2} \tag{3.3.95}$$

其中,

$$\omega = \sqrt{\frac{4}{3C}\frac{\gamma_m - \gamma}{\gamma}gD_0} \tag{3.3.96}$$

为土块沉速;

$$V_{b.L} = \sqrt{\frac{4}{3C_L}\frac{\gamma_m - \gamma}{\gamma}gD_0} = \sqrt{\frac{C}{C_L}}\omega \tag{3.3.97}$$

为在单纯上举力作用下,土块能够(起动)上升的临界底速。在 $t=0$, $u_y=u_{y.0}$; $t=t_1$, $u_y=u_{y.0}$ 对式(3.3.97)积分得

$$
t_1 = \begin{cases}
\dfrac{1}{\sqrt{a_1 b_1}}\left[\operatorname{artanh}\left(\sqrt{\dfrac{b_1}{a_1}}\,u_{y.D}\right) - \operatorname{artanh}\left(\sqrt{\dfrac{b_1}{a_1}}\,u_{y.0}\right)\right], & \dfrac{a_1}{b_1}-u_y^2>0 \text{ 或 } u_{y.D}\geqslant u_{y.0} \\[4mm]
\dfrac{1}{\sqrt{a_1 b_1}}\left[\operatorname{arcoth}\left(\sqrt{\dfrac{b_1}{a_1}}\,u_{y.D}\right) - \operatorname{arcoth}\left(\sqrt{\dfrac{b_1}{a_1}}\,u_{y.0}\right)\right], & \dfrac{a_1}{b_1}-u_y^2<0 \text{ 或 } u_{y.D}<u_{y.0}
\end{cases}
$$
(3.3.98)

这里利用 $\dfrac{a_1}{b_1}-u_y^2>0$,为加速运动,故 $u_y\geqslant u_{y.0}$; $\dfrac{a_1}{b_1}<u_y^2<0$,为减速运动,故 $u_y<u_{y.0}$。

另将式(3.3.93)改写为

$$
\frac{du_y}{dy}\frac{dy}{dt}=\frac{1}{2}\frac{du_y^2}{dy}=a_1-b_1 u_y^2
$$
(3.3.99)

积分式(3.3.99),并取条件 $y=0$, $u_y=u_{y.0}$; $y=D_0$, $u_y=u_{y.D}$,故

$$
D_0=\frac{1}{2b_1}\ln\frac{\dfrac{a_1}{b_1}-u_{y.0}^2}{\dfrac{a_1}{b_1}-u_{y.D}^2}
$$

$$
u_{y.D}^2=\frac{a_1}{b_1}(1-e^{-2b_1 D_0})+u_{y.0}^2 e^{-2b_1 D_0}
$$
(3.3.100)

注意到式(3.3.93)、式(3.3.95),则上述各式中有关参数为

$$
\sqrt{a_1 b_1}=\sqrt{\frac{3C_L}{4}\frac{\gamma}{\gamma_m+\frac{\gamma}{2}}\frac{1}{D_0}(V_b^2-V_{b.L}^2)\frac{\gamma_m-\gamma}{\gamma_m+\frac{\gamma}{2}}\frac{g}{\omega^2}}=\frac{\gamma_m-\gamma}{\gamma_m+\frac{\gamma}{2}}g\frac{\sqrt{V_b^2-V_{b.L}^2}}{\omega V_{b.L}}
$$
(3.3.101)

$$
\frac{a_1}{b_1}=\frac{V_b^2-V_{b.L}^2}{V_{b.L}^2}\omega^2=\frac{C_L}{C}(V_b^2-V_{b.L}^2)
$$
(3.3.102)

故式(3.3.100)、式(3.3.98)为

$$
u_{y.D}^2=\frac{C_L}{C}(V_b^2-V_{b.1}^2)\left(1-e^{-2\frac{\gamma_m-\gamma}{\gamma_m+\frac{\gamma}{2}}\frac{gD_0}{\omega^2}}\right)+u_{y.0}^2 e^{-2\frac{\gamma_m-\gamma}{\gamma_m+\frac{\gamma}{2}}\frac{gD_0}{\omega^2}}
$$
(3.3.103)

$$
t_1=\begin{cases}
\dfrac{\gamma_m+\frac{\gamma}{2}}{(\gamma_m-\gamma)g}\dfrac{\omega V_{b.L}}{\sqrt{V_b^2-V_{b.L}^2}}\left[\operatorname{artanh}\left(\sqrt{\dfrac{C}{C_L}}\dfrac{u_{y.D}}{\sqrt{V_b^2-V_{b.L}^2}}\right)-\operatorname{artanh}\left(\sqrt{\dfrac{C}{C_L}}\dfrac{u_{y.0}}{\sqrt{V_b^2-V_{b.L}^2}}\right)\right], \\
\qquad u_{y.D}\geqslant u_{y.0} \\[4mm]
\dfrac{\gamma_m+\frac{\gamma}{2}}{(\gamma_m-\gamma)g}\dfrac{\omega V_{b.1}}{\sqrt{V_b^2-V_{b.L}^2}}\left[\operatorname{arcoth}\left(\sqrt{\dfrac{C}{C_L}}\dfrac{u_{y.D}}{\sqrt{V_b^2-V_{b.L}^2}}\right)-\operatorname{arcoth}\left(\sqrt{\dfrac{C}{C_L}}\dfrac{u_{y.D}}{\sqrt{V_b^2-V_{b.L}^2}}\right)\right], \\
\qquad u_{y.D}<u_{y.0}
\end{cases}
$$
(3.3.104)

上述各式中的 $u_{y,0}$ 由式(3.3.92)给出。

　　现在举一个例子,以便读者有一个印象。设 $V_b = 5.80 \text{m/s}, C_L = 0.25, C = 1.2, D_0 = 0.4963\text{m}, \gamma_m = 1839\text{kg/m}^3, \gamma = 1374\text{kg/m}^3, u_{y,0} = 1.873\text{m/s}$。故有关参数为 $V_L = 2.964\text{m/s}, \omega = 1.353\text{m/s}, b_1 = 0.9866, \dfrac{a_1}{b_1} = 5.178$,则由式(3.3.103)求得 $u_{y,D} = 2.133\text{m/s}$,由式(3.3.104)中第二式求得 $t_1 = 0.2024\text{s}$,而平均上升速度 $\bar{u}_y$ 为 2.024m/s。

2. 土块上升运动第二阶段

　　土块在第二阶段上升时,升力已消失。但有竖向脉动分速及重力和阻力作用。尚需说明的是,在第一阶段不考虑竖向脉动分速的原因,是因为在近底层它很小,而在上升一个 D_0 以后,它获得较为稳定的值,在短时间内基本上保持下去直至水面。这点可以从其沿垂线分布看出。因此,假定 V_y 在土块上升的过程中不变。此时质心运动方程为

$$\frac{\pi}{6} D_0^3 \frac{\gamma_m}{g} \frac{du_y}{dt} = -\frac{1}{2} \frac{\pi}{6} D_0^3 \frac{\gamma}{g} \frac{du_y}{dt} - (\gamma_m - \gamma) \frac{\pi}{6} D_0^3 + \frac{C}{2} \frac{\gamma}{g} \frac{\pi}{4} D_0^2 (V_y - u_y) |V_y - u_y|$$

$$(3.3.105)$$

注意到式(3.3.96),化简后得

$$\begin{aligned}
\frac{du_y}{dt} &= \frac{3}{4} \frac{C\gamma}{\gamma_m + \dfrac{\gamma}{2}} \frac{(V_y - u_y) |V_y - u_y|}{D_0} - \frac{\gamma_m - \gamma}{\gamma_m + \dfrac{\gamma}{2}} g \\
&= \frac{\gamma_m - \gamma}{\gamma_m - \dfrac{\gamma}{2}} g \left[\frac{(V_y - u_y) |V_y - u_y|}{\omega^2} - 1 \right] \\
&= -a_0 \left[1 - \frac{(V_y - u_y) |V_y - u_y|}{\omega^2} \right]
\end{aligned} \qquad (3.3.106)$$

式中,

$$a_0 = \frac{\gamma_m - \gamma}{\gamma_m + \dfrac{\gamma}{2}} g \qquad (3.3.107)$$

V_y 为水流竖向瞬时流速。若与纵向速度类似,它在起动时向上最大脉动值取为[1]

$$V_y = 3\sigma_y \approx 3u_* = 3 \frac{V_b}{7.908} = 0.379 V_b \qquad (3.3.108)$$

它出现的概率为 0.00135。可见式(3.3.106)只是在很小概率下才正确。积分式(3.3.105)需要区分 $\dfrac{V_y - u_y}{\omega}$ 大小不同的情况。

(1) 若 $\dfrac{V_y - u_y}{\omega} > 1 \left(\dfrac{V_y - u_{y.D}}{\omega} > 1 \right)$，则

$$\frac{\mathrm{d}u_y}{\mathrm{d}t} = -a_0 \left[1 - \frac{(V_y - u_y)|V_y - u_y|}{\omega^2} \right] = a_0 \left[\frac{(V_y - u_y)^2}{\omega} - 1 \right] \quad (3.3.109)$$

现在需要证明若 $\dfrac{V_y - u_y}{\omega} > 1$ 必有 $\dfrac{V_y - u_{y.D}}{\omega} > 1$。反之亦然，故判别条件 $\dfrac{V_y - u_{y.D}}{\omega} > 1$ 等价于 $\dfrac{V_y - u_y}{\omega} > 1$。其中 $u_{y.D}$ 是土块上升第二阶段的初速。

首先，若 $\dfrac{V_y - u_y}{\omega} > 1$，由于方程为加速运动，$u_y > u_{y.D}$，必有 $\dfrac{V_y - u_{y.D}}{\omega} > \dfrac{V_y - u_y}{\omega} > 1$；反之，若 $\dfrac{V_y - u_{y.D}}{\omega} > 1$，则按加速运动，此时 $u'_{y.c} > u_{y.D}$，$u'_{y.c} = u_{y.c} - \varepsilon = (V_y - \omega) + \varepsilon$，故有 $\dfrac{V_y - u_y}{\omega} > \dfrac{V_y - u'_{y.c}}{\omega} > \dfrac{V_y - u_{y.c}}{\omega} > \dfrac{V_y - (V_y - \omega)}{\omega} = 1$。此处 $u_{y.c}$ 为土块最终的匀速度，ε 为一个微小量。从式 (3.3.109) 可见，土块为加速运动，由于 u_y 不断增加至 $u'_{y.c}$，故后者最后趋向

$$u_{y.c} = V_y - \omega \quad (3.3.110)$$

在条件 $t = t_1$，$u_y = u_{y.D}$，$t = t_2$，$u_y = u'_{y.c}$ 下积分式 (3.3.109)，有

$$t_2 - t_1 = \frac{\omega}{a_0} \int_{u_{y.D}}^{u'_{y.c}} \frac{\mathrm{d}\left(\dfrac{V_y - u_y}{\omega} \right)}{1 - \left(\dfrac{V_y - u_y}{\omega} \right)^2} = \frac{\omega}{a_0} \left(\operatorname{arcoth} \frac{V_y - u'_{y.c}}{\omega} - \operatorname{arcoth} \frac{V_y - u_{y.D}}{\omega} \right)$$

$$= \frac{\omega}{2a_0} \left[\ln \frac{\dfrac{V_y - u'_{y.c}}{\omega} + 1}{\dfrac{V_y - u'_{y.c}}{\omega} - 1} - \ln \frac{\dfrac{V_y - u_{y.D}}{\omega} + 1}{\dfrac{V_y - u_{y.D}}{\omega} - 1} \right] \quad (3.3.111)$$

其次，有

$$\frac{1}{2} \frac{\mathrm{d}u_y^2}{\mathrm{d}y} = \frac{\omega^2}{2} \frac{\mathrm{d}}{\mathrm{d}y} \left(\frac{V_y - u_y}{\omega} \right)^2 + \omega V_y \frac{\mathrm{d}}{\mathrm{d}y} \left(\frac{u_y}{\omega} \right) \quad (3.3.112)$$

另外，式 (3.3.109) 可改写为

$$\frac{\mathrm{d}u_y}{\mathrm{d}y} = \frac{\mathrm{d}u_y}{\mathrm{d}y} \frac{\mathrm{d}y}{\mathrm{d}t} = \frac{1}{2} \frac{\mathrm{d}u_y^2}{\mathrm{d}y} = a_0 \left[\left(\frac{V_y - u_y}{\omega} \right)^2 - 1 \right] \quad (3.3.113)$$

从而注意到式 (3.3.112)，有

$$\frac{\omega^2}{2} \frac{\mathrm{d}}{\mathrm{d}y} \left(\frac{V_y - u_y}{\omega} \right)^2 + \omega V_y \frac{\mathrm{d}}{\mathrm{d}y} \left(\frac{u_y}{\omega} \right) = a_0 \left[\left(\frac{V_y - u_y}{\omega} \right)^2 - 1 \right] \quad (3.3.114)$$

在 $y = D_0$，$u_y = u_{y.0}$，$u_y = u'_{y.c}$ 的条件下，积分式 (3.3.114)，有

$$y_c - D_0 = \frac{\omega^2}{2a_0} \int_{u_{y.D}}^{u'_{y.c}} \frac{\mathrm{d}\left(\dfrac{V_y - u_y}{\omega}\right)^2}{\left(\dfrac{V_y - u_y}{\omega}\right)^2 - 1} - \frac{\omega V_y}{a_0} \int_{u_{y.D}}^{u'_{y.c}} \frac{\mathrm{d}\left(\dfrac{V_y - u_y}{\omega}\right)}{\left(\dfrac{V_y - u_y}{\omega}\right)^2 - 1}$$

$$= \frac{\omega^2}{2a_0} \ln \frac{\left(\dfrac{V_y - u'_{y.c}}{\omega}\right)^2 - 1}{\left(\dfrac{V_y - u_{y.D}}{\omega}\right)^2 - 1} + \frac{\omega V_b}{a_0}\left(\text{arcoth}\, \frac{V_y - u'_{y.c}}{\omega} - \text{arcoth}\, \frac{V_y - u_{y.D}}{\omega}\right)$$

$$= V_b(t_2 - t_1) + \frac{\omega^2}{2a_0} \ln \frac{\left(\dfrac{V_y - u'_{y.c}}{\omega}\right)^2 - 1}{\left(\dfrac{V_y - u_{y.D}}{\omega}\right)^2 - 1} \tag{3.3.115}$$

此处利用了式(3.3.111)。式(3.3.115)及以后有关各式中,均有

$$u'_{y.c} = \begin{cases} u_{y.c} = V_y - \omega, & V_y - \omega > 0 \\ u_{y.c} = 0, & V_y - \omega \leqslant 0 \\ u_{y.c} - 0.0001, & \dfrac{V_y - u_y}{\omega} > 1 \\ u_{y.c} + 0.0001, & \dfrac{V_y - u_y}{\omega} < 1 \end{cases} \tag{3.3.116}$$

式(3.3.116)右边第三种、第四种情况,是积分对于 $u_{y.c}$ 为奇异积分。此外,式(3.3.115)中第二项一般为负。但是如果 $V_y = 0$,$u'_{y.c} = 0$,则该式给出

$$y_c = \frac{\omega^2}{2a_0} \ln \frac{1}{1 - \left(\dfrac{u_{y.0}}{\omega}\right)^2} = \frac{\omega^2}{2a_0} \ln \left(\frac{\omega}{\omega - u_{y.D}}\right)^2 \tag{3.3.117}$$

可见该项在形式上为正号也是合理的。

(2) $0 < \dfrac{V_y - u_y}{\omega} < 1 \left(即\ 0 < \dfrac{V_y - u_{y.D}}{\omega} < 1\right)$,则

$$\frac{\mathrm{d}u_y}{\mathrm{d}t} = -a_0 \left[1 - \frac{(V_y - u_y)^2}{\omega^2}\right] \tag{3.3.118}$$

即 u_y 由 $u_y = u_{y.D}$ 不断减速至 $u_y \to u'_{y.c}$。此时若 $V_y - \omega > 0$,则 $u'_{y.c} = u_{y.c} + 0.0001$;若 $V_y - \omega < 0$,则 $u'_{y.c} = u_{y.c} + 0.0001 = 0.0001$。现在先证明 $0 < \dfrac{V_y - u_y}{\omega} < 1$ 与 $0 < \dfrac{V_y - u_{y.D}}{\omega} < 1$ 是等价的。事实上,若 $0 < \dfrac{V_y - u_y}{\omega} < 1$,此时式(3.3.118)为减速运动。由于 $u_{y.D} > u_y$,必有 $0 < \dfrac{V_y - u_{y.D}}{\omega} < \dfrac{V_y - u_y}{\omega} < 1$。反之,若 $\dfrac{V_y - u_{y.D}}{\omega} < 1$,$u_{y.D} > u_y \geqslant u'_{y.c} + 0.001$,则

$$0 < \frac{V_y - u_{y.D}}{\omega} < \frac{V_y - u_y}{\omega} < \frac{V_y - (u_{y.c} + 0.0001)}{\omega} = \frac{V_y - (V_y - \omega + 0.0001)}{\omega} < 1$$

在 $t=t_1$，$u_y=u_{y.D}$；$t=t_2$，$u_y=u'_{y.c}$ 条件下积分上式，有

$$t_2 - t_1 = +\frac{\omega}{a_0} \int_{u_{y.D}}^{u'_{y.c}} \frac{\mathrm{d}\left(\dfrac{V_y - u_y}{\omega}\right)}{1 - \left(\dfrac{V_y - u_y}{\omega}\right)^2}$$

$$= \frac{\omega}{a_0}\left(\mathrm{arth}\,\frac{V_y - u'_{y.c}}{\omega} - \mathrm{arth}\,\frac{V_y - u_{y.D}}{\omega}\right)$$

$$= \frac{\omega}{2a_0}\left[\ln\frac{1 + \dfrac{V_y - u'_{y.c}}{\omega}}{1 - \dfrac{V_y - u'_{y.c}}{\omega}} - \ln\frac{1 + \dfrac{V_y - u_{y.D}}{\omega}}{1 - \dfrac{V_y - u_{y.D}}{\omega}}\right] \tag{3.3.119}$$

注意到式(3.3.112)及式(3.3.118)，有

$$\frac{\omega^2}{2}\frac{\mathrm{d}}{\mathrm{d}y}\left(\frac{V_y - u_y}{\omega}\right)^2 + \omega V_y \frac{\mathrm{d}}{\mathrm{d}y}\left(\frac{u_y}{\omega}\right) = -a_0\left[1 - \left(\frac{V_y - u_y}{\omega}\right)^2\right] \tag{3.3.120}$$

在同样边界条件下积分，有

$$y_c - D_0 = -\frac{\omega^2}{2a_0}\int_{u_{y.D}}^{u'_{y.c}}\frac{\mathrm{d}\left(\dfrac{V_y - u_y}{\omega}\right)^2}{1 - \left(\dfrac{V_y - u_y}{\omega}\right)^2} + \frac{\omega V_y}{a_0}\int_{u_{y.D}}^{u'_{y.c}}\frac{\mathrm{d}\left(\dfrac{V_y - u_y}{\omega}\right)}{1 - \left(\dfrac{V_y - u_y}{\omega}\right)^2}$$

$$= \frac{\omega^2}{2a_0}\ln\frac{1 - \left(\dfrac{V_y - u'_{y.c}}{\omega}\right)^2}{1 - \left(\dfrac{V_y - u'_{y.c}}{\omega}\right)^2} + \frac{\omega V_y}{a_0}\left(\mathrm{arth}\,\frac{V_y - u'_{y.c}}{\omega} - \mathrm{arth}\,\frac{V_y - u_{y.D}}{\omega}\right)$$

$$= V_y(t_2 - t_1) + \frac{\omega^2}{2a_0}\ln\frac{1 - \left(\dfrac{V_y - u'_{y.c}}{\omega}\right)^2}{1 - \left(\dfrac{V_y - u_{y.D}}{\omega}\right)^2} \tag{3.3.121}$$

(3) $\dfrac{V_y - u_{y.D}}{\omega} < 0$。此时按式(3.3.106)，土块将不断减速，$u_y$ 从 $u_y = u_{y.D}$ 减少至 $u_y \to 0$。但是当 u_y 很小时，$\dfrac{V_y - u_y}{\omega}$ 将大于零，故又属于 $0 < \dfrac{V_y - u_y}{\omega} < 1$。这样 $\dfrac{V_y - u_{y.D}}{\omega} < 0$ 又分成两段。以

$$u_{y.K} = V_y \tag{3.3.122}$$

为界。第一段为 $u_{y.D} \geqslant u_y \geqslant u_{y.K}$，此时 $\dfrac{V_y - u_y}{\omega} < 0$，故由式(3.3.106)给出

$$\frac{\mathrm{d}u_y}{\mathrm{d}t} = -a_0\left[1 + \frac{(V_y - u_y)^2}{\omega^2}\right] \tag{3.3.123}$$

在 $t=t_1$，$u_y=u_{y.D}$；$t=t'_2$，$u_y=u_{y.K}$ 条件下积分式(3.3.123)，有

$$t'_2 - t_1 = -\frac{\omega}{a_0} \int_{u_{y.D}}^{u_{y.K}} \frac{\mathrm{d}\left(\dfrac{u_y - V_y}{\omega}\right)}{1 + \left(\dfrac{u_y - V_y}{\omega}\right)^2}$$

$$= \frac{\omega}{a_0}\left(\arctan\frac{u_{y.D} - V_y}{\omega} - \arctan\frac{u_{y.K} - V_y}{\omega}\right)$$

$$= \frac{\omega}{a_0}\arctan\frac{u_{y.D} - V_y}{\omega} \tag{3.3.124}$$

此处利用了类似式(3.3.121)的关系。对于第二段,即当 $u_{y.K} > u_y > 0$ 时,在 $t = t'_1$, $u_y = u_{y.D}$;$t = t_2$,$u_y = u_{y.K}$ 条件下积分式(3.3.123),有

$$t_2 - t'_2 = \frac{\omega}{a_0}\left(\text{arth}\frac{V_y}{\omega} - \text{arth}\frac{V_y - u_{y.K}}{\omega}\right) = \frac{\omega}{a_0}\text{arth}\frac{V_y}{\omega}$$

这样

$$t_2 - t_1 = t'_2 - t_1 + t_2 - t'_2 = \frac{\omega}{a_0}\left(\arctan\frac{u_{y.D} - V_y}{\omega} + \text{arth}\frac{V_y}{\omega}\right) \tag{3.3.125}$$

　　与前面推导类似,现在来求 y_c。仍然分两段,于是对于 $u_{y.D} \geqslant u_y \geqslant u_{y.K}$ 的第一段,有

$$y'_c - D_0 = -\frac{\omega^2}{2a_0}\int_{u_{y.D}}^{u_{y.k}} \frac{\mathrm{d}\left(\dfrac{u_y - V_y}{\omega}\right)^2}{1 + \left(\dfrac{u_y - V_y}{\omega}\right)^2} - \frac{\omega V_y}{a_0}\int_{u_{y.D}}^{u_{y.k}} \frac{\mathrm{d}\left(\dfrac{u_y - V_y}{\omega}\right)}{1 + \left(\dfrac{u_y - V_y}{\omega}\right)^2}$$

$$= -\frac{\omega^2}{2a_0}\ln\frac{1 + \left(\dfrac{u_{y.K} - V_y}{\omega}\right)^2}{1 + \left(\dfrac{u_{y.D} - V_y}{\omega}\right)^2} + \frac{V_y\omega}{a_0}\left(\arctan\frac{u_{y.D} - V_y}{\omega} - \arctan\frac{u_{y.K} - V_y}{\omega}\right)$$

$$= V_y(t'_2 - t_1) - \frac{\omega^2}{2a_0}\ln\frac{1}{1 + \left(\dfrac{u_{y.D} - V_y}{\omega}\right)^2}$$

$$= V_y(t'_2 - t_1) + \frac{\omega^2}{2a_0}\ln\left[1 + \left(\frac{u_{y.D} - V_y}{\omega}\right)^2\right] \tag{3.3.126}$$

对于 $u_{y.K} > u_y \geqslant 0$,类似的推导给出

$$y_c - y'_c = V_y(t_2 - t'_2) - \frac{\omega^2}{2a_0}\ln\left[1 - \left(\frac{V_y - u_{y.D}}{\omega}\right)^2\right] \tag{3.3.127}$$

两段相加,则

$$y_c - D_0 = y_c - y'_c + y'_c - D_0$$

$$= V_y(t_2 - t_1) + \frac{\omega^2}{2a_0}\left\{\ln\left[1 + \left(\frac{u_{y.D} - V_y}{\omega}\right)^2\right] - \ln\left[1 - \left(\frac{V_y - u_{y.D}}{\omega}\right)^2\right]\right\}$$

$$\tag{3.3.128}$$

　　(4) 若 $V_y = 0$,即不存在竖向脉动速度,则式(3.3.106)为

$$\frac{\mathrm{d}u_y}{\mathrm{d}t} = -a_0 \left[1 + \left(\frac{u_y}{\omega}\right)^2\right] \qquad (3.3.129)$$

此时为减速运动，u_y 由 $u_{y.D}$ 不断减小至 u_y，趋近 $u'_{y.c} \rightarrow u_{y.c}=0$。积分后有

$$t_2 - t_1 = \frac{\omega}{a_0}\left(\arctan\frac{u_{y.D}}{\omega} - \arctan\frac{0.0001}{\omega}\right) \approx \frac{\omega}{a_0}\arctan\frac{u_{y.D}}{\omega} \qquad (3.3.130)$$

另外，由

$$\frac{\omega^2}{a_0}\frac{\mathrm{d}}{\mathrm{d}y}\left(\frac{u_y}{\omega}\right)^2 = -a_0\left[1 + \left(\frac{u_y}{\omega}\right)^2\right] \qquad (3.3.131)$$

积分得到

$$y_c - D_0 = -\frac{\omega^2}{2a_0}\int_{u_{y.D}}^{0.0001}\frac{\mathrm{d}\left(\frac{u_y}{\omega}\right)^2}{1+\left(\frac{u_y}{\omega}\right)^2} = \frac{\omega^2}{2a_0}\ln\frac{1+\left(\frac{u_{y.D}}{\omega}\right)^2}{1+\left(\frac{0.0001}{\omega}\right)^2} \approx \frac{\omega^2}{2a_0}\ln\left[1+\left(\frac{u_{y.D}}{\omega}\right)^2\right]$$

$$(3.3.132)$$

注意到，当 $V_y=0$ 时，$u_{y.K}=0$，此时式（3.3.123）等可直接在 $t=t_1$，$u_y=u_{y.D}$；$t=t_2$，$u_y=u_{y.K}=0$ 区间积分，于是式（3.3.124）转换为式（3.3.130），式（3.3.126）转换为式（3.3.132）。可见，$\dfrac{V_y-u_y}{\omega}<0$ 包含了 $V_y=0$ 的情况。

上面分四种情况研究了土块在上升第二阶段的运动。其中第四种情况 $V_y=0$，$\dfrac{V_y-u_y}{\omega}<0$ 实际包含于第三种情况中，所以第二阶段的上升运动只有三种情况。这三种情况的判别参数以采用 $\dfrac{V_y-u_{y.D}}{\omega}$ 较方便。

需指出的是，对于 $u_{y.c}=0$ 的情况，土块上升至最大高度 $y_m=y_c$，相应的时间为 $t_M=t_c$；而当 $u_{y.c}>0$ 时，包括 $\dfrac{V_y-u_{y.D}}{\omega}<1$ 和 $\dfrac{V_y-u_{y.D}}{\omega}>1$ 两种情况，当 $y<h$ 时，土块最后要趋于匀速 u_c，而上升至水面，即 $y_m=h$，相应的时间为 t_M。综合起来，土块上升的最大高度为

$$y_M = \begin{cases} h, & u_{y.c}>0 \\ y_c, & u_{y.c}=0 \end{cases} \qquad (3.3.133)$$

它到达的时间为

$$t_M = \begin{cases} t_2 + \dfrac{h-y_c}{u_{y.c}}, & u_{y.c}>0 \\ t_2, & u_{y.c}=0 \end{cases} \qquad (3.3.134)$$

当然，上述两式是在 $y_c<h$ 时。如果 $y_c>h$，则应将上述有关 t_2 及 y_c 的方程中的 t_2、y_c 和 $u_{y.c}$ 换成 t_M、h 和 $u_{y.h}$，然后由 h 求出 $u_{y.h}$ 及 t_m。为了让读者对颗粒第二阶段上升运动有一印象，表3.3.8给出土块上升第二阶段运动情况举例。相应的

条件为 $D_0=0.4963\mathrm{m}$, $\gamma_m=1839\mathrm{kg/m^3}$, $\gamma=1374\mathrm{kg/m^3}$, 因而 $a_0=1.806\mathrm{m/s^2}$。表中列出了不同参数时 t_c、t_m、y_c、y_m 等。可以看出, 土块上升的高度与 $u_{y.c}=V_y-\omega$ 有很大关系。表中的水深统一取为 4m, 可见土块如果能上升到水面, 时间是很快的(如1、2、7、9等资料)。现在再补充说明两点:第一, 表中的 3 号资料 $\dfrac{V_y-u_{y.D}}{\omega}<0$, 故采用式(3.3.124)和式(3.3.127)分别计算 t_c-t_1 及 y_c-D_0。第二, 对于 9 号资料, 如果按速度最后趋近于 $u_{y.c}=2.198-1.353=0.845\mathrm{m/s}$, 则算出的 y_m 将大于水深。故而是通过试算求出 $u_{y.h}$ 的。由于 $u_{y.D}=2.133>u_{y.c}=2.198-1.353=0.845$, 故为减速运动, 采用式(3.3.119)和式(3.3.121), 经试算求出 $u_{y.h}=0.8453>u_{y.c}$, $y_c-D_0=3.5075$, $y_c=y_M=4.00\mathrm{m}$, $t_2-t_1=t_M-t_1=3.3755\mathrm{s}$。

表 3.3.8　土块上升第二阶段运动情况举例

资料编号	1	2	3	4	5	6	7	8	9
$\omega/(\mathrm{m/s})$	1.353	1.353	1.353	1.353	1.353	1.353	1.353	1.353	1.353
$V_y/(\mathrm{m/s})$	1.895	1.700	0.300	0.800	1.300	1.353	1.500	0.500	2.198
$u_{y.D}/(\mathrm{m/s})$	0.4149	0.4149	0.4149	0.4149	0.4149	0.4149	0.4199	0.4199	2.133
$u_{y.c}/(\mathrm{m/s})$	0.542	0.347	0	0	0	0	0.147	0	0.845
t_2-t_1/s	2.6626	2.4534	0.2252	0.2900	0.8803	3.1847	2.9971	0.2435	3.3755
y_c-D_0/m	1.3959	0.8770	0.0470	0.0567	0.1043	0.1688	0.5463	0.0493	3.5075
$\bar{u}_y/(\mathrm{m/s})$	0.5245	0.3575	0.2252	0.1954	0.1018	0.0530	0.1822	0.2025	1.039
y_M/m	4.000	4.000	0.5433	0.5530	0.6006	0.6651	4.000	0.5456	4.00
t_M-t_1/s	6.5561	10.0231	0.2252	0.2900	0.8803	3.1847	20.1183	0.2435	3.3755
$u_{y.M}/(\mathrm{m/s})$	0.542	0.347	0	0	0	0	0.147	0	0.8453
$u'_{y.c}/(\mathrm{m/s})$	0.5419	0.3419	0.0001	0.0001	0.0001	0.0001	0.1471	0.0001	0
y_c/m	1.8922	1.3733	0.5433	0.5530	0.6006	0.6651	1.0426	0.5456	4.00
$\dfrac{V_y-u_{y.D}}{\omega}$	1.9039	0.9498	−0.0849	0.2846	0.6541	0.6933	0.7983	0.0592	0.048

3.3.9　土块露出水面、下沉及纵向运动

1. 土块露出水面的分析

在发生揭底冲刷时, 当水流强度很大时, 冲起的土块不仅能到达水面, 而且还能露出水面, 正如引言中所引用的对现象的描述。此时促使土块上升的可能是大的涡旋, 或者强烈冲刷坑下端向上的时均流速分量, 以紊动向上分速 V_y 来表示。当然, V_y 出现的概率是很小的, 所以揭底冲刷的土块能够明显露出水面的现象也

是很少的。

　　当土块到达水面时,如上升速度大于零,就能在瞬间露出水面。事实上,设土块顶部(bc 面)贴于水面,若忽略水中土块四周的摩擦力及附加质量力,则作用于土块上的力仅有 V_y 形成向上的推力和土块重力,初始速度为 $u_{y.c}$。故其运动方程为(见图 3.3.11)

$$\frac{\gamma_m}{g}abc\frac{\mathrm{d}u_y}{\mathrm{d}t}=\frac{C\gamma}{2g}bcV_y^2-\left[(\gamma_m-\gamma)\left(\frac{a}{2}-\Delta\right)+\gamma_m\left(\frac{a}{2}+\Delta\right)\right]bc \quad (3.3.135)$$

式中,Δ 为土块质心超出水面的高度,而右边第二项为土块的重力。

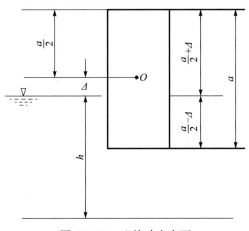

图 3.3.11　土块冲出水面

　　式(3.3.135)可改写为

$$\frac{\mathrm{d}u_y}{\mathrm{d}t}=\frac{C}{2}\frac{\gamma}{\gamma_m}\frac{V_y^2}{a}-\left[(\gamma_m-\gamma)\left(\frac{1}{2}-\frac{\Delta}{a}\right)+\gamma_m\left(\frac{1}{2}+\frac{\Delta}{a}\right)\right]\frac{g}{\gamma_m} \quad (3.3.136)$$

其中方括号中的值为土块的容重。注意到式(3.3.10)和式(3.3.96),有

$$\frac{C}{2}\frac{\gamma}{\gamma_m}\frac{V_y^2}{a}=\frac{2}{3}\left[\frac{3}{4}c\frac{\gamma V_y^2}{(\gamma_m-\gamma)gD_0}\left(\frac{6}{\pi\lambda}\right)^{\frac{1}{3}}\frac{\gamma_m-\gamma}{\gamma_m}g\right]=\frac{0.8271}{\lambda^{\frac{1}{3}}}\frac{\gamma_m-\gamma}{\gamma_m}g\frac{V_y^2}{\omega^2}$$

$$(3.3.137)$$

式(3.3.137)可以改写为

$$\frac{\mathrm{d}u_y}{\mathrm{d}t}=\frac{0.8271}{\lambda^{\frac{1}{3}}}\frac{\gamma_m-\gamma}{\gamma_m}g\frac{V_y^2}{\omega^2}-\left[1-\left(\frac{1}{2}-\frac{\Delta}{a}\right)\frac{\gamma}{\gamma_m}\right]g$$

$$=-\left[\left(1-\frac{1}{2}\frac{\gamma}{\gamma_m}-\frac{0.8271}{\lambda^{\frac{1}{3}}}\frac{\gamma_m-\gamma}{\gamma_m}\frac{V_y^2}{\omega^2}\right)+\frac{\Delta}{a}\frac{\gamma}{\gamma_m}\right]g \quad (3.3.138)$$

注意到

$$\frac{\mathrm{d}u_y}{\mathrm{d}t}=\frac{\mathrm{d}u_y}{\mathrm{d}\Delta}\frac{\mathrm{d}\Delta}{\mathrm{d}t}=\frac{1}{2}\frac{\mathrm{d}u_y^2}{\mathrm{d}\Delta}$$

则式(3.3.138)为

$$\frac{1}{2}\frac{du_y^2}{d\Delta}=-\left\{\left[1-\frac{1}{2}\frac{\gamma}{\gamma_m}-\frac{0.8271}{\lambda^{\frac{1}{3}}}\frac{\gamma_m-\gamma}{\gamma_m}\left(\frac{V_y}{\omega}\right)^2\right]+\frac{\gamma}{\gamma_m}\frac{\Delta}{a}\right\}g \quad (3.3.139)$$

在 $\Delta=-\dfrac{a}{2}$ 时，$u_y=u_{y.c}$ 的条件下积分式(3.3.139)，有

$$\frac{1}{2}(u_y^2-u_{y.c}^2)=-\left\{\left[1-\frac{1}{2}\frac{\gamma}{\gamma_m}-\frac{0.8271}{\lambda^{\frac{1}{3}}}\frac{\gamma_m-\gamma}{\gamma_m}\left(\frac{V_y}{\omega}\right)^2\right]\left(\Delta+\frac{a}{2}\right)+\frac{1}{2}\frac{\gamma}{\gamma_m}\left(\Delta^2-\frac{a^2}{4}\right)\right\}g$$

在 $\Delta=\Delta_M$ 时，$u_y=0$，有

$$\frac{u_{y.c}^2}{2ag}=\frac{1}{2}\left[1-\frac{1}{2}\frac{\gamma}{\gamma_m}-\frac{1}{8}\frac{\gamma}{\gamma_m}-\frac{0.8271}{2\lambda^{\frac{1}{3}}}\frac{\gamma_m-\gamma}{\gamma_m}\left(\frac{V_y}{\omega}\right)^2\right]$$
$$+\left[1-\frac{1}{2}\frac{\gamma}{\gamma_m}-\frac{0.8271}{\lambda^{\frac{1}{3}}}\frac{\gamma_m-\gamma}{\gamma_m}\left(\frac{V_y}{\omega}\right)^2\right]\frac{\Delta_M}{a}+\frac{1}{2}\frac{\gamma}{\gamma_m}\left(\frac{\Delta_M}{a}\right)^2 \quad (3.3.140)$$

就 $\dfrac{\Delta_M}{a}$ 解此二次方程有

$$\frac{\Delta_M}{a}=\frac{\gamma_m}{\gamma}\left\{-\left[1-\frac{1}{2}\frac{\gamma}{\gamma_m}-\frac{0.8271}{\lambda^{\frac{1}{3}}}\frac{\gamma_m-\gamma}{\gamma_m}\left(\frac{V_y}{\omega}\right)^2\right]+\right.$$
$$\left.+\sqrt{\left[1-\frac{1}{2}\frac{\gamma}{\gamma_m}-\frac{0.8271}{\lambda^{\frac{1}{3}}}\frac{\gamma_m-\gamma}{\gamma_m}\left(\frac{V_y}{\omega}\right)^2\right]^2-\frac{\gamma}{\gamma_m}\left[1-\frac{3}{4}\frac{\gamma}{\gamma_m}-\frac{0.8271}{\lambda^{\frac{1}{3}}}\frac{\gamma_m-\gamma}{\gamma_m}\left(\frac{V_y}{\omega}\right)^2-\frac{u_{y.c}^2}{ag}\right]}\right\}$$
$$=\left\{\left[\frac{\gamma_m}{\gamma}-\frac{1}{2}-\frac{0.8271}{\lambda^{\frac{1}{3}}}\frac{\gamma_m-\gamma}{\gamma}\left(\frac{V_y}{\omega}\right)^2\right]^2-\left[\frac{\gamma}{\gamma_m}-\frac{3}{4}-\frac{0.8271}{\lambda^{\frac{1}{3}}}\frac{\gamma_m-\gamma}{\gamma}\left(\frac{V_y}{\omega}\right)^2-\frac{\gamma_m u_{y.c}}{\gamma}\frac{1}{ag}\right]\right\}^{\frac{1}{2}}$$
$$-\left[\frac{\gamma_m}{\gamma}-\frac{1}{2}-\frac{0.8271}{\lambda^{\frac{1}{3}}}\frac{\gamma_m-\gamma}{\gamma}\left(\frac{V_y}{\omega}\right)^2\right] \quad (3.3.141)$$

$\dfrac{\Delta_M}{a}$ 知道后，按图 3.3.11 不难求出土块露出水面的高度为

$$H=\frac{a}{2}+\Delta_M \quad (3.3.142)$$

现在举几个例子。设 $\lambda=8$，$a=0.8m$，$\gamma_m=1839kg/m^3$，$\gamma=1374kg/m^3$，$\omega=1.353m/s$ 时，式(3.3.141)为

$$\frac{\Delta_M}{D}=\sqrt{\left[0.8384-0.1400\left(\frac{V_y}{\omega}\right)^2\right]^2-0.5884+0.1400\left(\frac{V_y}{\omega}\right)^2+0.1705u_{y.c}^2}$$
$$-\left[0.8384-0.1400\left(\frac{V_y}{\omega}\right)^2\right]$$

根据上式算出的不同的 V_y 及 $u_{y.c}$，得到的结果如表 3.3.9 所示。可以看出，当有一定大的竖向脉动分速 V_y 和土块上升的最大速度 $u_{y.c}$ 时，土块就会露出水面。V_y 越大，u_y 也越大，露出水面的高度就越大，甚至可以趋近于脱离水面。例如，当 $V_y=3m/s$，$u_{y.c}=1.647m/s$ 时，土块上升的高度达 0.892m，超过了它的长度，故能

脱离水面,实际上往往是趋近于脱离水面。这是因为在土块开始露出水面时,它的重力就开始加大,会制约其上升。所给的例子表明,在黄河北干流揭底冲刷时,土块露出水面是完全可能的,当然要竖向脉动(掀起的大涡)很大。其次,若要露出水面很高,其概率也是很小的。

表 3.3.9　土块露出水面的高度

$V_y/(\mathrm{m/s})$	$u_{y.c}/(\mathrm{m/s})$	$\dfrac{\Delta_{\mathrm{M}}}{a}$	$\Delta_{\mathrm{M}}/\mathrm{m}$	H/m
1.700	0.347	-0.431	-0.345	0.055
1.895	0.542	-0.330	-0.264	0.136
2.198	0.8453	-0.118	-0.094	0.306
2.500	1.147	0.134	0.107	0.507
3.000	1.647	0.615	0.492	0.892

2. 土块下降运动

土块升至最高点后,在水下重力和阻力作用下逐渐下沉,直至降至床面。在下降过程中由于竖向紊动速度不断变化,当土块升至最高位置后,竖向速度不可能再维持原来的最大值,到底取多少难以确定,故不再考虑 V_y。这样下沉运动的方程为

$$\frac{\pi}{6}D_0^3\frac{\gamma_{\mathrm{m}}}{g}\frac{\mathrm{d}u_y}{\mathrm{d}t}=-\frac{1}{2}\frac{\pi}{6}D_0^3\frac{\gamma}{g}\frac{\mathrm{d}u_y}{\mathrm{d}t}-(\gamma_{\mathrm{m}}-\gamma)\frac{\pi}{6}D_0^3+\frac{C\gamma}{2g}\frac{\pi}{4}D_0^2u_y^2$$

注意到式(3.3.96)及式(3.3.107),上式可改写为

$$\frac{\mathrm{d}u_y}{\mathrm{d}t}=\frac{3}{4}\frac{Cr}{\gamma_{\mathrm{m}}+\dfrac{r}{2}}\frac{u_D^2}{D_0}-\frac{\gamma_{\mathrm{m}}-\gamma}{\left(\gamma_{\mathrm{m}}+\dfrac{r}{2}\right)g}=\frac{\gamma_{\mathrm{m}}-\gamma}{\left(\gamma_{\mathrm{m}}+\dfrac{r}{2}\right)g}\left(\frac{u_y^2}{\omega^2}-1\right)=-a_0\left(1-\frac{u_y^2}{\omega^2}\right)$$

$$(3.3.143)$$

注意到下沉加速度的绝对值 $\left|\dfrac{\mathrm{d}u_y}{\mathrm{d}t}\right|$ 逐渐减小,而下沉速度仍逐渐增加,最后趋向于 ω,故有 $u_y\leqslant\omega$。式(3.3.143)右边为负,表示加速度为负。在 $t=t_2,u_y=0,t=t_3,u_y=u_{y.3}$ 条件下积分式(3.3.143)得

$$t_3-t_2=\int_{t_2}^{u_{y.3}}\mathrm{d}t=-\int_0^{u_{y3}}\frac{\omega\mathrm{d}u_y}{a_0(\omega^2-u_y^2)}=-\frac{\omega}{a_0}\operatorname{arth}\frac{u_{y.3}}{\omega}\qquad(3.3.144)$$

由于 $u_{y.3}$ 向下,故其值为负;而 $\operatorname{arth}\dfrac{u_{y.3}}{\omega}$ 也为负,所以 t_3-t_2 为正。

式(3.3.143)可改写为

$$\frac{1}{2}\frac{\mathrm{d}u_y^2}{\mathrm{d}y}=-a_0\left(1-\frac{u_D^2}{\omega^2}\right)\tag{3.3.145}$$

注意到 $\dfrac{\mathrm{d}u_y}{\mathrm{d}t}=\dfrac{1}{2}\dfrac{\mathrm{d}u_y^2}{\mathrm{d}y}$，则在 $y=y_M$，$u_y=u_{y.2}=0$；$y=0$，$u_y=u_{y.3}$ 条件下积分式(3.3.145)，有

$$-y_M=\int_{y_M}^0\mathrm{d}y=\int_0^{u_{y.3}}\frac{\omega^2}{2a_0}\frac{\mathrm{d}(\omega^2-u_y^2)}{\omega^2-u_y^2}=\frac{\omega^2}{2a_0}\ln\frac{\omega^2-u_{y.3}^2}{\omega^2}$$

即

$$u_{y.3}=-\omega\sqrt{1-\mathrm{e}^{-\frac{2a_0y_M}{\omega^2}}}\tag{3.3.146}$$

这样在已知 y_M 等之后，即可求出 $u_{y.3}$，并据此由式(3.3.144)求出 t_3。式(3.3.146)中的负号表示向下的运动。

现举两个例子，设 $\gamma_m=1839\mathrm{kg/m^3}$，$\gamma=1374\mathrm{kg/m^3}$，$D_0=0.4963$，$\lambda=8$，$a_0=1.806\mathrm{m/s^2}$，按表 3.3.8 的数据，$\omega=1.353\mathrm{m/s}$。若 $V_y=1.300\mathrm{m/s}$，$V_b=3.43\mathrm{m/s}$，$y_M=0.6006\mathrm{m}$，则由式(3.3.146)求得 $u_{y.3}=-1.127\mathrm{m/s}$，此为土块下落至河底的速度，负号表示方向朝下。此时据式(3.3.144)求得 $t_3-t_2=0.896\mathrm{s}$。在同样条件下，按表 3.3.8 中数据当 $V_y\geqslant1.500\mathrm{m/s}$，$y_M=4.00\mathrm{m}$ 时，均有 $u_{y.3}=-1.352\mathrm{m/s}$，而 $t_3-t_2=2.960\mathrm{s}$。可见当土块上升至最大高度后，无论上升速度如何，最后均以同样规律下沉；而速度仅取决于 ω、a_0、y_M。这显然与假定脉动速度已消失有关。

3. 颗粒的纵向运动

颗粒纵向运动是在正面推力和水下运动阻力作用下的运动，其方程为

$$\frac{\pi}{6}D_0^3\frac{\gamma_m}{g}\frac{\mathrm{d}u_x}{\mathrm{d}t}=-\frac{1}{2}\frac{\pi}{6}D_0^3\frac{\gamma}{g}\frac{\mathrm{d}u_x}{\mathrm{d}t}+\frac{C\gamma}{2g}\frac{\pi}{4}(V-u_x)^2D_0^2\tag{3.3.147}$$

即

$$\frac{\mathrm{d}u_x}{\mathrm{d}t}=\frac{3C}{4}\frac{\gamma}{\gamma_m+\dfrac{\gamma}{2}}(V-u_x)^2\frac{1}{D_0}=\frac{\gamma_m-\gamma}{\gamma_m+\dfrac{\gamma}{2}}g\frac{(V-u_x)^2}{\dfrac{4}{3C}\dfrac{\gamma_m-\gamma}{\gamma}gD_0}=a_0\left(\frac{V-u_x}{\omega}\right)^2\tag{3.3.148}$$

在 $t=0$，$u_x=u_{x.0}$，$t=t_3$，$u_x=u_{x.3}$ 条件下，积分式(3.3.148)得

$$t_3=\int_{u_{x.0}}^{u_{x.3}}\frac{\omega^2}{a_0}\frac{\mathrm{d}(V-u_x)}{(V-u_x)^2}=\frac{\omega^2}{a_0}\left(\frac{1}{V-u_{x.3}}-\frac{1}{V-u_{x.0}}\right)=\frac{\omega}{a_0}\left(\frac{\omega}{V-u_{x.3}}-\frac{\omega}{V-u_{x.0}}\right)\tag{3.3.149}$$

$$u_{x.3}=V-\frac{\omega}{\dfrac{a_0t_3}{\omega}+\dfrac{\omega}{V-u_{x.0}}}=V\left(1-\frac{1}{\dfrac{\gamma_m-\gamma}{\gamma_m+\dfrac{\gamma}{2}}\dfrac{gt_3}{\omega}\dfrac{V}{\omega}+\dfrac{V}{V-u_{x.0}}}\right)\tag{3.3.150}$$

另外，由

$$\frac{\mathrm{d}u_x}{\mathrm{d}t}=\frac{\mathrm{d}u_x}{\mathrm{d}x}\frac{\mathrm{d}x}{\mathrm{d}t}=\frac{1}{2}\frac{\mathrm{d}u_x^2}{\mathrm{d}t}=\frac{\mathrm{d}\,(V-u_x)^2}{\mathrm{d}x}+2V\frac{\mathrm{d}u_x}{\mathrm{d}x} \tag{3.3.151}$$

式(3.3.148)可改写为

$$\frac{\mathrm{d}u_x}{\mathrm{d}t}=\frac{1}{2}\frac{\mathrm{d}u_x^2}{\mathrm{d}x}=\frac{1}{2}\frac{\mathrm{d}\,(V-u_x)^2}{\mathrm{d}x}-V\frac{\mathrm{d}(V-u_x)}{\mathrm{d}x}=a_2\left(\frac{V-u_x}{\omega}\right)^2 \tag{3.3.152}$$

在 $u_x=u_{x.0}$，$x=0$；$u_x=u_{x.3}$，$x=L$ 条件下，积分式(3.3.152)得

$$\begin{aligned}
L=\int_0^L\mathrm{d}x&=\int_{u_{x.0}}^{u_{x.3}}\frac{\omega^2}{2a_0}\frac{\mathrm{d}\,(V-u_x)^2}{(V-u_x)^2}-\int_{u_{x.0}}^{u_{x.3}}\frac{\omega^2}{a_2}V\frac{\mathrm{d}(V-u_x)}{(V-u_x)^2}\\
&=\frac{\omega^2}{2a_0}\ln\frac{V-u_{x.3}}{V-u_{x.0}}+\frac{\omega V}{a_0}\left(\frac{\omega}{V-u_{x.3}}-\frac{\omega}{V-u_{x.0}}\right)\\
&=\frac{\omega^2}{a_0}\ln\frac{V-u_{x.3}}{V-u_{x.0}}+Vt_3
\end{aligned} \tag{3.3.153}$$

可见，由前述式(3.3.98)、式(3.3.111)或式(3.3.144)可求得

$$t_3=t_2+t_1+t_0$$

据此可由式(3.3.150)求出 $u_{x.3}$，再由式(3.3.153)求出移动距离 L。

需要指出的是，对于土块能上升至水面的情况，上述各式的 V 应采用水流平均速度，这是因为既然揭河底土块可以上升至水面，当然应该采用全部水流的速度即垂线平均速度。

现举一个例子，以说明土块纵向运动情况。这个例子对应表 3.3.8 中的资料 9，它的有关参数为：设 $\gamma_m=1839\mathrm{kg/m^3}$，$\gamma=1374\mathrm{kg/m^3}$，$a=0.8\mathrm{m}$，$\lambda=8$，$C_L=0.25$，$C=1.2$，$V=7.27\mathrm{m/s}$（相应于瞬时最大底速 $V_b=5.8\mathrm{m/s}$，水深 $h=4\mathrm{m}$），$V_y=2.198\mathrm{m/s}$，$u_{x.0}=1.873\mathrm{m/s}$（相当于 $\theta=45°$ 土块逸出床面）等。这样由前述各例子给出 $t_1=0.202\mathrm{s}$，$t_2-t_1=3.376\mathrm{s}$，$t_3-t_2=2.960\mathrm{s}$，从而 $t_3=6.538\mathrm{s}$，于是由式(3.3.150)求出土块下落至河底的纵向速度 $u_{x.3}=7.119\mathrm{m/s}<7.27\mathrm{m/s}$，由式(3.3.153)求出土块由起动、上升至下降到河底时期内，顺水流移动的距离 L 为 43.90m。也就是说大约经过 44m，土块能降至河底，实际由于水流紊动，它的降落处将在该点上、下游，而它向下移动的平均速度为 6.715m/s。

3.3.10　几点认识

(1) 本节在设定一些简化下对黄河中游出现的"揭底冲刷"的全过程在理论上做了专门研究，深入揭示了其内在机理，研究了运动各阶段的力学关系，给出了相应的方程和公式，确切阐述了有关规律的特性，从而解释了"揭底冲刷"的一些特殊现象。

(2) 在土块起动研究中，既强调高含沙洪水容重大、水流强度大和土块本身的

特性(既有黏结颗粒成块结构,又有一定层次),又注意到它与一般泥沙颗粒起动的共性。给出的起动流速公式在理论上是有根据的,而且也基本符合实际。在一般的情况下,当符合球体起动条件时,它与一般的颗粒起动流速公式是一致的。其中证实了薄膜水附加下压力和黏着力可以忽略,也就使细观上的细颗粒起动特性与宏观上的土力学中的有关规律能够统一。从扁度 λ 引入及其对土块掀起的影响重要程度看,它表明河底沉积物具有分层现象应是"揭底冲刷"条件之一,并且与传说中的像帆一样竖起是一致的。

(3) 对土块起动后的初始转动深入分析,给出了其转动的方程,并证明土块经起动后,能旋转下去而逸出。对该方程数字计算表明,当水流强度很大时,旋转的角速度是很快的,因而历时很短。同时研究了土块转动时法线方向主动力的合力的变化。一般在 $\theta < \frac{\pi}{2}$ 以前,这个合力 N 为负法线方向,指向转动中心。随着 θ 的增加,合力 N 为负时,土块就会逸出。水流强度很大时,逸出的速度也会很大。

(4) 在最初阶段,逸出的土块在水流上举力、重力和水流阻力及逸出速度作用下,会继续上升和向下游运动。当土块上升至 $y = D_0$ 后,上举力接近消失。然后土块或凭惯性上升一个小的高度,或在竖向紊动速度(包括猝发和上升涡体)作用下继续上升直至水面。当然,对于后者,出现的概率是很小的,但是的确存在。从表 3.3.7 可以看出,只有当 V_y 大于土块沉速 ω 时,它才可能上升到水面。显然,当 $V_y < \omega$ 时,土块不可能到达水面。看来有可能据此将土块划为悬移或推移。

(5) 只有当 V_y 明显大于 ω,如 $\dfrac{V_y}{\omega} \geqslant \dfrac{1.700}{1.353}$,即明显大于 1 时,土块才能较明显地露出水面。

(6) 在土块上升至水面再下降的过程中,它会同时向下游运动,其平均速度略小于水流平均速度。

(7) 由于揭底冲刷时水流和冲刷现象特别复杂,本节的理论分析是一套系统结果,能基本符合目前已掌握但以前不能解释的揭底冲刷资料和现象,包括冲出水面土块的尺寸大小"像是在河中竖起一道墙"。当然,进一步开展观测、试验进行对比检验也是需要的。但是它已经表明,在实际泥沙问题分析中理论研究的必要性,它确实能够得到较系统、较深刻的结果。从理论上解释了"揭河底"谜团,扩大了推移质研究新的领域。对于具有一定分层的床面,本节给出的土块起动条件基本上是必要且充分的。但是如果没有分层结构,可能只是一个必要条件,并不一定是完全充分的。这表明揭底冲刷并不单纯取决于水流条件,还与沉积物分层有密切关系。当然,后者在一些河道中都是满足的。

参 考 文 献

[1] Lane E W. Progress report of studies on the design of stable channels by the bureau of rec-lamation. Proceedings of the American Society of Civil Engineers,1953,79:246-261.

[2] Stevens M A,Simons D B. Stability analysis for coarse granular material on slopes//Shen H W. River Mechanics. 1971.

[3] Christensen B A. Incipient motion on cohesionless channel banks. Sedimentation,1972.

[4] 培什金 B A. 河道整治. 谢鉴衡,胡孝渊,译. 北京:中国工业出版社,1965.

[5] 钟亮,许光祥,童思陈. 河湾坡岸非均匀沙起动流速公式探讨. 泥沙研究,2009,(4):58-62.

[6] 江恩惠,李军华,曹永涛."河性行曲"力学机理之边壁泥沙的临界起动条件. 工程科学与技术,2009,41(1):26-29.

[7] 韩其为,何明民. 泥沙起动规律及起动流速. 北京:科学出版社,1999.

[8] 何奇,王韦,蔡金德. 环流非充分发展的弯道床面切力计算. 泥沙研究,1989,(3):66-74.

[9] 张麒蛰. 河湾路基边坡侵蚀理论与稳定性研究. 重庆:重庆交通大学硕士学位论文,2004.

[10] Migniot P C. Etude des proprieties physiques de different sediments tres fins et de leur comportment sous des actions hydrodynamiquues. Houille Blanche-revue Internationale DeL Eau,1968,23:591-620.

[11] Otsubo K. Critical shear stress of cohesive bottom sediments. Journal of Hydraulic Engi-neering,1988,114(10):1241-1256.

[12] 华景生,万兆惠. 粘性土及粘性土夹沙的起动规律研究. 水科学进展,1992,3(4):271-278.

[13] 呼和敖德,杨美卿. 杭州湾深水航道淤泥基本特性试验研究报告. 1994.

[14] 杨铁笙,杨美卿,任裕民,等. 不同干容重的细颗粒泥沙淤积物起动条件的初步研究. 北京:清华大学水利水电工程系泥沙研究室研究报告,1995.

[15] Yang M I,Wang G L. The incipient motion formulas of mud with different densities. Pro-ceedings of the 6th Federal Interagency Sedimentation Conference, Las Vegas, 1996: 55-61.

[16] 韩其为,何明民. 细颗粒泥沙成团起动及其流速的研究. 湖泊科学,1997,9(4):307-316.

[17] 黄岁梁,陈雅聪,府仁寿. 模型沙性质比较的试验研究. 北京:清华大学水利水电工程系泥沙研究室研究报告,1995.

[18] 黎青松. 大水深下细颗粒泥沙淤积物的起动规律与分形结构的研究[硕士学位论文]. 北京:清华大学,1997.

[19] 万兆惠,宋天成. 水压力对细颗粒泥沙起动流速影响的试验研究. 泥沙研究,1990,(4):62-69.

[20] 韩其为. 黄河揭底冲刷的理论分析. 泥沙研究,2005,(2):5-28.

[21] 万兆惠,宋天成."揭河底"冲刷现象的分析. 泥沙研究,1991,(3):20-27.

[22] 齐璞,赵文林,杨美卿. 黄河高含沙水流运动规律及应用前景. 北京:科学出版社,1993.

[23] 王尚毅,顾元棪. 黄河"揭底冲刷"问题的初步研究. 泥沙研究,1982,(2):38-46.

［24］　缪凤举,方宗岱. 揭河底冲刷现象机理探讨. 人民黄河,1984,(1):27-31.

［25］　王兆印. 悬移质运动规律的分析. 水利学报,1986,(7):13-22.

［26］　张瑞瑾. 河流泥沙动力学. 北京:水利电力出版社,1989.

［27］　万兆惠,沈受百. 黄河干支流的高浓度输沙现象∥黄河泥沙研究报告选编(第一集下册),
　　　　1978:144-158.

第 4 章　单颗泥沙运动力学及统计规律

河床上的泥沙运动,可分为悬移质、推移质及床沙运动。床沙是静止于床面的泥沙,或运动速度为零的泥沙。悬移质分为冲泻质与床沙质,它们的差别实际只有现象上的和量的差别,它们运动的力学本质是一样的,都是在水流紊动与颗粒重力以及黏性作用力和薄膜水附加下压力等作用下的运动。它们的差别主要表现在单步距离的长短、离床面的高低、泥沙粗细的差别和各种运动状态间交换的频繁程度。泥沙运动尽管现象异常复杂,但力学本质相同,必然有共同规律。例如,长期以来,均认为冲泻质与床沙质是完全不同的泥沙运动,经过研究[1,2],证明它们有共同规律。

推移质又称为底沙,按运动形式可分为滚动(滑动)、跳跃与层移。滚动是与床面基本接触的运动;跳跃除与床面接触点外,中间的运动是在床面以上;层移是因水流强度很大,床面颗粒成层运动,此时跳跃与滚动难以区分。推移质运动是对底沙不同运动形式的总称。过去研究推移质运动只研究跳跃。当然在一般条件下,跳跃也是沙质推移质运动的主要形式。但是后来发现对于粗颗粒(如卵石)运动,滚动几乎占有推移质运动的主要部分。层移质是在输沙强度特别大的条件下出现;在天然河道滚动与跳跃基本可以代表全部推移质运动。对于较粗颗粒,层移质运动可以看成推移质运动的极限。而细颗粒层移质运动可能有一些两相流的特性,故在对其的研究方法上与滚动和跳跃应有一定差别。

综上所述,本章在过去研究的基础上[3-13],对单颗泥沙运动(推移质的滚动运动与跳跃运动)和悬移质运动有关部分,在水流底速 V_b、床面位置 Δ' 以及粒径 D 等确定条件下,从力学的角度进一步深入研究其机理及必然的规律。至于有关泥沙运动的随机特性和规律的研究,需要将本章确定的参数换成随机变量后,再研究其分布和数学期望等,这将在第 5、6 章进行。尽管本书是研究推移质,但是在某些条件下会涉及悬移质,故要结合进行研究。至于对悬移质的专门研究,可参阅专著《非均匀悬移质不平衡输沙》[8]。

4.1　颗粒滚动力学及统计规律

4.1.1　颗粒在床面滚动的实际现象与概化图形

颗粒在床面的滚动是异常复杂的,如果不进行适当的简化,研究起来非常困难,从某种意义上来说,甚至是不可能的,但是任何事物都是可以逐步认识的,这里,进行适当的简化往往有助于反映或部分反映现象的本质。例如,以前的不少研究者指出,颗粒的平均滚动速度 $\bar{u}_{2.x}$ 能够以 $\bar{u}_{2.x} = \bar{V}_b - \bar{V}_{b.c}$ 或 $\bar{u}_{2.x} = a\bar{V}_b + b$ 来简单地描述,其中 $\bar{V}_b$ 为水流底部时均速度,$\bar{V}_{b.c}$ 为以时均底速表示的起动流速,a 为常数。这种描述是非常粗略的。但是在单纯反映颗粒滚动的平均速度方面,还是有一定的近似性。上式存在的不足之处在于,等速运动无法描述颗粒时滚时停、不断变速的过程,以及无法确定每次滚动的距离。本节将从解决这些问题出发,根据作者建立的泥沙运动统计理论[3]研究颗粒在床面的滚动,从而弄清其复杂的机理,掌握有关规律。

如图 4.1.1 所示,床面表层颗粒 A 在水流瞬时底速作用下,绕床面固定颗粒 B滚动,绕颗粒 B 的滚动有三种可能情况。第一种情况是当滚动速度较低时,颗粒 A始终接触颗粒 B 滚动,这种滚动称为接触滚动(见图 4.1.1(a))。第二种情况是,滚动速度较高,在离心力作用下,颗粒 A 可能离开颗粒 B 排开约束而做自由运动(见图 4.1.1(b))。颗粒 A 可能离开颗粒 B 的最有利的位置是在颗粒 B 的顶点,此时离心力与铅垂方面重合,有利于颗粒的上升。颗粒 A 离开颗粒 B 后,上升的高度可能大于一个颗粒直径时,颗粒将不再与床面接触而做自由运动。可以约定,当上升高度大于一个粒径时,颗粒转入跳跃运动,这将在 4.2 节研究。而当上升高度小于一个粒径时,仍作为滚动。为了与接触滚动相区别,把这种情形的滚动称为半接触滚动。第三种情况是当水流底速较大时,在上举力作用下,颗粒 A 可能脱离颗粒 B 而做自由运动;或者当颗粒 A 的运动速度较大时,与颗粒 B 碰撞后产生向上的分速,离开颗粒 B 做自由运动而翻越颗粒 B。此时也有两种情况,如果颗粒 A上升高度大于一个粒径,则转入跳跃运动,否则仍属于滚动范围。这种滚动称为不

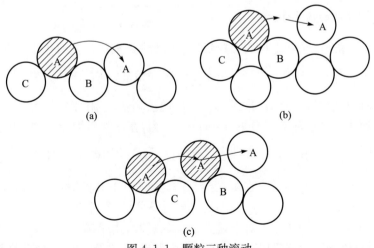

(a)　　　　　　　　　　　(b)

(c)

图 4.1.1　颗粒三种滚动

接触滚动,即整个绕颗粒 B 的滚动是自由的、不接触的。这里将不接触滚动与跳跃相区别,不仅是形式上的划分,而且在一定程度上反映了颗粒在床面的实际受力情况。正如 4.2 节将指出的,滚动颗粒受上举力作用,而对于跃到床面以上的跳跃颗粒,则上举力作用可以忽略。

这三种滚动实际上都是存在的,但是一般来说第二种滚动(半接触滚动)最多,第一种和第三种滚动较少。

颗粒从起滚点至止滚点的每次滚动,无论是接触的还是半接触的,或是不接触的,都可以按翻越床面颗粒的个数分成若干步。每一单步滚动为颗粒在相邻两个极低点位置之间的滚动,即图 4.1.1(a)中颗粒在 A 至 A 之间的滚动。由起滚点至止滚点的单次滚动由若干个滚动步组成,而单次滚动距离由若干个滚动步的距离叠加而成。

根据上面叙述的颗粒滚动的实际现象,为了简化,对颗粒在床面的滚动提出如下简化:假设作用于颗粒的水流底速在颗粒每步滚动过程中是不变化的,而颗粒的滚动形式统一为第二种滚动,即半接触滚动。在滚动过程中竖向位移相对于纵向位移是很小的,往往可以忽略。颗粒每次滚动持续多少步,由持续滚动概率决定,也就是由瞬时底速的大小、颗粒在每个可能停留的位置以及颗粒的滚动速度决定。

需要说明的是,将三种滚动形式简化成最常出现的并且从滚动强度来说是其中最多的一种,只是为了使滚动参数计算不会过于复杂,而不是完全忽略其他两种形式的存在。从后面可以看到,在计算由静起滚概率时,决定三种滚动形式的不同强弱的水力因素均包括在内。

4.1.2　颗粒滚动的前半步方程及其分析

1. 颗粒滚动的前半步方程

前面已经指出,颗粒做半接触滚动的前半步是接触滚动,此时作用在颗粒上的力有水流正面推力 P_x、上举力 P_y、水下重力 G、附加质量力 F_m、离心力 $F_0=mD\left(\dfrac{\mathrm{d}\theta}{\mathrm{d}t}\right)^2$、竖向运动阻力 θ_y、接触点的法向反力 F_n、切向反力 F_τ。附加质量力 F_m 是颗粒在流体内做加速运动引起的。日本 Tsuchiya 认为,在床面做加速滚动的颗粒也存在这种力,并且也可以用 $F_m=\dfrac{\rho}{2}\dfrac{\pi D^3}{6}\dfrac{\mathrm{d}u}{\mathrm{d}t}$ 来表示(其中 $\dfrac{\mathrm{d}u}{\mathrm{d}t}$ 为颗粒加速度)[12]。他们的看法是有一定道理的。此外,在颗粒滚动时,虽然由于马格纳斯(Magnus)效应在一定程度上要抵消一部分上举力,但因颗粒在床面上受到的上举力大而滚动速度一般不大,可忽略这种效应。对于跳跃运动的颗粒,由于离开床面后,上举力迅速减小,相对马格纳斯效应难以忽略,因此认为两者抵消,即同时忽略跳跃颗粒的旋转与上举力的作用。

在上述各力作用下,颗粒做圆周运动时以极坐标表示的质心运动的切向方程为(见图 4.1.2)

$$mD\frac{\mathrm{d}^2\theta}{\mathrm{d}t^2}=P_x\sin\theta-(G+\theta_y-P_y)\cos\theta-F_\tau-F_m \tag{4.1.1}$$

式中,P_x 为水流正面推力;P_y 为水流上举力;θ_y 为颗粒运动的阻力;F_τ 为颗粒滚动时的摩擦力;F_m 为附加质量力。

法向方程为

$$0=mD\left(\frac{\mathrm{d}\theta}{\mathrm{d}t}\right)^2+F_n-P_x\cos\theta-(G+\theta_y-P_y)\sin\theta \tag{4.1.2}$$

式中,m 为颗粒的质量;F_n 为离心力。

式(4.1.2)左边为零,是因为接触运动时法向加速度为零。而颗粒对质心的转动方程为

$$(J_0+J)\frac{\mathrm{d}^2\alpha}{\mathrm{d}t^2}=(P_x+P_y)\frac{R}{3}+F_\tau R \tag{4.1.3}$$

式中,α 为颗粒绕质心转动的角度;J 为颗粒对质心的转动惯量,其值为 $\frac{2}{5}mR^2$;J_0 为附加质量力转移的附加质量对质心的转动惯量,其值为 $\frac{1}{2}\times\frac{2}{5}\rho\frac{\pi D^3}{6}R^2$,当不存在滑动时,$\alpha=2\theta$(见图 4.1.3)。

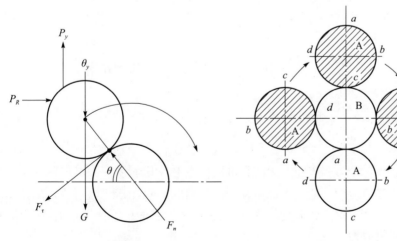

图 4.1.2　前半步滚动受力状态　　　图 4.1.3　颗粒 A 绕颗粒 B 转动
　　　　　　　　　　　　　　　　　　　　　（公转与自身旋转（自转））

以

$$F_m = \frac{\rho}{2}\frac{\pi D^4}{6}\frac{\mathrm{d}^2\theta}{\mathrm{d}t^2} \tag{4.1.4}$$

代入,并由式(4.1.1)、式(4.1.3),消去 $mD\dfrac{\mathrm{d}^2\theta}{\mathrm{d}t^2}$,得到

$$P_x\sin\theta - (G+\theta_y-P_y)\cos\theta - F_\tau = \frac{5}{2}\left[\frac{1}{3}(P_x+P_y)+F_\tau\right]$$

即

$$F_\tau = \frac{2}{7}[P_x\sin\theta - (G+\theta_y-P_y)\cos\theta] - \frac{5}{21}(P_x+P_y) \tag{4.1.5}$$

再将其代入式(4.1.1),质心运动方程化为

$$mD\frac{\mathrm{d}^2\theta}{\mathrm{d}t^2} = \frac{5}{7}\left[P_x\left(\sin\theta+\frac{1}{3}\right)+P_y\left(\cos\theta+\frac{1}{3}\right)-(G+\theta_y)\cos\theta\right] - F_m \tag{4.1.6}$$

将式(4.1.5)代入式(4.1.3),则颗粒转动方程化为

$$(J_0+J)\frac{\mathrm{d}^2\alpha}{\mathrm{d}t^2} = \frac{2}{7}R\left[P_x\left(\sin\theta+\frac{1}{3}\right)+P_y\left(\cos\theta+\frac{1}{3}\right)-(G+\theta_y)\cos\theta\right]$$

或

$$\left(\frac{\rho}{2}\frac{\pi D^3}{6}+\rho_s\frac{\pi D^3}{6}\right)R^2\frac{\mathrm{d}^2\alpha}{\mathrm{d}t^2} = \frac{5}{7}R\left[P_x\left(\sin\theta+\frac{1}{3}\right)+P_y\left(\cos\theta+\frac{1}{3}\right)-(G+\theta_y)\cos\theta\right]$$

$$\tag{4.1.7}$$

注意,式(4.1.7)左边恰为球形颗粒(包括附加质量)对瞬时转动中心(图4.1.2中滚动颗粒和床面固定颗粒的接触点)的转动惯量,而右边恰为所有作用力对瞬时中心的力矩之和,所以式(4.1.7)就是颗粒对瞬时中心的转动方程,稍加变动,可知质心的转动方程(4.1.7)与质心运动方程(4.1.6)是等价的。事实上,式(4.1.7)可改为

$$\left(\frac{\rho}{2}\frac{\pi D^3}{6}+\rho_s\frac{\pi D^3}{6}\right)R^2\frac{\mathrm{d}^2\alpha}{\mathrm{d}t^2} = \left(\frac{\rho}{2}\frac{\pi D^4}{6}+\rho_s\frac{\pi D^4}{6}\right)R\frac{\mathrm{d}^2\theta}{\mathrm{d}t^2}$$

$$= \left(mD\frac{\mathrm{d}^2\theta}{\mathrm{d}t^2}+F_m\right)R$$

$$= \frac{5}{7}R\left[P_x\left(\sin\theta+\frac{1}{3}\right)+P_y\left(\cos\theta+\frac{1}{3}\right)-(G+\theta_y)\cos\theta\right]$$

消去 R,即为式(4.1.6)。因此上述两式可以任意采用其中之一。

注意对推移质运动一般不考虑紊动竖向分速的影响,因此对竖向阻力,直接以 u_y^2 代替 $(V_{b,y}-u_y)^2$。$V_{b,y}$ 的时均值为零,也可以认为它的正负作用抵消,从而取颗粒运动的竖向阻力为

$$\theta_y = \frac{\rho C}{2}\frac{\pi D^2}{4}u_y^2 \tag{4.1.8}$$

水流正面推力、上举力及颗粒水下重力为

$$P_x = \frac{\rho C_x}{2} \frac{\pi D^2}{4}(V_b - u_{2.x})\,|\,V_b - u_{2.x}\,| \tag{4.1.9}$$

$$P_y = \frac{\rho C_y}{2} \frac{\pi D^2}{4}(V_b - u_{2.x})^2 \tag{4.1.10}$$

$$G = (\rho_s - \rho)g\,\frac{\pi}{6}D^3 \tag{4.1.11}$$

将上述各力及式(4.1.4)代入式(4.1.6),得到

$$\begin{aligned}
\rho_s \frac{\pi D^4}{6}\frac{d^2\theta}{dt^2} = \frac{5}{7}\Bigg[&\frac{\rho C_x}{2}(V_b - u_{2.x})\,|\,V_b - u_{2.x}\,|\frac{\pi D^2}{4}\Big(\sin\theta + \frac{1}{3}\Big) \\
&+ \frac{\rho C_y}{2}(V_b - u_{2.x})^2\,\frac{\pi D^2}{4}\Big(\cos\theta + \frac{1}{3}\Big) - (\rho_s - \rho)g\,\frac{\pi D^3}{6}\cos\theta \\
&-\frac{\rho C}{2}\frac{\pi D^2}{4}u_{2.y}^2\cos\theta\Bigg] - \frac{\rho}{2}\frac{\pi D^4}{6}\frac{d^2\theta}{dt^2}
\end{aligned}$$

式中,$u_{2.x}$、$u_{2.y}$分别为颗粒的纵向速度与竖向速度;C为阻力系数。该式化简后变为

$$\begin{aligned}
\frac{d^2\theta}{dt^2} = \frac{5}{7D^2}\frac{\rho}{\rho_s + \dfrac{\rho}{2}}\Bigg\{ &\frac{3C_x}{4}(V_b - u_{2.x})\Big[\,|\,V_b - u_{2.x}\,|\,\Big(\sin\theta + \frac{1}{3}\Big) \\
&+ \frac{C_y}{C_x}(V_b - u_{2.x})\Big(\cos\theta + \frac{1}{3}\Big)\Big] - \frac{3C}{4}u_{2.y}^2\cos\theta - \frac{\rho_s - \rho}{\rho}gD\cos\theta\Bigg\}
\end{aligned}$$

考虑到

$$\begin{cases} u_{2.x} = D\dfrac{d\theta}{dt}\sin\theta \\[2mm] u_{2.y} = D\dfrac{d\theta}{dt}\cos\theta \end{cases} \tag{4.1.12}$$

则有

$$\begin{aligned}
\frac{d^2\theta}{dt^2} = \frac{5}{7D^2}\frac{\rho}{\rho_s + \dfrac{\rho}{2}}\Bigg\{ &\frac{3C_x}{4}\Big(V_b - D\frac{d\theta}{dt}\sin\theta\Big)\Big[\Big(\sin\theta + \frac{1}{3}\Big)\Big|V_b - D\frac{d\theta}{dt}\sin\theta\Big| \\
&+ \frac{C_y}{C_x}\Big(V_b - D\frac{d\theta}{dt}\sin\theta\Big)^2\Big(\cos\theta + \frac{1}{3}\Big)\Big] - \frac{3C}{4}D^2\Big(\frac{d\theta}{dt}\Big)^2\cos^3\theta - \frac{\rho_s - \rho}{\rho}gD\cos\theta\Bigg\}
\end{aligned}$$
$$\tag{4.1.13}$$

这就是颗粒接触滚动时,质心运动切向方程(或滚动方程)的最终形式。这个方程只能用数值计算求解。

2. 对颗粒滚动前半步方程的一些分析

首先,当颗粒由静止状态进入临界起滚状态时,显然尚未起动,$\theta = \theta_0$,$\dfrac{d\theta}{dt} = 0$,

$\dfrac{\mathrm{d}^2\theta}{\mathrm{d}t^2}>0$。此时,由式(4.1.13)得到

$$\frac{3C_x}{4}V_b^2\left[\left(\sin\theta_0+\frac{1}{3}\right)+\frac{C_y}{C_x}\left(\cos\theta_0+\frac{1}{3}\right)\right]-\frac{\rho_s-\rho}{\rho}gD\cos\theta_0>0$$

从而临界滚动流速满足

$$\frac{3C_x}{4}V_{b.c}^2\left[\left(\sin\theta_0+\frac{1}{3}\right)+\frac{C_y}{C_x}\left(\cos\theta_0+\frac{1}{3}\right)\right]-\frac{\rho_s-\rho}{\rho}gD\cos\theta_0=0 \quad (4.1.14)$$

即 $V_b>V_{b.c}$,则颗粒起动。

注意到图 4.1.4,有

$$\sin\theta_0=\frac{R-\Delta}{R}=1-\Delta' \quad (4.1.15)$$

$$\cos\theta_0=\frac{\sqrt{R^2-(R-\Delta)^2}}{R}=\sqrt{2\frac{\Delta}{R}-\left(\frac{\Delta}{R}\right)^2}=\sqrt{2\Delta'-\Delta'^2} \quad (4.1.16)$$

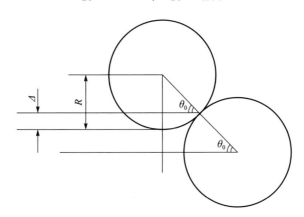

图 4.1.4　颗粒起动时的暴露度

将式(4.1.15)和式(4.1.16)代入式(4.1.14),可得

$$V_{b.c}^2\left[\left(1-\Delta'+\frac{1}{3}\right)+\frac{1}{4}\left(\sqrt{2\Delta'-\Delta'^2}+\frac{1}{3}\right)\right]=\sqrt{2\Delta'-\Delta'^2}\left(\frac{4}{3C_x}\frac{\rho_s-\rho}{\rho}gD\right)$$

于是

$$V_{b.c}=\omega_0\sqrt{\frac{\sqrt{2\Delta'-\Delta'^2}}{\left(\frac{4}{3}-\Delta'\right)+\frac{1}{4}\left(\frac{1}{3}+\sqrt{2\Delta'-\Delta'^2}\right)}}=\omega_0\varphi(\Delta') \quad (4.1.17)$$

式中,Δ 为床沙暴露度(见图 4.1.4),$\Delta'=\dfrac{\Delta}{R}$;

$$\omega_0=\sqrt{\frac{4}{3C_x}\frac{\rho_s-\rho}{\rho}gD} \quad (4.1.18)$$

$$\varphi(\Delta')=\sqrt{\dfrac{\sqrt{2\Delta'-\Delta'^{2}}}{\left(\dfrac{4}{3}-\Delta'\right)+\dfrac{1}{4}\left(\dfrac{1}{3}+\sqrt{2\Delta'-\Delta'^{2}}\right)}} \tag{4.1.19}$$

可见式(4.1.17)与以前给出的第 2 章起动流速公式(2.3.9)完全一致[3]。只是那里采用的 ω_1 包括粗细颗粒。此处对于推移质,一般排除很细的颗粒,故用 ω_0 代替 ω_1。这至少说明滚动方程对起动瞬间也是正确的。

由式(4.1.14)解出 $\dfrac{\rho_s-\rho}{\rho}gD$,并代入式(4.1.12),可得

$$\frac{\mathrm{d}^2\theta}{\mathrm{d}t^2}=\frac{5}{7D^2}\frac{\rho}{\rho_s+\dfrac{\rho}{2}}\left\{\frac{3C_x}{4}\left(V_b-D\,\frac{\mathrm{d}\theta}{\mathrm{d}t}\sin\theta\right)\left[\left(\sin\theta+\frac{1}{3}\right)\left|V_b-D\,\frac{\mathrm{d}\theta}{\mathrm{d}t}\sin\theta\right|\right.\right.$$

$$+\frac{C_y}{C_x}\left(V_b-D\,\frac{\mathrm{d}\theta}{\mathrm{d}t}\sin\theta\right)^2\left(\cos\theta+\frac{1}{3}\right)\right]-\frac{3C_x}{4}V_{b.c}^2\left[\left(\sin\theta_0+\frac{1}{3}\right)\right.$$

$$\left.+\frac{1}{4}\left(\cos\theta_0+\frac{1}{3}\right)\right]\frac{\cos\theta}{\cos\theta_0}-\frac{3C}{4}D^2\left(\frac{\mathrm{d}\theta}{\mathrm{d}t}\right)^2\cos^3\theta\right\} \tag{4.1.20}$$

根据这个方程可以判断,颗粒在 θ_0 处由静止滚动后均能越过 $\theta=\dfrac{\pi}{2}$。事实上,据文献[3]的研究,存在不等式

$$\frac{\mathrm{d}^2\theta}{\mathrm{d}t^2}\geqslant\frac{5}{7D^2}\frac{\rho}{\rho_s+\dfrac{\rho}{2}}\left\{\frac{3C_x}{4}\left[\left(V_b-D\,\frac{\mathrm{d}\theta}{\mathrm{d}t}\sin\theta\right)^2-V_{b.c}^2\right]\right.$$

$$\left.\cdot\left[\left(\sin\theta+\frac{1}{3}\right)+\frac{1}{4}\left(\cos\theta+\frac{1}{3}\right)\right]-\frac{3C}{4}D^2\left(\frac{\mathrm{d}\theta}{\mathrm{d}t}\right)^2\cos^3\theta\right\}$$

从这个不等式可以看出,由式(4.1.13)可见,由于 $\dfrac{\mathrm{d}^2\theta}{\mathrm{d}t^2}$,$\dfrac{\mathrm{d}\theta}{\mathrm{d}t}$ 的连续性,当 $\left.\dfrac{\mathrm{d}\theta}{\mathrm{d}t}\right|_{\theta_0}=0$ 时,只要颗粒能起动,$V_b>V_{b.c}$,因为 $\left.\dfrac{\mathrm{d}^2\theta}{\mathrm{d}t^2}\right|_{\theta=\theta_0}>0$,则在紧靠 θ_0 的一个小区间内,就有 $\dfrac{\mathrm{d}\theta}{\mathrm{d}t}>0$,此后如果 $\dfrac{\mathrm{d}^2\theta}{\mathrm{d}t^2}$ 减小至 $\dfrac{\mathrm{d}^2\theta}{\mathrm{d}t^2}<0$,从而使 $\dfrac{\mathrm{d}\theta}{\mathrm{d}t}=0$,则此时 $\theta_1>\theta_0$ 的临界起动流速是递减的,这也可以由式(4.1.14)中 $V_{b.c}$ 对 θ 的导数为负得到。由于 $\dfrac{\mathrm{d}V_{b.c}}{\mathrm{d}\theta}=\dfrac{-1-B\sin\theta}{(\sin\theta+A\cos\theta+B)^2}<0$。只要 $\dfrac{\mathrm{d}\theta}{\mathrm{d}t}=0$,则有 $\dfrac{\mathrm{d}^2\theta}{\mathrm{d}t^2}\geqslant0$。可见,在 $\left[\theta_0,\dfrac{\pi}{2}\right]$ 内,总有 $\dfrac{\mathrm{d}\theta}{\mathrm{d}t}>0$。

也就是说,只要静止颗粒能在 θ_0 起滚,它就能翻过 $\theta_1=\dfrac{\pi}{2}$。由此可以得到下面两点:第一,前面将颗粒在 θ_0 能否由静止起滚作为滚动的临界条件是恰当的;第二,静止颗粒不滚则已,一滚就等于或大于 1 个单步。当然,并不能因此得到这样的结论,即颗粒的前半步总是加速的,这是因为当 $\left.\dfrac{\mathrm{d}\theta}{\mathrm{d}t}\right|_{\theta=\theta_0}>0$ 时,这里的讨论就不适用

的,有可能出现减速运动。

最后,来分析一下颗粒质心运动的法线方程(4.1.2)。在颗粒接触滚动过程中,在离心力作用下,若在 $\theta=\theta_1=\dfrac{\pi}{2}$ 时与床面颗粒脱离接触,则由方程(4.1.2)可知,在该点颗粒脱离接触的条件为 $F_n\leqslant 0$,此时 $\theta_y=0,\cos\dfrac{\pi}{2}=0,\sin\dfrac{\pi}{2}=1$,从而有

$$F_n=G-P_y-mD\left(\frac{\mathrm{d}\theta}{\mathrm{d}t}\right)^2\Bigg|_{\theta=\theta_0}=G-P_y-\frac{mu_{2.x}^2}{D}<0$$

将 G、P_y 的值代入,并注意到 $D\left(\dfrac{\mathrm{d}\theta}{\mathrm{d}t}\right)^2=\dfrac{1}{D}\dfrac{\mathrm{d}(D\theta)^2}{\mathrm{d}t}=\dfrac{1}{D}u_{2.x}^2$,则化简后有

$$u_{2.x}^2\geqslant\frac{D}{\frac{\pi}{6}D^3\rho_s}\left[(\rho_s-\rho)g\frac{\pi}{6}D^3-\frac{\rho C_y}{2}(V_b-u_{2.x})^2\frac{\pi}{4}D^2\right]$$

即

$$u_{2.x}^2\geqslant\frac{3C_y\rho}{4\rho_s}[V_1^2-(V_b-u_{2.x})^2]\qquad(4.1.21)$$

$$V_1^2=\frac{4}{3C_y}\frac{\rho_s-\rho}{\rho}gD=\frac{C_x}{C_y}\left(\frac{4}{3C_x}\frac{\rho_s-\rho}{\rho}gD\right)$$

$$=4\omega_0^2=\frac{C_x}{C_y}\left(\frac{4}{3C_x}\frac{\rho_s-\rho}{\rho}gD\right)=12\omega^2\qquad(4.1.22)$$

式中是取 $C_x=0.4$、$C_y=0.1$ 时的情况,而 ω 为泥沙颗粒在阻力平方区的沉降速度,$\omega_0=\sqrt{3}\omega$。这里,V_1 表示颗粒由静起跳的临界水流底速。事实上,此时 $u_{2.x}=0,V_b=V_1,G=P_y$,即

$$G=(\rho-\rho_s)g\frac{\pi}{6}D^3=\frac{C_y\rho}{2}\frac{\pi}{4}D^2V_1^2=P_y\qquad(4.1.23)$$

从而得出式(4.1.22),即在 $V_b=V_1=2\omega_0$ 这个速度下,水流的上举力刚好等于颗粒的重力,这时颗粒进入跳跃状态。因此,式(4.1.21)只对于 $V_b<V_1$ 的情况有意义。令式(4.1.21)取等号,则颗粒逸出的临界速度为

$$u_{2.x.c}^2=\frac{3C_y\rho}{4\rho_s}[V_1^2-(V_b-u_{2.x.c})^2]$$

它的根为

$$u_{2.x.c}^{(1),(2)}=\frac{3C_y\rho V_b}{4\rho_s+3C_y\rho}\left[1\pm\sqrt{1+\frac{4\rho_s+3C_y\rho}{3C_y\rho}\left(\frac{V_1^2}{V_b^2}-1\right)}\right]=\mu_0 V_b\left\{1\pm\sqrt{1+\frac{1}{\mu_0}\left[\left(\frac{V_1}{V_b}\right)^2-1\right]}\right\}$$

式中,

$$\mu_0=\frac{3C_y\rho}{4\rho_s+3C_y\rho}$$

当 $C_y=0.1, \rho=1\mathrm{g/cm^3}, \rho_s=2.65\mathrm{g/cm^3}$ 时，$\mu_0=0.0275$。$u_{2.x}^{(1),(2)}$ 的上标 (1)、(2) 分别表示等式右边括号内取正号或负号。设 $V_1/V_b>1$，即不满足静止颗粒起跳条件，即颗粒不起跳。当颗粒保持滚动时，显然 $u_{2.x.c}$ 不能为负。但此时根号内的值总是大于 1，若其前面取负号，将使 $u_{2.x.c}<0$，从而根号只能取正号，即脱离床面临界速度为

$$u_{2.x.c}=\mu_0 V_b\left[1+\sqrt{1+\frac{1}{\mu_0}\left(\frac{V_1^2}{V_b^2}-1\right)}\right] \tag{4.1.24}$$

这表明当 $u_{2.x}>u_{2.x.c}$，此时颗粒在离心力作用下将和床面脱离接触。需要指出的是，由式 (4.1.24) 可以看出，当 $1+\frac{1}{\mu_0}\left(\frac{V_1^2}{V_b^2}-1\right)<0$ 时，根号内为负（虚数），方程无解，表示 $u_{2.x.c}$ 不存在，即式 (4.1.21) 总成立，任何 $u_{2.x.c}$ 均能逸出。事实上，此时所述不等式为 $\frac{V_b}{V_1}>\frac{1}{\sqrt{1-\mu_0}}$，即 $\tilde{V}_b>\frac{2}{\sqrt{1-\mu_0}}=2.0281$，已满足颗粒由静起跳，故必然逸出，更方便地是将脱离床面的临界速度换成水流速度，由式 (4.1.21) 得颗粒与床面脱离接触的临界流速为

$$V_{b.2.c}=u_{2.x}+\sqrt{V_1^2-\left(\frac{1}{\mu_0}-1\right)u_{2.x}^2} \tag{4.1.25}$$

即当 $V_b>V_{b.2.c}$ 时，颗粒与床面脱离接触。若 $u_{2.x}=0, V_{b.2.c1}>V_1$，这是显然的。当 $V_1^2-\left(\frac{1}{\mu_0}-1\right)u_{2.x}^2<0$，即 $u_{2.x}>\sqrt{\frac{\mu_0}{1-\mu_0}}V_1=0.1682V_1$ 时，式 (4.1.21) 总成立，即颗粒无条件脱离接触。故颗粒脱离接触的临界条件是

$$V_{b.2.c}=\begin{cases}0, & u_{2.x}>0.1682V_1=0.3364\omega_0,\\ & \text{即 } \tilde{u}_{2.x}=\dfrac{u_{2.x}}{\omega_0}>0.3364\\ u_{2.x}+\sqrt{V_1^2+\left(1-\dfrac{1}{\mu_0}\right)u_{2.x}^2}, & 0\leqslant u_{2.x}\leqslant 0.1682V_1=0.3364\omega_0,\\ & \text{即 } 0\leqslant\tilde{u}_{2.x}=\dfrac{u_{2.x}}{\omega_0}\leqslant 0.3364\end{cases} \tag{4.1.26}$$

此处利用了 $V_1=2\omega_0$。为了对 $V_{b.2.c}$ 与 $u_{2.x}$ 的关系有一印象，表 4.1.1 中列出了按下式

$$\frac{V_{b.2.c}}{V_1}=\frac{u_{2.x}}{V_1}+\sqrt{1-\left(\frac{1}{\mu_0}-1\right)\left(\frac{u_{2.x}}{V_1}\right)^2}$$

计算的 $\frac{u_{2.x.c}}{V_1}$ 等。上式等价于

$$\widetilde{V}_{\mathrm{b.2.c}}=\frac{V_{\mathrm{b.2.c}}}{\omega_0}=\frac{u_{2.x}}{\omega_0}+2\sqrt{1-\frac{1}{4}\left(\frac{1}{\mu_0}-1\right)\left(\frac{u_{2.x}}{\omega_0}\right)^2}=\widetilde{u}_{2.x}+2\sqrt{1-\frac{1}{4}\left(\frac{1}{\mu_0}-1\right)\widetilde{u}_{2.x}^2}$$

$$(4.1.27)$$

表 4.1.1　$\dfrac{V_{\mathrm{b.2.c}}}{V_1}$ 和 $\dfrac{u_{2.x}}{V_1}$ 关系

$\dfrac{u_{2.x}}{V_1}=\dfrac{1}{2}\widetilde{u}_{2.x}$	0.16815	0.16052	0.160	0.150	0.149	0.1329	0.125	0.100	0.06	0.02	0.00
$\widetilde{u}_{2.x}=\dfrac{u_{2.x}}{\omega_0}$	0.3363	0.32104	0.320	0.300	0.298	0.2658	0.250	0.200	0.12	0.04	0.00
$\dfrac{V_{\mathrm{b.2.c}}}{V_1}=\dfrac{1}{2}\widetilde{V}_{\mathrm{b.2.c}}$	0.1788	0.4585	0.468	0.602	0.612	0.746	0.794	0.904	0.994	1.013	1.000
$\widetilde{V}_{\mathrm{b.2.c}}=\dfrac{V_{\mathrm{b.2.c}}}{\omega_0}$	0.3576	0.9170	0.935	1.204	1.225	1.491	1.588	1.808	1.988	2.026	2.000
$2\sqrt{1-\dfrac{1}{4}\left(\dfrac{1}{\mu_0}-1\right)\widetilde{u}_{2.x}^2}$	0.02033	0.5959	0.615	0.904	0.927	1.2254	1.338	1.608	1.868	1.986	2.000

从表 4.1.1 可见,颗粒滚动速度 $u_{2.x}$ 越小,它逸出的水流临界速度 $V_{\mathrm{b.2.c}}$ 越大。而当 $\dfrac{u_{2.x}}{V_1}>0.168$ 时,$\dfrac{V_{\mathrm{b.2.c}}}{V_1}$ 迅速降为零。其次注意到 $\dfrac{V_{\mathrm{b.c}}}{\omega_0}=\varphi(\Delta')$,而 $\varphi(\Delta')$ 在 $0.596\sim1.225$,它的平均值 $\bar{\varphi}(\Delta')=0.916$,从而 $\dfrac{V_{\mathrm{b.c}}}{\omega_0}=0.596\sim1.225$,$\dfrac{\overline{V}_{\mathrm{b.c}}}{\omega_0}=\bar{\varphi}(\Delta')=0.916$。对照表中的 $V_{\mathrm{b.2.c}}$ 可见,在一般条件下,$V_{\mathrm{b.2.c}}$ 均大于 $V_{\mathrm{b.c}}$,表示逸出比起动难,这是显然的。因为前者实际已进入跳跃。只有当 $u_{2.x}$ 很大时 $\left(\dfrac{u_{2.x}}{V_1}>0.160\right)$,$V_{\mathrm{b.2.c}}$ 才可能小于 $V_{\mathrm{b.c}}$。但是后面得到的颗粒由滚起跳的临界速度 $\dfrac{V_{\mathrm{b.c.2.3}}}{\omega_0}$ 在 $1.11\sim2.00$(见表 4.4.1),与表中 $\dfrac{u_{2.x}}{V_1}\leqslant0.150$ 时的相应数据 $\widetilde{V}_{\mathrm{b.2.c}}$ 彼此覆盖,这说明此时滚动逸出速度 $\widetilde{V}_{\mathrm{b.2.c}}$ 与由滚起跳速度非常相近。可见表 4.1.1 的结果是合理的。

4.1.3　颗粒滚动前半步方程的解

颗粒在初始位置 A_0、前半步末 $\left(\theta_0=\dfrac{\pi}{2}\right)$ 位置 A_1 及后半步末的位置 A_2 如图 4.1.5 所示。可见前半步距离 $x_{2.1}$ 与其在床面的初始位置 Δ' 有关,

$$x_{2.1}=D\cos\theta_0=D\sqrt{2\Delta'-\Delta'^2} \qquad (4.1.28)$$

至于后半步距离显然与颗粒 B、D 之间位置,即床沙密实有关。这一点下面再给出。

在 $t=0$,$u_{2.x}=u_{x.0}$,$u_{2.y}=u_{y.0}$ 的初始条件下,对滚动方程(4.1.13)用数字计算方法求解,可得前半步滚动末速度 $u_{2.x.1}$、运动时间 $t_{2.1}$ 和平均速度 $\bar{u}_{2.x.1}$。

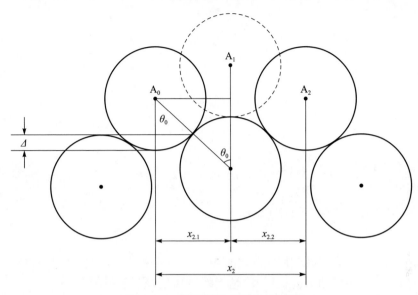

图 4.1.5　颗粒滚动的单步示意图

如果忽略颗粒的竖向运动 $\left(\text{即取 } \theta=\dfrac{\pi}{2}\right)$，但是保留滚动时阻力项，则滚动方程可大为简化并能直接得到分析解。这样得到的简化方程相当于颗粒在水平粗糙床面滚动且阻力系数为 1/4 的情况。在上述假设下，显然有

$$D\frac{\mathrm{d}^2\theta}{\mathrm{d}t^2}=\frac{\mathrm{d}}{\mathrm{d}t}\left[\frac{\mathrm{d}(D\theta)}{\mathrm{d}t}\right]=\frac{\mathrm{d}u_{2.x}}{\mathrm{d}t}$$

并且由于取 $\theta=\theta_0=\dfrac{\pi}{2}$，则 $\sin\theta=\sin\theta_0=1$，$\cos\theta=\cos\theta_0=0$，$\dfrac{\cos\theta}{\cos\theta_0}=1$，则滚动方程

(4.1.20)简化为

$$\begin{aligned}
\frac{\mathrm{d}u_{2.x}}{\mathrm{d}t}&=\frac{5}{7}\frac{\rho C_x}{\left(\rho_s+\dfrac{\rho}{2}\right)D}\left[(V_b-u_{2.x})\,|\,V_b-u_{2.x}|+\frac{1}{4}\frac{C_y}{C_x}(V_b-u_{2.x})^2-\frac{3}{4}V_{b.c}^2\left(\frac{4}{3}+\frac{1}{12}\right)\right]\\
&=\frac{5}{7}\frac{\rho C_x}{\left(\rho_s+\dfrac{\rho}{2}\right)D}\left[(V_b-u_{2.x})\,|\,V_b-u_{2.x}|+\frac{1}{16}(V_b-u_{2.x})^2-\frac{17}{16}V_{b.c}^2\right]\\
&=\frac{85}{112}\frac{\rho C_x}{\left(\rho_s+\dfrac{\rho}{2}\right)D}\left[\frac{16}{17}(V_b-u_{2.x})\,|\,V_b-u_{2.x}|+\frac{1}{17}(V_b-u_{2.x})^2-V_{b.c}^2\right]\\
&=a_1\left[\frac{16}{17}(V_b-u_{2.x})\,|\,V_b-u_{2.x}|+\frac{1}{17}(V_b-u_{2.x})^2-V_{b.c}^2\right]
\end{aligned}$$

$$(4.1.29)$$

式中，

$$a_1 = \frac{85}{112} \frac{\rho C_x}{\left(\rho_s + \frac{\rho}{2}\right)D} \approx \frac{3}{4} \frac{\rho C_x}{\left(\rho_s + \frac{\rho}{2}\right)D} = \frac{\rho_s - \rho}{\rho_s + \frac{\rho}{2}} \frac{g}{\omega_0^2} = \frac{a_2 g}{\omega_0^2} = a_0 \qquad (4.1.30)$$

$$a_2 = \frac{\rho_s - \rho}{\rho_s + \frac{\rho}{2}} \qquad (4.1.31)$$

而 $\dfrac{a_1}{a_0} = \dfrac{85}{112} \Big/ \dfrac{3}{4} = 1.012$。故在一般情况下可用 a_0 代替 a_1。由式(4.1.29)可见，当

颗粒等速滚动时，$\dfrac{\mathrm{d}u_{2.x}}{\mathrm{d}t} = 0$，此时必有

$$u_{2.x} = V_b - V_{b.c} \qquad (4.1.32)$$

这证明了过去一些研究者的假定和由直观推出的结果是一致的。但是参数的含义与以往的理解是不同的。$u_{2.x}$、V_b 均是指瞬时速度，它们是随机变量，而不是平均值。其次指出了其等速滚动的前提。

现在求方程(4.1.29)的解，由于条件的差别，共有五种情况。

1）加速运动

为保证 $\dfrac{\mathrm{d}u_x}{\mathrm{d}t} > 0$，应有 $\dfrac{\mathrm{d}(V_b - u_{2.x})}{\mathrm{d}t} < 0$ 以及 $V_b - u_{2.x} > V_{b.c} > 0$，方程(4.1.29)化为

$$\frac{1}{a_1} \frac{\mathrm{d}(V_b - u_{2.x})}{\mathrm{d}t} = V_{b.c}^2 - (V_b - u_{2.x})^2 \qquad (4.1.33)$$

注意到在加速运动过程中 $u_{2.x} < u_{2.x.1}$。$u_{2.x.1}$ 是前半步末速度。从而方程的控制条件是 $V_b - u_{2.x.1} > V_{b.c}$，据此能满足 $V_b - u_{2.x} > V_b - u_{2.x.1} > V_{b.c}$。积分上式，并以初始条件 $t = 0$，$u_{2.x} = u_{2.x.0}$ 代入，可得

$$t = \frac{1}{a_1 V_{b.c}} \left(\operatorname{arcoth} \frac{V_b - u_{2.x}}{V_{b.c}} - \operatorname{arcoth} \frac{V_b - u_{2.x.0}}{V_{b.c}} \right) \qquad (4.1.34)$$

此处 coth 表示双曲余切，改写上式为

$$\frac{\mathrm{d}x}{\mathrm{d}t} = u_{2.x} = V_b - V_{b.c} \coth\left(a_1 V_{b.c} t + \operatorname{arcoth} \frac{V_b - u_{2.x.0}}{V_{b.c}} \right)$$

再积分一次，并代入初始条件 $t = 0$，$x = 0$，则有

$$x = V_b t - \frac{1}{a_1} \ln \frac{\sinh\left(a_1 V_{b.c} t + \operatorname{arcoth} \dfrac{V_b - u_{2.x.0}}{V_{b.c}} \right)}{\sinh\left(\operatorname{arcoth} \dfrac{V_b - u_{2.x.0}}{V_{b.c}} \right)} \qquad (4.1.35)$$

注意到

$$\sinh(\operatorname{arcoth} x) = \frac{1}{\sqrt{x^2 - 1}} \qquad (4.1.36)$$

从而有

$$x = V_b t - \frac{1}{a_1}\ln\left[\sqrt{\left(\frac{V_b - u_{2.x.0}}{V_{b.c}}\right)^2 - 1}\,\sinh\left(a_1 V_{b.c} t + \operatorname{arcoth}\frac{V_b - u_{2.x.0}}{V_{b.c}}\right)\right]$$

$$(4.1.37)$$

设颗粒前半步距离为 $x_{2.1}$，历时为 $t_{2.1}$，前半步末的速度为 $u_{2.x.1}$，由式(4.1.34)可得

$$t_{2.1} = \frac{1}{a_1 V_{b.c}}\left(\operatorname{arcoth}\frac{V_b - u_{2.x.1}}{V_{b.c}} - \operatorname{arcoth}\frac{V_b - u_{2.x.0}}{V_{b.c}}\right) \qquad (4.1.38)$$

即

$$u_{2.x.1} = V_b - V_{b.c}\coth\left(a_1 V_{b.c} t_{2.1} + \operatorname{arcoth}\frac{V_b - u_{2.x.0}}{V_{b.c}}\right) \qquad (4.1.39)$$

将式(4.1.38)代入式(4.1.35)，并注意到式(4.1.28)可得

$$\begin{aligned}
x_{2.1} &= D\sqrt{2\Delta' - \Delta'^2}\\
&= \frac{V_b}{a_1 V_{b.c}}\left(\operatorname{arcoth}\frac{V_b - u_{2.x.1}}{V_{b.c}} - \operatorname{arcoth}\frac{V_b - u_{2.x.0}}{V_{b.c}}\right)\\
&\quad - \frac{1}{a_1}\ln\left[\sqrt{\left(\frac{V_b - u_{2.x.0}}{V_{b.c}}\right)^2 - 1}\,\sinh\left(a_1 V_{b.c} t_{2.1} + \operatorname{arcoth}\frac{V_b - u_{2.x.0}}{V_{b.c}}\right)\right]\\
&= \frac{V_b}{a_1 V_{b.c}}\left(\operatorname{arcoth}\frac{V_b - u_{2.x.1}}{V_{b.c}} - \operatorname{arcoth}\frac{V_b - u_{2.x.0}}{V_{b.c}}\right)\\
&\quad - \frac{1}{a_1}\ln\left[\sqrt{\left(\frac{V_b - u_{2.x.0}}{V_{b.c}}\right)^2 - 1}\Bigg/\sqrt{\left(\frac{V_b - u_{2.x.1}}{V_{b.c}}\right)^2 - 1}\right]\\
&= \frac{V_b}{a_1 V_{b.c}}\left(\operatorname{arcoth}\frac{V_b - u_{2.x.1}}{V_{b.c}} - \operatorname{arcoth}\frac{V_b - u_{2.x.0}}{V_{b.c}}\right) - \frac{1}{2a_1}\ln\frac{(V_b - u_{2.x.0})^2 - V_{b.c}^2}{(V_b - u_{2.x.1})^2 - V_{b.c}^2}
\end{aligned}$$

$$(4.1.40)$$

式中，$\sqrt{2\Delta' - \Delta'^2}$ 为颗粒前半步滚动距离，它是固定的，而相应的速度和时间则是变化的。至于前半步距离表达式，后边再给出证明。颗粒在前半步的平均滚动速度为

$$\bar{u}_{2.x.1} = \frac{x_{2.1}}{t_{2.1}} = V_b - \frac{V_{b.c}}{2}\frac{\ln\dfrac{(V_b - u_{2.x.0})^2 - V_{b.c}^2}{(V_b - u_{2.x.1})^2 - V_{b.c}^2}}{\operatorname{arcoth}\dfrac{V_b - u_{2.x.1}}{V_{b.c}} - \operatorname{arcoth}\dfrac{V_b - u_{2.x.0}}{V_{b.c}}} \qquad (4.1.41)$$

需要指出的是，在加速运动中，至前半步末，由于 $u_{2.x}$ 或 V_b 过大，颗粒可能逸出，不再做滚动运动，而转入跳跃。事实如图 4.1.1(c)所示。本来式(4.1.33)的定义域为 $V_b > u_{2.x} + V_{b.c}$（见图 4.1.6），但是根据式(4.1.26)，当 $\tilde{u}_{2.x} > 0.3364$ 时，颗粒逸出的条件为 $V_b > V_{b.2.c} = 0$；而当 $0 \leqslant \tilde{u}_{2.x} \leqslant 0.3363$ 时，逸出的条件为式(4.1.25)，$V_b > V_{b.2.c} = u_{2.x} + \sqrt{V_1^2 + \left(1 - \dfrac{1}{\mu_0}\right)u_{2.x}^2}$，即当 $\mu_0 = 0.0275$ 时，

$$\widetilde{V}_{\mathrm{b.2.c}}=\frac{V_{\mathrm{b.2.c}}}{\omega_0}=\widetilde{u}_{2.x}+2\sqrt{1-\left(1-\frac{1}{\mu_0}\right)\frac{1}{4}\widetilde{u}_{2.x}^2}=\widetilde{u}_{2.x}+2\sqrt{1-8.841\widetilde{u}_{2.x}^2}$$

$$(4.1.42)$$

由此可见,只要 $\widetilde{V}_{\mathrm{b}}=\dfrac{V_{\mathrm{b}}}{\omega_0}>\widetilde{V}_{\mathrm{b.2.c}}$ 时,应考虑将逸出的颗粒去掉才能保证颗粒滚动。综合这两者,此时加速滚动的定义域为图 4.1.6 中直线上有斜线的区间,即

$$\widetilde{V}_{\mathrm{b.2.c}}>\widetilde{V}_{\mathrm{b}}>\widetilde{u}_{2.x}+\widetilde{V}_{\mathrm{b.c}}$$

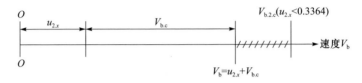

图 4.1.6　颗粒滚动时逸出的区域

2) 第一种减速运动

现在研究减速运动,此时 $\dfrac{\mathrm{d}u_{2.x}}{\mathrm{d}t}<0$, $(V_{\mathrm{b}}-u_{x.0})|V_{\mathrm{b}}-u_{x.0}|-V_{\mathrm{b.c}}^2<0$,这时又有三种情况,第一种减速运动是 $V_{\mathrm{b}}-u_{2.x}>0$,且 $(V_{\mathrm{b}}-u_{2.x})^2<V_{\mathrm{b.c}}^2$,即 $0<V_{\mathrm{b}}-u_x<V_{\mathrm{b.c}}$。此时方程(4.1.29)为

$$\frac{\mathrm{d}u_{2.x}}{\mathrm{d}t}=-a_1[V_{\mathrm{b.c}}^2-(V_{\mathrm{b}}-u_{2.x})^2]>0 \qquad (4.1.43)$$

即

$$\frac{\mathrm{d}(V_{\mathrm{b}}-u_{2.x})}{\mathrm{d}t}=a_1[V_{\mathrm{b.c}}^2-(V_{\mathrm{b}}-u_{2.x})^2]$$

上述条件 $(V_{\mathrm{b}}-u_{2.x})^2<V_{\mathrm{b.c}}^2$ 是在 $V_{\mathrm{b}}-u_{2.x}\geqslant 0$ 的条件下做减速运动。这两个条件等价于 $0<V_{\mathrm{b}}-u_{2.x}<V_{\mathrm{b.c}}$。注意到此时为减速运动, $u_{2.x}<u_{2.x.0}$,控制条件应为 $0<V_{\mathrm{b}}-u_{2.x.1}<V_{\mathrm{b.c}}$,便能满足 $0<V_{\mathrm{b}}-u_{2.x.1}<V_{\mathrm{b}}-u_{2.x.0}<V_{\mathrm{b.c}}$。将其在 $t=0$, $u_{2.x}=u_{x.0}$ 条件下积分,得到

$$t=\frac{1}{a_1 V_{\mathrm{b.c}}}\left(\operatorname{artanh}\frac{V_{\mathrm{b}}-u_{2.x}}{V_{\mathrm{b.c}}}-\operatorname{artanh}\frac{V_{\mathrm{b}}-u_{2.x.0}}{V_{\mathrm{b.c}}}\right) \qquad (4.1.44)$$

此处 artanh 为反双曲正切。

由式(4.1.44)解出 $u_{2.x}$,即

$$u_{2.x}=V_{\mathrm{b}}-V_{\mathrm{b.c}}\tanh\left(a_1 V_{\mathrm{b.c}}t+\operatorname{artanh}\frac{V_{\mathrm{b}}-u_{2.x.0}}{V_{\mathrm{b.c}}}\right) \qquad (4.1.45)$$

当 $t=t_1$, $u_{2.x}=u_{2.x.1}$ 时,有

$$u_{2.x.1}=V_{\mathrm{b}}-V_{\mathrm{b.c}}\tanh\left(a_1 V_{\mathrm{b.c}}t_{2.1}+\operatorname{artanh}\frac{V_{\mathrm{b}}-u_{2.x.0}}{V_{\mathrm{b.c}}}\right)$$

在 $t=0, x=0$ 条件下,再积分式(4.1.45)得

$$x=V_{\mathrm{b}}t-\frac{1}{a_1}\ln\frac{\cosh\left(a_1V_{\mathrm{b.c}}t+\mathrm{artanh}\dfrac{V_{\mathrm{b}}-u_{2.x.0}}{V_{\mathrm{b.c}}}\right)}{\cosh\left(\mathrm{artanh}\dfrac{V_{\mathrm{b}}-u_{2.x.0}}{V_{\mathrm{b.c}}}\right)} \tag{4.1.46}$$

此处 cosh 为双曲余弦函数。并注意到

$$\cosh(\mathrm{artanh}x)=\frac{1}{\sqrt{1-x^2}} \tag{4.1.47}$$

则有

$$x=V_{\mathrm{b}}t-\frac{1}{a_1}\ln\left[\sqrt{1-\left(\frac{V_{\mathrm{b}}-u_{x.0}}{V_{\mathrm{b.c}}}\right)^2}\cosh\left(a_1V_{\mathrm{b.c}}t+\mathrm{artanh}\frac{V_{\mathrm{b}}-u_{2.x.0}}{V_{\mathrm{b.c}}}\right)\right] \tag{4.1.48}$$

这样,颗粒滚完上半步的时间为

$$t_{2.1}=\frac{1}{a_1V_{\mathrm{b.c}}}\left(\mathrm{artanh}\frac{V_{\mathrm{b}}-u_{2.x.1}}{V_{\mathrm{b.c}}}-\mathrm{artanh}\frac{V_{\mathrm{b}}-u_{2.x.0}}{V_{\mathrm{b.c}}}\right) \tag{4.1.49}$$

上半步的距离为

$$\begin{aligned}x_{2.1}&=D\sqrt{2\Delta'-\Delta'^2}\\&=\frac{V_{\mathrm{b}}}{a_1V_{\mathrm{b.c}}}\left(\mathrm{artanh}\frac{V_{\mathrm{b}}-u_{2.x.1}}{V_{\mathrm{b.c}}}-\mathrm{artanh}\frac{V_{\mathrm{b}}-u_{2.x.0}}{V_{\mathrm{b.c}}}\right)\\&-\frac{1}{2a_1}\ln\frac{(V_{\mathrm{b}}-u_{2.x.0})^2-V_{\mathrm{b.c}}^2}{(V_{\mathrm{b}}-u_{2.x.1})^2-V_{\mathrm{b.c}}^2}\end{aligned} \tag{4.1.50}$$

颗粒在上半步的平均速度为

$$\bar{u}_{2.x.1}=V_{\mathrm{b}}-\frac{V_{\mathrm{b.c}}}{2}\frac{\ln\dfrac{V_{\mathrm{b.c}}^2-(V_{\mathrm{b}}-u_{2.x.0})^2}{V_{\mathrm{b.c}}^2-(V_{\mathrm{b}}-u_{2.x.1})^2}}{\mathrm{artanh}\dfrac{V_{\mathrm{b}}-u_{2.x.1}}{V_{\mathrm{b.c}}}-\mathrm{artanh}\dfrac{V_{\mathrm{b}}-u_{2.x.0}}{V_{\mathrm{b.c}}}} \tag{4.1.51}$$

如果要剔除逸出的颗粒,在方程(4.1.43)的定义域 $0<V_{\mathrm{b}}-u_{2.x}<V_{\mathrm{b.c}}$ 中应去掉 $V_{\mathrm{b}}>V_{\mathrm{b.2.c}}$,或要求 $u_{2.x}<u_{2.x.c}$。例如,此时可取定义域为 $V_{\mathrm{b}}-u_{2.x}>0, V_{\mathrm{b}}-V_{\mathrm{b.c}}<u_{2.x}<u_{2.x.c}$。其中 $u_{2.x.c}$ 由式(4.1.24)确定,或者换成无因次形式:

$$\begin{aligned}\tilde{u}_{2.x.c}=\frac{u_{2.x.c}}{\omega_0}&=\mu_0\frac{V_{\mathrm{b}}}{\omega_0}\left\{1+\sqrt{1+36.36\left[\left(\frac{V_1/\omega_0}{V_{\mathrm{b}}/\omega_0}\right)^2-1\right]}\right\}\\&=\mu_0\tilde{V}_{\mathrm{b}}\left[1+\sqrt{1+36.36\left(\frac{4}{V_{\mathrm{b}}^2}-1\right)}\right]\end{aligned}$$

按照上式,求出了 $\dfrac{u_{2.x.c}}{V_b}=\dfrac{\tilde{u}_{2.x.c}}{\tilde{V}_b}\sim\dfrac{V_1}{V_b}$ 和 $\dfrac{\omega_0}{V_b}=\dfrac{1}{\tilde{V}_b}\sim\tilde{u}_{2.x.c}$ 等关系,如表 4.1.2 所示。从表中可以看出,当 $\dfrac{V_1}{V_b}$ 由 1 增至 5.5928 时,$\dfrac{u_{2.x.c}}{V_1}$ 由 0.055 增至 0.1788,即 V_{b} 减少,

$u_{2.x.c}$增加。更明确的是,当$\widetilde{V}_b$由 2 减至 0.3576 时,$\widetilde{u}_{2.x.c}$由 0.110 增至 0.3363,此外式(4.1.26)已指出,当$\widetilde{u}_{2.x.c}$增至 0.3364 后,$V_{b.2.c}$减至 0,亦能逸出。需要指出的是,从表中看出,当$\widetilde{V}_b \geqslant 1.491$时,$\widetilde{V}_b - \widetilde{V}_{b.c} = \widetilde{V}_b - \varphi(\Delta') > 1.491 - 1.225 = 0.266 > 0.2658 = \widetilde{u}_{2.x.c}$,可见满足逸出条件,即对任何$\Delta'$均逸出。而当$\widetilde{V}_b < 1.490$时,若$\Delta' < \Delta'_c$,则$\widetilde{V}_b - \widetilde{V}_{b.c} = \widetilde{V}_b - \varphi(\Delta') > \widetilde{u}_{2.x.c}$,颗粒逸出;反之,若$\Delta' \geqslant \Delta'_c$,则$\widetilde{V}_b - \widetilde{V}_{b.c} = V_b - \varphi(\Delta') \leqslant \widetilde{u}_{2.x.c}$,颗粒不逸出。其中$\Delta'_c$由式(4.1.52)确定:

$$\widetilde{V}_b - \varphi(\Delta'_c) = \widetilde{u}_{2.x.c} \tag{4.1.52}$$

其中,$\widetilde{V}_b$、$\widetilde{u}_{2.x.c}$为已知量。$\widetilde{u}_{2.x.c}$实际上为$\widetilde{V}_b$的函数,可由表 4.1.2 看出。

表 4.1.2 $\dfrac{\widetilde{u}_{2.x.c}}{\widetilde{V}_b}$与$\dfrac{V_1}{V_b}$和$\dfrac{V_b}{\omega_0}$等的关系

$\dfrac{V_1}{V_b}$	1.0	1.1	1.2	1.341	1.5	2.183	3.0	4.0	5.5928
$\dfrac{u_{2.x.c}}{V_b}$	0.055	0.108	0.141	0.1783	0.215	0.350	0.497	0.670	0.940
$\dfrac{u_{2.x.c}}{V_1}$	0.055	0.0985	0.117	0.1329	0.143	0.161	0.166	0.1675	0.1788
$\widetilde{V}_b = \dfrac{V_b}{\omega_0}$	2.000	1.818	1.667	1.491	1.333	0.916	0.667	0.500	0.3576
$\widetilde{u}_{2.x.c}$	0.110	0.197	0.235	0.2658	0.287	0.321	0.332	0.335	0.3363

3)第二种减速运动

第二种减速运动是$V_b - u_{2.x} < 0$,考虑到此时$u_{2.x.1} < u_{2.x}$,故$V_b - u_{2.x} < V_{b.c}$能满足$V_b - u_{2.x} < V_b - u_{2.x.1} < 0$,这时方程(4.1.29)变为

$$\frac{\mathrm{d}u_{2.x}}{\mathrm{d}t} = -\frac{1}{a_1}\left[V_{b.c}^2 + \frac{15}{17}(V_b - u_{2.x})^2\right] \tag{4.1.53}$$

即

$$\frac{1}{a_1}\frac{\mathrm{d}(V_b - u_{2.x})}{\mathrm{d}t} = V_{b.c}^2 + \frac{15}{17}(V_b - u_{2.x})^2$$

积分此方程,并注意到$t = 0$,$u_{2.x} = u_{x.0}$,则有

$$t = \frac{1}{\sqrt{\frac{15}{17}} a_1 V_{b.c}}\left(\arctan\frac{V_b - u_{2.x}}{\sqrt{\frac{17}{15}} V_{b.c}} - \arctan\frac{V_b - u_{2.x.0}}{\sqrt{\frac{17}{15}} V_{b.c}}\right) \tag{4.1.54}$$

此处 arctan 为反三角正切函数。由此式可得

$$u_{2.x}=V_b-\sqrt{\frac{17}{15}}V_{b.c}\tan\left[\sqrt{\frac{15}{17}}a_1V_{b.c}t+\arctan\frac{V_b-u_{2.x.0}}{\sqrt{\frac{17}{15}}V_{b.c}}\right]$$

在 $t=0,x=0$ 条件下,再积分上式,并注意到

$$x_{2.1}=V_bt_{2.1}+\frac{1}{\frac{15}{17}a_1}\ln\frac{\cos\left[\sqrt{\frac{15}{17}}a_1V_{b.c}t_{2.1}+\arctan\frac{V_b-u_{2.x.0}}{\sqrt{\frac{17}{15}}V_{b.c}}\right]}{\cos\left[\arctan\frac{V_b-u_{2.x.0}}{\sqrt{\frac{17}{15}}V_{b.c}}\right]} \qquad (4.1.55)$$

颗粒滚完上半步的时间为

$$t_{2.1}=\frac{1}{\sqrt{\frac{15}{17}}a_1V_{b.c}}\left[\arctan\frac{V_b-u_{2.x.1}}{\sqrt{\frac{17}{15}}V_{b.c}}-\arctan\frac{V_b-u_{2.x.0}}{\sqrt{\frac{17}{15}}V_{b.c}}\right] \qquad (4.1.56)$$

将式(4.1.56)代入式(4.1.55),并注意到

$$\cos(\arctan x)=\frac{1}{\sqrt{1+x^2}} \qquad (4.1.57)$$

则颗粒上半步的滚动距离为

$$x_{2.1}=D\sqrt{2\Delta'-\Delta'^2}$$

$$=\frac{V_b}{\sqrt{\frac{15}{17}}a_1V_{b.c}}\left[\arctan\frac{V_b-u_{2.x.1}}{\sqrt{\frac{17}{15}}V_{b.c}}-\arctan\frac{V_b-u_{2.x.0}}{\sqrt{\frac{17}{15}}V_{b.c}}\right] \qquad (4.1.58)$$

$$+\frac{1}{\frac{30}{17}a_1}\ln\frac{(V_b-u_{2.x.1})^2+\frac{17}{15}V_{b.c}^2}{(V_b-u_{2.x.0})^2+\frac{17}{15}V_{b.c}^2}$$

颗粒在上半步的平均速度为

$$\bar{u}_{2.x.1}=V_b+\frac{\sqrt{\frac{17}{15}}V_{b.c}}{2}\cdot\frac{\ln\frac{(V_b-u_{2.x.1})^2+\frac{17}{15}V_{b.c}^2}{(V_b-u_{2.x.0})^2+\frac{17}{15}V_{b.c}^2}}{\arctan\frac{V_b-u_{2.x.1}}{\sqrt{\frac{17}{15}}V_{b.c}}-\arctan\frac{V_b-u_{2.x.0}}{\sqrt{\frac{17}{15}}V_{b.c}}} \qquad (4.1.59)$$

值得注意的是,第二种减速运动的条件 $u_{2.x}>V_b$,与逸出条件是不相容的。

事实上,由式(4.1.26),对于逸出条件,有

$$V_b>V_{b.2.c}=u_{2.x}+\sqrt{V_1^2+\left(1-\frac{1}{\mu_0}\right)u_{2.x}^2}$$

即 $V_b > u_{2.x}$，这与第二种减速的基本条件 $u_{2.x} > V_b$ 是矛盾的，故第二种减速运动没有逸出的问题。

4）第三种减速运动

第三种减速运动是 $V_b - u_{2.x} = 0$，此时由式（4.1.33）得

$$\frac{du_{2.x}}{dt} = -a_1 V_{b.c}^2 \qquad (4.1.60)$$

形式上有关参数为

$$t_{2.1} = \frac{u_{2.x.0} - u_{2.x.1}}{a_1 V_{b.c}^2} \qquad (4.1.61)$$

$$u_{2.x.1} = u_{2.x.0} - a_1 V_{b.c}^2 t_{2.1} \qquad (4.1.62)$$

$$x_{2.1} = D\sqrt{2\Delta' - \Delta'^2} = u_{2.x.0} t_{2.1} - \frac{a_1 V_{b.c}^2 t_{2.1}^2}{2} \qquad (4.1.63)$$

$$\bar{u}_{2.x.1} = u_{2.x.0} - \frac{1}{2} V_{b.c} t_{2.1} \qquad (4.1.64)$$

但是在有限长的时间内，这个结果不合理，只能是一种瞬时现象。事实上，若 $V_b - u_{2.x} = 0$，则表示没有阻力，即 $V_{b.c} = 0$，从而颗粒为匀速运动，$u_{2.x} = u_{2.x.0}$。可见在有限时间间隔内，方程（4.1.60）不成立。

对于这种运动，由于 $V_b = u_{2.x} < V_{b.2.c} = u_{2.x} + \sqrt{1 - \left(\frac{1}{\mu_0} - 1\right)\frac{1}{4}u_{2.x}^2}$ 是不可能的，故没有逸出的颗粒，如果这种运动能够实现的话。

5）颗粒的匀速运动

若 $V_b - u_{2.x} = V_{b.c}$，则自然包含了 $V_b - u_{2.x} > 0$，故由式（4.1.29）得

$$\frac{du_{2.x}}{dt} = 0 \qquad (4.1.65)$$

于是有

$$u_{2.x.1} = V_b - V_{b.c} = u_{2.x.0} \qquad (4.1.66)$$

$$x_{2.1} = D\sqrt{2\Delta' - \Delta'^2} = (V_b - V_{b.c}) t_{2.1} \qquad (4.1.67)$$

$$t_{2.1} = \frac{D\sqrt{2\Delta' - \Delta'^2}}{V_b - V_{b.c}} \qquad (4.1.68)$$

上述各种结果均表明，已知 V_b、$V_{b.c}$（或 Δ'、ω_0）、$u_{x.0}$，即可求出前半步终点的速度 $u_{2.x.1}$、历时 $t_{2.1}$ 以及平均速度 $\bar{u}_{2.x.1}$ 等。

在 $V_b - u_{2.x} = V_{b.c}$ 的条件下，如果逸出，则由式（4.1.26）有

$$\frac{V_{b.c}}{\omega_0} + \frac{u_{2.x}}{\omega_0} = \tilde{V}_{b.c} + \tilde{u}_{2.x}$$

$$= \varphi(\Delta') + \tilde{u}_{2.x} > V_{b.2.c} = \tilde{u}_{2.x} + 2\sqrt{1 - \frac{1}{4}\left(\frac{1}{\mu_0} - 1\right)\tilde{u}_{2.x}^2}$$

$$(4.1.69)$$

即

$$\varphi(\Delta')=\tilde{V}_{b.c}>2\sqrt{1-\frac{1}{4}\left(\frac{1}{\mu_0}-1\right)\tilde{u}_{2.x}^2}$$

由式(4.1.26)知,当 $\tilde{u}_{2.x}>0.3364$ 时,根号数值不存在,$V_{b.2.c}=0$,此时 $\tilde{V}_{b.c}=\varphi(\Delta')>0$ 是满足的,故颗粒逸出。另由表 4.1.1 知,当 $\tilde{u}_{2.x}<0.2658$ 时,由于 $2\sqrt{1-\frac{1}{4}\left(\frac{1}{\mu_0}-1\right)}>1.2254$,即不满足式(4.1.69)中 $2\sqrt{1-\frac{1}{4}\left(\frac{1}{\mu_0}-1\right)}<\varphi(\Delta')$。这是因为 $\varphi(\Delta')$ 的最大值为 $\varphi(1)=1.225$,故此时不能逸出。而当 $0.3363\geqslant\tilde{u}_{2.x}>0.2658$ 时,逸出的条件为

$$V_{b.c}=\varphi(\Delta')>2\sqrt{1-\frac{1}{4}\left(\frac{1}{\mu_0}-1\right)\tilde{u}_{2.x}^2}$$

即

$$\varphi(\Delta')-2\sqrt{1-\frac{1}{4}\left(\frac{1}{\mu_0}-1\right)\tilde{u}_{2.x}^2}>0 \qquad (4.1.70)$$

可见此时给定 $\tilde{u}_{2.x}$ 后,对于 $\Delta'>\Delta_c'$,式(4.1.70)可以满足,即能逸出;否则不能逸出。其中 Δ_c' 由式(4.1.70)取等号给出,即

$$\varphi(\Delta')-2\sqrt{1-\frac{1}{4}\left(\frac{1}{\mu_0}-1\right)\tilde{u}_{2.x}^2}=0$$

4.1.4　颗粒非接触运动方程(后半步方程)及其解

颗粒在床面做非接触运动——自由运动时,沿纵向只受到两种作用力作用:水流正面推力与附加质量力,此时质心运动方程为

$$\rho_s\frac{\pi D^3}{6}\frac{du_{2.x}}{dt}=\frac{\rho C_x}{2}\frac{\pi D^2}{4}(V_b-u_{2.x})|V_b-u_{2.x}|-\frac{\rho}{2}\frac{\pi D^3}{6}\frac{du_{2.x}}{dt}$$

或

$$\frac{du_{2.x}}{dt}=a_0(V_b-u_{2.x})|V_b-u_{2.x}|\approx a_1(V_b-u_{2.x})|V_b-u_{2.x}| \qquad (4.1.71)$$

据式(4.1.30)及式(4.1.31),$a_0/a_1=1.012$,故取 $a_0\approx a_1$。其中 a_1 仍由式(4.1.30)给出。将方程(4.1.71)与接触滚动方程(4.1.29)进行比较,当该式中 $V_{b.c}=0$ 时,即相应于理想光滑情况 $\Delta'=0$,两方程一致,实际上这也是合理的。方程(4.1.71)也称为理想光滑床面的滚动方程,它的解分三种情况。

第一种情况是 $V_b-u_{2.x}>0$,即为加速运动,方程(4.1.71)可写为

$$\frac{du_{2.x}}{dt}=a_1(V_b-u_{2.x})^2 \qquad (4.1.72)$$

在 $t=0,u_{2.x}=u_{2.x.1}$ 条件下积分式(4.1.72),得到

$$t = \frac{1}{a_1}\left(\frac{1}{V_b - u_{2.x}} - \frac{1}{V_b - u_{2.x.1}}\right) \tag{4.1.73}$$

由此可得

$$u_{2.x} = V_b - \frac{V_b - u_{2.x.1}}{1 + a_1 t(V_b - u_{2.x.1})}$$

在 $t=0, x=0$ 条件下再积分式(4.1.73),有

$$x = V_b t - \frac{1}{a_1}\ln[1 + a_1 t(V_b - u_{2.x.1})]$$

将式(4.1.73)代入上式,则有

$$x = \frac{V_b}{a_1}\left(\frac{1}{V_b - u_{2.x}} - \frac{1}{V_b - u_{2.x.1}}\right) - \frac{1}{a_1}\ln\frac{V_b - u_{2.x.1}}{V_b - u_{2.x}} \tag{4.1.74}$$

设颗粒后半步距离为 $x_{2.2}$,历时为 $t_{2.2}$,平均滚动速度为 $\bar{u}_{2.x.2}$,末速为 $u_{2.x.2}$,将它们代入式(4.1.73)及式(4.1.74)等,可得

$$t_{2.2} = \frac{1}{a_1}\frac{u_{2.x.2} - u_{2.x.1}}{(V_b - u_{2.x.2})(V_b - u_{2.x.1})} \tag{4.1.75}$$

$$u_{2.x.2} = V_b - \frac{V_b - u_{2.x.1}}{1 + a_1 t_{2.2}(V_b - u_{2.x.1})} \tag{4.1.76}$$

$$x_{2.2} = D(1.96 - \sqrt{2\Delta' - \Delta'^2})$$
$$= \frac{V_b}{a_1}\frac{u_{2.x.2} - u_{2.x.1}}{(V_b - u_{2.x.2})(V_b - u_{2.x.1})} - \frac{1}{a_1}\ln\frac{V_b - u_{2.x.1}}{V_b - u_{2.x.2}} \tag{4.1.77}$$

$$\bar{u}_{2.x.2} = \frac{x_{2.2}}{t_{2.2}} = V_b - \frac{(V_b - u_{2.x.2})(V_b - u_{2.x.1})}{u_{2.x.2} - u_{2.x.1}}\ln\frac{V_b - u_{2.x.1}}{V_b - u_{2.x.2}} \tag{4.1.78}$$

其中,$D(1.96 - \sqrt{2\Delta' - \Delta'^2})$ 为后半步滚动距离,下面将给出其证明。

第二种情况是 $V_b - u_{2.x} < 0$,即为减速运动,此时方程(4.1.71)为

$$\frac{\mathrm{d}u_x}{\mathrm{d}t} = -a_1(V_b - u_{2.x})^2 \tag{4.1.79}$$

在 $t=0, u_{2.x} = u_{2.x.1}$ 条件下积分式(4.1.79),有

$$t_{2.2} = -\frac{1}{a_1}\frac{u_{2.x.2} - u_{2.x.1}}{(V_b - u_{2.x.2})(V_b - u_{2.x.1})} \tag{4.1.80}$$

$$x_{2.2} = D(1.96 - \sqrt{2\Delta' - \Delta'^2})$$
$$= -\frac{V_b}{a_1}\frac{u_{2.x.2} - u_{2.x.1}}{(V_b - u_{2.x.2})(V_b - u_{2.x.1})} + \frac{1}{a_1}\ln\frac{V_b - u_{2.x.1}}{V_b - u_{2.x.2}} \tag{4.1.81}$$

$$u_{2.x.2} = V_b - \frac{V_b - u_{2.x.1}}{1 - a_1 t_{2.2}(V_b - u_{2.x.1})} \tag{4.1.82}$$

$$\bar{u}_{2.x.2} = V_b - \frac{(V_b - u_{2.x.2})(V_b - u_{2.x.1})}{u_{2.x.2} - u_{2.x.1}}\ln\frac{V_b - u_{2.x.1}}{V_b - u_{2.x.2}} \tag{4.1.83}$$

当已知 V_b、$u_{2.x.1}$、$u_{2.2}$ 后，即可由式(4.1.82)、式(4.1.83)求出 $u_{2.x.2}$。

第三种情况是当 $V_b = u_{2.x}$ 时，$\dfrac{\mathrm{d}u_{2.x}}{\mathrm{d}t} = 0$，$u_{2.x} = C$ 为常数，即颗粒做匀速运动，但是 C 与边界条件有关。这与前半步第四种运动(即第三种减速)正好满足 $u_{2.x.1} = V_b$，这只是一种瞬态，可以忽略。

对于整个滚动单步，显然有

$$x_2 = x_{2.1} + x_{2.2} \tag{4.1.84}$$

$$t_2 = t_{2.1} + t_{2.2} \tag{4.1.85}$$

$$\bar{u}_{2.x} = \frac{\bar{u}_{2.x.1} t_{2.1} + \bar{u}_{2.x.2} t_{2.2}}{t_{2.1} + t_{2.2}} \tag{4.1.86}$$

现在的问题是一个完整滚动距离(即一个单步长)如何决定？前面已经引用过前后半部滚动距离，现在予以证明。设颗粒每步滚动的距离为 αD，按照窦国仁的资料[4]，表层颗粒的面密实系数 $m_0 = 0.4$，据此可以求出颗粒的平均单步距离，有两种求解方法。一种是如图 4.1.7 所示，颗粒在横向是靠拢的，而纵向有间隙。为什么应采用这种图形？是因为根据阻力试验，颗粒在运动之前，纵向间距常常较大，否则阻力系数会很大，如李贞儒等[8]的试验指出的。

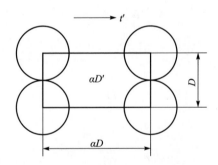

图 4.1.7　平均单步滚动距离

如图 4.1.7 所示，面密实系数为

$$m_0 = \frac{\dfrac{\pi}{4} D^2}{\alpha D^2} = 0.4$$

即 $\alpha = 1.960$，这里的 αD^2 为图 4.1.7 中方框的面积，即床面面积，而 $\dfrac{\pi}{4} D^2$ 为表层一个颗粒的面积，故单步距离为

$$\bar{x}_2 = \alpha D = 1.96D \tag{4.1.87}$$

后半步距离为单步距离减去式(4.1.28)表示的前半步距离：

$$x_{2.2} = \bar{x}_2 - x_{2.1} = 1.96D - D\sqrt{2\Delta' - \Delta'^2} = D(1.96 - \sqrt{2\Delta' - \Delta'^2}) \quad (4.1.88)$$

另一种方法是假定颗粒间的间隙在纵向与横向均存在,于是

$$m_0 = \frac{\frac{\pi}{4}D^2}{(\alpha D)^2} = 0.4$$

即

$$\bar{x}_2 = \alpha D = 1.40D$$

$$\bar{x}_{2.2} = (1.40 - \sqrt{2\Delta' - \Delta^2})D$$

在第 8 章中取式(4.1.87)。

4.1.5　颗粒单步滚动参数的无因次形式

前面分别研究了颗粒滚动时前半步与后半步的运动参数,单步运动参数即为相应参数之和。现在先引进下述无因次量:

$$
\begin{cases}
\tilde{V}_{\mathrm{b}} = \dfrac{V_{\mathrm{b}}}{\omega_0}, \quad \tilde{V}_{\mathrm{b.c}} = \dfrac{V_{\mathrm{b.c}}}{\omega_0} = \varphi(\Delta') \\[2mm]
\tilde{u}_{2.x.1} = \dfrac{u_{2.x.1}}{\omega_0}, \quad \tilde{u}_{2.x.2} = \dfrac{u_{2.x.2}}{\omega_0} \\[2mm]
\tilde{t}_{2.1} = \dfrac{t_{2.1}\omega_0}{D}, \quad \tilde{t}_{2.2} = \dfrac{t_{2.2}\omega_0}{D} \\[2mm]
\tilde{x}_{2.1} = \dfrac{x_{2.1}}{D}, \quad \tilde{x}_{2.2} = \dfrac{x_{2.2}}{D} \\[2mm]
\tilde{\bar{u}}_{2.x.1} = \dfrac{\bar{u}_{2.x.1}}{\omega_0}, \quad \tilde{\bar{u}}_{2.x.2} = \dfrac{\bar{u}_{2.x.2}}{\omega_0} \\[2mm]
\tilde{a}_1 = a_1 D = \dfrac{a_2 Dg}{\omega_0^2} = a_2 \tilde{g} = \dfrac{3C_x \gamma}{4\left(\gamma_{\mathrm{s}} + \dfrac{\gamma}{2}\right)} = 0.0952 \\[3mm]
\tilde{g} = \dfrac{Dg}{\omega_0^2} = \dfrac{3C_x \gamma}{4(\gamma_{\mathrm{s}} - \gamma)} = 0.1818 \\[2mm]
a_2 = \dfrac{\rho_{\mathrm{s}} - \rho}{\rho_{\mathrm{s}} + \rho/2} = 0.5238
\end{cases}
\quad (4.1.89)
$$

式中最后三式给出的数字结果是 $\gamma_{\mathrm{s}} = 2.65\mathrm{g/cm^3}$、$\gamma = 1\mathrm{g/cm^3}$ 和 $C_x = 0.4$ 时的情形。

按照前面有关公式,分别将前后两半步的运动参数写成无因次形式,有

$$\tilde{x}_{2.1} = \frac{x_{2.1}}{D} = \sqrt{2\Delta' - \Delta'^2}$$

$$
=\begin{cases}
\dfrac{\widetilde{V}_b}{\widetilde{a}_1\varphi(\Delta')}\left(\operatorname{arcoth}\dfrac{\widetilde{V}_b-\widetilde{u}_{2.x.1}}{\varphi(\Delta')}-\operatorname{arcoth}\dfrac{\widetilde{V}_b-\widetilde{u}_{2.x.0}}{\varphi(\Delta')}\right)-\dfrac{1}{2\widetilde{a}_1}\ln\dfrac{(\widetilde{V}_b-\widetilde{u}_{2.x.0})^2-\varphi^2(\Delta')}{(\widetilde{V}_b-\widetilde{u}_{2.x.1})^2-\varphi^2(\Delta')},\\[2pt]
\qquad\widetilde{V}_b-\widetilde{u}_{2.x.1}>\varphi(\Delta')\\[6pt]
\dfrac{\widetilde{V}_b}{\widetilde{a}_1\varphi(\Delta')}\left(\operatorname{artanh}\dfrac{\widetilde{V}_b-\widetilde{u}_{2.x.1}}{\varphi(\Delta')}-\operatorname{artanh}\dfrac{\widetilde{V}_b-\widetilde{u}_{2.x.0}}{\varphi(\Delta')}\right)-\dfrac{1}{2\widetilde{a}_1}\ln\dfrac{(\widetilde{V}_b-\widetilde{u}_{2.x.0})^2-\varphi^2(\Delta')}{(\widetilde{V}_b-\widetilde{u}_{2.x.1})^2-\varphi^2(\Delta')},\\[2pt]
\qquad 0\leqslant\widetilde{V}_b-\widetilde{u}_{2.x.1}<\varphi(\Delta')\\[6pt]
\dfrac{\widetilde{V}_b}{\sqrt{\dfrac{15}{17}}\,\widetilde{a}_1\varphi(\Delta')}\left(\arctan\dfrac{\widetilde{V}_b-\widetilde{u}_{2.x.1}}{\sqrt{\dfrac{17}{15}}\,\varphi(\Delta')}-\arctan\dfrac{\widetilde{V}_b-\widetilde{u}_{2.x.0}}{\sqrt{\dfrac{17}{15}}\,\varphi(\Delta')}\right)-\dfrac{17}{30\widetilde{a}_1}\ln\dfrac{(\widetilde{V}_b-\widetilde{u}_{2.x.0})^2+\dfrac{17}{15}\varphi^2(\Delta')}{(\widetilde{V}_b-\widetilde{u}_{2.x.1})^2+\dfrac{17}{15}\varphi^2(\Delta')},\\[2pt]
\qquad\widetilde{V}_b-\widetilde{u}_{2.x.1}<0\\[6pt]
\sqrt{2\Delta'-\Delta'^2},\quad\widetilde{V}_b=\widetilde{u}_{2.x.0}\\[4pt]
\sqrt{2\Delta'-\Delta'^2},\quad\widetilde{V}_b-\widetilde{u}_{2.x.1}=\varphi(\Delta')
\end{cases}
$$

$$(4.1.90)$$

$$
\widetilde{u}_{2.x.1}=\begin{cases}
\widetilde{V}_b-\varphi(\Delta)\coth\left(\widetilde{a}_1\varphi(\Delta')\widetilde{t}_{2.1}+\operatorname{arcoth}\dfrac{\widetilde{V}_b-\widetilde{u}_{2.x.0}}{\varphi(\Delta')}\right),\quad\widetilde{V}_b-\widetilde{u}_{2.x.1}>\varphi(\Delta')\\[8pt]
\widetilde{V}_b-\varphi(\Delta)\tanh\left(\widetilde{a}_1\varphi(\Delta')\widetilde{t}_{2.1}+\operatorname{artanh}\dfrac{\widetilde{V}_b-\widetilde{u}_{2.x.0}}{\varphi(\Delta')}\right),\quad 0<\widetilde{V}_b-\widetilde{u}_{2.x.1}<\varphi(\Delta')\\[8pt]
\widetilde{V}_b-\sqrt{\dfrac{17}{15}}\varphi(\Delta')\tan\left[\sqrt{\dfrac{15}{17}}\,\widetilde{a}_1\varphi(\Delta')\widetilde{t}_{2.1}+\arctan\dfrac{\widetilde{V}_b-\widetilde{u}_{2.x.0}}{\sqrt{\dfrac{17}{15}}\,\varphi(\Delta')}\right],\quad\widetilde{V}_b-\widetilde{u}_{2.x.1}<0\\[8pt]
\widetilde{u}_{2.x}-\widetilde{a}_1\varphi^2(\Delta')t'_{2.1},\quad\widetilde{V}_b=\widetilde{u}_{2.x.0}\\[4pt]
\widetilde{V}_b-\varphi(\Delta'),\quad\widetilde{u}_{2.x.0}=\widetilde{V}_b-\varphi(\Delta')
\end{cases}
$$

$$(4.1.91)$$

$$
\widetilde{t}_{2.1}=\dfrac{t_{2.1}\omega_0}{D}=\begin{cases}
\dfrac{1}{\widetilde{a}_1\varphi(\Delta')}\left(\operatorname{arcoth}\dfrac{\widetilde{V}_b-\widetilde{u}_{2.x.1}}{\varphi(\Delta')}-\operatorname{arcoth}\dfrac{\widetilde{V}_b-\widetilde{u}_{2.x.0}}{\varphi(\Delta')}\right),\quad\widetilde{V}_b-\widetilde{u}_{2.x.1}>\varphi(\Delta')\\[8pt]
\dfrac{1}{\widetilde{a}_1\varphi(\Delta')}\left(\operatorname{artanh}\dfrac{\widetilde{V}_b-\widetilde{u}_{2.x.1}}{\varphi(\Delta')}-\operatorname{artanh}\dfrac{\widetilde{V}_b-\widetilde{u}_{2.x.0}}{\varphi(\Delta')}\right),\quad 0<\widetilde{V}_b-\widetilde{u}_{2.x.1}<\varphi(\Delta')\\[8pt]
\dfrac{1}{\sqrt{\dfrac{15}{17}}\,\widetilde{a}_1\varphi(\Delta')}\left(\operatorname{arcoth}\dfrac{\widetilde{V}_b-\widetilde{u}_{2.x.1}}{\sqrt{\dfrac{17}{15}}\,\varphi(\Delta')}-\operatorname{arcoth}\dfrac{\widetilde{V}_b-\widetilde{u}_{2.x.0}}{\sqrt{\dfrac{17}{15}}\,\varphi(\Delta')}\right),\quad\widetilde{V}_b-\widetilde{u}_{2.x.1}<0\\[8pt]
\dfrac{\widetilde{u}_{x.0}-\widetilde{u}_{2.x.1}}{\widetilde{a}_1\varphi^2(\Delta')},\quad\widetilde{V}_b=\widetilde{u}_{2.x}\\[6pt]
\dfrac{\sqrt{2\Delta'-\Delta'^2}}{\widetilde{V}_b-\varphi(\Delta')},\quad\widetilde{V}_b-\widetilde{u}_{2.x}=\varphi(\Delta')
\end{cases}
$$

$$(4.1.92)$$

$$\tilde{\tilde{u}}_{2.x.1}=\begin{cases}\tilde{V}_b-\dfrac{\varphi(\Delta')}{2}\dfrac{\ln\dfrac{(\tilde{V}_b-\tilde{u}_{2.x.0})^2-\varphi^2(\Delta')}{(\tilde{V}_b-\tilde{u}_{2.x.1})^2-\varphi^2(\Delta')}}{\operatorname{arcoth}\dfrac{\tilde{V}_b-\tilde{u}_{2.x.1}}{\varphi(\Delta')}-\operatorname{arcoth}\dfrac{\tilde{V}_b-\tilde{u}_{2.x.0}}{\varphi(\Delta')}},&\tilde{V}_b-\tilde{u}_{2.x.1}>\varphi^2(\Delta')\\[3em]\tilde{V}_b-\dfrac{\varphi(\Delta')}{2}\dfrac{\ln\dfrac{(\tilde{V}_b-\tilde{u}_{2.x.0})^2-\varphi^2(\Delta')}{(\tilde{V}_b-\tilde{u}_{2.x.1})^2-\varphi^2(\Delta')}}{\operatorname{artanh}\dfrac{\tilde{V}_b-\tilde{u}_{2.x.1}}{\varphi(\Delta')}-\operatorname{artanh}\dfrac{\tilde{V}_b-\tilde{u}_{2.x.0}}{\varphi(\Delta')}},&0<\tilde{V}_b-\tilde{u}_{2.x.1}<\varphi^2(\Delta')\\[3em]\tilde{V}_b-\sqrt{\dfrac{17}{60}}\varphi(\Delta')\dfrac{\ln\dfrac{(\tilde{V}_b-\tilde{u}_{2.x.0})^2+\frac{17}{15}\varphi^2(\Delta')}{(\tilde{V}_b-\tilde{u}_{2.x.1})^2+\frac{17}{15}\varphi^2(\Delta')}}{\arctan\dfrac{\tilde{V}_b-\tilde{u}_{2.x.1}}{\sqrt{\frac{17}{15}}\varphi(\Delta')}-\arctan\dfrac{\tilde{V}_b-\tilde{u}_{2.x.0}}{\sqrt{\frac{17}{15}}\varphi(\Delta')}},&\tilde{V}_b-\tilde{u}_{2.x.1}<0\\[3em]\tilde{u}_{2.x.0}-\dfrac{1}{2}\varphi^2(\Delta')\tilde{t}_{2.1},&\tilde{V}_b=\tilde{u}_{2.x.0}\\[1em]\tilde{V}_b-\varphi(\Delta'),&\tilde{V}_b-\tilde{u}_{2.x.0}=\varphi(\Delta')\end{cases}$$

$$(4.1.93)$$

$$\tilde{x}_{2.2}=1.96-\sqrt{2\Delta'-\Delta'^2}$$
$$=\frac{\tilde{V}_b}{a_1^*}\frac{\tilde{u}_{2.x.2}-\tilde{u}_{2.x.1}}{(\tilde{V}_b-\tilde{u}_{2.x.2})(\tilde{V}_b-\tilde{u}_{2.x.1})}-\frac{1}{a_1^*}\ln\frac{\tilde{V}_b-\tilde{u}_{2.x.1}}{\tilde{V}_b-\tilde{u}_{2.x.2}}\quad(4.1.94)$$

$$\tilde{t}_{2.2}=\frac{1}{a_1^*}\frac{\tilde{u}_{2.x.2}-\tilde{u}_{2.x.1}}{(\tilde{V}_b-\tilde{u}_{2.x.2})(\tilde{V}_b-\tilde{u}_{2.x.1})}\quad(4.1.95)$$

$$\tilde{u}_{2.x.2}=\tilde{V}_b-\frac{(\tilde{V}_b-\tilde{u}_{2.x.2})(\tilde{V}_b-\tilde{u}_{2.x.1})}{\tilde{u}_{2.x.2}-\tilde{u}_{2.x.1}}\ln\frac{\tilde{V}_b-\tilde{u}_{2.x.1}}{\tilde{V}_b-\tilde{u}_{2.x.2}}\quad(4.1.96)$$

$$\tilde{a}_1^*=\begin{cases}\tilde{a}_1,&\tilde{V}_b-\tilde{u}_{2.x}>0\\-\tilde{a}_1,&\tilde{V}_b-\tilde{u}_{2.x}<0\end{cases}\quad(4.1.97)$$

但是若 $V_b=\tilde{u}_{2.x}$，则有

$$\tilde{x}_{2.2}=1.96-\sqrt{2\Delta'-\Delta'^2}\quad(4.1.98)$$

$$\tilde{t}_{2.2}=\frac{\tilde{x}_{2.2}}{\tilde{V}_b}\quad(4.1.99)$$

$$\tilde{u}_{2.x}=\tilde{V}_b\quad(4.1.100)$$

由式(4.1.90)～式(4.1.93)及式(4.1.94)～式(4.1.97),可将颗粒的单步时间、单步距离、步末速度和单步平均速度,表示为颗粒在床面的初始位置、水流底速和颗粒初速的函数,即

$$\tilde{t}_2=\tilde{t}_{2.1}+\tilde{t}_{2.2}=\tilde{t}_2(\Delta',\tilde{V}_b,\tilde{u}_{2.x.0}) \tag{4.1.101}$$

$$\tilde{x}_2=\tilde{x}_{2.1}+\tilde{x}_{2.2}=1.96 \tag{4.1.102}$$

$$\tilde{u}_{2.x.2}=\tilde{u}_{2.x.2}(\Delta',\tilde{V}_b,\tilde{u}_{2.x.0}) \tag{4.1.103}$$

$$\tilde{u}_{2.x}=\frac{\tilde{x}_2}{\tilde{t}_2}=\tilde{u}_{2.x}(\Delta',\tilde{V}_b,\tilde{u}_{2.x.0}) \tag{4.1.104}$$

4.2　单步滚动的联结、具有初速的起滚及滚动的逸出

4.2.1　单步滚动联结

前面对前半步运动共研究了 5 种模式,后半部运动共有 3 种,如果将它们组合,则共有 15 种单步运动。由于有的运动只是在某一点(如 $u_{2.x}=V_b$)成立,或者只是瞬间情况,加上已假定在一个单步内水流底速不变,有时定义域及运动参数无法在前半步末与后半步初,即在 $x=x_{2.1}$ 处两者无法完整联结,定义域与参数在该点无法完全相同。此时如果勉强将其匹配,会出现错误和不合理结果。因此,下面具体分析单步滚动联结,进一步阐述各种运动的有关特征,并给出算例。当然其中各参数均是确定的,不是随机变量。

1. 第一种单步运动

第一种单步运动对应前半步第一种运动与后半步匹配出的单步运动。由于式(4.1.33)确定的前半步第一种运动的定义域为 $V_b-u_{2.x}>\varphi(\Delta')$ 或 $V_b-u_{2.x}>V_{bc}$,故它与后半步的定义域 $V_b-u_{2.x}<0$,$V_b=u_{2.x}$ 两种运动在 $x=x_{2.1}$ 没有交集,故不能匹配。它只能与后半步第一种运动 $V_b-u_{2.x}>0$ 在区域 $V_b-u_{2.x}>V_{bc}(>0)$ 匹配。而在 $0<V_b-u_{2.x}<V_{bc}$,两者不能联结。这就是说,第一种单步运动是前半步的加速运动与后半步的加速运动在 $V_b-u_{2.x}>V_{bc}$ 区域的联结,它构成了整个单步的加速,使沿程加速很快,与一般滚动运动差距加大,且出现的概率也较小。表 4.2.1 列出了这种运动的几组运动参数,包括已知条件 Δ'、$\tilde{V}_b$、$\varphi(\Delta')$,在 $x=0$、x_1、x_2 的计算速度 $\tilde{u}_{2.x.0}$、$\tilde{u}_{2.x.1}$、$\tilde{u}_{2.x.2}$ 和在 $0\sim x_1$ 及 $x_1\sim x_2$ 的运动时间 $\tilde{t}_{2.1}$、$\tilde{t}_{2.2}$,以及相应的平均速度 $\tilde{u}_{2.x.1}$、$\tilde{u}_{2.x.2}$ 和单步平均速度 $\tilde{u}_{2.x}$。可见 $\tilde{V}_b$ 很大,步末速度 $\tilde{u}_{2.x.2}$ 很大,且加速很快。表 4.2.1～表 4.2.3 的数值计算由关见朝完成。

表 4.2.1　单步恒加速过程运动参数（$\tilde{V}_b - \tilde{u}_{2,x} > \varphi(\Delta')$）

序号	Δ'	$\tilde{V}_b$	$\varphi(\Delta')$	$\tilde{u}_{2,x0}$	$\tilde{u}_{2,x,1}$	$\tilde{u}_{2,x,2}$	$\tilde{x}_{2,1}$	$\tilde{t}_{2,1}$	$\tilde{u}_{2,x,r1}$	$\tilde{x}_{2,2}$	$\tilde{t}_{2,2}$	$\tilde{\tilde{u}}_{2,x,2}$	$\tilde{\tilde{u}}_{2,x}$
1	0.134	1.05	0.5960086	0.001	0.2102760	0.4308161	0.500044	4.2114759	0.1187337	1.459956	4.4013000	0.3317102	0.2275689
2	0.134	1.18	0.5960086	0.201	0.2977386	0.5030038	0.500044	1.9825465	0.2522231	1.459956	3.5660010	0.4094099	0.3532456
3	0.134	1.22	0.5960086	0.021	0.2635214	0.5059020	0.500044	3.2151153	0.1555291	1.459956	3.6822602	0.3964837	0.2841661
4	0.134	1.30	0.5960086	0.051	0.2893417	0.5416003	0.500044	2.7490953	0.1818940	1.459956	3.4150186	0.4275104	0.3179695
5	0.200	1.13	0.6625892	0.141	0.2588170	0.4640175	0.600000	2.9266319	0.2050138	1.360000	3.6699134	0.3705809	0.2971252
6	0.200	1.13	0.6625892	0.151	0.2621751	0.4651203	0.600000	2.8404671	0.2112329	1.360000	3.6496675	0.3726367	0.3019968
7	0.200	1.27	0.6625892	0.091	0.2926833	0.5220954	0.600000	2.9692710	0.2020698	1.360000	3.2567493	0.4175943	0.3148078
8	0.300	1.28	0.7425466	0.001	0.2883664	0.5117259	0.714143	4.2890178	0.1665050	1.245857	3.0421925	0.4095261	0.2673501
9	0.300	1.28	0.7425466	0.051	0.2902979	0.5123817	0.714143	3.8270050	0.1866062	1.245857	3.0333099	0.4107253	0.2857012
10	0.300	1.28	0.7425466	0.071	0.2922114	0.5130363	0.714143	3.6514894	0.1955758	1.245857	3.0245376	0.4119166	0.2935878

表 4.2.2　前半步第一种减速，后半步加速过程运动参数（前半步：$0 < \tilde{V}_b - \tilde{u}_{2,x} < \tilde{V}_{b,c} = \varphi(\Delta')$，后半步加速）

序号	Δ'	$\tilde{V}_b$	$\varphi(\Delta')$	$\tilde{u}_{2,x0}$	$\tilde{u}_{2,x,1}$	$\tilde{u}_{2,x,2}$	$\tilde{x}_{2,1}$	$\tilde{t}_{2,1}$	$\tilde{u}_{2,x,r1}$	$\tilde{x}_{2,2}$	$\tilde{t}_{2,2}$	$\tilde{\tilde{u}}_{2,x,2}$	$\tilde{\tilde{u}}_{2,x}$
1	0.134	0.45	0.5960086	0.187	0.0985282	0.1869918	0.500044	3.5411582	0.1412092	1.459956	9.9301217	0.1470230	0.1454947
2	0.200	0.62	0.6625892	0.286	0.2162452	0.2860119	0.600000	2.3986835	0.2501372	1.360000	5.3684547	0.2533317	0.2523452
3	0.300	0.65	0.7425466	0.256	0.1334333	0.2556848	0.714143	3.7349651	0.1912047	1.245857	6.2277883	0.2000481	0.1967328
4	0.400	0.69	0.8108849	0.248	0.0558628	0.2478056	0.800000	5.162418	0.1424440	1.160000	7.1027271	0.1633176	0.1541005
5	0.500	0.83	0.8742129	0.314	0.1697910	0.3144475	0.866025	3.6523653	0.2371136	1.093975	4.4099465	0.2480698	0.2431065
6	0.600	0.88	0.9361522	0.318	0.1424226	0.3176924	0.915515	4.1194354	0.2224856	1.043485	4.3850558	0.2379639	0.23046605

续表

序号	Δ'	$\tilde{V}_b$	$\varphi(\Delta')$	$\tilde{u}_{2,x,0}$	$\tilde{u}_{2,x,1}$	$\tilde{u}_{2,x,2}$	$\tilde{x}_{2,1}$	$\tilde{t}_{2,1}$	$\tilde{u}_{2,x,1}$	$\tilde{x}_{2,2}$	$\tilde{t}_{2,2}$	$\tilde{u}_{2,x,2}$	$\tilde{u}_{2,x}$
7	0.700	1.03	0.9993652	0.400	0.2580523	0.3995227	0.953939	2.9434487	0.3240889	1.006061	3.0161839	0.3335542	0.3288793
8	0.800	1.05	1.0663776	0.380	0.1972506	0.3797627	0.979796	3.4907131	0.2806865	0.980204	3.3135334	0.2958184	0.2880554
9	0.900	1.09	1.1401467	0.378	0.1523752	0.3778458	0.994987	3.9277244	0.2533241	0.965013	3.5037771	0.2754206	0.2637421
10	1.000	1.25	1.2247449	0.464	0.2750141	0.4636299	1.000000	2.7629680	0.3619296	0.960000	2.5527150	0.3760702	0.3687203

表 4.2.3　前半步第二种减速,后半步仍减速过程运动参数(前半步:$V_b-u_{2,x}<0$,后半步:$V_b-u_{2,x}<0$)

序号	状态	Δ	$\tilde{V}_b$	$\varphi(\Delta')$	$\tilde{u}_{2,x,0}$	$\tilde{u}_{2,x,1}$	$\tilde{u}_{2,x,2}$	$\tilde{x}_{2,1}$	$\tilde{t}_{2,1}$	$\tilde{u}_{2,x,1}$	$\tilde{x}_{2,2}$	$\tilde{t}_{2,2}$	$\tilde{u}_{2,x,2}$	$\tilde{u}_{2,x}$
9102	减2减	0.134	0.1	0.596009	0.301	0.232242	0.222228	0.500044	1.877629	0.266317	1.459956	6.428582	0.227104	0.235968
9104	减2减	0.134	0.12	0.596009	0.301	0.233368	0.226003	0.500044	1.873386	0.26692	1.459956	6.358608	0.229603	0.238095
9136	减2减	0.154	0.22	0.618018	0.301	0.226101	0.226078	0.533183	2.023794	0.263457	1.426817	6.310859	0.226089	0.235163
9137	减2减	0.164	0.1	0.628341	0.301	0.215392	0.207414	0.548729	2.128604	0.257788	1.411271	6.678733	0.211308	0.222542
9165	减2减	0.184	0.15	0.64787	0.301	0.206521	0.204524	0.578052	2.280783	0.253444	1.381948	6.72446	0.205511	0.217651
9167	减2减	0.184	0.17	0.64787	0.301	0.207421	0.206542	0.578052	2.276179	0.253957	1.381948	6.676786	0.206978	0.218922
9208	减2减	0.244	0.11	0.699882	0.301	0.163691	0.161549	0.654572	2.82538	0.231676	1.305428	8.028201	0.162605	0.180586
9210	减2减	0.244	0.13	0.699882	0.301	0.165253	0.164329	0.654572	2.81451	0.23257	1.305428	7.921934	0.164787	0.182556
9222	减2减	0.274	0.1	0.723274	0.301	0.138112	0.136859	0.687695	3.144566	0.218693	1.272305	9.254592	0.137478	0.158075
9224	减2减	0.274	0.12	0.723274	0.301	0.140053	0.139707	0.687695	3.12854	0.219813	1.272305	9.095757	0.139879	0.160336
9225	减2减	0.284	0.1	0.730784	0.301	0.128819	0.128054	0.6981	3.262138	0.214001	1.2619	9.825337	0.128433	0.149762
9227	减2减	0.284	0.12	0.730784	0.301	0.130873	0.130764	0.6981	3.244098	0.215191	1.2619	9.646191	0.130818	0.152052

2. 第二种单步运动

第二种单步运动只能为前半步第一种减速运动和后半步加速运动相匹配。前半步第一种减速运动的定义域为 $0<V_b-u_{2.x}<V_{b.c}$，而后半步加速运动的定义域为 $V_b-u_{2.x}>0$，故两者匹配后定义域仍为 $0<V_b-u_{2.x}<V_{b.c}$，显然此处前半步运动不能与后半步的减速运动 $\widetilde{V}_b-\widetilde{u}_{2.x}<0$ 及 $\widetilde{V}_b-\widetilde{u}_{2.x}=0$ 匹配。这种单步运动，由于前半步减速，后半步加速，其速度变化范围小，并且围绕匀速运动上下波动。同时，这种运动出现的概率大，代表性好。对于该种运动，计算其中的一种典型情况，即 $u_{x.0}=u_{2.x.2}$，也就是步末的速度与步初的速度相同时的各种运动参数。

表 4.2.2 列出了对 $u_{x.0}=u_{2.x.2}$ 条件下的几组数据。从表中可以看出如下几点：第一，由于 $u_{2.x.2}=u_{x.0}$，减速与加速的快慢取决于 $u_{2.x.1}$。当 $u_{2.x.1}$ 相对很小时，减速与加速均快，否则就慢。例如，当 $\Delta'=0.4$、$\widetilde{u}_{2.x.1}=0.0559$ 时，$\widetilde{u}_{x.0}=\widetilde{u}_{2.x.2}=0.248$，于是减速、加速均较快；反之，当 $\Delta'=0.2$，$\widetilde{u}_{2.x.1}=0.216$ 时，$\widetilde{u}_{x.0}=\widetilde{u}_{2.x.2}=0.286$，则减速、加速均较慢。第二，由于前减后加，并且减速与加速的数量相等，且 $\widetilde{u}_{2.x.0}$ 与 $\widetilde{u}_{2.x.2}$ 相等，故前半步平均速度 $\widetilde{u}_{2.x.1}$ 与后半步平均速度 $\widetilde{u}_{2.x.2}$ 很相近，并且单步平均速度在它们之间。第三，经过对 179 点数字结果包括表 4.2.2 中的数据分析，发现如下公式能够在所论条件下概括单步运动速度，即

$$\widetilde{u}_{2.x}=\frac{\bar{u}_{2.x}}{\omega_0}=\widetilde{V}_b-\varphi(\Delta')+\frac{\varphi(\Delta')}{\widetilde{V}_b}\left[1-0.04\left(\frac{\Delta'}{\Delta'_m}-1\right)\right]\widetilde{u}_{2.x.0}$$

$$=\widetilde{V}_b-\varphi(\Delta')+K$$

$$(4.2.1)$$

$$K=\frac{\varphi(\Delta')}{\widetilde{V}_b}\left[1-0.04\left(\frac{\Delta'}{\Delta'_m}-1\right)\right]\widetilde{u}_{x.0}=K_0\,\frac{\varphi(\Delta')}{\widetilde{V}_b}\widetilde{u}_{2.x.0} \qquad (4.2.2)$$

上式的相对误差 δ 为：在 $-13\%<\delta<13\%$ 占 95.5%；$-10\%<\delta<10\%$ 占 81%；$-5\%<\delta<5\%$ 占 72.6%，可见符合较好。当 $\Delta'\leqslant0.2$ 时，相对误差稍大，但绝对误差小。这里看出 $\widetilde{V}_b-\varphi(\Delta')$ 仍为单步速度的主体，这正反映了滚动仍围绕匀速运动时的规律 $\widetilde{u}_{2.x}=\widetilde{V}_b-\varphi(\Delta')$ 进行。式中的修正值 K 与 $\widetilde{u}_{x.0}$ 和 K_0 成正比，并且还与 $\varphi(\Delta')/\widetilde{V}_b$ 有关。$\varphi(\Delta')/\widetilde{V}_b$ 大，表示水流底速相对作用小，故修正值要大，才能保证 $\widetilde{u}_{2.x}$ 有必要的数值。而 $K_0=1-0.04(\Delta'/\Delta'_m-1)$ 表示 Δ' 的单独影响。可见从定性上看，上述拟合公式是合理的，并且 K 总是大于 0，即 $\widetilde{u}_{2.x}\geqslant\widetilde{V}_b-V_{b.c}$。

由式(4.2.1)还可解出 $\widetilde{V}_b$，事实上，据该式有

$$0=[\widetilde{V}_b-(\widetilde{u}_{2.x}+\varphi(\Delta'))]\widetilde{V}_b+K_0\varphi(\Delta')\widetilde{u}_{2.x.0}=\widetilde{V}_b^2-(\widetilde{u}_{2.x}+\varphi(\Delta'))\widetilde{V}_b+K_0\varphi(\Delta')\widetilde{u}_{2.x.0}$$

即

$$\widetilde{V}_b=\frac{1}{2}\left[u_{2.x}+\varphi(\Delta')\right]\left[1+\sqrt{1-\frac{4K_0\widetilde{u}_{2.x.0}}{\varphi\left(1+\dfrac{\widetilde{u}_{2.x}}{\varphi}\right)^2}}\right] \tag{4.2.3}$$

3. 第三种单步运动

第三种单步运动由前半步第二种减速运动与后半步减速运动联结而成。由于前者的定义域为 $V_b-u_{2.x}<0$，而后者定义域也为 $V_b-u_{2.x}<0$，故两者定义域全部相交。显然它不能与后半步其他两种运动 $\widetilde{V}_b-\widetilde{u}_{2.x}>0$ 与 $V_b-u_{2.x}=0$ 相联结，此时单步运动全部为减速。表 4.2.3 给出了这种单步运动的一些数字计算结果。可见为满足全步减速，要求 $\widetilde{V}_b<\widetilde{u}_{2.x}$，这也是不多见的情况。此外，从表中还可看出，由于初速 $\widetilde{u}_{x.0}$ 与 $x_{2.1}$ 点的速度 $\widetilde{u}_{2.x.1}$ 差别较大，故减速主要发生在前半步，而后半步速度基本不变，实际接近匀速。由于表 4.2.3 中 $\widetilde{V}_b$ 及 $\widetilde{u}_{x.0}$ 等均较小，当它们的值很大时又如何？为此，另做了一个算例，当 $\widetilde{V}_b=0.500,\Delta'=0.700,\varphi(\Delta')=0.999,u_{x.0}=1.000,\widetilde{u}_{2.x.1}=0.584,\widetilde{u}_{2.x.2}=0.5829$。可见，减速仍然主要发生在前半步，后半步基本为匀速运动。尚需指出，在这种情况下，$\widetilde{u}_{2.x}>\widetilde{V}_b$。

4. 第四种单步运动

前半步为第五种运动即匀速运动 $V_b-\widetilde{u}_{2.x}=\varphi(\Delta')$ 与后半步加速运动 $\widetilde{V}_b-\widetilde{u}_{2.x}>0$ 匹配。前面已指出，所有三种滚动运动都是围绕匀速运动进行的。有了这种匹配，可以在单步运动中保持一种匀速运动，这是很重要的。

至于前半步第四种运动 $\widetilde{u}_{2.x}=\widetilde{V}_b$，前面已指出，最多只是一种瞬态，实际可以忽略。尽管它们的定义域为 $V_b-u_{2.x}=0$ 与后半步第三种运动的 $V_b-u_{2.x}=0$ 完全相交。

5. 单步运动小结

单步运动汇总如表 4.2.4 所示。可见 1、2、3 三种单步运动已基本构成了全部单步运动，它们几乎占满了 V_b 全部区域，结构是完整的。因此，在研究颗粒单步滚动时，可以只考虑这三种运动，再加上匀速运动。同时，第二种单步运动应是代表性最强，且出现最多的情况。

表 4.2.4 前、后半步联结

单步运动序号	组合状态	定义域		
		前半步	后半步	单步（全步）
1	前1后1;加速	$V_b - u_{2.x} > V_{b.c}$	$V_b - u_{2.x} > 0$	$V_b - u_{2.x} > V_{b.c}$
2	前2后1;先减后加	$0 < V_b - u_{2.x} < V_{b.c}$	$V_b - u_{2.x} > 0$	$0 < V_b - u_{2.x} < V_{b.c}$
3	前3后2;减速	$V_b - u_{2.x} < 0$	$V_b - u_{2.x} < 0$	$V_b - u_{2.x} < 0$
4	前5后3;匀速	$\begin{cases} V_b - u_{2.x} = V_{b.c} \\ \dfrac{du_{2.x}}{dt} = 0 \end{cases}$	$\begin{cases} V_b - u_{2.x} = 0 \\ \dfrac{du_x}{dt} = 0 \end{cases}$	$u_{2.x} = 常数$ $= \widetilde{V}_b - V_{b.c}$

4.2.2 具有初速的起滚

前面给出了由静 $(u_{2.x.0} = 0)$ 起滚的临界值 $V_{b.c}$,即瞬时起动(底部)流速,并且证明,只要满足 $V_b > V_{b.c}$,则 $u_{2.x.1} > 0$。但是当 $u_{2.x.0} > 0$ 时,$V_{b.c}$ 则不能作为滚动临界流速。由前半步滚动方程知,当 $u_{2.x.1} > 0$ 时,它能翻过其下的颗粒而完成一步运动。因此,可将 $u_{2.x.1} > 0$ 作为起滚条件。由于第一种单步运动是加速运动,不存在 $u_{2.x.1} = 0$,只是在第二、第三种单步运动的前半步存在减速运动,才有可能出现 $u_{2.x.1} = 0$。现在以式(4.1.90)的第二式为例,说明如何求起滚的临界条件。令该式 $\widetilde{u}_{2.x.1} = 0$,$\widetilde{V}_b = \widetilde{V}_{b.c.2.2}$,有

$$\frac{V_{b.c.2.2}}{\widetilde{a}_1 \varphi(\Delta')} \left[\operatorname{artanh} \frac{\widetilde{V}_{b.c.2.2}}{\varphi(\Delta')} - \operatorname{artanh} \frac{\widetilde{V}_{b.c.2.2} - \widetilde{u}_{2.x.0}}{\varphi(\Delta')} \right]$$

$$-\frac{1}{2\widetilde{a}_1} \ln \frac{(\widetilde{V}_{b.c.2.2} - \widetilde{u}_{2.x.0})^2 - \varphi^2(\Delta')}{\widetilde{V}_{b.c.2.2}^2 - \varphi^2(\Delta')} = \sqrt{2\Delta' - \Delta'^2} \qquad (4.2.4)$$

式中,$V_{b.c.2.2}$ 表示已经滚动的颗粒完成一步的临界水流底速。引进

$$y = \frac{\widetilde{V}_{b.c.2.2}}{\varphi(\Delta')} \qquad (4.2.5)$$

$$x = \frac{\widetilde{u}_{2.x.0}}{\varphi(\Delta')} \qquad (4.2.6)$$

$$\operatorname{artanh} z = \frac{1}{2} \ln \frac{1+z}{1-z} \qquad (4.2.7)$$

并注意到 $\widetilde{a}_1 = \dfrac{a_2 D g}{\omega_0^2} = 0.0952$,则式(4.2.4)变为

$$y \left(\ln \frac{1+y}{1-y} - \ln \frac{1+y-x}{1-y+x} \right) - \ln \frac{(y-x)^2 - 1}{y^2 - 1} = 2\widetilde{a}_1 \sqrt{2\Delta' - \Delta'^2}$$

$$= 0.1904 \sqrt{2\Delta' - \Delta'^2}$$

$$(4.2.8)$$

式(4.2.8)可写成

$$f(y,x,\Delta')=0 \tag{4.2.9}$$

必须指出的是,起滚临界速度不能由式(4.1.91)及式(4.1.92)各式得到,否则只能给出恒等式。给定 Δ' 后,即可经试算,由上式得到 $y=f(x)$ 关系。然后求出

$$\tilde{u}_{2.x.0}=\varphi(\Delta')x$$

$$\tilde{V}_{b.2.c.1}=\varphi(\Delta')y$$

现在有一个例子,予以说明求解式(4.2.8)的过程。设 $\Delta'=0.134$,此时 $\varphi(0.134)=0.596$,而 $2\tilde{a}_1\sqrt{2\Delta'-\Delta'^2}=0.0952$,试算结果如表 4.2.5 所示,从而得到

$$\tilde{u}_{2.x.0}=0.3\times0.596=0.1788$$

$$\tilde{V}_{b.c.2.2}=\varphi(\Delta')y=0.596\times0.42=0.2503$$

即当颗粒前半部起始速度 $\tilde{u}_{2.x.0}$ 为 0.1788 时,它的临界起动速度为 $\tilde{V}_{b.c.2.2}=0.2503$。此值小于 $\tilde{u}_{2.x.0}=0$ 时,$\tilde{V}_{b.c.2.2}=\tilde{V}_{b.c}=\varphi(\Delta')=0.596$,显然是不矛盾的。

表 4.2.5　具有初速的起滚速度举例

试算次数	假设		式(4.2.8)左边	式(4.2.8)右边
	y	x		
1	0.38	0.30	0.936	0.952
2	0.45	0.30	0.967	0.952
3	0.416	0.30	0.950	0.952
4	0.420	0.30	0.952	0.952

在表 4.2.6 中,对不同 Δ' 和不同 $\tilde{u}_{2.x.0}$ 条件下的起滚速度 $\tilde{V}_{b.c.2.2}=\dfrac{V_{b.c.2.2}}{\omega_0}$ 进行了数字计算,$\tilde{V}_{b.c.2.2}$ 表示已经具有初速的起滚速度。从表中可以看出如下几点:第一,当 $\tilde{u}_{2.x.0}$ 很小时,$\tilde{V}_{b.c.2.2}$ 就大,但是均不超过由静起动的流速 $\tilde{V}_{b.c}=\varphi(\Delta')$,即 $y<1$;第二,当 $\tilde{u}_{2.x.0}$ 很大时,$\tilde{u}_{2.x.0}+\tilde{V}_{b.c.2.2}$ 与 $\varphi(\Delta')$ 相近,表示此时初速度很有效(即减小 $\tilde{V}_{b.c.2.2}$ 的作用),特别是当 $\tilde{u}_{2.x.0}+\tilde{V}_{b.c.2.2}<\varphi(\Delta')$ 时,当 $\tilde{u}_{2.x.0}$ 很小时,$\tilde{u}_{2.x.0}+\tilde{V}_{b.c.2.2}>\varphi(\Delta')$,表示初速减小 $\tilde{V}_{b.c.2.2}$ 的作用不够有效;第三,从所述与 $\tilde{V}_{b.0}$ 对比的结果看,$\tilde{V}_{b.c.2.2}$ 的数值是很合理的。

表 4.2.6 具有初速的起滚速度计算方法

序号	Δ'	$\varphi(\Delta')$	x	y	$\widetilde{u}_{2.x.0}$	$\widetilde{V}_{\text{b.c.2.2}}$
1	0.134	0.5960090	0.10	0.9981610	0.0596010	0.5949130
2	0.134	0.5960090	0.20	0.8840680	0.1192020	0.5269120
3	0.134	0.5960090	0.30	0.4199950	0.1788030	0.2503210
4	0.200	0.6625890	0.20	0.9259050	0.1325180	0.6134950
5	0.200	0.6625890	0.30	0.6484950	0.1987770	0.4296830
6	0.300	0.7425470	0.20	0.9564080	0.1485090	0.7101780
7	0.300	0.7425470	0.30	0.7670040	0.2227640	0.5695360
8	0.400	0.8108850	0.20	0.9721280	0.1621770	0.7882840
9	0.400	0.8108850	0.30	0.8230380	0.2432650	0.6673890
10	0.500	0.8742130	0.20	0.9813310	0.1748430	0.8578920
11	0.500	0.8742130	0.30	0.8555700	0.2622640	0.7479500
12	0.500	0.8742130	0.40	0.1245450	0.3496850	0.1088790
13	0.600	0.9361520	0.20	0.9870330	0.1872300	0.9240130
14	0.600	0.9361520	0.30	0.8761170	0.2808460	0.8201790
15	0.600	0.9361520	0.40	0.5323120	0.3744610	0.4983250
16	0.700	0.9993650	0.20	0.9906130	0.1998730	0.9899840
17	0.700	0.9993650	0.30	0.8894370	0.2998100	0.8888720
18	0.700	0.9993650	0.40	0.5902650	0.3997460	0.5898900
19	0.800	1.0663780	0.20	0.9927910	0.2132760	1.0586910
20	0.800	1.0663780	0.30	0.8978300	0.3199130	0.9574260
21	0.800	1.0663780	0.40	0.6226190	0.4265510	0.6639470
22	0.900	1.1401470	0.20	0.9939630	0.2280290	1.1332640
23	0.900	1.1401470	0.30	0.9024830	0.3420440	1.0289630
24	0.900	1.1401470	0.40	0.6395650	0.4560590	0.7291980
25	1.000	1.2247450	0.20	0.9943330	0.2449490	1.2178040
26	1.000	1.2247450	0.30	0.9039760	0.3674230	1.1071400
27	1.000	1.2247450	0.40	0.6448740	0.4898980	0.7898060

现在再举出由(4.1.90)第三式求起滚临界条件 $\widetilde{V}_{\text{b.c}}$ 的例子。由该式令 $\widetilde{u}_{2.x.1}=0$，有

$$\sqrt{\frac{17}{15}}\,y\left[\arctan\sqrt{\frac{15}{17}}\,y-\arctan\sqrt{\frac{15}{17}}\,(y-x)\right]-\frac{17}{30}\ln\frac{(y-x)^2+\dfrac{17}{15}}{y^2+\dfrac{17}{15}}=\widetilde{a}_1\sqrt{2\Delta'-\Delta'^2}$$

$$(4.2.10)$$

式中，y、x 仍由式(4.2.5)及式(4.2.6)确定。

设 $\Delta'=0.134$，$\varphi(\Delta')=0.596$，通过试算求出了两点：$x=0.3$，$y=0.12$；$x=0.1$，$y=0.258$。即 $\widetilde{u}_{2.x.0}=0.1788$，$\widetilde{V}_{\text{b.c.2.2}}=0.0715$；$\widetilde{u}_{2.x.0}=0.0596$，$\widetilde{V}_{\text{b.c.2.2}}=$

0.154。可见初速大,起滚临界速度就小,初速小,起滚临界速度就大。

需要提到的是,若在表 4.2.6 中再增加一些数据后,即可拟合成公式 $y=f(u_{x.0},\Delta')=f(x,\Delta')$,从而能简单地确定 $\tilde{V}_{b.c.2.2}$。

4.2.3　关于滚动逸出的问题

颗粒有一定速度后,在 $x=x_{2.1}$ 处脱离滚动而逸出,这是一种完全可能的现象。前面做了不少分析,目的是弄清滚动的机理及可能的一些现象,但是脱离滚动的颗粒是否全转入跳跃? 这里涉及跳跃的标准。前面已指出,本书仍将推移质分为两种:滚动与跳跃,明确起见,需要有一个分清它们的标准。后面已提出,当颗粒在竖向力(升力及碰撞)作用下离开床面上升超过一个颗粒高时,称为跳跃运动。在表 4.4.1 中给出了临界起跳流速。为了明确,临界速度以下记为 $V_{b.c.i.j}$,它表示由状态 i 转移至状态 j 的临界速度。其中由滚动转入跳跃的相对临界速度 $\tilde{V}_{b.c.2.3}=\dfrac{V_{b.c.2.3}}{\omega_0}$ 在 1.11~2.00。除个别点外,这个范围与表 4.1.1 中的逸出临界速度 $\tilde{V}_{b.2.c}=\dfrac{V_{b.2.c}}{\omega_0}$ 大体重合。当然,由于 Δ' 的差别,彼此也会有一些不同。因此,为了与跳跃运动的研究一致,统一取表 4.4.1 的 $\tilde{V}_{b.c.2.3}$ 作为转入跳跃的条件。否则,即令颗粒已由滚动逸出,但是 $V_b<V_{b.c.2.3}$,则仍计入滚动,即在滚动中暂不考虑逸出。

4.3　颗粒跳跃力学及统计规律

文献[3]中,对颗粒在床面的跳跃运动专门做了理论研究,本节是在它的基础上进一步展开和深入研究的一些成果,基本能描述和解释颗粒跳跃的各种现象,并阐述其规律。

4.3.1　颗粒在床面的碰撞

在床面运动颗粒(包括滚动、跳跃和悬浮停止落入床面的颗粒),往往与床面静止颗粒发生碰撞而被反弹。Bagnold[10]认为,这种作用是当床面一个颗粒被沿切线方向的水流作用力推压在另一个颗粒上时,在接触点上产生的倾斜接触力的正交分量,即离散力所造成的。窦国仁[11]也持同样的观点,但是他认为离散力与正面推力成比例。后来,Bagnold 进一步用颗粒之间的碰撞对此做了解释[5]。从理论上看,与床面接触的运动颗粒的确都受接触点的反力作用,反力具有法向与切向两个分量,并且法向分量并不简单地与正面推力成比例,但是接触点的反力仅仅在运动颗粒与床面颗粒接触时才存在,一脱离接触就消失了,因此,研究滚动时应考虑这个反力,而研究跳跃则不必计入。但是碰撞会影响颗粒下一步的初速。根据对粗颗粒运动的观察,当上举力小于重力时,颗粒并不是在起动之后随即跃起,而往往需要经过一段滚动,获得一定动量之后,碰上床面突出的颗粒而被反弹跳起。Tsuchiya[12]也指出,从滚动到跳跃需要经过一定的距离。这说明,碰撞确实会影响以后运动的初速。

　　无论由滚动结束、跳跃结束还是悬浮结束的颗粒转入继续运动,包括滚动、跳跃、悬浮都存在一个共同点,就是运动颗粒以一定速度碰撞床面颗粒而发生反弹。差别是对于悬浮和跳跃颗粒,碰撞前的速度一般具有纵向与竖向两个分量,而滚动颗粒的竖向速度分量可以忽略,只具有纵向速度分量。因此,一般的研究,应该考虑具有一定速度的颗粒与床面发生碰撞的初速。

1. 滚动颗粒碰撞后的初速

　　为了使颗粒碰撞后的初速简明易见,首先分析滚动颗粒碰撞后的起跳(起悬)。如图 4.3.1 所示,当滚动颗粒 A 以 u'_x 的速度与床面颗粒 B 碰撞时,颗粒 A 在 B 的切线方向的速度为 $u'_x\sin\theta$,在法线方向的速度为 $u'_x\cos\theta$。碰撞前速度 u'_x 可分解为法线方向与切线方向的分量:

$$u_{n.0} = -u_{x.0}\cos\theta$$

$$u_{\tau.0} = u_{x.0}\sin\theta$$

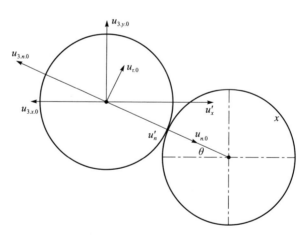

图 4.3.1　滚动颗粒的碰撞

　　引进恢复系数 k_0,碰撞后有

$$u_{3.n.0} = -k_0 u_{n.0} = k_0 u_{x.0}\cos\theta$$

$$u_{3.\tau.0} = u_{\tau.0} = u_{x.0}\sin\theta$$

式中,$u_{n.0}$、$u_{\tau.0}$ 分别为碰撞前颗粒滚动速度 $u'_{x.0}$ 的法线方向与切线方向的分量;$u_{3.n.0}$、$u_{3.\tau.0}$ 分别为碰撞后速度在法线方向与切线方向的分量。此处规定外法线方向和沿顺时针方向的切线方向为正,碰撞反弹后初速在纵向与竖向的分量 $u_{3.x.0}$、$u_{3.y.0}$ 分别为

$$
\begin{cases}
\begin{aligned}
u_{3.x.0} &= u_{3.\tau.0}\sin\theta - u_{3.n.0}\cos\theta \\
&= u_{x.0}\sin^2\theta - k_0 u_{x.0}\cos^2\theta \\
&= u_{x.0}\left[1-(1+k_0)\cos^2\theta\right] \\
u_{3.y.0} &= u_{3.\tau.0}\cos\theta + u_{n.0}\sin\theta \\
&= u_{x.0}\sin\theta\cos\theta + k_0 u_{x.0}\sin\theta\cos\theta \\
&= u_{x.0}\frac{1+k_0}{2}\sin(2\theta)
\end{aligned}
\end{cases}
\tag{4.3.1}
$$

由式(4.3.1)可知,碰撞后的 $u_{3.y.0}$ 恒为正,而在 $\theta=\dfrac{\pi}{4}$ 时取极大值。$u_{3.y.0}$ 取正值,说明碰撞永远是使滚动颗粒获得向上分速而加强颗粒向上运动,如跳跃与悬浮。由图 4.1.4 可以得到 θ 与颗粒在床面位置 Δ 的关系,其中 $\sin\theta$ 与 $\cos\theta$ 的表达式为

$$
\sin\theta = \frac{R-\Delta}{R} = 1-\Delta'
$$

$$
\cos\theta = \frac{\sqrt{R^2-(R-\Delta)^2}}{R} = \sqrt{2\Delta'-\Delta'^2}
$$

而

$$
\sin(2\theta) = 2(1-\Delta')\sqrt{2\Delta'-\Delta'^2}
\tag{4.3.2}
$$

取无因次形式,式(4.3.1)便为

$$
\begin{cases}
\tilde{u}_{3.x.0} = \tilde{u}_{x.0}\left[1-(1+k_0)(2\Delta'-\Delta'^2)\right] = f_3\tilde{u}'_x \\
\tilde{u}_{3.y.0} = \tilde{u}_{x.0}(1+k_0)(1-\Delta')\sqrt{2\Delta'-\Delta'^2} = f_1\tilde{u}'_x
\end{cases}
\tag{4.3.3}
$$

式中,$\tilde{u}_{3.x.0} = \dfrac{u_{3.x.0}}{\omega_0}$,$\tilde{u}_{3.y.0} = \dfrac{u_{3.y.0}}{\omega_0}$。

现在考虑碰撞前后,颗粒 B 沿 y 方向的动量方程:

$$
mu_{y,0} = F_y\tau
$$

式中,m 为颗粒质量;F_y 为作用在颗粒 B 上的碰撞反力;τ 为碰撞时间。

将式(4.3.1)中第二式代入上式,可得

$$
F_y = \frac{mu_{y,0}}{\tau} = \frac{m}{\tau}\frac{(1+k_0)}{2}u_x\sin(2\theta)
$$

如果假设

$$
\tau = K\frac{D}{u_x}
$$

则

$$
F_y = \frac{1+k_0}{2K}\frac{m}{D}u_x^2\sin(2\theta) = \frac{2\rho_s(1+k_0)}{3\rho k}\frac{\pi D^2}{4}\frac{\rho u_x^2}{2}\sin(2\theta)
\tag{4.3.4}
$$

式中，k 为比例常数。

类似地，可得作用于颗粒 B 上的碰撞反力在 x 方向的分量：

$$F_x = \frac{4\pi\rho_s(1+k_0)}{3\rho k}\frac{D^2}{4}\frac{\rho u_x^2}{2}\cos^2\theta \tag{4.3.5}$$

F_y 的方向恒向上，而 F_x 的方向则恒与水流的方向相反。如果将 F_y 称为离散力，则与 Bagnold[10] 及窦国仁[11] 的表示均不一致。前者表示较粗略，后者也没有详细论及离散力的物理实质，而直接认为与水流正面推力成比例，因而与水流底速平方成比例[4]，而韩其为的结果则是与颗粒滚动速度平方成比例[3,13]。

从考虑碰撞效果看，引用碰撞后的初速比引用碰撞时的力的冲量更直接一些。

2. 跳跃与悬浮颗粒落入床面碰撞后的初速

现在研究一般情况下的起跳初速，如图 4.3.2 所示，运动颗粒以速度 u_0 落入床面，其在纵向和竖向的分量分别为 $u_{x.0}$、$u_{y.0}$，它们在切向和法向的分量分别为

$$u_{x.0.n} = -u_{x.0}\cos\theta$$
$$u_{x.0.\tau} = u_{x.0}\sin\theta$$
$$u_{y.0.n} = u_{y.0}\sin\theta$$
$$u_{y.0.\tau} = u_{y.0}\cos\theta$$

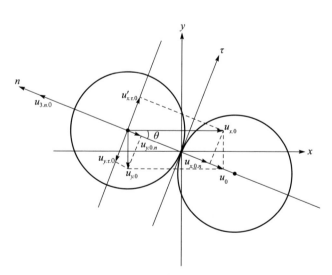

图 4.3.2　跳跃颗粒起跳前的碰撞

需要注意的是，此处落地速度 $u_{y.0}$ 为负，$u_{x.0}$ 为正；而指向外法线方向的速度为正。碰撞后的速度为 $u_{3.0}$，它的切向与法向分量分别为

$$u_{3.n.0} = -k_0(u_{x.0.n}+u_{y.0.n}) = k_0(u_{x.0}\cos\theta - u_{y.0}\sin\theta)$$

$$u_{3.\tau.0} = u_{x.0.\tau} + u_{y.0.\tau} = u_{x.0}\sin\theta + u_{y.0}\cos\theta$$

u_0 在纵向与竖向的分量为

$$u_{3.x.0} = (u_{x.0}\sin\theta + u_{y.0}\cos\theta)\sin\theta - [k_0(u_{x.0}\cos\theta - u_{y.0}\sin\theta)\cos\theta]$$

$$= u_{x.0}(\sin^2\theta - k_0\cos^2\theta) + u_{y.0}(\cos\theta\sin\theta + k_0\sin\theta\cos\theta)$$

$$= u_{x.0}[1-(1+k_0)\cos^2\theta] + u_{y.0}(1+k_0)\frac{1}{2}\sin(2\theta)$$

$$= u_{x.0}[1-(1+k_0)(2\Delta'-\Delta'^2)] + u_{y.0}[(1+k_0)(1-\Delta')\sqrt{2\Delta'-\Delta'^2}]$$

$$u_{3.y.0} = u_{3.\tau.0}\cos\theta + u_{3.n.0}\sin\theta = u_{x.0}\frac{1+k_0}{2}\sin(2\theta) + u_{y.0}[1-(1+k_0)\sin^2\theta]$$

注意到式(4.1.15)、式(4.1.16)及式(4.2.2),则上式可改写为

$$\begin{cases} u_{3.x.0} = u_{x.0}[1-(1+k_0)(2\Delta'-\Delta'^2)] + u_{y.0}(1+k_0)(1-\Delta')\sqrt{2\Delta'-\Delta'^2} \\ \qquad = u_{x.0}f_3 + u_{y.0}f_1 \\ u_{3.y.0} = u_{x.0}(1+k_0)(1-\Delta')\sqrt{2\Delta'-\Delta'^2} + u_{y.0}[1-(1+k_0)(1-\Delta')^2] \\ \qquad = u_{x.0}f_1 + u_{y.0}f_2 \end{cases}$$

$$(4.3.6)$$

式中

$$f_1 = (1+k_0)(1-\Delta')\sqrt{2\Delta'-\Delta'^2} \qquad (4.3.7)$$

$$f_2 = 1-(1+k_0)(1-\Delta')^2 \qquad (4.3.8)$$

$$f_3 = 1-(1+k_0)(2\Delta'-\Delta'^2) \qquad (4.3.9)$$

当碰撞前竖向速度为零时,相当于滚动情况,此时式(4.3.6)化为式(4.3.3)。如果

引进无因次量:$\tilde{u}_{x.0} = \dfrac{u_{x.0}}{\omega_0}, \tilde{u}_{y.0} = \dfrac{u_{y.0}}{\omega_0}, \tilde{u}_{3.x.0} = \dfrac{u_{x.0}}{\omega_0}, \tilde{u}_{3.y.0} = \dfrac{u_{y.0}}{\omega_0}$,则有

$$\begin{cases} \tilde{u}_{3.x.0} = \tilde{u}_{x.0}f_3 + \tilde{u}_{y.0}f_1 \\ \tilde{u}_{3.y.0} = \tilde{u}_{x.0}f_1 + \tilde{u}_{y.0}f_2 \end{cases} \qquad (4.3.10)$$

如果碰撞后的速度 $u_{3.y.0} \leqslant 0$,则有 $u_{3.y.0} = 0$ 在上面的推导中,未考虑水流对碰撞的影响,这是因为碰撞的时间短,颗粒没有什么位移,故可以忽略流体的其他动力作用。至于恢复系数 k_0,可以通过试验确定。在缺乏资料时,k_0 可暂取 $0.05 \sim 0.90$。本书一律取 0.90。

4.3.2　单步跳跃运动方程及其解

颗粒做跳跃运动时,作用在颗粒上的力有水流正面推力 P_x、上举力 P_y(在距床面一个粒径高度以内存在)、运动阻力 θ_y、颗粒在水中的重力 G、附加质量力 F_m。考虑到上举力的存在和消失,对颗粒跳跃的竖向运动可分三段来研究:第一

阶段,颗粒由零上升至 D;第二阶段,颗粒由 D 上升至最大高度 y_M;第三阶段,颗粒由最大高度下降至床面。而对颗粒的纵向跳跃,则不划分阶段,下面予以解答。

1. 竖向运动第一阶段($0 \leqslant y \leqslant D$)

按照上述受力情况,颗粒竖向运动第一阶段的运动方程为

$$\rho_s \frac{\pi D^3}{6} \frac{\mathrm{d}u_{3.y}}{\mathrm{d}t} = -\frac{\rho}{2} \frac{\pi D^3}{6} \frac{\mathrm{d}u_{3.y}}{\mathrm{d}t} + \frac{\rho C_y}{2} \frac{\pi D^2}{4} V_b^2 - (\rho_s - \rho)g \frac{\pi D^3}{6} - \frac{\rho C}{2} \frac{\pi D^2}{4} u_{3.y}^2$$

式中,右边第一项为附加质量力;第二项为上举力;第三项为重力;第四项为阻力。其中,$u_{3.y}$ 为颗粒跳跃的竖向分速,C 为阻力系数,其余符号如前述。起跳时颗粒纵向分速 $u_{3.x}$ 很小,故计算升力时没有采用相对速度 $V_b - u_{3.x}$,而仍然采用 V_b,从而竖向运动与纵向运动无关。由于运动颗粒和床面颗粒碰撞后,其纵向速度将大大降低,故这一近似还是合理的。

上述方程可改写为

$$\frac{\mathrm{d}u_{3.y}}{\mathrm{d}t} = -a_3 - a_4 u_{3.y}^2 \tag{4.3.11}$$

式中,

$$a_3 = \frac{\rho_s - \rho}{\rho_s + \frac{\rho}{2}} g - \frac{3C_y}{4} \frac{\rho}{\rho_s + \frac{\rho}{2}} \frac{V_b^2}{D} \tag{4.3.12}$$

$$a_4 = \frac{3C}{4} \frac{\rho}{\rho_s + \frac{\rho}{2}} \frac{1}{D} \tag{4.3.13}$$

$$a_2 = \frac{\rho_s - \rho}{\rho_s + \frac{\rho}{2}}$$

$$\omega = \sqrt{\frac{4}{3C} \frac{\gamma_s - \gamma}{\gamma} gD} \tag{4.3.14}$$

以及由静起跳的临界速度式(4.1.22)

$$V_1 = \sqrt{\frac{4}{3C_y} \frac{\gamma_s - \gamma}{\gamma} gD}$$

后者是指当上举力恰好等于泥沙在水中的重力条件下的水流速度。上述式中,$C = 1.2$,$C_y = 0.1$,故有

$$C\omega^2 = C_y V_1^2 = C_x \omega_0^2 \tag{4.3.15}$$

由式(4.3.14)有

$$g = \frac{3C}{4} \frac{\rho}{\rho_s - \rho} \frac{\omega^2}{D}$$

注意到式(4.3.14)和式(4.1.22),可得

$$a_2 g = \frac{\rho_s - \rho}{\rho_s + \frac{\rho}{2}} g = \frac{3C\omega^2}{4D} \frac{\rho}{\rho_s + \frac{\rho}{2}} = \frac{3C_y}{4} \frac{V_1^2}{D} \frac{\rho}{\rho_s + \frac{\rho}{2}} \tag{4.3.16}$$

则 a_3、a_4 与 a_2 之间的关系可表示为

$$a_3 = a_2 g \left[1 - \frac{3C_y}{4} \frac{\rho V_b^2}{(\rho_s - \rho)gD} \right] = a_2 g \left[1 - \frac{\rho V_b^2}{\frac{4}{3C_y}(\rho_s - \rho)gD} \right] = a_2 g \left(1 - \frac{V_b^2}{V_1^2} \right)$$

$$\tag{4.3.17}$$

$$a_4 = \frac{3C}{4} \frac{\rho}{\rho_s + \frac{\rho}{2}} \frac{1}{D} = \frac{1}{\frac{4}{3C} \frac{\rho_s - \rho}{\rho} gD} \frac{(\rho_s - \rho)g}{\left(\rho_s + \frac{\rho}{2} \right)} = \frac{a_2 g}{\omega^2} \tag{4.3.18}$$

$$\sqrt{|a_3| a_4} = \frac{a_2 g}{\omega} \sqrt{\left| 1 - \frac{V_b^2}{V_1^2} \right|} \tag{4.3.19}$$

$$\frac{a_4}{|a_3|} = \frac{1}{\omega^2} \frac{1}{\left| 1 - \frac{V_b^2}{V_1^2} \right|} \tag{4.3.20}$$

$$\frac{|a_3|}{a_4} = \omega^2 \left| 1 - \frac{V_b^2}{V_1^2} \right| \tag{4.3.21}$$

为了解方程(4.3.11),需要区别 $a_3 > 0$、$a_3 < 0$ 和 $a_3 = 0$,即上举力小于重力、大于重力和等于重力三种情况。下面分别对这三种情况求解。

1) $a_3 > 0$,即上举力小于重力

由方程(4.3.11)知,此时为减速运动。积分该式并以初始条件 $t = 0$,$u_{3.y} = u_{3.y.0} = u_{y.0}$ 代入,则有

$$t = \frac{1}{\sqrt{a_3 a_4}} \left(\arctan \sqrt{\frac{a_4}{a_3}} u_{3.y.0} - \arctan \sqrt{\frac{a_4}{a_3}} u_{3.y} \right) \tag{4.3.22}$$

此处 arctan 为反正切函数。若假设 $u_{3.y}$ 与 x 无关,则有

$$\frac{du_{3.y}}{dt} = \frac{du_{3.y}}{dy} \frac{dy}{dt} = \frac{1}{2} \frac{du_{3.y}^2}{dy}$$

从而方程可改写为

$$\frac{1}{2} \frac{du_{3.y}^2}{dy} = -(a_3 + a_4 u_{3.y}^2)$$

在条件 $y = 0$,$u_{3.y} = u_{3.y.0}$ 下积分,可得

$$y=\frac{1}{2a_4}\ln\frac{\dfrac{a_3}{a_4}+u_{3.y}^2}{\dfrac{a_3}{a_4}+u_{3.y.0}^2} \tag{4.3.23}$$

设当 $y=D$ 时,$t_3=t_{3.1}$,$u_{3.y}=u_{3.y.D}$,代入式(4.3.23)可得

$$u_{3.y.D}^2=u_{3.y.0}^2\mathrm{e}^{-2a_4D}-\frac{a_3}{a_4}(1-\mathrm{e}^{-2a_4D}) \tag{4.3.24}$$

而

$$t_{3.1}=\frac{1}{\sqrt{a_3a_4}}\Big(\arctan\sqrt{\frac{a_4}{a_3}}\,u_{3.y.0}-\arctan\sqrt{\frac{a_4}{a_3}}\,u_{3.y.D}\Big) \tag{4.3.25}$$

$t_{3.1}$ 也称为起跳时间。

此处将初速 $u_{3.y.0}$ 取为碰撞后的速度 $u_{y.0}$ 是考虑跳跃前发生碰撞是一般的情况。它可能由滚动引起,也可能由悬移颗粒落地引起。将式(4.3.17)及式(4.3.18)代入式(4.3.21),可得

$$u_{3.y.D}^2=u_{3.y.0}^2\mathrm{e}^{-\frac{3C}{2}\frac{\rho}{\rho_s+\frac{\rho}{2}}}-\Big(1-\frac{V_b^2}{V_1^2}\Big)\omega^2\Big(1-\mathrm{e}^{-\frac{3C}{2}\frac{\rho}{\rho_s+\frac{\rho}{2}}}\Big) \tag{4.3.26}$$

$$t_{3.1}=\frac{\omega}{a_2g\sqrt{1-(V_b/V_1)^2}}\Big(\arctan\frac{V_1}{\sqrt{V_1^2-V_b^2}}\frac{u_{3.y.0}}{\omega}-\arctan\frac{V_1}{\sqrt{V_1^2-V_b^2}}\frac{u_{3.y.D}}{\omega}\Big)$$

2)$a_3<0$,即上举力大于重力

此时又分为三种情况。

(1) $\dfrac{|a_3|}{a_4}-u_{3.y}^2>0$,加速运动。注意到此时 a_3 为负,故 $-a_3=|a_3|$,由式(4.3.11)有

$$\frac{1}{a_4}\frac{\mathrm{d}u_{3.y}}{\mathrm{d}t}=\frac{|a_3|}{a_4}-u_{3.y}^2 \tag{4.3.27}$$

此时方程为加速运动积分后,并代入条件 $t=0$,$u_{3.y}=u_{3.y.0}$,得到

$$t=\frac{1}{\sqrt{|a_3|a_4}}\Big[\operatorname{artanh}\sqrt{\frac{a_4}{|a_3|}}\,u_{3.y}-\operatorname{artanh}\sqrt{\frac{a_4}{|a_3|}}\,u_{3.y.0}\Big] \tag{4.3.28}$$

此处 artanh 为反双曲正切函数。由于 $\tanh x\leqslant1$,故式(4.3.28)的使用条件是

$$\sqrt{\frac{a_4}{|a_3|}}<1,即\ u_{3.y}<\sqrt{\frac{a_4}{|a_3|}}\ 或\ \sqrt{\frac{a_4}{|a_3|}}-u_{3.y}>0,即前述条件。$$

与前面相同,如果引用

$$\frac{\mathrm{d}u_{3.y}}{\mathrm{d}t}=\frac{1}{2}\frac{\mathrm{d}u_{3.y}^2}{\mathrm{d}y}$$

则方程(4.3.27)可改写为

$$\frac{1}{2}\frac{\mathrm{d}u_{3.y}^2}{\mathrm{d}y^2}=|a_3|-a_4u_{3.y}^2$$

在条件 $y=0, u_{3.y}=u_{3.y.0}$ 下积分，可得

$$y=\frac{1}{2a_4}\ln\frac{\dfrac{|a_3|}{a_4}-u_{3.y.0}^2}{\dfrac{|a_3|}{a_4}-u_{3.y}^2} \qquad (4.3.29)$$

设当 $y=D$ 时，$t_3=t_{3.1}, u_{3.y}=u_{3.y.D}$，代入式(4.3.29)可得

$$u_{3.y.D}^2=u_{3.y.0}^2\mathrm{e}^{-2a_4D}+\frac{|a_3|}{a_4}(1-\mathrm{e}^{-2a_4D}) \qquad (4.3.30)$$

式中，

$$\mathrm{e}^{-2a_4D}=\mathrm{e}^{-\frac{2a_2gD}{\omega^2}}=\mathrm{e}^{-\frac{2gD}{\frac{4}{3C}\frac{\rho_s-\rho}{\rho}gD\left(\frac{\rho_s}{\omega}+\frac{\rho}{2}\right)}}=\mathrm{e}^{-2\frac{3C}{4}\frac{\rho}{\rho_s+\frac{\rho}{2}}}$$

$$t_{3.1}=\frac{1}{\sqrt{|a_3|a_4}}\left(\operatorname{artanh}\sqrt{\frac{a_4}{|a_3|}}u_{3.y.D}-\operatorname{artanh}\sqrt{\frac{a_4}{|a_3|}}u_{3.y.0}\right) \qquad (4.3.31)$$

(2) $a_3<0, \dfrac{|a_3|}{a_4}-u_{3.y}^2<0$，即 $\sqrt{\dfrac{a_4}{|a_3|}}u_{3.y}>1$，为减速运动。此时由式(4.3.11)有

$$\frac{1}{a_4}\frac{\mathrm{d}u_{3.y}}{\mathrm{d}t}=\frac{|a_3|}{a_4}-u_{3.y}^2=\frac{|a_3|}{a_4}-u_{3.y}^2 \qquad (4.3.32)$$

可见方程描述为减速运动。积分式(4.3.32)得

$$t=\frac{1}{\sqrt{|a_3|a_4}}\left(\operatorname{arcoth}\sqrt{\frac{a_4}{|a_3|}}u_{3.y}-\operatorname{arcoth}\sqrt{\frac{a_4}{|a_3|}}u_{3.y.0}\right)$$

此处 arcoth 为反双曲余切函数。由于此时是减速运动，$u_{3.y}<u_{y.0}$，故括号中第一项大于第二项，其值为正。

与前面相同，方程(4.3.32)可写成

$$\frac{1}{a_4}\frac{\mathrm{d}u_{3.y}^2}{\mathrm{d}t}=-\left(u_{3.y}^2-\frac{|a_3|}{a_4}\right)$$

在条件 $t=0, u_{3.y}=u_{3.y.0}=u_{y.0}$ 下积分，可得

$$y=\frac{1}{2a_4}\ln\frac{u_{3.y}^2-\dfrac{|a_3|}{a_4}}{u_{3.y.0}^2-\dfrac{|a_3|}{a_4}} \qquad (4.3.33)$$

设当 $y=D$ 时，$t=t_{3.1}, u_{3.y}=u_{3.y.D}$，则有

$$u_{3.y.D}^2=\frac{|a_3|}{a_4}+\left(u_{y.0}^2-\frac{|a_3|}{a_4}\right)\mathrm{e}^{-2a_3D}=\frac{|a_3|}{a_4}(1-\mathrm{e}^{-2a_3D})+u_{y.0}^2\mathrm{e}^{-2a_4D}$$

$$=u_{y.0}^2\mathrm{e}^{-2a_4D}+\frac{|a_3|}{a_4}(1-\mathrm{e}^{-2a_4D}) \qquad (4.3.34)$$

$$t_{3.1}=\frac{1}{\sqrt{|a_3|a_4}}\left(\operatorname{arcoth}\sqrt{\frac{a_4}{|a_3|}}u_{3.y.D}-\operatorname{arcoth}\sqrt{\frac{a_4}{|a_3|}}u_{3.y.0}\right) \qquad (4.3.35)$$

(3) $\sqrt{\dfrac{|a_3|}{a_4}}-u_{3.y}=0$，此时 $\dfrac{\mathrm{d}u_{3.y}}{\mathrm{d}t}=0$，为匀速运动。

$$u_{3.y}=u_{3.y.D}=u_{3.y.0} \tag{4.3.36}$$

$$t_{3.1}=\frac{D}{u_{3.y.0}} \tag{4.3.37}$$

这种情况在 $V_{b.y}$ 固定时不可能出现，变动时也只可能是瞬时情况。

3）$a_3=0$，即上举力等于重力

此时有方程

$$\frac{\mathrm{d}u_{3.y}}{\mathrm{d}t}=-a_4 u_{3.y}^2 \tag{4.3.38}$$

在条件 $t=0,u_{3.y}=u_{3.y.0}$ 下积分式(4.3.38)，可得

$$t=\frac{1}{a_4}\left(\frac{1}{u_{3.y}}-\frac{1}{u_{3.y.0}}\right) \tag{4.3.39}$$

再将方程(4.3.38)改写成

$$\frac{1}{2}\frac{\mathrm{d}u_{3.y}^2}{\mathrm{d}y}=-a_4 u_{3.y}^2$$

在 $y=0,u_{3.y}=u_{3.y.0}$ 条件下积分后得到

$$y=\frac{1}{a_4}\ln\frac{u_{3.y.0}}{u_{3.y}} \tag{4.3.40}$$

设当 $y=D$ 时，$u_{3.y}=u_{3.y.D},t=t_{3.1}$，代入式(4.3.40)可得

$$u_{3.y.D}=u_{y.0}\mathrm{e}^{-2a_4 D} \tag{4.3.41}$$

此式为 $a_3=0$ 的特例。此时

$$t_{3.1}=\frac{1}{a_4}\left(\frac{1}{u_{3.y.D}}-\frac{1}{u_{3.y.0}}\right) \tag{4.3.42}$$

2. 竖向运动第二阶段($D\leqslant y\leqslant y_{\mathrm{M}}$)

在颗粒上升到 $y=D$ 的高度以后，即脱离了床面，此时上举力已不复存在，颗粒的运动方程为

$$\rho_{\mathrm{s}}\frac{\pi D^3}{6}\frac{\mathrm{d}u_{3.y}}{\mathrm{d}t}=-\frac{\rho}{2}\frac{\pi D^3}{6}\frac{\mathrm{d}u_{3.y}}{\mathrm{d}t}-(\rho_{\mathrm{s}}-\rho)g\frac{\pi D^3}{6}-\frac{\rho C}{2}\frac{\pi D^2}{4}u_{3.y}^2$$

方程右边依次为附加质量力、重力、运动阻力，上式可改写为

$$\frac{\mathrm{d}u_{3.y}}{\mathrm{d}t}=-(a_5+a_4 u_{3.y}^2) \tag{4.3.43}$$

式中，

$$a_5=\frac{\rho_{\mathrm{s}}-\rho}{\rho_{\mathrm{s}}+\dfrac{\rho}{2}}g=a_2 g \tag{4.3.44}$$

在 $u_{3.y}=u_{3.y.D}$，$t=t_{3.1}$ 条件下积分式（4.3.43），可得

$$t-t_{3.1}=\frac{1}{\sqrt{a_5 a_4}}\left(\arctan\sqrt{\frac{a_4}{a_5}}u_{3.y.D}-\arctan\sqrt{\frac{a_4}{a_5}}u_{3.y}\right) \qquad (4.3.45)$$

此处 arctan 为反正切函数。

方程（4.3.43）也可写成

$$\frac{1}{2}\frac{\mathrm{d}u_{3.y}^2}{\mathrm{d}y}=-(a_5+a_4 u_{3.y}^2)$$

在条件 $y=D$，$u=u_{3.y.D}$ 下积分，可得

$$y-D=\frac{1}{2a_4}\ln\frac{\dfrac{a_5}{a_4}+u_{3.y.D}^2}{\dfrac{a_5}{a_4}+u_{3.y}^2} \qquad (4.3.46)$$

上述各式中，据式（4.3.44）及式（4.3.18）有

$$\sqrt{a_4 a_5}=\frac{a_2 g}{\omega} \qquad (4.3.47)$$

$$\sqrt{\frac{a_4}{a_5}}=\frac{1}{\omega} \qquad (4.3.48)$$

$$\frac{a_5}{a_4}=\omega^2 \qquad (4.3.49)$$

当颗粒上升至最高点时，$y=y_\mathrm{M}$，，$u_{3.y}=0$，故由式（4.3.45）和式（4.3.46）有

$$y_\mathrm{M}=D+\frac{1}{2a_4}\ln\left(1+\frac{a_4}{a_5}u_{3.y.D}^2\right)=D+\frac{1}{2a_4}\ln\left(1+\frac{u_{3.y.D}^2}{\omega^2}\right) \qquad (4.3.50)$$

$$t_{3.2}=t_{3.1}+\frac{1}{\sqrt{a_5 a_4}}\arctan\sqrt{\frac{a_4}{a_5}}u_{3.y.D}=t_{3.1}+\frac{\omega}{a_2 g}\arctan\frac{u_{3.y.D}}{\omega} \qquad (4.3.51)$$

3. 竖向运动第三阶段（$y_\mathrm{M}\geqslant y\geqslant 0$）

当颗粒上升至最高点 y_M 以后，开始进入下降阶段。此时，作用在颗粒上的力有附加质量力、重力和运动阻力，运动方程为

$$\rho_\mathrm{s}\frac{\pi D^3}{6}\frac{\mathrm{d}u_{3.y}}{\mathrm{d}t}=-\frac{\rho}{2}\frac{\pi D^3}{6}\frac{\mathrm{d}u_{3.y}}{\mathrm{d}t}-(\rho_\mathrm{s}-\rho)g\frac{\pi D^3}{6}+\frac{\rho C}{2}\frac{\pi D^2}{4}u_{3.y}^2$$

或者改写为

$$\frac{\mathrm{d}u_{3.y}}{\mathrm{d}t}=-a_5+a_4 u_{3.y}^2 \qquad (4.3.52)$$

在 $t=t_{3.2}$，$u_{3.y}=0$ 的初始条件下积分式（4.3.52），并注意到 $\dfrac{a_5}{a_4}-u_{3.y}^2>0$，故有

$$t_{3.3}=t-t_{3.2}=-\frac{1}{\sqrt{a_5 a_4}}\mathrm{artanh}\sqrt{\frac{a_4}{a_5}}u_{3.y}=\frac{1}{\sqrt{a_5 a_4}}\mathrm{artanh}\sqrt{\frac{a_4}{a_5}}|u_{3.y}|$$

$$\qquad (4.3.53)$$

式中，$u_{3.y}$ 是铅垂向下的速度，故为零。

将方程(4.3.52)改写为

$$\frac{1}{2}\frac{\mathrm{d}u_{3.y}^2}{\mathrm{d}y}=-a_5+a_4u_{3.y}^2$$

在 $y=y_M,$，$u_{3.y}=0$ 的初始条件下积分上式，有

$$y-y_M=\frac{1}{2a_4}\ln\left(1-\frac{a_4}{a_5}u_{3.y}^2\right)=\frac{1}{2a_4}\ln\left(1-\frac{u_{3.y}^2}{\omega^2}\right) \tag{4.3.54}$$

当颗粒落至床面时，有 $y=0$、$u_{3.y}=u_{3.y.3}$，$t=t_3$，从而有

$$u_{3.y.3}=-\omega\sqrt{1-\mathrm{e}^{-2a_4y_M}} \tag{4.3.55}$$

$$t_{3.3}=\frac{1}{\sqrt{a_4a_5}}\mathrm{artanh}\sqrt{1-\mathrm{e}^{-2a_4y_M}}=\frac{1}{\sqrt{a_4a_5}}\mathrm{artanh}\sqrt{\frac{a_4}{a_5}}\,|u_{3.y.3}|$$

$$=\frac{1}{\sqrt{a_4a_5}}\mathrm{artanh}\frac{|u_{3.y.3}|}{\omega} \tag{4.3.56}$$

$$t_3=t_{3.2}+\frac{1}{\sqrt{a_4a_5}}\mathrm{artanh}\sqrt{1-\mathrm{e}^{-2a_4y_M}} \tag{4.3.57}$$

$$y_M=\frac{1}{2a_4}\ln\frac{\dfrac{a_5}{a_4}}{\dfrac{a_5}{a_4}-u_{3.y.3}^2}=\frac{\omega^2}{2a_2g}\ln\frac{\omega^2}{\omega^2-u_{3.y.3}^2} \tag{4.3.58}$$

4. 纵向运动

在颗粒跳跃的纵向运动中，由于颗粒速度一般和底部水流速度不同，颗粒和水流存在相对运动，其相对速度为 $V_b-u_{3.x}$，故有阻力存在，此外附加质量力也存在，其运动方程为

$$\rho_s\frac{\pi D^3}{6}\frac{\mathrm{d}u_{3.x}}{\mathrm{d}t}=-\frac{\rho}{2}\frac{\pi D^3}{6}\frac{\mathrm{d}u_{3.x}}{\mathrm{d}t}+\frac{\rho C}{2}\frac{\pi D^2}{4}(V_b-u_{3.x})\,|V_b-u_{3.x}|$$

式中，右边第一项为附加质量力；第二项为阻力。当 $V_b>u_{3.x}$ 时，$\dfrac{\mathrm{d}u_{3.x}}{\mathrm{d}t}>0$，为加速运动，除多考虑附加质量力外，此式与 Tsuchiya[12]引用的公式一致。上式可改写为

$$\frac{\mathrm{d}u_{3.x}}{\mathrm{d}t}=a_4\,(V_b-u_{3.x})^2 \tag{4.3.59}$$

在 $t=0$，$u_{3.x}=u_{3.x.0}$ 的初始条件下积分式(4.3.59)，可得

$$t=\frac{1}{a_4}\left(\frac{1}{V_b-u_{3.x}}-\frac{1}{V_b-u_{3.x.0}}\right) \tag{4.3.60}$$

由此可得

$$u_{3.x} = V_b - \frac{V_b - u_{3.x.0}}{1 + a_4(V_b - u_{3.x.0})t} \tag{4.3.61}$$

在 $x=0$ 条件下积分式(4.3.61),可得

$$x = V_b t - \int_0^t \frac{V_b - u_{3.x.0}}{1 + a_4(V_b - u_{3.x.0})t} \mathrm{d}t$$

$$= V_b t - \frac{V_b - u_{3.x.0}}{a_4(V_b - u_{3.x.0})} \int_0^t \frac{\mathrm{d}[1 + a_4(V_b - u_{3.x.0})t]}{1 + a_4(V_b - u_{3.x.0})t}$$

$$= V_b t - \frac{1}{a_4} \ln[1 + a_4(V_b - u_{3.x.0})t] \tag{4.3.62}$$

注意,当颗粒落至床面时,有 $t=t_3, x=x_3, u_{3.x}=u_{3.x.3}$,于是得颗粒落地速度为

$$u_{3.x.3} = V_b - \frac{V_b - u_{3.x.0}}{1 + a_4(V_b - u_{3.x.0})t_3} \tag{4.3.63}$$

或

$$\frac{V_b - u_{3.x.0}}{V_b - u_{3.x.3}} = 1 + a_4(V_b - u_{3.x.0})t_3$$

$$x_3 = V_b t_3 - \frac{1}{a_4} \ln[1 + a_4(V_b - u_{3.x.0})t_3]$$

$$= V_b t_3 - \frac{1}{a_4} \ln\left(\frac{V_b - u_{3.x.0}}{V_b - u_{3.x.3}}\right)t_3 \tag{4.3.64}$$

利用式(4.3.60)有

$$a_4 t_3 = \frac{1}{V_b - u_{3.x.3}} - \frac{1}{V_b - u_{3.x.0}}$$

$$= \frac{u_{3.x.3} - u_{3.x.0}}{(V_b - u_{3.x.3})(V_b - u_{3.x.0})}$$

将此式代入式(4.3.64)并求出纵向运动平均速度为

$$\bar{u}_{3.x} = \frac{x_3}{t_3} = V_b - \frac{(V_b - u_{3.x.3})(V_b - u_{3.x.0})}{u_{3.x.3} - u_{3.x.0}} \ln[1 + a_4(V_b - u_{3.x.0})t_3]$$

$$\tag{4.3.65}$$

上述各式中 t_3 由前述竖向运动三个阶段时间之和,即 $t_{3.1} + t_{3.2} + t_{3.3} = t_3$ 而定。

当 $V_b < u_{3.x}$ 时,为减速运动,运动方程为

$$\frac{\mathrm{d}u_{3.x}}{\mathrm{d}t} = -a_4(u_{3.x} - V_b)^2 \tag{4.3.66}$$

这种情况出现的可能性较小。注意到

$$\mathrm{d}t = -\frac{\mathrm{d}u_{3.x}}{a_4(V_b - u_{3.x})^2} = \frac{1}{a_4} \frac{\mathrm{d}(V_b - u_{3.x})}{(V_b - u_{3.x})^2}$$

在 $t=0, u_{3.x}=u_{3.x.0}$ 条件下积分上式,可得

$$t = \frac{1}{a_4(-2+1)} \left(\frac{1}{V_b - u_{3.x}} - \frac{1}{V_b - u_{3.x.0}} \right)$$

$$= -\frac{1}{a_4} \left(\frac{1}{V_b - u_{3.x}} - \frac{1}{V_b - u_{3.x.0}} \right)$$

$$= -\frac{1}{a_4} \frac{u_{3.x} - u_{3.x.0}}{(V_b - u_{3.x})(V_b - u_{3.x.0})}$$

$$= \frac{1}{a_4} \frac{u_{3.x.0} - u_{3.x}}{(V_b - u_{3.x})(V_b - u_{3.x.0})}$$

即

$$a_4 t(V_b - u_{3.x.0}) = 1 - \frac{V_b - u_{3.x.0}}{V_b - u_{3.x}}$$

从而

$$u_{3.x} = V_b - \frac{V_b - u_{3.x.0}}{1 - a_4(V_b - u_{3.x.0})t}$$

再对上式积分得

$$x = V_b t_3 + \frac{1}{a_4} \int_0^t \frac{\mathrm{d}[1 - a_4(V_b - u_{3.x.0})t]}{1 - a_4(V_b - u_{3.x.0})t}$$

$$= V_b t_3 + \frac{1}{a_4} \ln[1 - a_4(V_b - u_{3.x.0})t_3]$$

$$= V_b t_3 + \frac{1}{a_4} \ln[1 + a_4 |V_b - u_{3.x.0}| t_3]$$

此处取 $-a_4(V_b - u_{3.x.0}) = +a_4 |V_b - u_{3.x.0}|$ 是因为 $V_b < u_{3.x.0}$。当 $t = t_3$,$X = X_3$, $u_{3.x} = u_{3.x.3}$ 时,由上述有关各式得到

$$t_3 = \frac{1}{a_4} \frac{u_{3.x.0} - u_{3.x.3}}{(V_b - u_{3.x.3})(V_b - u_{3.x.0})} \tag{4.3.67}$$

$$u_{3.x.3} = V_b - \frac{|V_b - u_{3.x.0}|}{1 - a_4 |V_b - u_{3.x.0}| t_3} \tag{4.3.68}$$

$$x_3 = V_b t_3 + \frac{1}{a_4} \ln[1 + a_4 |V_b - u_{3.x.0}| t_3]$$

$$= V_b t_3 + \frac{1}{a_4} \ln \frac{V_b - u_{3.x.0}}{V_b - u_{3.x.3}} \tag{4.3.69}$$

$$\bar{u}_{3.x} = \frac{x_3}{t_3} = V_b - \frac{(V_b - u_{3.x.0})(V_b - u_{3.x.3})}{u_{3.x.0} - u_{3.x.3}} \ln \frac{V_b - u_{3.x.0}}{V_b - u_{3.x.3}} \tag{4.3.70}$$

若 $V_b = u_{3.x}$,则颗粒做匀速运动,此时有

$$u_{3.x.3} = V_b \tag{4.3.71}$$

$$x_3 = V_b t_3 \tag{4.3.72}$$

$$u_{3.x.3} = V_b \tag{4.3.73}$$

4.3.3　颗粒单步跳跃运动参数的无因次形式

为了分析方便,给出有关参数的无因次形式:

$$\widetilde{V}_b=\frac{V_b}{\omega_0}, \quad \widetilde{u}_{3.x.2}=\frac{u_{3.x.2}}{\omega_0}, \quad \widetilde{u}_{3.y.2}=\frac{u_{3.y.2}}{\omega_0}$$

$$\widetilde{u}_{3.x.cp}=\frac{u_{3.x.cp}}{\omega_0}, \widetilde{t}_{3.0}=\frac{t_{3.0}\omega_0}{D}, \quad \widetilde{t}_{3.1}=\frac{t_{3.1}\omega_0}{D} \qquad (4.3.74)$$

$$\widetilde{t}_3=\frac{t_3\omega_0}{D}, \quad \widetilde{y}_M=\frac{y_M}{D}, \quad \widetilde{x}_3=\frac{x_3}{D}, \quad \widetilde{V}_1=\frac{V_1}{\omega_0}=2$$

并取 $a_2=\dfrac{\rho_s-\rho}{\rho_s+\rho/2}=0.5238,\dfrac{\omega}{\omega_0}=\sqrt{\dfrac{C}{C_x}}=\sqrt{\dfrac{0.4}{1.2}}=\dfrac{1}{\sqrt{3}}$,则

$$\begin{cases} \widetilde{a}_3=\dfrac{D}{\omega_0^2}a_3=\dfrac{a_2gD}{\omega_0^2}\left|1-\dfrac{V_b^2}{V_1^2}\right|=a_2\widetilde{g}\left|1-\dfrac{\widetilde{V}_b^2}{\widetilde{V}_1^2}\right|=\dfrac{3C_x\gamma}{4(\gamma_s+\gamma/2)}\left|1-\dfrac{\widetilde{V}_b^2}{\widetilde{V}_1^2}\right| \\[4mm] \qquad =0.0952\left|1-\dfrac{\widetilde{V}_b^2}{\widetilde{V}_1^2}\right| \\[4mm] \widetilde{a}_4=Da_4=\dfrac{a_2gD}{\omega^2}=\dfrac{a_2gD}{\omega_0^2}\dfrac{\omega_0^2}{\omega^2}=\dfrac{3a_2gD}{\omega_0^2}=3a_2\widetilde{g}=\dfrac{9C_x\gamma}{4(\gamma_s+\gamma/2)}=0.286 \\[4mm] \widetilde{a}_5=\dfrac{D}{\omega_0^2}a_5=\dfrac{a_2gD}{\omega_0^2}=a_2\widetilde{g}=\dfrac{3C_x\gamma}{4(\gamma_s+\gamma/2)}=0.0952 \\[4mm] \widetilde{g}=\dfrac{gD}{\omega_0^2}=\dfrac{1}{\dfrac{4}{3C_x}\dfrac{\gamma_s-\gamma}{\gamma}}=\dfrac{3C_x}{4}\dfrac{\gamma}{\gamma_s-\gamma}=0.1818 \end{cases}$$

$$(4.3.75)$$

从而有

$$\begin{cases} \sqrt{\widetilde{a}_3|\widetilde{a}_4|}=a_2\widetilde{g}\sqrt{3\left|1-\dfrac{\widetilde{V}_b^2}{V_1^2}\right|}=\dfrac{3C_x\gamma}{4(\gamma_s+\gamma/2)}\sqrt{3\left|1-\dfrac{\widetilde{V}_b^2}{V_1^2}\right|}=0.165\sqrt{\left|1-\dfrac{\widetilde{V}_b^2}{V_1^2}\right|} \\[4mm] \sqrt{\dfrac{\widetilde{a}_4}{|\widetilde{a}_3|}}=\dfrac{\sqrt{3}}{\sqrt{\left|1-\dfrac{\widetilde{V}_b^2}{V_1^2}\right|}} \\[4mm] \sqrt{\widetilde{a}_4\widetilde{a}_5}=\sqrt{3}\,a_2\widetilde{g}=\sqrt{3}\dfrac{3C_x\gamma}{4(\gamma_s+\gamma/2)}=0.165 \\[4mm] \sqrt{\dfrac{\widetilde{a}_4}{\widetilde{a}_5}}=\sqrt{3} \end{cases}$$

$$(4.3.76)$$

上式中有关系数取具体数字时采用了 $\gamma_s=2.65\mathrm{g/cm^3}$,$\gamma=1\mathrm{g/cm^3}$ 的结果,则颗粒单步跳跃运动参数的无因次形式为

$$\begin{cases} \widetilde{u}_{3.x.0}=\widetilde{u}_{x.0}\left[1-(1+k_0)(2\Delta'-\Delta'^2)\right]+\widetilde{u}_{y.0}(1+k_0)(1-\Delta')\sqrt{2\Delta'-\Delta'^2} \\ \widetilde{u}_{3.y.0}=\widetilde{u}_{x.0}(1+k_0)(1-\Delta')\sqrt{2\Delta'-\Delta'^2}+\widetilde{u}_{y.0}\left[1-(1+k_0)(1-\Delta')^2\right] \end{cases} \tag{4.3.77}$$

如果引进 $t_{3.1}$、$u_{3.y.D}$、$t_{3.2}$、$u_{3.y.3}$、$t_{3.3}$、y_m、$u_{3.x.3}$、x_3、$\bar{u}_{3.x}$ 等无因次量,则主要的无因次运动参数为

$$\widetilde{t}_{3.1}=\begin{cases} \dfrac{1}{\sqrt{\widetilde{a}_4\widetilde{a}_3}}\left[\arctan\sqrt{\dfrac{\widetilde{a}_4}{\widetilde{a}_3}}\,\widetilde{u}_{3.y.0}-\arctan\sqrt{\dfrac{\widetilde{a}_4}{\widetilde{a}_3}}\,\widetilde{u}_{3.y.D}\right] \\ \quad =\dfrac{1}{a_2\widetilde{g}\sqrt{3\left(1-\dfrac{V_b^2}{V_1^2}\right)}}\left[\arctan\dfrac{\sqrt{3}\,\widetilde{u}_{3.y.0}}{\sqrt{1-\dfrac{V_b^2}{V_1^2}}}-\arctan\dfrac{\sqrt{3}\,\widetilde{u}_{3.y.D}}{\sqrt{1-\dfrac{V_b^2}{V_1^2}}}\right],\quad \widetilde{V}_b<2 \\[2mm] \dfrac{1}{\sqrt{\widetilde{a}_4|\widetilde{a}_3|}}\left[\operatorname{artanh}\sqrt{\dfrac{\widetilde{a}_4}{|\widetilde{a}_3|}}\,\widetilde{u}_{3.y.D}-\operatorname{artanh}\sqrt{\dfrac{\widetilde{a}_4}{|\widetilde{a}_3|}}\,\widetilde{u}_{y.0}\right] \\ \quad =\dfrac{1}{a_2\widetilde{g}\sqrt{3\left|1-\dfrac{V_b^2}{V_1^2}\right|}}\left[\operatorname{artanh}\dfrac{\sqrt{3}\,\widetilde{u}_{3.y.D}}{\sqrt{\left|1-\dfrac{V_b^2}{V_1^2}\right|}}-\operatorname{artanh}\dfrac{\sqrt{3}\,\widetilde{u}_{y.0}}{\sqrt{\left|1-\dfrac{V_b^2}{V_1^2}\right|}}\right], \\ \qquad \widetilde{V}_b>2\ \text{且}\ \dfrac{|\widetilde{a}_3|}{\widetilde{a}_4}-\widetilde{u}_{3.y}^2>0,\text{即}\ \dfrac{\sqrt{3}\,\widetilde{u}_{3.y.D}}{\sqrt{\left|1-\dfrac{\widetilde{V}_b^2}{\widetilde{V}_1^2}\right|}}<1 \\[2mm] \dfrac{1}{\sqrt{\widetilde{a}_4|\widetilde{a}_3|}}\left[\operatorname{arcoth}\sqrt{\dfrac{\widetilde{a}_4}{|\widetilde{a}_3|}}\,\widetilde{u}_{3.y.D}-\operatorname{arcoth}\sqrt{\dfrac{\widetilde{a}_4}{|\widetilde{a}_3|}}\,\widetilde{u}_{3.y.0}\right] \\ \quad =\dfrac{1}{a_2\widetilde{g}\sqrt{3\left|1-\dfrac{V_b^2}{V_1^2}\right|}}\left[\operatorname{arcoth}\dfrac{\sqrt{3}\,\widetilde{u}_{3.y.D}}{\sqrt{\left|1-\dfrac{V_b^2}{V_1^2}\right|}}-\operatorname{arcoth}\dfrac{\sqrt{3}\,\widetilde{u}_{3.y.0}}{\sqrt{\left|1-\dfrac{V_b^2}{V_1^2}\right|}}\right], \\ \qquad \widetilde{V}_b>2\ \text{且}\ \dfrac{|\widetilde{a}_3|}{\widetilde{a}_4}-\widetilde{u}_{2.y.D}^2<0,\text{即}\ \dfrac{\sqrt{3}\,\widetilde{u}_{3.y.D}}{\sqrt{\left|1-\dfrac{\widetilde{V}_b^2}{\widetilde{V}_1^2}\right|}}>1 \\[2mm] \dfrac{D}{u_{3.y.D}},\quad \widetilde{V}_b>2\ \text{且}\ \sqrt{\dfrac{\widetilde{a}_3}{\widetilde{a}_4}}=u_{3.y}=0 \\[2mm] \dfrac{1}{\widetilde{a}_4}\left(\dfrac{1}{\widetilde{u}_{3.y.D}}-\dfrac{1}{\widetilde{u}_{3.y.0}}\right)=\dfrac{1}{3a_2\widetilde{g}}\left(\dfrac{1}{\widetilde{u}_{3.y.D}}-\dfrac{1}{\widetilde{u}_{3.y.0}}\right),\quad \widetilde{V}_b=2 \end{cases}$$

$$\tag{4.3.78}$$

$$\tilde{u}_{3.y.D}=\begin{cases}\sqrt{\tilde{u}_{3.y.0}^2\mathrm{e}^{-2\tilde{a}_4}-\dfrac{\tilde{a}_3}{\tilde{a}_4}(1-\mathrm{e}^{-2\tilde{a}_4'})}\\[2ex]\quad=\sqrt{\tilde{u}_{y.0}^2\mathrm{e}^{-6a_2\tilde{g}}-\dfrac{1}{3}\Big(1-\dfrac{\tilde{V}_b^2}{\tilde{V}_1^2}\Big)(1-\mathrm{e}^{-6a_2\tilde{g}})}\,,\quad\tilde{V}_b\leqslant\tilde{V}_1=2\text{ 或 }\tilde{a}_3\geqslant0\\[3ex]\sqrt{\tilde{u}_{3.y.0}^2\mathrm{e}^{-2\tilde{a}_4}+\dfrac{|\tilde{a}_3|}{\tilde{a}_4}(1-\mathrm{e}^{-2a_4'})}\\[2ex]\quad=\sqrt{\tilde{u}_{3.y.0}^2}\,\mathrm{e}^{-6a_2\tilde{g}}+\dfrac{1}{3}\Big|1-\dfrac{\tilde{V}_b^2}{V_1^2}\Big|(1-\mathrm{e}^{-6a_2\tilde{g}})\,,\quad\tilde{V}_b>\tilde{V}_1=2\text{ 或 }\tilde{a}_3<0\end{cases}$$

$$\tag{4.3.79}$$

上述两式可合并为

$$\tilde{u}_{3.y.D}=\sqrt{\tilde{u}_{3.y.0}^2\mathrm{e}^{-2\tilde{a}_4}-\frac{\tilde{a}_3}{\tilde{a}_4}(1-\mathrm{e}^{-2\tilde{a}_4})}$$

$$=\sqrt{\tilde{u}_{3.y.0}^2\mathrm{e}^{-6a_2\tilde{g}}-\frac{1}{3}\Big(1-\frac{\tilde{V}_b^2}{\tilde{V}_1^2}\Big)(1-\mathrm{e}^{-6a_2\tilde{g}})} \tag{4.3.80}$$

其余为

$$\tilde{y}_M=1+\frac{1}{2\tilde{a}_4}\ln\Big(1+\frac{\tilde{a}_4}{\tilde{a}_5}\tilde{u}_{3.y.D}^2\Big)=1+\frac{1}{6a_2\tilde{g}}\ln(1+3\tilde{u}_{3.y.D}^2) \tag{4.3.81}$$

$$\tilde{t}_{3.2}=\tilde{t}_{3.1}+\frac{1}{\sqrt{\tilde{a}_4\tilde{a}_5}}\arctan\left[\sqrt{\frac{\tilde{a}_4}{\tilde{a}_5}}\,\tilde{u}_{3.y.D}\right]$$

$$=\tilde{t}_{3.1}+\frac{1}{\sqrt{3}\,a_2\tilde{g}}\arctan(\sqrt{3}\,\tilde{u}_{3.y.D}) \tag{4.3.82}$$

$$\tilde{t}_3=\tilde{t}_{3.2}+\frac{1}{\sqrt{\tilde{a}_4\tilde{a}_5}}\mathrm{artanh}\sqrt{1-\mathrm{e}^{-2a_4y_M}}$$

$$=\tilde{t}_{3.2}+\frac{1}{\sqrt{3}\,a_2\tilde{g}}\mathrm{artanh}\sqrt{1-\mathrm{e}^{-6a_2\tilde{g}\tilde{y}_M}} \tag{4.3.83}$$

$$\tilde{u}_{3.y.3}=-\sqrt{\frac{\tilde{a}_5}{\tilde{a}_4}}\sqrt{(1-\mathrm{e}^{-2\tilde{a}_4\tilde{y}_M})}=-\frac{1}{\sqrt{3}}\sqrt{1-\mathrm{e}^{-6a_2\tilde{g}\tilde{y}_M}} \tag{4.3.84}$$

$$\tilde{u}_{3.x.3}=\begin{cases}\tilde{V}_b-\dfrac{\tilde{V}_b-\tilde{u}_{3.x.0}}{1+\tilde{a}_4(\tilde{V}_b-\tilde{u}_{3.x.0})\tilde{t}_3}=\tilde{V}_b-\dfrac{\tilde{V}_b-\tilde{u}_{3.x.0}}{1+3a_2^*\tilde{g}(\tilde{V}_b-\tilde{u}_{3.x.0})\tilde{t}_3}\,,\quad\tilde{V}_b>\tilde{u}_{3.x.3}\\[3ex]\tilde{V}_b-\dfrac{\tilde{V}_b-\tilde{u}_{3.x.0}}{1-\tilde{a}_4(\tilde{V}_b-\tilde{u}_{3.x.0})\tilde{t}_3}=\tilde{V}_b+\dfrac{|\tilde{V}_b-\tilde{u}_{3.x.0}|}{1+3a_2^*\tilde{g}|\tilde{V}_b-\tilde{u}_{3.x.0}|\tilde{t}_3}\,,\quad\tilde{V}_b<\tilde{u}_{3.x.3}\\[3ex]\tilde{V}_b\,,\qquad\qquad\qquad\qquad\qquad\qquad\qquad\qquad\qquad\qquad\quad\tilde{V}_b=\tilde{u}_{3.x}\end{cases}$$

$$\tag{4.3.85}$$

式(4.3.85)也可归纳为

$$\widetilde{u}_{3.x.3} = \widetilde{V}_{\rm b} - \frac{\widetilde{V}_{\rm b} - \widetilde{u}_{3.x.0}}{1 + \widetilde{a}_4 |\widetilde{V}_{\rm b} - \widetilde{u}_{3.x.0}| \widetilde{t}_3}$$

如果为负,则注意到此时 $\widetilde{V}_{\rm b} - \widetilde{u}_{x.0} < 0$,故 $\dfrac{\widetilde{V}_{\rm b} - \widetilde{u}_{x.0}}{1 - \widetilde{a}_4(\widetilde{V}_{\rm b} - \widetilde{u}_{x.0})\widetilde{t}_3}$ 为负,此时 $u_{3.x.3} > V_{\rm b}$;否则,如果为正,则 $u_{3.x.3} < V_{\rm b}$,则是合理的。

$$\widetilde{x}_3 = \begin{cases} \widetilde{V}_{\rm b}\widetilde{t}_3 - \dfrac{1}{\widetilde{a}_4}\ln[1 + \widetilde{a}_4(\widetilde{V}_{\rm b} - \widetilde{u}_{3.x.0})\widetilde{t}_3] \\[3mm] \quad = \widetilde{V}_{\rm b}t_3 - \dfrac{1}{3a_2^* \widetilde{g}}\ln[1 + 3a_2^* \widetilde{g}(\widetilde{V}_{\rm b} - \widetilde{u}_{3.x.0})\widetilde{t}_3], \quad \widetilde{V}_{\rm b} > \widetilde{u}_{3.x} \\[3mm] \widetilde{V}_{\rm b}\widetilde{t}_3 + \dfrac{1}{\widetilde{a}_4}\ln[1 - \widetilde{a}_4(\widetilde{V}_{\rm b} - \widetilde{u}_{3.x.0})\widetilde{t}_3] \\[3mm] \quad = \widetilde{V}_{\rm b}\widetilde{t}_3 + \dfrac{1}{3a_2^* g}\ln(1 + 3a_2^* g|\widetilde{V}_{\rm b} - \widetilde{u}_{3.x.0}|\widetilde{t}_3), \quad \widetilde{V}_{\rm b} < \widetilde{u}_{3.x} \\[3mm] \widetilde{V}_{\rm b}\widetilde{t}_3, \qquad\qquad\qquad\qquad\qquad\qquad\qquad\qquad \widetilde{V}_{\rm b} = \widetilde{u}_{3.x} \end{cases}$$

$$(4.3.86)$$

$$\widetilde{u}_{3.x} = \begin{cases} \widetilde{V}_{\rm b} - \dfrac{(\widetilde{V}_{\rm b} - \widetilde{u}_{3.x.3})(\widetilde{V}_{\rm b} - \widetilde{u}_{3.x.0})}{\widetilde{u}_{3.x.3} - \widetilde{u}_{3.x.0}}\ln[1 + \widetilde{a}_4(\widetilde{V}_{\rm b} - \widetilde{u}_{3.x.0})\widetilde{t}_3] \\[3mm] \quad = \widetilde{V}_{\rm b} - \dfrac{(\widetilde{V}_{\rm b} - \widetilde{u}_{3.x.3})(\widetilde{V}_{\rm b} - \widetilde{u}_{3.x.0})}{\widetilde{u}_{3.x.3} - \widetilde{u}_{3.x.0}}\ln[1 + 3a_2^* \widetilde{g}(\widetilde{V}_{\rm b} - \widetilde{u}_{3.x.0})\widetilde{t}_3], \quad \widetilde{V}_{\rm b} > \widetilde{u}_{3.x} \\[3mm] \widetilde{V}_{\rm b} + \dfrac{(\widetilde{V}_{\rm b} - \widetilde{u}_{3.x.3})(\widetilde{V}_{\rm b} - \widetilde{u}_{3.x.0})}{\widetilde{u}_{3.x.3} - \widetilde{u}_{3.x.0}}\ln[1 - \widetilde{a}_4(\widetilde{V}_{\rm b} - \widetilde{u}_{3.x.0})\widetilde{t}_3] \\[3mm] \quad = \widetilde{V}_{\rm b} - \dfrac{(\widetilde{V}_{\rm b} - \widetilde{u}_{3.x.3})(\widetilde{V}_{\rm b} - \widetilde{u}_{3.x.0})}{\widetilde{u}_{3.x.3} - \widetilde{u}_{3.x.0}}\ln[1 + 3a_2^* \widetilde{g}(\widetilde{V}_{\rm b} - \widetilde{u}_{3.x.0})\widetilde{t}_3], \quad \widetilde{V}_{\rm b} < \widetilde{u}_{3.x} \\[3mm] \widetilde{V}_{\rm b}, \qquad\qquad\qquad\qquad\qquad\qquad\qquad\qquad\qquad \widetilde{V}_{\rm b} = \widetilde{u}_{3.x} \end{cases}$$

$$(4.3.87)$$

上述各式中组合系数 $\sqrt{\widetilde{a}_4\widetilde{a}_3}$、$\sqrt{\dfrac{\widetilde{a}_5}{\widetilde{a}_4}}$、$\sqrt{\widetilde{a}_4\widetilde{a}_5}$ 仍由式(4.3.76)中的有关公式决定。其中,

$$a_2^* = \begin{cases} a_2, & \overline{V}_{\rm b} > \widetilde{u}_{3.x} \\ -a_2, & \overline{V}_{\rm b} < \widetilde{u}_{3.x} \end{cases}$$

$$(4.3.88)$$

可见如果采用符号 a_2^*,则 $\widetilde{V} > \widetilde{u}_{3.x}$ 与 $\widetilde{V} < u_{3.x}$ 公式是统一的。

综上所述,单步跳跃参数(步末速度、单步距离、起跳时间和单步平均速度等)可表示为颗粒初始位置 Δ'、水流底速 $\widetilde{V}_{\rm b}$ 和前一步运动末速 $u_{x.0}$、$u_{y.0}$ 的函数。

最后对颗粒跳跃运动的数字结果进行说明。前面给出床面颗粒滚动与跳跃运动方程组及其解。由于要反映不同条件和不同情况,公式较多且较复杂,难以简单地说明问题以及研究和应用。为此,必须开展大量的数值计算。不仅数据多,而且式中的 V_b、Δ' 均是随机的,因此与其相关的滚动与跳跃运动参数也是随机的,为此要计算其数学期望,以供进一步分析和应用。因此,本书第 8 章专门对本章滚动与跳跃及第 6 章的推移质输沙率等进行数字计算,包括计算方法、条件说明、计算结果的列出及分析验证等。

4.4　由静动起跳条件和临界起跳流速[13]

4.4.1　由静起跳

前面指出,由静起跳只要满足上举力大于重力即可,此时 $V_b \geqslant V_1 = V_{b.c.1.3}$,$V_1$ 由式(4.1.22)给出,即 $V_{b.c.1.3} = 2\sqrt{3}\,\omega = 2\omega_0$,而 $V_{b.c}$ 表示起动(起滚)临界速度,下标 1.3 表示由静止(状态 1)转为跳跃(状态 3)的临界速度。一般的 $V_{b.c.i.j}$ 则表示由 i 转至 j 的临界速度。

4.4.2　由滚起跳

当颗粒上升高度超过一个粒径时称为跳跃,由以上关于单步跳跃运动方程及其解的讨论可知,只有当式(4.3.79)确定的 $u_{3.y.D}$ 有意义时,颗粒才能达到一个粒径高度,将 $|\tilde{a}_3|$、$|\tilde{a}_4|$ 的值代入式(4.3.80),可得起跳条件 $u_{3.y.D} > 0$,即

$$u_{3.y.0}^2 \mathrm{e}^{-\frac{3C\rho}{2}(\rho_s + \frac{\rho}{2})^{-1}} - \frac{C_y}{C}(V_1^2 - V_b^2)\left(1 - \mathrm{e}^{-\frac{3C\rho}{2}(\rho_s + \frac{\rho}{2})^{-1}}\right) > 0$$

此条件等价于

$$V_b^2 > V_1^2 - u_{3.y.0}^2 \frac{\frac{C}{C_y}\mathrm{e}^{-\frac{3C\rho}{2}(\rho_s + \frac{\rho}{2})^{-1}}}{1 - \mathrm{e}^{-\frac{3C\rho}{2}(\rho_s + \frac{\rho}{2})^{-1}}} = V_{b.c.2.3}^2 \tag{4.4.1}$$

此式右边取等号,即可确定临界起跳速度。其中 $V_{b.c.2.3}$ 表示由滚动至跳跃的临界起跳流速,若

$$V_1^2 - u_{3.y.0}^2 \frac{\frac{C}{C_y}\mathrm{e}^{-\frac{3C\rho}{2}(\rho_s + \frac{\rho}{2})^{-1}}}{1 - \mathrm{e}^{-\frac{3C\rho}{2}(\rho_s + \frac{\rho}{2})^{-1}}} \geqslant 0$$

则有

$$V_{b.c.2.3} = \sqrt{V_1^2 - u_{3.y.0}^2 \frac{\frac{C}{C_y}\mathrm{e}^{-\frac{3C\rho}{2}(\rho_s + \frac{\rho}{2})^{-1}}}{1 - \mathrm{e}^{-\frac{3C\rho}{2}(\rho_s + \frac{\rho}{2})^{-1}}}} \tag{4.4.2}$$

若

$$\frac{\dfrac{C}{C_y}e^{-\frac{3C\rho}{2}(\rho_s+\frac{\rho}{2})^{-1}}}{1-e^{-\frac{3C\rho}{2}(\rho_s+\frac{\rho}{2})^{-1}}} \leqslant 0$$

则由式(4.4.2)知,此时该式就自然满足。这是因为 $V_b^2 \geqslant 0$,显然由式(4.4.1)可以看出,零是大于负数的,故起跳条件恒成立。从而取

$$V_{b.c.2.3}=0$$

即此时颗粒在任意底速下均能起跳。

综上所述,以无因次形式表示的颗粒临界起跳流速为

$$\widetilde{V}_{b.c.2.3}=\begin{cases}\sqrt{4-\mu^2\widetilde{u}_{3.y.0}^2}=2\sqrt{1-\dfrac{\mu^2}{4}\widetilde{u}_{3.y.0}^2}\,, & 4>\mu^2\widetilde{u}_{3.y.0}^2\\ 0, & \text{其他}\end{cases} \tag{4.4.3}$$

式中, $\widetilde{u}_{3.y.0}$ 由式(4.3.77)给出,而

$$\mu^2=\frac{\dfrac{C}{C_y}e^{-\frac{3C\rho}{2}(\rho_s+\frac{\rho}{2})^{-1}}}{1-e^{-\frac{3C\rho}{2}(\rho_s+\frac{\rho}{2})^{-1}}} \tag{4.4.4}$$

式中,当 $\gamma_s=2.65\text{t/m}^3$ 时, $\mu^2=15.56$,此时 $\dfrac{\mu^2}{4}=3.89$。故当 $\dfrac{u_{3.y.0}}{\omega_0}=0.507$ 时, $V_{b.c.2.3}>0$;当 $\widetilde{u}_{3.y.0} \geqslant 0.507$ 时, $V_{b.c.2.3}=0$。需要强调的是,式(4.4.3)对任意状态转入跳跃(且有 $\widetilde{u}_{3.y.0}$)都是适用的。此时颗粒起跳条件为

$$\widetilde{V}_b>\widetilde{V}_{b.c.3}=\widetilde{V}_{b.c.2.3} \tag{4.4.5}$$

式中, $V_{b.c.3}$ 表示不计来路的起跳临界速度。例如,若静止起跳, $u_{3.y.0}=0$,则由式(4.4.3)得 $V_{b.c.3}=V_{b.c.3.1}=2$。可见是正确的。

以上讨论中,沿用了 $V_b \geqslant 0$ 的假定,当 $V_b<-V_{b.c}$ 时,颗粒仍能起跳,只是这一部分起跳概率很小,而且一般很难向上游运动,可以忽略不计。

需要指出的是,式(4.4.3)是在起跳速度 $u_{3.y.0}$ 已知的条件下,即它与 V_b 无关的条件下得到的。同时表明,无论由滚起跳、由悬起跳还是由静起跳都是正确的。实际上在很短的时刻,瞬时底速 V_b 变化很小,可以忽略,则 $u_{3.y.0}$ 是与碰撞前的 V_b 有关。这样若 V_b 不变,由式(4.3.3)中第二式得

$$u_{3.y.0}=u_{x.0}(1+k_0)(1-\Delta')\sqrt{2\Delta'-\Delta'^2}=u_{x.0}f_1(\Delta') \tag{4.4.6}$$

式中,

$$f_1(\Delta')=(1+k_0)(1-\Delta')\sqrt{2\Delta'-\Delta'^2} \tag{4.4.7}$$

而由滚起跳时,取此刻滚动速度为其平均速度,即匀速运动时的值:

$$u_{x.0}=V_b-V_{b.c}=[V_b-\varphi(\Delta')\omega_0]$$

这样将上式代入式(4.4.6)，再将其代入式(4.4.1)，并取 $V_b = V_{b.c.2.3}$，于是

$$V_{b.c.2.3} = \sqrt{V_1^2 - (V_{b.c.2.3} - \varphi\omega_0)^2 f_1^2 \mu^2} \tag{4.4.8}$$

式中，μ 由式(4.4.4)给出。上式为一个二次方程：

$$V_{b.c.2.3}^2 (1 + f_1^2 \mu^2) - 2 f_1^2 \mu^2 \varphi\omega_0 V_{b.c.2.3} + (f_1^2 \mu^2 \varphi^2 \omega_0^2 - V_1^2) = 0$$

它的解为

$$V_{b.c.2.3} = \frac{f_1^2 \mu^2 \varphi\omega_0}{1 + f_1^2 \mu^2} + \sqrt{\left(\frac{f_1^2 \mu^2 \varphi\omega_0}{1 + f_1^2 \mu^2}\right)^2 - \frac{f_1^2 \mu^2 \varphi^2 \omega_0^2 - V_1^2}{1 + f_1^2 \mu^2}} \tag{4.4.9}$$

上述根号前面取正号，是因为要满足 $V_{b.c.2.3}$ 为正。化为无因次临界起跳速度为

$$
\begin{aligned}
\widetilde{V}_{b.c.2.3} &= \frac{V_{b.c.2.3}}{\omega_0} = \frac{f_1^2 \mu^2 \varphi}{1 + f_1^2 \mu^2} + \sqrt{\left(\frac{f_1^2 \mu^2 \varphi}{1 + f_1^2 \mu^2}\right)^2 - \frac{f_1^2 \mu^2 \varphi^2 - 4}{1 + f_1^2 \mu^2}} \\
&= \frac{f_1^2 \mu^2 \varphi}{1 + f_1^2 \mu^2} \left[1 + \sqrt{1 + \frac{4(1 + f_1^2 \mu^2)}{f_1^4 \mu^4 \varphi^2} - \frac{1 + f_1^2 \mu^2}{f_1^2 \mu^2}}\right] \\
&= \frac{f_1^2 \mu^2 \varphi}{1 + f_1^2 \mu^2} \left[1 + \sqrt{\frac{4(1 + f_1^2 \mu^2)}{f_1^4 \mu^4 \varphi^2} - \frac{1}{f_1^2 \mu^2}}\right] \\
&= \frac{f_1^2 \mu^2 \varphi}{1 + f_1^2 \mu^2} \left[1 + \sqrt{A(\Delta')}\right]
\end{aligned}
\tag{4.4.10}
$$

其中利用了 $\left(\dfrac{V_1}{\omega_0}\right)^2 = 4$，在表 4.4.1 中给出了利用式(4.4.10)计算的 $\widetilde{V}_{b.c.2.3}$，其中取 $\gamma = 1\text{t/m}^3$，$\gamma_s = 2.65\text{t/m}^3$，这样 $\mu^2 = 15.56$，以及 $k_0 = 0.9$ 的条件下，给出了 $\widetilde{V}_{b.c.2.3}$ 的数字如表 4.4.1 所示。其中取 $\Delta' = 1$，$\widetilde{V}_{b.c.2.3} = 2.00$。从表中可见，$\widetilde{V}_{b.c.2.3} = \dfrac{V_{b.c.2.3}}{\omega_0}$ 在 $1.11 \sim 2.000$，其平均值 $\overline{V}_{b.c.2.3}$ 为 $1.465\omega_0$，即 $\overline{V}_{b.c.2.3} = 1.465\,\omega_0 = \dfrac{1.465}{\overline{\varphi}}$，$\overline{\varphi}\omega_0 = 1.6\overline{V}_{b.c}$。其中 $\overline{\varphi} = 0.916$，而 $\overline{V}_{b.c}$ 是对床面位置平均后的起动速度。所述关系表明，当水流瞬时底部速度超过对其位置平均的无因次临界值 $1.6\overline{V}_{b.c}$ 后，起动的颗粒即进入跳跃。

表 4.4.1　由滚起跳的起跳速度 $(k_0 = 0.9)$

Δ'	$f_1(\Delta')$	$\varphi(\Delta')$	$f_1^2 \mu^2$	$\dfrac{f_1^2 \mu^2 \varphi}{1 + f_1^2 \mu^2}$	$\sqrt{A(\Delta')}$	$\widetilde{V}_{b.c.2.3} = \dfrac{V_{b.c.2.3}}{\omega_0}$
0.134	0.823	0.596	10.53	0.544	1.037	1.11
0.200	0.912	0.663	12.94	0.615	0.825	1.12
0.300	0.950	0.743	14.04	0.693	0.695	1.17
0.400	0.912	0.811	12.94	0.753	0.655	1.25
0.500	0.823	0.874	10.53	0.798	0.670	1.33
0.600	0.697	0.936	7.55	0.827	0.743	1.44

续表

Δ'	$f_1(\Delta')$	$\varphi(\Delta')$	$f_1^2\mu^2$	$\dfrac{f_1^2\mu^2\varphi}{1+f_1^2\mu^2}$	$\sqrt{A(\Delta')}$	$\widetilde{V}_{\text{b.c.2.3}}=\dfrac{V_{\text{b.c.2.3}}}{\omega_0}$
0.700	0.544	0.999	4.60	0.821	0.918	1.57
0.800	0.372	1.066	2.16	0.729	1.387	1.74
0.900	0.189	1.140	0.56	0.407	3.699	1.91
1.00	0	1.225	0	0	—	2.00
						$\sum=14.65$

4.4.3　由悬起跳

对于刚落至床面的悬浮颗粒,取

$$u_{x.0}=V_b-\varphi\omega_0,\quad u_{y.0}=\bar{u}_{4.y.D}=M[V_{b.y}-\omega\,|\,V_{b.y}<\omega]\tag{4.4.11}$$

此处考虑到 $V_{b.y}$ 与 V_b 相互独立的情况,为了不使问题过于复杂,对于 $u_{y.0}$ 只能取其数学期望 $\bar{u}_{4.y.D}$。显然,颗粒在 $V_{b.y}<\omega$ 条件下的条件期望,即其下落平均速度为

$$\bar{u}_{4.y.D}=M[\xi_{u_{y.0}}=\xi_{V_{b.y}}-\omega\,|\,\xi_{V_{b.y}}-\omega\leqslant0]$$

$$=\int_{-\infty}^{\omega}\frac{1}{1-\varepsilon_4}(V_{b.y}-\omega)p_{V_{b.y}}(V_{b.y})\mathrm{d}V_{b.y}$$

$$=\frac{1}{1-\varepsilon_4}\int_{-\infty}^{\omega}\frac{V_{b.y}}{\sqrt{2\pi}\sigma_y}\mathrm{e}^{-\frac{V_{b.y}^2}{2\sigma_y^2}}\mathrm{d}V_{b.y}-\omega$$

$$=\frac{-\sigma_y}{(1-\varepsilon_4)\sqrt{2\pi}}\int_{-\infty}^{\omega}\mathrm{e}^{-\frac{t^2}{2\sigma_y^2}}\mathrm{d}\left(-\frac{t^2}{2\sigma_y^2}\right)+\omega$$

$$=-\left[\frac{u_*}{(1-\varepsilon_4)\sqrt{2\pi}}\mathrm{e}^{-\frac{1}{2}\left(\frac{\omega}{u_*}\right)^2}+\omega\right]\tag{4.4.12}$$

式中,$p_{V_{b.y}}(V_{b.y})$ 为水流竖向底速的分布密度。

$$\widetilde{\bar{u}}_{4.y.D}=\frac{u_{3.y.0}}{\omega_0}=-\left[\frac{u_*/\omega}{(1-\varepsilon_4)\sqrt{2\pi}\times\sqrt3}\mathrm{e}^{-\frac12\left(\frac{\omega}{u_*}\right)^2}+\frac{1}{\sqrt3}\right]=-\frac{1}{\sqrt3}\left[\frac{\widetilde{u}_*/\omega}{(1-\varepsilon_4)\sqrt{2\pi}}\mathrm{e}^{-\frac12\left(\frac{\omega}{u_*}\right)^2}+1\right]$$

$$\tag{4.4.13}$$

而起动概率

$$\varepsilon_4=\frac{1}{\sqrt{2\pi}}\int_{\frac{\omega}{u_*}}^{\infty}\mathrm{e}^{-\frac{t^2}{2}}\mathrm{d}t\tag{4.4.14}$$

将式(4.4.11)及式(4.4.14)代入式(4.3.10)的第二式,可得

$$u_{3.y.0}=(V_b-\varphi\omega_0)(1+k_0)(1-\Delta')\sqrt{2\Delta'-\Delta'^2}$$

$$-\left[\frac{u_*}{\sqrt{2\pi}(1-\varepsilon_4)}\mathrm{e}^{-\frac12\left(\frac{\omega}{u_*}\right)^2}+\omega\right][1-(1+k_0)(1-\Delta')^2]$$

$$=(V_b-\varphi\omega_0)f_1+\bar{u}_{4.y.D}f_2$$

$$\tag{4.4.15}$$

将式(4.4.15)代入式(4.4.3),可得

$$
\begin{aligned}
V_{\text{b.c.4.3}}^2 &= V_1^2 - \mu^2 [(V_{\text{b.c.4.3}} - \varphi\omega_0)f_1 + \bar{u}_{4.\text{y.}D}f_2]^2 \\
&= V_1^2 - \mu^2 [(V_{\text{b.c.4.3}} - \varphi\omega_0)^2 f_1^2 + 2(V_{\text{b.c.4.3}} - \varphi\omega_0)\bar{u}_{4.\text{y.}D}f_2 f_1 + \bar{u}_{4.\text{y.}D}^2 f_2^2] \\
&= V_1^2 - \mu^2 [V_{\text{b.c.4.3}}^2 f_1^2 - 2\varphi\omega_0 f_1^2 V_{\text{b.c.4.3}} + \varphi^2 \omega_0^2 f_1^2 + 2\bar{u}_{4.\text{y.}D}f_2 f_1 V_{\text{b.c.4.3}} \\
&\quad - 2\varphi\omega_0 \bar{u}_{4.\text{y.}D}f_2 f_1 + \bar{u}_{4.\text{y.}D}^2 f_2^2]
\end{aligned}
$$

即

$$
(1+\mu^2 f_1^2)V_{\text{b.c.4.3}}^2 - 2\mu^2(\varphi\omega_0 f_1^2 - \bar{u}_{4.\text{y.}D}f_2 f_1)V_{\text{b.c.4.3}} + \mu^2(\varphi\omega_0 f_1 - \bar{u}_{4.\text{y.}D}f_2)^2 - V_1^2 = 0
$$

从而有

$$
\begin{aligned}
V_{\text{b.c.4.3}} &= \frac{\mu^2 f_1(\varphi\omega_0 f_1 - \bar{u}_{4.\text{y.}D}f_2)}{1+\mu^2 f_1^2} \\
&\quad \pm \left\{ \frac{\mu^4 f_1^2(\varphi\omega_0 f_1 - \bar{u}_{4.\text{y.}D}f_2)^2}{(1+\mu^2 f_1^2)^2} - \frac{\mu^2(\varphi\omega_0 f_1 - \bar{u}_{4.\text{y.}D}f_2)^2 - V_1^2}{(1+\mu^2 f_1^2)} \right\}^{\frac{1}{2}} \\
&= \frac{f_1\varphi\omega_0 - \bar{u}_{4.\text{y.}D}f_2}{1+\mu^2 f_1^2} \left\{ \mu^2 f_1 \pm \sqrt{\mu^4 f_1^2 - \mu^2(1+\mu^2 f_1^2) + \frac{V_1^2(1+\mu^2 f_1^2)}{(\varphi\omega_0 f_1 - \bar{u}_{4.\text{y.}D}f_2)^2}} \right\} \\
&= \frac{f_1\varphi\omega_0 - \bar{u}_{4.\text{y.}D}f_2}{1+\mu^2 f_1^2} \left[\mu^2 f_1 \pm \sqrt{\frac{V_1^2(1+\mu^2 f_1^2)}{(\varphi\omega_0 f_1 - f_2\bar{u}_{4.\text{y.}D})^2} - \mu^2} \right]
\end{aligned} \tag{4.4.16}
$$

即

$$
\tilde{V}_{\text{b.c.4.3}} = \frac{V_{\text{b.c.4.3}}}{\omega_0} = \frac{f_1\varphi - f_2\tilde{\bar{u}}_{4.\text{y.}D}}{1+\mu^2 f_1^2} \left[\mu^2 f_1 + \sqrt{\frac{4(1+\mu^2 f_1^2)}{(\varphi f_1 - f_2\tilde{\bar{u}}_{4.\text{y.}D})^2} - \mu^2} \right] \tag{4.4.17}
$$

通过这些数字计算结果的分析,可以看出如下几点。第一,当 $\frac{\omega}{u_*} \leqslant 0.0848$ 时,此时悬浮的概率已经很大,落入床面后,转为跳跃的可能会减少,从而使转入跳跃的临界速度基本为 2(除 $\Delta' = 0.3$ 外)。第三,当 $\frac{\omega}{u_*} > 2.12$ 后,$\tilde{V}_{\text{b.c.4.3}}$ 对 $\frac{\omega}{u_*}$ 趋于常数,即它与 $\frac{\omega}{u_*}$ 无关。这可以从式(4.4.13)看出,由于 $\frac{\omega}{u_*}$ 充分大,该式趋近于 $1/\sqrt{3} = 0.577$。当 $\Delta' \geqslant 0.800$ 时,无论 $\frac{\omega}{u_*}$ 值如何,$\tilde{V}_{\text{b.c.4.3}}$ 永远为 2,此时悬浮颗粒落入床面后即不与床面颗粒碰撞,转为由静起跳。第四,泥沙在床面的位置 Δ' 作用也很大。不同的 Δ' 往往决定根号为实数还是虚数,也就是 $\tilde{V}'_{\text{b.c.4.3}}$ 为零还是大于零。为了分析方便,还对表4.4.2的数字结果按 Δ' 和 $\frac{\omega}{u_*}$ 求出了两种平均值(算数平均),亦见表4.4.2。

表 4.4.2　由悬起跳的起跳速度 $V_{b.c.4.3}$

Δ' \ ω/u*	0.04	0.08	0.4	0.8	1.2	2.4	3	4	6	12	平均值
0.134	2	2	2	0.7340697	0.8071374	0.8524845	0.8545486	0.8549249	0.8549336	0.8549336	0.828
0.2	2	2	0.8384929	0.9519513	0.98473	1.0051873	1.0061206	1.0062908	1.0062947	1.0062947	1.1013
0.3	1.8174243	1.5225967	1.2583239	1.2255983	1.2159766	1.2099321	1.2096556	1.2096052	1.209604	1.209604	1.31
0.4	2	2	1.6185257	1.477529	1.4348133	1.4077213	1.4064775	1.4062506	1.4062453	1.4062453	1.45
0.5	2	2	1.9261157	1.7241955	1.6557008	1.6112108	1.609151	1.6087752	1.6087665	1.6087665	1.669
0.6	2	2	2	1.9460406	1.8734001	1.820148	1.8176011	1.8171357	1.817125	1.817125	1.844
0.7	2	2	2	2	1.9979062	1.9883556	1.987009	1.986757	7.9867511	1.9867511	1.988
0.8	2	2	2	2	2	2	2	2	2	2	2
0.9	2	2	2	2	2	2	2	2	2	2	2
1	2	2	2	2	2	2	2	2	2	2	2

式(4.4.16)根号前取正号,且

$$A = \frac{f_1 \varphi - f_2 \widetilde{u}_{4.y.D}}{1 + \mu^2 f_1^2} > 0 \tag{4.4.18}$$

是因为 $V_{b.c.3.4}$ 只可能为正。这样,当 $f_1 \varphi - f_2 \widetilde{u}_{4.y.D} < 0$,会导致 $V_{b.c.3.4}$ 为负,显然也只能取零。此时的物理意义是悬浮颗粒下落速度太大,取"零"表示无条件转为跳跃。从公式可看出,当

$$B = \frac{4(1 + \mu^2 f_1^2)}{(\varphi f_1 - f_2 \widetilde{u}_{4.y.D})^2} - \mu^2 > 0 \tag{4.4.19}$$

时,颗粒跳跃高度必然超过一个粒径,故起跳临界速度也应为零。所以临界起跳速度为

$$\widetilde{V}_{b.c.4.3} = \frac{\widetilde{V}_{b.c.4.3}}{\omega_0} = \begin{cases} \dfrac{(f_1 \varphi - f_2 \widetilde{u}_{4.y.D})}{1 + f_1^2 \mu^2} \left\{ \mu^2 f_1 + \left[\dfrac{4(1 + f_1^2 \mu^2)}{(\varphi f_1 - \widetilde{u}_{4.y.D} f_2)^2} - u^2 \right]^{\frac{1}{2}} \right\}, \\[4mm] \qquad f_1 \varphi - f_2 \widetilde{u}_{4.y.D} \geqslant 0, \dfrac{4(1 + f_1^2 \mu^2)}{(\varphi f_1 - \widetilde{u}_{4.y.D} f_2)^2} \geqslant \mu^2 \\[4mm] 0, \qquad \dfrac{4(1 + f_1^2 \mu^2)}{(\varphi f_1 - \widetilde{u}_{4.y.D} f_2)^2} \leqslant \mu^2 \end{cases}$$

$$\tag{4.4.20}$$

此时取得的 $\widetilde{V}_{b.c.4.3}$ 将表示为 $\widetilde{V}'_{b.c.4.3}$ 因为还需要经过调整以满足 $\widetilde{u}_{3.y.o} > 0$,计 $\widetilde{u}_{3.y.o} > 0$。计算结果表明将 $\widetilde{V}'_{b.c.4.3} = 0$ 代入式(4.4.15)时

$$\widetilde{u}_{3.y.0} = (- \varphi) f_1 + \widetilde{u}_{4.y.D} f_2 \tag{4.4.21}$$

所得的 $\widetilde{u}_{3.y.0}$ 除 $\omega/\mu_* \leqslant 0.8, \Delta' \leqslant 0.2$ 及 $0.4 < \omega/\mu_* \leqslant 0.8, \Delta' < 0.2$ 时 $\widetilde{u}_{3.y.0}$ 均为负,即颗粒不能碰撞反跳,其初速应为零,即为静止颗粒,其起跳速度应为 $\widetilde{u}_{b.c.4.3} = \widetilde{V}_1 = 2$。$\widetilde{V}'_{b.c.4.3} > 0$ 时,由式

$$\widetilde{u}_{3.y.0} = (\widetilde{V}'_{b.c.4.3} - \varphi) f_1 + \widetilde{u}_{4.y.D} f_2 \tag{4.4.22}$$

计算的 $\widetilde{u}_{3.y.0}$ 均太于零,故 $\widetilde{V}_{b.c.4.3} = \widetilde{V}'_{b.c.4.3}$。以上计算结果列于表 4.4.2。

4.4.4　由跳起跳

根据前面有关叙述,由跳起跳的临界条件颇为复杂。按照式(4.4.3),当 $0 \leqslant \widetilde{u}_{3.y.0} \leqslant 0.5070$ 时,$2.00 \geqslant \widetilde{V}_{b.c.3.3} > 0$。对式(4.4.3)以相对值 $\widetilde{V}_{b.c.3.3} = V_{b.c.3.3}/\omega_0$ 等表示之后,该式为

$$\widetilde{V}_{b.c.3.3} = \begin{cases} 2, & u_{3.y.0} \leqslant 0 \\ 2\sqrt{1 - \dfrac{\mu^2}{4}\widetilde{u}_{3.y.0}^2}, & \widetilde{u}_{3.y.0} \leqslant 0.5071 \\ 0, & \widetilde{u}_{3.y.0} > 0.5071 \end{cases} \tag{4.4.23}$$

如果将式(4.3.6)第二式代入,则

$$\widetilde{u}_{3.y.0} = \frac{u_{3.y.0}}{\omega_0} = u'_{3.x.0}f_1(\Delta') + u'_{3.y.0}f_2(\Delta')$$

式中,$u'_{3.x.0}$及$u'_{3.y.0}$为碰撞前的速度,也就是前一步的落地速度$\widetilde{u}_{3.y.3}$及$\widetilde{u}_{3.x.3}$。在本书第8章提出了均衡跳跃的一种典型情况,就是不断跳跃,无论是否满足$\widetilde{u}_{3.y.0}$小于0.5071还是大于0.5071。此时式(4.4.23)已失去控制作用。反之,如果不是均衡跳跃,$\widetilde{u}_{3.y.0}$是很难确定的。由于此问题较为复杂,暂时难以深入研究,下面做近似分析。

由于当$\widetilde{u}_{3.y.0} > 0.5071$时,$\widetilde{V}_{b.c.3.3}$显然均大于2,实际不需要考虑起跳条件。现在近似地分析$\widetilde{u}_{3.y.0}$在$0 \sim 0.5070$的$\widetilde{V}_{b.c.3.3}$。利用上式求出了不同$\widetilde{u}_{3.y.0}$条件下的$\widetilde{V}_{b.c.3.3}$,如表4.4.4所示,其平均值为$\dfrac{\widetilde{V}_{b.c.3.3}}{\omega_0} = \dfrac{14.539}{10} = 1.454 = 1.587\widetilde{V}_b$。从由滚起跳和由悬起跳的平均临界速度看,此处由跳起跳的平均速度与它们相近,但是不能作为$\widetilde{V}_{b.c.3.3} = f(\Delta')$使用。

表 4.4.3 不同$\widetilde{u}_{3.y.0}$条件下的$\widetilde{V}_{b.c.3.3}$

$\widetilde{u}_{3.y.0}$	0.0507	0.10104	0.1521	0.2028	0.2535	0.3042	0.5543	0.4053	0.4563	0.507	
$\widetilde{V}_{b.c.3.3}$	0.017	0.871	1.200	1.429	1.600	1.732	1.833	1.907	1.960	1.989	$\Sigma = 14.539$

现在分析三种起跳平均临界速度。它们在数值上是很相近的。引进$V_{b.c}(\Delta')$的平均值$\overline{V}_{b.c} = \overline{\varphi}(\Delta)\omega_0$,则

$$\widetilde{V}_{b.c.2.3} = \frac{V_{b.c.2.3}}{\omega_0} = \frac{V_{b.c.2.3}\overline{\varphi}(\Delta')}{\omega_0\overline{\varphi}(\Delta')} = 0.916\frac{V_{b.c.2.3}}{\overline{V}_{b.c}}$$

即

$$\frac{V_{b.c.2.3}}{\overline{V}_{b.c}} = \frac{V_{b.c.2.3}}{0.916\omega_0}$$

由滚起跳的$\widetilde{V}_{b.c.2.3}$的平均值(表4.4.1)为$\dfrac{V_{b.c.2.3}}{\omega_0} = 1.465$或$\dfrac{V_{b.c.2.3}}{V_{b.c}} = \dfrac{1.465}{0.916} = 1.599$。由悬起跳有两种,一种由表4.4.2给出,平均值$\widetilde{V}_{b.c.4.3} = 1.45$或$\dfrac{V_{b.c.4.3}}{V_{b.c}} = 1.5$。至于由跳起跳的平均速度,按表4.4.4为$\dfrac{V_{b.c.3.3}}{\omega_0} = 1.454$,或$\dfrac{V_{b.c.3.3}}{V_{b.c}} = 1.587$。

三者平均为 $\dfrac{\widetilde{V}_{\text{b.c.3}}}{\omega_0} = 1.456$，$\dfrac{\widetilde{V}_{\text{b.c.3}}}{\overline{V}_{\text{b.c}}} = 1.59$。采用由滚起跳、由悬起跳、由跳起跳的三

种平均起跳流速及总平均起跳流速 $\widetilde{V}_{\text{b.c.3}}$ 可以使有关计算，特别是基本概率计算大为简化。

参 考 文 献

[1] 韩其为,王玉成. 对床沙质与冲泻质划分的商榷. 人民长江,1980,(5):49-57.

[2] 韩其为. 水量百分数的概念及在非均匀悬移质输沙中的应用. 水科学进展,2007,18(5):633-640.

[3] 韩其为,何明民. 泥沙运动统计理论. 北京:科学出版社,1984.

[4] 韩其为,何明民. 泥沙交换的统计规律. 水利学报,1981,(1):12-24.

[5] He M M, Han Q W. Stochastic model of single particle movement. Proceedings of the Third International Symposium on Stochastic Hydraulics, Tokyo,1980.

[6] Han Q W, He M M. Exchange and Transport Rate of Bed Load, Encyclopedia of Fluid Mechanics. Houston:Gulf Publishing Company,1987.

[7] Han Q W, He M M. Stochastic theory of sediment motion. Proceedings of the 8th International. Symposium on Stochastic Hydraulics, Beijing,2000.

[8] 韩其为. 非均匀悬移质不平衡输沙. 北京:科学出版社,2013.

[9] 李桢儒,陈媛儿,赵之. 作用于床面球体的推力及上举力试验研究//第二次河流泥沙国际学术讨论会论文集. 北京:水利电力出版社,1983:330-343.

[10] Bagnold R A. The nature of saltation and of 'bed-load' transport in water. Proceedings of the Royal Society of London,1973,332(1591):473-504.

[11] 窦国仁. 泥沙运动理论. 南京:南京水利科学研究所,1964.

[12] Tsuchiya Y. On the mechanics of solation of spherical sand particle in a turbulent stream. IAHR 13th Congress,1969.

[13] 韩其为. 非均匀沙推移质运动理论研究及应用. 北京:中国水利水电科学研究院,2011.

第 5 章　泥沙交换的统计规律及其应用

泥沙运动可分为四种状态,即静止、滚动、跳跃与悬浮。静止的泥沙称为床沙,悬浮的泥沙称为悬移质,滚动与跳跃的泥沙称为推移质。这四种泥沙运动是在床面不断转换的,即运动状态不断改变。

从研究泥沙的输移特性出发,大都只研究它处于某种状态的一些规律,如悬移质挟沙能力、含沙量沿垂线分布和推移质输沙率等。但是处于不同状态的泥沙在输移过程中是不断交换的,处于一种状态的泥沙数量会影响另一种状态的泥沙数量。因此,除输移规律外,有关交换的规律也是非常重要的,甚至是更为基本的。事实上,只有从各种状态相互联系入手,才能使泥沙运动的本质较易揭露;而且由交换规律可以引出输移规律,反之,则不然。因此,交换强度是更为基本的概念,是研究泥沙运动理论基础很有效的工具。可惜的是,大多数泥沙运动的研究人员尚未认识到这一点。

正因为输移与交换的不可分割性,以往的某些泥沙研究或多或少会涉及交换问题。泥沙起动这一古典的问题,就涉及泥沙由静止转为运动的条件,属于交换的范畴。当然,仅仅是起动条件,还不足以概括一般的交换特征。首先明确引进交换概念并以此推导推移质输沙率公式的是 Einstein[1],后来在研究推移质输沙率及底部含沙量与床沙关系等方面的一些著作中也涉及交换的概念,但是所有的这些研究,都只是将交换作为一种研究输移的手段,仅仅研究了床沙与推移质,或床沙与悬移质的单一交换,而没有涉及各种状态之间的普遍交换模式,没有给出描绘各种状态泥沙相互转移的定量表达式和随机现象的统计特性。

本书根据韩其为建立的泥沙运动统计理论[2],全面深入地研究了各种状态泥沙之间的交换规律[3],并给出了定量的表达式,介绍了其应用情况。下面将依次阐述泥沙交换的机理、转移概率及寿命分布,交换颗数的条件分布、条件期望及无条件期望。除引入均匀沙的交换强度外还包括非均匀沙的交换强度及交换强度的应用概况[4-6]。

5.1　泥沙交换的机理及概化图形

四种状态的泥沙在水中的运动范围是不同的(见图 5.1.1),滚动颗粒与床面接触,它与床沙一样,均属于床面层,跳跃颗粒基本上做自由运动,厚度常为几个粒径至 10 个粒径,有时还会更高一些。跳跃颗粒能达到的范围称为底层,悬浮颗粒则可能达到整个水深的范围。

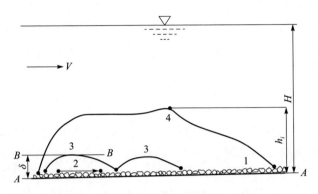

图 5.1.1　滚动、跳跃及悬浮示意图

处于不同运动状态的泥沙是不断交换的,悬浮与跳跃泥沙的交换可能在整个底层发生。但是注意到大尺度涡体发生于床面层,因此跳跃颗粒最容易在起跳或止跳过程中,即在床面层转化为悬浮。而由于悬浮颗粒下沉的惯性和落入床面的反弹作用,它转入跳跃也容易在床面层发生,可以近似地认为跳跃颗粒与悬浮颗粒的交换也只能发生在床面层。至于悬浮、跳跃泥沙与静止、滚动泥沙的交换,显然也只能发生在床面层。

单颗泥沙的滚动、跳跃与悬浮运动均可划分为运动步与运动次(见图 5.1.2)。在颗粒运动过程中,可能与床面接触的点作为划分单步的分界点。与床面接触且改变状态的分界点,则取为单次运动分界点,对于悬浮及跳跃颗粒,它们转变为静止、滚动、跳跃及悬浮的点,可取为与床面接触的点。因此,这些点可以作为划分跳跃与悬浮步的分界点。至于滚动颗粒,当它处于床面极低位置时可能转变为静

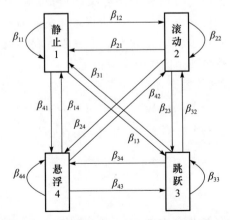

图 5.1.2　泥沙运动四种状态在床面层不断转化

止,当它处于床面极高位置时可能转变为跳跃与悬浮(见图 5.1.1),但是无论相邻两个极低位置还是极高位置之间的距离,在统计上是相同的。这样对于滚动颗粒,一律近似地采用极低位置作为划分步子的分界点。这时除起始点有差别外,在单步距离的分布方面不会带来什么影响。一个单次运动由 n 个单步运动组成,其中 n 是随机变量。

综上所述,对于泥沙交换的图形可以概括如下。处于不同状态的单颗泥沙,其运动状态是经常转移的,这种转移只发生在步末,而且由状态之间的转移概率决定。如果运动颗粒不处于步末,则颗粒的转移还取决于它们什么时候到达步末,即取决于单步距离分布。单颗泥沙的状态转移,形成了处于不同状态同时运动的大量泥沙之间的不断交换。单颗泥沙只能在步末转移,决定了多颗泥沙的交换只能在床面层发生。处于不同状态的大量泥沙之间的交换,可用给定时间通过单位床面的交换颗数来表征。

5.2　转　移　概　率

文献[7]及第 4 章在研究单颗泥沙运动力学及统计规律的基础上,给出了泥沙改变状态的临界条件及转移概率,这里分三种转移模式研究相应的三种转移概率矩阵及状态概率。其中,以第一种模式,即四种状态(见图 5.1.2),且考虑颗粒初速对临界条件的影响为主要研究对象。当然,水流竖向的底速与纵向底速则是假定相互独立的情况。

5.2.1　基本转移概率[2,3,5-9]

为了确定转移概率 $\beta_{i,j}(i,j=1,2,3,4)$,先定义几个基本概率。首先要说明的是,由于基本转移概率涉及 6 种转移临界速度,明确起见,以下将其用 $V_{b.c.i}$ 表示,$V_{b.c}$ 表示临界纵向水流速度,i 表示它到达的状态。例如,$V_{b.c.2}$ 表示到达状态 2 的临界速度,即起滚(起动)速度。以往的文献中一般将起动流速 $V_{b.c.2}$ 记为 $V_{b.c}$,为了便于读者了解,在容易分清楚的地方一般也记为 $V_{b.c}$。

泥沙由静止转为滚动的概率,即起动概率为

$$\varepsilon_1(D) = P[\xi_{V_b} > V_{b.c.2}, \Delta'_m \leqslant \Delta' \leqslant \Delta'_M, D = D]$$

$$= P[\xi_{V_b} > V_{b.c.2} \mid \Delta'_m \leqslant \Delta' \leqslant \Delta'_M, D] P[\Delta'_m \leqslant \Delta' \leqslant \Delta'_M]$$

$$= P[\xi_{V_b} > V_{b.c.2} \mid \Delta'_m \leqslant \Delta' \leqslant \Delta'_M, D = D]$$

$$= \int_{\Delta'_m}^{\Delta'_M} \frac{1}{\Delta'_M - \Delta'_m} \left[\int_{V_{b.c.2}(D,\Delta')}^{\infty} \frac{1}{\sqrt{2\pi}\sigma_x} e^{-\frac{(V_b - \bar{V}_b)^2}{2\sigma_x^2}} dV_b \right] d\Delta' \quad (5.2.1)$$

式中,$V_{b.c.2}$ 为以底速表示的起动流速,它由式(2.3.9)确定,即

$$V_{\text{b.c.}2} = V_{\text{b.c}} = \omega_1 \varphi(\Delta') = \omega_1(D, H) \sqrt{\dfrac{\sqrt{2\Delta' - \Delta'^2}}{\left(\dfrac{4}{3} - \Delta'\right) + \dfrac{1}{4}\left(\dfrac{1}{3} + \sqrt{2\Delta' - \Delta'^2}\right)}}$$

$\bar{V}_{\text{b}}$ 为纵向时均底速；σ_x 为纵向底速的方差，根据 Никитин 试验[10]取 $\sigma_x = 0.37\bar{V}_{\text{b}}$，或 $\sigma_x = 2.02u_* \approx 2u_*$，在本书中一般取前者；$V_{\text{b.c.}2}$ 为起滚速度；Δ' 为泥沙在床面位置，对于均匀沙，Δ' 为在区间 $[0.134, 1]$ 的均匀分布；对于非均匀沙，分布范围已在第 2 章给出。需要指出的是，瞬时底速的分布以下将略去负向速度作用。第 2 章已指出，它的误差即出现负流速的概率为 0.0035。式(2.3.9)中的

$$\omega_1 = \sqrt{\dfrac{4}{3C_x} \dfrac{\rho_s - \rho}{\rho} gD + 2.98 \dfrac{10^{-7}}{D}(1 + 0.85H)}$$

$$= \sqrt{53.9D + 2.98 \times \dfrac{10^{-7}}{D}(1 + 0.85H)}$$

是指考虑薄膜水附加下压力及黏着力的表征粒径的特征速度。对于推移质，当粒径不是特别小时，可以忽略薄膜水附加下压力及黏着力。例如，当 $D = 0.5\text{mm}$，水深由 1m 至 10m，则 ω_1 由 0.167m/s 增加至 0.181m/s，随水深的变化已很小，并且与 $\omega_0 = 0.164$ 已很接近。此时可取

$$\omega_1 = \omega_0 = \sqrt{\dfrac{4}{3C_x} \dfrac{\rho_s - \rho}{\rho} gD} = \sqrt{53.9D}$$

此外，当 $0.1\text{mm} \leqslant D \leqslant 0.5\text{mm}$，水深 $H = 1 \sim 10\text{m}$ 时，式(2.2.13)还可采用近似

$$\omega_1 = \sqrt{53.9D + \dfrac{1.56 \times 10^{-6}}{D}} \tag{5.2.2}$$

此式相当于用 $H = 5\text{m}$ 代替 $H = 1 \sim 10\text{m}$。这样采用式(5.2.2)就不需要再考虑水深，从而减少了一个次要变量。在以下的研究中，由于针对推移质，ω_1 中均不含 H。式(2.3.13)、式(2.3.16)及式(5.2.2)中均以 m、s 为单位。这样由滚转静的概率，即止动概率为

$$1 - \varepsilon_0(D) = 1 - P[\xi_{V_\text{b}} \geqslant V_{\text{b.c.}1}, \Delta'_{\text{m}} \leqslant \Delta' \leqslant \Delta'_{\text{M}} \mid D = D]$$

$$= 1 - \int_{\Delta'_{\text{m}}}^{\Delta'_{\text{M}}} \dfrac{1}{\Delta'_{\text{M}} - \Delta'_{\text{m}}} \left[\int_{V_{\text{b.c.}1}(D, \Delta')}^{\infty} \dfrac{1}{\sqrt{2\pi}\sigma_x} e^{-\frac{(V_\text{b} - \bar{V}_\text{b})^2}{2\sigma_x^2}} dV_\text{b}\right] d\Delta' \tag{5.2.3}$$

式中，

$$\varepsilon_0(D) = P[\xi_{V_\text{b}} \geqslant V_{\text{b.c.}1}, \Delta'_{\text{m}} \leqslant \Delta' \leqslant \Delta'_{\text{M}} \mid D = D]$$

$$= \int_{\Delta'_{\text{m}}}^{\Delta'_{\text{M}}} \dfrac{1}{\Delta'_{\text{M}} - \Delta'_{\text{m}}} \left[\int_{V_{\text{b.c.}1}(D, \Delta')}^{\infty} \dfrac{1}{\sqrt{2\pi}\sigma_x} e^{-\frac{(V_\text{b} - \bar{V}_\text{b})^2}{2\sigma_x^2}} dV_\text{b}\right] d\Delta' \tag{5.2.4}$$

而 ε_0 称为不止动概率。

止动流速为

$$V_{\text{b.c.}1} = \omega_0(D)\varphi(\Delta') \tag{5.2.5}$$

它是由滚转静的临界速度。尚需说明的是,式(5.2.5)不仅对于 $i=2$ 是正确的,对于 $i=3,4$ 也是类似的。这是因为无论由跳转静还是由悬转静,必要条件是 $\xi_{V_{\text{b}}} < V_{\text{b.c.}1}$。当然,再加上不悬浮,就是它们转为静止的充要条件。至于起跳概率,由于相应的起跳初速变化相对较大,特别是在连续跳跃时与床面颗粒碰撞后的初速总大于零,故在第 4 章中专门研究时,分别考虑了起始状态的不同,即将起跳速度分为由静起跳、由滚起跳、由跳起跳及由悬起跳,其起跳速度是有差别的。除由静起跳外,对于由滚起跳、由悬起跳和由跳起跳,分别给出了 $V_{\text{b.c.}2.3}(\Delta')$、$V_{\text{b.c.}4.3}(\Delta')$、$V_{\text{b.c.}3.3}(\Delta')$,如表 4.4.1、表 4.4.2、表 4.4.3 所示,此处下标 2.3 表示由滚(2)起跳(3),其余类推。从表中可以看出,这三种起跳速度除个别差别较大外,基本一致。显然,三种起跳的平均起跳速度应为

$$
\begin{aligned}
V_{\text{b.c.}3}(\Delta') &= \frac{P_2 V_{\text{b.c.}2.3}(\Delta') + P_3 V_{\text{b.c.}3.3}(\Delta') + P_4 V_{\text{b.c.}4.3}(\Delta')}{P_2 + P_3 + P_4} \\
&= \frac{1}{1-P_1}\left[P_2 V_{\text{b.c.}2.3}(\Delta') + P_3 V_{\text{b.c.}3.3}(\Delta') + P_4 V_{\text{b.c.}4.3}(\Delta') \right]
\end{aligned}
$$

但是考虑到三种起跳速度一般差别不大,为了不过于复杂,一律采用算术平均,得到的结果如表 5.2.1 所示。同时表中也给出了不同 Δ' 条件下的 $\dfrac{\overline{V}_{\text{b.c.}3}}{V_{\text{b.c.}2}}$ 比值,以供采用。为了不致使问题过于复杂,本章对于起跳速度 $\overline{V}_{\text{b.c.}3}$ 一律取它对 Δ' 的平均值,即 $\overline{V}_{\text{b.c.}3} = 1.62 V_{\text{b.c.}2} = 1.62 V_{\text{b.c}} = 1.48\omega_0$。

表 5.2.1　由动起跳临界速度

由滚起跳	$\widetilde{V}_{\text{b.c.}2.3} = \dfrac{V_{\text{b.c.}2.3}}{\omega_0} = 1.465$	$\dfrac{V_{\text{b.c.}2.3}}{V_{\text{b.c}}} = 1.599$
由跳起跳	$\widetilde{V}_{\text{b.c.}3.3} = \dfrac{V_{\text{b.c.}3.3}}{\omega_0} = 1.454$	$\dfrac{V_{\text{b.c.}3.3}}{V_{\text{b.c}}} = 1.587$
由悬起跳	$\widetilde{V}_{\text{b.c.}4.3} = \dfrac{V_{\text{b.c.}4.3}}{\omega_0} = 1.45$	$\dfrac{V_{\text{b.c.}4.3}}{V_{\text{b.c}}} = 1.5$
起跳平均速度	$\widetilde{V}_{\text{b.c.}3} = \dfrac{V_{\text{b.c.}3}}{\omega_0} = 1.456$	$\widetilde{V}_{\text{b.c.}3} = \dfrac{V_{\text{b.c.}3}}{V_{\text{b.c}}} = 1.59$

这样起跳的平均临界速度为

$$
\begin{cases}
V_{\text{b.c.}i.3} = V_{\text{b.c.}1.3} = V_1 = 2\omega_0, & i=1 \\
V_{\text{b.c.}i.3} = V_{\text{b.c.}i.3} = 1.62 V_{\text{b.c}}, & i=2,3,4
\end{cases} \tag{5.2.6}
$$

于是,起跳概率为

$$\varepsilon_2(D) = \begin{cases} \varepsilon_{2.0}(D) = P[\xi_{V_b} \geqslant V_{b.c.1.3}] = \dfrac{1}{\sqrt{2\pi}} \displaystyle\int_{\frac{2\omega_0 - \bar{V}_b}{\sigma_x}}^{\infty} e^{-\frac{t^2}{2}} dt \\[4mm] \qquad\quad = \dfrac{1}{\sqrt{2\pi}} \displaystyle\int_{2.7\left(\frac{2\omega_0}{\bar{V}_b} - 1\right)}^{\infty} e^{-\frac{t^2}{2}} dt = \varepsilon_{2.0}, \qquad\qquad\qquad\text{由静起跳} \\[4mm] \varepsilon_2(D) = P[\xi_{V_b} \geqslant V_{b.c.3} \mid \Delta'_m \leqslant \Delta' \leqslant \Delta'_M, D = D] \\[4mm] \qquad\quad = \displaystyle\int_{\Delta'_m}^{\Delta'_M} \dfrac{1}{\Delta'_M - \Delta'_m} \left[\displaystyle\int_{V_{b.c.3}(D,\Delta')}^{\infty} \dfrac{1}{\sqrt{2\pi}\sigma_x} e^{-\frac{(V_b - \bar{V}_b)^2}{2\sigma_x^2}} dV_b \right] d\Delta', \quad\text{由动起跳} \end{cases}$$

$$\text{(5.2.7)}$$

式中，$V_{b.c.3} = K V_{b.c}$。需要注意的是，以下为了明确表示由 i 转移至 j 的临界速度，将采用 $V_{b.c.i.j}$。如果不强调其来路，则按简写表示。

对于推移质忽略黏着力与薄膜水附加下压力，上述四种概率 ε_0、ε_1、$\varepsilon_{2.0}$、ε_2 均是 D 的函数，其中 ε_0、ε_1、ε_2 还是 Δ' 的函数。由于以下的研究多分粒径组进行，在概率计算中，一般不再求 D 的全概率。但是对于 Δ' 在不少情况下要用到它的全概率，这正是前面给出的。如果进一步将上述三个转移概率的积分限具体写出，则有

$$\varepsilon_1(D) = \int_{\Delta'_m}^{\Delta'_M} p_{\Delta'}(\Delta') \varepsilon_1(D,\Delta') d\Delta' = \int_{\Delta'_m}^{\Delta'_M} p_{\Delta'}(\Delta') d\Delta' \left(\frac{1}{\sqrt{2\pi}} \int_{\frac{V_{b.c.2} - \bar{V}_b}{\sigma_x}}^{\infty} e^{-\frac{t^2}{2}} dt \right)$$

$$= \int_{\Delta'_m}^{\Delta'_M} p_{\Delta'}(\Delta') d\Delta' \left[\frac{1}{\sqrt{2\pi}} \int_{2.7\left(\frac{\omega_1 \varphi(\Delta')}{\bar{V}_b} - 1\right)}^{\infty} e^{-\frac{t^2}{2}} dt \right] \qquad\text{(5.2.8)}$$

$$\varepsilon_0(D) = \int_{\Delta'_m}^{\Delta'_M} p_{\Delta'}(\Delta') d\Delta' \left[\frac{1}{\sqrt{2\pi}} \int_{2.7\left(\frac{\omega_0 \varphi(\Delta')}{\bar{V}_b} - 1\right)}^{\infty} e^{-\frac{t^2}{2}} dt \right] \qquad\text{(5.2.9)}$$

$$\varepsilon_2(D) = \int_{\Delta'_m}^{\Delta'_M} p_{\Delta'}(\Delta') d\Delta' \left[\frac{1}{\sqrt{2\pi}} \int_{2.7\left(\frac{K\omega_0 \varphi(\Delta')}{\bar{V}_b} - 1\right)}^{\infty} e^{-\frac{t^2}{2}} dt \right] \qquad\text{(5.2.10)}$$

式中，$K = \dfrac{V_{b.c.3}}{V_{b.c}}$ 由表 5.2.1 给出。如果采用简化，取 K 的平均值 1.59，则对 $\varepsilon_2(D)$ 的影响并不大，而且大为方便。

悬浮概率为

$$\varepsilon_4(D) = P[\xi_{V_{b.y}} > \omega] = \frac{1}{\sqrt{2\pi}} \int_{\frac{\omega}{\sigma_y}}^{\infty} e^{-\frac{t^2}{2}} dt = \frac{1}{\sqrt{2\pi}} \int_{\frac{\omega}{u_*}}^{\infty} e^{-\frac{t^2}{2}} dt = \varepsilon_4 \qquad\text{(5.2.11)}$$

式中，$V_{b.y}$ 为底部水流竖向脉动分速；ω 为泥沙沉速。式(5.2.11)是指颗粒间不存在黏着力和薄膜水附加下压力或者已经松动时的悬浮概率。否则，代替它的是起悬概率 β，因此 ε_4 与床面位置 Δ' 无关。文献[2]中已导出，作者考虑上举力、竖向分速的推力、泥沙重力及阻力，并且近似取底部纵向瞬时分速 V_b 和竖向瞬时分速 $V_{b.y}$ 彼此以相关系数 $K = -1$ 相关，即

$$V_b = -\frac{\sigma_x}{\sigma_y}V_{b.y} + \bar{V}_b = -2V_{b.y} + \bar{V}_b \tag{5.2.12}$$

根据 Никитин 试验[10]，取 $\sigma_x = 2.02u_*$，$\sigma_y = 1.01u_*$。细颗粒在床面起悬时共受到上举力 P_y、颗粒重力 G、黏着力 P_μ、薄膜水附加下压力 ΔG 以及竖向水动力 Q_y。而松动条件为

$$P_y + Q_y > P_\mu + \Delta G + G \tag{5.2.13}$$

式(5.2.13)称为松动条件，只是表示它仅仅满足了颗粒能够动，到底能否悬浮还看是否同时满足悬浮条件 $V_{b.y} > \omega$。根据第 2 章，有关各力为

$$P_y = \frac{C_y\rho}{2}\frac{\pi}{4}D^2V_b^2 \tag{5.2.14}$$

$$Q_y = \frac{C\rho}{2}\frac{\pi}{4}D^2V_{b.y}^2 \tag{5.2.15}$$

$$G = (\gamma_s - \gamma)\frac{\pi}{6}D^3$$

$$\Delta G = \sqrt{3}\pi K_2\gamma HR\left(3 - \frac{t}{\delta_1}\right)(\delta_1 - t)$$

$$P_\mu = \frac{\sqrt{3}}{2}\pi q_0\delta_0^3 R\left(\frac{1}{t^2} - \frac{1}{\delta_1^2}\right)\left(3 - \frac{t}{\delta_1}\right)$$

将上述各式代入式(5.2.13)，可得

$$\frac{C_y\rho}{2}\frac{\pi}{4}D^2V_b^2 + \frac{C\rho}{2}\frac{\pi}{4}D^2V_{b.y}^2 = \frac{\rho}{8}\pi D^2(C_yV_b^2 + CV_{b.y}^2)$$

$$> (\gamma_s - \gamma)\frac{\pi}{6}D^3 + \sqrt{3}\pi K_2\gamma HR\left(3 - \frac{t}{\delta_1}\right)(\delta_1 - t)$$

$$+ \frac{\sqrt{3}}{2}\pi q_0\delta_0^3 R\left(\frac{1}{t^2} - \frac{1}{\delta_1^2}\right)\left(3 - \frac{t}{\delta_1}\right)$$

对上式除以 C_x，略加变换，有

$$\frac{C_y}{C_x}V_b^2 + \frac{C}{C_x}V_{b.y}^2 > \left[\frac{4}{3C_x}\frac{\gamma_s - \gamma}{\gamma}gD + \frac{4\sqrt{3}K_2gH}{C_xD}\left(3 - \frac{t}{\delta_1}\right)(\delta_1 - t)\right.$$

$$\left. + \frac{2\sqrt{3}q_0\delta_0^3}{C_x\rho D}\left(3 - \frac{t}{\delta_1}\right)\left(\frac{1}{t^2} - \frac{1}{\delta_1^2}\right)\right] = \omega_1^2\left(D, H, \frac{t}{\delta_1}\right) \tag{5.2.16}$$

式(5.2.16)中后一等式可参见第 2 章。式(2.3.11)消去 V_b，则

$$\frac{C_y}{C_x}(-2V_{b.y} + \bar{V}_b)^2 + \frac{C}{C_x}V_{b.y}^2 \geqslant \omega_1^2 \tag{5.2.17}$$

取阻力系数 $C_y = 0.1$，$C_x = 0.4$，$C = 1.2$，则当 $V_{b.y} = V_{b.y.c}$ 时颗粒处于临界松动，此

时式(5.2.17)取等号,从而有

$$\frac{1}{4}(4V_{\text{b.y.c}}^2 - 4\bar{V}_b V_{\text{b.y.c}} + \bar{V}_b^2) + 3V_{\text{b.y.c}}^2 = \omega_1^2$$

即

$$4V_{\text{b.y.c}}^2 - \bar{V}_b V_{\text{b.y.c}} + \left(\frac{\bar{V}_b^2}{4} - \omega_1^2\right) = 0 \tag{5.2.18}$$

解此二次方程有

$$V_{\text{b.y.c}}^{(1,2)} = \frac{\bar{V}_b}{8} \pm \frac{\sqrt{\bar{V}_b^2 - 4 \times 4\left(\dfrac{\bar{V}_b^2}{4} - \omega_1^2\right)}}{8}$$

$$= \frac{\bar{V}_b}{8} \pm \sqrt{\frac{\omega_1^2}{4} - \frac{3}{64}\bar{V}_b^2} \tag{5.2.19}$$

式中,$V_{\text{b.y.c}}^{(1)}$ 根号前取"$+$"号;$V_{\text{b.y.c}}^{(2)}$ 根号前取"$-$"。

　　由式(5.2.19)知,当 $\dfrac{\omega_1^2}{4} - \dfrac{3}{64}\bar{V}_b^2 < 0$,即 $\bar{V}_b > \dfrac{4}{\sqrt{3}}\omega_1$ 时,出现虚数,松动条件不存

在,此时不需要松动。只要 $V_{\text{b.y}} > \omega$,颗粒就能直接悬浮。当 $\bar{V}_b < \dfrac{4}{\sqrt{3}}\omega_1$ 时,松动条

件存在,它与 $V_{\text{b.y}} > V_{\text{b.y.c}}^{(1)}$ 和 $V_{\text{b.y}} < V_{\text{b.y.c}}^{(2)}$ 等价。这样由静起悬事件 A 可表示为[2]

$$A = \begin{cases} V_{\text{b.y}} > \omega, & \bar{V}_b > \dfrac{4\omega_1}{\sqrt{3}} \\[3mm] [(V_{\text{b.y}} > \omega) \cap (V_{\text{b.y}} > V_{\text{b.y.c}}^{(1)})] \cup [(V_{\text{b.y}} > \omega) \cap (V_{\text{b.y}} < V_{\text{b.y.c}}^{(2)})], & \bar{V}_b \leqslant \dfrac{4\omega_1}{\sqrt{3}} \end{cases}$$

　　如图 5.2.1 所示,绘斜线的部分表示起悬事件区间。由静起悬的集合 A 的概
率可具体表示为[2]

$$\beta = P[A]$$

$$= \begin{cases} P[V_{\text{b.y}} > \omega], & \bar{V}_b > \dfrac{4\omega_1}{\sqrt{3}} \\[3mm] P[V_{\text{b.y}} > \omega], & \bar{V}_b \leqslant \dfrac{4\omega_1}{\sqrt{3}},\ V_{\text{b.y.c}}^{(2)} < V_{\text{b.y.c}}^{(1)} \leqslant \omega \\[3mm] P[V_{\text{b.y}} > V_{\text{b.y.c}}^{(1)}], & \bar{V}_b \leqslant \dfrac{4\omega_1}{\sqrt{3}},\ V_{\text{b.y.c}}^{(2)} < \omega < V_{\text{b.y.c}}^{(1)} \\[3mm] P[\omega < V_{\text{b.y}} < V_{\text{b.y.c}}^{(2)}] \cup [V_{\text{b.y}} > V_{\text{b.y.c}}^{(1)}], & \bar{V}_b \leqslant \dfrac{4\omega_1}{\sqrt{3}},\ \omega \leqslant V_{\text{b.y.c}}^{(2)} < V_{\text{b.y.c}}^{(1)} \end{cases}$$

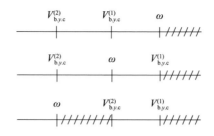

图 5.2.1　起悬事件示意图 $\left(\bar{V}_{\mathrm{b}}\leqslant\dfrac{4\omega_1}{\sqrt{3}}\right)$

于是,起悬概率为

$$
\beta(D,H)=
\begin{cases}
P[V_{\mathrm{b}.y}>\omega]=\dfrac{1}{\sqrt{2\pi}}\displaystyle\int_{\frac{\omega}{u_*}}^{\infty}\mathrm{e}^{-\frac{t^2}{2}}\mathrm{d}t=\varepsilon_4\,, \\[4pt]
\qquad\qquad \bar{V}_{\mathrm{b}}\leqslant\dfrac{4\omega}{\sqrt{3}},V_{\mathrm{b}.y.c}^{(2)}<V_{\mathrm{b}.y.c}^{(1)}\leqslant\omega \\[8pt]
P[V_{\mathrm{b}.y}>V_{\mathrm{b}.y.c}^{(1)}]=\dfrac{1}{\sqrt{2\pi}}\displaystyle\int_{\frac{V_{\mathrm{b}.y.c}^{(1)}}{u_*}}^{\infty}\mathrm{e}^{-\frac{t^2}{2}}\mathrm{d}t=\beta_1(D,H)=\beta_1\,, \\[4pt]
\qquad\qquad \bar{V}_{\mathrm{b}}\leqslant\dfrac{4\omega_1}{\sqrt{3}},V_{\mathrm{b}.y.c}^{(2)}<\omega\leqslant V_{\mathrm{b}.y.c}^{(1)} \\[8pt]
P[\omega<V_{\mathrm{b}.y}<V_{\mathrm{b}.y.c}^{(2)}]+P[V_{\mathrm{b}.y}>V_{\mathrm{b}.y.c}^{(1)}] \\[4pt]
=\dfrac{1}{\sqrt{2\pi}}\displaystyle\int_{\frac{\omega}{u_*}}^{\frac{V_{\mathrm{b}.y.c}^{(2)}}{u_*}}\mathrm{e}^{-\frac{t^2}{2}}\mathrm{d}t+\dfrac{1}{\sqrt{2\pi}}\displaystyle\int_{\frac{V_{\mathrm{b}.y.c}^{(1)}}{u_*}}^{\infty}\mathrm{e}^{-\frac{t^2}{2}}\mathrm{d}t=\varepsilon_4-\beta_2+\beta_1\,, \\[4pt]
\qquad\qquad \bar{V}_{\mathrm{b}}\leqslant\dfrac{4\omega_1}{\sqrt{3}},\omega\leqslant V_{\mathrm{b}.y.c}^{(2)}<V_{\mathrm{b}.y.c}^{(1)}
\end{cases}
\tag{5.2.20}
$$

而

$$
\beta_1(D,H)=\frac{1}{\sqrt{2\pi}}\int_{\frac{V_{\mathrm{b}.y.c}^{(1)}}{u_*}}^{\infty}\mathrm{e}^{-\frac{t^2}{2}}\mathrm{d}t=\beta_1
\tag{5.2.21}
$$

$$
\beta_2(D,H)=\frac{1}{\sqrt{2\pi}}\int_{\frac{V_{\mathrm{b}.y.c}^{(2)}}{u_*}}^{\infty}\mathrm{e}^{-\frac{t^2}{2}}\mathrm{d}t=\beta_2
\tag{5.2.22}
$$

由于 β 均与 Δ' 无关,故基本概率 ε_4、β_1、β_2 不需要求 Δ' 的全概率。为了让读者有一个明确的概念,表 8.2.1 给出了各种基本转移概率随水力泥沙因素的变化。至于这些概率的具体计算方法及特性分析可详见 8.2.1 节。

5.2.2　四种状态考虑初速时全部转移概率与状态概率[11]

此处考虑初速是指跳跃运动的初速,即按表 5.2.1 在各种初速影响下,平均起

跳初速 $V_{b.c.3}=1.62V_{b.c}$，即取 $K=1.62$。当然，按照第 4 章表 4.2.6 及有关公式，在滚动初速 $u_{x.0}>0$ 的条件下，$\tilde{V}_{b.c.2.2}=f(\tilde{u}_{x.0},\Delta')$，本来可以确定各种 $\tilde{u}_{x.0}$ 及 Δ' 时的起滚速度，但是计算很复杂。在本章中暂不涉及，第 6 章中要考虑。同时注意到滚动占推移质的比例很小，所以暂不考虑初速影响。

另外，以下在计算转移概率所采用的基本概率都是对 $\xi_{\Delta'}$ 的全概率，如式(5.2.8)、式(5.2.9)、式(5.2.10)等。

现在研究四种状态之间的转移概率及状态概率。以 $\beta_{i.j}$ 表示由状态 i 转移至状态 j 的转移概率，其中 $i,j=1,2,3,4$，其中 1 表示颗粒静止，2 表示滚动，3 表示跳跃，4 表示悬浮。通常所谓推移质，是指滚动和跳跃的颗粒。以下取泥沙运动为时间离散、状态离散的马尔可夫链，但是有时也采用时间和距离的指数分布作为补充。对于床面静止的泥沙，它转移至滚动的概率为

$$\beta_{1.2}=P[V_{b.c.2}<\xi_{V_b}\leqslant V_{b.c}\bigcap \xi_{V_{b.y}}<\omega*9]=(\varepsilon_1-\varepsilon_{1-\beta})(1-\beta)\quad(3.2.7)$$

即要求它起动但不跳跃，即 $V_{b.c.2}<\xi_{V_b}\leqslant V_{b.c.1.3}$ 而且不能悬浮，$\xi_{V_{b.y}}<1-\beta$。

床面静止的泥沙转移至跳跃、悬浮或继续静止的转移概率为

$$\beta_{1.3}=P[\xi_{V_{b.y}}>V_{b.k_{1.3}}\bigcap \bar{A}]=\varepsilon_{2.0}(1-\beta)\quad(5.2.23)$$

$$\beta_{1.4}=P[A]=\beta\quad(5.2.24)$$

$$\beta_{1.1}=P[\xi_{V_b}<_{b.k_{c.2}}\bigcap \bar{A}]=(1-\varepsilon_1)(1-\beta)\quad(5.2.25)$$

而其他三种状态转移至静止的概率为

$$\beta_{i.1}=P[\xi_{V_b}\leqslant V_{b.c.1}\bigcap \xi_{V_{b.y}}<\omega]=(1-\varepsilon_0)(1-\varepsilon_4),\quad i=2,3,4\quad(5.2.26)$$

式中，$1-\varepsilon_0$ 为止动概率。

对于已经运动的泥沙，在床面不受薄膜水附加下压力和黏着力的影响，故止动临界速度为 $V_{b.c.1}$。除静止颗粒外，由其他三种状态($i=2,3,4$)转移至状态 j 的概率分别为

$$\beta_{i.2}=P[V_{b.k_{c.1}}<\xi_{V_b}\leqslant V_{b.c.3}\bigcap \xi_{V_{b.y}}<\omega]=(\varepsilon_0-\varepsilon_2)(1-\varepsilon_4),\quad i=2,3,4$$
$$(5.2.27)$$

$$\beta_{i.3}=P[\xi_{V_b}>V_{b.c.3}\bigcap \xi_{V_{b.y}}<\omega]=\varepsilon_2(1-\varepsilon_4),\quad i=2,3,4\quad(5.2.28)$$

$$\beta_{i.4}=P[\xi_{V_{b.y}}>\omega]=\varepsilon_4,\quad i=2,3,4\quad(5.2.29)$$

上述各式转移概率组成如下一次转移概率矩阵：

$$(\beta_{i.j})=\begin{bmatrix}(1-\varepsilon_{1.l})(1-\beta_l) & (\varepsilon_{1.l}-\varepsilon_{2.0.l})(1-\beta_l) & \varepsilon_{2.0.l}(1-\beta_l) & \beta_l \\ (1-\varepsilon_{0.l})(1-\varepsilon_{4.l}) & (\varepsilon_{0.l}-\varepsilon_{2.l})(1-\varepsilon_{4.l}) & \varepsilon_{2.l}(1-\varepsilon_{4.l}) & \varepsilon_{4.l} \\ (1-\varepsilon_{0.l})(1-\varepsilon_{4.l}) & (\varepsilon_{0.l}-\varepsilon_{2.l})(1-\varepsilon_{4.l}) & \varepsilon_{2.l}(1-\varepsilon_{4.l}) & \varepsilon_{4.l} \\ (1-\varepsilon_{0.l})(1-\varepsilon_{4.l}) & (\varepsilon_{0.l}-\varepsilon_{2.l})(1-\varepsilon_{4.l}) & \varepsilon_{2.l}(1-\varepsilon_{4.l}) & \varepsilon_{4.l}\end{bmatrix}$$
$$(5.2.30)$$

它的特点是 $\beta_{i.j} \geqslant 0$，$\sum\limits_{j=1}^{4} \beta_{i.j} = 1$。矩阵中各元素的下标 l 表示粒径组的编号。如果为均匀沙，则应去掉 l。尚需要补充强调的是，此处区别 ε_1 与 ε_0 是因为颗粒处于起动与止动临界状态时，受力情况是不一样的，当然这种差别主要出现在颗粒较细的情况下。此时由于薄膜水的作用，起动时存在黏着力与附加下压力，而止动时该颗粒尚在运动中，与其他颗粒没有薄膜水接触，故不存在这两种力。对于较粗颗粒（如 $D > 0.25\mathrm{mm}$），薄膜水的影响可以忽略，故有 $\varepsilon_1 = \varepsilon_0$。

　　如果将泥沙运动过程作为一种马尔可夫链，则上述转移矩阵完全描述了其运动过程。将泥沙运动看成马尔可夫链，在物理意义上相当于假定处于某种状态的泥沙，任何时刻都能马上转移至其他状态。这当然是一种近似，但是基本可以反映泥沙运动的本质。现在对这种马尔可夫链，即对转移概率矩阵求出转移次数 $n \to \infty$ 的极限概率，即平稳概率。极限概率定义为泥沙运动的状态概率。

　　由一次转移概率矩阵式(5.2.30)及马尔可夫键知，当 $n \to \infty$ 时，存在极限概率 R_i，也就是平稳概率，以下将其称为状态概率。而对于平稳概率，有

$$R_j = \sum_{i=1}^{4} \beta_{i.j} R_i, \quad i,j = 1,2,3,4 \tag{5.2.31}$$

及约束条件

$$\sum_{j=1}^{4} R_i R_j = 1$$

可解出 R_i。注意到式(5.2.30)，有

$$\beta_{2.j} = \beta_{3.j} = \beta_{4.j}, \quad j = 1,2,3,4 \tag{5.2.33}$$

故状态方程为

$$\begin{aligned}
R_1 &= (1-\varepsilon_1)(1-\beta)R_1 + \beta_{2.1}R_2 + \beta_{3.1}R_3 + \beta_{4.1}R_4 \\
&= (1-\varepsilon_1)(1-\beta)R_1 + (1-\varepsilon_0)(1-\varepsilon_4)(1-R_1)
\end{aligned} \tag{5.2.34}$$

$$\begin{aligned}
R_2 &= (\varepsilon_1 - \varepsilon_{2.0})(1-\beta)R_1 + (\varepsilon_0 - \varepsilon_2)(1-\varepsilon_4)(R_2 + R_3 + R_4) \\
&= (\varepsilon_1 - \varepsilon_{2.0})(1-\beta)R_1 + (\varepsilon_0 - \varepsilon_2)(1-\varepsilon_4)(1-R_1)
\end{aligned} \tag{5.2.35}$$

$$\begin{aligned}
R_3 &= \varepsilon_{2.0}(1-\beta)R_1 + \varepsilon_2(1-\varepsilon_4)(R_2 + R_3 + R_4) \\
&= \varepsilon_{2.0}(1-\beta)R_1 + \varepsilon_2(1-\varepsilon_4)(1-R_1)
\end{aligned} \tag{5.2.36}$$

$$R_4 = \beta R_1 + \varepsilon_4(R_2 + R_3 + R_4) = \beta R_1 + \varepsilon_4(1-R_1) \tag{5.2.37}$$

上述方程就是状态概率的方程。它有两个特点：第一，方程由两项组成，一项为由状态 i 转入 i 的转移概率与该状态概率 R_i 的乘积，另一项为由其他三种状态转来的转移概率与它们的状态概率 $1 - R_l$ 的乘积；第二，状态概率 R_2、R_3、R_4 可以转化为仅用有关参数表示的显式。后者使求解颇为方便[11]。事实上，

$$R_1 [1 - (1-\varepsilon_1)(1-\beta) + (1-\varepsilon_0)(1-\varepsilon_4)] = (1-\varepsilon_0)(1-\varepsilon_4)$$

故有

$$R_1 = \frac{(1-\varepsilon_0)(1-\varepsilon_4)}{1-(1-\varepsilon_1)(1-\beta)+(1-\varepsilon_0)(1-\varepsilon_4)} = \frac{A_1}{A} \qquad (5.2.38)$$

此处

$$A_1 = (1-\varepsilon_0)(1-\varepsilon_4) \qquad (5.2.39)$$

$$A = 1-(1-\varepsilon_1)(1-\beta)+(1-\varepsilon_0)(1-\varepsilon_4) \qquad (5.2.40)$$

相应地,由式(5.2.35)得

$$R_2 = [(\varepsilon_1-\varepsilon_{2.0})(1-\beta)-(\varepsilon_0-\varepsilon_2)(1-\varepsilon_4)]R_1 - (\varepsilon_0-\varepsilon_2)(1-\varepsilon_4)$$

$$= [(\varepsilon_1-\varepsilon_{2.0})(1-\beta)-(\varepsilon_0-\varepsilon_2)(1-\varepsilon_4)]\frac{A_1}{A}$$

$$+ \frac{1}{A}(\varepsilon_0-\varepsilon_2)(1-\varepsilon_4)[1-(1-\varepsilon_1)(1-\beta)+(1-\varepsilon_0)(1-\varepsilon_4)]$$

$$= [(\varepsilon_1-\varepsilon_{2.0})(1-\beta)]\frac{A_1}{A}+(\varepsilon_0-\varepsilon_2)(1-\varepsilon_4)\frac{1}{A}[1-(1-\varepsilon_1)(1-\beta)]$$

$$= (\varepsilon_1-\varepsilon_{2.0})(1-\beta)\frac{A_1}{A}+\frac{A_2}{A}(\varepsilon_0-\varepsilon_2)(1-\varepsilon_4)$$

$$= \beta_{1.2}\frac{A_1}{A}+\beta_{2.2}\frac{A_2}{A} \qquad (5.2.41)$$

式中,

$$A_2 = \frac{1-(1-\varepsilon_1)(1-\beta)}{1-(1-\varepsilon_1)(1-\beta)+(1-\varepsilon_0)(1-\beta)} = \frac{A-A_1}{A} = 1-\frac{A_1}{A}$$

$$(5.2.42)$$

由式(5.2.36)得

$$R_3 = \varepsilon_{2.0}(1-\beta)R_1 + \varepsilon_2(1-\varepsilon_4)(1-R_1)$$

$$= [\varepsilon_{2.0}(1-\beta)-\varepsilon_2(1-\varepsilon_4)]R_1 + \varepsilon_2(1-\varepsilon_4)$$

$$= \frac{\varepsilon_{2.0}(1-\beta)-\varepsilon_2(1-\varepsilon_4)}{A}A_1 + \varepsilon_2(1-\varepsilon_4)\frac{A_1+A_2}{A}$$

$$= \varepsilon_{2.0}(1-\beta)\frac{A_1}{A}+\varepsilon_2(1-\varepsilon_4)\frac{A_2}{A} = \beta_{1.3}\frac{A_1}{A}+\beta_{3.3}\frac{A_2}{A} \qquad (5.2.43)$$

由式(5.2.37)得

$$R_4 = \beta R_1 - \varepsilon_4 R_1 + \varepsilon_4$$

$$= (\beta-\varepsilon_4)\frac{A_1}{A}+\varepsilon_4\frac{A_1+A_2}{A}$$

$$= \beta\frac{A_1}{A}+\varepsilon_4\frac{A_2}{A}$$

$$= \beta_{1.4}\frac{A_1}{A}+\beta_{4.4}\frac{A_2}{A} \qquad (5.2.44)$$

上述状态概率有一个明显特性,即它们均由两项组成,并且继续表现上述特性。一项表示由静止状态$(i=1)$转入运动状态的转移概率$\beta_{1,j}(j=2,3,4)$与静止状态的状态概率$R_1=\dfrac{A_1}{A}$的乘积;另一项为由运动状态的转移概率$\beta_{i,i}(i=2,3,4)$与处于运动状态的状态概率$\dfrac{A_2}{A}=1-R_1$的乘积。由于$\dfrac{A_2}{A}\beta_{i,i}=(1-R_1)\beta_{i,j}=\beta_{i,j}(R_2+R_3+R_4)=\sum\limits_{i=2}^{4}\beta_{i,j}R_i(j=2,3,4)$,可见$\dfrac{A_2}{A}\beta_{i,i}$等于三种运动状态的状态概率$R_i$分别与转移概率$\beta_{i,j}$的乘积,即三种运动状态均转至状态$j$的状态概率之和。例如,状态2的概率$R_2$的第一项为从静止转移至状态2的概率$\beta_{1,2}=(\varepsilon_1-\varepsilon_{2,0})(1-\beta)$与$R_1$的乘积;而第二项则为所有由动转滚的转移概率$\beta_{i,2}$与状态概率$R_i(i=2,3,4)$之积,即$\beta_{2,2}R_2+\beta_{3,2}R_3+\beta_{4,2}R_4=(\varepsilon_0-\varepsilon_2)(1-\varepsilon_4)(R_2+R_3+R_4)=(\varepsilon_0-\varepsilon_2)(1-\varepsilon_4)\dfrac{A_2}{A}$。因此可见,该状态概率的物理意义是很明确的。现在验算R_1、R_2、R_3、R_4之和为1。事实上,

$$\sum_{i=1}^{4}R_i=\left[1+(\varepsilon_1-\varepsilon_{2,0})(1-\beta)+\varepsilon_{2,0}(1-\beta)+\beta\right]\frac{A_1}{A}$$

$$+\left[(\varepsilon_0-\varepsilon_2)(1-\varepsilon_4)+\varepsilon_2(1-\varepsilon_4)+\varepsilon_4\right]\frac{A_2}{A}$$

注意到转移概率矩阵,有

$$\sum_{i=1}^{4}R_i=\left[1+(1-\beta_{1,1})\right]\frac{A_1}{A}+\left(1-\frac{A_1}{A}\right)(1-\beta_{2,1})$$

$$=\frac{A_1}{A}+\left[1-(1-\varepsilon_1)(1-\beta)\right]\frac{A_1}{A}$$

$$+\left[1-(1-\varepsilon_0)(1-\varepsilon_4)\right]-\left[1-(1-\varepsilon_0)(1-\varepsilon_4)\right]\frac{A_1}{A}$$

$$=\frac{A_1}{A}+\left[1-(1-\varepsilon_1)(1-\beta)+(1-\varepsilon_0)(1-\varepsilon_4)\right]\frac{A_1}{A}-\frac{A_1}{A}$$

$$+\left[1-(1-\varepsilon_0)(1-\varepsilon_4)\right]$$

$$=A_1+1-A_1=1 \tag{5.2.45}$$

为了让读者有一个具体的印象,在表8.2.2中列出了上述四种状态概率$R_1\sim R_4$随水力泥沙因素的变化,至于它们变化特性的分析,可详见第8章。

5.2.3　四种状态不考虑初速的转移概率[2,3,7]

现在研究四种状态不考虑起跳初速对临界条件影响的转移矩阵及状态概率。也就是取$\varepsilon_2=\varepsilon_{2,0}$,同时考虑到主要是对推移质,颗粒不是很细,$\beta=\varepsilon_4$。至于起动概率与不止动概率的差别,则仍然保持。不考虑初速对临界条件的影响,符合目前已

有的研究水平。此时一次转移概率矩阵为

$$(\beta_{i,j}) = \begin{bmatrix} (1-\varepsilon_1)(1-\varepsilon_4) & (\varepsilon_1-\varepsilon_{2.0})(1-\varepsilon_4) & \varepsilon_{2.0}(1-\varepsilon_4) & \varepsilon_4 \\ (1-\varepsilon_0)(1-\varepsilon_4) & (\varepsilon_0-\varepsilon_{2.0})(1-\varepsilon_4) & \varepsilon_{2.0}(1-\varepsilon_4) & \varepsilon_4 \\ (1-\varepsilon_0)(1-\varepsilon_4) & (\varepsilon_0-\varepsilon_{2.0})(1-\varepsilon_4) & \varepsilon_{2.0}(1-\varepsilon_4) & \varepsilon_4 \\ (1-\varepsilon_0)(1-\varepsilon_4) & (\varepsilon_0-\varepsilon_{2.0})(1-\varepsilon_4) & \varepsilon_{2.0}(1-\varepsilon_4) & \varepsilon_4 \end{bmatrix}$$

$$(5.2.46)$$

则极限概率(状态概率)的方程为

$$R_1 = (1-\varepsilon_1)(1-\varepsilon_4)R_1 + (1-\varepsilon_0)(1-\varepsilon_4)(1-R_1) \tag{5.2.47}$$

$$R_2 = (\varepsilon_1-\varepsilon_{2.0})(1-\varepsilon_4)R_1 + (\varepsilon_0-\varepsilon_{2.0})(1-\varepsilon_4)(1-R_1) \tag{5.2.48}$$

$$R_3 = \varepsilon_{2.0}(1-\varepsilon_4)R_1 + \varepsilon_{2.0}(1-\varepsilon_4)(1-R_1) \tag{5.2.49}$$

$$R_4 = \varepsilon_4 R_1 + \varepsilon_4(1-R_1) \tag{5.2.50}$$

容易求出状态概率

$$R_1 = \frac{(1-\varepsilon_0)(1-\varepsilon_4)}{1-(\varepsilon_0-\varepsilon_1)(1-\varepsilon_4)} \tag{5.2.51}$$

$$R_2 = [(\varepsilon_1-\varepsilon_{2.0})(1-\varepsilon_4)]R_1 + (\varepsilon_0-\varepsilon_{2.0})(1-\varepsilon_4)$$

$$= \frac{(\varepsilon_1-\varepsilon_0)(1-\varepsilon_4)}{1-(\varepsilon_0-\varepsilon_1)(1-\varepsilon_4)}(1-\varepsilon_0)(1-\varepsilon_4) + (\varepsilon_0-\varepsilon_{2.0})(1-\varepsilon_4) \tag{5.2.52}$$

$$R_3 = \varepsilon_{2.0}(1-\varepsilon_4) \tag{5.2.53}$$

$$R_4 = \varepsilon_4 \tag{5.2.54}$$

并且有

$$\sum_{i=1}^4 R_i = R_1[1+(\varepsilon_1-\varepsilon_0)(1-\varepsilon_4)] + (\varepsilon_0-\varepsilon_{2.0})(1-\varepsilon_4) + \varepsilon_{2.0}(1-\varepsilon_4) + \varepsilon_4$$

$$= \frac{(1-\varepsilon_0)(1-\varepsilon_4)}{1-(\varepsilon_0-\varepsilon_1)(1-\varepsilon_4)} + (\varepsilon_1-\varepsilon_0)(1-\varepsilon_4)\frac{(1-\varepsilon_0)(1-\varepsilon_4)}{1-(\varepsilon_0-\varepsilon_1)(1-\varepsilon_4)}$$

$$+ (\varepsilon_0-\varepsilon_{2.0})(1-\varepsilon_4) + \varepsilon_{2.0}(1-\varepsilon_4) + \varepsilon_4$$

$$= \frac{(1-\varepsilon_0)(1-\varepsilon_4)}{1-(\varepsilon_0-\varepsilon_1)(1-\varepsilon_4)}[1-(\varepsilon_0-\varepsilon_1)(1-\varepsilon_4)]$$

$$+ (\varepsilon_0-\varepsilon_{2.0})(1-\varepsilon_4) + \varepsilon_{2.0}(1-\varepsilon_4) + \varepsilon_4$$

$$= 1-\varepsilon_4 + \varepsilon_4 = 1 \tag{5.2.55}$$

此外,在不考虑初速条件下($\varepsilon_2=\varepsilon_{2.0}$),采用 $\beta\neq\varepsilon_4$ 时,文献[7]也给出了四种状态的转移概率矩阵与状态概率。它们可直接按所述条件由式(5.2.38)、式(5.2.41)、式(5.2.43)、式(5.2.44)取 $\varepsilon_2=\varepsilon_{2.0}$ 得到。

5.2.4 三种状态不考虑初速(但是分清起悬与悬浮的差别)的转移概率[7]

此时转移概率矩阵为

$$(\beta_{i,j}) = \begin{bmatrix} (1-\varepsilon_1)(1-\beta) & \varepsilon_1(1-\beta) & \beta \\ (1-\varepsilon_0)(1-\varepsilon_4) & \varepsilon_0(1-\varepsilon_4) & \varepsilon_4 \\ (1-\varepsilon_0)(1-\varepsilon_4) & \varepsilon_0(1-\varepsilon_4) & \varepsilon_4 \end{bmatrix} \tag{5.2.56}$$

此时状态 2 为推移质(包括滚动与跳跃),状态 3 为悬移质。但是为了比较方便,基本转移概率的表示方式不变。由静维持静止的转移概率为 $\beta_{1.1} = (1-\varepsilon_1)(1-\beta)$,即不起动、不悬浮的概率。而由静转为推移的概率为 $\beta_{1.2} = \varepsilon_1(1-\beta)$,即起动但不悬浮的概率;由动转为静止的概率为 $(1-\varepsilon_0)(1-\varepsilon_4)$,即止动且不悬浮的概率。而由动转为推移的概率为 $\varepsilon_0(1-\varepsilon_4)$,即不止动且不悬浮的概率。因此,可列出状态概率方程:

$$R_1 = (1-\varepsilon_1)(1-\beta)R_1 + (1-\varepsilon_0)(1-\varepsilon_4)(1-R_1) \tag{5.2.57}$$

$$R_2 = \varepsilon_1(1-\beta)R_1 + \varepsilon_0(1-\varepsilon_4)(1-R_1) \tag{5.2.58}$$

$$R_3 = \beta R_1 + \varepsilon_4(1-R_1) \tag{5.2.59}$$

故

$$R_1 = \frac{(1-\varepsilon_0)(1-\varepsilon_4)}{1+(1-\varepsilon_0)(1-\varepsilon_4)-(1-\varepsilon_1)(1-\beta)} = \frac{A_1}{A} \tag{5.2.60}$$

$$R_2 = [\varepsilon_1(1-\beta)-\varepsilon_0(1-\varepsilon_4)]R_1 + \varepsilon_0(1-\varepsilon_4)$$

$$= [\varepsilon_1(1-\beta)-\varepsilon_0(1-\varepsilon_4)]\frac{A_1}{A} + \varepsilon_0(1-\varepsilon_4)\frac{A_1+A_2}{A}$$

$$= \varepsilon_1(1-\beta)\frac{A_1}{A} + \varepsilon_0(1-\varepsilon_4)\frac{A_2}{A} \tag{5.2.61}$$

$$R_3 = (\beta-\varepsilon_4)R_1 + \varepsilon_4 = \beta\frac{A_1}{A} + \varepsilon_4\frac{A_2}{A} \tag{5.2.62}$$

并且有

$$\sum_{i=1}^{3} R_i = R_1[1+\varepsilon_1(1-\beta)-\varepsilon_0(1-\varepsilon_4)-(\beta-\varepsilon_4)] + \varepsilon_0(1-\varepsilon_4) + \varepsilon_4$$

$$= R_1[1+\varepsilon_1(1-\beta)-\varepsilon_0(1-\varepsilon_4)-(1-\beta)+(1-\varepsilon_4)] + \varepsilon_0(1-\varepsilon_4) + \varepsilon_4$$

$$= R_1[1+(1-\varepsilon_0)(1-\varepsilon_4)-(1-\varepsilon_1)(1-\beta)] + \varepsilon_0(1-\varepsilon_4) + \varepsilon_4$$

$$= (1-\varepsilon_0)(1-\varepsilon_4) + \varepsilon_0(1-\varepsilon_4) + \varepsilon_4 = 1 \tag{5.2.63}$$

比较四种状态和三种状态的状态概率,可知在一般条件下,由式(5.2.40)和式(5.2.43)知四种状态中

$$R_2 + R_3 = \frac{A_1}{A}[(\varepsilon_1-\varepsilon_{2.0})(1-\beta)+\varepsilon_{2.0}(1-\beta)]$$

$$+ \frac{A_2}{A}[(\varepsilon_0-\varepsilon_2)(1-\varepsilon_4)+\varepsilon_2(1-\varepsilon_4)]$$

$$= \frac{A_1}{A}\varepsilon_1(1-\beta) + \frac{A_2}{A}\varepsilon_0(1-\varepsilon_4)$$

即等于三种状态的 R_2，无论此时 ε_2 是否等于 $\varepsilon_{2.0}$。相应地，四种状态的 R_1、R_4 均与三种状态的 R_1、R_3 相同，四种状态蜕化为三种状态。

5.3 运动颗粒与静止颗粒的寿命分布[2,3]

根据前面的叙述，不同状态泥沙之间的转移并不是在任何时刻都能进行的，而只能在步末完成。因此，应该将泥沙运动过程看成时间连续、状态离散的马尔可夫过程，此时处于步末的泥沙，其转移情况只与转移概率有关；而不处于步末的泥沙，其转移情况除与转移概率有关外，还与什么时候到达步末，即与单步距离分布有关，这两个因素的综合影响可以用单次距离分布来反映。单步运动距离是指颗粒在床面两个接触点之间的距离，而单次运动距离是指它在床面两个停留点之间的距离。一个单次运动包括若干个单步运动。

简单起见，对于单步距离的分布，若假定颗粒单步运动满足平稳性、增量独立性，以及在 τ 内（当 $\tau \to 0$）至少有两次起动的概率为零，可以证明单步距离为负指数分布。这将使以后的分析大为简化，同时有关参数采用 5.1 节和 5.2 节得到的结果，以保证平均值的可靠性。

对处于某一种运动状态的单步运动可以用状态离散时间连续的马尔可夫过程描述

$$\{X(t) = n; t \in t, n \in I\} \tag{5.3.1}$$

其中，n 为运动步，t 为时间，可以证明 $\{X(t)\}$ 为一泊松过程，

$$P[X(t) = k] = e^{-\lambda t} \frac{(\lambda t)^k}{k!} \tag{5.3.2}$$

以 t_n 表示第 n 步开始运动的时间即

$$X(t_n) = n \tag{5.3.3}$$

则有

$$T_n = t_n - t_{n-1} \tag{5.3.4}$$

为 n 步的运动等待时间间隔，也即第 $n-1$ 步的运动时间。可以证明 T_n 是独立同分布的随机变量对任意 n 步均有相同的分布，即

$$P[T_n \geqslant t] = P[T_1 \geqslant t] \tag{5.3.5}$$

而 $P[T \geqslant t]$ 表示在 t 内没有运动岁生，由泊松分布即可得

$$P[T_n \geqslant t] = P[T_1 \geqslant t] = P[X(t) = 0] = e^{-\lambda t} \tag{5.3.6}$$

从而单步运动的时间分布为

$$F_t(t) = P[T_n < t] = 1 - P[T_n \geqslant t] = 1 - e^{-\lambda t} \tag{5.3.7}$$

相应的分布密度为

$$p_x(t) = \lambda e^{-\lambda t} \qquad (5.3.8)$$

而颗粒单步平均运动时间为

$$\bar{t} = \int_0^\infty \lambda t e^{-\lambda t} dt = -\frac{e^{-\lambda t}}{\lambda}(-\lambda t - 1)\Big|_0^\infty = \frac{1}{\lambda} \qquad (5.3.9)$$

若设平均速度 $\bar{U}$ 不变，即

$$\bar{x} = \bar{U}\bar{t} = \frac{1}{\mu}$$

式中，μ 为单步运动距离的倒数。

注意到有三种运动状态，它们的参数 μ、U 是不一样的，故有

$$T_i = \frac{1}{\mu_i U_i}, \quad i = 2, 3, 4 \qquad (5.3.10)$$

表示单步运动时间。

注意到式(5.3.8)、式(5.3.9)，则有

$$F_x(t) = 1 - e^{-\lambda t} = 1 - e^{-\mu U t} \qquad (5.3.11)$$

$$p_x(t) = \mu U e^{-\mu U t} \qquad (5.3.12)$$

若换成以距离表示单步距离分布函数，则有

$$F_x(x) = P[\xi_x < x] = P[U\xi_t < x] = P\left[\xi_t < \frac{x}{U}\right]$$

$$= 1 - e^{-\lambda \frac{x}{U}} = 1 - e^{-\frac{x}{\bar{t}U}} = 1 - e^{-\mu x} = 1 - e^{-\frac{x}{\bar{x}}} \qquad (5.3.13)$$

$$P_x(x) = \mu e^{-\mu x} \qquad (5.3.14)$$

现在研究单步运动与单次运动的关系。设单步运动相互独立，并且均服从式(5.3.8)的相同分布，再令集合 A_n 表示颗粒在前 $n-1$ 步是运动的，但是在第 n 步停止，而在时间 t 内颗粒走完 n 步事件的概率为

$$P[\xi_t < t, A_n] = P[\xi_t < t | A_n] P[A_n] \qquad (5.3.15)$$

从而做 i 种运动颗粒的单次运动时间分布函数为

$$F_{i,t}(t) = \sum_{n=1}^\infty P[\xi_t < t | A_n] P[A_n], \quad i = 2, 3, 4 \qquad (5.3.16)$$

式中，下标 $i = 2, 3, 4$ 表示颗粒分别做滚动、跳跃及悬浮运动。而

$$P[A_n] = \beta_{i,i}^{n-1}(1 - \beta_{i,i}) \qquad (5.3.17)$$

而 $\beta_{i,i}$ 为单颗泥沙继续运动的概率，它连续运动 $n-1$ 步，故其概率为 $\beta_{i,i}^{n-1}$。当第 n 步停止时，其概率为 $1 - \beta_{i,i}$。概率 $\beta_{i,i}$ 可以由转移概率矩阵式(5.2.46)得出。另一方面

$$P[\xi_n < t | A_n] = \iint_{\substack{\sum_{r=1}^n t_r < t \\ t_r > 0}} \cdots \int \lambda e^{-\lambda(t_1+t_2+\cdots+t_n)} \, dt_1 \cdots dt_n \qquad (5.3.18)$$

先证明当 $n=1$ 时,上述积分为

$$\int_0^t \lambda e^{-\lambda t_1} \, dt_1 = 1 - e^{-\lambda t} = e^{-\lambda t} \sum_{r=n=1}^{\infty} \frac{(\lambda t)^r}{r!}$$

当 $n=2$ 时,

$$\int_0^t \int_0^{t-t_2} \lambda^2 e^{-\lambda(t_1+t_2)} \, dt_1 \, dt_2$$

$$= \int_0^t \lambda [1 - e^{-\lambda(t-t_2)}] e^{-\lambda t_2} \, dt_2$$

$$= 1 - e^{-\lambda t} - \lambda t e^{-\lambda t}$$

$$= e^{-\lambda t} \sum_{r=n=2}^{\infty} \frac{(\lambda t)^r}{r!}$$

当 $n=3$ 时,

$$\int_0^t \int_0^{t-t_3} \int_0^{t-t_3-t_2} \lambda^3 e^{-\lambda(t_1+t_2+t_3)} \, dt_1 \, dt_2 \, dt_3$$

$$= \int_0^t \int_0^{t-t_3} \lambda^2 [1 - e^{-\lambda(t_1-t_2-t_3)}] e^{-\lambda(t_3+t_2)} \, dt_2 \, dt_3$$

$$= \int_0^t \lambda [1 - e^{-\lambda(t-t_3)}] e^{-\lambda t_3} - \int_0^t \lambda e^{-\lambda t} (t - t_3) \, dt_3$$

$$= 1 - e^{-\lambda t} - \lambda t e^{-\lambda t} - \frac{\lambda^2 t^2}{2!} e^{-\lambda t}$$

$$= e^{-\lambda t} \sum_{r=n=3}^{\infty} \frac{(\lambda t)^r}{r!}$$

可设当 $n=k$ 时,有

$$\int_0^t \cdots \int_0^{t-(t_2+\cdots+t_k)} \lambda^k e^{-\lambda(t_1+\cdots+t_k)} \, dt_1 \cdots dt_k$$

$$= \int_0^t \lambda [1 - e^{-\lambda(t-t_k)}] \, dt_k - e^{-\lambda t} \int_0^t \left[\lambda^2 (t - t_k) + \frac{\lambda^3 (t-t_k)^2}{2!} + \cdots + \frac{\lambda^{(k-1)}(t-t_k)^{k-2}}{(k-2)!} \right] \, dt_k$$

$$= 1 - e^{-\lambda t} - \lambda t e^{-\lambda t} - e^{-\lambda t} \left[\frac{\lambda^2 t^2}{2!} + \frac{\lambda^3 t^3}{3!} + \cdots + \frac{(\lambda t)^{k-1}}{(k-1)!} \right]$$

$$= e^{-\lambda t} \sum_{r=n=k}^{\infty} \frac{(\lambda t)^r}{r!} \qquad (5.3.19)$$

现证明对 $k+1$ 仍正确。

$$\int_0^t \cdots \int_0^{t-(t_1+t_2+\cdots+t_{k+1})} \lambda^{k+1} \mathrm{e}^{-\lambda(t_1+\cdots+t_{k-1})} \,\mathrm{d}t_1 \cdots \mathrm{d}t_{k+1}$$

$$= \int_0^t \lambda \big[1 - \mathrm{e}^{-\lambda(t-t_{k+1})}\big] \mathrm{e}^{-\lambda t_{k+1}} \,\mathrm{d}t_{k+1} - \mathrm{e}^{-\lambda t} \int_0^t \Big[\lambda^2(t - t_{k+1})$$

$$+ \frac{\lambda^3(t-t_{k+1})^3}{2!} + \cdots + \frac{\lambda^k(t-t_{k+1})^{k-1}}{(k-1)!} \Big] \mathrm{d}t_{k+1}$$

$$= 1 - \mathrm{e}^{-\lambda t} - \lambda t \mathrm{e}^{-\lambda t} - \mathrm{e}^{-\lambda t} \Big(\frac{\lambda^2 t^2}{2!} + \frac{\lambda^3 t^3}{3!} + \cdots + \frac{\lambda^k t^k}{k!} \Big)$$

$$= \mathrm{e}^{-\lambda t} \sum_{r=n=k+1}^{\infty} \frac{(\lambda t)^r}{r!} \tag{5.3.20}$$

可见假设正确，用归纳法证明了

$$P[\xi_t < t \,|\, A_n] = \mathrm{e}^{-\lambda t} \sum_{r=n}^{\infty} \frac{(\lambda t)^r}{r!} \tag{5.3.21}$$

这样，单次运动时间的分布函数式(5.3.16)为

$$F_{i,t}(t) = \sum_{n=1}^{\infty} \beta_{i.i}^{n-1} (1 - \beta_{i.i}) \mathrm{e}^{-\lambda_i t} \sum_{r=n}^{\infty} \frac{(\lambda_i t)^r}{r!} \tag{5.3.22}$$

此处下标 i 强调 λ 与 i 有关。注意到 $n \leqslant \gamma$，故交换求和号，有

$$F_{i,t}(t) = \sum_{r=1}^{\infty} \mathrm{e}^{-\lambda_i t} \frac{(\lambda_i t)^r}{r!} \sum_{n=1}^{r} \beta_{i.i}^{n-1} (1 - \beta_{i.i}) \tag{5.3.23}$$

设

$$S = \sum_{n=1}^{r} \beta_{i.i}^{n-1}$$

则

$$S\beta_{i.i} - S = \beta_{i.i}^r - 1$$

即

$$S = \frac{1 - \beta_{i.i}^r}{1 - \beta_{i.i}} \tag{5.3.24}$$

代入式(5.3.22)，可得

$$F_{i,t}(t) = \sum_{r=1}^{\infty} \mathrm{e}^{-\lambda_i t} \frac{(\lambda_i t)^r}{r!} (1 - \beta_{i.i}^r)$$

$$= \mathrm{e}^{-\lambda_i t} (\mathrm{e}^{-\lambda_i t} - 1) - \mathrm{e}^{-\lambda_i t} (\mathrm{e}^{\lambda_i t \beta_{i.i}} - 1)$$

$$= 1 - \mathrm{e}^{-\lambda_i t} - \mathrm{e}^{-\lambda_i t (1 - \beta_{i.i})} + \mathrm{e}^{-\lambda t}$$

$$= 1 - \mathrm{e}^{-\lambda_i (1 - \beta_{i.i}) t} \tag{5.3.25}$$

此处利用了

$$\mathrm{e}^{-\lambda_i t} = \sum_{r=0}^{\infty} \mathrm{e}^{-\lambda_i t} \frac{(\lambda_i t)^r}{r!} = 1 + \sum_{r=1}^{\infty} \mathrm{e}^{-\lambda_i t} \frac{(\lambda_i t)^r}{r!} \tag{5.3.26}$$

由式(5.3.8)及式(5.3.12)得 $\lambda_i = \mu_i U_i$，将其代入式(5.3.25)可得

$$F_{i,t}(t) = 1 - e^{-(1-\beta_{i,i})U_i\mu_i t} \tag{5.3.27}$$

单颗泥沙的单次运动距离分布为

$$F_{i,x}(x) = 1 - e^{-(1-\beta_{i,i})\mu_i x} \tag{5.3.28}$$

现在转入求多颗泥沙同时运动的寿命分布。设有 K_i 颗泥沙做 i 种运动($i = 2,3,4$)。由于单次距离分布是一颗泥沙改变状态的分布，若要 K_i 颗同时运动的泥沙，一颗也不改变状态的概率为

$$[1 - F_{i,t}(t)]^{K_i} = e^{-(1-\beta_{i,i})\mu_i U_i K_i t} \tag{5.3.29}$$

而至少有一颗改变事件是其逆事件，从而 K_i 颗泥沙同时运动的单次寿命分布函数为

$$F_{K_i,t}(t) = P[\xi_{K_i,t} < t] = 1 - e^{-(1-\beta_{i,i})\mu_i U_i K_i t}, \quad i = 2,3,4 \tag{5.3.30}$$

而相应的单次距离的寿命分布函数为

$$F_{K_i,x}(x) = 1 - e^{-(1-\beta_{i,i})\mu_i K_i x}, \quad i = 2,3,4 \tag{5.3.31}$$

由式(5.3.30)的分布密度得到第 i 种运动的 K_i 个颗粒的平均(单次)寿命为

$$\bar{t}_i = \int_0^\infty (1-\beta_{i,i})\mu_i U_i K_i t\, e^{-(1-\beta_{i,i})\mu_i U_i K_i t}\, \mathrm{d}t = \frac{1}{(1-\beta_{i,i})\mu_i U_i K_i}, \quad i = 2,3,4 \tag{5.3.32}$$

需要强调说明的是，式(5.3.32)中最后一个等号右边也可写成 $\dfrac{1}{\sum\limits_{j\neq i}\beta_{i,j}K_i U_i \mu_i}$ ，表示 K_i 个颗粒完成一单步运动后分别以 $\beta_{i,j}(j \neq i)$ 转入状态 j。注意这里已由单次运动转为单步运动，并且对于单次运动与单步运动，速度 U 是相同的。

静止颗粒也有寿命分布。类似前面的推导，单颗静止泥沙的寿命分布为

$$F_{t,1,1}(t) = P[\xi_{t,1,1} \leqslant t] = 1 - e^{-\frac{(1-\beta_{1,1})t}{t_1}} \tag{5.3.33}$$

式中，$\xi_{t,1,1}$ 表示在床面上一颗静止泥沙的寿命(起动周期)。而平均寿命为

$$T_1 = \int_0^\infty t p_{t,1,1}\, \mathrm{d}t = \int_0^\infty \frac{1-\beta_{1,1}}{t_1} t\, e^{-\frac{(1-\beta_{1,1})t}{t_1}}\, \mathrm{d}t = \frac{t_1}{1-\beta_{1,1}} \tag{5.3.34}$$

另外，床面静止颗粒转为滚动、跳跃、悬浮的周期(静止的寿命)是有差别的，平均寿命 T_1 应由

$$\frac{1}{T_1} = \sum_{j=2}^4 \frac{\beta_{1,j}}{1-\beta_{1,1}} \frac{1}{t_{j,0}}, \quad j = 2,3,4 \tag{5.3.35}$$

确定。至于为什么采用倒数平均，是有根据的，现说明如下。对于由静止转为状态 j 的起动周期的概率分布应为 $P_j(\xi_{t,1,1}) = 1 - e^{-\frac{\beta_{i,j}}{t_{j,0}}t}(j=2,3,4)$，而由静在 t 内同时

转为 $j=2,3,4$ 的联合分布为 $1-\mathrm{e}^{-\left(\frac{\beta_{1.2}}{t_{2.0}}+\frac{\beta_{1.3}}{t_{3.0}}+\frac{\beta_{1.4}}{t_{4.0}}\right)}t=1-\mathrm{e}^{-\sum\frac{\beta_{1.j}}{t_{0.j}}t}$，考虑分别转为其他三种状态的寿命，

$$\bar{t}=\int_0^\infty\sum\frac{\beta_{1.j}}{t_{j.0}}t\mathrm{e}^{-\sum\frac{\beta_{1.j}}{t_{j.0}}t}\mathrm{d}t=\left(\sum\frac{\beta_{1.j}}{t_{j.0}}\right)^{-1} \tag{5.3.36}$$

比较式(5.3.34)及式(5.3.36)知，$\dfrac{T_1}{1-\beta_{1.1}}=\left(\displaystyle\sum_{j=2}^4\frac{\beta_{1.j}}{t_{j.0}}\right)^{-1}$，即式(5.3.35)得证。此处 $t_{j.0}$ 表示由静止转入 j 种运动的起动周期，现在对静止泥沙的起动周期予以说明。从前面的分析可知，静止泥沙转为状态 j 的寿命为

$$t_{1.j}=\int_0^\infty\frac{\beta_{i.j}}{t_{j.0}}t\mathrm{e}^{\frac{\beta_{1.j}}{t_{0.j}}t}\mathrm{d}t=\frac{t_{j.0}}{\beta_{1.j}} \tag{5.3.37}$$

尚需说明的是，根据式(5.3.37)，按转为三种状态的寿命 $t_{j.0}$ 加权平均，即为式(5.3.35)。可见，起动周期 $t_{1.j}$ 与转移概率 $\beta_{1.j}$ 成反比，即转移概率越小，起动周期越长；而与 $t_{j.0}$ 成正比。经过多方面研究，对于推移质，由于在床面运动，与床面运动时间有关，只有它或者发生跳跃而脱离床面，或者停止滚动，总之必须床面自由了，才有可能重新起动。因此，由静转滚，$t_{2.0}$ 取为单步滚动时间；而由静转跳，$t_{3.0}$ 取为脱离床面(跳跃高超过一个颗粒)的时间。经验算，这两者与实际均符合很好。$t_{2.0}$、$t_{3.0}$ 的具体表达式在第 4 章中已给出，此处及以下在一般条件下均采用 $t_{j.0}(j=2,3,4)$ 表示与床面脱离接触的时间，即起动周期。至于由静转悬的起动时间，在文献[2]、[11]中提出按悬浮的力学模式的计算方法[11]，并进行了一定应用[12]。另外，据紊流掀沙的研究来看，应考虑泥沙起动后能被涡团送出床面，则 $t_{4.0}$ 似应与紊动猝发周期有关。文献[13]给出了

$$\begin{aligned}t_{4.0}&=KT_B=0.05\left(\frac{\omega_1}{u_*}\right)^2T_B\\&=0.05\left(\frac{\omega_0}{u_*}\right)^2\frac{h}{u_*}T_b=0.05\left(\frac{\omega_0}{u_*}\right)^2\frac{h}{u_*}0.035R_{l.\Delta}\\&=1.765\times10^{-3}R_{l.\Delta}^{0.151}\left(\frac{\omega_0}{u_*}\right)^2\frac{h}{u_*}\end{aligned} \tag{5.3.38}$$

式中，T_B 为紊流猝发周期；T_b 为无量纲猝发周期，而 $T_B=\dfrac{h}{u_*}T_b$。

多颗静止泥沙的寿命分布为

$$F_{t.1.K_1}(t)=P[\xi_{t.1.K_1}\leqslant t]=1-\mathrm{e}^{-\frac{(1-\beta_{1.1})K_1t}{T_1}}=1-\mathrm{e}^{-\lambda_1t} \tag{5.3.39}$$

式中，$\lambda_1=\dfrac{(1-\beta_{1.1})K_1}{T_1}$ 表示起动强度。后面将证明 λ_1^{-1} 为 K 颗泥沙的平均寿命，即起动周期。此处 $K_1=R_1n_0$ 表示单位床面上静止泥沙颗数，

$$K_1 = R_1 n_0 = \frac{R_1 m_0}{\frac{\pi}{4}D^2} \tag{5.3.40}$$

式中，R_1 为床面泥沙处于静止的概率；m_0 为床面面密实系数，可取为 $m_0 = 0.4$；D 为泥沙的粒径；$n_0 = \dfrac{m_0}{\frac{\pi}{4}D^2}$ 表示单位床面均匀沙的颗数（包括静止与运动的颗粒）。

现在还要求出床面静止的颗数，必须求出床面泥沙静止的概率。按照床面泥沙四种状态的转移矩阵式(5.2.30)，颗粒在床面静止的概率 R_1 为式(5.2.38)。将该式代入式(5.3.40)，从而得到 K_1 的表达式。

注意，式(5.3.39)中的 $\xi_{t.1.K_1}$ 表示床面 K_1 颗静止泥沙起动一颗的时间，根据该式可求出处于状态 i 的多颗泥沙的平均寿命

$$M(\xi_{t.i.K_1}) = \begin{cases} \dfrac{1}{(1-\beta_{i.i})K_i U_i \mu_i} = \dfrac{T_i}{(1-\beta_{i.i})K_i}, & i=2,3,4 \\[3mm] \dfrac{T_1}{(1-\beta_{1.1})K_1}, & i=1 \end{cases} \tag{5.3.41}$$

注意到式 $(1-\beta_{i.i}) = \sum\limits_{j \neq i} \beta_{i.j}$ 即转移概率矩阵每行之和为 1，则可知处于状态 i 的 K_i 颗泥沙的平均寿命与转移至状态 i 的概率 $(1-\beta_{i.i})$ 和泥沙颗数 K_i 成反比，而与单步运动时间 $T_i(i=2,3,4)$ 或起动后脱离床面的时间成正比。表层静止颗粒的平均寿命，又称为起动周期，它表示表层 K_1 颗泥沙中，每经过一个起动周期平均起动一颗。单颗泥沙($K_1=1$)的起动周期一般不等于扩散模型中的休止时间，只是在床面平整且冲淤平衡时两者才相同。

5.4　交换颗数的数学期望[2,3]

取底面积为单位床面、高为水深的单位水柱，设在其中做 i 种运动的颗数为 K_i。显然，K_i 是一个随机变量，在文献[2]中已求出它的分布，以下研究交换颗数时将在 $\xi_{K_i} = K_i$ 的条件下进行。这些运动的泥沙通过床面层不断交换，在时间间隔 $0 \sim t$ 内，通过单位床面，改变状态的颗粒数 m 显然是一个随机变量，用 $\xi_{m.i}(t)$ 表示，同时以 $W_{m.K_i}(t)$ 表示 $\xi_{K_i} = K_i$ 条件下改变状态颗数为 m 的条件概率：

$$W_{m.K_i}(t) = P[\xi_{m.i}(t) = m \mid \xi_{K_i} = K_i] \tag{5.4.1}$$

当 $m=0$ 时，$W_{0.K_i}(t)$ 就是颗粒在时间 t 内一颗也不改变状态的概率。一颗也不改变状态的事件是至少有一颗改变状态事件的逆事件，因此由式(5.3.29)及式(5.3.39)均可得

$$W_{0.K_i}(t) = P[\xi_{t.i.K_i} > t] = 1 - P[\xi_{t.i.K_i} \leqslant t] = \mathrm{e}^{-\frac{(1-\beta_{i.i})K_i t}{T_i}} = \mathrm{e}^{-\lambda_i t}, \quad i=1,2,3,4 \tag{5.4.2}$$

式中,

$$\lambda_i = \frac{(1-\beta_{i.i})K_i}{T_i}, \quad i=1,2,3,4 \tag{5.4.3}$$

此时除了引进式(5.4.2)所需要的平稳性与无后效性外,再加上当 $\Delta t \to 0$ 时,改变状态的颗数不超过一颗(即当 $\Delta t \to 0$ 时,两颗及两颗以上颗粒改变状态的概率为 Δt 的高阶小量),则根据已有的概率论的结果,可以得到 $W_{m.K_i}(t)$ 为泊松分布。事实上,在 Δt 内一个颗粒改变状态的概率为

$$W_{1.K_i}(\Delta t) = 1 - W_{0.K_i}(\Delta t) + o(\Delta t) = \lambda_i \Delta t + o(\Delta t)$$

这里引用了前述 $\Delta t \to 0$ 时,改变状态的颗数不超过一颗的条件。这样

$$W_{m.K_i}(t+\Delta t) = W_{m-1.K_i}(t)W_{1.K_i}(\Delta t) + W_{m.K_i}(t)W_{0.K_i}(\Delta t) + o(\Delta t)$$
$$= W_{m-1.K_i}(t)\lambda_i(\Delta t) + W_{m.K_i}(t)(1-\lambda_i \Delta t) + o(\Delta t), \quad m \geqslant 1$$

即

$$\frac{\mathrm{d}W_{m.K_i}(t)}{\mathrm{d}t} = \lim_{\Delta t \to 0} \frac{W_{m.K_i}(t+\Delta t) - W_{m.K_i}(t)}{\Delta t} \tag{5.4.4}$$
$$= \lambda_i[W_{m-1.K_i}(t) - W_{m.K_i}(t)]$$

这是一阶线性方程,代入初始条件 $t=0$,$W_{m.K_i}(0)=0(m \geqslant 1)$,则其解为

$$W_{m.K_i}(t) = \mathrm{e}^{-\lambda_i t} \int_0^t \lambda_i \mathrm{e}^{\lambda_i t^\tau} W_{m-1.K_i}(\tau) \mathrm{d}\tau \tag{5.4.5}$$

由这个递推公式得

$$W_{1.K_i}(t) = \mathrm{e}^{-\lambda_i t} \int_0^t \lambda_i \mathrm{e}^{\lambda_i t^\tau} W_{0.K_i}(\tau) \mathrm{d}\tau = \mathrm{e}^{-\lambda_i t} \int_0^t \lambda_i \mathrm{e}^{\lambda_i} \mathrm{e}^{-\lambda_i \tau} \mathrm{d}t = \lambda_i t \mathrm{e}^{-\lambda_i \tau}$$

$$W_{2.K_i}(t) = \mathrm{e}^{-\lambda_i t} \int_0^t \lambda_i \mathrm{e}^{\lambda_i \tau} (\lambda_i \tau \mathrm{e}^{-\lambda_i t}) \mathrm{d}\tau = \mathrm{e}^{-\lambda_i t} \frac{(\lambda_i t)^2}{2!}$$

$$W_{m.K_i}(t) = \mathrm{e}^{-\lambda_i t} \int_0^t \lambda_i \mathrm{e}^{\lambda_i t} \frac{(\lambda_i \tau)^2}{2} \mathrm{d}\mathrm{e}^{\lambda_i \tau} = \mathrm{e}^{-\lambda_i t} \frac{(\lambda_i t)^m}{m!} \tag{5.4.6}$$

可见改变状态的颗数的条件分布仍为泊松分布。

由式(5.4.6)求得改变状态的颗数的条件期望为

$$\bar{m}_i(K_i) = M[\xi_{m.K_i} \mid \xi_{K_i} = K_i]$$
$$= \sum_{m=0}^{\infty} m \mathrm{e}^{-\lambda_i t} \frac{(\lambda_i t)^m}{m!}$$

$$= \sum_{m=1}^{\infty} \lambda_i t \, e^{-\lambda_i t} \frac{(\lambda_i t)^{m-1}}{(m-1)!}$$

$$= \lambda_i t = \frac{(1-\beta_{i,i}) K_i}{T_i} t \tag{5.4.7}$$

而无条件期望为

$$\overline{m}_i = M[\xi_{K_i} = K_i] \Big[\sum_{K_i=0}^{n_i} \overline{m}_i(K_i) P(K_i) \Big] = \overline{\lambda}_i t = \frac{(1-\beta_{i,i}) \overline{K}_i t}{T_i} \tag{5.4.8}$$

此处 n_i 表示 K_i 的最大取值。条件期望表示在 $\xi_{K_i} = K_i$ 的条件下,在 t 内改变状态的平均颗数;而无条件期望表示对所有的 K_i,在 t 内改变状态的平均颗数。式(5.4.8)表明,平均颗数与转移概率、颗数 K_i、时间 t 成正比,而与单步运动时间或起动周期成反比。

由式(5.4.7)和式(5.4.8)可得单位时间改变状态颗数即单位时间止 i 的颗数为

$$\frac{\overline{m}_i(K_i)}{t} = \frac{(1-\beta_{i,i}) K_i}{T_i} = \lambda_i \tag{5.4.9}$$

$$\frac{\overline{m}_i}{t} = \frac{(1-\beta_{i,i}) \overline{K}_i}{T_i} = \overline{\lambda}_i \tag{5.4.10}$$

式(5.4.10)给出的单位时间改变状态的平均颗数(止 i 颗数)$\dfrac{\overline{m}_i}{t}$ 也称为止 i 强度 $\overline{\lambda}_i$。

5.5　交　换　强　度

注意到 $1-\beta_{i,j} = \sum\limits_{j \neq i} \beta_{i,j}$,式(5.4.10)引进的止 i 强度可以写成

$$\overline{\lambda}_i = \frac{(1-\beta_{i,i}) \overline{K}_i}{T_i} = \begin{cases} \sum\limits_{j \neq i} \beta_{i,j} \, \overline{K}_i \mu_i U_i = \sum\limits_{j \neq i} \lambda_{i,j}, & i = 2,3,4 \\ \sum\limits_{j \neq i} \beta_{i,j} \dfrac{K_1}{t_{j,0}} = \sum\limits_{j \neq i} \lambda_{1,j}, & i = 1 \end{cases} \tag{5.5.1}$$

此处

$$\overline{\lambda}_{i,j} = \begin{cases} \beta_{i,j} \, \overline{K}_i \mu_i U_i, & i = 2,3,4, j \neq i \\ \beta_{i,j} \dfrac{K_1}{t_{j,0}}, & i = 1, j \neq i \end{cases} \tag{5.5.2}$$

称为止 i 转 j 强度,或者笼统地称为交换强度。将式(5.2.30)中的 $\beta_{i,j}$ 代入后,交换强度可分别表示为

$$
\begin{cases}
\bar{\lambda}_{1.2} = (\varepsilon_1 - \varepsilon_{2.0})(1 - \beta)R_1 \dfrac{n_0}{t_{2.0}} \\[2mm]
\bar{\lambda}_{1.3} = \varepsilon_{2.0}(1 - \beta)R_1 \dfrac{n_0}{t_{3.0}} \\[2mm]
\bar{\lambda}_{1.4} = \beta R_1 \dfrac{n_0}{t_{4.0}} \\[2mm]
\bar{\lambda}_{2.1} = (1 - \varepsilon_0)(1 - \varepsilon_4)\bar{K}_2 \mu_2 U_2 \\[2mm]
\bar{\lambda}_{2.3} = \varepsilon_2(1 - \varepsilon_4)\bar{K}_2 \mu_2 U_2 \\[2mm]
\bar{\lambda}_{2.4} = \varepsilon_4 \bar{K}_2 \mu_2 U_2 \\[2mm]
\bar{\lambda}_{3.1} = (1 - \varepsilon_1)(1 - \varepsilon_4)\bar{K}_3 \mu_3 U_3 \\[2mm]
\bar{\lambda}_{3.2} = (\varepsilon_0 - \varepsilon_2)(1 - \varepsilon_4)\bar{K}_3 \mu_3 U_3 \\[2mm]
\bar{\lambda}_{3.4} = \varepsilon_4 \bar{K}_3 \mu_3 U_3 \\[2mm]
\bar{\lambda}_{4.1} = (1 - \varepsilon_0)(1 - \varepsilon_4)\bar{K}_4 \mu_4 U_4 \\[2mm]
\bar{\lambda}_{4.2} = (\varepsilon_0 - \varepsilon_2)(1 - \varepsilon_4)\bar{K}_4 \mu_4 U_4 \\[2mm]
\bar{\lambda}_{4.3} = \varepsilon_2(1 - \varepsilon_4)\bar{K}_4 \mu_4 U_4
\end{cases} \tag{5.5.3}
$$

需要强调指出的是,上述 12 个转移强度是指 $j \neq i$ 的情况,即由 i 转至 j 的强度。其实,当 $j = i$ 时同样也存在四种强度,它们是保持原有状态的强度。正如文献[11]所指出的,停留在原状态的强度 $\bar{\lambda}_{i.i} = \beta_{i.i}\bar{K}_i \mu_i U_i$,即

$$
\bar{\lambda}_{2.2} = (\varepsilon_0 - \varepsilon_2)(1 - \varepsilon_4)\,\bar{K}_2 \mu_2 U_2
$$

$$
\bar{\lambda}_{3.3} = \varepsilon_2(1 - \varepsilon_4)\,\bar{K}_3 \mu_3 U_3
$$

$$
\bar{\lambda}_{4.4} = \varepsilon_4 \,\bar{K}_4 \mu_4 U_4
$$

$$
\bar{\lambda}_{1.1} = \beta_{1.1}\frac{\bar{K}_1}{T_1} = \frac{\beta_{1.1}}{1 - \beta_{1.1}}\bar{K}_1 \sum_{j \neq 1} \frac{\beta_{1.j}}{t_{0.j}}
$$

并且

$$
\sum_{j \neq i} \bar{\lambda}_{i.j} + \bar{\lambda}_{i.i} = \frac{\bar{K}_i}{T_i}, \quad i = 2, 3, 4
$$

$$
\sum_{j \neq 1} \bar{\lambda}_{1.j} + \bar{\lambda}_{1.1} = \frac{\bar{K}_1}{T_1}
$$

式中,$\dfrac{\bar{K}_i}{T_i}(i = 1, 2, 3, 4)$表示单位时间、单位床面上转至其他三种状态和停留原状态的总颗数。

前面证明了改变状态的颗数,即止 i 的颗数为泊松分布。这里需要指出的是,我们曾证明对于止 i 转 j 颗数 $\xi_{m.i.j}$ 仍服从泊松分布,也就是说

$$W_{m.K_{i.j}}(t) = P[\xi_{m.i.j} = m | \xi_{K_i} = K_i] = \mathrm{e}^{-\lambda_{i.j}t} \frac{(\lambda_{i.j}t)^m}{m!}, \quad i.j = 1,2,3,4, i \neq j$$

(5.5.4)

而 $\xi_{m.i.j}$ 的条件期望为

$$\bar{m}_{i.j}(K_i) = M[\xi_{m.i.j} | \xi_{K_i} = K_i] = \sum_{m=0}^{\infty} m\mathrm{e}^{-\lambda_{i.j}t} \frac{(\lambda_{i.j}t)^m}{m!} = \lambda_{i.j}t$$

$$= \begin{cases} \beta_{i.j}K_i\mu_i U_i t, & i=2,3,4, j \neq i \\ \beta_{i.j}\left(\dfrac{K_i}{t_{j.0}}\right)t, & i=1, j \neq 1 \end{cases}$$

(5.5.5)

无条件期望为

$$\bar{m}_{i.j} = M[\bar{m}_{i.j}(K_i)] = \sum_{K_i=0}^{n_i} m_{i.j}(K_i)P(K_i) = \bar{\lambda}_{i.j}t = \begin{cases} \beta_{i.j}\bar{K}_i\mu_i U_i t, & i=2,3,4, j \neq i \\ \beta_{1.i}\left(\dfrac{\bar{K}_i}{t_{j.0}}\right)t, & i=1, j \neq 1 \end{cases}$$

(5.5.6)

在实际运用中多使用条件期望。由此得到单位时间止 i 转 j 的平均颗数(条件期望和无条件期望)为

$$\frac{\bar{m}_{i.j}(K_i)}{t} = \lambda_{i.j} = \begin{cases} \beta_{i.j}K_i\mu_i U_i, & i=2,3,4, j \neq i \\ \beta_{1.i}\dfrac{K_i}{t_{j.0}}, & i=1, j \neq 1 \end{cases}$$

(5.5.7)

$$\frac{\bar{m}_{i.j}}{t} = \bar{\lambda}_{i.j} = \begin{cases} \beta_{i.j}\bar{K}_i\mu_i U_i, & i=2,3,4, j \neq i \\ \beta_{1.i}\dfrac{\bar{K}_i}{t_{j.0}}, & i=1, j \neq 1 \end{cases}$$

(5.5.8)

式(5.5.7)和式(5.5.8)给出的是单位时间、单位水柱内(或单位床面上)止 i 转 j 的平均颗数,也就是交换强度。

交换强度的物理意义是非常明确的,上面阐述了泥沙运动统计理论研究的一些结果,从转移概率、寿命分布入手,得到了交换颗数的条件分布,最后引出了交换强度。这种推导考虑较仔细,在数学上较严格,但是推导过程长,不够直观。现在近似地将交换的随机现象视为必然现象,从力学角度看,采用平均的方法直接求出止 i 转 j 的平均颗数。先考虑运动颗粒的情况,设单位水柱处于状态 i 有 $\bar{K}_i$ 颗泥沙,每颗泥沙每次运动距离恰为转 j 的平均距离 $\dfrac{1}{(1-\beta_{i.i})\mu_i}$(即平均单次距离),相应地每次运动时间恰为 $\dfrac{1}{(1-\beta_{i.i})\mu_i U_i}$,则经过时间 $\dfrac{1}{(1-\beta_{i.i})\mu_i U_i}$ 后,这 $\bar{K}_i$ 颗泥沙将

全部改变状态,因此单位时间改变状态的颗数为

$$\bar{\lambda}_i = \frac{\bar{K}_i}{\dfrac{1}{(1-\beta_{i.i})\mu_i U_i}} = (1-\beta_{i.i})\mu_i U_i \bar{K}_i = \sum_{j\neq i}\beta_{i.j}\mu_i \bar{U}_i K_i, \quad i=2,3,4 \quad (5.5.9)$$

这些改变状态的泥沙,将按概率比例$\dfrac{\beta_{i.j}}{1-\beta_{i.i}}$转移至状态$j$,故

$$\bar{\lambda}_{i.j} = \frac{\beta_{i.j}}{1-\beta_{i.i}}\bar{\lambda}_i = \beta_{i.i}\mu_i U_i \bar{K}_i, \quad i=2,3,4, j\neq i \quad (5.5.10)$$

需要强调指出$\bar{K}_i$、μ_i、U_i($i=2,3,4$)的物理意义。$\bar{K}_i$为单位水柱处于状态i的颗数,它的单步距离为$\dfrac{1}{\mu_i}$,相应的运动时间为$\dfrac{1}{\mu_i U_i}$,则单位时间运动的颗数为$\bar{K}_i\mu_i U_i$,这就是单位床面单位时间做i种运动的颗数。对于静止颗粒,设其起动至其余三种状态的起动周期为$\dfrac{T_1}{1-\beta_{1.1}}$,则经$t$后能起动$\dfrac{t}{\dfrac{T_1}{1-\beta_{1.1}}}$次。再设单位床面有$K_i$颗静止泥沙,则起动一次所起动的颗数为$K_i$,在$t$内起动$\dfrac{t}{\dfrac{T_1}{1-\beta_{1.1}}}$次,故$t$能够起动的颗数为

$$\bar{m}_1 = (1-\beta_{1.1})K_i \frac{t}{T_1} \quad (5.5.11)$$

单位时间的起动颗数,即止静强度为

$$\bar{\lambda}_1 = \frac{\bar{m}_1}{t} = (1-\beta_{1.1})\frac{K_i}{T_1} = \sum \beta_{1.j}\frac{K_1}{t_{j.0}} \quad (5.5.12)$$

另设止静转j($j=2,3,4$)的周期为$\dfrac{t_{j.0}}{\beta_{i.j}}$,则单位床面$K_i$颗泥沙中,在$t$内起动后转入$j$的颗数为

$$\bar{m}_{i,j} = \beta_{1.j}\frac{\bar{K}_i}{t_{j.0}} \quad (5.5.13)$$

单位时间起动j颗,即交换强度为

$$\bar{\lambda}_{1.j} = \frac{\bar{m}_{1.j}}{t} = \beta_{1.j}\frac{\bar{K}_1}{t_{j.0}}, \quad j\neq 1 \quad (5.5.14)$$

直接由式(5.5.12)有$\dfrac{1}{T_1} = \sum \dfrac{\beta_{1.j}}{1-\beta_{1.1}}\dfrac{1}{t_{j.0}}$,与式(5.3.35)完全相同。将式(5.5.9)、式(5.5.12)与式(5.5.1)比较以及将式(5.5.10)、式(5.5.14)与式(5.5.2)比较可知,单纯从平均结果看,用概率论的方法与必然的平均值方法得到的结果是完全一致的。

5.6　非均匀沙的交换强度

前面研究的都是属于均匀沙的情况,实际泥沙均为非均匀沙,因此必须将前述结果推广到非均匀沙。均匀沙的交换强度式(5.5.3)中包含了单步运动时间 $T_i=\dfrac{1}{\mu_i U_i}$ 或起动时间 $t_{i.0}$、转移概率 $\beta_{i.j}$ 以及单位水柱中运动颗数 $\bar{K}_i$ 等。显然对于非均匀沙,这些参数取决于颗粒直径 D、其在床面的位置分布、各种粒径泥沙在单位床面的颗数以及在单位水柱中处于某种运动状态的各种粒径泥沙的颗数等。考虑这些因素之后,不难将均匀沙的交换强度推广到非均匀沙。

对于非均匀沙,按粒径将其分为若干组,并以下标 l 表示分组序号。由于均匀沙的交换强度公式中已经包含粒径的因素,只要加下标 l 可以反映不同粒径的影响。因此,前面有关转移概率、转移强度等公式作为分组粒径的成果仍然正确,只要在有关参数中加上表示粒径组 l 的下标。非均匀泥沙在床面的位置的作用仍用 $\varphi(\Delta')$ 表示,至于 Δ' 则按第 2 章里的 $f_\Delta\left(\dfrac{\bar{D}}{D_l}\right)$ 取值,详见第 2 章。对于 l 组泥沙在单位床面的静止总颗数,曾经求得

$$\bar{K}_{1.l}=n_{1.l}P_{1.l}=R_{1.l}\frac{P_{1.l}m_0}{\frac{\pi}{4}D_l^3} \tag{5.6.1}$$

式中, $\dfrac{m_0}{\frac{\pi}{4}D_l^2}=n_{0.l}$ 为单位床面粒径为 D_l 的泥沙颗数;而 $R_{1.l}$ 为式(5.2.38)所示单位床面粒径为 D_l 的泥沙静止的概率; $P_{1.l}$ 为床沙级配。至于在单位水柱中 l 组泥沙处于某种状态 i 的级配,显然有

$$P_{i.l}=\frac{q_{i.l}}{\sum q_{i.l}}=\frac{q_{i.l}}{q_i},\quad i=2,3,4;l=1,2,\cdots,n \tag{5.6.2}$$

即

$$q_{i.l}=\sum_{l=1}^{n}P_{i.l}q_i,\quad i=2,3,4 \tag{5.6.3}$$

式中,下标 l 表示粒径组序号; n 表示组数; $q_{i.l}$ 表示处于状态 i 的非均匀沙中第 l 组泥沙以重量计的单宽输沙率; q_i 表示处于状态 i 的非均匀沙以重量计的总(单宽)输沙率。至于在单位水柱中处于状态 i 的第 l 组泥沙的颗数 $\bar{K}_{i.l}$ 与总颗数 $\bar{K}_i$ 及级配 $P_{i.l}$ 的关系,则为

$$\bar{K}_{i.l}U_{i.l}\frac{\pi}{6}\gamma_s D_l^3=q_{i.l} \tag{5.6.4}$$

即

$$\bar{K}_{i.l}=\frac{q_{i.l}}{\frac{\pi}{6}\gamma_s D_l^3 U_{i.l}}=\frac{P_{i.l}q_i}{\frac{\pi}{6}\gamma_s D_l^3 U_{i.l}}$$

$$\bar{K}_i=\sum_{l=1}^{n}\bar{K}_{i.l}=\frac{1}{\frac{\pi}{6}\gamma_s}\sum_{l=1}^{n}\frac{P_{i.l}q_i}{D_l^3 U_{i.l}} \tag{5.6.5}$$

$$\bar{K}_{i.l}=\frac{\dfrac{P_{i.l}q_i}{D_l^3 U_{i.l}}}{\sum\dfrac{P_{i.l}q_i}{D_l^3 U_{i.l}}}\bar{K}_i,\quad i=2,3,4;l=1,2,\cdots,n \tag{5.6.6}$$

比较式(5.6.3)及式(5.6.5)可见,利用级配$P_{i.l}$,加权以重量计的输沙率和以颗数计的输沙率采用的公式是不一样的。当然,为了不致太复杂,在叠加非均匀沙单位水柱处于状态i的颗数最后不采用K_i,而直接利用分组值,换算成$q_{i.l}$后再加权。这样非均匀沙l组粒径泥沙交换强度为

$$\bar{\lambda}_{i.j.l}=\begin{cases}\beta_{i.j}\bar{K}_{i.l}\mu_{i.l}U_{i.l}, & i=2,3,4;j\neq i;l=1,2,\cdots,n\\ \beta_{1.j.l}\dfrac{\bar{K}_{1.l}}{t_{j.0.1}}, & i=1;j\neq 1;l=1,2,\cdots,n\end{cases} \tag{5.6.7}$$

止i强度为

$$\bar{\lambda}_{i.l}=\sum_{j\neq i}\bar{\lambda}_{i.j.l},\quad i=1,2,3,4;l=1,2,\cdots,n \tag{5.6.8}$$

式中,$\beta_{i.j.l}$与均匀沙的式(5.2.30)类似,只是矩阵的各元素均增加下标l。于是由式(5.5.3),得到非均匀沙四种状态12种转移强度的表达式为

$$\begin{cases}\bar{\lambda}_{1.2.l}=(\varepsilon_{1.l}-\varepsilon_{2.0.l})(1-\beta_l)R_{1.l}P_{1.l}\dfrac{n_{0.l}}{t_{2.0.l}}\\[2mm] \bar{\lambda}_{1.3.l}=\varepsilon_{2.0.l}(1-\beta_l)R_{1.l}P_{1.l}\dfrac{n_{0.l}}{t_{3.0.l}}\\[2mm] \bar{\lambda}_{1.4.l}=\beta_l R_{1.l}P_{1.l}\dfrac{n_{0.l}}{t_{4.0.l}}\\[2mm] \bar{\lambda}_{2.1.l}=(1-\varepsilon_{0.l})(1-\varepsilon_{4.l})\bar{K}_{2.l}\mu_{2.l}U_{2.l}\\[2mm] \bar{\lambda}_{2.3.l}=\varepsilon_{2.l}(1-\varepsilon_{4.l})\bar{K}_{2.l}\mu_{2.l}U_{2.l}\\[2mm] \bar{\lambda}_{2.4.l}=\varepsilon_{4.l}\bar{K}_{2.l}\mu_{2.l}U_{2.l}\\[2mm] \bar{\lambda}_{3.1.l}=(1-\varepsilon_{0.l})(1-\varepsilon_{4.l})\bar{K}_{3.l}\mu_{3.l}U_{3.l},\quad l=1,2,\cdots,n\\[2mm] \bar{\lambda}_{3.2.l}=(\varepsilon_{0.l}-\varepsilon_{2.l})(1-\varepsilon_{4.l})\bar{K}_{3.l}\mu_{3.l}U_{3.l}\\[2mm] \bar{\lambda}_{3.4.l}=\varepsilon_{4.l}\bar{K}_{3.l}\mu_{3.l}U_{3.l}\\[2mm] \bar{\lambda}_{4.1.l}=(1-\varepsilon_{0.l})(1-\varepsilon_{4.l})\bar{K}_{4.l}\mu_{4.l}U_{4.l}\\[2mm] \bar{\lambda}_{4.2.l}=(\varepsilon_{0.l}-\varepsilon_{2.l})(1-\varepsilon_{4.l})\bar{K}_{4.l}\mu_{4.l}U_{4.l}\\[2mm] \bar{\lambda}_{4.3.l}=\varepsilon_{2.l}(1-\varepsilon_{4.l})\bar{K}_{4.l}\mu_{4.l}U_{4.l}\end{cases} \tag{5.6.9}$$

式中，$n_{0.l}$ 为单位床面泥沙颗数。需要强调指出的是，对于基本概率 $\varepsilon_{1.l}(\Delta')$、$\varepsilon_{2.l}(\Delta')$、$\varepsilon_{0.l}(\Delta')$ 等求 $\xi_{\Delta'}$ 的全概率时，其中 $P'_\Delta(\Delta')$、Δ'_M 及 Δ'_m 等均应采用非均匀沙结果。有关这方面的内容，将在第 6 章中专门说明。

5.7　交换强度的应用概况[3-9,11-14]

式(5.5.3)和式(5.6.9)给出的各种交换强度，不仅能够较全面地描述处于各种运动状态的泥沙之间的交换，还可以用以研究泥沙处于各种状态的一些规律，是一种有效的工具。相比悬移质挟沙能力、推移质输沙能力，以及它们的不平衡输沙的方程和公式，交换强度理论是更为基本的概念和规律。这是因为反过来，由这些成果无法导出交换强度。下面举出交换强度若干应用概况以说明它不仅是泥沙运动的理论基础，而且是一种有效的工具。

5.7.1　悬移质与床沙单独交换时的不平衡输沙[3]

设床沙与悬移质交换，由式(5.6.9)知，由床沙转为悬沙的交换强度（单位床面、单位时间床沙转为悬沙的颗数）为

$$\bar{\lambda}_{1.4.l} = \beta_l R_{1.l} \frac{n_{0.l}}{t_{4.0.l}} = \beta_l R_{1.l} \frac{P_{1.l} m_0}{\frac{\pi}{4} D_l^2 t_{4.0.l}} \tag{5.7.1}$$

而由悬沙转为床沙的交换强度为

$$\bar{\lambda}_{4.1.l} = (1-\varepsilon_{0.l})(1-\varepsilon_{4.l}) \bar{K}_{4.l} \mu_{4.l} U_{4.l} = (1-\varepsilon_{0.l})(1-\varepsilon_{4.l}) q_{4.n.l} \mu_{4.l} \tag{5.7.2}$$

将颗数转换成重量，故在定常水流条件下，有

$$\frac{\mathrm{d}q_{4.l}}{\mathrm{d}x} = \frac{\mathrm{d}q_{s.l}}{\mathrm{d}x} = \frac{\mathrm{d}(qS_l)}{\mathrm{d}x} = q\frac{\mathrm{d}(P_{4.l}S)}{\mathrm{d}x}$$

$$= -(1-\varepsilon_{0.l})(1-\varepsilon_{4.l})\left[\bar{K}_{4.l}\mu_{2.l}U_{2.l} - \frac{\beta_l R_{1.l}}{(1-\varepsilon_{0.l})(1-\varepsilon_{4.l})}\frac{P_{1.l}m_0}{\frac{\pi}{4}D_l^2 t_{4.0.l}}\right]\frac{\pi}{6}\gamma_s D_l^3$$

$$= -(1-\varepsilon_{0.l})(1-\varepsilon_{4.l})\left(\frac{qP_{4.l}S}{L_{4.l}} - \frac{2}{3}m_0\gamma_s\frac{P_{1.l}D_l}{t_{4.0.l}}\psi_{4.l}\right) \tag{5.7.3}$$

式中，q 为单宽流量；S 为悬移质含沙量；$L_{4.l}$ 为悬移质单步运动距离，即 $\frac{1}{\mu_{4.l}}$；

$$\psi_{4.l} = \frac{\beta_l R_{1.l}}{(1-\varepsilon_{0.l})(1-\varepsilon_{4.l})} = \frac{\beta_l}{1+(1-\varepsilon_{0.l})(1-\varepsilon_{4.l})-(1-\varepsilon_{1.l})(1-\beta_l)} \tag{5.7.4}$$

为综合概率。此外，$R_{1.l}$ 为非均匀沙第 l 组泥沙在床面静止的概率，根据式

(5.2.38)，它为

$$R_{1.l} = \frac{(1-\varepsilon_{0.l})(1-\varepsilon_{4.l})}{1+(1-\varepsilon_{0.l})(1-\varepsilon_{4.l})-(1-\varepsilon_{1.l})(1-\beta_l)}$$

当处于强平衡时，即 $\dfrac{\mathrm{d}(SP_{4.l})}{\mathrm{d}x}=0$，$S=S^*$，$P_{4.l}=P_{4.l}^*$，$L_{4.l}=L_{4.l}^*$，代入式（5.7.3）可得

$$\frac{q_{4.l}^*}{L_{4.l}^*} = \frac{qS^*P_{4.l}^*}{L_{4.l}^*} = \frac{2}{3}m_0\gamma_s \frac{\psi_{4.l}P_{1.l}D_l}{t_{4.0.l}} \tag{5.7.5}$$

将式（5.7.5）代入式（5.7.3），可得

$$\frac{\mathrm{d}S_l}{\mathrm{d}x} = \frac{\mathrm{d}(P_{4.l}S)}{\mathrm{d}x} = -(1-\varepsilon_{0.l})(1-\varepsilon_{4.l})\left(\frac{P_{4.l}S}{L_{4.l}} - \frac{P_{4.l}^*S^*}{L_{4.l}^*}\right) \tag{5.7.6}$$

令

$$\tilde{\alpha}_l = \frac{(1-\varepsilon_{0.l})(1-\varepsilon_{4.l})q}{\omega_l L_{4.l}} = (1-\varepsilon_{0.l})(1-\varepsilon_{4.l})\frac{l}{L_{4.l}} \tag{5.7.7}$$

$$\alpha_l^* = \frac{(1-\varepsilon_{0.l})(1-\varepsilon_{4.l})q}{\omega_l L_{4.l}^*} = (1-\varepsilon_{0.l})(1-\varepsilon_{4.l})\frac{l}{L_{4.l}^*} \tag{5.7.8}$$

式中，

$$l = \frac{q}{\omega_l} \tag{5.7.9}$$

称为落距，即泥沙在层流中由水面沉至河底的距离。

将式（5.7.7）~式（5.7.9）代入式（5.7.6），可得

$$\frac{\mathrm{d}(SP_{4.l})}{\mathrm{d}x} = \frac{\mathrm{d}S_l}{\mathrm{d}x} = -\frac{\omega_l}{q}(\tilde{\alpha}_l P_{4.l}S - \alpha_l^* P_{4.l}^* S^*) = -\frac{\omega_l B}{Q}(\tilde{\alpha}_l P_{4.l}S - \alpha_l^* P_{4.l}^* S^*) \tag{5.7.10}$$

式中，B 为河宽，它可改写为

$$\frac{\mathrm{d}(P_{4.l}S)}{\mathrm{d}x} = -\frac{\tilde{\alpha}_l\omega_l}{q}\left(SP_{4.l} - \frac{\alpha_l^*}{\tilde{\alpha}_l}S^*P_{4.l}^*\right) \tag{5.7.11}$$

这正是恒定水流条件下非均匀沙分组含沙量一维不平衡输沙方程。文献[9]给出方程（5.7.11）在 $x=0$ 至 $x=L$ 的解为

$$\begin{aligned} S_{L.l} &= \frac{\alpha_l^*}{\tilde{\alpha}_l}P_{4.L.l}^*S_L^* + \left(P_{4.0.l}S_0 - \frac{\alpha_l^*}{\tilde{\alpha}_l}P_{4.0.l}^*S_0^*\right)\mathrm{e}^{-\alpha_{1.l}L} \\ &\quad + \frac{\alpha_l^*}{\tilde{\alpha}_l}(P_{4.0.l}^*S_0^* - P_{4.L.l}^*S_L^*)(1-\mathrm{e}^{-\alpha_{1.l}L})\frac{1}{\alpha_{1.l}L} \\ &= \frac{\alpha_l^*}{\tilde{\alpha}_l}P_{4.L.l}^*S_L^* + \left(P_{4.0.l}S_0 - \frac{\alpha_l^*}{\tilde{\alpha}_l}P_{4.0.l}S_0^*\right)\mathrm{e}^{\frac{\tilde{\alpha}_l\omega_l L}{q}} \\ &\quad + \frac{\alpha_l^*}{\tilde{\alpha}_l}(P_{4.0.l}^*S_0^* - P_{4.L.l}^*S_L^*)\frac{q}{\tilde{\alpha}_l\omega_l L}(1-\mathrm{e}^{\frac{\tilde{\alpha}_l\omega_l L}{q}}) \end{aligned} \tag{5.7.12}$$

式中,下标 0 为河段起点的参数,下标 L 表示河段终点的参数;而 $P_{4.l}^*$ 为挟沙能力级配。

从式(5.7.12)可以看出,所有输沙能力项都乘了 $\dfrac{\alpha_l^*}{\tilde{\alpha}_l}=\dfrac{L_{4.l}}{L_{4.l}^*}=K_l$,它表示不平衡输沙时输沙能力是要修正的,由此引起 S_l^* 是多值的,由 K_l 表示,并且由 S_l 与 $K_lS_l^*$ 决定冲淤。只有在平衡时才有 $K_1=1$,此时 $S_l=S_l^*$,不冲不淤。显然对于非恒定流,上述方程变为

$$\frac{\partial(SP_{4.l}Q)}{\partial x}+\frac{\partial(ASP_{4.l})}{\partial t}+B\omega_l(\tilde{\alpha}_lP_{4.l}S-\alpha_l^*P_{4.l}^*S^*)=0 \quad (5.7.13)$$

式中,A 为过水面积。实际上,式(5.7.13)与河床变形方程

$$\frac{\partial(SP_{4.l}Q)}{\partial x}+\frac{\partial(ASP_{4.l})}{\partial t}+\gamma_s'\frac{\partial(AP_{.l})}{\partial t}=0$$

比较,等价于

$$\gamma_s'\frac{\partial(AP_{1.l})}{\partial t}=B\omega_l(\tilde{\alpha}_lP_{4.l}S-\alpha_l^*P_{4.l}^*S^*) \quad (5.7.14)$$

这个形式变形方程最早于 1974 年给出[15],该式已被数学模型广泛采用[16,17],后来利用交换强度理论做了深入的推导[9,18]。它是目前为止,唯一没有经验系数的一维不平衡输沙的理论结果。需要强调的是,此处及以下必须区别单宽输沙率与单宽输沙能力,后者是指平衡输沙条件下的输沙率。同样要区别悬移质含沙量与挟沙能力,后者是平衡条件下的含沙量。

5.7.2　悬移质与床沙单独交换达到强平衡的挟沙能力[4,9,12-14]

单纯从非均匀沙挟沙能力公式看,其实前面式(5.7.5)已经引进,但是为了将机理阐述清楚,这里仍由交换强度直接导出。

由式(5.6.9)中交换强度 $\lambda_{1.4.l}=\lambda_{4.1.l}$ 相等,有

$$\beta_lR_{1.l}P_{1.l}\frac{n_{0.l}}{t_{4.0.l}}=\beta_lR_{1.l}P_{1.l}\frac{4m_0}{\pi D_l^2}\frac{1}{t_{4.0.l}}=\bar{\lambda}_{1.4.l}=\bar{\lambda}_{4.1.l}$$

$$=(1-\varepsilon_{0.l})(1-\varepsilon_{4.l})\bar{K}_{4.l}U_{4.l}\mu_{4.l}^* \quad (5.7.15)$$

式(5.7.15)中的交换强度是以颗数计的,现在换成以重量计的,即乘以 $\dfrac{\pi}{6}\gamma_sD_l^3$,则得到悬移质与床沙交换的分组输沙能力 $q_{s.l}^*$

$$\frac{\pi}{6}\gamma_sD_l^3\bar{K}_{4.l}U_{4.l}=q_{4.l}^*=qP_{4.l}^*S^*=\frac{2}{3}m_0\gamma_sD_l\frac{\beta_lP_{1.l}R_{1.l}}{(1-\varepsilon_{0.l})(1-\varepsilon_{4.l})\mu_{4.l}^*t_{4.0.l}}$$

$$(5.7.16)$$

式中,

$$\frac{\pi}{6} D_l^3 \bar{K}_{4.l} U_{4.l} = q_{s.l}^* = q P_{4.l}^* S^* \tag{5.7.17}$$

$$\mu_{4.l}^* = \frac{1}{L_{4.l}^*} \tag{5.7.18}$$

而 q 为单宽流量；$L_{4.l}^*$ 为悬移质单步距离；S^* 为悬移质挟沙能力；$P_{4.l}^*$ 为挟沙能力级配。它们均为强平衡条件下的 $L_{4.l} = \dfrac{1}{\mu_{4.l}}$、$S$ 和 $P_{4.l}$。由于冲淤状态不同，含沙量分布是变化的，因此有 L 与 L^* 之别，而 $L_{b.l} = \dfrac{1}{\mu_{b.l}}$ 则没有这种差别。将式(5.7.16)改写

$$S_{4.l}^* = P_{4.l}^* S^* = \frac{2}{3} m_0 \gamma_s \frac{\beta_l P_{1.l} R_{1.l} D_l}{(1 - \varepsilon_{0.l})(1 - \varepsilon_{4.l})} \frac{L_{4.l}^*}{q t_{4.0.l}} \tag{5.7.19}$$

将式(5.2.38)表示的床面泥沙静止的概率 $R_{1.l}$ 代入，则式(5.7.16)变为

$$P_{4.l}^* S^* = \frac{2}{3} m_0 \gamma_s \frac{\beta_l}{1 + (1 - \varepsilon_{0.l})(1 - \varepsilon_{4.l}) - (1 - \varepsilon_{1.l})(1 - \beta_l)} \frac{P_{1.l} D_l L_{4.l}^*}{q t_{4.0.l}}$$

$$= \frac{2}{3} m_0 \gamma_s \frac{\psi_{4.l} P_{1.l} D_l L_{4.l}^*}{q t_{4.0.l}} = \frac{2}{3} m_0 \gamma_s P_{1.l} \psi_{4.l} \frac{D_l}{\omega_l t_{4.0.l}} \frac{L_{4.l}^* \omega_l}{q} \tag{5.7.20}$$

式(5.7.20)就是悬移质与床沙单独交换时非均匀沙悬移质分组挟沙能力 S_l^*。从该式可以看出，S_l^* 与颗粒容重 γ_s、粒径 D_l、单步距离 $L_{4.l}^*$ 以及床沙级配 $P_{1.l}$ 成正比，而与单宽流量、颗粒脱离床面的时间成反比。比例系数为 $\dfrac{2}{3} m_0$，m_0 为床面静密实系数，取 0.4。这个公式的物理意义非常明确，反映出机理揭示是很清楚的。而公式与各因素的关系均非常简单，仅正比与反比就足以表达，已接触到本质。

由式(5.7.20)还可简单得到非均匀沙总挟沙能力及挟沙能力级配与床沙级配的关系。令式(5.7.20)中的 $P_{1.l} = P_{4.l}^* = 1$，即为均匀沙，则有

$$S^* = \frac{2}{3} m_0 \gamma_s \psi_{4.l} \frac{D_l}{\omega_l t_{4.0.l}} \frac{L_{4.l}^* \omega_l}{q} = S^* (D_l) = S^* (l) \tag{5.7.21}$$

它是粒径为 D_l 的均匀沙的挟沙能力。将(5.7.21)代入式(5.7.20)，可得

$$P_{4.l}^* S^* = P_{1.l} S^* (l) \tag{5.7.22}$$

就 l 对式(5.7.22)求和

$$S^* = \sum P_{1.l} S^* (l) = \frac{2}{3} m_0 \gamma_s \sum^n P_{1.l} \psi_{4.l} \frac{D_l L_{4.l}^*}{q t_{4.0.l}} \tag{5.7.23}$$

这就是非均匀沙总挟沙能力。式(5.7.22)是利用床沙级配叠加非均匀沙挟沙能力。目前为止，这种叠加方法是主流，但是也有少数是用挟沙能力级配叠加。这当然是完全可以的，式(5.7.22)就能证明。

将式(5.7.22)改写后，再求和有

$$\sum_{l=1}^{n} P_{1.l} = \sum_{l=1}^{n} P_{4.l}^{*} \frac{S^{*}}{S^{*}(l)} = S^{*} \sum_{l=1}^{n} \frac{P_{4.l}^{*}}{S^{*}(l)} \tag{5.7.24}$$

即

$$\frac{1}{S^{*}} = \sum_{l=1}^{n} \frac{P_{4.l}^{*}}{S^{*}(l)} \tag{5.7.25}$$

可见,利用挟沙能力级配同样可以叠加非均匀沙挟沙能力,并且只要两种级配相应,按上述式(5.7.22)及式(5.7.25)计算会得到同样的总输沙量。这样从理论上澄清了过去有过的一种争论——究竟是式(5.7.23)前一等式还是式(5.7.25)或 $S^{*} = \sum_{l=1}^{n} P_{4.l}^{*} S^{*}(l)$ 正确。实际上,式(5.7.23)与式(5.7.25)是同一公式,但是 $S^{*} = \sum_{l=1}^{n} P_{4.l}^{*} S^{*}(l)$ 是错误的。

尚需强调的是,式(5.7.22)是一个重要的关系和概念,它是均匀沙挟沙能力与非均匀沙挟沙能力之间的桥梁和挟沙能力级配与床沙级配之间的关系。利用它可以将以前研究较多的均匀沙的某些成果推广或升华到非均匀沙,它由韩其为于1979 年根据交换强度导出[18]。在非均匀沙研究领域中,对此问题后续研究很少,目前仍有个别研究成果,但对这两种叠加方法缺乏清晰理解,导致公式有含糊和不合理之处。

5.7.3　均匀沙跳跃运动输沙能力[2,11]

均匀沙强平衡情况下跳跃运动单宽输沙能力。设泥沙运动处于强平衡,并取静止与跳跃达到平衡。注意到式(5.5.3)与对于均匀沙的式(5.6.1),此时在单位时间、单位床面由静止转为跳跃的颗数为

$$\bar{\lambda}_{1.3} = \beta_{1.3} \frac{K_1}{t_{3.0}} = \varepsilon_{2.0}(1-\beta) R_1 \frac{n_0}{t_{3.0}} = \frac{\varepsilon_{2.0}(1-\beta)}{t_{3.0}} \frac{R_1 m_0}{\frac{\pi}{4} D^2} \tag{5.7.26}$$

反之,根据式(5.5.3)知由跳跃转为静止的颗数为

$$\bar{\lambda}_{3.1} = \beta_{3.1} \bar{K}_3 \mu_3 U_3 = (1-\varepsilon_0)(1-\varepsilon_4) \bar{K}_3 \mu_3 U_3 \tag{5.7.27}$$

在平衡条件下,两种转移的颗数相等,有

$$q_{n.3}^{*} = K_3 U_3 = \frac{R_1 m_0}{\frac{\pi}{4} D^2} \frac{\varepsilon_{2.0}(1-\beta)}{(1-\varepsilon_0)(1-\varepsilon_4)} \frac{1}{t_{3.0} \mu_3}$$

$$= \frac{m_0}{\frac{\pi}{4} D^2} \frac{\varepsilon_{2.0}(1-\beta)}{1+(1-\varepsilon_0)(1-\varepsilon_4)-(1-\varepsilon_1)(1-\beta)} \frac{L_3}{t_{3.0}} \tag{5.7.28}$$

这就是单位宽度以颗数计的推移质输沙能力。这是因为 K_3 为单位底面积水柱内的跳跃泥沙颗数,而 $K_3 U_3$ 表示在单位时间内,K_3 个颗粒恰好全部通过一个单宽

断面。以重量计的推移质跳跃运动单宽输沙能力为

$$q_3^* = \gamma_s \frac{\pi}{6} D^3 q_{n.3}^*$$

$$= \frac{2}{3} m_0 \gamma_s D \frac{R_1 \varepsilon_2 (1-\beta)}{(1-\varepsilon_0)(1-\varepsilon_4)} \frac{L_3}{t_{3.0}}$$

$$= \frac{2}{3} m_0 \gamma_s D \frac{\varepsilon_2 (1-\beta)}{1 + (1-\varepsilon_0)(1-\varepsilon_4) - (1-\varepsilon_1)(1-\beta)} \frac{t_3}{t_{3.0}} U_3$$

$$= \frac{2}{3} m_0 \gamma_s \frac{\psi_3 D U_3 t_3}{t_{3.0}} \tag{5.7.29}$$

式中,

$$\psi_{3.l} = \frac{\varepsilon_{2.0}(1-\beta)}{1 + (1-\varepsilon_0)(1-\varepsilon_4) - (1-\varepsilon_1)(1-\beta)} \tag{5.7.30}$$

如果假定 $R_1 = 1$,或者无意中采用床面泥沙全部静止的假设,正如以前不少研究者的做法一样,此时再加上忽略悬浮($\beta = \varepsilon_4 = 0$),不考虑黏着力与薄膜水附加下压力(颗粒较粗,$\varepsilon_1 = \varepsilon_0$),则式(5.7.29)变为

$$q_3^* = \frac{2}{3} m_0 \gamma_s D \frac{\varepsilon_2}{1-\varepsilon_1} \frac{L_2}{t_{3.0}} \tag{5.7.31}$$

这就导出了 Einstein[1]、Великанов[19]、窦国仁[20] 等的推移质公式。当然,该式只是一种最简单的情况,几乎难以出现,如 $R_1 = 1$ 就不可能出现。从上面的论证可看出,此推导颇为严密,有关参数的含义更为丰富和确切。至于式(5.7.30)与上述各研究者的公式的差别,在第 6 章中将专门论及。

5.7.4　悬移质与床沙和推移质同时交换时的不平衡输沙[3,21]

目前为止,悬移质不平衡输沙的研究仅限于它与床沙之间的交换。实际上,悬移质不仅与床沙交换,而且与滚动、跳跃运动的泥沙也会发生交换,正如本章给出的床面泥沙交换强度方程(5.5.3)及方程(5.6.9)所表明的。显然,由于泥沙运动的复杂性,以往从理论上研究这种不平衡输沙是很困难的。但是利用前述交换强度理论导出此时的方程却较为容易,这正好证实了交换强度是研究泥沙运动的有效工具。

在定常与均匀水流条件下,悬移质与床沙和推移质同时发生交换时,其单宽输沙率为

$$\frac{d(q P_{4.l} S)}{dx} = \frac{dq_{s.l}}{dx} = [(\bar{\lambda}_{1.4.l} + \bar{\lambda}_{b.4.l}) - (\bar{\lambda}_{4.1.l} + \bar{\lambda}_{4.b.l})] \frac{\pi}{6} D_l^3 \gamma_s \tag{5.7.32}$$

式中,$\bar{\lambda}_{1.4.l}$、$\bar{\lambda}_{b.4.l}$ 分别为床沙和推移质转为悬移质的以颗数计交换强度;$\bar{\lambda}_{4.1.l}$、$\bar{\lambda}_{4.b.l}$ 为悬移质转为床沙和推移质的交换强度。其中 $\bar{\lambda}_{1.4.l}$ 及 $\bar{\lambda}_{4.1.l}$ 已由式(5.6.9)给出。而悬移质与推移质的交换强度 $\bar{\lambda}_{4.b.l}$ 及 $\bar{\lambda}_{b.4.l}$ 可由式(5.6.9)中的有关公式归并

如下：

$$\bar{\lambda}_{4.b.l} = \bar{\lambda}_{4.2.l} + \bar{\lambda}_{4.3.l}$$

$$= (\varepsilon_{0.l} - \varepsilon_{2.l})(1 - \varepsilon_{4.l})\bar{K}_{4.l}\mu_{4.l}U_{4.l} + \varepsilon_{2.l}(1 - \varepsilon_{4.l})\bar{K}_{4.l}\mu_{4.l}U_{4.l}$$

$$= \varepsilon_{0.l}(1 - \varepsilon_{4.l})\bar{K}_{4.l}\mu_{4.l}U_{4.l} \tag{5.7.33}$$

$$\bar{\lambda}_{b.4.l} = \bar{\lambda}_{2.4.l} + \bar{\lambda}_{3.4.l}$$

$$= \varepsilon_{4.l}\bar{K}_{2.l}\mu_{2.l}U_{2.l} + \varepsilon_{4.l}\bar{K}_{3.l}\mu_{3.l}U_{3.l} = \varepsilon_{4.l}\bar{K}_{b.l}\mu_{b.l}U_{b.l} \tag{5.7.34}$$

附带指出，若用式(5.7.33)的 $\bar{\lambda}_{4.b.l}$ 代替 $\bar{\lambda}_{4.2.l} + \bar{\lambda}_{4.3.l}$，用式(5.7.34)的 $\bar{\lambda}_{b.4.l}$ 代替 $\bar{\lambda}_{2.4.l} + \bar{\lambda}_{3.4.l}$，则式(5.6.9)变化为三种运动状态的 6 种转移强度：

$$\begin{cases} \bar{\lambda}_{1.4.l} = \beta_l R_{1.l} \dfrac{n_{0.l}}{t_{4.0.l}} \\[2mm] \bar{\lambda}_{4.1.l} = (1 - \varepsilon_{0.l})(1 - \varepsilon_{4.l})\bar{K}_{4.l}\mu_{4.l}U_{4.l} \\[2mm] \bar{\lambda}_{1.b.l} = \varepsilon_{1.l}(1 - \beta_l)R_{1.l} \dfrac{n_{0.l}}{t_{b.0.l}} \\[2mm] \bar{\lambda}_{b.1.l} = (1 - \varepsilon_{0.l})(1 - \varepsilon_{4.l})\bar{K}_{b.l}\mu_{b.l}U_{b.l} \\[2mm] \bar{\lambda}_{b.4.l} = \varepsilon_{4.l}\bar{K}_{b.l}\mu_{b.l}U_{b.l} \\[2mm] \bar{\lambda}_{4.b.l} = \varepsilon_{0.l}(1 - \varepsilon_{4.l})\bar{K}_{4.l}\mu_{4.l}U_{4.l} \end{cases} \tag{5.7.35}$$

式中，推移质的有关参数 $\bar{K}_{b.l}$、$\mu_{b.l}$、$U_{b.l}$ 及 $t_{b.0.l}$ 等不能如滚动与跳跃运动那样，直接通过力学研究和概率论分析得出，只能由滚动与跳跃参数叠加得到。如何叠加，各参数的表达式等在第 6 章中要专门论证。

将式(5.6.9)中的 $\bar{\lambda}_{1.4.l}$、$\bar{\lambda}_{4.1.l}$ 及式(5.7.33)、式(5.7.34)代入式(5.7.32)，可得

$$\frac{dq_{4.s}}{dx} = \frac{d(qP_{4.l}S)}{dx} = \left[(\bar{\lambda}_{1.4.l} + \bar{\lambda}_{b.4.l}) - (\bar{\lambda}_{4.1.l} + \bar{\lambda}_{4.b.l})\right] \frac{\pi}{6} D_l^3 \gamma_s$$

$$= \left[\beta_l R_{1.l} \frac{P_{1.l} m_0}{\frac{\pi}{4} D_l^2} - (1 - \varepsilon_{0.l})(1 - \varepsilon_{4.l})\bar{K}_{4.l}\mu_{4.l}U_{4.l}\right] \frac{\pi}{6} D_l^3 \gamma_s$$

$$+ \left[-\varepsilon_{0.l}(1 - \varepsilon_{4.l})\bar{K}_{4.l}\mu_{4.l}U_{4.l} + \varepsilon_{4.l}\bar{K}_{b.l}\mu_{b.l}U_{b.l}\right] \frac{\pi}{6} D_l^3 \gamma_s$$

$$= -(1 - \varepsilon_{0.l})(1 - \varepsilon_{4.l})\left(q_{4.l}\mu_{4.l} - \frac{2}{3} m_0 \gamma_s \frac{P_{1.l} D_l \psi_{4.l}}{t_{4.0.l}\mu_{4.l}}\mu_{4.l}\right)$$

$$- \varepsilon_{0.l}(1 - \varepsilon_{4.l})\left[q_{4.l}\mu_{4.l} - \frac{\varepsilon_{4.l}}{\varepsilon_{0.l}(1 - \varepsilon_{4.l})}q_{b.l}\mu_{b.l}\right]$$

$$= -(1 - \varepsilon_{0.l})(1 - \varepsilon_{4.l})\left(\frac{q_{4.l}}{L_{4.l}} - \frac{q_{4.l}^*}{L_{4.l}^*}\right) - \frac{\varepsilon_{4.l}}{\varepsilon_{0.l}(1 - \varepsilon_{4.l})}\left(\frac{q_{4.l}}{L_{4.l}} - \frac{q_{4.l}^{**}}{L_{4.l}^*}\right)$$

$$\tag{5.7.36}$$

式中，$q_{4.l}^* = qS_l^*$，后者仍由式(5.7.16)表示，而 $q_{4.l}^{**}$ 则由式(5.7.36)中最后一个等号右边第 2 项括号等于零($q_{4.l}^* \mu_{4.l} = q_{4.l} \mu_{4.l}$)给出。于是，得到悬移质与推移质交换的挟沙能力：

$$q_{4.l}^{**} = \frac{\varepsilon_{4.l}}{\varepsilon_{0.l}(1-\varepsilon_{4.l})} \frac{\mu_{b.l}}{\mu_{4.l}^*} q_{b.l} \tag{5.7.37}$$

现在求解方程(5.7.36)。采用

$$\alpha_{1.l} = \frac{(1-\varepsilon_{0.l})(1-\varepsilon_{4.l})}{L_{4.l}} \tag{5.7.38}$$

$$\alpha_{2.l} = \frac{\varepsilon_{4.l}}{\varepsilon_{0.l}(1-\varepsilon_{4.l})L_{4.l}} \tag{5.7.39}$$

$$\alpha_l = \alpha_{1.l} + \alpha_{2.l} \tag{5.7.40}$$

$$\alpha_{1.l}^* = \frac{(1-\varepsilon_{0.l})(1-\varepsilon_{4.l})}{L_{4.l}^*} \tag{5.7.41}$$

$$\alpha_{2.l}^* = \frac{\varepsilon_{4.l}}{\varepsilon_{0.l}(1-\varepsilon_{4.l})L_{4.l}^*} \tag{5.7.42}$$

当 L 很小时，可令

$$q_{4.l}^* = q_{4.0.l}^* + \frac{q_{4.L.l}^* - q_{4.0.l}^*}{L} \tag{5.7.43}$$

$$q_{4.l}^{**} = q_{4.0.l}^{**} + \frac{q_{4.L.l}^{**} - q_{4.0.l}^{**}}{L} \tag{5.7.44}$$

再将方程(5.7.36)改写为

$$\frac{\mathrm{d}}{\mathrm{d}x}\left(\frac{\alpha_{1.l}}{\alpha_l}q_{4.l} + \frac{\alpha_{2.l}}{\alpha_l}q_{4.l}\right) + \left[(\alpha_{1.l}q_{4.l} + \alpha_{2.l}q_{4.l}) - (\alpha_{1.l}^*q_{4.l}^* + \alpha_{2.l}^*q_{4.l}^{**})\right] = 0 \tag{5.7.45}$$

由式(5.7.45)两边减去 $\dfrac{\mathrm{d}}{\mathrm{d}x}\left(\dfrac{\alpha_{1.l}^*}{\alpha_l}q_{4.l}^* + \dfrac{\alpha_{2.l}^*}{\alpha_l}q_{4.l}^{**}\right)$，有

$$\frac{\mathrm{d}}{\mathrm{d}x}\left[\left(\frac{\alpha_{1.l}}{\alpha_l}q_{4.l} - \frac{\alpha_{1.l}^*}{\alpha_l}q_{4.l}^*\right) + \left(\frac{\alpha_{2.l}}{\alpha_l}q_{4.l} - \frac{\alpha_{2.l}^*}{\alpha_l}q_{4.l}^{**}\right)\right]$$

$$+ \alpha_l\left[\left(\frac{\alpha_{1.l}}{\alpha_l}q_{4.l} - \frac{\alpha_{1.l}^*}{\alpha_l}q_{4.l}^*\right) + \left(\frac{\alpha_{2.l}}{\alpha_l}q_{4.l} - \frac{\alpha_{2.l}^*}{\alpha_l}q_{4.l}^{**}\right)\right]$$

$$= \frac{\alpha_{1.l}^*}{\alpha_l}\frac{(q_{4.0.l}^* - q_{4.L.l}^*)}{L} + \frac{\alpha_{2.l}^*}{\alpha_l}\frac{(q_{4.0.l}^{**} - q_{4.L.l}^{**})}{L} \tag{5.7.46}$$

令

$$y = \left(\frac{\alpha_{1.l}}{\alpha_l}q_{4.l} - \frac{\alpha_{1.l}^*}{\alpha_l}q_{4.l}^*\right) + \left(\frac{\alpha_{1.l}}{\alpha_l}q_{4.l} - \frac{\alpha_{2.l}^*}{\alpha_l}q_{4.l}^{**}\right)$$

$$A = \frac{\alpha_{1.l}^*}{\alpha_l}\left(\frac{q_{4.0.l}^* - q_{4.L.l}^*}{L}\right) + \frac{\alpha_{2.l}^*}{\alpha_l}\left(\frac{q_{4.0.l}^{**} - q_{4.L.l}^{**}}{L}\right) \tag{5.7.47}$$

故方程(5.7.46)为

$$\frac{\mathrm{d}y}{\mathrm{d}x} + \alpha_l y = A \tag{5.7.48}$$

仿前面的解为

$$y_L = y_0 \mathrm{e}^{-\alpha_l L} + \frac{A}{\alpha_l}(1 - \mathrm{e}^{-\alpha_l L}) \tag{5.7.49}$$

将各值代入,可得

$$q_{4.L.l} = \left(\frac{\alpha_{1.l}^*}{\alpha_l}q_{4.L.l}^* + \frac{\alpha_{2.l}^*}{\alpha_l}q_{4.L.l}^{**}\right) + \left[\left(\frac{\alpha_{1.l}}{\alpha_l}q_{4.0.l} - \frac{\alpha_{1.l}^*}{\alpha_l}q_{4.0.l}^*\right) + \left(\frac{\alpha_{2.l}}{\alpha_l}q_{4.0.l} - \frac{\alpha_{2.l}^*}{\alpha_l}q_{4.L.l}^{**}\right)\right]\mathrm{e}^{-\alpha_l L}$$

$$+ \left[\frac{\alpha_{1.l}^*}{\alpha_l}(q_{4.0.l}^* - q_{4.L.l}^*) + \frac{\alpha_{2.l}^*}{\alpha_l}(q_{4.0.l}^{**} - q_{4.L.l}^{**})\right]\frac{1}{\alpha_l L}(1 - \mathrm{e}^{-\alpha_l L})$$

注意到式(5.7.37)~式(5.7.44),$\dfrac{\alpha_{1.l}^*}{\alpha_l} = \dfrac{L_{4.l}\alpha_{1.l}}{L_{4.l}^*\alpha_l}$,$\dfrac{\alpha_{2.l}^*}{\alpha_l} = \dfrac{L_{4.l}\alpha_{2.l}}{L_{4.l}^*\alpha_l}$,故上式为

$$q_{4.L.l} = \frac{L_{4.l}}{L_{4.l}^*}\frac{\alpha_{1.l}}{\alpha_l}q_{4.L.l}^* + \frac{L_{4.l}}{L_{4.l}^*}\frac{\alpha_{2.l}}{\alpha_l}q_{4.L.l}^{**}$$

$$+ \left[\left(\frac{\alpha_{1.l}}{\alpha_l}q_{4.0.l} - \frac{L_{4.l}}{L_{4.l}^*}\frac{\alpha_{1.l}}{\alpha_l}q_{4.0.l}^*\right) + \left(\frac{\alpha_{2.l}}{\alpha_l}q_{4.0.l} - \frac{L_{4.l}}{L_{4.l}^*}\frac{\alpha_{2.l}}{\alpha_{1.l}}q_{4.0.l}^{**}\right)\right]\mathrm{e}^{-\alpha_l L}$$

$$+ \left[\frac{L_{4.l}}{L_{4.l}^*}\frac{\alpha_{1.l}}{\alpha_l}(q_{4.0.l}^* - q_{4.L.l}^*) + \frac{L_{4.l}}{L_{4.l}^*}\frac{\alpha_{2.l}}{\alpha_l}(q_{4.0.l}^{**} - q_{4.L.l}^{**})\right]\frac{1}{\alpha_l L}(1 - \mathrm{e}^{-\alpha_l L})$$

$$= q_{4.L.l}^{***} + (q_{4.0.l} - q_{4.0.l}^{***})\mathrm{e}^{-\alpha_l L} + (q_{4.0.l}^{***} - q_{4.L.l}^{***})\frac{1}{\alpha_l L}(1 - \mathrm{e}^{-\alpha_l L})$$

$$\tag{5.7.50}$$

而总输沙率则为

$$q_{4.l} = \sum_{l=1}^{n} q_{4.L.l} \tag{5.7.51}$$

式中,

$$q_{4.l}^{***} = \frac{L_{4.l}}{L_{4.l}^*}\left(\frac{\alpha_{1.l}}{\alpha_l}q_{4.l}^* + \frac{\alpha_{2.l}}{\alpha_l}q_{4.l}^{**}\right) = K_l\left(\frac{\alpha_{1.l}}{\alpha_l}q_{4.l}^* + \frac{\alpha_{2.l}}{\alpha_l}q_{4.l}^{**}\right) \tag{5.7.52}$$

式(5.7.50)就是悬移质同时与床沙和推移质交换的悬移质分组不平衡输沙方程,而式(5.7.51)则是相应的总输沙能力。可以看出,方程(5.7.50)~方程(5.7.52)中所有输沙能力 q_4^*、q_4^{**}、q_4^{***} 均乘以 $K_l = L_{4.l}/L_{4.l}^*$ 系数,而输沙率 q_4 没有。这就导出了在不平衡输沙时输沙能力(从而包括挟沙能力)的主要修正之一。淤积时,$L_{4.l} > L_{4.l}^*$,$K_l > 1$,冲刷时,$L_{4.l} < L_{4.l}^*$,$K_l < 1$,从而使淤积时实际的输沙能力 $\dfrac{L_{4.l}}{L_{4.l}^*}q_{4.l}^{***} > q_{4.l}^{***}$,冲刷时实际的输沙能力 $\dfrac{L_{4.l}}{L_{4.l}^*}q_{4.l}^{***} < q_{4.l}^{***}$。这就构成了悬移质输沙能力 $\dfrac{L_{4.l}}{L_{4.l}^*}q_{4.l}^*$、$\dfrac{L_{4.l}}{L_{4.l}^*}q_{4.l}^{**}$ 及 $\dfrac{L_{4.l}}{L_{4.l}^*}q_{4.l}^{***}$ 的多值性和它的挟沙能力 $\dfrac{L_{4.l}}{L_{4.l}^*}S_{4.l}^*$、$\dfrac{L_{4.l}}{L_{4.l}^*}S_l^{**}$ 及 $\dfrac{L_{4.l}}{L_{4.l}^*}S_{4.l}^{***}$ 的多值性[9]。

悬移质输沙能力和挟沙能力的多值性,是它们的一个重要特性。沙玉清[22]、侯晖昌[23]、张瑞瑾[24]等对此颇为强调,给出了一些研究和看法。本书作者对此曾专门做过研究[9],给出了理论根据和实际资料证实,多值性主要由恢复饱和系数多值[即单步距离多值$(L_{4.l}, L_{4.l}^*)$]和临界速度多值决定。

5.7.5　悬移质同时与床沙和推移质交换及其与床沙单独交换的不平衡输沙对比

现在将式(5.7.50)分成两部分,其中前面的一部分,即悬移质与床沙交换部分为

$$\frac{\alpha_{1.l}}{\alpha_l}q_{4.L.l} = \frac{\alpha_{1.l}^*}{\alpha_{1.l}}q_{4.L.l}^* + \left(\frac{\alpha_{1.l}}{\alpha_l}q_{4.0.l} - \frac{\alpha_{1.l}^*}{\alpha_l}q_{4.0.l}^*\right)e^{-\alpha_l L}$$
$$+ \frac{\alpha_{1.l}^*}{\alpha_l}(q_{4.0.l}^* - q_{4.L.l}^*)\frac{1}{\alpha_l L}(1 - e^{\alpha_l L}) \qquad (5.7.53)$$

注意到式(5.7.38)~式(5.7.42),式(5.7.53)变为

$$q_{4.L.l} = \frac{L_{4.l}}{L_{4.l}^*}q_{4.L.l}^* + \left(q_{4.0.l} - \frac{L_{4.l}}{L_{4.l}^*}q_{4.0.l}^*\right)e^{-\alpha_l L}$$
$$+ \frac{L_{4.l}}{L_{4.l}^*}(q_{4.0.l}^* - q_{4.L.l}^*)\frac{1}{\alpha_l L}(-e^{-\alpha_l L}) \qquad (5.7.54)$$

对于悬移质单独与床沙交换,此时不平衡输沙公式已由前面式(5.7.11)给出,其解的含沙量表达式为(5.7.12)。注意到 $\alpha_{1.l} = \dfrac{\tilde{\alpha}_l \omega_l L}{q}$, $\alpha_{1.l}^* = \dfrac{\tilde{\alpha}_l^* \omega_l L}{q}$,则将式(5.7.12)乘以 q 转换为输沙率后,有

$$q_{4.L.l} = \frac{\alpha_l^*}{\tilde{\alpha}_l}q_{4.L.l}^* + \left(q_{4.0.l} - \frac{\alpha_l^*}{\alpha_l}q_{4.0.l}^*\right)e^{\alpha_{1.l}L} + \frac{\alpha_l^*}{\tilde{\alpha}_l}(q_{4.0.l}^* - q_{4.L.l}^*)\frac{1 - e^{-\alpha_{1.l}L}}{\alpha_{1.l}L}$$
$$= q_{4.L.l}^* + \left(q_{4.0.l} - \frac{L_{4.l}}{L_{4.l}^*}q_{4.0.l}^*\right)e^{-\alpha_{1.l}t} + \frac{L_{4.l}}{L_{4.l}^*}(q_{4.0.l}^* - q_{4.L.l}^*)\frac{1 - e^{-\alpha_{1.l}t}}{\alpha_{1.l}L}$$
$$(5.7.55)$$

比较式(5.7.54)与式(5.7.55),差别仅为恢复系数不同,一个为 α_l,另一个为 $\alpha_{1.l}$,仅影响恢复速度。由于 $\alpha_l > \alpha_{1.l}$,悬移质同时与床沙和推移质交换恢复速度快,而单独与床沙交换恢复速度慢。这是显然的,因为单独交换当然恢复慢。

5.7.6　悬移质与推移质单独交换时的输沙能力及推悬比

本节研究悬移质与推移质单独交换情况,当然这不意味着不存在其他交换,如与床沙交换。

由式(5.7.33)和式(5.7.34)有

$$\delta_{b.4.l} = \bar{\lambda}_{b.4.l} - \bar{\lambda}_{4.b.l} = \varepsilon_{4.l}\bar{K}_{b.l}\mu_{b.l}U_{b.l} - \varepsilon_{0.l}(1 - \varepsilon_{4.l})\bar{K}_{4.l}\mu_{4.l}U_{4.l} \qquad (5.7.56)$$

令 $\delta_{b.4.l}=0$，则 $\bar{K}_{b.l}=\bar{K}_{b.l}^*$，$\bar{K}_{4.l}=\bar{K}_{4.l}^*$，$\mu_{4.l}=\mu_{4.l}^*$，乘以 $\frac{\pi}{6}\gamma_s D_l^3$，换成以重量计的交换强度，即式（5.7.37）。但是该式中的 $q_{b.l}$ 不一定是它的输沙能力。当 $q_{b.l}=q_{b.l}^{**}$ 时，

$$q_{4.l}^{**} = \frac{\varepsilon_{4.l}}{\varepsilon_{0.l}(1-\varepsilon_{4.l})}\frac{\mu_{b.l}}{\mu_{4.l}^*}q_{b.l}^{**} \tag{5.7.57}$$

$q_{4.l}^{**}$ 右上角加两个 * 表示悬移质与推移质交换的输沙能力，而 $q_{b.l}^{**}$ 则表示推移质与悬移质交换的输沙能力。需要强调说明的是，此处 $\delta_{b.4.l}=0$ 只表示由推移质转入悬移质的数量与转回的数量相等，并不意味着 $q_{b.l}^{**}=q_{4.l}^{**}$。它只是表示悬移质转为推移质的颗数与转回的颗数相等，但是推移质 $q_{b.l}$ 是否处于其输沙能力则不一定，因为推移质 $q_{b.l}$ 不一定为其输沙能力，还可能与床沙交换。这与前面限制的单独交换不一样。

由式（5.7.57）可以得出一种推悬比

$$\frac{q_{b.l}^{**}}{q_{4.l}^{**}} = \frac{\varepsilon_{0.l}(1-\varepsilon_{4.l})}{\varepsilon_{4.l}}\frac{\mu_{4.l}^*}{\mu_{b.l}} \tag{5.7.58}$$

可见推悬比与由悬转推的概率 $\varepsilon_{0.l}(1-\varepsilon_{4.l})$ 和由推转悬的概率 $\varepsilon_{4.l}$ 之比成正比，而与它们的单步距离成反比。式（5.7.58）中 $\varepsilon_{4.l}$ 变化的数量级很大，对公式有一定控制作用。当水力因素弱时，$\varepsilon_{4.l}$ 很小，推悬比很大，甚至远大于 1；反之，则相反，推悬比很小，甚至远小于 1。

5.7.7　悬移质与床沙和推移质同时交换时的输沙能力

5.7.2 节研究了悬移质与床沙单独交换时的挟沙能力，到目前为止，所有的研究悬移质挟沙能力均只考虑这种交换，尽管有个别的探索。

现在研究悬移质与床沙和推移质同时交换时的输沙能力，此时，交换强度之差为

$$\delta = (\bar{\lambda}_{1.4.l}-\bar{\lambda}_{4.1.l}) + (\bar{\lambda}_{b.4.l}-\bar{\lambda}_{4.b.l}) = \delta_{1.4.l}+\delta_{b.4.l} \tag{5.7.59}$$

当 $\delta>0$ 时，由床沙和推移质转为悬移质的泥沙颗粒多，否则完全相反。其中，$\delta_{1.4.l}=\bar{\lambda}_{1.4.l}-\bar{\lambda}_{4.1.l}$，$\delta_{b.4.l}=\bar{\lambda}_{b.4.l}-\bar{\lambda}_{4.b.l}$。将式（5.7.35）所示有关强度代入式（5.7.59），并将以颗数表示的交换强度换成以重量表示的，则有

$$\delta_{1.4.l}=\frac{\pi}{6}D_l^3\gamma_s(\bar{\lambda}_{1.4.l}-\bar{\lambda}_{4.1.l})=\frac{2}{3}m_0\gamma_s\frac{P_{1.l}D_lR_{1.l}\beta_l}{t_{4.0.l}}$$

$$-\frac{\pi}{6}D_l^3\gamma_s(1-\varepsilon_{0.l})(1-\varepsilon_{4.l})\bar{K}_{4.l}U_{4.l}\mu_{4.l} \tag{5.7.60}$$

当 $\delta_{1.4.l}=0$，即悬移质单独与床沙交换达到平衡时，由上式可导出悬移质输沙能力公式（5.7.5），即 $q_{4.l}^*=\frac{2}{3}m_0\gamma_s\frac{\phi_{4.l}P_{1.l}D_l}{t_{4.0.l}\mu_{4.l}^*}$。

现在令

$$\delta_{b.4.l} = \frac{\pi}{6} D_l^3 \gamma_s (\bar{\lambda}_{b.4.l} - \bar{\lambda}_{4.b.l}) = \frac{\pi}{6} D_l^3 \gamma_s \varepsilon_{4.l} \bar{K}_{b.l}^* U_{b.l} \mu_{b.l}$$

$$- \frac{\pi}{6} D_l^3 \gamma_s \varepsilon_{0.l} (1 - \varepsilon_{4.l}) \bar{K}_{4.l}^* U_{4.l} \mu_{4.l}^* = 0 \qquad (5.7.61)$$

则得到式(5.7.37)，即 $q_{4.l}^{**} = \dfrac{\varepsilon_{4.l}}{\varepsilon_{0.l}(1-\varepsilon_{4.l})} \dfrac{\mu_{b.l}}{\mu_{4.l}^*} q_{b.l}$。

此处已给出悬移质与床沙交换达到平衡时的输沙能力 $q_{4.l}^*$，以及与推移质交换达到平衡时的输沙能力 $q_{4.l}^{**}$。但是悬移质与它们同时交换的输沙能力，前面已给出 $q_{4.l}^{***}$，它不等于 $q_{4.l}^* + q_{4.l}^{**}$，而是这两者的加权平均，这显然是合理的。

将 $q_{4.l}^*$ 和 $q_{4.l}^{**}$ 的表达式代入式(5.7.52)，可得

$$q_{4.l}^{***} = K_l \left(\frac{\alpha_{1.l}}{\alpha_l} q_{4.l}^* + \frac{\alpha_{2.l}^*}{\alpha_l} q_{4.l}^{**} \right) = \frac{\alpha_{1.l}^*}{\alpha_l} \frac{2}{3} m_0 \gamma_s \frac{P_{1.l} D_l \psi_{4.l}}{t_{4.0.l} \mu_{4.l}^*} + \frac{\alpha_{2.l}^*}{\alpha_l} \frac{\varepsilon_{4.l}}{\varepsilon_{0.l}(1-\varepsilon_{4.l})} \frac{\mu_{b.l}}{\mu_{4.l}^*} q_{b.l}$$
$$(5.7.62)$$

可见，总挟沙能力 $q_{4.l}^{***}$ 是 $q_{4.l}^*$ 与 $q_{4.l}^{**}$ 的加权平均。这一点是很重要的，它是一个新的概念。一般来说，当水力因素弱时，式(5.7.62)的输沙能力以床沙提供为主；反之，以悬沙提供为主。

附带指出的是，悬移质与床沙交换的输沙能力 $q_{4.l}^*$ 和悬移质与推移质交换的输沙能力 $q_{4.l}^{**}$ 是否可能相等？如果相等，注意到式(5.7.5)及式(5.7.37)，有

$$q_{4.l}^* = \frac{2}{3} m_0 \gamma_s \frac{P_{1.l} D_l \psi_{4.l}}{t_{4.0.l} \mu_{4.l}^*} = \frac{\varepsilon_{4.l}}{\varepsilon_{0.l}(1-\varepsilon_{4.l})} \frac{\mu_{b.l}}{\mu_{4.l}^*} \frac{q_{b.l}}{q_{b.l}^*} q_{4.l}^* = q_{4.l}^{**} \qquad (5.7.63)$$

将式(5.7.4)表示的 $\psi_{4.l}$ 及

$$\psi_{b.l} = \frac{\varepsilon_{1.l}(1-\beta_l)}{1+(1-\varepsilon_{0.l})(1-\varepsilon_{4.l})-(1-\varepsilon_{1.l})(1-\beta_l)} \qquad (5.7.64)$$

代入式(5.7.63)，可得

$$\frac{2}{3} m_0 \gamma_s \frac{P_{1.l} D_l \psi_{4.l}}{t_{4.0.l} \mu_{4.l}^*}$$
$$= \frac{\varepsilon_{4.l}}{\varepsilon_{0.l}(1-\varepsilon_{4.l})} \frac{\mu_{b.l}}{\mu_{4.l}^*} \frac{q_{b.l}}{q_{b.l}^*} \left(\frac{2}{3} m_0 \gamma_s \frac{P_{1.l} D_l \psi_{b.l}}{t_{b.0.l} \mu_{b.l}} \right)$$

即

$$\frac{1}{t_{4.0.l}} \frac{\beta_l}{1+(1-\varepsilon_{0.l})(1-\varepsilon_{4.l})-(1-\varepsilon_{1.l})(1-\beta_l)}$$
$$= \frac{1}{t_{b.0.l}} \frac{\varepsilon_{4.l}}{\varepsilon_{0.l}(1-\varepsilon_{4.l})} \frac{\varepsilon_{1.l}(1-\beta_l)}{1+(1-\varepsilon_{0.l})(1-\varepsilon_{4.l})-(1-\varepsilon_{1.l})(1-\beta_l)} \frac{q_{b.l}}{q_{b.l}^*}$$
$$(5.7.65)$$

$$\frac{\varepsilon_{1.l}(1-\beta_l)\varepsilon_{4.l}}{\varepsilon_{0.l}(1-\varepsilon_{4.l})\beta_l} \frac{t_{4.0.l}}{t_{b.0.l}} = \frac{q_{b.l}^*}{q_{b.l}} \qquad (5.7.66)$$

这就是悬移质与床沙交换的输沙能力和与推移质交换的输沙能力相等的条件。由式(5.7.66)可知,第一,$q_{4.l}^* = q_{b.l}^*$ 是很难的;第二,如果式(5.7.66)右边等于 1,则推移质与床沙也同时达到平衡,此时式(5.7.66)左边等于 1 更难,而且几乎是不可能的;第三,本来 $q_{4.l}^*$ 与 $q_{b.l}^*$ 是两个不同的概念和参数,它表明在本书研究模式中输沙能力并不止一个,正如以往的研究只给出一个与床沙有关的挟沙能力那样,是与运动状态有关;如果按强平衡,两两交换,则三种运动状态有三种输沙能力,四种状态有六种输沙能力。

5.7.8　各种输沙能力表达及大小对比

对于床面层泥沙静止、推移与悬浮三种运动状态的三种输沙能力,共有

$$q_{1.4.l}^* = \frac{2}{3} m_0 \gamma_s \frac{P_{1.l} D_l \psi_{4.l}}{t_{4.0.l} \mu_{4.l}}$$

$$q_{1.b.l}^* = \frac{2}{3} m_0 \gamma_s \frac{P_{1.l} D_l \psi_{b.l}}{t_{b.0.l} \mu_{b.l}} \tag{5.7.67}$$

$$q_{4.b.l}^* = \frac{\varepsilon_{4.l}}{\varepsilon_{0.l}(1 - \varepsilon_{4.l})} \frac{\mu_{b.l}}{\mu_{4.l}^*} q_{b.l}^{**}$$

由于此处及以下有各种输沙能力,明确起见,将采用 $q_{i.j.l}^*$ 表示由 i 转移至 j 的输沙能力。其中,i、j 也包括 b,即推移质的参数。式中,$\psi_{4.l}$ 由式(5.7.4)给出,$\psi_{b.l}$ 由式(5.7.64)给出。

四种运动状态有六种输沙能力,其中三种为

$$q_{1.2.l}^* = \frac{2}{3} m_0 \gamma_s \frac{P_{1.l} D_l \psi_{2.l}}{t_{2.0.l} \mu_{2.l}} \tag{5.7.68}$$

$$q_{1.3.l}^* = \frac{2}{3} m_0 \gamma_s \frac{P_{1.l} D_l \psi_{3.l}}{t_{3.0.l} \mu_{3.l}} \tag{5.7.69}$$

$$q_{1.4.l}^* = \frac{2}{3} m_0 \gamma_s \frac{P_{1.l} D_l \psi_{4.l}}{t_{4.0.l} \mu_{4.l}}$$

式中,$\psi_{A.l}$ 由式(5.7.4)给出,

$$\psi_{2.l} = \frac{(\varepsilon_{1.l} - \varepsilon_{2.0.l})(1 - \beta_l)}{1 + (1 - \varepsilon_{0.l})(1 - \varepsilon_{4.l}) - (1 - \varepsilon_{1.l})(1 - \beta_l)} \tag{5.7.70}$$

$$\psi_{3.l} = \frac{\varepsilon_{2.0.l}(1 - \beta_l)}{1 + (1 - \varepsilon_{0.l})(1 - \varepsilon_{4.l}) - (1 - \varepsilon_{1.l})(1 - \beta_l)} \tag{5.7.71}$$

另外三种输沙能力为

$$q_{2.3.l}^* = \frac{(\varepsilon_{0.l} - \varepsilon_{2.l})}{\varepsilon_{2.l}} \frac{\mu_{3.l}}{\mu_{2.l}} q_{3.2.l}^* \tag{5.7.72}$$

$$q_{2.4.l}^* = \frac{(\varepsilon_{0.l} - \varepsilon_{2.l})(1 - \varepsilon_{4.l})}{\varepsilon_{4.l}} \frac{\mu_{4.l}}{\mu_{2.l}} q_{4.2.l}^* \tag{5.7.73}$$

$$q_{3.4.l}^* = \frac{\varepsilon_{2.l}(1 - \varepsilon_{4.l})}{\varepsilon_{4.l}} \frac{\mu_{4.l}}{\mu_{3.l}} q_{4.3.l}^* \tag{5.7.74}$$

尚需强调指出的是，$q^*_{3.4.l} \neq q^*_{4.3.l}$。这是因为它们是输沙能力，并不是交换的颗数。为了让读者有一个明确的概念，表 5.7.1 列出了几种输沙能力大小及量级的关系。当然，由于本书并未详细涉及悬移质，有关这方面的挟沙能力数字分析暂不进行，读者可参考文献[9]。

表 5.7.1　不同水力因素条件下几种输沙能力的大小

$\dfrac{\overline{V}_b}{\omega_0}$	$q^*_{1.2.l}/q^*_{1.3.l}$ $=\dfrac{\psi_{2.l}}{t_{2.0.l}\mu_{2.l}}\Big/\dfrac{\psi_{3.l}}{t_{3.0.l}\mu_{3.l}}$	$\varepsilon_{0.l}$	$\varepsilon_{2.l}$	$\mu_{2.l}$	$\mu_{3.l}$	$q^*_{2.3.l}/q^*_{3.2.l}$ $=\dfrac{(\varepsilon_{0.l}-\varepsilon_{2.l})\mu_{3.l}}{\varepsilon_{2.l}\mu_{2.l}}$
0.522	304.896	0.0637	0.00052	0.510	0.0565	13.462
0.597	43.145	0.1289	0.00327	0.510	0.0544	4.097
0.671	11.778	0.2114	0.011306	0.510	0.0528	1.832
0.746	4.647	0.3023	0.027367	0.510	0.0514	1.011
0.821	2.265	0.3932	0.052836	0.510	0.0498	0.629
0.895	1.248	0.4782	0.087677	0.510	0.0480	0.419
0.970	0.740	0.5539	0.130798	0.510	0.0460	0.292
1.044	0.458	0.6193	0.180446	0.510	0.0438	0.209
1.194	0.191	0.721	0.290914	0.510	0.0389	0.113
2.014	4.92×10^{-3}	0.9245	0.747531	0.510	0.0189	8.78×10^{-3}
3.059	3.09×10^{-4}	0.9693	0.911712	0.510	0.0097	1.20×10^{-3}
4.028	5.86×10^{-5}	0.9809	0.953301	0.510	0.0064	3.63×10^{-4}
5.073	1.64×10^{-5}	0.9862	0.970656	0.510	0.0046	1.45×10^{-4}
6.789	4.57×10^{-6}	0.9901	0.982032	0.510	0.0037	5.99×10^{-5}

表 5.7.1 列出了

$$\frac{q^*_{1.2.l}}{q^*_{1.3.l}} = \frac{\psi_{2.l}}{t_{2.0.l}\mu_{2.l}} \Big/ \frac{\psi_{3.l}}{t_{3.0.l}\mu_{3.l}} = \frac{\varepsilon_{1.l}-\varepsilon_{2.0.l}}{\varepsilon_{2.0.l}}\frac{t_{3.0.l}\mu_{3.l}}{t_{2.0.l}\mu_{2.l}}$$

及

$$\frac{q^*_{2.3.l}}{q^*_{3.2.l}} = \frac{\varepsilon_{0.l}-\varepsilon_{2.l}}{\varepsilon_{2.l}}\frac{\mu_{3.l}}{\mu_{2.l}}$$

与 $\dfrac{\overline{V}_b}{\omega_0}$ 的关系。由此可知，第一，滚动与床沙交换的输沙能力 $q^*_{1.2.l}$ 对跳跃与床沙交换的输沙能力 $q^*_{1.3.l}$ 之比 $\dfrac{q^*_{1.2.l}}{q^*_{1.3.l}}$ 随 $\dfrac{\overline{V}_b}{\omega_0}$ 增加而不断减小，其主要原因是 $q^*_{1.3.l}$ 不断增大，在 $0.895 < \dfrac{\overline{V}_b}{\omega_0} < 0.97$ 时，存在一点 $q^*_{1.2.l} = q^*_{1.3.l}$，因而，在 $\dfrac{\overline{V}_b}{\omega_0} < 0.895$ 时，$q^*_{1.2.l} >$ $q^*_{1.3.l}$；在 $\dfrac{\overline{V}_b}{\omega_0} > 0.97$ 时，$q^*_{1.2.l} < q^*_{1.3.l}$；而当 $\dfrac{\overline{V}_b}{\omega_0} = 2.014$ 时，$\dfrac{q^*_{1.2.l}}{q^*_{1.3.l}} \leqslant 0.00492$，$q^*_{1.2.l}$ 可以忽

略;第二,在滚动与跳跃达到平衡时,滚动输沙能力 $q_{2.3.l}^*$ 与跳跃输沙能力 $q_{3.2.l}^*$ 之比 $\dfrac{q_{2.3.l}^*}{q_{3.2.l}^*}$ 也是随着 $\dfrac{\bar{V}_b}{\omega_0}$ 加大而不断减小;这主要是 $q_{3.2.l}^*$ 不断增大所致;在 $0.746 < \dfrac{\bar{V}_b}{\omega_0} <$ 0.821 中某一点,$q_{2.3.l}^* = q_{3.2.l}^*$;而当 $\dfrac{\bar{V}_b}{\omega_0} \geqslant 2.014$ 时,$\dfrac{q_{2.3.l}^*}{q_{3.2.l}^*} \leqslant 0.00878$,故 $q_{2.3.l}^*$ 可以忽略;第三,尽管 $\dfrac{q_{1.2.l}^*}{q_{1.3.l}^*}$ 与 $\dfrac{q_{2.3.l}^*}{q_{3.2.l}^*}$ 的变化趋势在定性上是相近的,但是它们是完全不同的输沙能力。

5.7.9　不平衡输沙时河底边界条件

多年来对悬移质对流扩散方程提出了各种河底边界条件[25],但是大都带有任意性,而且很少符合实际,缺乏必要的理论基础。其实悬移质运动底部边界条件直接与床面冲淤联系起来。根据一维不平衡输沙的研究,苏联的一些学者及我国学者窦国仁按沙量平衡原理给出的方程中的冲淤项均可变化为 $\alpha\omega(S-S^*)$。韩其为[26]通过积分立面二维(对流)扩散方程,得到非均匀沙河底冲淤项为 $\omega_l(\tilde{\alpha}_l S_1 - \alpha_l^* S_l^*) = \omega_l(\tilde{\alpha}_l P_{4.l} S - \alpha_l^* P_{4.l}^* S^*)$。这一项在结构上几乎能概括目前为止所有提出的扩散方程底部边界条件[25]。稍后,这个边界条件被他用泥沙运动统计理论中的交换强度,按悬沙与床沙交换的模式从理论上导出,并同时给出了恢复饱和系数 $\tilde{\alpha}_l$ 及 α_l^* 的详细表达式[9,27]。而目前在我国数学模型中无论三维、二维(包括平面与立面)还是一维不平衡输沙方程中大都采用 $\alpha_l\omega_l(S_l - S_l^*)$、$\alpha\omega(S-S^*)$。而对于 α、α_l,不同学者采用的值不同。下面从悬沙与床沙和推移质同时交换的条件研究床面边界条件。

首先对立面二维扩散方程

$$\frac{\partial S_l}{\partial t} + \frac{\partial}{\partial x}(V_x S_l) + \frac{\partial}{\partial y}(V_y S_l) = \frac{\partial}{\partial x}\varepsilon_x \frac{\partial S}{\partial x} + \frac{\partial}{\partial y}\left(\varepsilon_y \frac{\partial S_l}{\partial y} + \omega_l S_l\right) \quad (5.7.75)$$

积分,先注意下述关系:

$$\int_0^h \frac{\partial S}{\partial t}\mathrm{d}y = \frac{\partial}{\partial t}(\bar{S}h) \quad (5.7.76)$$

$$\int_0^h \frac{\partial}{\partial x}(V_x S_l)\mathrm{d}y = \frac{\partial}{\partial x}\int_0^h V_x S_l \mathrm{d}y = \frac{\partial q_{4.l}}{\partial x} \quad (5.7.77)$$

$$\int_0^h \frac{\partial}{\partial y}(V_y S_l)\mathrm{d}y = V_y S_l\big|_{y=h} - V_y S_l\big|_{y=0} = 0 \quad (5.7.78)$$

$$\int_0^h \frac{\partial}{\partial y}\left(\varepsilon_y \frac{\partial S_l}{\partial y} + \omega S_l\right)\mathrm{d}y = \left[\varepsilon_y \frac{\partial S_l}{\partial y} + \omega_l S_l\right]_{y=h} - \left[\varepsilon_y \frac{\partial S_l}{\partial y} + \omega_l S_l\right]_{y=0}$$

$$= -\left[\varepsilon_y \frac{\partial S_l}{\partial y} + \omega_l S_l\right]_{y=0} \quad (5.7.79)$$

其中利用了在河底 $V_y = 0$ 及在水面 $\left[\varepsilon_y \dfrac{\partial S_l}{\partial y} + \omega_l S_l\right] = 0$。注意到纵向扩散项,比相应的对流项小很多,常常可以略去,于是对方程(5.7.75)乘以 $\mathrm{d}y$,再从 0 至 h 积分,注意到式(5.7.76)和式(5.7.77),可得

$$\frac{\partial}{\partial t}(h\bar{S}_l) + \frac{\partial S_{\mathrm{s}.l}}{\partial x} = -\left[\varepsilon_y \frac{\partial S_l}{\partial y} + \omega_l S\right]_{y=0} \tag{5.7.80}$$

其中,$-\left[\varepsilon_y \dfrac{\partial S_l}{\partial y} + \omega_l S\right]$ 表示床面向上扩散项与沉降项之差,即净冲起量;注意到从交换强度式(5.7.35)看净冲淤,应为

$$-\left[\varepsilon_y \frac{\partial S_l}{\partial y} + \omega S\right]_{y=0} = \left[(\lambda_{1.4.l} + \lambda_{\mathrm{b}.4.l}) + (\lambda_{4.1.l} + \lambda_{4.\mathrm{b}.l})\right]\frac{\pi}{6}D_l^3 \gamma_{\mathrm{s}}$$

$$= -(1-\varepsilon_{0.l})(1-\varepsilon_{4.l})\left(\frac{q_{4.l}}{L_{4.l}} - \frac{q_{4.l}^*}{L_{4.l}^*}\right) - \frac{\varepsilon_{4.l}}{\varepsilon_{0.l}(1-\varepsilon_{4.l})}\left(\frac{q_{4.l}}{L_{4.l}} - \frac{q_{4.l}^{**}}{L_{4.l}^*}\right)$$

$$= -(\alpha_{1.l}q_{4.l} - \alpha_{1.l}^* q_{4.l}^*) - (\alpha_{2.l}q_{4.l} - \alpha_{2.l}^* q_{4.l}^{**}) \tag{5.7.81}$$

将式(5.7.81)代入式(5.7.80),可得

$$\frac{\partial}{\partial t}(h\bar{S}_l) + \frac{\partial q_{\mathrm{s}.l}}{\partial x} = -(\alpha_{1.l}q_{4.l} - \alpha_{1.l}^* q_{4.l}^*) - (\alpha_{2.l}q_{4.l} - \alpha_{2.l}^* q_{4.l}^{**}) \tag{5.7.82}$$

这就是考虑悬移质与床沙和推移质同时交换时非定常一维不平衡输沙方程。其中式(5.7.82)右边的项,对于平面二维不平衡输沙,它表示方程中的冲淤项;对于三维、立面二维方程,它是边界条件;对于河床变形方程,它也表示冲淤项,可见它的影响是很广的。由式(5.7.82)可见,目前已有的研究成果中,均只考虑悬移质与床沙交换,并且只简单地采用 $\alpha(S_l - S_l^*)q$ 代替式(5.7.82)右边是很局限的,它基本不是由理论导出[25]。尚需指出,对于均匀恒定水流,略去 $\dfrac{\partial(\bar{S}h)}{\partial t}$,则式(5.7.82)就是定常均匀水流一维不平衡输沙方程。

以上述边界条件为基础,考虑冲淤条件含沙量分布,得到了冲淤条件下恢复饱和系数 $\tilde{\alpha}_l$、α_l^* 的理论表达式[9,27]。

5.7.10 床沙级配变化[9,11,14]

以往研究床沙粗化多分开考虑悬移质冲淤引起的床沙变化,或推移质冲淤引起的床沙变化,而研究粗化则限淤冲刷。实际上,粗化不仅发生在冲刷,也可能发生在平衡,甚至由淤积引起[9,28]。这正是交换的作用,即粗颗粒淤下,细颗粒冲起,此时无论河床冲刷还是淤积或是平衡,床沙均会变粗,这正是交换粗化。当然,交换研究不但能阐明上述几点,更重要的是,正如前面一样,床沙也是同时与悬移质和推移质交换。下面针对这三种状态之间的交换对床沙级配变化的作用进行分析,类似前面,对于单位床面、单位时间床沙同时与悬移质和推移质交换,床沙重量

变化为

$$I_{B.l} = \frac{\pi}{6} D_l^3 \gamma_s \left[(\lambda_{b.1.l} + \lambda_{4.1.l}) - (\lambda_{1.b.l} - \lambda_{1.4.l}) \right]$$

$$= \frac{\pi}{6} D_l^3 \gamma_s \left[(1-\varepsilon_{0.l})(1-\varepsilon_{4.l}) \bar{K}_{b.l} \mu_{b.l} U_{b.l} + (1-\varepsilon_{0.l})(1-\varepsilon_{4.l}) \bar{K}_{4.l} \mu_{4.l} U_{4.l} \right]$$

$$\quad - \varepsilon_{1.l}(1-\beta_l) R_{1.l} \frac{P_{1.l} m_0}{\frac{\pi}{4} D_l^2 t_{b.0.l}} - P_l R_{1.l} \frac{P_{1.l} m_0}{\frac{\pi}{4} D_l^2 t_{4.0.l}}$$

$$= (1-\varepsilon_{0.l})(1-\varepsilon_{4.l}) \left(\frac{q_{b.l}}{L_{b.l}} + \frac{q_{4.l}}{L_{4.l}} \right) - \frac{2}{3} m_0 \gamma_s \frac{P_{1.l} D_l}{t_{b.0.l}} \varepsilon_{1.l}(1-\beta_l) R_{1.l}$$

$$\quad - \frac{2}{3} m_0 \gamma_s \frac{P_{1.l} D_l}{t_{4.0.l}} \beta_l R_{1.l} = (1-\varepsilon_{0.l})(1-\varepsilon_{4.l}) \left[\left(\frac{q_{b.l}}{L_{b.l}} + \frac{q_{.l}}{L_{4.l}} \right) - \left(\frac{q_{b.l}^*}{L_{b.l}} + \frac{q_{4.l}^*}{L_{4.l}^*} \right) \right]$$

$$(5.7.83)$$

式中，

$$\frac{2}{3} m_0 \gamma_s \frac{P_{1.l} D_l}{t_{4.0.l} \mu_{4.l}} \frac{R_{1.l} \beta_l}{(1-\varepsilon_{0.l})(1-\varepsilon_{4.l})} = \frac{2}{3} m_0 \gamma_s \frac{P_{1.l} D_l \psi_{4.l}}{t_{4.0.l} \mu_{4.l}} = q_{4.l}^* \quad (5.7.84)$$

$$\frac{2}{3} m_0 \gamma_s \frac{P_{1.l} D_l}{t_{b.0.l} \mu_{b.l}} \frac{R_{1.l} \varepsilon_{1.l}(1-\beta_l)}{(1-\varepsilon_{0.l})(1-\varepsilon_{4.l})} = \frac{2}{3} m_0 \gamma_s \frac{P_{1.l} D_l \psi_{b.l}}{t_{b.0.l} \mu_{b.l}} = q_{b.l}^* \quad (5.7.85)$$

$\psi_{4.l}$、$\psi_{b.l}$ 分别由式(5.7.4)及式(5.7.64)确定。

将式(5.7.83)改写为

$$I_{B.l} = \gamma_{1.l}(q_{b.l} - q_{b.l}^*) + (\alpha_{1.l} q_{4.l} - \alpha_{1.l}^* q_{4.l}^*) \quad (5.7.86)$$

式中，

$$\gamma_{1.l} = \frac{(1-\varepsilon_{0.l})(1-\varepsilon_{4.l})}{L_{b.l}} \quad (5.7.87)$$

而 $\alpha_{1.l}$、$\alpha_{1.l}^*$ 分别见式(5.7.38)和式(5.7.41)。式(5.7.86)右边 $\gamma_{1.l}(q_{b.l} - q_{b.l}^*)$ 表示床沙与推移质交换后对床沙的贡献，$\alpha_{1.l} q_{4.l} - \alpha_{1.l}^* q_{4.l}^*$ 则表示床沙与悬移质交换后对床沙的贡献。而冲淤物的瞬时级配为

$$P_{B.L} = \frac{I_{B.l}}{\sum I_{B.l}} \quad (5.7.88)$$

式(5.7.88)为进一步研究床沙级配变化提供了理论依据。如果将此式与床沙级配变化方程联系起来，可得到三种状态之间交换时床沙级配变化的表达式。

5.7.11　在泥沙冲淤强度相似准则方面的应用[2]

通过交换强度可以导出推移质和悬移质交换强度相似的各种相似准则，即相似条件[2]。这种相似条件比一般由河流力学方程导出的更严格，得到的条件更多，也更充分。这些应用在文献[2]中已专门论述，此处仅简单提及。例如，对于悬移质运动相似，除满足止动(起动)相似、含沙量分布相似、阻力相似、粒径正态外，还

要满足下沉强度(即由悬转静)相似和掀起强度(由静转悬)相似、河床变形相似和落距相似,而且对于掀起强度相似还要求含沙量相似(即挟沙能力也相似)。再如,对于推移质滚动相似,除满足止动(起动)相似、阻力相似、粒径正态外,还要满足河床变形相似、滚动距离相似,对掀起强度相似还要求输沙率相似(即输沙能力也相似),与此类似,对于推移质跳跃运动相似,除满足止动(起动)相似、阻力相似、粒径正态外,还要满足河床变形相似和跳跃距离相似,此外掀起强度相似则要求输沙率相似(即输沙能力也相似)。

5.7.12　在水库下游清水冲刷中交换强度的应用

水库下泄清水期间(或低含沙水流),由于床沙沿程变细,利用交换强度理论能证明河床冲淤过程中,沿程会发生粗细泥沙交换[28],即粗颗粒淤下,细颗粒冲起,从而床沙粗化,同时也加大挟沙能力,使冲刷沿程发展。这正是水库下游含沙量恢复缓慢、河道冲刷距离很长的原因。这种粗细泥沙交换不但发生在冲刷时,也会发生在平衡甚至淤积时。与此同时,由于粗沙淤,细沙冲,就会伴随着床沙粗化。可见这就突破了粗化只能发生在冲刷时的固有看法。通过泥沙交换不仅能确切揭示有关水库下游冲刷机理,而且能定量表达冲刷过程[28]。

前面介绍了12个方面的交换强度的应用研究,还有一些重要应用研究,如推移质不平衡输沙等,将在第6章中专门介绍。但是从上述例子已可看出,床沙、悬移质、推移质三者同时交换的研究会涉及以往泥沙研究的几乎所有领域。通过上述研究,可以看出如下几点。第一,本书给出的泥沙运动统计理论中的床面泥沙交换理论,特别是16种转移概率(交换强度),是上述研究的基础。可见这种理论既有较深刻的实践基础,也有较为牢靠的理论根据,而且有广泛的概括性。第二,交换强度的研究是将各种状态的泥沙运动看成一个整体,不仅深刻揭示了泥沙运动的各方面的机理,统一建立了泥沙运动的有关理论,得到的结果在理论推导上也是严密的和合理的,与已有的概念理论并不完全对立,而是概括它们,是它们的提高、推广与发展,特别是大量开拓了泥沙研究新领域。第三,床面泥沙交换的统计理论加上本章对三种状态和四种状态同时交换的研究成果具有高度的概括性,已为统一泥沙运动各方面的理论为一整体提供了理论基础,并进行了大量实践。第四,本项研究涉及泥沙起动、推移质输沙能力、悬移质挟沙能力、推移质不平衡输沙、悬移质不平衡输沙、扩散方程的边界条件、河床冲淤以及挟沙能力级配和床沙级配变化等,而且均有新的成果。大多数已能应用,个别的还是框架模式。提出这些成果只是希望能开阔大家眼界,发现已有研究的不足。泥沙运动创新领域其实并不少,只是等待学者去揭示,去研究。本章的结果并不是对已有成果的否定,只是想说明已有的成果是有局限性的,是需要加一些限制条件,也应做一些补充和调整,才能从更高的观点、在更深刻的理论基础上研究泥沙运动。

参 考 文 献

[1] Einstein H A. 明渠水流挟沙能力. 钱宁,译. 北京:水利出版社,1956.

[2] 韩其为,何明民. 泥沙运动统计理论. 北京:科学出版社,1984.

[3] 韩其为,何明民. 泥沙交换的统计规律. 水利学报,1981,(1):12-24.

[4] 何明民,韩其为. 输沙率的随机模型及统计规律. 力学学报,1980,16(3):39-47.

[5] 韩其为. 泥沙起动规律及起动流速. 泥沙研究,1982,(2):13-28.

[6] Han Q W, He M M. Exchange and Transport Rate of Bed Load Encyclopedia of Fluid Mechanics. Houston:Gulf Publishing Company,1987.

[7] 韩其为,何明民. 底层泥沙交换和状态概率及推悬比研究. 水利学报,1999,30(10):7-16.

[8] Han Q W, He M M. Stochastic theory of sediment motion. Proceedings of the 8th International Symposium on Stochastic Hydraulics,Beijing,2000.

[9] 韩其为. 非均匀悬移质不平衡输沙. 北京:科学出版社,2013.

[10] Никитин И К. Турлентный Русловой Поток И Проуесы В Придонной О бласти. Киев, 1963.

[11] 韩其为. 非均匀推移质运动理论研究及其应用. 北京:中国水利水电科学研究院,2011.

[12] 方春明,贾雪浪. 统计理论非均匀沙挟沙能力的计算方法及其验证. 水利学报,1998, 29(2):68-71.

[13] 关见朝. 非均匀悬移质不平衡输沙过程水流挟沙能力研究[博士学位论文]. 北京:中国水利水电科学研究院,2009.

[14] 韩其为. 水库淤积. 北京:科学出版社,2003.

[15] 韩其为,黄煜龄. 水库冲淤过程的计算方法及电子计算机的应用//长江流域规划办公室长江水利水电科学研究院. 长江水利水电科研成果选编. 1974:45-85.

[16] 谢鉴衡. 河流模拟. 北京:水利电力出版社,1990.

[17] Han Q W, He M M. A mathematical model for reservoir sedimentation and fluvial processes. International Journal of Sediment Research,1990,5(2):43-84.

[18] 韩其为. 非均匀悬移质不平衡输沙的研究. 科学通报,1979,24(17):804-808.

[19] Великанов М А. Динамика Русдовых Потоков. ТОМ. Ⅱ М. ,Гостехиват,1955.

[20] 窦国仁. 推移质泥沙运动规律//南京水利科学研究所成果汇编(河港分册). 南京:南京水利科学研究所,1965.

[21] 韩其为. 推移质与悬移质同时运动的有关规律. 泥沙运动基本理论——推移质运动规律研讨会报告,成都,2012.

[22] 沙玉清. 泥沙运动学引论. 北京:中国工业出版社,1965.

[23] 侯晖昌. 河流动力学基本问题. 北京:水利出版社,1982.

[24] 张瑞瑾. 河流泥沙动力学. 北京:中国水利水电出版社,1989.

[25] 韩其为,何明民. 论非均匀悬移质二维不平衡输沙方程及其边界条件. 水利学报,1997,(1):1-10.

[26]　韩其为. 水库不平衡输沙的初步研究//黄河泥沙研究协调小组. 水库泥沙汇报汇编. 1973:145-168.

[27]　韩其为,陈绪坚. 恢复饱和系数的理论计算方法. 泥沙研究,2008,(6):8-16.

[28]　Han Q W. Exchange between coarse and fine particles during deposition and erosion along river. Proceedings of the 10th International Symposium on River Sedimentation, Moscow, 2007.

第6章 推移质输沙率的随机模型、分布及时均输沙率

本章是在韩其为过去研究的基础上[1-6]所做的进一步深入研究和综合。

6.1 输沙率的随机模型分布及其验证[1-5]

6.1.1 输沙率的随机模型及其分布

在稳定均匀水流中,取宽和长为一个单位、高为全水深的一个长方柱体,该水体中,在 t 时刻处于第 i 种运动状态的颗数记为 $K_i(t)$,K_i 的因次为 $[L^{-2}]$。显然,$\{K_i(t),0 \leqslant t < +\infty\}$ 为随机过程。这时 $K_i(i=2,3,4)$ 为以颗数计的浓度(单位水柱的颗数),而 $K_i U_i$ 称为以颗数计的滚动、跳跃和悬浮的单宽输沙能力。

现在先讨论运动颗粒的条件分布函数,这里以滚动颗粒为例来进行阐述。第5章已提到对泥沙运动主要是按马尔可夫链分析,但是在某些场合也引用指数分布补充说明。

第5章已得到处于状态 i 的颗粒转为 j 的强度,即止 i 转 j 的转移强度公式(5.5.1)。对于滚动、跳跃、悬浮的止 i 转 j 的强度为

$$\lambda_i = \frac{(1-\beta_{i,i})K_i}{T_i} = (1-\beta_{i,i})K_i\mu_i U_i = \sum_{j \neq i}\beta_{i,j}K_i U_i \mu_i = \sum_{j \neq i}\lambda_{i,j}, \quad i=2,3,4$$

$$(6.1.1)$$

式中,$\beta_{i,j}$ 为转移概率矩阵中的元素。注意,当 $i=2$ 时,给出的

$$\lambda_2 = \frac{(1-\beta_{2,2})K_2}{T_2} = (1-\beta_{2,2})\mu_2 U_2 K_2$$

当 Δt 充分小时,K_2 个滚动颗粒中至少1颗止滚的概率为

$$F_{2,t}(\Delta t) = 1 - [1-\lambda_2\Delta t + \cdots] = \lambda_2\Delta t + o(\Delta t) \quad (6.1.2)$$

此处

$$\lambda_2 = (1-\beta_{2,2})\mu_2 U_2 K_2 = (\beta_{2,1}+\beta_{2,3}+\beta_{2,4})\mu_2 U_2 K_2$$
$$= \lambda_{2,1} + \lambda_{2,3} + \lambda_{2,4} \quad (6.1.3)$$

而

$$\lambda_{2,j} = \beta_{2,j}\mu_2 U_2 K_2, \quad j=1,3,4 \quad (6.1.4)$$

称为止滚转 j 的强度。

类似地,由式(6.1.2)可得到在 Δt 内至少1颗止跳及止悬的概率为

$$F_{3.t}(\Delta t) = \lambda_3 \Delta t + o(\Delta t) \tag{6.1.5}$$

$$F_{4.t}(\Delta t) = \lambda_4 \Delta t + o(\Delta t) \tag{6.1.6}$$

式中,

$$\lambda_3 = (1 - \beta_{3.3})\mu_3 U_3 K_3 = (\beta_{3.1} + \beta_{3.2} + \beta_{3.4})\mu_3 U_3 K_3$$

$$= \lambda_{3.1} + \lambda_{3.2} + \lambda_{3.4} \tag{6.1.7}$$

$$\lambda_4 = (1 - \beta_{4.4})\mu_4 U_4 K_4 = (\beta_{4.1} + \beta_{4.2} + \beta_{4.4})\mu_4 U_4 K_4$$

$$= \lambda_{4.1} + \lambda_{4.2} + \lambda_{4.3} \tag{6.1.8}$$

而

$$\lambda_{3.j} = \beta_{3.j}\mu_3 U_3 K_3, \quad j = 1, 2, 4 \tag{6.1.9}$$

$$\lambda_{4.j} = \beta_{4.j}\mu_4 U_4 K_4, \quad j = 1, 2, 3 \tag{6.1.10}$$

这里 $\lambda_{i.j}$、K_j 均为确定的量。

另外,式(5.3.39)给出的是在单位床面静止颗粒的寿命分布,它的起动(止静)强度为

$$\lambda_1 = \frac{(1 - \beta_{1.1})K_1}{T_1}, \quad j = 1 \tag{6.1.11}$$

而且止静强度可分解为止静转滚、转跳、转悬强度。

式(6.1.11)可写为

$$\lambda_1 = \frac{1 - \beta_{1.1}}{T_1}K_1 = \frac{(\beta_{1.2} + \beta_{1.3} + \beta_{1.4})K_1}{T_1} = \sum_{j=2}^{4} \frac{\beta_{1.j}K_1}{t_{j.0}} = \sum_{j=2}^{4} \lambda_{1.j}$$

式中,

$$\frac{1}{T_1} = \sum_{j=2}^{3} \frac{\beta_{i.j}}{\beta_{1.2} + \beta_{1.3} + \beta_{1.4}} \frac{1}{t_{j.0}} \tag{6.1.12}$$

$$\lambda_{1.j} = \frac{\beta_{1.j}}{t_{j.0}}K_1, \quad j = 2, 3, 4 \tag{6.1.13}$$

当 Δt 充分小时,止静概率为

$$F_{1.t}(\Delta t) = \lambda_1' \Delta t + o(\Delta t) \tag{6.1.14}$$

这里用 λ_1' 代替了 λ_1 现在求运动颗数的概率分布。假设在充分小的 Δt 内,两颗及两颗以上泥沙改变运动状态的概率为 Δt 的高阶无穷小量,并以 $P_{K.L}(\Delta t)$ 表示滚动颗数由 K 变为 L 的转移概率,由于假定两颗以上的改变状态的概率为高阶无穷小,故 $K - L \leqslant 1$。这样有

$$P_{0.0}(\Delta t) = [1 - (\lambda_{1.2} + \lambda_{3.2} + \lambda_{4.2})\Delta t] + o(\Delta t) \tag{6.1.15}$$

式中,$P_{0.0}(\Delta t)$ 表示在 Δt 内没有一颗泥沙止滚,也没有一颗增滚的概率。$\lambda_{1.2}\Delta t$ 表示止静转滚概率;$\lambda_{3.2}\Delta t$ 表示止跳转滚概率;$\lambda_{4.2}\Delta t$ 表示止悬转滚强度,而 $[1 - (\lambda_{1.2} + \lambda_{3.2} + \lambda_{4.2})]\Delta t$ 则表示没有由静转滚,没有由跳转滚动,也没有由悬转滚动的概率。故 $P_{0.0}(\Delta t)$ 表示初始时刻没有滚动,经 Δt 后仍没有滚动的概率。

类似地,有

$$P_{K.K-1}(\Delta t) = (1-\beta_{2.2})\mu_2 U_2 K_2 \Delta t + o(\Delta t)$$
$$= m_2 K_2 \Delta t + o(\Delta t)$$
$$= \sum_{j\neq 2}\beta_{i.j}\mu_2 U_2 K_2 \qquad (6.1.16)$$

式中,

$$m_2 = (1-\beta_{2.2})\mu_2 U_2 = (\beta_{2.1}+\beta_{2.3}+\beta_{2.4})\mu_2 U_2 \qquad (6.1.17)$$

而 $m_2 K_2 \Delta t$ 为在 Δt 内止滚概率。当然,止滚概率包括止滚转静概率 $\beta_{2.1}\mu_2 U_2 K_2 \Delta t$、止滚转跳概率 $\beta_{2.3}\mu_2 U_2 K_2 \Delta t$ 和止滚转悬概率 $\beta_{2.4}\mu_2 U_2 K_2 \Delta t$。$P_{K.K-1}$ 表示原有 K 颗泥沙滚动经 Δt,减少了 1 颗的概率。为了明确地强调 K_2 为随机变量,以下以 K 表示 K_2:

$$P_{K.K} = [1-(\lambda_{1.2}+\lambda_{3.2}+\lambda_{4.2})(\Delta t)](1-m_2 K \Delta t) + o(\Delta t)$$
$$= 1-(\lambda_{1.2}+\lambda_{3.2}+\lambda_{4.2})\Delta t - m_2 K \Delta t \qquad (6.1.18)$$

此处 $P_{K.K}$ 表示在 Δt 内滚动颗数不变的概率,它显然是两事件之交。当不增滚 1 颗,概率为 $-(\lambda_{1.2}+\lambda_{3.2}+\lambda_{4.2})\Delta t$;不止滚 1 颗,概率为 $m_2 K_2 \Delta t$。$P_{K.K}$ 的概率为两者之积,故为式(6.1.18)。尚需要注意的是,由第一等号到第二等号,将其展开时,忽略了 Δt 的高阶无穷小 Δt^2 之后,便有式(6.1.18)右边的结果。现在给出

$$P_{K-1.K} = (\lambda'_{1.2}+\lambda_{3.2}+\lambda_{3.4})\Delta t + o(\Delta t) \qquad (6.1.19)$$

此处 $P_{K-1.K}$ 表示在 Δt 内滚动颗数由 $K-1$ 增至 K 的概率。

当 K_2 等于其最大值 n_2 时,有

$$P_{n_2.n_2} = 1-m_2 n_2 \Delta t + o(\Delta t) \qquad (6.1.20)$$

式(6.1.20)与式(6.1.18)的差异是 n_2,既然是 K_2 的最大值,所以它不可能再增滚,只可能不止滚,即其概率为 $1-m_2 n_2 \Delta t + o(\Delta t)$。

现在设 $W_{K_2}(K_2,t)$ 表示在时刻 t 床面静止颗粒为 K_1、跳跃颗粒为 K_3、悬浮颗粒为 K_4 的条件下滚动颗数的条件概率,则

$$W_{K_2}(0,t+\Delta t) = W_{K_2}(0,t)P_{0.0}(\Delta t) + W_{K_2}(1,t)P_{1.0}(\Delta t) + o(\Delta t)$$
$$= W_{K_2}(0,t)[1-(\lambda'_{1.2}+\lambda_{3.2}+\lambda_{4.2})\Delta t]$$
$$+ [W_{K_2}(1,t)m_2 \Delta t] + o(\Delta t) \qquad (6.1.21)$$

式(6.1.21)表示,在时刻 $t+\Delta t$ 滚动颗数为零的事件有两种情况:一种是在时刻 t 滚动颗数为零,而在 Δt 内没有增滚 1 颗的事件,即没有止静转滚、止跳转滚和止悬转滚的事件;另一种是在时刻 t,滚动颗数为 1,而在 Δt 内,有止滚 1 颗的事件。这里显然又利用了在 Δt 内滚动颗数的变化不超过 1 颗。类似地,在时刻 $t+\Delta t$ 滚动颗数为 K 的概率有

$$W_{K_2}(K_2,t+\Delta t) = W_{K_2}(K+1,t)P_{K+1.K}\Delta t + W_{K_2}(K,t)P_{K.K}\Delta t$$
$$+ W_{K_2}(K-1,t)P_{K-1.K}\Delta t + o(\Delta t)$$
$$= W_{K_2}(K+1,t)m_2(K+1)\Delta t$$
$$+ W_{K_2}(K,t)[1-(\lambda_{1.2}+\lambda_{3.2}+\lambda_{4.2})\Delta t - m_2 K \Delta t]$$

$$+W_{K_2}(K-1,t)(\lambda_{1.2}+\lambda_{3.2}+\lambda_{4.2})\Delta t+o(\Delta t)$$

$$(6.1.22)$$

其中在时刻 t 滚动颗数为 K,经 Δt 仍为 K 的事件,为在 Δt 内既不增滚 1 颗,也不减滚(止颗)1 颗的事件之和,故其概率为 $W_{K_2}(K,t)P_{K.K}(K,t)\Delta t$。

此外,尚有

$$W_{K_2}(n_2,t+\Delta t)=W_{K_2}(m_2-1,t)P_{n_2-1.n_2}\Delta t+W_{K_2}(n_2,t)P_{n_2.n_2}\Delta t$$
$$=W_{K_2}(n_2-1,t)(\lambda_{1.2}+\lambda_{3.2}+\lambda_{4.2})\Delta t$$
$$+W_{K_2}(n_2,t)(1-m_2n_2)\Delta t+o(\Delta t)\qquad(6.1.23)$$

当 $\Delta t\to 0$ 时,上述各式为

$$W'_{K_2}(0,t)=\lim_{\Delta t\to 0}\frac{W_{K_2}(0,t+\Delta t)-W_{K_2}(0,t)}{\Delta t}$$
$$=m_2W_{K_2}(1,t)-(\lambda_{1.2}+\lambda_{3.2}+\lambda_{4.2})W_{K_2}(0,t)$$
$$=R_1\qquad(6.1.24)$$

$$W'_{K_2}(K,t)=\lim_{\Delta t\to 0}\frac{W_{K_2}(K,t+\Delta t)-W_{K_2}(K_1,t)}{\Delta t}$$
$$=m_2(K+1)W_{K_2}(K+1,t)-(\lambda_{1.2}+\lambda_{3.2}+\lambda_{4.2})W_{K_2}(K,t)$$
$$-[m_2KW_{K_2}(K,t)-(\lambda_{1.2}+\lambda_{3.2}+\lambda_{4.2})W_{K_2}(K-1,t)]$$
$$=R_{K+1}(t)-R_K(t),\quad K=1,2,3,\cdots,n_2-1\qquad(6.1.25)$$

$$W'_K(n_2,t)=-m_2n_2W_{K_2}(n_2,t)+(\lambda_{1.2}+\lambda_{3.2}+\lambda_{4.2})W_{K_2}(n_2-1,t)$$
$$=-R_{n_2}(t)\qquad(6.1.26)$$

上述式中,

$$R_K(t)=m_2KW_{K_2}(K,t)-(\lambda_{1.2}+\lambda_{3.2}+\lambda_{4.2})W_{K_2}(K-1,t),\quad K=1,2,3,\cdots,n_2$$

$$(6.1.27)$$

根据马尔可夫定理,当 $t\to\infty$ 时,$W_{K_2}(K,t)$ 应为平稳概率,这表示

$$W'_{K_2}(K,t)=\lim_{t\to\infty}W'_{K_2}(K,t)=\lim_{t\to\infty}\frac{\mathrm{d}W_{K_2}(K,t)}{\mathrm{d}t}\to 0\qquad(6.1.28)$$

从而有

$$\lim_{t\to\infty}W_{K_2}(K,t)=W_{K_2}(K)\qquad(6.1.29)$$

此处 $W_{K_2}(K)$ 为平稳概率。这样由式(6.1.27)取 $t\to\infty$ 的极限得

$$R_1=m_2W_{K_2}(1)-(\lambda_{1.2}+\lambda_{3.2}+\lambda_{4.2})W_{K_2}(0)=0\qquad(6.1.30)$$

即

$$W_{K_2}(1)=\frac{\lambda_{1.2}+\lambda_{3.2}+\lambda_{4.2}}{m_2}W_{K_2}(0)\qquad(6.1.31)$$

类似地,由式(6.1.25)取 $t\to\infty$ 的极限得

$$R_{K+1}=R_K,\quad K=1,2,3,\cdots,n_2-1\qquad(6.1.32)$$

将 R_1 代入, 得到所有的 $R_K(K=1,2,3,\cdots,n_2)$ 为零, 从而根据式(6.1.30)得到递推公式:

$$W_{K_2}(K)=\frac{\lambda_{1.2}+\lambda_{3.2}+\lambda_{4.2}}{m_2 K}W_{K_2}(K-1) \tag{6.1.33}$$

于是有

$$W_{K_2}(1)=\frac{\lambda_{1.2}+\lambda_{3.2}+\lambda_{4.2}}{m_2}W_{K_2}(0)$$

$$W_{K_2}(2)=\frac{1}{2}\left(\frac{\lambda_{1.2}+\lambda_{3.2}+\lambda_{4.2}}{m_2}\right)^2 W_{K_2}(0)$$

$$W_{K_2}(3)=\frac{1}{3!}\left(\frac{\lambda_{1.2}+\lambda_{3.2}+\lambda_{4.2}}{m_2}\right)^3 W_{K_2}(0)$$

$$W_{K_2}(n_2)=\frac{1}{n_2!}\left(\frac{\lambda_{1.2}+\lambda_{3.2}+\lambda_{4.2}}{m_2}\right)^n W_{K_2}(0)$$

根据条件

$$\sum_{K=0}^{n_2}W_{K_2}(K)=1 \tag{6.1.34}$$

$$\frac{1}{W_{K_2}(0)}=\sum_{K=0}^{n_2}\frac{1}{K!}\left(\frac{\lambda_{1.2}+\lambda_{3.2}+\lambda_{4.2}}{m_2}\right)^K \tag{6.1.35}$$

知, 滚动颗数为 K 的概率为

$$W_{K_2}(K)=\frac{\dfrac{1}{K!}\left(\dfrac{\lambda_{1.2}+\lambda_{3.2}+\lambda_{4.2}}{m_2}\right)^K}{\displaystyle\sum_{K=0}^{n_2}\frac{1}{K!}\left(\frac{\lambda_{1.2}+\lambda_{3.2}+\lambda_{4.2}}{m_2}\right)^K},\quad K=0,1,2,\cdots,n_2 \tag{6.1.36}$$

可见滚动颗数的条件概率 $W_{K_2}(K)$ 的分布是以 $\dfrac{\lambda_{1.2}+\lambda_{3.2}+\lambda_{4.2}}{m_2}$ 为参数的埃尔朗分布[1], 滚动颗数的条件数学期望为

$$\bar{K}_2=\sum_{K=0}^{n_2}KW_{K_2}(K)$$

$$=\frac{\displaystyle\sum_{K=0}^{n_2}\frac{K}{K!}\left(\frac{\lambda_{1.2}+\lambda_{3.2}+\lambda_{4.2}}{m_2}\right)^K}{\displaystyle\sum_{K=0}^{n_2}\frac{1}{K!}\left(\frac{\lambda_{1.2}+\lambda_{3.2}+\lambda_{4.2}}{m_2}\right)^K}$$

$$=\frac{\displaystyle\sum_{K=1}^{n_2}\frac{1}{(K-1)!}\left(\frac{\lambda_{1.2}+\lambda_{3.2}+\lambda_{4.2}}{m_2}\right)^K}{\displaystyle\sum_{K=0}^{n_2}\frac{1}{K!}\left(\frac{\lambda_{1.2}+\lambda_{3.2}+\lambda_{4.2}}{m_2}\right)^K}$$

$$= \frac{\sum\limits_{K=0}^{n_2-1} \dfrac{1}{K!}\left(\dfrac{\lambda_{1.2}+\lambda_{3.2}+\lambda_{4.2}}{m_2}\right)^K}{\sum\limits_{K=0}^{n_2} \dfrac{1}{K!}\left(\dfrac{\lambda_{1.2}+\lambda_{3.2}+\lambda_{4.2}}{m_2}\right)^K}$$

$$= \frac{\lambda_{1.2}+\lambda_{3.2}+\lambda_{4.2}}{m_2}\left[1-W_{K_2}(n_2)\right]$$

对于跳跃和悬浮的颗粒,可得到类似的结果,一般的,运动颗数的条件分布和条件数学期望为

$$W_{K_i}(K) = \frac{\dfrac{1}{K!}\left(\dfrac{\sum\limits_{l\neq i}\lambda_{l.i}}{m_i}\right)^K}{\sum\limits_{K=0}^{n_i} \dfrac{1}{K!}\left(\dfrac{\sum\limits_{l\neq i}\lambda_{l.i}}{m_i}\right)^K}, \quad i=2,3,4; l=1,2,3,4; K=0,1,2,\cdots,n_i$$

(6.1.37)

$$\bar{K}_i = \frac{1}{m_i}\sum_{l\neq i}\lambda_{l.i}\left[1-W_{K_i}(n_i)\right], \quad i=2,3,4 \tag{6.1.38}$$

$$m_i = \sum_{j\neq i}\beta_{i,j}\mu_i U_i \quad i=2,3,4 \tag{6.1.39}$$

式中,n_i 为处于 i 种运动的最大可能的颗数。当 n_i 很大时,颗数分布可取泊松分布

$$W_{K_i}(K) = \mathrm{e}^{-\bar{K}_i}\frac{\bar{K}_i^K}{K!}, \quad i=2,3,4; K=0,1,2,\cdots \tag{6.1.40}$$

其中,

$$\bar{K}_i = \frac{1}{m_i}\sum_{j\neq i}\lambda_{j.i}, \quad i=2,3,4 \tag{6.1.41}$$

为运动颗数的条件数学期望。

现将上面的条件概率和条件数学期望分别记为 $W_{K_2\mid K_3.K_4}(K)$、$\bar{K}_2(K_3,K_4)$,而以 $W_{K_i}(K)$、$\bar{K}_i$ 表示运动颗粒的无条件概率和数学期望,由条件分布函数可得无条件分布函数为

$$\begin{cases} W_{K_2}(K) = \sum\limits_{L=0}^{K_3}\sum\limits_{M=0}^{n_4} W_{K_2\mid K_3.K_4}(K)W_{K_3}(L)W_{K_4}(M), & K=0,1,\cdots,n_2 \\[2mm] W_{K_3}(K) = \sum\limits_{L=0}^{n_2}\sum\limits_{M=0}^{n_4} W_{K_3\mid K_3.K_4}(K)W_{K_2}(L)W_{K_4}(M), & K=0,1,\cdots,n_3 \\[2mm] W_{K_4}(K) = \sum\limits_{L=0}^{n_2}\sum\limits_{M=0}^{n_4} W_{K_4\mid K_3.K_4}(K)W_{K_2}(L)W_{K_4}(M), & K=0,1,\cdots,n_4 \end{cases}$$

(6.1.42)

　　上面给出了 $W_{K_i}(K)$ 所满足的一组方程,但求解是很困难的,现给出 K_i 的近似分布函数。

　　假设作为随机变量的三种运动状态的颗数是相互独立的,但通过平均颗数影响其概率。这样就可以近似地用一种"条件概率"(另外两种状态为平均颗数为条件的"条件概率")代替无条件概率,相当于用平均转移强度

$$\bar{\lambda}_{i,j}=\beta_{i,j}\mu_i U_i \bar{K}_i, \quad i=2,3,4;j=1,2,3,4 \tag{6.1.43}$$

来代替 $\lambda_{i,j}$,从而运动颗数的分布和平均运动颗数为

$$W_{K_i}(K)=\frac{\dfrac{1}{K!}\left[\dfrac{\sum\limits_{l\neq i}\bar{\lambda}_{l,i}}{m_i}\right]^K}{\sum\limits_{K=0}^{n_i}\dfrac{1}{K!}\left[\dfrac{\sum\limits_{l\neq i}\bar{\lambda}_{l,i}}{m_i}\right]^K}, \quad i=2,3,4;l=1,2,3,4;K=0,1,2,\cdots,n_i$$

$$\tag{6.1.44}$$

$$\bar{K}_i=\frac{1}{m_i}\sum_{l\neq i}\bar{\lambda}_{l,i}[1-W_{K_i}(n_i)], \quad i=2,3,4;l=1,2,3,4 \tag{6.1.45}$$

将式(6.1.45)代入式(6.1.44),可得

$$W_{K_i}(K)=\frac{\dfrac{1}{K!}\left[\dfrac{\bar{K}_i}{1-W_{K_i}(n)}\right]^K}{\sum\limits_{K=0}^{n_i}\dfrac{1}{K!}\left[\dfrac{\bar{K}_i}{1-W_{K_i}(n)}\right]^K} \tag{6.1.46}$$

这里 $\lambda'_{1,i}=\overline{\lambda'_{1,i}}$,当 n_i 很大时,有

$$W_{K_i}(K)=e^{-\bar{K}_i}\frac{\bar{K}_i^K}{K!}, \quad i=2,3,4;K=0,1,2,\cdots,n_i \tag{6.1.47}$$

$$\bar{K}_i=\frac{1}{m_i}\sum_{j\neq i}\bar{\lambda}_{j,i}, \quad i=2,3,4;j\neq i \tag{6.1.48}$$

式中,$\bar{\lambda}_{j,i}$ 由式(6.1.43)确定。注意到式(6.1.39),式(6.1.48)又可写成

$$\sum_{j\neq i}\beta_{i,j}U_i\bar{K}_i\mu_i=m_i\bar{K}_i=\sum_{j\neq i}\bar{\lambda}_{j,i}=\sum_{\substack{j\neq i\\j\neq 1}}\beta_{j,i}U_j\bar{K}_j\mu_j+\frac{\beta_{1,i}\bar{K}_1}{t_{i,0}} \tag{6.1.49}$$

式(6.1.49)表明,在四种状态下,各种运动颗粒是平衡的,即某种状态转至其他三种状态的颗数与由其他三种状态转至该状态的颗数是相等的。由于各种状态转进转出(包括静止床沙)的颗数不变,这种平衡称为弱平衡。显然,此时 K_1 也与 $\bar{K}_2$、$\bar{K}_3$、$\bar{K}_4$ 等相应,故 K_1 应由 $\bar{K}_1$ 代替。

　　不难证明,式(6.1.44)实际上是严格成立的,而与近似的无条件分布函数无关。

6.1.2　输沙率分布的验证[1]

前节已得到推移质输沙率的分布为式(6.1.36)的埃尔朗分布,当 K 较大时变为泊松分布式(6.1.40)。现在利用表 6.1.1 的资料予以验证。所述资料基本是滚动,故取下标 $i=2$,式(6.1.46)是滚动输沙率以颗数计的埃尔朗分布。当 n 较大时,上述分布很快趋近泊松分布。

试验是在水槽中进行的。槽底板上确定一块面积(其长度约为单步距离),然后每隔 10s 计入该面积输沙颗数,以统计其频率。

表 6.1.1　推移质脉动分布验证

每 10s 输沙颗数 K	1			2			3		
	试验频率	计算概率		试验频率	计算概率		试验频率	计算概率	
		式 (6.1.36)	式 (6.1.40)		式 (6.1.36)	式 (6.1.40)		式 (6.1.36)	式 (6.1.40)
0	0.562	0.485	0.492	0.356	0.338	0.338	0.709	0.661	0.661
1	0.272	0.351	0.347	0.373	0.367	0.367	0.187	0.274	0.273
2	0.072	0.127	0.125	0.170	0.199	0.199	0.083	0.056	0.057
3	0.072	0.031	0.030	0.061	0.072	0.072	0.021	0.008	0.008
4	0.022	0.006	0.006	0.034	0.019	0.019	0	0.001	0.001
5	—	—	—	0.008	0.004	0.004	—	—	—
6	—	—	—	0.008	0.001	0.001	—	—	—
说明	$\overline{K}_2=0.72$ 颗/10s $W_{K_2}(4)=0.0055$ $\dfrac{\overline{K}_2}{1-W_{K_2}(4)}=0.7240$			$\overline{K}_2=1.084$ 颗/10s $W_{K_2}(6)=0.001$ $\dfrac{\overline{K}_2}{1-W_{K_2}(6)}=1.085$			$\overline{K}_2=0.414$ 颗/10s $W_{K_2}(4)=0.001$ $\dfrac{\overline{K}_2}{1-W_{K_2}(4)}=0.4144$		

从表 6.1.1 可以看出三点:第一,无论按式(6.1.36)还是式(6.1.40)计算的概率,均与实测的频率基本是一致的。这说明推移质输沙率脉动是符合输沙率分布的。当然,由于试验重复时间不够长,当输沙率脉动值很大时,试验值不够可靠,表现出彼此符合不够好,只能是试验数据的问题。第二,当输沙率大时,计算概率与试验值符合相对好,如第二组就如此。第三,比较埃尔朗分布与泊松分布计算数据,尚难看出差异,两种结果基本一致。第四,试验的平均值 $\overline{K}_2$ 与计算的数学期望符合更好。

至于结合推移质采样,进一步利用概率分布研究其脉动规律及采样误差在本书第 4 章中已专门研究。

6.2　均匀沙弱平衡时均输沙能力

输沙能力有弱平衡与强平衡之分。弱平衡是指某种状态 i 转出的颗粒恰好等于由其他三种状态转来的颗粒。

6.2.1　均匀沙四种状态弱平衡输沙能力

对于弱平衡,方程(6.1.49)给出了确定 $\bar{K}_i$ 的线性方程组[1]:

$$
\begin{cases}
-(\beta_{2.1}+\beta_{2.3}+\beta_{2.4})\mu_2 U_2 \bar{K}_2 + \beta_{3.2}\mu_3 U_3 \bar{K}_3 + \beta_{4.2}\mu_4 U_4 \bar{K}_4 = -\dfrac{\beta_{1.2}}{t_{2.0}}\bar{K}_1 \\[2mm]
\beta_{2.3}\mu_2 U_2 \bar{K}_2 - (\beta_{3.1}+\beta_{3.2}+\beta_{3.4})\mu_3 U_3 \bar{K}_3 + \beta_{4.3}\mu_4 U_4 \bar{K}_4 = -\dfrac{\beta_{1.3}}{t_{3.0}}\bar{K}_1 \\[2mm]
\beta_{2.4}\mu_2 U_2 \bar{K}_2 + \beta_{3.4}\mu_3 U_3 \bar{K}_3 - (\beta_{4.1}+\beta_{4.2}+\beta_{4.3})\mu_4 U_4 \bar{K}_4 = -\dfrac{\beta_{1.4}}{t_{4.0}}\bar{K}_1
\end{cases}
$$

$$(6.2.1)$$

方程组(6.2.1)的物理意义非常明确。第一个方程表示单位面积、单位时间滚动颗数 K_2 按概率 $\beta_{2.1}$、$\beta_{2.3}$、$\beta_{2.4}$ 转为静止、跳跃与悬浮。与此同时,由静止按概率 $\beta_{1.2}$ 转为滚动、由跳跃按概率 $\beta_{3.2}$ 转为滚动、由悬浮按概率 $\beta_{4.2}$ 转为滚动。由滚动转入与转出是相等的。另外,$\mu_i U_i(i=2,3,4)=\dfrac{1}{T_i}$ 及 $\dfrac{1}{t_{j.0}}$ 均表示单位时间。其他两个方程也是类似的情况。解上述方程组,则得到以颗数计的输沙率[1]为

$$
\bar{q}_{N_i} = \frac{\Delta_i}{\Delta_0}\frac{K_1}{\mu_i}, \quad i=2,3,4 \tag{6.2.2}
$$

式中,Δ_0、Δ_i 为由方程(6.2.1)的系数矩阵所给出的克拉默行列式。这是由行列式直接求线性方程组的解。这个解反映了弱平衡的情况。

若泥沙输移处于强平衡状态,即

$$
\bar{\lambda}_{1.i} = \bar{\lambda}_{i.1}, \quad i=2,3,4
$$

此时,以颗数计的平均输沙率为

$$
\bar{q}_{N.i} = \frac{\beta_{1.i}}{\beta_{i.1}}\frac{\bar{K}_1}{\mu_i t_{i.0}} \tag{6.2.3}
$$

不难证明,以重量计的推移质输沙能力和总输沙能力也满足埃尔朗分布。而在弱平衡输沙状态下,以重量计的平均输沙能力为

$$
\bar{q}_i = \frac{2}{3}P_1 m_0 \gamma_s D \frac{\Delta_i}{\Delta_0 \mu_i}, \quad i=2,3,4 \tag{6.2.4}
$$

式中,

$$K_1 = R_1 n_0 = R_1 \frac{m_0}{\frac{\pi}{4} D^2} \tag{6.2.5}$$

n_0 应理解为单位床面泥沙颗数,即因次为 $[L^{-2}]$。而 R_1 为床面泥沙静止的概率由式(5.2.38)确定。$\bar{q}_T$、$\bar{q}_N$ 分别为平均推移质输沙能力和平均总输沙能力,m_0 为河床表面颗粒的静密实系数,取 0.4,D 为颗粒直径。

$$n_0 = \frac{m_0}{\frac{\pi}{4} D^2} \tag{6.2.6}$$

为单位床面上泥沙总颗数(包括四种状态),R_1 为泥沙在床面静止的概率,$R_1 n_0$ 为床面静止泥沙的颗数。

为了物理意义明确且能看出三种输沙率及有关参数的相互影响,将转移概率矩阵(5.2.46)的 $\beta_{i,j}$ 代入,并且简化,去掉 $\bar{K}_i$ 上面"—",则方程组(6.2.1)变为

$$(\varepsilon_1 - \varepsilon_{2.0})(1-\beta)\frac{K_1}{t_{2.0}} + (\varepsilon_0 - \varepsilon_2)(1-\varepsilon_4)K_3 U_3 \mu_3 + (\varepsilon_0 - \varepsilon_2)(1-\varepsilon_4)K_4 U_4 \mu_4$$
$$= (1-\varepsilon_0)(1-\varepsilon_4)K_2 U_2 \mu_2 + \varepsilon_2(1-\varepsilon_4)K_2 U_2 \mu_2 + \varepsilon_4 K_2 U_2 \mu_2$$
$$= [(1-(\varepsilon_0 - \varepsilon_2))(1-\varepsilon_4) + \varepsilon_4]K_2 U_2 \mu_2 \tag{6.2.7}$$

$$\varepsilon_{2.0}(1-\beta)\frac{K_1}{t_{3.0}} + \varepsilon_2(1-\varepsilon_4)K_2 U_2 \mu_2 + \varepsilon_2(1-\varepsilon_4)K_4 U_4 \mu_4$$
$$= (1-\varepsilon_0)(1-\varepsilon_4)K_3 U_3 \mu_3 + (\varepsilon_0 - \varepsilon_2)(1-\varepsilon_4)K_3 U_3 \mu_3 + \varepsilon_4 K_3 U_3 \mu_3$$
$$= [(1-\varepsilon_2)(1-\varepsilon_4) + \varepsilon_4]K_3 U_3 \mu_3 \tag{6.2.8}$$

$$\frac{\beta}{t_{4.0}}K_1 + \varepsilon_4 K_2 U_2 \mu_2 + \varepsilon_4 K_3 U_3 \mu_3$$
$$= (1-\varepsilon_0)(1-\varepsilon_4)K_4 U_4 \mu_4 + (\varepsilon_0 - \varepsilon_2)(1-\varepsilon_4)K_4 U_4 \mu_4 + \varepsilon_2(1-\varepsilon_4)K_4 U_4 \mu_4$$
$$= (1-\varepsilon_4)K_4 U_4 \mu_4 \tag{6.2.9}$$

为了使求解明显,以下采用消去法求上述方程组的解。由式(6.2.7)~式(6.2.9)分别得到

$$K_2 U_2 \mu_2 = (\varepsilon_1 - \varepsilon_{2.0})(1-\beta)\frac{K_1}{t_{2.0}} + (\varepsilon_0 - \varepsilon_2)(1-\varepsilon_4)(K_2 U_2 \mu_2$$
$$+ K_3 U_3 \mu_3 + K_4 U_4 \mu_4) \tag{6.2.10}$$

$$K_3 U_3 \mu_3 = \varepsilon_{2.0}(1-\beta)\frac{K_1}{t_{3.0}} + \varepsilon_2(1-\varepsilon_4)(K_2 U_2 \mu_2 + K_3 U_3 \mu_3 + K_4 U_4 \mu_4) \tag{6.2.11}$$

$$K_4 U_4 \mu_4 = \beta\frac{K_1}{t_{4.0}} + \varepsilon_4(K_2 U_2 \mu_2 + K_3 U_3 \mu_3 + K_4 U_4 \mu_4) \tag{6.2.12}$$

利用式(6.2.10)及式(6.2.11)消去 $\sum_{i=2}^{4} K_i U_i \mu_i$,则有

$$\left[K_2 U_2 \mu_2 - (\varepsilon_1 - \varepsilon_{2.0})(1-\beta)\frac{K_1}{t_{2.0}}\right]\frac{1}{(\varepsilon_0-\varepsilon_2)(1-\varepsilon_4)}$$

$$=\left[K_3 U_3 \mu_3 - \varepsilon_{2.0}(1-\beta)\frac{K_1}{t_{3.0}}\right]\frac{1}{\varepsilon_2(1-\varepsilon_4)}$$

即

$$K_3 U_3 \mu_3 = \varepsilon_{2.0}(1-\beta)\frac{K_1}{t_{3.0}} - \frac{(\varepsilon_1-\varepsilon_{2.0})(1-\beta)\varepsilon_2}{\varepsilon_0-\varepsilon_2}\frac{K_1}{t_{2.0}} + \frac{\varepsilon_2}{\varepsilon_0-\varepsilon_2}K_2 U_2 \mu_2$$

$$(6.2.13)$$

而由式(6.2.10)及式(6.2.12)消去 $\displaystyle\sum_{i=2}^{4}K_i U_i \mu_i$，有

$$\left[K_2 U_2 \mu_2 - (\varepsilon_1 - \varepsilon_{2.0})(1-\beta)\frac{K_1}{t_{2.0}}\right]\frac{1}{(\varepsilon_0-\varepsilon_2)(1-\varepsilon_4)}$$

$$=\left(K_4 U_4 \mu_4 - \beta\frac{K_1}{t_{4.0}}\right)\frac{1}{\varepsilon_4}$$

即

$$K_4 U_4 \mu_4 = \beta\frac{K_1}{t_{4.0}} - \frac{(\varepsilon_1-\varepsilon_{2.0})(1-\beta)\varepsilon_4}{(\varepsilon_0-\varepsilon_2)(1-\varepsilon_4)}\frac{K_1}{t_{2.0}} + \frac{\varepsilon_4 K_2 U_2 \mu_2}{(\varepsilon_0-\varepsilon_2)(1-\varepsilon_4)} \qquad (6.2.14)$$

将式(6.2.13)、式(6.2.14)代入式(6.2.10)，可得

$$K_2 U_2 \mu_2 \left[1-(\varepsilon_0-\varepsilon_2)(1-\varepsilon_4)\right]$$

$$=(\varepsilon_1-\varepsilon_{2.0})(1-\beta)\frac{K_1}{t_{2.0}} + (\varepsilon_0-\varepsilon_2)(1-\varepsilon_4)\left[\varepsilon_{2.0}(1-\beta)\frac{K_1}{t_{3.0}}\right.$$

$$-\frac{(\varepsilon_1-\varepsilon_{2.0})(1-\beta)\varepsilon_2}{(\varepsilon_0-\varepsilon_2)}\frac{K_1}{t_{2.0}} + \frac{\varepsilon_2}{(\varepsilon_0-\varepsilon_2)}K_2 U_2 \mu_2\Bigg]$$

$$+(\varepsilon_0-\varepsilon_2)(1-\varepsilon_4)\left[\beta\frac{K_1}{t_{4.0}} - \frac{(\varepsilon_1-\varepsilon_{2.0})(1-\beta)\varepsilon_4}{(\varepsilon_0-\varepsilon_2)(1-\varepsilon_4)}\frac{K_1}{t_{2.0}} + \frac{\varepsilon_4 K_2 U_2 \mu_2}{(\varepsilon_0-\varepsilon_2)(1-\varepsilon_4)}\right]$$

即

$$K_2 U_2 \mu_2 = \frac{(\varepsilon_1-\varepsilon_{2.0})(1-\beta)(1-\varepsilon_2)}{1-\varepsilon_0}\frac{K_1}{t_{2.0}} + \frac{(\varepsilon_0-\varepsilon_2)(1-\beta)\varepsilon_{2.0}}{1-\varepsilon_0}\frac{K_1}{t_{3.0}}$$

$$+\frac{(\varepsilon_0-\varepsilon_2)\beta}{1-\varepsilon_0}\frac{K_1}{t_{4.0}} \qquad (6.2.15)$$

将式(6.2.15)代入式(6.2.13)，可得

$$K_3 U_3 \mu_3 = \varepsilon_{2.0}(1-\beta)\frac{K_1}{t_{3.0}} - \frac{(\varepsilon_1-\varepsilon_{2.0})(1-\beta)\varepsilon_2}{\varepsilon_0-\varepsilon_2}\frac{K_1}{t_{2.0}}$$

$$+\frac{\varepsilon_2}{\varepsilon_0-\varepsilon_2}\left[\frac{(\varepsilon_1-\varepsilon_{2.0})(1-\beta)(1-\varepsilon_2)}{1-\varepsilon_0}\frac{K_1}{t_{2.0}}\right.$$

$$+\frac{(\varepsilon_0-\varepsilon_2)(1-\beta)\varepsilon_{2.0}}{1-\varepsilon_0}\frac{K_1}{t_{3.0}} + \frac{(\varepsilon_0-\varepsilon_2)\beta}{1-\varepsilon_0}\frac{K_1}{t_{4.0}}\Bigg]$$

即

$$K_3 U_3 \mu_3 = \frac{\varepsilon_2 (\varepsilon_1 - \varepsilon_{2.0})(1-\beta)}{1-\varepsilon_0} \frac{K_1}{t_{2.0}} + \frac{\varepsilon_{2.0}(1-\beta)(1-\varepsilon_0 + \varepsilon_2)}{1-\varepsilon_0} \frac{K_1}{t_{3.0}}$$

$$+ \frac{\varepsilon_2 \beta}{1-\varepsilon_0} \frac{K_1}{t_{4.0}} \qquad\qquad (6.2.16)$$

再将式(6.2.15)代入式(6.2.14)有

$$K_4 U_4 \mu_4 = \beta \frac{K_1}{t_{4.0}} - \frac{(\varepsilon_1 - \varepsilon_{2.0})(1-\beta)\varepsilon_4}{(\varepsilon_0 - \varepsilon_2)(1-\varepsilon_4)} \frac{K_1}{t_{2.0}}$$

$$+ \frac{\varepsilon_4}{(\varepsilon_0 - \varepsilon_2)(1-\varepsilon_4)} \left[\frac{(\varepsilon_1 - \varepsilon_{2.0})(1-\beta)(1-\varepsilon_2)}{1-\varepsilon_0} \frac{K_1}{t_{2.0}} \right.$$

$$\left. + \frac{(\varepsilon_0 - \varepsilon_2)(1-\beta)\varepsilon_{2.0}}{1-\varepsilon_0} \frac{K_1}{t_{3.0}} + \frac{(\varepsilon_0 - \varepsilon_2)\beta}{1-\varepsilon_0} \frac{K_1}{t_{4.0}} \right]$$

当 $\beta = \varepsilon_4$, $\varepsilon_{2.0} = \varepsilon_1$, 即

$$K_4 U_4 \mu_4 = \frac{\varepsilon_4 (\varepsilon_1 - \varepsilon_{2.0})(1-\beta)}{(1-\varepsilon_4)(1-\varepsilon_0)} \frac{K_1}{t_{2.0}} + \frac{\varepsilon_4 \varepsilon_{2.0}(1-\beta)}{(1-\varepsilon_4)(1-\varepsilon_0)} \frac{K_1}{t_{3.0}}$$

$$+ \frac{\beta(1-\varepsilon_0 + \varepsilon_0 \varepsilon_4)}{(1-\varepsilon_4)(1-\varepsilon_0)} \frac{K_1}{t_{4.0}} \qquad\qquad (6.2.17)$$

现在将式(6.2.15)、式(6.2.16)、式(6.2.17)中各项用相应的 μ_i($i=2,3,4$)除,则单宽推移质以颗数计的输沙率为

$$q_{n.2} = K_2 U_2 = \frac{1}{\mu_2} \left[\frac{(\varepsilon_1 - \varepsilon_{2.0})(1-\beta)(1-\varepsilon_2)}{1-\varepsilon_0} \frac{K_1}{t_{2.0}} \right.$$

$$\left. + \frac{(\varepsilon_0 - \varepsilon_2)(1-\beta)\varepsilon_{2.0}}{1-\varepsilon_0} \frac{K_1}{t_{3.0}} + \frac{(\varepsilon_0 - \varepsilon_2)\beta}{1-\varepsilon_0} \frac{K_1}{t_{4.0}} \right] \qquad (6.2.18)$$

$$q_{n.3} = K_3 U_3 = \frac{1}{\mu_3} \left[\frac{\varepsilon_2 (\varepsilon_1 - \varepsilon_{2.0})(1-\beta)}{1-\varepsilon_0} \frac{K_1}{t_{2.0}} + \frac{\varepsilon_{2.0}(1-\beta)(1-\varepsilon_0 + \varepsilon_2)}{1-\varepsilon_0} \frac{K_1}{t_{3.0}} + \frac{\varepsilon_2 \beta}{1-\varepsilon_0} \frac{K_1}{t_{4.0}} \right]$$

$$(6.2.19)$$

$$q_{n.4} = K_4 U_4 = \frac{1}{\mu_4} \left[\frac{\varepsilon_4 (\varepsilon_1 - \varepsilon_{2.0})(1-\beta)}{(1-\varepsilon_4)(1-\varepsilon_0)} \frac{K_1}{t_{2.0}} + \frac{\varepsilon_4 \varepsilon_{2.0}(1-\beta)}{(1-\varepsilon_4)(1-\varepsilon_0)} \frac{K_1}{t_{3.0}} \right.$$

$$\left. + \frac{\beta(1-\varepsilon_0 + \varepsilon_0 \varepsilon_4)}{(1-\varepsilon_4)(1-\varepsilon_0)} \frac{K_1}{t_{4.0}} \right] \qquad\qquad (6.2.20)$$

将单位床面泥沙总颗数(相当于无泥沙运动时泥沙静止颗数)及静止颗数式(6.2.5)、式(6.2.6)以及每一个球形颗粒的重量 $\frac{\pi}{6} D^3 \gamma_s$ 代入式(6.2.18)～式(6.2.20),得到以重量表示的单宽输沙率为

$$q_2 = \frac{2}{3} m_0 \gamma_s D \frac{R_1}{\mu_2} \left[\frac{(\varepsilon_1 - \varepsilon_{2.0})(1-\beta)(1-\varepsilon_2)}{1-\varepsilon_0} \frac{1}{t_{2.0}} \right.$$

$$\left. + \frac{(\varepsilon_0 - \varepsilon_2)(1-\beta)\varepsilon_{2.0}}{1-\varepsilon_0} \frac{1}{t_{3.0}} + \frac{(\varepsilon_0 - \varepsilon_2)\beta}{1-\varepsilon_0} \frac{1}{t_{4.0}} \right] \qquad (6.2.21)$$

$$q_3 = \frac{2}{3} m_0 \gamma_s D \frac{R_1}{\mu_3} \left[\frac{\varepsilon_2 (\varepsilon_1 - \varepsilon_{2.0})(1-\beta)}{1-\varepsilon_0} \frac{1}{t_{2.0}} + \frac{\varepsilon_{2.0}(1-\beta)(1-\varepsilon_0 + \varepsilon_2)}{1-\varepsilon_0} \frac{1}{t_{3.0}} + \frac{\varepsilon_2 \beta}{1-\varepsilon_0} \frac{1}{t_{4.0}} \right]$$

$$(6.2.22)$$

$$q_4 = \frac{2}{3} m_0 \gamma_s D \frac{R_1}{\mu_4} \left[\frac{\varepsilon_4 (\varepsilon_1 - \varepsilon_{2.0})(1-\beta)}{(1-\varepsilon_4)(1-\varepsilon_0)} \frac{1}{t_{2.0}} + \frac{\varepsilon_4 \varepsilon_{2.0}(1-\beta)}{(1-\varepsilon_4)(1-\varepsilon_0)} \frac{1}{t_{3.0}} \right.$$

$$\left. + \frac{\beta(1 - \varepsilon_0 + \varepsilon_0 \varepsilon_4)}{(1-\varepsilon_4)(1-\varepsilon_0)} \frac{1}{t_{4.0}} \right] \tag{6.2.23}$$

式中,R_1 为泥沙在床面处于静止的概率,由式(5.2.38)确定。

　　需要指出的是,当颗粒不是很细,四种状态在不考虑初速及黏着力和薄膜水附加下压力时,但是保留 $\varepsilon_1 \neq \varepsilon_0$,上述式(6.2.21)~式(6.2.23)可简化。此时 $\varepsilon_{2.0} = \varepsilon_2$,$\beta = \varepsilon_4$,故式(6.2.21)~式(6.2.23)为

$$q_2 = \frac{2}{3} m_0 \gamma_s D R_1 \frac{1}{\mu_2} \left[\frac{(\varepsilon_1 - \varepsilon_2)(1-\varepsilon_4)(1-\varepsilon_2)}{1-\varepsilon_0} \frac{1}{t_{2.0}} \right.$$

$$\left. + \frac{\varepsilon_2(\varepsilon_0 - \varepsilon_2)(1-\varepsilon_4)}{1-\varepsilon_0} \frac{1}{t_{3.0}} + \frac{(\varepsilon_0 - \varepsilon_2)\varepsilon_4}{1-\varepsilon_0} \frac{1}{t_{4.0}} \right] \tag{6.2.24}$$

$$q_3 = \frac{2}{3} m_0 \gamma_s D R_1 \frac{1}{\mu_3} \left[\frac{\varepsilon_2(\varepsilon_1 - \varepsilon_2)(1-\varepsilon_4)}{1-\varepsilon_0} \frac{1}{t_{2.0}} \right.$$

$$\left. + \frac{\varepsilon_2(1 - \varepsilon_0 + \varepsilon_2)(1-\varepsilon_4)}{1-\varepsilon_0} \frac{1}{t_{3.0}} + \frac{\varepsilon_2 \varepsilon_4}{1-\varepsilon_0} \frac{1}{t_{4.0}} \right] \tag{6.2.25}$$

$$q_4 = \frac{2}{3} m_0 \gamma_s D R_1 \frac{1}{\mu_4} \left[\frac{\varepsilon_4(\varepsilon_1 - \varepsilon_2)}{1-\varepsilon_0} \frac{1}{t_{2.0}} + \frac{\varepsilon_4 \varepsilon_2}{1-\varepsilon_0} \frac{1}{t_{3.0}} + \frac{\varepsilon_4(1 - \varepsilon_0 + \varepsilon_0 \varepsilon_4)}{(1-\varepsilon_0)(1-\varepsilon_4)} \frac{1}{t_{4.0}} \right]$$

$$\tag{6.2.26}$$

式(6.2.24)~式(6.2.26)与文献[1]中的式(5-12)完全一样,仅仅是以前用 ε_4,现在用 β 表示悬浮概率,以前取 $R_1 = 1$。尚需说明的是,由于考虑了改变状态的寿命分布,上面的输沙能力过程实际已是状态离散、时间连续的马尔可夫过程。

6.2.2　均匀沙三种状态弱平衡时全沙输沙能力

1. 弱平衡推移质输沙能力叠加

　　泥沙运动三种状态是指床沙(静止)、推移与悬浮,其中推移包括滚动与跳跃。这是因为按以往一般的研究,并不分开滚动与跳跃。但是这两种状态的泥沙运动机理是有差别的,为了揭示其机理,明确两者的差别,所以在 6.2.1 节中按四种状态研究了其中三种的输沙能力。为了明确地反映滚动与跳跃特性,此处主要是将它们的有关参数予以叠加,得到相应的推移质有关参数。当然,也可以直接从研究三种状态的转移强度开始,但是首先将滚动与跳跃合并成一种运动,通过力学分析得到它的参数;其次难以看到滚动与跳跃运动的差别。在形式上采用推移质对滚动与跳跃予以概括,实际能反映滚动与跳跃的具体参数和机理。因此,此处对弱平衡推移质的滚动和跳跃进行概括。由式(5.7.34)消去 ε_0 有

$$K_b\mu_b U_b = K_2\mu_2 U_2 + K_3\mu_3 U_3$$
$$K_b = K_2 + K_3 \tag{6.2.27}$$

推移质运动距离的倒数

$$\mu_b = \frac{K_2 U_2}{(K_2 + K_3)U_b}\mu_2 + \frac{K_3 U_3}{(K_2 + K_3)U_b}\mu_3 \tag{6.2.28}$$

此式由上述两式导出。现在利用式(6.2.28)求 K_b。将式(6.2.15)和式(6.2.16)代入可得

$$
\begin{aligned}
K_b\mu_b U_b &= K_2\mu_2 U_2 + K_3\mu_3 U_3 = \left[\frac{(\varepsilon_1 - \varepsilon_{2.0})(1-\beta)(1-\varepsilon_2)}{1-\varepsilon_0} + \frac{\varepsilon_2(\varepsilon_1 - \varepsilon_{2.0})(1-\beta)}{1-\varepsilon_0}\right]\frac{K_1}{t_{2.0}} \\
&\quad + \left[\frac{(\varepsilon_0 - \varepsilon_2)(1-\beta)\varepsilon_{2.0}}{1-\varepsilon_0} + \frac{\varepsilon_{2.0}(1-\beta)(1-\varepsilon_0 + \varepsilon_2)}{1-\varepsilon_0}\right]\frac{K_1}{t_{3.0}} \\
&\quad + \left[\frac{(\varepsilon_0 - \varepsilon_2)\beta}{1-\varepsilon_0} + \frac{\varepsilon_2\beta}{1-\varepsilon_0}\right]\frac{K_1}{t_{4.0}} \\
&= \frac{\varepsilon_1(1-\beta)K_1}{1-\varepsilon_0}\left(\frac{\varepsilon_1 - \varepsilon_{2.0}}{\varepsilon_1}\frac{1}{t_{2.0}} + \frac{\varepsilon_{2.0}}{\varepsilon_1}\frac{1}{t_{3.0}}\right) + \frac{\varepsilon_0\beta}{1-\varepsilon_0}\frac{K_1}{t_{4.0}} \\
&= \frac{\varepsilon_1(1-\beta)}{1-\varepsilon_0}\frac{K_1}{t_{b.0}} + \frac{\varepsilon_0\beta}{1-\varepsilon_0}\frac{K_1}{t_{4.0}}
\end{aligned}
$$

其中，

$$\frac{1}{t_{b.0}} = \frac{\varepsilon_1 - \varepsilon_{2.0}}{\varepsilon_1}\frac{1}{t_{2.0}} + \frac{\varepsilon_{2.0}}{\varepsilon_1}\frac{1}{t_{3.0}} \tag{6.2.29}$$

至此，按照式(5.7.34)、式(6.2.27)～式(6.2.29)确定了推移质输沙能力主要参数。为了确定 u_b, U_b 还缺少一个方程，为此可假设

$$K_b\mu_b = K_2\mu_2 + K_3\mu_3$$

这里不采用输沙率的叠加，即不采用

$$K_b U_b = K_2 U_2 + K_3 U_3$$

这一点在 6.3.3 节中还要进一步讨论。

2. 弱平衡全沙输沙能力叠加

与上述相应，有关悬移质参数也需要简化，并与推移质叠加为全沙输沙能力，按照式(6.2.17)有

$$
\begin{aligned}
K_4\mu_4 U_4 &= \frac{\varepsilon_4(\varepsilon_1 - \varepsilon_{2.0})(1-\beta)}{(1-\varepsilon_0)(1-\varepsilon_4)}\frac{K_1}{t_{2.0}} + \frac{\varepsilon_4\varepsilon_{2.0}(1-\beta)}{(1-\varepsilon_0)(1-\varepsilon_4)}\frac{K_1}{t_{3.0}} + \frac{\beta(1-\varepsilon_0 + \varepsilon_0\varepsilon_4)}{(1-\varepsilon_0)(1-\varepsilon_4)}\frac{K_1}{t_{4.0}} \\
&= \frac{\varepsilon_4(1-\beta)\varepsilon_1}{(1-\varepsilon_0)(1-\varepsilon_4)}\left(\frac{\varepsilon_1 - \varepsilon_{2.0}}{\varepsilon_1}\frac{K_1}{t_{2.0}} + \frac{\varepsilon_{2.0}}{\varepsilon_1}\frac{K_1}{t_{3.0}}\right) + \frac{\beta(1-\varepsilon_0 + \varepsilon_0\varepsilon_4)}{(1-\varepsilon_0)(1-\varepsilon_4)}\frac{K_1}{t_{4.0}} \\
&= \frac{\varepsilon_4\varepsilon_1(1-\beta)}{(1-\varepsilon_0)(1-\varepsilon_4)}\frac{K_1}{t_{b.0}} + \frac{\beta(1-\varepsilon_0 + \varepsilon_0\varepsilon_4)}{(1-\varepsilon_0)(1-\varepsilon_4)}\frac{K_1}{t_{4.0}} \tag{6.2.30}
\end{aligned}
$$

这样注意到式(6.2.5),则在三种状态下,以颗数计的单宽推移质输沙能力为

$$q_{n.b} = K_b U_b = \frac{4m_0}{\pi D^2} \frac{R_1}{\mu_b} \left[\frac{(1-\beta)\varepsilon_1}{1-\varepsilon_0} \frac{1}{t_{b.0}} + \frac{\varepsilon_0 \beta}{1-\varepsilon_0} \frac{1}{t_{4.0}} \right] \qquad (6.2.31)$$

而以颗粒计的悬移质输沙能力为

$$q_{n.4} = K_4 U_4 = \frac{4m_0}{\pi D^2} \frac{R_1}{\mu_4} \left[\frac{(1-\beta)\varepsilon_1\varepsilon_4}{(1-\varepsilon_0)(1-\varepsilon_4)} \frac{1}{t_{b.0}} + \frac{(1-\varepsilon_0+\varepsilon_0\varepsilon_4)\beta}{(1-\varepsilon_0)(1-\varepsilon_4)} \frac{1}{t_{4.0}} \right]$$
$$(6.2.32)$$

以重量计的单宽输沙率(实际为单宽输沙能力)为

$$q_b^* = \frac{2}{3} m_0 \gamma_s DR_1 \frac{1}{\mu_b} \left[\frac{\varepsilon_1(1-\beta)}{1-\varepsilon_0} \frac{1}{t_{b.0}} + \frac{\varepsilon_0\beta}{1-\varepsilon_0} \frac{1}{t_{4.0}} \right] \qquad (6.2.33)$$

$$q_4^* = \frac{2}{3} m_0 \gamma_s DR_1 \frac{1}{\mu_4} \left[\frac{\varepsilon_4\varepsilon_1(1-\beta)}{(1-\varepsilon_0)(1-\varepsilon_4)} \frac{1}{t_{b.0}} + \frac{\beta(1-\varepsilon_0+\varepsilon_0\varepsilon_4)}{(1-\varepsilon_0)(1-\varepsilon_4)} \frac{1}{t_{4.0}} \right]$$
$$(6.2.34)$$

注意到式(5.2.38)

$$R_1 = \frac{(1-\varepsilon_0)(1-\varepsilon_4)}{1+(1-\varepsilon_0)(1-\varepsilon_4)-(1-\varepsilon_1)(1-\beta)}$$

并根据式(5.7.64)、式(5.7.4)将均匀沙的综合概率

$$\psi_b = \frac{\varepsilon_1(1-\beta)}{1+(1-\varepsilon_0)(1-\varepsilon_4)-(1-\varepsilon_1)(1-\beta)}$$

$$\psi_4 = \frac{\beta}{1+(1-\varepsilon_0)(1-\varepsilon_4)-(1-\varepsilon_1)(1-\beta)}$$

代入,则式(6.2.33)及式(6.2.34)变为

$$q_b^* = \frac{2}{3} m_0 \gamma_s D \frac{1}{\mu_b} \left[\frac{\psi_b}{t_{b.0}}(1-\varepsilon_4) + \varepsilon_0(1-\varepsilon_4) \frac{\psi_4}{t_{4.0}} \right] \qquad (6.2.35)$$

$$q_4^* = \frac{2}{3} m_0 \gamma_s D \frac{1}{\mu_4} \left\{ \frac{\varepsilon_4\psi_b}{t_{b.0}} + [1-\varepsilon_0(1-\varepsilon_4)] \frac{\psi_4}{t_{4.0}} \right\} \qquad (6.2.36)$$

由式(6.2.35)和式(6.2.36)可得

$$q_b^* \mu_b + q_4^* \mu_4 = \frac{2}{3} m_0 \gamma_s D \left(\frac{\psi_b}{t_{b.0}} + \frac{\psi_4}{t_{4.0}} \right) \qquad (6.2.37)$$

现在将式(6.2.37)右端在形式上改写为与 q_b^* 及 q_4^* 相同形式,再求有关参数,即

$$q_m^* = \frac{2}{3} m_0 \gamma_s \frac{D\psi_m}{\mu_m t_{m.0}} \qquad (6.2.38)$$

则式(6.2.37)变为

$$\mu_m q_m^* = \frac{2}{3} m_0 \gamma_s \frac{D\psi_m}{t_{m.0}} = \frac{2}{3} m_0 \gamma_s D \left(\frac{\psi_b}{t_{b.0}} + \frac{\psi_4}{t_{4.0}} \right) = \mu_b q_b^* + \mu_4 q_4^* \quad (6.2.39)$$

要使式(6.2.39)满足,必须有

$$\frac{\psi_{\mathrm{m}}}{t_{\mathrm{m.0}}} = \frac{\psi_{\mathrm{b}}}{t_{\mathrm{b.0}}} + \frac{\psi_4}{t_{4.0}} \tag{6.2.40}$$

尚需指出的是,式(6.2.37)也可由三种状态交换强度(式(5.7.35))分别按强平衡求出 q_{b}^* 及 q_4^*,然后叠加得到。由此可见,对全沙而言,弱平衡与强平衡给出的全沙是同样结果。但是对 q_{b}^*、q_4^* 分别而言,弱平衡与强平衡是不同的,这是一个十分重要的概念。

现在需要研究的是总输沙能力满足式(6.2.38),尚需求出该式的 5 个参数 $K_{\mathrm{m}}(q_{\mathrm{m}}^*)$、$\mu_{\mathrm{m}}$、$U_{\mathrm{m}}$、$\psi_{\mathrm{m}}$ 和 $t_{\mathrm{m.0}}$。其中 ψ_{m} 和 $t_{\mathrm{m.0}}$ 是确定的,即

$$\psi_{\mathrm{m}} = \psi_{\mathrm{b}} + \psi_4 = \frac{\varepsilon_1(1-\beta)+\beta}{1+(1-\varepsilon_0)(1-\varepsilon_4)-(1-\varepsilon_1)(1-\beta)} \tag{6.2.41}$$

而 $t_{\mathrm{m.0}}$ 由式(6.2.40)及式(6.2.41)求得

$$\frac{1}{t_{\mathrm{m.0}}} = \frac{\varepsilon_1(1-\beta_l)}{\varepsilon_1(1-\beta_l)+\beta_l} \frac{1}{t_{\mathrm{b.0}}} + \frac{\beta_l}{\varepsilon_1(1-\beta_l)+\beta_l} \frac{1}{t_{4.0}} \tag{6.2.42}$$

尚需确定的有 $K_{\mathrm{m}}(q_{\mathrm{m}}^*)$、$\mu_{\mathrm{m}}$、$U_{\mathrm{m}}$。确定这三个未知数需要三个方程。显然,由交换强度关系有

$$K_{\mathrm{m}}U_{\mathrm{m}}\mu_{\mathrm{m}} = K_{\mathrm{b}}U_{\mathrm{b}}\mu_{\mathrm{b}} + K_4 U_4 \mu_4 \tag{6.2.43}$$

$$K_{\mathrm{m}} = K_{\mathrm{b}} + K_4 \tag{6.2.44}$$

尽管现在已有 4 个方程,即式(6.2.38)、式(6.2.39)、式(6.2.43)、式(6.2.44),但是其中两个不是独立的,式(6.2.39)实际是由式(6.2.38)导出,式(6.2.38)也可由式(6.2.43)得到。事实上,有

$$\frac{\pi}{6}\gamma_s D_l^3 K_{\mathrm{m}}U_{\mathrm{m}}\mu_{\mathrm{m}} = \frac{\pi}{6}\gamma_s D_l^3 (K_{\mathrm{b}}U_{\mathrm{b}}\mu_{\mathrm{b}} + K_4 U_4 \mu_4) \tag{6.2.45}$$

即

$$\mu_{\mathrm{m}}q_{\mathrm{m}}^* = \mu_{\mathrm{b}}q_{\mathrm{b}}^* + \mu_4 q_4^*$$

可见式(6.2.38)、式(6.2.41)、式(6.2.43)及式(6.2.44)仅有两个方程独立,不足以确定三个未知数。为此,选择式(6.2.44)、式(6.2.45)及假定

$$K_{\mathrm{m}}\mu_{\mathrm{m}} = K_{\mathrm{b}}\mu_{\mathrm{b}} + K_4 \mu_4 \tag{6.2.46}$$

由此式直接求出

$$\mu_{\mathrm{m}} = \frac{K_{\mathrm{b}}\mu_{\mathrm{b}}+K_4\mu_4}{K_{\mathrm{b}}+K_4} = \left(\frac{q_{\mathrm{b}}^*}{U_{\mathrm{b}}}\mu_{\mathrm{b}} + \frac{q_4^*}{U_4}\mu_4\right)\left(\frac{q_{\mathrm{b}}^*}{U_{\mathrm{b}}} + \frac{q_4^*}{U_4}\right)^{-1} \tag{6.2.47}$$

其中利用了

$$q_i^* = \frac{\pi}{6}\gamma_s D_l^3 K_i U_i, \quad i = \mathrm{b}, 4, \mathrm{m} \tag{6.2.48}$$

可见,式(6.2.47)尽管为假定,但是能给出各参数的数字,保证式(6.2.38)正确,而且公式在形式上也是合理的。这就是 μ_{m} 为 μ_{b} 及 μ_4 按 $\dfrac{K_{\mathrm{b}}}{K_{\mathrm{b}}+K_4}$ 和 $\dfrac{K_4}{K_{\mathrm{b}}+K_4}$ 的加权

平均,也是合理的。这样由式(6.2.38)及式(6.2.47)均有

$$q_{\rm m}^*=\frac{2}{3}m_0\gamma_{\rm s}D\frac{\psi_{\rm m}}{\mu_{\rm m}t_{\rm m.0}}=\frac{2}{3}m_0\gamma_{\rm s}D\frac{\psi_{\rm m}}{t_{\rm m.0}}\left(\frac{q_{\rm b}^*}{U_{\rm b}}+\frac{q_4^*}{U_4}\right)\left(\frac{q_{\rm b}^*}{U_{\rm b}}\mu_{\rm b}+\frac{q_4^*}{U_4}\mu_4\right)^{-1}$$

$$=\frac{\mu_{\rm b}}{\mu_{\rm m}}q_{\rm b}^*+\frac{\mu_4}{\mu_{\rm m}}q_4^*=q_{\rm m}^* \tag{6.2.49}$$

最后由式(6.2.44)有

$$\frac{q_{\rm m}^*}{U_{\rm m}}=\frac{\pi}{6}\gamma_{\rm s}D_l^3K_{\rm m}=\frac{\pi}{6}\gamma_{\rm s}D_l^3(K_{\rm b}+K_4)=\frac{q_{\rm b}^*}{U_{\rm b}}+\frac{q_4^*}{U_4}$$

即

$$U_{\rm m}=\frac{q_{\rm m}^*}{\dfrac{q_{\rm b}^*}{U_{\rm b}}+\dfrac{q_4^*}{U_4}} \tag{6.2.50}$$

将 $q_{\rm m}^*$ 及 $\mu_{\rm m}$ 代入,得

$$U_{\rm m}=\frac{1}{\dfrac{q_{\rm b}^*}{U_{\rm b}}+\dfrac{q_4^*}{U_4}}\left(\frac{\mu_{\rm b}}{\mu_{\rm m}}q_{\rm b}^*+\frac{\mu_4}{\mu_{\rm m}}q_4^*\right)$$

$$=\frac{\mu_{\rm b}q_{\rm b}^*+\mu_4q_4^*}{\dfrac{q_{\rm b}^*}{U_{\rm b}}+\dfrac{q_4^*}{U_4}}\frac{\dfrac{q_{\rm b}^*}{U_{\rm b}}+\dfrac{q_4^*}{U_4}}{\dfrac{q_{\rm b}^*}{U_{\rm b}}\mu_{\rm b}+\dfrac{q_4^*}{U_4}\mu_4}$$

$$=\frac{\mu_{\rm b}q_{\rm b}^*+\mu_4q_4^*}{\dfrac{q_{\rm b}^*}{U_{\rm b}}\mu_{\rm b}+\dfrac{q_4^*}{U_4}\mu_4} \tag{6.2.51}$$

至此总输沙能力的 5 个参数 $q_{\rm m}^*$ [式(6.2.48)]、$\mu_{\rm m}$ [式(6.2.47)]、$U_{\rm m}$ [式(6.2.51)]以及 $\psi_{\rm m}$[式(6.2.41)]和 $t_{\rm m.0}$[式(6.2.42)]完全求出。附带指出,利用求出的 $\mu_{\rm m}$、$U_{\rm m}$ 及 $\bar{K}_{\rm m}$ 可还原式(6.2.44)。最后指出,分组总输沙能力还可写为

$$q_{\rm m}^*=\frac{\mu_{\rm b}}{\mu_{\rm m}}q_{\rm b}^*+\frac{\mu_4}{\mu_{\rm m}}q_4^*=\frac{2}{3}m_0\gamma_{\rm s}\frac{D\psi_{\rm b}}{t_{\rm b.0}}\frac{\mu_{\rm b}}{\mu_{\rm m}}+\frac{2}{3}m_0\gamma_{\rm s}\frac{D\psi_4}{t_{4.0}}\frac{\mu_4}{\mu_{\rm m}} \tag{6.2.52}$$

式中,$q_{\rm b}^*$、q_4^* 分别为推移质与床沙及悬移质与床沙分别交换时的输沙能力;$q_{\rm m}^*$ 则为推移质和悬移质同时与床沙交换的总输沙能力,它恰为它们单独交换的输沙能力的线性组合。但是,应特别注意的是,$q_{\rm m}^*\neq q_{\rm b}^*+q_4^*$,这是与一般的看法不同的。需要强调的是,这里的平衡是弱平衡,即推移质和悬移质转入床沙的量与床沙转回的量相等。这一套公式物理意义非常明确,机理表现得较透彻,推导的结果是合理的。

最后需要指出,本节在研究推移质的滚动及跳跃输沙能力时,同时研究了悬移质输沙能力。有关推移质各种参数在本书有关部分将详细给出,使 q_2^*、q_3^*、$q_{\rm b}^*$ 能直接使用。但是对于 q_4^*,有两个参数 $t_{4.0}$ 及 μ_4 未具体给出。但是 q_4^* 作为结构式是明确

的,也是正确的。未给出这两个参数的原因是表达式很复杂,如 μ_4 为悬移质单步距离,它与悬浮高有关,因而与含沙量沿水深分布有关,而且还与分布是否平衡有关。有兴趣的读者可以参阅图书《非均匀悬移质不平衡输沙》[14]。

6.3　非均匀沙强平衡推移质分组输沙能力

6.3.1　非均匀沙强平衡推移质输沙能力

前面研究的是 $\sum\limits_{j\neq i}\lambda_{i,j}=\sum\limits_{j\neq i}\lambda_{j,i}$ 的情况,即弱平衡情况。因为那种平衡是某种状态 i 转至其他三种状态的强度(颗数)恰等于其他三种状态转来的强度(颗数)。在这种条件下,该状态的颗数也是不变的,但是其他运动状态($j\neq i$)的颗数可能变,但是它们转至状态 i 的总颗数不变。这正是称为弱平衡的意思。为了简化计算结果,便于和已有研究成果比较,还需要研究强平衡,即在两种状态之间达到交换平衡

$$\lambda_{i,j}=\lambda_{j,i} \tag{6.3.1}$$

也就是由状态 i 转至状态 j 的强度(颗数)恰等于由该状态转来的强度(颗数),显然这条件要较弱平衡为强。目前一般泥沙研究仅涉及

$$\lambda_{i,1}=\lambda_{1,i} \tag{6.3.2}$$

例如,比较公认的一些推移质理论公式就是按床沙(静止)与跳跃达到平衡。

当然对 $j\neq 1$ 的情况,式(6.3.1)仍然是正确的。将 $\lambda_{i,1}$ 及 $\lambda_{1,i}$ 代入式(6.3.2),可得

$$\frac{\beta_{1,i}}{t_{i,0}}K_i=\beta_{i,1}K_iU_i\mu_i \tag{6.3.3}$$

现在利用强平衡分别研究推移质滚动输沙能力及跳跃输沙能力,并且将两者叠加成推移质输沙能力,并确定后者的有关参数。

对于 $i=2$,研究非均匀沙交换强度 $\bar{\lambda}_{1,2,l}$ 及 $\bar{\lambda}_{2,1,l}$。当在床沙与滚动强平衡条件下,由床沙转为滚动的颗数与由滚动转为床沙的颗数相等,有

$$\bar{\lambda}_{1,2,l}=(\varepsilon_{1,l}-\varepsilon_{2,0,l})(1-\beta_l)R_{1,l}\frac{n_{0,l}}{t_{2,0,l}}=(1-\varepsilon_{0,l})(1-\varepsilon_{4,l})K_{2,l}\mu_{2,l}U_{2,l}=\bar{\lambda}_{2,1,l}$$

即

$$\begin{aligned}q_{n,2,l}^*&=K_{2,l}U_{2,l}=\frac{4m_0}{\pi D_l^2}\frac{P_{1,l}(\varepsilon_{1,l}-\varepsilon_{2,0,l})(1-\beta_l)}{1+(1-\varepsilon_{0,l})(1-\varepsilon_{4,l})-(1-\varepsilon_{4,l})(1-\beta_l)}\frac{1}{\mu_{2,l}t_{2,0,l}}\\&=\frac{4m_0}{\pi D_l^2}\frac{\phi_{2,l}P_{1,l}}{\mu_{2,l}t_{2,0,l}}\end{aligned} \tag{6.3.4}$$

将式(6.3.4)乘以一颗泥沙的重量 $\frac{\pi}{6}\gamma_s D_l^3$,则输沙能力化为以重量计的,即

$$q_{2.l}^* = \frac{2}{3} m_0 \gamma_s P_{1.l} D_l \frac{\psi_{2.l}}{\mu_{2.l} t_{2.0.l}} \tag{6.3.5}$$

式中,滚动颗粒的综合概率为

$$\psi_{2.l} = \frac{(\varepsilon_{1.l} - \varepsilon_{2.0.l})(1 - \beta_l)}{1 + (1 - \varepsilon_{0.l})(1 - \varepsilon_{4.l}) - (1 - \varepsilon_{1.l})(1 - \beta_l)}$$

与床沙交换达到平衡的跳跃输沙能力可由 $\bar{\lambda}_{1.3.l} = \bar{\lambda}_{3.1.l}$ 导出。于是,

$$\bar{\lambda}_{1.3.l} = \varepsilon_{2.0.l}(1 - \beta_l) R_{1.l} P_{1.l} \frac{n_{0.l}}{t_{3.0.l}} = (1 - \varepsilon_{0.l})(1 - \varepsilon_{4.l}) K_{3.l} \mu_{3.l} U_{3.l} = \bar{\lambda}_{3.1.l} \tag{6.3.6}$$

从而有

$$q_{n.3.l}^* = K_{3.l} U_{3.l} = \frac{4 m_0 P_{1.l}}{\pi D_l^2} \frac{\varepsilon_{2.0.l}(1 - \beta_l)}{1 + (1 - \varepsilon_{0.l})(1 - \varepsilon_{4.l}) - (1 - \varepsilon_{4.l})(1 - \beta_l)} \frac{1}{\mu_{3.l} t_{3.0.l}}$$

$$= \frac{4 m_0 P_{1.l}}{\pi D_l^2} \frac{\psi_{3.l}}{\mu_{3.l} t_{3.0.l}} \tag{6.3.7}$$

$$q_{3.l}^* = \frac{2}{3} m_0 \gamma_s P_{1.l} D_l \frac{\psi_{3.l}}{\mu_{3.l} t_{3.0.l}} \tag{6.3.8}$$

式中,

$$\psi_{3.l} = \frac{\varepsilon_{2.0.l}(1 - \beta_l)}{1 + (1 - \varepsilon_{0.l})(1 - \varepsilon_{4.l}) - (1 - \varepsilon_{1.l})(1 - \beta_l)}$$

6.3.2　强平衡时推移质输沙能力叠加方法及参数确定

现在研究滚动与跳跃叠加为推移质以及它的有关参数的确定。这是因为对于滚动、跳跃运动,第 4 章通过力学研究,结合随机过程分析,直接得到了有关参数。但是作为滚动与跳跃组合成的推移质,无法单独分析,只能在叠加中按有关方程,由滚动与跳跃有关参数转化而来。在前面对此已有所提到,现在详细阐述。确定推移质输沙能力及有关参数时考虑两个方程:

$$K_{b.l} \mu_{b.l} U_{b.l} = K_{2.l} \mu_{2.l} U_{2.l} + K_{3.l} \mu_{3.l} U_{3.l}$$

$$K_{b.l} = K_{2.l} + K_{3.l}$$

由于推移质参数中有 4 个未知数:$K_{b.l}(q_{b.l}^*)$、$U_{b.l}$、$\mu_{b.l}$ 和 $t_{b.0.l}$,而方程除上述 2 个外,尚需补充 2 个方程,才能使方程组封闭。现在能提供的已知方程和关系尚有

$$\mu_{b.l} q_{i.l}^* = \frac{2}{3} \gamma_s D_l P_{1.l} \frac{\psi_{b.2}}{t_{b.0.l}} = K_{b.l} \frac{\psi_{b.l}}{t_{b.0.l}} = K_{b.l} \left(\frac{\psi_{2.l}}{t_{2.0.l}} + \frac{\psi_{3.l}}{t_{3.0.l}} \right)$$

$$= \mu_{2.l} q_{2.l}^* + \mu_{3.l} q_{3.l}^*, \quad i = 2, 3, b \tag{6.3.9}$$

$$K_{b.l} = \frac{2}{3} m_0 \gamma_s D_l P_{1.l} \tag{6.3.10}$$

$$\frac{\psi_{\mathrm{b}.l}}{t_{\mathrm{b}.0.l}} = \frac{\psi_{2.l}}{t_{2.0.l}} + \frac{\psi_{3.l}}{t_{3.0.l}} \tag{6.3.11}$$

$$\psi_{\mathrm{b}.l} = \psi_{2.l} + \psi_{3.l} = \frac{\varepsilon_{1.l}(1-\beta_l)}{1+(1-\varepsilon_{0.l})(1-\varepsilon_{4.l})-(1-\varepsilon_{1.l})(1-\beta_l)} \tag{6.3.12}$$

$$\mu_{\mathrm{b}.l} q_{\mathrm{b}.l}^* = \mu_{2.l} q_{2.l}^* + \mu_{3.l} q_{3.l}^* \tag{6.3.13}$$

但是这些方程不是完全独立的,其中对式(6.3.9)结合式(6.3.11),则它变成式(6.3.13),可见该式不能参加联立求解。

其次,方程(6.3.13)与式(6.2.27)消去一个常数也是相同的,也不能采用。因此,独立的方程仅有 4 个:式(5.7.34)、式(6.2.27)、式(6.3.11)、式(6.3.12)。为了便于将推移质的全部参数求出,尚需做一个假定

$$K_{\mathrm{b}.l}\mu_{\mathrm{b}.l} = K_{2.l}\mu_{2.l} + K_{3.l}\mu_{3.l} \tag{6.3.14}$$

这样加上式(5.7.34)、式(6.2.27)、式(6.3.12)和式(6.3.11)共有 5 个方程,足以确定 4 个未知数。由式(6.3.14)及式(6.2.27)有

$$\mu_{\mathrm{b}.l} = \frac{\mu_{2.l}K_{2.l} + K_{3.l}\mu_{3.l}}{K_{\mathrm{b}.l}} = \frac{K_{2.l}}{K_{2.l}+K_{3.l}}\mu_{2.l} + \frac{K_{3.l}}{K_{2.l}+K_{3.l}}\mu_{3.l}$$

$$= \frac{\dfrac{q_{2.l}^*}{U_{2.l}}\mu_{2.l} + \dfrac{q_{3.l}^*}{U_{3.l}}\mu_{3.l}}{\dfrac{q_{2.l}^*}{U_{2.l}} + \dfrac{q_{3.l}^*}{U_{3.l}}} \tag{6.3.15}$$

可见此式尽管为假定,但是给出的 $\mu_{\mathrm{b}.l}$ 能保证 q_{b}^* 正确。此式物理意义很清楚,即 $\mu_{\mathrm{b}.l}$ 为 $\mu_{2.l}$ 及 $\mu_{3.l}$ 按 $\dfrac{K_{2.l}}{K_{2.l}+K_{3.l}}$ 和 $\dfrac{K_{3.l}}{K_{2.l}+K_{3.l}}$ 加权平均也是合理的,其正确性容易理解。注意到式(6.3.15),由式(6.3.9)得到当 $i=\mathrm{b}$ 时,

$$q_{\mathrm{b}.l}^* = \frac{2}{3} m_0 \gamma_{\mathrm{s}} P_{1.l} D_l \frac{\psi_{\mathrm{b}.l}}{\mu_{\mathrm{b}.l} t_{\mathrm{b}.0.l}} = \frac{2}{3} m_0 \gamma_{\mathrm{s}} P_{1.l} D_l \frac{\psi_{\mathrm{b}.l}}{t_{\mathrm{b}.0.l}} \frac{\dfrac{q_{2.l}^*}{U_{2.l}} + \dfrac{q_{3.l}^*}{U_{3.l}}}{\dfrac{q_{2.l}^*}{U_{2.l}}\mu_{2.l} + \dfrac{q_{3.l}^*}{U_{3.l}}\mu_{3.l}}$$

$$= \frac{\mu_{2.l}}{\mu_{\mathrm{b}.l}} q_{2.l}^* + \frac{\mu_{3.l}}{\mu_{\mathrm{b}.l}} q_{3.l}^*$$

重量输沙率与颗数输沙率的关系,即

$$q_{i.l}^* = \frac{\pi}{6} \gamma_{\mathrm{s}} D_l^3 K_{i.l} U_{i.l}, \quad i = 2, 3, \mathrm{b} \tag{6.3.16}$$

这里需要记住 $K_{\mathrm{b}.l}$ 为单位面积颗数,即其因次 $[\mathrm{L}^{-2}]$。由式(6.3.16)得

$$\frac{q_{\mathrm{b}.l}^*}{U_{\mathrm{b}.l}} = \frac{q_{2.l}^*}{U_{2.l}} + \frac{q_{3.l}^*}{U_{3.l}}$$

于是有

$$U_{b.l} = \frac{q_{2.l}^*}{\dfrac{q_{2.l}^*}{U_{2.l}} + \dfrac{q_{3.l}^*}{U_{3.l}}} = \frac{q_{2.l}^*\mu_{2.l} + q_{3.l}^*\mu_{3.l}}{\left(\dfrac{q_{2.l}^*}{U_{2.l}} + \dfrac{q_{3.l}^*}{U_{3.l}}\right)\mu_{b.l}} = \frac{q_{2.l}^*\mu_{2.l} + q_{3.l}^*\mu_{3.l}}{\dfrac{q_{2.l}^*}{U_{2.l}} + \dfrac{q_{3.l}^*}{U_{3.l}}} \cdot \frac{\dfrac{q_{2.l}^*}{U_{2.l}} + \dfrac{q_{3.l}^*}{U_{3.l}}}{\dfrac{q_{2.l}^*}{U_{2.l}}\mu_{2.l} + \dfrac{q_{3.l}^*}{U_{3.l}}\mu_{3.l}}$$

$$= \frac{q_{2.l}^*\mu_{2.l} + q_{3.l}^*\mu_{3.l}}{\dfrac{q_{2.l}^*}{U_{2.l}}\mu_{2.l} + \dfrac{q_{3.l}^*}{U_{3.l}}\mu_{3.l}} \tag{6.3.17}$$

最后利用式(6.3.11)及式(6.3.12)得到

$$\frac{1}{t_{b.0.l}} = \frac{\psi_{2.l}}{\psi_{b.l}}\frac{1}{t_{2.0.l}} + \frac{\psi_{3.l}}{\psi_{b.l}}\frac{1}{t_{3.0.l}} = \frac{(\varepsilon_{1.l}-\varepsilon_{2.0.l})(1-\beta_l)}{\varepsilon_{1.l}(1-\beta_l)}\frac{1}{t_{2.0.l}} + \frac{\varepsilon_{2.0.l}(1-\beta_l)}{\varepsilon_{1.l}(1-\beta_l)}\frac{1}{t_{3.0.l}}$$

$$= \frac{\varepsilon_{1.l}-\varepsilon_{2.0.l}}{\varepsilon_{1.l}}\frac{1}{t_{2.0.l}} + \frac{\varepsilon_{2.0.l}}{\varepsilon_{1.l}}\frac{1}{t_{3.0.l}} \tag{6.3.18}$$

至此利用式(5.7.34)、式(6.2.27)、式(6.3.11)、式(6.3.14)及式(6.3.12)求出推移质运动的 5 个参数 $q_{b.l}^*(K_{b.l})$、$U_{b.l}$、$\mu_{b.l}$、$t_{b.0.l}$、$\psi_{b.l}$。

尚需指出的是,利用所求的参数 $K_{b.l}$、$U_{b.l}$、$\mu_{b.l}$ 可以还原主要的方程(5.7.34)。事实上,

$$K_{b.l}\mu_{b.l}U_{b.l} = K_{b.l}\frac{q_{2.l}^*\mu_{2.l} + q_{3.l}^*\mu_{3.l}}{\dfrac{q_{2.l}^*}{U_{2.l}}\mu_{2.l} + \dfrac{q_{3.l}^*}{U_{3.l}}\mu_{3.l}} \cdot \frac{\dfrac{q_{2.l}^*}{U_{2.l}}\mu_{2.l} + \dfrac{q_{3.l}^*}{U_{3.l}}\mu_{3.l}}{\dfrac{q_{2.l}^*}{U_{2.l}} + \dfrac{q_{3.l}^*}{U_{3.l}}}$$

$$= K_{b.l}\frac{1}{K_{2.l} + K_{3.l}}(K_{2.l}\mu_{2.l}U_{2.l} + K_{3.l}\mu_{3.l}U_{3.l})$$

$$= K_{2.l}\mu_{2.l}U_{2.l} + K_{3.l}\mu_{3.l}U_{3.l}$$

还需补充说明的是,滚动与跳跃速度的计算。由于滚动时间 $t_{2.l}$ 与它接触床面的时间 $t_{2.0.l}$ 是相等的,而跳跃时这两种时间是不同的,$t_{3.l} > t_{3.0.l}$,其具体表达式在第 4 章已给出。据此滚动与跳跃速度的表达式为

$$U_{i.l} = \begin{cases} \dfrac{x_{2.l}}{t_{2.l}} = \dfrac{x_{2.l}}{t_{2.0.l}} = \dfrac{1}{\mu_{2.l}t_{2.0.l}} = \dfrac{1}{\mu_{2.l}t_{2.l}}, & i=2 \\[3mm] \dfrac{x_{3.l}}{t_{3.l}} = \dfrac{x_{3.l}}{t_{3.0.l}}\dfrac{t_{3.0.l}}{t_{3.l}} = \dfrac{1}{\mu_{3.l}t_{3.0.l}}\dfrac{t_{3.0.l}}{t_{3.l}}, & i=3 \end{cases} \tag{6.3.19}$$

上述第二式表示,对于跳跃颗粒的速度 $U_{3.l}$,无论按 $\dfrac{x_{3.l}}{t_{3.l}}$ 还是按 $\dfrac{x_{3.l}}{t_{3.0.l}}\dfrac{t_{3.0.l}}{t_{3.l}}$ 计算,应均为 $U_{3.l}$。其实 $t_{3.0.l}$ 只影响起动周期,并不影响速度。事实上,对于平均速度,一短段和一长段应是相同的。

6.3.3　关于直接相加滚动与跳跃输沙能力为推移质的讨论

1. 叠加方法的说明

在已有的推移质输沙能力研究中,或者不区分滚动与跳跃,或者采用两者简单

相加,即
$$q_{b.l}^* = q_{2.l}^* + q_{3.l}^* \tag{6.3.20}$$
此式是凭直观给出的。本书作者以前也曾采用过式(6.3.20),为了正确地解决相加方法,必须从机理上弄清楚交换强度与输沙率的关系。式(6.2.18)等明确给出以颗数计的单位宽度河道输沙能力为
$$q_{n.i} = K_i U_i, \quad i = 2, 3, b \tag{6.3.21}$$
而单位面积床面交换强度为
$$K_i U_i \mu_i = \mu_i q_{n.i}, \quad i = 2, 3, b \tag{6.3.22}$$
这两个公式的表达式是完全正确的。按交换强度
$$K_i U_i \mu_i = K_i \frac{U_i}{L_i} = \frac{K_i}{t_i}, \quad i = 2, 3, b \tag{6.3.23}$$
表示单位面积、单位时间改变状态的颗数为 K_i,$L_i = \frac{1}{\mu_i}$ 为单步距离。而以颗数计的单宽输沙率为
$$q_{n.i} = K_i U_i = K_i \frac{L_i}{t_i}, \quad i = 2, 3, b \tag{6.3.24}$$
式中,L_i 为单步距离;t_i 为单步时间。在单位宽度、以单步距离 L_i 为长度的水柱中的颗数 $K_i L_i$ 的泥沙在单步时间内走完一步,刚好全部通过这个水柱的最下端,故称 $q_{n.i}$ 为(该下端)单宽输沙率。由交换强度式(5.7.34)得
$$K_{b.l} \mu_{b.l} U_{b.l} = K_{2.l} \mu_{2.l} U_{2.l} + K_{3.l} \mu_{3.l} U_{3.l} \tag{6.3.25}$$
乘以单颗泥沙重量 $\frac{\pi}{6} \gamma_s D_l^3$,得到以重量计的输沙率的关系为
$$\frac{\pi}{6} \gamma_s D_l^3 q_{b.n.l}^* \mu_{b.l} = \frac{\pi}{6} \gamma_s D_l^3 (q_{2.n.l}^* \mu_{2.l} + q_{3.n.l}^* \mu_{3.l})$$
即
$$q_{b.l}^* = \frac{\mu_{2.l}}{\mu_{b.l}} q_{2.l}^* + \frac{\mu_{3.l}}{\mu_{b.l}} q_{3.l}^* \tag{6.3.26}$$
可见此式的成立并不需要其他假定,只需要输沙率和交换强度定义即可。其实式(6.2.50)已有类似的证明,也是不加任何新的条件,式(6.2.50)成立。

2. 数字结果的对比

为了进一步给读者一个明确印象,表 6.3.1 给出了数值结果对比。可以看出,两者有一定差别。从有跳跃开始$\left(\frac{\bar{V}_b}{\omega_0} = 0.671\right)$,两者差别开始加大,至 $\frac{\bar{V}_b}{\omega_0} = 1.492$
附近,差别最大,直接相加的 $q_b^{*'}$ 要大 105%,以后逐渐减小;当 $\frac{\bar{V}_b}{\omega_0} = 2.014$ 时,$q_b^{*'}$ 大

55.9%，至$\dfrac{\overline{V}_{\mathrm{b}}}{\omega_0}=6.7886$，两者相差不过 1.0%。尽管在水流强度$\dfrac{\overline{V}_{\mathrm{b}}}{\omega_0}$较低时差别大，但是作为推移质输沙能力的精度，两者似乎都可以接受。

表 6.3.1　直接相加与加权相加的对比

$\overline{V}_{\mathrm{b}}/\omega_0$	$q_{\mathrm{b,2}}^*$	$q_{\mathrm{b,3}}^*$	直接相加 $q_{\mathrm{b}}^{*'}=q_{\mathrm{b,2}}^*+q_{\mathrm{b,3}}^*$	加权相加 q_{b}^*	$\dfrac{q_{\mathrm{b}}^{*'}}{q_{\mathrm{b}}^*}$
0.2238	1.4794×10^{-12}	0	1.47936×10^{-12}	1.47936×10^{-12}	1
0.2984	1.6387×10^{-7}	0	1.6387×10^{-7}	1.6387×10^{-7}	1
0.4476	0.00035557	4.87856×10^{-8}	0.000355622	0.000355622	1
0.5222	0.00177844	5.83293×10^{-6}	0.001784274	0.001784274	1
0.6714	0.01147712	0.000974487	0.012451611	0.011883722	1.047787
0.8206	0.03138966	0.013860945	0.045250606	0.037313877	1.212702
0.9698	0.05373299	0.072657113	0.126390105	0.084832584	1.489877
1.119	0.06915878	0.236432788	0.305591568	0.169728314	1.800475
1.2682	0.07501764	0.592082393	0.667100028	0.330003818	2.021492
1.492	0.07070662	1.728193008	1.798899628	0.878847244	2.046885
1.6412	0.06341552	3.045224627	3.108640145	1.617163553	1.922279
2.0142	0.04326398	8.786095948	8.829359926	5.663499265	1.558994
2.3872	0.0281307	18.21883505	18.24696575	13.71331977	1.330602
3.4316	0.00952293	62.70806532	62.71758826	56.80724234	1.104042
4.0284	0.00581328	99.16509958	99.17091287	93.19130465	1.064165
4.9982	0.00305821	172.6187897	172.6218479	166.8317373	1.034706
5.8188	0.00199216	235.3128831	235.3148752	230.0811201	1.022747
6.7886	0.00132131	288.9311376	288.932459	284.7287942	1.014764

6.3.4　强平衡分组输沙能力的直观导出

前面通过随机过程与力学相结合的途径研究了输沙率的随机模型及其数学期望。以下将采用确定的力学方法直观证明平均输沙率与数学期望是一致的。这里，不侧重于数学过程的严密性，而只是直观的证明便于理解，同时也便于和现有平均输沙率公式进行比较及讨论其存在的问题。由于现有的平均输沙率公式，一般都是对跳跃颗粒建立的，所以在以下的讨论中忽略滚动部分泥沙，取 $\varepsilon_0=\varepsilon_1$，取长、宽为单位面积的床面上的水体，以 n 表示相应床面层上静止与运动泥沙的总颗数，n_1、n_3、n_4 分别为静止、跳跃和悬浮颗粒数，按照大数定理，有

$$P\left[\frac{n_1}{n}\underset{n\to\infty}{\longrightarrow}R_1\right]=1 \tag{6.3.27}$$

$$P\left[\frac{n_3}{n}\underset{n\to\infty}{\longrightarrow}R_3\right]=1 \tag{6.3.28}$$

因此,当 $n \to \infty$ 时,以概率 1 有 $\dfrac{K_3}{K_1} = \dfrac{R_3}{R_1}$。另外,设单位床面上表层静止颗粒数为 K_1,床面泥沙总数为 n_0(包括静止与运动),静密实系数为 m_0,颗粒的单步跳跃时间为 t_3,则在 t_3 内可能起动的次数为 $\dfrac{t_3}{t_{3.0}}$,其中 $t_{3.0}$ 为起跳周期。而静止的颗数为

$$K_1 = R_1 n_0 \frac{t_3}{t_{3.0}} = \frac{m_0}{\frac{\pi}{4}D^2} R_1 \frac{t_3}{t_{3.0}} \tag{6.3.29}$$

需要指出的是,$\dfrac{t_3}{t_{3.0}}$ 表示起动的层数,如果在 t_3 内起动一层,$K_1 = R_1 n_0$,现起动 $\dfrac{t_3}{t_{3.0}}$ 层,则 $K_1 = R_1 n_0 \dfrac{t_3}{t_{3.0}}$。由式(6.3.29)知单位面积上跳跃的颗数为

$$K_3 = \frac{R_3}{R_1} K_1 = \frac{4m_0}{\pi D^2} R_3 \frac{t_3}{t_{3.0}} \tag{6.3.30}$$

而以颗数计的输沙率为

$$K_3 U_3 = \frac{4m_0}{\pi D^2} \frac{U_3 t_3}{t_{3.0}} R_3 = \frac{4m_0}{\pi D^3} \frac{R_3}{\mu_3 t_{3.0}} \tag{6.3.31}$$

此处 $\dfrac{1}{\mu_3} = U_3 t_3 = L_3$ 为单步距离的倒数。注意到式(5.2.43)

$$R_3 = \varepsilon_{2.0}(1-\beta)\frac{A_1}{A} + \varepsilon_2(1-\varepsilon_4)\frac{A_2}{A}$$

忽略由静起跳或者对于连续跳跃(由动起跳)的影响,即取 $\varepsilon_2 = \varepsilon_{2.0}$,以及考虑较粗颗粒 $\varepsilon_4 = \beta, \varepsilon_1 = \varepsilon_0$,则上式为

$$R_3 = \varepsilon_2(1-\varepsilon_4)\frac{A_1 + A_2}{A} = \varepsilon_2(1-\varepsilon_4) \tag{6.3.32}$$

故将式(6.3.32)代入式(6.3.31),可得以颗数计的输沙率,再乘以 $\dfrac{\pi}{6}D^3 \gamma_s$,则得到以重量计的单宽推移质输沙率

$$q_3^* = \frac{2}{3} m_0 \gamma_s D \frac{\varepsilon_2(1-\varepsilon_4)}{\mu_3 t_{3.0}} \tag{6.3.33}$$

此式与由交换强度得到的式(6.3.8)是一致的。事实上,将 $\dfrac{\pi}{6}\psi_{3.l}$ 代入式(6.3.8)为

$$q_3 = \frac{2}{3} m_0 \gamma_s D \frac{1}{t_{3.0}\mu_3} \frac{\varepsilon_{2.0}(1-\beta)}{1-(1-\varepsilon_1)(1-\beta)+(1-\varepsilon_0)(1-\varepsilon_4)} \tag{6.3.34}$$

与前面相同,取 $\varepsilon_{2.0} = \varepsilon_2, \varepsilon_4 = \beta, \varepsilon_1 = \varepsilon_0$,则式(6.3.34)为

$$q_3^* = \frac{2}{3} m_0 \gamma_s D \frac{\varepsilon_2(1-\varepsilon_4)}{\mu_3 t_{3.0}}$$

此式与式(6.3.33)完全相同。

6.4　对以往由理论分析得到的有代表性 推移质输沙能力公式的讨论

需要强调的是,式(6.3.33)与已往有代表性的研究成果有很大差别。以往这些研究大多从必然的力学途径或者引进 $1\sim2$ 个概率再结合力学分析得到。例如,这些公式基本是跳跃颗粒的输沙能力,一般可归纳为

$$q_3^* = K_0\gamma_s D\,\frac{\phi_1}{1-\phi_2}\,\frac{l_3}{t_3} = K_0\gamma_s D\,\frac{\phi_1}{1-\phi_2}U_3 \tag{6.4.1}$$

式中,ϕ_1 为跳跃概率。对这类模型的进一步研究可以发现,不论 $\dfrac{1}{1-\phi_2}$ 如何引进,只要考虑床面静止颗粒仅仅是床面颗粒 n_0 的一部分 $(K_1 = R_1 n_0)$,则 $\dfrac{1}{1-\phi_2}$ 能够被消除。这样以往的代表性公式(6.4.1)就转化为式(6.3.33)形式。现在具体分析如下。

一系列公式中因未考虑床面层泥沙不全是静止泥沙,而在单次距离中引入 $\dfrac{1}{1-\phi_2}$,若考虑床面静止泥沙不是 n_0,而是 $R_1 n_0$,则 $\dfrac{1}{1-\phi_2}$ 也会被消除。从前面的式(6.3.33)看出,由于考虑床面静止的颗数是 $R_1 n_0$,无论按交换强度理论还是直观的力学推导,该式中均未包含 $\dfrac{1}{1-\phi_2}$。但是在很多输沙率公式中,如 Einstein[7]、Великанов[8]、窦国仁[9]、Paintal[10] 等给出的公式,就直接采用了静止颗粒为床面全部颗粒 n_0,引进了 $\dfrac{1}{1-\phi_2}$。根据式(1.3.38)知,Einstein 对于均匀沙给出的从单位时间、单位床面冲起的泥沙为 $\dfrac{\varepsilon_1}{AD^2 t_0}$,显然取 $AD^2 = \dfrac{\pi}{4}D^2$ 是当静密实系数 $m_0 = 0.4$ 时的单位面积的静止泥沙的颗数。但是若考虑静止泥沙的概率为 R_1,则单位时间、单位床面冲起的泥沙应为 $\dfrac{R_1\varepsilon}{A_1 D^2 t_0} = \dfrac{\varepsilon R_1 \omega}{A_1 P_3 D^3}$,另外单位时间床面沉积的泥沙为 $\dfrac{q_b(1-\varepsilon)}{A_\gamma \gamma_s D^3}$,而冲起与沉积的相等得[6]

$$q_b = \frac{A_2}{A_1 A_3}\lambda\gamma_s D\,\frac{\varepsilon_1}{1-\varepsilon_1}\sqrt{\frac{\rho_s-\rho}{\rho}gD}\;R_1 \tag{6.4.2}$$

如果引进通常的简化,$\varepsilon_0 = \varepsilon_1 = \varepsilon_2$,则式(5.2.38)变为

$$R_1 = (1-\varepsilon_1)(1-\varepsilon_4)$$

将其代入式(6.4.2),可得

$$q_b = \frac{A_2}{A_1 A_3} \lambda \gamma_s D \sqrt{\frac{\rho_s - \rho}{\rho} g D} \varepsilon_1 (1 - \varepsilon_4) \quad (6.4.3)$$

可见他的公式中 $\frac{1}{1-\varepsilon_1}$ 也消除了。至于多了 $1-\varepsilon_4$ 是考虑去掉悬移颗粒；当 $\varepsilon_4 = 0$ 时，$1-\varepsilon_4 = 1$。

Велпканов 的推移质公式为[7]

$$q_b = \frac{A_1}{A_2} D \gamma_s \frac{\varepsilon_2 \varepsilon_4}{1 - \varepsilon_4} \bar{V}_b$$

式中，$\bar{V}_b$ 为水流时均速度，被认为是颗粒运动速度。他取跳跃概率为起动且悬浮的概率 $\varepsilon_1 \varepsilon_4 = \phi_1$，而 $\phi_2 = \varepsilon_4$。该公式主要推导过程为

$$q_b = \frac{A_2 D^3 \gamma_s}{t_0} \sum_{n=1}^{\infty} n_0 l \varepsilon_1 \varepsilon_4^n = \frac{A_2}{A_1} D \gamma_s \frac{\varepsilon_1 \varepsilon_4}{1 - \varepsilon_4} \bar{V}_b = \frac{A_2}{A_1} D \gamma_s \frac{\varepsilon_1 \varepsilon_4}{1 - \varepsilon_4} \frac{l_3}{t_0} \quad (6.4.4)$$

式中，t_0 为单步运动时间；l_3 为单步运动距离。这里取 n_0 为单位床面静止泥沙的颗数，即 $n_0 = \frac{1}{A_1 D^2}$。而按照前面的结果，即前述 $R_1 = (1-\varepsilon_1)(1-\varepsilon_4)$，则床面静止的颗粒为 $R_1 n_0 = (1-\varepsilon_1)(1-\varepsilon_4) n_0 = \frac{(1-\varepsilon_1)(1-\varepsilon_4)}{A_1 D^2}$，代入式(6.4.4)得

$$q_b = \frac{A_2 D^3 \gamma_s}{t_0} \sum_{n=1}^{\infty} l_3 \frac{(1-\varepsilon_1)(1-\varepsilon_4)}{A_1 D^2} \varepsilon_1 \varepsilon_4^n = \frac{A_2}{A_1} D \gamma_s \frac{(1-\varepsilon_1)(1-\varepsilon_4)}{1 - \varepsilon_4} \varepsilon_1 \varepsilon_4 \frac{l_3}{t_0}$$
$$= \frac{A_2}{A_1} D \gamma_s \varepsilon_1 \varepsilon_4 (1-\varepsilon_1) \frac{l_3}{t_0} \quad (6.4.5)$$

可见分母也没有 $1-\varepsilon_4$。但是由于他将跳跃概率不恰当地定义为 $\varepsilon_1 \varepsilon_4$，并且认为继续单步运动需满足 ε_4 而不是 ε_1，所以式(6.4.5)给出不合理的结果。这就是当悬浮概率很小时，甚至 $\varepsilon_4 = 0$，式(6.4.5)导致 q_b 接近甚至为零，这显然是很不合理的。其实若定义跳跃概率为 ε_1，则式(6.4.5)给出

$$q_b = \frac{A_2 D^3 \gamma_s}{t_0} \sum_{n=1}^{\infty} l_3 \frac{(1-\varepsilon_1)(1-\varepsilon_4)}{A_1 D^2} \varepsilon_1^n = \frac{A_2}{A_1} D \gamma_s \sum \varepsilon_1^n (1-\varepsilon_1)(1-\varepsilon_4) \frac{l_3}{t_0}$$
$$= \frac{A_2}{A_1} D \gamma_s \frac{\varepsilon_1 (1-\varepsilon_4)(1-\varepsilon_1)}{1 - \varepsilon_1} \frac{l_3}{t_0} = \frac{A_2}{A_1} D \gamma_s \varepsilon_1 (1-\varepsilon_4) \frac{1}{t_0 \mu_3} \quad (6.4.6)$$

可见这里 $\varepsilon_1 (1-\varepsilon_4)$ 表示起动但是不悬浮的概率。准确到常数，式(6.4.6)正是式(6.3.23)。

窦国仁[8]将研究断面向上游按等距离划分无限个宽为一个单位、长为平均单步跳跃距离 $\bar{l}$ 的长方床面。ε_1 为跳跃概率，他认为在每个起动时间 t_0 内床面起动一次。因此，所研究的床面静止泥沙颗数为 $n_0 = \frac{m_0 l_3}{\frac{\pi}{4} D^2}$，故以颗数计的输沙率为在

研究断面上第一长方床面上起动且通过此断面的输沙率为

$$q_{b.3.1} = \frac{n_0 \varepsilon_1 \varepsilon_4}{t_0} \frac{\pi}{6} D^3 \gamma_s \overline{l}_3 \tag{6.4.7}$$

而上游 n 个方块起动至本断面的推移质输沙率之和为

$$q_{b.3} = \sum_{i=1}^{n} q_{b.3.i} = \frac{2}{3} \frac{m_0 \gamma_s D \overline{l}_3}{t_0} \sum_{n=1}^{\infty} \varepsilon_1 \varepsilon_4^n = \frac{2}{3} m_0 \gamma_s D \frac{\varepsilon_1}{1-\varepsilon_4} \frac{\overline{l}_3}{t_0} \tag{6.4.8}$$

但是若考虑 $n_{0.1} = R_1 n_0$，并注意到式(6.3.33)，且 $R_1 = (1-\varepsilon_4)(1-\varepsilon_1)$，则式 (6.4.8)为

$$q_{b.3} = \frac{2}{3} m_0 \gamma_s D \frac{\varepsilon_1(1-\varepsilon_1)(1-\varepsilon_4)}{1-\varepsilon_4} \frac{\overline{l}_3}{t_0} = \frac{2}{3} m_0 \gamma_s D \varepsilon_1(1-\varepsilon_1) \frac{\overline{l}_3}{t_0} \tag{6.4.9}$$

式中，$\overline{l}_3$ 为单步距离。可见式中的 $1-\varepsilon_4$ 已消失，但是此处出现了一个不合理的结果，跳跃概率中出现了 $\varepsilon_1(1-\varepsilon_1)$，这实际是原公式推导不恰当引起的。实际上，原公式的 $\frac{1}{1-\varepsilon_4}$ 应为 $\frac{1}{1-\varepsilon_1}$，$1-\varepsilon_4$ 是控制不悬浮的概率，并不是保证跳跃的概率。其原因是式(6.4.8)中出现了不该出现的 ε_4^n。这是他认为泥沙起动后连续跳跃是靠悬浮支持所致。否则，如果认为是靠跳跃概率 ε_1 支持，即 ε_4^n 变为 ε_1^n，则式(6.4.9)中 $1-\varepsilon_1$ 变为 $1-\varepsilon_4$。于是，式(6.4.9)变为

$$q_{b.3} = \frac{2}{3} m_0 \gamma_s D \frac{\varepsilon_1(1-\varepsilon_1)(1-\varepsilon_4)}{1-\varepsilon_1} \frac{\overline{l}_3}{t_0} = \frac{2}{3} m_0 \gamma_s D \varepsilon_1(1-\varepsilon_4) \frac{\overline{l}_3}{t_0} \tag{6.4.10}$$

式中，$\varepsilon_1(1-\varepsilon_4)$ 表示起跳且不悬浮的概率，这是合理的；否则，原公式中出现 $\varepsilon_1(1-\varepsilon_1)$ 是相互抵触的事件，没有物理意义。

Paintal[10] 取床面单位微元面积 $1 \times \mathrm{d}x$ 上静止泥沙的颗数为 $\frac{\mathrm{d}x}{A_1 D}$，而单位时间起动的颗数为 $\frac{P_s \mathrm{d}x}{A_1 D^2}$，其中 P_s 为单位时间内颗粒起动的概率，他假定 $P_s = \frac{\varepsilon}{t_L}$，$t_L$ 为颗粒从一个停留点运动到另一个停留点之间的时间。他假定时间 $t_L = \frac{A_3 D}{\varepsilon u_*}$，单位时间起动概率为

$$P_s = \frac{\varepsilon^2 u_*}{A_3 D} \tag{6.4.11}$$

由于取单次距离分布为指数分布，故从上游 $0 \to \infty$ 处起动的颗粒在单位时间通过测量断面的颗数为

$$N = \int_0^{\infty} P_s P_x \frac{\mathrm{d}x}{A_2 D^2} = \int_0^{\infty} \frac{P_s}{A_2 D^2} \mathrm{e}^{-\frac{1-\varepsilon}{\lambda D}} \mathrm{d}x = \frac{P_s}{A_2 D^2} \frac{\lambda \varepsilon}{1-\varepsilon} = \frac{\varepsilon^3 \lambda u_*}{A_2 A_3 D^3 (1-\varepsilon)}$$

从而有

$$q_{b.3} = N A_2 D^3 \gamma_s = \frac{A_2}{A_1 A_3} \gamma_s \lambda_0 u_* \frac{\varepsilon^3}{1-\varepsilon} D = \frac{A_2}{A_1} \gamma_s D \frac{\varepsilon}{1-\varepsilon} \frac{\overline{l}_3}{t_1} \tag{6.4.12}$$

　　注意到他引进单位床面上静止泥沙的颗数为 $\dfrac{1}{A_1 D^2}$，它显然是一个不变的常数。当考虑单位床面静止颗数为 $\dfrac{R_1}{A_1 D^2}$，而 R_1 由式（5.2.38）给出，此时它为 $(1-\varepsilon_1)(1-\varepsilon_4)$，于是式（6.4.12）变化为

$$q_{\mathrm{b.3}} = \frac{A_2}{A_1} \gamma_{\mathrm{s}} D \varepsilon_1 (1-\varepsilon_4) \frac{\overline{l}_3}{t_1} \tag{6.4.13}$$

从而此式与式（6.4.6）一致，消除了 $\dfrac{1}{1-\varepsilon}$，并且克服了不悬浮 $1-\varepsilon_4$ 的缺点。

　　与上述研究相反，也有人给出的推移质输沙能力公式不包含 $\dfrac{1}{1-\varepsilon_2}$ 或 $\dfrac{1}{1-\varepsilon_4}$。Kalinske[11] 假定推移质只有一层运动，得到

$$q_3 = \frac{2}{3} \gamma_{\mathrm{s}} m_0 D \overline{U} = \frac{2}{3} \gamma_{\mathrm{s}} m_0 D \varepsilon_0 U_3 \tag{6.4.14}$$

式中，$\overline{U}$ 包括静止颗粒的床面颗粒平均运动速度；U_3 为运动颗粒的平均速度。公式中未见 $\dfrac{1}{1-\varepsilon_1}$，式（6.4.14）的正确性分析见本书第 1 章。

　　Росинский[12] 认为推移质运动有滚动和跳跃，其输沙率为

$$q_{2+3} = A \gamma_{\mathrm{s}} D (\varepsilon_2 U_2 + \varepsilon_3 U_3) = A \gamma_{\mathrm{s}} D \left[(\varepsilon_1 - \varepsilon_2)(\overline{V}_{\mathrm{b}} - V_{\mathrm{b.c}}) + \varepsilon_2 \overline{V}_{\mathrm{b}} \right] \tag{6.4.15}$$

尽管这个公式很粗略，但是也未出现 $\dfrac{1}{1-\varepsilon_1}$ 之类。

　　韩其为和何明民[1] 对泥沙运动随机理论进行了长期深入研究。根据他们早期的成果，主要考虑输沙率较低的情况，取床面静止颗粒 K_1 为床面的颗粒 n_0，相当于取 $R_1 \approx 1$，于是有

$$K_3 = \frac{R_3}{R_1} K_1 = \frac{R_3}{R_1} n_0 = \frac{R_3}{R_1} \frac{4 m_0}{\pi D^2} \frac{t_3}{t_{3.0}} \tag{6.4.16}$$

将式（6.3.32）表示的 R_3 及式（5.2.38）表示的 R_1 代入，并注意到 $\varepsilon_{2.0} = \varepsilon_2$，$\varepsilon_1 = \varepsilon_0$，$\beta = \varepsilon_4$，则有

$$K_3 = \frac{4 m_0}{\pi D^2} \frac{t_3}{t_{3.0}} \frac{1}{(1-\varepsilon_0)(1-\varepsilon_4)} \left[\varepsilon_{2.0}(1-\varepsilon_4) \frac{A_1}{A} + \varepsilon_2(1-\varepsilon_4) \frac{A_1}{A} \right] \left[1 - (1-\varepsilon_1)(1-\beta) \right.$$

$$\left. + (1-\varepsilon_0)(1-\varepsilon_4) \right] = \frac{4 m_0}{\pi D^2} \frac{t_3}{t_{3.0}} \frac{\varepsilon_2}{1-\varepsilon_0} \tag{6.4.17}$$

于是，

$$q_3 = K_3 U_3 \frac{\pi}{6} \gamma_{\mathrm{s}} D^3 = \frac{2}{3} m_0 \gamma_{\mathrm{s}} D \frac{U_3 t_3}{t_{3.0}} \frac{\varepsilon_2}{1-\varepsilon_0} = \frac{2}{3} m_0 \gamma_{\mathrm{s}} D \frac{\varepsilon_2}{1-\varepsilon_0} \frac{1}{\mu_3 t_{3.0}} \tag{6.4.18}$$

可见在 $K_1 \approx n_0$ 即取 $R_1 \approx 1$ 的情形下,式(6.4.18)在结构上能概括有关研究者分母

包含 $\dfrac{1}{1-\varepsilon_1}$ 的公式,但是这是很近似的。文献[1]正是论述这种情况,当然文献[1]

也曾指出(如对三种状态静止、跳跃、悬浮),当 $\varepsilon_0 = \varepsilon_1 = \varepsilon_2$,$R_2 = 0$,$\beta = \varepsilon_4$ 时,有

$$R_1 = (1-\varepsilon_2)(1-\varepsilon_4) \tag{6.4.19}$$

$$R_3 = \varepsilon_2(1-\varepsilon_4) \tag{6.4.20}$$

$$R_4 = \varepsilon_4 \tag{6.4.21}$$

而床面泥沙总颗数

$$n_0 = n_1 + n_3 + n_4 \tag{6.4.22}$$

$$\frac{n_1}{n_0} = R_1 \tag{6.4.23}$$

$$\frac{n_3}{n_0} = R_3 \tag{6.4.24}$$

$$\frac{n_4}{n_0} = R_4 \tag{6.4.25}$$

从而

$$n_3 = n_0 \varepsilon_2 (1-\varepsilon_4) = \frac{4m_0}{\pi D^2} \varepsilon_2 (1-\varepsilon_4) \tag{6.4.26}$$

即

$$q_3 = \frac{2}{3} m_0 \gamma_s \varepsilon_2 (1-\varepsilon_4) U_3 \frac{t_3}{t_{3.0}} = \frac{2}{3} m_0 \gamma_s D \frac{\varepsilon_2 (1-\varepsilon_4)}{\mu_3 t_{3.0}} \tag{6.4.27}$$

可见,此式也没有 $1-\varepsilon_1$。当然相对于式(6.4.27)而言,式(6.3.34)是更一般且完

整的公式,而分母包含 $1-\varepsilon_1$ 的公式一般而言是不恰当的。当然,如果按文献[1]

中的 $\dfrac{n_0}{n} = R_1$,n_0 为三种状态泥沙总颗数,则书中大部分公式都采用 $n_0 = nR_1$,仍然

是对的。只是在个别公式中近似地将 $n_0 = \dfrac{4m_0}{\pi D^2}$ 代入后,才忽略了 R_1,这是近似的

或错误的。

孙志林[13]提出单位床面静止泥沙为

$$n_{1.e} = \frac{4m_0 P_{1.e}}{\pi D_e^2} \tag{6.4.28}$$

式中,$P_{1.e}$ 为床沙级配。正因为不合理地假定了床面泥沙全部静止,尽管采用了随

机方法,最后得到了以质量计的单宽输沙率(三种运动状态的推移质输沙率):

$$q_b = \frac{2}{3} m_0 \rho D \frac{\varepsilon}{1-\varepsilon} \frac{L^*}{T^*} \tag{6.4.29}$$

可见仍存在 $\dfrac{1}{1-\varepsilon}$。其实若采用 $n = \dfrac{4m_0}{\pi D^2}$,$n_1 = R_1 \dfrac{4m_0}{\pi D^2}$,故有

$$\frac{n_3}{n_1} = \frac{NR_3}{NR_1} = \frac{R_3}{R_1} \tag{6.4.30}$$

$$n_3 = \frac{R_3}{R_1} n_1 = \frac{R_3}{R_1} nR_1 = R_3 \frac{4m_0}{\pi D^2} \tag{6.4.31}$$

即

$$q_b = \frac{\pi}{6} \gamma_s D^3 \frac{4m_0}{\pi D^2} R_3 U_2 = \frac{2}{3} m_0 \rho_s D \varepsilon_2 (1-\varepsilon_4) \frac{L^*}{T^*} \tag{6.4.32}$$

在不存在悬移质($\varepsilon_4=0$)的条件下,式(6.4.32)应为

$$q_b = \frac{2}{3} m_0 \rho_s D \varepsilon_2 \frac{L^*}{T^*} \tag{6.4.33}$$

可见也无$\frac{1}{1-\varepsilon}$项。

从推移质输沙率这一段研究历史,可以看出下述几点:

(1) Einstein 虽然首先在输沙率公式中引入$\frac{1}{1-\phi_2}=\frac{1}{1-\varepsilon_1}$,但是从逻辑上看,可以辩称没有明确的缺陷,因为他没有引进颗粒速度,而是采用了交换时间 $t_0 \infty$ $\frac{D}{\omega}$,也可以说交换时间或其他待定系数中包含了$\frac{1}{1-\varepsilon_1}$。当然,这会使公式的理论性降低。对于一般情况,由于其他参数并未包含 $1-\varepsilon_1$,从理论上看,他们的公式也是不妥的。至于 Велпканов 的推导,由于给出的参数明确,包含$\frac{1}{1-\varepsilon_4}$是不正确的。类似的,如窦国仁、Paintel 等也是如此。孙志林公式是由不恰当地采用床面泥沙全部静止所致。韩其为虽然最早指出了最一般的情况[1],并且在后来的研究中[6,14]强调了一般情况,但是在文献[1]中大部分仍取低输沙率的近似情况 $R_1 \approx 1$,给出的部分公式也不是一般情况,属于概念不够清晰所致。

(2) 无论推导上利用什么原因和说法,从已定的参数看,这类公式中的$\frac{1}{1-\phi_2}$是多余的,必须去掉。这利用泥沙运动的随机理论就能较严格的证实。

(3) 在后来一系列推移质输沙率研究结果中,之所以含有$\frac{1}{1-\varepsilon_1}$,是因为一方面概念不清,另一方面与 Einstein 的名人效应有关。有的作者可能希望其结果与名人的大同小异。

6.5　非均匀沙总输沙能力

6.5.1　非均匀沙输沙率

1. 非均匀沙特性

前面主要阐述的是均匀沙推移质规律,现在要转入非均匀沙。相对均匀沙而

言,非均匀沙运动的现象和规律复杂得多。要在均匀沙规律的基础上扩展到非均匀沙,有三个问题要解决。第一,如何利用第 5 章非均匀沙交换强度推导研究非均匀沙单宽输沙率等。为此,所有与粒径有关的参数都需要加下标 l(加在最后一个下标处)。第二,非均匀沙的一个重要指标是床面非均匀沙的暴露度 Δ。通过非均匀沙交换强度求出输沙能力及有关参数等随机变量的数学期望(平均值)。但是它们与随机变量 V_b、Δ、D_l 的关系尚不知道。为此,要利用力学和概率论的有关规则得到有关方程关系,通过对 V_b、Δ、D_l 数字积分求出数学期望,如交换强度中的 $\bar{K}_i$、$\bar{\mu}_i$、$\bar{U}_i$ 等。这是由于前面的研究只给出了这些参数的数学期望与转移概率之间的关系,但是 K_i、μ_i、U_i 等数学期望如何确定尚未给出。这些利用第 4 章的关系在第 8 章中说明。就非均匀沙对暴露度而言,由于引进了 Δ'_l 与 $\dfrac{\bar{D}}{D_l}$ 的关系,对 Δ'_l 的积分化为对 D_l 的积分,减少了一次积分,使计算大为简化,具体计算可见第 8 章。第三,非均匀沙的床面条件的确定需引进床沙级配 $P_{1.l}$-D_l 关系,床面静止泥沙的颗数为

$$K_{1.l} = R_{1.l} n_{0.l} = R_{1.l} P_{1.l} n_0 = \frac{4 m_0}{\pi D_l^2} R_{1.l} P_{1.l} \qquad (6.5.1)$$

2. 四种运动状态运动颗粒与床沙之间弱平衡的输沙能力公式

将下面公式

$$
\begin{aligned}
q_{2.l}^* ={} & \frac{2}{3} m_0 \gamma_s D_l \frac{R_{1.l} P_{1.l}}{\mu_{2.l}} \left[\frac{(\varepsilon_{1.l} - \varepsilon_{2.0.l})(1-\beta_l)(1-\varepsilon_{2.l})}{(1-\varepsilon_{0.l}) t_{2.0.l}} \right. \\
& \left. + \frac{(\varepsilon_{0.l} - \varepsilon_{2.l})(1-\beta_l)\varepsilon_{2.0.l}}{(1-\varepsilon_{0.l}) t_{3.0.l}} + \frac{(\varepsilon_{0.l} - \varepsilon_{2.l})\beta_l}{(1-\varepsilon_{0.l}) t_{4.0.l}} \right] \\
={} & P_{1.l} q_2^*(l) \qquad\qquad\qquad\qquad\qquad\qquad\qquad\quad (6.5.2)
\end{aligned}
$$

$$
\begin{aligned}
q_{3.l}^* ={} & \frac{2}{3} m_0 \gamma_s D_l \frac{R_{1.l} P_{1.l}}{\mu_{3.l}} \left[\frac{\varepsilon_{2.l}(\varepsilon_{1.l} - \varepsilon_{2.0.l})(1-\beta_l)}{(1-\varepsilon_{0.l}) t_{2.0.l}} \right. \\
& \left. + \frac{\varepsilon_{2.0.l}(1-\varepsilon_{0.l} + \varepsilon_{2.l})(1-\beta_l)}{(1-\varepsilon_{0.l}) t_{3.0.l}} + \frac{\varepsilon_{2.l}\beta_l}{(1-\varepsilon_{0.l}) t_{4.0.l}} \right] \\
={} & P_{1.l} q_3^*(l) \qquad\qquad\qquad\qquad\qquad\qquad\qquad\quad (6.5.3)
\end{aligned}
$$

$$
\begin{aligned}
q_{4.l}^* ={} & \frac{2}{3} m_0 \gamma_s D_l \frac{R_{1.l} P_{1.l}}{\mu_{4.l}} \left[\frac{\varepsilon_{4.l}(\varepsilon_{1.l} - \varepsilon_{2.0.l})(1-\beta_l)}{(1-\varepsilon_{0.l})(1-\varepsilon_{4.l}) t_{2.0.l}} \right. \\
& \left. + \frac{\varepsilon_{4.l}\varepsilon_{2.0.l}(1-\beta_l)}{(1-\varepsilon_{0.l})(1-\varepsilon_{4.l}) t_{3.0.l}} + \frac{(1-\varepsilon_{0.l} + \varepsilon_{0.l}\varepsilon_{4.l})\beta_l}{(1-\varepsilon_{0.l})(1-\varepsilon_{4.l}) t_{4.0.l}} \right] \\
={} & P_{1.l} q_4^*(l) \qquad\qquad\qquad\qquad\qquad\qquad\qquad\quad (6.5.4)
\end{aligned}
$$

与相应的式(6.2.21)~式(6.2.23)比较可知,非均匀沙公式与均匀沙公式在形式上仅有两点差别,即非均匀沙有关参数的下标多了 l 且出现了床沙级配 $P_{1.l}$。

3. 非均匀沙弱平衡条件下输沙能力

利用前述均匀沙相加方法,弱平衡滚动输沙能力与跳跃输沙能力相加,可得到推移质分组输沙能力公式

$$q_{\text{b.}l}^* = \frac{\mu_{2.l}}{\mu_{\text{b.}l}} q_{2.l}^* + \frac{\mu_{3.l}}{\mu_{\text{b.}l}} q_{3.l}^* \tag{6.5.5}$$

类似地,可得到非均匀沙弱平衡的推移质输沙能力与相应的悬移质输沙能力公式

$$q_{\text{b.}l}^* = \frac{2}{3} m_0 \gamma_s D_l \frac{P_{1.l}}{\mu_{\text{b.}l}} \left[\frac{\psi_{\text{b.}l}}{t_{\text{b.0.}l}} (1 - \varepsilon_{4.l}) + \varepsilon_{0.l} (1 - \varepsilon_{4.l}) \frac{\psi_{4.l}}{t_{4.0.l}} \right] \tag{6.5.6}$$

$$q_{4.l}^* = \frac{2}{3} m_0 \gamma_s D_l \frac{P_{1.l}}{\mu_{4.l}} \left[\frac{\varepsilon_{4.l} \psi_{\text{b.}l}}{t_{\text{b.0.}l}} + \left[1 - \varepsilon_{0.l}(1 - \varepsilon_{4.l}) \right] \frac{\psi_{4.l}}{t_{4.0.l}} \right] \tag{6.5.7}$$

按推移质与悬移质输沙能力相加

$$q_{\text{m.}l}^* \mu_{\text{m.}l} = q_{\text{b.}l}^* \mu_{\text{b.}l} + q_{4.l}^* \mu_{4.l} \tag{6.5.8}$$

得到非均匀沙分组总输沙能力为

$$q_{\text{m.}l}^* = \frac{2}{3} m_0 \gamma_s D_l \frac{\psi_{\text{m.}l} P_{1.l}}{\mu_{\text{m.}l} t_{\text{m.0.}l}} \tag{6.5.9}$$

式中,

$$\frac{\psi_{\text{m.}l}}{t_{\text{m.0.}l}} = \frac{\psi_{\text{b.}l}}{t_{\text{b.0.}l}} + \frac{\psi_{4.l}}{t_{4.0.l}} \tag{6.5.10}$$

或

$$\frac{1}{t_{\text{m.0.}l}} = \frac{\psi_{\text{b.}l}}{\psi_{\text{m.}l}} \frac{1}{t_{\text{b.0.}l}} + \frac{\psi_{4.l}}{\psi_{\text{m.}l}} \frac{1}{t_{4.0.l}} \tag{6.5.11}$$

$$\psi_{\text{m.}l} = \psi_{\text{b.}l} + \psi_{4.l} \tag{6.5.12}$$

$$q_{\text{m.}l}^* = \frac{\mu_{\text{b.}l}}{\mu_{\text{m.}l}} q_{\text{b.}l}^* + \frac{\mu_{4.l}}{\mu_{\text{m.}l}} q_{4.l}^* \tag{6.5.13}$$

4. 强平衡条件下非均匀沙总输沙能力及级配

对于非均匀沙,前面只限于研究分组输沙能力,现在研究总输沙能力及级配。

滚动、跳跃及悬浮分别与床沙达到平衡(实际此时为强平衡)的分组输沙能力为

$$q_{i.l}^* = \frac{2}{3} m_0 \gamma_s D_l \frac{P_{1.l} \psi_{i.l}}{\mu_{i.l} t_{i.0.l}} = P_{1.l} q_i^*(l), \quad i = 2,3,4,\text{b},\text{m} \tag{6.5.14}$$

此处 $i=2$ 为滚动,$i=3$ 为跳跃,$i=4$ 为悬浮,$i=\text{b}$ 为推移,$i=\text{m}$ 为运动的全沙。而

$$q_i^*(l) = \frac{2}{3} m_0 \gamma_s D_l \frac{\psi_{i.l}}{\mu_{i.l} t_{i.0.l}} = f'\left(\frac{\bar{V}_\text{b}}{\omega_{0.l}}, D_l, \frac{\bar{D}}{D_l} \right) = f\left(\frac{\bar{V}_\text{b}}{\omega_{0.l}}, \frac{\bar{D}}{D_l} \right) \tag{6.5.15}$$

是 $P_{1.l}=1$、$D=D_l$ 的非均匀沙分组输沙能力。滚动、跳跃与床沙交换分别达到平衡时,推移质分组输沙能力根据式(6.3.13)有

$$q_{b.l}^* = \frac{\mu_{2.l}}{\mu_{b.l}} q_{2.l}^* + \frac{\mu_{3.l}}{\mu_{b.l}} q_{3.l}^* = P_{1.l} q_b^*(l) \tag{6.5.16}$$

式中，

$$q_b^*(l) = \frac{\mu_{2.l}}{\mu_{b.l}} q_2^*(l) + \frac{\mu_{3.l}}{\mu_{b.l}} q_3^*(l) \tag{6.5.17}$$

$$q_2^*(l) = \frac{2}{3} m_0 \gamma_s D_l \frac{\psi_{2.l}}{\mu_{2.l} t_{2.0.l}} \tag{6.5.18}$$

$$q_3^*(l) = \frac{2}{3} m_0 \gamma_s D_l \frac{\psi_{3.l}}{\mu_{3.l} t_{3.0.l}} \tag{6.5.19}$$

而根据式(6.2.50)，分组总输沙能力为

$$q_{m.l}^* = \frac{\mu_{b.l}}{\mu_{m.l}} q_{b.l}^* + \frac{\mu_{4.l}}{\mu_{m.l}} q_{4.l}^* = P_{1.l} q_m^*(l) \tag{6.5.20}$$

式中，

$$q_{4.l}^* = \frac{2}{3} m_0 \gamma_s D_l \frac{P_{1.l} \psi_{4.l}}{\mu_{4.l} t_{4.0.l}} = P_{1.l} q_4^*(l) \tag{6.5.21}$$

上述各式中 $q_2^*(l)$、$q_3^*(l)$、$q_4^*(l)$、$q_m^*(l)$ 均是 $P_{1.l}=1$，$D=D_l$ 的均匀沙的输沙能力，或全部泥沙具有 D_l 特性的输沙能力。现在对式(6.5.15)就 l 求和，有

$$q_i^* = \sum_{l=1}^n P_{1.l} q_i^*(l) = \sum_{l=1}^n q_{i.l}^*, \quad i = 2,3,4,b,m \tag{6.5.22}$$

它为做 i 种运动泥沙的总输沙能力。

现在引进做 i 种运动泥沙的级配，它由式(6.5.14)及式(6.5.22)得到

$$P_{i.l} = \frac{q_{i.l}^*}{q_i^*} = \frac{P_{1.l} q_i^*(l)}{\sum P_{1.l} q_i^*(l)} \tag{6.5.23}$$

式(6.5.23)还可写成

$$P_{i.l} q_i^* = P_{1.l} q_i^*(l) \tag{6.5.24}$$

后者就是做 i 种运动泥沙的级配与床沙级配的关系。由式(6.5.24)可知，当床沙级配未知时，也可由 $P_{i.l}$ 反求 $P_{1.l}$，即

$$P_{1.l} = P_{i.l} \frac{q_i^*}{q_i^*(l)} \tag{6.5.25}$$

式(6.5.23)及式(6.5.24)是一个重要的关系，它们联系了分组运动与总体运动，以及运动级配与床沙级配的关系。当 $i=b$ 时，它们表示推移质级配与床沙级配关系

$$P_{b.l} = \frac{P_{1.l} q_b^*(l)}{\sum P_{1.l} q_b^*(l)} \tag{6.5.26}$$

当 $i=4$ 时，它们表示悬移质级配与床沙级配的关系。对于悬移质，当将输沙率换算成含沙量后，有[13]

$$S_l^* = P_{4.l} S^* = P_{1.l} S^*(l) \tag{6.5.27}$$

这个公式已在悬移质不平衡理论中广泛运用。

此处,将式(6.5.16)展开,可得推移质总输沙能力为

$$q_{\mathrm{b}.l}^* = \sum \frac{\mu_{2.l}}{\mu_{\mathrm{b}.l}} q_{2.l}^* + \sum \frac{\mu_{3.l}}{\mu_{\mathrm{b}.l}} q_{3.l}^* = \sum \frac{\mu_{2.l}}{\mu_{\mathrm{b}.l}} P_{1.l} q_2^*(l) + \sum \frac{\mu_{3.l}}{\mu_{\mathrm{b}.l}} P_{1.l} q_3^*(l)$$

(6.5.28)

6.5.2　推移质输沙能力公式验证

1. 输沙能力数学期望计算说明

上面列出了运动泥沙与床沙交换的各种单宽输沙能力公式。当然这些公式仅限于与床沙强平衡时的交换,否则会有更多的公式,包括与床沙弱平衡的交换、运动泥沙之间交换平衡时的输沙能力公式。由此可见,本书的交换强度理论的确是泥沙运动最基础的理论,也是泥沙运动理论的源头。利用它们可以开发新的研究领域,建立更多的理论,仅仅在输沙能力方面就可研究出十多种,正如前面第 5 章提到的。这相对于过去仅有的两种输沙能力(推移质输沙能力和悬移质输沙能力),不仅研究内容大为增加,而且在理论上更深刻,表现出公式全部是理论的,不加任何待定系数,同时也统一了推移质与悬移质运动规律。

本书主要涉及推移质,有关悬移质运动的研究详见《非均匀悬移质不平衡输沙》[14]。推移质输沙能力验证主要涉及非均匀沙在强平衡条件下的输沙能力。由

$$q_i^*(l) = \frac{2}{3} m_0 \gamma_{\mathrm{s}} D_l \frac{\psi_{i.l}}{\mu_{i.l} t_{i.0.l}}, \quad i = 2, 3, \mathrm{b}$$

(6.5.29)

及式(6.5.18)得到滚动组输沙能力

$$q_2^*(l) = \frac{2}{3} m_0 \gamma_{\mathrm{s}} D_l \frac{\psi_{2.l}}{\mu_{2.l} t_{2.0.l}} = \frac{2}{3} m_0 \gamma_{\mathrm{s}} D_l \psi_{2.l} U_{2.l} = f\left(\frac{\overline{V}_{\mathrm{b}}}{\omega_0}, \frac{\overline{D}}{D_l}\right)$$

(6.5.30)

类似地,对于跳跃组输沙能力

$$q_3^*(l) = \frac{2}{3} m_0 \gamma_{\mathrm{s}} D_l \frac{\psi_{3.l}}{\mu_{3.l} t_{3.0.l}} = \frac{2}{3} m_0 \gamma_{\mathrm{s}} D_l \frac{\psi_{3.l} U_{3.l} t_{3.l}}{t_{3.0.l}} = f\left(\frac{\overline{V}_{\mathrm{b}}}{\omega_0}, \frac{\overline{D}}{D_l}\right)$$

(6.5.31)

以及推移质无分组输沙能力

$$q_{\mathrm{b}}^*(l) = \frac{\mu_{2.l}}{\mu_{\mathrm{b}.l}} q_2^*(l) + \frac{\mu_{3.l}}{\mu_{\mathrm{b}.l}} q_3^*(l) = \frac{2}{3} m_0 \gamma_{\mathrm{s}} D_l \frac{\psi_{\mathrm{b}.l}}{\mu_{\mathrm{b}.l} t_{\mathrm{b}.0.l}}$$

(6.5.32)

上述各式除物理常数外,其余参数均为随机变量的数学期望(平均值)。但是尚应通过力学和概率论建立的方程、关系,通过对随机变量 $\frac{\overline{V}_{\mathrm{b}}}{\omega_0}$、$\Delta'$、$\frac{\overline{D}}{D_l}$ 等求数学期望,反映这些参数与这三个随机变量之间的关系,因此需要求数学期望。首先要对 $\xi_{V_{\mathrm{b}}}$ 求条件期望,然后对均匀沙求暴露度函数 $\varphi(\Delta')$ 的数学期望,对非均匀沙则需明确以 $\frac{\overline{D}}{D_l}$ 为参数的粒径级的输沙能力和叠加总输沙能力。具体计算在第 8 章中进一步说明。还需说明的是,由几个参数组合的参数究竟是分别采用单个参数求数学期望后再由它

们求组合参数的数学期望(即其平均值),还是直接采用组合参数求数学期望? 从概率论的计算规则看,如果不是独立随机变量,应按组合参数求数学期望。但是从研究内容看,单个参数的数学期望容易反映运动的详细过程及机理,这往往是研究人员和读者需要的。另外,是否两者同时采用? 但是这样的结果是不闭合的,会出现矛盾。经多方面考虑,不致使问题过于复杂,还是采用单个参数的数学期望表示组合参数的平均值。这样做可以使成果闭合,计算较为简单,也符合泥沙学科的做法。第8章将以实例说明两种计算方法的差别,以及最终采用单个参数数学期望直接组合成新参数平均值的进一步分析和讨论。其实按前面交换强度导出的结果,本身就是单个数学期望之间的关系。按单个参数数学期望,前述几个推移质公式可写为

$$\lambda_{q_2^*(l)} = \frac{q_2^*(l)}{\gamma_s D_l \omega_{0.l}} = \frac{2}{3} m_0 \frac{\psi_{2.l}}{\mu_{2.l} t_{2.0.l} \omega_{0.l}} = \frac{2}{3} m_0 \psi_{2.l} U_{2.l} = f\left(\frac{\bar{V}_b}{\omega_{0.l}}, \frac{\bar{D}}{D_l}\right)$$
$$(6.5.33)$$

$$\lambda_{q_3^*(l)} = \frac{q_3^*(l)}{\gamma_s D_l \omega_{0.l}} = \frac{2}{3} m_0 \frac{\psi_{3.l}}{\mu_{3.l} t_{3.0.l} \omega_{0.l}} = \frac{2}{3} m_0 \frac{\psi_{3.l} U_{3.l} t_{3.l}}{t_{3.0.l} \omega_{0.l}} = f\left(\frac{\bar{V}_b}{\omega_{0.l}}, \frac{\bar{D}}{D_l}\right)$$
$$(6.5.34)$$

$$\lambda_{q_b^*(l)} = \frac{q_b^*(l)}{\gamma_s D_l \omega_{0.l}} = \frac{1}{\gamma_s D_l \omega_{0.l}} \left[\frac{\mu_{2.l}}{\mu_{b.l}} q_2^*(l) + \frac{\mu_{3.l}}{\mu_{b.l}} q_3^*(l)\right]$$
$$= \frac{2}{3} m_0 \frac{\psi_{b.l}}{\mu_{b.l} t_{b.0.l} \omega_{0.l}} = f\left(\frac{\bar{V}_b}{\omega_{0.l}}, \frac{\bar{D}}{D_l}\right) \qquad (6.5.35)$$

式中,$\mu_{b.l}$由式(6.3.15)得到

$$\mu_{b.l} = \frac{q_{2.l}^* \mu_{2.l}/U_{2.l} + q_{3.l}^* \mu_{3.l}/U_{3.l}}{q_{2.l}^*/U_{2.l} + q_{3.l}^*/U_{3.l}}$$

类似地,可求出均匀沙推移质强平衡输沙能力

$$\lambda_{q_2^*} = \frac{q_2^*}{\gamma_s D_l \omega_0} = \frac{2}{3} m_0 \frac{\psi_2}{\mu_2 t_{2.0} \omega_0} = \frac{2}{3} m_0 \gamma_s D \frac{\psi_2 U_2}{\omega_0} = f\left(\frac{\bar{V}_b}{\omega_0}\right) \qquad (6.5.36)$$

$$\lambda_{q_3^*} = \frac{q_3^*}{\gamma_s D_l \omega_0} = \frac{2}{3} m_0 \frac{\psi_3}{\mu_3 t_{3.0} \omega_0} = \frac{2}{3} m_0 \frac{\psi_2 U_3}{\omega_0} \frac{t_3}{t_{3.0}} = f\left(\frac{\bar{V}_b}{\omega_0}\right) \qquad (6.5.37)$$

$$\lambda_{q_b^*} = \frac{q_b^*}{\gamma_s D_l \omega_0} = \frac{1}{\gamma_s D_l \omega_0} \left(\frac{\mu_2}{\mu_b} q_2^* + \frac{\mu_3}{\mu_b} q_3^*\right) \qquad (6.5.38)$$

$$\mu_b = \frac{q_2^* \mu_2/U_2 + q_3^* \mu_3/U_3}{q_2^*/U_2 + q_3^*/U_3} \qquad (6.5.39)$$

2. 推移质输沙能力数字计算结果

按上述式(6.5.33)~式(6.5.35)分别对均匀沙三种输沙能力和非均匀沙分粒径组输沙能力做了大量详细的数字计算,其结果如表6.5.1所示。具体计算方法及对成果的分析请参考第8章。

表 6.5.1　均匀沙输沙能力及非均匀沙分粒径组输沙能力的数字结果

$\dfrac{\bar{V}_b}{\omega_0}$	均匀沙			不同 $\bar{D}/D_l$ 条件下非均匀沙分组输沙率								
	λ_{q_2}, $\omega_1=\omega_0$	λ_{q_3}, $\omega_1=\omega_0$, $k_0=0.9$, 各参数分别求期望	λ_{q_b}, 加权总输沙率	0.1	0.3	0.5	0.6	1	1.429	4	6	10
0.1119	0	0	0									
0.1492	0	0	0									
0.1865	0	0	0	2.4×10^{-13}								
0.2238	1.4794×10^{-12}	0	1.47936×10^{-12}	5.2×10^{-9}	0							
0.2611	1.8804×10^{-9}	0	1.88041×10^{-9}	1.5×10^{-6}	2.7×10^{-12}	0						
0.2984	1.6387×10^{-7}	0	1.6387×10^{-7}	4.4×10^{-5}	3.2×10^{-9}	4.9×10^{-13}	3.3×10^{-15}	3×10^{-16}	0			
0.3357	3.1771×10^{-6}	0	3.17707×10^{-6}	0.00041	3.2×10^{-7}	4.2×10^{-10}	9.7×10^{-12}	1.4×10^{-12}	1.7×10^{-13}			
0.373	2.5153×10^{-5}	1.30306×10^{-11}	2.51529×10^{-5}	0.00185	7.5×10^{-6}	4.4×10^{-8}	2.3×10^{-9}	5.2×10^{-10}	1×10^{-10}			
0.4476	0.00035557	4.87856×10^{-8}	0.000355622	0.01188	0.00035	1.3×10^{-5}	2×10^{-6}	7.7×10^{-7}	2.7×10^{-7}	3.2×10^{-8}	4.6×10^{-9}	3.6×10^{-11}
0.5222	0.00177844	5.83293×10^{-6}	0.001784274	0.03379	0.00307	0.00032	8.9×10^{-5}	4.6×10^{-5}	2.2×10^{-5}	5.2×10^{-6}	1.4×10^{-6}	5.1×10^{-8}
0.5968	0.0052627	0.000121976	0.005312746	0.075	0.01157	0.00228	0.0009	0.00056	0.00033	0.00012	4.6×10^{-5}	4.3×10^{-6}
0.6714	0.01147712	0.000974487	0.011883722	0.17047	0.0278	0.0082	0.00409	0.00288	0.00195	0.00089	0.00044	7.6×10^{-5}
0.746	0.02044358	0.004399401	0.02230635	0.38307	0.05637	0.01957	0.01151	0.0088	0.00654	0.00359	0.0021	0.00054
0.8206	0.03138966	0.013860945	0.037313877	0.7875	0.11675	0.03698	0.02383	0.01931	0.01536	0.00966	0.00636	0.00219
0.8952	0.04296274	0.034428017	0.057724461	1.45123	0.25175	0.06404	0.04104	0.03418	0.02838	0.01976	0.01426	0.00613
0.9698	0.05373299	0.072657113	0.084832584	2.42189	0.52853	0.11235	0.06517	0.05353	0.04485	0.03329	0.02582	0.01328
1.0444	0.06264097	0.136680182	0.120920446	3.7253	1.0318	0.20391	0.10291	0.08007	0.06496	0.04897	0.04006	0.0238
1.119	0.06915878	0.236432788	0.169728314	5.36978	1.84914	0.37174	0.16651	0.12026	0.0911	0.06586	0.05556	0.03703

续表

$\dfrac{\bar{V}_b}{\omega_0}$	均匀沙 λ_{q_2}, $\omega_1 = \omega_0$	λ_{q_3}, $\omega_1 = \omega_0$, $k_0 = 0.9$, 各参数分别求输沙期望	λ_{q_b}, 加权总输沙率	不同 $\bar{D}/D_l$ 条件下非均匀沙分组输沙率								
				0.1	0.3	0.5	0.6	1	1.429	4	6	10
1.1936	0.07321225	0.383744194	0.236840586	7.35202	3.05578	0.6591	0.27387	0.1844	0.12814	0.08402	0.07123	0.05183
1.2682	0.07501764	0.592082393	0.330003818	9.66193	4.70572	1.1164	0.4485	0.28659	0.18332	0.10461	0.08661	0.06708
1.3428	0.07493509	0.875941035	0.459348261	12.2861	6.83003	1.79601	0.71895	0.44466	0.26616	0.12982	0.10187	0.08207
1.4174	0.07336845	1.249988408	0.637408757	15.2102	9.44009	2.74666	1.11733	0.68001	0.38853	0.16269	0.11769	0.09659
1.492	0.07070662	1.728193008	0.878847244	18.4199	12.5325	4.00908	1.67702	1.01675	0.56469	0.20708	0.13512	0.11083
1.5666	0.06729348	2.32308556	1.199837685	21.9021	16.0944	5.61376	2.43015	1.48044	0.81105	0.26771	0.15554	0.12533
1.6412	0.06341552	3.045224627	1.617163553	25.6449	20.107	7.58058	3.40535	2.09639	1.14555	0.35026	0.18064	0.1408
1.7158	0.05930012	3.903032914	2.14724806	29.6377	24.5494	9.91983	4.62629	2.88817	1.58687	0.46146	0.21243	0.15809
1.7904	0.0551202	4.902666897	2.805150672	33.8714	29.4001	12.6339	6.11094	3.87637	2.15336	0.60908	0.25329	0.17816
1.865	0.05100141	6.048350158	3.603921681	38.3382	34.6385	15.7193	7.8716	5.07778	2.86218	0.80178	0.30597	0.202
1.9396	0.04703063	7.342487254	4.554074913	43.0315	40.2457	19.1683	9.91541	6.50521	3.72853	1.04895	0.3737	0.23068
2.0142	0.04326398	8.786095948	5.663499265	47.9456	46.2046	22.9705	12.2451	8.16749	4.76522	1.36029	0.46017	0.26534
2.0888	0.03973419	10.37903522	6.937494791	53.0758	52.5005	27.1144	14.86	10.0699	5.98238	1.74554	0.56952	0.30718
2.1634	0.03645673	12.12045175	8.379128382	58.4182	59.1204	31.5877	17.7566	12.2147	7.38754	2.21409	0.70631	0.3575
2.238	0.03343478	14.00883955	9.989481263	63.9696	66.0532	36.3783	20.9299	14.6016	8.98578	2.77466	0.8754	0.41768
2.3126	0.03066302	16.04228993	11.76806375	69.7271	73.2895	41.4749	24.3736	17.2286	10.78	3.43509	1.08188	0.4892
2.3872	0.0281307	18.21883505	13.71331977	75.6887	80.8215	46.8668	28.0808	20.0922	12.7714	4.20217	1.33089	0.57359
2.4618	0.02582369	20.53630417	15.82279487	81.8526	88.6425	52.5443	32.0442	23.1882	14.9596	5.08159	1.62752	0.67246

续表

$\overline{V}_b/\omega_0$	λ_{q_2}, $\omega_1=\omega_0$	均匀沙 λ_{q_3}, $\omega_1=\omega_0$, $k_0=0.9$ 各参数分别求期望数	λ_{q_b}, 加权总输沙率	不同 $\overline{D}/D_l$ 条件下非均匀分组输沙率								
				0.1	0.3	0.5	0.6	1	1.429	4	6	10
2.5364	0.02372616	22.99265815	18.09358029	88.2172	96.7472	58.4986	36.2569	26.5117	17.343	6.07791	1.97667	0.78742
2.611	0.02182157	25.58584234	20.52239258	94.7816	105.131	64.7221	40.712	30.0575	19.9196	7.19462	2.38292	0.92013
2.6856	0.02009348	28.31402047	23.10597725	101.545	113.79	71.208	45.4033	33.8206	22.6864	8.43424	2.85048	1.07218
2.7602	0.01852603	31.17540052	25.84092316	108.506	122.721	77.9503	50.3246	37.7959	25.6403	9.79844	3.38311	1.24516
2.8348	0.0171042	34.16830292	28.72398817	115.665	131.923	84.944	55.4708	41.9786	28.7779	11.2882	3.9841	1.44055
2.9094	0.01581403	37.2914285	31.75224153	123.022	141.392	92.1845	60.8368	46.3643	32.0959	12.9037	4.65626	1.65976
2.984	0.01464264	40.54338917	34.92277599	130.575	151.128	99.6683	66.4184	50.9488	35.591	14.6449	5.40192	1.90408
3.0586	0.01357827	43.92320652	38.23314345	138.326	161.129	107.392	72.2117	55.7282	39.2598	16.5112	6.22297	2.17471
3.1332	0.01261026	47.42973588	41.68088299	146.274	171.394	115.353	78.2132	60.6993	43.0995	18.5018	7.12089	2.47268
3.2078	0.01172897	51.06221014	45.26395699	154.42	181.923	123.549	84.42	65.8587	47.107	20.6157	8.0968	2.79892
3.2824	0.01092572	54.81987888	48.98049215	162.763	192.714	131.978	90.8295	71.2039	51.2799	22.8515	9.15149	3.15424
3.357	0.0101927	58.70200096	52.82874153	171.303	203.767	140.639	97.4393	76.7322	55.6156	25.2082	10.2855	3.5393
3.4316	0.00952293	62.70806532	56.80724234	180.042	215.08	149.53	104.248	82.4416	60.112	27.6843	11.499	3.95467
3.5062	0.00891015	66.8378339	60.91497181	188.978	226.653	158.65	111.253	88.3301	64.767	30.2786	12.7922	4.40078
3.5808	0.00834877	71.09073496	65.15060136	198.112	238.484	167.998	118.453	94.396	69.5789	32.9898	14.1651	4.87798
3.6554	0.00783376	75.46619455	69.51292183	207.445	250.569	177.573	125.847	100.638	74.5461	35.8166	15.6173	5.38652
3.73	0.00736066	79.96374791	74.00097744	216.974	262.904	187.374	133.434	107.054	79.667	38.7579	17.1486	5.92657
3.8046	0.00692547	84.58343479	78.61422617	226.7	275.486	197.399	141.212	113.644	84.9404	41.8124	18.7588	6.49821

续表

$\bar{V}_b/\omega_0$	均匀沙		λ_{q_b}, 加权总输沙率	不同 $\bar{D}/D_l$ 条件下非均匀沙分组输沙率								
	λ_{q_2}, $\omega_1=\omega_0$	λ_{q_3}, $\omega_1=\omega_0$, $k_0=0.9$, 各参数分别求期望		0.1	0.3	0.5	0.6	1	1.429	4	6	10
3.8792	0.00652459	89.3241833	83.35117057	236.62	288.306	207.645	149.18	120.405	90.3648	44.9793	20.4473	7.10148
3.9538	0.00615482	94.18495138	88.21053047	246.73	301.355	218.111	157.335	127.337	95.9391	48.2573	22.2137	7.73634
4.0284	0.00581328	99.16509958	93.19130465	257.026	314.622	228.79	165.676	134.437	101.662	51.6456	24.0577	8.40274
4.103	0.00549741	104.2623827	98.29111845	267.502	328.092	239.677	174.199	141.703	107.531	55.1432	25.9786	9.10055
4.1776	0.00520489	109.4746366	103.5076263	278.148	341.747	250.763	182.9	149.131	113.545	58.749	27.9761	9.82964
4.2522	0.00493363	114.798139	108.8370659	288.954	355.565	262.039	191.771	156.718	119.7	62.4619	30.0496	10.5898
4.3268	0.00468178	120.2287975	114.2753491	299.906	369.524	273.49	200.807	164.458	125.994	66.2805	32.1985	11.3809
4.4014	0.00444765	125.761955	119.8178557	310.987	383.594	285.1	209.996	172.343	132.421	70.2033	34.4223	12.2027
4.476	0.00422972	131.3894171	125.4565314	322.179	397.745	296.852	219.328	180.366	138.976	74.2281	36.7203	13.055
4.5506	0.00402664	137.1048004	131.185107	333.461	411.945	308.723	228.789	188.515	145.653	78.3523	39.0915	13.9374
4.6252	0.00383715	142.8978027	136.9935095	344.809	426.156	320.69	238.362	196.779	152.441	82.5727	41.535	14.8496
4.6998	0.00366016	148.7576731	142.8711823	356.197	440.343	332.726	248.029	205.142	159.332	86.8851	44.0493	15.7913
4.7744	0.00349464	154.6737553	148.8076655	367.598	454.468	344.802	257.77	213.59	166.313	91.2847	46.6326	16.762
4.849	0.00333969	160.6318	154.78894	378.984	468.492	356.89	267.564	222.104	173.371	95.7655	49.283	17.7612
4.9236	0.00319446	166.618384	160.8017956	390.327	482.379	368.959	277.387	230.665	180.492	100.321	51.9977	18.7883
4.9982	0.00305821	172.6187897	166.8317373	401.596	496.091	380.977	287.216	239.253	187.661	104.942	54.7735	19.8424
5.0728	0.00293025	178.6176738	172.8635157	412.765	509.594	392.913	297.026	247.848	194.86	109.621	57.6066	20.9226
5.1474	0.00280995	184.5991049	178.8813677	423.805	522.854	404.738	306.793	256.427	202.072	114.349	60.4927	22.0279

续表

$\dfrac{\overline{V}_b}{\omega_0}$	均匀沙			不同 $\overline{D}/D_1$ 条件下非均匀沙分组输沙率								
	λ_{q_2}, $\omega_1=\omega_0$	λ_{q_3}, $\omega_1=\omega_0$, 各参数分别求期望 $k_0=0.9$	λ_{q_b}, 加权 总输沙率	0.1	0.3	0.5	0.6	1	1.429	4	6	10
5.222	0.00269673	190.5495807	184.8718648	434.69	535.843	416.422	316.491	264.97	209.279	119.113	63.4267	23.157
5.2966	0.00259009	196.4523091	190.8182074	445.395	548.533	427.936	326.097	273.454	216.464	123.904	66.403	24.3084
5.3712	0.00248954	202.2935232	196.7067083	455.898	560.898	439.256	335.588	281.859	223.607	128.71	69.4156	25.4804
5.4458	0.00239465	208.0583222	202.5223594	466.176	572.919	450.356	344.943	290.166	230.693	133.518	72.4578	26.6712
5.5204	0.00230501	213.7337414	208.2521413	476.211	584.577	461.215	354.14	298.355	237.703	138.318	75.5227	27.8789
5.595	0.00222026	219.3068683	213.8830525	485.987	595.857	471.814	363.161	306.408	244.622	143.096	78.6029	29.1011
5.6696	0.00214008	224.7679187	219.4051119	495.489	606.749	482.135	371.989	314.309	251.435	147.842	81.6909	30.3357
5.7442	0.00206414	230.1054682	224.8067547	504.706	617.242	492.164	380.609	322.043	258.127	152.545	84.7792	31.5802
5.8188	0.00199216	235.3128831	230.0811201	513.628	627.331	501.889	389.008	329.598	264.685	157.192	87.8602	32.832
5.8934	0.00192388	240.3791648	235.2170498	522.247	637.014	511.3	397.174	336.961	271.099	161.774	90.9264	34.0886
5.968	0.00185906	245.2989985	240.2089424	530.557	646.287	520.388	405.099	344.123	277.357	166.282	93.9705	35.3474
6.0426	0.00179749	250.0688418	245.0530692	538.555	655.154	529.15	412.773	351.075	283.451	170.707	96.9854	36.6056
6.1172	0.00173894	254.6817559	249.7422222	546.239	663.616	537.581	420.191	357.81	289.373	175.04	99.9644	37.8607
6.1918	0.00168324	259.1353843	254.2738353	553.608	671.678	545.679	427.349	364.323	295.118	179.275	102.901	39.1102
6.2664	0.0016302	263.4275196	258.6454317	560.664	679.346	553.445	434.244	370.61	300.679	183.405	105.79	40.3514
6.341	0.00157967	267.5580073	262.8566555	567.409	686.627	560.879	440.873	376.668	306.054	187.425	108.626	41.582
6.4156	0.00153149	271.5233844	266.9037998	573.845	693.53	567.985	447.238	382.496	311.238	191.331	111.403	42.7996
6.4902	0.00148552	275.32606	270.7890981	579.978	700.063	574.766	453.338	388.093	316.232	195.118	114.117	44.0021
6.5648	0.00144164	278.9672527	274.513481	585.813	706.237	581.226	459.176	393.46	321.033	198.783	116.765	45.1873
6.6394	0.00139972	282.4474623	278.0773182	591.355	712.061	587.373	464.754	398.599	325.642	202.325	119.343	46.3533
6.714	0.00135964	285.766713	281.4804302	596.611	717.546	593.211	470.076	403.511	330.059	205.741	121.848	47.4984
6.7886	0.00132131	288.9311376	284.7287942	601.589	722.703	598.748	475.145	408.2	334.287	209.031	124.278	48.6208

3. 均匀沙和非均匀沙输沙能力公式验证

利用大量均匀沙、非均匀沙输沙能力试验与实测资料对上述理论结果进行了多方面的验证。不仅包括推移质输沙能力,还包括有关运动参数及滚动与跳跃的输沙能力,说明理论结果和实际资料是符合的,并且引出了新的概念和新的结果。由于篇幅大,资料多,下面将在第 8 章中详细说明,特别是分析其机理及内在的规律和认识的进展。这里仅给出均匀沙、非均匀沙的推移质输沙能力有代表性资料的典型验证。

1) 均匀沙输沙能力验证

均匀沙验证是检验滚动输沙能力公式(6.5.36)与跳跃输沙能力公式(6.5.37)之和的推移质输沙能力公式(6.5.38)。

均匀沙验证的资料如图 6.5.1～图 6.5.3 所示。图 6.5.1 为长江科学院在都江堰柏条河左干渠中进行的卵石推移质输沙能力试验的资料。尽管输沙率小,测量误差较大,但理论公式与资料是符合的。这个资料主要是验证滚动输沙能力。图 6.5.2 是著名的 Gilbert 水槽粗沙、小砾石试验资料,其公式计算结果与实际也是符合的。图 6.5.3 为长江宜昌水文站沙质推移质野外测量资料,其特点是水深很大(包括 10m/s 以上),野外资料能与实际符合也是难得的。后面这两个资料显示,相对水流底速均很大,此时在相当范围内的滚动输沙能力可以忽略,所以它们不仅检验了推移质输沙能力,同时证实了跳跃输沙能力也是符合实际的。

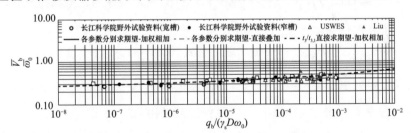

图 6.5.1　长江科学院野外试验资料与理论计算结果的对比

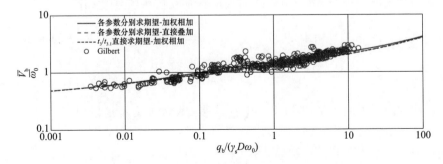

图 6.5.2　Gilbert 试验资料与理论计算结果的对比

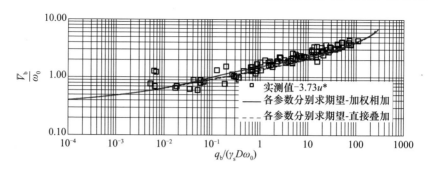

图 6.5.3　宜昌站沙质推移质观测资料与理论计算结果的对比

综上所述,三个资料有较广泛的代表性,包括从中、细沙到卵石不同粗细的泥沙,水深从数厘米至 20m,相对底速 $\dfrac{\overline{V}_b}{\omega_0}$ 从 0.200 至 7.00,相对推移质输沙能力从 10^{-10} 至 300。因此,通过这些资料检验,上述三个理论公式应该是可靠的。

2) 非均匀沙推移质输沙能力验证

以前只研究均匀沙推移质输沙能力,最近 20~30 年有一些文章开始涉及非均匀沙,但是大都是经验性。如引进一个暴露度根据实际资料与粒径建立经验关系,以反映不同粗细泥沙输沙能力的差别。本书在多处对非均匀沙有关问题做了深入研究,从建立暴露度与 $\dfrac{\overline{D}}{D_l}$ 的关系,借助非均匀沙交换强度并结合滚动与跳跃的力学分析导出了其推移质输沙能力,包括有关参数。在不增加任何待定系数的情况下可导出前述滚动、跳跃及推移质输沙能力公式(6.5.33)、式(6.5.34)、式(6.5.35)。

在表 6.5.1 中列出了 $\lambda_{q_b}=f\left(\dfrac{\overline{V}_b}{\omega_0},\dfrac{\overline{D}}{D_l}\right)$。现在根据 Samaga[15] 在印度 Roorkee 大学水力学实验室进行的试验,在图 6.5.4~图 6.5.7 中对式(6.5.33)与式(6.5.34)之和的式(6.5.35)进行了验证。正如均匀沙验证一样,实际是验证非均匀沙推移质输沙能力公式(6.5.40),滚动与跳跃的验证分别在低水流强度和高水流强度实际资料中进行。图 6.5.4~图 6.5.7 是在 $\dfrac{\overline{D}}{D_l}$ 为参数时检验 $q_i^*(l)$ 与 $\dfrac{\overline{V}_b}{\omega_0}$ 的关系,$\dfrac{\overline{D}}{D_l}$ 分四种:0.1~0.5、0.5~1.0、1.0~2.5、2.5~4.0,$\dfrac{\overline{D}}{D_l}$ 为 4~10 的资料较少,故未专门进行对比。尚需说明的是,验证非均匀沙推移质输沙能力不是采用式(6.5.32),而是采用其相对输沙能力式(6.5.38),即

$$\lambda_{q_{i.l}^*}=\frac{q_{i.l}^*}{P_{1.l}\gamma_s D_l\omega_{0.l}}=\frac{2}{3}m_0\gamma_s D_l\frac{\psi_{i.l}}{\mu_{i.l}t_{i.0.l}}\frac{1}{\gamma_s D_l\omega_{0.l}}$$

$$= \frac{q_i^*(l)}{\gamma_s D_l \omega_{0,l}} = \lambda_{q_i^*(l)} = f\left(\frac{\bar{V}_b}{\omega_0}, \frac{\bar{D}}{D_l}\right), \quad i = 2, 3, b \tag{6.5.40}$$

由式(6.5.40)知，$q_{i,l}^*$ 是分组输沙能力，而 $\dfrac{q_{i,l}^*}{P_{1,l}}$ 为全部床面的输沙能力，即 $P_{1,l}=1$ 的输沙能力，这样对于不同的 $P_{1,l}$ 的资料有共同的规律，才能一起分析。此外，再次强调必须区别式(6.5.24)中的 $q_{i,l}^*$ 与 $q_i^*(l)$。其中 $\lambda_{q_{i,l}^*}$ 称为粒径组 D_l 的相对分组输沙能力，即非均匀沙相对分组输沙能力，而 $\lambda_{q_i^*(l)}$ 称为当 $P_{1,l}=1$ 时，全部粒径有非均匀沙 D_l 特性的相对输沙能力，或者称为当 $P_{1,l}=1$ 时均匀沙 D_l 的相对输沙能力。这样，采用 $P_{1,l}=1$ 的相对输沙能力 $\lambda_{q_b^*(l)}$ 在形式上不涉及 $P_{1,l}$ 就方便得多。

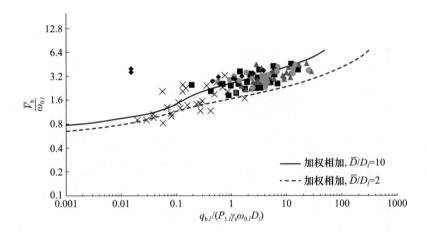

图 6.5.4　Samaga 试验资料与理论计算结果的对比（$\bar{D}/D_l = 2 \sim 10$）

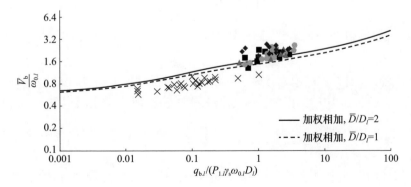

图 6.5.5　Samaga 试验资料与理论计算结果的对比（$\bar{D}/D_l = 1 \sim 2$）

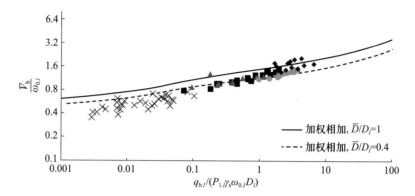

图 6.5.6　Samaga 试验资料与理论计算结果的对比($\bar{D}/D_l=0.4\sim1$)

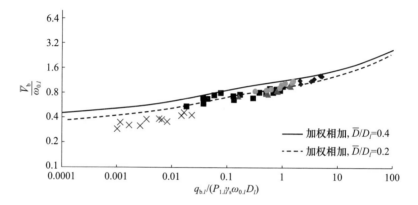

图 6.5.7　Samaga 试验资料与理论计算结果的对比($\bar{D}/D_l=0.25\sim0.4$)

从图 6.5.4～图 6.5.7 可以看出：

（1）对于非均匀沙中两种细颗粒 $\dfrac{\bar{D}}{D_l}=1\sim2$ 和 $2\sim10$，理论曲线与实际资料是符合的，只是在图 6.5.5 中，$\lambda_{q_{b,l}^*}$ 在 $1\sim3$ 处，一些实测点偏离稍远些。对于 $\dfrac{\bar{D}}{D_l}=0.4\sim1$ 和 $0.25\sim0.4$ 的两幅图符合更好。原因是在非均匀沙床面上，粗颗粒运动的独立性较强，现象较稳定，而细颗粒受粗颗粒及其他影响大，所以较为分散。

（2）从表 6.5.1 中给出的非均匀沙推移质输沙能力结果可以看出，对于粗颗粒$\left(\dfrac{\bar{D}}{D_l}\leqslant1\right)$及较粗颗粒$\left(1<\dfrac{\bar{D}}{D_l}<1.429\right)$，其输沙能力（$P_{1,l}=1$）均大于同水力因素下的均匀沙输沙能力，特别是当 $\dfrac{\bar{D}}{D_l}\leqslant0.3$ 时相差更多。当 $\dfrac{\bar{V}_b}{\omega_0}$ 增加时，同水力因素下的输沙能力的极大值由 $\dfrac{\bar{D}}{D_l}=0.1$ 时的值增至 0.3 时的值。这样的特性符合一般经

验,充分反映了暴露度的影响是容易接受的。

(3) 非均匀沙与均匀沙的输沙能力差别之大,表明即使从工程泥沙看,非均匀沙也必须专门研究。

6.6　推移质不平衡输沙

6.6.1　已有研究概述

目前为止,悬移质的不平衡输沙已广为研究[14],并且在计算含沙量时由不平衡输沙方程确定,已得到公认。

正如悬移质一样,在绝大多数情况下推移质运动也属于不平衡输沙,而不是平衡输沙。已有推移质输沙研究,几乎都是按平衡输沙研究,用输沙能力代替实际的输沙率。这正是它们与实际资料差别很大(一般达一倍甚至数倍)的原因之一。对推移质不平衡输沙的理论研究和实际试验,除个别例外,基本接近空白。

日本辻本哲郎[16]曾提出

$$q_b = q_{b.0}(1 - e^{-\frac{x}{\lambda}}) = q_b^*(1 - e^{-\frac{x}{\lambda}}) \tag{6.6.1}$$

式中,$q_{b.0}$ 为平衡时输沙能力;λ 为单步长度。推导是针对冲刷过程,$q_{b.0}$ 由 0 至 $q_{b.0}$ 的不平衡输沙,当然式(6.6.1)对淤积也能使用。窦国仁[17]提出了一个与悬移质扩散方程完全类似的推移质不平衡输沙方程,即

$$\frac{\partial S_{b.l}}{\partial t} + \frac{\partial}{\partial x}(huS_{b.l}) + \frac{\partial}{\partial y}(hVS_{b.l}) = \frac{\partial}{\partial x}\left[\frac{\varepsilon_x}{\alpha_{b.l}}\frac{\partial(hS_{b.l})}{\partial x}\right]$$
$$+ \frac{\partial}{\partial y}\left[\frac{\varepsilon_y}{\alpha_{b.l}}\frac{\partial(hS_{b.l})}{\partial y}\right] + \alpha_{b.l}\omega_{b.l}(S_{b.l}^* - S_{b.l}) \tag{6.6.2}$$

式中,$S_{b.l} = \frac{g_{b.l}}{\sqrt{u^2 + V^2}}$ 为推移质含沙量,表示推移质床面含沙浓度;$S_{b.l}^* = \frac{g_{b.l}^*}{\sqrt{u^2 + V^2}}$ 为推移质挟沙能力,$S_{b.l}^*$ 表示推移质在床面挟沙能力;$\omega_{b.l}$ 为底沙沉速;$\alpha_{b.l}$ 为推移质恢复饱和系数,$\alpha_{b.l} = 1$。可见,此式与悬移质立面二维方程完全类似。看来不同运动机理的悬移质与推移质具有同样的方程,需要从机理和运动规律差异方面做论证。此外,尚有一些按简单的衰减过程提出的推移质不平衡输沙方程。例如,马喜祥等[18]提出

$$\frac{dG_l}{dx} = -K_l(G_l - G_l^*) \tag{6.6.3}$$

式中,G_l 为推移质输沙率;G_l^* 为其输沙能力;K_l 为恢复系数。积分式(6.6.3)得

$$G_l = G_l^* + (G_{0.l} - G_l^*)e^{-K_l x} \tag{6.6.4}$$

更主要的是,已有研究不平衡输沙均只考虑推移质与床沙交换反映到其输沙能力由床沙级配决定,推移质冲淤也只与床沙发生联系。实际上推移质不仅与床

沙交换，而且与悬沙也交换。例如，在天然条件下，重庆至南津关，沙质推移质仅数十万吨，而出南津关经数公里到宜昌后沙质推移质增加至约 $10^7 t$。这是悬移质转为推移质典型的例子。推移质不平衡输沙研究中，唯一例外的是韩其为和何明民[2]利用泥沙交换的统计理论，对推移质不平衡输沙做了较详细的研究，给出了考虑因素较全面（包括推移质与床沙和悬沙同时交换）的不平衡输沙方程。该方程不仅与床沙级配密切有关，而且还与悬移质底部浓度相互联系。例如，他们给出的推移质同时与床沙和悬沙交换时的分组不平衡输沙方程为[2]

$$\frac{dq_{b.l}}{dx} = -\left[(1-\varepsilon_{0.l})(1-\beta_l)\mu_{b.l}(q_{b.l}-q_{b.l}^*)+\beta_l\mu_{b.l}(q_{b.l}-q_{b.l}^{**})\right]$$

$$= -\left[\frac{(1-\varepsilon_{0.l})(1-\beta_l)}{L_{b.l}}(q_{b.l}-q_{b.l}^*)+\frac{\beta_l}{L_{b.l}}(q_{b.l}-q_{b.l}^{**})\right] \quad (6.6.5)$$

式中，$\varepsilon_{0.l}$ 为不止动概率；$\beta_l=\varepsilon_{4.l}$ 为悬浮概率；$L_{b.l}=\frac{1}{\mu_{b.l}}$ 为推移质单步距离；$q_{b.l}$ 为推移质输沙率；$q_{b.l}^*$ 为推移质与床沙交换达到平衡时的输沙能力，

$$q_{b.l}^* = \frac{2}{3} m_0 \gamma_s \frac{\varepsilon_{1.l}}{1-\beta_l} \frac{P_{1.l} D}{t_{b.0.l}\mu_{b.l}}$$

$q_{b.l}^{**}$ 为推移质与悬移质达到平衡时的输沙能力，

$$q_{b.l}^{**} = \frac{\varepsilon_{0.l}(1-\beta_l)}{\beta_l} \frac{\mu_{4.l}}{\mu_{b.l}} q_{4.l}$$

而 $\varepsilon_{1.l}$ 为起动概率，$P_{1.l}$ 为床沙级配，D_l 为颗粒直径，$q_{4.l}$ 为悬移质单宽输沙率，$\mu_{4.l}$ 为悬沙单步距离的倒数。从式(6.6.5)可以看出，当推移质与床沙和悬沙同时交换时，它的不平衡输沙是很复杂的，研究也是颇为深刻的。这是一项颇有创意的研究，可惜该作者或其他有兴趣的研究者未继续跟随研究，失去了深刻揭示泥沙运动机理的机会。如果继续研究下去，有可能较早地开展新的领域和发展推移质不平衡及输沙能力新的表达，甚至涉及悬移质挟沙能力和不平衡输沙研究。近年来，韩其为对此问题又做了进一步研究[6]，以弥补以前研究的未继续深入。本节正是对上述研究的补充而得到的主要成果[6,19]。

6.6.2　推移质与床沙和悬沙同时交换时不平衡输沙方程及其解[2,19,20]

以下假定水流是恒定、均匀流（这不是必须的）。根据第 5 章交换强度理论，当推移质与床沙和悬沙同时发生交换时，其不平衡输沙方程可写成

$$\frac{dq_{b.l}}{dx} = \frac{d(P_{b.l}q_b)}{dx} = \left[(\bar{\lambda}_{1.b.l}-\bar{\lambda}_{b.1.l})+(\bar{\lambda}_{4.b.l}-\lambda_{b.4.l})\right]\frac{\pi D_l^3}{6}\gamma_s \quad (6.6.6)$$

式中，$q_{b.l}$ 表示推移质分组输沙率。以下将滚动与跳跃泥沙归并为推移质，并以下标 b 表示，如 $\bar{\lambda}_{1.b.l}$ 表示静止（床沙）转推移质的强度。注意到式(5.6.9)中的转移强度

$$\bar{\lambda}_{\text{b.4.}l} = \bar{\lambda}_{2.4.l} + \bar{\lambda}_{3.4.l} = \varepsilon_{4.l}\bar{K}_{\text{b.}l}\mu_{\text{b.}l}U_{\text{b.}l}$$

$$\bar{\lambda}_{4.\text{b.}l} = \bar{\lambda}_{4.2.l} + \bar{\lambda}_{4.3.l} = \varepsilon_{0.l}(1 - \varepsilon_{4.l})\bar{K}_{4.l}\mu_{4.l}U_{4.l}$$

由式(5.7.35)得到

$$\lambda_{1.\text{b.}l} = \bar{\lambda}_{1.2.l} + \bar{\lambda}_{1.3.l} = \varepsilon_{1.l}(1 - \beta_l)R_{1.l}\frac{P_{1.l}m_0}{\frac{\pi}{4}D_l^2 t_{\text{b.0.}l}} \qquad (6.6.7)$$

$$\bar{\lambda}_{\text{b.1.}l} = \bar{\lambda}_{2.1.l} + \bar{\lambda}_{3.1.l} = (1 - \varepsilon_{0.l})(1 - \varepsilon_{4.l})\bar{K}_{\text{b.}l}\mu_{\text{b.}l}U_{\text{b.}l} \qquad (6.6.8)$$

引进式(5.7.34)得

$$\bar{K}_{\text{b.}l}\mu_{\text{b.}l}U_{\text{b.}l} = \bar{K}_{2.l}\mu_{2.l}U_{2.l} + \bar{K}_{3.l}\mu_{3.l}U_{3.l}$$

再由式(5.7.34)及式(6.3.14)可求出推移质参数 $\mu_{\text{b.}l}$、$U_{\text{b.}l}$,即

$$\mu_{\text{b.}l} = \frac{\bar{K}_{2.l}}{\bar{K}_{2.l} + \bar{K}_{3.l}}\mu_{2.l} + \frac{\bar{K}_{3.l}}{\bar{K}_{2.l} + \bar{K}_{3.l}}\mu_{3.l}$$

$$U_{\text{b.}l} = \frac{\bar{K}_{2.l}\mu_{2.l}}{\bar{K}_{2.l}\mu_{2.l} + \bar{K}_{3.l}\mu_{3.l}}U_{2.l} + \frac{\bar{K}_{3.l}\mu_{3.l}}{\bar{K}_{2.l}\mu_{2.l} + \bar{K}_{3.l}\mu_{3.l}}U_{3.l}$$

另外,式(6.6.7)中的

$$\frac{1}{t_{\text{b.0.}l}} = \left(1 - \frac{\varepsilon_{2.0.l}}{\varepsilon_{1.l}}\right)\frac{1}{t_{2.0.l}} + \frac{\varepsilon_{2.0.l}}{\varepsilon_1}\frac{1}{t_{3.0.l}}$$

将式(5.7.33)、式(5.7.34)、式(6.6.7)、式(6.6.8)中有关交换强度表达式代入,式(6.6.6)变为

$$\frac{\mathrm{d}q_{\text{b.}l}}{\mathrm{d}x} = \left\{\left[\varepsilon_{1.l}(1 - \beta_l)R_{1.l}\frac{P_{1.l}m_0}{\frac{\pi}{4}D_l^2 t_{\text{b.0.}l}} - (1 - \varepsilon_{0.l})(1 - \varepsilon_{4.l})\bar{K}_{\text{b.}l}U_{\text{b.}l}\mu_{\text{b.}l}\right] \right.$$

$$\left. + \left[\varepsilon_{4.l}(1 - \varepsilon_{4.l})\bar{K}_{4.l}U_{4.l}\mu_{\text{b.}l} - \varepsilon_{4.l}\bar{K}_{\text{b.}l}U_{\text{b.}l}\mu_{\text{b.}l}\right]\right\}\frac{\pi}{6}D_l^3\gamma_{\text{s}} \qquad (6.6.9)$$

注意到对于非均匀泥沙在床面处于静止的概率为

$$R_{1.l} = \frac{(1 - \varepsilon_{0.l})(1 - \varepsilon_{4.l})}{1 + (1 - \varepsilon_{0.l})(1 - \varepsilon_{4.l}) - (1 - \varepsilon_{1.l})(1 - \beta_l)}$$

以重量记的状态 i 的输沙能力为

$$q_{i.l} = \frac{\pi}{6}\gamma_{\text{s}}D_l^3\bar{K}_{i.l}U_{i.l}, \quad i = 2,3,4 \qquad (6.6.10)$$

式(6.6.9)为

$$\frac{\mathrm{d}q_{\text{b.}l}}{\mathrm{d}x} = \left[\frac{2}{3}m_0\gamma_{\text{s}}\varepsilon_{1.l}(1 - \beta_l)\frac{(1 - \varepsilon_{0.l})(1 - \varepsilon_{4.l})P_{1.l}D_l}{1 + (1 - \varepsilon_{0.l})(1 - \varepsilon_{4.l}) - (1 - \varepsilon_{1.l})(1 - \beta_l)}\right.$$

$$\left. - (1 - \varepsilon_{0.l})(1 - \varepsilon_{4.l})q_{\text{b.}l}\mu_{\text{b.}l}\right] + \left[\varepsilon_{4.l}q_{\text{b.}l}\mu_{\text{b.}l} - \varepsilon_{0.l}(1 - \varepsilon_{4.l})q_{4.l}\mu_{4.l}\right] \qquad (6.6.11)$$

引进 $q_{b.l}^*$ 为推移质与床沙交换的输沙能力,由式(6.6.11)第一对中括号为零得到

$$q_{b.l}^* = \frac{2}{3} m_0 \gamma_s \frac{\varepsilon_{1.l}(1-\beta_l)P_{1.l}D_l}{1+(1-\varepsilon_{0.l})(1-\varepsilon_{4.l})-(1-\varepsilon_{1.l})(1-\beta_l)} \frac{L_{b.l}}{t_{b.0.l}}$$
$$= \frac{2}{3} m_0 \gamma_s \frac{P_{1.l}D_l\psi_{b.l}L_{b.l}}{t_{b.0.l}}$$

而定义 $q_{b.l}^{**}$ 为推移质与悬沙交换的输沙能力,由式(6.6.11)第二对中括号为零得到

$$q_{b.l}^{**} = \frac{\varepsilon_{0.l}(1-\varepsilon_{4.l})}{\varepsilon_{4.l}} \frac{\mu_{4.l}}{\mu_{b.l}} q_{4.l} = \frac{\varepsilon_{0.l}(1-\varepsilon_{4.l})}{\varepsilon_{4.l}} \frac{L_{b.l}}{L_{4.l}} q_{4.l} \qquad (6.6.12)$$

式(6.5.19)中的

$$\psi_{b.l} = \frac{\varepsilon_{1.l}(1-\beta_l)}{1+(1-\varepsilon_{0.l})(1-\varepsilon_{4.l})-(1-\varepsilon_{1.l})(1-\beta_l)}$$

将式(6.5.19)、式(6.6.12)代入式(6.6.11),可得

$$\frac{dq_{4.l}}{dx} = -\left[\frac{(1-\varepsilon_{0.l})(1-\varepsilon_{4.l})}{L_{b.l}}(q_{b.l}-q_{b.l}^*)+\frac{\varepsilon_{4.l}}{L_{b.l}}(q_{b.l}-q_{b.l}^{**})\right] \quad (6.6.13)$$

此方程为一阶线性方程,有标准的解法。此处简单和明确起见,写出推导过程,将方程予以改写。当河段不是很长时,可设推移质挟沙能力 $q_{b.l}^* = P_{b.l}^* q_b^*$ 和 $q_{b.l}^{**} = P_{b.l}^{**} q_b^{**}$ 沿 x 方向为线性变化,即

$$q_{b.l}^* = q_{b.0.l}^* + \frac{q_{b.L.l}^* - q_{b.0.l}^*}{L}x$$

$$q_{b.l}^{**} = q_{b.0.l}^{**} + \frac{q_{b.L.l}^{**} - q_{b.0.l}^{**}}{L}x$$

于是有

$$\frac{dq_{b.l}^*}{dx} = \frac{q_{b.L.l}^* - q_{b.0.l}^*}{L} \qquad (6.6.14)$$

$$\frac{dq_{b.l}^{**}}{dx} = \frac{q_{b.L.l}^{**} - q_{b.0.l}^{**}}{L} \qquad (6.6.15)$$

此处 $q_{b.L.l}^*$ 及 $q_{b.L.l}^{**}$ 分别表示河段末端 $q_{b.l}^*$、$q_{b.l}^{**}$ 的值,而 $q_{b.0.l}^*$ 及 $q_{b.0.l}^{**}$ 表示河段起点的值。引进

$$\alpha_{1.l} = \frac{(1-\varepsilon_{0.l})(1-\varepsilon_{4.l})}{L_{b.l}} \qquad (6.6.16)$$

$$\alpha_{2.l} = \frac{\varepsilon_{4.l}}{L_{b.l}} \qquad (6.6.17)$$

$$\alpha_l = \alpha_{1.l} + \alpha_{2.l} \qquad (6.6.18)$$

注意到

$$\frac{dq_{b.l}}{dx} = \frac{d}{dx}\left(\frac{\alpha_{1.l}}{\alpha_l}q_{b.l} + \frac{\alpha_{2.l}}{\alpha_l}q_{b.l}\right)$$

于是方程(6.6.13)可改写为

$$\frac{\mathrm{d}}{\mathrm{d}x}\left(\frac{\alpha_{1.l}}{\alpha_l}q_{\mathrm{b}.l}+\frac{\alpha_{2.l}}{\alpha_l}q_{\mathrm{b}.l}\right)+\left[\alpha_{1.l}(q_{\mathrm{b}.l}-q_{\mathrm{b}.l}^*)+\alpha_{2.l}(q_{\mathrm{b}.l}-q_{\mathrm{b}.l}^{**})\right]=0 \qquad (6.6.19)$$

注意到式(6.6.14)、式(6.6.15)有

$$\frac{\mathrm{d}}{\mathrm{d}x}\left(\frac{\alpha_{1.l}}{\alpha_l}q_{\mathrm{b}.l}^*+\frac{\alpha_{2.l}}{\alpha_l}q_{\mathrm{b}.l}^{**}\right)=\frac{\alpha_{1.l}}{\alpha_l}\frac{q_{\mathrm{b}.L.l}^*-q_{\mathrm{b}.0.l}^*}{L}+\frac{\alpha_{2.l}}{\alpha_l}\frac{q_{\mathrm{b}.L.l}^{**}-q_{\mathrm{b}.0.l}^{**}}{L}$$

由式(6.6.19)减去上式得

$$\frac{\mathrm{d}}{\mathrm{d}x}\left[\frac{\alpha_{1.l}}{\alpha_2}(q_{\mathrm{b}.l}-q_{\mathrm{b}.l}^*)+\frac{\alpha_{2.l}}{\alpha_l}(q_{\mathrm{b}.l}-q_{\mathrm{b}.l}^{**})\right]+\left[\alpha_{1.l}(q_{\mathrm{b}.l}-q_{\mathrm{b}.l}^*)+\alpha_{2.l}(q_{\mathrm{b}.l}-q_{\mathrm{b}.l}^*)\right]$$

$$=-\left(\frac{\alpha_{1.l}}{\alpha_l}\frac{q_{\mathrm{b}.L.l}^*-q_{\mathrm{b}.0.l}^*}{L}+\frac{\alpha_{2.l}}{\alpha_l}\frac{q_{\mathrm{b}.L.l}^{**}-q_{\mathrm{b}.0.l}^{**}}{L}\right) \qquad (6.6.20)$$

令

$$y_l=\frac{\alpha_{1.l}}{\alpha_l}(q_{\mathrm{b}.l}-q_{\mathrm{b}.l}^*)+\frac{\alpha_{2.l}}{\alpha_l}(q_{\mathrm{b}}-q_{\mathrm{b}.l}^{**}) \qquad (6.6.21)$$

$$A_l=\frac{\alpha_{1.l}}{\alpha_L}\frac{q_{\mathrm{b}.L.0.l}^*-q_{\mathrm{b}.0.L.l}^*}{L}+\frac{\alpha_{2.l}}{\alpha_l}\frac{q_{\mathrm{b}.L.0.l}^{**}-q_{\mathrm{b}.0.L.l}^{**}}{L} \qquad (6.6.22)$$

则式(6.6.20)为

$$\frac{\mathrm{d}y_l}{\mathrm{d}x}+\alpha_l y_l=A_l \qquad (6.6.23)$$

从而分离了变量可直接积分。将式(6.6.23)变为

$$-\frac{1}{\alpha_l}\frac{\mathrm{d}(A_l-\alpha_l y_l)}{\mathrm{d}x}=A_l-\alpha_l y_l$$

在 $x=0$ 至 $x=L$ 积分,得

$$\ln\frac{A_l-\alpha_l y_{L.l}}{A_l-\alpha_l y_{0.l}}=-\alpha_l L$$

即

$$y_{L.l}=\frac{A_l}{\alpha_l}(1-\mathrm{e}^{-\alpha_l L})+y_{0.l}\mathrm{e}^{-\alpha_l L} \qquad (6.6.24)$$

式中,

$$y_{L.l}=\frac{\alpha_{1.l}}{\alpha_l}(q_{\mathrm{b}.L.l}-q_{\mathrm{b}.L.l}^*)+\frac{\alpha_{2.l}}{\alpha_l}(q_{\mathrm{b}.L.l}-q_{\mathrm{b}.L.l}^{**}) \qquad (6.6.25)$$

$$y_{0.l}=\frac{\alpha_{1.l}}{\alpha_l}(q_{\mathrm{b}.0.l}-q_{\mathrm{b}.0.l}^*)+\frac{\alpha_{2.l}}{\alpha_l}(q_{\mathrm{b}.0.l}-q_{\mathrm{b}.0.l}^{**}) \qquad (6.6.26)$$

将 $y_{L.l}$、$y_{0.l}$ 及 A_l 代入式(6.6.24),可得

$$q_{\mathrm{b}.L.l}=\frac{\alpha_{1.l}}{\alpha_l}q_{\mathrm{b}.L.l}+\frac{\alpha_{2.l}}{\alpha_l}q_{\mathrm{b}.L.l}=\left(\frac{\alpha_{1.l}}{\alpha_l}q_{\mathrm{b}.L.l}^*+\frac{\alpha_{2.l}}{\alpha_l}q_{\mathrm{b}.L.l}^{**}\right)$$

$$+\left[\frac{\alpha_{1.l}}{\alpha_l}(q_{\mathrm{b}.0.l}-q_{\mathrm{b}.0.l}^*)+\frac{\alpha_{2.l}}{\alpha_l}(q_{\mathrm{b}.0.l}-q_{\mathrm{b}.0.l}^{**})\right]\mathrm{e}^{-\alpha_l L}$$

$$+\left[\frac{\alpha_{1.l}}{\alpha_l}(q_{b.0.l}^*-q_{b.L.l}^*)+\frac{\alpha_{2.l}}{\alpha_l}(q_{b.0.l}^{**}-q_{b.L.l}^{**})\right]\frac{1}{\alpha_l L}(1-e^{\alpha_l L}) \quad (6.6.27)$$

而总输沙率为

$$q_{b.l}=\sum\left(\frac{\alpha_{1.l}}{\alpha_l}q_{b.L.l}^*+\frac{\alpha_{2.l}}{\alpha_l}q_{b.L.l}^{**}\right)+\sum\left[\frac{\alpha_{1.l}}{\alpha_l}(q_{b.0.l}-q_{b.0.l}^*)+\frac{\alpha_{2.l}}{\alpha_l}(q_{b.0.l}-q_{b.0.l}^{**})\right]e^{-\alpha_l L}$$

$$+\sum\left[\frac{\alpha_{1.l}}{\alpha_l}(q_{b.0.l}^*-q_{b.L.l}^*)+\frac{\alpha_{2.l}}{\alpha_l}(q_{b.0.l}^{**}-q_{b.L.l}^{**})\right]\frac{1}{\alpha_l L}(1-e^{-\alpha_l L}) \quad (6.6.28)$$

河段出口推移质分组输沙率分为三部分:第一部分为河段出口的输沙能力,即 $\frac{\alpha_{1.l}}{\alpha_l}q_{b.L.l}^*+\frac{\alpha_{2.l}}{\alpha_l}q_{b.L.l}^{**}$;第二部分为该河段起始断面超饱和的输沙率经过该河段衰减后剩下的,即 $\left[\frac{\alpha_{1.l}}{\alpha_l}(q_{b.0.l}-q_{b.0.l}^*)+\frac{\alpha_{2.l}}{\alpha_l}(q_{b.0.l}-q_{b.0.l}^{**})\right]e^{-\alpha_l L}$;第三部分为输沙能力沿程变化的修正项,即 $\left[\frac{\alpha_{1.l}}{\alpha_l}(q_{b.0.l}^*-q_{b.L.l}^*)+\frac{\alpha_{2.l}}{\alpha_l}(q_{b.0.l}^{**}-q_{b.L.l}^{**})\right]\frac{1}{\alpha_l L}(1-e^{\alpha_l L})$。可见得到的公式是合理的,考虑的因素也很全面。

6.6.3　推移质与床沙及推移质与悬移质单独交换时不平衡输沙[2,19]

方程(6.6.27)是考虑推移质同时与床沙和悬沙进行交换的分组粒径不平衡输沙方程。该方程还有一特点,可以将其分成两部分,它们分别为

$$\frac{\alpha_{1.l}}{\alpha_l}q_{b.L.l}=\frac{\alpha_{1.l}}{\alpha_{2.l}}q_{b.L.l}^*+\frac{\alpha_{1.l}}{\alpha_l}(q_{b.0.l}-q_{b.0.l}^*)e^{-\alpha_l L}+\frac{\alpha_{1.l}}{\alpha_l}(q_{b.0.l}^*-q_{b.L.l}^*)\frac{1}{\alpha_l L}(1-e^{\alpha_l L})$$

$$(6.6.29)$$

$$\frac{\alpha_{2.l}}{\alpha_l}q_{b.L.l}=\frac{\alpha_{2.l}}{\alpha_l}q_{b.L.l}^{**}+\frac{\alpha_{2.l}}{\alpha_l}(q_{b.0.l}-q_{b.0.l}^{**})e^{-\alpha_l L}+\frac{\alpha_{2.l}}{\alpha_l}(q_{b.0.l}^{**}-q_{b.L.l}^{**})\frac{1}{\alpha_l L}(1-e^{\alpha_l L})$$

$$(6.6.30)$$

分别去掉上述两式的权数 $\frac{\alpha_{1.l}}{\alpha_l}$ 及 $\frac{\alpha_{2.l}}{\alpha_l}$,则它们分别为推移质与床沙和推移质与悬沙交换的不平衡输沙公式

$$q_{b.L.l}^{(1)}=q_{b.L.l}^*+(q_{b.0.l}-q_{b.0.l}^*)e^{-\alpha_l L}+(q_{b.0.l}^*-q_{b.L.l}^*)\frac{1}{\alpha_l L}(1-e^{-\alpha_l L})$$

$$(6.6.31)$$

$$q_{b.L.l}^{(2)}=q_{b.L.l}^{**}+(q_{b.0.l}-q_{b.0.l}^{**})e^{-\alpha_l L}+(q_{b.0.l}^{**}-q_{b.L.l}^{**})\frac{1}{\alpha_l L}(1-e^{-\alpha_l L})$$

$$(6.6.32)$$

此处明确起见,$q_{b.L.l}^{(1)}$ 表示推移质与床沙交换时的输沙能力,$q_{b.L.l}^{(2)}$ 表示推移质与悬沙交换时的输沙能力,

$$q_{\mathrm{b}.L.l} = \frac{\alpha_{1.l}}{\alpha_l} q_{\mathrm{b}.L.l}^{(1)} + \frac{\alpha_{2.l}}{\alpha_l} q_{\mathrm{b}.L.l}^{(2)} \tag{6.6.33}$$

即总的分组输沙率为推移质与床沙交换和推移质与悬沙交换条件下的输沙率加权平均。但是必须着重强调的是,式(6.6.31)和式(6.6.32)均是在推移质同时与床沙和悬沙交换时的公式,并不是推移质与床沙单独交换和推移质与悬沙单独交换的公式,它们是有差别的。

对于推移质与床沙单独交换,仿照前面的推导可得到其不平衡输沙方程为

$$
\begin{aligned}
\frac{\mathrm{d}q_{\mathrm{b}.l}}{\mathrm{d}x} &= (\bar{\lambda}_{1.2.l} + \bar{\lambda}_{1.3.l}) - (\bar{\lambda}_{2.1.l} + \bar{\lambda}_{3.1.l}) \frac{\pi}{6} \gamma_{\mathrm{s}} D_l^3 \\
&= \frac{\pi}{6} \gamma_{\mathrm{s}} D_l^3 \left[\varepsilon_{1.l}(1+\beta_{\mathrm{c}}) R_{1.l} \frac{n_{0.l} P_{1.l}}{t_{\mathrm{b}.0.l}} - (1-\varepsilon_{0.l})(1-\varepsilon_{4.l}) K_{\mathrm{b}.l} \mu_{\mathrm{b}.l} U_{\mathrm{b}.l} \right] \\
&= -(1-\varepsilon_{0.l})(1-\varepsilon_{4.l})(q_{\mathrm{b}.l}\mu_{\mathrm{b}.l} - q_{\mathrm{b}.l}^* \mu_{\mathrm{b}.l}) \\
&= -\frac{(1-\varepsilon_{0.l})(1-\varepsilon_{4.l})}{L_{\mathrm{b}.l}}(q_{\mathrm{b}.l} - q_{\mathrm{b}.l}^*) \\
&= -\alpha_{1.l}(q_{\mathrm{b}.l} - q_{\mathrm{b}.l}^*) \\
&= -\alpha_{1.l}(P_{\mathrm{b}.l} q_{\mathrm{b}} - P_{\mathrm{b}.l}^* q_{\mathrm{b}}^*)
\end{aligned}
\tag{6.6.34}
$$

而推移质与悬沙单独交换时,其不平衡输沙方程为

$$
\begin{aligned}
\frac{\mathrm{d}q_{\mathrm{b}.l}}{\mathrm{d}x} &= \left[(\bar{\lambda}_{4.2.l} + \bar{\lambda}_{4.3.l}) - (\bar{\lambda}_{2.4.l} + \bar{\lambda}_{3.4.l}) \right] \frac{\pi}{6} \gamma_{\mathrm{s}} D_l^3 \\
&= \left[\frac{\varepsilon_{0.l}(1-\varepsilon_{4.l})}{L_{\mathrm{b}.l}} K_{4.l}\mu_{4.l} U_{4.l} - \varepsilon_{4.l} \bar{K}_{\mathrm{b}.l}\mu_{\mathrm{b}.l} U_{\mathrm{b}.l} \right] \frac{\pi}{6} \gamma_{\mathrm{s}} D_l^3 \\
&= -\left[\varepsilon_{4.l} \left(\frac{q_{\mathrm{b}.l}}{L_{\mathrm{b}.l}} - \frac{q_{\mathrm{b}.l}^{**}}{L_{\mathrm{b}.l}} \right) \right] \\
&= \alpha_{2.l}(q_{\mathrm{b}.l} - q_{\mathrm{b}.l}^{**}) \\
&= \alpha_{2.l}(P_{\mathrm{b}.l} q_{\mathrm{b}.l} - P_{\mathrm{b}.l}^{**} q_{\mathrm{b}.l}^{**})
\end{aligned}
\tag{6.6.35}
$$

如果假定式(6.6.14),则式(6.6.34)可转化为

$$\frac{\mathrm{d}(q_{\mathrm{b}.l} - q_{\mathrm{b}.l}^*)}{\mathrm{d}x} + \alpha_1(q_{\mathrm{b}.l} - q_{\mathrm{b}.l}^*) = \frac{q_{\mathrm{b}.0.l}^* - q_{\mathrm{b}.L.l}^*}{L} \tag{6.6.36}$$

令

$$y = q_{\mathrm{b}.l} - q_{\mathrm{b}.l}^* \tag{6.6.37}$$

$$A = \frac{q_{\mathrm{b}.0.l}^* - q_{\mathrm{b}.L.l}^*}{L} = \frac{q_{\mathrm{b}.0.l}^* - q_{\mathrm{b}.L.l}^*}{L} \tag{6.6.38}$$

于是方程(6.6.36)为

$$\frac{\mathrm{d}y}{\mathrm{d}x} + \alpha_1 y = A \tag{6.6.39}$$

积分得

$$y_L = \frac{A}{\alpha_l}(1 - \mathrm{e}^{-\alpha_l L}) + y_0 \mathrm{e}^{-\alpha_{1.l} L} \tag{6.6.40}$$

将 y_L 及 A 代入有

$$q_{b.L.l}^{(1)} = q_{b.L.l}^* + (q_{b.0.l} - q_{b.0.l}^*) e^{-\alpha_{1.l}L} + (q_{b.0.l}^* - q_{b.L.l}^*) \frac{1}{\alpha_{1.l}L} (1 - e^{-\alpha_{1.l}L})$$

(6.6.41)

如果假定式(6.6.15),则类似的式(6.6.35)的解为

$$q_{b.L.l}^{(2)} = q_{b.L.l}^{**} + (q_{b.0.l} - q_{b.0.l}^{**}) e^{\alpha_{2.l}L} + (q_{b.0.l}^{**} - q_{b.L.l}^{**}) \frac{1}{\alpha_{2.l}L} (1 - e^{-\alpha_{2.l}L})$$

(6.6.42)

比较式(6.6.31)与式(6.6.41)及式(6.6.32)与式(6.6.42),可见它们是有差别的,表现在恢复饱和系数上。式(6.6.31)、式(6.6.32)中的恢复饱和系数为 $\alpha_l = \alpha_{1.l} + \alpha_{2.l}$,而式(6.6.41)、式(6.6.42)的恢复饱和系数分别为 $\alpha_{1.l}$ 和 $\alpha_{2.l}$。由于 $e^{-\alpha l}$ 和 $\frac{1}{\alpha L}(1 - e^{-\alpha l})$ 均为 α 的递减函数,注意到 $\alpha_l > \alpha_{1.l}$、$\alpha_l > \alpha_{2.l}$,故式(6.6.31)、式(6.6.32)恢复快,而式(6.6.41)、式(6.6.42)恢复慢。正如第5章分析悬移质同时与床沙和推移质发生交换时,不平衡输沙恢复系数的情况一样。这是容易理解的。因为只考虑了单独交换,显然比推移质同时与床沙和悬沙交换恢复要减慢。事实上,设推移质输沙处于过饱和,当它同时与床沙和悬沙交换时,推移质既向床沙转移,也向悬沙转移,显然恢复快。反之,如果为次饱和,对于推移质同时与床沙和悬沙交换,则床沙和悬沙均都给推移质补给,冲刷就快。当然,同时与床沙和悬沙交换时总的输沙率公式(6.6.27)显然也不等于由单独交换的式(6.6.41)、式(6.6.42)按权 $\frac{\alpha_{1.l}}{\alpha_l}$ 和 $\frac{\alpha_{2.l}}{\alpha_l}$ 叠加。

6.6.4 推移质平衡输沙条件

(1) 首先研究推移质与床沙和悬沙在点 x 同时交换时达到输沙平衡的条件。由式(6.5.19)知,当推移质与床沙交换达到平衡时,

$$q_{b.l} = q_{b.l}^* = \frac{2}{3} m_0 \gamma_s \frac{P_{1.l} D_l \psi_{b.l}}{t_{b.0.l} \mu_{b.l}}$$

(6.6.43)

推移质与悬沙交换达到平衡时,

$$q_{b.l} = q_{b.l}^{**} = \frac{\varepsilon_{0.l}(1 - \beta_l)}{\varepsilon_{4.l}} \frac{\mu_{4.l}}{\mu_{b.l}} P_{4.l} S q = \frac{\varepsilon_{0.l}(1 - \varepsilon_{4.l})}{\varepsilon_{4.l}} \frac{\mu_{4.l}}{\mu_{b.l}} q_{4.l}$$

(6.6.44)

式中,$q_{4.l} = P_{4.l} S q$ 为悬移质单宽输沙率。如果在某点上述两式满足,自然属于推移质平衡输沙。

(2) 其次对于一个河段,按式(6.6.2),$q_{b.0.l} = q_{b.0.l}^*$,$q_{b.0.l} = q_{b.0.l}^{**}$,并且满足式(6.6.43)和式(6.6.44),则在该段相应的分组输沙率达到平衡输沙。至于推移质总输沙在一河段达到平衡的条件更多,也更强。此时要求

$$\sum \left[\frac{\alpha_{1.l}}{\alpha_l}(q_{\mathrm{b.0.}l} - q_{\mathrm{b.0.}l}^*) + \frac{\alpha_{2.l}}{\alpha_l}(q_{\mathrm{b.0.}l} - q_{\mathrm{b.0.}l}^{**}) \right] = 0 \qquad (6.6.45)$$

以及

$$\sum \left[\frac{\alpha_{1.l}}{\alpha_l}(q_{\mathrm{b.0.}l}^* - q_{\mathrm{b.L.}l}^*) + \frac{\alpha_{2.l}}{\alpha_l}(q_{\mathrm{b.0.}l}^{**} - q_{\mathrm{b.L.}l}^{**}) \right] = 0 \qquad (6.6.46)$$

由此可见,在推移质与床沙和悬移质同时交换的条件下,达到平衡输沙是很难的。

(3) 推移质与床沙和悬移质同时交换时 $q_{\mathrm{b.}l}^*$ 与 $q_{\mathrm{b.}l}^{**}$ 大小的变化。当推移质与床沙和悬移质同时交换达到平衡时,它与床沙交换的输沙能力为 $q_{\mathrm{b.}l}^*$,与悬移质交换的输沙能力为 $q_{\mathrm{b.}l}^{**}$,所占的比例如何? 并且其大小与水力因素如何变化? 由式(6.6.13)可知,当河段处于平衡输沙时,

$$q_{\mathrm{b.}l} = \frac{\alpha_{1.l}}{\alpha_l}q_{\mathrm{b.}l}^* + \frac{\alpha_{2.l}}{\alpha_l}q_{\mathrm{b.}l}^{**} = q_{\mathrm{b.}l}^{***} \qquad (6.6.47)$$

将式(6.6.16)、式(6.6.17)、式(6.6.18)代入式(6.6.47),可得

$$q_{\mathrm{b.}l}^{***} = \frac{(1-\varepsilon_{0.l})(1-\varepsilon_{4.l})}{(1-\varepsilon_{0.l})(1-\varepsilon_{4.l}) + \varepsilon_{4.l}}q_{\mathrm{b.}l}^* + \frac{\varepsilon_{4.l}}{(1-\varepsilon_{0.l})(1-\varepsilon_{4.l}) + \varepsilon_{4.l}}q_{\mathrm{b.}l}^{**}$$
$$(6.6.48)$$

从表6.6.1可以看出,随着 $\dfrac{\overline{V}_{\mathrm{b}}}{\omega_0}$ 加大,推移质与悬移质交换的输沙能力 $q_{\mathrm{b.}l}^{**}$ 占总输沙能力的比例 $\dfrac{\varepsilon_{4.l}}{(1-\varepsilon_{0.l})(1-\varepsilon_{4.l}) + \varepsilon_{4.l}}$ 也加大。当 $\dfrac{\overline{V}_{\mathrm{b}}}{\omega_0} \leqslant 1.044$ 时,推移质与悬移质交换的输沙能力占总输沙能力的比例小于等于 0.0037,可以忽略;当 $\dfrac{\overline{V}_{\mathrm{b}}}{\omega_0} \geqslant 1.194$ 时,它占总输沙能力的比例大于等于 0.0159,则需要考虑。但是当 $\dfrac{\overline{V}_{\mathrm{b}}}{\omega_0} = 6.789$ 时, $q_{\mathrm{b.}l}^{**}$ 占 $q_{\mathrm{b.}l}^{***}$ 的比例非常接近于 1,但仍未超过 1。而此时与床沙的交换可以忽略,基本上只与悬移质交换。

表 6.6.1　推移质不平衡输沙恢复速度

$\dfrac{\overline{V}_{\mathrm{b}}}{\omega_0}$	$\varepsilon_{0.l}$	$\varepsilon_{4.l}$	$\dfrac{L_{\mathrm{b.}l}}{D_l}$	$A_l = (1-\varepsilon_{0.l})$ $(1-\varepsilon_{4.l}) + \varepsilon_{4.l}$	$\dfrac{A_l D_l}{L_{\mathrm{b.}l}}$	$\dfrac{L_k}{D_l} = \dfrac{50}{A}\dfrac{L_{\mathrm{b}}}{D_l}$	$\dfrac{\varepsilon_{4.l}}{(1-\varepsilon_{0.l})(1-\varepsilon_{4.l}) + \varepsilon_{4.l}}$
0.522	0.0637	1.15×10^{-9}	1.97	0.9363	0.476316	104.9724	1.23×10^{-9}
0.597	0.1289	8.57×10^{-8}	2.00	0.8711	0.435445	114.825	9.84×10^{-8}
0.671	0.2114	1.68×10^{-6}	2.11	0.7886	0.374118	133.6476	2.13×10^{-6}
0.746	0.3023	1.44×10^{-5}	2.33	0.6977	0.299279	167.0681	2.06×10^{-5}
0.821	0.3932	7.17×10^{-5}	2.71	0.6068	0.224021	223.1935	0.000118
0.895	0.4782	2.46×10^{-4}	3.28	0.5219	0.15898	314.5048	0.000471

续表

$\dfrac{\overline{V}_b}{\omega_0}$	$\varepsilon_{0.l}$	$\varepsilon_{4.l}$	$\dfrac{L_{b.l}}{D_l}$	$A_l=(1-\varepsilon_{0.l})$ $(1-\varepsilon_{4.l})+\varepsilon_{4.l}$	$\dfrac{A_l D_l}{L_{b.l}}$	$\dfrac{L_k}{D_l}=\dfrac{50 L_b}{A\,D_l}$	$\dfrac{\varepsilon_{4.l}}{(1-\varepsilon_{0.l})(1-\varepsilon_{4.l})+\varepsilon_{4.l}}$
0.970	0.5539	6.47×10^{-4}	4.11	0.4464	0.108642	460.2271	0.00145
1.044	0.6193	0.0014	5.25	0.3816	0.072634	688.3832	0.003669
1.194	0.721	0.0045	8.74	0.2822	0.032303	1547.852	0.015944
2.014	0.9245	0.0607	46.89	0.1316	0.002807	17812.76	0.461186
3.059	0.9693	0.1538	101.17	0.1798	0.001777	28138.61	0.855498
4.028	0.9809	0.2193	155.73	0.2342	0.001504	33244.93	0.936334
5.073	0.9862	0.2693	215.52	0.2794	0.001296	38571.13	0.963907
6.789	0.9901	0.3229	268.39	0.3296	0.001228	40714.73	0.979663

6.6.5　推移质不平衡输沙的恢复速度

由于推移质靠近床面,床沙与悬沙补给充分,恢复饱和很快,故不平衡输沙调整也很快。事实上,从方程(6.6.27)可以看出,注意到决定恢复平衡快慢的是 α_l,当 $\alpha_l L\geqslant 50$ 时,$\mathrm{e}^{-\alpha_l L}$ 及 $\dfrac{1}{\alpha_l L}(1-\mathrm{e}^{-\alpha_l L})$ 均可以忽略,即恢复到接近饱和。此时距离以 L_k 表示,有

$$50=\alpha_l L_k=\frac{(1-\varepsilon_{0.l})(1-\varepsilon_{4.l})+\varepsilon_{4.l}}{L_{b.l}}L_k=\left[(1-\varepsilon_{0.l})(1-\varepsilon_{4.l})+\varepsilon_{4.l}\right]\frac{L_k}{L_{b.l}} \tag{6.6.49}$$

从方程(6.6.27)可以看出,$q_{b.L.l}\approx\dfrac{\alpha_{1.l}}{\alpha_l}q_{b.l}^*+\dfrac{\alpha_{2.l}}{\alpha_l}q_{b.l}^{**}=q_{b.l}^{***}$。得到这个结果除 $\mathrm{e}^{-\alpha_l L}$ 和 $\dfrac{1}{\alpha_1 L}(1-\mathrm{e}^{-\alpha_l L})$ 接近于零外,也包含了 $q_{b.l}$ 逐渐调整,以接近 $q_{b.L.l}^{***}$。

现在分析推移质恢复饱和的具体距离 L_k。由式(6.6.49)知

$$L_k=\frac{50}{(1-\varepsilon_{0.l})(1-\varepsilon_{4.l})+\varepsilon_{4.l}}\frac{L_{b.l}}{D_l}D_l \tag{6.6.50}$$

在表6.6.1中列出了根据第4~6章有关公式的数字计算结果,得到式(6.6.50)中的有关参数进而计算了推移质不平衡输沙恢复距离 L_k。可见推移质不平衡输沙恢复距离 L_k 是很短的。在水力因素 $\dfrac{\overline{V}_b}{\omega_0}=0.522\sim6.789$ 很大范围内,恢复距离 $\dfrac{L_k}{D_l}$ 在 105~40715。当 $D_l=1\mathrm{mm}$ 时,恢复距离 L_k 在 0.105~40.715m 范围内。在工程泥沙实际计算中横断面或网格很少密布到 10~20m 一个,实际是较难计算的。类似的推移质恢复距离短,对于推移质与悬移质单独交换的不平衡输沙公式

(6.6.42)及推移质与床沙同时交换的不平衡输沙公式(6.6.41),都具有恢复速度快,即恢复距离短的特性。可见,一方面,推移质输沙几乎都是不平衡输沙,此时用推移质输沙能力 $q_{b.l}^*$(或 $q_{b.l}^{**}$)公式确定输沙率就会带来一定误差。这正是任何一个推移质输沙率公式常常与试验结果和实际资料差别很大的主要原因。另一方面,它恢复到平衡输沙又是很迅速的,同时导致不平衡的条件(如水流参数、床沙级配等)又在不断变化,很难稳定。此外,分析推移质不平衡输沙及恢复特性,有助于读者在确定方法时参考。在一般条件下,除理论研究和试验需采用不平衡输沙外,在工程泥沙中一般可暂不考虑其不平衡输沙影响而用输沙能力(弱平衡时输沙能力)来代替,即

$$q_{b.l} \approx q_{b.l}^{***} = \frac{\alpha_{1.l}}{\alpha_l}q_{b.l}^* + \frac{\alpha_{2.l}}{\alpha_l}q_{b.l}^{**} \tag{6.6.51}$$

参 考 文 献

[1]　韩其为,何明民. 泥沙运动统计理论. 北京:科学出版社,1984.

[2]　韩其为,何明民. 泥沙交换的统计规律. 水利学报,1981,(1):12-24.

[3]　何明民,韩其为,输沙率的随机模型及统计规律. 力学学报,1980,16(3):39-47.

[4]　Han Q W,He M M. Exchange and Transport Rate of Bed Load Encyclopedia of Fluid Mechanics. Houston:Gulf Publishing Company,1987:761-791.

[5]　Han Q W,He M M. Stochastic theory of sediment motion. Proceedings of the 8th International Symposium on Stochastic Hydraulics,Beijing,2000.

[6]　韩其为. 非均匀沙推移质运动理论研究及其应用. 北京:中国水利水电科学研究院,2011.

[7]　Einstein H A. 明渠水流挟沙能力. 钱宁,译. 北京:水利出版社,1956.

[8]　Велипканов М А. Динамика Русдовых Потоков. Том. 11,М. ,Гостехиваг,1955.

[9]　窦国仁. 推移质泥沙运动规律//南京水利科学研究所成果汇编(河港分册). 南京:南京水利科学研究所,1965.

[10]　Paintal A S. A Stochastic model of bed load transport. Journal of Hydraulic Research,1971,9(4):527-554.

[11]　Kalinske A A. Movement of sediment as bed load in rivers. Eos Transactions American Geophysical Union,1947,28(4):615-620.

[12]　Росинский К И. Удеиьный расход влекомых наносов. Труды,1967,61(141):35.

[13]　孙志林. 非均匀沙输移的随机理论[博士学位论文]. 武汉:武汉水利电力大学,1996.

[14]　韩其为. 非均匀悬移质不平衡输沙. 北京:科学出版社,2013.

[15]　Samaga B R,Ranga-Raju K G,Garde R J. Bed load transport of sediment mixtures. Journal of Hydraulic Engineering,1986,112 (11):1003-1018.

[16]　辻本哲郎. 掃流過程の確率そデルヒモの移動床問題への應用. 1978.

[17]　窦国仁. 河口海岸全沙模型相似理论. 水利水运工程学报,2001,1(1):1-12.

[18]　马喜祥,汪学全.恢复饱和系数在万家寨水库的应用//非均匀泥沙不平衡输移理论研讨会论文集.2009:158-166.

[19]　韩其为.推移质与悬移质同时运动的有关规律——试论现有泥沙运动理论的局限性//泥沙运动基本理论专题研讨会.2012.

[20]　韩其为.床面泥沙交换强度深入研究与应用.北京:中国水利水电科学研究院,2014.

第 7 章　推移质扩散的随机模型及统计规律

7.1　推移质扩散的随机模型已有研究

1. Einstein 模型

推移质扩散问题的研究,最早始于 Einstein1937 年的经典论文[1]。所谓扩散问题,是指在时刻 $T=0$、位于床面 $X=0$ 的一个颗粒,经水流作用,不断沿纵向(水流方向)做移动和休止的交错运动。至时刻 T,它在床面 OX 段的分布如何。推移质扩散问题的另一种提法是,在时刻 $T=0$,位于床面 $X=0$ 的一群颗粒,经水流作用,至时刻 T,它沿 OX 的分布如何。由大数定理可知,上述两种提法是等价的。以下仅用第一种提法。所述运动中颗粒每次移动的单步距离 X、单次休止时间 T 以及达到 X 的交错运动次数 n 是随机变量,但服从一定分布。在此条件下,最后求出该颗粒在时刻 T 沿 X 方向的分布。建立随机模型,解决这个问题看来是非常复杂的。这种模型可以深刻揭露河流泥沙运动的机理,是很有意义的。Einstein 经过实验和水槽试验,采用了单步距离和单次休止时间为负指数分布,最后建立了推移质扩散随机模型,得到了颗粒在 $X=0$ 的初始状态为静止的沉积分布密度,即在时刻 T,该颗粒位于床面 X 的分布密度:

$$f_T(X) = \mathrm{e}^{-X-T} \sum_{n=0}^{\infty} \frac{X^n T^{n+1}}{n!\,(n+1)!} \qquad (7.1.1)$$

类似地,初始状态为运动的沉积分布密度为

$$f_T(X) = \mathrm{e}^{-X-T} \sum_{n=0}^{\infty} \frac{X^n T^n}{n!\,n!} \qquad (7.1.2)$$

与上述两式相应的分布函数,则为二维泊松分布。例如,与式(7.1.2)对应的分布函数为

$$F_T(X) = \mathrm{e}^{-X-T} \sum_{n=0}^{\infty} \frac{T^n}{n!} \sum_{r=n}^{\infty} \frac{X^r}{r!} \qquad (7.1.3)$$

式(7.1.1)~式(7.1.3)中未出现平均单步距离 μ 和平均单次休止时间 λ。这是因为上述公式已采用坐标标准化,即以平均单步距离为长度单位,平均休止时间为时间单位。

2. Crickmore-Lean 模型

Crickmore 和 Lean[2] 对 Einstein 模型进行了简化,假定单步距离和单次休止期为常数,走一步视为成功,停一次看成失败,于是得到了沉积分布为带参数 n 和 P 的二项分布。再进一步设 n 很大,于是所求 $F_T(x)$ 的二项分布趋向正态分布。

3. Hubbell-Sayre 模型

Hubbell 和 Sayre[3] 提出颗粒运行 n 步经过的距离为 Γ 分布,其条件分布函数为

$$F(x\mid n)=P[\xi_n < x\mid \xi_x=n]=\int_0^x k_1 e^{-k_1 x'} \frac{(k_1 x')^{n-1}}{T(n)} dx' \qquad (7.1.4)$$

再取在时间 t 内休止次数为泊松分布,得到初始状态为静止的沉积分布函数为

$$F_t(x)=P[\xi_n < x]=\sum_{n=1}^{\infty} e^{-k_2 t} \frac{(k_2 t)^2}{n!}\int_0^x k_1 e^{-k_1 x'} \frac{(k_1 x')^{n-1}}{(n+1)!} dx' + e^{-k_2 t}$$

$$(7.1.5)$$

相应的沉积分布密度为

$$f_t(x)=k_1 e^{-(k_1 x+k_2 t)} \sum_{n=1}^{\infty} \frac{(k_1 x)^{n-1}(k_2 t)^n}{(n-1)!\ n!} \qquad (7.1.6)$$

至于初始状态为运动的沉积分布密度为

$$f_t(x)=k_2 e^{-(k_1 x+k_2 t)} \sum_{n=1}^{\infty} \frac{(k_2 x)^{n-1}(k_2 t)^n}{(n-1)!\ (n-1)!} \qquad (7.1.7)$$

当用 n 代替式(7.1.7)中 $n-1$,并将坐标标准化,则式(7.1.7)即为 Einstein 公式(7.1.2)。

此外,Hubbell 和 Sayre 还在 Einstein 提出两种初始状态的沉积分布之外,提出了一种分布。设在点 x 初始状态为静止位于原点的颗粒通过距离 x 随时间分布,其密度为

$$f_x(T)=k_2 e^{-(k_1 x+k_2 t)} \sum_{n=1}^{\infty} \frac{(k_2 t)^{n-1}(k_1 x)^{n-1}}{(n-1)!\ (n-1)!} \qquad (7.1.8)$$

他们提出的这种分布应称为输移分布,是对 Einstein 模型的发展。

4. Todorović 模型

Todorović[4] 用另外的方法导出了与 Hubbell-Sayre 模型完全一致的分布。

Yano 等[5] 进一步做了试验,证实单步距离和单次休止时间均符合负指数分布,并且研究了分布函数中的平均单步距离及平均单次休止时间与水力、泥沙因素的关系。否则,扩散分布函数只能据实际试验反算 λ、μ 等。可惜的是,他们的研究带有相当的经验性。

5. Yang 模型

Yang[6] 假设颗粒单步运动为 Γ 分布,即

$$f(x) = \frac{k_1}{\Gamma(r)}(k_1 x)^{r-1} e^{-k_2 x} \tag{7.1.9}$$

单次休止时间仍为指数分布,得到分布密度,当 $r=1$ 时,与 Hubbell-Sayre 模型得出的分布相同。他的单步距离的分布在后来 Grigg[7] 的文章中得到证实。根据试验,他认为不仅单步距离,而且单次休止时间也可用 Γ 分布表示。但从简化考虑,他仍趋向用指数分布表示。此外,Grigg 利用试验资料,建立了单步距离和休止时间与水力因素的经验关系。

6. Yang-Sayre 模型

Yang 和 Sayre[8] 假设单步距离、单次休止时间为任意分布,但相互独立,且相同分布,得到沉积分布密度的一般表达式为

$$f_t(x) = \sum_{n=1}^{\infty} [f_x(x)]^{n*} P[N(t) = n] \tag{7.1.10}$$

式中,$[f_x(x)]^{n*}$ 为单步距离的 n 阶卷积。当采用单步距离为 Γ 分布,单次休止时间为指数分布时,式(7.1.10)给出的结果与 Yang 的模型一致。

7. Todorovic 模型及 Shen-Todorovic 模型

Todorovic[9] 提出了更一般的模型,即单步距离与单步时间为任意分布,但相互独立条件下,初始状态为静止的沉积分布

$$F_t(x) = P[E_0^t] + \sum_{n=1}^{\infty} \sum_{r=n}^{\infty} P[E_n^t] P[G_r^x] \tag{7.1.11}$$

他引进了两个参数

$$K_1(x,r) = \lim_{\Delta x \to 0} \frac{P[G_r^{x_1 x + \Delta x} | G_r^x]}{\Delta x} \tag{7.1.12}$$

$$K_2(t,n) = \lim_{\Delta t \to 0} \frac{P[E_n^{t_1 t + \Delta t} | E_n^t]}{\Delta t} \tag{7.1.13}$$

式中,$G_r^{x_1 x + \Delta x}$ 表示在 x 至 $x + \Delta x$ 已走完一步的事件;$E_n^{t_1 t + \Delta t}$ 表示在 t 至 $t + \Delta t$ 内已开始第 n 次休止期的事件,在 $\Delta t \to 0$、$\Delta x \to 0$ 发生的基本事件不超过两次,据此他建立了确定 $P[G_r^x]$ 及 $P[E_n^t]$ 的微分方程,从而使式(7.1.12)能确定。在增量独立的条件下,k_1 仅与 x 有关,k_2 与 t 有关,此时,过程将变为带变动参数的泊松过程,也正是 Shen 和 Todorovic[10] 提出的所谓的通用一维随机模型。他们采用的单步距离和单次休止时间分布为

$$f_x(x) = k_1(x)\mathrm{e}^{-\int_0^x k_1(x')\mathrm{d}x'} = k_1(x)\mathrm{e}^{-\bar{k}_1(x)x} \tag{7.1.14}$$

$$f_t(t) = k_2(t)\mathrm{e}^{-\int_0^t k_2(t')\mathrm{d}t'} = k_2(t)\mathrm{e}^{-\bar{k}_2(t)t} \tag{7.1.15}$$

式中,$\bar{k}_1(x)$、$\bar{k}_2(t)$为变动系数 $k_1(x)$、$k_2(t)$ 在区间 $[0,x]$ 及 $[0,t]$ 的平均值。

根据上述分布,他们得到在区间 $[x_0,x]$ 颗粒跳跃次数为带变动参数的泊松分布,而在区间 $[t_0,t]$ 的休止次数也为带变动参数的泊松分布。最后他们得到沉积分布密度为

$$f_t(x) = k_2(x)\mathrm{e}^{-\int_{x_0}^x k_1(x')\mathrm{d}x' - \int_{t_0}^r k_2(t')\mathrm{d}t'} \sum_{n=1}^{\infty} B(n) \tag{7.1.16}$$

式中,

$$B(n) = \frac{\left[\int_{x_0}^x k_1(x')\mathrm{d}x'\right]^{n-1} \left[\int_{t_0}^r k_2(t')\mathrm{d}t'\right]^n}{(n-1)! \; n!} \tag{7.1.17}$$

8. Cheong-Shen 模型

为了进一步深入研究推移扩散的随机模型,Cheong 和 Shen 在对事件独立性不做任何假定下,得到了在给定时间间隔发生 m 次事件的概率所满足的微分方程[11]。其假定少,具有更好的适用性,但是有一系列参数需要确定。

9. 孙志林模型

孙志林[12]仍假定单步距离和单次休止时间为负指数分布,并在韩其为和何明民[13]之后,也考虑了运动时间,采用交错更新过程建立了推移质的扩散模型。当忽略运动时间时,该模型转化为 Hubbell-Sayre 模型。

10. Todorovic 的线源扩散模型

前面介绍的各种扩散模型均属于点源情况,即在初始时刻位于原点的一颗泥沙(一群泥沙)在时刻 t 沿 x 的扩散。但是各种实际问题大都是线源、面源的扩散。点源扩散只是第一步,当然也是研究扩散的基础,因此推移者扩散模型研究必须向线源、面源发展。Todorovic[14]较早注意到这一点,提出了一种线源扩散成果,即在原点随时间不断投入颗粒的线源。其实韩其为[15]在之前的研究中已得出更深刻的结果。Todorovic 设投放时间 τ 为随机变量,

$$P[o \leqslant \tau \leqslant t] = 1 \tag{7.1.18}$$

在时刻 τ 投放的颗粒,至时刻 $t+s$ 其所处的位置为 $x(t+s-\tau)$。当 $s \geqslant 0, t \geqslant 0, x(t+s-\tau)$ 也是一个随机变量,假设 $P[t+s-\tau]$ 是一个规格化的条件分布函数,则颗粒的沉积分布函数为

$$\phi(x,t,s) = \int_0^t P[X(t+s-\tau) < x \mid (\tau = u)]\mathrm{d}P[\tau \leqslant u] \tag{7.1.19}$$

当 x 和 τ 相互独立时,式(7.1.19)变化为

$$\phi(x,t,s) = \int_0^t P[x(t+s-\tau) \leqslant x] \mathrm{d}P(\tau \leqslant u) = \int_0^t F_{t+s-u}(x) \mathrm{d}A(u)$$

$$(7.1.20)$$

式中,F_{t+s-u} 为时刻 u 投放的颗粒在 $t-s$ 后的点源分布函数;$A(u)$ 为累计投放量。

　　综上所述,从 Einstein 首创开始,关于推移质扩散模型已做了大量深入研究,提出了很好的成果,这是泥沙运动的一个重要方面。同时这些证明,概率论、随机过程与流体力学和泥沙运动力学交叉是有前途的。但是其中也存在某些问题,今后应注意和改进。

　　第一,从扩散模型研究看,概率论(随机过程)与泥沙运动力学和工程泥沙问题结合得还不够,以致缺乏推动扩散随机模型研究的动力,这正是该方面研究起伏的原因。本来 Einstein 1937 年的开创性的成果对泥沙运动有重大意义,但是 20 世纪 60 年代以前很少有跟随研究,仅仅是苏联 Великанов[16] 颇为重视。60 年代以后,由于示踪技术的发展及研究河流泥沙和污染物的需要,扩散模型被重新研究,高潮出现于 20 世纪 60～80 年代。后来除个别论文外,基本处于停滞状态。上述过程还可以从 Einstein 另一项研究中看出,他利用概率论和泥沙运动力学等的结合深入研究了平均输沙率关系,获得重大突破[17],以至于到目前为止,他的这一套成果虽然有一些质疑,但仍不断补充及引用,影响力长期不衰。这充分说明他的两项研究在学术界的接受程度和推动力是不同的。这也正是推移质扩散的随机模型研究存在的问题,即与泥沙运动和工程泥沙问题结合不够。

　　第二,推移质扩散模型研究的范围太窄,单纯追求分布函数的创新。从上述已有研究可看出,研究的问题始终是点源(仅 Todorovic 开始涉及线源),始终是忽略运动时间(除韩其为[13] 和孙志林[12] 开始考虑运动时间外)。得到的分布函数虽然在不断创新(这自然也是很有意义的),但是作为学科而言,扩大研究领域也很重要。如果考虑运动时间及线源面源的扩散,则研究成果与实际河道中的推移质运动(特别是卵石运动)联系更密切,扩散模型研究内容会更丰富。当假定条件越来越弱,使用范围越来越广时,研究得更自然、深刻,但是此时有的成果中的参数不确定,甚至只是得出一个结构式。其实苏联数学家 Хинчин[18] 给出的极限定理表明,当大量有后效的小强度流叠加时,其流动近似一简单流。这样虽然单颗泥沙运动可能是有后效的,但大量泥沙颗粒运动可能用简单流来近似,即休止次数近似泊松分布,单步距离和单次休止时间近似负指数分布。有研究者在对 Cheong 和 Shen[11] 的论文讨论中也指出,由他们的模型得到的转移分布与 Einstein 的结果差别不大。总之,理论研究越深刻越严格越好,但是从学科的发展看,应扩展研究范围不能固守 Einstein 提出的问题,而且要与泥沙运动中的问题密切联系。

　　第三,加强扩散模型中的主要参数如平均单步距离与平均休止时间的研究,用

概率论和力学研究结合方法,给出它们较好的近似值,可促进扩散模型的应用,并能反过来推动其研究。事实上,第 4 章中对于这个问题已有一定成果。

针对上述存在的问题,本章总结韩其为的研究[13,15,19,20],提出了一般情况下的推移质扩散问题,并建立了相应的随机模型,概括了忽略运动时间与考虑运动时间,固定参数与变动参数,点源、线源和退化面源等各种情况,较好地解决了 Einstein 扩散模型中存在的问题,扩大了 Einstein 点源模型的研究领域。特别是通过提出一种点源分布函数补齐了它的 4 种分布,给出了线源的 8 种分布(而不是 2 种)和退化面源的 4 种分布,以及首次提出了如何考虑运动时间,解决一个多年不曾触及的问题。

7.2　推移质扩散的随机模型

现设想一个二维水流的河段,其长度为 L。以概率 $p_0(X_0,T_0)\mathrm{d}X_0\mathrm{d}T_0$ 于时刻 T_0 在位置 X_0 放入一个颗粒(推移质),其中 $0 \leqslant T_0 \leqslant T_1, 0 \leqslant X_0 \leqslant X_1 < L$。颗粒放入的初始状态有两种:运动的与静止的,然后这个颗粒做运动和停止交错的间歇运动,每次运动的距离(单次距离)及相应的运动时间、每次停止的时间(休止时间)均是随机的,但具有已知的分布。那么在水流作用到时刻 T,它沉积在 $0 \sim X$ 段的概率是多少? 它运动在 $0 \sim X$ 段的概率是多少? 它通过断面 X 的概率又如何? 也就是要寻求沉积分布、运动分布与输移分布。这就是单个颗粒的扩散模型。

在单个颗粒扩散模型的基础上,不难进一步提出多个颗粒的扩散问题。这里有两种提法,一种提法为:设有 N 个颗粒,每个颗粒均按上述方式,以同样的概率 $p_0(X_0,T_0)\mathrm{d}X_0\mathrm{d}T_0$ 随机地放入,那么到时刻 T 沉积和运动在 $0 \sim X$ 段以及通过 X 断面的颗数的分布如何? 平均颗数是多少? 另一种提法是:在矩形 $0 \leqslant X_0 \leqslant X_1 < L$, $0 \leqslant T_0 \leqslant T_1$ 上共有 N 个颗粒,在点 (X_0,T_0) 的单位面积上有 $n(X_0,T_0)$ 个颗粒,并且

$$p_0(X_0,T_0)=\frac{n(X_0,T_0)}{N}$$

这样在 (X_0,T_0) 的微元面积 $\mathrm{d}X_0\mathrm{d}T_0$ 放入的颗数为 $n(X_0,T_0)\mathrm{d}X_0\mathrm{d}T_0 = Np_0(X_0, T_0)\mathrm{d}X_0\mathrm{d}T_0$,那么到时刻 T,在 $0 \sim X$ 段沉积的颗数、运动的颗数以及通过断面 X 的颗数各若干? 显然第一种提法与第二种提法等价,前者的结果可以直接引申到后者。单个颗粒的扩散模型研究清楚了,多个颗粒扩散模型的问题就可以迎刃而解,所以本章只研究单个颗粒的扩散模型。

设以 X_0、T_0 表示颗粒放入河流的位置和时间,$\xi_{x,i}$ 表示颗粒第 i 步运动的距离,$\xi_{t,i}$ 表示第 i 次休止时间,$\xi_{\tau,i}$ 表示第 i 次运动时间,$\xi_t^{(n)}$ 表示自 T_0 开始至第 n 个休止状态结束时所经历的时间,$\xi_\tau^{(n)}$ 表示自 T_0 开始至第 n 个运动结束时所经历的

时间，$\xi_x^{(n)}$ 表示运动 n 次后走过的距离（见图 7.2.1），则有

$$\xi_t^{(n)} = \theta\xi_{t,0} + \xi_{\tau,1} + \xi_{t,1} + \xi_{\tau,2} + \cdots + \xi_{t,n-1} + \xi_{\tau,n} + \xi_{t,n}, \quad n \geqslant 0 \quad (7.2.1)$$

$$\xi_\tau^{(n)} = \begin{cases} \xi_t^{(n)} = \theta\xi_{t,0} + \xi_{\tau,1} + \xi_{t,1} + \xi_{\tau,2} + \cdots + \xi_{t,n-1} + \xi_{\tau,n} + \xi_{t,n}, & n \geqslant 0 \\ 0, & n = 0 \end{cases}$$
$$(7.2.2)$$

$$\theta = \begin{cases} 1, & \text{颗粒初始状态静止} \\ 0, & \text{颗粒初始状态运动} \end{cases} \quad (7.2.3)$$

$$\xi_x^{(n)} = \begin{cases} \sum_{i=1}^{n} \xi_{x,i}, & n \geqslant 1 \\ 0, & n = 0 \end{cases} \quad (7.2.4)$$

现在以 B_{1,θ,n,X_0,T_0} 表示在时刻 T_0 放入 X_0 处的颗粒在 T 时刻刚好处于第 n 个休止期，沉积在 $X_0 \sim X$ 段的事件；以 B_{2,θ,n,X_0,T_0} 表示在时刻 T_0 放入 X_0 的颗粒在 T 时刻刚好处于第 n 个运动期，位于至 X 段的事件；以 B_{3,θ,n,X_0,T_0} 表示在时刻 T_0 放入 X_0 的颗粒，在 $T_0 \sim T$ 期间于第 n 次通过 X 段的事件。其次以 B_{1,θ,X_0,T_0}、B_{2,θ,X_0,T_0}、

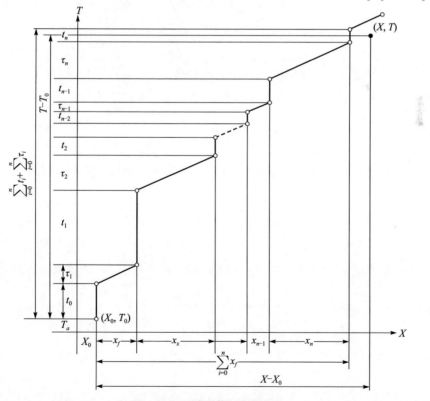

图 7.1.1　颗粒扩散运动过程

$B_{3.\theta.X_0.T_0}$ 分别表示在时刻 T_0 放入 X_0 的颗粒在 T 时刻沉积在 $X_0 \sim X$ 段的事件、在 T 时刻运动在 $X_0 \sim X$ 段的事件及在 $T_0 \sim T$ 期间已通过 X 的事件,以 $B_{1.\theta}$、$B_{2.\theta}$、$B_{3.\theta}$ 分别表示在 T 时刻沉积在 $0 \sim X$ 段的事件、在 T 时刻运动在 $0 \sim X$ 段的事件和在 $0 \sim T$ 期间已通过 X 的事件,则对上述事件有如下关系:

$$B_{1.\theta.n.X_0.T_0}=[\xi_\tau^{(n)} \leqslant T-T_0, \xi_t^{(n)} > T-T_0, \xi_x^{(n)} \leqslant X-X_0], \quad n \geqslant 0 \quad (7.2.5)$$

$$B_{2.\theta.n.X_0.T_0}=[\xi_t^{(n-1)} \leqslant T-T_0, \xi_\tau^{(n)} > T-T_0, \xi_x^{(n)} \leqslant X-X_0], \quad n \geqslant 1 \quad (7.2.6)$$

$$B_{3.\theta.n.X_0.T_0}=[\{\xi_\tau^{(n)} \leqslant T-T_0, \xi_t^{(n)} > T-T_0, \xi_x^{(n)} > X-X_0\}$$
$$\bigcup \{\xi_t^{(n-1)} \leqslant T-T_0, \xi_\tau^{(n)} > T-T_0, \xi_x^{(n)} > X-X_0\}], \quad n \geqslant 1$$
$$(7.2.7)$$

$$B_{1.\theta.X_0.T_0}=\bigcup_{n=0}^{\infty}[\xi_\tau^{(n)} \leqslant T-T_0, \xi_t^{(n)} > T-T_0, \xi_x^{(n)} \leqslant X-X_0] \quad (7.2.8)$$

$$B_{2.\theta.X_0.T_0}=\bigcup_{n=1}^{\infty}[\xi_t^{(n-1)} \leqslant T-T_0, \xi_\tau^{(n)} > T-T_0, \xi_x^{(n)} \leqslant X-X_0] \quad (7.2.9)$$

$$B_{3.\theta.X_0.T_0}=\bigcup_{n=1}^{\infty}[\{\xi_\tau^{(n)} \leqslant T-T_0, \xi_t^{(n)} > T-T_0, \xi_x^{(n)} > X-X_0\}$$
$$\bigcup \{\xi_t^{(n-1)} \leqslant T-T_0, \xi_\tau^{(n)} > T-T_0, \xi_x^{(n)} > X-X_0\}]$$
$$=\bigcup_{n=1}^{\infty}[\xi_\tau^{(n)} \leqslant T-T_0, \xi_x^{(n-1)} \leqslant X-X_0, \xi_x^{(n)} > X-X_0] \quad (7.2.10)$$

显然,有 $B_{1.\theta.X_0.T_0} \bigcup B_{2.\theta.X_0.T_0} \bigcup B_{3.\theta.X_0.T_0}=E$,这里 E 为必然事件。注意到颗粒是随机放入的,因此放入的时刻 T_0 及放入的位置 X_0 是随机变量,概率 $P[B_{1.\theta.X_0.T_0}]$ 等实际为条件概率,这里采用条件分布函数 $F_{1.\theta.T}(X|X_0,T_0)$ 等来表示。对于各个事件的概率,有

$$F_{1.\theta.T}(X|X_0,T_0)=P[B_{1.\theta.X_0.T_0}]$$
$$=\sum_{n=0}^{\infty}P[\xi_\tau^{(n)} \leqslant T-T_0, \xi_t^{(n)} > T-T_0, \xi_x^{(n)} \leqslant X-X_0] \quad (7.2.11)$$

$$F_{2.\theta.T}(X|X_0,T_0)=P[B_{2.\theta.X_0.T_0}]$$
$$=\sum_{n=1}^{\infty}P[\xi_t^{(n-1)} \leqslant T-T_0, \xi_\tau^{(n)} > T-T_0, \xi_x^{(n)} \leqslant X-X_0] \quad (7.2.12)$$

$$F_{3.\theta.X}(T|X_0,T_0)=P[B_{3.\theta.X_0.T_0}]$$
$$=\sum_{n=1}^{\infty}P[\xi_\tau^{(n)} \leqslant T-T_0, \xi_x^{(n-1)} \leqslant X-X_0, \xi_x^{(n)} > X-X_0] \quad (7.2.13)$$

$$P[B_{1.\theta.X_0.T_0}]+P[B_{2.\theta.X_0.T_0}]+P[B_{3.\theta.X_0.T_0}]=1 \quad (7.2.14)$$

$$F_{1.\theta.T}(X)=P[B_{1.\theta}]=\int_0^{T_1}\int_0^{X_1}F_{1.\theta.T}(X|X_0,T_0)p_0(X_0,T_0)\mathrm{d}X_0\mathrm{d}T_0 \quad (7.2.15)$$

$$F_{2.\theta.T}(X)=P[B_{2.\theta}]=\int_0^{T_1}\int_0^{X_1}F_{2.\theta.T}(X|X_0,T_0)p_0(X_0,T_0)\mathrm{d}X_0\mathrm{d}T_0 \quad (7.2.16)$$

$$F_{3.\theta.X}(T) = P[B_{3.\theta}] = \int_0^{T_1}\int_0^{X_1} F_{3.\theta.T}(T \mid X_0, T_0)p_0(X_0, T_0)\mathrm{d}X_0\mathrm{d}T_0 \qquad (7.2.17)$$

$$P[B_{1.\theta}] + P[B_{2.\theta}] + P[B_{3.\theta}] = 1 \qquad (7.2.18)$$

从物理上看,分布密度 $p_0(X_0, T_0)$ 就是面源强度,现在考虑面源强度的一种特殊情况,即退化面源的情况,也就是分布密度集中在线段 $X_0 = 0$、$0 \leqslant T_0 \leqslant T_1$ 和线段 $T_0 = 0$、$0 \leqslant X_0 \leqslant X_1$ 上。这时分布密度可近似表示为

$$p_0(X_0, T_0) = \begin{cases} \dfrac{P_3 p_{X_0}(T_0)}{\Delta X_0}, & 0 \leqslant X_0 \leqslant \Delta X_0, \ 0 \leqslant T_0 \leqslant T_1 \\[3mm] \dfrac{P_2 p_{X_0}(X_0)}{\Delta T_0}, & 0 \leqslant X_0 \leqslant X_1, \ 0 \leqslant T_0 \leqslant \Delta T_0 \\[3mm] 0, & X_0、T_0 \ 取其余值 \end{cases} \qquad (7.2.19)$$

式中,ΔX_0、ΔT_0 充分小,此处 $p_{T_0}(T_0)$、$p_{X_0}(X_0)$ 为线源强度,而且

$$P_1 + P_2 = 1, \quad P_1 = P[\xi_{X_0} = 0, 0 \leqslant \xi_{T_0} \leqslant T_1]$$

$$P_2 = P[0 \leqslant \xi_{X_0} \leqslant X_1, \xi_{T_0} = 0]$$

式中,ξ_{X_0}、ξ_{T_0} 分别表示作为随机变量的 X_0、T_0。可见面源强度 $p_0(X_0, T_0)$ 以概率 P_1 和 P_2 退化成两个线源 $p_{T_0}(T_0)$ 和 $p_{X_0}(X_0)$。这种退化面源在实际泥沙运动中是广泛存在的。其中线源 $p_{T_0}(T_0)$ 相当于进口断面的来沙分布,线源 $p_{X_0}(X_0)$ 相当于沿河长补给泥沙的分布。因此,研究这种退化面源分布有很大的实际意义。

当面源强度为式(7.2.19)时,有

$$\begin{aligned} F_{1.\theta.T}(X) =& P_1 \lim_{\Delta X_0 \to 0}\int_0^{T_1}\int_0^{\Delta X_0} F_{1.\theta.T}(X \mid X_0, T_0)\frac{p_{T_0}(T_0)}{\Delta X_0}\mathrm{d}X_0\mathrm{d}T_0 \\ &+ P_2 \lim_{\Delta T_0 \to 0}\int_0^{X_1}\int_0^{\Delta T_0} F_{1.\theta.T}(X \mid X_0, T_0)\frac{p_{X_0}(X_0)}{\Delta T_0}\mathrm{d}X_0\mathrm{d}T_0 \\ =& P_1 \lim_{\Delta X_0 \to 0}\int_0^{T_1} F_{1.\theta.T}(X \mid \beta\Delta X_0, T_0)p_{T_0}(T_0)\mathrm{d}T_0 \\ &+ P_2 \lim_{\Delta T_0 \to 0}\int_0^{X_1} F_{1.\theta.T}(X \mid X_0, \alpha\Delta T_0)p_{X_0}(X_0)\mathrm{d}X_0 \\ =& P_1 \int_0^{T_1} F_{1.\theta.T}(X \mid T_0)p_{T_0}(T_0)\mathrm{d}T_0 + P_2 \int_0^{X_1} F_{1.\theta.T}(X \mid X_0)p_{X_0}(X_0)\mathrm{d}X_0 \end{aligned}$$
$$(7.2.20)$$

其中,

$$0 \leqslant \alpha, \beta < 1, F_{1.\theta.T}(X \mid T_0) = F_{1.\theta.T}(X \mid X_0 = 0, T_0)$$

及

$$F_{1.\theta.T}(X \mid X_0) = F_{1.\theta.T}(X \mid X_0, T_0 = 0)$$

类似地,有

$$F_{2.\theta.T} = P_1 \int_0^{T_1} F_{2.\theta.T}(X \mid T_0) p_{T_0}(T_0) \mathrm{d}T_0 + P_2 \int_0^{X_1} F_{2.\theta.T}(X \mid X_0) p_{X_0}(X_0) \mathrm{d}X_0$$

$$(7.2.21)$$

$$F_{3.\theta.X}(T) = P_1 \int_0^{T_1} F_{3.\theta.T}(T \mid T_0) p_{T_0}(T_0) \mathrm{d}T_0 + P_2 \int_0^{X_1} F_{3.\theta.T}(T \mid X_0) p_{X_0}(X_0) \mathrm{d}X_0$$

$$(7.2.22)$$

式(7.2.20)、式(7.2.21)、式(7.2.22)分别为所得到的一般的沉积分布、运动分布与输移分布。不论颗粒的运动时间是否可以忽略，运动参数是否固定，它们都是正确的。

7.3 固定参数且忽略运动时间的沉积分布与输移分布

在颗粒运动过程为马尔可夫过程的条件下，颗粒的单次距离与休止时间的分布密度分别取为

$$f_X(x) = \mu \mathrm{e}^{-\mu x}, \quad f_T(t) = \lambda \mathrm{e}^{-\lambda t}$$

式中，μ、λ 为常数；$\dfrac{1}{\mu}$ 为平均单次距离，在文献[15]中，对于滚动和跳跃颗粒的分布函数及平均值已给出了相应的结果。对于同时具有滚动和跳跃的推移质，其单次运动距离可近似取单次滚动距离和单次跳跃距离按状态概率加权平均。$\dfrac{1}{\lambda}$ 为平均休止时间，当床面平整时为起动周期，在文献[15]中已给出一般的结果。这里及以下按单次距离和单次休止时间均为指数分布进行研究，它们的具体表达在本章最后一节详述。但是当采用 T 分布时，仍可用类似的方法得到解析结果。当忽略运动时间后，显然 $B_{2.\theta.n.X_0.T_0}$、$B_{2.\theta.X_0.T_0}$、$B_{2.\theta}$ 等均为空集，即运动分布 $P[B_{2.\theta}] = 0$。此时只有两种分布，即沉积分布和输移分布，且 $P[B_{1.\theta}] + P[B_{2.\theta}] = 1$。

7.3.1 点源的分布

1. 初始状态为静止的沉积分布

此时有关概率及分布函数与相应的分布密度为

$$\begin{cases} P[B_{1.1.0.X_0.T_0}] = \mathrm{e}^{-\lambda(T-T_0)} \\ P[B_{1.1.n.0.X_0.T_0}] = \displaystyle\int \cdots \int \lambda^{n+1} \mathrm{e}^{-\lambda \sum\limits_{i=0}^{n} t_i} \mu^n \mathrm{e}^{-\mu \sum\limits_{i=1}^{\mu} x_i} \mathrm{d}t_0 \cdots \mathrm{d}t_n \mathrm{d}x_1 \cdots \mathrm{d}x_n \\ \qquad\qquad\quad = \mathrm{e}^{-\lambda(T-T_0)-\mu(X-X_0)} \dfrac{\lambda^n (T-T_0)}{n!} \sum\limits_{r=n}^{\infty} \dfrac{\mu^r (X-X_0)}{r!}, \quad n \geqslant 1 \end{cases}$$

$$(7.3.1)$$

$$F_{1.1.T}(X \mid X_0, T_0) = \mathrm{e}^{-\lambda(T-T_0)-\mu(X-X_0)} \sum_{n=0}^{\infty} \frac{\lambda^n(T-T_0)^n}{n!} \sum_{r=n}^{\infty} \frac{\mu^r(X-X_0)^r}{r!},$$
$$r = n-1 \tag{7.3.2}$$

当 $n=1, r=0$ 时,

$$\sum_{n=1}^{\infty} \frac{\lambda^n(T-T_0)^n}{n!} \frac{\mu^{n-1}(X-X_0)^{n-1}}{(n-1)!} = \sum_{\gamma=0}^{\infty} \frac{\lambda^{r+1}(T-f_0)^{r+1}}{(r+1)!} \frac{\mu^r(X-X_0)^r}{r!},$$
$$X > X_0, T > T_0$$

$$f_{1.1.T}(X \mid X_0, T_0) = \mu \mathrm{e}^{-\lambda(T-T_0)-\mu(X-X_0)} \sum_{n=1}^{\infty} \frac{\lambda^n(T-T_0)^n}{n!} \frac{\mu^{n-1}(X-X_0)^{n-1}}{(n-1)!},$$
$$X > X_0, T > T_0 \tag{7.3.3}$$

其中积分区域 D 为

$$\left\{ \sum_{i=0}^{n-1} t_i \leqslant T-T_0 < \sum_{i=0}^{n} t_i, \sum_{i=1}^{n} x_i \leqslant X-X_0, x_i \geqslant 0, t_i \geqslant 0 \right\}$$

当 $X < X_0$ 时,分布函数 $F_{1.1.T}(X \mid X_0, T_0)$ 等于零,在 $X = X_0$ 有一跳跃,其跳跃度为 $\mathrm{e}^{-\lambda(T-T_0)}$,它表示到时刻 T,颗粒一步也未运动仍旧处于第 0 个休止的概率。由于 X_0 是 $F_{1.1.T}(X \mid X_0, T_0)$ 的不连续点,其在 X_0 的密度不存在,同时 $T = T_0$,式 (7.3.2) 也不适用。$X \to +\infty$ 时,分布函数极限为 1,这表示在任意时刻 $T - T_0$,所有颗粒的沉积点均不达到 $+\infty$。

ξ_X 的数学期望、二阶原点矩及方差分别为 $X_0 + \dfrac{\lambda(T-T_0)}{\mu}$,$\left[X_0 + \dfrac{\lambda(T-T_0)}{\mu} \right]^2 +$ $\dfrac{2\lambda(T-T_0)}{\mu^2}$,$\dfrac{2\lambda(T-T_0)}{\mu^2}$,平均移动距离为 $\dfrac{\lambda(T-T_0)}{\mu}$,平均移动速度为 $\dfrac{\lambda}{\mu}$。

2. 初始状态为静止的输移分布

类似于式 (7.3.1),其分布函数及分布密度为

$$F_{3.1.X}(T \mid X_0, T_0) = \mathrm{e}^{-\lambda(T-T_0)-\mu(X-X_0)} \sum_{n=0}^{\infty} \frac{\mu^2(X-X_0)^n}{n!} \sum_{k=n+1}^{\infty} \frac{\lambda^k(T-T_0)^k}{k!},$$
$$X \geqslant X_0, T \geqslant T_0 \tag{7.3.4}$$

$$f_{3.1.X}(T \mid X_0, T_0) = \lambda \mathrm{e}^{-\lambda(T-T_0)-\mu(X-X_0)} \sum_{n=0}^{\infty} \frac{\mu^n(X-X_0)^n}{n!} \frac{\lambda^n(T-T_0)^n}{n!},$$
$$X \geqslant X_0, T \geqslant T_0 \tag{7.3.5}$$

分布函数在 $T = T_0$ 时为零,表示在初始时刻颗粒通过任意断面的可能性是不存在的,当 $T \to +\infty$ 时,分布函数极限值为 1,这意味着对任意有限的 X,当 $T \to +\infty$ 时,颗粒均能通过该断面。

随机变量 ξ_T 的数学期望、二阶原点矩及方差分别为 $T_0 + \dfrac{1 + \mu(X-X_0)}{\lambda}$、

$\left[T+\dfrac{1+\mu(X-X_0)}{\lambda}\right]^2+\dfrac{1+2\mu(X-X_0)}{\lambda^2}$ 及 $\dfrac{1+2\mu(X-X_0)}{\lambda^2}$，由 X_0 至 X 的平均历时和平均速度分别为 $\dfrac{1+\mu(X-X_0)}{\lambda}$ 和 $\dfrac{\lambda}{\mu}-\dfrac{1}{\mu(\bar{T}-T_0)}$。

3. 初始状态为运动的沉积分布

分布函数与分布密度为

$$F_{1.0.T}(X\,|\,X_0,T_0)=\mathrm{e}^{-\lambda(T-T_0)-\mu(X-X_0)}\sum_{n=0}^{\infty}\frac{\lambda^n(T-T_0)^n}{n!}\sum_{r=n+1}^{\infty}\frac{\mu^r(X-X_0)^r}{r!},$$
$$X\geqslant X_0,T\geqslant T_0 \tag{7.3.6}$$

$$f_{1.0.T}(X\,|\,X_0,T_0)=\mu\mathrm{e}^{-\lambda(T-T_0)-\mu(X-X_0)}\sum_{n=0}^{\infty}\frac{\lambda^n(T-T_0)^n}{n!}\frac{\mu^n(X-X_0)^n}{n!},$$
$$X\geqslant X_0,T\geqslant T_0 \tag{7.3.7}$$

当 $X=X_0$ 时，分布函数为零，当 $X\to+\infty$ 时，其极限为 1，随机变量 ξ_X 的数学期望、二阶原点矩及方差分别为 $X_0+\dfrac{1+\lambda(T-T_0)}{\mu}$、$\left[X_0+\dfrac{1+\lambda(T-T_0)}{\mu}\right]^2+\dfrac{1+2\lambda(T-T_0)}{\mu^2}$ 及 $\dfrac{1+2\lambda(T-T_0)}{\mu^2}$ 平均移动距离为 $\dfrac{1+\lambda(T-T_0)}{\mu}$，平均速度为 $\dfrac{1}{\mu(T-T_0)}+\dfrac{\lambda}{\mu}$。

4. 初始状态为运动的输移分布

分布函数和分布密度为

$$F_{3.0.T}(T\,|\,X_0,T_0)=\mathrm{e}^{-\lambda(T-T_0)-\mu(X-X_0)}\sum_{n=0}^{\infty}\frac{\mu^n(X-X_0)^n}{n!}\sum_{k=n}^{\infty}\frac{\lambda^k(T-T_0)^k}{k!},$$
$$X>X_0,T>T_0 \tag{7.3.8}$$

$$f_{3.0.T}(T\,|\,X_0,T_0)=\lambda\mathrm{e}^{-\lambda(T-T_0)-\mu(X-X_0)}\sum_{n=1}^{\infty}\frac{\mu^n(X-X_0)^n}{n!}\frac{\lambda^{n-1}(T-T_0)^{n-1}}{(n-1)!},$$
$$X>X_0,T>T_0 \tag{7.3.9}$$

分布函数在 $T=T_0$ 点发生跳跃，其跳跃度为 $\mathrm{e}^{-\mu(X-X_0)}$。这里应该注意，由于忽略了运动时间，当 $T\to T_0+0$ 时，极限值不为零而为 $\mathrm{e}^{-\mu(X-X_0)}$，即在初始瞬间泥沙可能到达任意点。当 $X\to+\infty$ 时，分布函数极限为随机变量 ξ_T 的数学期望、二阶原点矩及方差分别为 $T_0+\dfrac{\mu(X-X_0)}{\lambda}$、$\left[T_0+\dfrac{1+\mu(X-X_0)}{\lambda}\right]^2+\dfrac{2\mu(X-X_0)}{\lambda^2}$ 及 $\dfrac{2\mu(X-X_0)}{\lambda^2}$。

颗粒由 X_0 至 X 的平均时间和平均速度分别为 $\dfrac{\mu(X-X_0)}{\lambda}$ 和 $\dfrac{\lambda}{\mu}$。

5. 四种分布之间的关系

上面得到了点源条件下可能的四种分布,当 $X_0=T_0=0, \mu=\lambda=1$ 时,式(7.3.3)、式(7.3.7)为 Einstein 在 1937 年得到的结果[3]。当 $X_0=T_0=0$ 时,式(7.3.3)、式(7.3.7)及式(7.3.5)为 Hubbell-Sayre 在 1964 年得到的结果[4]。本书作者就固定参数的普遍情况,对四种分布从分布函数入手进行了明确的统一处理,以便进一步揭露其内在联系,同时给出了另一种输移分布式(7.3.9)。

这四种分布函数是密切联系的,在同样的初始条件下,沉积分布与输移分布之和为 1。初始状态为静止的沉积分布与初始状态为运动的输移分布关于 $\lambda(T-T_0)$ 与 $\mu(X-X_0)$ 是对称的。对于初始状态为静止的输移分布和初始状态为运动的沉积分布也有类似的对称性。由于分布函数的对称,相应的分布密度、数学期望、方差等也是对称的。这样,对于四种分布函数只需确定其中一种,其余三种即完全确定。这四种分布的统计参数的关系见表 7.1.1,从平均速度看差别不大,其中第一种与第四种完全相等,它们与第二、三种分别相差 $\pm \dfrac{1}{\mu(\bar{T}-T_0)}$,当 $\bar{T}-T_0$ 比 $\dfrac{1}{\lambda}$ 大很多时,$\dfrac{1}{\mu(\bar{T}-T_0)}$ 相对于 $\dfrac{\lambda}{\mu}$ 可忽略,此时所有四种平均速度均相同。从物理上看,四种分布相应的平均速度就是该颗粒全部可能情况的平均,因此其差别是由初始状态和终止状态的差别引起的,即相应于同一休止次数的运动次数不同引起的,从表 7.1.1 的第四列中可清楚地看到这一点。由于运动次数和休止次数的不一致,在平均运动距离、平均运动时间和方差上也显出了差别。如果运动时间 $T-T_0$ 和距离 $X-X_0$ 不是很短,则平均休止次数 $\lambda(T-T_0)$ 与平均运动次数 $\mu(X-X_0)$ 远大于 1,这时第一种分布的统计参数与第三种完全相同,而第二、四种分布的统计参数完全相同。

表 7.1.1　点源扩散的四种分布

分布类型	开始状态/终止状态	分布函数	休止次数与运动次数的关系	$\bar{X}$ 或 $\bar{T}$	方差	平均速度
1	静止开始/静止终止	$e^{-\lambda(T-T_0)-\mu(X-X_0)} \sum\limits_{n=0}^{\infty} \dfrac{\lambda^n(T-T_0)^n}{n!}$ $\times \sum\limits_{r=n}^{\infty} \dfrac{\mu^r(X-X_0)^r}{r!}$	相同	$X_0+\dfrac{\lambda(T-T_0)}{\mu}$	$\dfrac{2\lambda(T-T_0)}{\mu^2}$	$\dfrac{\lambda}{\mu}$
2	静止/开始运动终止	$e^{-\lambda(T-T_0)-\mu(X-X_0)} \sum\limits_{n=0}^{\infty} \dfrac{\mu^n(X-X_0)^n}{n!}$ $\times \sum\limits_{k=n+1}^{\infty} \dfrac{\lambda^k(T-T_0)^k}{k!}$	休止次数多 1	$T_0+\dfrac{1+\mu(X-X_0)}{\lambda}$	$\dfrac{1+2\mu(X-X_0)}{\lambda^2}$	$\dfrac{\lambda}{\mu}-\dfrac{1}{\mu(\bar{T}-T_0)}$

续表

分布类型	开始状态/终止状态	分布函数	休止次数与运动次数的关系	$\bar{X}$ 或 $\bar{T}$	方差	平均速度
3	运动开始/静止终止	$e^{-\lambda(T-T_0)-\mu(X-X_0)} \sum\limits_{n=0}^{\infty} \dfrac{\lambda^n(T-T_0+)^n}{n!}$ $\times \sum\limits_{r=n}^{\infty} \dfrac{\mu^r(X-X_0)^r}{r!}$	运动次数多1	X_0+ $\dfrac{1+\lambda(T-T_0)}{\mu}$	$\dfrac{1+2\lambda(T-T_0)}{\mu^2}$	$\dfrac{\lambda}{\mu}+\dfrac{1}{\mu(T-T_0)}$
4	运动开始/运动终止	$e^{-\lambda(T-T_0)-\mu(X-X_0)} \sum\limits_{n=0}^{\infty} \dfrac{\mu^n(X-X_0)^n}{n!}$ $\times \sum\limits_{k=n}^{\infty} \dfrac{\lambda^k(T-T_0)^k}{k!}$	相同	T_0+ $\dfrac{\mu(X-X_0)}{\lambda}$	$\dfrac{2\mu(X-X_0)}{\lambda^2}$	$\dfrac{\lambda}{\mu}$

7.3.2 线源及退化面源分布

退化面源实际是两个线源的组合,故线源问题可作为退化面源的特例。由于假定线源 $p_{T_0}(T_0)$ 在区间 $0 \leqslant T_0 \leqslant T_1$ 为均匀分布的情况,有

(1) 在线源 $p_{T_0}(T_0)$、$p_{X_0}(X_0)$ 下,初始状态均为静止的沉积分布。这时分布函数和分布密度为

$$F_{1.1.T}(X) = \frac{P_1}{T_1}\int_0^{T'} F_{1.1.T}(X \mid T_0)\mathrm{d}T_0 + \frac{P_2}{X_1}\int_0^{X'} F_{1.1.T}(T \mid X_0)\mathrm{d}X_0$$

$$= \frac{P_1}{\lambda T_1}e^{-\mu X} \sum_{n=0}^{\infty}\sum_{r=n}^{\infty} \frac{(\mu X)^r}{r!} \sum_{k=0}^{n}\left[e^{-\lambda(T-T')}\frac{\lambda^k(T-T')^k}{k!} - e^{-\lambda T}\frac{(\lambda T)^k}{k!}\right]$$

$$+ \frac{P_2}{\mu X_1}e^{-\lambda T} \sum_{n=0}^{\infty} \frac{(\lambda T)^n}{n!} \sum_{r=n}^{\infty}\sum_{k=0}^{r}\left[e^{-\mu(X-X')}\frac{\mu^k(X-X')^k}{k!} - e^{-\mu X}\frac{(\mu X)^k}{k!}\right],$$
$$X>0, T>0 \qquad (7.3.10)$$

$$f_{1.1.T}(X) = \frac{P_1\mu}{\lambda T_1}e^{-\mu X} \sum_{n=1}^{\infty} \frac{(\mu X)^{n-1}}{(n-1)!} \sum_{k=0}^{n}\left[e^{-\lambda(T-T')}\frac{\lambda^k(T-T')^k}{k!} - e^{-\lambda T}\frac{(\lambda T)^k}{k!}\right]$$

$$+ \frac{P_2}{X_1}e^{-\lambda T} \sum_{n=1}^{\infty} \frac{(\lambda T)^n}{n!} \sum_{k=0}^{n-1}\left[e^{-\mu(X-X')}\frac{\mu^k(X-X')^k}{k!} - e^{-\mu X}\frac{(\mu X)^k}{k!}\right],$$
$$X>0, T>0 \qquad (7.3.11)$$

原则上应限制 $T'=T_1 \leqslant T, X'=X_1 \leqslant X$,但是也可推广到更一般的情况,如果在沉积分布函数中加(至 T 尚未投放的概率)$P_1\left(1-\dfrac{T'}{T_1}\right)$,在以下输移分布函数中加(投

在 X 以下的概率)$P_2\left(1-\dfrac{X'}{X_1}\right)$，并且令

$$T' = \begin{cases} T, & T < T_1 \\ T_1, & T \geqslant T_1 \end{cases}, \quad X' = \begin{cases} X, & X < X_1 \\ X_1, & X \geqslant X_1 \end{cases} \tag{7.3.12}$$

在 $X=0$ 分布函数有一跳跃，其跳跃度为 $\dfrac{P_1}{\lambda T_1}\left[\mathrm{e}^{-\lambda(T-T')}-\mathrm{e}^{-\lambda T}\right]$，这是线源 $p_{T_0}(T_0)$ 在 $X=0$ 点引起的沉积概率。当 $X \to +\infty$ 时，$F_{1.1.T}(X)$ 的极限为 $P_1+P_2=1$。这表明与点源情况类似，对任意有限 T，颗粒的沉积点不可能达到 $+\infty$。对退化面源将不列入统计参数计算，当 $P_1=0$, $P_2=1$ 时，初始状态为静止的沉积分布相当于水库下游清水冲刷时的沉积分布。

　　(2) 在线源 $p_{T_0}(T_0)$、$p_{X_0}(X_0)$ 下，初始状态均为静止的输移分布。此时分布函数和分布密度分别为

$$F_{3.1.X}(T) = \frac{P_1}{\lambda T_1}\mathrm{e}^{-\mu X}\sum_{n=0}^{\infty}\frac{(\mu X)^n}{n!}\sum_{k=n+1}^{\infty}\sum_{r=0}^{k}\left[\mathrm{e}^{-\lambda(T-T')}\frac{\lambda^r(T-T')^r}{r!}-\mathrm{e}^{-\lambda T}\frac{(\lambda T)^r}{r!}\right]$$
$$+\frac{P_2}{\mu X_1}\mathrm{e}^{-\lambda T}\sum_{n=0}^{\infty}\sum_{k=n+1}^{\infty}\frac{(\lambda T)^k}{k!}\sum_{r=0}^{n}\left[\mathrm{e}^{-\mu(X-X')}\frac{\mu^r(X-X')^r}{r!}-\mathrm{e}^{-\mu X}\frac{(\mu X)^r}{r!}\right],$$
$$X>0, T>0 \tag{7.3.13}$$

$$f_{3.1.X}(T) = \frac{P_1}{T_1}\mathrm{e}^{-\mu X}\sum_{n=0}^{\infty}\frac{(\mu X)^n}{n!}\sum_{k=0}^{n}\left[\mathrm{e}^{-\lambda(T-T')}\frac{\lambda^k(T-T')^k}{k!}-\mathrm{e}^{-\lambda T}\frac{(\lambda T)^k}{k!}\right]$$
$$+\frac{\lambda P_2}{\mu X_1}\mathrm{e}^{-\lambda T}\sum_{n=0}^{\infty}\frac{(\lambda T)^n}{n!}\sum_{r=0}^{n}\left[\mathrm{e}^{-\mu(X-X')}\frac{\mu^r(X-X')^r}{r!}-\mathrm{e}^{-\mu X}\frac{(\mu X)^r}{r!}\right],$$
$$X>0, T>0 \tag{7.3.14}$$

分布函数在 $T=0$ 点连续，其值为零。当 $T \to +\infty$ 时，分布函数的极限值为 $P_1+P_2=1$。现在考虑 $P_1=0$, $P_2=1$ 的情况，当 $X \leqslant X_1$ 时，

$$\frac{\partial}{\partial T}f_{3.1.X}(T) = -\frac{\lambda^2}{\mu X_1}\mathrm{e}^{-\lambda T-\mu X}\sum_{r=1}^{\infty}\frac{(\mu X)^r}{r!}\frac{(\lambda T)^{r-1}}{(r-1)!} < 0 \tag{7.3.15}$$

即对任意点 $X \leqslant X_1$，输移分布密度随时间递减。这反映了当水力条件恒定，清水冲刷时，各断面输沙率随时间递减的现象表明了补给作用减少的本质。

　　(3) 在线源 $p_{T_0}(T_0)$、$p_{X_0}(X_0)$ 下，初始状态均为运动的沉积分布。此时分布函数和分布密度分别为

$$F_{1.0.T}(X) = \frac{P_1}{\lambda T_1}\mathrm{e}^{-\mu X}\sum_{n=0}^{\infty}\sum_{r=n+1}^{\infty}\frac{(\mu X)^r}{r!}\sum_{k=0}^{n}\left[\mathrm{e}^{-\lambda(T-T')}\frac{\lambda^k(T-T')^k}{k!}-\mathrm{e}^{-\lambda T}\frac{(\lambda T)^k}{k!}\right]$$
$$+\frac{P_2}{\mu X_1}\mathrm{e}^{-\lambda T}\sum_{n=0}^{\infty}\frac{(\lambda T)^n}{n!}\sum_{r=n+1}^{\infty}\sum_{k=0}^{r}\left[\mathrm{e}^{-\mu(X-X')}\frac{\mu^k(X-X')^k}{k!}-\mathrm{e}^{-\mu X}\frac{(\mu X)^k}{k!}\right],$$

$$X>0,T>0 \quad (7.3.16)$$

$$f_{1.0.T}(X)=\frac{P_1\mu}{\lambda T_1}\mathrm{e}^{-\mu X}\sum_{n=0}^{\infty}\frac{(\mu X)^n}{n!}\sum_{k=0}^{n}\left[\mathrm{e}^{-\lambda(T-T')}\frac{\lambda^k(T-T')^k}{k!}-\mathrm{e}^{-\lambda T}\frac{(\lambda T)^k}{k!}\right]$$

$$+\frac{P_2}{X_1}\mathrm{e}^{-\lambda T}\sum_{n=0}^{\infty}\frac{(\lambda T)^n}{n!}\sum_{r=0}^{n}\left[\mathrm{e}^{-\mu(X-X')}\frac{\mu^r(X-X')^r}{r!}-\mathrm{e}^{-\mu X}\frac{(\mu X)^r}{r!}\right],$$

$$X>0,T>0 \quad (7.3.17)$$

分布函数在 $X=0$ 点是连续的,其值为零。当 $X\to+\infty$ 时,其极限值为 $P_1+P_2=1$。现在考虑当 $P_1=1,P_2=0$ 时初始状态为运动的沉积分布,即相当于水力因素沿程不变时水库淤积时的沉积分布,当 $T\leqslant T_1$ 时,有

$$\frac{\partial}{\partial X}f_{1.0.T}(X)=-\frac{\mu^2}{\lambda T_1}\mathrm{e}^{-\lambda T-\mu X}\sum_{k=1}^{\infty}\frac{(\lambda T)^k}{k!}\frac{(\mu X)^k}{k!}<0 \quad (7.3.18)$$

可见沉积分布沿程递减,这正好描述了水力因素沿程不变时,水库沉积上游多、下游少的现象。这一分布与 Todorovic 的连续源的分布[9]是一致的。

(4) 在线源 $p_{T_0}(T_0)$、$p_{X_0}(X_0)$ 下,初始状态均为运动的输移分布。此时分布函数和分布密度分别为

$$F_{3.0.X}(T)=\frac{P_1}{\lambda T_1}\mathrm{e}^{-\mu X}\sum_{n=0}^{\infty}\frac{(\mu X)^n}{n!}\sum_{k=n}^{\infty}\sum_{r=0}^{k}\left[\mathrm{e}^{-\lambda(T-T')}\frac{\lambda^r(T-T')^r}{r!}-\mathrm{e}^{-\lambda T}\frac{(\lambda T)^r}{r!}\right]$$

$$+\frac{P_2}{\mu X_1}\mathrm{e}^{-\lambda T}\sum_{n=0}^{\infty}\sum_{k=n}^{\infty}\frac{(\lambda T)^k}{k!}\sum_{r=0}^{n}\left[\mathrm{e}^{-\mu(X-X')}\frac{\mu^r(X-X')^r}{r!}-\mathrm{e}^{-\mu X}\frac{(\mu X)^r}{r!}\right],$$

$$X>0,T>0 \quad (7.3.19)$$

$$f_{3.0.X}(T)=\frac{P_1}{T_1}\mathrm{e}^{-\mu X}\sum_{n=1}^{\infty}\frac{(\mu X)^n}{n!}\sum_{k=0}^{n-1}\left[\mathrm{e}^{-\lambda(T-T')}\frac{\lambda^k(T-T')^k}{k!}-\mathrm{e}^{-\lambda T}\frac{(\lambda T)^k}{k!}\right]$$

$$+\frac{\lambda P_2}{\mu X_1}\mathrm{e}^{-\lambda T}\sum_{n=1}^{\infty}\frac{(\lambda T)^{n-1}}{(n-1)!}\sum_{r=0}^{n}\left[\mathrm{e}^{-\mu(X-X')}\frac{\mu^r(X-X')^r}{r!}-e^{-\mu X}\frac{(\mu X)^r}{r!}\right],$$

$$X>0,T>0 \quad (7.3.20)$$

分布函数在 $T=0$ 发生跳跃,其跳跃度为 $\frac{P_2}{\mu X_1}[\mathrm{e}^{-\mu(X-X')}-\mathrm{e}^{-\mu X}]$,这是线源 $p_{X_0}(X_0)$ 在 $T=0$ 时引起的输移概率。由于采用了运动不需要时间的假定,当 $T=0$ 时,通过 X 的输移概率大于零。当 $T\to+\infty$ 时,其极限为 $P_1+P_2=1$。与前面类似,当 $P_1=1,P_2=0$ 时,初始状态为运动的输移分布,即相当于水力因素沿程不变时水库淤积的输移分布。

7.4　变动参数忽略运动时间的情况

对于变动参数,休止时间和单次长度的分布密度分别为

$$p_T(X_0, T_0, t) = \lambda(X_0, T_0 + t) e^{-\int_0^t \lambda(X_0, T_0 + u) du} \qquad (7.4.1)$$

$$p_X(T_0, X_0, x) = \mu(T_0, X_0 + x) e^{-\int_0^x \mu(T_0, X_0 + u) du} \qquad (7.4.2)$$

故忽略运动时间时,初始状态静止的沉积分布为

$$
\begin{cases}
P[B_{1.1.0.X_0.T_0}] = \int_{T-T_0}^{+\infty} p_T(X_0, T_0, t) dt \\
P[B_{1.1.n.X_0.T_0}] = \int_D \cdots \int p_T(X_0, T_0, t_0) p_T(X_0 + x_1, T_0 + t_0, t_1) \cdots \\
\qquad p_T(X_0 + x_1 + \cdots + x_n, T_0 + t_0 + \cdots + t_{n-1}, t_n) p_X(T_0 + t_0, X_0, x_1) \\
\qquad \times p_X(T_0 + t_0 + t_1, X_0 + x_1, x_2) \cdots p_X(T_0 + t_0 + \cdots + t_{n-1}, X_0 + x_1 + \cdots \\
\qquad + x_{n-1}, x_n) dt_0 \cdots dt_n dx_1 \cdots dx_n, \quad n \geqslant 1
\end{cases}
$$

$$(7.4.3)$$

$$P[B_{1.1.X_0.T_0}] = \sum_{n=0}^{\infty} P[B_{1.1.n.X_0.T_0}] \qquad (7.4.4)$$

$$P[B_{1.1}] = \int_0^{T_1} \int_0^{X_1} P[B_{1.1.X_0.T_0}] p_0(X_0, T_0) dX_0 dT_0 \qquad (7.4.5)$$

其中积分区域 D 为

$$\left\{ \sum_{i=0}^{n} t_i > T - T_0, \sum_{i=0}^{n-1} t_i \leqslant T - T_0, \sum_{i=1}^{n} x_i \leqslant X - X_0, t_i \geqslant 0, x_i \geqslant 0 \right\}$$

显然,式(7.4.3)是在 $\xi_{t.i}$ 与 $\xi_{x.i}$ 相互独立的情况下才成立,对其他各种情况的分布也可得到类似的结果。除非式(7.4.1)和式(7.4.2)为特殊的分布,否则式(7.4.4)和式(7.4.5)只能用数字计算得到结果。当 λ 与 X_0 无关,μ 与 T_0 无关时,则由式(7.4.4)可得 Shen-Todorovic 分布[9]。

7.5　固定参数考虑运动时间的分布

考虑运动时间时共有三种分布:沉积分布、输移分布和运动分布。这里只研究沉积分布,用类似的方法不难得到其他两种分布。

假设运动速度恒为 U,则由单次运动距离的分布密度可得单次运动时间的分布密度为

$$p_t(t) = \mu U e^{-\mu U t} = \mu' e^{-\mu' t}$$

在时刻 T_0 以静止状态位于 X_0 的颗粒到时刻 T 时，于第 n 个休止期位于床面，其所走过的路程小于 X 的概率为

$$P[B_{1.1.0.X_0.T_0}] = e^{-\lambda(T-T_0)}$$

$$P[B_{1.1.n.X_0.T_0}] = \int \cdots \int_D \lambda^{n+1} e^{-\lambda \sum\limits_{i=0}^{n} t_i} \mu'^n e^{-\mu' \sum\limits_{i=1}^{n} \tau_i} dt_0 \cdots dt_n d\tau_1 \cdots d\tau_n$$

$$= \lambda^n \mu' e^{-\lambda(T-T_0)} \left[\sum_{r_n=0}^{n} \frac{(-1)^n A_{r_n}}{(\lambda-\mu')^{2n-r_n}} \frac{(T-T_0)^{r_n}}{r_n!} - \sum_{k=1}^{n} (-1)^k \frac{\left(\dfrac{X-X_0}{U}\right)^{n-k}}{(n-k)!} \right]$$

$$\times \sum_{r_k=0}^{n} \frac{A_{r_k}}{(\lambda-\mu')^{n-r_k+k}} e^{(\lambda-\mu')\frac{X-X_0}{U}} \frac{\left(T-T_0-\dfrac{X-X_0}{U}\right)^{r_k}}{r_k!}, \quad n \geqslant 1$$

$$(7.5.1)$$

其中积分区域 D 为

$$\left\{ \sum_{i=0}^{n-1} t_i + \sum_{i=1}^{n} \tau_i \leqslant T-T_0, \sum_{i=0}^{n} t_i + \sum_{i=1}^{n} \tau_i > T-T_0, \sum_{i=1}^{n} \tau_i \leqslant \frac{X-X_0}{U}, \tau_i, t_i \geqslant 0 \right\}$$

又

$$A_{r_k} = \sum_{r_{k-1}=r_k}^{n} \sum_{r_{k-2}=r_{k-1}}^{n} \cdots \sum_{r_2=r_3}^{n} (n+1-r_2), \quad k=2,\cdots,n \qquad (7.5.2)$$

从而可得单个颗粒的沉积分布函数为

$$F_{1.1.T}^*(X \,|\, X_0, T_0) = e^{-\lambda(T-T_0)} + \sum_{n=1}^{\infty} e^{-\lambda(T-T_0)} \lambda^n \mu'^n \left[\sum_{r_n=0}^{n} \frac{(-1)^n A_{r_n}}{(\lambda-\mu')^{2n-r_n}} \frac{(T-T_0)^{r_n}}{r_n!} \right.$$

$$\left. - \sum_{k=1}^{n} (-1)^k \frac{\left(\dfrac{X-X_0}{U}\right)^{n-k}}{(n-k)!} \times \sum_{r_k=0}^{n} \frac{A_{r_k}}{(\lambda-\mu')^{n-r_k+k}} e^{(\lambda-\mu')\frac{X-X_0}{U}} \frac{\left(T-T_0-\dfrac{X-X_0}{U}\right)^{r_k}}{r_k!} \right]$$

$$(7.5.3)$$

比较式(7.5.3)和式(7.3.2)可知，考虑运动时间使分布函数形式更加复杂。对 $F_{1.1.T}^*(X \,|\, X_0, T_0)$ 求导数可得分布密度为

$$f_{1.1.T}^*(X \,|\, X_0, T_0) = -\sum_{n=2}^{\infty} \lambda^n u'^n e^{-\lambda(T-T_0)} \sum_{k=1}^{n-1} \frac{(-1)^k}{U} \frac{\left(\dfrac{X-X_0}{U}\right)^{n-k-1}}{(n-k-1)!}$$

$$\times \sum_{r_k=0}^{n} \frac{A_{r_k}}{(\lambda-\mu')^{n-r_k+k}} e^{\frac{\lambda-\mu'}{U}(X-X_0)} \frac{\left(T-T_0-\dfrac{X-X_0}{U}\right)^{r_k}}{r_k!}$$

$$-\sum_{n=1}^{\infty} \lambda^n \mu'^n e^{-\lambda(T-T_0)} \sum_{k=1}^{n} \frac{(-1)^k}{U} \frac{\left(\dfrac{X-X_0}{U}\right)^{n-k}}{(n-k)!}$$

$$\sum_{r_k=0}^{n} \frac{A_{r_k}}{(\lambda-\mu')^{n-r_k+k-1}} e^{(\lambda-\mu')\frac{X-X_0}{U}} \frac{\left(T-T_0-\dfrac{X-X_0}{U}\right)^{r_k}}{r_k!}$$

$$+ \sum_{n=1}^{\infty} \lambda^n \mu'^n e^{-\lambda(T-T_0)} \sum_{k=1}^{n} \frac{(-1)^k}{U} \frac{\left(\dfrac{X-X_0}{U}\right)^{n-k}}{(n-k)!}$$

$$\times \sum_{r_k=1}^{n} \frac{A_{r_k}}{(\lambda-\mu')^{n-r_k+k}} e^{\frac{\lambda-\mu'}{U}(X-X_0)} \frac{\left(T-T_0-\dfrac{X-X_0}{U}\right)^{r_k-1}}{(r_k-1)!} \qquad (7.5.4)$$

当运动时间可忽略即 $U \to +\infty$ 时,有

$$\lim_{U \to +\infty} F_{1.1.T}^{*}(X \mid X_0, T_0) = F_{1.1.T}(X \mid X_0, T_0)$$

$$\lim_{U \to +\infty} f_{1.1.T}^{*}(X \mid X_0, T_0) = f_{1.1.T}(X \mid X_0, T_0)$$

这表明式(7.3.2)、式(7.3.3)是式(7.5.3)、式(7.5.4)的特殊情况。

若在 $X_0 = 0$ 处以静止状态加入连续源 $p_{T_0}(T_0)$,其分布密度均匀分布,则分布函数与分布密度为

$$F_{1.1.T}^{*}(X) = \frac{1}{\lambda T_1} \left[e^{-\lambda(T-T')} - e^{-\lambda T} \right]$$

$$+ \frac{1}{\lambda T_1} \sum_{n=1}^{\infty} \left\{ \sum_{r_n=0}^{n} \frac{(-1)^n \lambda^{n-r_k} \mu'^n A_{r_n}}{(\lambda-\mu')^{2n-r_n}} \sum_{r=0}^{r_n} \left[e^{-\lambda(T-T')} \frac{\lambda^r (T-T')^r}{r!} - e^{-\lambda T} \frac{(\lambda T)^r}{r!} \right] \right.$$

$$- \sum_{k=1}^{n} \mu'^n \frac{\left(\dfrac{X}{U}\right)^{n-k}}{(n-k)!} \sum_{r_k=0}^{n} \frac{(-1)^k \lambda^{n-r_k} A_{r_k} e^{\frac{\mu'}{U}X}}{(\lambda-\mu')^{n-r_k+k}}$$

$$\times \sum_{r=0}^{r_k} \left. \left[e^{-\lambda\left(T-T'-\frac{X}{U}\right)} \frac{\lambda^r \left(T-T'-\dfrac{X}{U}\right)^r}{r!} - e^{-\lambda\left(T-\frac{X}{U}\right)} \frac{\lambda^r \left(T-\dfrac{X}{U}\right)^r}{r!} \right] \right\}$$

$$(7.5.5)$$

$$f_{1.1.T}^{*}(X) = \frac{1}{\lambda T_1} \sum_{n=1}^{\infty} \left\{ \sum_{k=0}^{n} \frac{(-1)^k \mu'^{n+1}}{U} e^{-\frac{\mu'}{U}X} \frac{\left(\dfrac{X}{U}\right)^{n-k}}{(n-k)!} \sum_{r_k=0}^{n} \frac{\lambda^{n-r_k} A_{r_k}}{(\lambda-\mu')^{n-r_k+k}} \right.$$

$$\times \sum_{r=0}^{r_n} \left. \left[e^{-\lambda\left(T-T'-\frac{X}{U}\right)} \frac{\lambda^r \left(T-T'-\dfrac{X}{U}\right)^r}{r!} - e^{-\lambda T\left(T-\frac{X}{U}\right)} \frac{\lambda^r \left(T-\dfrac{X}{U}\right)^r}{r!} \right] \right\}$$

$$- \frac{1}{\lambda T_1} \sum_{n=2}^{\infty} \left\{ \sum_{k=1}^{n-1} (-1)^k \frac{\mu'^n}{U} e^{-\mu'\frac{X}{U}} \frac{\left(\dfrac{X}{U}\right)^{n-k-1}}{(n-k-1)!} \sum_{r_k=0}^{n} \frac{\lambda^{n-r_k} A_{r_k}}{(\lambda-\mu')^{n-r_k+k}} \right.$$

$$\times \sum_{r=0}^{r_k} \left[e^{-\lambda\left(T-T'-\frac{X}{U}\right)} \frac{\lambda^r \left(T-T'-\frac{X}{U}\right)^r}{r!} - e^{-\lambda\left(T-\frac{X}{U}\right)} \frac{\lambda^r \left(T-\frac{X}{U}\right)^r}{r!} \right] \right\}$$

$$-\frac{1}{\lambda T_1} \sum_{n=1}^{\infty} \left\{ \sum_{k=1}^{n} (-1)^k \frac{u'^n}{U} e^{-\mu'\frac{X}{U}} \frac{\left(\frac{X}{U}\right)^{n-k}}{(n-k)!} \sum_{r_k=0}^{n} \frac{\lambda^{n-r+1} A_{r_k}}{(\lambda-\mu')^{n-rk+k}} \right.$$

$$\left. \times \left[e^{-\lambda\left(T-T'-\frac{X}{U}\right)} \frac{\lambda^{r_k} \left(T-T'-\frac{X}{U}\right)^{r_k}}{r_k!} - e^{-\lambda\left(T-\frac{X}{U}\right)} \frac{\lambda^{r_k} \left(T-\frac{X}{U}\right)^{r_k}}{r_k!} \right] \right\} \quad (7.5.6)$$

当 $U \to +\infty$ 时，$F^*_{1.1.T}(X)$ 和 $f^*_{1.1.T}(X)$ 的极限与忽略运动时间的式(7.3.10)、式(7.3.11)是完全一致的。

7.6　分布参数 λ 及 ν 的确定

1. 单步滚动距离及时间

第 4 章中式(4.1.87)已给出平均单步滚动距离

$$\bar{x}_2 = 1.96D = \frac{1}{\mu_2}$$

单步滚动时间按式(8.1.40)及(8.1.42)为

$$\tilde{t}_2 = \tilde{t}_{2.1} + \tilde{t}_{2.2} = \frac{1}{\lambda_2}$$

而 $\tilde{t}_{2.1}$ 及 $\tilde{t}_{2.2}$ 则由下述方程组决定：

$$\tilde{u}_{2.x.1} = \frac{u_{2.x.1}}{\omega_0} = \tilde{V}_b - \varphi(\Delta') \tanh\left[\tilde{a}_1 \varphi(\Delta') \tilde{t}_{2.1} + \operatorname{artanh} \frac{\tilde{V}_b - \tilde{u}_{2.x.0}}{\varphi(\Delta')} \right]$$

$$\tilde{t}_{2.1} = \frac{\omega_0}{D} t_{2.1} = \frac{1}{\tilde{a}_1 \varphi(\Delta')} \left[\operatorname{artanh} \frac{\tilde{V}_b - \tilde{u}_{2.x.1}}{\varphi(\Delta')} - \operatorname{artanh} \frac{\tilde{V}_b - \tilde{u}_{2.x.0}}{\varphi(\Delta')} \right]$$

$$\tilde{u}_{2.x.2} = \frac{u_{2.x.2}}{\omega_0} = \tilde{V}_b - \frac{(\tilde{V}_b - \tilde{u}_{2.x.2})(\tilde{V}_b - \tilde{u}_{2.x.1})}{\tilde{u}_{2.x.2} - \tilde{u}_{2.x.1}} \ln \frac{\tilde{V}_b - \tilde{u}_{2.x.1}}{\tilde{V}_b - \tilde{u}_{2.x.2}}$$

$$\tilde{t}_{2.2} = \frac{\omega_0}{D} t_{2.2} = \frac{1}{a_1} \frac{\tilde{u}_{2.x.2} - \tilde{u}_{2.x.1}}{(\tilde{V}_b - \tilde{u}_{2.x.2})(\tilde{V}_b - \tilde{u}_{2.x.1})}$$

$$\tilde{u}_{2.x.2} = \tilde{u}_{2.x.0} \quad (7.6.1)$$

这五个方程联解可求出 $\tilde{t}_{2.1}$、$\tilde{t}_{2.2}$ 等。在第 8 章中列出了具体解法，同时在表 8.2.3 中已给出了 $\tilde{t}_2 = f\left(\frac{\tilde{V}_b}{\omega_0}\right)$ 的数字计算结果，可直接采用 $t_2 = \frac{D}{\omega_0} \tilde{t}_2$。

2. 单步跳跃距离和时间

根据第 4 章给出的方程组和第 8 章的数字计算,要确定跳跃运动参数 λ_3 及 μ_3,必须求解 10 个方程构成的方程组。由于列出这些方程过于复杂,可直接从均衡跳跃有关参数表中由 $\dfrac{\bar{V}_b}{\omega_0}$ 查出 $\mu_3 = \dfrac{1}{\bar{x}_3}$ 及 $\lambda_3 = \dfrac{1}{t_3}$。

3. 同时考虑滚动与跳跃的参数 λ_b、t_b

这里涉及如何相加的问题。此时可采用式(6.5.40),即

$$\mu_b = \frac{q_2\mu_2/U_2 + q_3\mu_3/U_3}{q_{2l}/U_2 + q_3/U_3} \tag{7.6.2}$$

式中,q_2、q_3 分别为滚动与跳跃单宽输沙率;U_2、U_3 分别为滚动与跳跃平均速度,它们均可从表中查出。但是该表给出的是无因次形式,即 $\tilde{U}_2 = \dfrac{U_2}{\omega_0}$,$\tilde{U}_3 = \dfrac{U_3}{\omega_0}$。

4. 单步运动与单次运动参数的差别

推移质扩散模型的参数应采用单次运动的参数。第 5 章已给出,对于一颗泥沙的单步运动参数为

$$\bar{X}_1 = \frac{1}{\mu} \tag{7.6.3}$$

$$\bar{t}_1 = \frac{1}{\mu U} \tag{7.6.4}$$

下标 1 表示一颗泥沙单步运动。而对于一颗泥沙单次运动的参数为

$$\bar{X}_2 = \frac{1}{(1-\beta_{2.2})\mu} \tag{7.6.5}$$

$$\bar{t}_2 = \frac{1}{(1-\beta_{3.3})\mu U} \tag{7.6.6}$$

可见,单步运动与单次运动的差别为 $1-\beta_{i.i}$,即单次运动的 $\bar{X}_2$、$\bar{t}_2$ 比单步运动的 $\bar{X}_1$、$\bar{t}_1$ 大 $\dfrac{1}{1-\beta_{i.i}}$ 倍,而 $\beta_{i.i}$ 由式(5.2.30)的概率矩阵给出,即 $\beta_{2.2} = (\varepsilon_0 - \varepsilon_2)(1-\varepsilon_4)$,$\beta_{3.3} = \varepsilon_2(1-\varepsilon_4)$。

参 考 文 献

[1]　Einstein H A. Bed Load Transport as a Probability Problem, in sedimentation[PhD thesis]. 1972.

[2] Crickmore M J,Lean G H. The measurement of sand transport by the time-integration method with radioactive tracers. Proceedings of the Royal Society of London,1962,270 (1340):27-47.

[3] Hubbell D W,Sayre W W. Sand transport studies with radioactive tracers. Journal of the Hydraulics Division,ASCE,1965,91:139-148.

[4] Todorović P. A stochastic process of monotonous sample functions. Matematički Vesnik, 1967,4(19):149-158.

[5] Yano K,Tsuchiya Y,Michive M. Tracer studies on the movement of sand and gravel. IAHR 13th Congress,1969.

[6] Yang T. Sand dispersion in a laboratory flume[PhD thesis]. Colorado :Colorado State University,1968.

[7] Grigg N S. Motion of single particles in alluvial channels. Journal of the Hydraulics Division,1970,96(12),2501.

[8] Yang C T,Sayre W W. Stochastic model for sand dispersion. Journal of the Hydraulics Division,1971,97:265-288.

[9] Todorovic P. On some problems involving random number of random variables. Annals of Mathematical Statistics,1970,41(3):1059-1063.

[10] Shen H W,Todorovic P. A general stochastic sediment transport model. International Symposium On Stochastic Hydraulics,Pittsburgh,1971.

[11] Cheong H F,Shen H W. Stochastic characteristics of sediment motions. Journal of the Hydraulics Division,1976,102(7):1035-1049.

[12] 孙志林. 非均匀沙输移的随机理论[博士学位论文]. 武汉:武汉水利电力大学,1996.

[13] 韩其为,何明民. 推移质扩散的随机模型及统计规律. 中国科学,1980,(4):92-104.

[14] Todorovic P. A stochastic model of dispersion of sediment particles released from a continuous source. Water Resources Research,1975,11(6):919-925.

[15] 韩其为,何明民. 泥沙运动统计理论. 北京:科学出版社,1984.

[16] ВеликановM A. Динамика Русновых Лотков. Том. Ⅱ,M. ,Гостехиздат,1955.

[17] Einstein H A. 明渠水流的夹沙能力. 钱宁,译. 北京:水利出版社,1956.

[18] ХинчинА Я. 公用事业的数学理论. 张千里,殷涌泉,译. 北京:科学出版社,1958.

[19] 韩其为,何明民. 非均匀悬移质不平衡输沙. 北京:科学出版社,2013.

[20] 韩其为. 非均匀沙推移质运动理论研究. 北京:中国水利水电科学研究院,2011.

第8章　推移质各种参数的数字计算、验证及特性分析

本章根据第4～6章等理论成果,并结合过去的一些研究[1-8],围绕转移概率、状态概率、泥沙单步运动参数及推移质滚动、跳跃、推移质输沙能力进行数字计算、特性分析以及实际资料验证。

8.1　推移质运动参数的数字计算

本节数字计算中要广泛用到数字积分。由于各参数变化较平缓,一般分点较多,数字积分采用梯形法即可,故本节中一般不做这方面的说明。

8.1.1　颗粒基本转移概率的计算

1. 水流底部流速及其作用流速的确定

泥沙运动的动力来自水流速度,特别是底部水流速度 V_b。对于滚动颗粒,运动自然取决于 V_b,但是对跳跃运动并不完全如此。事实上,颗粒跳跃高度可能到直径的6倍以上,而不是只受 V_b 的影响。现在对跳跃运动引进作用流速 V_f,它是决定跳跃运动的实际作用流速。为了使符号统一,V_b 作为标记速度,用以研究规律。作用流速则由底部流速(实际是流速分布)与跳跃高确定,据此计算颗粒运动。现在用尼基丁流速分布公式[9]确定底速和作用流速。他在较为粗糙的床面上做了大量流速分布及脉动试验,他的条件较适合推移质。他给出的公式为

$$\frac{V}{u_*}=f\left(\frac{y}{\delta}\right)=\begin{cases}6.45\lg\dfrac{y}{\delta}+8.4-2.8\dfrac{\delta}{y}=f\left(\dfrac{y}{\delta}\right), & \delta\leqslant y\leqslant h \\ 5.6\dfrac{y}{\delta}, & 0\leqslant y\leqslant\delta\end{cases} \tag{8.1.1}$$

式中,y 为离床面的高度;V 为该点水流速度;u_* 为动力流速;δ 为绝对糙度,以下取 $\delta=D$。按照一般的看法,可能认为 V_b 应为 $y=\delta=D$ 处的流速,即 $V_b=5.6u_*$。但是在第2章中,经过研究认为取稍低的点,即 $y=\dfrac{2}{3}D=D-\dfrac{D}{3}$ 处的流速作为底速较恰当。对于跳跃颗粒,考虑到跳跃高以下的流速均会影响颗粒跳跃,可取两端点流速的平均值来代替。此平均流速可称为作用流速。现在取下端点流速为 $V_b=5.6\left(D-\dfrac{D}{3}\right)u_*=3.73u_*$,则上端点的流速应为

$$V_{y_m} = \left[6.45\lg\frac{y_m - \dfrac{D}{3}}{D} + 8.4 - 2.8\frac{D}{y_m - \dfrac{D}{3}} \right] u_*$$

$$= u_* \left[6.45\lg\left(\frac{y_m}{D} - \frac{1}{3}\right) + 8.4 - 2.8\left(\frac{y_m}{D} - \frac{1}{3}\right)^{-1} \right] = u_* f_1\left(\frac{y_m}{D} - \frac{1}{3}\right)$$

于是作用流速——上、下端点流速的平均值为

$$V_f = \frac{u_*}{2}\left[\frac{2}{3} \times 5.6 + f_1\left(\frac{y_m}{D} - \frac{1}{3}\right)\right] = \frac{1}{2}\left[\bar{V}_b + u_* f_1\left(\frac{y_m}{D} - \frac{1}{3}\right)\right] \quad (8.1.2)$$

式中,

$$f_1\left(\frac{y_m}{D} - \frac{1}{3}\right) = 6.45\lg\left(\frac{y_m}{D} - \frac{1}{3}\right) + 8.4 - 2.8\left(\frac{y_m}{D} - \frac{1}{3}\right)^{-1} \quad (8.1.3)$$

需要说明的是,下端点流速 V_b 没有取 $y = D$ 处的 $5.6u_*$,而是采用 $\bar{V}_b = 5.6\left(1 - \dfrac{D}{3}\right)u_* = 3.73u_*$,故为了彼此匹配,上端的流速位置也要平行减去 $\dfrac{D}{3}$,即 $V_{y_m} = f_1\left(y_m - \dfrac{D}{3}\right)u_*$。由于上端点流速大,对 V_f 起主要作用,如取 y_m 处的流速,则 $V_b = 5.6u_*$ 与 $V_b = 3.73u_*$ 计算的 V_f 差别不大,底部流速的作用显著减弱,故采用了上述确定作用流速的方法。此外,式(8.1.2)尚有一个限制条件,就是 V_f 不能小于 $3.73u_*$。

还需说明的是,在计算作用流速 V_f 时需要知道 y_m,而确定 y_m 又需要知道 $\bar{V}_b$,因此推移质跳跃运动的一套参数(特别是包括 y_m)必须与 V_f 的计算一起迭代,一般迭代 1～2 次即可得到较可靠的 y_m 和 V_f。计算跳跃运动作用流速 V_f 要考虑相应的跳跃高,这是韩其为首次提出的[2],事实证明这是必要的。例如,当 $\dfrac{u_*}{\omega_0} = 1.82$,$\dfrac{\bar{V}_b}{\omega_0} = 3.73\dfrac{u_*}{\omega_0} = 6.7886$,$y_m = 6.2404D$ 时,$\dfrac{V_f}{\omega_0} = \dfrac{1}{2}\left[3.73 + f_1\left(\dfrac{y_m}{D} - \dfrac{1}{3}\right)\right]\dfrac{u_*}{\omega_0} = 8.316\dfrac{u_*}{\omega_0} = 2.229\dfrac{\bar{V}_b}{\omega_0} = 15.132$。可见作用流速 $V_f = 2.229\bar{V}_b$,两者差别是很大的。此时不考虑 V_f 的变化不能得到正确的结果。从这里可以看出,如果在计算中引进作用流速系数

$$K_f = \frac{V_f}{\bar{V}_b} = \frac{1}{2}\left[1 + \frac{u_*}{\bar{V}_b}f_1\left(\frac{y_m}{D} - \frac{1}{3}\right)\right] \quad (8.1.4)$$

则计算比较方便。需要强调指出的是,对于非均匀沙,式(8.1.4)中 $\dfrac{y_m}{D}$ 变为 $\dfrac{y_m(D_l)}{D_l}$,即 $\dfrac{V_f}{\bar{V}_b}$ 还是粒径的函数。也就是对同一床面条件不同 D_l,作用流速是不同的。为了使表示不致过于复杂,作用流速一般不加下标。

2. 床面非均匀沙起动概率[2]

无论是弱平衡还是强平衡,也无论是均匀沙还是非均匀沙,颗粒单步运动有关参数、输沙率的各种其他参数都是随机变量[3]。这是因为它们直接和间接地依赖底部水流速度 V_b、泥沙在床面的位置 Δ' 和粒径 D,而这三个都是独立的随机变量。因此,需要求有关参数的数学期望等。首先要确定 4×4 种状态转移概率,根据第 5 章研究,这 16 个概率中只需要确定其中的基本概率 $\varepsilon_{0.l}$、$\varepsilon_{1.l}$、$\varepsilon_{2.l}$、$\varepsilon_{4.l}$、β_l、$\varepsilon_{5.1.l}$ 及 $\varepsilon_{5.2.l}$,其他概率则容易由它们推出。

对于起动的条件概率 $\varepsilon_1(\Delta'_l, D_l)$,它为

$$\varepsilon_1(\Delta'_l, D_l) = P\left[\xi_{V_b} > V_{b.c.1.l}(\Delta'_l, D_l) \mid \xi_{\Delta'_l} = \Delta'_l, \xi_D = D_l\right]$$

$$= \int_{V_{b.c.1.l}(\Delta'_l, D_l)}^{\infty} P_{V_b}(V_b) dV_b = \frac{1}{\sqrt{2\pi} \sigma_x} \int_{V_{b.c.1.l}(\Delta'_l, D_l)}^{\infty} e^{-\left(\frac{V_b - \bar{V}_b}{2\sigma_x^2}\right)^2} dV_b$$

$$= \frac{1}{\sqrt{2\pi}} \int_{\frac{V_{b.c.1.l}(\Delta'_l, D_l) - \bar{V}_b}{\sigma_x}}^{\infty} e^{-\frac{(V_b - \bar{V}_b)^2}{2\sigma_x^2}} dV = \frac{1}{\sqrt{2\pi}} \int_{t_{1.l}}^{\infty} e^{-\frac{t^2}{2}} dt$$

$$= \phi\left[t_{1.l}\left(\Delta'_l, \frac{\bar{V}_b}{\omega_{1.l}}\right)\right] \tag{8.1.5}$$

式中,V 的第 4 下标表示粒径组编号;$V_{b.c.1.l}$ 是以底部水流速度表示的起动速度(由静止转为滚动的速度,由于它使用很频繁,有时简化为 $V_{b.c}$);D_l 为第 l 组粒径。粒径的分布是取实际颗粒级配的经验分布,即将粒径分组后,每组有给定的频率作为概率的近似值,即对于床沙的 l 组粒径的概率由其级配 $P_{1.l}$ 代替。其次对于单颗运动力学参数及输沙率参数,有时并不要求给出粒径的无条件期望,而是分粒径组研究后再叠加总输沙率,所以关于粒径无条件期望往往不直接求出。

$$t_{1.l} = \frac{V_{b.c.1.l}(\Delta'_l, D_l) - \bar{V}_b}{\sigma_x} = 2.7\left[\frac{\omega_1(D_l)\varphi(\Delta'_l)}{\bar{V}_b} - 1\right]$$

$$= 2.7\left[\frac{K_1\varphi(\Delta'_l)}{\frac{\bar{V}_b}{\omega_{0.l}}} - 1\right] = t_{1.l}\left(\frac{\bar{V}_b}{\omega_{0.l}}, \Delta'_l\right) \tag{8.1.6}$$

对于均匀沙[2]

$$\varphi(\Delta'_l) = \sqrt{\frac{\sqrt{2\Delta'_l - \Delta'^2_l}}{\left(\frac{4}{3} - \Delta'_l\right) + \frac{1}{4}\left(\frac{1}{3} + \sqrt{2\Delta'_l - \Delta'^2_l}\right)}} \tag{8.1.7}$$

对于非均匀沙,式(8.1.7)仍正确,只是 Δ' 将取决于 $\bar{D}/D_l$,这些后面要提到。而

$$t = \frac{V_b - \bar{V}_b}{\sigma_x} = 2.70\left(\frac{V_b}{\bar{V}_b} - 1\right) \tag{8.1.8}$$

这里暂取 $\sigma_x = 0.37\bar{V}_b$，$K_1 = \dfrac{\omega_1}{\omega_0}$。此处 ω_0 是不存在黏着力与薄膜水附加下压力时的 ω_1；起动特征速度 ω_1 是存在黏着力与薄膜水附加下压力的值。显然，由式(2.3.13)及式(2.3.16)有

$$K_1 = \frac{\omega_1}{\omega_0} = \frac{\sqrt{53.9D + \dfrac{1.56 \times 10^{-6}}{D}}}{\sqrt{53.9D}} = \sqrt{1 + \frac{2.89 \times 10^{-8}}{D^2}} \tag{8.1.9}$$

式中单位以 m、s 计。此式已取水深 $H=5\mathrm{m}$，代替水深 $1\sim10\mathrm{m}$，而消去了次要变量水深。当 $D>0.25\mathrm{mm}$，$\dfrac{\omega_1}{\omega_0}<1.21$；当 $D\geqslant0.5\mathrm{mm}$，$\dfrac{\omega_1}{\omega_0}=1.056\approx1$；当 $D=0.1\mathrm{mm}$ 时，$\dfrac{\omega_1}{\omega_0}=1.97$。可见，在 $0.5\mathrm{mm}>D\geqslant0.25\mathrm{mm}$ 时，可以取 $K_1=\dfrac{\omega_1}{\omega_0}=1.13$；当 $D\geqslant0.5\mathrm{mm}$ 时，可以取 $K_1=\dfrac{\omega_1}{\omega_0}\approx1$；当 D 取 $0.25\mathrm{mm}$ 时，则取 $K_1=1.20$，或直接采用式(8.1.9)。当然，对于不是特别细的推移质，一般忽略 ω_1 与 ω_0 的差别是可以接受的。现在求起动对 D 的条件概率 $\varepsilon_1(D_l)$。以下正如第 2 章已指出，在求基本转移概率时，仍然忽略负向速度对颗粒速度的影响。

$$\varepsilon_{1.l} = \varepsilon_{1.l}(D_l) = \int_{\Delta'_\mathrm{m}}^{\Delta'_\mathrm{M}} \varepsilon_{1.l}(\Delta'_l, D_l) p_{\Delta'_l}(\Delta'_l)\mathrm{d}\Delta'_l = \int_{\Delta'_{l.\mathrm{m}}}^{\Delta'_{l.\mathrm{m}}} p_{\Delta'_l}(\Delta'_l)\mathrm{d}\Delta'_l \left(\frac{1}{\sqrt{2\pi}}\int_{t_{1.l}}^{\infty} \mathrm{e}^{-\frac{t^2}{2}}\mathrm{d}t\right)$$

$$= \int_{\Delta'_{l.\mathrm{m}}}^{\Delta'_{l.\mathrm{m}}} p_{\Delta'_l}(\Delta'_l)\phi(t_{1.l})\mathrm{d}\Delta'_l = F_{1.l}\left(\frac{\bar{V}_b}{\omega_{1.l}}, \frac{\bar{D}}{D_l}, D_l\right) \tag{8.1.10}$$

式中，$\phi(t_{1.l})$ 和 $t_{1.l}$ 由式(8.1.5)和式(8.1.6)给出，即

$$\phi(t_{1.l}) = \frac{1}{\sqrt{2\pi}} \int_{t_{1.l}}^{\infty} \mathrm{e}^{-\frac{t^2}{2}}\mathrm{d}t \tag{8.1.11}$$

$$t_{1.l} = \frac{V_{\mathrm{b.c.1.}l} - \bar{V}_b}{\sigma_x} = \frac{V_{\mathrm{b.c.1.}l} - \bar{V}_b}{0.37\bar{V}_b} = 2.7\left[\frac{K\omega_{1.l}\varphi\left(f_{\Delta'_l}\left(\dfrac{\bar{D}}{D_l}\right)\right)}{\bar{V}_b} - 1\right]$$

$$= 2.7\left[K_1\varphi\left(f_{\Delta'_l}\left(\frac{\bar{D}}{D_l}\right)\right)\frac{\omega_{0.l}}{\bar{V}_b} - 1\right] \tag{8.1.12}$$

式中，$\sigma_x = 2.00u_*$，或 $\sigma_x = 0.37\bar{V}_b$[1]，以下取后者；K_1 取 1.20 或 1.00，对于推移质一般取 1.00，此处暂取后者。而起动概率的无条件期望为

$$\varepsilon_1\left(\frac{\bar{V}_b}{\omega_{1.l}}\right) = \sum P_{1.l}\varepsilon_{1.l}\left(\frac{\bar{V}_b}{\omega_{1.l}}, f_{\Delta'_l}\left(\frac{\bar{D}}{D_l}\right), D_l\right) \tag{8.1.13}$$

式中，$P_{1.l}$ 为床沙级配。需要强调指出的是，对于均匀沙与非均匀沙，各种概率的表达式之间仅差一个下标 l，即均匀沙粒径是固定的，非均匀沙则是按 l 分组。因此，均匀沙

与非均匀沙概率公式转换是很简单的,本章主要针对非均匀沙阐述。但是,均匀沙与非均匀沙的 $\xi(\Delta')$ 分布密度及 $\varphi(\Delta')$ 是不同的。对于均匀沙,为均匀分布,其密度为[2]

$$p_{\Delta'}(\Delta') = \frac{1}{1-\Delta'_m} = \frac{1}{0.866} \tag{8.1.14}$$

其暴露度的上、下限就是 $\Delta'_m = 0.134, \Delta'_M = 1$。对于非均匀沙,最近提出了一套床面暴露度表达方法及应用。第 2 章已证明,对于 $0 < \dfrac{\bar{D}}{D_l} < 0.6$,即对于粗颗粒,有如下关系:

$$\Delta'_l = \frac{\bar{D}}{D_l} \tag{8.1.15}$$

另外,还有中等颗粒、细颗粒需要分配空间,不能将 Δ'_l 的全部空间 $0 < \dfrac{\bar{D}}{D_l} < 1$ 均分配给粗颗粒。注意到细颗粒在非均匀沙床面上的 Δ'_l 很大,其输沙率很小,加之它也不能控制床面,对整个推移质运动影响小,故考虑细颗粒的 Δ'_l 范围为 $0.7 < \Delta'_l \leqslant 1$,相应的粗颗粒的 Δ'_l 范围为 $0 < \Delta'_l < 0.6$。按照式(8.1.15),粗颗粒的粒径范围为 $0 < \dfrac{\bar{D}}{D_l} < 0.6$。现在的问题是细颗粒 Δ'_l 与粒径之间的关系? $\dfrac{\bar{D}}{D_l}$ 的范围? 由于非均匀沙床面的粒径范围一般为两个数量级,如果范围再大,则细颗粒往往只能充填其他颗粒的空隙。例如,一般卵石河床,控制床面的粒径为 $1\text{mm} \leqslant D \leqslant 100\text{mm}$,小于 1mm 的颗粒充填空隙。再如沙质河床,控制床面的粒径为 $0.025\text{mm} \leqslant D \leqslant 2\text{mm}$,小于 0.025mm 的颗粒则充填空隙。这样对平均粒径 $\bar{D}$ 而言,粗颗粒最大粒径取为 $\dfrac{\bar{D}}{D_M} = 0.1$,细颗粒最小粒径取为 $\dfrac{\bar{D}}{D_m} = 10$。于是,非均匀沙粒径的范围可取为 $\dfrac{\bar{D}}{D_M} = 0.1 \leqslant \dfrac{\bar{D}}{D_l} \leqslant \dfrac{\bar{D}}{D_m} = 10$。这样,经过一些分析、比较,细颗粒的粒径范围可取为 $1.429 < \dfrac{\bar{D}}{D_l} \leqslant 10$,它对应 $0.7 < \Delta'_l \leqslant 1.0$。所以取 1.429,它是 0.7 的倒数,能反映 Δ'_l 与 D_l 成反比。现在 Δ'_l 还剩 $0.6 < \Delta'_l \leqslant 0.7$ 这一小区间,而相对粒径则剩下 $0.6 \leqslant \dfrac{\bar{D}}{D_l} \leqslant 1.429$ 区间。它们可作为联结粗细颗粒的 Δ'_l 与 $\dfrac{\bar{D}}{D_l}$ 之用,并简称 $0.6 \leqslant \dfrac{\bar{D}}{D_l} \leqslant 1.429$ 为中等颗粒。非均匀沙床面暴露度为

$$\Delta'_l = f_{\Delta'_l}\left(\frac{\bar{D}}{D_l}\right) = \begin{cases} \dfrac{\bar{D}}{D_l}, & 0.1 < \dfrac{\bar{D}}{D_l} < 0.6 \\[2mm] 0.6 + 0.121\left(\dfrac{\bar{D}}{D_l} - 0.6\right), & 0.6 \leqslant \dfrac{\bar{D}}{D_l} \leqslant 1.429 \\[2mm] 0.7 + 0.035\left(\dfrac{\bar{D}}{D_l} - 1.429\right), & 1.429 < \dfrac{\bar{D}}{D_l} \leqslant 10 \end{cases} \tag{8.1.16}$$

它就是式(2.1.18)。式中的中间公式是由于 Δ'_l 的区间小,Δ'_l 与 $\dfrac{\bar{D}}{D_l}$ 的关系按线性插补较简单可靠。此外,尚需说明的是,在下面研究输沙率时,常常是分粒径组进行,只是到了最后再求无条件起动概率和总输沙率等,故一般来说对 D_l 与 Δ'_l 的条件概率、条件期望也是需要注意的一个主要内容。非均匀沙条件起动概率已由式(2.4.2)及式(8.1.5)给出。对于非均匀沙中的粗、中、细颗粒均适用,并可简写成

$$\varepsilon_{1.l}(D_l) = \phi\left\{2.7\left[\frac{\overline{\varphi(\Delta'_l)}}{\bar{V}_b}\omega_{1.l} - 1\right]\right\}$$

$$= \phi(t_{1,l}), \quad 0.1 \leqslant \frac{\bar{D}}{D_l} \leqslant 10 \tag{8.1.17}$$

对 Δ'_l 的无条件起动概率由式(8.1.16)给出,于是 $\varphi(\Delta'_l) = \varphi\left(f_{\Delta'_l}\left(\dfrac{\bar{D}}{D_l}\right)\right)$。相应的全概率为

$$\varepsilon_1 = \sum P_{1.l}\varepsilon_{1.l}\left(\frac{\bar{V}_b}{\omega_{1.l}}, \varphi\left(f_{\Delta'_l}\left(\frac{\bar{D}}{D_l}\right)\right), D_l\right) \tag{8.1.18}$$

其中,床沙级配 $P_{1.l}\left(\dfrac{\bar{D}}{D_l}\right)$ 由床沙级配 $P_{1.l}(D_l)$ 转换得到。此时 $P_{1.l}$ 不变,只需将 D_l 变成 $\dfrac{\bar{D}}{D_l}$ 即可。

3. 床面非均匀沙其他基本转移概率

1) 止动概率

滚动颗粒停止下来转为静止的止动概率为

$$1 - \varepsilon_0\left(\frac{\bar{V}_b}{\omega_{0.l}}, f_{\Delta'_l}\left(\frac{\bar{D}}{D_l}\right), D_l\right) = \phi(t_{0,l}) \tag{8.1.19}$$

式中,

$$t_{0.l} = \frac{V_{b.c.1.l} - \bar{V}_b}{\sigma_x} = 2.7\left[\frac{\varphi\left(f_{\Delta'_l}\left(\frac{\bar{D}}{D_l}\right)\right)\omega_{0.l}(D_l)}{\bar{V}_b} - 1\right] \tag{8.1.20}$$

止动流速

$$V_{b.c.1.l} = \sqrt{\frac{4}{3C_x}\frac{\gamma_s - \gamma}{\gamma}gD_l}\,\varphi\left(f_{\Delta'_l}\left(\frac{\bar{D}}{D_l}\right)\right) = \omega_{0.l}(D_l)\varphi\left(f_{\Delta'_l}\left(\frac{\bar{D}}{D_l}\right)\right) \tag{8.1.21}$$

类似于起动条件概率 $\varepsilon_{1.l}\left(\dfrac{\bar{V}_b}{\omega_{1.l}}, f_{\Delta'_l}\left(\dfrac{\bar{D}}{D_l}\right), D_l\right)$,不止动条件概率 $\varepsilon_{0.l}$ $\left(\dfrac{\bar{V}_b}{\omega_{0.l}}, f_{\Delta'_l}\left(\dfrac{\bar{D}}{D_l}\right), D_l\right)$ 为

$$\varepsilon_{0.l}(D_l) = \varepsilon_{0.l}\left(\frac{\bar{V}_b}{\omega_{0.l}}, f_{\Delta'_l}\left(\frac{\bar{D}}{D_l}\right), D_l\right) = \phi\left\{2.7\left[\frac{\varphi\left(f_{\Delta'_l}\left(\frac{\bar{D}}{D_l}\right)\right)\omega_{0.l}}{\bar{V}_b} - 1\right]\right\} \tag{8.1.22}$$

2) 跳跃概率

对于跳跃概率、悬浮概率等，除各自定义及积分限 t 不同外，其他条件概率表达式是完全类似的。因此，以下将不一一给出，只是说明定义和明确 t 值。

跳跃概率分为由静起跳、由滚起跳、由悬起跳。第 4 章中已做了较全面的研究，能从理论上分别表示它们。在数字计算和分析中，为了不至过于复杂，我们要做适当简化，即将跳跃分成两种情况：由静起跳和由动起跳。在第 4 章中已给出了由静起跳流速为

$$V_{\text{b.c.2.0.}l} = V_{1.l} = 2\omega_{1.l}\varphi(\Delta'_l) \approx 2\omega_{0.l}\varphi(\Delta'_l) \tag{8.1.23}$$

对于由动起跳的三种情况，在第 4 章中经分析、综合后有平均跳跃速度

$$V_{\text{b.c.2.}l} = 1.62\omega_{1.l}\varphi(\Delta'_l) \approx 1.59\omega_0\varphi(\Delta'_l) \tag{8.1.24}$$

于是跳跃概率的积分限为

$$t_{2.l} = 2.7\left[\frac{V_{\text{b.c.2.}l}}{\bar{V}_\text{b}} - 1\right] = 2.7\left[\frac{1.59\varphi\left(f_{\Delta'_l}\left(\dfrac{\bar{D}}{D_l}\right)\right)\omega_{0.l}(D_l)}{\bar{V}_\text{b}} - 1\right] \tag{8.1.25}$$

$$t_{2.0.l} = 2.7\left[\frac{V_{\text{b.c.2.0.}l}}{\bar{V}_\text{b}} - 1\right] = 2.7\left[\frac{2\omega_{0.l}(D_l)\varphi\left(f_{\Delta'_l}\left(\dfrac{\bar{D}}{D_l}\right)\right)}{\bar{V}_\text{b}} - 1\right] \tag{8.1.26}$$

至于由静起跳概率 $\varepsilon_{2.0}(D_l.\Delta'_l)$、$\varepsilon_{2.0}(D_l)$ 及由动起跳概率 $\varepsilon_2(D_l.\Delta'_l)$、$\varepsilon_2(D_l)$ 的表达式，完全按求 $\varepsilon_1(D_l.\Delta'_l)$、$\varepsilon_1(D_l)$ 的方法确定。

3) 悬浮概率

悬浮概率分为悬浮概率（指由动悬浮或较粗颗粒不存在薄膜水附加正压力及黏着力的情况）和由静起悬概率（以下简称起悬概率）。由于悬浮和起悬均是指颗粒沿垂向运动，它们与床面暴露度无关。于是，悬浮概率为

$$\varepsilon_{4.l} = P[V_{\text{b.}y} > \omega_l] = \frac{1}{\sqrt{2\pi}\sigma_y}\int_{\omega_l}^{\infty} e^{-\frac{V_{\text{b.}y}}{2\sigma_y^2}}\,\mathrm{d}V_{\text{b.}y} = \frac{1}{\sqrt{2\pi}}\int_{\frac{\omega_l}{\sigma_y}}^{\infty} e^{-\frac{t^2}{2}}\,\mathrm{d}t$$

$$= \phi(t_{4.l}) = F_4\left(\frac{\bar{V}_\text{b}}{\omega_{0.l}}\right) \tag{8.1.27}$$

式中，σ_y 为竖向速度 $V_{\text{b.}y}$ 的均方差，取 $\sigma_y = u_* = 0.185\bar{V}_\text{b}$。而 $t_{4.l} = \dfrac{\omega_l}{\sigma_y} = \dfrac{\omega_l}{0.185\,\bar{V}_\text{b}} = \dfrac{\omega_{0.l}}{\sqrt{3}\,0.185\,\bar{V}_\text{b}} = 3.12\dfrac{\omega_{0.l}}{\bar{V}_\text{b}}$。

根据式 (5.2.20)，起悬概率为[1]

$$\beta(D_l) = \begin{cases} \varepsilon_{4.l}, & \bar{V}_\text{b} > \dfrac{4\omega_1}{\sqrt{3}}; \bar{V}_\text{b} \leqslant \dfrac{4\omega_1}{\sqrt{3}}, V_{\text{b.}y.\text{c}}^{(2)} < V_{\text{b.}y.\text{c}}^{(1)} \leqslant \omega_l \\[3mm] \beta_{1.l}, & \bar{V}_\text{b} \leqslant \dfrac{4\omega_1}{\sqrt{3}}; V_{\text{b.}y.\text{c}}^{(2)} < \omega_l \leqslant V_{\text{b.}y.\text{c}}^{(1)} \\[3mm] \varepsilon_{4.l} - \beta_{2.l} + \beta_{1.l}, & \bar{V}_\text{b} \leqslant \dfrac{4\omega_1}{\sqrt{3}}; \omega_l \leqslant V_{\text{b.}y.\text{c}}^{(2)} < V_{\text{b.}y.\text{c}}^{(1)} \end{cases} \tag{8.1.28}$$

式中,

$$\beta_{1.l} = \frac{1}{\sqrt{2\pi}} \int_{V_{b.y.c.l}^{(1)}/u_*}^{\infty} e^{-\frac{t^2}{2}} dt = \frac{1}{\sqrt{2\pi}} \int_{t_{4.1.l}}^{\infty} e^{-\frac{t^2}{2}} dt \qquad (8.1.29)$$

$$t_{4.1.l} = \frac{V_{b.y.c.l}^{(1)}}{u_*} \qquad (8.1.30)$$

$$\beta_{2.l} = \frac{1}{\sqrt{2\pi}} \int_{V_{b.y.c.l}^{(2)}/u_*}^{\infty} e^{-\frac{t^2}{2}} dt = \frac{1}{\sqrt{2\pi}} \int_{t_{4.2.l}}^{\infty} e^{-\frac{t^2}{2}} dt \qquad (8.1.31)$$

$$t_{4.2.l} = \frac{V_{b.y.c.l}^{(2)}}{u_*} \qquad (8.1.32)$$

$$V_{b.y.c.l}^{(1.2)} = \frac{\overline{V}_b}{8} \pm \sqrt{\frac{\omega_{1.l}^2}{4} - \frac{3}{64} \overline{V}_b^2} \qquad (8.1.33)$$

(1) 对于 $\omega_{1.l} = 1.2\omega_{0.l}$,则式(8.1.33)为

$$\frac{V_{b.y.c.l}^{(1.2)}}{\omega_{0.l}} = 0.125 \frac{\overline{V}_b}{\omega_{0.l}} \pm \sqrt{0.36 - \frac{3}{64} \left(\frac{\overline{V}_b}{\omega_{0.l}}\right)^2} \qquad (8.1.34)$$

实际资料显示,$\dfrac{V_{b.y.c.l}^{(2)}}{\omega_{0.l}}$ 基本不需要,以下只使用 $V_{b.y.c.l}^{(1)}$。此时,由式(8.1.34)解出 $\dfrac{\overline{V}_b}{\omega_{0.l}}$,有

$$\frac{\overline{V}_b}{\omega_{0.l}} = 2 \frac{V_{b.y.c.l}}{\omega_{0.l}} + 2\sqrt{1.44 - 3\left(\frac{V_{b.y.c.l}^{(1)}}{\omega_{0.l}}\right)^2} \qquad (8.1.35)$$

注意到 $\omega_{0.l} = \sqrt{3}\omega$,代入式(8.1.35)有

$$\frac{\overline{V}_b}{\omega_{0.l}} = \frac{2}{\sqrt{3}} \frac{V_{b.y.c.l}}{\omega_l} + 2\sqrt{1.44 - \left(\frac{V_{b.y.c.l}^{(1)}}{\omega_l}\right)^2} \qquad (8.1.36)$$

根据式(8.1.35)和式(8.1.36),式(8.1.28)中 $\beta(D_l)$ 取值的区间如下。

① 由式(8.1.34)可知,当 $\dfrac{\overline{V}_b}{\omega_{0.l}} > \dfrac{4.8}{\sqrt{3}} = 2.77129$,则根号为虚数,$\dfrac{V_{b.y.c.l}^{(1)}}{\omega_{0.l}}$ 不存在,故 $\beta(D_l) = \varepsilon_{4.l}$。

② 当 $2.48136 \leqslant \dfrac{\overline{V}_b}{\omega_{0.l}} \leqslant \dfrac{4.8}{\sqrt{3}} = 2.77128$ 时,则 $\dfrac{V_{b.y.c.l}^{(1)}}{\omega_l} = 0.601 \sim 0.99999$,即 $V_{b.y.c.l}^{(1)} < \omega_l$,于是式(8.1.28)取 $\beta(D_l) = \beta_{1.l}$。因此,综合起来,实际是 $\dfrac{\overline{V}_b}{\omega_{0.l}} \leqslant 2.48136$,$\beta(D_l) = \beta_{1.l}$;$\dfrac{\overline{V}_b}{\omega_{0.l}} \geqslant 2.48136$,$\beta(D_l) = \varepsilon_{4.l}$。

（2）对于 $k_{1.l} = \dfrac{\omega_{1.l}}{\omega_{0.l}} = 1$ 的颗粒，

$$\frac{V_{\mathrm{b.y.c.}l}^{(1)}}{\omega_{0.l}} = 0.125\,\frac{\bar{V}_{\mathrm{b}}}{\omega_{0.l}} \pm \sqrt{0.25 - \frac{3}{64}\left(\frac{\bar{V}_{\mathrm{b}}}{\omega_{0.l}}\right)^2} \tag{8.1.37}$$

或

$$\frac{\bar{V}_{\mathrm{b}}}{\omega_0} = \frac{2}{\sqrt{3}}\,\frac{V_{\mathrm{b.y.c.}l}}{\omega_{0.l}} + 2\sqrt{1 - \left(\frac{V_{\mathrm{b.y.c.}l}^{(1)}}{\omega_{0.l}}\right)^2} \tag{8.1.38}$$

当 $\dfrac{\bar{V}_{\mathrm{b}}}{\omega_{0.l}} > \dfrac{4}{\sqrt{3}} = 2.30941$ 时，式（8.1.37）含有虚数不存在，故 $\beta(D_l) = \varepsilon_{4.l}$。当 $\dfrac{\bar{V}_{\mathrm{b}}}{\omega_{0.l}} \leqslant \dfrac{4}{\sqrt{3}} =$

2.30940 时，则由式（8.1.37）知 $V_{\mathrm{b.y.c.}l}^{(1)} < \omega_l$，另由式（8.1.28）第一式有 $\beta(D_l) = \varepsilon_{4.l}$。

　　最后需要强调的是，在以后数字计算中，对均匀沙的基本概率是对 V_{b} 和 Δ' 求条件概率和无条件概率的结果；而对非均匀沙则是对 V_{b} 及 $\bar{D}/D_l$ 的条件概率。

8.1.2　颗粒均衡滚动有关参数的计算

　　首先要强调指出，所有运动参数都是通过 D、ω_0 标准化，因此都是无因次的，故有关函数和未知数中均不包含 D 及 ω_0。

　　（1）颗粒滚动分为前半步和后半步。符号第一下标 2 表示滚动，第二下标 x 表示纵向运动，第三下标 1.2 分别表示前半步、后半步。颗粒均衡滚动是指 $u_{2.x.0} = u_{2.x.2}$，即起点速度 $u_{2.x.0}$ 与终点速度 $u_{2.x.2}$ 相等，各单步速度分布相同。根据前面第 4 章的理论分析，前半步滚动运动有 5 种形式，为了不至过于复杂，仅选择有代表性的一种对数字计算作说明，即滚动运动典型的组合，它就是前半步第一种减速和后半步的加速运动。它们定义域的交集是 $0 < V_{\mathrm{b}} - u_{2.x}$ $< V_{\mathrm{b.c}}$，这与试验资料给出的 $u_{2.x} > V_{\mathrm{b}} - V_{\mathrm{b.2.c}}$ 是一致的。采用这种组合前半步与后半步的方程如下。

　　（2）计算滚动需要联解的方程组由第 4 章引用如下：式（4.1.90）、式（4.1.91）中第二式、式（4.1.89）、式（4.1.93）第二式、式（4.1.94）以及式（4.1.95）（已知不同 Δ'、$\tilde{V}_{\mathrm{b}}$）。为了方便，本章予以重新编号。

$$\tilde{u}_{2.x.1} = \frac{u_{2.x.1}}{\omega_0} = \tilde{V}_{\mathrm{b}} - \varphi(\Delta')\tanh\left[\tilde{a}_1\varphi(\Delta')\,\tilde{t}_{2.1} + \operatorname{artanh}\frac{\tilde{V}_{\mathrm{b}} - \tilde{u}_{2.x.0}}{\varphi(\Delta')}\right],$$
$$0 < \tilde{V}_{\mathrm{b}} - \tilde{u}_{2.x.0} < \varphi(\Delta') \tag{8.1.39}$$

$$\tilde{t}_{2.1} = \frac{1}{\tilde{a}_1\varphi(\Delta')}\left(\operatorname{artanh}\frac{\tilde{V}_{\mathrm{b}} - \tilde{u}_{2.x.1}}{\varphi(\Delta')} - \operatorname{artanh}\frac{\tilde{V}_{\mathrm{b}} - \tilde{u}_{2.x.0}}{\varphi(\Delta')}\right),$$
$$0 < \tilde{V}_{\mathrm{b}} - \tilde{u}_{2.x.0} < \varphi(\Delta') \tag{8.1.40}$$

$$\tilde{u}_{2.x.2} = \tilde{V}_b - \frac{(\tilde{V}_b - \tilde{u}_{2.x.2})(\tilde{V}_b - \tilde{u}_{2.x.1})}{\tilde{u}_{2.x.2} - \tilde{u}_{2.x.1}} \ln \frac{\tilde{V}_b - \tilde{u}_{2.x.1}}{\tilde{V}_b - \tilde{u}_{2.x.2}}, \quad \tilde{V}_b - \tilde{u}_{2.x.0} > 0$$

$$(8.1.41)$$

$$\tilde{t}_{2.2} = \frac{1}{a_1} \frac{\tilde{u}_{2.x.2} - \tilde{u}_{2.x.1}}{(\tilde{V}_b - \tilde{u}_{2.x.2})(\tilde{V}_b - \tilde{u}_{2.x.1})}, \quad \tilde{V}_b - \tilde{u}_{2.x.0} > 0 \quad (8.1.42)$$

$$\tilde{x}_{2.1} = \sqrt{2\Delta' - \Delta'^2} \quad (8.1.43)$$

$$\tilde{x}_{2.2} = 1.96 - \sqrt{2\Delta' - \Delta'^2} \quad (8.1.44)$$

式中,$\tilde{a}_1 = \dfrac{3C_x\gamma}{4(\gamma_s + \gamma/2)}$;$\tilde{g} = \dfrac{3C_x\gamma}{4(\gamma_s - \gamma)}$;$a_2 = \dfrac{\rho_s - \rho}{\rho_s + \rho/2}$。当 $\gamma_s = 2.65$ 时,$\tilde{a}_1 = 0.0952$,$\tilde{g} = 0.1818$,$a_2 = 0.5238$。符号上加一波浪号表示 x 的相对值(无因次的值),如 $\tilde{t} = \dfrac{t\omega_0}{D}$,$\tilde{u} = \dfrac{u}{\omega_0}$,$\tilde{V} = \dfrac{V}{\omega_0}$,$\tilde{x} = \dfrac{x}{D}$ 等。上述式(8.1.39)~式(8.1.44)共有 6 个方程,有 7 个未知数 $\tilde{u}_{2.x.0}$、$\tilde{u}_{2.x.1}$、$\tilde{u}_{2.x.2}$、$\tilde{t}_{2.1}$、$\tilde{t}_{2.2}$、$\tilde{x}_{2.1}$、$\tilde{x}_{2.2}$,再增加一个均衡条件 $u_{2.x.0} = u_{2.x.2}$ 后,方程组封闭。

(3) 上述六个方程不全是独立的,其中式(8.1.42)及式(8.1.44)可不参加方程组试算。待有关参数解出后,直接计算 $t_{2.2}$、$\tilde{x}_{2.1}$、$\tilde{x}_{2.2}$。在已知 $\tilde{V}_b$ 和 Δ' 条件下,可按下述过程计算。

在已知瞬时流速 V_b 及 Δ' 条件下,注意到按均衡滚动 $\tilde{u}_{2.x.0} = \tilde{u}_{2.x.2}$,先设 $\tilde{u}'_{2.x.0}$,据式(8.1.39)求出 $\tilde{u}_{2.x.1}$,再根据式(8.1.40)求出 $\tilde{t}_{2.1}$,由式(8.1.42)求出 $\tilde{u}_{2.x.2}$ 检查 $\tilde{u}_{2.x.2}$ 与 $\tilde{u}'_{2.x.0}$ 是否相等。若相等,则求出;否则,继续试算。有关参数解出后,$\tilde{x}_{2.1}$、$\tilde{x}_{2.2}$ 等可直接计算。

(4) 迭代方法可采用二分法,收敛速度会很快。先设定(估计根的区间后可以核实是否在该范围)根所在的区间为 $[a,b]$,然后将其分成两半,去掉没有根的半区间,如此循环下去,直至区间的长度小于计算精度。

在迭代时,Δ' 取若干值,V_b 则取区间 $[V_{b.c.1}, V_{b.c.2}]$ 若干点进行,然后对瞬时速度 V_b 积分求条件期望 $\tilde{u}_{2.x}(\Delta'_t)$。

8.1.3　颗粒均衡跳跃有关参数的计算

(1) 颗粒跳跃单步均衡运动的条件。它们是 $\tilde{u}_{3.x.3} = \tilde{u}_{x.0}$,$u_{3.y.3} = \tilde{u}_{y.0}$。这表示颗粒跳跃落地速度 $\tilde{u}_{3.x.3}$、$u_{3.y.3}$ 等于碰撞而起跃前在床面的速度 $\tilde{u}_{x.0}$、$\tilde{u}_{y.0}$(参见图 4.3.2),于是式(4.3.77)、式(4.3.78)为

$$\tilde{u}_{3.x.0} = \tilde{u}_{3.x.3} f_3(\Delta') + \tilde{u}_{3.y.3} f_1(\Delta') \quad (8.1.45)$$

$$\tilde{u}_{3.y.0} = \tilde{u}_{3.x.3} f_1(\Delta') + \tilde{u}_{3.y.3} f_2(\Delta') \quad (8.1.46)$$

式中，
$$f_1(\Delta') = (1+k_0)(1-\Delta')\sqrt{2\Delta'-\Delta'^2} \qquad (8.1.47)$$
$$f_2(\Delta') = 1-(1+k_0)(1-\Delta')^2 \qquad (8.1.48)$$
$$f_3(\Delta') = 1-(1+k_0)(2\Delta'-\Delta'^2) \qquad (8.1.49)$$

由式(8.1.45)和式(8.1.46)消去 $\tilde{u}_{3.y.3}$，有

$$\frac{\tilde{u}_{3.x.0}-\tilde{u}_{3.x.3}f_3(\Delta')}{f_1(\Delta')} = \tilde{u}_{3.y.3} = \frac{\tilde{u}_{3.y.0}-\tilde{u}_{3.x.3}f_1(\Delta')}{f_2(\Delta')}$$

这表明 $\tilde{u}_{3.y.0}$ 与 $\tilde{u}_{3.y.0}$ 不是独立的。由上式得

$$\tilde{u}_{3.x.3} = \left[\frac{\tilde{u}_{3.x.0}}{f_1(\Delta')}-\frac{\tilde{u}_{3.y.0}}{f_2(\Delta')}\right]\left[\frac{f_3(\Delta')}{f_1(\Delta')}-\frac{f_1(\Delta')}{f_2(\Delta)}\right]^{-1}$$

(2)数字计算的方程。计算的方程除前面式(8.1.45)外，还包括第 4 章式(4.3.77)、式(4.3.78)、式(4.3.80)、式(4.3.81)、式(4.3.82)、式(4.3.83)、式(4.3.84)、式(4.3.85)以及 $\tilde{t}_{3.l} = \tilde{t}_{3.1.l}+\tilde{t}_{3.2.l}+\tilde{t}_{3.3.l}$，待求的参数则包括 $\tilde{u}_{3.x.0}$、$\tilde{u}_{3.y.0}$、$\tilde{t}_{3.1}$、$\tilde{u}_{3.y.D}$、$\tilde{y}_m$、$\tilde{t}_{3.2}$、$\tilde{t}_{3.3}$、$\tilde{u}_{3.x.3}$、$\tilde{u}_{3.y.3}$、$\tilde{t}_{3.l}$ 共 10 个未知数、10 个方程。其中式(4.3.77)取两个方程中的第二个。求(4.3.77)中第一个方程参加组成了方程(8.1.50)。

将上述第 4 章有关方程引入如下。除式(8.1.45)外，尚有如下 9 个方程。为说明方便，并重新编号为

$$\left[\frac{\tilde{u}_{3.x.0}}{f_1(\Delta')}-\frac{\tilde{u}_{3.y.0}}{f_2(\Delta')}\right]\bigg/\left[\frac{f_3(\Delta')}{f_1(\Delta')}-\frac{f_1(\Delta')}{f_2(\Delta')}\right] = \tilde{V}_b-\frac{\tilde{V}_b-\tilde{u}_{3.x.0}}{1+a_4(V_b-u_{3.x.0})t_3}$$

$$(8.1.50)$$

x 方向落地速度为

$$\tilde{u}_{3.x.3} = \begin{cases} \tilde{V}_b-\dfrac{\tilde{V}_b-\tilde{u}_{3.x.0}}{1+\tilde{a}_4(\tilde{V}_b-\tilde{u}_{3.x.0})\tilde{t}_3}, & \tilde{V}_b > \tilde{u}_{3.x.3} > \tilde{u}_{3.x.0} \\[3mm] \tilde{V}_b-\dfrac{\tilde{V}_b-\tilde{u}_{3.x.0}}{1-\tilde{a}_4(\tilde{V}_b-\tilde{u}_{3.x.0})\tilde{t}_3}, & V_b < \tilde{u}_{3.x.3} < \tilde{u}_{3.x.0} \\[3mm] \tilde{V}_b, & V_b = \tilde{u}_{3.x.0} \end{cases} \qquad (8.1.51)$$

式(8.1.51)可归纳为

$$\tilde{u}_{3.x.3} = \tilde{V}_b-\frac{\tilde{V}_b-\tilde{u}_{3.x.0}}{1+\tilde{a}_4|\tilde{V}_b-u_{3.x.0}|\tilde{t}_3} \qquad (8.1.52)$$

各段跳跃时间之和为

$$\tilde{t}_3 = \tilde{t}_{3.1}+\tilde{t}_{3.2}+\tilde{t}_{3.3} = F(\tilde{u}_{3.y.0},\tilde{u}_{3.y.D}) \qquad (8.1.53)$$

式中，

$$\tilde{t}_{3.1}=\begin{cases} A\tilde{a}_4\left[\arctan\dfrac{\sqrt{3}\,\tilde{u}_{3.y.0}}{\sqrt{1-\dfrac{\widetilde{V}_b^2}{\widetilde{V}_1^2}}}-\arctan\dfrac{\sqrt{3}\,\tilde{u}_{3.y.D}}{\sqrt{1-\dfrac{\widetilde{V}_b^2}{\widetilde{V}_1^2}}}\right],\quad \widetilde{V}_b<\widetilde{V}_1=\dfrac{V_{b.c.2.0}}{\omega_0}=2 \\[3em] A\tilde{a}_4\left[\operatorname{artanh}\dfrac{\sqrt{3}\,\tilde{u}_{3.y.0}}{\sqrt{1-\dfrac{\widetilde{V}_b^2}{\widetilde{V}_1^2}}}-\operatorname{artanh}\dfrac{\sqrt{3}\,\tilde{u}_{3.y.D}}{\sqrt{\left|1-\dfrac{\widetilde{V}_b^2}{\widetilde{V}_1^2}\right|}}\right], \\[3em] \qquad \widetilde{V}_b>\widetilde{V}_1=\dfrac{V_{b.c.2.0}}{\omega_0}=2,\dfrac{\sqrt{\left|1-\dfrac{\widetilde{V}_b^2}{\widetilde{V}_1^2}\right|}}{\sqrt{3}}>\tilde{u}_{3.y.0},\dfrac{\tilde{u}_{3.y.0}\sqrt{3}}{\sqrt{\left|1-\dfrac{\widetilde{V}_b^2}{\widetilde{V}_1^2}\right|}}<1 \\[3em] A\tilde{a}_4\left[\operatorname{arcoth}\dfrac{\sqrt{3}\,\tilde{u}_{3.y.D}}{\sqrt{\left|1-\dfrac{\widetilde{V}_b^2}{\widetilde{V}_1^2}\right|}}-\operatorname{arcoth}\dfrac{\sqrt{3}\,\tilde{u}_{3.y.0}}{\sqrt{1-\dfrac{\widetilde{V}_b^2}{\widetilde{V}_1^2}}}\right], \\[3em] \qquad \widetilde{V}_b>\widetilde{V}_1=\dfrac{V_{b.c.2.0}}{\omega_0}=2\ \text{且}\ \dfrac{\sqrt{3}\,\tilde{u}_{3.y.0}}{\sqrt{\left|1-\dfrac{\widetilde{V}_b^2}{\widetilde{V}_1^2}\right|}}>1 \end{cases}$$

$$(8.1.54)$$

其中,

$$A=\frac{\sqrt{3}}{\sqrt{\left|1-\dfrac{\widetilde{V}_b^2}{\widetilde{V}_1^2}\right|}} \qquad (8.1.55)$$

$$\tilde{a}_4=3\frac{\gamma_s-\gamma}{\gamma_s+\dfrac{\gamma}{2}}\frac{gD}{\omega_0^2}=\frac{9C_x}{4}\frac{\gamma}{\gamma_s+\dfrac{\gamma}{2}}=3a_2\tilde{g} \qquad (8.1.56)$$

当 $\gamma_s=2650\mathrm{kg/m^3}$ 时,$\tilde{a}_4=0.2857$。其他跳跃参数的方程尚有

$$\tilde{t}_{3.2}=\frac{1}{\sqrt{3}\,a_2\tilde{g}}\arctan(\sqrt{3}\,u_{3.y.D}) \qquad (8.1.57)$$

$$\tilde{t}_{3.3}=\frac{1}{\sqrt{3}\,a_2\tilde{g}}\operatorname{artanh}\sqrt{1-\mathrm{e}^{-6a_2\tilde{g}\tilde{y}_m}} \qquad (8.1.58)$$

$$\tilde{y}_m=1+\frac{1}{6a_2\tilde{g}}\ln(1+3\tilde{u}_{3.y.D}^2) \qquad (8.1.59)$$

$$\tilde{u}_{3.y.D} = \sqrt{\tilde{u}_{3.y.0}^2 \mathrm{e}^{-6a_2\tilde{g}} - \frac{1}{3}\left(1 - \frac{\tilde{V}_b^2}{\tilde{V}_1^2}\right)(1 - \mathrm{e}^{-6a_2\tilde{g}})} \tag{8.1.60}$$

$$\tilde{u}_{3.y.3} = -\frac{1}{\sqrt{3}}\sqrt{1 - \mathrm{e}^{-6a_2\tilde{g}\tilde{y}_m}} \tag{8.1.61}$$

（3）迭代方法。将 $\gamma_s = 2650\mathrm{kg/m}^3$（或其他值）及有关常数 $a_2 = \dfrac{\rho_s - \rho}{\rho_s + \dfrac{\rho}{2}}$、$a_4 = $

0.5238、$\dfrac{\omega}{\omega_0} = \sqrt{\dfrac{0.4}{1.2}} = \dfrac{1}{\sqrt{3}}$、$\tilde{g} = \dfrac{gD}{\omega_0^2}$ 和 $\tilde{V}_1 = 2$ 代入，并给定已知数 Δ'、$\tilde{V}_b$，即可进行迭

代。当 $\gamma_s \neq 2650\mathrm{kg/m}^3$ 时，上述各参数应相应改变。迭代过程如下：设 $\tilde{u}_{3.y.0}'$，
式（8.1.60）→ $\tilde{u}_{3.y.D}$、式（8.1.54）→ $\tilde{t}_{3.1}$、式（8.1.57）→ $\tilde{t}_{3.2}$、式（8.1.58）→ $\tilde{t}_{3.3}$、
式（8.1.53）→ $\tilde{t}_3$、式（8.1.50）→ $\tilde{u}_{3.x.0}$、式（8.1.51）→ $\tilde{u}_{3.x.3}$、式（8.1.61）→ $\tilde{u}_{3.y.3}$、
式（8.1.46）→ $\tilde{u}_{3.y.0}$ 与假设的 $\tilde{u}_{3.y.0}'$，如果不相等，则继续迭代。可见共有 10 个未知数
$\tilde{u}_{3.x.0}$、$\tilde{u}_{3.y.0}$、$\tilde{u}_{3.y.D}$、$\tilde{y}_m$、$\tilde{t}_{3.1}$、$\tilde{t}_{3.2}$、$\tilde{t}_{3.3}$、$\tilde{t}_3$、$\tilde{u}_{3.x.3}$、$\tilde{u}_{3.y.3}$，共 10 个方程，它们是式（8.1.46）、
式（8.1.50）、式（8.1.52）、式（8.1.53）、式（8.1.54）、式（8.1.57）、式（8.1.58）、式（8.1.59）、
式（8.1.60）、式（8.1.61），其中式（8.1.57）和式（8.1.58）等应是单调的，迭代应该简单。

（4）其他参数如 $\tilde{x}_3$、$\tilde{u}_{3.x}$ 等可直接计算。

（5）式（8.1.54）中有三式，如何选择已在方程后面说明。现对其中后两式的
判别补充说明如下。本来条件 $A\tilde{u}_{3.y} < 1$ 和 $A\tilde{u}_{3.y} > 1$ 中 $\tilde{u}_{3.y}$ 对于整个过程均是适
用的，由于函数是单调的，只要 $\tilde{u}_{3.y.0}$ 及 $\tilde{u}_{3.y.D}$ 适合就足够了。但是由于当 $A\tilde{u}_{3.y} < $
1，且是加速运动时有 $\tilde{u}_{3.y.0} < \tilde{u}_{3.y.D} < 1$，只要保证 $A\tilde{u}_{3.y.D} < 1$ 就行了。其次
由于 $Au_{3.y} > 1$ 是减速运动，有 $\tilde{u}_{3.y.0} > \tilde{u}_{3.y.D} > 1$，可见只要满足 $A\tilde{u}_{3.y.D} > 1$ 就行了。

（6）Δ' 对于均匀沙，按均匀分布，即式（2.1.10）；对非均匀沙按式（2.1.18）、式
（2.1.19）给出。

8.1.4　求参数的数学期望

前面第 5 章、第 6 章已求出的交换强度、推移质输沙率等，都已是其数学期望
或平均值。但是这只是表明其数学期望的结构式，其中各参数如何表达，则要通过
力学分析给出。根据第 4 章单颗粒运动方程组，滚动参数、跳跃参数均是在 Δ'、V_b
及 D_l 为确定值时的结果，它们反映了力学的必然规律。但是这三个自变量是随机
变量，因此所有的参数均是随机变量。因此，应由这三个随机变量的分布按求函数
分布和数学期望的方法求各参数的分布及数学期望。考虑到从泥沙运动研究出发，
只要求数学期望就可以满足，而且各参数的数学期望才是研究泥沙运动所必需的。
下面利用几个例子说明不同参数的数学期望计算方法及参量分析以反映一般情况。

1. 滚动距离的数学期望

前面式(8.1.43)、式(8.1.44)已经给出了滚动前半步及后半步的距离。它们是床面暴露度 Δ' 的单值函数，表达式较简单，可直接通过分析解求数学期望。由式(8.1.43)有

$$M(x_{2.1}) = \bar{x}_{2.1} = \int_{0.134}^{1} x_{2.1}(\Delta') p(\Delta') \mathrm{d}\Delta' = \int_{0.134}^{1} \frac{D}{0.866} \sqrt{2\Delta' - {\Delta'}^2} \, \mathrm{d}\Delta' \quad (8.1.62)$$

令 $t = \Delta' - 1$，则

$$\sqrt{2\Delta' - {\Delta'}^2} = \sqrt{2(t+1) - (t+1)^2} = \sqrt{2(t+1) - t^2 - 2t - 1} = \sqrt{1 - t^2} \quad (8.1.63)$$

而当 $\Delta' = 0.134$ 时，$t = -0.866$；当 $\Delta' = 1$ 时，$t = 0$，故将式(8.1.63)代入式(8.1.62)可得

$$\bar{x}_{2.1} = \int_{-0.866}^{0} \frac{D}{0.866} \sqrt{1 - t^2} \, \mathrm{d}t = \frac{D}{0.866} \left(\frac{t}{2} \sqrt{1 - t^2} + \frac{1}{2} \arcsin t \right) \Big|_{-0.866}^{0}$$

$$= \frac{D}{0.866} \left[-\frac{-0.866}{2} \sqrt{1 - 0.866^2} + \frac{1}{2} \arcsin(-0.866) \right] = 0.8546D \quad (8.1.64)$$

即

$$\widetilde{\bar{x}}_{2.1} = \frac{\bar{x}_{2.1}}{D} = 0.8546$$

于是有

$$\widetilde{\bar{x}}_{2.2} = 1.96 - 0.855 = 1.105$$

从而得到了上半步及下半步滚动距离的数学期望。附带指出，由数字积分得到的 $\widetilde{\bar{x}}_{2.1} = 0.847, \widetilde{\bar{x}}_{2.2} = 1.113$，与上述分析解得到的结果相比，数字积分的相对误差均在 1% 以下。对研究泥沙而言，精度已足够。

2. 匀速条件下滚动速度数学期望的表达式

多年来在研究推移质运动中，常采用 $u_{2.x} = V_b - V_{b.c.1}$，也有加上一个系数的。第 4 章中已经就前半步的匀速运动且对瞬时速度证实了该公式是正确的。但是若为非匀速滚动，考虑暴露度 Δ' 及存在跳跃后，有

$$\xi_{U_2} = [(\xi_{V_b} - \xi_{V_{b.c.2}}) \mid V_{b.c.1} \leqslant \xi_{V_b} \leqslant V_{b.c.2}, \xi_{\Delta'} = \Delta'] \quad (8.1.65)$$

式中，水流速度 ξ_{V_b}、暴露度 Δ' 与起动流速 $\xi_{V_{b.c.2}}$ 均为随机变量。对于均匀沙，ξ_{u_2} 的条件期望为

$$\bar{u}_2(\overline{V}_b, \Delta') = M[\xi_{V_b} - \xi_{V_{b.c.2}} \mid V_{b.c.1} \leqslant V_b \leqslant V_{b.c.2}, \mid \xi_{\Delta' = \Delta'}]$$

$$= \frac{M[\xi_{V_b} - \xi_{V_{b.c.1}}]}{P[V_{b.c.1} \leqslant V_b \leqslant V_{b.c.2}]}$$

式中各参数均与 Δ' 有关。于是有

$$\bar{u}_2(\bar{V}_{\mathrm{b}},\Delta') = \cfrac{\cfrac{1}{\sqrt{2\pi}\,\sigma_x}\displaystyle\int_{V_{\mathrm{b.c.1}}}^{V_{\mathrm{b.c.2}}}(V_{\mathrm{b}}-V_{\mathrm{b.c.1}})\,\mathrm{e}^{-\frac{(V_{\mathrm{b}}-\bar{V}_{\mathrm{b}})^2}{2\sigma_x^2}}\mathrm{d}V_{\mathrm{b}}}{\cfrac{1}{\sqrt{2\pi}\,\sigma_x}\displaystyle\int_{V_{\mathrm{b.c.1}}}^{V_{\mathrm{b.c.2}}}\mathrm{e}^{-\frac{(V_{\mathrm{b}}-\bar{V}_{\mathrm{b}})^2}{2\sigma_x^2}}\mathrm{d}V_{\mathrm{b}}}$$

$$= \frac{1}{\sqrt{2\pi}\,(\varepsilon_1-\varepsilon_2)\sigma_x}\int_{V_{\mathrm{b.c.1}}}^{V_{\mathrm{b.c.2}}}\big[(V_{\mathrm{b}}-\bar{V}_{\mathrm{b}})-(V_{\mathrm{b.c.1}}-\bar{V}_{\mathrm{b}})\big]\,\mathrm{e}^{-\frac{(V_{\mathrm{b}}-\bar{V}_{\mathrm{b}})^2}{2\sigma_x^2}}\mathrm{d}V_{\mathrm{b}}$$

$$= \frac{\sigma_x}{\sqrt{2\pi}\,(\varepsilon_1-\varepsilon_2)}\int_{t_1}^{t_2}(t-t_1)\,\mathrm{e}^{-\frac{t^2}{2}}\mathrm{d}t$$

$$= \frac{\sigma_x}{\sqrt{2\pi}\,(\varepsilon_1-\varepsilon_2)}(\mathrm{e}^{-\frac{t_1^2}{2}}-\mathrm{e}^{-\frac{t_2^2}{2}})-\frac{t_1\sigma_x}{\sqrt{2\pi}\,(\varepsilon_1-\varepsilon_2)}\int_{t_1}^{t_2}\mathrm{e}^{-\frac{t^2}{2}}\mathrm{d}t$$

$$= \frac{0.148\bar{V}_{\mathrm{b}}}{\varepsilon_1-\varepsilon_2}(\mathrm{e}^{-\frac{t_1^2}{2}}-\mathrm{e}^{-\frac{t_2^2}{2}})-t_1\sigma_x \tag{8.1.66}$$

注意到

$$t_1 = \frac{V_{\mathrm{b.c.1}}-\bar{V}_{\mathrm{b}}}{\sigma_x} = \frac{\varphi(\Delta')\omega_0-\bar{V}_{\mathrm{b}}}{0.37\bar{V}_{\mathrm{b}}} = 2.7\left[\frac{\varphi(\Delta')\omega_0}{\bar{V}_{\mathrm{b}}}-1\right] \tag{8.1.67}$$

$$t_2 = \frac{V_{\mathrm{b.c.2}}-\bar{V}_{\mathrm{b}}}{\sigma_x} = \frac{1.62\varphi(\Delta')\omega_0-\bar{V}_{\mathrm{b}}}{\sigma_x} = 2.7\left[\frac{1.59\varphi(\Delta')\omega_0}{\bar{V}_{\mathrm{b}}}-1\right] \tag{8.1.68}$$

$$\mathrm{e}^{-\frac{t_1^2}{2}} = \mathrm{e}^{-\frac{1}{2}\left[2.7\left(\frac{\varphi(\Delta')\omega_0}{\bar{v}_{\mathrm{b}}}-1\right)\right]^2} = \mathrm{e}^{-3.65\left(\frac{\varphi(\Delta')\omega_0}{\bar{v}_{\mathrm{b}}}-1\right)^2} \tag{8.1.69}$$

$$\mathrm{e}^{-\frac{t_2^2}{2}} = \mathrm{e}^{-3.65\left(\frac{V_{\mathrm{b.c.2}}}{\bar{v}_{\mathrm{b}}}-1\right)^2} = \mathrm{e}^{-3.65\left(\frac{1.62\varphi(\Delta')\omega_0}{\bar{v}_{\mathrm{b}}}-1\right)^2} \tag{8.1.70}$$

则有

$$\bar{u}_2(\Delta') = \frac{0.148\bar{V}_{\mathrm{b}}}{\varepsilon_1-\varepsilon_2}\left[\mathrm{e}^{-3.65\left(\frac{\varphi(\Delta')\omega_0}{\bar{v}_{\mathrm{b}}}-1\right)^2}-\mathrm{e}^{-3.65\left(\frac{1.62\varphi(\Delta')\omega_0}{\bar{v}_{\mathrm{b}}}-1\right)^2}\right]-(V_{\mathrm{b.c.1}}(\Delta')-\bar{V}_{\mathrm{b}})$$

$$= K(\Delta')\bar{V}_{\mathrm{b}}-V_{\mathrm{b.c.1}}(\Delta') \tag{8.1.71}$$

式中,

$$K(\Delta') = \frac{0.148}{\varepsilon_1-\varepsilon_2}\left[\mathrm{e}^{-3.65\left(\frac{\varphi(\Delta')\omega_0}{\bar{v}_{\mathrm{b}}}-1\right)^2}-\mathrm{e}^{-3.65\left(\frac{1.62\varphi(\Delta')\omega_0}{\bar{v}_{\mathrm{b}}}-1\right)^2}\right]+1 \tag{8.1.72}$$

或者写成无因次的形式

$$\tilde{\bar{u}}_2(\tilde{V}_{\mathrm{b}},\Delta') = \frac{\bar{U}_2(\bar{V}_{\mathrm{b}},\Delta')}{\omega_0} = \frac{0.148}{\varepsilon_1(\Delta')-\varepsilon_2(\Delta')}\frac{\bar{V}_{\mathrm{b}}}{\omega_0}$$

$$\left[\mathrm{e}^{-3.65\left(\frac{\varphi(\Delta')\omega_0}{\bar{v}_{\mathrm{b}}}-1\right)^2}-\mathrm{e}^{-3.65\left(\frac{1.62\varphi(\Delta')\omega_1}{\bar{v}_{\mathrm{b}}}-1\right)^2}\right]-\frac{V_{\mathrm{b.c.1}}(\Delta')-\bar{V}_{\mathrm{b}}}{\omega_0} \tag{8.1.73}$$

对 Δ' 积分,求 $\widetilde{U}_2$ 对 Δ' 的无条件期望,有

$$\widetilde{\bar{U}}_2 = \int_{0.134}^{1} \bar{U}_2(\bar{V}_b, \Delta') \frac{d\Delta'}{0.866} = f_1(\bar{V}_b/\omega_0) \tag{8.1.74}$$

按照式(8.1.74)计算了 $\widetilde{\bar{U}}_2$-$\bar{V}_b/\omega_0$ 关系,包括有关参数的变化,如表8.1.1所示。

表 8.1.1　颗粒滚动平均速度 $\bar{U}_2$ 与有关参数关系

$\dfrac{\bar{V}_b}{\omega_0}$	t_0	$\widetilde{\bar{U}}_2 = \dfrac{\bar{U}_2}{\omega_0}$	$K_0 = \dfrac{\bar{U}_2}{\bar{V}_b}$	$K_1 = \dfrac{\bar{U}_2}{\bar{V}_b - V_{b,c}}$ $= -\dfrac{2.7K_0}{t_0}$	$\dfrac{V_{b,c}}{\bar{V}_b} = 1 + \dfrac{t_0}{2.7}$
0.373	3.930563	0.035246	0.094494	−0.06491	2.455764
0.4476	2.825469	0.053621	0.119796	−0.11448	2.04647
0.5222	2.036116	0.076484	0.146465	−0.19422	1.754117
0.5968	1.444102	0.102711	0.172102	−0.32177	1.534853
0.6714	0.983646	0.130606	0.194527	−0.53396	1.364313
0.8206	0.313892	0.184759	0.225151	−1.93667	1.116256
0.9698	−0.14978	0.229234	0.236373	4.260859	0.944525
1.119	−0.48981	0.261207	0.233429	1.286734	0.818588
1.2682	−0.74983	0.28261	0.222843	0.802413	0.722284
1.492	−1.04236	0.301528	0.202097	0.523486	0.613941
1.6412	−1.19305	0.308724	0.188109	0.425709	0.558128
2.0142	−1.47212	0.317055	0.15741	0.288705	0.454771
2.1634	−1.5568	0.318248	0.147106	0.255129	0.423408
2.3872	−1.66397	0.318832	0.133559	0.216715	0.383713
3.4316	−1.97929	0.314066	0.091522	0.124847	0.266931
4.0284	−2.08606	0.309932	0.076937	0.09958	0.227386
4.9982	−2.20518	0.303367	0.060695	0.074315	0.183266
5.5204	−2.25199	0.300079	0.054358	0.065172	0.16593
5.8188	−2.27496	0.298284	0.051262	0.060839	0.157421
6.7886	−2.33568	0.292837	0.043137	0.049865	0.134932

表8.1.1中结果是与床面颗粒滚动平均速度相关的参数结果,包含考虑水流速度及床面位置的数学期望。至于粒径 D 虽未直接引入,但是采用无因次参数,包含了 $\omega_0(D)$,实际已考虑了粒径。该表及式(8.1.73)和式(8.1.74)仍是按匀速滚动,而不是后面采用的前后两半步微分方程求解。当然前后两半步分别求解与匀速运动均是第4章研究的5种运动形式之一,不过微分方程求解应该严格一些,

匀速运动可能粗略一些。真正匀速运动虽然很难实现,但是加速、减速运动形式会围绕它波动。因此在表 8.1.1 中对这种运动形式进行分析,以便对比和增加认识,同时说明了运动简单时数学期望的计算方法。

以下对该表的滚动参数做一些分析。第一,颗粒平均滚动速度 u_2 在 $\bar{V}_b/\omega_0 \leqslant 2.387$ 时随着水流速度增加而增加,速度小时增加快,在 $\bar{V}_b/\omega_0 = 2.387$ 附近约达到极大值,之后随着流速增大,滚动速度基本稳定,有缓慢的减小。出现的原因是,当流速增大时,泥沙会不断转为跳跃,而且往往是大量的,同时还会转为悬移。事实上,从表 8.2.2 中的床面泥沙状态概率可以看出,当 $\bar{V}_b/\omega_0 = 2.387$ 时,跳跃的状态概率为 0.751,悬移的状态概率为 0.0956。第二,从表 8.1.1 中看出 $\dfrac{\bar{V}_b}{V_{b.c}}$ 变化范围很大,当 $\dfrac{\bar{V}_b}{\omega_0} = 0.373 \sim 6.789$ 时,$\dfrac{\bar{V}_b}{V_{b.c}} = 0.407 \sim 7.411$,这种变化是显然的。值得注意的是,为什么会出现 $\bar{V}_b \leqslant V_{b.c}$,而且小很多,小的范围也大。例如,当 $\dfrac{\bar{V}_b}{\omega_0} < 0.9698$ 时,$\dfrac{\bar{V}_b}{V_{b.c}}$ 在 0.407 ~ 0.896,均小于 1。为什么小于 1? 不是定义了 $V_{b.c}$ 为起动临界速度。其实这里应防止一种误解,泥沙开始滚动的条件是 $V_b > V_{b.c}$,而不是 $\bar{V}_b > V_{b.c}$。前者 V_b 为瞬时速度,如图 8.1.1 所示,尽管 $\dfrac{\bar{V}_b}{V_{b.c}} < 1$,但是作用颗粒上的流速(图中画斜线的部分)均远大于 $V_{b.c}$,故而能支持其滚动。第三,第 1 章在讨论过去引用滚动速度为 $U_2 = \bar{V}_b - V_{b.c}$ 时也做了一张表,但是积分上限为无限大,并且未考虑床面位置 Δ' 的变化,仅取 $\varphi(\Delta') = \bar{\varphi} = \varphi(0.916)$。将其与表 8.1.1 相比,两者有一些差别,但差别不大,因此第 1 章的讨论应是可靠的。第四,表 8.2.3 给出了将滚动按前后半步建立方程求解的各项参数。比较该表的平均单步滚动速度 $\widetilde{U}_2 = \dfrac{\bar{U}_2}{\omega_0} = \dfrac{x_2}{t_2}\dfrac{1}{\omega_0} = \dfrac{x_2 D_2}{D_2 \tau_2 \omega_0} = \dfrac{\bar{X}_2}{\widetilde{t}_2 \omega_0}$ 与表 8.1.1 中的滚动速度 $\widetilde{U}_2$,可知后者的平均滚动速度偏大。但是两者的变化趋势仍然一致,即当 $\bar{V}_b/\omega_0$ 较小时,U_2 随 $\bar{V}_b/\omega_0$ 的增加而增加,当 $\bar{V}_b/\omega_0$ 在 2.387 附近,u_2 达到极大值,然后缓慢减小。表 8.2.3 得到的速度与表 8.1.1 有差别不同,主要是方程不同和条件不同。在两半步滚动方程中,后半步是自由运动,与床面不接触,故阻力小,加大了滚动速度。第五,滚动速度对平均速度的比值 $\bar{U}_2/\bar{V}_b = K_0$ 的变化范围为 0.0431 ~ 0.236,较稳定,不到两个数量级。第六,若将平均滚动速度写成 $\bar{U}_2 = K_1(\bar{V}_b - V_{b.c})$,则 K_1 变化大,并不如以前认为的 K 很稳定。其实 K_1 不仅变化大,还可以为负值,因为 $\bar{V}_b$ 可能小于 $V_{b.c}$。

3. 一般条件下滚动速度的数学期望

对于非均匀沙,根据本章前面的数字计算给出的滚动速度可表示为 $U_{2.x}(V_b, D_l, \Delta_l')$,它对 V_b、D_l、Δ_l' 的条件期望为

$$\bar{U}_{2.x}(\bar{V}_b, D_l, \Delta_l') = M[\xi_{U_{2.x}}(V_b, D_l, \Delta_l') \mid V_{b.c.1} \leqslant V_b \leqslant V_{b.c.2}, \xi_D = D_l, \xi_\Delta' = \Delta']$$

$$= \frac{\dfrac{1}{\sqrt{2\pi}\sigma_x} \displaystyle\int_{V_{b.c.1}}^{V_{b.c.2}} U_{2.x}(V_b, D_l, \Delta_l') p(V_b) dV_b}{\dfrac{1}{\sqrt{2\pi}\sigma_x} \displaystyle\int_{V_{b.c.1}}^{V_{b.c.2}} p(V_b) dV_b} \tag{8.1.75}$$

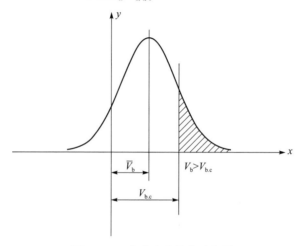

图 8.1.1　水流速度分布示意图

令

$$t_1 = \frac{V_{b.c.1} - \bar{V}_b}{\sigma_x} = \frac{V_{b.c.1} - \bar{V}_b}{0.37\bar{V}_b} = 2.7\left[\frac{\omega_0 \varphi(\Delta')}{\bar{V}_b} - 1\right] \tag{8.1.76}$$

$$t_2 = \frac{V_{b.c.2} - \bar{V}_b}{\sigma_x} = \frac{1.62V_{b.c.1} - \bar{V}_b}{0.37\bar{V}_b} = 2.7\left[\frac{1.59\omega_0 \varphi(\Delta')}{\bar{V}_b} - 1\right] \tag{8.1.77}$$

$$t = \frac{V_b - \bar{V}_b}{\sigma_x} \tag{8.1.78}$$

于是有

$$\frac{1}{\sqrt{2\pi}\sigma_x} \int_{V_{b.c.1.l}}^{V_{b.c.2.l}} f(V_b) dV_b = \frac{1}{\sqrt{2\pi}\sigma_x} \int_{V_{b.c.1.l}}^{V_{b.c.2.l}} e^{-(V_c - \bar{V}_b)^2/(2\sigma_x^2)} dV_b = \frac{1}{\sqrt{2\pi}} \int_{t_{1.l}}^{t_{2.l}} e^{-\frac{t^2}{2}} dt$$

$$= \frac{1}{\sqrt{2\pi}} \int_{t_{1.l}}^{\infty} e^{-\frac{t^2}{2}} dt - \frac{1}{\sqrt{2\pi}} \int_{t_{2.l}}^{\infty} e^{-\frac{t^2}{2}} dt = \varepsilon_{1.l} - \varepsilon_{2.l}$$

$$\tag{8.1.79}$$

将式(8.1.76)~式(8.1.78)代入式(8.1.75),可得

$$\bar{U}_{2.x}(D_l,\Delta'_l) = \frac{1}{\sqrt{2\pi}\,(\varepsilon_{1.l}-\varepsilon_{2.l})}\int_{t_{1.l}}^{t_{2.l}} U_{2.x}(\bar{V}_b+\sigma_x t,D_l,\Delta')\,\mathrm{e}^{-\frac{t^2}{2}}\mathrm{d}t \quad (8.1.80)$$

即

$$\widetilde{U}_{2.x}(\bar{V}_b,D_l,\Delta'_l) = \frac{\bar{U}_{2.x}(\bar{V}_b,D_l,\Delta'_l)}{\omega_0} = \frac{0.399}{\varepsilon_{1.l}-\varepsilon_{2.l}}\int_{t_{1.l}}^{t_{2.l}} \frac{U_{2.x}(\bar{V}_b+\sigma_x t,D_l,\Delta')}{\omega_0}\mathrm{e}^{-\frac{t^2}{2}}\mathrm{d}t$$

$$(8.1.81)$$

对于均匀沙,去掉各符号的下标 l,对床面位置(暴露度)Δ' 积分,有

$$\widetilde{U}_{2.x}(\bar{V}_b,D) = \int_{\Delta'_m}^{1} \widetilde{U}_{2.x}(\bar{V}_b,D,\Delta')f(\Delta')\mathrm{d}\Delta'$$

$$= 0.461\int_{\Delta'_m}^{1}\frac{1}{\varepsilon_1-\varepsilon_2}\left[\int_{t_1(\Delta')}^{t_2(\Delta')} u_{2.x}(\bar{V}_b+\sigma_x t)\mathrm{e}^{-\frac{t^2}{2}}\mathrm{d}t\right]\mathrm{d}\Delta' \quad (8.1.82)$$

式(8.1.82)就是滚动速度的无条件数学期望,是对均匀沙暴露度 Δ' 均匀分布密度 $1/0.866$ 的积分。对于非均匀沙,注意到其暴露度分布密度的表达式(2.1.18)、式(2.1.19),则有 $\Delta'_l = f\left(\dfrac{\bar{D}}{D_l}\right)$,而前述有关公式变为

$$\widetilde{U}_{2.x}\left(\bar{V}_b,D_l,f_{\Delta'_l}\left(\frac{\bar{D}}{D_l}\right)\right) = \frac{\bar{U}_{2.x}\left(\bar{V}_b,D_l,f_{\Delta'_l}\left(\frac{\bar{D}}{D_l}\right)\right)}{\omega_0}$$

$$= \frac{0.399}{\varepsilon_{1.l}\left(f_{\Delta'_l}\left(\frac{\bar{D}}{D_l}\right)\right)-\varepsilon_{2.l}\left(f_{\Delta'_l}\left(\frac{\bar{D}}{D_l}\right)\right)}\int_{t_{1.l}}^{t_{2.l}}\frac{U_{2.x}\left(\bar{V}_b+\sigma_x t,f_{\Delta'_l}\left(\frac{\bar{D}}{D_l}\right)\right)}{\omega_0}\mathrm{e}^{-\frac{t^2}{2}}\mathrm{d}t$$

$$(8.1.83)$$

$$\widetilde{U}_{2.x} = \frac{\bar{U}_{2.x}}{\omega_0}$$

$$= \sum_{l=1}^{n} P_{1.l}\left[\frac{0.399}{\varepsilon_{1.l}\left(f_{\Delta'_l}\left(\frac{\bar{D}}{D_l}\right)\right)-\varepsilon_{2.l}\left(f_{\Delta'_l}\left(\frac{\bar{D}}{D_l}\right)\right)}\int_{t_{1.l}}^{t_{2.l}}\frac{U_{2.x}\left(\bar{V}_b+\sigma_x t,f_{\Delta'_l}\left(\frac{\bar{D}}{D_l}\right)\right)}{\omega_0}\mathrm{e}^{-\frac{t^2}{2}}\mathrm{d}t\right]$$

$$= F\left(\frac{\bar{V}_b}{\omega_0},f_{\Delta'_l}\left(\frac{\bar{D}}{D_l}\right)\right) \quad (8.1.84)$$

以下为简化,$f_{\Delta'_l}\left(\dfrac{\bar{D}}{D_l}\right)$ 仍记为 $\dfrac{\bar{D}}{D_l}$

$$t_{1.l} = \frac{V_{\text{b.c.}1} - \bar{V}_{\text{b}}}{\sigma_x} = 2.70 \left[\frac{\varphi\left(\frac{\bar{D}}{D_l}\right)}{\widetilde{\bar{V}}_{\text{b}}} - 1 \right] \qquad (8.1.85)$$

$$t_{2.l} = \frac{V_{\text{b.c.}2} - \bar{V}_{\text{b}}}{\sigma_x} = 2.70 \left[\frac{1.59\varphi\left(\frac{\bar{D}}{D_l}\right)}{\widetilde{\bar{V}}_{\text{b}}} - 1 \right] \qquad (8.1.86)$$

式中，$P_{1.l} - D_l$ 为床沙级配，已被转换为 $P_{1.l} - \dfrac{\bar{D}}{D_l}$，其中转换时 $P_{1.l}$ 不变。从非均匀沙 $U_{2.x}$ 的数学期望可以看出，由于对暴露度采用了一定简化，在求平均值时，反而少了一次积分。这反映出由于采用了 $\Delta_l' = f_{\Delta_l'}\left(\dfrac{\bar{D}}{D_l}\right)$，对 D_l 和 Δ_l' 的积分转化成对 $\dfrac{\bar{D}}{D_l}$ 的积分。在式 (8.1.84) 对 $\dfrac{\bar{D}}{D_l}$ 求 $\bar{U}_2$ 的数学期望时，$\dfrac{\bar{D}}{D_l}$ 的分布密度按经验频率（实际的级配曲线）给出。

4. 颗粒跳跃速度的数学期望

颗粒跳跃速度的数学期望类似滚动速度的数学期望推导。对于均匀沙，有

$$
\begin{aligned}
\bar{U}_{3.x}(\bar{V}_{\text{b}}, \Delta') &= \frac{M[\xi_{U_{3.x}}(V_{\text{b}}, \Delta') \mid V_{\text{b.c.}2} \leqslant V_{\text{b}}, \xi_{\Delta'} = \Delta']}{P[V_{\text{b}} \geqslant V_{\text{b.c.}2}]} \\
&= \frac{\dfrac{1}{\sqrt{2\pi}\sigma_x} \displaystyle\int_{V_{\text{b.c.}2}}^{\infty} u_{3.x}(V_{\text{b}}, \Delta') e^{-\frac{(V_{\text{b}} - \bar{V}_{\text{b}})^2}{2\sigma_x^2}} \, dV_{\text{b}}}{\dfrac{1}{\sqrt{2\pi}\sigma_x} \displaystyle\int_{V_{\text{b.c.}2}}^{\infty} e^{-\frac{(V_{\text{b}} - \bar{V}_{\text{b}})^2}{2\sigma_x^2}} \, dV_{\text{b}}}
\end{aligned}
$$

即

$$\bar{U}_{3.x}(\bar{V}_{\text{b}}, \Delta') = \frac{0.399}{\varepsilon_{2.l}} \int_{t_{2.l}}^{\infty} U_{3.x}(\bar{V}_{\text{b}} + \sigma_x t, \Delta') e^{-\frac{t^2}{2}} \, dt \qquad (8.1.87)$$

$$
\begin{aligned}
\widetilde{\bar{U}}_{3.x}(\bar{V}_{\text{b}}) &= \frac{\bar{U}_{3.x}(\bar{V}_{\text{b}}, \Delta')}{\omega_0 \varepsilon_{2.l}} = \int_{\Delta'_m}^{1} \frac{0.399}{0.866} \left[\int_{t_{2.l}(\Delta')}^{\infty} U_{3.x}(V_{\text{b}}, \Delta') e^{-\frac{t^2}{2}} \, dt \right] d\Delta' \\
&= 0.461 \int_{\Delta'_m}^{1} \left[\int_{t_{2.l}(\Delta')}^{\infty} U_{3.x}(V_{\text{b}}, \Delta') e^{-\frac{t^2}{2}} \, dt \right] d\Delta' \qquad (8.1.88)
\end{aligned}
$$

对于非均匀沙，注意到式 (8.1.12)，类似于前面的推导，有下述各式：

$$\bar{U}_{3.x}(\bar{V}_{\text{b}}, D_l, \Delta_l') = \bar{U}_{3.x}\left(\bar{V}_{\text{b}}, D_l, f_{\Delta_l'}\left(\frac{\bar{D}}{D_l}\right)\right) = \bar{U}_{3.x}\left(\bar{V}_{\text{b}}, f_{\Delta_l'}\left(\frac{\bar{D}}{D_l}\right)\right)$$

$$
\begin{aligned}
&= \frac{\dfrac{1}{\sqrt{2\pi}} \displaystyle\int_{t_{2.l}}^{\infty} U_{3.x}\left(V_{\mathrm{b}}+\sigma_x t, \dfrac{\bar{D}}{D_l}\right) \mathrm{e}^{-\frac{t^2}{2}} \mathrm{d}t}{\dfrac{1}{\sqrt{2\pi}} \displaystyle\int_{t_{2.l}}^{\infty} \mathrm{e}^{-\frac{t^2}{2}} \mathrm{d}t} \\
&= \frac{0.399}{\varepsilon_{2.l}\left(\dfrac{\bar{D}}{D_l}\right)} \int_{t_{2.l}}^{\infty} U_{3.x}\left(V_{\mathrm{b}}+\sigma_x t, \dfrac{\bar{D}}{D_l}\right) \mathrm{e}^{-\frac{t^2}{2}} \mathrm{d}t = \bar{U}_{3.x}\left(\bar{V}_{\mathrm{b}}, \dfrac{\bar{D}}{D_l}\right) \quad (8.1.89)
\end{aligned}
$$

式中,$t_{2.l}$ 由(8.1.86)给出。上述就是 $\xi_{D_l}=D_l$ 的跳跃速度的条件期望。而跳跃速度的数学期望为

$$
\bar{U}_{3.x}(\bar{V}_{\mathrm{b}}) = \sum_{l=1}^{n} P_{1.l} U_{3.x}\left(\frac{\bar{D}}{D_l}\right)
$$

即

$$
\widetilde{U}_{3.x}(\widetilde{V}_{\mathrm{b}}) = \frac{\bar{U}_{3.x}}{\omega_0}(\widetilde{V}_{\mathrm{b}}) = \sum_{l=1}^{n} P_{1.l}\left[\frac{0.399}{\varepsilon_{2.l}\left(\frac{\bar{D}}{D_l}\right)} \int_{t_{2.l}\left(\frac{\bar{D}}{D_l}\right)}^{\infty} \widetilde{U}_{3.x}(\bar{V}_{\mathrm{b}}+\sigma_x t) \mathrm{e}^{-\frac{t^2}{2}} \mathrm{d}t\right] \quad (8.1.90)
$$

上述滚动速度数学期望及跳跃纵向速度数学期望的计算,基本代表了各种运动参数数学期望的计算方法。因为第 4 章给出的各项运动参数在均衡运动条件下都已写成如下形式,现在以滚动速度为例说明。此时,对于均匀沙,有

$$
U_{2.x} = f_0(V_{\mathrm{b}}, \Delta'), \quad V_{\mathrm{b.c.}1} \leqslant V_{\mathrm{b}} \leqslant V_{\mathrm{b.c.}2} \quad (8.1.91)
$$

对于非均匀沙,有

$$
U_{2.x.l} = f_{1.l}\left(V_{\mathrm{b}}, \frac{\bar{D}}{D_l}\right), \quad V_{\mathrm{b.c.}1.l} \leqslant V_{\mathrm{b}} \leqslant V_{\mathrm{b.c.}2.l} \quad (8.1.92)
$$

可见,无论求条件期望还是无条件期望,其计算方法均是类似的。

5. 推移质输沙率数学期望的计算及有关讨论

第 6 章给出了均匀沙与非均匀沙强平衡与弱平衡等各种条件下的推移质输沙能力公式,包括它们的有关参数以及其数学期望(平均值),本节将进一步讨论强平衡条件下推移质输沙能力数学期望计算方法。这里有三个问题需要说明和补充:一是滚动与跳跃输沙能力如何叠加为推移质输沙能力;二是按照第 6 章结果,强平衡推移质输沙能力数学期望的确定;三是当输沙能力公式中包括两个以上的随机变量时,是分别求各参数的数学期望后再组合成推移质输沙能力还是组成输沙能力后再求数学期望。现在对这三个问题进行四点说明和讨论。

(1) 推移质输沙能力如何由滚动与跳跃相加,第 6 章已专门述及,并得到了式(6.3.13)

$$q_{b,l}^* = \frac{\mu_{2,l}}{\mu_{b,l}} q_{2,l}^* + \frac{\mu_{3,l}}{\mu_{b,l}} q_{3,l}^*$$

而不是传统的

$$q_{b,l}^* = q_{2,l}^* + q_{3,l}^*$$

两者的对比已在第 6 章述及,以下在表 8.1.2 中还有具体对比。

(2) 按照第 6 章滚动输沙能力公式(6.3.5)和跳跃输沙能力公式(6.3.8),即

$$q_{2,l}^* = \frac{2}{3} m_0 \gamma_s P_{1,l} D_l \frac{\psi_{2,l}}{\mu_{2,l} t_{2,0,l}} = \frac{2}{3} m_0 \gamma_s P_{1,l} D_l \frac{\psi_{2,l}}{\mu_{2,l} t_{2,l}} = \frac{2}{3} m_0 \gamma_s P_{1,l} D_l \psi_{2,l} U_{2,l}$$

$$q_{3,l}^* = \frac{2}{3} m_0 \gamma_s P_{1,l} D_l \frac{\psi_{3,l}}{\mu_{3,l} t_{3,0,l}} = \frac{2}{3} m_0 \gamma_s P_{1,l} D_l \frac{\psi_{3,l} t_{3,l}}{t_{3,0,l}} U_{3,l}$$

式中,

$$\psi_{2,l} = \frac{(\varepsilon_{1,l} - \varepsilon_{2,0,l})(1 - \beta_l)}{1 + (1 - \varepsilon_{0,l})(1 - \varepsilon_{4,l}) - (1 - \varepsilon_{1,l})(1 - \beta_l)}$$

$$\psi_{3,l} = \frac{\varepsilon_{2,0,l}(1 - \beta_l)}{1 + (1 - \varepsilon_{0,l})(1 - \varepsilon_{4,l}) - (1 - \varepsilon_{1,l})(1 - \beta_l)}$$

式(6.3.5)及式(6.3.8)中有关参数均已属于数学期望或平均值,并且 $\psi_{2,l}$、$\psi_{3,l}$ 中包括的基本转移概率也是确定的,因此它们已是强平衡条件下,滚动与跳跃输沙能力的数学期望的表达式。其中 $U_{2,l}$、$U_{3,l}$、$t_{3,l}$、$t_{3,0,l}$ 等则是按第 4 章和本章的力学关系,由 V_b、Δ_l' 及 D_l 的分布求出的数学期望。

(3) 现在讨论一个问题,假设式(6.3.5)与式(6.3.8)为随机变量之间的关系,此时输沙能力及其有关参数均是随机变量 V_b、Δ_l' 及 D_l 的函数。当采用无因次非均匀沙分组输沙能力 $\lambda_{q_i^*(l)}(i=2,3)$ 后,它只取决于 V_b、Δ_l',此时会有什么结果?

(4) 对推移质无因次输沙能力数学期望的讨论。

① 无因次 l 组滚动输沙能力数学期望。它的非均匀沙 l 组无因次输沙能力为

$$\lambda_{q_2^*(l)} = \frac{2}{3} \frac{m_0}{\omega_0} \frac{\psi_{2,l}}{\mu_{2,l} t_{2,l}} = \frac{2}{3} \frac{m_0}{\omega_0} \psi_{2,l} U_{2,l} \tag{8.1.93}$$

由式(8.1.93)及式(8.1.90)有

$$\bar{\lambda}_{q_2^*(l)} = \frac{\frac{\psi_{2,l}}{\sqrt{2\pi}\sigma_x} \int_{V_{b,c,1}}^{V_{b,c,2}} \frac{2}{3} \frac{m_0}{\omega_0} U_{2,x}(V_b, \Delta', D_l) P(V_b) \mathrm{d}V_b}{\frac{1}{\sqrt{2\pi}\sigma_x} \int_{V_{b,c,1}}^{V_{b,c,2}} P(V_b) \mathrm{d}V_b} \tag{8.1.94}$$

$$= \frac{2}{3} \frac{m_0}{\omega_0} \frac{\psi_{2,l}}{\sqrt{2\pi}(\varepsilon_{1,l} - \varepsilon_{2,l})} \int_{t_{1,l}}^{t_{2,l}} U_{2,x}(\bar{V}_b + \sigma_x t, \Delta', D_l) \mathrm{e}^{-\frac{t^2}{2}} \mathrm{d}t$$

化简得

$$\bar{\lambda}_{q_2^*(l,\Delta')} = 0.1064 \frac{\psi_{2.l}}{\varepsilon_{1.l} - \varepsilon_{2.l}} \int_{t_{1.l}}^{t_{2.l}} \frac{U_{2.x}(\bar{V}_b + \sigma_x t, \Delta'_l, D_l)}{\omega_0} e^{-\frac{t^2}{2}} dt \quad (8.1.95)$$

再对均匀沙求 Δ' 积分,类似式(8.1.82)得到均匀沙无因次输沙能力为

$$\bar{\lambda}_{q_2^*} = 0.1228\psi_2 \int_{0.134}^{1} \frac{1}{\varepsilon_1 - \varepsilon_2} \left[\int_{t_1}^{t_2} U_{2.x}(\bar{V}_b + \sigma_x t, \Delta') e^{-\frac{t^2}{2}} dt \right] d\Delta' \quad (8.1.96)$$

式(8.1.96)是针对均匀沙。如果为非均匀沙,类似式(8.1.83)和式(8.1.84)有

$$\bar{\lambda}_{q_2^*(l)} = 0.1064 \frac{\psi_{2.l}}{\varepsilon_{1.l}\left(\frac{\bar{D}}{D_l}\right) - \varepsilon_{2.l}\left(\frac{\bar{D}}{D_l}\right)} \int_{t_{1.l}}^{t_{2.l}} \frac{U_{2.x}\left(\bar{V}_b + \sigma_x t, \frac{\bar{D}}{D_l}\right)}{\omega_0} e^{-\frac{t^2}{2}} dt \quad (8.1.97)$$

由式(8.1.97)可见,将滚动输沙能力中的两个随机变量 $\mu_{2.l}$、$t_{2.l}$ 转换成滚动速度 $U_{2.l}$ 后,仅有一个随机变量 $U_{2.x}$,此时可以完全按概率论的规则求出滚动输沙能力的数学期望。

② 跳跃输沙率的数学期望。它的非均匀沙 l 组粒径无因次推移质输沙能力为

$$\lambda_{q_3^*(l)} = \frac{2}{3}\frac{m_0}{\omega_{0.l}}\psi_{3.l}\frac{1}{\mu_{3.l}t_{3.0.l}} = \frac{2}{3}\frac{m_0}{\omega_{0.l}}\psi_{3.l}\frac{L_{3.l}}{t_{3.l}}\frac{t_{3.l}}{t_{3.0.l}} = \frac{2}{3}\frac{m_0}{\omega_{0.l}}\psi_{3.l}U_{3.l}\frac{t_{3.l}}{t_{3.0.l}} \quad (8.1.98)$$

式中,$U_{3.l} = \frac{1}{\mu_{3.l}t_{3.l}} = \frac{x_{3.l}}{t_{3.l}}$;$t_{3.0.l}$ 为颗粒脱离床面的时间;$t_{3.l}$ 为单步跳跃时间。可见式(8.1.98)涉及随机变量 $x_{3.l} = \frac{1}{\mu_{3.l}}$ 和 $t_{3.0.l}$,或者涉及 $U_{3.l}$、$t_{3.l}$、$t_{3.0.l}$。现在采用前者。于是,类似于前面式(8.1.94)的推导,式(8.1.98)为

$$\bar{\lambda}_{q_3^*(l)} = \frac{0.2666}{\sqrt{2\pi}}\frac{\psi_{3.l}}{\varepsilon_{2.l}\omega_0}\int_{t_{2.l}}^{\infty}\frac{x_{3.l}}{t_{3.0.l}}(\bar{V}_b + \sigma_x t, \Delta'_l, D_l)e^{-\frac{t^2}{2}}dt \quad (8.1.99)$$

对于均匀沙,有

$$\bar{\lambda}_{q_3^*} = \frac{0.1228\psi_3}{\varepsilon_2}\int_{0.134}^{1}\left[\int_{t_2}^{\infty}\frac{x_3}{\omega_0 t_{3.0}}(\bar{V}_b + \sigma_x t, \Delta')e^{-\frac{t^2}{2}}dt\right]d\Delta' \quad (8.1.100)$$

对于非均匀沙,有

$$\bar{\lambda}_{q_3^*(l)} = \frac{0.1064\psi_{3.l}}{\varepsilon_{2.l}(\bar{D}/D_l)}\int_{t_2}^{\infty}U_{3.l}\frac{t_3}{\omega_0 t_{3.0}}\left(\bar{V}_b + \sigma_x t, \frac{\bar{D}}{D_l}\right)e^{-\frac{t^2}{2}}dt \quad (8.1.101)$$

③ 现在出现一个问题,式(8.1.100)及式(8.1.101)的积分中包含三个随机变量,是求它们组合 $\frac{U_{3.l}}{t_{3.0.l}}t_{3.l}$ 的期望还是求三个参数的数学期望的组合。按概率

论规则,自然采用前者,但是按前面指出的,这三个参数应是数学期望的组合,即 $\dfrac{\bar{U}_{3.l}}{\bar{t}_{3.0.l}}\bar{t}_{3.l}$。因此,在以下全部数学期望计算中将按此进行。此时这种选择还有四种考虑:一是保证由各参数的期望值能直接进入平均无因次输沙能力,否则输沙能力是一套结果,各参数的平均值是另一套结果;二是符合泥沙研究的需求及河流动力学的一般做法;三是两种方法通过数字计算结果进行比较,以了解彼此误差的大小;四是与实际资料进行对比,这也是很关键的。根据这四种考虑,最后确定均匀沙无因次跳跃输沙能力的平均值为

$$\bar{\lambda}_{q_3^*} = \frac{2}{3}\frac{m_0}{\omega_0}\frac{\phi_3}{\bar{\mu}_3}\frac{\bar{t}_3}{\bar{t}_{3.0}} = \frac{2}{3}\frac{m_0}{\omega_0}\frac{\phi_3 \bar{U}_3 \bar{t}_3}{\bar{t}_{3.0}} = f\left(\frac{\bar{V}_b}{\omega_0}\right) \tag{8.1.102}$$

式中,$\bar{\mu}_3$、$\bar{t}_{3.0}$、$\bar{t}_3$、$\bar{U}_3$ 均为其数学期望,它们对 V_b 是条件期望,对 Δ' 是无条件期望。

对于非均匀沙,平均跳跃输沙能力为

$$\bar{\lambda}_{q_3^*(l)} = \frac{2}{3}\frac{m_0}{\omega_{0.l}}\frac{\phi_{3.l}\bar{U}_{3.l}\bar{t}_{3.l}}{\bar{t}_{3.0.l}} = f\left(\frac{\bar{V}_b}{\omega_{0.l}}, \frac{\bar{D}}{D_l}\right) \tag{8.1.103}$$

它是以 $\dfrac{\bar{D}}{D_l}$ 为参数的 V_b 的条件期望。对于非均匀沙,为什么不列出对 $\dfrac{\bar{D}}{D_l}$ 的无条件期望? 这是因为 $\dfrac{\bar{D}}{D_l}$ 的密度是经验分布,即床沙级配 $P_{1.l}\left(\dfrac{\bar{D}}{D_l}\right)$,在一般条件下,$P_{1.l}$ 是未知的,只有对具体资料才能计算。

④ 数字结果的差别及输沙能力与实际资料的对比。在表 8.1.2 列出了先求跳跃推移质输沙能力随机变量再求数学期望[式(8.1.100)],以及先求出各参数的数学期望再求跳跃推移质输沙能力平均值,即式(8.1.102)的对比。而且是在两种条件下进行,即 q_3^* 与 q_2^* 直接相加和加权相加两种条件,于是表 8.1.2 列出了四种计算的对比。此外,为了了解 $\overline{\left(\dfrac{t_3}{t_{3.0}}\right)}$ 与 $\dfrac{\bar{t}_3}{\bar{t}_{3.0}}$ 的差别,在表中还附带列出了式(8.1.102)与式(8.1.104)的对比。

$$\bar{\lambda}_{q_3^*} = \frac{2}{3}\frac{m_0\phi_3}{\omega_0}\bar{U}_3\overline{\left(\frac{t_3}{t_{3.0}}\right)} = f\left(\frac{\bar{V}_b}{\omega_0}\right) \tag{8.1.104}$$

从表 8.1.2 可以看出如下几点。第一,当 $\dfrac{\bar{V}_b}{\omega_0} \leqslant 0.4476$ 时,由于跳跃输沙能力为零,而滚动输沙能力只有一种算法,此时各种算法的 $\lambda_{q_b^*}$ 均相同。第二,无论是 q_3^* 与 q_2^* 是直接相加还是加权相加,都是先组合成输沙能力再求期望的结果最大。

例如,对于加权相加,在中等输沙率$\left(\dfrac{\overline{V}_b}{\omega_0}=1.119\sim3.432\right)$时,先组合成输沙能力再

求数学期望比先求各参数数学期望再组合输沙能力要大 1～3 倍。当输沙能力再

大时,两者逐渐接近,直至$\dfrac{\overline{V}_b}{\omega_0}=6.789$,尚大 44％左右。可见,从计算结果看,它们

始终差别大。现在只能从实际资料对比来检验。从本节和第 6 章验证的大量实测

试验的均匀沙和非均匀沙输沙能力资料看,先分别求参数的数学期望再计算平均

输沙能力 q_3^*、$\lambda q_b^*(l)$是符合实际的。不仅如此,前面其他的验证对比已表明,这种

计算输沙能力的所有参数,包括各种基本概率、床面各种运动状态的状态概率以及

有关的其他参数包括 $x_{3.l}$、$t_{3.0.l}$、y_m、$\overline{U}_{3.x}$等均是符合实际资料的,也与经验一致,是

合理的。也就是说,采取先求参数的数学期望再计算平均输沙能力的方法,得到推

移质运动的整个理论体系是符合实际的。这就是在前面确定采用式(8.1.102)和

式(8.1.103)的原因。并且滚动与跳跃相加的平均输沙能力是采用加权相加。第

三,滚动与跳跃输沙能力是加权相加还是直接相加,差别不大。以平均输沙能力中

分别求各参数的数学期望为例予以对比。从有跳跃开始$\left(约\dfrac{\overline{V}_b}{\omega_0}=0.671\right)$,两者差

别开始加大,至$\dfrac{\overline{V}_b}{\omega_0}=1.492$ 时两者差别达到最大,即直接相加比加权相加大 47％,

以后逐渐减小,直至$\dfrac{\overline{V}_b}{\omega_0}=6.869$ 时,两者相差不过 1.0％。尽管它们有差别,但是在

对数坐标中,不易明显看出。第四,比较式(8.1.102)与式(8.1.104),从表中可见

两者差别不大。以加权相加为例,开始跳跃起,式(8.1.104)的结果大于

式(8.1.102)的结果,接着迅速增加。当$\dfrac{\overline{V}_b}{\omega_0}=1.268$ 时,式(8.1.104)的结果约比

式(8.1.102)的结果大 2.2 倍,但是以后迅速减小。至$\dfrac{\overline{V}_b}{\omega_0}=2.163$ 时,式(8.1.104)

的结果仅比式(8.1.102)的结果大 50％以下,以后差距进一步缩小。当$\dfrac{\overline{V}_b}{\omega_0}$在 5.520

附近时,两者相等,以后发生逆转,式(8.1.102)开始大于式(8.1.104)。当$\dfrac{\overline{V}_b}{\omega_0}=$

6.789 时,前者比后者大 15.4％。可见,单独从$\overline{\left(\dfrac{t_3}{t_{3.0}}\right)}$与$\dfrac{\overline{t}_3}{\overline{t}_{3.0}}$对比看,当$\dfrac{t_3}{t_{3.0}}$小时,

$\overline{\left(\dfrac{t_3}{t_{3.0}}\right)}>\dfrac{\overline{t}_3}{\overline{t}_{3.0}}$;当$\dfrac{t_3}{t_{3.0}}$大时,$\overline{\left(\dfrac{t_3}{t_{3.0}}\right)}<\dfrac{\overline{t}_3}{\overline{t}_{3.0}}$。

表 8.1.2 均匀沙推移质输沙能力不同计算方法的对比

$\bar{V}_b=\dfrac{V_b}{\omega_0}$	V_f	$\bar{\lambda}_{q_b}^*$，使用 $u_2=x_2/t_2$, $\omega_1=\omega_0$	q_b^*					
			直接相加			加权相加		
			有关参数分别求期望	$t_3/t_{3.1}$直接求期望	组合后再求期望	有关参数分别求期望	$t_3/t_{3.1}$直接求期望	组合后再求期望
0.2238		1.47936×10^{-12}	1.47936×10^{-12}	1.47936×10^{-12}	1.47936×10^{-12}	1.47936×10^{-12}	1.47936×10^{-12}	1.47936×10^{-12}
0.2984		1.6387×10^{-7}	1.6387×10^{-7}	1.6387×10^{-7}	1.6387×10^{-7}	1.6387×10^{-7}	1.6387×10^{-7}	1.6387×10^{-7}
0.4476	0.653171	0.000355573	0.000355622	0.000355686	0.000355672	0.000355622	0.000355573	0.000355616
0.5222	0.767811	0.001778441	0.001784274	0.00179273	0.00179122	0.001784274	0.001778441	0.001784012
0.5968	0.885403	0.005262702	0.005384679	0.005574846	0.00554994	0.005312746	0.005391007	0.005389508
0.6714	1.006375	0.011477124	0.012451611	0.014048395	0.013932909	0.011883722	0.012557419	0.012580581
0.8206	1.25968	0.031389661	0.045250606	0.068567203	0.070274608	0.037313877	0.047806911	0.049777551
0.9698	1.528937	0.053732992	0.126390105	0.241230376	0.269469003	0.084832584	0.14041862	0.163319085
1.119	1.813585	0.069158779	0.305591568	0.632950171	0.775772041	0.169728314	0.341767683	0.461580201
1.2682	2.111929	0.075017635	0.667100028	1.352519702	1.791437677	0.330003818	0.726378998	1.125407334
1.492	2.580486	0.070706621	1.798899628	3.272501733	4.704516847	0.878847244	1.872834025	3.311296936
1.6412	2.903948	0.063415518	3.108640145	5.223597674	7.785141219	1.617163553	3.182999921	5.862508499
2.0142	3.739954	0.043263978	8.829359926	12.65018587	19.8360076	5.663499265	8.987504964	16.78139002
2.1634	4.082346	0.03645673	12.15690848	16.62338813	26.35345296	8.379128382	12.41646092	22.9722266
2.3872	4.60208	0.028130701	18.24696575	23.59677582	37.82077819	13.71331977	18.73819902	34.08120952
3.4316	7.088192	0.009522932	62.71758826	70.71660915	115.1607128	56.80724234	64.73569018	110.947116
4.0284	8.535886	0.005813284	99.17091287	107.6882909	175.4550096	93.19130465	101.6775717	171.282572
4.9982	10.91379	0.003058214	172.6218479	178.459335	288.5076275	166.8317373	172.6624543	284.5218993
5.5204	12.2042	0.00230500 9	213.7360464	213.2428647	343.03027	208.2521413	207.7593038	339.283907
5.8188	12.94418	0.001992157	235.3148752	228.8063093	367.9857598	230.0811201	223.5760457	364.4349718
6.7886	15.36056	0.001321311	288.932459	250.8364534	412.4646198	284.7287942	246.6425171	409.7301001

8.1.5　非均匀沙总输沙能力及级配

前面以较多篇幅研究了均匀沙与非均匀沙无因次推移质输沙能力的计算。但是对于非均匀沙推移质只涉及以 $\bar{D}/D_l$ 为参数的条件期望或平均值。本节将进一步研究非均匀沙粒径组输沙能力的相加为总输沙能力，以及推移质级配与床沙级配的计算。

1. 非均匀沙推移质总输沙能力

在第 6 章中引进了一个非均匀沙的重要关系式

$$P_{i.l}q_{i.l}^* = P_{1.l}q_i^*(l), \quad i=2,3,b$$

式中，$i=2,3,b$ 分别表示滚动、跳跃与推移；$P_{i.l}$ 为滚动、跳跃、推移质泥沙的级配；$q_{i.l}^*$ 为相应的 l 组的分组输沙能力；$P_{1.l}$ 为床沙级配；$q_i^*(l)$ 为非均匀沙做 i 种运动当 $P_{1.l}=1$ 时的该粒径组的输沙能力。注意这两种表示的差别，即 $q_{i.l}^*$ 与 $q_i^*(l)$ 的差别。以 $i=3$ 为例，有

$$P_{b.l}q_b^* = q_{b.l}^* = \frac{2}{3}m_0\gamma_s D_l P_{1.l}\frac{\psi_{3.l}\bar{U}_{3.x}\bar{t}_{3.l}}{\bar{t}_{3.0.l}} = P_{1.l}q_b^*(l) \quad (8.1.105)$$

对 l 求和，得跳跃总输沙能力为

$$q_b^* = \sum_{l=1}^n P_{1.l}\frac{2}{3}m_0\gamma_s D_l\frac{\psi_{3.l}\bar{U}_{3.x}\bar{t}_{3.l}}{\bar{t}_{3.0.l}} = \sum_{l=1}^n P_{1.l}q_b^*(l) \quad (8.1.106)$$

对于推移质，有

$$q_{b.l}^* = \frac{\bar{\mu}_{2.l}}{\bar{\mu}_{b.l}}q_{2.l}^* + \frac{\bar{\mu}_{3.l}}{\bar{\mu}_{b.l}}q_{3.l}^* \quad (8.1.107)$$

于是有

$$\begin{aligned}P_{b.l}q_b^* = q_{b.l}^* &= \left[\frac{\bar{\mu}_{2.l}}{\bar{\mu}_{b.l}}q_2^*(l) + \frac{\bar{\mu}_{3.l}}{\bar{\mu}_{b.l}}q_3^*(l)\right]P_{1.l}\\ &= \frac{2}{3}m_0\gamma_s D_l\left(\frac{\bar{\mu}_{2.l}}{\bar{\mu}_{b.l}}\psi_{2.l}\bar{U}_{2.l} + \frac{\bar{\mu}_{3.l}}{\bar{\mu}_{b.l}}\frac{\psi_{3.l}\bar{U}_{3.x}\bar{t}_{3.l}}{\bar{t}_{3.0.l}}\right)P_{1.l}\\ &= P_{1.l}q_b^*(l)\end{aligned} \quad (8.1.108)$$

对 l 求和，有

$$\begin{aligned}q_b^* = \sum_{l=1}^n q_{b.l}^* &= \frac{2}{3}m_0\gamma_s D_l\sum_{l=1}^n\left(\frac{\bar{\mu}_{2.l}}{\bar{\mu}_{b.l}}\psi_{2.l}\bar{U}_{2.l} + \frac{\bar{\mu}_{3.l}}{\bar{\mu}_{b.l}}\frac{\psi_{3.l}\bar{U}_{3.x}\bar{t}_{3.l}}{\bar{t}_{3.0.l}}\right)P_{1.l}\\ &= \sum_{l=1}^n\left[\frac{\bar{\mu}_{2.l}}{\bar{\mu}_{b.l}}q_2^*(l) + \frac{\bar{\mu}_{3.l}}{\bar{\mu}_{b.l}}q_3^*(l)\right]P_{1.l} = \sum_{l=1}^n P_{1.l}q_b^*(l)\end{aligned}$$

$$(8.1.109)$$

这就是非均匀沙推移质总输沙能力。需要注意的是，式(8.1.107)中的 $\bar{\mu}_{2.l}$、$\bar{\mu}_{3.l}$、

$\bar{\mu}_{\mathrm{b},l}$ 均是其数学期望。因为在求 q_{b}^* 之前,已经求出了 $q_{2,l}^*$、$q_{3,l}^*$ 以及 $\bar{\mu}_{2,l}$、$\bar{\mu}_{3,l}$。至于 $\bar{\mu}_{\mathrm{b},l}$ 可由式(6.5.36)给出。该式为

$$\bar{\mu}_{\mathrm{b},l}=\frac{\bar{q}_{2,l}^*\bar{\mu}_{2,l}/\bar{U}_{2,l}+\bar{q}_{3,l}^*\bar{\mu}_{3,l}/\bar{U}_{3,l}}{\bar{q}_{2,l}^*/\bar{U}_{2,l}+\bar{q}_{3,l}^*/\bar{U}_{3,l}} \tag{8.1.110}$$

2. 推移质级配

由式(6.5.25),有

$$P_{i,l}=\frac{q_{i,l}^*}{q_i^*}=\frac{P_{1,l}q_i^*(l)}{q_i^*}=\frac{P_{1,l}q_i^*(l)}{\displaystyle\sum_{l=1}^{n}P_{1,l}q_i^*(l)}, \quad i=2,3,\mathrm{b} \tag{8.1.111}$$

这是做 i 种运动泥沙的级配。反之,也可由 $P_{i,l}$ 求 $P_{1,l}$,即

$$P_{1,l}=\frac{q_i^*}{q_i^*(l)}P_{i,l}=\frac{P_{i,l}}{q_i^*(l)}\left(\sum_{l=1}^{n}\frac{P_{i,l}}{q_i^*(l)}\right)^{-1}, \quad i=2,3,\mathrm{b} \tag{8.1.112}$$

8.2　推移质运动特性分析及有关参数验证

本章对前述章节介绍的推移质运动理论体系做了大量的数字计算。由于该理论体系较为全面和深刻,这些计算结果不仅能从理论上揭示推移质运动的机理,概括出推移质运动的各种现象,而且能表达尚未暴露和未被注意的特性。与此同时,按照实践是检验真理的标准,对推移质运动各种参数和输沙率除在第 6 章做了一些试验资料检验外,本节将进行详细的、全面的补充验证和特性的分析研究[3]。

8.2.1　基本转移概率特性

表 8.2.1 列出了均匀沙六种基本转移概率 ε_0、ε_1、ε_2、$\varepsilon_{2,0}$、ε_4 和 β 随 $\dfrac{\bar{V}_{\mathrm{b}}}{\omega_0}$ 的变化。从中可看出如下特性:

(1) 按式(8.1.28)结合表 8.2.1,当 $\omega_1=\omega_0$ 时,$\beta=\varepsilon_4$;若 $\omega_1=1.2\omega_0$,当 $\dfrac{\bar{V}_{\mathrm{b}}}{\omega_0}<2.48135$ 时,$\beta=\beta_{1,l}$;当 $\dfrac{\bar{V}_{\mathrm{b}}}{\omega_0}\geqslant2.48136$ 时,$\beta=\varepsilon_4$。对于细颗粒,ω_1 与 ω_0 差值大,起悬概率小于悬浮概率的数值就多。

(2) 从 $\dfrac{\bar{V}_{\mathrm{b}}}{\omega_0}=0.5222$ 开始,至 $\dfrac{\bar{V}_{\mathrm{b}}}{\omega_0}=6.7886$,上述六种概率均不会为零。此时水流相对底速 $\dfrac{\bar{V}_{\mathrm{b}}}{\omega_0}$ 的范围是很大的,包括天然河道和水库的情况,可见床面泥沙运动

同时包括四种状态，并不总是一种，这是研究泥沙运动时要注意的。床面泥沙运动四种状态会同时出现，更可明确地从表 8.2.2 中看出。

表 8.2.1　基本转移概率计算结果

$\dfrac{\overline{V}_b}{\omega_0}$	ε_0	ε_1	ε_2	$\varepsilon_{2,0}$	ε_4	β_1 $\omega_1=\omega_0$	$\beta_{1,l}$ $1.2\omega_0$
0.2238	6.49×10^{-8}	1.8×10^{-11}	0	0	0	0	0
0.2984	0.000136	1.94×10^{-6}	9×10^{-12}	0	0	0	0
0.4476	0.021952	0.003783	2.8×10^{-5}	6.49×10^{-8}	2×10^{-12}	2×10^{-12}	0
0.5222	0.063668	0.017422	0.00052	7.22×10^{-6}	1.15×10^{-9}	1.15×10^{-9}	6×10^{-12}
0.6714	0.211415	0.093655	0.011306	0.000963	1.68×10^{-6}	1.68×10^{-6}	4.11×10^{-8}
0.8206	0.393219	0.226222	0.052836	0.010287	7.17×10^{-5}	7.17×10^{-5}	4.28×10^{-6}
0.9698	0.553923	0.378349	0.130798	0.039666	0.000647	0.000647	6.99×10^{-5}
1.119	0.674694	0.517323	0.234532	0.093655	0.00265	0.00265	0.000439
1.2682	0.759602	0.629228	0.347624	0.168555	0.006943	0.006943	0.001591
1.492	0.840527	0.747531	0.505509	0.302287	0.018257	0.018257	0.006079
1.6412	0.874822	0.801075	0.593133	0.393219	0.028648	0.028648	0.011664
2.0142	0.9245	0.881725	0.747531	0.58792	0.060691	0.060691	0.037406
2.1634	0.936194	0.901079	0.788736	0.648211	0.074627	0.074627	0.053417
2.3872	0.948945	0.922219	0.835401	0.721036	0.095611	0.095611	0.086012
3.4316	0.975136	0.965048	0.932982	0.888083	0.181623	0.181623	0.181623
4.0284	0.980916	0.974153	0.953301	0.9245	0.219317	0.219317	0.219317
4.9982	0.985963	0.981867	0.969828	0.953801	0.26624	0.26624	0.26624
5.5204	0.987600	0.984303	0.974829	0.962474	0.285977	0.285977	0.285977
5.8188	0.988341	0.985391	0.977015	0.966218	0.295913	0.295913	0.295913
6.7886	0.990112	0.987954	0.982032	0.974654	0.322904	0.322904	0.322904

表 8.2.2　状态概率的计算结果

$\dfrac{\overline{V}_b}{\omega_0}$	四种状态				三种状态		
	R_1	R_2	R_3	R_4	R_1	R_2+R_3	R_4
0.2238	1	1.8×10^{-11}	0	0	1	1.8×10^{-11}	0
0.2984	0.999998	1.94×10^{-6}	1.74×10^{-17}	0	0.999998	1.94×10^{-6}	0
0.4476	0.996147	0.003853	1.72×10^{-7}	2×10^{-12}	0.996147	0.003853	2×10^{-12}
0.5222	0.981734	0.01825	1.66×10^{-5}	1.15×10^{-9}	0.981734	0.018266	1.15×10^{-9}
0.6714	0.893843	0.104095	0.002061	1.68×10^{-6}	0.893843	0.106156	1.68×10^{-6}
0.8206	0.728364	0.249721	0.021843	7.17×10^{-5}	0.728364	0.271565	7.17×10^{-5}
0.9698	0.540651	0.377227	0.081475	0.000647	0.540651	0.458702	0.000647
1.119	0.384847	0.432665	0.179838	0.00265	0.384847	0.612503	0.00265
1.2682	0.274234	0.422378	0.296445	0.006943	0.274234	0.718823	0.006943
1.492	0.172292	0.347545	0.461906	0.018257	0.172292	0.809451	0.018257
1.6412	0.130974	0.28967	0.550708	0.028648	0.130974	0.840378	0.028648
2.0142	0.073887	0.174337	0.691086	0.060691	0.073887	0.865422	0.060691
2.3872	0.047317	0.106438	0.750634	0.095611	0.047317	0.857072	0.095611
3.4316	0.020517	0.035082	0.762777	0.181623	0.020517	0.797859	0.181623
4.0284	0.014978	0.021816	0.743889	0.219317	0.014978	0.765705	0.219317
4.9982	0.010331	0.01193	0.7115	0.26624	0.010331	0.723429	0.26624
5.8188	0.008226	0.008019	0.687842	0.295913	0.008226	0.695861	0.295913
6.7886	0.006705	0.005495	0.664896	0.322904	0.006705	0.670391	0.322904

（3）各种基本转移概率均是相对水力因素（相对水流底速）的单调递增函数，它们的大小顺序为 $\varepsilon_0 \geqslant \varepsilon_1 \geqslant \varepsilon_2 \geqslant \varepsilon_{2.0} \geqslant \varepsilon_4 \geqslant \beta$。随着 $\dfrac{\bar{V}_b}{\omega_0}$ 增加，彼此差距减小。例如，当 $\dfrac{\bar{V}_b}{\omega_0} = 6.7886$ 时，尽管 $\varepsilon_0 = 0.990112$，但是 $\varepsilon_{0.l} - \varepsilon_{1.l} = 0.02158$。这表明不止动概率 ε_0 虽然很大，但是不止动后很少转入滚动，而是转为跳跃与悬浮。

（4）如果以概率小于 $0.001 \sim 0.01$ 作为不出现的现象，则有下述认识。当 $\dfrac{\bar{V}_b}{\omega_0} = 0.373$ 时，此时不止动概率开始有很小的数字，为 0.00378，即泥沙若滚动，必然停止。此时止动概率很大，为 0.996，而起动概率为零。在此条件下，即令上游有很多起动后的泥沙下来，也会马上停止，实际无泥沙运动。当 $\dfrac{\bar{V}_b}{\omega_0} = 0.4476$ 时，开始有上游来的泥沙部分能继续滚动。而当 $\dfrac{\bar{V}_b}{\omega_0} = 0.5222$ 时，开始有床面泥沙起动。当 $\dfrac{\bar{V}_b}{\omega_0} = 0.6714$ 时，开始有泥沙跳跃，直至 $\dfrac{\bar{V}_b}{\omega_0} = 0.8206$ 才开始有泥沙由静起跳。另外，由于 $\dfrac{\bar{V}_b}{\omega_0} \geqslant 1.119$，$\dfrac{\bar{V}_b}{\omega_0} = \dfrac{3.73}{\omega}$，$\dfrac{\omega}{\omega_0} = \dfrac{3.73}{\sqrt{3}} \dfrac{u_*}{\omega} = 2.15 \dfrac{u_*}{\omega}$，从而 $\dfrac{\omega}{\omega_0} = \dfrac{2.15}{V_b/\omega_0}$，可见当 $\dfrac{\bar{V}_b}{\omega_0} = 1.119$ 时，$\dfrac{\omega}{u_*} = 1.92$。此时悬浮概率为 0.00265，即颗粒不能悬浮。这与由悬移质含沙量分布得到的传统的看法即 $\dfrac{\omega}{u_*} \geqslant 2$ 或 $\dfrac{\omega}{\kappa u_*} \geqslant 5$（$\kappa = 0.4$ 为卡门常数）时泥沙不能悬浮是一致的。

（5）当 $\dfrac{\bar{V}_b}{\omega_0} = 0.8206$ 时，从表 8.2.2 看出，床面层中颗粒处于滚动的状态概率约为 0.250，处于跳跃的状态概率约为 0.0218，两者相差约 12 倍，不属于同一量级，但是此时无因次滚动输沙率 $\lambda_{q_{b.2}^*}$ 为 0.03138，跳跃的 $\lambda_{q_{b.3}^*}$ 为 0.0139，彼此输沙能力差别不大，为什么它们在床面的状态概率差别大？原来它们的输沙能力与状态概率不同，不仅取决于基本转移概率，而且还受制于运动速度、交换时间等，而跳跃运动的这些参数就大得多。

（6）当 $\dfrac{\bar{V}_b}{\omega_0} < 0.6714$ 时，滚动输沙能力约为 0.0115（见表 8.2.3），跳跃输沙能力约为 0.000974，相应的滚动的状态概率约为 0.105，跳跃的状态概率约为 0.00206，两种运动颗粒数量及概率差别巨大，实际上推移质跳跃完全可以忽略，故称此区域为低输沙能力区域，即滚动输沙能力区域。已有的各种起动流速公式所对应的输沙能力均在此范围内。它们实际只对应该范围中的一个点。这证实了起动流速不能采用输沙能力为零来定义，这是有些研究者做过的。如何根据低输沙能力关系选择一个点，导出起动流速公式，这是起动标准的问题。在第 2 章中已对

此做了专门研究,定义水槽起动流速公式的起动标准为 $\lambda_{q_{b,2}^*} = 2.19 \times 10^{-4}$,$\dfrac{\bar{V}_b}{\omega_0} <$

0.433,野外河道测验为 $\lambda_{q_{b,2}^*} = 0.00107$,$\dfrac{\bar{V}_b}{\omega_0} < 0.55$。根据新的研究(见表 8.2.3),

与上述对应的是 $\lambda_{q_2} = 3.56 \times 10^{-4}$,$\dfrac{\bar{V}_b}{\omega_0} < 0.476$;$\lambda_{q_2} = 1.78 \times 10^{-3}$,$\dfrac{\bar{V}_b}{\omega_0} < 0.5222$。可

见彼此基本一致,所以起动标准采用第 2 章的。

(7) 当相对水流底速很大以后,ε_0、ε_1、ε_2、$\varepsilon_{2,0}$ 四种基本概率的差值很小,表明此

时颗粒转入跳跃运动的概率很大,甚至转入悬浮的数量也有相当比例,而转为滚动

和静止的概率就很小。例如,当 $\dfrac{\bar{V}_b}{\omega_0} = 4.0284$ 时,处于静止的状态概率约为

0.0150,滚动的状态概率约为 0.0218,而跳跃的状态概率约为 0.7439,悬浮的状态

概率约为 0.2193。而当 $\dfrac{\bar{V}_b}{\omega_0} \geqslant 6.7886$ 时,静止与滚动的状态概率接近于零,全部泥

沙将均为跳跃和悬浮,可能转为所谓的层移运动。

8.2.2　状态概率的特性

8.2.1 节对基本转移概率特性做了详细阐述,其中基本转移概率反映了它们对

状态的影响。以下将直接使用状态概率,这反映了其对状态的影响,更直接说明了其

具有的特性和作用。状态概率的计算结果见表 8.2.2。由表可看出如下几点[3]:

(1) 当 $\dfrac{\bar{V}_b}{\omega_0} = 0.4476$ 时,床面层静止颗粒概率 R_1 在 0.996 以上,其余滚动状态

的概率 $R_2 = 0.0039$,其余两种状态实际不存在。前面已提到按照第 2 章的起动标

准,此时已进入起动阶段。

(2) 状态概率 R_2、R_3 均是随着水力因素增加先增加,达到极大值后,再减小。

R_1 为单调减小,R_4 则为单调增加。例如,滚动的状态概率增加至 $\dfrac{\bar{V}_b}{\omega_0} = 1.119$ 附近,

达到极大值,为 0.7628 左右。

(3) 泥沙运动的四种状态概率是一个重要的概念,最早由韩其为提出[1],它有多

种意义和用途。在一定条件下,如果采用大数定律,状态概率就转为各种状态的相对

颗数,这显然是研究输沙能力所需的。例如,苏联学者在研究推移质输沙能力时,引

进了表示推移质与床面全部泥沙比值的动密实系数,它的经验值为 $\left(\dfrac{V_b}{V_{b,c}}\right)^3$,但是始终

缺乏严格的推导,而如果采用状态概率就较容易从理论上解决。事实上,如果采用状

态概率表示,则动密实系数为 $\dfrac{R_2 + R_3}{R_1 + R_2 + R_3 + R_4} = R_2 + R_3$。当然,状态概率也是展示

泥沙运动宏观图形的窗口,从这个窗口可以一目了然地看到各种泥沙运动概况。

8.2.3　推移质滚动参数的特性及机理分析

1. 有关滚动参数的特性

表 8.2.3 列出了在均衡滚动条件下,各种滚动参数随 $\dfrac{\overline{V}_b}{\omega_0}$ 的变化,包括水流相对

底速 $\widetilde{V}_b = \dfrac{\overline{V}_b}{\omega_0}$,前半步和后半步起点及终点速度 $u_{2.x.0}$、$u_{2.x.1}$、$u_{2.x.2}$,前后半步历时

$t_{2.1}$、$t_{2.2}$,前后半步平均速度 $\overline{u}_{2.1}$、$\overline{u}_{2.2}$ 以及单步距离 $x_2 = 1.96D$ 和平均单步滚动速

度 $\overline{U}_2 = \dfrac{x_2}{t_2}$,其中 $\overline{U}_2$ 为平均滚动速度(u_2 的数学期望)。不仅 $\overline{U}_2$,所有的上述有关参

数也是 V_b 关于 Δ' 或 $\dfrac{\overline{D}}{D_l}$ 的条件期望,并且再积分一次可转化为无条件数学期望。

从表 8.2.3 中可以看出如下几点:

(1) 颗粒起点速度 $u_{2.x.0}$ 与终点速度 $u_{2.x.2}$ 几乎相等,这是因为定义的滚动为均衡滚动,彼此误差在 0.01 以下,说明数字计算的精度是可以接受的。

(2) 当 $\widetilde{V}_b = \dfrac{\overline{V}_b}{\omega_0} = 0.2238 \sim 2.462$ 时,颗粒前半步滚动时间 $t_{2.1}$ 是减小的,大体

在 $\widetilde{V}_b = 2.462$ 附近,它达到极小值,以后逐步转为增函数。

(3) 后半步滚动时间在 $\widetilde{V}_b = \dfrac{\overline{V}_b}{\omega_0} = 0.2238 \sim 2.3872$ 时也是减函数,至 $\widetilde{V}_b =$

2.3872 附近达到极小值,以后变为增函数。

(4) 由于 $\widetilde{t}_2 = \widetilde{t}_{2.1} + \widetilde{t}_{2.2}$,故它的特性与它们类似,其极小值在 $\widetilde{V}_b = 2.3872$ 附近,约为 1.982 左右。

(5) 至于 $\widetilde{u}_{2.1}$ 及 $\widetilde{u}_{2.2}$,由于前面已得到前半步和后半步的数学期望 $\widetilde{x}_{2.1} = 0.8546$,

$\widetilde{x}_{2.2} = 1.105$,均为常数,故与 $\widetilde{t}_{2.1}$ 和 $\widetilde{t}_{2.2}$ 变化相反。$\widetilde{u}_{2.1}$ 开始迅速增加至 $\widetilde{V}_b = 2.5364$

达到极大值后,缓慢减小;$\widetilde{u}_{2.2}$ 则完全类似。这里 $\widetilde{u}_{2.1}$、$\widetilde{u}_{2.2}$ 是积分得出的数学期望。

(6) $\widetilde{U}_2$ 作为积分得出的数学期望,其变化规律与 $\widetilde{u}_{2.1}$、$\widetilde{u}_{2.2}$ 类似,先增加后减小,在 $\widetilde{V}_b = 2.5364$ 附近接近极大值 $\widetilde{U}_2 = 0.6176$,以后缓慢减小。

(7) 计算的平均滚动速度以下采用 $\dfrac{\widetilde{x}_2}{\widetilde{t}_2} = \widetilde{U}_2$ 更形象。它的变化与 $\widetilde{U}_2$ 类似,在 $\widetilde{V}_b =$

2.3872 附近接近极大值 $\widetilde{U}_2 = 0.56577$。

(8) 表 8.1.1 与表 8.2.3 给出的滚动速度不一致,是因为公式不同。以下均以后者为准。

表 8.2.3　均衡滚动有关参数

$\dfrac{\bar{V}_b}{\omega_0}$	$\bar{U}_{2,x,0}$	$\bar{U}_{2,x,1}$	$\bar{U}_{2,x,2}$	$\bar{\tau}_{2,1}$	$\bar{\tau}_{2,2}$	$\tilde{u}_{2,1}$	$\tilde{u}_{2,2}$	$\tilde{u}_2$	$\bar{\tau}_2$	$\tilde{x}_2$	$\bar{U}_{2(2)}=\tilde{x}_2/\bar{\tau}_2$	$\lambda_{q_2}^*,\ \omega_1=\omega_0$	$\lambda_{q_3}^*,\ \omega_1=\omega_0,\ k_0=0.9,$ 各参数分别求期望	加权总输沙率 $\lambda_{q_b}^*$
0.2238	0.36872	0.24816	0.36872	2.78349	3.57601	0.30472	0.31253	0.30883	6.35949	1.96	0.3082	1.4794×10^{-12}	0	1.47936×10^{-12}
0.2984	0.37716	0.25974	0.37716	2.70343	3.4719	0.31491	0.32235	0.31882	6.17533	1.96	0.31739	1.6387×10^{-7}	0	1.6387×10^{-7}
0.4476	0.40641	0.29785	0.40641	2.48162	3.18197	0.34906	0.35551	0.35245	5.66359	1.96	0.34607	0.00035557	4.87856×10^{-8}	0.000355622
0.5222	0.42762	0.32433	0.42762	2.35216	3.01392	0.37317	0.37906	0.37627	5.36608	1.96	0.36526	0.00177844	5.83293×10^{-6}	0.001784274
0.6714	0.47835	0.38586	0.47835	2.09497	2.68963	0.4298	0.43464	0.43235	4.7846	1.96	0.40965	0.01147712	0.000974487	0.011883722
0.8206	0.52888	0.44571	0.52888	1.88222	2.43373	0.4854	0.48939	0.4875	4.31596	1.96	0.45413	0.03138966	0.013860945	0.037313877
0.9698	0.56945	0.49307	0.56945	1.7327	2.26016	0.52966	0.53304	0.53145	3.99286	1.96	0.49088	0.05373299	0.072657113	0.084832584
1.119	0.59796	0.52606	0.59796	1.63677	2.15114	0.5606	0.5636	0.56219	3.78791	1.96	0.51744	0.06915878	0.236432788	0.169728314
1.2682	0.61681	0.54773	0.61681	1.57712	2.08424	0.58098	0.58374	0.58245	3.66137	1.96	0.53532	0.07501764	0.592082393	0.330003818
1.492	0.63342	0.56675	0.63342	1.527	2.02882	0.59889	0.60145	0.60026	3.55582	1.96	0.55121	0.07070662	1.728193008	0.878847244
1.6412	0.63979	0.57403	0.63979	1.50846	2.00872	0.60575	0.60824	0.60708	3.51718	1.96	0.55727	0.06341552	3.045224627	1.617163553
2.0142	0.64742	0.58273	0.64742	1.48705	1.98652	0.61396	0.61636	0.61525	3.47357	1.96	0.56426	0.04326398	8.786095948	5.663499265
2.3872	0.64948	0.58508	0.64948	1.48189	1.98242	0.61618	0.61856	0.61746	3.46431	1.96	0.56577	0.0281307	18.21883505	13.71331977
3.4316	0.64712	0.58243	0.64712	1.49028	1.99551	0.61366	0.61606	0.61495	3.48579	1.96	0.56228	0.00952293	62.70806532	56.80724234
4.0284	0.64467	0.57966	0.64467	1.49799	2.00568	0.61104	0.61346	0.61234	3.50368	1.96	0.55941	0.00581328	99.16509958	93.19130465
4.9982	0.64093	0.57542	0.64093	1.50964	2.02059	0.60704	0.6095	0.60836	3.53022	1.96	0.55521	0.00305821	172.6187897	166.8317373
5.8188	0.63825	0.57237	0.63825	1.51798	2.03112	0.60415	0.60665	0.60549	3.5491	1.96	0.55225	0.0019216	235.3128831	230.0811201
6.7886	0.63561	0.56937	0.63561	1.52619	2.04138	0.60132	0.60384	0.60267	3.56757	1.96	0.54939	0.00132131	288.9311376	284.7287942

注：$x_{2,1}=0.847, x_{2,2}=1.113$。

2. 泥沙开始滚动的水流速度是很大的

从表 8.2.3 可知,当 $\widetilde{V}_b=\dfrac{\overline{V}_b}{\omega_0}=0.119$ 时,$\dfrac{\widetilde{u}_{2.x.0}}{\omega_0}=0.362$,已经开始滚动,并且已经具有初速 $\widetilde{u}_{2.x.0}$,尽管此时其输沙率太小,难以计及。原因是颗粒滚动阻力很大,必须翻过下游的一个颗粒才能进行。在这个例子中 $\widetilde{u}_{2.x.0}=3.24\,\overline{V}_b$。粗看一下,这里似乎产生了一个疑问,为什么 $\widetilde{u}_{2.x.0}=3.24\,\overline{V}_b$,泥沙才能滚动?此时需要澄清一个问题,即这与 $\widetilde{u}_{2.x.0}>\overline{V}_b$ 是不矛盾的,是完全可能的。其实

$$\widetilde{u}_{2.x.0}=M[\xi_{\widetilde{u}_{2.x.0}}(V_b,\Delta')\mid V_{b.c.1}\leqslant V_b\leqslant V_{b.c.2},\xi_{\Delta'}=\Delta']$$

即影响 $u_{2.x}$ 的流速并不是全部流速,而只是 $V_{b.c.1}\leqslant V_b\leqslant V_{b.c.2}$ 中的流速,特别是 $V_b\geqslant V_{b.c.1}$ 的流速。可见水流的时均流速 $\overline{V}_b$ 对泥沙运动并不起直接的作用,这是要明确的。现在举一个例子具体说明。在上式求数学期望的区域内,求水流速度 V_b 的实际数学期望,即水流速度对泥沙滚动的贡献,也即实际的作用流速。显然有

$$\overline{V}_{b.f}=M[\xi_{V_b}(V_b,\Delta')\mid V_{b.c.1}\leqslant V_b\leqslant V_{b.c.2},\xi_\Delta'=\Delta']$$

$$=\frac{\dfrac{1}{\sqrt{2\pi}\,\sigma_x}\displaystyle\int_{V_{b.c.1}(\Delta')}^{V_{b.c.2}(\Delta')}V_b\mathrm{e}^{-\frac{(V_b-\overline{V}_b)^2}{2\sigma_x^2}}\mathrm{d}V_b}{\dfrac{\sigma_x}{\sqrt{2\pi}\,\sigma_x}\displaystyle\int_{V_{b.c.1}(\Delta')}^{V_{b.c.2}(\Delta')}\mathrm{e}^{-\frac{(V_b-\overline{V}_b)^2}{2\sigma_x^2}}\mathrm{d}V_b}$$

$$=\frac{1}{\sqrt{2\pi}\,(\varepsilon_1-\varepsilon_2)}\int_{t_1}^{t_2}(\sigma_x t+\overline{V}_b)\mathrm{e}^{-\frac{t^2}{2}}\mathrm{d}t$$

$$=\overline{V}_b+\frac{\sigma_x}{\sqrt{2\pi}\,(\varepsilon_1-\varepsilon_2)}\int_{t_1}^{t_2}\mathrm{e}^{-\frac{t^2}{2}}\mathrm{d}\left(-\frac{t^2}{2}\right)$$

$$=\overline{V}_b+\frac{0.37\,\overline{V}_b}{\sqrt{2\pi}\,(\varepsilon_1-\varepsilon_2)}(\mathrm{e}^{-\frac{t_1^2}{2}}-\mathrm{e}^{-\frac{t_2^2}{2}})$$

$$=\overline{V}_b+\frac{0.148\,\overline{V}_b}{\varepsilon_1-\varepsilon_2}\left\{\exp\left[-3.65\left(\frac{\overline{\varphi}(\Delta')\omega_0}{\overline{V}_b}-1\right)^2\right]\right.$$

$$\left.-\exp\left[-3.65\left(\frac{1.59\overline{\varphi}(\Delta')\omega_0}{\overline{V}_b}-1\right)^2\right]\right\}\tag{8.2.1}$$

现在设 $\varphi(\Delta')=\overline{\varphi}=0.916$,此值为 $\varphi(\Delta')$ 的数学期望。本来 $\widetilde{V}_{b.f}$ 应是对 Δ' 的积分,这里只近似地计算,$\dfrac{\overline{V}_b}{\omega_0}=0.5968$,$\varepsilon_1=0.04697$,$\varepsilon_2=0.00327$,于是 $\mathrm{e}^{-\frac{t_1^2}{2}}=\mathrm{e}^{-3.65\left(\frac{0.916}{0.5968}-1\right)^2}=0.3520$,$\mathrm{e}^{-\frac{t_2^2}{2}}=\mathrm{e}^{-3.65\left(\frac{1.62\times0.916}{0.5968}-1\right)^2}=0.000139$,从而 $\widetilde{V}_{b.f}=\widetilde{V}_b+\dfrac{0.148\,\overline{V}_b(0.3520-0.000139)}{0.04697-0.00327}=2.18\,\overline{V}_b$,可见由于 V_b 的范围限于高流速区,作用

在泥沙滚动的实际流速很大,为 $-\infty < V_b < \infty$ 的平均值 $\bar{V}_b$ 的 2.18 倍。

3. 颗粒滚动的机理

(1) 颗粒在粒状床面上的滚动主要是翻越其下游的床面颗粒,此时它的运动是与床面接触的。如能爬至最高点就完成了滚动的前半步,以后就是后半步,后半步是脱离床面的自由运动。前半步长度为 $0.5D(\Delta' = \Delta'_m = 0.134) \sim D(\Delta' = \Delta'_M = 1)$,随着 Δ' 的增加,颗粒翻越的角度增加,故长度 $x_{2.1}$ 也增加。8.1 节中已证明 $\bar{x}_{2.1}$ 的数学期望为 $0.8546D$。颗粒后半步运动是自由运动。正因为如此,数字计算中,由第 4 章挑出了前半步接触且减速,后半步自由运动且加速作为单步滚动的组合,并且运动是均衡的,即 $u_{2.x.0} = u_{2.x.2}$,也就是起点纵向速度与终点相同。后半步长度在 $x_{2.2} = 1.96D - x_{2.1}$,也就是 $x_{2.2} = 0.96D \sim 1.46D$,而它的数学期望为 $\bar{x}_{2.2} = 1.105D$。可见单步运动的距离是很短的,这就是各种运动参数在一步内变化不是很大的原因。同时也要注意到,虽然称为滚动,实际大部分时间(后半步)都是脱离床面运动,这正是水槽试验中很难观测到连续滚动情况的原因。由于滚动与跳跃两种运动在机制和现象上有明显的差别,研究推移质运动时不能放过它。另外也指出滚动是断续的。这就是我们在滚动研究计算中选择上述两个半步组合成为一个单步研究的原因。

(2) 前面已指出,随着水流速度 $\bar{V}_b$ 加大,当 $\dfrac{\bar{V}_b}{\omega_0}$ 达到 $2.3872 \sim 2.53642$ 后,各种速度开始由递增改变为递减,而运动时间则开始由递减转为递增。为什么会出现这种现象? 此时,$\bar{V}_b$ 是加大的,从直观上似乎难以理解,其实从理论上分析是可以澄清的。前面已给出了式(8.2.1),它是在滚动区域内,水流速度对泥沙运动的贡献 $V_{b.f}$,实际是水流底速的条件期望。当然该式采用了一个简化,即对 Δ' 的积分,采用了 $\varphi(\Delta') = \bar{\varphi}(\Delta') = 0.916$ 代替,作为分析变化趋势是可以的。当然在前面输沙率专门计算中是考虑对 Δ' 的积分,如表 8.2.3。按式(8.2.1)计算的不同 $\dfrac{\bar{V}_b}{\omega_0}$ 的 $\tilde{V}_{b.f}$ 值如表 8.2.4。

表 8.2.4　不同 $\bar{V}_b/\omega_0$ 下的 $\tilde{V}_{b.f}$ 值

$\dfrac{\bar{V}_{f.3}}{\omega_0}$	$\dfrac{\bar{V}_{f.2}}{\omega_0}$	$\dfrac{\bar{V}_b}{\omega_0}$	ε_1	ε_2	t_1^2	t_2^2	$e^{-3.65t_1^2}$	$e^{-3.65t_2^2}$	$\dfrac{\bar{V}_{b.f}}{\bar{V}_b}$
0.6052	1.301	0.5968	0.04697	0.00327	0.2861	0.2210	0.3520	0.000314	2.18
2.324	1.039	2.014	0.8817	0.7475	0.2972	0.06927	0.3380	0.7766	0.516
2.764	0.9794	2.462	0.9277	0.8478	0.3943	0.1578	0.2371	0.5622	0.3978
3.600	0.7653	3.432	0.9650	0.9330	0.5374	0.3221	0.1406	0.3086	0.223
5.124	0.2929	4.998	0.9819	0.9698	0.6670	0.4943	0.08763	0.1646	0.0585

可见,随着 $\dfrac{\bar{V}_b}{\omega_0}$ 增加,实际的 $\tilde{V}_{b.f}$ 是减小的。因此,在此条件下,滚动有关速度减小就是完全可能的。当然除流速外,还可能有其他因素的影响,但这都是次要的。可能会有读者认为,滚动的概率(如状态概率)减小有相当的作用。其实状态概率

减小,当然会影响滚动输沙率,但是对速度不应有明显影响。因为上述$\overline{V}_b$本来是$V_{b,c,1} \leqslant V_b \leqslant V_{b,c,2}$的条件期望,从而分母有$\varepsilon_1 - \varepsilon_2$,就表明已消除了其大小的影响,即在区域$V_{b,c,1} \leqslant V_b \leqslant V_{b,c,2}$,它的全概率是等于1的。

(3)现在研究滚动相对于跳跃运动在什么条件下可以忽略,或者相反在什么条件下可以忽略跳跃。第一,前面已指出,从起动概率看,$\dfrac{\overline{V}_b}{\omega_0} = 0.4476 \sim 0.5222$时的起动概率约为$0.00378 \sim 0.0174$,此时$\lambda q_2^* = 3.56 \times 10^{-4} \sim 1.78 \times 10^{-3}$,可以作为开始研究滚动的起点,即作为泥沙起动标准,应仍按第2章提出的为准。第二,当$\dfrac{\overline{V}_b}{\omega_0} = 1.940$时,$q_2^* = 0.0470$,$q_3^* = 7.342$。此时滚动输沙率$q_2^*$占跳跃输沙率的$0.64\%$,占推移质输沙率(4.554)的$1.03\%$,此时已可忽略滚动。第三,当$\dfrac{\overline{V}_b}{\omega_0} = 0.5968$时,$q_2^* = 0.00526$,$q_3^* = 0.000122$,$q_b^* = 0.00531$,此时$q_3^*$占$q_b^*$的$2.31\%$,占$q_2^*$的$2.30\%$,此时必须要考虑跳跃运动。综上所述,滚动运动在$\dfrac{\overline{V}_b}{\omega_0} = 0.433 \sim 1.940$时必须考虑,而跳跃运动在$\dfrac{\overline{V}_b}{\omega_0} < 0.5968$时可以忽略,但是当$\dfrac{\overline{V}_b}{\omega_0} > 0.5968$时均应计算。由此看出,滚动与跳跃的起点相差无几,而且$\dfrac{\overline{V}_b}{\omega_0} > 1.940$时的滚动可以忽略,跳跃的输沙率远大于滚动的。据此,以往形成了看法:推移质是以跳跃为主。这里从理论上证实了这个经验。

8.2.4　推移质跳跃参数特性及验证

床面泥沙跳跃是推移质运动最主要的形式。第4章已对跳跃运动各阶段的参数做了详细的理论研究,给出了相应的表达式,第6章又从其输沙率的角度做了深入的理论推导。本节通过数字计算,给出各运动参数的结果,进而对其单步运动的主要参数进行实测资料验证、特性分析及机理揭示,并对跳跃运动输沙率及推移质输沙率做补充验证和分析,以期给出可靠的结果。不采用添加任何待定系数来掩饰验证与实际的矛盾,若发现问题,则通过机理分析论证后,从理论上予以解决。

1. 跳跃运动各参数的特性

表8.2.5列出了跳跃运动各种参数的数字结果。整个数字计算是在均衡跳跃运动的条件下进行的。它是指颗粒碰撞前在床面的速度$u'_{x,0}$(即前一步的步末速度)等于本步末的落地速度$u_{3,x,3}$。这是因为每步跳跃之前要经过碰撞,然后才开始跳跃,要做到运动均衡,就必须$u'_{x,0} = u_{3,x,3}$。于是当$\overline{V}_b$固定时,一个单次运动中,各个单步均是相同的,尽管它们是随机变量。

从表 8.2.5 看出如下几点:①碰撞后反弹的跳跃初速 $u_{3,y,0}$ 是单调递增的, $u_{3,x,0}$ 是负值,单调递减(绝对值递增);颗粒脱离床面的速度 $u_{3,y,D}$、落地速度 $u_{3,x,3}$ 单调递增,落地速度 $u_{3,y,3}$ 为负值,单调递增;颗粒上升的时间 $t_{3.1}$、$t_{3.2}$ 则是单调递减;②唯有跳跃高 y_m 和颗粒下降时间 $t_{3.3}$ 也是增函数,只是到流速很大 $\left(\dfrac{\overline{V}_b}{\omega_0}>5.968\right)$ 时才转为缓慢减小;③至于跳跃运动总时间 t_3,由于 $t_{3.3}$ 的减小影响了它,最后也有所减小。颗粒单步跳跃速度仍是单调增加。总之,跳跃运动各参数变化的特性较简单。

2. 跳跃运动承受的水流速度

跳跃运动承受的水流速度与滚动不同,由于区间是 $V_b>V_{b,c,2}$,即 $t>t_2=2.7\left[\dfrac{1.59\varphi(\Delta')}{\overline{V}_b/\omega_0}-1\right]$,即随着 $\dfrac{\overline{V}_b}{\omega_0}$ 增大,积分下限是减小的,区间是扩大的。对比滚动情况,其上下积分限均是随着 $\overline{V}_b/\omega_0$ 的增大向左移动。这两种差别就会使滚动与跳跃实际作用流速 $\overline{V}_{f,2}$ 和 $\overline{V}_{f,3}$ 的增减不同。对于滚动,前面表 8.2.4 已给出,随着 $\overline{V}_b/\omega_0$ 增大,实际作用在滚动颗粒上的流速 $\overline{V}_{f,2}$ 是减小的。同时在该表中也列出随着 $\overline{V}_b/\omega_0$ 的增大,作用在跳跃颗粒上的流速 $\overline{V}_{f,3}$ 是增大的。当 $\dfrac{\overline{V}_b}{\omega_0}$ 由 0.597 增至 4.998 时,相应的跳跃作用流速 $\overline{V}_{f,3}/\omega_0$ 由 0.605 增至 5.124,几乎与 $\dfrac{\overline{V}_b}{\omega_0}$ 成正比。

3. 跳跃运动主要参数的数字结果及特性

跳跃运动有代表性的主要参数有跳跃长 x_3、跳跃高 y_m 及跳跃速度 $u_{3,x}$,这三个参数是跳跃运动轨迹的关键,也是确定跳跃输沙率的根据之一。通过数值计算,求解第 4 章的有关方程得到一套结果,如表 8.2.5 所示。

从表 8.2.5 可以看出,这三个参数的变化范围均较大,当 $\gamma_s=2.65\text{g/cm}^3$ 时,跳跃长度为 $16D\sim269D$,跳跃高度为 $1.75D\sim6.35D$,跳跃速度则为 $1.07\omega_0\sim13.6\omega_0$。可见此值与 Einstein 提出的 $y_m=2D$、$x_3=100D$ 相差很大。

关于跳跃参数,室内水槽试验已有不少资料,本书采用胡春宏[16]的资料与理论结果对比。他曾利用高速摄影技术在玻璃水槽中对泥沙跳跃运动做了大量试验,试验做得很细致,取得了大量数据,颇为可靠。表 8.2.6 中采用了他发表的泥沙四种干容重的 19 组资料,每组资料包括一个单次跳跃中连续多步跳跃资料的平均值作为单步参数。图 8.2.1~图 8.2.3 给出了本书计算的三个参数的数学期望与胡春宏的单步运动平均资料的对比。对比时,为了反映实际水流,采用作用流速 V_f,实测资料的作用流速是如下这样确定的。

表 8.2.5　均衡跳跃有关参数

$\dfrac{\bar{V}_b}{\omega_0}$	$\tilde{V}_{b.f}$	$\tilde{u}_{3,y,0}$	$\tilde{u}_{3,x,0}$	$\tilde{u}_{3,x,3}$	$\tilde{u}_{3,y,D}$	$\tilde{y}_M$	$\tilde{u}_{3,y,3}$	$\tilde{t}_3$	$\tilde{t}_{3,1}$	$\tilde{t}_{3,2}$	$\tilde{t}_{3,3}$	$\tilde{x}_3$	$\tilde{u}_{3,x}$ (用 $\tilde{x}_3/\tilde{t}_3$ 计算)	$\lambda_{q_3}^*$ ($\omega_1=\omega_0$, $k_0=0.9$, 各参数分别求期望)	$\lambda_{q_2}^*$ ($\omega_1=\omega_0$)	加权总输沙率 $\lambda_{q_b}^*$
0.2238	NaN	NaN	NaN	NaN	NaN	NaN	NaN	NaN	NaN	NaN	NaN	NaN		0	1.4794×10^{-12}	1.47936×10^{-12}
0.2984	NaN	NaN	NaN	NaN	NaN	NaN	NaN	NaN	NaN	NaN	NaN	NaN		0	1.6387×10^{-7}	1.6387×10^{-7}
0.4476	0.65317	0.60558	−0.9655	1.32353	0.37646	1.75619	−0.4474	15.7012	6.07309	3.11664	6.51147	16.8205	1.07129	4.87856×10^{-8}	0.00035557	0.000355622
0.5222	0.76781	0.62318	−0.9782	1.35634	0.39962	1.81419	−0.4502	16.0031	6.12661	3.24929	6.62725	17.6993	1.10599	5.83293×10^{-6}	0.0017844	0.00184274
0.6714	1.00638	0.66784	−1.0096	1.43719	0.45796	1.95261	−0.4537	16.0856	5.65587	3.55152	5.87825	18.9365	1.17723	0.00097487	0.01147712	0.011883722
0.8206	1.25968	0.72204	−1.046	1.53284	0.5269	2.10449	−0.4521	15.7267	4.76956	3.84665	7.11052	20.0771	1.27662	0.013860945	0.03138966	0.037313877
0.9698	1.52894	0.7875	−1.0843	1.64138	0.60443	2.26573	−0.4462	15.2721	3.83524	4.11094	7.32595	21.7356	1.42322	0.072657113	0.0573299	0.084832584
1.119	1.81359	0.867	−1.1246	1.76409	0.69037	2.43737	−0.4385	14.9071	3.01921	4.34242	7.54544	24.1605	1.62074	0.236432788	0.06915878	0.169728314
1.2682	2.11193	0.96109	−1.1696	1.90315	0.78416	2.61833	−0.4308	14.698	2.37186	4.54313	7.78299	27.3886	1.86343	0.592082393	0.07501764	0.330003818
1.492	2.58049	1.12637	−1.2513	2.14445	0.93773	2.90047	−0.4216	14.668	1.69309	4.79573	8.17922	33.5976	2.29053	2.728193008	0.07070662	0.878847244
1.6412	2.90395	1.24953	−1.3163	2.32578	1.04739	3.09062	−0.4172	14.7898	1.38741	4.93877	8.46365	38.5091	2.60376	3.045224627	0.06341552	1.617163553
2.0142	3.73995	1.5891	−1.5102	2.8351	1.3408	3.55358	−0.4112	15.3535	0.92299	5.23211	9.1984	52.8555	3.44257	8.786095948	0.04326398	5.663499265
2.3872	4.60208	1.95785	−1.7357	3.39864	1.65322	3.98143	−0.409	16.0461	0.67861	5.45757	9.90989	69.3797	4.32378	18.21883505	0.0281307	13.71331977
3.4316	7.08819	3.06341	−2.4452	5.11204	2.57854	4.9678	−0.4089	17.8462	0.38271	5.86503	11.5984	122.807	6.8814	62.70806532	0.00952293	56.80724234
4.0284	8.53589	3.71703	−2.8737	6.13274	3.12279	5.41634	−0.4094	18.689	0.30525	6.00932	12.3745	156.446	8.37102	99.16509958	0.00581328	93.19130465
4.9982	10.9138	4.72812	−3.5574	7.75558	3.96586	5.99199	−0.4094	19.7535	0.22985	6.1567	13.367	211.951	10.7298	172.618797	0.00305821	166.8317373
5.8188	12.9442	5.33486	−3.9916	8.79199	4.47539	6.25864	−0.4048	20.147	0.19221	6.16164	13.7931	248.803	12.3494	235.312883	0.00199216	230.0811201
6.7886	15.3606	5.59569	−4.1919	9.29211	4.69751	6.24039	−0.3891	19.7786	0.16394	5.96884	13.6459	268.765	13.5886	288.9311376	0.00132131	384.728942

表 8.2.6　胡春宏跳跃颗粒有关参数

组次	颗粒干容重 $r_s/(g/cm^3)$	粒径 D/mm	L/cm	$H_b/$ mm	$U_b/$ (cm/s)	实测 L/D	实测 H_b/D	实测 U_b/ω_0	$\omega_0/$ (cm/s)	$u^*/$ (cm/s)	$\bar{V}_b/\omega_0$	$\bar{V}_f/\omega_0$
7	1.043	2.25	19.9	8.5	49.6	88.44	3.78	8.83	5.62	4.33	2.87	5.69
8	1.043	2.25	20.4	9.37	42.5	90.67	4.16	7.56	5.62	3.67	2.44	4.95
9	1.043	2.25	13.7	6.53	32.8	60.89	2.90	5.84	5.62	3.05	2.02	3.71
10	2.65	3	10.7	7.32	92.7	35.67	2.44	2.13	43.46	9.16	0.79	1.36
13	2.633	2.6	12.4	8.26	100.2	47.69	3.18	2.46	40.67	8.97	0.82	1.55
14	2.633	2.25	9.98	7.4	92.8	44.36	3.29	2.68	34.66	8.51	0.92	1.75
16	2.65	3	10.5	7.29	98.5	35.00	2.43	2.27	43.46	9.23	0.79	1.37
19	2.21	2.6	12.3	7.28	94.7	47.31	2.80	2.70	35.02	9.06	0.96	1.75
21	1.475	3.6	20.1	8.27	109.3	55.83	2.30	4.62	23.65	9.3	1.47	2.48
26	2.633	2.25	10.7	8.11	99.1	47.56	3.60	2.86	34.66	8.74	0.94	1.84
32	2.65	3	4.94	8.37	40.1	16.47	2.79	0.92	43.46	4.92	0.42	0.76
33	1.043	2.6	14.7	8.4	51.4	56.54	3.23	7.61	6.75	4.81	2.66	5.04
35	1.475	2.25	11.1	7.52	41.8	49.33	3.34	2.24	18.69	4.57	0.91	1.75
43	2.633	2.25	10.5	7.79	94.8	46.67	3.46	2.73	34.67	9.47	1.02	1.97
44	2.21	2.6	11	7.43	95.5	42.31	2.86	2.73	35.02	10.9	1.16	2.12
54	1.475	2.6	11	6.88	50.7	42.31	2.65	2.31	21.94	4.26	0.72	1.29
55	1.475	2.25	11.4	7.33	39	50.67	3.26	2.09	18.69	4.05	0.81	1.54
56	1.475	2.6	10.7	7.31	31.4	41.15	2.81	1.43	21.94	3.67	0.62	1.13
60	1.475	2.6	9.91	6.58	25	38.12	2.53	1.14	21.94	2.93	0.50	0.87

水流速度对跳跃泥沙的作用流速 $V_{f.3}$ 与式(8.2.1)类似，即其贡献为

$$V_{f.3}=M[\xi_{V_b}\mid\xi_{V_b}>V_{b.c.2},\xi_{\Delta'}=\Delta']$$

$$=\frac{\dfrac{1}{\sqrt{2\pi}\sigma_x}\displaystyle\int_{V_{b.c.2}(\Delta')}^{\infty(\Delta')}V_b e^{-\frac{(V_b-\bar{V}_b)^2}{2\sigma_x^2}}dV_b}{\dfrac{1}{\sqrt{2\pi}}\displaystyle\int_{V_{b.c.2}}^{\infty}e^{-\frac{(V_b-\bar{V}_b)^2}{2\sigma_x^2}}dV_b}$$

$$=\frac{\sigma_x}{\sqrt{2\pi}\varepsilon_2}\int_{t_2}^{\infty}(\sigma_x t+\bar{V}_b)e^{-\frac{t^2}{2}}dt$$

$$=\bar{V}_b+\frac{0.37\bar{V}_b}{\sqrt{2\pi}\varepsilon_2}e^{-3.65\left[\frac{1.59\varphi(\Delta')}{\bar{v}_b/\omega_0}-1\right]^2}=\bar{V}_b\left(1+\frac{0.148}{\varepsilon_2}e^{-3.65t_2^2}\right)\qquad(8.2.2)$$

式中，$\varphi(\Delta')=\bar{\varphi}(\Delta')=0.916$。理论数据与试验资料对比见图 8.2.1～图 8.2.3。

从图 8.2.1～图 8.2.3 可以看出，总的来讲彼此基本符合。所有实点均在 $\gamma_s=$ 2.65g/cm³ 和 $\gamma_s=1.043$g/cm³ 关系线之间或接近关系线。其中，$\gamma_s=2.65$g/cm³、2.20g/cm³ 和 1.043g/cm³ 的试验资料符合要好。需要指出的是，与跳跃长 L/D、跳跃高 y_m/D 不同，跳跃速度 $U_{3.x}=x_3/t_3$ 的理论和实际符合更好。由于平均跳跃运

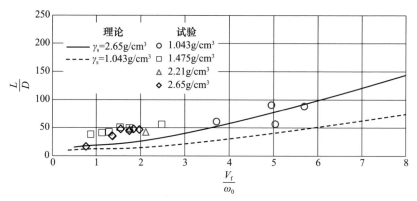

图 8.2.1　平均跳跃距离试验资料与理论数据的对比

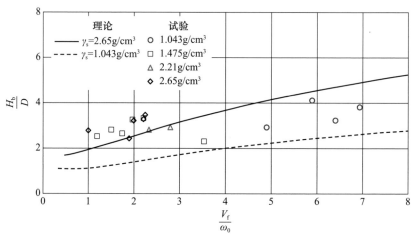

图 8.2.2　平均跳跃高度试验资料与理论数据的对比

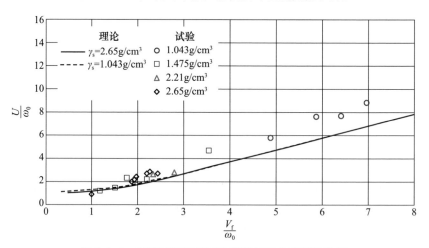

图 8.2.3　平均跳跃速度试验资料与理论的对比数据

动速度对输沙率是颇为关键的,它更符合实际对保证输沙能力可靠性是很重要的。当然,图中,某些点误差稍大一些,看来这可能与理论推导中引入的均衡跳跃与实际情形的差别有关。但是从泥沙研究的精度看,应是可以接受的。当然,相应的不足能促进推移质跳跃运动进一步深入研究。

8.2.5　均匀沙推移质输沙能力验证及特性分析

在第 6 章中已分别利用三个实际(试验和测站)资料对均匀沙无因次推移质输沙能力公式

$$\lambda_{q_b^*} = \frac{2}{3}\frac{m_0}{\omega_0}\left(\frac{\bar{\mu}_2}{\bar{\mu}_b}\psi_2\frac{1}{\bar{\mu}_2\bar{t}_2} + \frac{\bar{\mu}_3}{\bar{\mu}_b}\psi_3\frac{1}{\bar{\mu}_3\bar{t}_{3.0}}\right)$$

$$= \frac{2}{3}\frac{m_0}{\omega_0}\left(\frac{\bar{\mu}_2}{\bar{\mu}_b}\psi_2\bar{U}_2 + \frac{\bar{\mu}_3}{\bar{\mu}_b}\psi_3\frac{\bar{U}_3\bar{t}_3}{\bar{t}_{3.0}}\right)$$

$$= \frac{\bar{\mu}_2}{\bar{\mu}_b}q_2^* + \frac{\bar{\mu}_3}{\bar{\mu}_b}q_3^* \tag{8.2.3}$$

进行了验证。这三个资料代表性好,颇为典型。图 6.5.1 是在灌县都江堰柏条河左干渠的卵石推移质试验资料,图 6.5.2 为 Gilbert 的水槽沙质推移质试验资料,图 6.5.3 为长江宜昌水文站大水深推移质资料。它们的水深最大近 20m,无因次输沙能力为 $10^{-8} \sim 10^2$,达 10 个数量级。可见这三个资料有广泛的代表性,能够通过这三个资料的验证,应该说理论成果是符合实际的。

由于推移质运动异常复杂,同时本书给出的这一套推移质运动研究成果已具备了一个较完整的理论体系,它涉及已有的河流动力学推移质方面理论的概括和提升、新的领域的开发与应用等。因此,对一些基本环节,包括推移质输沙能力,必须使其理论基础牢靠,并且和实际符合。本节对均匀沙推移质输沙能力做进一步论证与分析。其中验证的理论公式均是式(8.2.3),即先求各参数数学期望后再求输沙能力,并且滚动与跳跃是加权相加成推移质输沙能力。

1. 长江宜昌水文站与沙道观水文站资料验证

其中包括了宜昌站起动阶段不同冲淤状态的资料(平衡、冲刷以及葛洲坝水库淤积)和沙道观水文站资料,此外尚有宜昌站低输沙资料。葛洲坝水库资料主要反映了大水深情况。这些资料均属于沙质推移质,与理论公式对比见图 8.2.4,可见彼此符合很好。

2. 长江新厂站沙质推移质资料验证

试验资料与理论结果对比如图 8.2.5 所示。可见彼此也是符合的,但其 $\lambda_{q_b^*}$ 稍有偏大。

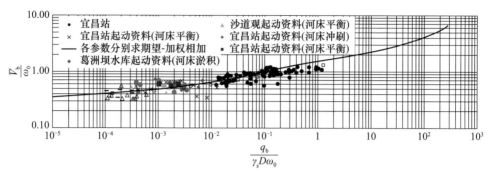

图 8.2.4　宜昌站推移质输沙率资料与理论结果的对比

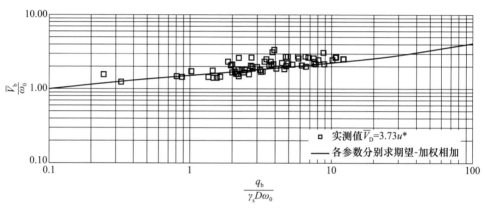

图 8.2.5　新厂站推移质输沙率资料与理论结果的对比

3. 长江支流汉江襄阳水文站资料验证

襄阳水文站资料属于粗砂、小砾石推移,实测推移质与理论结果对比见图 8.2.6。可见彼此也是符合的,并且没有系统偏离。

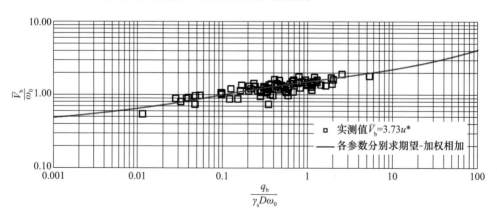

图 8.2.6　襄阳站推移质输沙率资料与理论结果的对比

4. 美国水道试验站资料验证

美国水道试验站沙质推移质部分试验资料与理论公式对比见图 8.2.7。可见彼此符合,只是输沙能力大时,实测点从下面紧贴曲线。当然由于相差很小,这也属于符合。

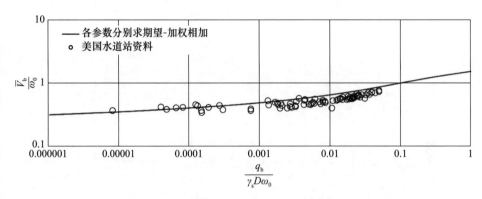

图 8.2.7　美国水道试验站推移质输沙率资料与理论结果的对比

5. 沙莫夫搜集的野外实测资料验证

沙莫夫搜集的野外实测资料与理论结果对比图 8.2.8。可见理论与实际也是符合的。

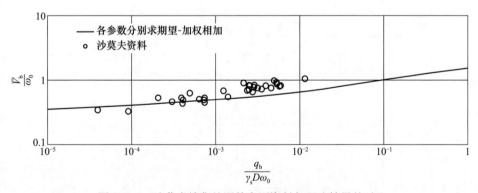

图 8.2.8　沙莫夫搜集的野外实测资料与理论结果的对比

6. 清华大学水槽试验资料验证

这个试验做得较仔细,采用粗沙及小砾石,试验做了很多组次。对比时采用了全部 5 组进行,如图 8.2.9 所示。可见,全部实测资料由下向上紧贴在理论曲线上。

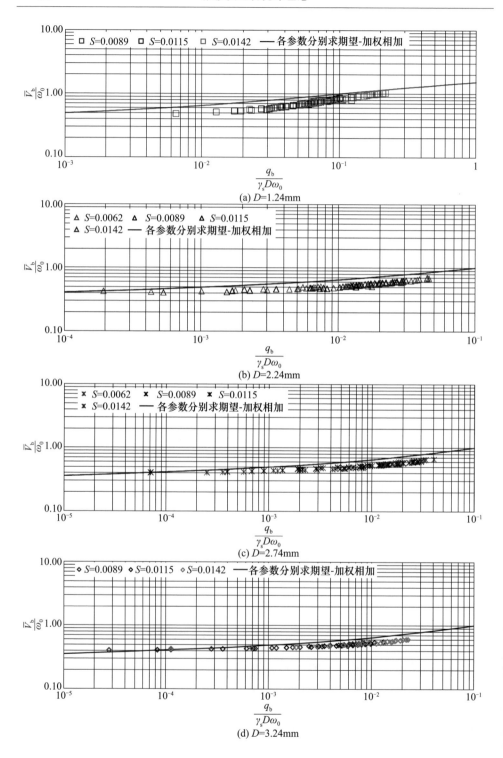

(a) D=1.24mm

(b) D=2.24mm

(c) D=2.74mm

(d) D=3.24mm

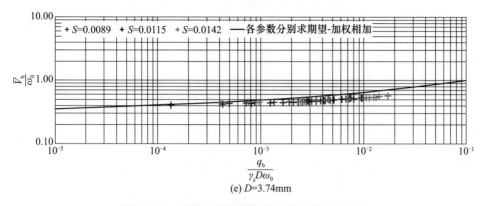

(e) $D=3.74\text{mm}$

图 8.2.9　清华大学实测资料与理论结果的对比

7. 岗恰洛夫均匀沙推移质资料验证

在他发表的著名的 28 组非均匀沙资料中,有一部分均匀沙资料,对这些资料的验证见图 8.2.10。可见试验资料与理论曲线也是符合的,没有系统偏离。

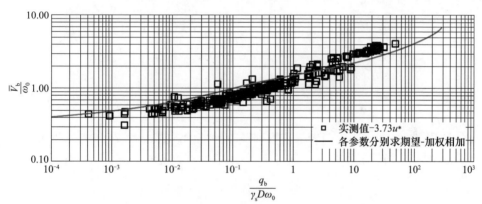

图 8.2.10　岗恰洛夫均匀沙试验资料与理论结果的对比

8. Paintal 整理的推移质资料的验证及其公式与本书公式的转换

由于要转换,需要将 Paintal 的公式稍稍说明。Paintal 深入研究了推移质输沙能力,他引进了床面 3 个颗粒(被研究的颗粒及其前后各一颗)决定的泥沙在床面的暴露度,同时在求推移质输沙能力时将以往取为常数的单步距离改为一种具有指数分布的随机变量。由于在推导公式时并未将暴露度等从理论上导入,最后他还是引进了两个待定的经验系数 A、B。他的推移质公式为

$$q_{\text{s}*}=Af(\tau_{0*})=\frac{A_2 A_0}{A_1 A_3}\tau_0^{\frac{2}{3}}\frac{\varepsilon^2}{1-\varepsilon}=f_1(\tau_{0*}) \tag{8.2.4}$$

式中,

$$\tau_{0*} = \frac{\tau_0}{D(\gamma_s - \gamma)} = \frac{\rho g h J}{D(\gamma_s - \gamma)} = \frac{\rho u_*^2}{D(\gamma_s - \gamma)} \tag{8.2.5}$$

为无因次切应力，τ_0 为水流底部切应力。而

$$q_{s*} = \frac{q_s \rho^{\frac{1}{2}}}{\gamma_s D \sqrt{D(\gamma_s - \gamma)}} \tag{8.2.6}$$

为无因次输沙能力，q_s 则为推移质输沙能力。以下给出他的两个参数 τ_{0*}、q_{s*} 与本书引进的相对水流底速 $\dfrac{\bar{V}_b}{\omega_0}$ 和无因次推移质输沙能力 $\lambda_{q_b^*}$ 之间的换算。显然，有

$$
\begin{aligned}
\frac{\bar{V}_b}{\omega_0} &= \frac{3.73 u_*}{\omega_0} = 3.73 \sqrt{\frac{\tau_{0*}(\gamma_s - \gamma)D}{\rho}} \Big/ \sqrt{\frac{4}{3C_x} \frac{\gamma_s - \gamma}{\rho} D} \\
&= \frac{3.73}{\sqrt{\dfrac{4}{3C_x}}} \sqrt{\tau_{0*}} = 2.04 \sqrt{\tau_{0*}}
\end{aligned} \tag{8.2.7}
$$

$$
\begin{aligned}
\lambda_{q_b^*} &= \frac{q_b^*}{\gamma_s D \omega_0} = \frac{q_b}{\gamma_s D \sqrt{\dfrac{4}{3C_x} \dfrac{\gamma_s - \gamma}{\gamma} g D}} = \sqrt{\frac{3C_x}{4}} \frac{q_b \sqrt{\dfrac{\gamma}{g}}}{\gamma_s D \sqrt{(\gamma_s - \gamma)D}} \\
&= 0.548 \frac{q_s \rho^{\frac{1}{2}}}{\gamma_s D \sqrt{(\gamma_s - \gamma)D}} = 0.548 \lambda_{q_{s*}}
\end{aligned} \tag{8.2.8}
$$

此处利用了 $q_b^* = q_s$，因为两者都是推移质输沙能力。式(8.2.7)和式(8.2.8)是由 Paintal 的参数换算成本书的。反过来，由本书的参数换成 Paintal 的，有

$$\tau_{0*} = 0.240 \left(\frac{\bar{V}_b}{\omega_0} \right)^2 \tag{8.2.9}$$

$$\lambda_{q_{s*}} = 1.82 \lambda_{q_b^*} \tag{8.2.10}$$

这样有了参数的换算，式(8.2.4)已无须予以比较分析，可直接将本书的公式换算成 Paintal 的参数后，绘入图中，即可与他整理的实测资料比较。

　　按本书公式的参数 $\dfrac{\bar{V}_b}{\omega_0}$、$\lambda_{q_b^*}$ 转化成 Paintal 公式的对应参数后绘于图 8.2.11 中。可见本书的理论公式与 Paintal 的资料是基本符合的，与 Paintal 原来的曲线也是接近一致的。需要说明的是，本来在 Paintal 的输沙能力 q_{s*} 与本书的 q_b^* 及两者自变量 τ_{0*} 及 $\dfrac{\bar{V}_b}{\omega_0}$ 之间的换算是完全准确的，但是 Paintal 实际是采用了试验资料对曲线进行了调整(式(8.2.4))，从而使曲线某些实测点有一些出入。

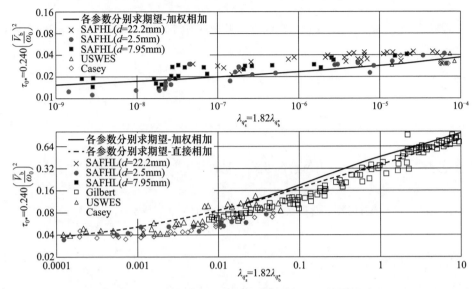

图 8.2.11　Paintal 整理的推移质资料与理论结果的对比

　　综上所述,第 6 章 3 个资料和本节 8 个资料对均匀沙推移质输沙能力的验证,应该是满意地被通过。这是由于采用的资料有下述特性:①资料面广,涵盖了不同水深(数厘米至 20m)、流速(最大达 3m/s)、粗细不同粒径以及水槽试验和野外河道实测,因而有广泛的代表性;②验证颇为严格,不刻意挑选符合本书理论成果的资料,既经验证,无论符合好坏,均予采用。当然,对条件相同的野外实测资料做过一些平均处理;③从验证精度看,上述 11 个资料验证的误差均较小。接触过推移质实际资料的都知道,由于实际床沙沿水流方向和横向变化大,推移质总是处于不平衡输沙中,从而也导致实测资料误差较大。因此所述验证的精度应是颇好的。

8.2.6　非均匀沙推移质输沙能力验证与特性分析

　　在第 6 章中已对非均匀沙输沙能力做了较典型的验证。其中引进了著名的 Samaga 非均匀沙资料,对分组输沙能力进行了检验,说明理论公式是符合实际的。采用的暴露度 $\Delta_l = f_{\Delta_l}\left(\dfrac{\bar{D}}{D_l}\right)$ 已能较好地反映非均匀沙输沙能力特性。由于第 6 章篇幅有限,本节继续补充一些非均匀沙分组输沙能力的验证,同时进行总输沙能力及推移质级配的对比及分析等。

　　1. 非均匀沙推移质输沙能力的特性

　　在第 6 章中已给出了床面暴露度的表达式 $\Delta_l = f_{\Delta_l}\left(\dfrac{\bar{D}}{D_l}\right)$,将其代入非均匀泥沙输

沙能力公式,于是得到式(8.1.107)和式(8.1.108),即得到以参数为 $\dfrac{\bar{D}}{D_l}$ 的 D_l 组无因次输沙能力公式

$$\lambda_{q_b^*(l)} = \frac{2}{3} \frac{m_0}{\omega_{0l}} \left(\frac{\bar{\mu}_{2.l}}{\bar{\mu}_{b.l}} \psi_{2.l} \bar{U}_{2.l} + \frac{\bar{\mu}_{3.l}}{\bar{\mu}_{b.l}} \frac{\psi_{3.l} \bar{U}_{3.x} \bar{t}_{3.l}}{\bar{t}_{3.0.l}} \right)$$

$$= \frac{\bar{\mu}_{2.l}}{\bar{\mu}_{b.l}} \lambda_{q_2^*(l)} + \frac{\bar{\mu}_{3.l}}{\bar{\mu}_{b.l}} \lambda_{q_3^*(l)} \tag{8.2.11}$$

表 8.2.7 给出了以 $\dfrac{\bar{D}}{D_l}(\Delta')$ 为参数的非均匀沙粒径组输沙能力的理论值。从表中可以看出,非均匀沙输沙能力随粒径组的变化有下述特点。第一,总趋势是 $\dfrac{\bar{D}}{D_l}(\Delta')$ 小时,$q_b^*(l)$ 大;$\dfrac{\bar{D}}{D_l}$ 大时,$q_b^*(l)$ 小。例如,在 $\dfrac{\bar{V}_b}{\omega_0} = 6.789$ 时,当 $\Delta' = 0.3 \left(\dfrac{\bar{D}}{D_l} = 0.3 \right)$ 时,表示泥沙在床面暴露很多,$\lambda_{q_b^*(l)} = 723$;而当 $\Delta' = 1 \left(\dfrac{\bar{D}}{D_l} = 10 \right)$ 时,表示颗粒在床面很隐蔽,在同样相对流速下,$\lambda_{q_b^*(l)} = 48.6$,两者相差 14.9 倍。可见研究非均匀沙,不考虑颗粒在床面位置的作用是不应该的。第二,当两组颗粒 Δ' 相近,此时流速小时,$\dfrac{\bar{D}}{D_l}$ 小的一组输沙能力大;而流速大时,$\dfrac{\bar{D}}{D_l}$ 大的输沙能力大。中间能找到一点,使两者相等。例如,当 $\dfrac{\bar{V}_b}{\omega_0} < 2.0142$ 时,$\lambda_{q_b^*} \left(\dfrac{\bar{D}}{D_l} = 0.1 \right) = 47.95$;在同样 $\dfrac{\bar{V}_b}{\omega_0}$ 下,$\lambda_{q_b^*} \left(\dfrac{\bar{D}}{D_l} = 0.3 \right) = 46.20$,可见前者大于后者。而当 $\dfrac{\bar{V}_b}{\omega_0} = 2.387$ 时,越过相等点之后,$\lambda_{q_b^*} \left(\dfrac{\bar{D}}{D_l} = 0.3 \right) > \lambda_{q_b^*} \left(\dfrac{\bar{D}}{D_l} = 0.1 \right)$。第三,当 $\dfrac{\bar{D}}{D_l} = 1.429 (\Delta' = 0.7)$ 时,非均匀沙推移质输沙能力与均匀沙输沙能力相近。除输沙能力较小的情况外,两者相差在 $10\% \sim 15\%$。第四,当水力因素 $\dfrac{\bar{V}_b}{\omega_0}$ 很强 $\left(\text{如} \dfrac{\bar{V}_b}{\omega_0} = 6.789 \right)$ 时,以 $\dfrac{\bar{D}}{D_l} = 0.1$ 的 $\lambda_{q_b^*(l)} = 602$ 开始,至 $\dfrac{\bar{D}}{D_l} = 0.3$ 的 $\lambda_{q_b^*(l)} = 723$ 达到最大值,以后随着 $\dfrac{\bar{D}}{D_l}$ 的增加,$\lambda_{q_b^*(l)}$ 单调减小,至 $\dfrac{\bar{D}}{D_l} = 1$ 时 $\lambda_{q_b^*(l)} = 408$;$\dfrac{\bar{D}}{D_l} = 1.429$ 时,$\lambda_{q_b^*(l)} = 334$;$\dfrac{\bar{D}}{D_l} = 10$ 时,$\lambda_{q_b^*(l)} = 48.6$。图 8.2.12 给出了 $\dfrac{\bar{D}}{D_l} = 0.1$、$0.2$、$0.4$、$1$、$2$、$10$ 共 6 根理论曲线,可以进一步看出分组输沙能力 $\lambda_{q_b^*(l)}$-$\bar{V}/\omega_0$ 关系变化的总趋势。

表 8.2.7　非均匀沙分组输沙率(加权相加,各参数分别求期望)

| $\bar{D}/D_l$ → $\;$ Δ' → $\;$ $\tilde{v}_b$ ↓ | 0.1 | 0.2 | 0.3 | 0.4 | 0.5 | 0.6 | 0.648 | 0.7 | 0.79 | 0.86 | 0.93 | 1 |
	0.1	0.2	0.3	0.4	0.5	0.6	1	1.429	4	6	8	10
0.2238	5.24×10^{-9}	1.96×10^{-13}	0	4.21×10^{-11}	4.87×10^{-13}	3.30×10^{-15}	3.00×10^{-16}	0				
0.2984	4.45×10^{-5}	2.79×10^{-7}	3.18×10^{-9}								NaN	
0.4476	0.0119	0.0018	0.0004	0.0001	0.0000	0.0000	0.0000	0.0000	0.0000	0.0000	0.0000	0.0000
0.5222	0.0338	0.0096	0.0031	0.0010	0.0003	0.0001	0.0000	0.0000	0.0000	0.0000	0.0000	0.0000
0.6714	0.1705	0.0568	0.0278	0.0152	0.0082	0.0041	0.0029	0.0019	0.0009	0.0004	0.0002	0.0001
0.8206	0.7875	0.2846	0.1168	0.0600	0.0370	0.0238	0.0193	0.0154	0.0097	0.0064	0.0039	0.0022
0.9698	2.4219	1.2114	0.5285	0.2301	0.1123	0.0652	0.0535	0.0449	0.0333	0.0258	0.0192	0.0133
1.119	5.3698	3.5154	1.8491	0.8542	0.3717	0.1665	0.1203	0.0911	0.0659	0.0556	0.0464	0.0370
1.2682	9.6619	7.5929	4.7057	2.4648	1.1164	0.4485	0.2866	0.1833	0.1046	0.0866	0.0768	0.0671
1.492	18.4199	17.0988	12.5325	7.7424	4.0091	1.6770	1.0168	0.5647	0.2071	0.1351	0.1180	0.1108
1.6412	25.6449	25.4954	20.1070	13.4632	7.5806	3.4054	2.0964	1.1456	0.3503	0.1806	0.1462	0.1408
2.0142	47.9456	52.5641	46.2046	35.1229	22.9705	12.2451	8.1675	4.7652	1.3603	0.4602	0.2688	0.2653
2.3872	75.6887	87.0387	80.8215	65.7166	46.8668	28.0808	20.0922	12.7714	4.2022	1.3309	0.5934	0.5736
3.4316	180.0415	217.9383	215.0803	188.9414	149.5296	104.2476	82.4416	60.1120	27.6843	11.4990	4.6551	3.9547
4.0284	257.0262	314.4426	314.6219	281.7155	228.7900	165.6763	134.4367	101.6617	51.6456	24.0577	10.4159	8.4027
4.9982	401.5965	490.9029	496.0907	454.5730	380.9767	287.2164	239.2534	187.6608	104.9423	54.7735	25.9533	19.8424
5.8188	513.6277	619.4284	627.3315	584.2368	501.8890	389.0081	329.5981	264.6851	157.1919	87.8602	44.1696	32.8320
6.7886	601.5886	713.4795	722.7029	681.9415	598.7482	475.1455	408.1999	334.2868	209.0314	124.2776	66.3714	48.6208

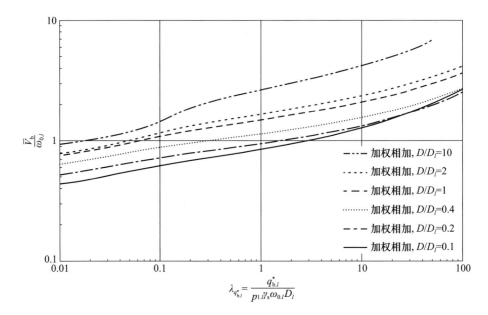

图 8.2.12 $\bar{D}/D_l = 0.1$、0.2、0.4、1、2、10 下的理论曲线

2. 非均匀沙无因次分组输沙能力的验证

在第 6 章中图 6.5.4～图 6.5.7 已就 $\dfrac{\bar{D}}{D_l} = 0.25 \sim 0.4$、$0.4 \sim 1$、$1 \sim 2$、$2 \sim 10$ 分别进行了验证，试验值与理论曲线是符合的。将这些资料按 $\lambda_{q_{\mathrm{b.}l}^*} = \dfrac{q_{\mathrm{b.}l}^*}{P_{1.l}\gamma_{\mathrm{s}}\omega_{0.l}D_l} = \dfrac{q_{\mathrm{b}}^*(l)}{\gamma_{\mathrm{s}}\omega_{0.l}D_l}$ 与 $\dfrac{\bar{V}_{\mathrm{b}}}{\omega_{0.l}}$ 综合在图 8.2.13 中。可见从总体上看，不同的 $\dfrac{\bar{D}}{D_l}$ 曲线与相应的实测资料是相符的。

3. 总输沙能力验证

上面验证了各粒径组的输沙能力 $\lambda_{q_{\mathrm{b}}^*(l)}$，以下要验证总输沙能力

$$q_{\mathrm{b}}^* = \sum P_{1.l} q_{\mathrm{b}}^*(l) = f\left(\frac{\bar{V}_{\mathrm{b}}}{\bar{\omega}_{0.l}}\right) \tag{8.2.12}$$

于是无因次分组总输沙率 $\lambda_{q_{\mathrm{b.}l}^*} = \lambda_{q_{\mathrm{b}}^*(l)} P_{1.l}$，即

$$\lambda_{q_{\mathrm{b}}^*(l)} = \frac{q_{\mathrm{b}}^*(l)}{\gamma_{\mathrm{s}}\omega_{0.l}D_l} = \frac{q_{\mathrm{b.}l}^*}{P_{1.l}\gamma_{\mathrm{s}}\omega_{0.l}D_l}$$

$$\tag{8.2.13}$$

$$\lambda_{q_{\mathrm{b}}^*} = \frac{\sum P_{1.l}\lambda_{q_{\mathrm{b}}^*(l)}}{\gamma_{\mathrm{s}}\omega_{0.l}D_l} = f\left(\frac{\bar{V}_{\mathrm{b}}}{\bar{\omega}_{0.l}}\right)$$

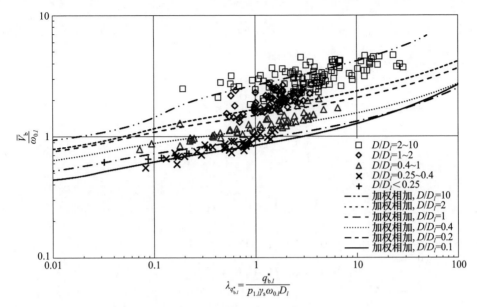

图 8.2.13　Samaga 实验资料与理论值的对比汇总结果

当 D_l 的范围较窄时,式(8.2.13)采用近似

$$\lambda_{q_b^*} = \frac{q_b^*}{\gamma_s \bar{\omega}_{0.l} \bar{D}_l} = f\left(\frac{\bar{V}_b}{\bar{\omega}_{0.l}}\right) \tag{8.2.14}$$

与式(8.2.14)右端对应的自变量如何确定是一个问题。严格来说,右端应为 $\sum\limits_{l=1}^{n} P_{1.l} f\left(\dfrac{\bar{V}_b}{\bar{\omega}_{0.l}}\right)$,这样计算颇为麻烦,因为 $f\left(\dfrac{\bar{V}_b}{\bar{\omega}_{0.l}}\right)$ 如果换成显函数是非常长的一串,但是作为近似,直接采用 $f\left(\sum P_{1.l} \dfrac{\bar{V}_b}{\bar{\omega}_{0.l}}\right)$ 代替,以泥沙研究的一些经验看应是可以的。但是这里仍有两种选择,一种就是刚才提到的,自变量写为

$$\sum_{l=1}^{n} \frac{P_{1.l} \bar{V}_b}{\omega_{0.l}} = \frac{\bar{V}_b}{\bar{\omega}_{0.l}} \tag{8.2.15}$$

式中,

$$\bar{\omega}_{0.l} = \frac{1}{\sum\limits_{l=1}^{n} \dfrac{P_{1.l}}{\omega_{0.l}}} \tag{8.2.16}$$

这种计算很简单,但是是否完全反映自变量的作用,尚需分析。这是因为所有推移质参数计算实际是采用作用流速,即

$$V_{f.l} = \frac{u_*}{2}\left[\frac{2}{3} \times 5.6 + f_1\left(\frac{y_{M.l}}{D_l} - \frac{1}{3}\right)\right] = \frac{1}{2}\left[\bar{V}_b + u_* f_1\left(\frac{y_{M.l}}{D_l} - \frac{1}{3}\right)\right]$$

而 $\bar{V}_b = 3.73u_*$ 只是一种指标。当然,由于 $\dfrac{y_{M.l}}{D_l}$ 也是 $\dfrac{\bar{V}_b}{\omega_{0.l}}$ 的函数,或者相反,故 $\dfrac{\bar{V}_b}{\omega_{0.l}}$ 实际也能包含 $\dfrac{y_{m.l}}{D_l}$ 的影响。

另一种选择就是对自变量作用流速 $\dfrac{\overline{V}_{f.l}}{\omega_{0.l}}$ 求平均

$$\sum_{l=1}^{n} \frac{P_{1.l}V_{f.l}}{\omega_{0.l}} = \sum_{l=1}^{n} \frac{P_{1.l}\bar{V}_b K_{f.l}}{\omega_{0.l}} \tag{8.2.17}$$

式中,

$$K_{f.l} = \frac{\overline{V}_{f.l}}{\bar{V}_b} = \frac{1}{2}\left[1 + \frac{u_*}{\bar{V}_b}f_1\left(\frac{y_{M.l}}{D_l} - \frac{1}{3}\right)\right]$$

这两种自变量差别如何? 其实它们可以完全相互转换。事实上,由式(8.2.15)有

$$\sum_{l=1}^{n} \frac{P_{1.l}\overline{V}_{f.l}}{\omega_{0.l}} = \sum_{l=1}^{n} \frac{P_{1.l}\bar{V}_b K_{f.l}}{\omega_{0.l}} = \frac{\bar{V}_b}{\bar{\omega}_{0.l}}\sum_{l=1}^{n} \frac{P_{1.l}K_{f.l}\bar{\omega}_{0.l}}{\omega_{0.l}}$$

$$= \bar{K}_{f.l}\frac{\bar{V}_b}{\bar{\omega}_{0.l}} = \bar{K}_{f.l}\sum_{l=1}^{n} \frac{P_{1.l}\bar{V}_b}{\omega_{0.l}} \tag{8.2.18}$$

式中,

$$\bar{K}_{f.l} = \sum_{l=1}^{n} \frac{P_{1.l}K_{f.l}\bar{\omega}_{0.l}}{\omega_{0.l}} \tag{8.2.19}$$

式(8.2.18)给出了自变量 $\displaystyle\sum_{l=1}^{n}\frac{P_{1.l}\overline{V}_{f.l}}{\omega_{0.l}}$ 与自变量 $\displaystyle\sum_{l=1}^{n}\frac{P_{1.l}\bar{V}_b}{\omega_{0.l}}$ 之间的换算,也就是采用 $\displaystyle\sum_{l=1}^{n}\frac{P_{1.l}\bar{V}_b}{\omega_{0.l}}$ 与采用 $\displaystyle\sum_{l=1}^{n}\frac{P_{1.l}\overline{V}_{f.l}}{\omega_{0.l}}\bar{K}_{f.l}^{-1}$ 是等同的。因此最后采用了第一种选择,即式(8.2.16)。

图 8.2.14 绘出了 Samaga 四组非均匀沙推移质无因次总输沙能力 $\lambda_{q_b^*} = \dfrac{q_b^*}{\gamma_s\bar{\omega}_{0.l}\bar{D}_l}$ 与 $\dfrac{\bar{V}_b}{\omega_{0.l}}$ 的关系,可见实测值与理论公式是符合的,靠近理论曲线。图 8.2.15 给出了岗恰洛夫的推移质无因次总输沙能力试验资料与理论曲线的对比,可见彼此十分符合,有的点偏上,有的点偏下,但是均紧贴曲线和完全在线上。特别是他的试验资料多,并且是由 6 种均匀沙配制而成的 16 组非均匀沙,每组均如此符合。由于他的资料未给出分组输沙率,只能验证总输沙率。可见,岗恰洛夫与 Samaga 的非均匀沙资料对总输沙能力已经做了满意的检验。不足的是,前者资料中没有实测分组输沙率,从而无法验证非均匀沙分组输沙能力,殊为可惜。

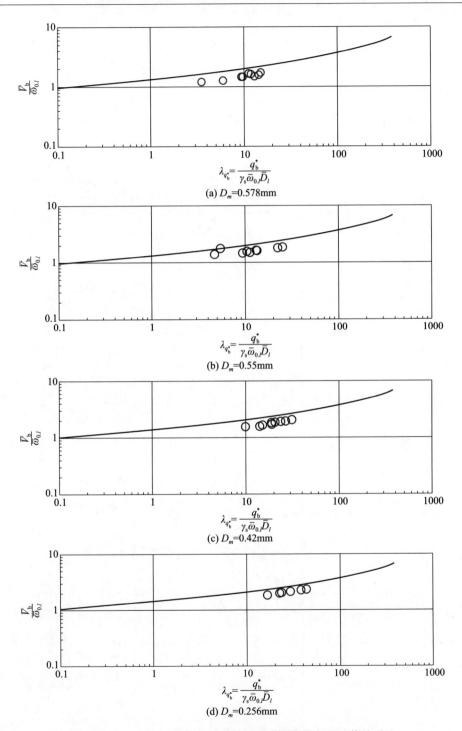

图 8.2.14 Samaga 非均匀沙总输沙率实测资料与理论值的对比

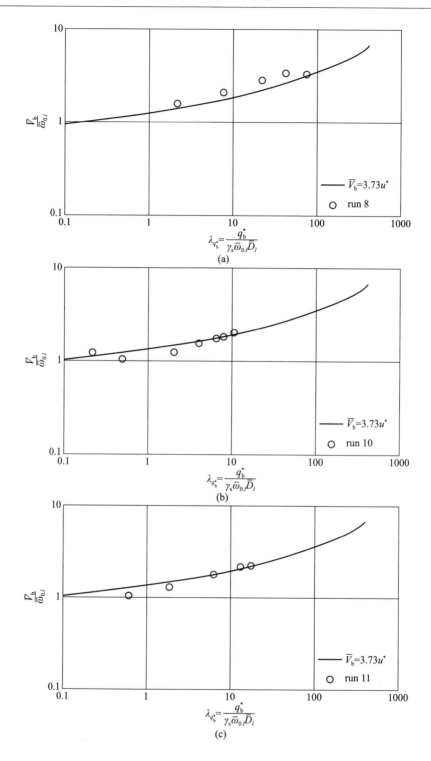

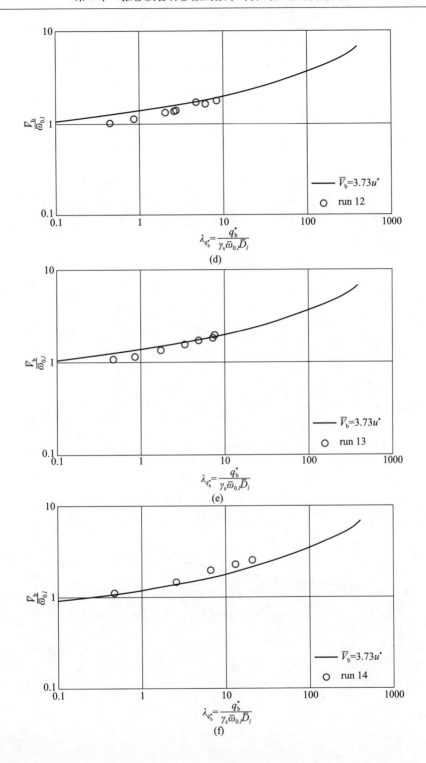

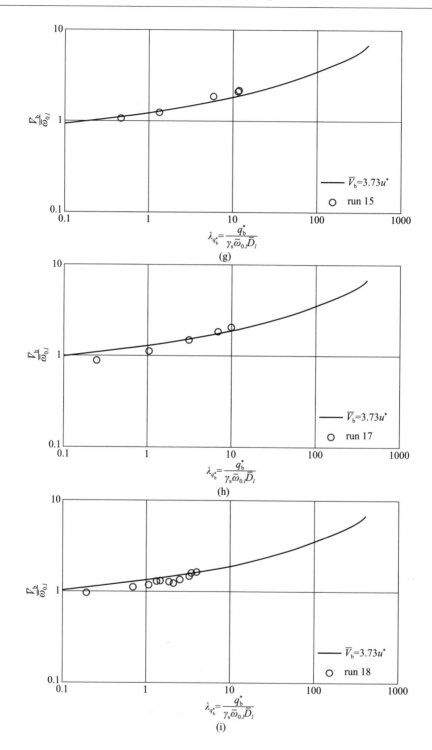

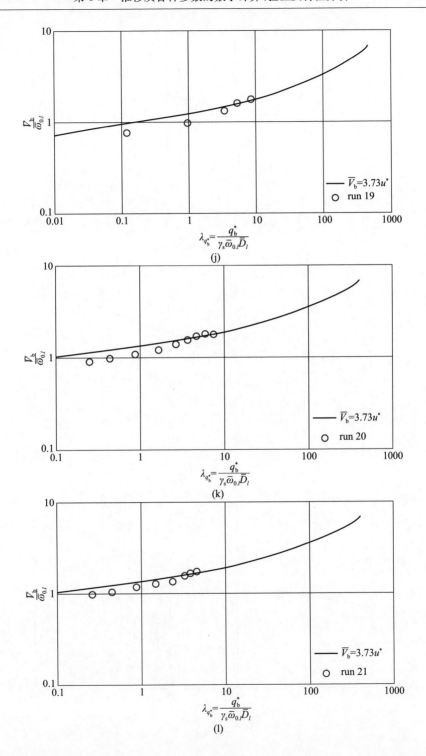

(j)

(k)

(l)

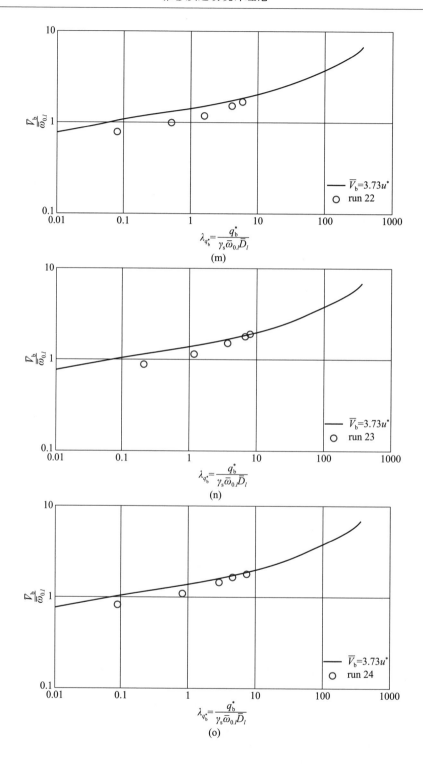

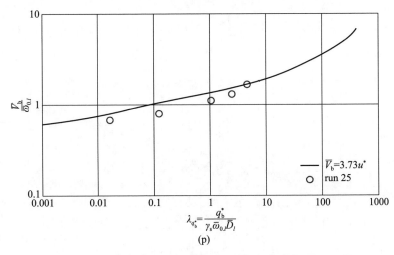

图 8.2.15　岗恰洛夫总输沙能力试验资料与理论值的对比

4. 非均匀沙卵石挟沙河床是推移质输沙能力的一种特殊情况

图 8.2.16 绘出了长江宜昌水文站卵石挟沙河床的沙质推移质与卵石推移质输沙能力,彼此的测验数据均按均匀沙整理,但是资料很少混在一起。卵石推移质曲线偏下(数值偏大),其原因如何? 是否本书的均匀沙输沙理论不适合卵石。图 6.5.1 表明在灌县柏条河专门的均匀沙卵石推移质试验是与理论符合的。分析其原因,该站观测河段属于卵石挟沙河床,每年汛期将河床泥沙冲走后,卵石大部分露出,汛后泥沙逐渐淤积,大部分转为沙质河床。因此,沙质输沙能力资料主要取自沙质河床,属于均匀沙推移质运动,故符合均匀沙运动规律。但是当其为卵石河床时,由于挟有一些沙质,床面相对平整,卵石在床面突出。事实上,宜昌沙质河床床沙 $\bar{D}$ 一般不超过 1mm,卵石夹沙河床床沙 $\bar{D}$ 为 2～5mm,而卵石推移质的粒径一般为 20～30mm。此时卵石在床面的暴露度大约为 $\Delta' = \dfrac{\bar{D}}{D_l} = 0.1$,在图 8.2.17 中绘出了该站卵石推移质相对组输沙能力理论曲线 $\lambda_{q_b^*} = f\left(\dfrac{\bar{V}_b}{\omega_{0.l}}, \dfrac{\bar{D}}{D_l}\right)$,其中 $\Delta' = \dfrac{\bar{D}}{D_l} = 0.1$ 时与实测资料符合最好。也就是说,此时卵石推移质已不符合均匀沙输沙规律,但是符合非均匀沙输沙规律。

与此类似,长江(川江段)奉节站,在三峡工程建成前也是卵石挟沙河床。汛期由于峡谷壅水,主要为沙质河床,夹有部分卵石,此时卵石挟沙河床的粒径为 3～5mm。汛后峡谷壅水消失,变为卵石河床,卵石一般为 30～40mm,即平均而言,

$\dfrac{\overline{D}}{D_l}$ 约为 0.1。故在图 8.2.18 中，当 $\dfrac{\overline{D}}{D_l}=0.1$ 时，实测资料与此时的非均匀沙理论曲线颇为一致。

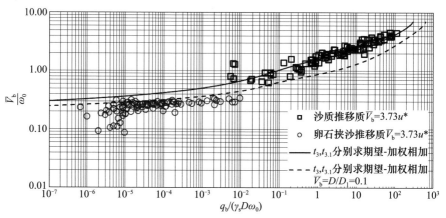

图 8.2.16　宜昌站推移质输沙能力试验资料与理论值的对比

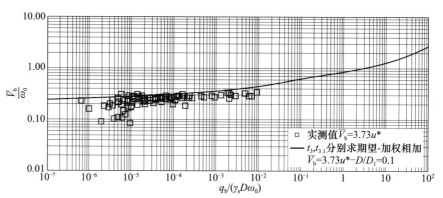

图 8.2.17　宜昌站卵石推移质输沙能力试验资料与理论值的对比

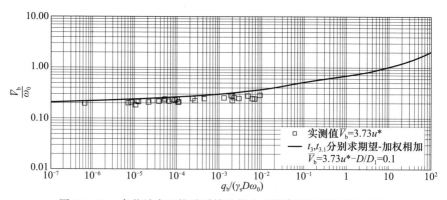

图 8.2.18　奉节站卵石推移质输沙能力试验资料与理论值的对比

参 考 文 献

[1]　韩其为,何明民. 泥沙运动统计理论. 北京:科学出版社,1984.

[2]　韩其为. 非均匀悬移质不平衡输沙. 北京:科学出版社,2013.

[3]　韩其为. 非均匀沙推移质运动理论研究及其应用. 北京:中国水利水电科学研究院,2011.

[4]　Han Q W, He M M. Stochastic characters of sediment exchange and its application. Pre-Symposium Proceeding 4th IAHR International Symposium on Stochastic Hydraulics, Illinois,1984.

[5]　Han Q W, He M M. Exchange and Transport Rate of Bed Load Encyclopedia of Fluid Mechanics. Houston:Gulf PubLishing Company,1987.

[6]　Han Q W, He M M. Stochastic theory of sediment motion. Proceedings of the 8th International Symposium on Stochastic Hydraulics,Beijing,2000.

[7]　韩其为,何明民. 泥沙交换的统计规律. 水利学报,1981,(1):12-24.

[8]　何明民,韩其为. 输沙率的随机模型及统计规律. 力学学报,1980,16(3):39-47.

[9]　Никитин И К. Двухслойная Схема Расчёта Турбулентного Пограничного Слоя На Пластине С Произвольной Шероховатостью. Исследования Турбулентных Одно-и Двухфазных Потоков. Академия Наук украинский ССР.

[10]　胡春宏,惠遇甲. 明渠挟沙水流运动的力学和统计规律. 北京:科学出版社,1995.

第9章 推移质淤积与冲刷

推移质是指贴于床面和稍上的底层的泥沙运动,分为滚动与跳跃两种形式。无论从泥沙运动理论看,还是从工程泥沙考虑,推移质都是颇为关键和重要的。本章和第 10 章进一步研究推移质的冲淤规律,特别是其在水利工程上的应用。本章主要涉及水库推移质淤积形态及机理,部分取材于本书作者的《水库淤积》一书。为了更加直观并便于在工程上应用,对部分理论研究结果进行了概化。

9.1 推移质淤积现象

推移质是指沿河底滚动和跳跃的泥沙颗粒,其粒径范围常常很广,最小为 0.05～0.1mm,最大可达数百毫米。推移质淤积现象的特点介绍如下。

9.1.1 推移质进入水库后迅速淤积的现象

进入水库回水区后,推移质迅速发生淤积,特别是粗颗粒推移质。例如,根据 1976 年调查研究[1],丹江口水库汉江库区卵石推移质淤积段长约 14km,其中绝大部分都淤积在距坝 168.48km 以上长约 8km 的河段,处在回水末端上端点变动的范围,回水影响很弱,事实上该段枯水水位在 157～161m,绝大部分已高出 1976 年以前出现过的最高坝前水位 157.7m 以上。截至 1976 年,该水库的全部推移质(包括卵石、砾石、中粗沙等)均淤积在进库以后 60km 的库尾段(距坝 116.6km 以上的河段),约占整个水库长度的 1/3。因此,对任何水库,只要略受回水影响,就有推移质的大量淤积,并且推移质淤积总在悬移质淤积的上游。粗颗粒推移质淤积迅速的原因是其输沙率与流速的高次方成正比,当流速略有减小时,输沙率就大量减小而淤积。事实上,对于天然卵石河床,推移质输沙能力 q_b^* 与相对底速 V_b/ω_0 的 10 次幂成正比。当流速更小时,方次更高,达 30～40 次幂[2]。

9.1.2 推移质淤积纵向形态

单纯推移质淤积容易形成三角洲,而推移质与悬移质同时淤积时,往往没有明显的前坡,难以出现三角洲。如果水库来沙以推移质为主,悬移质可以忽略,或者由于壅水弱,悬移质在水库不发生淤积,此时只要坝前水位变化幅度小,就会出现推移质三角洲,而且此时比悬移质淤积的三角洲更易形成。为了说明单纯推移质淤积容易形成三角洲,现举出下述三个资料。

图 9.1.1 中给出了韩其为[3]等在都江堰柏条河左干渠中进行的卵石推移质淤积试验,在试验段下游跌水消能坑内拦截卵石的河段形成淤积三角洲,试验中的卵石以 30～60mm 为主。可以看出,自 1967 年 8 月 31 日至 9 月 3 日卵石形成了明显的三角洲,9 月 3 日至 6 日三角洲继续向前推进。三角洲的前坡就是卵石在水下的修止角,洲面有一定坡度,其长度已达 17m。

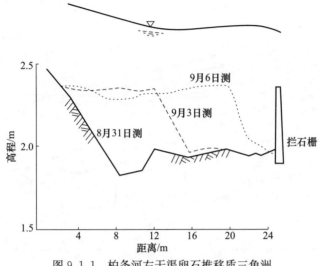

图 9.1.1　柏条河左干渠卵石推移质三角洲

图 9.1.2 为日本杉尾拾三郎[4]在水槽内做的三角洲形成的第 Ⅵ 组试验结果[4]。试验在宽为 40cm、有效长度为 10m 的木质水槽中进行。试验段的下游设有高 2.5cm 的堰,以形成壅水,使推移质淤积。加入泥沙中值粒径为 0.885mm 的中沙,颗粒容重为 2.95g/cm³。图中给出的在观测时间内的五次结果显示出三角洲形态明显,向前推进快。在向前推的同时,洲面也不断抬高,这反映了三角洲淤积后引起的水位抬高与再淤积,即所谓的淤积的“翘尾巴”。值得注意的是,三角洲的顶点 A 在淤积过程中基本上是沿水平线移动。图中明显地表明洲面线与水面线坡度略为变缓的上凹曲线,由于三角洲洲面坡降大于原水槽坡降,故水槽上游淤积最厚,而下段淤积薄,并且“翘尾巴”严重。

图 9.1.3 为 Мухамедов 进行的粗沙、砾石推移质三角洲形成的试验[5]。该试验是在宽 50cm 的水槽中进行的。图中所示的情形是在流量 7.5×10³cm³、含沙量(加沙量)0.0017g/cm³ 条件下,放水 120min 后的情况,此时三角洲前坡长 6.7cm,高约 4.6cm,在洲面上有波长约 10.6cm、波高 0.3～0.6cm 的沙纹。

从上面的例子可以看出,无论泥沙粗细、水力因素的取值如何,只要进入壅水区,单纯的推移质淤积就会形成三角洲。三角洲在形成过程中向下游推进和抬升的典型例子如图 9.1.2 所示。从形态上看,洲面线为略向上凹的曲线,因此用直线代替只是一种近似的做法。前坡颇为陡峻,其坡度取决于颗粒在水下的休止角,这一点是与悬移质不一样的。此外,当推移质平衡坡降与原始床面坡降相差很小,甚至大于原始坡降(这一点只会在试验水槽中出现)时,则淤积后退、向上抬升,即"翘尾巴"就很严重(见图 9.1.2)。

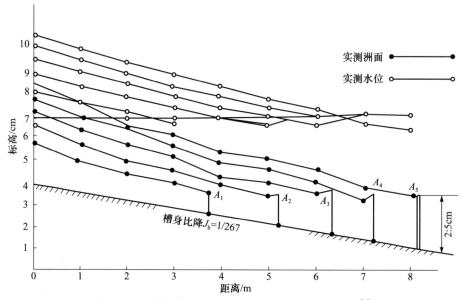

图 9.1.2　水槽中沙质推移质三角洲形成和变化过程[4]

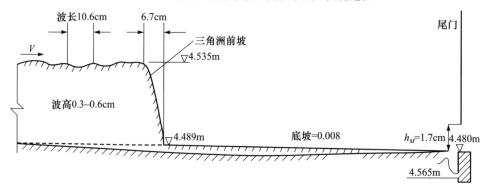

图 9.1.3　水槽中粗沙及小砾石推移质三角洲[5]

　　至于天然水库,除少数低水头枢纽仅发生推移质淤积而形成三角洲外(如岷江映秀湾电站等),大多数水库的推移质淤积并不出现明显的三角洲,如前述丹江口水库的推移质淤积就是此。大多数水库之所以不出现推移质三角洲,最根本的原因是悬移质淤积垫底的影响。如图 9.1.4 所示,当没有悬移质淤积时,推移质淤积体的形状类似于 ABCDA 所示,有明显的前坡,是三角洲;而当有悬移质淤积(DBEFGHCD)垫底时,则推移质淤积体为 ABDA,没有前坡,不属于三角洲。需要强调的是,实际水库的卵石推移质淤积,不仅一般难以形成三角洲,而且淤积沿纵向的分布也是不连续的,往往集中在一些弯道边滩或低的心滩上。例如,丹江口水库汉江库区 $D>10\text{mm}$ 卵石推移质每年淤积约 70 万 t,淤积河段虽长达 14km,但是几乎全部集中在两个弯道边滩和两个低心滩上[1],淤积量沿程不是连续分布的。

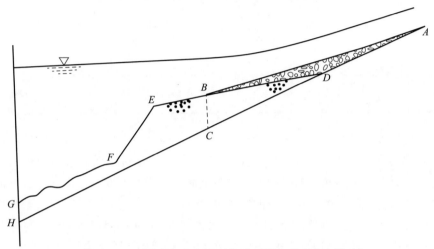

图 9.1.4　悬移质垫底淤积对推移质淤积形态变态影响

9.1.3　淤积过程中的分选

推移质淤积过程中,粗细颗粒沿程分选明显,即淤积物级配不断细化。前述丹江口推移质淤积按粒径沿程分为三段,各段粒径变化如表 9.1.1 所示[1,6]。可以看出,无论是卵石组成还是沙砾石组成,或是卵石占有一定的比例等,都反映出推移质淤积物的沿程细化。

表 9.1.1　丹江口水库各段推移质淤积组成(1976 年)[1]

河段		距坝公里数/km	162.9~176.9	152.5~162.9	128.9~152.5	116.6~128.9
		长度/km	14	10.4	23.6	12.3
淤积物组成情况	卵石组成	最大粒径/mm	100	60	60	
		D_{50}/mm	12.7	2.2	0.91	
		D_{35}/mm	8.0	0.6	0.49	
		1~10mm 百分数/%	33.5	32.0	31.5	
	沙砾石组成	1~10mm 百分数/%		12.5	7.5	0.5
		1~0.25mm 百分数/%		72.5	40.0	39.0
		0.25~0.1mm 百分数/%		15.0	31.0	47.0
		<0.1mm 百分数/%		0	21.5	13.5
		D_{50}/mm		0.43	0.23	0.20

续表

河段	距坝公里数/km	162.9~176.9	152.5~162.9	128.9~152.5	116.6~128.9
	长度/km	14	10.4	23.6	12.3
淤积物组成情况	床面卵石与沙砾石分布	绝大部分为卵石覆盖,个别滩尾有沙砾石覆盖	卵石覆盖面积已很小仅在滩头出现	个别滩头有少量小卵石覆盖	全无卵石
	1967~1976年淤积体积/万 m³		104	1364	1845

　　非均匀推移质淤积的室内水槽试验,有时会给出淤积过程中淤积物沿程细化更为典型的例子。图 9.1.5 和图 9.1.6 给出了 Мухамедов 做的室内水槽试验结果[5]。图 9.1.5 为不同观测时期推移质纵剖面图。图 9.1.6 给出了相应放水时间的沿程淤积物级配。图 9.1.6 中的级配曲线 1、2、3、4、5 表示取样编号,编号次序是由上游向下游,空心圆组成的曲线表示加沙级配,而实心圆组成的曲线则表示床沙淤积物级配。从图 9.1.6 中的不同放水时间三次级配测量结果可以看出,淤积物级配沿程变细是非常明显的:上段淤积物级配(曲线 1、2、3)粗于加沙级配,下段淤积物级配(曲线 4、5、6)则细于加沙级配。此外,从该图还可看出,曲线的变化幅度随着淤积时间不断增加而缩窄,也就是说淤积时间越短,级配沿程变化越大,其范围较宽;反之淤积时间越长,淤积物沿程变化越小,级配范围较窄。这一现象反映了,随着淤积向前发展,淤积越来越少,向下输走的泥沙越来越多,同一位置的淤积物级配也越来越粗,因而级配沿程的细化也越来越弱。

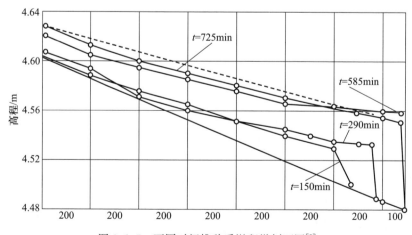

图 9.1.5　不同时间推移质淤积纵剖面图[5]

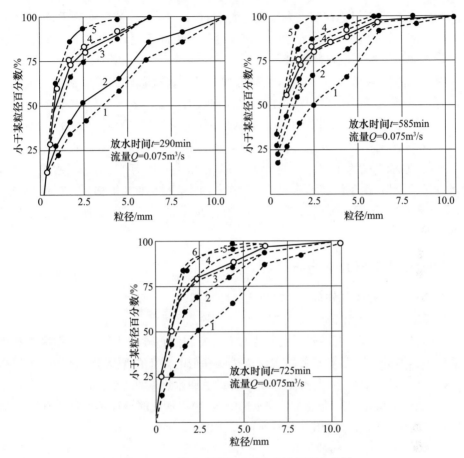

图 9.1.6　推移质淤积过程中床沙级配变化[5]

9.1.4　悬移质向推移质的转化

推移质与悬移质是以泥沙运动的力学特征划分的,它主要取决于水力因素,并不是按某个固定粒径分开的。特别是对于水库,由于水力因素沿程减弱,推移质与悬移质的粒径范围也是沿程变化的。一般是建库前河道为卵石河床和砾石河床,此时推移质的粒径范围大体在悬移质的上限粒径以上(一般在 0.5～1.0mm 以上),而相对于细颗粒推移质而言,这种粗颗粒推移质的数量并不是很大。但是随着水流深入水库,水力因素沿程减弱,一部分悬移质中的粗颗粒转为推移质,则此时推移质的粒径范围就发生了改变。由于从悬移质转化来的细颗粒推移质很容易被水流推动,因而数量大,此时即令扣除了淤积的粗颗粒推移质,推移质总数也将增加。例如,丹江口水库汉江进库站(白河)处的推移质基本上为 $D>1\mathrm{mm}$ 的砾石和卵石,据滞洪期淤积物测验资料估计[6,7],每年约为 133 万 t(其中 $D>10\mathrm{mm}$ 卵石约为 110 万 t)。但是在回水末端实际淤下的 $D<1mm$ 的沙质推移质,则在距坝 116.6~152.5km 的河段,7 年共淤下 3209 万 t。由此可见,仅该段沙质推移质淤积数量就超过了进库推移质数量。

由于水力因素减弱,一部分粗颗粒悬移质转化为推移质的现象不仅在水库的库尾有,天然河道在由山区河流过渡到平原河流时也会出现。例如,长江在宜昌以上川江河段为卵石河床,卵石和砾石推移质一般为每年数十万吨(如川江寸滩水文站约 20×10^4t),而常年的卵石河床上 $D<1mm$ 的沙质推移质数量仅数万吨至数十万吨(寸滩水文站为 10 万~20 万 t),两者相加不过 60 万 t。但是当水流出峡谷进入宜昌河段后,由于流速迅速减小,悬移质中的粗颗粒变为推移质。据试验资料知,宜昌水文站 $D<1mm$ 的沙质推移质每年即达 775 万~1000 万 t[8],使推移质总量剧增。

9.1.5　推移质淤积的横向分布[1,7]

推移质淤积的横向分布主要取决于粒径粗细。

1) 卵石推移质淤积的横向分布

前面已经指出,卵石主要淤在一些弯道边滩和低心滩上,因此它们在纵向和横向都是不连续的。卵石主要淤积在弯道边滩和低心滩上的原因是,处于天然河道时,这些部位只是中水冲、大水淤。现在所受的回水影响弱,大水时淤积照样发生(由于当坝前水位相同且流量大时回水影响弱,也可能此时该段不受回水作用);而在中水时则由于回水影响相对较强,而难以冲刷。

2) 砾石、中粗沙推移质淤积

由于这种粒径范围的泥沙推移时易产生沙波,而且不易消失,故当河槽较开阔、顺直时,沙波发展,河底在大的轮廓上较平整(除沙波起伏外),表现出淤积在横断面分布大体呈水平状。

但是如果河流弯曲半径小,河槽窄深,则环流作用强,沙波发展受到限制,此时当流量大时,推移质在环流作用下大量淤积在边滩上,而当流量中等时,边滩处回水影响弱,又难以冲刷。特别是如果此时沙砾石中挟有卵石,则即使有所冲刷,也会发生粗化,而被迅速扼制,加大了淤多冲少的现象,从而使边滩的累计淤积量不断扩大,由于该段回水影响相对大,中粗沙、砾石的数量要比卵石大很多,致使边滩淤积量比卵石淤积段的要大很多。与边滩大量淤积相反,由于深槽缩窄,此时槽底可能反而有所冲刷,横断面上表现为淤滩冲槽。例如,丹江口水库汉库 46 号断面的花梨弯边滩顶的高程在 1976 年为 158.1m,比建库前淤高 12m;而汉库 44 号断面的前坊边滩比上游汉库 47 号、48 号断面的滩顶要高 6~7m[8]。

9.1.6　淤积与冲刷的交错性

在推移质淤积过程中,常常伴随着某种程度的冲刷。这首先在于推移质淤积段,大多处于变动回水区,当坝前水位下降时就会产生冲刷。其次,即使令坝前水位不变,当进库流量变化时也会使回水末端移动。由于实际水库的过水面积沿程并不是均匀变化,而当末端下移时在淤积较多的河段,过水面积缩小就可能产生局部冲刷。此外,由于粗颗粒推移质在横向的淤积也常常是不均匀的,滩上淤积过多时,就有可能伴随着槽中冲刷。总之,从总的方面讲,水库中推移质是淤积的,但是在其中一定时间、一定部位常常会存在冲刷。这一点比悬移质尤为明显。

在推移质冲刷过程中,总是要发生床沙粗化,推移质级配变粗,有时还会发生推移质向悬移质的转化。而冲刷的部位往往在深槽。

9.2　推移质单独淤积的三角洲趋向性及形成分析[9]

前节已指出,野外和水槽资料均表明,当水深大于其平衡水深时,单独的推移质淤积,一定有形成三角洲淤积体的趋势,只要水位稳定,三角洲就明显,否则三角洲会有相应的变化。本节将通过深入研究推移质单独淤积时的形态及其三角洲的趋向性,揭示其内在机理。本节前几章对推移质运动做了较深入、理论上颇为严格的阐述与推导。以下将应用前述有关理论,对推移质输沙能力和级配变化,以及冲淤特性做进一步的研究,深入分析其机理,从理论上证实推移质淤积的三角洲趋向性,并给出相应的纵向分布。本章为了在工程泥沙研究中方便,较易掌握,可能对前述有关理论做适当简化和引申。当然这种简化与引申,仍然能反映事物的本质和重要机理。

9.2.1　均匀沙输沙率及级配[9-11]

在文献[9]、[10]及第 10 章中引进了本书作者根据泥沙运动统计推移质输沙率结合一些水流泥沙理论关系概括出的非均匀沙推移质输沙能力公式

$$q_b(l) = \kappa \gamma_s \left(\frac{\gamma_0}{\gamma_s - \gamma_0} \right)^{\frac{m_1 - 1}{2}} \frac{q^{\frac{m_1}{3+2m_3}} J^{(\frac{1}{2} - \frac{1}{6+4m_3})m_1}}{g^{\frac{m_1}{6+4m_3} - \frac{1}{2}} D_l^{(\frac{1}{2} - \frac{m_3}{3+2m_3})m_1 - m_2 - 1.5} \bar{D}^{m_2}} \qquad (9.2.1)$$

式中,γ_s、γ_0 分别为泥沙与清水容重;g 为重力加速度;J 为坡降;D_l 为粒径;$\bar{D}$ 为平均粒径;$q_b(l)$ 表示粒径为 D_l 的均匀沙的输沙率;

$$\kappa = \frac{2.04^{m_1} \times 1.83 k_0}{6.5^{\frac{m_1}{3+2m_3}}} \qquad (9.2.2)$$

$$m_3 = \frac{1}{4 + \lg(h/D)} \qquad (9.2.3)$$

　　式(9.2.1)是根据泥沙运动统计理论导出的推移质输沙能力公式进行分析后确定了有关指数 m_1、m_2、m_3，再应用水流与泥沙运动的一些基本关系导出的。第 10 章中给出了更为详细的类似结果，与式(9.2.1)是相同的，只是由统计理论确定的推移质输沙能力数值结果给出的 m_1、m_2、m_3 不完全相同。式(9.2.1)能综合反映推移质输沙能力机理，并且能被有的文献采用和验证。本章以下将指出，它在工程泥沙中是很有用的，m_1、m_2、m_3 均与水力因素强弱有关。根据文献[9]和[10]的研究，当 $\dfrac{V_b}{\omega_0} < 0.700$ 时，大体有 $m_1 = 10$，$m_2 = 1$，$m_3 = 1/6$，此时，当于一般卵石河床。将 m_1、m_2、m_3 代入式(9.2.1)，可得

$$q_b(l) = \kappa \gamma_s \left(\frac{\gamma_0}{\gamma_s - \gamma_0} \right)^{\frac{9}{2}} \frac{q^3 J^{3.5}}{g D_l^2 \bar{D}} \tag{9.2.4}$$

　　当 $0.700 \leqslant \bar{V}_b / \omega_0 < 1.15$ 时，大体有 $m_1 = 6$，$m_2 = 10/21$，$m_3 = 1/7$，此时相当于小砾石推移质运动，式(9.2.1)变为

$$q_b^*(l) = \kappa \gamma_s \left(\frac{\gamma_0}{\gamma_s - \gamma_0} \right)^{\frac{5}{2}} \frac{q^{\frac{42}{23}} J^{\frac{48}{23}}}{g^{\frac{19}{46}} D_l^{\frac{734}{966}} \bar{D}^{\frac{10}{21}}}$$

$$\approx \kappa \gamma_s \left(\frac{\gamma_0}{\gamma_s - \gamma_0} \right)^{\frac{5}{2}} \frac{q^{\frac{42}{23}} J^{\frac{48}{23}}}{g^{\frac{19}{46}} D_l^{\frac{19}{25}} \bar{D}^{\frac{10}{21}}} \tag{9.2.5}$$

当 $1.15 \leqslant V_b / \omega_0 < 2.00$ 时，大体有 $m_1 = 5$，$m_2 = 7/26$，$m_3 = 1/8$，此时相当于粗沙推移质运动，式(9.2.1)变为

$$q_b^*(l) = \kappa \gamma_s \left(\frac{\gamma_0}{\gamma_s - \gamma_0} \right)^2 \frac{q^{\frac{20}{13}} J^{\frac{45}{26}}}{g^{\frac{7}{26}} D_l^{\frac{7}{13}} \bar{D}^{\frac{7}{26}}} \tag{9.2.6}$$

当 $\dfrac{V_b}{\omega_0} \geqslant 2.00$ 时，$m_1 = 4$，$m_2 = 0$，$m_3 = 1/8$，此时相当于细沙推移质运动或粗沙推移质高强度运动，颗粒有可能连续跳跃，式(9.2.1)变为

$$q_b^*(l) = \kappa \left(\frac{\gamma_0}{\gamma_s - \gamma_0} \right)^{\frac{3}{2}} \frac{q^{\frac{16}{13}} J^{\frac{13}{18}}}{g^{\frac{3}{26}} D_l^{\frac{9}{7}}} \tag{9.2.7}$$

　　尚需强调，上述指数 m_1、m_2、m_3 是在文献[9]和[10]中引进的。第 6 章和第 8 章对推移质输沙能力的统计理论公式重新做了详细的数字计算[9]，发现 m_1、m_2 与原来的有一定差别，其原因是滚动与跳跃的划分不完全一致，有的参数(如综合概率)也略有不同，但是总体来看，两者基本一致。当然，存在差别会影响输沙能力公式。考虑到前述成果只能将机理表达清楚，并且证实已有一定的实用性。况且本章主要是研究淤积三角洲，即水库中淤积的沿程变化，输沙能力只是给出一个进口条件，大多数情况可以采用淤积的相对分布而将其去掉。以下主要研究推移质三角洲形成机理和分析方法，并不特别强调输沙率具体的数字结果，故 m_1、m_2、m_3 仍

采用原成果。当然做一些转换,采用第 10 章的数据并不难。

令式(9.2.1)中 D_l 的指数为

$$\left(\frac{1}{2}-\frac{m_3}{3+2m_3}\right)m_1-m_2-1.5=v \tag{9.2.8}$$

再对式(9.2.1)求总输沙能力

$$q_b^*=\sum P_{1.l}q_b^*(l) \tag{9.2.9}$$

式中,$P_{1.l}$ 为床沙级配,而推移质输沙能力级配为

$$P_{b.l}^*=\frac{P_{1.l}q_b^*(l)}{\sum P_{1.l}P_b^*(l)}=\frac{P_{1.l}/D_l^v}{\sum P_{1.l}/D_l^v}=\frac{P_{1.l}/D_l^v}{1/D_k^v}=\frac{P_{1.l}D_k^v}{D_l^v} \tag{9.2.10}$$

式中,$P_{1.l}q_b^*(l)$ 为分组输沙能力 $q_{b.l}^*$。注意到式(9.2.10)中分子、分母与 D_l 无关的相同的参数均已消去。于是对于上述四种情况,引进非均匀沙代表粒径 D_k^v,由式(9.2.10)求和,可得

$$D_k^v=\sum P_{b.l}^*D_l^v \tag{9.2.11}$$

当然,D_k^v 也可表示为

$$\frac{1}{D_k^v}=\sum \frac{P_{1.l}}{D_l^v} \tag{9.2.12}$$

此处 v 按前述分别为 $v=v_1=2.0,v=v_2=\frac{19}{25},v=v_3=\frac{7}{13},v=v_4=\frac{9}{26}$。为了区别此处的 D_k 与前述一般意义下的平均粒 $\bar D=\sum P_{b.l}D_l=\dfrac{1}{\sum \dfrac{P_{1.l}}{D_l}}$,故将 D_k 称为代表粒径。

在以下的分析中,考虑到水库的坡降和糙率变化大,宜将它们转换成另外的参数。

为消除坡降和糙率的影响,考虑

$$J^{3.5}=\left(\frac{n^2q^2\bar D^{\frac{1}{3}}}{6.5^2gh^{\frac{10}{3}}}\right)^{3.5}=\frac{1}{6.5^7g^{3.5}}\frac{\bar D^{\frac{3.5}{3}}q^7}{h^{\frac{35}{3}}} \tag{9.2.13}$$

式中,

$$n=\frac{h^{\frac{1}{6}}}{6.5\sqrt g}\left(\frac{h}{\bar D}\right)^{-m_3}=\frac{\bar D^{\frac{1}{6}}}{6.5\sqrt g} \tag{9.2.14}$$

将式(9.2.13)代入卵石推移质输沙率公式(9.2.4),有

$$q_b(l)=\kappa\gamma_s\left(\frac{\gamma_0}{\gamma_s-\gamma_0}\right)^{\frac{9}{2}}\frac{q^3}{gD_l^2\bar D}\left[\left(\frac{1}{6.5\sqrt g}\right)^2\frac{q^2\bar D^{\frac{1}{3}}}{h^{\frac{10}{3}}}\right]^{3.5}$$

$$=\kappa\gamma_s\left(\frac{\gamma_0}{\gamma_s-\gamma_0}\right)^{\frac{9}{2}}\frac{q^{10}\bar D^{3.5/3}}{6.5^7g^{4.5}h^{\frac{35}{3}}\bar DD_l^2}$$

$$= \frac{\kappa \gamma_s}{6.5^7} \left(\frac{\gamma_0}{\gamma_s - \gamma_0} \right)^{\frac{9}{2}} \frac{q^{10} \bar{D}^{\frac{1}{6}}}{g^{4.5} h^{\frac{35}{3}} D_l^2}$$

$$= \frac{\kappa \gamma_s}{6.5^7} \left(\frac{\gamma_0}{\gamma_s - \gamma_0} \right)^{\frac{9}{2}} \left(\frac{\bar{D}}{D_l} \right)^{\frac{1}{6}} \left(\frac{V}{\sqrt{gh}} \right)^9 \left(\frac{h}{D_l} \right)^{\frac{11}{6}} q = K \gamma_s \frac{q^{10} \bar{D}^{\frac{1}{6}}}{g^{4.5} h^{\frac{35}{3}} D_l^2} \tag{9.2.15}$$

式(9.2.15)为推移质分组输沙能力。而总输沙能力为

$$q_b^* = \sum P_{1.l} q_b^* (l) = \kappa \gamma_s \frac{q^{10} \bar{D}^{\frac{1}{6}}}{g^{4.5} h^{\frac{35}{3}}} \sum P_{1.l} \frac{1}{D_l^2} = K \gamma_s \frac{q^{10} \bar{D}^{\frac{1}{6}}}{g^{4.5} h^{\frac{35}{3}}} \left(\frac{1}{D_k^2} \right) \tag{9.2.16}$$

式中,

$$K = \frac{\kappa}{6.5^7} \left(\frac{\gamma_0}{\gamma_s - \gamma_0} \right)^{\frac{9}{2}} \tag{9.2.17}$$

式(9.2.15)就是卵石推移单宽输沙能力与 q、h、$\bar{D}$、D_l 之间的关系,它能反映水库(变动回水区)输沙能力沿程变化,其结构是可靠的。由于在推导过程中利用了一些关系,有关常数可能不完全准确,故式中的 K 可能要根据实际资料确定。

对于沙质推移质($m_1 = 5$),将

$$J^{\frac{45}{26}} = \left[\left(\frac{h^{\frac{1}{3}}}{6.5^2 g} \left(\frac{\bar{D}}{h} \right)^{\frac{1}{4}} \right) \frac{g^2}{h^{\frac{10}{3}}} \right]^{\frac{45}{26}} = \frac{q^{\frac{45}{13}} \bar{D}^{\frac{45}{104}}}{6.5^{\frac{45}{13}} g^{\frac{45}{26}} h^{\frac{45}{8}}} \tag{9.2.18}$$

代入式(9.2.6)可得

$$q_b^* (l) = \kappa \gamma_s \left(\frac{\gamma_0}{\gamma_s - \gamma_0} \right)^2 \frac{q^{\frac{20}{13}}}{g^{\frac{7}{26}} D_l^{\frac{7}{13}} \bar{D}^{\frac{7}{26}}} \left(\frac{q^{\frac{45}{13}} \bar{D}^{\frac{45}{104}}}{6.5^{\frac{45}{13}} g^{\frac{45}{26}} h^{\frac{45}{8}}} \right)$$

$$= \frac{\kappa}{6.5^{\frac{45}{13}}} \left(\frac{\gamma_0}{\gamma_s - \gamma_0} \right)^2 \gamma_s \frac{q^5 \bar{D}^{\frac{17}{104}}}{g^2 D_l^{\frac{7}{13}} h^{\frac{45}{8}}}$$

$$= K \gamma_s q \left(\frac{V}{\sqrt{gh}} \right)^4 \left(\frac{\bar{D}}{D_l} \right)^{\frac{17}{104}} \left(\frac{h}{D_l} \right)^{\frac{3}{8}}$$

$$= K \gamma_s \frac{q^5 \bar{D}^{\frac{17}{104}}}{g^2 D_l^{\frac{7}{13}} h^{\frac{45}{8}}} \tag{9.2.19}$$

式中,

$$K = \frac{\kappa}{6.5^{\frac{45}{13}}} \left(\frac{\gamma_0}{\gamma_s - \gamma_0} \right)^2 \tag{9.2.20}$$

于是,总输沙能力为

$$q_b^* = K \gamma_s \frac{q^5 \bar{D}^{\frac{17}{104}}}{g^2 h^{\frac{45}{8}}} \sum \frac{P_{1.l}}{D_l^{\frac{7}{13}}} = K \gamma_s \frac{q^5 \bar{D}^{\frac{17}{104}}}{g^2 h^{\frac{45}{8}}} \frac{1}{D_k^{\frac{7}{13}}} \tag{9.2.21}$$

式中,

$$\frac{1}{D_k^{\frac{7}{13}}} = \sum \frac{P_{1.l}}{D_l^{\frac{7}{13}}} \tag{9.2.22}$$

或者

$$D_k^{\frac{7}{13}} = \sum P_{b.l}^* D_l^{\frac{7}{13}} \tag{9.2.23}$$

9.2.2　均匀沙准平衡条件下推移质淤积三角洲趋向性

目前为止,基本均采用推移质输沙能力 q_b^* 代替实际的输沙率 q_b,有的甚至称此为采用平衡输沙方法计算冲淤。显然,这种说法被质疑为自相矛盾,既然平衡输沙,何来冲淤。以下将这种方法称为准平衡方法,即用 $q_b^* = q_b$ 表示平衡条件,但是对于不同河段,q_b^* 的差别用来表示冲淤,则是"准"。

1. 卵石推移质淤积

由于推移质进入水库中,即迅速淤积,壅水很小,作为近似可采用水深沿程线形变化,即

$$h = h_b + (h_s - h_b)\frac{x}{L_b} \tag{9.2.24}$$

式中,h_b、h_s 分别为卵石淤积起点的水深及终点的水深;h_0 也是入库推移质的平衡水深;L_b 是设置的卵石推移质淤积参考距离,它不影响淤积的分布。坐标轴 x 与水流方向一致。

首先研究均匀卵石,注意到此时 $\bar{D} = D_l = D$,则将式(9.2.24)代入式(9.2.16),给出 x 处的推移质输沙能力

$$q_b^* = K\frac{\gamma_s q^{10}}{g^{4.5} D^{\frac{11}{6}} h_b^{\frac{35}{3}}}\left(1 + \frac{h_s - h_b}{h_b}\frac{x}{L_b}\right)^{-35/3} = q_{b.0}^*\left(1 + \frac{h_s - h_b}{h_b}\frac{x}{L_b}\right)^{-\frac{35}{3}} \tag{9.2.25}$$

式中,

$$q_{b.0}^* = \frac{K\gamma_s q^{10}}{g^{4.5} D^{\frac{11}{6}} h_b^{\frac{35}{3}}} \tag{9.2.26}$$

为卵石推移质淤积起点的推移质输沙能力。

另外,将式(9.2.25)代入河床变形方程

$$\frac{\partial Z}{\partial t} = -\frac{1}{\gamma_s'}\frac{\partial q_b}{\partial x} = -\frac{1}{\gamma_s'}\frac{\partial q_b^*}{\partial x} \tag{9.2.27}$$

得

$$\frac{\partial Z}{\partial t} = \frac{35}{3}\frac{q_{b.0}^*}{\gamma_s'}\frac{h_s - h_b}{h_b L_b}\left(1 + \frac{h_s - h_b}{h_b}\frac{x}{L_b}\right)^{-\frac{38}{3}} \tag{9.2.28}$$

入库的推移质单宽输沙率应满足 $q_{b.0} = q_{b.0}^*$，在 L_b 段的平均淤积厚度为

$$\overline{\Delta Z} = \frac{q_{b.0}}{\gamma_s' L_b} = \frac{q_{b.0}^*}{\gamma_s' L_b} \tag{9.2.29}$$

故式(9.2.28)给出相对淤积率 $\dfrac{1}{\overline{\Delta Z}}\dfrac{\partial Z}{\partial t}$ 或单位时间相对淤积厚度沿程分布

$$\frac{1}{\overline{\Delta Z}}\frac{\partial Z}{\partial t} = \frac{35}{3}\frac{h_s - h_b}{h_b}\left(1 + \frac{h_s - h_b}{h_b}\frac{x}{L_b}\right)^{-\frac{38}{3}} \tag{9.2.30}$$

再引入单位宽度推移质沿程累计淤积率

$$\frac{\partial W_b(x)}{\partial t} = \int_0^x \frac{\partial Z}{\partial t}\mathrm{d}x = \frac{q_{b.0}^*}{\gamma_s'}\left(1 + \frac{h_s - h_b}{h_b}\frac{x}{L_b}\right)^{-\frac{35}{3}}\Bigg|_0^x$$

$$= \frac{q_{b.0}^*}{\gamma_s'}\left[1 - \left(1 + \frac{h_s - h_b}{h_b}\frac{x}{L_b}\right)^{-\frac{35}{3}}\right] \tag{9.2.31}$$

由于

$$W_{b.0} = \frac{q_{b.0}^*}{\gamma_s'} \tag{9.2.32}$$

为推移质全部淤完的单宽体积，故相对累计淤积率或单位时间相对累计淤积量在 $0 \sim x$ 段的沿程分布为

$$\frac{\partial}{\partial t}\left(\frac{W_b(x)}{W_{b.0}}\right) = 1 - \left(1 + \frac{h_s - h_b}{h_b}\frac{x}{L_b}\right)^{-\frac{35}{3}}$$

$$= \frac{q_{b.0}^* - q_b^*}{q_{b.0}^*} = \frac{W_b}{W_{b.0}} \tag{9.2.33}$$

此处 $W_{b.0}^* = q_{b.0}t = q_{b.0}^* t$，$W_b'(x) = W_b^* = q_b^* t$。严格地说，考虑到淤积的反馈作用，式(9.2.30)及式(9.2.33)等只对初始条件正确，但是它能反映一般特性。为了明确，举例说明相对淤积率与相对累计淤积率变化的特点。设 $\dfrac{h_s - h_b}{h_b} = 1$，则由式(9.2.31)、式(9.2.33)得到卵石推移质的 $\dfrac{1}{\overline{\Delta Z}}\dfrac{\partial Z}{\partial t}$ 及 $\dfrac{\partial}{\partial t}\left(\dfrac{W_b}{W_{b.0}}\right)$ 沿程变化如表9.2.1所示。由图可见，单位时间相对淤积厚度沿程迅速衰减，由 $\dfrac{x}{L_b} = 0$ 时的 11.67 减小至 $\dfrac{x}{L_b} = 0.3$ 时的 0.420，再至 $\dfrac{x}{L_b} = 1$ 时的 0.00179。相对淤积厚度沿程迅速衰减，正是推移质单独淤积形成三角洲的内在机理，这一点从单位时间相对沿程累计淤积量 $\dfrac{\partial}{\partial t}\left(\dfrac{W_b}{W_{b.0}}\right)$ 更能明显地看出。事实上，当 $\dfrac{x}{L_b} = 0.2$ 时，有可能将来量淤下 88%。

表 9.2.1　　　$\dfrac{1}{\Delta Z}\dfrac{\partial Z}{\partial t}$ 及 $\dfrac{\partial}{\partial t}\left(\dfrac{W_b}{W_{b,0}}\right)$ 沿程变化　　　　（单位：s^{-1}）

$\dfrac{x}{L_b}$	卵石推移质		沙质推移质	
	$\dfrac{1}{\Delta Z}\dfrac{\partial Z}{\partial t}$	$\dfrac{\partial}{\partial t}\left(\dfrac{W_b}{W_{b,0}}\right)$	$\dfrac{1}{\Delta Z}\dfrac{\partial Z}{\partial t}$	$\dfrac{\partial}{\partial t}\left(\dfrac{W_b}{W_{b,0}}\right)$
0.00	11.67	0.0	5.625	0.0
0.001	11.52	0.0116	5.588	0.00561
0.01	10.28	0.109	5.266	0.0544
0.0301	8.25	0.292	4.622	0.154
0.05	6.29	0.434	4.071	0.240
0.10	3.49	0.671	2.992	0.415
0.20	1.16	0.880	1.681	0.641
0.30	0.420	0.953	0.989	0.771
0.50	0.0686	0.991	0.383	0.898
0.70	0.0141	0.998	0.167	0.949
0.90	0.0344	0.999	0.080	0.973
1.0	0.00179	0.9997	0.057	0.9797
2.0	—	—	0.004	0.9979

　　前面研究的是沿程水深逐渐加大的情况，如果水深突然加大一个值，以后不变，则淤积的三角洲属性更明显，正如图 9.1.1 所示。设此时水深为

$$h = h_b + \Delta h \tag{9.2.34}$$

则由式（9.2.15）对应的输沙率为

$$q_b^* = C_1\left(\frac{\gamma}{\gamma_s - \gamma}\right)^{\frac{9}{2}}\frac{\gamma_s q^{10}}{g^{4.5}D^{\frac{11}{6}}}(h_b + \Delta h)^{-\frac{35}{3}} \tag{9.2.35}$$

那里 $K = C_1\left(\dfrac{\gamma}{\gamma_s - \gamma}\right)^{\frac{9}{2}}$，比水深增加前的输沙量减少值即淤积量为

$$\Delta q_b = q_{b,0}^* - q_b^* = C_1\left(\frac{\gamma}{\gamma_s - \gamma}\right)^{\frac{9}{2}}\frac{\gamma_s q^{10}}{g^{4.5}D^{\frac{11}{6}}}\left[h_b^{-\frac{35}{3}} - (h_b + \Delta h)^{-\frac{35}{3}}\right]$$

相应的淤积百分数为

$$\lambda_b = \frac{\Delta q_b}{q_{b,0}^*} = 1 - \left(\frac{h_b}{h_b + \Delta h}\right)^{\frac{35}{3}} \tag{9.2.36}$$

　　例如，当 $\Delta h = 0.1h_b$ 时，$\lambda_b = 0.671$，可见水深突然增加 10%，则要求输沙量减少 67.1%，其特点是使淤后的水深迅速趋近为 h_b，这也是推移质容易形成三角洲的原因。尚需指出的是，对于天然河道，河底沿水流方向是不均匀的，水深变化 $0.1h$ 是很普遍的。当由浅水向深水过渡时，常常形成大量局部三角洲，中枯水水流较稳定时尤其如此。

2. 沙质推移质淤积

对于均匀沙,式(9.2.21)可改写为

$$q_{b}^{*} = \frac{K\gamma_s q^5}{g^2 D^{\frac{3}{8}} h^{\frac{45}{8}}} = K\gamma_s q \left(\frac{V}{\sqrt{gh}}\right)^4 \left(\frac{h}{D}\right)^{\frac{3}{8}} \tag{9.2.37}$$

可见在此条件下沙质推移质输沙能力仍取决于粒径 D、水深 h、沙粒容重 γ_s、单宽流量 q 及系数 K。

将式(9.2.24)代入式(9.2.37),可得

$$q_{b}^{*} = K \frac{\gamma_s q^5}{g^2 h_b^{\frac{45}{8}}} \left(\frac{h}{h_b}\right)^{-\frac{45}{8}} = q_{b.0}^{*} \left(1 + \frac{h_s - h_b}{h_b} \frac{x}{L_b}\right)^{-\frac{45}{8}} \tag{9.2.38}$$

式中,

$$q_{b.0}^{*} = K \frac{\gamma_s q^5}{g^2 h_b^{\frac{45}{8}} D^{\frac{3}{8}}} \tag{9.2.39}$$

为沙质推移质在淤积起点 $x=0$ 的输沙率。同样,$x=L_b$ 为沙质推移质淤积参考长度,将其代入河床变形方程得

$$\frac{\partial Z}{\partial t} = -\frac{1}{\gamma_s'} \frac{\partial q_{b}^{*}}{\partial x} = \frac{45}{8} \frac{q_{b.0}^{*}}{\gamma_s'} \frac{h_s - h_b}{h_b L_b} \left(1 + \frac{h_s - h_b}{h_b} \frac{x}{L_b}\right)^{-\frac{53}{8}} \tag{9.2.40}$$

即单位推移质相对淤积厚度为

$$\frac{1}{\overline{\Delta Z}} \frac{\partial Z}{\partial t} = \frac{45}{8} \frac{h_s - h_b}{h_b} \left(1 + \frac{h_s - h_b}{h_b} \frac{x}{L_b}\right)^{-\frac{53}{8}} \tag{9.2.41}$$

其中,

$$\overline{\Delta Z} = \frac{q_{b.0}^{*}}{\gamma_s' L_b} \tag{9.2.42}$$

为沙质推移质在单位河宽长 L_b 段内全部淤积下的平均厚度。相应的单位时间相对累计淤积量沿程变化为

$$\begin{aligned}
\frac{\partial}{\partial t}\left(\frac{W_b}{W_{b.0}}\right) &= \frac{1}{W_{b.0}} \int_0^x \frac{\partial Z}{\partial t} dx = \frac{1}{W_{b.0}} \int_0^x \frac{45}{8} \frac{q_{b.0}^{*}}{\gamma_s'} \frac{h_s - h_b}{h_b L_b} \left(1 + \frac{h_s - h_b}{h_b} \frac{x}{L_b}\right)^{-\frac{53}{8}} dx \\
&= \frac{1}{W_{b.0}} \frac{q_{b.0}^{*}}{\gamma_s'} \left[1 - \left(1 + \frac{h_s - h_b}{h_b} \frac{x}{L_b}\right)^{-\frac{45}{8}}\right] = 1 - \left(1 + \frac{h_s - h_b}{h_b} \frac{x}{L_b}\right)^{-\frac{45}{8}} \\
&= \frac{W_b}{W_{b.0}}
\end{aligned} \tag{9.2.43}$$

此处利用了式(9.2.31)。当 $\frac{h_s - h_b}{h_b} = 1$,沙质推移质的 $\frac{1}{\overline{\Delta Z}} \frac{\partial Z}{\partial t}$ 及 $\frac{\partial}{\partial t}\left(\frac{W_b}{W_{b.0}}\right)$ 沿程变化如表9.2.1中所示。可以看出,与卵石推移质类似,沙质推移质单位时间相对淤积

厚度沿程衰减仍然非常显，单位时间推移质由 $\frac{x}{L_b}=0$ 时的 5.625 逐渐减至 $\frac{x}{L_b}=$

0.5 时的 0.383，再至 $\frac{x}{L_b}=1.0$ 时的 0.057。而从单位时间累计淤积量 $\frac{\partial}{\partial t}\left(\frac{W_b}{W_{b.0}}\right)$ 沿

程变化看，当 $\frac{x}{L_b}=0.1$ 时，淤下 41.5%，当 $\frac{x}{L_b}=0.3$ 时，淤下 77.1%，而当 $\frac{x}{L_b}=1.0$

时，则淤下 97.97%，这表明沙质推移质沿程淤积速度要慢于卵石。由此可见，沙

质推移质淤积同样具有形成三角洲的内在机理。

9.2.3　均匀沙不平衡输沙条件下推移质淤积的三角洲趋向性

前面在考虑推移质淤积时，采用了准平衡方法，即以 q_b^* 代替 q_b。需要补充说

明的是，在推移质冲淤计算中，历来均是以输沙能力 q_b^* 代替实际的输沙率，尽管最

近几十年也偶尔有个别推移质不平衡输沙研究成果，但是均未达到应用的程度。

因此，在推移质冲淤计算中，常将 $q_b=q_b^*$ 称为平衡输沙的方法。前面已指出这是

不确切的，而且用 q_b^* 代替 q_b 也有一定误差。以下将采用较严格的推移质不平衡

输沙方程研究淤积率沿程的变化。

在文献[10]和第 6 章中已详细研究了推移质不平衡输沙，包括均匀沙与非均

匀沙，此处将引进均匀沙推移质不平衡输沙公式分析三角洲形成的趋向性。均匀

沙不平衡输沙公式为

$$q_b=q_b^* + (q_{b.0}-q_{b.0}^*)e^{-\alpha_1\frac{x}{L_b}} + (q_{b.0}^*-q_b^*)\frac{L_b}{\alpha_1 x}(1-e^{-\alpha_1\frac{x}{L_b}}) \quad (9.2.44)$$

设 $x=0$ 取在推移开始淤积的临界点，即该点 $q_{b.0}=q_{b.0}^*$，从而有

$$q_b=q_b^* + (q_{b.0}^*-q_b^*)\frac{L_b}{\alpha_1 x}(1-e^{-\alpha_1\frac{x}{L_b}}) \quad (9.2.45)$$

式中，q_b 为实际的推移质输沙率；q_b^* 为其输沙能力；下标 0 表示起点的值，不加下

标表示 x 处的值；α_1 为推移质恢复饱和系数，

$$\alpha_1=\frac{(1-\varepsilon_0)(1-\varepsilon_4)}{X_3}L_b \quad (9.2.46)$$

其中，ε_0 为不止动概率；ε_4 为悬浮概率；X_3 为颗粒跳跃时单步距离；L_b 为研究

推移质淤积长度参考值，$(1-\varepsilon_0)(1-\varepsilon_4)$ 表示不停止、不悬浮，即处于推移的概

率。根据第 6 章的研究，取推移质跳跃的一种代表性的情况。当水流情况为

$\overline{V}_b/\omega_0=2.5$ 时，$\varepsilon_0=0.954$，$\varepsilon_4=0.188$，$X_3=39.7D$，L_b 取 $10^5 D$，D 为泥沙粒

径，则有

$$\alpha_1=\frac{(1-0.954)(1-0.188)}{35.9D}\times 10^5 D=104 \quad (9.2.47)$$

这里恢复饱和系数与 L_b 有关系是容易理解的。式(9.2.45)可改写为

$$\frac{q_{\mathrm{b}}}{q_{\mathrm{b.0}}}=\frac{q_{\mathrm{b}}}{q_{\mathrm{b.0}}^{*}}=\frac{q_{\mathrm{b}}^{*}}{q_{\mathrm{b.0}}^{*}}\left[1-\frac{L_{\mathrm{b}}}{\alpha_1 x}(1-\mathrm{e}^{-\alpha_1\frac{x}{L_{\mathrm{b}}}})\right]+\frac{L_{\mathrm{b}}}{\alpha_1 x}(1-\mathrm{e}^{-\alpha_1\frac{x}{L_{\mathrm{b}}}})$$

$$=\frac{q_{\mathrm{b}}^{*}}{q_{\mathrm{b.0}}^{*}}(1-\mu)+\mu \tag{9.2.48}$$

式中，

$$\mu=\frac{L_{\mathrm{b}}}{\alpha_1 x}(1-\mathrm{e}^{-\alpha_1\frac{x}{L_{\mathrm{b}}}}) \tag{9.2.49}$$

当 $\alpha_1\dfrac{x}{L_{\mathrm{b}}}$ 较小时，由式(9.2.48)得

$$\frac{W_{\mathrm{b}}}{W_{\mathrm{b.0}}}=1-\frac{q_{\mathrm{b}}}{q_{\mathrm{b.0}}}=(1-\mu)-(1-\mu)\frac{q_{\mathrm{b}}^{*}}{q_{\mathrm{b.0}}^{*}}=(1-\mu)\left(1-\frac{q_{\mathrm{b}}^{*}}{q_{\mathrm{b.0}}^{*}}\right) \tag{9.2.50}$$

可见淤积量的沿程变化，借助于 $1-\mu$ 可以转化为输沙能力的沿程变化。类似地，对于淤积厚度随时间变率沿程变化有

$$\frac{\partial z}{\partial t}=-\frac{1}{\gamma_{\mathrm{s}}'}\frac{\partial q_{\mathrm{b}}}{\partial x} \tag{9.2.51}$$

将不平衡输沙公式基本方程

$$\frac{\partial q_{\mathrm{b}}}{\partial x}=-\frac{(1-\varepsilon_0)(1-\varepsilon_4)}{X_3}(q_{\mathrm{b}}-q_{\mathrm{b}}^{*}) \tag{9.2.52}$$

代入式(9.2.51)得

$$\frac{\partial Z}{\partial t}=-\frac{1}{\gamma_{\mathrm{s}}}\left[-\frac{(1-\varepsilon_0)(1-\varepsilon_4)}{X_3}(q_{\mathrm{b}}-q_{\mathrm{b}}^{*})\right]=\frac{(1-\varepsilon_0)(1-\varepsilon_4)}{\gamma_{\mathrm{s}}' X_3}(q_{\mathrm{b}}-q_{\mathrm{b}}^{*})$$

$$\tag{9.2.53}$$

另有

$$Z=\frac{q_{\mathrm{b.0}}}{\gamma_{\mathrm{s}}' L_{\mathrm{b}}} \tag{9.2.54}$$

故式(9.2.53)可变化为

$$\frac{1}{Z}\frac{\partial Z}{\partial t}=\frac{(1-\varepsilon_0)(1-\varepsilon_4)}{X_3\gamma_{\mathrm{s}}'}\frac{\gamma_{\mathrm{s}}' L_{\mathrm{b}}}{q_{\mathrm{b.0}}}(q_{\mathrm{b}}-q_{\mathrm{b}}^{*})=\alpha_1\left(\frac{q_{\mathrm{b}}}{q_{\mathrm{b.0}}}-\frac{q_{\mathrm{b}}^{*}}{q_{\mathrm{b.0}}^{*}}\right) \tag{9.2.55}$$

再将式(9.2.48)代入式(9.2.55)，可得不平衡输沙时，有

$$\frac{1}{Z}\frac{\partial Z}{\partial t}=\alpha_1\left[\frac{q_{\mathrm{b}}^{*}}{q_{\mathrm{b.0}}^{*}}(1-\mu)+\mu-\frac{q_{\mathrm{b}}^{*}}{q_{\mathrm{b.0}}^{*}}\right]=\alpha_1\mu\left(1-\frac{q_{\mathrm{b}}^{*}}{q_{\mathrm{b.0}}^{*}}\right) \tag{9.2.56}$$

可见均匀沙不平衡输沙时的相对淤积率，也可以转换成输沙能力进行较简单的计算。

由卵石推移质的式(9.2.33)、式(9.2.45)及式(9.2.50)，对不平衡输沙有

$$\frac{W_{\mathrm{b}}}{W_{\mathrm{b.0}}}=1-\frac{q_{\mathrm{b}}}{q_{\mathrm{b.0}}}=(1-\mu)\left[1-\left(1+\frac{h_{\mathrm{s}}-h_{\mathrm{b}}}{h_{\mathrm{b}}}\frac{x}{L_{\mathrm{b}}}\right)^{-\frac{35}{3}}\right] \tag{9.2.57}$$

$$\frac{1}{Z}\frac{\partial Z}{\partial t}=\alpha_1\mu\left[1-\left(1+\frac{h_s-h_b}{h_b}\frac{x}{L_b}\right)^{-\frac{35}{3}}\right] \quad (9.2.58)$$

对于沙质推移质,注意到式(9.2.38),则式(9.2.5)及式(9.2.56)变为

$$\frac{W_b}{W_{b.0}}=1-\frac{q_b}{q_{b.0}}=(1-\mu)\left[1-\left(1+\frac{h_s-h_b}{h_b}\frac{x}{L_b}\right)^{-\frac{45}{8}}\right] \quad (9.2.59)$$

$$\frac{1}{Z}\frac{\partial Z}{\partial t}=\alpha_1\mu\left[1-\left(1+\frac{h_s-h_b}{h_b}\frac{x}{L}\right)^{-\frac{45}{8}}\right] \quad (9.2.60)$$

式中仍取 $\alpha_1=104$。

在表9.2.2中,按式(9.2.57)给出了不平衡输沙条件下均匀卵石推移质相对淤积率及与准平衡条件下的式(9.2.30)的对比。

表9.2.2 均匀沙不平衡输沙与准平衡输沙的差别

$\frac{X}{L_b}$	μ	卵石推移质$\frac{1}{Z}\frac{\partial Z}{\partial t}$		$1-\frac{q_b^*}{q_{b.0}^*}$
		准平衡	不平衡	
0	1.000	11.67	0	0
0.001	0.950	11.52	1.15	0.0116
0.01	0.622	10.28	7.11	0.110
0.05	0.191	6.29	8.62	0.434
0.10	0.0961	3.49	6.71	0.671
0.20	0.0481	1.16	4.41	0.881
0.30	0.0321	0.420	3.18	0.953
0.50	0.0192	0.0686	1.98	0.991
0.70	0.0137	0.0141	1.42	0.998
1.000	0.00962	0.00179	1.00	0.9997

从表9.2.2可以看出,对于均匀沙不平衡输沙,沿程淤积过程与准平衡条件下有所差别,即在$\frac{x}{L_b}\leqslant0.01$时,不平衡输沙淤积大幅减慢;而当$\frac{x}{L_b}\geqslant0.05$以后,由于剩下的输沙率仍然很大,淤积相对于准平衡反而加大。这是容易理解的,综合起来,不平衡输沙相对于准平衡输沙,其淤积部位是下移的。

9.2.4 非均匀沙条件下推移质淤积三角洲的趋向性

前面对于均匀沙,在推移质不平衡输沙及用输沙能力代替实际输沙率的条件下,证明了其淤积具有三角洲的特性。下面对不均匀沙在推移质平衡输沙和不平衡输沙两种情况下的淤积进行简单讨论。

1.非均匀沙准平衡输沙条件下三角洲趋向性

这里只讨论推移质是非均匀沙的情况,但是仍以输沙能力 q_b^* 代替实际的输沙

率 q_b，即研究准平衡的情况。至于不平衡输沙的影响，下面再另行说明。设 $P_{b,l}$ 为推移质级配，$P_{1,l}$ 为床沙级配，按照平衡输沙条件，则有 $P_{b,l} \approx P_{b,l}^*$，从而有

$$P_{1,l}q_b^*(l) = P_{b,l}^*q_b^* \approx P_{b,l}q_b^* \tag{9.2.61}$$

式中，q_b^* 为混合沙的总输沙能力；$q_b^*(l)$ 为床沙全部为 D_l 时的输沙能力。

现将前述非均匀卵石第 l 组粒径输沙能力公式(9.2.15)引升为沿程变化的公式

$$q_{b,x}^*(l) = \frac{K\gamma_s q^{10}\bar{D}^{\frac{1}{6}}}{g^{4.5}D_l^2 h_b^{\frac{35}{3}}}\left(1 + \frac{h_s - h_b}{h_b}\frac{x}{L}\right)^{\frac{35}{3}} \tag{9.2.62}$$

相应的总输沙能力为

$$q_{b,x}^* = \left[\sum\frac{P_{b,l}}{q_{b,l}^*(l)}\right]^{-1} = \left\{\sum P_{b,l}\frac{g^{4.5}D_l^2 h_b^{\frac{35}{3}}}{K\gamma_s q^{10}\bar{D}^{\frac{1}{6}}} \cdot \left[1 + \left(\frac{h_s - h_b}{h_b}\right)\frac{x}{L_b}\right]^{\frac{35}{3}}\right\}$$

$$= \left[\frac{g^{4.5}D_k^2 h_b^{\frac{35}{3}}}{K\gamma_s q^{10}\bar{D}^{\frac{1}{6}}}\left(1 + \frac{h_s - h_b}{h_b}\frac{x}{L_b}\right)^{\frac{35}{3}}\right]^{-1}$$

$$\tag{9.2.63}$$

式中，

$$D_k^2 = \sum P_{b,l}D_l^2 \tag{9.2.64}$$

而 $\bar{D}$ 仍为 $\sum P_{b,l}D_l$。当 $x=0$，$\bar{D}=\bar{D}_0$，$\bar{D}^2=\bar{D}_0^2$，$q_{b,x}^*=q_{b,0}^*$ 时，则式(9.2.63)可写成

$$q_{b,0}^* = \frac{K\gamma_s q^{10}\bar{D}^{\frac{1}{6}}}{g^{4.5}D_k^2 h_b^{\frac{35}{3}}} \tag{9.2.65}$$

将此式代入，有

$$\frac{q_{b,x}^*}{q_{b,0}^*} = \left(\frac{\bar{D}}{\bar{D}_0}\right)^{\frac{1}{6}}\frac{D_{k,0}^2}{D_k^2}\left(1 + \frac{h_s - h_b}{h_b}\frac{x}{L_b}\right)^{-\frac{35}{3}} \tag{9.2.66}$$

于是当时间 t 较小时，有

$$\frac{W_b^*}{W_{b,0}^*} = \frac{q_{b,0}^*t - q_b^*t}{q_{b,0}^*} = 1 - \left(\frac{\bar{D}}{\bar{D}_0}\right)^{\frac{1}{6}}\left(\frac{D_{k,0}^2}{D_k^2}\right)\left(1 + \frac{h_s - h_b}{h_b}\frac{x}{L_b}\right)^{-\frac{35}{3}} \tag{9.2.67}$$

将此式与式(9.2.33)比较，可知由于 $\frac{\bar{D}}{\bar{D}_2}\frac{D_{k,0}^2}{D_k^2} > 1$，非均匀沙淤积比均匀沙变慢。

现在举一个卵石淤积的例子。设不均匀卵石推移质来量由三种卵石组成：$D_1 = 0.5D_2$，初始级配占 0.400；D_2 占 0.400；$D_3 = 2D_2$，占 0.200。淤积时假定粗颗粒先淤，淤完后再依次淤细颗粒。计算时先假定 q_b^* 沿程变化，得出相应的不同粒径淤积，确定 $\left(\frac{\bar{D}}{\bar{D}_0}\right)^{\frac{1}{6}}$ 及 $\frac{D_{k,0}^2}{D_k^2}$，再按式(9.2.67)，求出 $\frac{x}{L_b}$。为了简化，假定了 $\frac{h_s - h_b}{h_b} =$

1.0。此外,表中的 $\dfrac{\bar{D}^{\frac{1}{6}}}{\bar{D}_0^{\frac{1}{6}}}$ 由 $\left(\dfrac{\bar{D}}{D_2}\right)^{\frac{1}{6}}\left(\dfrac{\bar{D}_0}{D_2}\right)^{-\frac{1}{6}}$ 得到,而 $\dfrac{D_{k.0}^2}{D_k^2}$ 由 $\dfrac{\bar{D}_0^2}{\bar{D}_2^2}\dfrac{D_2^2}{D_k^2}$ 给出。计算结果及有关

参数如表 9.2.3 所示。计算是在已知三种粒径的条件,先设 $1-\dfrac{q_b^*}{q_{b.0}^*}$,利用

式(9.2.67)反求 $\dfrac{x}{L_b}$ 等。

表 9.2.3　非均匀卵石准平衡条件下三角洲趋向性

$\dfrac{q_b^*}{q_{b.0}^*}$	推移质级配 $P_{b.l}$			$\dfrac{\bar{D}}{D_2}$	$\left(\dfrac{\bar{D}}{\bar{D}_0}\right)^{\frac{1}{6}}$	$\dfrac{D_{k.0}^2}{D_2^2}$	$\dfrac{D_{k.0}^2}{D_k^2}$	$\dfrac{\dfrac{q_b^*}{q_{b.0}^*}}{\left(\dfrac{\bar{D}}{\bar{D}_0}\right)^{\frac{1}{6}}\dfrac{D_{k.0}^2}{D_k^2}}$	$1+\dfrac{x}{L_b}$	$\dfrac{W_b^*}{W_{b.0}^*}$	$\dfrac{x}{L_b}$
	$D_1=2D_2$	D_2	$D_3=0.5D_2$								
1.000	0.200	0.400	0.400	1.000	1.000	1.300	1.000		1.000	1.00	0.000
0.900	0.112	0.444	0.444	0.890	0.981	1.003	1.296	0.7079	1.0301	0.100	0.0301
0.800	0.000	0.500	0.500	0.759	0.853	0.625	2.080	0.4036	1.0809	0.200	0.0809
0.700		0.429	0.571	0.7145	0.943	0.572	2.272	0.3266	1.101	0.300	0.101
0.600		0.333	0.667	0.6665	0.935	0.500	2.600	0.2468	1.127	0.400	0.127
0.500		0.200	0.800	0.600	0.918	0.400	3.25	0.1675	1.165	0.500	0.165
0.400		0.000	1.000	0.500	0.891	0.250	5.20	0.08633	1.234	0.600	0.234
0.300				0.500	0.891	0.250	5.20	0.06475	1.264	0.700	0.264
0.200				0.500	0.891	0.250	5.20	0.4316	1.309	0.800	0.309
0.100				0.500	0.891	0.250	5.20	0.02158	1.389	0.900	0.389
0.050				0.500	0.891	0.250	5.20	0.01079	1.474	0.950	0.474
0.010				0.500	0.891	0.250	5.20	158×10^{-3}	1.692	0.990	0.692
0.002				0.500	0.891	0.250	5.20	317×10^{-4}	1.943	0.998	0.943

从表 9.2.3 可见,卵石推移质输沙能力一进入回水区($h_s>h_b$)即迅速淤积,当 $\dfrac{x}{L_b}=0.101$ 时,输沙率 $q_b^*/q_{b.0}^*$ 已减至 70%,相对淤积量 $\dfrac{W_b^*}{W_{b.0}^*}$ 已达 30%。而当 $\dfrac{x}{L_b}=0.165$ 时,输沙率已减小至 50%,相对淤积量也达 50%。此后淤积逐渐缓慢,当 $\dfrac{x}{L_b}$ 达 0.474 之后,已淤积了 95%。这些显然充分反映出三角洲的趋向性。

对于沙质推移质,也有类似的公式,如下:

$$q_b^*(l)=K\,\frac{\gamma_s q^5 \bar{D}^{\frac{17}{164}}}{g^2 D_l^{7/13} h_b^{\frac{45}{8}}}\left(1+\frac{h_s-h_b}{h_b}\frac{x}{L_b}\right)^{-\frac{45}{8}} \tag{9.2.68}$$

$$q_b^*=K\,\frac{\gamma_s q^5 \bar{D}^{\frac{17}{104}}}{g^2 D_k^{\frac{7}{13}} h_b^{\frac{45}{8}}}\left(1+\frac{h_s-h_b}{h_b}\frac{x}{L}\right)^{-\frac{45}{8}} \tag{9.2.69}$$

$$q_{\rm b}^* = q_{\rm b.0}^* \left(\frac{\bar{D}}{\bar{D}_0}\right)^{\frac{17}{104}} \frac{D_{k.0}^{\frac{7}{13}}}{D_k^{\frac{7}{13}}} \left(1 + \frac{h_{\rm s} - h_{\rm b}}{h_{\rm b}} \frac{x}{L_{\rm b}}\right)^{-\frac{45}{8}} \tag{9.2.70}$$

$$\frac{W_{\rm b}^*}{W_{\rm b.0}^*} = 1 - \left(\frac{\bar{D}}{\bar{D}_0}\right)^{\frac{1}{6}} \frac{D_{k.0}^{\frac{7}{13}}}{D_k^{\frac{7}{13}}} \left(1 + \frac{h_{\rm s} - h_{\rm b}}{h_{\rm b}} \frac{x}{L_{\rm b}}\right)^{-\frac{45}{8}} \tag{9.2.71}$$

$$q_{\rm b.0}^* = \frac{K\gamma_{\rm s}\bar{D}_0^{\frac{17}{104}}}{g^2 D_{k.0}^{\frac{7}{13}} h_{\rm b}^{\frac{45}{8}}} \tag{9.2.72}$$

同样由于 $\left(\frac{\bar{D}}{\bar{D}_0}\right)^{\frac{17}{104}} \frac{D_{k.0}^{\frac{7}{13}}}{D_k^{\frac{7}{13}}} > 1$，故考虑不均匀沙影响后，沿程淤积速度也将减慢。由于 $\bar{D}$、D_k 指数小，分选较慢，减小速度也较慢。

2. 非均匀沙不平衡输沙条件下三角洲趋向性

前面研究了均匀沙不平衡输沙，可明显看出均匀沙准平衡输沙与不平衡输沙的差别。非均匀沙准平衡输沙比均匀沙准平衡输沙已经复杂多了，而非均匀沙不平衡输沙则更为复杂。事实上，即使在同样流速（如平均底部流速 $\bar{V}_{\rm b}$）下，不同粒径的效果是不一样的，包括不止动概率 $\varepsilon_{0.l}$、悬浮概率 $\varepsilon_{4.l}$、跳跃长度 L_l 都是不一样的。以下分别进行考虑。根据第 6 章对跳跃颗粒的随机理论的研究，得到 $\varepsilon_{0.l}$、$\varepsilon_{4.l}$、$Z_{3.l}$ 均是相对水流底部速度 $\frac{\bar{V}_{\rm b}}{\omega_{0.l}}$ 的函数。设仿照前面取三种泥沙，即 $D_1 = 0.5D_2$、D_2、$D_3 = 2D_2$，而相对底部速度

$$\frac{\bar{V}_{\rm b}}{\omega_{0.l}} = \frac{\bar{V}_{\rm b}}{\sqrt{\frac{4}{3C_x} \frac{\gamma_{\rm s} - \gamma}{\gamma} gD_l}} \tag{9.2.73}$$

从而有

$$\frac{\omega_{0.1}}{\omega_{0.2}} = \sqrt{\frac{D_1}{D_2}} = \sqrt{\frac{0.5D_2}{D_2}} = 0.707 \tag{9.2.74}$$

$$\frac{\omega_{0.3}}{\omega_{0.2}} = \sqrt{\frac{2D_2}{D_2}} = 1.414 \tag{9.2.75}$$

取 $\frac{\bar{V}_{\rm b}}{\omega_{0.2}} = 2.5$，则由上述两式得

$$\frac{\bar{V}_{\rm b}}{\omega_{0.1}} = \frac{V_{\rm b}}{0.707\omega_{0.2}} = 1.414 \frac{V_{\rm b}}{\omega_{0.2}} = 3.54$$

$$\frac{\bar{V}_{\rm b}}{\omega_{0.3}} = \frac{V_{\rm b}}{1.414\omega_{0.2}} = 0.707 \frac{V_{\rm b}}{\omega_{0.2}} = 1.77$$

这样根据 $\dfrac{V_\mathrm{b}}{\omega_{0.2}}$ 由颗粒跳跃的理论结果（见表 9.2.4）可求出有关跳跃参数的理论值

及推移质恢复饱和系数

$$\alpha_{1.l} = \frac{(1-\varepsilon_{0.l})(1-\varepsilon_{4.l})}{Z_{3.l}}L_\mathrm{b} \tag{9.2.76}$$

式中，L_b 为推移河段主要淤积长度，取其为 $10^5 D_2$。当 $D_2 = 0.1\mathrm{m}$ 时，考虑的淤积
段为 10km。L_b 只是参考值，实际淤积长度可以大于它，也可以小于它。$\alpha_{1.l}$ 已列
入表 9.2.4。

表 9.2.4　颗粒跳跃运动参数理论值[9]

D	$\dfrac{\overline{V}_\mathrm{b}}{\omega_{0.l}}$	$\varepsilon_{0.l}$	$\varepsilon_{4.l}$	x_3	恢复饱和系数 $\alpha_{1.l} = \dfrac{(1-\varepsilon_{0.l})(1-\varepsilon_{4.l})}{X_{3.l}}L_\mathrm{b}$
$D_1 = 2D_2$	1.77	0.901	0.0405	$28.4D_1$	167
D_2	2.50	0.954	0.106	$39.7D_2$	104
$D_3 = 0.5D_2$	3.54	0.977	0.190	$65.8D_3$	56.6

注：表中 L_B 取 $10^5 D_2$。

按第 6 章，对于非均匀沙不平衡输沙，当只考虑跳跃颗粒与床沙交换时，有

$$\begin{aligned}
q_\mathrm{b} &= q_\mathrm{b}^* + \sum_{l=1}^{n}(P_{\mathrm{b}.l.0}q_{\mathrm{b}.0} - P_{\mathrm{b}.l.0}^*q_{\mathrm{b}.0}^*)\mathrm{e}^{-\alpha_{1.l}\frac{x}{L_\mathrm{b}}} \\
&\quad + \sum_{l=1}^{n}(P_{\mathrm{b}.l.0}^*q_{\mathrm{b}.0}^* - P_{\mathrm{b}.l}^*q_\mathrm{b}^*)\frac{L_\mathrm{b}}{\alpha_{1.l}x}\left(1 - \mathrm{e}^{-\alpha_{1.l}\frac{x}{L_\mathrm{b}}}\right) \\
&= q_\mathrm{b}^*(1-\mu_2) + q_{\mathrm{b}.0}^*\mu_1
\end{aligned} \tag{9.2.77}$$

由于取淤积起点 $q_{\mathrm{b}.0.l} = q_{\mathrm{b}.0.l}^*$，故已略去 $\sum_{l=1}^{n}(q_{\mathrm{b}.l.0} - q_{\mathrm{b}.l.0}^*)\mathrm{e}^{-\alpha_{1.l}\frac{x}{L_\mathrm{b}}}$。

当采用近似 $\mu_1 = \mu_2 = \mu$，则式（9.2.77）为

$$\frac{q_\mathrm{b}}{q_{\mathrm{b}.0}} = \frac{q_\mathrm{b}}{q_{\mathrm{b}.0}^*} = \mu + (1-\mu)\frac{q_\mathrm{b}^*}{q_{\mathrm{b}.0}^*} \tag{9.2.78}$$

式中，

$$\mu = \sum_{l=1}^{n}P_{4.l}^*\frac{L_\mathrm{b}}{\alpha_l x}(1 - \mathrm{e}^{-\alpha_{1.l}\frac{x}{L_\mathrm{b}}}) \tag{9.2.79}$$

μ 的具体计算如表 9.2.5 所示。另外，由式（9.2.78）有

$$\frac{W_\mathrm{b}}{W_{\mathrm{b}.0}} = 1 - \frac{q_\mathrm{b}}{q_{\mathrm{b}.0}} = (1-\mu) - (1-\mu)\frac{q_\mathrm{b}^*}{q_{\mathrm{b}.0}^*} = (1-\mu)\left(1 - \frac{q_\mathrm{b}^*}{q_{\mathrm{b}.0}^*}\right) \tag{9.2.80}$$

再将式（9.2.66）代入，则非均匀沙不平衡输沙沿程相对淤积为

$$\frac{W_\mathrm{b}}{W_{\mathrm{b}.0}} = (1-\mu)\left[1 - \left(\frac{\overline{D}}{\overline{D}_0}\right)^{\frac{1}{6}}\frac{D_{k.0}^2}{D_k^2}\left(1 + \frac{h_s - h_\mathrm{b}}{h_\mathrm{b}}\frac{x}{L_\mathrm{b}}\right)\right]^{-\frac{35}{3}} \tag{9.2.81}$$

表 9.2.5　不平衡输沙参数 $1-\mu$ 计算

$\dfrac{x}{L_b}$	$\alpha_{1.l}\dfrac{x}{L_b}$			$\mu_l=\dfrac{L_b}{\alpha_{1.l}x}\left(1-\mathrm{e}^{-\alpha_{1.l}\frac{x}{L_b}}\right)$			$\mu=\sum P_{4.l}^*\mu_l$	$1-\sum P_{4.l}^*\mu_l$
	D_3	D_2	D_1	D_3	D_2	D_1		
0.0301	5.027	3.130	1.704	0.198	0.305	0.480	0.371	0.629
0.0809	1.351	8.413	4.756		0.119	0.216	0.167	0.833
0.127		13.11	7.188		0.0757	0.139	0.118	0.882
0.165		17.16	9.339		0.0583	0.107	0.0908	0.909
0.234			13.24			0.0755	0.0755	0.924
0.309			17.48			0.0571	0.0571	0.943
0.389			22.01			0.0454	0.0454	0.955
0.474			26.83			0.0373	0.0373	0.963
0.692			39.16			0.0255	0.0255	0.974
0.943			53.37			0.0187	0.0187	0.981

对于此时淤积厚度随时间变率沿程变化可求出如下。由河床变形方程

$$\frac{\partial Z_l}{\partial t}=-\frac{1}{\gamma_s'}\frac{\partial q_{b.l}}{\partial x} \tag{9.2.82}$$

及不平衡输沙方程

$$\frac{\partial q_{b.l}}{\partial x}=-\frac{(1-\varepsilon_{0.l})(1-\varepsilon_{4.l})}{Z_{3.l}}(q_{b.l}-q_{b.l}^*) \tag{9.2.83}$$

可得

$$\frac{\partial Z}{\partial t}=\frac{\partial}{\partial t}\left(\sum Z_l\right)=\frac{1}{\gamma_s'}\sum\frac{(1-\varepsilon_{0.l})(1-\varepsilon_{4.l})}{l_{3.l}}(P_{b.l}q_b-P_{b.l}^*q_b^*)$$

$$\approx\frac{1}{\gamma_s'}\sum P_{b.l}\frac{(1-\varepsilon_{0.l})(1-\varepsilon_{1.l})}{Z_{3.l}}(q_b-q_b^*) \tag{9.2.84}$$

另有

$$\bar{Z}=\frac{q_{b.0}}{\gamma_s'L_b}$$

将其代入式(9.2.84),有

$$\frac{1}{\bar{Z}}\frac{\partial Z}{\partial t}=\sum P_{b.l}\frac{(1-\varepsilon_{0.l})(1-\varepsilon_{4.l})\gamma_s'L_b}{\gamma_s'Z_{3.l}}\frac{q-q_b^*}{q_{b.0}}=\bar{\alpha}_1\left(\frac{q_b}{q_{b.0}}-\frac{q_b^*}{q_{b.0}^*}\right)$$

$$\tag{9.2.85}$$

式中,

$$\bar{\alpha}_1=\sum P_{b.l}\frac{(1-\varepsilon_{0.l})(1-\varepsilon_{4.l})}{\gamma_s'Z_{3.l}}L_b \tag{9.2.86}$$

即

$$\alpha_1=\sum P_{b.l}\alpha_{1.l}$$

再将式(9.2.78)代入式(9.2.85),可得

$$\frac{1}{\bar{Z}}\frac{\partial Z}{\partial t}=\bar{\alpha}_1\left[\mu+(1-\mu)\frac{q_b^*}{q_{b.0}^*}-\frac{q_b^*}{q_b^*}\right]=\bar{\alpha}_1\mu\left(1-\frac{q_b^*}{q_{b.0}^*}\right) \tag{9.2.87}$$

$$= \bar{\alpha}_1 \mu \left[1 - \left(\frac{\bar{D}}{\bar{D}_0} \right)^{\frac{1}{6}} \frac{D_{k.0}^2}{D_k^2} \left(1 + \frac{h_s - h_b}{h_b} \frac{x}{L_b} \right)^{-\frac{45}{8}} \right] = \bar{\alpha}_1 \mu \frac{W_b^*}{W_{b.0}^*} \quad (9.2.88)$$

在表 9.2.6 中按式(9.2.81)计算了非均匀沙不平衡输沙条件相对淤积量沿程变化。为了对比,表中还分别给出了均匀沙不平衡输沙、非均匀沙准平衡输沙以及均匀沙准平衡输沙等相应的 $\frac{W_b}{W_{b.0}}$。对比这四种淤积模式可得到如下几点认识。

(1)从淤积沿程变化看,均匀沙准平衡输沙淤积最快,其次是均匀沙不平衡输沙,再次是非均匀沙准平衡输沙,最后是非均匀沙不平衡输沙。

(2)由均匀沙准平衡输沙至非均匀沙准平衡输沙,淤积沿程减慢最快。例如,当 $\frac{x}{L_b} = 0.0301$ 时,均匀沙准平衡输沙相对淤积量为 0.292,而非均匀沙准平衡输沙仅为 0.100。

(3)非均匀沙的不平衡输沙相对于均匀沙不平衡输沙,淤积也减少较多。值得注意的是,综合起来分析,非均匀沙的影响看来要大于不平衡输沙的影响。

(4)无论哪一种淤积模式,在壅水区都有明显形成三角洲的趋向性。表 9.2.6 中还给出了 9.2.5 节将要提到的形成明显三角洲时(见图 9.1.6)的实际淤积量。上述四种模式相对于实际的三角洲淤积,部位均大幅偏上游,这说明它们有充分的淤积量供形成三角洲的需要。当然若考虑淤积对水流,对推移质运动的反馈,多余的淤积量会向下游转移,导致它的淤积部位会大幅下移。

表 9.2.6　初始条件下不同淤积模式与三角洲实际淤积比较

$\frac{x}{L_b}$	准平衡输沙 $W_b^*/W_{b.0}^*$		不平衡输沙 $W_b/W_{b.0}$		$1-\mu$		实际三角洲淤积 $W_b/W_{b.0}$
	均匀颗粒(卵石)	非均匀颗粒(卵石)	均匀颗粒(卵石)	非均匀颗粒(卵石)	均匀颗粒	非均匀颗粒	
0.000	0.000	0.000					
0.0301	0.292	0.100	0.202	0.0629	0.695	0.629	0.00906
0.0809	0.597	0.200	0.526	0.187	0.881	0.833	0.00654
0.127	0.752	0.400	0.695	0.353	0.924	0.882	0.0161
0.165	0.831	0.500	0.783	0.455	0.942	0.909	0.0272
0.234	0.914	0.600	0.877	0.554	0.959	0.924	0.0548
0.309	0.957	0.800	0.927	0.754	0.969	0.943	0.0955
0.389	0.978	0.900	0.954	0.860	0.975	0.955	0.157
0.474	0.989	0.950	0.969	0.915	0.980	0.963	0.225
0.692	0.998	0.990	0.984	0.964	0.986	0.974	0.429
0.943	0.9996	0.998	0.990	0.979	0.990	0.981	0.889

9.2.5　考虑淤积对水力因素影响后推移质淤积三角洲的趋向性

9.2.2～9.2.4 节的结果可以说明推移质淤积的三角洲趋向性,这种趋向性是根据相对累积的淤积沿程变化得到的。从某瞬间推移质进入回水范围,摆脱起点平衡影响后,即迅速淤积,并且单位时间的相对淤积厚度沿程迅速递减,这样就使推移质在回水末端稍下处集中堆积而形成明显的三角洲。给出的单位时间相对淤积厚度沿程变化公式,对于某个瞬间或较短时刻是正确的,但是对于长时间就不对了。原因是它只研究水力因素会引起淤积,而没有考虑淤积会使水力因素变化从而扼制继续淤积。事实上,实际经过相当时间后形成的推移质三角洲如图 9.2.1 所示,淤积最厚处是在三角洲最下游,而不是在淤积末端,这与前面的式(9.2.33)、式(9.2.50)、式(9.2.67)及式(9.2.84)等完全相反。其原因是当泥沙淤积后,就会加大流速,减少淤积,使水深减少至平衡水深 h_b。既然实际淤积特点是将水深减少至 h_b,故越向下游,初始水深不断增加,淤积的厚度 $\Delta Z = h - h_b$ 不断加大,而形成图 9.2.1 所示的三角洲。9.2.1 节及 9.2.3 节之所以不强调淤积的反作用,只是为了较简单地说明当水深增加时推移质会迅速淤积的机理和不同输沙模式的影响,以及具有形成三角洲的趋向性。这样便于读者理解不同输沙模式的差异及淤积的作用。

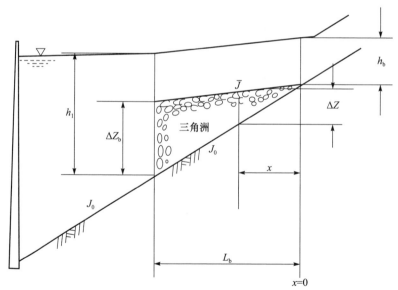

图 9.2.1　推移质单独淤积时形成的三角洲

本来三角洲的下段尚在淤积过程中,坡降略小于 J_b,因此实际水面线与洲面线均为曲率小的上凹曲线。但是此处分析简化起见,暂假定它们均为直线,由此得出的结论仍然能反映推移质淤积三角洲的本质;若为曲线,仍可以进行下述类似的分析(为曲线的一般情况可见 9.2.6 节)。如图 9.2.1 所示,取淤积剖面线的坡降

为 $\bar{J}$,它是推移质淤积段的平均坡降,任意一点 x 的累计(由 $x=0$ 至 x 的累计)淤积量为

$$W_{\text{b}} = \frac{1}{2}\Delta Z x \qquad (9.2.89)$$

而

$$\Delta Z = (J_0 - \bar{J})x \qquad (9.2.90)$$

故有

$$W_{\text{b}} = \frac{1}{2}(J_0 - \bar{J})x^2 \qquad (9.2.91)$$

另外,当 $x=L_{\text{b}}$ 时,

$$W_{\text{b.0}} = \frac{1}{2}(J_0 - \bar{J})L_{\text{b}}^2 \qquad (9.2.92)$$

两者之比为

$$\frac{W_{\text{b}}}{W_{\text{b.0}}} = \left(\frac{x}{L_{\text{b}}}\right)^2 \qquad (9.2.93)$$

而在 t_{b} 内输沙率比为

$$\frac{q_{\text{b}}t_{\text{b}}}{q_{\text{b.0}}t_{\text{b}}} = \frac{W_{\text{b.0}} - W_{\text{b}}}{W_{\text{b.0}}} = 1 - \left(\frac{x}{L_{\text{b}}}\right)^2 \qquad (9.2.94)$$

式中,t_{b} 为三角洲淤积时间,即 $q_{\text{b.0}}t_{\text{b}} = W_{\text{b.0}}$。

三角洲平均淤积厚度为

$$\overline{\Delta Z} = \frac{W_{\text{b.0}}}{L_{\text{b}}} = \frac{1}{2}(J_0 - \bar{J})L_{\text{b}} \qquad (9.2.95)$$

将式(9.2.95)与式(9.2.90)比较后得

$$\frac{\Delta Z}{\overline{\Delta Z}} = 2\frac{x}{L_{\text{b}}} \qquad (9.2.96)$$

三角洲有关参数沿程变化列入表 9.2.7 中"$q_{\text{b}} \neq q_{\text{b}}^*$,考虑淤积对水力因素影响"一栏中。由表中可看出,考虑推移质淤积对水流的反作用后,输沙率沿程逐渐减少,最初

表 9.2.7　三角洲有关参数沿程变化

$\frac{x}{L_{\text{b}}}$	$q_{\text{b}} \neq q_{\text{b}}^*$,考虑淤积对水力因素影响			$q_{\text{b}} = q_{\text{b}}^*$,未考虑淤积对水力因素影响			
	$\frac{\Delta Z}{\overline{\Delta Z}}$	$\frac{W_{\text{b}}}{W_{\text{b.0}}}$	$\frac{q_{\text{b}}}{q_{\text{b.0}}}$	$\frac{W_{\text{b}}'}{W_{\text{b.0}}'}$(表 9.2.1)		$\frac{q_{\text{b}}^*}{q_{\text{b.0}}^*}$	
				卵石	沙	卵石	沙
0	0	0	1.00	0	0	1.00	1.00
0.1	0.2	0.01	0.99	0.671	0.415	0.329	0.585
0.2	0.4	0.04	0.96	0.880	0.641	0.120	0.359

$\dfrac{x}{L_b}$	$q_b \neq q_b^*$，考虑淤积对水力因素影响			$q_b = q_b^*$，未考虑淤积对水力因素影响			
	$\dfrac{\Delta Z}{\Delta Z}$	$\dfrac{W_b}{W_{b.0}}$	$\dfrac{q_b}{q_{b.0}}$	$\dfrac{W_b'}{W_{b.0}'}$（表9.2.1）		$\dfrac{q_b^*}{q_{b.0}^*}$	
				卵石	沙	卵石	沙
0.3	0.6	0.09	0.91	0.953	0.771	0.0468	0.229
0.4	0.8	0.16	0.84	0.980	0.849	0.0197	0.151
0.5	1.0	0.25	0.75	0.991	0.898	0.0890	0.102
0.6	1.2	0.36	0.64	0.996	0.929	0.0040	0.071
0.7	1.4	0.49	0.51	0.998	0.949	0.0020	0.051
0.8	1.6	0.64	0.36	0.9989	0.963	0.0011	0.037
0.9	1.8	0.81	0.09	0.9994	0.973	0.0006	0.027
0.9764	1.95	0.9534	0.047	0.9996	0.978	0.0004	0.022
1.0	2.0	1.0	0	0.9997	0.9797	0.0003	0.0203

很慢，后来不断加快，而淤积相对厚度 $\dfrac{\Delta Z}{\Delta Z}$ 和相对淤积量增加越来越快。表中还列

出了 $q_b = q_b^*$ 以及未考虑淤积对水力因素影响时卵石及沙质推移质输沙率及累计淤积量沿程变化情况。如果不考虑水力泥沙因素变化，并采用式（9.2.33）及式（9.2.43）计算卵石及沙质推移质输沙量 W_b^* 有下述关系：

$$W_b' = (q_{b.0}' - q_b^*)t_b$$

$$W_{b.0}' = q_{b.0}^* t_b$$

$$\frac{W_b'}{W_{b.0}'} = \frac{q_{b.0}^{*'} t_b - q_{b.0}^{*} t_b}{q_{b.0}^{*} t_b} = 1 - \left(1 + \frac{h_s - h_b}{h_b} \frac{x}{L_b}\right)^{-\frac{35}{3}} \tag{9.2.97}$$

$$\frac{W_b'}{W_{b.0}'} = 1 - \left(1 + \frac{h_s - h_b}{h_b} \frac{x}{L_b}\right)^{-\frac{45}{8}} \tag{9.2.98}$$

它们就是按不考虑淤积对水力因素影响，或按初始时刻水力因素计算的卵石及沙质

推移质沿程相对累计淤积量。由表 9.2.7 中列出的 $\dfrac{h_s - h_b}{h_b} = 1$ 时的 $\dfrac{W_b'}{W_{b.0}'}$ 可以看出，

$\dfrac{W_b'}{W_{b.0}'}$ 几乎都大于 $\dfrac{W_b}{W_{b.0}}$，即无论是卵石还是沙，前者的累计淤积量总是大于后者。这是由

于按初始时刻的水力条件计算的输沙能力减小快，但是淤积的作用减小了水深，加大水流速度而扼制了继续淤积，使淤积后的水深不小于 h_b，而使实际的图形为三角洲。

9.2.6　推移质淤积三角洲的确定

前面几节对推移质淤积特性及其三角洲的形成等机理及规律做了较深入的研究。为了使结果不致过于复杂并便于读者理解，也做了一些简化。本节论述三角

洲的确定,为使其结果尽可能符合实际,以便能在实际工程泥沙中应用,将减少有关假定,使图案更清晰。

在9.3.3节中,根据推移质起动平衡条件得到了推移质淤积纵剖面。假设河宽沿程不变并忽略水深微小变化后,由后面的式(9.3.54)可得河底高程为

$$Z = Z_c + \frac{0.437 J_c L_b}{\left(\dfrac{J_0}{J_c}\right)^{0.775} - 1} \left\{ \left\{ 1 + \left[\left(\frac{J_0}{J_c}\right)^{0.775} - 1 \right] \frac{x}{L_b} \right\}^{2.29} - 1 \right\}, \quad 0 \leqslant x \leqslant L_b$$

式中的符号如9.3节所述并在图9.2.2中示出,尚需说明的是,$J_c = J_s$ 为推移质全部淤完时的坡降,也就是悬移质的平衡坡降。这一点可参见悬移质与推移质同时淤积时的情况。原因是考虑全部推移质从卵石至沙子时,推移质与悬移质粒径是连续的,推移质全部淤积结束时的坡降 J_s 就是悬移质开始的淤积坡降,也就是悬移质的平衡坡降 J_c。当 $x = L_b$ 时,由上式得出

$$Z_0 = Z_c + \frac{0.437 J_c L_b}{\left(\dfrac{J_0}{J_c}\right)^{0.775} - 1} \left[\left(\frac{J_0}{J_c}\right)^{1.77} - 1 \right] \tag{9.2.99}$$

而推移质淤积纵剖面的平均坡降为

$$\bar{J}_z = \frac{Z_0 - Z_c}{L_b} = \frac{0.437 J_c}{\left(\dfrac{J_0}{J_c}\right)^{0.775} - 1} \left[\left(\frac{J_0}{J_c}\right)^{1.77} - 1 \right] \tag{9.2.100}$$

可见推移质淤积三角洲的参数有 J_0、J_c、L_b、Z_c。而 Z_c 又与 $\dfrac{J_0}{J_c}$、J_c、L_b 有关,故它的参数仅有 $\dfrac{J_0}{J_c}$、J_c、L_b。

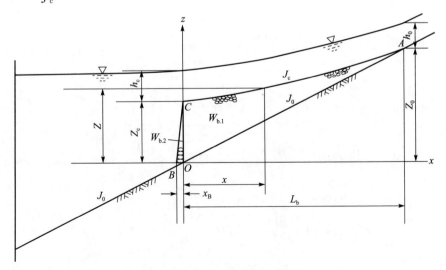

图9.2.2 推移质三角洲淤积

现在求推移质淤积量 W_b。它由两部分组成:图 9.2.2 中 $ACOA$ 的淤积量 $W_{b.1}$ 与 $CBOC$ 的淤积量 $W_{b.2}$。由图 9.2.2 及上述有关公式得

$$W_{b.1}=\int_0^{L_b}\Delta ZB_c\mathrm{d}x=\int_0^{L_b}(Z-J_0x)B_c\mathrm{d}x$$

$$=\int_0^{L_b}\left\{Z_c+\frac{0.437J_bL_b}{\left(\frac{J_0}{J_c}\right)^{0.775}-1}\left\{1+\left[\left(\frac{J_0}{J_c}\right)^{0.775}-1\right]\frac{x}{L_b}\right\}^{2.29}-1\right\}\mathrm{d}x-\frac{1}{2}B_cL_b^2$$

$$=Z_cB_cL_b+\frac{0.133B_cJ_cL_b^2}{\left[\left(\frac{J_0}{J_c}\right)^{0.775}-1\right]^2}\left[\left(\frac{J_0}{J_c}\right)^{2.55}-1\right]-\frac{0.437B_cJ_cL_b^2}{\left(\frac{J_0}{J_c}\right)^{0.775}-1}-\frac{1}{2}J_0B_cL_b^2$$

将式(9.2.99)中 Z_c 代入,并注意到图 9.2.2,$Z_0=L_bJ_0$,可得

$$W_{b.1}=J_cB_cL_b^2\left\{\frac{1}{2}\frac{J_0}{J_c}+0.1333\frac{\left(\frac{J_0}{J_c}\right)^{2.55}-1}{\left[\left(\frac{J_0}{J_c}\right)^{0.775}-1\right]^2}-0.437\frac{\left(\frac{J_0}{J_c}\right)^{1.77}-1}{\left(\frac{J_0}{J_c}\right)^{0.775}-1}\right.$$

$$\left.-\frac{0.437}{\left(\frac{J_0}{J_c}\right)^{0.775}-1}\right\}\tag{9.2.101}$$

如图 9.2.3 所示,

$$W_{b.2}=\frac{B_c}{2}Z_cx_B\tag{9.2.102}$$

而

$$x_B=(Z_c+x_BJ_0)\cot\alpha_0$$

式中,α_0 为颗粒在水下休止角。由此解出 x_B 为

$$x_B=\frac{Z_c}{\tan\alpha_0-J_0}\approx\frac{Z_c}{\tan\alpha_0}\tag{9.2.103}$$

将式(9.2.103)代入式(9.2.102),并注意到式(9.2.99),可得

$$W_{b.2}=\frac{B_c}{2}Z_c^2\cot\alpha_0=\frac{B_c}{2}\left[Z_0-0.437J_cL_b\frac{\left(\frac{J_0}{J_c}\right)^{1.77}-1}{\left(\frac{J_0}{J_c}\right)^{0.775}-1}\right]^2\cot\alpha_0$$

$$=\frac{B_c}{2}L_b^2J_c^2\cot\alpha_0\left[\frac{J_0}{J_c}-0.437\frac{\left(\frac{J_0}{J_c}\right)^{1.77}-1}{\left(\frac{J_0}{J_c}\right)^{0.775}-1}\right]^2\tag{9.2.104}$$

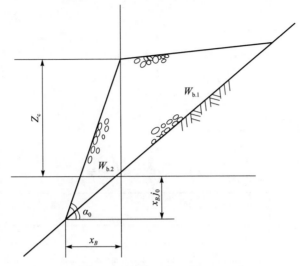

图 9.2.3　推移质三角洲前坡示意图

这样,由式(9.2.101)及式(9.2.104)得

$$W_b = B_c L_b^2 J_c \left\{ \frac{1}{2} \frac{J_0}{J_c} + 0.133 \frac{\left(\frac{J_0}{J_c}\right)^{2.55} - 1}{\left[\left(\frac{J_0}{J_c}\right)^{0.775} - 1\right]^2} - 0.437 \frac{\left(\frac{J_0}{J_c}\right)^{1.77} - 1}{\left(\frac{J_0}{J_c}\right)^{0.775} - 1} \right.$$

$$\left. - \frac{0.437}{\left(\frac{J_0}{J_c}\right)^{0.775} - 1} + \frac{1}{2} J_c \cot\alpha_0 \left[\frac{J_0}{J_c} - 0.437 \frac{\left(\frac{J_0}{J_c}\right)^{1.77} - 1}{\left(\frac{J_0}{J_c}\right)^{0.775} - 1} \right]^2 \right\} \quad (9.2.105)$$

注意到水下休止角 α_0 一般在 $20° \sim 30°$,则相应的 $\cot\alpha_0$ 在 $1.73 \sim 2.75$,而 J_c 常常很小,故上述公式中含有 $\frac{1}{2} J_c \cot\alpha_0$ 的项常常很小,可以忽略,此时

$$W_b = W_{b.1} = B_c L_b^2 J_c \left\{ \frac{1}{2} \frac{J_0}{J_c} + 0.133 \frac{\left(\frac{J_0}{J_c}\right)^{2.55} - 1}{\left[\left(\frac{J_0}{J_c}\right)^{0.775} - 1\right]^2} - 0.437 \frac{\left(\frac{J_0}{J_c}\right)^{1.77} - 1}{\left(\frac{J_0}{J_c}\right)^{0.775} - 1} \right.$$

$$\left. - \frac{0.437}{\left(\frac{J_0}{J_c}\right)^{0.775} - 1} \right\} = B_c L_b^2 J_c f_1 \left(\frac{J_0}{J_c}\right) \quad (9.2.106)$$

式(9.2.106)相对于式(9.2.105)刚好是忽略了前坡的淤积量。可见推移质三角洲的淤积量除 B_c、J_c、L_b^2 外,仅与 $\frac{J_0}{J_c}$ 有关。式中,

$$f_1\left(\frac{J_0}{J_c}\right)=\frac{1}{2}\frac{J_0}{J_c}+0.133\frac{\left(\dfrac{J_0}{J_c}\right)^{2.55}-1}{\left(\dfrac{J_0}{J_c}\right)^{0.775}-1}-0.437\frac{\left(\dfrac{J_0}{J_c}\right)^{1.77}-1}{\left(\dfrac{J_0}{J_c}\right)^{0.775}-1}-\frac{0.437}{\left(\dfrac{J_0}{J_c}\right)^{0.775}-1}$$

$$(9.2.107)$$

函数 $f_1\left(\dfrac{J_0}{J_c}\right)$ 值列入表 9.2.8 中。

表 9.2.8　$f_1\left(\dfrac{J_0}{J_c}\right)$ 与 $\dfrac{J_0}{J_c}$ 的关系

$\dfrac{J_0}{J_c}$	$f_1\left(\dfrac{J_0}{J_c}\right)$
2	0.182
3	0.366
4	0.554
5	0.746
7	1.135
10	1.724

另外，设推移质年来沙量为 G_b，这样它的淤积量为

$$W_b=\frac{\mu G_b t}{\gamma_b'} \qquad (9.2.108)$$

式中，淤积时间 t 以年计；γ_b' 为推移质干容重，平均而言，可取 1.7；μ 表示推移质淤积时其空隙中还有的细颗粒。一些资料表明，粗颗粒推移质中夹有细颗粒的百分比为 35%，故它占粗颗粒的比例约为 $0.54\left(=\dfrac{0.35}{0.65}\right)$，从而有 $\mu=1.54$。当然，如果为砂质推移质（$D<1\mathrm{mm}$），由于颗粒间难以挟带细颗粒，此时 $\mu=1$。将式（9.2.108）代入式（9.2.106），可得

$$L_b=\sqrt{\frac{\mu G_b t}{\gamma_b' B_c J_c f_1\left(\dfrac{J_0}{J_c}\right)}} \qquad (9.2.109)$$

或者

$$t=\frac{\gamma_b' B_c L_b^2 J_c f_1\left(\dfrac{J_0}{J_c}\right)}{\mu G_b} \qquad (9.2.110)$$

这样确定三角洲图形时，有两种做法。在已知 μ、G_b、J_c、$\dfrac{J_0}{J_c}$、h_0 条件下，一种做法是已知 t，确定其三角洲。此时先按式（9.2.109）求出 L_b，再假定坐标原点 O 的位置，

根据水深 h_c 确定 Z_c，同时由式（9.2.107）计算 Z_0，再比较 Z_0-Z_c 与 $L_b J_0$ 是否相等。这是因为任意假定的 O 点与假定的 t（从而决定 W_b）一般是不相等的，故要试算。如果 Z_0-Z_b 与 $L_b J_0$ 相等，则三角洲位置已确定，否则重新假定坐标原点位置。当 $L_b J_0 < Z_0-Z_c$ 时，坐标原点应向上游移动以减小 Z_c；反之，应向下游移动以加大 Z_c，直到 $L_b J_0 = Z_0-Z_c$。

　　另一种做法是先确定三角洲，再求淤积时间。为此假定坐标原点，求出 Z_c，再利用式（9.2.109）求出 L_b，并按式（9.2.106）求出 W_b，再由式（9.2.110）确定淤积时间。如此可求出一系列的 Z_c、W_b、L_b、t，即可插补任何时间的 Z_c、L_b 等。这种做法的优点是不经过试算。

9.3　悬移质淤积平衡后推移质淤积纵剖面[9]

　　如图 9.3.1 所示，悬移质淤积平衡后（即推移质淤积在 J_0 和 J_c 两线之间的范围），其淤积末段位于 $x=L_b$。显然在推移质淤积过程中，输沙率沿程（沿着水流方向）递减，推移质级配与床沙级配也是沿程递减。级配沿程变细有两个原因：一是由于淤积进行的分选；二是由于交换粗化，经过蓄水期的淤积，当汛期排沙水位运行时，流速大，前期淤积物遭到冲刷，冲走了较细颗粒，带来了较粗颗粒。这样床沙级配中的最粗一组颗粒应满足恰好起动的条件，因此决定推移质淤积纵剖面的或者更确切地说决定推移质淤积沿程分布的将是起动条件。另外，推移质纵剖面淤积还取决于坝前水位变幅，因为推移质总是淤在水库的进库点，坝前水位变幅大，全年水库进库点的变化范围也很大，所以推移质淤积范围就很大。

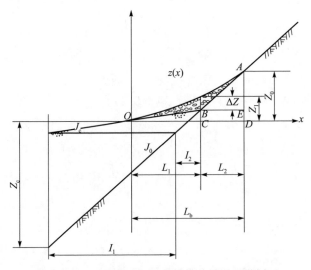

图 9.3.1　悬移质淤积平衡后推移质淤积纵剖面

9.3.1 粗颗粒泥沙起动流速公式简化[10,12]

对于粗颗粒推移质,根据非均匀沙起动理论,得出了相应的准均匀沙起动流速公式,并按川江推移质测验中最大一颗卵石起动标准得到

$$V_c = 0.0927\varphi\psi\omega_1 \tag{9.3.1}$$

式中,φ 表示非均匀沙在床面的平均位置对起动的影响,其值如表 9.3.1 所示;ψ 表示垂线(断面)平均流速 V 与动力流速 u_* 之比,反映了底部水流速度与平均流速的关系;当 $D \geqslant 0.5mm$,即忽略黏着力与薄膜水附加下压力时,有

$$\psi = \frac{V}{u_*} = 6.5\left(\frac{h}{D}\right)^{\frac{1}{4+lg\frac{h}{D}}} \tag{9.3.2}$$

$$\omega_1 = \omega_0 = \sqrt{\frac{4}{3C_x}\frac{\gamma_s-\gamma}{\gamma}gD} \tag{9.3.3}$$

上述各式中,D 为所考虑的粒径;h 为水深;C_x 为纵向推力系数,取 0.4;水的容重取 1.0t/m³,沙粒的容重取 2.65t/m³,重力加速度为 9.81m/s²。这样将式(9.3.2)和式(9.3.3)代入式(9.3.1),并将有关常数的值引进,可得

$$V_c = 0.0927 \times 7.344 \times 6.5\varphi\left(\frac{h}{D}\right)^{m_3}D^{\frac{1}{2}} = 4.425\varphi\left(\frac{h}{D}\right)^{m_3}D^{\frac{1}{2}} \tag{9.3.4}$$

式中,

$$m_3 = \frac{1}{4+lg\frac{h}{D}} \tag{9.3.5}$$

而 φ 的理论值由表 9.3.1 给出,表中 $\overline{D}$ 为床沙的平均粒径。由于考虑床沙中最粗的一组粒径,对于卵石和砾石河床,该组粒径一般为平均粒径的 2.5 倍,按表 9.3.1 中的数据插补得 $\varphi(2.5)=0.718$,这样式(9.3.4)为

$$V_c = 3.18\left(\frac{h}{D}\right)^{m_3}D^{\frac{1}{2}} \tag{9.3.6}$$

考虑到对于卵石河床,一般 $\frac{h}{D}=10\sim1000$,相应的 $m_3 = \frac{1}{5}\sim\frac{1}{7}$,为分析简单,以下取 $m_3 = \frac{1}{6}$。此时式(9.3.6)为

$$V_c = 3.18h^{\frac{1}{6}}D^{\frac{1}{3}} \tag{9.3.7}$$

表 9.3.1　非均匀沙在床面平均位置对起动影响函数 φ 的理论值[10]

$\dfrac{D}{\overline{D}}$	φ
0.25	1.156
0.50	1.081
0.90	0.951
1.00	0.916
1.30	0.838
1.50	0.804
2.00	0.749
3.00	0.688
5.00	0.631
10.00	0.553

　　在上述条件下,(特别是最粗一颗)与沙莫夫公式形式一致。以下在考虑床沙中最粗一组起动时,将采用式(9.3.7)。附带指出,式(9.3.4)能够反映非均匀卵石的分组起动流速。例如,当 $\overline{D}=0.1$m 时,D 分别为 0.2m、0.1m 和 0.05m 时,在 $h=5.0$m、10m、20m、30m 时的起动流速如表 9.3.2 所示。表中除列出非均匀沙起动流速外,还列出了相应的均匀沙的起动流速(表中带括号的数字),可见,在相同粒径和水深条件下,均匀沙与非均匀沙的起动流速有相当的差别,即相对于均匀沙,非均匀沙中同粒径的粗颗粒($D>\overline{D}$)的起动流速减小,细颗粒($D<\overline{D}$)起动流速加大。

表 9.3.2　非均匀卵石与均匀卵石起动流速对比

D/m	$V_c/(\text{m/s})$			
	$h=5$m	$h=10$m	$h=20$m	$h=30$m
0.2	2.53 (3.23)	2.4 (3.60)	3.19 (3.90)	3.42 (4.08)
0.1	2.46	2.76	3.10	3.32
0.05	2.30 (1.95)	2.59 (2.14)	2.90 (2.25)	3.11 (2.33)

9.3.2　满足河相关系时起动平衡纵剖面[9]

　　河床处于起动平衡时应同时满足起动流速公式(9.3.7)和水流运动方程

$$V=\frac{1}{n}h^{\frac{2}{3}}J^{\frac{1}{2}} \tag{9.3.8}$$

水流连续方程

$$Q = BVh \tag{9.3.9}$$

及河相系数

$$\xi = \frac{\sqrt{B}}{h} \tag{9.3.10}$$

由式(9.3.7)～式(9.3.10)得

$$Q = BVh = \xi^2 h^3 K_0 h^{\frac{1}{6}} D^{\frac{1}{3}} = K_0 \xi^2 h^{\frac{19}{6}} D^{\frac{1}{3}}$$

即

$$h = \left(\frac{Q}{K_0 \xi^2 D^{\frac{1}{3}}} \right)^{\frac{6}{19}} \tag{9.3.11}$$

另外,由式(9.3.8)～式(9.3.10)得

$$Q = BVh = \xi^2 h^3 \frac{1}{n} h^{\frac{2}{3}} J^{\frac{1}{2}} = \frac{\xi^2 h^{\frac{11}{3}} J^{\frac{1}{2}}}{n}$$

即

$$h = \left(\frac{nQ}{\xi^2 J^{\frac{1}{2}}} \right)^{\frac{3}{11}} \tag{9.3.12}$$

由于式(9.3.11)与式(9.3.12)相等,消去 h,可得

$$\left(\frac{Q}{K_0 \xi^2 D^{\frac{1}{3}}} \right)^{\frac{6}{19}} = \left(\frac{nQ}{\xi^2 J^{\frac{1}{2}}} \right)^{\frac{3}{11}}$$

解出 J,有

$$J^{\frac{3}{22}} = Q^{\frac{3}{11} - \frac{6}{19}} n^{\frac{3}{11}} \xi^{\frac{12}{19} - \frac{6}{11}} D^{\frac{2}{19}} K_0^{\frac{6}{19}}$$

即

$$J = \frac{n^2 \xi^{\frac{12}{19}} D^{\frac{44}{57}} K_0^{\frac{44}{19}}}{Q^{\frac{6}{19}}}$$

需要说明的是,上式中的 Q 应取为 Q_1,即第一造床流量下的情况,而引进河相系数是假定当河段断面较宽时推移质淤积后能满足河相关系(即河相系数不变)的情况。至于第一造床流量如何确定,可参见文献[8]有关内容。这样上式一般写为

$$J = \frac{n_1^2 \xi^{\frac{12}{19}} D^{\frac{44}{57}} K_0^{\frac{44}{19}}}{Q_1^{\frac{6}{19}}} \tag{9.3.13}$$

对于粗颗粒河床,沙波影响不大,糙率系数可表示为

$$n = K_1 D^{\frac{1}{6}} \tag{9.3.14}$$

的近似关系,将其代入式(9.3.13)得

$$J = K_2 \frac{\xi^{0.632} D^{1.11}}{Q_1^{0.316}} \tag{9.3.15}$$

式中,

$$K_2 = K_1^2 K_0^{2.316} \qquad (9.3.16)$$

可见 J 与 D 近似成正比,这与一般的经验是一致的。

严格地说,根据式(9.3.15),必须知道 D 的沿程变化后,才能知道 J 的沿程变化,从而能确定推移质淤积纵剖面。因此,需要沿程逐个断面计算推移质输沙量、淤积物级配以及水力因素等。这就是数学模型的方法。此处为了简化,假定 D 沿程按直线变化,并且如图 9.3.1 所示取 x 逆水流方向,在进库点 $x=L_b$,$D=D_0$;$x=0$,$D=D_c$,则有

$$D = D_c + (D_0 - D_c)\frac{x}{L_b} \qquad (9.3.17)$$

式中,D_0 为进库点(推移质淤积末端)的床沙最粗一组粒径;D_c 为推移质淤积前缘(即推移质与悬移质淤积纵剖面相交点)床沙最粗一组粒径,实际可取为悬移质淤积起点最粗一组粒径。确切地说,此处最粗一组粒径相当于它的(平均)粒径的2.5 倍。然而以下实际上是将 D 转换成 J,并不需要直接利用最粗一组粒径。

由式(9.3.15)可知,如果令 $x=0$,$J=J_c$,即推移质淤积前缘其坡降为悬移质平衡坡降,则有

$$J_c = K_2 \frac{\xi^{0.632} D_c^{1.11}}{Q_1^{0.316}} \qquad (9.3.18)$$

将式(9.3.18)与式(9.3.15)相比有

$$\frac{J}{J_c} = \left(\frac{D}{D_c}\right)^{1.11} \qquad (9.3.19)$$

再将式(9.3.17)代入,可得

$$\frac{J}{J_c} = \left[1 + \left(\frac{D_0}{D_c} - 1\right)\frac{x}{L_b}\right]^{1.11} \qquad (9.3.20)$$

注意到式(9.3.19)给出

$$\frac{D_0}{D_c} = \left(\frac{J_0}{J_c}\right)^{0.90} \qquad (9.3.21)$$

再将其代入式(9.3.20)得

$$\frac{J}{J_c} = \left\{1 + \left[\left(\frac{J_0}{J_c}\right)^{0.90} - 1\right]\frac{x}{L_b}\right\}^{1.11} \qquad (9.3.22)$$

这就是推移质淤积段水面坡降沿程变化的方程。注意到此处 x 轴与水流方向相反,故

$$J = \frac{dH}{dx} \qquad (9.3.23)$$

式中,H 为水面高程。

将式(9.3.22)在初始条件 $x=0$,$H=H_c$ 下积分,有

$$H - H_c = \int_0^x J_c \left\{1 + \left[\left(\frac{J_0}{J_c}\right)^{0.90} - 1\right]\frac{x}{L_b}\right\}^{1.11} dx$$

$$= \frac{0.474 J_c L_b}{\left(\frac{J_0}{J_c}\right)^{0.90} - 1} \left\{ \left\{ 1 + \left[\left(\frac{J_0}{J_c}\right)^{0.90} - 1 \right] \frac{x}{L_b} \right\}^{2.11} - 1 \right\} \tag{9.3.24}$$

当 $x = L_b$ 时，$H = H_0$，则式(9.3.24)为

$$H_0 - H_c = \frac{0.474 J_c L_b}{\left(\frac{J_0}{J_c}\right)^{0.90} - 1} \left[\left(\frac{J_0}{J_c}\right)^{1.90} - 1 \right] \tag{9.3.25}$$

考虑到

$$\frac{H_0 - H_c}{L_b} = \bar{J}_H \tag{9.3.26}$$

为推移质淤积段的平均水面坡降，故有

$$\frac{\bar{J}_H}{J_c} = 0.474 \frac{\left(\frac{J_0}{J_c}\right)^{1.90} - 1}{\left(\frac{J_0}{J_c}\right)^{0.90} - 1} \tag{9.3.27}$$

可见推移质淤积段的平均水面坡降只与 $\frac{J_0}{J_c}$ 有关。

现在求水深沿程变化。注意到当 $J_0 = J_c$ 时，$h = h_c$，则式(9.3.12)为

$$h_c = \left(\frac{n_c Q_1}{\xi^2 J_c^{\frac{1}{2}}}\right)^{\frac{3}{11}} \tag{9.3.28}$$

再与式(9.3.12)相比较得

$$\frac{h}{h_c} = \left(\frac{J_c}{J}\right)^{\frac{3}{22}} \left(\frac{n}{n_c}\right)^{\frac{3}{11}} \tag{9.3.29}$$

注意到式(9.3.14)及式(9.3.19)，有

$$\frac{n}{n_c} = \left(\frac{D}{D_c}\right)^{\frac{1}{6}} = \left(\frac{J}{J_c}\right)^{\frac{1}{6}\frac{1}{1.11}} = \left(\frac{J}{J_c}\right)^{0.150} \tag{9.3.30}$$

将式(9.3.30)代入式(9.3.29)，可得

$$\frac{h}{h_c} = \left(\frac{J_c}{J}\right)^{\frac{3}{22}} \left(\frac{J}{J_c}\right)^{0.15 \times \frac{3}{11}} = \left(\frac{J_c}{J}\right)^{\frac{21}{220}} = \left(\frac{J_c}{J}\right)^{0.095} \tag{9.3.31}$$

再将式(9.3.22)代入，得

$$\frac{h}{h_c} = \left\{ 1 + \left[\left(\frac{J_0}{J_c}\right)^{0.90} - 1 \right] \frac{x}{L_b} \right\}^{-1.11 \times 0.095} = \left\{ 1 + \left[\left(\frac{J_0}{J_c}\right)^{0.90} - 1 \right] \frac{x}{L_b} \right\}^{-0.105} \tag{9.3.32}$$

$$\frac{dh}{dx} = -\frac{0.105 h_c}{L_b} \frac{\left(\frac{J_0}{J_c}\right)^{0.90} - 1}{\left\{ 1 + \left[\left(\frac{J_0}{J_c}\right)^{0.90} - 1 \right] \frac{x}{L_b} \right\}^{1.105}} < 0 \tag{9.3.33}$$

即水深沿着 x 方向减少,也即沿着水流方向增加。在 $x=L_b$ 处,由式(9.3.31)知

$$h=h_0=\left(\frac{J_c}{J_0}\right)^{0.095}h_c<h_c$$

这是因为 $J_c<J_0$,而在 $x=0$ 处,$h=h_c$。

由式(9.3.24)及式(9.3.32)得到河床高程为

$$Z=H-h=H_c+\frac{0.474J_cL_b}{\left(\frac{J_0}{J_c}\right)^{0.90}-1}\left\{\left\{1+\left[\left(\frac{J_0}{J_c}\right)^{0.90}-1\right]\frac{x}{L_b}\right\}^{2.11}-1\right\}$$

$$-\left\{1+\left[\left(\frac{J_0}{J_c}\right)^{0.90}-1\right]\frac{x}{L_b}\right\}^{-0.105}h_c \qquad (9.3.34)$$

当 $x=L_b$ 时,$Z=Z_0$,式(9.3.34)为

$$Z_0=H_c+\frac{0.474J_cL_b}{\left(\frac{J_0}{J_c}\right)^{0.90}-1}\left[\left(\frac{J_0}{J_c}\right)^{1.90}-1\right]-\left(\frac{J_0}{J_c}\right)^{-0.095}h_c=H_0-h_0$$

$$(9.3.35)$$

当 $x=0$ 时,$Z=Z_c$,

$$Z_c=H_c-h_c \qquad (9.3.36)$$

将式(9.3.36)代入式(9.3.34),可得

$$Z=Z_c+\frac{0.474J_cL_b}{\left(\frac{J_0}{J_c}\right)^{0.90}-1}\left(\left\{1+\left[\left(\frac{J_0}{J_c}\right)^{0.90}-1\right]\frac{x}{L_b}\right\}^{2.11}-1\right)$$

$$+h_c\left(1-\left\{1+\left[\left(\frac{J_0}{J_c}\right)^{0.90}-1\right]\frac{x}{L_b}\right\}^{-0.105}\right) \qquad (9.3.37)$$

在式(9.3.37)中取 $x=L_b$ 时,可得平均河底坡降为

$$\bar{J}_Z=\frac{Z_0-Z_c}{L_b}=\frac{0.474J_c}{\left(\frac{J_0}{J_c}\right)^{0.90}-1}\left[\left(\frac{J_0}{J_c}\right)^{1.90}-1\right]+\frac{h_c}{L_b}\left[1-\left(\frac{J_c}{J_0}\right)^{0.095}\right]=J_H-J_h$$

$$(9.3.38)$$

式中,J_h 为平均水深坡降。事实上,由式(9.3.31)可得

$$J_h=\frac{h_0-h_c}{L_b}=-\frac{h_c}{L_b}\left[1-\left(\frac{J_c}{J_0}\right)^{0.095}\right] \qquad (9.3.39)$$

J_h 取负值,表示沿着 x 方向减小(即沿着水流方向增大)。至此,由式(9.3.24)、式(9.3.32)、式(9.3.37)完全给出了推移质淤积段的水面、水深和河底高程沿程分布,也就确定了它们的纵剖面。

最后需要指出的是,由于水深坡降很小,例如,当 $\frac{J_c}{J_0}\leqslant0.5$ 时,$h_0\leqslant0.936h_c$,可见在 L_b 范围内,两端水深仅相差 $0.064h_c$,这对水面和河底的影响均较小。简单起

见,可以忽略水深的变化,而取河底坡降与水面坡降一致。此时河底高程由式(9.3.40)确定:

$$Z = Z_c + \frac{0.474 J_c L_b}{\left(\frac{J_0}{J_c}\right)^{0.90} - 1} \left(\left\{ 1 + \left[\left(\frac{J_0}{J_c}\right)^{0.90} - 1 \right] \frac{x}{L_b} \right\}^{2.11} - 1 \right) \quad (9.3.40)$$

表9.3.3列出了汉江丹江口水库、陕西黑松林水库、山西直峪水库的推移质淤积纵剖面资料[8]对式(9.3.40)的验证,其中黑松林水库、直峪水库因为水深浅,用的是深泓纵剖面;而丹江口水库,由于水深较大,深泓起伏大,用的是 $Q=300\text{m}^3/\text{s}$ 时的水面线。从表9.3.3可以看出,除个别点外,计算与实测差别一般在0.6m以下。因此式(9.3.40)是基本符合实际的,使用它可以减少很多复杂的计算。

表9.3.3　推移质淤积纵剖面公式检验

断面号	丹江口水库				黑松林水库				直峪水库			
	起点距/km	计算高程/m	实测高程/m	误差/m	起点距/m	计算高程/m	实测高程/m	误差/m	起点距/m	计算高程/m	实测高程/m	误差/m
58	177.40	160.00	160.03	−0.03	700	744.7	744.7	0	840	1167.0	1167.0	0
57	174.60	159.51	159.64	−0.13	1105	747.05	746.2	+0.85	925	1167.32	1167.30	+0.02
56	171.52	156.84	156.97	−0.13	1700	750.99	750.4	+0.59	1160	1169.68	1169.50	+0.18
55	168.96	156.15	156.48	−0.33	2030	753.4	753.5	−0.10	1400	1172.48	1172.00	+0.48
54	166.77	156.20	156.15	+0.05	2570	757.7	758.0	−0.30	1700	1177.10	1178.30	+1.20
53	163.41	154.78	155.32	−0.54	2850	760.15	760.7	−0.55	1900	1182.50	1182.50	0
48	147.17	148.69	148.55	+0.14			760.7					
46	141.84	146.17	145.41	+0.76								
44	138.50	144.08	143.10	+0.98								
41	131.24	142.35	142.25	+0.10								
36	121.44	139.39	139.50	−0.11								
30	102.40	134.54										
24-1	91.95	132.30										
	$J_0 = 4.54\%$ $J_c = 2\%$ $L = 85.4$				$J_0 = 0.891\%$ $J_c = 0.55\%$ $L = 2150$				$J_0 = 1.97\%$ $J_c = 0.644\%$ $L = 1060$			

9.3.3　河宽沿程不变时起动平衡纵剖面

如果推移质淤积断面河宽较窄,不满足河相关系,但河宽沿程变化很小,此时可假设河宽不变。这样只需将式(9.3.10)的河相关系代入,保留河宽,消去 ξ 即可。由式(9.3.8)及式(9.3.9)可得

$$Q = BhV = \frac{B}{n} h^{\frac{5}{3}} J^{\frac{1}{2}}$$

从而有

$$h = \left(\frac{nQ}{BJ^{\frac{1}{2}}}\right)^{\frac{3}{5}} \tag{9.3.41}$$

于是,式(9.3.10)中的 ξ 可表示为

$$\xi^{\frac{12}{19}} = \left(\frac{\sqrt{B}}{h}\right)^{\frac{12}{19}} = \frac{B^{\frac{6}{19}}}{h^{\frac{12}{19}}} = \left(\frac{n_1 Q_1}{BJ^{\frac{1}{2}}}\right)^{-\frac{12}{19} \times \frac{3}{5}} B^{\frac{6}{19}} = \frac{B^{\frac{6}{19} + \frac{36}{95}} J^{\frac{36}{190}}}{n_1^{\frac{36}{95}} Q_1^{\frac{36}{95}}} \tag{9.3.42}$$

将其代入式(9.3.13)得

$$J = \frac{n_1^{\frac{154}{95}} B^{\frac{66}{95}} D^{\frac{44}{57}} J^{\frac{36}{190}} K_0^{\frac{44}{19}}}{Q_1^{\frac{66}{95}}}$$

即

$$J = \left(\frac{n_1^{\frac{154}{95}} B^{\frac{66}{95}} D^{\frac{44}{57}} K_0^{\frac{44}{19}} Q_1}{Q_1^{\frac{66}{95}}}\right)^{\frac{95}{77}} = \frac{n_1^2 B^{\frac{6}{7}} D^{\frac{20}{21}} K_0^{\frac{20}{7}}}{Q_1^{\frac{6}{7}}} \tag{9.3.43}$$

将式(9.3.14)代入式(9.3.43),可得

$$J = K_2 \frac{B^{\frac{6}{7}} D^{\frac{9}{7}}}{Q_1^{\frac{6}{7}}} \tag{9.3.44}$$

此式也可直接联解。其中

$$K_2 = K_1^2 K_0^{\frac{20}{7}} \tag{9.3.45}$$

比较式(9.3.44)和式(9.3.15)可以看出,采用河相系数和采用河宽得到的坡降的公式是有相当差别的。但是如果限于 Q_1、B 为常数,则由式(9.3.44)可得

$$\frac{J}{J_c} = \left(\frac{D}{D_c}\right)^{\frac{9}{7}} = \left(\frac{D}{D_c}\right)^{1.29} \tag{9.3.46}$$

则与式(9.3.19)的差别就小了。

采用与前面同样的假定,即粒径沿程按直线变化,以及类似的推导,可得到下述结果:

$$\frac{D_0}{D_c} = \left(\frac{J_0}{J_c}\right)^{0.775} \tag{9.3.47}$$

$$\frac{J}{J_c}=\left[1+\left(\frac{D_0}{D_c}-1\right)\frac{x}{L_b}\right]^{1.29}=\left\{1+\left[\left(\frac{J_0}{J_c}\right)^{0.775}-1\right]\frac{x}{L_b}\right\}^{1.29} \quad (9.3.48)$$

$$H=H_c+\frac{0.437J_cL_b}{\left(\frac{J_0}{J_c}\right)^{0.775}-1}\left(\left\{1+\left[\left(\frac{J_0}{J_c}\right)^{0.775}-1\right]\frac{x}{L_b}\right\}^{2.29}-1\right) \quad (9.3.49)$$

另外,由式(9.3.41)及式(9.3.14)、式(9.3.46)得

$$\frac{h}{h_c}=\left(\frac{n}{n_1}\right)^{\frac{3}{5}}\left(\frac{J_c}{J}\right)^{\frac{3}{10}}=\left(\frac{D}{D_c}\right)^{\frac{1}{10}}\left(\frac{J_c}{J}\right)^{\frac{3}{10}}=\left(\frac{J_c}{J}\right)^{\frac{3}{10}-0.0775}=\left(\frac{J_c}{J}\right)^{0.222} \quad (9.3.50)$$

而

$$\frac{h_0}{h_c}=\left(\frac{J_c}{J_0}\right)^{0.222} \quad (9.3.51)$$

将式(9.3.48)代入式(9.3.50),可得

$$\frac{h}{h_c}=\left\{1+\left[\left(\frac{J_0}{J_c}\right)^{0.775}-1\right]\frac{x}{L_b}\right\}^{-0.286} \quad (9.3.52)$$

而河底高程为

$$Z=Z_c+\frac{0.437J_cL_b}{\left(\frac{J_0}{J_c}\right)^{0.775}-1}\left\{\left\{1+\left[\left(\frac{J_0}{J_c}\right)^{0.775}-1\right]\frac{x}{L_b}\right\}^{2.29}-1\right\}$$

$$+h_c\left\{\left[1-\left\{1+\left[\left(\frac{J_0}{J_c}\right)^{0.775}-1\right]\frac{x}{L_b}\right\}^{-0.286}\right]\right\} \quad (9.3.53)$$

如果忽略水深的变化,则河底高程为

$$Z=Z_c+\frac{0.437J_cL_b}{\left(\frac{J_0}{J_c}\right)^{0.775}-1}\left\{\left\{1+\left[\left(\frac{J_0}{J_c}\right)^{0.775}-1\right]\frac{x}{L_b}\right\}^{2.29}-1\right\} \quad (9.3.54)$$

相应的水面及河底平均坡降为

$$\bar{J}_H=\frac{0.437J_c}{\left(\frac{J_0}{J_c}\right)^{0.775}-1}\left[\left(\frac{J_0}{J_c}\right)^{1.775}-1\right] \quad (9.3.55)$$

$$\bar{J}_Z=\frac{0.437J_c}{\left(\frac{J_0}{J_c}\right)^{0.775}-1}\left[\left(\frac{J_0}{J_c}\right)^{1.775}-1\right]+\frac{h_c}{L_b}\left[1-\left(\frac{J_c}{J_0}\right)^{0.222}\right]=\bar{J}_H-J_h$$

$$(9.3.56)$$

$$J_h=\frac{h_0-h_c}{L_b}=-\frac{h_c-h_0}{L_b}=-\frac{h_c}{L_b}\left[1-\left(\frac{J_c}{J_0}\right)^{0.222}\right] \quad (9.3.57)$$

式(9.3.55)表示的推移质淤积段的平均水面坡降与$\frac{J_0}{J_c}$的关系如表9.3.4所示。

表 9.3.4　悬移质淤积平衡后推移质淤积纵剖面参数

$\dfrac{J_0}{J_c}$	$\dfrac{J_c}{J_0}$	$\dfrac{L_1}{L_b}$	$\dfrac{L_2}{L_b}$	$f_1\left(\dfrac{J_0}{J_c}\right)$	$\dfrac{\Delta Z_M}{J_c L_b}$	$\dfrac{\overline{J_H}}{J_c}$
1.25	0.8	0.5002	0.4998	0.0144	0.0311	1.1249
2	0.5	0.5115	0.4885	0.0432	0.1245	1.4885
4	0.25	0.5240	0.4760	0.1247	0.3709	2.4279
6	0.1667	0.5304	0.4696	0.2052	0.6151	3.3481
8	0.125	0.5345	0.4655	0.2850	0.8576	4.2587
10	0.100	0.5374	0.4626	0.3642	1.0990	5.1635

9.3.4　推移质淤积数量及过程

由前面给出的淤积纵剖面不难计算其淤积量；根据此淤积量和推移质来沙量，不难得到该纵剖面的淤积时间。

如图 9.3.1 所示，坐标原点选择在推移质淤积来面的下端点，推移质淤积厚度在其下延段即覆盖悬移质淤积段 $[0, L_1]$ 为推移质淤积高程减去悬移质淤积高程，在推移后退淤积段 $[L_1, L_b]$ 为推移质淤积高程减去原河底高程。这样

$$\Delta Z = \begin{cases} Z - J_c x, & 0 \leqslant x \leqslant L_1 \\ Z - [Z_0 - J_0(L_b - x)] = Z - Z_0 + J_0(L_b - x), & L_1 < x \leqslant L_b \end{cases}$$

(9.3.58)

当近似取淤积宽度 $B = B_c$ 为常数时，则淤积体积为

$$W_b = \int_0^{L_b} \Delta Z B_c \mathrm{d}x = \int_0^{L_b} Z B_c \mathrm{d}x - \int_0^{L_1} J_c B_c x \mathrm{d}x - \int_{L_1}^{L_b} Z_0 B_c \mathrm{d}x - \int_{L_1}^{L_b} J_0 B_c (L_b - x) \mathrm{d}x$$

将式(9.3.54)代入有

$$W_b = \frac{0.437 J_c L_b B_c}{\left(\dfrac{J_0}{J_c}\right)^{0.775} - 1} \int_0^{L_b} \left(\left\{ 1 + \left[\left(\dfrac{J_0}{J_c}\right)^{0.775} - 1 \right] \dfrac{x}{L_b} \right\}^{2.29} - 1 \right) \mathrm{d}x - \frac{B_c J_c}{2} L_1^2$$

$$\quad - Z_0 B_c (L_b - L_1) + B_c J_0 \frac{(L_b - L_1)^2}{2}$$

$$= \frac{0.133 J_c L_b^2 B_c}{\left[\left(\dfrac{J_0}{J_c}\right)^{0.775} - 1 \right]^2} \left[\left(\dfrac{J_0}{J_c}\right)^{2.55} - 1 \right] - \frac{0.437 J_c L_b^2 B_c}{\left(\dfrac{J_0}{J_c}\right)^{0.775} - 1} - \frac{B_c J_c}{2} L_1^2 - Z_0 B_c L_2$$

$$\quad + \frac{1}{2} B_c J_0 L_2^2$$

(9.3.59)

注意，由于淤积体形状不一样，式(9.3.59)与式(9.2.105)是不同的，因为水深

变化很小,可以忽略,故式(9.3.59)及以下均用 $\bar{J}_H$ 代替 $\bar{J}_z$。从图 9.3.1 可以看出,式(9.3.59)中各项的几何意义是很明确的。其中,第一、二项表示图中的 $AOCDA$ 之间的体积,即曲线 $Z(x)$ 与 $Z=0$ 在 $0\sim L_b$ 的体积。第三项为 $BOCB$ 之间的三角形体积,第四项与第五项之差 $\left(B_c Z_0 L_2 - \frac{1}{2} B_c J_0 L_2^2\right)$ 为 $ABCDEA$ 之间的体积。由于

$$L_1 = \frac{L_b J_0 - Z_0}{J_0 - J_c} = \frac{L_b J_0 - L_b \bar{J}_H}{J_0 - J_c} = \frac{J_0 - \bar{J}_H}{J_0 - J_c} L_b \tag{9.3.60}$$

$$L_2 = L_b - L_1 = \left(1 - \frac{J_0 - \bar{J}_H}{J_0 - J_c}\right) L_b = \frac{\bar{J}_H - J_c}{J_0 - J_c} L_b \tag{9.3.61}$$

则式(9.3.59)变为

$$W_b = B_c J_c L_b^2 \left\{ 0.133 \frac{\left(\frac{J_0}{J_c}\right)^{2.55} - 1}{\left[\left(\frac{J_0}{J_c}\right)^{0.775} - 1\right]^2} - \frac{0.437}{\left(\frac{J_0}{J_c}\right)^{0.775} - 1} - \frac{1}{2}\left(\frac{J_0 - \bar{J}_H}{J_0 - J_c}\right)^2 \right.$$

$$\left. - \frac{\bar{J}_H}{J_c} \frac{\bar{J}_H - J_c}{J_0 - J_c} + \frac{1}{2} \frac{J_0}{J_c}\left(\frac{\bar{J}_H - J_c}{J_0 - J_c}\right)^2 \right\} = B_c J_c L_b^2 f_1\left(\frac{J_0}{J_c}\right) \tag{9.3.62}$$

式中,

$$f_1\left(\frac{J_0}{J_c}\right) = 0.133 \frac{\left(\frac{J_0}{J_c}\right)^{2.55} - 1}{\left[\left(\frac{J_0}{J_c}\right)^{0.775} - 1\right]^2} - \frac{0.437}{\left(\frac{J_0}{J_c}\right)^{0.775} - 1} - \frac{1}{2}\left(\frac{J_0 - \bar{J}_H}{J_0 - J_c}\right)^2 - \frac{\bar{J}_H}{J_c} \frac{\bar{J}_H - J_c}{J_0 - J_c}$$

$$+ \frac{1}{2} \frac{J_0}{J_c}\left(\frac{\bar{J}_H - J_c}{J_0 - J_c}\right)^2 \tag{9.3.63}$$

这是因为由式(9.3.55)知

$$\frac{\bar{J}_H}{J_c} = f\left(\frac{J_0}{J_c}\right)$$

这样由式(9.3.62)及式(9.3.63)得推移质淤积长度为

$$L_b = \sqrt{\frac{W_b}{B_c J_c f_1\left(\frac{J_0}{J_c}\right)}} = \sqrt{\frac{G_b t}{\gamma_s' B_c J_c f_1\left(\frac{J_0}{J_c}\right)}} \tag{9.3.64}$$

式中,G_b 为年平均推移质来沙量,重量以吨计;γ_s' 为干容重;t 为淤积年数。可见推移质淤积长度与淤积时间的平方根成正比。这表明随着时间推移,淤积长度增加越来越慢。

由式(9.3.62)还可看出,推移质平均淤积面积为

$$\Delta A_{\mathrm{b}} = \frac{W_{\mathrm{b}}}{L_{\mathrm{b}}} = J_{\mathrm{c}} L_{\mathrm{b}} B_{\mathrm{c}} f_1\left(\frac{J_0}{J_{\mathrm{c}}}\right) \tag{9.3.65}$$

而平均淤积厚度为

$$\Delta \bar{Z} = \frac{W_{\mathrm{b}}}{L_{\mathrm{b}} B_{\mathrm{c}}} = J_{\mathrm{c}} L_{\mathrm{b}} f_1\left(\frac{J_0}{J_{\mathrm{c}}}\right) \tag{9.3.66}$$

另外,由图 9.3.1 知,推移质淤积最大厚度 ΔZ_{M} 在 $x = L_1$ 处,即在悬移质淤积平衡时的末端,从这一点开始,向两端递减。由式(9.3.58)、$Z_{\mathrm{c}} = 0$ 的式(9.3.54)及图 9.3.1 得

$$\Delta Z_{\mathrm{M}} = Z_1 - J_{\mathrm{c}} L_1 = \frac{0.437 J_{\mathrm{c}} L_{\mathrm{b}}}{\left(\frac{J_0}{J_{\mathrm{c}}}\right)^{0.775} - 1}\left(\left\{1 + \left[\left(\frac{J_0}{J_{\mathrm{c}}}\right)^{0.775} - 1\right]\frac{L_1}{L_{\mathrm{b}}}\right\}^{2.29} - 1\right) - J_{\mathrm{c}} L_1$$

式中,Z_1 为 $x = L_1$ 处的河底高程。上式可写成

$$\frac{\Delta Z_{\mathrm{M}}}{J_{\mathrm{c}} L_{\mathrm{b}}} = \frac{0.437}{\left(\frac{J_0}{J_{\mathrm{c}}}\right)^{0.775} - 1}\left(\left\{1 + \left[\left(\frac{J_0}{J_{\mathrm{c}}}\right)^{0.775} - 1\right]\frac{L_1}{L_{\mathrm{b}}}\right\}^{2.29} - 1\right) - \frac{L_1}{L_{\mathrm{b}}} = f_2\left(\frac{J_0}{J_{\mathrm{c}}}\right)$$

$$\tag{9.3.67}$$

后一等式是因为 $\frac{L_1}{L_{\mathrm{b}}}$ 也是 $\frac{J_0}{J_{\mathrm{c}}}$ 的函数。

表 9.3.4 中还列出了 $\frac{L_1}{L_{\mathrm{b}}}$、$\frac{L_2}{L_{\mathrm{b}}}$、$f_1\left(\frac{J_0}{J_{\mathrm{c}}}\right)$、$\frac{\Delta Z_{\mathrm{M}}}{J_{\mathrm{c}} L_{\mathrm{b}}}$、$\frac{\bar{J}_{\mathrm{H}}}{J_{\mathrm{c}}}$ 等随 $\frac{J_0}{J_{\mathrm{c}}}$ 变化的情况。从表中可以看出,平衡坡降越小(或原坡降 J_0 越大),则 f_1 越大,因而在其他条件相同时,淤积量越大。此时如果淤积量保持不变,则淤积长度越短。与此同时,相对最大淤积厚度越大。而平均坡降 $\bar{J}_{\mathrm{H}}$ 大体相当于淤积体两端坡降 J_0 与 J_{c} 的平均值。而 $\frac{L_1}{L_{\mathrm{b}}}$ 及 $\frac{L_2}{L_{\mathrm{b}}}$ 则较稳定,表中 $\frac{L_1}{L_{\mathrm{b}}}$ 的平均值大都在 0.52 左右,相应的 $\frac{L_2}{L_{\mathrm{b}}}$ 在 0.48 左右。为了对淤积量、淤积时间和淤积长度随 $\frac{J_{\mathrm{c}}}{J_0}$ 的变化有具体的认识,现在举两个例子,第一,如果 B_{c}、J_{c}、W_{b} 不变,则当 $J_0 = 2J_{\mathrm{c}}$ 时,由表 9.3.4 知,$f_1\left(\frac{1}{2}\right) = 0.0432$,若淤积长度为 10km,那么当 $J_0 = 10J_{\mathrm{c}}$ 时,$f_1\left(\frac{1}{10}\right) = 0.3642$,则由式(9.3.64)得其淤积长度仅为 3.44km。可见在此条件下,J_0 越大,淤积河段越短。但是与此同时,淤积最大厚度 ΔZ_{M} 时,前者仅 $0.124 J_{\mathrm{c}} L_{\mathrm{b}}$,而后者为 $1.11 J_{\mathrm{c}} L_{\mathrm{b}}$,后者是前者的 8.95 倍。第二,如果 B_{c}、J_{c}、L_{b}、G_{b}、γ_{s}' 相同,注意到式(9.3.64)及 $W_{\mathrm{b}} = \frac{G_{\mathrm{b}} t}{\gamma_{\mathrm{b}}'}$,则 $J_0 = 10J_{\mathrm{c}}$ 时的淤

积时间为 $J_0=2J_c$ 时的淤积时间的 8.43 倍。

9.3.5 坝前水位变化大时的淤积纵剖面

由前面给出的推移质纵剖面可知,淤积长度 L_b 完全取决于淤积量,即淤积量大,淤积长度也大。但是如果汛期坝前水位变幅大,则推移质淤积长度也大,它并不完全取决于淤积量。此时上述有关公式受到限制,防洪任务大的水库以及长期使用的水库多属于这种情况。现在给出一种纵剖面,它可以通过调整覆盖悬移质淤积长度 L_1 与淤积长度 L_2 来调整淤积量 W_b 与淤积长度的关系。

按照前面的式(9.3.20)及式(9.3.48)等,水面坡降沿程接近线性变化。这里为了使结果不致过于复杂,取坡降沿程为直线变化,并且为了满足有关条件,分两段以二次多项式描述推移质淤积纵剖面线。按照图 9.4.1,在推移质覆盖悬移质的下段($0 \leqslant x \leqslant L_1$)取其淤积剖面线

$$Z_1 = a_1 + b_1 x + c_1 x^2 \tag{9.3.68}$$

应满足三个条件

$$Z_1\big|_{x=0}=0 \tag{9.3.69}$$

$$\frac{\mathrm{d}Z_1}{\mathrm{d}x}\bigg|_{x=0}=J_c=b_1 \tag{9.3.70}$$

$$Z_1\big|_{x=L_1}=J_c L_1 + \Delta Z_M \tag{9.3.71}$$

从而得到 $a_1=0, b_1=J_c$,而

$$c_1=\frac{\Delta Z_M}{L_1^2} \tag{9.3.72}$$

式(9.3.68)变为

$$Z_1 = J_c x + \frac{\Delta Z_M}{L_1^2} x^2 \tag{9.3.73}$$

它在 $x=L_1$ 处的坡降为

$$\frac{\mathrm{d}Z_1}{\mathrm{d}x}\bigg|_{x=L_1}=J_c + \frac{2\Delta Z_M}{L_1^2}L_1=J_c+\frac{2\Delta Z_M}{L_1} \tag{9.3.74}$$

同样在推移质单纯淤积段,设其剖面线为

$$Z_2 = a_2 + b_2(x-L_1) + c_2(x-L_1)^2 \tag{9.3.75}$$

其系数可由以下条件确定,首先在 $x=L_1$ 时上、下两剖面线相交,故有

$$Z_2\big|_{x=L_1}=a_2=Z_1\big|_{x=L_1}=J_c L_1 + \Delta Z_M \tag{9.3.76}$$

由于在 $x=L_1$,上、下两根剖面线的斜率应相等,由式(9.3.74)得

$$\frac{\mathrm{d}Z_2}{\mathrm{d}x}\bigg|_{x=L_1} = b_2 = J_c + \frac{2\Delta Z_M}{L_1} \tag{9.3.77}$$

另外

$$Z_2|_{x=L_b} = a_2 + b_2(L_b - L_1) + c_2(L_b - L_1)^2$$

$$= J_c L_1 + \Delta Z_M + \left(J_c + \frac{\Delta Z_M}{L_1}\right)(L_b - L_1) + c_2(L_b - L_1)^2 = Z_0 \quad (9.3.78)$$

即

$$c_2 = \frac{1}{(L_b - L_1)^2}\left[Z_0 - J_c L_1 - \Delta Z_M - \left(J_c + \frac{\Delta Z_M}{L_1}\right)(L_b - L_1)\right] \tag{9.3.79}$$

注意到图 9.3.1 所示

$$Z_0 = J_c L_1 + J_0(L_b - L_1) \tag{9.3.80}$$

则式(9.3.79)为

$$c_2 = \frac{1}{(L_b - L_1)^2}\left[J_c L_1 + J_0(L_b - L_1) - J_c L_1 - \Delta Z_M - \left(J_c + 2\frac{\Delta Z_M}{L_1}\right)(L_b - L_1)\right]$$

$$= \frac{1}{(L_b - L_1)^2}\left[J_0(L_b - L_1) - \Delta Z_M - \left(J_c + \frac{2\Delta Z_M}{L_1}\right)(L_b - L_1)\right] \tag{9.3.81}$$

这样式(9.3.75)为

$$Z_2 = (J_c L_1 + \Delta Z_M) + \left(J_c + \frac{2\Delta Z_M}{L_1}\right)(x - L_1) + \left[J_0(L_b - L_1) - \Delta Z_M\right.$$

$$\left. - \left(J_c + \frac{2\Delta Z_M}{L_1}\right)(L_b - L_1)\right]\left(\frac{x - L_1}{L_b - L_1}\right)^2 \tag{9.3.82}$$

式中，ΔZ_M 可以从淤积剖面线在 $x = L_b$ 的一阶导数为 J_0 给出。即

$$\frac{\mathrm{d}Z_2}{\mathrm{d}x}\bigg|_{x=L_b} = \left(J_c + \frac{2\Delta Z_M}{L_1}\right) + 2\left[J_0(L_b - L_1) - \Delta Z_M\right.$$

$$\left. - \left(J_c + \frac{2\Delta Z_M}{L_1}\right)(L_b - L_1)\right]\frac{1}{L_b - L_1} = J_0 \tag{9.3.83}$$

即

$$\frac{2\Delta Z_M}{L_b - L_1} + \frac{2\Delta Z_M}{L_1} = J_c - J_0 + 2J_0 - 2J_c = J_0 - J_c$$

$$= \frac{2\Delta Z_M L_b}{L_1(L_b - L_1)} = \frac{2\Delta Z_M}{L_b \lambda_1(1 - \lambda_1)} = J_0 - J_c$$

故

$$\Delta Z_M = \frac{1}{2}\lambda_1(1 - \lambda_1)(J_0 - J_c)L_b \tag{9.3.84}$$

式中，

$$\lambda_1 = \frac{L_1}{L_b} \tag{9.3.85}$$

$$1 - \lambda_1 = \frac{L_b - L_1}{L_b} = \frac{L_2}{L_b} \tag{9.3.86}$$

将 ΔZ_M 代入,则式(9.3.87)为

$$
\begin{aligned}
c_2 &= \frac{1}{(L_b - L_1)^2} \Big[(J_0 - J_c)(L_b - L_1) - \frac{1}{2}\lambda_1(1-\lambda_1)(J_0 - J_c)L_b \\
&\quad - \frac{\lambda_1(1-\lambda_1)(J_0 - J_c)L_b}{L_1}(L_b - L_1) \Big] \\
&= \frac{1}{(L_b - L_1)^2}(J_0 - J_c)(L_b - L_1)\Big[1 - \frac{1}{2}\lambda_1 - (1-\lambda_1) \Big] \\
&= \frac{\lambda_1(J_0 - J_c)}{2(1-\lambda_1)L_b}
\end{aligned} \tag{9.3.87}
$$

而式(9.3.82)为

$$
\begin{aligned}
Z_2 &= \Big[J_c\lambda_1 L_b + \frac{1}{2}\lambda_1(1-\lambda_1)(J_0 - J_c)L_b \Big] + [J_c + (1-\lambda_1)(J_0 - J_c)](x - \lambda_1 L_b) \\
&\quad + \frac{1}{2}\frac{\lambda_1(J_0 - J_c)}{(1-\lambda_1)L_b}(x - \lambda_1 L_b)^2
\end{aligned} \tag{9.3.88}
$$

综合 Z_1 及 Z_2 的表达式,推移质淤积纵剖面为

$$
Z = \begin{cases}
Z_1 = J_c x + \dfrac{1}{2}\lambda_1(1-\lambda_1)(J_0 - J_c)L_b\left(\dfrac{x}{\lambda_1 L_b}\right)^2 \\
\quad = J_c x + \dfrac{1}{2}\dfrac{1-\lambda_1}{\lambda_1}(J_0 - J_c)\dfrac{x^2}{L_b}, \quad 0 \leqslant x \leqslant L_1 \\[2mm]
Z_2 = \Big[J_c\lambda_1 L_b + \dfrac{1}{2}\lambda_1(1-\lambda_1)(J_0 - J_c)L_b \Big] \\
\quad + [J_c + (1-\lambda_1)(J_0 - J_c)](x - \lambda_1 L_b) \\
\quad + \dfrac{1}{2}\dfrac{\lambda_1(J_0 - J_c)}{(1-\lambda_1)L_b}(x - \lambda_1 L_b)^2, \quad L_1 \leqslant x \leqslant L_b
\end{cases} \tag{9.3.89}
$$

可见它的参数有 J_0、J_c、L_b、λ_1 等。需要注意的是,为了表示简单,本节高程的起点是从推移质淤积终点(即其淤积的下端点)算起的。

推移质淤积体积可由图 9.3.1 按式(9.3.90)求出:

$$
\begin{aligned}
W_b &= \int_0^{L_b} B_c Z \mathrm{d}x - \Big[\frac{1}{2}J_c B_c L_1^2 + J_c B_c L_1 L_2 + \frac{1}{2}J_0 B_c L_2^2 \Big] \\
&= \int_0^{L_1} B_c Z_1 \mathrm{d}x + \int_{L_1}^{L_b} B_c Z_2 \mathrm{d}x - \Big[\frac{1}{2}J_c B_c L_1^2 + J_c B_c L_1 L_2 + \frac{1}{2}J_0 B_c L_2^2 \Big]
\end{aligned} \tag{9.3.90}
$$

此处括号中的三项也如前述为图 9.3.1 中 *ABOCDEA* 的体积。注意到

$$\int_0^{L_1} B_c Z_1 \mathrm{d}x = \frac{B_c J_c L_1^2}{2} + \frac{1}{6} B_c \lambda_1^2 (1-\lambda_1)(J_0 - J_c) L_b^2 \qquad (9.3.91)$$

$$\int_{L_1}^{L_b} Z_2 B_c \mathrm{d}x = B_c \int_{L_1}^{L_b} \left\{ \left[J_c L_1 + \frac{1}{2}\lambda_1(1-\lambda_1)(J_0-J_c)L_b \right] \right.$$

$$\left. + \left[J_c + (1-\lambda_1)(J_0-J_c)(x-L_1) \right] + \frac{1}{2}\lambda_1 \frac{(J_0-J_c)(x-L_1)^2}{(1-\lambda_1)L_b} \right\} \mathrm{d}x$$

$$= B_c \left[J_c \lambda_1 (1-\lambda_1) L_b^2 + \frac{1}{2}\lambda_1(1-\lambda_1)^2(J_0-J_c)L_b^2 + \frac{1}{2}J_c(1-\lambda_1)^2 L_b^2 \right.$$

$$\left. + \frac{1}{2}(1-\lambda_1)^3(J_0-J_c)L_b^2 + \frac{1}{6}\lambda_1(1-\lambda_1)^2(J_0-J_c)L_b^2 \right] \qquad (9.3.92)$$

将式(9.3.91)和式(9.3.92)代入式(9.3.90),可得

$$W_b = J_c B_c L_b^2 \left[\frac{\lambda_1^2}{2} + \frac{1}{6}\lambda_1^2(1-\lambda_1)\frac{J_0-J_c}{J_c} + \lambda_1(1-\lambda_1) + \frac{1}{2}\lambda_1(1-\lambda_1)^2\frac{J_0-J_c}{J_c} \right.$$

$$+ \frac{1}{2}(1-\lambda_1)^2 + \frac{1}{2}(1-\lambda_1)^3\frac{J_0-J_c}{J_c} + \frac{1}{6}\lambda_1(1-\lambda_1)^2\frac{J_0-J_c}{J_c}$$

$$\left. - \frac{1}{2}\lambda_1^2 - \lambda_1(1-\lambda_1) - \frac{1}{2}\frac{J_0}{J_c}(1-\lambda_1)^2 \right] = B_c L_b^2 (J_0-J_c) \left[\frac{1}{6}\lambda_1^2(1-\lambda_1) \right.$$

$$\left. + \frac{1}{2}\lambda_1(1-\lambda_1)^2 - \frac{1}{2}(1-\lambda_1)^2 + \frac{1}{2}(1-\lambda_1)^3 + \frac{1}{6}\lambda_1(1-\lambda_1)^2 \right]$$

$$= \frac{1}{6} B_c L_b^2 (1-\lambda_1)\lambda_1 (J_0-J_c) \qquad (9.3.93)$$

淤积长度为

$$L_b = \sqrt{\frac{6W_b}{B_c(J_0-J_c)\lambda_1(1-\lambda_1)}} = \sqrt{\frac{6G_b t}{\gamma_b' B_c(J_0-J_c)\lambda_1(1-\lambda_1)}} \qquad (9.3.94)$$

可见,在 W_b、B_c、J_0、J_c 相同条件下,欲增加淤积长度,可以调整 λ_1。但是式(9.3.94)对于 λ_1 和 $1-\lambda_1=\lambda_2$ 是对称的;当 $\lambda_1 = 0.5$ 时,给出最小的距离 $L_{b.m}$。当 $\lambda_1 = 0.2$(或 0.8)时,$L_b = 1.25 L_{b.m}$;当 $\lambda_1 = 0.1$(或 0.9)时,$L_b = 1.67 L_{b.m}$。由于对于 λ_1 和 λ_2 是对称的,可见 λ_1 和 λ_2 可以互换,即覆盖悬移质淤积物的距离与推移质单独淤积的距离可以互换。从物理意义上看,如果坝前水位变化不大,推移质淤积河段长,则当悬移质淤积末端选择最上一点时,应取覆盖悬移质淤积的距离 $L_1 > L_2$,即 $\lambda_1 > 0.5$。

需要指出的是,式(9.3.93)与式(9.3.62)在相同 λ_1 及 $\dfrac{J_0}{J_c}$ 条件下给出的推移质淤积体积相差很小,表 9.3.5 列出了两者的对比,可见当 $\dfrac{J_0}{J_c} \geqslant 2$ 时,两者很接近。考虑到式(9.3.93)计算较为简单,而且可通过 λ_1 调整淤积长度,所以不仅在变动

回水段长度大时,而且在一般条件下也可采用。此时如果坝前水位稳定,则参照式(9.3.62),一般取 $\lambda_1 = 0.5$。

表 9.3.5　悬移质淤积平衡后不同淤积剖面假设下推移质淤积体积对比

$\dfrac{J_0}{J_c}$	λ_1	$W_b/(J_c B_c L_b^2)$	
		式(9.3.62)	式(9.3.93)
1.25	0.5002	0.0144	0.0104
2	0.5115	0.0432	0.0416
4	0.5240	0.1247	0.1247
6	0.5304	0.2052	0.2076
8	0.5345	0.2850	0.2903
10	0.5374	0.3642	0.3729

9.4　水库推移质与悬移质交错淤积的纵剖面[9]

前面提出的两种推移质淤积纵剖面,是假定悬移质淤积平衡以后再考虑推移质淤积,尽管推移质淤积量是从水库淤积开始计算,但仍有一定的近似程度。更确切地说,推移质淤积纵剖面应该是考虑了在淤积过程中推移质与悬移质的交错淤积所造成的结果。

9.4.1　交错淤积时推移质纵剖面

如图 9.4.1 所示,在悬移质淤积不断加高和向上游后退(上翘)时,推移质也不断在其上淤积,图中显示了三个时刻的淤积情况,从图中可以看出,在悬移质不断向前延伸、抬高和后退时,推移质淤积也正是如此,但是由于推移质淤积是在悬移质基础上进行的,它的延伸、抬高、后退实际是在动坐标系内发生。因此,推移质淤积的下端点 B 究竟是下延还是后退,是个很复杂的问题,它取决于悬移质与推移质淤积量的相对大小。简单和明确起见,假定悬移质淤积形态为典型的三角洲,或者在推移质淤积段悬移成层加高,正如一般水库上段一样。按照悬移质三角洲淤积,其顶坡淤积在 x 轴以上,顶点是逆 x 轴向下游移动,其淤积百分数为 λ_f,洲面上平均坡降 $\bar{J}_s = \alpha_s J_c$,小于平衡坡降,但仍可用直线近似,三角洲初始淤积末端在坐标原点。现在按图 9.4.1 所示(不失一般性,采用图中时刻 t 标注符号),洲面长为 l,其中 l_1 是向下游延伸的距离,l_2 是悬移质淤积向上游后退的距离(图 9.4.1)。而悬移质末端的淤积高程 ΔZ 为

$$\Delta Z = \bar{J}_s l = \alpha_s J_c l = J_0 l_2 \tag{9.4.1}$$

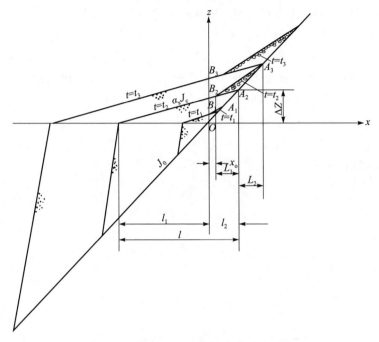

图 9.4.1　推移质与悬移质交错淤积时纵剖面

即

$$l_2 = \frac{\alpha_s J_c}{J_0} l \tag{9.4.2}$$

而

$$l_1 = l - l_2 = \left(1 - \frac{\alpha_s J_c}{J_0}\right) l \tag{9.4.3}$$

这样,按照图 9.4.1 所示,考虑到上述两式,洲面的淤积量为

$$W_{s.f} = \frac{1}{2} B J_0 l_2 l_1 = \frac{1}{2} B \alpha_s J_c \left(1 - \frac{\alpha_s J_c}{J_0}\right) l^2 \tag{9.4.4}$$

式中,B 为三角洲淤积宽度,它常大于推移质淤积宽度 B_c。

另外,按来沙量计算,洲面淤积量为

$$W_{s.f} = \frac{\lambda_f G_s t}{\gamma_s'} \tag{9.4.5}$$

式中,γ_s' 为悬移质洲面淤积物干容重(一般取 $1.2 \sim 1.3\text{t/m}^3$);t 为时间(以年计);G_s 为悬移质平均来沙量(t/m^3);λ_f 为洲面淤积百分数。

由上述两式,得到顶坡长为

$$l = \sqrt{\frac{2\lambda_f G_s t J_0}{B \gamma_s' \alpha_s J_c (J_0 - \alpha_s J_c)}} \tag{9.4.6}$$

可见,三角洲顶坡长度与$\sqrt{t}$成正比,即随着时间推移,长度增加减慢。从图 9.4.1 看出,与悬移质三角洲淤积同时,将所有 OB_1B_2 连线,其上游均为推移质淤积。为了计算推移质淤积量,首先必须确定所有 B 点的连线。标注清楚起见,将图 9.4.1 中的有关部分放大,如图 9.4.2 所示。从图中可看出,推移质淤积体积(不失一般性,可考虑时刻 t_2,即 2 的标注)为 $F_2B_2B_1OA_1A_2F_2$。为确定 B_2B_1 连线,先假定推移质淤积长度 L_b 也与$\sqrt{t}$成正比,由于 $L_1=\lambda_1L_b$,故 L_1 也与$\sqrt{t}$成正比。这个假定无论从几何图形看还是参照式(9.4.6),都是可以接受的,并且最后导出的结果确实能证明这一点。因此设

$$L_1=k_b'\sqrt{\tilde{t}} \tag{9.4.7}$$

式中,

$$\tilde{t}=\frac{G_st}{\gamma_s'B_cJ_c} \tag{9.4.8}$$

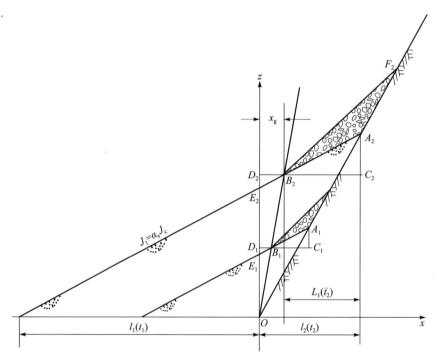

图 9.4.2　推移质与悬移质交错淤积部分示意图

按照图 9.4.2,线段 D_1C_1、D_2C_2 平行于 x 轴,A_1C_1、A_2C_2 垂直于 x 轴,并且三角洲洲面线是彼此平行的,显然 $\triangle A_1B_1C_1$ 与 $\triangle B_1D_1E_1$ 是相似的,从而有

$$\frac{\overline{B_1A_1}}{\overline{E_1B_1}}=\frac{\overline{B_1C_1}}{\overline{D_1B_1}}=\frac{L_1(\tilde{t}_1)}{l_2(t_1)-L_1(\tilde{t}_1)}=\frac{L_1(\tilde{t}_1)}{x_B(\tilde{t}_1)} \tag{9.4.9}$$

式中,x_B 为 B 点离 z 轴的距离,而且 $x_B = l_2 - L_1$。此处 L_1、L_2、x_B 有关参数是指时刻 $\tilde{t}_1$ 的。注意到式(9.4.2)及式(9.4.6),有

$$l_2 = \frac{\alpha_s J_c}{J_0} \sqrt{\frac{2\lambda_f G_s t J_0}{B\gamma'_s \alpha_s J_c (J_0 - \alpha_s J_c)}} = \sqrt{\frac{2\lambda_f \alpha_s B_c J_c^2}{B J_0 (J_0 - \alpha_s J_c)}} \sqrt{\frac{G_s t}{\gamma'_s B_c J_c}} = k'_s \sqrt{t} \quad (9.4.10)$$

式中,

$$k'_s = \sqrt{\frac{2\lambda_f \alpha_s J_c^2 B_c}{B J_0 (J_0 - \alpha_s J_c)}} \quad (9.4.11)$$

这样式(9.4.9)为

$$\frac{\overline{B_1 A_1}}{\overline{E_1 B_1}} = \frac{\overline{B_1 C_1}}{\overline{D_1 B_1}} = \frac{k'_b \sqrt{t_1}}{k'_s \sqrt{t_1} - k'_b \sqrt{t_1}} = \frac{k'_b}{k'_s - k'_b} \quad (9.4.12)$$

另外,按图 9.4.2,$\triangle A_2 B_2 C_2$ 与 $\triangle E_2 B_2 D_2$ 也是相似的,则有

$$\frac{\overline{B_2 A_2}}{\overline{E_2 B_2}} = \frac{\overline{B_2 C_2}}{\overline{D_2 B_2}} = \frac{L_1(\tilde{t}_2)}{l_2(\tilde{t}_2) - L_1(\tilde{t}_2)} = \frac{k'_b \sqrt{\tilde{t}_2}}{k'_s \sqrt{\tilde{t}_2} - k'_b \sqrt{\tilde{t}_2}} = \frac{k'_b}{k'_s - k'_b} \quad (9.4.13)$$

由式(9.4.12)和式(9.4.13)得

$$\frac{\overline{B_2 A_2}}{\overline{E_2 B_2}} = \frac{\overline{B_1 A_1}}{\overline{E_1 B_1}} \quad (9.4.14)$$

可见,只有 B_2、B_1 在同一直线上,并且通过原点 O,才能满足式(9.4.14)。现在计算推移质淤积体积 W_b。为了明确,不失一般性,以图 9.4.2 中时刻 t_2 的剖面为对象,则

$$W_b = W_{b.1} + W_{b.2} \quad (9.4.15)$$

式中,$W_{b.1}$ 为 $F_2 B_2 A_2 F_2$ 的体积;$W_{b.2}$ 为 $A_2 B_2 B_1 O A_1 A_2$ 的体积。按式(9.3.93),$W_{b.1}$ 为

$$W_{b.1} = \frac{1}{6} B_c (J_0 - J_c) \lambda_1 (1 - \lambda_1) L_b^2 = \frac{1}{6} B_c (J_0 - J_c) \frac{1 - \lambda_1}{\lambda_1} L_1^2 \quad (9.4.16)$$

而由图知,无论 $l_2 - L_1 > 0$,还是 $l_2 - L_1 < 0$,均有

$$W_{b.2} = \frac{B_c}{2} \overline{E_2 O} \cdot \overline{D_2 C_2} - \frac{B_c}{2} \overline{E_2 O} \cdot \overline{D_2 B_2}$$

$$= \frac{B_c}{2} l_1 \alpha_s J_c l_2 - \frac{B_c}{2} l_1 \alpha_s J_c (l_2 - L_1)$$

$$= \frac{B_c}{2} l_1 \alpha_s J_c L_1 \quad (9.4.17)$$

式中,

$$\overline{E_2 O} = l_1 \alpha_s J_c$$

将式(9.4.2)代入式(9.4.17),可得

$$W_{b.2} = \frac{B_c}{2} \alpha_s J_c \left(1 - \frac{\alpha_s J_c}{J_0}\right) l L_1$$

$$= \frac{B_c J_c}{2} \sqrt{2\lambda_f \alpha_s \frac{B_c}{B} \frac{J_0 - \alpha_s J_c}{J_0}} \sqrt{\frac{G_s t}{\gamma'_s B_c J_c}} L_1$$

$$= \frac{B_c J_c}{2} K_s \sqrt{\frac{G_s t}{\gamma'_s B_c J_c}} L_1 \tag{9.4.18}$$

式中，

$$K_s = \sqrt{2\lambda_f \alpha_s \frac{B_c}{B} \frac{J_0 - \alpha_s J_c}{J_0}} = \alpha_s L_1 \left(\frac{G_s t}{\gamma'_s B_c J_c} \right)^{-\frac{1}{2}} \tag{9.4.19}$$

故

$$W_b = \frac{1}{6} B_c (J_0 - J_c) \frac{1 - \lambda_1}{\lambda_1} L_1^2 + \frac{B_c J_c}{2} K_s \sqrt{\frac{G_s t}{\gamma'_s B_c J_c}} L_1 \tag{9.4.20}$$

另一方面，从来沙考虑，

$$W_b = \frac{\mu G_b t}{\gamma'_b} = \frac{\mu \mu_b G_s t}{\gamma'_b} \tag{9.4.21}$$

式中，μ_b 为推悬比，即进入水库的推移质与悬移质的重量比。

由式(9.4.20)和式(9.4.21)得

$$\frac{1}{6} B_c (J_0 - J_c) \frac{1 - \lambda_1}{\lambda_1} L_1^2 + \frac{B_c}{2} J_c K_s \sqrt{\frac{G_s t}{B_c \gamma'_s J_c}} L_1 - \frac{\mu \mu_b G_s t}{\gamma'_b} = 0 \tag{9.4.22}$$

其解为

$$L_1 = \sqrt{\frac{G_s t}{\gamma'_s B_c J_c}} \left[\sqrt{\frac{9}{2} \lambda_f \alpha_s \frac{B_c}{B} \left(\frac{J_c}{J_0 - J_c} \right)^2 \frac{J_0 - \alpha_s J_c}{J_0} \left(\frac{\lambda_1}{1 - \lambda_1} \right)^2 + 6 \frac{J_c}{J_0 - J_c} \frac{\lambda_1}{1 - \lambda_1} \frac{\mu \mu_b \gamma'_s}{\gamma'_b}} \right.$$

$$\left. - \frac{3}{\sqrt{2}} \frac{J_c}{J_0 - J_c} \frac{\lambda_1}{1 - \lambda_1} \sqrt{\lambda_f \alpha_s \frac{J_0 - \alpha_s J_c}{J_0} \frac{B_c}{B}} \right] = K_b \sqrt{\frac{G_s t}{\gamma'_s B_c J_c}} \tag{9.4.23}$$

式中，

$$K_b = \sqrt{\frac{9}{2} \lambda_f \alpha_s \frac{B_c}{B} \left(\frac{J_c}{J_0 - J_c} \right)^2 \frac{J_0 - \alpha_s J_c}{J_0} \left(\frac{\lambda_1}{1 - \lambda_1} \right)^2 + 6 \frac{J_c}{J_0 - J_c} \frac{\lambda_1}{1 - \lambda_1} \frac{\mu \mu_b \gamma'_s}{\gamma'_b}}$$

$$- \frac{3}{\sqrt{2}} \frac{J_c}{J_0 - J_c} \frac{\lambda_1}{1 - \lambda_1} \sqrt{\lambda_f \alpha_s \frac{J_0 - \alpha_s J_c}{J_0} \frac{B_c}{B}}$$

$$= \frac{3}{2} \frac{J_c}{J_0 - J_c} \frac{\lambda_1}{1 - \lambda_1} K_s \left(\sqrt{1 + \frac{8}{3} \frac{J_0 - J_c}{J_c} \frac{1 - \lambda_1}{\lambda_1} \frac{\mu \mu_b \gamma'_s}{\gamma'_b} \frac{1}{K_s^2}} - 1 \right) \tag{9.4.24}$$

可见当其他参数均不变时，$L_1 \propto \sqrt{t}$，故式(9.4.7)的假定是正确的。这样在其他参数已知的条件下，给定 t，即可由式(9.4.21)确定 W_b，其淤积纵剖面可先由式(9.4.23)求出 L_1，再由式(9.3.89)并参照图 9.4.3 等即可确定 z。当然在此之前，必须先确定相应的悬移质淤积纵剖面。

现在进一步研究推移质淤积下端点的确定。如图 9.3.1 所示，B 点在 x 轴的坐标为

$$x_B = l_2 - L_1 = \frac{\alpha_s J_c}{J_0} l - L_1 \tag{9.4.25}$$

当 x_B 为正时，B 点后退；当 x_B 为负时，B 点下延。为了使公式不致过于复杂，根据最一般的情况取一些较稳定的常数如下：$\gamma_s' = 1.3 \text{t/m}^3$，$\gamma_b' = 1.7 \text{t/m}^3$，$\lambda_1 = 0.5$，$\alpha_s = 0.7$，$\lambda_f = 0.2$，$\mu = 1.54$，以及悬移质淤积宽度 B 为 2 倍推移质淤积宽度，即 $\frac{B_c}{B} = \frac{1}{2}$，这是因为在悬移质淤积三角洲到达大坝之前，推移质淤积基本在库尾附近，河宽较小，大致为天然河道宽度。将上述数据代入式(9.4.23)，可得

$$L_1 = \left[\sqrt{0.315 \left(\frac{J_c}{J_0 - J_c} \right)^2 \left(1 - \frac{\alpha_s J_c}{J_0} \right) + 7.066 \mu_b \frac{J_c}{J_0 - J_c}} \right.$$
$$\left. - 0.5612 \frac{J_c}{J_0 - J_c} \sqrt{1 - \frac{\alpha_s J_c}{J_0}} \right] \sqrt{\frac{G_s t}{\gamma_s' B_c J_c}} \tag{9.4.26}$$

由式(9.4.2)及式(9.4.6)可得

$$l_2 = 0.3742 \frac{J_c}{\sqrt{J_0 (J_0 - \alpha_s J_c)}} \sqrt{\frac{G_s t}{\gamma_s' B_c J_c}} \tag{9.4.27}$$

将式(9.4.26)和式(9.4.27)代入式(9.4.25)，可得

$$x_B = l_2 - L_1 = \left[0.3742 \frac{J_c}{\sqrt{J_0 (J_0 - \alpha_s J_c)}} + 0.5612 \sqrt{1 - \frac{\alpha_s J_c}{J_0}} \frac{J_c}{J_0 - J_c} \right.$$
$$\left. - \sqrt{0.315 \left(\frac{J_c}{J_0 - J_c} \right)^2 \left(1 - \frac{\alpha_s J_c}{J_0} \right) + 7.066 \mu_b \frac{J_c}{J_0 - J_c}} \right] \sqrt{\frac{G_s t}{\gamma_s' B_c J_c}} \tag{9.4.28}$$

由式(9.4.28)可定义推悬比 μ_b 的临界值 $\mu_{b,c}$。此临界值恰好满足 $x_B = 0$，这样有

$$\mu_{b,c} = \frac{J_0 - J_c}{7.066 J_c} \left\{ \left[0.3742 \frac{J_c}{\sqrt{J_0 (J_0 - \alpha_s J_c)}} + 0.5612 \sqrt{1 - \frac{\alpha_s J_c}{J_0}} \frac{J_c}{J_0 - J_c} \right]^2 \right.$$
$$\left. - 0.315 \left(\frac{J_c}{J_0 - J_c} \right)^2 \left(1 - \alpha_s \frac{J_c}{J_0} \right) \right\} \tag{9.4.29}$$

当 $\frac{J_0}{J_c} = 5$ 时，$\mu_{b,c} = 0.0155$；当 $\frac{J_0}{J_c} = 2$ 时，$\mu_{b,c} = 0.0373$。这两个例子说明，$\mu_{b,c}$ 在 $0.01 \sim 0.03$。对于坡降较缓的大河，实际的推悬比多小于 0.01，此时 $\mu_b < \mu_{b,c}$，故 B 点后退，推移质淤积末端向上收缩。而对于坡降较大的山区河流，或推移质颗粒较细的情况，或推移质颗粒较粗且悬移质数量较少时，实际的推悬比 μ_b 有可能大

于 $\mu_{b.c}$，而 B 点下移，推移质淤积末端向下延伸。当然，对于水库推移质数量 G_b，不能完全采用天然河道时卵石推移质数量，因为天然河道推移质数量是很少的，推悬比也很小。水库建成后，相当一部分粗、中沙要转为推移质，此时推移质数量就会大增。例如，前面已提到长江在川江段的朱沱、寸滩测出 $D=0.1\sim1\text{mm}$ 的推移质（实测部分资料统计），仅每年数十万 t，而出三峡进入宜昌后，天然条件下的沙质推移质每年即达 800 万～900 万 t。

尚应指出的是，从所述的例子来看，$\dfrac{J_0}{J_c}$ 越大，临界推悬比 $\mu_{b.c}$ 越小，B 点往下延伸的可能性就越大。其原因是，$\dfrac{J_0}{J_c}$ 越大，悬移质淤积后退就慢，l_2 就小，相对而言 L_1 就较大，故临界推悬比 $\mu_{b.c}$ 就较小。当 L_1 确定后，推移质淤积纵剖面应据此由式(9.3.89)得出。

推移质淤积厚度的确定就要复杂一些。由图 9.4.3 可见，它的淤积厚度由两部分组成：推移质侵占与悬移质范围内（图中 BOC）的厚度 ΔZ_1 和在悬移质范围以上(ABC)的厚度 ΔZ_2。这样总的淤积厚度为

$$\Delta Z = \Delta Z_1 + \Delta Z_2 \tag{9.4.30}$$

按照图 9.4.3(a)所示，当 $x_B=l_2-L_1<0$ 时，在 $x_B\leqslant x\leqslant0$ 时，有

$$\Delta Z_1 = \frac{l_1\alpha_s J_c}{x_B}(x_B-x)$$

当 $x=x_B$ 时，$\Delta Z_1=0$；而当 $x=0$ 时，$\Delta Z_1=\alpha_s J_c l_1$。可见淤积厚度随 x 线性增加，这与图中所示是完全一致的。当 $x_B=l_2-L_1\geqslant0$ 时，在 $0\leqslant x\leqslant x_B$ 时，按照图 9.4.3(b)，则有

$$\Delta Z_1 = \left[\frac{\alpha_s J_c(l_1+x_B)}{x_B}-J_0\right]x$$

当 $x=0$ 时，$\Delta Z_1=0$；当 $x=x_B$ 时，$\Delta Z=\alpha_s J_c(l_1+x_B)-x_B J_0$，可见淤积厚度随 x 线性增加。

这样，对照图 9.4.3(a)及图 9.4.3(b)，推移质淤积厚度为

$$\Delta Z_1 = \begin{cases} \dfrac{l_1\alpha_s J_c}{x_B}(x_B-x), & x_B<0,x_B\leqslant x\leqslant0 \\[2mm] \left[\dfrac{(l_1+x_B)\alpha_s J_c}{x_B}-J_0\right]x, & x_B>0,0\leqslant x\leqslant x_B \\[2mm] \alpha_s J_c l_1+(\alpha_s J_c-J_0)x, & x_B<0,0\leqslant x\leqslant l_2 \\[2mm] \alpha_s J_c(l_1+x_B)+(\alpha_s J_c-J_0)x-\alpha_s J_c x_B, & x_B\geqslant0,x_B\leqslant x\leqslant l_2 \end{cases} \tag{9.4.31}$$

由式(9.4.31)知，对于 $x_B<0$，当 $x=0$ 时，第一式得到 $\Delta Z_1=\alpha_s J_c l_1$，这与第三式在 $x=0$ 时的 ΔZ_1 是完全一致的；当 $x=l_2$ 时，第三式给出 $\Delta Z_1=\alpha_s J_c(l_1+l_2)-$

$J_0 l_2 = \alpha_s J_c l - J_0 l_2 = 0$，可见是正确的。对 $x_B \geqslant 0$，当 $x = x_B$ 时，第二式与第四式均给出 $\Delta Z_1 = \alpha_s J_c (l_1 + x_B) - J_0 x_B$；而当 $x = l_2$ 时，第四式为 $\Delta Z_1 = \alpha_s J_c (l_1 + x_B) + (\alpha_s J_c - J_0) l_2 - \alpha_s J_c x_B = \alpha_s J_c l - J_0 l_2 = 0$，这正是预期的。

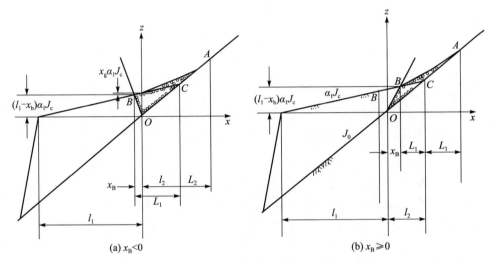

图 9.4.3　推移质侵占悬移质淤积部位的淤积厚度

至于推移质在 ABC 范围内的淤积厚度 ΔZ_2，不难由式(9.3.89)及图 9.4.3 确定。此时在计算推移质纵剖面高程时，要知道推移质淤积下端点的高程 Z_c，显然

$$Z_c = (l_1 + x_B) \alpha_s J_c \qquad (9.4.32)$$

为此，必须先知道悬移质淤积纵剖面或三角洲顶点的位置 l_1。三角洲到达坝前(或坝前段悬移质基本淤积平衡)与悬移质淤积完全平衡是有差别的，就淤积量来说差别是很小的，但是就淤积时间来说，差别就很大。因为两者之间的过程主要是水库滩面淤积与河槽的粗化淤积过程，而且进行很慢。考虑这一阶段尾部悬移质实际淤积物坡降已达到平衡坡降，加之推移质淤积的下延，悬移质淤积已无法后退，故而推移质与悬移质同时淤积过程宜从三角洲到达坝前终止，以后就是推移质覆盖悬移质淤积物的过程。

最后需要指出的是，前面给出的确定悬移质淤积参数和式(9.4.4)及式(9.4.6)等，是根据图 9.4.1 和图 9.4.2 等短时段概化图形进行的。当悬移质淤积与推移质同时进行时，在悬移质的洲面范围会有一些推移质淤积。当时段较长时，就发现这一点。图 9.4.2 在 $A_2 B_2 B_1 O A_1 A_2$ 范围内均是推移质淤积，它们实际侵占了悬移质三角洲尾部的范围，更具体地说，正是这种侵占的数量将影响悬移质三角洲的顶坡长度及推移质下延长度。按照图 9.4.2 所示，参照式(9.4.4)及式(9.4.18)，悬移质在洲面的淤积量为

$$W_{\text{s.f}} = \frac{\lambda_{\text{f}} G_{\text{s}} t}{\gamma'_{\text{s}}} = \frac{1}{2} B \alpha_{\text{s}} J_{\text{c}} \left(1 - \frac{\alpha_{\text{s}} J_{\text{c}}}{J_0}\right) l^2 - W_{\text{b.2}}$$

$$= \frac{1}{2} B \alpha_{\text{s}} J_{\text{c}} \left(1 - \frac{\alpha_{\text{s}} J_{\text{c}}}{J_0}\right) l^2 - \frac{1}{2} B_{\text{c}} \alpha_{\text{s}} J_{\text{c}} \left(1 - \frac{\alpha_{\text{s}} J_{\text{c}}}{J_0}\right) l L_1 \qquad (9.4.33)$$

即

$$\frac{2\lambda_{\text{f}}}{\alpha_{\text{s}}} \frac{J_0}{J_0 - \alpha_{\text{s}} J_{\text{c}}} \frac{G_{\text{s}} t}{\gamma'_{\text{s}} B_{\text{c}} J_{\text{c}}} = \frac{B}{B_{\text{c}}} l^2 - l L_1$$

于是得

$$l = \frac{1}{2} \frac{B_{\text{c}}}{B} L_1 + \sqrt{\frac{1}{4} \left(\frac{B_{\text{c}}}{B}\right)^2 L_1^2 + \frac{2\lambda_{\text{f}}}{\alpha_{\text{s}}} \frac{B_{\text{c}}}{B} \frac{J_0}{J_0 - \alpha_{\text{s}} J_{\text{c}}} \frac{G_{\text{s}} t}{\gamma'_{\text{s}} B_{\text{c}} J_{\text{c}}}} \qquad (9.4.34)$$

另外,由式(9.4.20)、式(9.4.18)及式(9.4.21)得

$$\frac{\mu \mu_{\text{b}} \gamma'_{\text{s}}}{\gamma'_{\text{b}}} \frac{G_{\text{s}} t}{\gamma'_{\text{s}} B_{\text{c}} J_{\text{c}}} = \frac{1}{6} \frac{J_0 - J_{\text{c}}}{J_{\text{c}}} \frac{1 - \lambda_1}{\lambda_1} L_1^2 + \frac{1}{2} \alpha_{\text{s}} \left(1 - \frac{\alpha_{\text{s}} J_{\text{c}}}{J_0}\right) l L_1 \qquad (9.4.35)$$

于是有

$$L_1 = \sqrt{\frac{9}{4} \alpha_{\text{s}}^2 \left(1 - \frac{\alpha_{\text{s}} J_{\text{c}}}{J_0}\right)^2 \left(\frac{J_{\text{c}}}{J_0 - J_{\text{c}}}\right)^2 \left(\frac{\lambda_1}{1 - \lambda_1}\right)^2 l^2 + 6 \frac{J_{\text{c}}}{J_0 - J_{\text{c}}} \frac{\lambda_1}{1 - \lambda_1} \frac{\mu \mu_{\text{b}} \gamma'_{\text{s}}}{\gamma'_{\text{b}}} \frac{G_{\text{s}} t}{\gamma'_{\text{s}} B_{\text{c}} J_{\text{c}}}}$$

$$- \frac{3}{2} \alpha_{\text{s}} \left(1 - \frac{a_{\text{s}} J_{\text{c}}}{J_0}\right) \frac{J_{\text{c}}}{J_0 - J_{\text{c}}} \frac{\lambda_1}{1 - \lambda_1} l \qquad (9.4.36)$$

联解式(9.4.34)及式(9.4.36),即可求得 l、L_1。把 $\mu_{\text{b}} = 0.02$ 及上述有关参数代入,有

$$l = \frac{L_1}{4} + \sqrt{\frac{L_1^2}{16} + 0.2857 \frac{J_0}{J_0 - \alpha_{\text{s}} J_{\text{c}}} \frac{G_{\text{s}} t}{\gamma'_{\text{s}} B_{\text{c}} J_{\text{c}}}} \qquad (9.4.37)$$

$$L_1 = \sqrt{1.1025 \left(1 - \frac{\alpha_{\text{s}} J_{\text{c}}}{J_0}\right)^2 \left(\frac{J_{\text{c}}}{J_0 - J_{\text{c}}}\right)^2 l^2 + 7.066 \frac{J_{\text{c}}}{J_0 - J_{\text{c}}} \mu_{\text{b}} \frac{G_{\text{s}} t}{\gamma'_{\text{s}} B_{\text{c}} J_{\text{c}}}}$$

$$- 1.05 \left(1 - \frac{a_{\text{s}} J_{\text{c}}}{J_0}\right) \frac{J_{\text{c}}}{J_0 - J_{\text{c}}} l \qquad (9.4.38)$$

当 $J_0 = 3.6 J_{\text{c}}$,且 $\sqrt{\dfrac{G_{\text{s}} t}{\gamma'_{\text{s}} B_{\text{c}} J_{\text{c}}}} = 859300\text{m}$ 时,由上述两式求得 $l = 535.10\text{km}$,$L_1 = 91.32\text{km}$。而如果不考虑推移质侵占悬移质淤积部位,则按照式(9.4.6),$l = 511.76\text{km}$;按照式(9.4.23),$L_1 = 93.66\text{km}$。即考虑推移质淤积后,顶坡长度增加 23.34km,推移质下延长度增加 2.34km。另外,如果考虑的淤积时间只是所述例子的一半,则 $\sqrt{\dfrac{G_{\text{s}} t}{\gamma'_{\text{s}} B_{\text{c}} J_{\text{c}}}} = 607617\text{m}$,$l = 378.37\text{km}$,$L_1 = 64.57\text{km}$。而不考虑推移质淤积侵占悬移质淤积部位时 $l = 361.87\text{km}$,$L_1 = 66.22\text{km}$,即考虑推移质淤积侵占后顶坡长度增加 16.50km,推移质下延长度减少 1.65km。在这两个例子的条件下,忽略了推移质侵占悬移质在末端的淤积部位,将使顶坡长度减少 5%以下,而

使 L_1 加大约 2.5%，$L_b=\dfrac{L_1}{\lambda_1}$ 加大约 5%。可见作为一般估算，忽略推移质淤积是可以接受的。然而对于推移质淤积，它侵占悬移质淤积部位的数量必须考虑。

9.4.2　推移质淤积两阶段的叠加

前面分别阐述了悬移质淤积平衡后推移质淤积的纵剖面和推移质与悬移质同时淤积时即第一阶段的纵剖面。现在给出这两个阶段推移质淤积的叠加。如图 9.4.4 所示，推移质淤积第一阶段，即悬移质达到平衡时推移质淤积体积为 $A_0B_0OC_0A_0$；第二阶段，即悬移质达到淤积平衡后，推移质淤积体积为 $A_1B_1B_0A_0A_1$。设第一阶段末第二阶段开始的时间为 t_0，第二阶段终了时刻为 t，此时推移质总淤积体积为 $A_1B_1B_0C_0A_0A_1+C_0B_0OC_0$。按照前面的式（9.3.93）、式（9.4.17）、式（9.4.18）、式（9.4.20）、式（9.4.23）及图 9.4.1，第一阶段推移质淤积量为

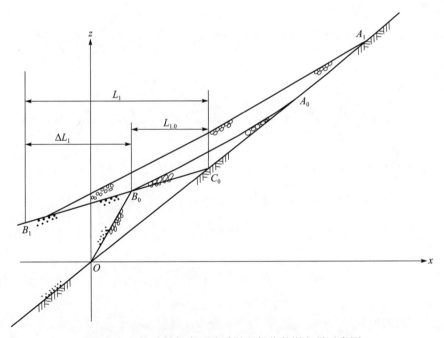

图 9.4.4　推移质侵占悬移质淤积部位的淤积量示意图

$$W_{b.0}=W_{b.0.1}+W_{b.0.2}=\frac{1}{6}B_c(J_0-J_c)\frac{1-\lambda_1}{\lambda_1}L_{1.0}^2+\frac{B_c}{2}\alpha_sJ_cl_1L_{1.0}$$

$$=\frac{1}{6}B_c(J_0-J_c)\frac{1-\lambda_1}{\lambda_1}L_{1.0}^2+\frac{B_c}{2}J_cK_sK_b\frac{G_st_0}{\gamma_s'B_cJ_c} \tag{9.4.39}$$

第二阶段淤积量为

$$W'_b = \frac{1}{6} B_c (J_0 - J_c) \frac{1 - \lambda_1}{\lambda_1} L_1^2 - W_{b.0.1} = \frac{1}{6} B_c (J_0 - J_c) \frac{1 - \lambda_1}{\lambda_1} (L_1^2 - L_{1.0}^2)$$

$$(9.4.40)$$

从开始至第二阶段末推移质总淤积量为

$$W_b = W_{b.0} + W'_b = \frac{1}{6} B_c (J_0 - J_c) \frac{1 - \lambda_1}{\lambda_1} L_1^2 + \frac{1}{2} B_c J_c K_s K_b \frac{G_s t_0}{\gamma'_s B_c J_c}$$

$$(9.4.41)$$

式中，K_s 由式(9.4.19)给出；K_b 为

$$K_b = \frac{L_{1.0}}{\sqrt{\dfrac{G_s t_0}{\gamma'_s B_c J_c}}}$$

$$(9.4.42)$$

将

$$W_b = \frac{\mu G_b t}{\gamma'_b} = \frac{\mu \mu_b G_s t}{\gamma'_b}$$

代入式(9.4.41)得

$$\frac{1}{6} B_c (J_0 - J_c) \frac{1 - \lambda_1}{\lambda_1} L_1^2 + \frac{1}{2} B_c J_c K_s K_b \frac{G_s t_0}{\gamma'_s B_c J_c} = \frac{\mu \mu_b B_c J_c \gamma'_s}{\gamma'_b} \frac{G_s t}{\gamma'_s J_c B_c}$$

$$(9.4.43)$$

即

$$L_1 = \sqrt{6 \left(\frac{\mu \mu_b \gamma'_s}{\gamma'_b} - \frac{1}{2} K_s K_b \frac{t_0}{t} \right) \frac{\lambda_1}{1 - \lambda_1} \frac{J_c}{J_0 - J_c}} \sqrt{\frac{G_s t}{\gamma'_s B_c J_c}} = K \sqrt{\frac{G_s t}{\gamma'_s B_c J_c}}$$

$$(9.4.44)$$

为了使式(9.4.44)较为明确，将前述各参数的值代入，则

$$K_b = \sqrt{0.315 \left(1 - \frac{0.7 J_c}{J_0}\right) \left(\frac{J_c}{J_0 - J_c}\right)^2 + 7.066 \mu_b \frac{J_c}{J_0 - J_c}}$$

$$- 0.5612 \frac{J_c}{J_0 - J_c} \sqrt{1 - \frac{0.7 J_c}{J_0}}$$

$$(9.4.45)$$

$$K_s = 0.3742 \sqrt{1 - \frac{0.7 J_c}{J_0}}$$

$$(9.4.46)$$

可见 L_1 仅取决于 $\sqrt{\dfrac{G_s t}{\gamma'_s B_c J_c}}$、$\mu_b$、$\dfrac{J_0}{J_c}$ 及 $\dfrac{t_0}{t}$。例如，当 $\dfrac{J_0}{J_c} = 3.6$，$\mu_b = 0.02$，$\dfrac{t_0}{t} = \dfrac{1}{2}$ 时，$K_b = 0.1094$，$K_s = 0.336$，同时将有关数值代入式(9.4.44)得

$$L_1 = K \sqrt{\frac{G_s t}{\gamma'_s B_c J_c}} = 0.182 \sqrt{\frac{G_s t}{\gamma'_s B_c J_c}}$$

由式(9.4.23)给出

$$L_{1.0} = K_b \sqrt{\frac{G_s t_0}{\gamma'_s B_c J_c}} = K_b \sqrt{\frac{t_0}{t}} \sqrt{\frac{G_s t}{\gamma'_s B_c J_c}} = 0.1094 \sqrt{\frac{t_0}{t}} \sqrt{\frac{G_s t}{\gamma'_s B_c J_c}}$$

从而

$$\frac{L_1}{L_{1.0}} = \frac{K}{K_b}\sqrt{\frac{t}{t_0}} = 1.67\sqrt{\frac{t}{t_0}}$$

此时 $\frac{t}{t_0} = 2$，故 $\frac{L_1}{L_{1.0}} = 2.36$。可见由于淤积体形态不一样，在同样的时间，设第一阶段下延淤积长度为 $L_{1.0}$，则到第二阶段经过同样的时间下延，淤积长度为 $L_1 = 2.36L_{1.0}$，比第一段增长 $1.36L_{1.0}$。为了进一步了解 L_1、$L_{1.0}$ 与 $\frac{J_0}{J_c}$、μ_b 等的关系，表 9.4.1 列出了不同 $\frac{J_0}{J_c}$、μ_b 条件下 K_b、K_s、K、$\frac{L_1}{L_{1.0}}$ 的值。表中取前后两阶段淤积时间 $\frac{t}{t_0} = 2$。从表中可看出三点：第一，在常见的 $\frac{J_0}{J_c}$ 范围内，推悬比对 K_b、K_s、$\frac{L_1}{L_{1.0}}$ 等的影响比 $\frac{J_0}{J_c}$ 要大。第二，$K = \dfrac{L_1}{\sqrt{\dfrac{G_s t}{\gamma_s' B_c J_c}}}$ 随着推悬比的增加而增加，这是很显然

的。第三，当 μ_b 很大时，在时间相同条件下第二阶段增加的相对淤积长度 $\Delta L = \dfrac{L_1}{L_{1.0}} - 1$ 有可能小于 1，如 $\frac{J_0}{J_c} = 3.6$ 和 5.0 时，$\mu_b \geqslant 0.05$ 和 $\mu_b \geqslant 0.03$ 就如此。这个结果应该是合理的，原因是当 J_c 不变、μ_b 很大时，推移质第二阶段淤积纵剖面就要塑造与来量相应的坡降，故淤积厚度增加，下移速度减慢，也即 L_1 增加受到限制。对此，还可从下面的例子予以理解。为了对推移质淤积长度 L_1、$L_{1.0}$ 有一个具体印象，这里举出两个例子。第一个例子是年悬移质来沙量 $G_s = 4.8 \times 10^8$t，$J_c = 0.5 \times 10^{-4}$，$J_0 = 1.8 \times 10^{-4}$，$B_c = 1000$m，$t_0 = 50$ 年，$t = 100$ 年，$\sqrt{\dfrac{G_s t}{\gamma_s' B_c J_c}} = 859338$m，$\mu_b = 0.02$。由表 9.4.1 查出，$K_b = 0.109$，$K_s = 0.336$，$K = 0.182$。根据式（9.4.42）得 $L_{1.0} = 66476$m，根据式（9.4.44）得 $L_1 = 156400$m。根据式（9.4.39）～式（9.4.41）得 $t_0 = 50$ 年时淤积量 $W_{b.0.1} = 0.957 \times 10^8$m³，$W_{b.0.2} = 3.393 \times 10^8$m³，$W_{b.0} = 4.350 \times 10^8$m³；第二阶段 $W_b' = 4.343 \times 10^8$m³，$W_b = 8.693 \times 10^8$m³，而按照推移质来量 50 年为 $\dfrac{\mu\mu_b G_s t_0}{\gamma_b'} = 0.018 G_s t_0 = 4.348 \times 10^8$m³，100 年为 8.696×10^8m³，由此可见，各部分淤积量均是闭合的，其中第一阶段淤积量 $W_{b.0.2} = 3.393 \times 10^8$m³ 是侵占了悬移质淤积部位的。其次，第二阶段推移淤积长度为 $L_b = 2L_1 = 312.8$km，而第一阶段仅 133.0km。第二个例子，除 $\mu_b = 0.05$ 外，其他参数与第一个例子完全相同。此时据表 9.4.1 查出，$K_b = 0.223$，$K_s = 0.336$，$K = 0.304$，从而得 $L_{1.0} = 135.5$km，$L_1 = 261.2$km，$L_b = 2L_1 = 522.4$km，$W_{b.0.1} = 3.98 \times 10^8$m³，$W_{b.0.2} = 6.916 \times 10^8$m³，$W_{b.0} = 10.896 \times 10^8$m³，$W_b' = 10.81 \times 10^8$m³，$W_b = 21.703 \times 10^8$m³，按推移质来量

100年为 $21.741 \times 10^8 \text{m}^3$。可见除计算误差外,彼此也是吻合的。但是从这个例子看出,50年淤积长度为271.0km,而100年淤积长度为522.4km,仅增加了93%。可见当推悬比大时,推移质淤积厚度在第二阶段增加快,以加大下段坡降,故下延相对较慢。事实上,上述两个例子,至100年除去推移质侵占悬移质淤积部位的淤积量 $W_{b.0.2}$ 外,第一个例子的平均淤积厚度为1.70m,而第二个例子为2.83m。

表 9.4.1 推移质和悬移质同时淤积时纵剖面参数

$\dfrac{J_0}{J_c}$	μ_b	K_b	K_s	K	$\dfrac{L_1}{L_{1.0}}$
	0.001	0.0078	0.302	0.0595	10.79
	0.005	0.0375	0.302	0.136	5.11
	0.01	0.0723	0.302	0.195	3.81
2.0	0.02	0.136	0.302	0.283	2.94
	0.03	0.193	0.302	0.353	2.59
	0.05	0.295	0.302	0.469	2.25
	0.10	0.502	0.302	0.692	1.95
	0.001	0.00692	0.336	0.0371	7.57
	0.005	0.0324	0.336	0.0855	3.73
	0.01	0.0607	0.336	0.124	2.90
3.6	0.02	0.109	0.336	0.182	2.36
	0.03	0.152	0.336	0.228	2.13
	0.05	0.223	0.336	0.304	1.93
	0.10	0.362	0.336	0.449	1.75
	0.001	0.0066	0.347	0.0301	6.44
	0.005	0.0304	0.347	0.0698	3.24
	0.01	0.559	0.347	0.102	2.57
5.0	0.0156	0.0808	0.347	0.131	2.29
	0.02	0.0985	0.347	0.150	2.16
	0.03	0.134	0.347	0.189	1.99
	0.05	0.194	0.347	0.251	1.83
	0.10	0.310	0.347	0.369	1.68

参 考 文 献

[1] 韩其为,童中均,姚于丽.丹江口水库汉江变动回水区冲淤特性分析//汉江丹江口水库水文泥沙实验文集.长江流域规划办公室水文局,1983.

[2] 韩其为.泥沙起动规律及起动流速.北京:科学出版社,1999.

[3] 韩其为.柏条河卵石输沙率及推移质采样效率试验.长江科学院,1967.

[4] 杉尾拾三朗.堰上游泥沙淤积现象试验.陆昌熙,译.泥沙研究,1956,1(1):110-114.

［5］　Мухамедов А. Лабораторные Исследованя Движения Донных Наносов и Промыва Занесенных Бьефов, Труды Института, Сооружений Выпуск Щ, Издательство Академии Наук УЗССР, 1952:128-170.

［6］　长江水利委员会水文局丹江口总站. 丹江口水库滞洪期推移质淤积测验与入库推移质估算. 长江水文技术报告, 1977.

［7］　韩其为, 何明民, 童中均, 等. 水库推移质淤积、变动回水区淤积及回水抬高. 泥沙研究, 1986, (2):3-18.

［8］　长江水利委员会水文局等. 原型观测及原型观测技术(一)//长江三峡工程泥沙与航运关键技术研究专题研究报告集(上册). 武汉:武汉工业大学出版社, 1993.

［9］　韩其为. 水库淤积. 北京:科学出版社, 2003.

［10］　韩其为. 非均匀沙推移质运动理论研究及其应用. 北京:中国水利水电科学研究院, 2011.

［11］　韩其为, 何明民. 泥沙运动统计理论. 北京:科学出版社, 1984.

［12］　韩其为, 何明民, 王崇浩. 卵石起动流速研究. 长江科学院院报, 1996, 2:12-17.

第 10 章　推移质理论在工程泥沙中的应用

10.1　推移质脉动规律及其在水文测验中的应用

本节根据推移质输沙率的特点,在已建立的泥沙运动统计理论基础上[1],进一步研究推移质脉动规律[2],导出有关方差和变差系数等数字特征,同时指出其在水文测验中的应用。

10.1.1　引言

实际资料表明,推移质的脉动是很强烈的,特别是在输沙率很低时尤其如此。这个问题的研究不仅对于揭露推移质运动的机理是必要的,在理论上有很大的价值,而且对水文测验工作有实际的意义。例如,在不同条件下,推移质取样历时究竟多大才能满足精度要求,这是推移质泥沙测验中需要解决的一个重要问题。

以下根据推移质输沙率的分布,研究推移质脉动规律及其在水文测验中的应用。对均匀沙、非均匀沙床沙级配固定以及非均匀沙床沙级配随机变化等情况,给出了测点输沙率的方差和变差系数等,还给出了断面总输沙率的变差系数与各测点输沙率变差系数的关系,从而有可能根据测量精度的要求确定采样历时。需要说明的是,本节提到的推移质测验误差(或变差系数)是指由推移质脉动引起的,即抽样误差,不包括观测的误差。然而实际资料表明,后者相对于前者常常是微不足道的。

10.1.2　推移质输沙率的数学期望及方差

第 6 章中已建立了输沙率的随机模型,并得到以颗数计的输沙率的概率分布为埃尔朗分布[1,2],即

$$W_K = P[\xi_K = K] = \frac{1}{K!}\left[\frac{\bar{K}}{1 - W_K(n)}\right]^K \left\{\sum_{K=1}^{N}\frac{1}{K!}\left[\frac{\bar{K}}{1 - W_K(N)}\right]^K\right\}^{-1}$$

由于当 N 充分大后,最大一颗 N 出现的概率 $W_K(N) \doteq 0$,故可写成

$$P[\xi_{q_n} = K] = \frac{\dfrac{\bar{q}_n^K}{K!}}{\displaystyle\sum_{L=0}^{N}\frac{\bar{q}_n^L}{L!}}, \quad K = 0, 1, \cdots, N \tag{10.1.1}$$

式中, ξ_{q_n} 表示随机变量的输沙率(以颗数计), q_n 表示它的取值, $\bar{q}_n = \overline{K}$ 表示以颗数计的平均输沙率; N 为最大饱和输沙率(颗数), $P[\ ]$ 表示集合 $[\ ]$ 的概率。若 $N \rightarrow \infty$, 则代替式(10.1.1)的是泊松分布, 即

$$P[\xi_{q_n} = K] = \frac{\bar{q}_n^K}{K!} \mathrm{e}^{-\bar{q}_n} \tag{10.1.2}$$

只要 N 较大, 用式(10.1.2)代替式(10.1.1)就有足够的精度。在以下的研究中将采用式(10.1.2), 但若采用式(10.1.1), 用同样的方法也可以得到类似的结果。

设在时间 t 内通过宽为 b 的以颗数计的输沙量为 ξ_{W_n}, 且

$$\xi_{W_n} = bt\xi_{q_n} \tag{10.1.3}$$

又 ξ_{W_n} 的数学期望 $M[\xi_{W_n}]$ 和方差 $D[\xi_{W_n}]$ 为

$$M[\xi_{W_n}] = \overline{W}_n = \bar{q}_n bt \tag{10.1.4}$$

$$D[\xi_{W_n}] = \overline{W}_n = \bar{q}_n bt \tag{10.1.5}$$

如果 bt 不是整数, 可调整时间的长短使 bt 恒取整数, 所以式(10.1.3)~式(10.1.5)恒成立。

以重量计的输沙率和输沙量显然为

$$\xi_{q_b} = \frac{\pi \gamma_s D^3}{6} \xi_{q_n} \tag{10.1.6}$$

$$\xi_{W_b} = \frac{\pi \gamma_s D^3 bt}{6} \xi_{q_n} = \frac{\pi \gamma_s D^3}{6} \xi_{W_n} \tag{10.1.7}$$

式中, γ_s 为泥沙比重; D 为泥沙直径。

相应的数学期望和方差为

$$M[\xi_{q_b}] = \frac{\pi \gamma_s D^3}{6} \bar{q}_n = \bar{q}_b \tag{10.1.8}$$

$$D[\xi_{q_b}] = \left(\frac{\pi \gamma_s D^3}{6}\right)^2 \bar{q}_n = \frac{\pi \gamma_s D^3}{6} \bar{q}_b \tag{10.1.9}$$

$$M[\xi_{W_b}] = \frac{\pi \gamma_s D^3}{6} bt\bar{q}_n = bt\bar{q}_b \tag{10.1.10}$$

$$D[\xi_{W_b}] = \frac{\pi \gamma_s D^3}{6} b^2 t^2 \bar{q}_b \tag{10.1.11}$$

在室内水槽进行试验, 以验证式(10.1.3), 试验结果与理论结果的对比如表6.1.1 所示, 可见理论与试验是符合的。表 6.1.1 中同时验证了埃尔朗分布式(10.1.1)及泊松分布式(10.1.2), 可见它们与实际资料均较符合, 并且彼此也十分接近。个别差别大一些的原因是 n 太小。例如, 资料 2 的 $n=6$ 稍大, 其与实际的符合程度就比其他两种好。

10.1.3　均匀沙实测点输沙率的误差

在实际水文测试中, 表示输沙率的不是颗数而是重量。设采样器口门宽度为

b,在时间 t 内进入采样器的泥沙重量为 W_b,则测得的输沙率可按式(10.1.12)计算:

$$\xi_{\hat{q}_b} = \frac{\xi_{W_b}}{bt} \tag{10.1.12}$$

现在来计算由此产生测得输沙率 $\hat{q}_b$ 的数学期望 $\bar{q}_b$、方差 $D[\xi_{q_b}]$ 及变差系数 C_v,由式(10.1.12)及式(10.1.10)、式(10.1.11)可得

$$M[\xi_{q_b}] = \frac{1}{bt}M[\xi_{W_b}] = \bar{q}_b \tag{10.1.13}$$

$$D[\xi_{q_b}] = \frac{\pi\gamma_s D^3}{6}\bar{q}_b \tag{10.1.14}$$

从而有

$$C_v = \frac{\sqrt{D[\xi_{q_b}]}}{M[\xi_{q_b}]} = \sqrt{\frac{\pi\gamma_s D^3}{6bt\bar{q}_b}} = \sqrt{\frac{1}{\bar{q}_n}} = \sqrt{\frac{1}{K}} \tag{10.1.15}$$

变差系数可用来描述测验的相对误差。由式(10.1.15)可见,输沙率越大,单颗泥沙重量越轻,t 越长,则变差系数越小。或者进入采样的平均颗数 $\bar{W}_n = K$ 越大,则变差系数越小。

利用宜昌与万县水文站推移质脉动试验资料[3]验证式(10.1.14)和式(10.1.15),如表10.1.2所示。表中列举了四个的资料,给出了它们重复取样次数和取样历时 t,以及相应的均方差 $\sigma' = \sqrt{D[\xi_{q_b}]}$ 和变差系数 C_v。

由式(10.1.14)及式(10.1.15)知,均方差为

$$C_v = \frac{\sqrt{D[\xi_{q_b}]}}{M[\xi_{q_b}]} = \sqrt{\frac{\pi\gamma_s D^3}{6\bar{q}_b}} = \frac{b}{K} \tag{10.1.16}$$

式中,K 表示单位时间进入采样器的泥沙颗数。

$$K = \frac{6b\bar{q}_b}{\pi\gamma_s D^3} = b\bar{q}_n \tag{10.1.17}$$

由于实测资料中对式(10.1.17)的参数 b 及 D 未标明,故不能由它求出 K。现在只能用实际资料反求 K,得到的结果已列入表10.1.1中。然后根据 K、t 求出 σ',并与实测 σ 进行对比,其结果也列入表10.1.1中。可见除第一点误差稍大外,其余均较为符合。此外,表中给出了由 σ' 及 $\bar{q}_s$ 计算的变差系数

$$C_v' = \frac{\sigma'}{\bar{q}_b} \tag{10.1.18}$$

与实测值的对比,可见彼此也是符合的。特别需要指出的是,所述四个资料都证实了测量误差 σ 与取样历时 t 的平方根成反比。

表 10.1.1　测点输沙率误差的野外资料验证

站名	项目	重复取样次数（次数）	历时/min	均方差 σ	$\dfrac{1}{\sqrt{t}}/s^{-1/2}$	K	$\sigma'=\dfrac{1}{K\sqrt{t}}$	$\overline{q}_b/(g/s)$	C_v	C_v'
宜昌站	卵石推移质	1	3	2.14	0.00745	0.0289	2.58	1.54	1.39	1.68
		3	9	1.47	0.043		1.49	1.52	0.966	0.980
		5	15	1.25	0.0333		1.15	1.52	0.825	0.757
		10	30	0.939	0.0235		0.817	1.44	0.654	0.567
宜昌站	卵石推移质	1	3	41.5	0.0745	0.0017	43.7	40	1.04	1.09
		3	9	24.6	0.043		26.2	33.7	0.619	0.748
		5	15	19.5	0.0333		19.5	39.7	0.490	0.491
		10	30	14.1	0.235		13.9	39.6	0.355	0.351
宜昌站	沙质推移质	1	0.5	271	0.182	0.00058	314	359*	0.756	0.875
		3	1.5	181	0.105		182	363*	0.479	0.504
		5	2.5	146	0.0816		141	364*	0.400	0.387
		10	5	114	0.0577		100	369*	0.310	0.271
万县站	卵石推移质	1	5	3.06	0.0577	0.0177	3.26	2.58	1.19	1.26
		2	10	2.21	0.0408		2.31	2.57	0.86	0.900
		3	15	1.92	0.0333		1.88	2.56	0.75	0.734
		6	30	1.59	0.0235		1.64	2.58	0.62	0.636

注:加"＊"表示宜昌站沙质推移质资料中原输沙率的小数点有错(错一位),已按此改正,此结果仅作参考。改正的根据是该文献中的曲线证实表中 q_s 是错误的。

现在将总的取样历时 t 分成 n 个时段,即 $t=\sum\limits_{i=1}^{n}t_i$,则有

$$t=\sum_{i=1}^{u}t_i\xi_{q_{b,i}}=\frac{\xi_{w_{b,i}}}{t_i}$$

$$W_n=\frac{q_b bt}{\frac{\pi}{6}\gamma_s D^3}=\overline{q}_n bt$$

注意到

$$M[\xi_{q_b}]=\sum_{i=1}^{n}\frac{t_i}{t}M[\xi_{q_{b,i}}]=\sum_{i=1}^{n}\frac{t_i}{t}\overline{q}_b=\overline{q}_b \tag{10.1.19}$$

$$D[\xi_{q_b}]=\sum_{i=1}^{n}\left(\frac{t_i}{t}\right)^2 D[\xi_{q_{b,i}}]=\sum_{i=1}^{n}\left(\frac{t_i}{t}\right)^2\frac{\pi\gamma D^3}{6bt_i}\overline{q}_{b,i}=\frac{\pi\gamma_s D^3}{6bt}\overline{q}_b \tag{10.1.20}$$

$$C_v=\frac{\sqrt{D[\xi_{q_b}]}}{M[\xi_{q_b}]}=\sqrt{\frac{\pi\gamma_s D^3}{6\pi t\overline{q}_b}} \tag{10.1.21}$$

则变差系数仍与式(10.1.15)相同。故有下述结论:如果测验总历时相同,各次取样相互独立,则重复取样与延长测验历时的一次取样对于降低变差系数有同样的

效果。

根据式(10.1.15)即可由给定的 C_v 和预估的输沙率 $\bar{q}_n$ 大小和粒径的粗细确定总的测验历时。或者相反,由测验历时来确定 C_v。例如,若已给 $C_v = 0.1$,$b = 0.5\text{m}$,$\bar{q}_n = 10$ 颗/min,则由 C_v 及式(10.1.15)可求出进入采样器的颗数 $W_n = 100$ 颗。若推移质的颗数输沙率 $\bar{q}_n = 10$ 颗/min,则测验历时应为 $t = \dfrac{W_n}{b\bar{q}_n} = \dfrac{100}{10} = 10\text{min}$。测验历时 t 需要 20min。然而更细致的做法是在误差 q_b 和置信区间$[\bar{q}_b - \Delta q_b, \bar{q}_b + \Delta q_b]$的置信率给定后,确定测验历时。此时有

$$P[\bar{q}_b - \Delta q_b \leqslant \xi_{q_b} \leqslant \bar{q}_b + \Delta q_b] = P\left[\frac{6bt(\bar{q}_b - \Delta q_b)}{\gamma_s \pi D^3}\right] \leqslant \xi_{W_n} \leqslant \left[\frac{6bt(\bar{q}_b + \Delta q_b)}{\gamma_s \pi D^3}\right]$$

$$= \sum_{K=K_1}^{K_2} \frac{1}{K!}\left(\frac{6bt\bar{q}_b}{\gamma_s \pi D^3}\right)^K e^{-\frac{6bt\bar{q}}{\gamma_s \pi D^3}} = \sum_{K=K_1}^{K_2} \frac{1}{K!} \frac{1}{(C_v^2)^{-K}} e^{-\frac{1}{C_v^2}} \tag{10.1.22}$$

式中,K_1 等于 $\dfrac{6bt(\bar{q}_b - \Delta q_b)}{\gamma_s \pi D^3}$ 的整数部分;K_2 等于 $\dfrac{6bt(\bar{q}_b + \Delta q_b)}{\gamma_s \pi D^3}$ 的整数部分加 1。当 q_b 预估后,对给定的 Δq_b 和相应的置信率,即可试算出 C_v 及取样历时 t。

10.1.4 非均匀床沙级配固定时测点输沙率的误差[2]

实际的床沙与推移质级配都是不均匀的,因此应该研究非均匀沙脉动。

现在考虑非均匀沙的输沙率分布,对于砾石和沙质河床,床面粗细不同的泥沙混合较好,因此可取床沙级配和推移质级配固定。显然,非均匀沙总输沙率 q_n 可表示为

$$\xi_{q_n} = \sum_{l=1}^{m} \xi_{q_{n.l}} \tag{10.1.23}$$

式中,$q_{n.l}$ 为非均匀沙中 l 组泥沙的输沙率;m 为泥沙分组的数目;l 为组的序号。取不同粗细泥沙按粒径组集中后再处于床面,所以 $q_{n.l}$ 的分布应该和均匀沙的分布遵循相同的规律,其分布也是泊松分布,其分布参数可由第 3 章非均匀沙的输沙率分布导出,设 $P_{1.l}$ 为 l 组粒径床沙的重量百分数,即床沙级配,$q_b(l)$ 表示全部泥沙均为 l 组的粒径泥沙时的输沙率,如果以 $P_{b.l}$ 表示 l 组粒径的推移质的重量百分数,即推移质级配,则有

$$\xi_{q_n} = P_{1.l}\xi_{q_n(l)} = P_{b.l}\xi_{q_n} \tag{10.1.24}$$

注意此处推移质级配 $P_{b.l}$ 与床沙级配 $P_{1.l}$ 的区别。时间 t 进入采样器的以颗数计的输沙量为

$$\xi_{W_n} = \sum_{l} \xi_{W_{n.l}} \tag{10.1.25}$$

此时 $\xi_{W_{n.l}}$ 为泊松分布，且

$$M[\xi_{W_{n.l}}] = \bar{q}_{n.l} b t \tag{10.1.26}$$

$$D[\xi_{W_{n.l}}] = \bar{q}_{n.l} (bt)^2 \tag{10.1.27}$$

以重计的总输沙率和总输沙量为

$$\xi_{q_b} = \sum_{l=1}^{m} \frac{\pi \gamma_s D_l^3}{6bt} \xi_{W_{n.l}} \tag{10.1.28}$$

$$\xi_{W_b} = \sum_{l=1}^{m} \frac{\pi \gamma D_l^3}{6} \xi_{W_{n.l}} \tag{10.1.29}$$

其数学期望与方差为

$$M[\xi_{q_b}] = \sum_{l=1}^{m} \frac{\pi \gamma_s D_l^3}{6} \bar{q}_{n.l} = \sum_{l=1}^{m} \bar{q}_{b.l} \tag{10.1.30}$$

$$D[\xi_{q_b}] = \sum_{l=1}^{m} \left(\frac{\pi \gamma_s D_l^3}{6bt} \right)^2 D[W_{n.l}] = \sum_{l=1}^{m} \frac{\pi \gamma_s D_l^3}{6bt} \bar{q}_{b.l} \tag{10.1.31}$$

$$M[\xi_{W_b}] = \sum_{l=1}^{m} \frac{\pi \gamma_s D_l^3}{6} \bar{q}_{n.l} b t = \sum_{l=1}^{m} \bar{q}_{b.l} b t \tag{10.1.32}$$

$$D[\xi_{W_b}] = \sum_{l=1}^{m} \frac{\pi \gamma D_l^3}{6} \bar{q}_{b.l} b t \tag{10.1.33}$$

此处根据式(10.1.24)，有

$$\bar{q}_{b.l} = P_{1.l} \bar{q}_b(l) = P_{b.l} \bar{q}_b \tag{10.1.34}$$

上面各式中，$\bar{q}_{b.l}$、$\bar{q}_b(l)$、$\bar{q}_b$、$\bar{q}_{n.l}$、$\bar{q}_n(l)$、$\bar{q}$ 分别表示以颗数计的输沙率和相应的以重量计的非均匀沙推移质分组输沙率和粒径为 l 的均匀沙的输沙率。

　　至于采样器测得的输沙率 $\bar{q}_s$ 仍由式(10.1.24)确定，故注意到式(10.1.32)和式(10.1.33)后，其数学期望和方差为

$$M[\xi_{q_b}] = \frac{1}{bt} M[\xi_{W_b}] = \sum_{l=1}^{m} \bar{q}_{b.l} = \bar{q}_b \tag{10.1.35}$$

$$D[\xi_{q_b}] = \frac{1}{(bt)^2} D[\xi_{W_b}] = \sum_{l=1}^{m} \frac{\pi \gamma_s D_l^3}{6bt} \bar{q}_{b.l} = \sum_{l=1}^{m} \frac{\pi \gamma_s D_l^3}{6bt} P_{b.l} \bar{q}_b \tag{10.1.36}$$

故变差系数为

$$C_v = \sqrt{\frac{D[\xi_{q_{b.l}}]}{M[\xi_{q_{b.l}}]}} = \sqrt{\frac{\pi \gamma_s}{6 \bar{q}_{b.l} b t} \sum_{l=1}^{m} D_l^3 P_{b.l}} \tag{10.1.37}$$

式中，$P_{b.l}$ 为推移质级配。

　　如果引进推移质当量粒径

$$D_0 = \sum_{l=1}^{m} D_l^3 P_{b.l} \tag{10.1.38}$$

则式(10.1.37)变化为

$$C_v = \sqrt{\frac{\pi \gamma_s D_0^3}{6 \bar{q}_b bt}} = \sqrt{\frac{1}{\bar{W}_n}} \tag{10.1.39}$$

此处 $\bar{W}_n = \dfrac{6bt\bar{q}_b}{\gamma_s \pi D_0^3}$ 为以当量粒径计的进入采样器的颗数,可见在级配固定的条件下,对于非均匀沙引进当量粒径,其变差系数与均匀沙的完全相同。

根据式(10.1.39),由给定的 C_v 及预估的 $\bar{q}_b$、R_l、$P_{t,l}$ 即可确定取样历时。或者相反,由取样历时确定 C_v。

再考虑重复取样的情况,由式(10.1.20)和式(10.1.21)得

$$M[\xi_{q_b}] = \sum_{i=1}^{n} \frac{t_i}{t} \bar{q}_b = \hat{q}_b$$

$$D[\xi_{q_b}] = \sum_{i=1}^{n} \left(\frac{t_i}{t}\right)^2 D[\xi_{q_{b,i}}] = \sum_{i=1}^{n} \left(\frac{t_i}{t}\right)^2 \sum \frac{\pi \gamma_s D_l^3}{6bt_i} P_{b,l} \bar{q}_b = \sum_{i=1}^{m} \frac{\pi \gamma_s D_l^3}{6bt\bar{q}_b} P_{b,l} = \sqrt{\frac{\pi \gamma_s D_0^3}{6bt\bar{q}_b}}$$

$$C_v = \frac{\sqrt{D[\xi_{q_b}]}}{M[\xi_{q_b}]} = \sqrt{\frac{\pi \gamma_s D_0^3}{6\bar{q}_b bt}} = \sqrt{\frac{1}{\bar{W}_n}}$$

将上述各式比较后知,对于级配固定的非均匀沙,在取样历时相同的条件下,一次取样与多次重复取样的误差是相同的。

10.1.5 非均匀床沙级配随机变化时测点输沙率的误差

对于卵石河床,一方面,在不同河段、不同部位,床沙粒径变化大;另一方面,由于冲淤频繁,分选作用容易显露,因此在一个局部的床面点,颗粒的粗细又较均匀。这就是说,就整个床面看,床沙粒径变化范围大,变化多,但就局部讲,粒径变化范围又较小。换言之,整个床面是由大量均匀颗粒的小块床面随机组成的,当然与床沙级配随机变化相对应,推移质级配也是随机变化的。

若对床沙进行随机抽样,以 B_l 表示抽样的泥沙为第 l 组粒径的事件,显然其概率应与 l 组粒径泥沙在床面的面积百分数相同,也就是该组粒径的重量百分数相同,即

$$P[B_l] = P_{1,l}, \quad L = 1,2,3,\cdots,m \tag{10.1.40}$$

事件 B_l 是相互独立的,对应于 l 组的粒径的输沙率,应与粒径为 D_l 的均匀沙有相同的分布,即 $\xi_{W_n(l)}$ 为泊松分布,所以

$$M[\xi_{W_n}] = \sum_{l=1}^{m} M[\xi_{W_n} \mid \xi_{B_l} = B_l] P_{1,l} = \sum_{l=1}^{m} P_{1,l} M[\xi_{W_n(l)}] = \sum_{l=1}^{m} P_{1,l} \bar{W}_n(l) \tag{10.1.41}$$

$$M[\xi_{W_n}^2] = \sum_{l=1}^{m} M[\xi_{W_n}^2 \mid \xi_{B_l} = B_l] P_{1,l} = \sum_{l=1}^{m} P_{1,l} M[\xi_{W_n(l)}^2] = \sum_{l=1}^{m} P_{1,l} [\bar{W}_n^2 + W_n(l)] \tag{10.1.42}$$

注意到

$$\xi_{W_{b}(l)} = \frac{\pi \gamma_{s} D^3}{6} \xi_{W_{n}(l)} \tag{10.1.43}$$

以及式(10.1.41)、式(10.1.42)之后得

$$M[\xi_{W_{b}}] = \sum_{l=1}^{m} M[\xi_{W_{b}} \mid \xi_{B} = B_{l}] P[B_{l}]$$

$$= \sum_{l=1}^{m} P_{1.l} M[\xi_{W_{b}(l)}] - \sum_{l=1}^{m} P_{1.l} \frac{\pi \gamma_{s} D^3}{6} \bar{W}_{n}(l)$$

$$= \sum_{l=1}^{m} P_{1.l} \bar{W}_{b}(l) = \sum_{l=1}^{m} P_{1.l} \bar{q}_{b}(l) bt = \bar{q}_{b} bt \tag{10.1.44}$$

与式(10.1.34)相同,应有

$$P_{1.l} W_{b}(l) = P_{b.l} W_{b}$$

$$M[\xi_{W_{b}}^{2}] = \sum_{l=1}^{m} M[\xi_{W_{b}}^{2} \mid \xi_{B_{l}} = B_{l}] P_{1.l}$$

$$= \sum_{l=1}^{m} P_{1.l} M[\xi_{W_{b}(l)}^{2}]$$

$$= \sum_{l=1}^{m} P_{1.l} \left(\frac{\pi \gamma_{s} D_{l}^3}{6} \right)^2 M[\bar{W}_{n}^{2}(l) + \bar{W}_{n}(l)]$$

$$= \sum_{l=1}^{m} P_{1.l} \left[\bar{W}_{b}^{2}(l) + \frac{\pi \gamma_{s} D_{l}^3}{6} \bar{W}_{b}(l) \right]$$

$$= \sum_{l=1}^{m} P_{1.l} \left[\bar{q}_{b}^{2}(l) b^2 t^2 + \frac{\pi \gamma_{s} D_{l}^3}{6} \bar{q}_{b}(l) bt \right]$$

$$= \sum_{l=1}^{m} \frac{P_{b.l}^{2}}{P_{1.l}} \bar{q}_{b}^{2} b^2 t^2 + \sum_{l=1}^{m} \frac{\pi \gamma_{s} D_{l}^3}{6} P_{b.l\ l} \bar{q}_{b} bt$$

$$= \sum_{l=1}^{m} \frac{P_{b.l}^{2}}{P_{1.l}} \bar{q}_{b}^{2} b^2 t^2 + \frac{\pi \gamma_{s} D_{0}^3}{6} \bar{q}_{b} bt \tag{10.1.45}$$

此外 D_0 为当量直径,由式(10.1.38)决定。

$$D[\xi_{W_{b}}] = M[\xi_{W_{b}}^{2}] - M[\xi_{W_{b}}]^2 = \left[\sum_{l=1}^{m} \left(\frac{P_{b.l}^{2}}{P_{1.l}} \right) - 1 \right] \bar{q}_{b}^{2} b^2 t^2 + \frac{\pi \gamma_{s} D^3}{6} \bar{q}_{b} bt \tag{10.1.46}$$

另外,由式(10.1.12)、式(10.1.44)、式(10.1.46)得到采样器测得的输沙率的
数学期望、方差以及变差系数为

$$M[\xi_{q_{b}}] = M\left[\frac{1}{bt} \xi_{W_{b}} \right] = \frac{1}{bt} \bar{q} bt = \bar{q}_{b} \tag{10.1.47}$$

$$D[\xi_{q_{b}}] = D\left[\frac{1}{bt} \xi_{W_{b}} \right] = \frac{1}{(bt)^2} \left[\sum_{l=1}^{m} \left(\frac{P_{b.l}^{2}}{P_{1.l}} - 1 \right) \right] \bar{q}^{2} b^2 t^2 + \frac{\pi \gamma_{s} D_{0}^3}{6} \bar{q}_{b} bt$$

$$= \left[\sum_{l=1}^{m} \left(\frac{P_{b.l}^{2}}{P_{1.l}} - 1 \right) \right] \bar{q}_{b}^{2} + \frac{\pi \gamma_{s} D_{0}^3}{6bt} \bar{q}_{b} \tag{10.1.48}$$

$$C_v = \frac{\sqrt{D[\xi_{q_b}]}}{M[\xi_{q_b}]} = \sqrt{\sum_{l=1}^{m}\left(\frac{P_{b.l}^2}{P_{1.l}}-1\right)+\frac{\pi\gamma_s D_0^3}{6\bar{q}_b bt}} \qquad (10.1.49)$$

注意到 $\sum P_{b.l}=1$；$\sum P_{1.l}=1$，则不难证明

$$\sum_{l=1}^{m}\frac{P_{b.l}^2}{P_{1.l}} \geqslant 1 \qquad (10.1.50)$$

因此，床沙粒径随机变化时的 C_v 比床沙级配固定时要大。对预估的 $P_{1.l}$、$P_{b.l}$ 在给定的 C_v 值下，即可求出采样器应取的总输沙量。这样估计了输沙率即可求得测验历时。

根据长江宜昌水文站实测的推移质脉动资料[3]检验了式（10.1.49），如表 10.1.2 所示。可见理论结果和实测资料是符合的。

表 10.1.2　推移质脉动的变差系数理论值与实测值对比

测点号	$\bar{q}_b/(\text{g/m}\cdot\text{s})$	一次取样历时/s	C_v（一次取样）	
			实测	理论
1	5.50	183.27	1.32	1.32
2	49.0	181.97	1.33	1.18

另外，

$$\xi_{q_b} = \sum_{i=1}^{n}\frac{t_i}{t}\xi_{q_b} \qquad (10.1.51)$$

$$M[\xi_{q_b}] = \sum_{i=1}^{n}\frac{t_i}{t}M[\xi_{\bar{q}_b}] = \sum_{i=1}^{n}\frac{t_i}{t}\bar{q}_b = \bar{q}_b \qquad (10.1.52)$$

$$D[\xi_q] = \sum_{i=1}^{n}\left(\frac{t_i}{t}\right)^2 D[\xi_{\bar{q}_b}] = \sum_{i=1}^{n}\left(\frac{t_i}{t}\right)^2\sum_{i=1}^{n}\left(\frac{P_{b.l}^2}{P_{1.l}}-1\right)\bar{q}_b^2 + \frac{\pi\gamma_s D_0^3}{6bt}\bar{q}_b \qquad (10.1.53)$$

若取

$$t_i = \frac{t}{n}$$

则

$$C_v = \sqrt{\frac{1}{n}\sum_{l=1}^{n}\left(\frac{P_{b.l}^2}{P_{1.l}}-1\right)+\frac{\pi\gamma_s D_0^3}{6\bar{q}_b bt}} \qquad (10.1.54)$$

由此可见，对于床沙级配随机变化的情况，在总历时相同的条件下，多次重复取样的变差系数比一次取样的式（10.1.49）为小。这与均匀沙或非均匀沙且床沙级配固定时的结果是不相同的。在给定 C_v 及预估 $P_{1.l}$ 的条件下，根据式（10.1.54）即可求出应采样的总输沙量，再根据预估的总输沙率可确定取样历时。

10.1.6 断面输沙率的误差

设在横断面内推移质取样点共有 m_1 个,各点测得的输沙率为 $\xi_{\bar{q}}$,各测点所控制的宽度为 b_j 总宽度为 B,则

$$B = \sum_{j=1}^{m_1} b_j \tag{10.1.55}$$

断面平均输沙率为

$$\xi_{\bar{q}_b} = \sum_{j=1}^{m_1} \frac{b_j}{B} \xi_{\bar{q}_{b,j}} \tag{10.1.56}$$

在各测点输沙率相互独立的条件下,有

$$M[\xi_{\bar{q}_b}] = \sum_{j=1}^{m_1} \frac{b_j}{B} M[\xi_{\bar{q}_{b,j}}] = \sum_{j=1}^{m_1} \frac{b_j}{B} \bar{q}_{b,j} \tag{10.1.57}$$

$$D[\xi_{\bar{q}_b}] = \sum_{j=1}^{m_1} \left(\frac{b_j}{B}\right)^2 D[\xi_{\bar{q}_{b,j}}] = \sum_{j=1}^{m} \left(\frac{b_j}{B}\right)^2 \bar{q}_{b,j}^2 \left(\mu_j - 1 + \frac{\pi \gamma_s D_{0,j}^3}{6 b t_j \bar{q}_{b,j}}\right)$$

式中,

$$\mu_j = \begin{cases} \sum_{l=1}^{m} \dfrac{P_{b,l,j}^2}{P_{1,l,j}}, & \text{床沙为非均匀沙,级配为随机变量} \\ 1, & \text{其余} \end{cases} \tag{10.1.58}$$

$$D_{0,j} = \begin{cases} \sum_{l=1}^{m} P_{b,l,j} D_l^3, & \text{非均匀沙} \\ D_j, & \text{均匀沙} \end{cases} \tag{10.1.59}$$

而下标 j 表示测点编号,由式(10.1.57)和式(10.1.58)得到变差系数为

$$C_v = \frac{\sqrt{D[\xi_{\bar{q}_b}]}}{M[\xi_{\bar{q}_b}]} = \sqrt{\sum_{j=1}^{m_1} \left(\frac{b_j}{B}\right)^2 \frac{\bar{q}_{b,j}^2}{\bar{q}_b^2} \left(\mu_j - 1 + \frac{\pi \gamma_s D_{0,j}^3}{6 \bar{q}_{b,j} b_j t}\right)} \tag{10.1.60}$$

式中,

$$\bar{q}_b = \sum_{j=1}^{m_1} \frac{b_j}{B} \bar{q}_{b,j} \tag{10.1.61}$$

从式(10.1.60)可以看出,对于固定测点,其 b_j、$\bar{q}_{b,j}$ 越大,对断面平均输沙率误差的影响越大。设已给定了 C_v,根据 $\dfrac{b_j}{B}$ 及预估的 $\dfrac{\bar{q}_{b,j}}{\bar{q}_b}$ 和 μ_j 等,则可以在总历时较短的情况下,分配各点的 $\dfrac{\pi \gamma_s D_{0,j}^3}{6 \bar{q}_{b,j} b t}$,以及在预估 $\bar{q}_{b,j}$ 条件下确定各测点的取样历时。

10.2　卵石推移质岩性及汇入百分数的调查估算

由于卵石推移质实测资料少,加之测验方法存在的问题,确定其数量往往需要多种途径同时进行研究,除水文站观测外,还包括实地调查分析、地形测量资料的估算、推移质公式的计算以及水槽和模型试验等。除公式计算外,本章也要介绍其他的方法。其次,通过岩性差别研究确定干支流汇入百分比虽然只能确定相对的数量,但是如果卵石岩性有一定差别,这是一种可靠的方法。

利用河段卵石岩性的差别,定性地判断卵石来源,我国南京大学地理系研究三峡水库卵石推移质来源时曾使用过[4]。韩其为和魏特利用岩性作为卵石的标记,首次定量地导出了干支流推移质的汇入百分数[5],并用到三峡水库,突破了过去的定性判断。1967 年日本在神通川也采用了这种原理[6]导出了方程,但计算方法有所差别。本节的分析计算采用文献[5]的方法。

10.2.1　由岩性确定干支流卵石汇入百分数

对于较大河流,干支流以及它们的不同河段的卵石岩性是有差别的。这种差别对卵石的来源是一种自然标记,而且能反映数量的大小。图 10.2.1 为干支流的联结情况,其中断面 1 和 3 为干流在支流汇入前后的断面,而断面 2 为支流汇入干流前的断面,令 K 表示断面编号,$Q_b^{(K)}$($K=1,2,3$)代表干支流的推移质总输沙量,$P_b^{(K)}$ 表示各断面推移质泥沙级配,即推移质中第 i 组粒径所占重量的百分数,$P_{b.i.j}^{(K)}$ 为第 i 组粒径中第 j 组岩性所占百分数。当三个断面相距很近时,可以忽略冲淤及磨损,从而有[5]

$$Q_b^{(3)}(i.j) = Q_b^{(1)}(i.j) + Q_b^{(2)}(i.j) \tag{10.2.1}$$
$$Q_b^{(3)}(i.j)P_{b.i.j}^{(3)} = Q_b^{(1)}(i.j)P_{b.i.j}^{(1)} + Q_b^{(2)}(i.j)P_{b.i.j}^{(2)} \tag{10.2.2}$$

式中,$Q_b^{(K)}(i.j)$ 为由 $P_b^{(1)}(i.j)$ 确定的推移质总数量;$Q_b^{(K)}(i.j)P_b^{(K)}(i.j)$ 为第 i 组粒径第 j 组岩性的推移质数量,由于不同岩性得到的推移质总量 $Q_b^{(K)}$ 实际上不完全相等,故标以 $i.j$。差别的原因是,实际上不同岩性、不同粒径汇入的百分数本来不一样,以及加之测量误差(如岩性野外鉴别误差)等。由式(10.2.2)得

$$Q_b^{(3)}(i.j)P_{b.i.j}^{(3)} = Q_b^{(1)}(i.j)P_{b.i.j}^{(1)} + [Q_b^{(3)}(i.j) - Q_b^{(1)}(i.j)]P_{b.i.j}^{(2)}$$

即

$$\lambda_{i.j}^{(1)} = \frac{Q_b^{(1)}(i.j)}{Q_b^{(3)}(i.j)} = \frac{P_{b.i.j}^{(3)} - P_{b.i.j}^{(2)}}{P_{b.i.j}^{(1)} - P_{b.i.j}^{(2)}}, \quad \lambda_{i.j}^{(1)} \geqslant 0$$

$$\lambda_{i.j}^{(2)} = \frac{Q_b^{(2)}(i.j)}{Q_b^{(3)}(i.j)} = \frac{P_{b.i.j}^{(3)} - P_{b.i.j}^{(1)}}{P_{b.i.j}^{(2)} - P_{b.i.j}^{(1)}}, \quad \lambda_{i.j}^{(2)} \geqslant 0$$

式中,$\lambda_{i.j}^{(K)}$ 表示据岩性级配 $P_{b.i.j}^{(K)}$ 算出的河段 $K=1$、2 时的汇入百分数。

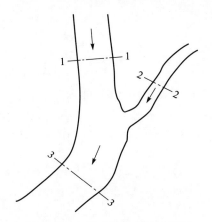

图 10.2.1　干支流的联结示意图

　　由于研究的是推移质汇入，所以采用了推移质岩性级配。但是由于推移质岩性样品较少，且注意到对于不同的岩性，颗粒容重差别不大，可认为在同粒径下，推移质岩性百分数与床沙岩性百分数相同，即

$$P_{\mathrm{b}.i.j}^{(K)} = P_{1.i.j}^{(K)} \qquad (10.2.3)$$

式中，$P_{1.i.j}$ 为床沙岩性百分数。这样式（A）及式（B）变为

$$\lambda_{i.j}^{(1)} = \frac{Q_{\mathrm{b}}^{(1)}(i.j)}{Q_{\mathrm{b}}^{(3)}(i.j)} = \frac{P_{1.i.j}^{(3)} - P_{1.i.j}^{(2)}}{P_{1.i.j}^{(1)} - P_{1.i.j}^{(2)}} \qquad (10.2.4)$$

$$\lambda_{i.j}^{(2)} = \frac{Q_{\mathrm{b}}^{(2)}(i.j)}{Q_{\mathrm{b}}^{(3)}(i.j)} = \frac{P_{1.i.j}^{(3)} - P_{1.i.j}^{(1)}}{P_{1.i.j}^{(2)} - P_{1.i.j}^{(1)}} \qquad (10.2.5)$$

　　相反，对于不同粒径，推移质粒径的级配不同于床沙级配，但是曾经从理论上给出了推移质级配 $P_{1.i}$ 与床沙级配 $P_{\mathrm{b}.i}$ 的关系

$$P_{\mathrm{b}.i} = \left(\frac{D_i}{\bar{D}}\right)^m P_{1.i} \qquad (10.2.6)$$

对于卵石，一般可取 $m = \dfrac{5}{6}$。式中，

$$\bar{D} = \frac{1}{\left(\sum \dfrac{P_{1.i}}{D_i^m}\right)^{\frac{1}{m}}} \qquad (10.2.7)$$

有了推移质粒径的级配，不难确定河段 1 及 2 的推移质平均数量及汇入百分数。对于推移质平均汇入量，有

$$Q_{\mathrm{b}}^{(1)} = \sum_{i=1}^{N_i} \sum_{j=1}^{N_j} \lambda_{i.j}^{(1)} Q_{\mathrm{b}}^{(3)} P_{\mathrm{b}.i}^{(3)} P_{1.i.j}^{(3)} = Q_{\mathrm{b}}^{(3)} \sum_{i=1}^{N_i} P_{\mathrm{b}.i}^{(3)} \sum_{j=1}^{N_j} \lambda_{i.j}^{(1)} P_{1.i.j}^{(3)}$$

即

$$\lambda^{(1)} = \frac{Q_{b}^{(1)}}{Q_{b}^{(3)}} = \sum_{i=1}^{N_i} P_{b.i}^{(3)} \sum_{j=1}^{N_j} \lambda_{i.j}^{(1)} P_{1.i..j}^{(3)} = \sum_{i=1}^{N_i} \frac{\dfrac{P_{1.i}^{(3)}}{D_i^m}}{\sum_{l=1}^{N_i} \dfrac{P_{1.l}^{(3)}}{D_l^m}} \sum_{j=1}^{N_j} \lambda_{i.j}^{(1)} P_{1.i.j}^{(3)} \quad (10.2.8)$$

此处利用了推移质岩性百分数与床沙相同,即利用了式(10.2.3),而 N_i 为粒径组数, N_j 为岩性组数, $Q_b^{(3)} P_{b.i}^{(3)} P_{1.i.j}^{(3)}$ 为断面 3 第 i 组粒径第 j 组岩性的卵石推移量,而乘以 $\lambda_{i.j}^{(1)}$ 后即为相应的断面 1 的卵石数量。式(10.2.8)还可写成两段:

$$\lambda_i^{(1)} = \sum_{j=1}^{N_j} \lambda_{i.j}^{(1)} P_{1.i.j}^{(3)} \quad (10.2.9)$$

而

$$\lambda^{(1)} = \sum_{i=1}^{N_i} P_{b.i}^{(3)} \lambda_i^{(1)} = \sum_{i=1}^{N_i} \frac{\dfrac{P_{1.i}^{(3)}}{D_i^m}}{\sum_{l=1}^{N_i} \dfrac{P_{1.l}^{(3)}}{D_l^m}} \lambda_i^{(1)} \quad (10.2.10)$$

这样意义更明确: $\lambda_i^{(1)}$ 为不同粒径的汇入百分数。类似地

$$\lambda_i^{(2)} = \sum_{j=1}^{N_j} P_{1.i.j}^{(3)} \lambda_{i.j}^{(2)} \quad (10.2.11)$$

$$\lambda^{(2)} = \sum_{i=1}^{N_i} P_{b.i}^{(3)} \lambda_i^{(2)} = \sum_{i=1}^{N_i} \frac{\dfrac{P_{1.i}^{(3)}}{D_i^m}}{\sum_{l=1}^{N_i} \dfrac{P_{1.l}^{(3)}}{D_l^m}} \lambda_i^{(2)} \quad (10.2.12)$$

10.2.2　利用岩性确定汇入百分数的实例

现在举一实例,说明利用床沙级配和岩性级配计算卵石推移质汇入百分数。表10.2.1列出了川江三个河段的粒径级配及岩性级配,以及按式(10.2.4)计算的各种岩性的 $\lambda_{i.j}^{(1)}$。由表可以看出如下几点。第一,不同粒径不同岩性的汇入百分数 $\lambda_{i.j}^{(1)}$ 的差别是很大的,这主要取决于河段的推移质特性与卵石岩性分布。例如,表中河段 1 为长江干流(泸州至重庆),而河段 2 为支流嘉陵江。由于河段 2 来的卵石比河段 1 明显偏细($D<4\text{cm}$ 达 39.6%),故河段 1 这一部分颗粒的汇入百分数相对偏小,即 $\lambda_{i.j}^{(1)} < \lambda_{i.j}^{(2)} = 1 - \lambda_{i.j}^{(1)}$;反之,对于中、粗颗粒, $\lambda_{i.j}^{(1)}$ 则相对偏大。第二,孤立地从河段 1 和河段 2 看,它的岩性百分数 $P_{b.i.j}$ 大小不能反映它的汇入百分数大小,正如式(10.2.4)和式(10.2.5)表明的。例如,嘉陵江岩性 1 占的百分数很大,但是其中汇入百分数 $\lambda_{i.j}^{(2)} = 1 - \lambda_{i.j}^{(1)}$ 却很小,反之对于河段 2,尽管缺乏第三种岩性,但是 $\lambda_{i.j}^{(2)} = 1 - \lambda_{i.j}^{(1)}$ 仍有一定数量。第三,式(10.2.4)及式(10.2.5)的限制条件是 $\lambda_{i.j}^{(1)}$ 及 $\lambda_{i.j}^{(2)}$ 要大于和等于 0。这是很显然的,否则就说明资料有误差。在表中对 $D>10\text{cm}$ 的"其他岩性(岩性 5)"就不能满足上述条件,故不能计算 $\lambda_{i.j}$。

表 10.2.1　川江涪陵至江津及嘉陵江卵石岩性组成

河名	河段名称（编号）	粒径级配		岩性级配					$\lambda_{i,j}^{(1)}$					
		D/cm	百分数	石英岩(1)	火成岩(2)	花岗岩(3)	玄武岩(4)	其他岩性(5)	石英岩(1)	火成岩(2)	花岗岩(3)	玄武岩(4)	其它岩性(5)	平均
长江（川江段）	泸州至重庆(1)	>10	0.422	0.338	0.265	0.127	0.013	0.257	0.904	0.815	0.827	0.385		0.861
		10~4	0.442	0.271	0.261	0.106	0.246	0.116	0.809	0.880	0.991	0.534	0.587	0.753
		<4	0.136	0.275	0.219	0.071	0.319	0.116	0.685	0.693	0.789	0.607	0.589	0.659
		全部	1.000											
嘉陵江	合川至重庆(2)	>10	0.165	0.712	0	0	0	0.288						
		10~4	0.437	0.686	0.002	0	0.008	0.312						
		<4	0.396	0.713	0.007	0	0.006	0.274						
		全部	1.000											
长江（川江段）	重庆至涪陵(3)	>10	0.369	0.374	0.216	0.105	0.005	0.300						
		10~4	0.376	0.350	0.230	0.088	0.135	0.197						
		<4	0.255	0.413	0.154	0.056	0.196	0.181						
		全部	1.000											

表 10.2.2　卵石推移质平均汇入百分数计算

河名	河段	粒径级配			$\sum P_{i,i,j}^{(3)}$	$\lambda_i^{(1)}$	$\lambda^{(1)}$
		D/cm	$P_{i,i,j}^{(3)}$	$P_{k,i}^{(3)}$			
长江川江段	重庆至涪陵(3)	>10	0.369	0.167	0.700	0.861	
		10~4	0.376	0.321	1.000	0.761	
		<4	0.255	0.512	1.000	0.659	
		全部	1.000	1.000			0.725
		平均粒径/cm	8.83	5.78			

根据式(10.2.9)及式(10.2.10)由表 10.2.1 中数据计算的 $\lambda_i^{(1)}$、$\lambda^{(1)}$ 以及由式(10.2.6)计算的推移质级配均列入表 10.2.2 中。可见最终求出川江重庆以上河段汇入长江的卵石推移质百分数为 $\lambda^{(1)}=0.725$，嘉陵江为 $\lambda^{(2)}=1-\lambda^{(1)}=0.275$。所述这些数字与实际资料是符合的。例如,据文献[4]寸滩卵石推移质 $D_{50}=5.7\text{cm}$,而据文献[3]寸滩床沙级配 $D_{50}=9.0\text{cm}$,这与表 10.2.2 中计算的 $D_{50}=5.78\text{cm}$ 和 $D_{50}=8.83\text{cm}$ 几乎是一致的。文献[5]根据卵石浅滩冲淤量及疏浚量分析,重庆河段(嘉陵江汇入后)年卵石输沙量为 27 万～30.9 万 cm^3,平均约为 29 万 cm^3。而根据嘉陵江河床卵石覆盖量及堆积时间 6000 年估计[6],其出口卵石推移质约为 7 万 cm^3。这样,嘉陵江汇入百分数为 24.1%,与表 10.2.2 中由岩性估计的 27.5% 基本符合。这个结果表明,与寸滩水文站 20 世纪 80 年代以前测量的成果 28 万 t 也是基本符合的。所述结果表明,只要岩性鉴别可靠,利用上述估算推移质汇入百分数是有一定精度的。

此处需要指出的是,1966 年提出的计算卵石推移质汇入百分数是借用床沙级配计算的。后来日本提出的类似结果也是如此[3],即忽略了推移质级配与床沙级配的差异,而采用床沙级配加权求平均汇入百分数。当干支流卵石推移质级配粗细差别很大时,这种方法显然会引入一定误差。这一次利用推移质级配与床沙级配关系直接采用推移质级配进行计算,显然是正确的。从表 10.2.2 可以看出,推移质级配比床沙级配要偏细很多,并且计算的推移质级配的 $D_{50}=5.78\text{cm}$,与寸滩实测的 $D_{50}=5.7\text{cm}$ 也是一致的。第二,文献[5]在计算汇入百分数时是考虑了一定流域内多个支流汇入一起建立线性方程组,由于存在岩性误差,方程个数大于未知数个数,而成为矛盾方程组,故用最小二乘法求拟合方程组。这种做法在形式上似乎有根据,但是由于流域范围大,卵石分选和磨损的影响大。此处采用的方法[5]是,一方面建立在短河段上,避免卵石分选与磨损的影响;另一方面对不同岩性分别计算,便于分析其合理性,再采用平均的方法解决各种岩性、不同粒径汇入百分数的平均值。当然尚需提及的是,采样河段也要一定长度,以便不同粗、细和不同岩性卵石不能渗混均匀,干流下游河段尤其如此。

10.3　推移质运动的水流分选输沙能力公式概化及有关级配

10.3.1　水流对泥沙的分选

河床的泥沙,包括静止(床沙)与运动(滚动、跳跃与悬浮)的颗粒都是不均匀的,其粒径的范围常达到 2 个数量级,卵石河床中的泥沙更可达到 3 个数量级。因此,在水流作用下,不同粒径泥沙的运动数量是不同的,从而在静止泥沙与运动泥沙之间产生了分选。一般而言,随着流速的加大,泥沙运动强度增加,不仅粗颗粒运动的绝对数量增加,而且相对数量即它的级配也增加,从而使泥沙越来越粗,使推移质级配与床沙级配差距不断减小,以致最后两者接近,这就是水流分选。如果此时上游无来沙,或者来沙少,河床处于冲刷,床沙在水流分选作用下发生粗化。以前在泥沙研究方面基本只强调这种分选——冲刷引起的粗化。近些年在泥沙交换研究方面取得了新的进展,从理论和实际资料证实了交换也可以使床沙发生粗化[7],可称为交换粗化,即在水流作用下,粗颗粒推移质淤下,细颗粒床沙掀起。交换粗化不仅发生冲刷,也可能发生在平衡、甚至淤积。交换粗化主要是水流对来沙的分选,而冲刷粗化主要是水流对床沙的分选。

　　研究水流对推移质的分选,可以按第 6 章给出的非均匀沙推移质输沙能力不平衡输沙公式及来沙和床沙条件,将时间分成一些小区间 Δt,交错进行推移质输沙能力(推移质级配)及床沙级配计算,最后求出经过时间 t 后推移质输沙能力和相应的级配及床沙级配等的变化,这就是建立一个数学模型进行的工作。但是,第6 章已指出,在工程泥沙问题研究中,在一般条件下允许忽略推移质不平衡输沙的影响,可以用挟沙能力代替推移质输沙能力。如此不仅能确定水流对推移质的分选,简化出以常见的水力因素表示的输沙能力关系公式,而且能直接求出推移质输沙能力级配与床沙级配的关系[8]。下面导出这些结果。

10.3.2　推移质输沙能力公式概化

　　在第 6 章中已给出均匀沙分组输沙能力

$$q_{b.l}^* = \frac{2}{3} m_0 \gamma_s P_{1.l} D_l \frac{\psi_{b.l}}{\mu_{b.l} t_{b.0.l}} \tag{10.3.1}$$

或者引进无因次分组输沙率

$$\lambda q_{b.l}^* = \frac{q_{b.l}^*}{P_{1.l} \gamma_s D_l \omega_{0.l}} = \frac{2}{3} m_0 \gamma_s D_l \frac{\psi_{b.l}}{\mu_{b.l} t_{b.0.l}} \frac{1}{\gamma_s D_l \omega_{0.l}}$$

$$= \frac{2}{3} m_0 \frac{\psi_{b.l} U_{b.l}}{\omega_{0.l} t_{b.0.l}} t_{b.l} = f\left(\frac{\bar{V}_b}{\omega_0}, \frac{D_l}{D}\right) \tag{10.3.2}$$

式(10.3.2)两端有关推移质运动参数已是其数学期望,仅仅为了表达简单,去掉了表示平均值的"—"。其中,推移质运动的综合概率 $\psi_{b.l}$、平均运动速度 $U_{b.l}$、平均起动时间 $t_{b.0.l}$ 和跳跃时间 $t_{b.l}$ 等均是 $\frac{\bar{V}_b}{\omega_0}$ 和 $\frac{D_l}{D}$ 的函数,而 $\frac{U_{b.l}}{\omega_0}$ 也是 $\frac{\bar{V}_b}{\omega_0}$ 的函数。现在近似地将式(10.3.2)改写为幂函数的形式[8]

$$\lambda q_b^*(l) = \frac{2}{3} m_0 \frac{\psi_{b.l} U_{b.l}}{\omega_{0.l}} \frac{t_{b.l}}{t_{b.0.l}} = K_0 \left(\frac{\bar{V}_b}{\omega_{0.l}}\right)^{m_1} \left(\frac{D_l}{D}\right)^{m_2} \tag{10.3.3}$$

此时,K_0、m_1、m_2 均随 $\frac{\bar{V}_b}{\omega_{0.l}}$ 和 $\frac{D_l}{D}$ 变化。具体变化由式(10.3.3)确定。可见这实际是

对理论公式数值结果的拟合,因此式(10.3.3)并不是一般的经验公式。现在将式(10.3.3)中的有关参数按泥沙研究中常用的参数(如 q、J、$\bar{D}$、D_l、n 等)代入,使其在工程泥沙中使用起来较为方便。

注意到 $\bar{V}_b$ 可取 $3.73u_*$,则有

$$\frac{\bar{V}_b}{\omega_{0.l}} = \frac{3.73u_*}{\sqrt{\frac{4}{3C_x}\frac{\gamma_s-\gamma}{\gamma}gD_l}} = 2.04\sqrt{\frac{\gamma}{\gamma_s-\gamma}}\sqrt{\frac{ghJ}{gD_l}} = 2.04\sqrt{\frac{\gamma}{\gamma_s-\gamma}}\sqrt{\frac{hJ}{D_l}}$$

(10.3.4)

单宽流量为

$$q = \frac{1}{n}h^{\frac{5}{3}}J^{\frac{1}{2}}$$

式中,

$$n = \frac{h^{\frac{1}{6}}}{6.5\sqrt{g}}\left(\frac{h}{D_l}\right)^{-\frac{1}{4+\lg(h/D_l)}} = \frac{h^{\frac{1}{6}}}{6.5\sqrt{g}}\left(\frac{h}{D_l}\right)^{-m_3}$$

(10.3.5)

故得

$$q = \frac{6.5\sqrt{g}}{h^{\frac{1}{6}}}\left(\frac{h}{D_l}\right)^{m_3}h^{\frac{5}{3}}J^{\frac{1}{2}}$$

(10.3.6)

式中,

$$m_3 = \frac{1}{4+\lg(h/D_l)}$$

(10.3.7)

$$\frac{qD_l^{m_3}}{6.5\sqrt{gJ}} = h^{\frac{5}{3}-\frac{1}{6}+m_3} = h^{\frac{3+2m_3}{2}}$$

即

$$h^{\frac{1}{2}} = \left(\frac{qD_l^{m_3}}{6.5\sqrt{gJ}}\right)^{\frac{1}{3+2m_3}}$$

(10.3.8)

将式(10.3.8)代入式(10.3.4),可得

$$\left(\frac{\bar{V}_b}{\omega_{0.l}}\right)^{m_1} = \left(2.04\sqrt{\frac{\gamma}{\gamma_s-\gamma}}\sqrt{\frac{J}{D_l}}\right)^{m_1}\left(\frac{qD_l^{m_3}}{6.5\sqrt{gJ}}\right)^{\frac{m_1}{3+2m_3}} = \frac{2.04^{m_1}\left(\frac{\gamma}{\gamma_s-\gamma}\right)^{\frac{m_1}{2}}J^{\frac{m_1}{2}}q^{\frac{m_1}{3+2m_3}}}{6.5^{\frac{m_1}{3+2m_3}}g^{\frac{m_1}{6+4m_3}}D_l^{\left(\frac{m_1}{2}-\frac{m_3m_1}{3+2m_3}\right)}}$$

(10.3.9)

将式(10.3.9)代入式(10.3.3),可得[8]

$$\lambda q_b^*(l) = K_0\left(\frac{D_l}{\bar{D}}\right)^{m_2}\frac{2.04^{m_1}\left(\frac{\gamma}{\gamma_s-\gamma}\right)^{\frac{m_1}{2}}J^{\frac{m_1}{2}}q^{\frac{m_1}{3+2m_3}}}{6.5^{\frac{m_1}{3+2m_3}}g^{\frac{m_1}{6+4m_3}}D_l^{\left(\frac{m_1}{2}-\frac{m_3m_1}{3+2m_3}\right)}}$$

$$= \frac{K_0 \, 2.04^{m_1}}{6.5^{\frac{m_1}{3+2m_3}}} \left(\frac{\gamma}{\gamma_s - \gamma}\right)^{\frac{m_1}{2}} \frac{J^{\frac{m_1}{2}} q^{\frac{m_1}{3+2m_3}}}{g^{\frac{m_1}{6+4m_3}} D_l^{(\frac{m_1}{2} - \frac{m_3 m_1}{3+2m_3}) - m_2} \bar{D}^{m_2}} \tag{10.3.10}$$

故

$$q_b^*(l) = \gamma_s D_l \omega_{0.l} \lambda q_{b.l}^*(l)$$

$$= \frac{1.83 \gamma_s K_0 \, 2.04^{m_1}}{6.5^{\frac{m_1}{3+2m_3}}} \left(\frac{\gamma}{\gamma_s - \gamma}\right)^{\frac{m_1-1}{2}} \frac{J^{(\frac{1}{2} - \frac{1}{6+4m_3}) m_1} q^{\frac{m_1}{3+2m_3}}}{g^{\frac{m_1}{6+4m_3} - \frac{1}{2}} D_l^{(\frac{1}{2} - \frac{m_3}{3+2m_3}) m_1 - m_2 - 1.5} \bar{D}^{m_2}} \tag{10.3.11}$$

可见,当 γ_s、γ、g 不变时,非均匀沙推移质粒径组的输沙能力 $q_b^*(l)$ 随着 q、J 的加大而加大,以及随着 D_l 的加大而减小,同时与 $\dfrac{D_l}{D}$ 有关。事实上,式(10.3.11)分母中的有关粒径项可改写为

$$D_l^{(\frac{1}{2} - \frac{m_3}{3+2m_3}) m_1 - 1.5} \left(\frac{\bar{D}}{D_l}\right)^{m_2} \tag{10.3.12}$$

这正表示了 $q_b^*(l)$ 与 D_l 和 $\left(\dfrac{\bar{D}}{D_l}\right)^{m_2}$ 的关系。为了以后应用方便,将式(10.3.12)中 D_l 的指数用 ν 表示,即

$$\nu = \left(\frac{1}{2} - \frac{m_3}{3+2m_3}\right) m_1 - m_2 - 1.5 \tag{10.3.13}$$

ν 总是 $\geqslant 0$,并且粒径越细,ν 越小,输沙能力越大。当 $\nu = 0$ 时,表示推移质与分组粒径无关,但是仍与平均粒径有联系。

根据第 8 章推移质输沙能力数字结果计算了式(10.3.10)中的 m_1 和 m_2。计算先根据 $\lambda q_b^*(l) = K_0 \left(\dfrac{\bar{V}_b}{\omega_{0.l}}\right)^{m_1} \left(\dfrac{D_l}{\bar{D}}\right)^{m_2}$,利用各种数据求 m_1,再求 m_2。而据 m_1 和 m_2 按式(10.3.11)能确定 $q_b^*(l)$ 及按式(10.3.13)给出了 ν 等。由于非均匀沙输沙率涉及两个主要自变量 $\dfrac{\bar{V}_b}{\omega_{0.l}}$ 及 $\dfrac{\bar{D}}{D_l}$,并且变化很复杂,而且这个研究结果主要在工程泥沙中应用,为此做了一定简化,即 ν 是各组粒径指数的平均值,已由表 10.3.1 给出。同时,还将 $\dfrac{\bar{V}_b}{\omega_{0.l}}$ 分成了几个较大的区间,分别得到了 m_1、m_2 及 ν。根据 $\dfrac{\bar{V}_b}{\omega_{0.l}}$ 确定的区间,由于天然河道水力因素大体有一定范围,$\dfrac{\bar{V}_b}{\omega_{0.l}}$ 主要与泥沙粗细的关系密切。对各区间有下述分析。第一,当 $0.373 \leqslant \dfrac{\bar{V}_b}{\omega_{0.l}} \leqslant 0.522$ 时,基本属于起动阶段,故 m_1 很大,m_2 也很

大,表示此时推移质输沙能力增加很快,分选作用也很强烈。其实数字计算表明,当 $\dfrac{\bar{V}_{\mathrm{b}}}{\omega_{0.l}}=0.373$ 时,m_1 还可达到 43,但是这些都属于起动阶段。作为分选研究,将不予考虑。第二,区间 I 大体属于卵石河床的情况,此时 $m_1=9.48$,$m_2=-0.671$,$\nu=3.66$。此时,式(10.3.11)为

$$q_{\mathrm{b}}^{*}(l)=K\gamma_{\mathrm{s}}\left(\dfrac{\gamma}{\gamma_{\mathrm{s}}-\gamma}\right)^{3.97}\dfrac{J^{3.42}q^{2.99}\bar{D}^{0.671}}{g^{0.997}D_l^{3.66}} \tag{10.3.14}$$

区间 II 为粗沙小砾石范围,$m_1=5.89$,$m_2=-1.044$,$\nu=2.21$。此时,式(10.3.11)为

$$q_{\mathrm{b}}^{*}(l)=K\gamma_{\mathrm{s}}\left(\dfrac{\gamma}{\gamma_{\mathrm{s}}-\gamma}\right)^{2.42}\dfrac{J^{2.03}q^{1.78}\bar{D}^{1.044}}{g^{0.389}D_l^{2.21}} \tag{10.3.15}$$

在区间 III,$1.57\leqslant\dfrac{\bar{V}_{\mathrm{b}}}{\omega_{0.l}}\leqslant4.03$,为沙质推移质区间,此时,$m_1=3.90$,$m_2=-1.49$,$\nu=1.77$。其中 $m_1=3.90\approx4$,后者与苏联的一些推移质公式在流速指数方面是一致的。此时(10.3.11)为

$$q_{\mathrm{b}}^{*}(l)=K\gamma_{\mathrm{s}}\left(\dfrac{\gamma}{\gamma_{\mathrm{s}}-\gamma}\right)^{1.77}\dfrac{J^{1.36}q^{1.19}\bar{D}^{1.49}}{g^{0.093}D_l^{1.77}} \tag{10.3.16}$$

区间 IV 为沙质推移质高流速区,$4.03\leqslant\dfrac{\bar{V}_{\mathrm{b}}}{\omega_{0.l}}\leqslant6.04$,$m_1=2.28$,$m_2=-1.25$,$\nu=0.794$。此时

$$q_{\mathrm{b}}^{*}(l)=K\gamma_{\mathrm{s}}\left(\dfrac{\gamma}{\gamma_{\mathrm{s}}-\gamma}\right)^{0.64}\dfrac{J^{0.79}q^{0.694}\bar{D}^{1.25}g^{0.153}}{D_l^{0.794}} \tag{10.3.17}$$

最后,在区间 V,$6.04\leqslant\dfrac{\bar{V}_{\mathrm{b}}}{\omega_{0.l}}\leqslant6.79$,$m_1=1.25$,$m_2=-1.14$,$\nu=0.206$。此时由于 $\nu=0.206$,几乎没有分选,推移质级配与床沙级配基本一致,而趋向层移质运动,不再服从上述分选规律。事实上,当 $\dfrac{\bar{V}_{\mathrm{b}}}{\omega_{0.l}}=6.79$ 时,$m_1=1.139$,$\nu=0.133\approx0$。表 10.3.1 给出了参数 m_1、m_2 及 ν 与 $\dfrac{\bar{V}_{\mathrm{b}}}{\omega_{0.l}}$ 的关系。

表 10.3.1　推移质输沙率理论结果分段的幂函数拟合

区间	$\dfrac{\bar{V}_{\mathrm{b}}}{\omega_{0.l}}$	m_1	m_2	ν
	0.373~0.522	29.3	4.49	7.39
I	0.522~1.12	9.84	-0.671	3.66

区间	$\dfrac{\bar{V}_b}{\omega_{0.l}}$	m_1	m_2	ν
II	1.12~1.567	5.89	−1.044	2.21
III	1.567~4.03	3.90	−1.49	1.77
IV	4.03~6.04	2.28	−1.25	0.794
V	6.04~6.79	1.25	−1.14	0.206

需要说明的是,由水力因素之间的关系导出的式(10.3.11)在第 9 章引用的式(9.2.1)实际是一样的。只是由于推移质理论公式数值结果的差别,使有关指数 m_1、m_2、m_3 不完全一致。考虑到本章结果较可靠,故以后以本章结果为准。第 9 章仅作参考。

10.3.3　推移质级配与床沙级配的关系

本节探求推移质级配与床沙级配的理论关系。有下式[8]存在:

$$P_{b.l}^* q_b^* = q_{b.l}^* = P_{1.l} q_b^* (l) \tag{10.3.18}$$

$$q_b^* (l) = K_0 K \gamma_s \left(\frac{\gamma}{\gamma_s - \gamma} \right)^{\frac{m_1-1}{2}} \frac{J^{\left(\frac{1}{2} - \frac{1}{6+4m_3}\right)m_1} q^{\frac{m_1}{3+2m_3}}}{g^{\frac{m_1}{6+4m_3} - \frac{1}{2}} D_l^{\left(\frac{1}{2} - \frac{m_3}{3+2m_3}\right)m_1 - m_2 - 1.5} \bar{D}^{m_2}} \tag{10.3.19}$$

$$P_{b.l}^* q_b^* = K_0 K \gamma_s \left(\frac{\gamma}{\gamma_s - \gamma} \right)^{\frac{m_1-1}{2}} \frac{J^{\left(\frac{1}{2} - \frac{1}{6+4m_3}\right)m_1} q^{\frac{m_1}{3+2m_3}}}{g^{\frac{m_1}{6+4m_3} - \frac{1}{2}} D_l^{\left(\frac{1}{2} - \frac{m_3}{3+2m_3}\right)m_1 - m_2 - 1.5} \bar{D}^{m_2}} P_{1.l} = P_{1.l} q_b^* (l) \tag{10.3.20}$$

式中,$q_{b.l}^*$ 为非均匀沙分组(l 组)输沙能力;$q_b^* (l)$ 为 $P_{1.l}=1$ 非均匀沙 l 组输沙能力;q_b^* 为总输沙能力。

对 l 求和,有

$$q_b^* = K_0 K \gamma_s \left(\frac{\gamma}{\gamma_s - \gamma} \right)^{\frac{m_1-1}{2}} \frac{J^{\left(\frac{1}{2} - \frac{1}{6+4m_3}\right)m_1} q^{\frac{m_1}{3+2m_3}}}{g^{\frac{m_1}{6+4m_3} - \frac{1}{2}} \bar{D}^{m_2}} \sum_{l=1}^n \frac{P_{1.l}}{D_l^\nu} \tag{10.3.21}$$

从而

$$P_{b.l}^* = \frac{q_{b.l}^*}{q_b^*} = \frac{P_{1.l}/D_l^\nu}{\sum\limits_{l=1}^n P_{1.l}/D_l^\nu} \tag{10.3.22}$$

附带指出,也可由推移质级配计算床沙级配

$$P_{1.l} = \frac{P_{b.l}^* D_l^\nu}{\sum\limits_{l=1}^n P_{b.l}^* D_l^\nu} \tag{10.3.23}$$

并且它们的结果是相同的。

这样,当水流处于 I 区时,式(10.3.22)为

$$P_{\mathrm{b}.l}^{*} = \frac{P_{1.l}/D_l^{3.66}}{\sum\limits_{l=1}^{n} P_{1.l}/D_l^{3.66}} = \left(\frac{\bar{D}_1}{D_l}\right)^{3.66} P_{1.l} \tag{10.3.24}$$

当水流处于 II 区时，

$$P_{\mathrm{b}.l}^{*} = \frac{P_{1.l}/D_l^{2.21}}{\sum\limits_{l=1}^{n} P_{1.l}/D_l^{2.21}} = \left(\frac{\bar{D}_2}{D_l}\right)^{2.21} P_{1.l} \tag{10.3.25}$$

当水流处于 III 区时，

$$P_{\mathrm{b}.l}^{*} = \frac{P_{1.l}/D_l^{1.49}}{\sum\limits_{l=1}^{n} P_{1.l}/D_l^{1.49}} = \left(\frac{\bar{D}_3}{D_l}\right)^{1.49} P_{1.l} \tag{10.3.26}$$

当水流处于 IV 区时，

$$P_{\mathrm{b}.l}^{*} = \frac{P_{1.l}/D_l^{0.794}}{\sum\limits_{l=1}^{n} P_{1.l}/D_l^{0.794}} = \left(\frac{\bar{D}_4}{D_l}\right)^{0.794} P_{1.l} \tag{10.3.27}$$

当水流处于 V 区时，

$$P_{\mathrm{b}.l}^{*} = \frac{P_{1.l}/D_l^{0.206}}{\sum\limits_{l=1}^{n} P_{1.l}/D_l^{0.206}} = \left(\frac{\bar{D}_5}{D_l}\right)^{0.206} P_{1.l} \tag{10.3.28}$$

上述各式给出了推移质挟沙能力级配 $P_{\mathrm{b}.l}^{*}$（平衡条件下推移质级配）与床沙级配的关系。可见随着 $\dfrac{\bar{V}_{\mathrm{b}}}{\omega_{0.l}}$ 加大，ν 减小，分选程度越来越弱。至 $\nu = 0.206$ 时，几乎没有分选。上述 ν 对应水力因素关系是明确的。但是对于大多数天然河道，ν 也大体对应河床组成。这种对应关系，前面已提到，基本对应卵石、小砾石、粗沙、中细沙等，由于同一种泥沙，运动程度有强弱上述 ν 与运动泥沙的对应是指中等强度。否则如果卵石运动的强度高（金沙江），它的 ν 可能不在 3.66 附近，而要小一些，如 2.21。

此外，概化的推移质输沙能力公式完全符合因次关系。至此，在一定简化条件下，得出了统一的非均匀沙推移质输沙能力公式 $q_{\mathrm{b}}^{*}(l)$，即式（10.3.11）和其级配公式（10.3.22），并且它们适用于很大的水力因素范围。式（10.3.11）看似较复杂，但是分区后，却简单明确。不仅如此，从因次看，该式也是正确的。事实上，它等号右边的因次如下，其中长度因次

$$[m] = \frac{2m_1}{3 + 2m_3} - \left(\frac{m_1}{6 + 4m_3} - \frac{1}{2}\right) - \left(\frac{1}{2} - \frac{m_3}{3 + 2m_3}\right) m_1 + 1.5$$

$$= \frac{2 - \dfrac{1}{2} + \dfrac{1}{7}}{3 + 2\dfrac{1}{7}} m_1 - \frac{m_2}{2} + 2 = 2$$

时间因次

$$[s] = -\frac{m_1}{3+2m_3} - 2\left(\frac{m_1}{6+4m_3} - \frac{1}{2}\right) = -1$$

容重因次

$$[\gamma_s] = \text{kg/m}^3$$

于是右边合计因次为 $\text{m}^2/\text{s} \cdot (\text{kg/m}^3) = \text{kg/m/s}$。可见与左边单宽输沙率的因次完全相同。

10.4　推移质输沙量的沿程沉积

推移质输沙量沿水流方向的变化异常复杂,与悬移质和径流量有很大的差别。就径流量而言,除去蒸发及与地下水交换后,沿程是增加的,各支流的汇入量与下游干流的流量基本相同。河道悬移质输沙量除冲淤外,大体也是平衡的,即各支流来沙量的叠加也基本与下游干流一致。但是推移质输沙量沿程变化与此有很大差别,沿着一条河流的推移质可以沿程增加,也可以沿程减少,大的河流甚至在中、下游卵石推移质即消失。推移质沿程的增加,一般是区间和支流的加入;而推移质沿程的减少,则包括河床的区间沉积及磨损。河床中推移质沉积是由于坡降沿程减少,水流输送能力减弱,导致的输沙量减少,粒径变细。磨损也导致推移质颗粒沿程变细和输沙量的减少,磨损又包括床面静止颗粒被其上面运动颗粒的磨损及运动颗粒本身的磨损。

水力因素沿水流方向的变化,在较长河段基本都是沿程减弱,因此我们主要针对这种情况研究。当水力因素沿程增强时,以下的方法也是适用的。其实已给出了主要水力因素 q、J 的沿程变化引起推移质输沙率的沿程变化,式(10.3.14)等已给出了水力因素沿程变化引起的输沙率的变化。注意到坡降与 D 的关系得到下式

$$q_b = q_{b.0}\left(\frac{q}{q_0}\right)^3\left(\frac{J}{J_0}\right)^{0.8}$$

并由此式解释了金沙江至川江输沙量的减少。推移质输沙量沿程具体变化,可见表 10.5.1。现在研究推移质沉积时的分选,以及输沙量减少后其级配的变化。设在河段 Δx 内,从 t 至 $t+\Delta t$ 时间间隔内,第 l 组粒径输沙量减少为

$$[P_{b.l}(x+\Delta x)Q_b(x+\Delta x) - P_{b.l}(x)Q_b(x)]\Delta t$$

相应地,河段沉积量为

$$P'_{1.l}(t+\alpha_1\Delta t)\gamma_s(t+\alpha_2\Delta t)[a(t+\Delta t) - a(t)]\Delta x$$

式中,$P'_{1.l}$ 为沉积下来的泥沙级配;a 为淤积面积。

虽然,上述两者是相等的,即

$$[P_{\text{b}.l}(x+\Delta x)Q_{\text{b}}(x+\Delta x)-P_{\text{b}.l}(x)Q_{\text{b}}(x)]\Delta t$$
$$+P'_{1.l}(t+\alpha_1\Delta t)\gamma_{\text{s}}(t+\alpha_2\Delta t)[a(t+\Delta t)-a(t)]\Delta x=o(\Delta t)=0$$

$$(10.4.1)$$

式中,$o(\Delta t)$ 为 Δt 的高阶微量。令 $\Delta t,\Delta x\to 0$,式(10.4.1)为

$$-\frac{\partial(P_{\text{b}.l}Q_{\text{b}})}{\partial x}=P_{1.l}\gamma'_{\text{s}}\frac{\partial a}{\partial t}$$

$$(10.4.2)$$

此式表示分组输沙量的减少等于该组粒径在河床上淤积面积 a 的增加。对 l 求和,得

$$\frac{\partial Q_{\text{b}}}{\partial x}=-\gamma'_{\text{s}}\frac{\partial a}{\partial t}$$

$$(10.4.3)$$

将式(10.4.3)代入式(10.4.2),消去 $\gamma'_{\text{s}}\frac{\partial a}{\partial t}$ 后,有

$$\frac{\mathrm{d}(P_{\text{b}.l}Q_{\text{b}})}{\mathrm{d}x}=P_{1.l}\frac{\mathrm{d}Q_{\text{b}}}{\mathrm{d}x}$$

即

$$Q_{\text{b}}\mathrm{d}P_{\text{b}.l}=(P_{1.l}-P_{\text{b}.l})\mathrm{d}Q_{\text{b}}$$

$$(10.4.4)$$

注意到,推移质级配与床沙级配有如下关系:

$$P_{1.l}=\left(\frac{D_l}{\bar{D}}\right)^{\nu}P_{\text{b}.l}$$

$$(10.4.5)$$

将其代入式(10.4.4),得

$$Q_{\text{b}}\mathrm{d}P_{\text{b}.l}=\left[\left(\frac{D_l}{\bar{D}}\right)^{\nu}-1\right]P_{\text{b}.l}\mathrm{d}Q_{\text{b}}$$

$$(10.4.6)$$

其中对于卵石推移质、砾石推移质和沙质推移质,ν 称为分选指数,分别为 5/6、1/6、11/104。在 $Q_{\text{b}}=Q_{\text{b}.0}$,$P_{\text{b}.l}=P_{\text{b}.l.0}$ 的条件下,积分式(10.4.6)得

$$\ln\frac{P_{\text{b}.l}}{P_{\text{b}.l.0}}=\left[\left(\frac{D_l}{D_{\text{m}}}\right)^{\nu}-1\right]\ln\frac{Q_{\text{b}}}{Q_{\text{b}.0}}$$

注意到淤积百分数

$$\lambda^*=\frac{Q_{\text{b}.0}-Q_{\text{b}}}{Q_{\text{b}.0}}=1-\frac{Q_{\text{b}}}{Q_{\text{b}.0}}$$

$$(10.4.7)$$

则可得

$$P_{\text{b}.l}=P_{\text{b}.l.0}\,(1-\lambda^*)^{\left(\frac{D_l}{D_{\text{m}}}\right)^{\nu}-1}$$

$$(10.4.8)$$

此处 $\bar{D}_{\text{m}}$ 为在输沙率 $Q_{\text{b}.0}\sim Q_{\text{b}}$ 内推移质平均粒径 $\bar{D}$ 的某个中值。而平均粒径为

$$\bar{D}=\left[\sum P_{\text{b}.l}D_l^{\nu}\right]^{\frac{1}{\nu}}$$

$$(10.4.9)$$

而 $\bar{D}$ 的中值 $\bar{D}_{\text{m}}$ 由式(10.4.8)之和应满足 1 来确定,即

$$\sum P_{\text{b}.l}=\sum P_{\text{b}.l.0}(1-\lambda^*)^{\left(\frac{D_l}{D_{\text{m}}}\right)^{\nu}-1}=1$$

$$(10.4.10)$$

从式(10.4.8)可以看出,对于 $D_l > \bar{D}_m$ 的粗颗粒,$\left(\dfrac{D_l}{\bar{D}_m}\right)^\nu - 1 > 0$,而且由于 $1 -$

$\lambda^* < 1$,故 $(1-\lambda^*)^{\left(\frac{D_l}{\bar{D}_m}\right)^\nu - 1} < 1$,从而 $P_{b.l} < P_{b.l.0}$,反之,对于 $D_l < \bar{D}_m$ 的细颗粒,

$\left(\dfrac{D_l}{\bar{D}_m}\right)^\nu - 1 < 0$,则 $(1-\lambda^*)^{\left(\frac{D_l}{\bar{D}_m}\right)^\nu - 1} > 1$,从而 $P_{b.l} > P_{b.l.0}$。可见,经淤积后,粗颗粒级

配 $P_{b.l}$ 减小,细颗粒级配增大,从而表示淤积后剩下的推移质级配发生细化。

在由式(10.4.8)计算推移质在淤积过程中的级配时,需要注意的是,如果求出给定淤积百分数 λ^*,确定相应的 $P_{b.l}$ 时,需要试算以确定 $\bar{\omega}_m$。为此,根据 λ^*、D_l、$P_{b.l.0}$,设 D_m,计算式(10.4.10),使其结果恰为 1。否则重新试算。

另一种做法是,将式(10.4.10)改写为

$$1-\lambda^* = \sum P_{b.l.0}(1-\lambda^*)^{\frac{1}{\bar{D}_m^\nu}D_l^\nu} = \sum P_{b.l.0}\,\eta^{D_l^\nu}$$

即

$$\lambda^* = 1 - \sum P_{b.l.0}\,\eta^{D_l^\nu} \tag{10.4.11}$$

式中

$$\eta = (1-\lambda^*)^{\frac{1}{\bar{D}_m^\nu}} \tag{10.4.12}$$

ν 值由前面表 10.3.1 给出。η 的值小于 1,可以任意设。但是如何使 λ^* 分布比较均匀,也有一个边算边分析的过程。作为例子,现在假设初始推移质有三组,其粒径范围及级配如表 10.4.1 所示。级配分选指数表中 $m = 5/6$。

表 10.4.1　推移质淤积过程中级配细化

假设 η	粒径/mm			$1-\lambda^*$	λ^*	$\bar{D}$
	$10\sim50$	$50\sim100$	$100\sim250$			
	$D_1 = 30$	$D_2 = 75$	$D_3 = 175$			
	$D_1^{5/6} = 17.0$	$D_2^{5/6} = 36.5$	$D_3^{5/6} = 74.0$			
	$P_{b.1}$	$P_{b.2}$	$P_{b.3}$			
1	0.300	0.400	0.300	1	0	88.5
0.995	0.338	0.408	0.254	0.816	0.184	82.3
0.99	0.376	0.412	0.212	0.672	0.328	76.5
0.97	0.523	0.385	0.092	0.342	0.658	58.7
0.95	0.648	0.318	0.034	0.194	0.806	48.0

从表 10.4.1 可以看出如下几点。第一,随着推移质淤积(λ^* 增大),它的级配越来越细,表现出最细一组颗粒比例(级配)单调增大;粗颗粒单调减小。例如,当淤积百分数 $\lambda^* = 0.658 = 65.8\%$ 时,最细一组的级配由 0.3 增大至 0.523,最粗一组的级配由 0.3 减小至 0.092,而中间一组的级配先增后减。这是因为粗、细是以该组粒

径与淤积过程中的平均 $\bar{D}$ 的比较而定的。对于中间颗粒 $D_2=75\text{mm}$，当 $\lambda^* \leqslant 0.325$ 时，$D_2<\bar{D}$，为细颗粒，随着淤积增加，当 $\lambda^* \geqslant 0.658$ 时，$D_2>\bar{D}$，故随着淤积中等颗粒占的比例由增加转向减少。第二，淤积时，粗、细颗粒均淤，只是淤积比例有差别，并不是先淤完粗颗粒（正如以往不少研究采用的模式那样）再淤细颗粒。事实上，如果先淤粗颗粒，则当 $\lambda^*=0.328$ 时，此值已大于初始条件下粗颗粒所占比例 0.3，D_3 组颗粒应全部淤完，但是此时它的级配仍有 0.212，仅淤下原来的 $0.30-0.212\times0.672\div0.30=0.525$。

10.5　河道推移质输沙量的沿程变化

水力因素沿水流方向是变化的，在较长河段基本都是沿程减弱，相应的推移质输沙量也会沿程变化。对同一条河流，不少特性及规律是相同的数字是相近的。这时上下河段推移质输沙量的变化与主要水力因素变化就很密切，我们有可能利用这种关系推算出输沙量的沿程变化。

前面第 9 章式(9.3.18)已求出起动平衡纵剖面的坡降由式

$$J=K_2 \frac{\xi^{0.632}D^{1.11}}{Q_1^{0.316}}$$

确定。尽管此时由起动平衡条件导出，但是从宏观看，它应能反映一般的平衡。这正是河流学中一般引用经验关系 $J\approx KD$ 的原因。对两个平衡河段，由上式得

$$\frac{J}{J_0}=\left(\frac{D}{D_0}\right)^{1.11} \tag{10.5.1}$$

另外，按照式(10.3.14)，卵石推移质输沙能力为

$$q_b^*=K_2 \frac{q^{2.99}J^{3.42}\bar{D}^{0.671}}{gD_l^{3.66}}$$

其中，

$$K_2=Kr_s\left(\frac{r}{r_s-r}\right)^{3.97}\frac{1}{g^{0.997}}=Kr_s\left(\frac{r}{r_s-r}\right)^{3.97}\frac{1}{g}$$

对于均匀卵石推移质，有

$$q_b^*=K_2\frac{q^{2.99}J^{3.42}}{gD^{2.99}} \tag{10.5.2}$$

当用 q_b^* 代替 q_b 时，对两个河段，由式(10.5.2)及式(10.5.1)有

$$\frac{q_b}{q_{b.0}}=\frac{q_b^*}{q_{b.0}^*}=\frac{\dfrac{q^{2.99}J^{3.42}}{D^{2.99}}}{\dfrac{q_0^{2.99}J_0^{3.42}}{D_0^{2.99}}}=\left(\frac{q}{q_0}\right)^{2.99}\left(\frac{J}{J_0}\right)^{3.42}\left(\frac{D_0}{D}\right)^{2.99}=\left(\frac{q}{q_0}\right)^{2.99}\left(\frac{J}{J_0}\right)^{0.729} \tag{10.5.3}$$

现在利用式(10.5.3)根据川江朱沱卵石推移质数量[8]，估算金沙江各段卵石输沙量。表 10.5.1 给出了金沙江下游各站流量为 $10000\mathrm{m}^3/\mathrm{s}$ 时的水力因素情况[9]。可见此水面坡降为 $4.7^0/000\sim12^0/000$，而河槽宽为 $163\sim256\mathrm{m}$。根据屏山水文站（位于向家坝和溪洛渡间）多年径流量平均为 $1446\times10^8\mathrm{m}^3$，则年平均流量为 $4582\mathrm{m}^3/\mathrm{s}$。

表 10.5.1　金沙江段推移质输沙量沿程变化计算

河名	站名	水面宽 B/m	径流量 $W/$ $10^8\mathrm{m}^3$	水面坡降 $J/10^4$	流速/ (m/s)	由各站参数推算		由金沙江平均坡降推算	
						$q_b/q_{b.0}$	$Q_b/10^4\mathrm{t}$	$q_b/q_{b.0}$	$Q_b/10^4\mathrm{t}$
金沙江	三堆子	242	1200	9.6	3.42	9.14	90.7	8.69	86.2
	乌东德	256	1321	9.6	3.34	10.3	108	9.29	103
	六城	168	1321	8.1	3.68	32.1	221	34.5	237
	溪洛渡	164	1446	120	4.42	60.0	407	48.6	327
	向家坝	242	1446	4.7	2.25	9.48	94.1	15.2	151
	平均	214	1347	8.8			184		181
川江	朱沱	800	2643	2.4			32.8		
	寸滩	800	3478	2.0			27.7		

由此可见表中金沙江 $10000\mathrm{m}^3/\mathrm{s}$ 的水力因素已大体在第一造床流量和第二造床流量之间。假定不同河段造床流量与平均流量的比值相同，则它们的单宽流量

$$\frac{q}{q_0}=\frac{Q/B}{Q_0/B_0}=\frac{\bar{Q}/B}{\bar{Q}_0/B_0}=\frac{\bar{W}/B}{\bar{W}_0/B}=\lambda_q \tag{10.5.4}$$

式中，Q 为造床流量；$\bar{Q}$ 为平均流量；$\bar{W}$ 为平均年径流量；带下标 0 的参数表示朱沱站的值，不带下标的表示金沙江某段的值。这样将式(10.5.4)代入式(10.5.3)，有

$$q_b=q_{b.0}\left(\frac{q}{q_0}\right)^{2.99}\left(\frac{J}{J_0}\right)^{0.729}=q_{b.0}\lambda_q^{2.99}\left(\frac{J}{J_0}\right)^{0.729} \tag{10.5.5}$$

$$Q_b=\frac{Q_{b.0}}{B_0}\lambda_q^{2.99}\left(\frac{J}{J_0}\right)^{0.729}B \tag{10.5.6}$$

式中，λ_q 为单宽流量比值。这样，据式(10.5.6)和表 10.5.1 的资料，求得金沙江各站的年均推移质输沙量(严格说为输沙能力)如表中"由各站参数推算"栏中的 Q_b 所示。从表中可见，从三堆子至溪洛渡，推移质(卵石)输沙量沿程增加，而至向家坝段开始减少。另一方面，考虑到金沙江坡降变化大，局部值对河段难以有代表性，故对各站坡降取 5 站的平均值 8.8×10^{-4}，从而计算的各站推移质数量如表中"由金沙江平均坡降推算"栏中的 Q_b 所示。可见此时的 Q_b 沿程变化的趋势与前面的类似，但变幅更小一些。计算的两种五站平均值 $\bar{Q}_b$ 也十分接近，不同坡降的 $\bar{Q}_b$ 为 $184\times10^4\mathrm{t}$，相同坡降的 $\bar{Q}_b$ 为 $181\times10^4\mathrm{t}$。而如果金沙江的 $\bar{J}=8.8\times10^{-4}$，$\bar{W}=1347\times10^8\mathrm{m}^3$，$\bar{B}=214$，则根据朱沱资料推出 $\frac{q_b}{q_{b.0}}=17.71$，$\bar{Q}_b=155\times10^4\mathrm{t}$。这样不

同的算法计算的金沙江 $\bar{Q_b}$ 在 $155\times10^4\sim184\times10^4\,\mathrm{t}$，平均约为 $170\times10^4\,\mathrm{t}$，这与用平均坡降而径流量与河宽均采用各站数值的计算结果十分接近，故建议采用平均坡降及各站数值计算其输沙量。需要说明的是，上述计算的 Q_b 实际是 Q_b^*，它表示一种输沙能力，当来沙少时，Q_b 可能小于 Q_b^*。但是从以往研究结果和此次其他方面的成果看，此项结果也是合理的。

10.6　推移质级配与床沙级配和上游来沙级配的关系及验证

10.6.1　一次重要的推移质模型试验

推移质与床沙有着非常密切的关系。它们本来是泥沙运动的两个方面，彼此难以分离。在天然河道中由于河道不归顺，水流运动复杂，推移质与床沙之间的关系也很复杂，特别是粗颗粒推移质（如卵石等）。由于天然河道观测不可能详尽，很难有充分的资料深入分析。郭庆超等在金沙江三堆子正态物理模型中曾做了大量试验研究[9]，有一些新的发现，进一步了解到一些复杂现象，也揭露了一些有关机理。本节引用他们试验中推移质级配与床沙级配关系方面的资料，进行一些理论分析，既揭示其复杂性，也进一步阐述有关规律。

模型模拟了金沙江下游的三堆子河段。模型床面上铺了一层床沙，在进口按一定强度加沙，出口则在一个断面上由左至右安置 1#、2#、3# 三个接沙篮，以测验出口推移质输沙率。由于弯道作用，输沙率集中在主输沙带（见图 10.6.1），特别是小流量，3# 接沙篮的泥沙可占 90% 以上，并且与图 10.6.1 加沙级配非常接近。这正

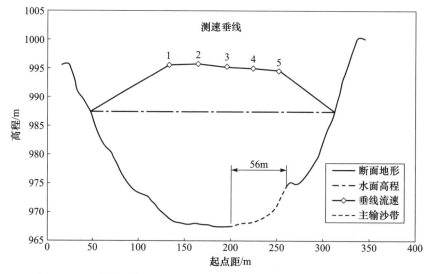

图 10.6.1　接沙槽断面垂线流速与主输沙带套汇图（$Q=14000\mathrm{m}^3/\mathrm{s}$）[9]

好模拟出了天然河道卵石推移存在主输沙带。可见推移质输沙率沿河宽的分布与水力因素分布往往并不是很一致。这是在由水力因素计算河道推移质输沙率时必须注意的。以下列举他们试验中的三个资料,予以分析,以求揭示一些机理,得出一些认识。

10.6.2 各种条件下不同级配之间的关系

1. 3# 接沙篮级配变化

在流量为 18000m³/s(天然流量)时,不同加沙数量下加沙级配的 d_{50} 及 3# 接沙篮的接沙级配 D_{50} 的变化对比如表 10.6.1 所示,相应的级配可见图 10.6.2~图 10.6.4。从这些图及表可知,加沙级配与接沙级配均明显细于床沙级配。而且如图 10.6.2 所示,当加沙量小时(5kg/h),接沙级配粗于加沙级配,说明加沙偏少,河床有所冲刷,床沙级配提供了一些比来沙级配粗的颗粒。再如图 10.6.4 所示,当加沙量为 100kg/h 时,加沙过多,接沙级配比加沙级配偏细,说明加沙级配中有一部分粗颗粒停留床面,未输走下移。而如图 10.6.3 所示,当加沙量为 25kg/h 时,出口(接沙)级配与加沙级配几乎一致,说明进出相等,接近平衡输沙。此时,床沙级配对它们的关系似乎不起作用。或者说,推移质仅依赖来沙,与床沙没有交换(或交换平衡)。

表 10.6.1 加沙级配与 3# 接沙篮接沙级配 d_{50} 的变化 ($Q=18000$m³/s)[9]

加沙强度/(kg/h)	接沙级配 d_{50}/mm	加沙级配 d_{50}/mm	d_{50} 误差/mm
5	0.80	0.53	0.27
10	0.58	0.53	0.05
25	0.55	0.53	0.02
50	0.46	0.53	−0.07
100	0.42	0.53	−0.11

同时,由于 3# 接沙篮位于主输沙带,输沙率最大,且流量达 18000m³/s,基本能将来的沙冲走,故其输沙率主要取决于上游来沙及级配,这也是该处输沙率最大的原因。

2. 2# 接沙篮级配变化

在流量为 18000m³/s 时,不同加沙量条件下 2# 接沙篮接沙级配变化如图 10.6.5~图10.6.7 所示,可以看出,无论加沙多少,2# 接沙篮的接沙级配基本不变,几乎与床沙级配一致。原因是所加的泥沙几乎均走向主输沙带,该接沙篮很少有上游的沙来,所以它的级配与床沙级配相同。因流量大($Q=18000$m³/s),床沙中粗细颗粒均能起动,分选作用小,故推移质级配与床沙级配相近。当然,仔

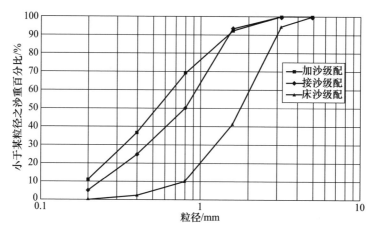

图 10.6.2　5kg/h 条件下 3# 接沙篮的接沙级配与加沙级配[9]

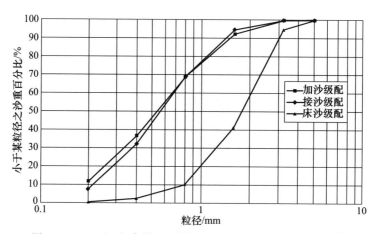

图 10.6.3　25kg/h 条件下 3# 接沙篮的接沙级配与加沙级配[9]

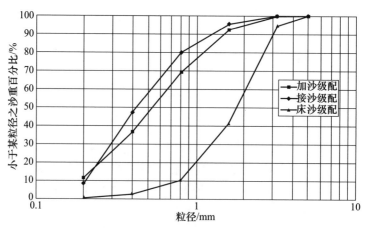

图 10.6.4　100kg/h 条件下 3# 接沙篮的接沙级配与加沙级配[9]

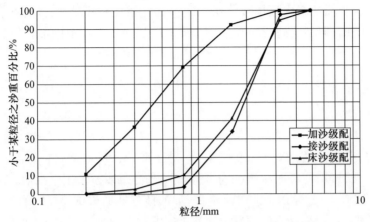

图 10.6.5　5kg/h 条件下 2# 接沙篮的接沙级配与加沙级配[9]

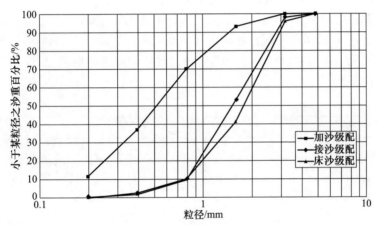

图 10.6.6　50kg/h 条件下 2# 接沙篮的接沙级配与加沙级配[9]

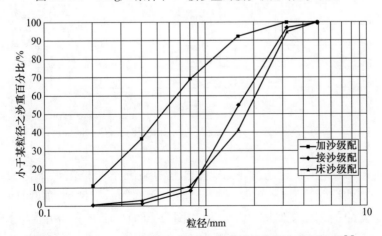

图 10.6.7　100kg/h 条件下 2# 接沙篮的接沙级配与加沙级配[9]

细看可知,推移质的粗中颗粒(1.6mm 以上)还是稍少一些。这表现在该点的级配明显大于床沙,即反映细颗粒冲起稍多,或上游加沙中也有个别细颗粒流入 2# 接沙篮。

3. 恒定流条件下级配变化

(1)在模型中试验了八种流量下,加沙量均为 25kg/h,而加沙级配分为 $Q \leqslant 10000\text{m}^3/\text{s}$ 和 $Q \geqslant 12000\text{m}^3/\text{s}$ 两种,3# 接沙篮接沙级配与加沙级配的对比,分别给出了其中四种,如图 10.6.8～图 10.6.11 所示。可见这两种级配基本一致。当流量 $Q \geqslant 12000\text{m}^3/\text{s}$,加沙级配与 3# 接沙篮的接沙级配相同,如图 10.6.10 和图 10.6.11 所示。这是因为此时流量大,加的沙都能通过试验段。而当流量 $Q \leqslant 10000\text{m}^3/$时,两者略有差别,表现出接沙级配细颗粒、粗颗粒稍少,中等颗粒多(见图 10.6.8 和图 10.6.9)。原因是此时流量较小,来沙稍多,床面泥沙未大量动,致使部分细颗粒($D < 0.4\text{mm}$)可能落于床沙的空隙中,难以运动。当流量 $Q \geqslant 16000\text{m}^3/\text{s}$ 时,加沙级配与接沙级配几乎一致(见图 10.6.10 和图 10.6.11),只是此时接沙级配中细颗粒($D < 0.4\text{mm}$)稍少。其原因可能是它们已部分转入悬浮,接沙篮无法测到。

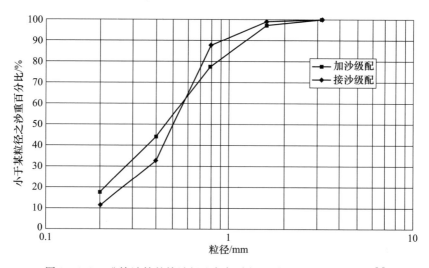

图 10.6.8　3# 接沙篮的接沙级配与加沙级配对比($Q = 8000\text{m}^3/\text{s}$)[9]

(2)为了对比,在同样条件下,即在模型中研究了八种流量下,加沙量均为 25kg/h,而加沙级配分为 $Q \leqslant 10000\text{m}^3/\text{s}$ 和 $Q \geqslant 12000\text{m}^3/\text{s}$ 两种,加沙级配与 2# 接沙篮接沙级配的对比,如图 10.6.12～图 10.6.16 所示。可以看出,当 $Q \leqslant 10000\text{m}^3/\text{s}$ 时,接沙级配中的细颗粒(0.2～0.4mm)比加沙明显减少,如

图 10.6.12 和图 10.6.13 所示。这表明由于流速相对较小，上游来的加沙很少，床沙中的粗颗粒不能冲起，仅有较多的中等颗粒转为推移质，致使接沙级配中缺乏 $D<0.8\text{mm}$ 的颗粒。当 $12000\text{m}^3/\text{s} \leqslant Q \leqslant 18000\text{m}^3/\text{s}$ 时，随着流量加大，$2^\#$ 篮接沙接沙级配逐渐变粗，不断与床沙级配接近，如图 10.6.14 和图 10.6.15 所示。当 $Q=20000\text{m}^3/\text{s}$ 时（见图 10.6.16），由于流速加大，接沙级配与床沙级配几乎一致。

　　$1^\#$ 接沙篮与 $2^\#$ 接沙篮有类似的情况。当 $Q \geqslant 16000\text{m}^3/\text{s}$ 后，接沙级配也逐渐趋向床沙级配。$1^\#$ 接沙篮处的输沙率更小，看来其输沙率几乎全部为床沙冲起。

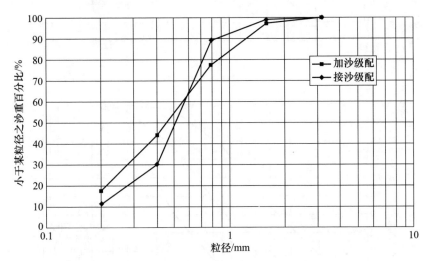

图 10.6.9　$3^\#$ 接沙篮的接沙级配与加沙级配对比（$Q=10000\text{m}^3/\text{s}$）[9]

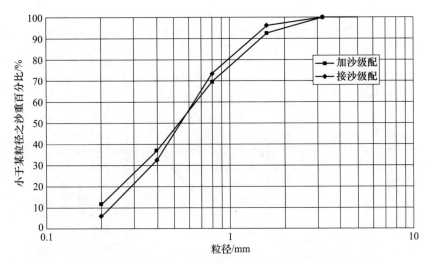

图 10.6.10　$3^\#$ 接沙篮的接沙级配与加沙级配对比（$Q=16000\text{m}^3/\text{s}$）[9]

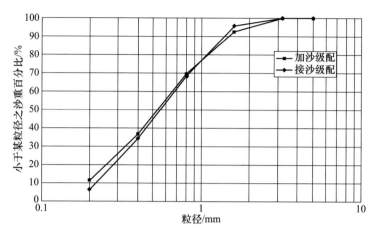

图 10.6.11　3#接沙篮的接沙级配与加沙级配对比(Q＝20000m³/s)[9]

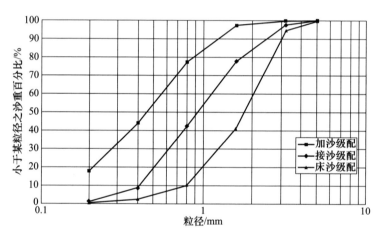

图 10.6.12　2#接沙篮的接沙级配与加沙级配对比(Q＝5000m³/s)[9]

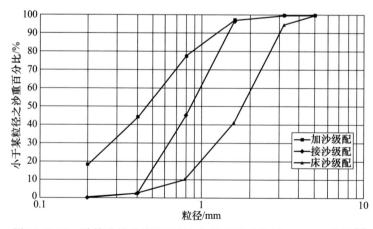

图 10.6.13　2#接沙篮的接沙级配与加沙级配对比(Q＝10000m³/s)[9]

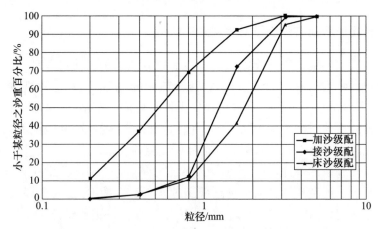

图 10.6.14　2# 接沙篮的接沙级配与加沙级配对比(Q＝14000m³/s)[9]

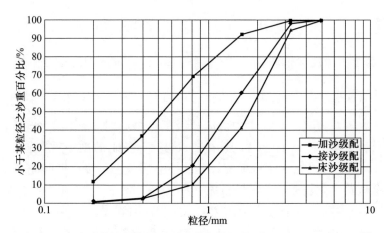

图 10.6.15　2# 接沙篮的接沙级配与加沙级配对比(Q＝18000m³/s)[9]

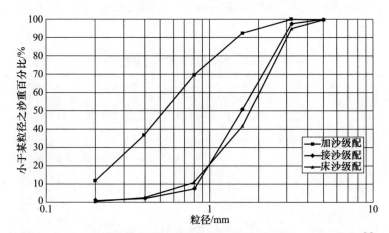

图 10.6.16　2# 接沙篮的接沙级配与加沙级配对比(Q＝20000m³/s)[9]

10.6.3 推移质级配与床沙级配理论关系验证

上述物理模型推移质试验资料从定性上充分说明了在河道地形、水力因素作用下,上游来沙、本河段床沙及推移质(接沙篮中的泥沙)三者之间错综复杂的关系,特别是试验中包括床沙和上游来沙提供推移质的级配情况。以下将从理论上进一步验证分析这三种级配关系。其中包括推移质级配与床沙级配关系,以及在不平衡情况时引进有效床沙级配后与推移质级配的关系。本节主要涉及推移质级配与床沙级配关系的验证,有效床沙级配和推移质输沙能力级配验证将在 10.6.4 节阐述。对于上述金沙江三堆子物理模型的 1# 和 2# 接沙篮,其推移质级配基本取决于河床冲起,也就是取决于床沙。以下以 2# 接沙篮进行验证。文献[1]和[8]及前面已导出推移质级配关系式(10.3.22)

$$P_{\text{b.}l}^* = \frac{P_{1.l.1}}{D_l^\nu} \left(\sum \frac{P_{1.l.1}}{D_l^\nu} \right)^{-1} \tag{10.6.1}$$

式中,ν 取决于水流泥沙条件,水流条件增强,ν 减小。ν 的理论参考值如表 10.6.1 所示,可见随着水力因素 $\frac{\overline{V}_\text{b}}{\omega_1}$ 加强,ν 减小,$P_{\text{b.}l}^*$ 与 $P_{1.l.1}$ 的差别减小,其极限是 $\nu = 0$,此时 $P_{1.l.1} = P_{\text{b.}l}^*$。在表 10.6.1 中由床沙级配资料同时验证了 5 个(验证 1~验证 5)推移质(接沙)级配资料其中三个资料验证的对比如图 10.6.17~图 10.6.19 所示。可见由床沙级配计算的推移质级配与接沙级配曲线形状十分一致,数字也符合,特别是当流量很大($Q = 18000\text{m}^3/\text{s}$ 及 $20000\text{m}^3/\text{s}$)时尤其如此。由于指数参数 ν 本来与水力因素有关,水力因素增强,ν 减小,在一般河道,$\nu = 2 \sim 9/26$[8]。由此可见,上述计算结果与 ν 的变化特性也是基本符合的。当然,由于这些试验资料是针对金沙江的,其卵石运动颇强,其 ν 值比表 10.3.1 中的偏小是合理的。

表 10.6.1　实测推移质级配与计算结果对比

资料名称	床沙级配	D/mm	<0.2	0.2~0.4	0.4~0.8	0.8~1.5	1.5~3.2	3.2~5.0
		$P_{1.l.0}$	0	0.015	0.085	0.32	0.52	0.06
验证 1	实测推移质级配		0	0.09	0.42	0.78	0.970	1.000
	计算推移质级配 ($\nu=1.5$)		0	0.132	0.399	0.778	0.989	1.000
验证 2	实测推移质级配		0	0.120	0.660	0.980	0.998	1.000
	计算推移质级配 ($\nu=2.0$)		0	0.225	0.544	0.871	0.995	1.000

资料名称	床沙级配	D/mm	<0.2	0.2~0.4	0.4~0.8	0.8~1.5	1.5~3.2	3.2~5.0
		$P_{1.i.0}$	0	0.015	0.085	0.32	0.52	0.06
验证 3	实测推移质级配		0	0.02	0.180	0.760	0.980	1.000
	计算推移质级配 (ν=1.0)		0	0.071	0.271	0.66	0.977	1.000
验证 4	实测推移质级配		0	0.02	0.200	0.600	0.980	1.000
	计算推移质级配 (ν=19/25)		0	0.050	0.219	0.607	0.973	1.000
验证 5	实测推移质级配		0	0.020	0.090	0.500	0.970	1.000
	计算推移质级配 (ν=9/26)		0	0.027	0.146	0.503	0.957	1.000
验证 6	实测床沙级配		0	0.015	0.100	0.420	0.940	1.000
	计算床沙级配 (ν=9/26)		0	0.015	0.100	0.420	0.940	1.000

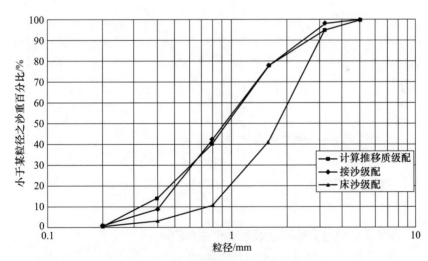

图 10.6.17　验证 1 计算推移质级配与实测推移质

（接沙）级配对比（Q=5000m³/s）

　　此外验证 6 是根据验证的计算推移质级配按式(10.3.23)反过来验证床沙级配。可见对比后,验证计算的床沙级配与原床沙级配也完全符合,实际是图恰好还原。如果用实测推移质级配计算级配,也能很好地符合。

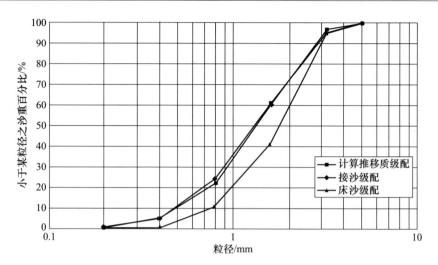

图 10.6.18　验证 4 计算床沙级配与实测床沙级配对比($Q=18000\text{m}^3/\text{s}$)

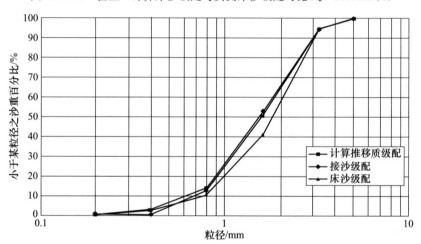

图 10.6.19　验证 5 计算床沙级配与实测床沙级配对比($Q=20000\text{m}^3/\text{s}$)

10.6.4　推移质级配与有效床沙级配理论关系验证

1. 推移质级配及有效床沙级配的关系

综上所述,郭庆超等在金沙江三堆子物理模型对天然河道推移质运动详细模拟的试验资料[7]充分说明,在天然河道内,推移质运动是异常复杂的。首先,他强调了推移质运动的三维特性,尤其是进一步证实了弯道环流作用是主输沙带形成的基本原因,特别是对卵石河床。其次,以多种资料证实推移质输沙量及级配不仅取决于床沙,还与上游来沙有密切的联系,这并不符合以往计算推移质输沙率采用床沙级配的习惯做法,但是反过来也不能认为习惯做法完全错误。要弄清楚这个问题,必须揭示隐含的一些深刻的机理。韩其为最早根据床面泥沙交换强度的统计理论提出了悬移质不平衡输沙时必须引进有效床沙级配及挟沙能力级配[10,11],后在文献[12]和[13]中则提出了推移质粗化计算方法及有效床沙级配概念。本来对平衡输沙而言,只有两种级配(床沙级配、悬沙级配(推移质级配))已经足够,并且这两种级配一一对应,可以相互转换,可见式(10.3.22)及式(10.3.23)。当然,此时两者实际是用一个公式,故可以简单转换。在不平衡输沙条件下,这两种级配是不够的。既然有推移质输沙能力,就必须有一种新的级配——输沙能力级配反映其组成。类似地,此时与输沙能力对应的床沙级配显然也不同于原床沙级配。因此,从泥沙交换的概念出发,它就是有效床沙级配和输沙能力级配。

前面第 6 章已指出,从理论上看,推移质不平衡输沙几乎是绝对的,但是恢复饱和又很迅速,因此建议可以用推移质输沙能力代替实际的输沙率,但这并不等于据此就不考虑不平衡输沙的影响。事实上,除不平衡输沙时推移质输沙率恢复外,更主要的是来沙及床沙的双重影响。上述金沙江三堆子物理模型资料就说明了这一点。

现在构建不平衡输沙时推移质输沙能力的表达式。设将一个河段缩短至一个断面,其断面的推移质输沙能力应为[8]

$$q_b^* = (1-\beta)q_{b.1}^* + \beta q_b \qquad (10.6.2)$$

式中,$q_{b.1}^*$ 为由床沙提供的输沙能力;q_b 为来沙(推移质)提供的输沙能力;β 为加权平均的权数。显然有

$$q_{b.l} = P_{b.l}q_b \qquad (10.6.3)$$

$$q_b = \sum_{l=1}^n P_{b.l}q_b \qquad (10.6.4)$$

$$q_{b.l.1}^* = P_{1.l.1}q_b^*(l) = P_{b.l.1}q_{b.1}^* = \frac{P_{1.l.1}/D_l^{\nu}}{\sum\limits_{l=1}^n P_{1.l.1}/D_l^{\nu}}q_{b.1}^* \qquad (10.6.5)$$

$$q_{b.1}^* = \sum_{l=1}^n P_{1.l.1}q_b^*(l) = \sum_{l=1}^n P_{b.l.1}q_{b.1}^* = q_{b.1}^* \qquad (10.6.6)$$

式中,$P_{1.l.1}$ 是实际的床沙级配;$P_{b.l.1}$ 为上游来的级配(即推移质级配)转化成床沙级配的部分。于是与 $P_{b.l}q_b$ 相应,分组粒径的输沙能力公式为

$$P_{b.l}^*q_b^* = (1-\beta)q_{b.l.1}^* + \beta q_{b.l} = (1-\beta)P_{b.l.1}q_{b.1}^* + \beta q_{b.l}$$

$$= (1-\beta)\frac{P_{1.l.1}/D_l^{\nu}}{\sum\limits_{l=1}^n P_{1.l.1}/D_l^{\nu}}q_{b.1}^* + \beta q_{b.l} \qquad (10.6.7)$$

对式(10.6.7)除以 q_b^*，有

$$P_{b.l}^* = (1-\beta) \frac{q_{b.1}^*}{q_b^*} \frac{P_{1.l.1}/D_l^\nu}{\sum\limits_{l=1}^n P_{1.l.1}/D_l^\nu} + \beta \frac{q_{b.l}}{q_b^*} = (1-\beta) P_{b.l.1} \frac{q_{b.1}^*}{q_b^*} + \beta \frac{q_{b.l}}{q_b^*}$$

$$(10.6.8)$$

再对式(10.6.8)求和得

$$1 - \beta \frac{q_b}{q_b^*} = (1-\beta) \frac{q_{b.1}^*}{q_b^*} \qquad (10.6.9)$$

于是将其代入式(10.6.7)，有

$$P_{b.l}^* = \left(1 - \beta \frac{q_b}{q_b^*}\right) P_{b.l.1} + \beta \frac{q_b}{q_b^*} P_{b.l} = (1-\alpha) P_{b.l.1} + \alpha P_{b.l}$$

$$= (1-\alpha) \frac{P_{1.l.1}/D_l^\nu}{\sum\limits_{l=1}^n P_{1.l.1}/D_l^\nu} + \alpha P_{b.l} \qquad (10.6.10)$$

式中，

$$\alpha = \beta \frac{q_b}{q_b^*} \qquad (10.6.11)$$

另对式(10.6.7)就 l 求和，有

$$q_b^* = (1-\beta) q_{b.1}^* + \beta q_b \qquad (10.6.12)$$

从式(10.6.12)可以看出，不平衡输沙时，在一个断面内，推移质输沙能力 q_b^* 等于其推移质输沙率 q_b 与床沙提供的输沙能力 $q_{b.1}^*$ 按权 β 相加。而据式(10.6.10)，输沙能力级配是由推移质级配和床沙提供的输沙能力级配按权 α 相加。

另由式(10.6.10)和式(10.6.12)还可看出，当 $q_{b.1}^* = q_b$ 和 $P_{b.l.1} = P_{b.l}(l=1,2,\cdots,n)$ 同时满足时，$q_{b.1}^* = q_b = q_b^*$，且 $P_{b.l.1} = P_{b.l} = P_{b.l}^*(l=1,2,\cdots,n)$，即推移质处于强平衡。正如第6章指出，这是很难的，几乎是不可能的。相应地，按有效床沙级配及挟沙能力级配关系的定义

$$P_{b.l}^* q_b^* = P_{1.l} q_b^* (l)$$

及已知的式(10.6.10)，有

$$P_{1.l} = \frac{P_{b.l}^* D_l^\nu}{\sum\limits_{l=1}^n P_{b.l}^* D_l^\nu} = (1-\alpha) \frac{D_l^\nu}{\sum\limits_{l=1}^n P_{b.l}^* D_l^\nu} P_{b.l.1}^* + \alpha \frac{D_l^\nu}{\sum\limits_{l=1}^n P_{b.l}^* D_l^\nu} P_{b.l}$$

$$= (1-\alpha) \frac{P_{b.l.1}^* D_l^\nu}{\sum\limits_{l=1}^n P_{b.l.1}^* D_l^\nu} \frac{\sum\limits_{l=1}^n P_{b.l.1}^* D_l^\nu}{\sum\limits_{l=1}^n P_{b.l}^* D_l^\nu} + \alpha \frac{P_{b.l} D_l^\nu}{\sum\limits_{l=1}^n P_{b.l} D_l^\nu} \frac{\sum\limits_{l=1}^n P_{b.l} D_l^\nu}{\sum\limits_{l=1}^n P_{b.l}^* D_l^\nu}$$

$$= (1-\alpha) \frac{\sum_{l=1}^{n} P_{\mathrm{b}.l.1}^{*} D_l^{\nu}}{\sum_{l=1}^{n} P_{\mathrm{b}.l}^{*} D_l^{\nu}} P_{1.l.1} + \alpha \frac{\sum_{l=1}^{n} P_{\mathrm{b}.l} D_l^{\nu}}{\sum_{l=1}^{n} P_{\mathrm{b}.l}^{*} D_l^{\nu}} P_{1.l.0} \qquad (10.6.13)$$

式(10.6.13)对 l 求和,有

$$1-\alpha \frac{\sum_{l=1}^{n} P_{\mathrm{b}.l} D_l^{\nu}}{\sum_{l=1}^{n} P_{\mathrm{b}.l}^{*} D_l^{\nu}} = (1-\alpha) \frac{\sum_{l=1}^{n} P_{\mathrm{b}.l.1}^{*} D_l^{\nu}}{\sum_{l=1}^{n} P_{\mathrm{b}.l}^{*} D_l^{\nu}} \qquad (10.6.14)$$

将其代入式(10.6.11),可得

$$P_{1.l} = \left[1-\alpha \frac{\sum_{l=1}^{n} P_{\mathrm{b}.l} D_l^{\nu}}{\sum_{l=1}^{n} P_{\mathrm{b}.l}^{*} D_l^{\nu}} \right] P_{1.l.1} + \alpha \frac{\sum_{l=1}^{n} P_{\mathrm{b}.l} D_l^{\nu}}{\sum_{l=1}^{n} P_{\mathrm{b}.l}^{*} D_l^{\nu}} P_{1.l.0} \qquad (10.6.15)$$

$$= (1-\alpha_1) P_{1.l.1} + \alpha_1 P_{1.l.0}$$

式中,

$$\alpha_1 = \alpha \frac{\sum_{l=1}^{n} P_{\mathrm{b}.l} D_l^{\nu}}{\sum_{l=1}^{n} P_{\mathrm{b}.l}^{*} D_l^{\nu}} \qquad (10.6.16)$$

而 $P_{1.l.0} = \dfrac{P_{\mathrm{b}.l} D_l^{\nu}}{\sum_{l=1}^{n} P_{\mathrm{b}.l} D_l^{\nu}}$ 为由推移质提供的床沙级配。

上述推导从理论上看是严格的,但是由 β 到 α,它的物理意义已不是很单纯。同时注意到在 $P_{\mathrm{b}.l}$ 与 $P_{\mathrm{b}.l}^{*}$ 差别不是很大时,近似地采用 $\sum_{l=1}^{n} P_{\mathrm{b}.l} D_l^{\nu} = \sum_{l=1}^{n} P_{\mathrm{b}.l}^{*} D_l^{\nu}$,对

$P_{1.l}$ 的影响并不大,况且如果 $\dfrac{\sum_{l=1}^{n} P_{\mathrm{b}.l} D_l^{\nu}}{\sum_{l=1}^{n} P_{\mathrm{b}.l}^{*} D_l^{\nu}}$ 偏小,虽然加了式(10.6.15)的第一项,却

减少第二项,对 $P_{1.l}$ 的影响有一定抵消作用。因此,当 $\dfrac{\sum_{l=1}^{n} P_{\mathrm{b}.l} D_l^{\nu}}{\sum_{l=1}^{n} P_{\mathrm{b}.l}^{*} D_l^{\nu}}$ 与 1 差别不是很

大时,可以采用近似公式

$$P_{1.l} = (1-\alpha) P_{1.l.1} + \alpha P_{1.l.0} \qquad (10.6.17)$$

2. 有效床沙级配及推移质输沙能力级配验证

前面对一个断面导出了床沙级配与推移质级配及输沙能力级配与有效床沙级配之间的关系。但是对一个较长的河段,上述有关公式并不能全套搬用。原因是当河段较长时,进口断面的来沙并不能完全算为推移质。事实上,如金沙江三堆子物理模型长为 50m(模拟河段 4km),按推移质在模型中的单步距离为 $50D \sim 25D$,而床沙的 $\bar{D}$ 约为 1.90mm,故单步距离为 $95 \sim 475$mm 或 $0.095 \sim 0.475$m。泥沙推移全河段需要与床面接触 $526 \sim 105$ 次。可见此时进入断面的沙(加沙)并不能代表推移质。试验中将出口断面接沙篮中的泥沙称为推移质是恰当的,而加沙只能看成加入的一种床沙。此时有效床沙级配参照式(10.6.17),有

$$P_{1.l} = (1-\alpha)P_{1.l.1} + \alpha P_{b.l.0} \tag{10.6.18}$$

式中,$P_{b.l.0}$ 表示模型进口的来沙级配及加沙级配。由于与床沙的密切交换,它只能作为一种床沙级配加入,而为式(10.6.18)的第二项。可见对于该物理模型的有效床沙级配而言,它由原床沙级配与加沙级配按权 α 相加。相应的推移质输沙能力级配由式(10.6.19)确定:

$$P^*_{4.l} = \frac{P_{1.l}/D^{\nu}_l}{\sum P_{1.l}/D^{\nu}_l} \tag{10.6.19}$$

3. 不平衡输沙时推移质输沙能力级配验证

下面根据三堆子物理模型资料,在确定不平衡输沙时的有效床沙级配式(10.6.18)后,验证推移质级配。

(1) 验证 3# 接沙篮推移质级配。前面已指出,上述试验中的 3# 接沙篮的泥沙(推移质)基本由加沙供给,因此其有效床沙级配为

$$P_{1.l} = 0.1P_{1.l.1} + 0.9P_{b.l.0}$$

而 $P_{b.l.0}$ 为上游推移质级配,它占 90%。

表 10.6.2 中列出了验证 1～验证 3 共三个资料,同时图 10.6.20 和图 10.6.21 绘出了其中两个资料的有效床沙级配及据式(10.6.18)计算的推移质级配和实测推移质级配对比,后者即为相应接沙篮的级配。从计算与实测对比可以看出,彼此符合很好。除极个别点外,绝大部分级配误差不超过 0.05,而且按图中绘成级配曲线看,彼此形态非常符合。此外由于流量固定,随着加沙增加,指数 ν 有所增加。其原因何在? 本来 ν 只取决于水流相对底速,当流量固定时,相对底速应不变。是否因为加沙多了,超过其输沙能力,则挟的沙就会有所淤积,而且淤的粗沙多,接沙级配(推移质级配)会偏细。床沙相对偏粗,从而相当于 ν 加大。

表 10.6.2　利用有效床沙级配计算推移质级配

分类	级配（累计级配）	粒径/mm					
		0.2	0.2～0.4	0.4～0.8	0.8～1.5	0.5～3.2	3.2～5.0
原始资料	床沙级配	0	0.015	0.085	0.32	0.52	0.06
	加沙级配 1	0.12	0.26	0.32	0.22	0.06	0.02
	加沙级配 2	0.18	0.24	0.36	0.2	0.01	0.01
验证 1	有效床沙级配（$\beta=0.1$）	0.108	0.236	0.297	0.230	0.106	0.024
	计算推移质级配（$\nu=9/26$）	0.156	0.450	0.742	0.923	0.988	1.000
	实测推移质级配（加沙 1）	0.080	0.320	0.700	0.920	0.990	1.000
验证 2	有效床沙级配（$\beta=0.1$）	0.108	0.236	0.297	0.230	0.106	0.024
	计算推移质级配（$\nu=0.5$）	0.179	0.497	0.781	0.940	0.991	1.000
	实测推移质级配（加沙 1）	0.100	0.425	0.780	0.975	0.990	1.000
验证 3	有效床沙级配（$\beta=0.1$）	0.108	0.236	0.297	0.230	0.106	0.024
	计算推移质级配（$\nu=0.6$）	0.195	0.528	0.804	0.949	0.993	1.000
	实测推移质级配（加沙 1）	0.100	0.480	0.800	0.950	0.990	1.000
验证 4	有效床沙级配（$\beta=0.9$）	0.018	0.038	0.113	0.308	0.469	0.055
	计算推移质级配（$\nu=1$）	0.102	0.243	0.456	0.759	0.985	1.000
	实测推移质级配（加沙 2）	0.010	0.090	0.422	0.780	0.970	1.000
验证 5	有效床沙级配（$\beta=0.9$）	0.012	0.040	0.109	0.310	0.474	0.056
	计算推移质级配（$\nu=0.5$）	0.031	0.114	0.276	0.611	0.968	1.000
	实测推移质级配（加沙 1）	0.010	0.020	0.200	0.600	0.980	1.000
验证 6	有效床沙级配（$\beta=0.9$）	0.012	0.040	0.109	0.310	0.474	0.056
	计算推移质级配（$\nu=9/26$）	0.023	0.091	0.237	0.567	0.962	1.000
	实测推移质级配（加沙 1）	0.010	0.020	0.100	0.500	0.950	1.000
验证 7	有效床沙级配（$\beta=0.9$）	0.012	0.040	0.109	0.310	0.474	0.056
	计算推移质级配（$\nu=1.5$）	0.134	0.375	0.609	0.861	0.993	1.000
	实测推移质级配（加沙 1）	0.040	0.250	0.500	0.920	0.990	1.000
验证 8	有效床沙级配（$\beta=0.2$）	0.096	0.211	0.273	0.240	0.152	0.028
	计算推移质级配（$\nu=9/26$）	0.143	0.416	0.694	0.889	0.985	1.000
	实测推移质级配（加沙 1）	0.080	0.370	0.620	0.910	0.990	1.000
验证 9	有效床沙级配（$\beta=0.5$）	0.060	0.138	0.203	0.270	0.290	0.040
	计算推移质级配（$\nu=0.5$）	0.121	0.348	0.584	0.811	0.982	1.000
	实测推移质级配（加沙 1）	0.080	0.370	0.620	0.910	0.990	1.000

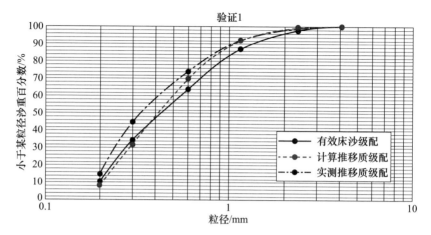

图 10.6.20　计算与实例推移质级配对比($Q=18000\text{m}^3/\text{s}$,加沙 25kg/h)

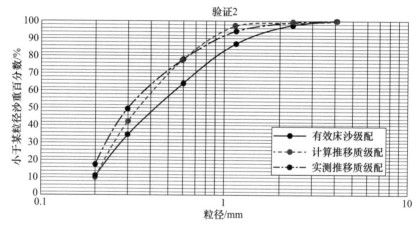

图 10.6.21　计算与实例推移质级配对比($Q=18000\text{m}^3/\text{s}$,加沙 50kg/h)

　　(2) 2$^\#$接沙篮推移质级配验证。对于试验中 2$^\#$接沙篮,推移质基本来源于床沙,故取有效床沙级配为

$$P_{1.l}=0.9P_{1.l.1}+0.1P_{b.l.0}$$

　　表 10.6.2 中也验证了 2$^\#$接沙篮的三个资料(验证 4~验证 6),同时图 10.6.22~图 10.6.24 也绘出了其对比曲线。可见计算的推移质级配与实测的仍然符合很好,并且验证 6 相对于验证 4 也是流量加大,水力因素增强,故 ν 减小,符合 ν 变化的一般规律。然而验证 6 与验证 5 的流量相同,但是前者加沙少,故 ν 有所减小。这与图 10.6.20 和图 10.6.21 的情况正好相反,于是从反面说明了加沙多少对 ν 有一些影响。

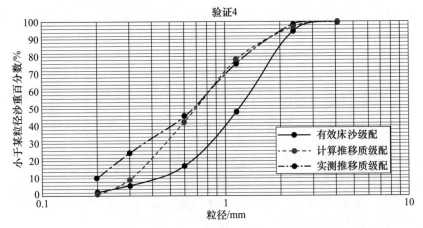

图 10.6.22　计算与实例推移质级配对比($Q=5000\text{m}^3/\text{s}$,加沙 25kg/h)

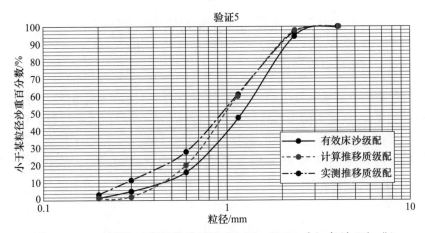

图 10.6.23　计算与实例推移质级配对比($Q=18000\text{m}^3/\text{s}$,加沙 25kg/h)

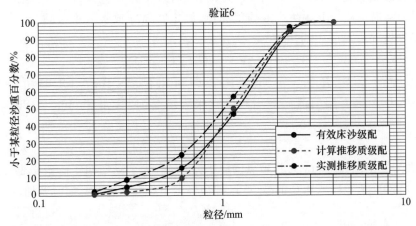

图 10.6.24　计算与实例推移质级配对比($Q=18000\text{m}^3/\text{s}$,加沙 10kg/h)

与此同时,表 10.6.2 中还验证了 $\beta=0.9$、0.2 和 0.5 三种资料,也能使计算与实测符合。

4. 几点认识

(1)对于粗颗粒推移质级配与床沙级配关系尽管非常复杂,但是在平衡条件下,其本质可由式(10.3.1)在理论上充分反映。上述实际资料,特别是不同补给的极限条件的资料,也全面证实了该式的可靠性。

(2)对于不平衡条件下推移质级配计算,必须考虑上游来沙,即有效床沙级配如式(10.6.13),特别是卵石河床尤其如此。

(3)参数 β 的确定应根据一定实际资料选用。在工程泥沙计算中,从宏观可靠出发,指数 ν 据表 10.6.2 酌情选用应能满足。

10.7　推移质运动的磨损与分选

10.7.1　对现有磨损研究的讨论

前面已指出推移质输沙率的沿程变化,除支流汇入和引水带出外,还包括水利因素沿程变化、输沙能力降低导致的沉积。此外,由于颗粒在运动过程中和在床面停止时的磨损,本节阐述这方面的研究。

早期对推移质沿程磨损有较为简明的研究,如 Schoklitsch 于 1914 年和 Sternberg 于 1875 年先后提出[14]

$$V = V_0 e^{-C_1 L} \tag{10.7.1}$$

$$G = G_0 e^{-C_2 L} \tag{10.7.2}$$

这两个公式其实是一致的。其中,V 为颗粒体积;G 为其重量;L 为沿程的长度;C_1、C_2 为磨损系数。上述两式推导很简单,假定磨损导致水下重量减少与水下重量本身和运动距离成比例,即

$$(\gamma_s - \gamma)\Delta V = -C_1(\gamma_s - \gamma)V\Delta L$$

令 $\Delta L \to 0$,消去 $\gamma_s - \gamma$,积分此式即可得到式(10.7.1),并可转换成式(10.7.2)。还有用河流底坡沿程变化来表示磨损的,如 Shulits 和 Burz 先后提出

$$J = J_0 e^{-C_3 L} \tag{10.7.3}$$

式中,J 为河床纵坡降;J_0 为起始点的纵坡降,它取决于纵断面。需要将推移质粒径与坡降的关系转换成粒径的减少,这种转移是不难的,一般而言,只要

$$D = K J^n \tag{10.7.4}$$

则

$$D = KJ^n = K(J_0 e^{-C_3 L})^n = KJ_0^n e^{-nC_3 L} = D_0 e^{-C_3' L} \tag{10.7.5}$$

$$C_3' = nC_3 \tag{10.7.6}$$

当然,也可利用 $q_b \propto J^{m'}$ 假定,将式(10.7.3)转换成重量的沿程变化。需要指出的两点:第一,利用式(10.7.3)转换成颗粒粒径或重量的公式,与其说明该式是反映磨损,不如说是反映水力因素减弱后,由于输沙能力降低的分选。因为即使毫无磨损,由于坡降减缓,粗颗粒停止推移,粒径也会沿程变细。事实上,由式(9.3.15)

$$J = K_2 \frac{\xi^{0.632} D^{1.11}}{Q_1^{0.316}}$$

即

$$D = D_0 \left(\frac{\xi_0}{\xi}\right)^{0.570} \left(\frac{Q_1}{Q_{1.0}}\right)^{0.285} \left(\frac{J}{J_0}\right)^{0.901} \tag{10.7.7}$$

可见,除坡降沿程减小 $\dfrac{D}{D_0}$ 的作用最大外,流量(第一造床流量)及河相系数的变化均会影响粒径沿程的减少或变化。当流量沿程加大时, $\dfrac{D}{D_0}$ 增加;当河相系数沿程加大时, $\dfrac{D}{D_0}$ 减小。两者有相互抵消一部分的作用,应使 D 有所减小。只有当 ξ 和 Q_1 沿程不变时, D 的沿程变化才能单纯取决于 J。由于式(10.7.7)表示粒径与坡降、流量、河相系数的关系,是指在推移质起动平衡的情况,它其实没有考虑磨损。当然这里的起动平衡是对 D_m 或 D_{90} 而言的,它的平衡可以代表推移质输沙平衡。没有磨损,粒径也会沿程减小,正是式(10.7.3)存在固有的缺点。对磨损的研究,尚有 Dull 和 Carlson 等,Carlson 从磨损与阻力功方面导出式(10.7.2)。

目前为止,已有的磨损研究机理揭示很不够,给出的磨损公式颇为粗略,有的缺乏较可靠的磨损系数,并且大多数公式均混淆了水力因素变化分选与磨损,导致了它们难以使用。

已有的文献中较为例外的是,Stelczer[14]介绍的一种分析磨损的方法,这种方法被称为"推移质磨损的数学模型",实际是对磨损的机理进行了一定的描述,区分了推移质在床面运动与静止的两种磨损,并得到了相应的磨损公式。同时还由实验室和野外试验资料求出了磨损系数。

推移质运动的间歇性,导致推移质运动的两种磨损,即运动时颗粒本身的磨损以及静止时它被其上运动颗粒的磨损,因此要区分推移质运动时间与其床面的静止时间。对颗粒实际运动速度,Stelczer 按

$$U_b = 0.93(\bar{V}_b - \bar{V}_{b.c}) \tag{10.7.8}$$

估计,而包括静止时间的平均运动速度则由式(10.7.9)计算:

$$\bar{U}_b = b(\bar{V}_b - \bar{V}_{b.c}) \tag{10.7.9}$$

其中,对于可动床沙(软河床质)$b=0.00435$;对于不可动河床(硬河床质)$b=0.0167$。两者有这样大的差别,他并没有解释。看来可能反映了运动颗粒被床面静止颗粒交换的事实,从而使颗粒静止时间延长,平均速度降低。按照这两个数据,推移质颗粒的实际速度与平均运动速度之比为 55.7 和 214,这样知道所研究的时间 t 及 $\bar{V}_b$、$\bar{V}_{b.c}$,即可求出推移质移动距离 L、它的运动时间 $\dfrac{L}{U_b}$ 以及静止时间 $t-\dfrac{L}{U_b}$。

现在介绍球形运动颗粒的磨损。如图 10.7.1 所示,设颗粒起始直径为 y_0,磨损过程中直径为 y,相应的体积为 V,水下质量为 M,M 为其体积与 $\rho_s-\rho_0$ 之积。于是有

$$M=\frac{4\pi}{3}\left(\frac{y}{2}\right)^3(\rho_s-\rho_0) \tag{10.7.10}$$

式中,ρ_s、ρ_0 分别为推移质颗粒和水流的密度。经过运动距离 ΔS,颗粒水下质量变化 ΔM 及直径变化 Δy,剩下的质量为

$$\begin{aligned}M-\Delta M&=\frac{4\pi}{3}(\rho_s-\rho_0)\left(\frac{y-\Delta y}{2}\right)^3\\&=\frac{4\pi}{3}(\rho_s-\rho_0)\left[\left(\frac{y}{2}\right)^3-3\left(\frac{y}{2}\right)^2\frac{\Delta y}{2}+3\frac{y}{2}\left(\frac{\Delta y}{2}\right)^2-\left(\frac{\Delta y}{2}\right)^3\right]\end{aligned}$$

即

$$-\frac{\Delta M}{M}=-3\frac{\Delta y}{y}+3\frac{\Delta y^2}{y^2}-\frac{\Delta y^3}{y^3} \tag{10.7.11}$$

此处质量的单位采用 kg,而重量的单位则为 $kg\cdot m\cdot s^{-2}$。

另外,颗粒的重量损失,应与其运动阻力 μM 和运动距离 ΔS 成比例,即

$$-\Delta M=K'(\mu M)\Delta S=K_1 M\Delta S \tag{10.7.12}$$

式中,K' 为磨损系数,单位为 km^{-1},而 $K_1'=\mu K'$。注意到颗粒速度

$$U_b=\frac{\Delta S}{\Delta t} \tag{10.7.13}$$

将式(10.7.13)和式(10.7.11)代入式(10.7.12),可得

$$-\Delta M=-\left(3\frac{\Delta y}{y}-3\frac{\Delta y^2}{y^2}+\frac{\Delta y^3}{y^3}\right)M=K_1'MU_b\Delta t$$

当 $\Delta t\to 0$,并忽略高阶微量,得

$$\frac{dM}{M}=-K_1'U_b dt=3\frac{dy}{y} \tag{10.7.14}$$

在 $t=0$,$y=y_0$ 条件下积分式(10.7.14),有

$$y=y_0 e^{-\frac{1}{3}K_1'U_b t}=y_0 e^{-\frac{1}{3}K_1 t} \tag{10.7.15}$$

式中,$K_1=U_b K_1'$。

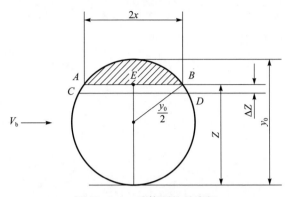

图 10.7.1　球体颗粒的磨损

　　现在研究床面静止颗粒被运动颗粒的磨损。如图 10.7.1 所示,床面静止颗粒被运动颗粒磨损后,去掉了球缺 AB,它的高为 Z,平截圆半径为 r。在经过 Δt 的磨损,又损失 ΔZ,这样按球缺的截面半径 $EB = r = x$,则其截面积为

$$\pi x^2 = \pi\left[\left(\frac{y_0}{2}\right)^2 - \left(Z - \frac{y_0}{2}\right)^2\right] = \pi\left(\frac{y_0^2}{4} - Z^2 + Z y_0 - \frac{y_0^2}{4}\right) = \pi(y_0 Z - Z^2)$$

$$(10.7.16)$$

故其质量损失为

$$\Delta M = (\rho_s - \rho_0)\pi x^2 \Delta Z \qquad (10.7.17)$$

　　另外,静止颗粒的重量损失显然应与其上的输沙率 q_b 大小、运动速度及停止时间成正比,即

$$\Delta M = (\rho_s - \rho_0)\pi x^2 \Delta Z = (\rho_s - \rho_0)\pi(y_0 Z - Z^2)\Delta Z = -K_2 q_b U_b \Delta t'$$

从而有

$$(\rho_s - \rho_0)\pi(y_0 Z - Z^2)\mathrm{d}Z = -K'_2 q_b U_b \mathrm{d}t' \qquad (10.7.18)$$

这是 $\Delta t'$ 内床面静止颗粒通过磨损减少的"水下"质量。

　　在 $t' = 0$ 至 t' 及 $Z = y_0$ 至 Z 条件下积分式(10.7.18),得到

$$(\rho_s - \rho_0)\pi\int_{y_0}^{Z}(y_0 Z - Z^2)\mathrm{d}Z = (\rho_s - \rho_0)\pi\left[\left(y_0\frac{Z^2}{2} - \frac{Z^3}{3}\right) - \left(\frac{y_0^3}{2} - \frac{y_0^3}{3}\right)\right] = -K_2 q_b U_0 t'$$

即

$$(\rho_s - \rho_0)\pi\left(y_0\frac{Z^2}{2} - \frac{Z^3}{3}\right) = (\rho_s - \rho_0)\frac{y_0^3 \pi}{6} - K'_2 q_b U_b t' \qquad (10.7.19)$$

式中,$\pi\left(y_0\frac{Z^2}{2} - \frac{Z^3}{3}\right)$ 为磨损后剩下的体积,如果引进当量球体,其直径为 y,则有

$$\pi\left(y_0\frac{Z^2}{2} - \frac{Z^3}{3}\right) = \frac{\pi}{6}y^3$$

则

$$y = Z^2 (3y_0 - 2Z)^{\frac{1}{3}} \tag{10.7.20}$$

将式(10.7.20)代入式(10.7.19),可得

$$(\rho_s - \rho_0) \frac{6}{\pi} y^3 = (\rho_s - \rho_0) \frac{6}{\pi} y_0^3 - K_2' U_b q_b t' \tag{10.7.21}$$

从而有

$$y^3 = y_0^3 - \frac{6K_2' U_b q_b}{\pi(\rho_s - \rho)} = y_0^3 - K_2 q_b t'$$

$$y = (y_0^3 - K_2 q_b t')^{\frac{1}{3}} \tag{10.7.22}$$

式中,

$$K_2 = \frac{6K_2' U_b}{\pi(\rho_s - \rho_0)} \tag{10.7.23}$$

式(10.7.22)就是 Stelczer 导出的床面静止颗粒磨损的公式,y 为磨损后的当量直径。现在将这两种磨损叠加,上述公式中的 y_0 应是考虑运动时磨损后的直径,若取在运动磨损前的直径(即在原点的)为 D_0,这样将式(10.7.15)代入,则总的磨损为

$$D = 3\sqrt{D_0^3 e^{-K_1 t} - K_2 q_b t'} \tag{10.7.24}$$

其中,运动时间 t 与停止时间 t' 之和为总的时间,即 $t + t' = T$。

　　现在是磨损系数 K_1、K_2 如何定。Stelczer 于 1966 年和 1968 年分别在室内实验室及野外进行了推移质的磨损试验。其中在室内利用旋转圆盘进行了磨损试验,采用了不同尺寸、不同岩性。考虑到这个资料较全面,颇为难得,故原封转载于表 10.7.1 中。经过分析,在表 10.7.2、表 10.7.3 得到了直径的相对变化及重量相对磨损量,以及归纳的磨损系数 K_1、K_2。

表 10.7.1　磨损试验资料[13]

岩性	移动距离/km	时间/h $T = t + t'$	卵石资料			
			原始重量 G_0/g	失去重量 ΔG/g	原始直径 D_0/mm	减少的直径 ΔD/mm
火成岩	0.392	936	9.350	0.1322	20.85	
	1.105	1135	6.4781	0.033	21.46	
	1.610	1805	8.4664	0.3731	24.23	0.73
	1.560	1925	12.8711	0.2156	26.24	0.69
	1.380	1678	20.0404	0.3007	32.37	0.52
	1.475	1679	44.1811		42.05	0.43
	1.420	1703	15.0865	0.5451	27.74	0.54
	1.450	2050	9.9100	0.6352	23.51	0.54
	1.510	2060	12.9044	2.3453	22.96	0.66

续表

岩性	移动距离/km	时间/h $T=t+t'$	卵石资料			
			原始重量 G_0/g	失去重量 ΔG/g	原始直径 D_0/mm	减少的直径 ΔD/mm
火成岩	1.480	2232	19.5007	0.5337	30.60	0.45
	1.568	2234	10.3610	0.1917	24.50	0.18
	1.324	2590	71.1823	0.0763	45.85	0.40
	1.490	2737	55.1860	1.4435	45.76	0.29
	1.462	2855	18.0469	0.6974	28.32	0.67
	2.024	3021	46.4650	2.9350	38.40	0.40
	1.242	3405	40.4149	1.5232	38.12	2.40
	1.100	3430	28.5502	1.1615	33.55	1.13
	1.988	3071	12.0194	0.4935	26.65	0.53
沉积岩	1.736	1749	10.3194	0.0796	23.35	0.12
	1.422	2374	22.7747	0.0950	29.65	0.03
	1.452	2375	12.8594	0.0826	25.64	0.17
	1.512	23.78	9.4362	0.0158	20.94	0.47
变质岩	1.690	1701	6.9167	0.0986	19.43	0.36
	1.570	1752	36.0646	0.1885	37.35	0.18
	1.428	2018	19.5813	0.0328	29.95	0.48
	1.401	2037	50.0705	0.0799	41.77	0.02
	1.416	2062	61.1204	0.1728	40.47	0.25
	1.320	2085	47.8218	0.1551	43.62	0.07
	1.320	2184	32.4474	0.0523	35.30	0.13
	1.436	2231	75.4187	0.2367	40.37	0.15
	1.484	2231	11.9044	0.0174	25.99	0.07
石英岩	0.384	648	2.6080	0.0016	13.80	
	0.136	888	67.5000	0.0180	39.05	
	0.358	936	2.7255	0.0005	14.85	
	0.376	1056	2.3150	0.0001	13.90	
	0.346	864	2.4890	0.0014	13.75	
	0.080	7416	2132.0000	14.000	141.70	
	1.390	1513	13.9672	0.0021	23.44	0.12
	1.854	1894	8.1542	0.0061	19.37	0.05
	1.458	1994	15.0983	0.0096	24.67	0.07
	1.588	2181	4.0122		17.75	0.05
	1.626	2252	2.7730	0.0040	14.49	0.04
	1.328	2422	46.1924		37.15	0.05
	1.516	2853	23.8194	0.0080	30.94	0.13

续表

岩性	移动距离/km	时间/h $T=t+t'$	卵石资料			
			原始重量 G_0/g	失去重量 $\Delta G/g$	原始直径 D_0/mm	减少的直径 $\Delta D/mm$
石英岩	1.605	2902	7.7438	0.0071	21.27	0.12
	1.870	3020	42.9905	0.0221	39.22	0.07
	1.625	3239	6.0525	0.0355	18.02	0.05
	1.185	3383	60.1675	0.0240	38.27	0.35
	1.260	3572	8.0078	0.0110	21.07	0.12
	2.146	3719	41.7744	0.0487	38.07	0.07

表 10.7.2　相对磨损重量、直径的理论值与实际值的对比[13]

岩性	直径 $\dfrac{\Delta D}{D_0 T}/(10^{-6}h^{-1})$		相对磨损量 $\dfrac{\Delta G}{G_0 T}/(10^{-6}h^{-1})$	
	实际值	Stelczer	实际值	Schoklitsch
火成岩	16.65	17.82	24.43	16.35
	13.65	14.35	8.67	16.15
	9.55	7.15	8.93	2.38
	6.10	4.25		
	11.40	10.35	21.20	4.89
	11.21	13.75	31.40	3.12
	13.90	14.15	88.10	3.94
	6.58	6.58	12.20	4.00
	3.29	11.50	8.28	4.06
	3.37	2.44	0.41	3.12
	2.32	3.43	9.55	1.67
	8.30	6.43	13.50	3.01
	3.44	6.40	20.80	6.03
	6.51	16.40	13.34	4.47
	18.50	5.11	11.10	3.28
	9.88	7.46	11.85	2.64
总数平均	144.65 $M_1=9.04$	147.57 $M_1=9.22$	283.76 $M_1=18.92$	79.11 $M_1=5.27$
沉积岩	2.94	13.20	4.40	3.82
	0.43	3.40	1.76	2.25
	2.79	4.76	2.71	2.26
	9.45	8.02	0.70	2.28
总数平均	15.61 $M_1=3.40$	29.38 $M_1=7.34$	9.57 $M_1=2.39$	10.61 $M_1=2.65$

岩性	直径 $\dfrac{\Delta D}{D_0 T}$ /$(10^{-6}\mathrm{h}^{-1})$		相对磨损量 $\dfrac{\Delta G}{G_0 T}$ /$(10^{-6}\mathrm{h}^{-1})$	
	实际值	Stelczer	实际值	Schoklitsch
变质岩	10.90	6.35	8.37	0.68
	2.75	3.20	2.98	1.43
	7.95	2.98	0.83	1.04
	0.24	2.46	0.78	1.04
	2.98	2.38	1.37	1.03
	0.77	0.55	0.99	0.97
	1.65	0.65	0.73	0.46
	1.66	2.32	1.40	0.94
	0.94	2.56	0.51	0.74
总数平均	29.84	23.45	17.96	8.33
	$M_1=3.204$	$M_1=2.6054$	$M_1=1.993$	$M_1=0.9144$
石英岩	3.38	1.97	0.99	0.52
	1.36	2.18	0.39	4.94
	1.42	0.81	0.32	0.40
	1.29	2.06		
	1.23	3.37	0.65	3.36
	0.56	0.78		
	1.47	0.79	0.12	2.81
	2.30	1.63	0.32	0.27
	0.59	0.34	0.17	0.50
	0.85	2.40	1.82	0.25
	2.70	0.31	0.12	0.28
	1.60	1.33	3.89	0.42
	0.49	0.28	0.46	0.47
总数平均	19.24	18.25	9.25	14.22
	$M_1=1.48$	$M_1=1.40$	$M_1=0.84$	$M_1=1.29$

表 10.7.3　不同岩性磨损系数[13]

岩性	资料数目	磨损系数 K_1	磨损系数 K_2
火成岩	16	3.038×10^{-6}	1.994×10^{-13}
沉积岩	4	1.875×10^{-6}	1.211×10^{-13}
变质岩	9	0.426×10^{-6}	0.273×10^{-13}
石英岩	13	0.162×10^{-6}	0.103×10^{-13}

在野外的试验,是利用放射性示踪卵石在多瑙河进行的。据该实际资料验证了 Stelczer 公式(10.7.22)及 Schoklitsch 公式(10.7.1),验证结果如表 10.7.4 所示。表中实测的 $\frac{\Delta D}{D_0 T}$ 及 $\frac{\Delta G}{G_0 T}$(G 表示水下重量)是根据野外试验资料整理的,而公式计算的则是按式(10.7.24)及式(10.7.1)算出的。需要指出的是,式(10.7.24)中的磨损系数 K_1、K_2 由表 10.7.3 给出。从表中可以看出,Stelczer 公式计算的 $\frac{\Delta D}{D_0 T}$ 与实测符合较好,而 Schoklitsch 公式得到的结果则较差。

现在需要指出的,Stelczer 的研究有相当新意和进展,分别考虑了推移质颗粒运动磨损与静止磨损的差别,并且在实验室利用旋转圆盘做了室内试验和放射性示踪的野外试验,取得了较为丰富的资料,这是很宝贵的。

表 10.7.4　公式与实测资料验证平均结果[13]

岩性	粒径的相对磨损量 $\frac{\Delta D}{D_0 T}$/(10^{-6}h^{-1})		重量的相对磨损量 $\frac{\Delta G}{D_0 T}$/(10^{-6}h^{-1})	
	野外资料	Stelczer 公式	野外资料	Schoklitsch 公式
火成岩	9.04	9.22	18.92	5.27
沉积岩	3.4	7.34	2.39	2.65
变质岩	3.02	2.60	1.99	0.91
石英岩	1.48	1.40	0.84	1.29

但是在公式推导过程中存在一些枝节问题和公式的排版错误,以及有的阐述不清,现提醒如下。第一,在书中推导公式时,令 M 表示水下质量,对球形运动颗粒给出

$$M = (\rho_s - \rho_0) \frac{4\pi}{3} \left(\frac{y}{2} \right)^3 \tag{10.7.25}$$

式中,$\frac{y}{2}$ 为颗粒半径;ρ_s、ρ_0 分别为泥沙与水的密度。附带指出,但原书中,式(10.7.25)中的 $\frac{y}{2}$ 的指数笔误为 2,而不是 3。而且紧靠该式之后的一个公式 $G = \cdots$ 看来也是排错的。第二,所谓水下质量及水下密度(submerged density)的提法是不恰当的,质量在牛顿力学的范畴里是不变的。只有水下重量的提法,它表示重力与浮力的合力,而没有水下质量的说法。第三,造成磨损的不是泥沙重量(重力),而是它的水下重力。据此,当用泥沙质量代表水下质量时,磨损的正确表示应予修正。对式(10.7.12)似应修正为

$$-\Delta M = K' \left[\mu \frac{(\gamma_s - \gamma_0) M}{\gamma_s} \right] \Delta S = K_1 M \Delta S \tag{10.7.26}$$

式中,

$$K_1 = K'\mu \frac{\gamma_s - \gamma_0}{\gamma_s} \tag{10.7.27}$$

它比 $K_1 = K'\mu$ 要小，即磨损要慢。类似地，对于式(10.7.17)后面的公式应修正为

$$-\Delta M = \rho_s \pi (y_0 Z - Z^2) \mathrm{d}Z = K'_2 \left(\frac{\gamma_s - \gamma_0}{\gamma_s} q_b\right) U_b \mathrm{d}t' \tag{10.7.28}$$

其中，$\dfrac{\gamma_s - \gamma_0}{\gamma_s} q_b$ 表示 q_b 的水下重力。积分式(10.7.28)，有

$$M_0 - M = \frac{\pi \rho_s}{6}(y_0^3 - y^3) = K'_2 \frac{\gamma_s - \gamma_0}{\gamma_s} q_b U_b \mathrm{d}t' \tag{10.7.29}$$

即

$$y = 3\sqrt{y_0^3 - \frac{6K'\dfrac{\gamma_s - \gamma_0}{\gamma_s} q_b U_b t'}{\pi \rho_s}} = 3\sqrt{y_0^3 - K_2 q_b t'} \tag{10.7.30}$$

$$K_2 = \frac{6K'_2 U_b (\gamma_s - \gamma)}{\pi \rho_s \gamma_s} \tag{10.7.31}$$

式(10.7.30)就是静止颗粒质量损失后剩下的当量直径的表达式。

10.7.2　推移质颗粒的磨损机理及分选研究

1. 床面静止颗粒的磨损

床面静止颗粒的磨损包括两方面：推移质在其上运动时相应摩擦引起的磨损，包括碰撞；底部水流特别是挟带悬移质的水流摩擦磨损。前者应与单宽推移质输沙率 q_b 有关，后者主要取决于底部水流切应力：

$$\tau_0 = \rho_0 u_*^2 = \rho_0 g J R = \frac{\gamma_0}{g} u_*^2 \tag{10.7.32}$$

式中，γ_0 为水的容重；g 为重力加速度；J 为坡降。至于单宽输沙率公式，对于滚动的推移质，据 5.6 节一般条件下滚动输沙能力公式为

$$q_{2.l}^* = \frac{2}{3} m_0 \gamma_s \frac{P_{1.l} D_l \psi_{2.l}}{t_{2.0.l} \mu_{2.l}}$$

$$= \frac{2}{3} m_0 \gamma_s P_{1.l} D_l \frac{(\varepsilon_{1.l} - \varepsilon_{2.0.l})(1 - \beta_l)}{[1 + (1 - \varepsilon_{0.l})(1 - \varepsilon_{4.l}) - (1 - \varepsilon_{1.l})(1 - \beta_l)] t_{2.0.l} \mu_{2.l}}$$

当不考虑初速对输移的影响($\varepsilon_{2.0.l} = \varepsilon_{2.l}$)且颗粒不是很细($\varepsilon_{0.l} = \varepsilon_{1.l}$，$\beta_l = \varepsilon_{4.l}$)时，对于均匀沙，滚动输沙率为

$$q_2 = \frac{2}{3} m_0 \gamma_s D \frac{\varepsilon_1 - \varepsilon_2}{t_{2.0} \mu_2} = \frac{2}{3} m_0 \gamma_s D(\varepsilon_1 - \varepsilon_2) \frac{L_2}{t_2} = \frac{2}{3} m_0 \gamma_s D(\varepsilon_1 - \varepsilon_2) U_2 \tag{10.7.33}$$

式中，$m_0 = 0.4$ 为床面静密实系数；ε_1 为起动概率；ε_2 为起跳概率；$1 - \varepsilon_0$ 为止动概

率;t_2 为单步运动时间;μ_2 为单步距离的倒数,即 $1/L_2$。据文献[1]和[8]的推导,单宽输沙率表示高为水深、宽为 1m、长(顺水流方向)为 U_2 的水柱中推移泥沙的重量。如果换成宽为 D、长仍为 U_2,则得到以单位时间床面上静止的一个颗粒遭到泥沙碰撞或摩擦的力为单位面积单位时间推移质水下重力:

$$W_{\mathrm{b}} = \frac{\gamma_{\mathrm{s}} - \gamma_0}{\gamma_{\mathrm{s}}} q_2 D = \frac{2}{3} m_0 (\gamma_{\mathrm{s}} - \gamma_0) D^2 (\varepsilon_1 - \varepsilon_2) U_2 \qquad (10.7.34)$$

W_{b} 的单位为 kg/s。此处 $\gamma_{\mathrm{s}} - \gamma_0$ 表示作用在床面静止颗粒的推移质的力,它是水下的力,而不是水上的力,故要扣除其浮力。现在研究水流对静止颗粒的作用。床面水流切应力 τ_0 是单位面积的,换算成作用在单颗静止泥沙上的力,应为 $\frac{\gamma_0}{g} u_*^2 \frac{\pi}{2} D^2$,其中 $\frac{\pi}{2} D^2$ 是球状颗粒表面积的一半,即露出床面的部分,但是这个力没有作用时间的概念,难以与长期磨损联系起来。设水流底部速度 V_{b} 经过颗粒直径长的距离所花去的时间 τ 为一个作用段,并且 $\tau = \frac{D}{\overline{V}_{\mathrm{b}}}$,则单位时间水流对静止颗粒的作用力为

$$W_0 = \frac{\gamma_0}{g} u_*^2 \frac{\pi}{2} D^2 \frac{1}{\tau} = \frac{\pi}{2} \frac{\gamma_0}{g} u_*^2 D^2 \frac{1}{\dfrac{D}{\overline{V}_{\mathrm{b}}}} = \frac{\pi}{2} \frac{\gamma_0}{g} u_*^2 D \overline{V}_{\mathrm{b}} \qquad (10.7.35)$$

于是静止颗粒在上述两种作用下,其面积磨损(实际是面积重量磨损)为

$$\mathrm{d}\left(\gamma_{\mathrm{s}} \frac{\pi}{2} D^2\right) = -(C_0 W_0 + C_1 W_{\mathrm{b}}) \mathrm{d}t$$

即令从因次和谐看,上式左边的 γ_{s} 也是要加入的。式中 C_0、C_1 为相应的磨损率。可参考表 10.7.1~表 10.7.3 确定,也可采用其他可靠资料。将式(10.7.34)及式(10.7.35)代入有

$$\mathrm{d}D = -\left[\frac{2}{3} \frac{C_1}{\pi} m_0 \frac{\gamma_{\mathrm{s}} - \gamma_0}{\gamma_{\mathrm{s}}} (\varepsilon_1 - \varepsilon_2) U_2 D + \frac{C_0}{2} \frac{\gamma_0}{\gamma_{\mathrm{s}} g} u_*^2 \overline{V}_{\mathrm{b}}\right] \mathrm{d}t \quad (10.7.36)$$

式中,C_0、C_1 的单位均为 m^{-1}。令

$$P_1 = \frac{2}{3\pi} C_1 m_0 \frac{\gamma_{\mathrm{s}} - \gamma_0}{\gamma_{\mathrm{s}}} (\varepsilon_1 - \varepsilon_2) U_2 \qquad (10.7.37)$$

$$q = -\frac{C_0}{2} \frac{\gamma_0}{\gamma_{\mathrm{s}} g} u_*^2 \overline{V}_{\mathrm{b}} \qquad (10.7.38)$$

则式(10.7.36)为

$$\frac{\mathrm{d}D}{\mathrm{d}t} + P_1 D = q \qquad (10.7.39)$$

上述线性方程的解为

$$D = \mathrm{e}^{-P_1 t}\left(\int q\mathrm{e}^{\int P_1 \mathrm{d}t}\mathrm{d}t + C\right) = \mathrm{e}^{-P_1 t}\left(\frac{q}{P_1}\mathrm{e}^{P_1 t} + C\right)$$

当 $t=0$ 时, $D=D_0$,故

$$C = D_0 - \frac{q}{P_1}$$

从而有

$$D = \mathrm{e}^{-P_1 t}\left(D_0 - \frac{q}{P_1}\right) + \frac{q}{P_1} = D_0 \mathrm{e}^{-P_1 t} + \frac{q}{P_1}(1 - \mathrm{e}^{-P_1 t}) \qquad (10.7.40)$$

将 P_1 、 q 代入得

$$D = D_0 \mathrm{e}^{-\left(\frac{2}{3}\frac{C_1}{\pi}m_0\frac{\gamma_s-\gamma}{\gamma_s}\frac{\varepsilon_1-\varepsilon_2}{1-\varepsilon_0}U_2\right)t}$$

$$- \left(\frac{C_0}{2}\frac{\gamma_0}{\gamma_s g}u_*^2 \, \bar{V}_b \frac{3\pi}{2C_1 m_0}\frac{\gamma_s}{\gamma_s-\gamma_0}\frac{1}{\varepsilon_1-\varepsilon_2}\frac{1}{U_2}\right)\left\{1 - \mathrm{e}^{-\left[\frac{2}{3}\frac{C_1}{\pi}m_0\frac{\gamma_s-\gamma}{\gamma_s}(\varepsilon_1-\varepsilon_2)U_2\right]t}\right\}$$

$$(10.7.41)$$

这就是床面静止颗粒在 t 内被运动颗粒和水流磨损后剩下的直径。从该式可以看出,随着 t 的增加, D 是单调减少的,这正表示了随时间的磨损。现在分析有关参数的量级。据式(10.7.41),按一般情况, P_1 大体在 $\frac{2}{3\pi}\times 0.4 \times \frac{1650}{2650}\times 0.3 \times$ $0.9\bar{V}_b C_1 = 0.0143\bar{V}_b C_1(\mathrm{m/s})$ 上下波动较多。对于式(10.7.38)中的 U_2 按一般情况,取 $U_2 = 0.9\bar{V}_b$, $u_* = 0.08\mathrm{m/s}$, $q = -\dfrac{1000}{2\times 9.81\times 2650}\times 0.08^2 C_0\bar{V}_b = 0.000123 \times$ $\bar{V}_b C_0(\mathrm{m/s})$ 。可见 $\dfrac{q}{P_1}\approx \dfrac{0.000123\bar{V}_b C_0}{0.0143\bar{V}_b C_1} = 0.00860\dfrac{C_0}{C_1}$,比卵石颗粒直径($D >$ $0.02\mathrm{m}$)要明显偏小。这样当 t 不是特别大时(注意 μ_1 是很小的),式(10.7.41)中 $q = \dfrac{C_0}{2}\dfrac{\gamma_0}{\gamma_s g}u_*^2 \, \bar{V}_b$ 及 $\dfrac{q}{P_1}$ 是可以忽略的,于是由式(10.7.40)及式(10.7.41)知

$$D = D_0 \mathrm{e}^{\frac{2C_1}{3\pi}m_0\frac{\gamma_s-\gamma_0}{\gamma_s}\varepsilon_1 U_2 t} = D_0 \mathrm{e}^{-P_1 t} \qquad (10.7.42)$$

即推移颗粒对静止颗粒的磨损剩下后的直径。

2. 运动颗粒的磨损

现在分析运动颗粒的磨损。运动颗粒的磨损主要是其在床面跳跃与滚动时引起的磨损所致。颗粒在滚动和跳跃过程中不断与床面碰撞,现在求跳跃颗粒在其起跳前的碰撞力。在文献[1]中分析了碰撞前后速度的变化。由于这种碰撞不完全是正碰撞,这里仅考虑法线方向速度的变化,以计算它的碰撞力。如图 4.1.6 所示,碰撞前法线方向的速度为

$$u_{3.n.0} = -u_{x.0}\cos\theta + u_{y.0}\sin\theta \qquad (10.7.43)$$

式中，$u_{x.0}$、$u_{y.0}$ 分别为与床面碰撞前的速度在 x、y 方向的分量；θ 为入射角。

碰撞后法线方向的速度为

$$u_{3.n.0} = -k_0 u_{3.n.0} = k_0 u_{x.0}\cos\theta - k_0 u_{y.0}\sin\theta \tag{10.7.44}$$

故其碰撞力 F 为

$$M(u_{3.n.0} - u'_{3.n.0}) = F\tau \tag{10.7.45}$$

设

$$\tau = \frac{\delta}{u_{3.n.0}} \tag{10.7.46}$$

式中，δ 为一极短距离。

碰撞力为

$$F = \frac{M(u_{3.n.0} - u_{3.n.0})}{\tau} = \frac{M(u_{3.n.0} - u_{3.n.0})u_{3.n.0}}{\delta}$$

将式(10.7.43)和式(10.7.44)代入式(10.7.45)，可得

$$F = \frac{\pi}{6}\rho_s D^3 \big[k_0(u_{x.0}\cos\theta - u_{y.0}\sin\theta)$$

$$+ (u_{x.0}\cos\theta - u_{y.0}\sin\theta) \big] \frac{1}{\delta}(u_{x.0}\cos\theta - u_{y.0}\sin\theta)$$

$$= \frac{\pi}{6}\rho_s D^3 (1 + k_0)\frac{(u_{x.0}\cos\theta - u_{y.0}\sin\theta)^2}{\delta}$$

在这个碰撞作用下，颗粒损失的重量应为

$$d\left(\frac{\pi}{6}\gamma_s D^3\right) = C_2 F dt = -C_2 \frac{\pi}{6}\rho_s D^3 \frac{1+k_0}{\delta}(u_{x.0}\cos\theta - u_{y.0}\sin\theta)^2 dt \tag{10.7.47}$$

此处 C_2 的单位为 s^{-1}。式(10.7.47)可写为

$$dD = -\frac{C_2}{3g}\frac{1+k_0}{\delta}(u_{x.0}\cos\theta - u_{y.0}\sin\theta)^2 D dt$$

积分上式得

$$\ln D \big|_{D_0}^{D} = -\frac{3C_2}{g}\frac{1+k_0}{\delta}(u_{x.0}\cos\theta - u_{y.0}\sin\theta)^2 t$$

即

$$D = D_0 e^{-\frac{C_2}{3g}\frac{1+k_0}{\delta}(u_{x.0}\cos\theta - u_{y.0}\sin\theta)^2 t} = D_0 e^{-\frac{C_2}{3g}\frac{1+k_0}{\delta}u'^2_{3.n.0}t} \tag{10.7.48}$$

式(10.7.48)为跳跃颗粒碰撞后剩下的粒径。推移质运动形式分为滚动与跳跃两种。水力因素强时以滚动为主，水力因素弱时以跳跃为主。对于滚动颗粒(见图 4.3.1)，$u_{y.0} \approx 0$，故式(10.7.48)为

$$D = D_0 e^{-\frac{C_2}{3g}\frac{1+k_0}{\delta}(u_{x.0}\cos\theta)^2 t} \tag{10.7.49}$$

注意到前面图 4.1.5(或式(4.1.28))，有

$$\cos\theta = \sqrt{2\Delta' - \Delta'^2} \qquad (10.7.50)$$

以及滚动速度取为

$$u_{x.0} = V_b - V_{b.c}(\Delta', D) \qquad (10.7.51)$$

则

$$D = D_0 e^{-\frac{C_2}{3g}\frac{1+k_0}{\delta}(V_b - V_{b.c})^2(2\Delta' - \Delta'^2)t} \qquad (10.7.52)$$

式中，γ_0、γ_s、g、C_2 均为常数，K_0、δ 也可取为常数，此时变化的仅 V_b、Δ'。而瞬时起动底速 $V_{b.c} = (\Delta', D)$ 在 D 已知时，也仅取决于 Δ'。前面已指出 V_b 为正态分布，Δ' 为均匀分布。根据两者的分布不难求出其数学期望为

$$\bar{D} = M[D] = \int_{\Delta'_m}^1 p'_{\Delta'} d\Delta' \int_{V_b = V_{b.c}(\Delta')}^\infty D_0 e^{-\frac{C_2\gamma_0}{3g}\frac{1+k_0}{\delta}[V_b - V_{b.c}(\Delta')]^2(2\Delta' - \Delta'^2)t} p(V_b) dV_b \qquad (10.7.53)$$

为了简单，可做一简化，对 $V_{b.c}(\Delta')$、Δ'、U_b 分别求其数学期望，有

$$\bar{V}_{b.c} = M[V_{b.c}(\Delta') \mid \xi_D = D] = \int_{\Delta'_m}^1 \rho(\Delta')\varphi(\Delta')\omega_0(D) d\Delta'$$

$$= \int_{\Delta'_m}^1 \frac{\Delta'_m}{1 - \Delta'_m} \sqrt{\frac{\sqrt{2\Delta' - \Delta'^2}}{\left(\frac{4}{3} - \Delta'\right) + \frac{1}{4}\left(\frac{1}{3} + \sqrt{2\Delta' - \Delta'^2}\right)}} \omega_0 d\Delta'$$

$$= \omega_0(D)\int_{0.134}^1 \varphi(\Delta')\frac{d\Delta'}{1 - \Delta'} = \bar{\varphi}\omega_0(D) = 0.916\omega_0(D) \qquad (10.7.54)$$

$$\bar{\Delta} = \int_{\Delta'_m}^1 \frac{\Delta'_m}{1 - \Delta'_m} d\Delta' = \int_{0.134}^1 \frac{\Delta' d\Delta'}{0.866} = \frac{1}{0.866}\times\left(\frac{1}{2} - \frac{0.134}{2}\right) = 0.500 \qquad (10.7.55)$$

$$\bar{U}_b = \overline{V_b - \bar{V}_{b.c}} = M[\xi_{V_b} - \bar{V}_{b.c} \mid \xi_{V_b} > \bar{V}_{b.c}] = \frac{1}{\sqrt{2\pi}\sigma}\int_{V_{b.c}}^\infty p(V_b) dV_b$$

$$= \frac{1}{\sqrt{2\pi}\sigma\varepsilon_1}\int_{\bar{V}_{b.c}}^\infty (V_b - \bar{V}_{b.c}) e^{-\frac{(V_b - \bar{V}_b)^2}{2\sigma^2}} dV_b$$

$$= \frac{\sigma}{\sqrt{2\pi}\varepsilon_1}\int_{\bar{V}_{b.c}}^\infty \frac{V_b - \bar{V}_{b.c}}{\sigma} e^{-\frac{(V_b - \bar{V}_b)^2}{2\sigma^2}} d\frac{V_b - \bar{V}_b}{\sigma} \qquad (10.7.56)$$

式中，

$$\varepsilon_1 = \frac{1}{\sqrt{2\pi}}\int_{t_0}^\infty e^{-\frac{t^2}{2}} = \frac{1}{\sqrt{2\pi}\sigma}\int_{\frac{V_{b.c} - \bar{V}_b}{\sigma}}^\infty e^{-\frac{(V_b - \bar{V}_b)^2}{2\sigma^2}} dV_b = P[\xi_{V_b} > \bar{V}_{b.c}] \qquad (10.7.57)$$

为起动概率。引进 $t_0 = \dfrac{\bar{V}_{b.c} - \bar{V}_b}{\sigma}$，$t = \dfrac{V_b - \bar{V}_b}{\sigma}$，则当 $V_b = \bar{V}_{b.c}$ 时，$t = \dfrac{\bar{V}_{b.c} - \bar{V}_b}{\sigma} = t_0$，故由式(10.7.54)有

$$\overline{V_b - \bar{V}_{b.c}} = \frac{\sigma}{\sqrt{2\pi}\varepsilon_1}\int_{t_0}^\infty \left(\frac{V_b - \bar{V}_b}{\sigma} - \frac{\bar{V}_{b.c} - \bar{V}_b}{\sigma}\right) e^{-\frac{(V_b - \bar{V}_b)^2}{2\sigma^2}} d\left(\frac{V_b - \bar{V}_b}{\sigma}\right)$$

$$= \frac{\sigma}{\sqrt{2\pi}\varepsilon_1} \int_{t_0}^{\infty} (t - t_0) \mathrm{e}^{-\frac{t^2}{2}} \mathrm{d}t = \frac{\sigma}{\sqrt{2\pi}\varepsilon_1} \left[-\int_{t_0}^{\infty} \mathrm{e}^{-\frac{t^2}{2}} \mathrm{d}\left(-\frac{t^2}{2}\right) \right] - t_0 \frac{\sigma}{\sqrt{2\pi}\varepsilon_1} \int_{t_0}^{\infty} \mathrm{e}^{-\frac{t^2}{2}} \mathrm{d}t$$

$$= \frac{\sigma}{\sqrt{2\pi}\varepsilon_1} \mathrm{e}^{-\frac{t_0^2}{2}} - t_0 = \frac{\sigma}{\sqrt{2\pi}\varepsilon_1} \mathrm{e}^{-\frac{(\bar{V}_{\mathrm{b.c}} - \bar{V}_{\mathrm{b}})^2}{2\sigma^2}} + (\bar{V}_{\mathrm{b}} - \bar{V}_{\mathrm{b.c}}) \tag{10.7.58}$$

式中，$\bar{V}_{\mathrm{b.c}} = \bar{\varphi}(\Delta')\,\omega_0 = 0.916\omega_0$。这样将式（10.7.54）、式（10.7.55）和式（10.7.57）代入式（10.7.49）中，得到

$$D = D_0 \exp\left\{ -0.75\, \frac{C_2}{3g}\, \frac{1+k_0}{\delta} \left[\bar{V}_{\mathrm{b}} - \bar{V}_{\mathrm{b.c}} + \frac{\sigma}{\sqrt{2\pi}\varepsilon_1} \mathrm{e}^{-\frac{(\bar{V}_{\mathrm{b.c}} - \bar{V}_{\mathrm{b}})^2}{2\sigma^2}} \right] \right\}$$

$$= D_0 \exp\left\{ -0.25 C_2\, \frac{1}{g}\, \frac{1+k_0}{\delta} \left[\bar{V}_{\mathrm{b}} - 0.916\omega_0 + \frac{\sigma}{\sqrt{2\pi}\varepsilon_1} \mathrm{e}^{-\frac{(0.916\omega_0 - \bar{V}_{\mathrm{b}})^2}{2\sigma^2}} \right]^2 \right\} t$$

$$= D_0 \mathrm{e}^{-p_2 t} \tag{10.7.59}$$

式中，$\quad p_2 = 0.25\, \dfrac{C_2}{g}\, \dfrac{\gamma_0}{\gamma}\, \dfrac{1+K_0}{\delta} \left[\bar{V}_{\mathrm{b}} - 0.916\omega_0 + \dfrac{2u_*}{\sqrt{2\pi}\varepsilon_1} \mathrm{e}^{-\frac{(0.916\omega_0 - \bar{V}_{\mathrm{b}})^2}{8u_*^2}} \right] \tag{10.7.60}$

由于滚动磨损式（10.7.59）、式（10.7.60）中包含了 $\omega_0(D)$，方程较为复杂。当 D 变化小时，可采用近似 $\omega_0(D) = \omega_0(D_0)$；当 D 变化大时，要试算。需要指出的是，式（10.7.49）及式（10.7.59）虽然是对滚动颗粒建立的，但是对跳跃颗粒似能近似使用。原因是尽管推移质做跳跃运动时水力因素强，碰撞损失大，但是正因为跳跃（腾空），与床面接触的时间短，碰撞损失又少，两者有抵消作用。现在求颗粒静止时间与运动时间，当颗粒不被淹埋时，它的实际运动速度由式（10.7.56）确定。当取 $\sigma = 2u_*$，$u_* = 0.37\bar{V}_{\mathrm{b}}$ 时，有

$$U_2 = \overline{\bar{V}_{\mathrm{b}} - \bar{V}_{\mathrm{b.c}}} = \frac{2u_*}{\sqrt{2\pi}\varepsilon_1} \mathrm{e}^{-\frac{(\bar{V}_{\mathrm{b.c}} - 2.7u_*)^2}{8u_*^2}} + (2.7u_* - \bar{V}_{\mathrm{b.c}}) \tag{10.7.61}$$

在流经距离 L 后，它运动与停止的总时间为 T，运动时间为

$$t_2 = t_{2.0} + t_{3.0} = 2t_{2.0} = 2\frac{L_2}{U_2} \tag{10.7.62}$$

而停止总时间为

$$t_1 = T - t_{\mathrm{b}} \tag{10.7.63}$$

3. 运动与静止交错磨损叠加

现在应注意的是，运动时间与静止时间是在每一次运动中彼此是交错的，因此能不能直接将 t_2、t_1 代入式（10.7.59）及式（10.7.42）求出总的磨损？显然由于运动与静止是交错的，能不能这样直接进行，必须进行推导。设在 T 内共走了 n 步（次），每次运动时间为 $\Delta t_{2.i}$，则

$$t_2 = \sum_{i=1}^{n} \Delta t_{2.i} \qquad (10.7.64)$$

同样设在 T 内颗粒共停止了 n 次，每次停止的时间为 $\Delta t_{1.i}$，则

$$t_1 = \sum_{i=1}^{n} \Delta t_{1.i} = T - t_2 \qquad (10.7.65)$$

这样根据式(10.7.42)，床面静止颗粒在第一次停止时间内被滚动颗粒磨损后剩下的粒径为

$$D_{1.1} = D_0 e^{-P_1 \Delta t_{1.1}} \qquad (10.7.66)$$

另外，由式(10.7.59)知，经第一步滚动后，该颗粒磨损后的粒径为

$$D_{2.1} = D_{1.1} e^{-P_2 \Delta t_{2.1}} = D_0 e^{-P_1 \Delta t_{1.1}} e^{-P_2 \Delta t_{2.1}} \qquad (10.7.67)$$

而走完第一步经第二次停止后，其磨损后的粒径为

$$D_{1.2} = D_{2.1} e^{-P_1 \Delta t_{1.2}} = D_0 e^{-P_1(\Delta t_{1.1} + \Delta t_{1.2}) - P_2 \Delta t_{2.1}}$$

而走完第二步后，其磨损后的粒径为

$$D_{2.2} = D_{1.2} e^{-P_2 \Delta t_{2.2}} = D_0 e^{-P_1(\Delta t_{1.1} + \Delta t_{1.2}) - P_2(\Delta t_{2.1} + \Delta t_{2.2})}$$

类似地，至第 n 次停止和走完 n 步后，其总磨损分别为

$$D_1 = D_{1.n} = D_0 e^{-P\left(\sum_{i=1}^{n} \Delta t_{1.i}\right) - P_2\left(\sum_{i=1}^{n-1} \Delta t_{2.i}\right)} \qquad (10.7.68)$$

$$D_2 = D_{2.n} = D_0 e^{-P_1\left(\sum_{i=1}^{n} \Delta t_{1.i}\right) - P_2\left(\sum_{i=1}^{n} \Delta t_{2.i}\right)}$$

$$= D_0 e^{-P_1 t_1 - P_2 t_2} = D_0 e^{-P_1(T - t_2) - P_2 t_2} = D_m \qquad (10.7.69)$$

D_n 就是在 T 内停止 n 次，走完 n 步以后即经距离 L 后颗粒被磨损后的直径。并且这种磨损与步数无关，只取决于总停止时间 t_1 和总运动时间 t_2。

4. 同时考虑磨损与分选后粒径沿程减小

最后，若同时考虑水力因素变化后的分选，则由式(9.3.18)有

$$J = K_2 \frac{\xi^{0.632} D^{1.11}}{Q_1^{0.316}}$$

得

$$D = \frac{J^{0.901} Q_1^{0.285}}{K_2^{0.901} \xi^{0.596}}$$

从而有

$$D_F = D = D_0 \left(\frac{J}{J_0}\right)^{0.901} \left(\frac{Q}{Q_{1.0}}\right)^{0.285} \left(\frac{\xi_0}{\xi}\right)^{0.596}$$

这就是经距离 L 后，由于水力因素变化，推移沿程分选后剩下的粒径。于是同时考虑磨损与分选后，经距离 L 后颗粒的粒径为

$$D = \min[D_m, D_F]$$

即取 D_m 与 D_F 中最小的。原因是当 $D_m < D_F$，即磨损的作用大时，此时分选后剩

下的颗粒较大,最后自然会被磨损。反之,若 $D_F < D_m$,则即使磨损的作用再小,粗颗粒也被分选出,而不能向下游运动。

参 考 文 献

[1] 韩其为,何明民. 泥沙运动统计理论. 北京:科学出版社,1984.

[2] Han Q W, He M M. Bed load fluctuation: Applications. Journal of the Hydraulics Division, 1982,108(2):199-210.

[3] 长江水利委员会水文局. "七五"攻关项目"75-16-01-04"原型观测及原型观测新技术研究//长江三峡工程泥沙与航运关键技术研究专题研究报告集(上册). 武汉:武汉工业大学出版社,1993.

[4] 南京大学地理系. 三峡水库卵石来源与数量计算. 1966.

[5] 韩其为,魏特. 川江卵石推移质调查报告//全国重点水库泥沙观测研究协作组. 推移质泥沙测验技术文件汇编. 1980.

[6] 日本神道川流域河床淤积沙、卵石岩性分类(第一期)—沙卵石汇入百分数计算的一种方法. 日本"新沙防",1967.

[7] 韩其为,向熙珑,王玉成. 床沙粗化//第二次河流泥沙国际学术研讨会论文集. 北京:水利电力出版社,1983:356-367.

[8] 韩其为. 非均沙推移质运动理论研究及其应用. 北京:中国水利水电科学研究院,2011.

[9] 中国水利水电科学研究院,中国长江三峡集团公司. 金沙江下游梯级水电站入库卵石推移质沙量模型试验. 2009.

[10] 何明民,韩其为. 挟沙能力级配及有效床沙级配的概念. 水利学报,1990,(3):1-12.

[11] 韩其为. 非均匀悬移质不平衡输沙. 北京:科学出版社,2014.

[12] 韩其为,王玉成,向熙珑. 丹江口水库淤积及下游河道冲刷//第一次河流泥沙国际学术讨论会论文集. 上海:光华出版社,1980.

[13] 王崇浩,韩其为. 向家坝和溪洛渡水库下游河床冲淤变形的一维数学模型计算与分析. 北京:中国水利水电科学研究院,1997.

[14] Stelczer K. Bed-Load Transport: Theory and Practice. Littleton: Water Resources Publications,1981.